世界商用木材名典

美洲篇

张余仁等 编译

中国海关出版社有限公司

中国·北京

图书在版编目（CIP）数据

世界商用木材名典．美洲篇：拉丁、英、汉/张余仁等编译．—北京：中国海关出版社有限公司，2020.7

ISBN 978-7-5175-0443-6

Ⅰ.①世… Ⅱ.①张… Ⅲ.①木材—介绍—拉、英、汉 Ⅳ.①S781

中国版本图书馆 CIP 数据核字（2020）第 123705 号

世界商用木材名典 （美洲篇）
SHIJIE SHANGYONG MUCAI MINGDIAN（MEIZHOU PIAN）

作　　者：张余仁等
责任编辑：史　娜
助理编辑：衣尚书
出版发行：中国海关出版社有限公司
社　　址：北京市朝阳区东四环南路甲 1 号　　　　邮政编码：100023
网　　址：www. hgcbs. com. cn
编 辑 部：01065194242-7538（电话）　　　　　01065194231（传真）
发 行 部：01065194221/27/38/46（电话）　　　01065194233（传真）
社办书店：01065195616（电话）　　　　　　　　01065195127（传真）
　　　　　http://www. customskb. com/book（网址）
印　　刷：北京铭成印刷有限公司　　　　　　　　经　　销：新华书店
开　　本：787mm×1092mm　1/16
印　　张：45.5　　　　　　　　　　　　　　　　　字　　数：1134 千字
版　　次：2020 年 7 月第 1 版
印　　次：2020 年 7 月第 1 次印刷
书　　号：ISBN 978-7-5175-0443-6
定　　价：120.00 元

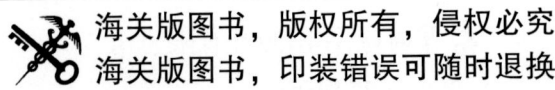

编 委 会

主 任

黄保忠

副主任

黄智华　沈简文　毛兴味

主 编

张余仁

副主编

杨秀明　蒋庆阳　李智强

主 审

骆嘉言

编委会成员（以姓氏笔画为序）

万自明	王毕悦	王竹林	王 进	王桂江	王 琼	王瑞祥
毛雅君	孔令斌	卢建国	白章红	朱 军	朱珏伟	刘 兵
刘家昌	刘 瑾	许 杰	许 强	杨 晴	李 岗	肖文清
吴荣华	何 迅	邹兴伟	邹 勤	沈 炜	张卫东	张亚平
张军强	张志峰	张 颖	陈仲兵	陈 杰	陈雪峰	陈 颖
邵亚楠	邵健猛	林 虹	郑建中	赵 磊	俞世卯	袁巍峰
顾 炯	徐文军	徐国强	郭荣卫	黄忠荣	黄保华	曹林清
曹 鸣	蒋云炳	韩振冲	谢明舜	虞天华	谭存阳	滕 凯

左1：李智强，1990年11月出生于云南省保山市，2013年毕业于黑龙江林业职业技术学院，高级木材检验员。

左2：杨秀明，1957年9月出生于上海市杨浦区，1992年毕业于南京林业大学，国家级木材检验员。

左3：张余仁，1957年11月出生于江苏省扬州市，1982年毕业于南京农业大学，高级工程师。

左4：蒋庆阳，1992年10月出生于黑龙江省大庆市，2015年毕业于东北林业大学，高级木材检验员。

序

木材一直是我国长期进口的大宗商品之一，随着我国对外开放的不断扩大，进口木材的国别地区也在不断增多，采购足迹已遍及五大洲的 100 多个国家和地区，年进口量 1 亿多立方米。据《中国木材行业市场需求与投资咨询报告》显示，我国已经成为全球木材进口数量和木制品出口数量最大的国家，进口木材量约占全球贸易总量的 10%。由于进口树种越来越多，十分繁杂，用途广泛，而国内对进口木材树种、材性及其开发利用等相关领域的研究滞后，现存的介绍木材树种名称等信息的专著，已无法满足市场的发展需求，编译一部树种名称信息量更大的专著已迫在眉睫。

杨家驹先生于 2000 年主编的《世界商品木材拉英汉名称》一书共收录了 797 个属、3247 个树种，为进口木材贸易提供了便利，发挥了积极的作用。根据我国有关法律法规之规定，进口木材报关及在国内市场流通时必须使用规范的中文名称，仅有拉丁学名和英文名称是不行的。"世界商用木材名典"系列丛书收录了 20231 个树种（隶属于 248 个科、2130 个属），可满足进口木材市场可持续发展的迫切需求，为进口报关、市场流通破解了难题，为规范和促进木材市场的健康发展、提升贸易便利化提供了保障，为检验鉴定、消费维权、行政执法等提供了参考依据。

我国是《濒危野生动植物种国际贸易公约》（CITES）的 183 个缔约方之一。每个物种都是人类同住地球村的朋友，保护生物多样性、保护生存环境是全人类共同的神圣职责。在全球 60065 个树种中，约有 1500 种处于濒危状态，2016 年被 CITES 列入濒危保护的木材树种有 290 余种，2019 年已增加到了 520 余种，这个数字还会上升。我国海关总署已将打击走私濒危物种纳入"蓝天行动"计划，本套丛书适时添加了对濒危木材树种的特别提示，可指导商家如实申报，有利于国家对濒危物种的管理，有利于海关打击走私，切实履行我国的国际义务。此外，本套丛书还增列世界海关组织规定统一使用的所有属的原木协调制度编码（HS CODE），这是跨行业融合之举，读者使用本套丛书可以同时查询到三项重要信息，更加实用、更加便捷高效。

张余仁先生于 20 世纪 80 年代初在原上海商检局从事进口木材检验鉴定工作，杨秀明女士是国家级木材检验员，其带领的编译团队具有丰富的实际工作经验。本套丛书是当下收录树种最全、信息量最大的专业工具书，可对进出口木材贸易、国内市场流通、生产加工消费起到一定的指导作用，可供海关、市场监管等执法部门、木材贸易商家、木制品厂家等生产流通领域、检测机构、科研院校等单位的广大读者使用。

中国工程院院士、南京林业大学原校长：曹福亮

2020 年 6 月

前　言

森林是人类走向文明的起点。远古祖先从树叶蔽身、削木以战、构木为巢、钻木取火……的艰苦岁月中一路走来，木材一直伴随着人类的成长。在世间万物中，因为只有人类能够感知有机与无机之间的界限，故人类有与生俱来的亲生命性和亲自然性。木材来自大自然，与人类亲密无间，因材质性能得天独厚，纹理外观天然漂亮，便于加工使用，可以调节气候、净化空气，是最好的固碳载体等，而倍受人类喜爱。外国人喜欢木材侧重于科学性和实用性，而中国人不只如此，更升华至精神文化层面。在中国的五行观念中，唯一有生命的是"木"；在汉字中带有"木"字偏旁的字有1020个，占汉字总量的1.8%。人与木相伴方为"休"，家中有木方为"闲"。此外，带"木"字的成语有620个，占成语总量的2%；还有许多与木有关的谚语和典故在民间流传，至于歌颂树木的诗词歌赋更是数不胜数。

由此可见，世人皆喜木，国人更偏爱。也正因如此，随着人类社会的进步、经济建设的发展及开发利用水平的提高，全人类对木材需求的持续增长与全球森林资源减少的矛盾一直长期存在，为此，很多国家采取了合理砍伐与植树造林政策并举，从滥砍滥伐过渡到有序砍伐；也有一些国家禁止砍伐。中国自古少林，用木又多。远古时代，我国的森林覆盖率最高为64%，尔后，历朝历代逐渐下降，到民国时期达到最低，为12.5%。中华人民共和国成立后，经党和国家几代领导人前赴后继，率领全国人民共同努力，我国的森林覆盖率才有所回升，于1999年恢复到16.55%。进入新时代，习近平总书记指出要加快生态文明体制改革，建设美丽中国，2018年我国的森林覆盖率提升至22.96%，世界排名上升至第137位，我国也因此得到了联合国粮食及农业组织（FAO）的高度评价。

既要保护有限的森林资源，又要满足经济建设和人民生活对木材日益增长的需求，国家在严禁滥砍滥伐和大力倡导植树造林的同时，不得不将目光瞄向海外市场，一是放开经营权限，鼓励大众进口；二是逐步下调关税，让利于民，为全球采购铺平道路。我国已经成为全球进口木材数量和出口木制品数量最大的国家，随着全球采购的力度加大，不断有新国家、新地区的新树种进入国内木材市场。根据进出口货物报关的有关规定，进口木材报关不仅要有拉丁学名和英文名称，而且必须有中文名称；根据《中华人民共和国产品质量法》的有关规定，木材及木制品在国内市场流通时也必须使用规范的中文名称。但这方面的研究与翻译滞后，相关文献已不能适应国内外木材市场的巨大变化，人们迫切需要一部覆盖面更广、信息量更大、更加科学实用的专业工具书，以解进口木材贸易及国内市场流通的燃眉之急，助推木材产业在新时期的新发展。

根据 2017 年国际植物园保护联盟（BGCI）携手全球植物学机构的最新权威统计，全世界树木种类共有 60065 种，我国进口木材涉及五大洲的 100 多个国家和地区，树种繁杂，用途广泛。本着尊重历史、维护权威、去繁就简、便捷实用、搁置争议等原则，编者查阅了大量的国内外有关文献资料，共收录了 2130 个属、20231 个树种的信息，按洲分册出版，便于读者查询、使用。本套丛书的关键点和最大难点是确定每个树种的中文名称，对于国内资料已有记载的中文名称，编者在核对校正的基础上采纳。凡已有中文名称与《濒危野生动植物种国际贸易公约》（CITES）濒危木材树种附录或国家标准中的中文名称不一致的，一律以 CITES 濒危木材树种附录或国家标准为准。凡学名或地方名与《进出口税则商品及品目注释》不一致的，一律以后者为准。对尚无中文名称的树种，编者依据一定的原则进行翻译（详见编制说明），力求做到人无我有、人有我优。又因全球树种资源极其丰富，无法包罗万象，为便捷实用，不得不合理取舍，在大而全、简而精中求平衡，尽可能满足不同读者的需求。此外，本套丛书同时收录了濒危木材树种信息，增列了世界海关组织统一规定使用的所有属的原木 HS CODE，读者可以一次性查询到三个方面的重要信息，提高使用效率。

毋庸置疑，编译工作量非常之大，遇到的各种问题又非常之多，由于编者水平有限，书中的疏漏、不足之处在所难免，恳请同行和广大读者不吝指正。编者虽不是专家学者，但都是木材爱好者，乐为木材事业奉献毕生精力，希望能抛砖引玉，将本套丛书的未尽事宜留给后人去改进，不断完善。

在本套丛书付梓之际，编者对南京林业大学教授丁雨龙、徐立安，副教授唐进根、杨绍陇，海关总署税收征管局（上海）、上海海关、张家港海关、上海市市场监管局等部门的有关领导，国家林业和草原局驻上海森林资源监督专员办事处、中华人民共和国濒危物种进出口管理办公室上海办事处、江苏万林现代物流股份有限公司，以及为本套丛书的出版给予过支持和帮助的所有单位和人员表示最诚挚的感谢！

编　者

2020 年 6 月

目　录

编制说明

1. 本套丛书共收录 20231 个树种（隶属于 248 个科、2130 个属）的商用木材学名、主要产地、中文名称和地方名等信息。为便于读者查阅与使用，本套丛书根据木材产地，按洲分册出版。学名即拉丁名；地方名即商用名，多为英文或法文，也有一些是意大利文、葡萄牙文、西班牙文等其他语种，其中还有少数是根据当地人惯用称谓的发音拼写而成。此外，凡在海关总署关税征管司编著的《进出口税则商品及品目注释》（以下简称《品目注释》）中已有的学名与地方名，皆以《品目注释》为准。

2. 由于植物分类学家经常会对植物的归属进行重新分类，使得有些植物科名发生变化。本书所有科名均采用学术界权威分类方法，或尊重官方权威部门确定的科名编录。例如，豆科植物种类繁多，是种子植物的第三大科，有些植物学家将其分成了三个科，即含羞草科、蝶形花科和苏木科（又称云实科），并被广泛认可，本书尊重学术权威编录，这三个科即为《红木：GB/T 18107—2017》中的"豆科 Leguminosae"和 CITES 濒危木材树种附录中的"豆科 Leguminosae（Fabaceae）"。

又如，此前大叶里卡木（*Licania macrophylla*）属于蔷薇科（Rosaceae）利堪蔷薇属（*Licania*），因有些植物分类学家将大叶里卡木等相关树种从蔷薇科中分离出来，新命名为"金橡实科（Chrysobalanaceae）"，但大叶里卡木的中文名称、学名及其属名不变，且已被国家标准采用，本书尊重官方权威编录。

3. 所列木材的主要产地不一定是其属地，与行政区划无关，而是根据树种生长地域所在洲进行区分。例如，新喀里多尼亚为法国的海外属地之一，但该岛位于太平洋上，便将其编入了大洋洲篇。若同一树种在几大洲均有分布，在相关分册中亦予收录，以便读者查阅。经统计，共有 1625 个树种至少在两大洲均有分布，本套丛书收录各大洲的树种情况如下：

亚洲：7849 个树种，隶属于 169 个科、968 个属；

美洲：7408 个树种，隶属于 186 个科、1131 个属；

大洋洲：2748 个树种，隶属于 140 个科、621 个属；

非洲：3172 个树种，隶属于 138 个科、712 个属；

欧洲：679 个树种，隶属于 89 个科、214 个属。

部分树种的主要产地中大产地与小产地会同时存在，例如，美拉尼西亚群岛为大产地，包括斐济、所罗门、巴布亚新几内亚等小产地；又如，安的列斯群岛为大产地，包括大安的列斯群岛、小安的列斯群岛等小产地，因产地之间对同一树种也会有不同称谓（不同的地方名），为防缺失，书中将大、小产地一并收录，力争产地信息在书中皆可查到。

个别树种的产地为某些岛屿，因无法考证其所属洲，编者根据其地理位置，按就近原则将其编入相关分册。例如，安达曼群岛位于孟加拉湾与缅甸海之间、十度海峡之北，因无法准确界定其属于亚洲还是大洋洲，编者按就近原则将其编入亚洲篇。

4. 针对 2017 年国际植物园保护联盟（BGCI）携手全球植物学机构的最新权威统计

公布的全世界 60065 个树种，编者经查阅相关文献资料予以筛选，剔除灌木，保留乔木。本套丛书采用的树木定义是：如仅一根主干，可长到 2 米以上的乔木；如多干（丛生），最粗干的胸高直径可达 5 厘米以上的乔木。本套丛书所列木材指能成材的前者。

5. 为增强本套丛书的实用性，书中收录了《濒危野生动植物种国际贸易公约》（CITES）截至 2019 年 9 月公布的濒危木材树种及其管控级别作为附录，并在对应树种中文名称中用①、②、③加以提示，具体说明如下：

①：一级管控（CITES 濒危木材树种附录Ⅰ），指有灭绝危险的物种，禁止商业贸易，特殊情况除外。有些国家特有的珍稀动植物可以用作展示交流、科研教学或进行拯救性保护等。

②：二级管控（CITES 濒危木材树种附录Ⅱ），指那些目前虽未濒临灭绝，但若对贸易不严加控制，就很有可能灭绝的物种。

③：三级管控（CITES 濒危木材树种附录Ⅲ），指某一缔约方提出在其管辖范围内应当管控开发利用，需要得到其他缔约方合作控制贸易的物种。这些树种在某国或某地区属于濒危物种，但在其他国家或地区不是，针对这种情况，本套丛书在同一属名下予以分列，以便读者识别，但种的数量统计不变。

CITES 濒危木材树种附录对有些科属树种的描述比较笼统，例如，"柿树科柿属所有种（马达加斯加种群）""黄檀属所有种（巴西黑黄檀除外）"等，在实际工作中很难准确把握。为求真求全，编者尽可能把某属所有种所包含的树种数量搞清楚，并将其管控级别标注在中文名称之后。本套丛书收录的此类濒危木材树种信息如下：

豆科黄檀属 288 个树种；

瑞香科沉香属 10 个树种、棱柱木属 12 个树种、拟沉香属 1 个树种；

蒺藜科愈疮木属 6 个树种。

至于 CITES 濒危木材树种附录中提及的"柿树科柿属所有种（马达加斯加种群）""楝科洋椿属所有种（新热带种群）""楝科大叶桃花心木（新热带种群）""檀香科非洲沙针（布隆迪、埃塞俄比亚、肯尼亚、卢旺达、乌干达和坦桑尼亚联合共和国种群）"，编者将濒危种群信息在同一属名下予以分列，以便读者识别，但种的数量统计不变。

6. 本套丛书在属名（科名）处增列了原木的 6 位税号，这是世界海关组织（WCO）统一规定使用的协调制度编码（HS CODE），可以指导读者快速查询、申报，提高通关效率。

根据世界海关组织协调制度归类原则，原木按照树种分为 11 大类，即共有 11 个与之相对应的 HS CODE，其中针叶材 3 类，包括松木、冷杉及云杉，以及其他针叶木；阔叶材 8 类，包括红柳桉、其他热带木、栎木（橡木）、山毛榉、桦木、杨木、桉木、除上述树种外的其他原木树种。尽管柳桉因颜色不同而拥有不同的 HS CODE，但仍属于同一个属，只是将除红柳桉以外的其他柳桉归入"除上述树种外的其他原木树种"，本套丛书根据《品目注释》规定亦予分列，但属的数量统计不变。

此外，根据世界海关组织统一分类标准规定，原木 HS CODE 的确定，不仅要考虑其树种，还要考虑其加工状态，本套丛书所附 HS CODE 所限定的原木加工状态均为砍伐后天然状态的木材，未用油漆、着色剂、杂酚油或其他防腐剂处理。

7. 各树种依据其学名拉丁文字母排序，以便检索查询。凡在书中出现的植物学异名、杂交种名、亚种名、培育种名和变种名均可按此方法检索查询。

对于植物学异名，凡在 CITES 濒危木材树种附录、《品目注释》中已有的异名（＝属或种加词）均予保留。对于在《品目注释》中虽有，但在 CITES 濒危木材树种附录中没有的异名，例如，大美木豆学名为 *Pericopsis elata*，异名为 *Afrormosia elata*；又如，刺猬紫檀学名为 *Pterocarpus erinaceus*，异名为 *Pterocarpus africanus*，考虑到科学性与实用性，以及尊重官方权威，书中亦予收录。对新出现的树种异名，考虑到其变化较大，尚存争议，原则上不予收录。

此外，对于杂交种名（*属* X *种加词*）、亚种名（*种名* subsp. *亚种名*）、培育种名（*种名* cv. '*培育种名*'）、变种名（*种名* var. *变种名*）亦予保留。如：

（1）灰红树杨的杂交种名为：*Populus* X *canescens*；

（2）香味异翅香（*Anisoptera thurifera*）的亚种名为：多雄异翅香（*Anisoptera thurifera* subsp. *Polyandra*）；

（3）黑杨（*Populus nigra*）的培育种名为：俄黑杨（*Populus nigra* cv. '*Harkoviensis*'）；

（4）毛果冷杉（*Abies lasiocarpa*）的变种名为：亚利桑那州冷杉（*Abies lasiocarpa* var. *arizonica*）。

8. 凡有地方名的树种，说明该树种木材在市场上已有流通。凡地方名数量超过 20 个的，受篇幅所限，编者适量择取。

9. 索引部分，中文名称索引根据汉语拼音排序，地方名索引根据英文字母排序，其后对应的数字即序号，以便读者快速查找定位该树种。

10. 关于中文名称的确定，根据国家有关法律法规的规定，本套丛书沿用已有的、规范的中文名称，对国内市场中流通的俗名不予收录，避免混乱。当已有的中文名称与 CITES 濒危木材树种附录或国家标准中的中文名称不一致时，本套丛书遵循以下原则的先后顺序收录：

CITES 濒危木材树种附录中的中文名称；

国家标准中的中文名称；

已有的中文名称。但将有些树种的中文名称由音译改为意译，例如，*Abies cilicica* 音译为"奇里乞亚冷杉"，本套丛书意译为"纤毛冷杉"。

11. 对没有中文名称的树种，编者遵循如下规则汉译：

依据学名的字意汉译；

依据学名的译音汉译；

参考地方名的英文或相关语种的含义汉译；

参考多识植物百科网站的汉译；

遵循"名从前人，名从主人"的原则汉译；

自译的中文名称原则上不超过 3 个字（带有地域名或属名的除外）；

尽量使用通俗汉字，以便记忆。

制定一套相对规范的木材树种名称翻译原则很有必要，尽管会遇到各种各样的难

3

处，我们也应尽可能地敦促使用规范的中文名称，力求准确和相对稳定，力争做到切实有利于木材产业发展和业内人士交流。在树种中文名称翻译方面，其实没有绝对的权威，我们应用发展的眼光和包容的心态看待这一问题，希望在实践中趋于统一，在修订中予以改正，使之不断完善。

随着对原始森林开发利用的不断深入，新树种也会不断出现，尤其是非洲和美洲的木材树种会增加较多，研发及编译工作永无止境，本套丛书收录的树种信息依然有限，有待日后不断地补充完善。

索引

商用木材中文名称索引

（按汉语拼音排序）

光滑军刀豆　4035
光滑梾木　1948
光滑蓝花楹　3593
光滑泪珠莓　7101
光滑类木棉　828
光滑利堪蔷薇　3836
光滑栎　5836
光滑裂榄木　975
光滑鲁帕山龙眼木　6116
光滑马钱子　6613
光滑毛药树　3134
光滑南美洲火把树　3715
光滑泡花树　4284
光滑七叶树　217
光滑桤木　311
光滑热美椴　495
光滑榕　2956
光滑山核桃　1226
光滑松　5168
光滑驼峰楝　3165
光滑腺果藤　5316
光滑小石积　4858
光滑悬铃木　5355
光滑鸭脚木　6304
光滑羊蹄甲　725
光滑野蜜莓　2159
光滑野茉莉　6637
光滑叶子花　848
光滑榆　7061
光滑佐勒苏木　7393
光亮阿巴豆　8
光亮合果果　3942
光亮红厚壳木　1110
光亮木兰　4121
光亮斯威豆木　6691
光亮铁木豆　6676
光亮围盘树　5037
光亮杨梅　4571
光亮因加豆　3534
光膜瓣豆　3413
光秃军刀豆　4036
光野茉莉　6638
光叶番荔枝　457
光叶菲肾苞豆　515
光叶瓜特番荔枝　3197
光叶合果果　3923
光叶绢木　4327
光叶决明　6383
光叶军刀豆　4044

光叶裂榄木　976
光叶蔷薇　6108
光叶斯鲁帕山龙眼木　6117
光叶托星榄　2523
光叶鸭脚木　6303
光叶夜香树　1452
光叶准鼠李木　5993
光油桃木　1243
光泽盾籽木　588
光泽姜饼木　4948
光泽围涎树　5333
光泽夜香树　1459
光籽异木患　304
广木兰　4108
广腺冠木　6569
广叶鳄梨木　5042
广叶瓜特番荔枝　3183
广叶树参　2327
广叶铁木豆　6648
广叶紫金牛　531
圭巴桃榄　5512
圭巴正玉蕊　3771
圭多尼亚海木　7003
圭多尼亚水钉树　7398
圭亚那阿马大戟木　340
圭亚那安尼樟　427
圭亚那巴豆　2111
圭亚那白苲柞　707
圭亚那饱食桑　885
圭亚那杯托樟　238
圭亚那长梗辕木　2600
圭亚那顶序桐　6237
圭亚那冬青　3438
圭亚那独蕊树　7241
圭亚那杜古番荔枝　2486
圭亚那管蕊堇　4989
圭亚那海葡萄　1707
圭亚那河桐　1812
圭亚那红柱树　1307
圭亚那猴欢喜　6473
圭亚那厚壳桂　2150
圭亚那护卫豆　285
圭亚那黄乳桑　5032
圭亚那灰木　6706
圭亚那嘉赐　1273
圭亚那箭毒木　4607
圭亚那搅棒树　5761
圭亚那金叶树　1540

圭亚那绢木　4344
圭亚那夸斯苦木　5770
圭亚那拉美玉蕊　2718
圭亚那里斯柿　3890
圭亚那利堪蔷薇　3813
圭亚那莲叶桐　3314
圭亚那绿心樟　4744
圭亚那螺花木　6554
圭亚那马钱子　6615
圭亚那马太无患子　4224
圭亚那马蹄榄　5576
圭亚那猫须李　3365
圭亚那美登卫矛　4254
圭亚那密花树　5958
圭亚那蜜笛花　6545
圭亚那蜜瓶花　4682
圭亚那明夸铁青　4462
圭亚那牡荆　7208
圭亚那穆里野牡丹　4504
圭亚那南美洲藤黄　1192
圭亚那囊舌木　6166
圭亚那牛奶木　1996
圭亚那帕立茜草　4916
圭亚那炮弹果　2016
圭亚那苹婆　6583
圭亚那茜椿　6978
圭亚那犰狳棠　335
圭亚那犬乳藤　3023
圭亚那热美夹竹桃木　4080
圭亚那绒子树　5936
圭亚那榕　2959
圭亚那乳桑　702
圭亚那涩木豆　6627
圭亚那沙九节　4910
圭亚那蛇桑　5302
圭亚那柿木　2388
圭亚那舒榄　769
圭亚那斯沃铁木豆　6683
圭亚那塔皮漆木　6828
圭亚那塔奇苏木　6794
圭亚那坛罐花　6451
圭亚那桃榄　5505
圭亚那特拉橄榄木　6987
圭亚那天料木　3380
圭亚那铁木豆　6662
圭亚那头序柏　4194
圭亚那图利无患子　6966
圭亚那臀果楠　3567

圭亚那托星榄　2522
圭亚那瓦泰豆　7110
圭亚那维罗蔻　7155
圭亚那纤皮玉蕊　2006
圭亚那香矾木　7104
圭亚那香脂苏木　1851
圭亚那橡胶木　3322
圭亚那小鳞山榄木　4417
圭亚那斜蕊樟　3862
圭亚那蟹木楝　1195
圭亚那鳕苏木　4470
圭亚那羊蹄甲　726
圭亚那硬瓣苏木　6335
圭亚那硬丝木棉　6339
圭亚那雨葡萄　5474
圭亚那玉蕊李　1985
圭亚那摘亚木　2338
龟纹木棉　5641
桂嘉赐　1261
桂绢木　4357
桂皮钩藤　7071
桂叶冬青　3443
桂叶栎　5856
桂叶娜恩曼火把木　7271
桂叶尼克樟　4637
桂叶乔杜鹃木　524
桂叶雀杨　3883
桂叶瑞香　2303
桂叶树参　2332
桂叶因加豆　3500
果托拉拉藤　3076
过渡罗汉松　5423

H

哈里木兰　4110
哈利科斯松　5171
哈利斯科松　5173
哈马尼封蜡树　7188
哈塞古柯　2662
哈氏红树　6020
哈氏栎　5842
哈氏柳　6195
哈氏忍冬番樱　4537
哈氏榕　2960
哈氏山楂　2058
哈斯牧豆木　5548
哈瓦海木　7004
哈瓦那虎躯木　854
哈瓦那罗伞堇　3397
海岸松　5194

尖嘴丝兰　7324
坚桦　775
坚甲军刀豆　4029
肩轴木　4966
剑木　4888
剑叶独蕊树　7244
剑叶杜古番荔枝　2489
剑叶合生果　3931
剑叶栎　5854
剑叶裂榄木　988
剑叶绿心樟　4751
剑叶尼克樟　4636
剑叶诺漆木　6033
剑叶破布木　1886
剑叶茄　6506
剑叶臀果楠　3563
剑叶辛酸八角　2454
剑叶银合欢　3792
剑叶圆锥果　1839
剑叶正玉蕊　3764
渐白绿心樟　4717
渐尖狗牙花　6781
渐尖丽薇　3706
渐尖油柑　5093
渐窄马蹄榄　5565
渐窄藏红卫矛　1303
箭牌莪葓　7151
姜饼饱食桑　892
姜饼木　4952
姜叶坦尼紫葳木　6827
僵直巴豆　2135
降香绿心樟　4763
交叉榕　2949
胶香木　374
胶粘刺槐　6070
胶粘相思　121
胶竹桃　4934
胶状伞房桉　1968
胶状瑕豆　645
胶状相思　110
礁石紫心苏木　5006
角桉　2760
角茎蒂牡花木　6934
角膜藤黄　3082
角鲨古柯　2676
角五加参　5021
角形穆里野牡丹　4493
角藻唇诊　1485
角状砂纸桑　1358

接骨木　6231
接氏冬流木　1494
节果破布木　1910
节氏美杨桐　3062
节氏蜕皮藤　38
节枝金匙木　1011
节枝雪蛛檀　2032
节状桢楠　5084
杰曼尼安尼樟　430
截形翅齿豆　5730
截叶马兜铃　554
截叶山皮木　5956
截枝猴欢喜　6484
解密蚌壳木　5028
戒杜古番荔枝　2497
芥维罗蔻　7157
金边黄凌霄　415
金番樱桃　2778
金粉金匙木　1016
金盖果玉蕊　3379
金果含羞草　4429
金果决明　6359
金果温美桃金娘　4528
金合欢　82
金花蚁木　6739
金黄绢木　4321
金黄爵床　3660
金黄榕　2934
金黄赛比紫薇　2193
金黄蚁木　6733
金黄玉蕊李　1980
金黄钟花木　6845
金鸡纳木　1548
金橘　3025
金钱桉　2753
金色杜古番荔枝　2476
金色小鳞山榄木　4419
金山葵　6701
金氏船形果　2776
金氏刺槐　2633
金氏苏木　1057
金氏竹棕　1479
金丝兰　7321
金丝雀树　50
金焰忍冬　3967
金叶番樱桃　2790
金叶风箱果　5114
金叶柑橘　1592
金叶合生果　3912

金叶绢木　4332
金叶爵床　3661
金叶栎　5798
金叶青皮木　6330
金叶树　1534
金叶塔奇苏木　6793
金叶斜蕊樟　3856
金银花崖豆　4425
金樱子冬青　3442
金樱子杠柳　5038
金樱子绢木　4353
金樱子美登卫矛　4258
金樱子牧豆木　5551
金樱子破布木　1900
金樱子山黄皮木　5946
金樱子双球桑　5642
金樱子水东哥　6285
金樱子杨梅　4555
金柱苏木　1056
紧蜂鸟花　4074
紧密流苏木　1496
堇菜钟萼桐　6328
堇色军刀豆　4069
堇色紫檀　5728
进苏姆胡椒　5248
近缘安尼樟　418
近缘鸽爪木　1514
近缘古柯　2652
近缘花椒　7327
近缘槐　6531
近缘绢木　4314
近缘军刀豆　4025
近缘栎　5777
近缘绿柄桑　1509
近缘牧豆木　5541
近缘琴木　1565
近缘山梅花　5068
近缘树参　2326
近缘因加豆　3471
浸斑苏木　1059
茎花大理石豆　4211
茎花杜古番荔枝　2475
茎花番木瓜　1198
茎花番樱桃　2789
茎花烈臭玉蕊　3234
茎花山麻杆　271
茎花亦雨树　7400
茎花折帽果　3284
荆豆　7056

粳稻莪葓　7137
静脉白饼漆树　3896
静脉绿心樟　4795
静脉买麻藤　3117
酒神菊　674
酒园巴豆　2127
白齿苏木　508
桔梗白蜡木　3037
桔梗克拉藤黄　1680
菊苣臀果楠　3561
橘叶安尼樟　422
橘叶狗牙花　6783
橘叶鸡眼藤　4474
橘叶榕　2941
橘叶杨梅　4542
巨瓣苏木　4083
巨菜棕　6156
巨齿械　146
巨翅羊角骨柞　4082
巨大杜鹃花木　6027
巨大柑橘　1600
巨大榕　2954
巨大水君木　6994
巨果盾籽木　584
巨果美洲茶　1351
巨果牛栓藤　1832
巨花破布木　1908
巨花驼峰楝　3173
巨拉美玉蕊　2713
巨马蹄榄　5575
巨牡荆　7207
巨杉　6396
巨丝兰　7318
巨乌柏　6251
巨型毛萼金娘　812
巨腰果木　382
巨叶独蕊树　7239
巨叶杜古番荔枝　2492
巨叶猴欢喜　6477
巨叶黄砂使君子　916
巨叶青冈桐　4985
巨叶塔利无患子木　6818
巨叶夜香树　1457
巨籽鳕苏木　4471
具苞安尼樟　420
具苞绢木　4322
具苞苦扇花　5144
具苞冷杉　17
具苞香脂苏木　1847

柯氏护卫豆 283
柯氏异药莓 2368
科尔塔樱桃 5604
科根斯马钱子 6606
科莱嘉赐 1254
科鲁因加豆 3485
科洛比金匙木 1017
科米刺柏 3637
科米尼亚异木患 297
科莫槽柱花 901
科内托南美椰 3554
科尼漆木 6032
科努塔冬青 3431
科佩伊栎 5804
科普墨木患 2903
科奇相思 71
科氏海葡萄 1714
科氏黄凌霄 414
科氏维罗蔻 7163
科斯鼠李木 5997
科斯塔栎 5806
科斯塔木棉 833
科斯塔苹婆 6578
科祖海葡萄 1711
可可木 6912
可可苏木 1046
可食阿利伯 290
可食木薯 4172
可食水蟿花 4304
可食塔利无患子木 6814
可食异木患 300
可食银合欢 3790
克拉丹桃榄 5492
克拉乌柏 6249
克莱杜古番荔枝 2477
克莱木槿 3328
克劳海木 7001
克雷氏琴木 1574
克里茄 6492
克鲁美洲染木 6437
克鲁塞锚刺棘 1775
克鲁氏海葡萄 1722
克鲁桃果椰子 692
克鲁西合生果 3916
克罗岛葵树 6294
克洛地杨桃 6345
克洛蜡椰 1447
克洛西海厄大戟 3341
克氏巴豆 2095

克氏冬青 3441
克氏番箭毒木 4609
克氏海岸桐 3217
克氏河桐 1814
克氏红豆 4844
克氏黄砂使君子 914
克氏帽矾木 1125
克氏尼克樟 4634
克氏牛栓藤 1834
克氏赛军刀豆 4938
克氏香脂苏木 1852
克氏锥钓樟 2554
肯塔香槐 1606
空桐刺桐 2648
孔杜鲁饱食桑 881
孔雀豆 185
孔扎水东哥 6282
苦栎 5911
苦楝 4275
苦梅克拉 4270
苦木 6430
苦木裂榄木 1002
苦双参木 2354
苦味拉美玉蕊 2697
苦味斜蕊樟 3846
苦油桃木 1238
苦檫夸斯苦木 5772
库本铁木豆 6655
库比尔黄檀② 2241
库比米糠树 368
库尔特相思 76
库基因加豆 3483
库卡蜡烛木 2223
库拉绞麻树 2023
库拉破布木 1879
库拉索刺柏 3632
库拉五桠果 2191
库勒合生果 3935
库勒奎乐果 3120
库马榄仁木 6869
库曼虎躯木 851
库彭马蹄榄 5571
库珀杜古番荔枝 2478
库珀克拉藤黄 1662
库珀朗德木 6094
库珀牡荆 7202
库珀琴木 1569
库氏鳄梨木 5049
库氏绿心樟 4748

库氏尼克樟 4625
库氏榕 2942
库氏桃花心木 6695
库氏相思 74
库氏羊蹄甲 721
库氏愈疮木② 3149
库氏越橘 7091
库斯帕盾籽木 573
库特绢木 4334
库亚本黄檀② 2243
库亚血红茶木 3723
库页卫矛 2865
库朱绿心樟 4729
夸斯苦木 5767
块茎茄 6527
宽柄利堪蔷薇 3835
宽长果马肉豆 4007
宽大合生果 3949
宽大猴欢喜 6460
宽分枝黄檀② 2296
宽果白蜡木 3051
宽果含羞草 4447
宽果红木树 798
宽果九节木 5690
宽果苹果 4157
宽绢木 4318
宽裂片双翼苏木 5011
宽叶冬青漆 1810
宽叶番樱桃 2795
宽叶马蹄豆 4213
宽叶密花树 5960
宽叶榕 2937
宽叶烟斗树 1218
宽叶蚁木 6738
宽叶正玉蕊 3752
宽叶锥钓樟 2551
奎纳山柑 1177
昆安花椒 7362
昆蒂尼克樟 4635
昆杜番荔枝 469
昆氏苞萼藤 2320
昆氏利堪蔷薇 3818
昆氏驼峰楝 3171
昆西牧豆木 5550
扩张山楂 2053
阔叶白蜡木 3046
阔叶杯碟花 804
阔叶彩号丹 3139
阔叶大籽鸡纳 3694

阔叶冬流木 1490
阔叶杜古番荔枝 2490
阔叶椴木 6948
阔叶海葡萄 1723
阔叶厚壳树 2526
阔叶黄花夹竹桃 6921
阔叶酒神菊 676
阔叶决明 6365
阔叶军刀豆 4042
阔叶卡文鼠李木 3666
阔叶苦槛木 5128
阔叶榄仁木 6871
阔叶罗汉松 5403
阔叶米糠树 369
阔叶砂纸桑 1361
阔叶山麻杆 268
阔叶消乳香 6315
阔叶醒神藤 4978
阔叶鸭蛋花木 1144
阔叶夜香树 1454
阔叶亦雨树 7406
阔叶银针树 5463
阔籽骨皮树 4859

L

拉德槟榔青 6561
拉赫九节木 5696
拉凯绢木 4352
拉克夜香树 1456
拉马胡椒 5252
拉马山黄麻 6992
拉美红厚壳木 1104
拉美驼峰楝 3170
拉姆山荔枝 4679
拉纳灰木 6707
拉纳夜香树 1453
拉西红珠麻 7084
拉希夫黄檀② 2286
拉伊萨桃榄 5507
腊肠树 1290
蜡果杨梅 4544
蜡藤榆 367
蜡质维罗蔻 7176
莱奥多络麻木 7031
莱奥铁木豆 6671
莱迪山红木 1439
莱柯桂木 561
莱克西栎 5852
莱蔻斑纹漆 635
莱曼尼胡椒 5254

美极榕 2955	美洲含羞草 4434	米氏马太无患子 4227	密茎艳苞莓 1338
美丽刺桐 2647	美洲核果木 2466	米氏赛比紫薇 2195	密茎折帽果 3289
美丽蒂牡花木 6939	美洲黑杨 5441	米氏维罗蔻 7166	密茎醉鱼草 938
美丽独蕊树 7254	美洲花椒 7329	米氏相思 94	密脉小鳞山榄木 4423
美丽短盖豆 870	美洲花楸 6537	米索尔枣木 7383	密生刺柏 3639
美丽古巴木棉 4466	美洲黄果藤黄木 4166	米特伦茄 6511	密氏胡椒 5259
美丽古柯 2671	美洲卡曼莎木 6080	米歇利紫檀 5723	密松 5159
美丽郝瑞棉 1524	美洲利蒂大风子 3699	密苞铁木豆 6654	密叶封蜡树 7185
美丽红乳果 5018	美洲蓼树 7035	密刺古柯 2659	密叶南美洲藤黄 1186
美丽虎驱木 859	美洲龙血树 2451	密花阿马大戟木 338	密叶臀果楠 3558
美丽记木豆 5973	美洲马太无患子 4216	密花叉蕊木 6324	密枝木贼麻黄 2587
美丽荆花栗 7072	美洲猫须李 3358	密花独蕊树 7232	密枝铁苋菜 134
美丽朗德木 6091	美洲桤叶树 1626	密花海桐花 5343	蜜花 4277
美丽冷杉 14	美洲染木 6439	密花厚壳桂 2149	绵毛绿心樟 4750
美丽莲叶桐 3316	美洲山杨 5450	密花黄檀② 2248	绵毛桤叶树 1629
美丽烈臭玉蕊 3242	美洲鼠李木 6007	密花灰木 6713	绵毛铁榄木 6415
美丽绿心樟 4775	美洲檀薇香 2306	密花金匙木 1021	棉蚜巴豆 2109
美丽马鞭椴 3986	美洲铁榄木 6409	密花酒神菊 672	棉叶麻风树 3606
美丽帽矾木 1137	美洲铁木 4864	密花利堪蔷薇 3809	棉籽嘉赐 1259
美丽默罗藤黄 4480	美洲铁心木 4303	密花绿心樟 4726	面包树 558
美丽苹婆 6591	美洲相思 89	密花马钱子 6608	敏感合萌 212
美丽绒果柏 4019	美洲野蜜莓 2155	密花韧葵木 715	缪氏油柑 5104
美丽赛瓦豆木 7118	美洲针盒珊瑚 6351	密花石栎 3891	模糊独蕊树 7251
美丽山柑 1179	美洲榛 1964	密花正玉蕊 3756	模拟河桐 1819
美丽上位独蕊 5746	美洲醉鱼草 929	密花紫丹木 6969	膜叶杯托樟 241
美丽舌头菊 3007	萌发海榄雌木 664	密花紫心苏木 4993	膜叶柑橘 180
美丽斯威豆木 6690	蒙大拿裂萼矾木 4201	密茎白苴柞 708	膜叶瓜瓶藤 6400
美丽桃榄 5526	蒙大拿山红木 1440	密茎白珠 3092	膜叶嘉罐花 3307
美丽田花生 5380	蒙得维乌桕 6264	密茎冬青 3450	膜叶卡曼莎木 6082
美丽铁刀木 1301	蒙地盾籽木 590	密茎豆沙果 963	膜叶利堪蔷薇 3827
美丽直叶椰子木 659	蒙蒂宝冠木 899	密茎番金莲木 4881	膜叶尼克樟 4644
美丽梓树 1328	蒙氏犰狳棠 336	密茎番荔枝 465	膜叶热美椴 497
美丽紫薇 3712	蒙氏榕 2972	密茎瓜栗 4901	膜叶砂纸桑 1363
美利奴因加豆 3507	蒙斯特羊喜木 201	密茎海榄雌木 666	膜叶羊喜木 199
美脉番箭毒木 4604	蒙塔纳佐灵木 481	密茎黄花夹竹桃 6923	摩尔合生果 3940
美味阿开木 814	蒙特长蛛檀 2921	密茎嘉赐 1265	摩纳含羞草 4443
美翼醒神藤 4976	蒙特蔷薇 6109	密茎假水青冈木 4693	摩萨金莲木 4705
美洲白蜡木 3036	蒙特维琴木 1579	密茎绞麻树 2027	蘑枸子 1977
美洲白桦 5779	孟加拉榕 2935	密茎奎乐果 3121	茉莉吉贝 1392
美洲杯托樟 237	迷迭香 6110	密茎朗德木 6098	莫茶绿心樟 4759
美洲茶 1339	迷迭香罗汉松 5414	密茎龙骨豆 1616	莫奎醒神藤 4979
美洲檫木 6279	米拉多尔九节木 5702	密茎萝芙木 5966	莫莱白饼漆树 3895
美洲刺桐 2619	米雷军刀豆 4048	密茎木瓣树 7296	莫雷哈栎 5869
美洲冬青栎木 4812	米利含羞草 4444	密茎尼克樟 4647	莫雷诺莲叶桐 3315
美洲鹅耳枥 1213	米奇林因加豆 3508	密茎荞麦树 1650	莫里军刀豆 4050
美洲番茉莉 906	米切利合生果 3938	密茎球花豆 4959	莫里青冈桐 4986
美洲格尼茜 3102	米却肯松 5182	密茎山柑 1172	莫里亚栎 5868
美洲海木 6997	米氏大戟 2877	密茎山楂 2066	莫里兹番樱桃 2826
美洲海檀木 7287	米氏马钱子 6617	密茎双龙瓣豆 2424	莫里兹拉美玉蕊 2721

牛津杨 5455
牛绢木 4324
牛苗木 4071
牛蹄豆木 5330
牛心果 470
扭曲刺梗楹 1508
扭曲山柑 1165
扭曲桃榄 5528
扭叶松 5155
纽氏玉杞果 3144
努伦安尼樟 433
努坦海葡萄 1733
女贞 3879
女贞番樱桃 2819
女贞假藿香蓟 224
女贞九节木 5697
女贞流苏木 1499
女贞萝芙木 5964
女贞木瓣树 7294
女贞荞麦树 1648
女贞珍珠花 3998
挪威槭 153
诺里樱薇 5111
诺氏美洲茶 1347
诺氏喃喃果 2208
诺氏铁木 4863

O

欧齿马蹄木棉 4239
欧鲹豆 4519
欧历马太无患子 4228
欧裸芽鼠李 3028
欧荨麻 7087
欧石楠刺羊枣 1820
欧氏仙人柱 1442
欧亚花楸 6539
欧亚槭 154
欧亚瑞香 2304
欧叶鸭脚木 6301
欧楂果木 4298
欧洲白榆 7062
欧洲赤松 5214
欧洲刺柏 3638
欧洲鹅耳枥 1212
欧洲黑松 5189
欧洲桦 785
欧洲黄杨木 1008
欧洲荚蒾 7144
欧洲栎 5901
欧洲栗木 1310

欧洲落叶松 3728
欧洲七叶树 218
欧洲桤木 312
欧洲山松 5186
欧洲山杨 5449
欧洲水青冈 2912
欧洲卫矛 2863

P

帕迪福榕 2980
帕迪帕立茜草 4919
帕多尼克樟 4650
帕尔克拉藤黄 1677
帕加苏木 1067
帕卡丽薇 3708
帕拉海葡萄 1736
帕拉猴棠 2514
帕拉鲁帕山龙眼木 6112
帕拉萝芙木 5967
帕拉南美洲藤黄 1189
帕拉诺巴豆 2124
帕拉球花豆 4961
帕拉上位独蕊 5752
帕拉星果剌椰子树 620
帕拉玉蕊李 1988
帕拉州红豆 4851
帕拉州双柱苏木 2345
帕兰加腐花木 6277
帕里姜饼木 4950
帕里里桃榄 5517
帕里姆海葡萄 1737
帕利沃埃苏木 7263
帕罗龙骨豆 1617
帕纳埃可豆 172
帕纳科铁木豆 6678
帕纳克拉藤黄 1678
帕尼蜕皮藤 41
帕努壁蕊莓 6280
帕努伦蜕皮藤 42
帕努买麻藤 3115
帕诺卡斯桑 1317
帕奇漆木 6037
帕奇桢楠 5081
帕氏饱食桑 889
帕氏大籽鸡纳 3696
帕氏番樱桃 2833
帕氏尼杨梅 4560
帕氏牛栓藤 1833
帕氏杨 5448
帕氏苎麻 825

帕斯菲卡木兰 4114
帕斯绢木 4372
帕斯紫金牛 542
帕苏绢木 4371
帕塔厚壳木 4972
帕塔尼克樟 4643
帕特诺因加豆 3515
帕桐刺柏 3653
帕沃地杨桃 6348
帕沃尼维罗蔻 7173
帕乌瓜瓶藤 6401
帕州饱食桑 888
帕州刺片豆 1421
帕州翡丁香 2930
帕州鸡蛋花 5388
帕州夸雷木 5754
帕州类木棉 829
帕州林蜜莓 5457
帕州毛药树 3135
帕州臀果楠 3566
帕州正玉蕊 3769
攀茎番荔枝 471
攀茎铁苋菜 131
攀援八仙花 3401
攀援勾儿茶 760
攀援瓜特番荔枝 3205
盘叶榕 2983
盘状花椋木 1943
盘状因加豆 3516
庞氏麦珠子 325
袍金鸡菊 1937
泡叶番荔枝 450
佩巴胡椒 5266
佩蒂埃里木薯 4177
佩尔图萨榕 2986
佩尔紫金牛 543
佩拉决明 6378
佩莱古夷苏木② 3230
佩朗帕立茜草 4920
佩里木犀榄 4811
佩纳相思 103
佩皮吉克拉藤黄 1681
佩皮金匙木 1031
佩皮九节木 5709
佩皮烈臭玉蕊 3240
佩氏齿腺藤 4803
佩氏利堪蔷薇 3834
佩氏马钱子 6620
佩氏山参 4829

佩氏斜蕊樟 3868
佩氏亦雨树 7409
佩斯卡羊蹄甲 731
佩托热美椴 498
佩西拉美卫矛 7285
彭氏搅棒树 5762
蓬根斯栎 5898
硼化番樱桃 2786
膨大栎 5811
披毛缘籽树 3101
披针围涎树 5334
披针叶独蕊树 7226
披针叶非洲梧桐 1774
披针叶海木 6995
披针叶黑坦斯木 3348
披针叶九节木 5678
披针叶雷德藤黄木 6008
披针叶蒙蒿 390
披针叶木兰 4098
披针叶桤木 308
披针叶茄 6505
披针叶山油楠 4865
披针叶上位独蕊 5744
披针叶乌桕 6256
披针叶杨 5452
披针叶雨葡萄 5468
披针轴状独蕊 2613
劈裂洋椿② 1376
皮迪林辕木 7076
皮蒂花椒 7359
皮蒂假落腺豆 5651
皮蒂双参木 2357
皮尔格柏① 5134
皮尔绢木 4375
皮尔卡曼莎木 6085
皮尔塞博落木 820
皮尔西消乳香 6318
皮格含羞草 4446
皮卡相思 104
皮克绢木 4383
皮克诺山麻杆 269
皮拉米木兰 4117
皮里番石榴 5670
皮里绒果柏 4017
皮罗杜瑞香 4886
皮洛苏因加豆 3517
皮门万灵樟 1553
皮莫马来椰 168
皮帕里相思 105

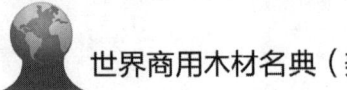

球状合尊桃木　1116
球状绿心樟　4741
球状尼克樟　4630
球籽裸芽鼠李　3033
裘诺拉美玉蕊　2716
曲干斑鸠菊　7131
曲干南鼠刺　2692
曲干相思　119
曲折决明　6362
曲枝大籽鸡纳　3698
曲枝铁木豆　6684
驱虫甘蓝豆　397
全刺刑钉木　1157
全娟毛绢木　4345
全雄蕊绿心樟　4789
全叶鸭脚木　6300
全缘厚壳树　2527
全缘美洲茶　1349
全缘漆木　6031
全缘枸子　1976
全缘叶澳洲坚果　4022
全缘叶巴秘商陆木　3078
全缘叶白君木　871
全缘叶白雷木　7375
全缘叶博落木　819
全缘叶槽柱花　903
全缘叶冬青漆　1807
全缘叶郝瑞棉　1523
全缘叶金柞木　668
全缘叶卡林玉蕊　1206
全缘叶山黄麻　6991
全缘叶鼠棉木　3264
全缘叶羊喜木　197
全缘叶爪玉蕊　294
缺齿藤榆　366

R

染料倒挂金钟　3069
染料号角藤　791
染料灰木　6715
染料绿柄桑　1511
染料美洲染木　6446
染料木蓝　3468
染料桑橙　4078
热带多络麻木　7033
热带松　5219
热花棘麻　1698
热美椴　500
热美玉蕊木　1547
人心果　166

人心果木　4192
日本扁柏　1477
日本女贞　3878
日本小檗　758
日内瓦杨　5454
日夜香树　1449
茸毛蛇桑　5305
茸毛异木患　303
茸毛佐灵木　483
荣光宝冠木　897
绒毛白蜡木　3059
绒毛刺桐　2651
绒毛刺羊枣　1828
绒毛黄檀②　2256
绒毛卡曼莎木　6089
绒毛栎　5930
绒毛马缨丹　3722
绒毛牧豆木　5558
绒毛榕　3000
绒毛水东哥　6288
绒毛苏木　1076
绒毛蜕皮藤　48
绒毛因加豆　3543
绒毛雨葡萄　5482
绒膜猴棠　2509
柔毛翅齿兰　5731
柔毛甘蓝豆　412
柔毛绿心樟　4774
柔毛蒙子树　7307
柔毛维罗蔻　7167
柔毛叶花椒　7364
柔毛叶悬子榄　2082
柔毛油桃木　1248
柔嫩雪蛛檀　2037
柔曲白饭树　3010
柔韧胡椒　5241
柔韧琴木　1571
柔软冬青　3448
柔软虎躯木　856
柔软丝兰　7320
柔弱斜蕊樟　3859
柔松　5167
柔纤刺柏　3643
柔枝豆沙果　962
肉豆蔻山核桃　1230
肉桂因加豆　3481
肉叶美登卫矛　4269
肉叶正玉蕊　3766
如蜡椰　1446

如铅木　3677
蠕虫甘蓝豆　411
乳白拉美玉蕊　2695
乳大戟　2875
乳突白蜡木　3049
乳香西非苏木　2301
乳香因加豆　3502
乳状番茉莉　907
软毒鱼豆　5308
软萼马蹄棉木　4237
软二型雄蕊苏木　2365
软蜂鸟花　4073
软果榕　2966
软海葡萄　1729
软核桃木　3624
软黄乳桑　5033
软黄檀②　2279
软卡文鼠李木　3667
软绿柄桑　1510
软毛利堪蔷薇　3830
软毛马蹄榄　5586
软毛木兰　4104
软牡荆　7213
软木荚苏木　2577
软尼克樟　4645
软漆木　6035
软苘麻　55
软山楂　2064
软氏木棉　836
软双翼苏木　5010
软檀薇香　2314
软消乳香　6317
软羊喜木　200
软叶山黄皮木　5948
软樱桃　5616
软雨葡萄　5480
软枝黄蝉　293
锐刺番荔枝　474
锐刺蛇眼果　5066
锐角番石榴　5656
锐角嘉赐　1252
锐叶虎躯木　858
瑞秋罗汉松　5412
瑞氏黄檀②　2287
瑞氏美登卫矛　4267
瑞氏松　5208
瑞氏异毛木　446
箬菜棕　6162

S

撒古松　5203

萨比马肉豆　4009
萨尔军刀豆　4060
萨尔科裂榄木　999
萨尔破布木　1918
萨尔瓦多美洲染木　6444
萨尔瓦多洋椿②　1383
萨戈穆里野牡丹　4512
萨格蒂破布木　1917
萨古马蹄榄　5588
萨吉因加豆　3526
萨拉山参　4833
萨拉樱桃　5627
萨洛姜饼木　4954
萨米维腊木②　949
萨皮九节木　5712
萨氏刺桐　2645
萨氏卡文鼠李木　3664
萨氏克拉藤黄　1687
萨氏铁线子　4187
萨瓦纳黄檀②　2290
塞尔洛破布木　1923
塞尔洛因加豆　3529
塞尔塔血苋　3551
塞尔杨梅　4570
塞格星果刺椰子树　622
塞拉纳爱舍苦木　210
塞拉纳蜕皮藤　45
塞勒蒂安南胡椒　5276
塞雷桐花树　4968
塞里合生果　3952
塞里金叶树　1542
塞里杨梅　4541
塞洛牡荆　7220
塞洛朴　1411
塞洛维羊喜木　205
塞姆吉贝　1397
塞普柳　6225
塞氏军刀豆　4063
塞氏拉美玉蕊　2737
塞氏马鞭椴　3985
塞氏柿木　2387
塞氏樱桃　5630
塞西梾木　1956
塞耶蒲桃　6728
赛比紫薇　2194
赛黄钟花　4944
赛普海木　7022
赛氏罗汉松　5418
赛氏囊舌木　6165

尚氏猴欢喜　6480
尚氏火焰木　6551
尚氏象耳豆　2573
尚氏银合欢　3798
尚氏脂芽木　5983
稍苍甘蓝豆　405
少花杜古番荔枝　2495
少花金叶树　1538
少花绿心樟　4768
少花坛罐花　6453
少花橡胶木　3323
少花羊喜木　203
少脉乌桕　6267
少须蚌壳木　5025
少须鸽爪木　1515
少叶黄檀②　2283
少籽悬钩子　6128
舌型恩曼火把木　7268
舌叶绿心樟　4754
舌状鳄梨木　5051
蛇床子破布木　1887
蛇木歪翅漆　3977
蛇葡萄白粉藤　1562
蛇纹因加豆　3531
蛇状柯拉豆　386
舍氏山麻杆　270
麝香铁刀木　1296
伸展斑鸠菊　7127
伸展长隔木　3259
伸展尼克樟　4651
绅栎　5834
绅士樱桃　5608
深红大戟　2869
神槟榔青　6557
神圣愈疮木②　3152
圣诞树　3423
圣栎　5896
圣玛合生果　3951
圣皮裸芽鼠李　3032
圣神冷杉　31
施莱番樱桃　2858
施莱赫茄　6522
施兰含羞草　4456
施丽青皮木　6332
施氏番金莲木　4883
施氏海葡萄　1753
施氏绢木　4394
施氏裂榄木　1000
施氏铁木豆　6685

施瓦内蒙子树　7311
湿地盾籽木　580
湿地栎　5819
湿地松　5164
湿生黄檀②　2270
湿生蓝果树　4698
十大功劳　4126
十二雄蕊绢木　4336
十二雄蕊破布木　1883
十雄蕊嘉赐　1257
十雄蕊卡林玉蕊　1203
十雄蕊马蹄榄　5572
十雄蕊图伊木　6928
十字柿木　2408
十字围涎树　5329
什里维泽蜡树　3018
石栗　279
石榴木　5738
石生膜瓣豆　3414
石竹决明　6390
石竹斜蕊樟　3854
石梓　3114
食果因加豆　3487
食松　5163
史氏猴欢喜　6479
史氏乌桕　6269
柿黑苏木　1050
柿叶绿心樟　4732
柿叶美登卫矛　4250
适林星绢木　3743
收敛涩木豆　6625
手指状猴面包木　178
首席车前　5353
梳状芒萁　2346
舒克牡荆　7219
舒克巧舟花　2202
舒曼尼蚁木　6771
舒氏白珠　3093
舒氏红栎　5908
舒氏赛军刀豆　4940
舒氏温美桃金娘　4535
疏花海厄大戟　3343
疏花里卡木　3820
疏花裂榄木　989
疏花美木豆　5036
疏花铁木豆　6669
疏花纤皮玉蕊　2010
疏松桢楠　5075
疏叶黑牙木　4674

疏叶林瓜树　346
鼠李果黄皮木　5951
鼠李叶巴豆　2134
鼠李泽蜡树　3016
鼠尾破布木　1919
鼠叶油柑　5107
束花盾籽木　575
束状嘉赐　1258
束状绿心樟　4737
束状帽矾木　1124
束状锡生藤　1560
束状夜香树　1451
树番茄　2211
树胶籽漆木　1145
树锦鸡儿　1185
树栖蝶豆　1652
树脂桉　2768
树脂假藿香蓟　225
树状蚌壳木　5023
树状博落木　817
树状狗牙花　6780
树状红木树　795
树状卡夫木棉　1333
树状裂榄木　966
树状曼陀罗　2317
树状欧石楠　2604
树状绒绫花　6530
树状榕　2950
树状唐棣　354
树状铁木豆　6651
树状维腊木　945
树状雪香兰　3279
树状羊蹄甲　720
树状野烟木　167
树状印度苏木　3271
栓果刺羊枣　1822
栓皮栎　5786
栓皮槭　142
双斑豆沙果　954
双瓣胡椒　5237
双瓣三角车木　6057
双翅卡林玉蕊　1204
双翅紫丹木　6976
双房乌桕　6246
双甘地花椒　7338
双核牡荆　7198
双花番樱桃　2785
双花金匙木　1012
双花克拉桑　1608

双花雀舌槺　6903
双花羊芙蓉木　1183
双荚决明　6357
双角猫须李　3360
双节忍冬　3963
双歧星绢木　3741
双歧玉笛香　3073
双色可可木　6911
双色裂榄木　967
双色马钱子　6602
双色破布木　1870
双色桤叶树　1627
双色茄　6489
双色雀舌槺　6902
双色雨葡萄　5471
双色紫丹木　6968
双舌绿裤豆　2419
双生马肉豆　4010
双形白粉藤　1563
双形杨　5442
双叶巨瓣苏木　4086
双叶墨木患　2904
双叶茄　6494
双叶银钟花　3254
双柱苏木　2344
双子花越橘　7093
水白桦　778
水瓜栗　4895
水蜡烛栎　5816
水母大戟　2881
水泡绿心樟　4719
水茄　6525
水青冈叶二翅豆　2428
水青冈叶纤皮玉蕊　2004
水山核桃　1222
水杉　4299
水生番石榴　5658
水生厚托桐　6597
水生栎　5782
水生皂荚木　3111
水扬草美登卫矛　4264
水沼榆　5351
朔博马蹄榄　5589
朔氏含羞草　4455
丝碟花　6959
丝花野蜜莓　2169
丝兰　7315
丝脉胡椒　5277
丝质瓜特番荔枝　3195

无毛海桐花　5344
无毛金匙木　1027
无毛双参木　2352
无毛双柱苏木　2343
无毛缘籽树　3099
无饰绿心樟　4745
无味榕　2962
无味山梅花　5070
无味杨梅　4554
无线马太无患子　4233
无叶柽柳　6823
无汁虎驱木　852
梧桐　3005
五加黄钟花木　6843
五角决明　6380
五角绿心樟　4769
五角尼克樟　4652
五脉白千层　4272
五热美野牡丹　750
五味子海葡萄　1748
五香驼峰楝　3179
五雄吉贝　1395
五雄苦榄木　5129
五雄柳　6208
五雄蕊花椒　7357
五雄山芝麻　3299
五雄崖椒木　2909
五叶瓜栗　4902
五叶合生果　3945
五叶军刀豆　4059
五叶榄仁木　6874
五叶类药芸香　2748
五叶萝芙木　5968
五叶毛鞘木棉　2609
五叶牛奶木　1998
五叶爬山虎　4970
五叶漆木　6038
五叶山油楠　4866
五叶蚁木　6767
五指茄　6509
伍德盾籽木　609

X

西柏绿心樟　4783
西部决明　6374
西方长蛛檀　2923
西方合欢木　253
西方桦　779
西方吉贝　1393
西方蜡烛木　2224
西方绿裤豆　2416
西方南美洲蓼木　6148
西方朴　1408
西方山香圆木　7055
西方铁榄木　6421
西方卫矛　2864
西方相思　101
西方腰果木　384
西方樱桃　5621
西方紫椴木　6947
西花刺桐　2641
西黄松　5197
西加花楸　6544
西加柳　6218
西加云杉　5126
西拉美玉蕊　2733
西拉木瓣树　7304
西莉泽茶　840
西鲁槟榔青　6556
西米雾水葛　5533
西米亚双球桑　5648
西莫牡荆　7203
西纳番樱桃　2847
西纳普灰毛豆木　6856
西南桤木　316
西内猴欢喜　6481
西帕樱桃　5632
西氏灰毛豆木　6855
西斯普毛萼金娘　810
西洋梨　5743
西洋樱桃　5605
西印度群岛马鞭　5062
吸湿皂圣木　5460
希华尼克樟　4633
希克利冷杉　23
希图姆茄　6501
犀角海岸桐　3223
犀角破布木　1922
犀角铁苋菜　133
锡本槽柱花　905
锡那合欢木　257
锡生藤　1561
席氏朴　1410
席氏折帽果　3290
喜桤叶树　1625
喜沙尼克樟　4654
系列绢木　4395
细凹马太无患子　4230
细薄油柑　5096
细柄古柯　2661
细柄海岸桐　3215
细柄海葡萄　1716
细柄毛鞘木棉　2608
细柄毛野牡丹　1644
细柄桃榄　5500
细柄羊喜木　196
细长罗汉松　5399
细长芽烈臭玉蕊　3235
细梗山油楠　4867
细果纤皮玉蕊　2014
细河桐　1815
细厚皮香　6882
细花刺梗楹　1507
细花鸽爪木　1519
细花含羞草　4459
细花利堪蔷薇　3833
细花绿心樟　4790
细花雪蛛檀　2038
细尖马蹄榄　5563
细尖温美桃金娘　4526
细茎省沽油　6564
细孔绿心樟　4771
细裂榄木　977
细鳞因加豆　3503
细脉桃榄　5530
细脉斜蕊樟　3874
细纹美登卫矛　4259
细叶桉　2772
细叶多刺扁轴木　1431
细叶鹅掌柴　6307
细叶海葡萄　1754
细叶蒿　556
细叶堇罗花　3902
细叶橘凤榴　1149
细叶军刀豆　4065
细叶拉美玉蕊　2736
细叶雷德藤黄木　6009
细叶烈臭玉蕊　3232
细叶膜瓣豆　3415
细叶朴　1414
细叶桤木　323
细叶榕　2977
细叶铁木豆　6672
细叶乌桕　6271
细叶相思　118
细叶蚁木　6774
细叶因加豆　3492
细叶越橘　7097
细枝番石榴　5675
细枝木麻黄　1320
细枝南鼠刺　2685
细枝松红梅　3785
峡谷栎　5797
狭长胶香木　373
狭萼蚁木　6773
狭裂木薯　4169
狭缩合生果　3914
狭叶刺李山榄　950
狭叶红豆　4843
狭叶红苏木　1068
狭叶火棘　5739
狭叶绞麻树　2021
狭叶揽棒树　5764
狭叶卡姆苏木　1152
狭叶拉美使君子木　924
狭叶裂榄木　1004
狭叶罗汉松　5391
狭叶莽棉苋　5065
狭叶南洋杉　516
狭叶尼克樟　4620
狭叶苹果　4152
狭叶雀舌桧　6901
狭叶涩木豆　6628
狭叶桐梅　3662
狭叶相思　65
狭叶杨　5438
狭叶洋椿②　1374
狭叶野蜜莓　2165
狭叶樱桃　5596
狭叶鱼钉树　6154
狭叶皂圣木　5459
狭叶泽蜡树　3013
狭叶朱缨花　1082
狭窄木麻黄　1324
瑕豆　646
下白绢木　4346
下白利堪蔷薇　3815
下白破布木　1897
下白伊泽茜草木　3572
下垂岛葵树　6296
下垂花克拉藤黄　1679
下垂木贼麻黄　2590
下垂枣木　7386
下延金合欢　80
夏福利木姜子　3899
夏氏伊木兰　4119
夏威夷刺桐　2646

小花杂花豆 5430	小叶十大功劳 4130	心形上位独蕊 5748	秀丽桃榄 5497
小花醉鱼草 939	小叶鼠李木 5999	心形醉鱼草 930	秀丽铁木豆 6658
小孔朗德木 6103	小叶檀薇香 2310	心叶斑鸠菊 7121	绣线朗德木 6102
小鳞萼棱木 1114	小叶斜蕊樟 3867	心叶船形果 2775	绣叶拉美玉蕊 2731
小瘤巴西紫葳木 7373	小叶因加豆 3509	心叶桦 774	锈萼绢木 4390
小脉红豆 4838	小叶榆 7064	心叶麻风树 3602	锈红因加豆 3524
小脉绿心樟 4728	小叶越橘 7096	心叶美洲染木 6434	锈毛青姬木 413
小帽桉 2763	小叶皂圣木 5461	心叶驼峰楝 3172	锈木荚苏木 2580
小米穆里野牡丹 4501	小叶朱缨花 1091	辛顿鳄梨木 5047	锈色蚌壳木 5029
小石积 4857	小正玉蕊 3767	辛克塔铁苋菜 125	锈色独蕊树 7236
小时冬流木 1491	小枝桃果椰子 699	辛氏番石榴 5674	锈色封蜡树 7187
小穗海葡萄 1728	肖菲星果刺椰子树 621	辛氏黄檀② 2292	锈色瓜特番荔枝 3182
小穗南美洲藤黄 1190	肖氏破布木 1920	辛氏毛茶 489	锈色洛马山龙眼 3904
小提绢木 4360	肖氏琴木 1583	辛氏茄 6500	锈色木砂仁 6140
小头含羞草 4442	肖椰子木 1141	辛氏苏木 1060	锈色泡花树 4283
小头绞麻树 2026	肖泽兰 2867	辛松 5200	锈色山柑 1164
小头牛栓藤 1836	楔形巴豆 2097	辛酸八角 2456	锈色蛇藤 1785
小腺鸡骨豆 1771	楔形克拉藤黄 1664	辛特绢木 4397	锈色铁刀木 1289
小腰果木 383	楔形美洲茶 1345	辛托尼裂榄木 982	锈色珍珠花 3996
小叶刺羊枣 1825	楔叶绿心樟 4730	欣多合生果 3927	絮状鳄梨木 5046
小叶盾籽木 591	楔叶泡花树 4282	新热带核桃木 3625	悬垂球豆 4962
小叶古柯 2666	楔叶树参 2331	新叶黄檀② 2251	悬垂鹊肾树 6600
小叶赫利芸香 3302	楔叶铁苋菜 126	新叶山油楠 4868	悬垂铁木豆 6680
小叶猴雀杨 4245	楔叶卫矛 6960	新月形玛瑙果 160	悬锤琼楠 745
小叶黄苏木 5363	斜巴豆 2106	馨香山柑 1173	悬钩子 6127
小叶黄檀② 2253	斜斑纹漆 637	兴古山扁豆 1474	悬铃花 4161
小叶吉贝 1394	斜长果马蹄榄 5584	兴氏核桃木 3618	悬铃木叶卡夫木棉 1335
小叶姜饼木 4951	斜胡椒 5262	星斑小嘉罐花 3312	旋果象耳豆 2568
小叶金柞木 669	斜假水青冈木 4694	星芒纤皮玉蕊 2012	旋纹栎 5927
小叶克拉藤黄 1672	斜落腺豆 5291	星毛绢木 4399	旋叶假落腺豆 5650
小叶拉美卫矛 7283	斜马蹄木棉 4238	星毛栎 5915	绚丽厄瓜多尔桑木 5467
小叶拉美玉蕊 2726	斜蕊樟 3870	星毛五月茶 484	绚丽番樱桃 2807
小叶利堪蔷薇 3829	斜双球桑 5646	星毛纤皮玉蕊 2001	血红盾籽木 571
小叶栎 5867	斜藤翅果 3357	星球木 640	血红花蚁木 6748
小叶裂榄木 992	斜纹狗牙花 6788	星图搅棒树 5759	血红尼克樟 4665
小叶柳 6209	斜纹帽矾木 1130	星状斑纹漆 628	血竭番樱桃 2816
小叶绿裤豆 2415	斜纹茄 6523	星状绿心檀 6073	血木大头茶 3129
小叶李叶苏木 3408	斜纹香脂苏木 1862	杏仁猴欢喜 6462	血缘金叶树 1541
小叶马肉豆 4008	泻药鼠李木 6003	杏仁柳 6176	血肿乌桕 6253
小叶毛野牡丹 1640	谢亚纳因加豆 3528	杏仁桃榄 5486	
小叶美洲茶 1346	心果山核桃 1224	杏树 5598	**Y**
小叶穆里野牡丹 4510	心形椴木 6942	杏叶绢木 4329	牙买加海厄大戟 3342
小叶南美洲藤黄 1188	心形海葡萄 1708	匈牙利丁香 6716	牙买加核桃木 3621
小叶破布木 1913	心形蜡烛木 2220	雄伟拉普芸香 5963	牙买加猴欢喜 6474
小叶漆木 6034	心形马蹄木棉 4235	休伯里因加豆 3496	牙买加罗汉松 5425
小叶榕 2971	心形棉麻杆 492	休伯洋椿② 1377	牙买加茄 6503
小叶鞣木 2212	心形尼克樟 4623	秀花苹婆 6580	牙买加山柑 1162
小叶桑木 4488	心形蒲桃 6722	秀丽帽矾木 1123	牙买加山芝麻 3298
小叶山油楠 4869	心形绒药藤 3992	秀丽斯威豆木 6689	牙买加蚊漆 4491
			牙买加乌桕 6254

异味托耶纳木 6954
异味紫金牛 536
异形槐椿木 333
异形利堪蔷薇 3814
异性唇诊 1483
异药莓 2369
异叶椵木 6944
异叶番樱桃 2780
异叶狗牙花 6786
异叶核果木 2468
异叶黄钟花木 6847
异叶酒神菊 675
异叶裂榄木 980
异叶毛里漆 4241
异叶漆木 6979
异叶铁杉 7053
异叶瓦泰豆 7111
异叶杨 5445
异叶杨梅 4550
异叶蚁木 6750
异叶因加豆 3494
异叶玉桃豆 276
异源长隔木 3262
异枝因加豆 3495
异株多香果 5141
异株商陆 5116
异锥钓樟 2548
抑制石辕木 4133
易变裂榄木 985
易生黄檀② 2269
意大利伞松 5196
缢缩落腺豆 5285
翼萼搅棒树 5763
翼落腺豆 5293
翼叶解表木 5136
翼状苞萼藤 2319
翼状二翅豆 2427
翼状葫芦树 2083
翼状绢木 4315
翼状克拉藤黄 1657
翼状拉美玉蕊 2694
翼状醒神藤 4973
翼状榆 7057
翼籽巴西鸡纳 2042
因蒂黄檀② 2272
因加豆 3473
因卡茼麻 54
因利亚铁木豆 6663
因诺裂榄木 984
阴沉油柑 5092
阴生裂萼矾木 4208
阴生穆里野牡丹 4516
阴湿牡荆 7225
阴香 1555
银白杨 5436
银豆沙果 953
银杜古番荔枝 2471
银合欢 3793
银桦 773
银金叶树 1529
银鹃木 2890
银绢木 4320
银榄仁木 6860
银勒马太无患子 4225
银柳 6193
银槭 156
银色野茉莉 6636
银山参 4823
银水牛果 6406
银血苋 3549
银叶胡颓子 2532
银叶绿心樟 4712
银叶缘籽树 3098
银钟花 3255
隐花上位独蕊 5749
隐纹南美椰 3557
隐形罗汉松 5395
隐叶杜古番荔枝 2488
印度黄檀② 2293
印度杧果 4167
印度蔷薇 6107
印度山柑 1168
印度五桠果 2359
印度橡皮木 2953
印度紫檀 5722
印加橙榄 1590
印库围涎树 5331
英格斯因加豆 3497
罂粟九节木 5707
樱桃 5603
樱叶荚蒾 7145
樱叶罗伞堇 3398
樱叶蒙子树 7309
鹰爪豆 6548
鹰爪马太无患子 4217
楹封蜡树 7186
瘿怪柳 6824
硬白千层 4273
硬刺苞谷李 2901
硬刺槭 141
硬鳄梨木 5056
硬果含羞草 4435
硬果苏木 1073
硬果桃榄 5524
硬合生果 3957
硬脊幻烟豆 2537
硬尖叶石辕木 4132
硬壳合生果 3955
硬拉美玉蕊 2735
硬利堪蔷薇 3837
硬绿心樟 4735
硬落腺豆 5294
硬毛军刀豆 4064
硬帽矾木 1134
硬木军刀豆 4062
硬木山扁豆 1473
硬木铁刀木 1300
硬尼克樟 4659
硬牛奶木 1999
硬帕立茜草 4921
硬皮番荔枝 472
硬皮柯拉豆 388
硬皮茄 6498
硬赛落腺豆木 4942
硬松 5206
硬塔利无患子木 6813
硬塔奇苏木 6801
硬铁榄木 6428
硬突茄 6512
硬相思 111
硬叶垂冠木棉 1332
硬叶利堪蔷薇 3840
硬叶栎 5815
硬叶马奎桑 4197
硬叶亚马孙桑木 4813
硬蚁木 6768
硬枝罂粟木 2325
优美栎 5838
优雅斑纹漆 630
优雅黄檀② 2250
优越桃榄 5496
优质蚁木 6744
尤伯桦 789
尤卡坦番石榴 5676
尤卡坦合生果 3960
尤卡坦化风藤 3354
尤卡坦阔变豆 5379
尤卡坦热美茜草木 329
尤卡坦斯热美茜草木 330
尤卡坦仙人柱 1445
尤卡坦枣木 7392
尤克若斯栎 5929
尤昆荚蒾 7138
尤伦斯买麻藤 3116
尤氏金匙木 1023
由白松 5212
犹他桦 790
犹他唐棣 361
犹他醉鱼草 943
油二翅豆 2433
油橄榄 4810
油卡曼莎木 6088
油辣木 4477
油栎 5880
油脐戟 4816
油桃木 1246
油维罗蔻 7172
油香黄檀② 2252
油鳕苏木 4472
油棕 2533
柚木 6852
疣孢盾籽木 608
疣枝榕 3001
疣状花椒 7330
疣状美杨桐 3063
疣状山柑 1182
疣状小嘉罐花 3313
有柄军刀豆 4056
有肋合生果 3915
有色克拉藤黄 1661
有腕九节木 5683
有尾合生果 3911
有疑双翼苏木 5009
愉悦绢木 4343
榆叶嘉赐 1277
榆叶三角车木 6063
羽脉豆沙果 960
羽毛因加豆 3518
羽扇美洲茶 1341
羽叶冬青漆 1809
羽叶印度苏木 3273
羽叶竹棕 1480
羽状恩曼火把木 7272
羽状番樱桃 2831
羽状怪柳 6825
羽状黄花夹竹桃 6926

商用木材地方名索引

（按英文字母顺序排序）

A

aague 8

aalii 2442

aalii mahu 6633

aawa hua kukui 5345

aba 830; 4902

abababi 5466

abababite 5466

abacate 5041

abacateiro 5041

abache 1279

abal 6559; 6560

abal-chichich 1265

abalo 6422

abalo blanco 6423

abaracaatinga 4454

abarco 1207; 1210; 1858

abat 6778

abati 3405

abayuelo 1781

abe rouge 5009

abedul 309

abedul amarillo candiense 771

abedul americano 775; 780

abedul de alasca 781

abedul enano 776

abedul gris 784

abedul negro americano 778

abedul populifolio 784

abeille 4179

abejon 6376

abejuelo 1781

abele 5436

abenbele-njambokka 5505

abete bianco americano 21; 24; 30

abete bracteata 17

abete concolore 18

abete del canada 7051

abete di california 26

abete glauco 18

abete shasta 26

abete sughero 24

abeti del giappone 19

abetina rossa 5125

abeto 31; 5654; 5655

abeto blanco americano 24; 30

abeto bracteata 17

abeto cerdoso 17

abeto corcho 24

abeto de california 26

abeto de fraser 20

abeto de guatemala 31

abeto shasta 26

abey 1768; 3588; 3591; 4007; 5009; 6895

abey amarillo 4878

abey blanco 7; 245

abey hembra 1768; 5008; 5431

abey macho 3588

abeyuelo amarillo 4878

abeyuelo perfumado 4878

abib 1866

abigi boesie 6308

abillu 5488

abio 5488; 5502; 6420

abiodo 1943

abiora 4021

abiorana 5528

abiorana gutta 5517

abiory 4016

abiu 5488; 6832

abiu casca 1533

abiu casca grossa 5349

abiu-do-cerrado 5528

abiurana 1541; 4417; 4423; 4424; 5498; 5505

abiurana amarela 5349

abiurana branca 5520

abiurana goyabinha 4420

abiurana vermelka 5488

aboarana 328

abocote 1885

aboho 6401

abois lamende 3703

aboje 4263

abojon 6377

abokondiouka 1190

aboonkini 705; 3473; 3531

abracatinga 4454

abran de costa 963

abrecapalo 2994

abricot batard 3084

abricot des bois 6414

abricot du pays 4166

abricotier des antilles 4166

abrojo 584; 1820; 1826; 3674; 6487; 7349; 7385

abui 5519

aburana caramuri 5506

aburridero 6254

abutua 36

abuyabokoloko 4981

acacia 82; 91; 95; 100; 256; 2323; 2573; 3112; 3793; 4477; 4957; 4966; 6229; 7070

acacia amarilla 250

acacia blanca 6069

acacia centenario 94

acacia de constantin opla 249

acacia del japon 6634

acacia falsa 6069

acacia francesca 79

acacia guajillo 66

acacia male 4959; 4962

acacia natal 80

acacia negra 3112

acacia nudosa 97

acacia rosada 1293

acacia rose 6066

acacia-bush 119

acaciste 1945

acacu 3394

acafroa 3170

acahuite 5654

acaiba 6559

acaiquara 4462

acajaiba 384

acajou 1195; 1381;

6430; 6696; 6698; 7166

acajou amer 1381

acajou batard 2191

acajou baum 384

acajou blanc 5767; 6430

acajou du mexique 6694

acajou femelle 1381

acajou sauvage 4248; 4263

acajou venezuelien 6696

acajouwood 1376

acalama 6286

aca-lasni 2788

acalocahuite 5149

acalocochoc 179

acalocote 5149

acalztatsim 5389

acamayo 5490

acamoyote 4895

acana 4179; 4183; 4191

acana blanca 4191

acana de costa 4500

acanguarica 797

acanna 4184

acapin 7261

acapro 6739; 6747; 6749; 6752; 6772

acapu 396; 716; 1473; 1616; 2424; 7261; 7263

acapu do igapo 1616; 2424

acapu pixuna 1473

acapulco 2396

acapurana 402; 2425; 7263

acapu-rana 404; 406; 716

acapu-rana daterra firme 716

acapu-ranada terra firme 1298

acara-huasca 4893

acara-uassu 6702

acariquara 1473

acariquara branca 3100

acariquarana 6059

acary-rana 3100

acasija 6320

5059； 5076； 5081；
5084；5085

aguacatillo hediondo 4784

aguacatillo prieto 4880

aguacatilo 3080

aguacatilo blanco 4642

aguacatire 6436

aguacaton 4746

aguacero 906

aguacte cimarron 4618

aguai 1532

aguai guazu 1579；5488

aguai saiyu 5502

aguamalaria 7213

agua-moena 2548

aguana 3248

aguango 6229

aguardient illo 3943

aguaribay 6317

aguarras 6895

aguatire 6436

aguatle 5776

aguay 1532；5501

aguay amarillo 1531；5502

aguay guasu 5522

aguay guazu 1579

ague-bark 5718

aguedita 1312；5129

ague-tree 6278

aguey del chiquito 4544

agui 6678

aguilote 7213

agusa 2665

aguwetie 4230

ahaipuih 5389

ahaiya 1388

ahate 468；475

ah-muk 2258

ahoehuetl 6839

ahohai 6921

ahoyacpetli 1938

ahua chicta 5017

ahuacocoztli 5861

ahuahuaxtl 5793

ahualtzoco tlque 4151

ahuamextli 5793

ahuangucaspi 2511

ahuas caspi 3593

ahuatl 5776

ahuatl tepiton 6004

ahuatoso 4111

ahucepitza huac 5856

ahuejote 2316； 2632；
6202

ahuijote 2632

ahuilote 7213

ahuitule 7128

ai 6856

ai-ai 6600

aiamoradan 4946

aiari 6856

aiauma 2016

aiaúma 2018

aiauman 2016

aiea 3422

aieoudou 823

aieoueko 2366

aiguane 7398

ailante 233

ailanthus 233

ailanto 233

ailantus 233

aile 309；310；311；314

aima-inu 1529

aimiqui 4184

aimpem 879；3295

ainje 4078

aiomorakushi 5492

aipe 2575

aipo 2432

aiquitz 6922

airana 4194

airo watihiko 1200

airo-toa 3102

aisegerina 6993

aitcotzon 4268

aiti 3844

aiti guayti 3844

aiui-para 4732

aiuy-moroti 4643

ajara 1537；1931

ajash 878

aji 1165；1609；1716

aji de monte 4653

ajicillo 2655； 3288；
5996；6513

ajicito 1175

ajikerai 7330

ajillo 1241；5970

ajo 1241

ajob 6289

ajoewa 3852；4959

ajoewi 3852

ajojote 6924

ajopatla 3092

ajorca-jibaro 6292

ajos 3078

ajowo 3316

ajte 1282

ajua 7219

ajubo 241

ajuela 6560

ajunado 5733

ajurarana 3372

ajuri 3805；3825

ajuru 1526

ak'ab-yom 1460

akajoe 381

akajoeran 2361

akakarie 2727；2734

akan-k-a'-ax 5946

akanyakik 6526

akara 6828

akarako 4203

akasee 119

akawaiosope 6966

akayoran 2361

akazie unechte 6069

akee 814

akee de africa 814

akee-tree 814

aki arbre fricasse 814

akiau 616

akira 3714

akitz 6922；6925

akkarandan 4989

akkeja 6747；6749；6772

akkojaarie 1376

aknon 1539

akoeli tjerere 398

akoema 1995；1996；2000

akorakalidan 1974

ak-p'ixt'onkaak 626

akta hickory 1228

aku 5772

akume 3230；3231

aku-morambo 1978；1982

akuomu 5706

akurima 2711

akuwako 4797

akuyuru 613

akwan siba 6678

akwanda 2708

akwoto 2364

alaan kopie 7236

alabama black cherry 5593

alabama cherry 5593；5638

alabama chokecherry 5593

alabama dahoon 3427

alabama pijn 5154

alabama pine 5154

alabama supple jack 761

alabama tall 5154

alacanfor 4657

alacassi 1186

alacran 7328；7343

alahoue 6772； 6843；
6847

alahualte 1097

alakoeseri balli 1186

alakseri 1186

alalatz 3326

alamendra de bajo 1245

alamillo 317；5450

alamo 2944； 2962； 2964；
2991； 5021； 5355；
5356； 5357； 5358；
5359； 5362； 5442；
5447；5450；6920

alamo acuminata 5452

alamo angulata 5441

alamo balsamico 5439

alamo blanco 5357；5436；
5450

alamo canadiense 5444

alamo carolino 5441

alamo cimarron 5443

alamo criollo 5447

alamo de fremont 5443

alamo de italia 5447

alamo de pantano americano
5445

alamo del canada 5453

alamo euramericano 5453

alamo extranjero 2970；
2992

alamo geneva 5454

alamo italiano 5447

alamo llamado de italia
5447

alamo mejicano 5438

alamo negro 5447

alamo oxford 5455

alamo plateado 5436

alamo rochester　5456
alamo temblon　5449；5450
alamo temblon americano　5450
alampepe　2566
alantana　3718
alaoelama　6338；6796
ala-one　6843
ala-onni　6843；6847
alas de angel　728
alasa pegrecou　7293
alasan　4846
alaska birch　777；781
alaska cedar　1476
alaska cypress　1476
alaska larch　3730
alaska paper birch　777；782
alaska pine　7053
alaska white birch　777；782
alaska-bjork　781
alaskan white birch　777
alasoaba　3597
alasoabo　6867
alasoabo johoto　6753
alas-waboe　6753
alatrique　1876
alatrique blanco　1888
alatrique negro　1889
alauna　3825
alava-alava　70
alazano　1118；1120；1121
albacarrote　5156
albarco　1207；1210
albaricoque　5598；7287
albaricoquillo　7287
albarillo　7287
albero cincona　1548；1550
albero del paradiso　233；2017
albero del sapone　6270；7317
albero del tannatore　3891
albero di carta smerigliata　1357
albero di colombia　1973
albero di latte　1995
albero di salsiccia　3671
albero di stricnina　6624
albero di yucca　7316

alberodi giuda　1435
alberodi latte　2000
alberodi pioggia　6229
alberta peach　5624
albiche　5021
albulito　4258
alcabu　7356；7359
alcajuda　1450
alcanfor　1556；2218；2759；4728
alcanfor del japon　1556
alcanfor moena　4728
alcaparra　1162；1168
alcaparrillo　6357
alcaparro　6357
alcapro blanco　6640
al-ca-puc　2453
alcareto　584
alciba　4116
alcornoque　867；869；1421；2423；4469；4471；4846；4850；5917；6865
alcotan　5225
alder buckthorn　3028；3031
alderleaf cercocarpus　1440
alecrim　3378
alecrim-campina　3378
alecrin　3378
alegria　5434
alejandrina　6107
alejo　5309
alelaila　4275；5385
alele　1194
aleli　4680；5385；5387
aleli blanco　5385
aleli cimarron　5387
aleli de la mona　5387
aleli falso　906
aleli montuno　5387
alelia　5387
alemuncuabitl　1598
alepawerie　275
alerce　3008
alerce americano　3730
alerce americano occidental　3732
alerchholz　3008
aleton　6473；6475
alfabeto chino　2886

alfaje　7029
alfajeo　7018
alfajeo colorado　7029
alfenique　2704
alfiler　7361
alfilerillo　4071
alfineiro de japao　3878
alfombrilla hedionda　3718
algaroba　5547；5549
algaroba blanca　5542
algaroba chilena　5544
algaroba du chili　5544
algaroba noir　5552
algarobilla　5541
algarobillo　5541
algarobo　3405；3408；5542
algarroba　5542；5544；5549
algarroba dulce　5552
algarrobi negro　5552
algarrobilla　5541
algarrobillo　64；2209；5541；6386
algarrobito　5001；5007
algarrobo　91；103；632；634；635；637；3414；4285；5336；5542；5548；5552
algarrobo amarillo　5552
algarrobo bianco　5542
algarrobo blanco　5542；5556；5559
algarrobo cileno　5544
algarrobo de espana　1429
algarrobo del chaco　5548
algarrobo europea　1429
algarrobo negro　5541
algarrobo nero　5552
algerian briarwood　2604
algerita　4130
algeroba negra　5552
algodao　715
algodoeiro　715
algodon　1524；3985；3986；4706
algodon de ceda　1113
algodon de monte　1389；3980
algodon extranjero　1113
algodon montanero　3986

algodoncillo　2110；2329；3297；3335；3498；3986；7280；7281
algodoncillo delamontana　5975
algodonero　1524
algorrobillo cativo　5539
alheli　4680
aliaga　7056
aliannaoe　6652
alieskieie　3591
alieskie-ie　3590
alieskie-ie-wewe　3590
alikadako　1009
aliki　7406
alikiadako balli　1022
aliku　7400；7406
alikyu　7399；7400；7406
alimi hudu　916
alimiao　5652
alimimo　915
aliso　308；309；311；314；318；5361
aliso americano　320
aliso blanco americano　319
aliso de cerro　314
aliso de formosa　315
aliso del cerro　314；322
aljaba　3067
alksirie　1186
allamanda　293
allcu-ishanga　7084
alleghany chinkapin　1309
allegheny chinquapin　1309
allegheny hawthorn　2059
allegheny plum　5594
allegheny serviceberry　354
allegheny sloe　5594
alli caucho　6263
alligator apple　457
alligator jeneverboom　3640
alligator pine　5220
alligator wacholder　3640
alligator-toothed prickly-yellow　7364
alligatorwood　3166
allspice　5141
allspice-tree　5141
allthorn　3674
alm　7061
alma negra　1614

amazon copahiba 1856

amazon mugar 5539

amazon rosewood 2294

amazon teak 1892

amazone copahiba 1856

amazonwood 7261

ambahu 1368

ambaiba 1357

ambaibillo 5481

ambaibo cecropia 1372

ambarella 6558

ambauva brava 5471

ambauva de vinho 5482

ambauva mirim de vinho 5468

ambay 1357；1368

ambay-guazu 6300

ambe 4167

amberboom 3887

ambey 1357

ambratrad 3887

ambug 1357

amburana 349；350；6962

amburanade cheiro 350

amche 7284

amchiponga 3590

ame 6060

ameiju 2481

ameipi 2481

ameixa 4932

ameixieira 7287

amendoeira 6865

amendoim 5733

amendoim falso 5009

amerae-amo elaoe 4497；4509

amerau 4497；4509

american ash 3036

american aspen 5444；5450

american basswood 6940

american beech 2910

american birch 781

american black ash 3047

american black walnut 3626

american bladdernut 6566

american blue oak 5812

american box 1946

american cedar 1383；1385

american celtis 1405

american cherry 5631

american chestnut 1308；1309；1310

american coffeebean 3247

american crab apple 4152

american cranberry-bush 7149

american cyrilla 2213

american dogwood 1955

american ebony 909

american elder 6231

american fringe 1502

american hazelnut 1964

american hemlock 7051

american holly 3451

american hophornbeam 4864

american hornbeam 1213

american horse chestnut 217

american kino 1757

american larch 3729；3730

american lime 6944

american mahogany 6693；6698

american mangrove 6018

american mountain ash 6537

american pistachio 5327

american pitch pine 5164；5192

american plane 5359

american planetree 5351；5359

american plum 5595

american poplar 5450

american populier tulpenboom 3888

american post oak 5915

american red elm 7059

american red gum 3887

american red oak 5826；5872；5902；5908；5930

american redbud 1435

american savin 3646

american silver fir 16

american smoketree 1975

american snowbell 6635

american tropics podocarpus 5406

american walnut 3626

american weeping elm 7058

american white ash 3036

american white oak 5779；5858；5866；5896

american whitewood 6940

american yellow-wood 1606

american yew 6841

amerikaans elinde 6940

amerikaans wit eiken 5866

amerikaanse ceder 1383

amerikaanse esdoorn 145

amerikaanse hulst 3451

amerikaanse kastanje 217

amerikaanse loofhout ceder 1385

amerikaanse loofhout-ceder 1385

amerikaanse mispel 4192

amerikaanse moeraseik 5925

amerikaanse moeras-eik 5885

amerikaanse moeras-populier 5445

amerikaanse nobel-den 30

amerikaanse ratel-populier 5450

amerikaanse rode eik 5872；5889；5908；5930

amerikaanse rode iep 7067

amerikaanse rodeeik 5826

amerikaanse rodeels 320

amerikaanse trompetboom 1325

amerikaanse vogelkers 5631

amerikaanse witte eik 5787；5858

amerikaanse witte noot 3617

amerikaanse witte pijn 5168

amerikaanse witteeik 5832；5860

amerikaanse zwarte eik 5864

amerikaanse zwarte noot 3626

amerikaanse zwartees 3047

amerikanis chaprikosenbaum 4166

amerikanis che buche 2910

amerikanis che buche-rot 2910

amerikanis chezypresse 6838

amerikanisch nussbaum 3626

amerikansk adel-gran 30

amerikansk ask 3036

amerikansk avenbok 1213

amerikansk bok 2910

amerikansk ceder 1383；1385

amerikansk cypress 1476；6838

amerikansk gran 21

amerikansk hard-ek 5932

amerikansk kastanje 216；217；1308；1309

amerikansk lark 3730

amerikansk lind 6940

amerikansk lonn 145

amerikansk magnolia 4108

amerikansk pil 6176

amerikansk poppel 5441

amerikansk red ask 3050

amerikansk rod-alm 7059

amerikansk rod-ask 3052

amerikansk rod-ceder 3657

amerikansk rod-ek 5885；5889；5915

amerikansk rod-tall 5205

amerikansk sekvoja 6395

amerikansk sump-poppel 5445

amerikansk svart-ask 3047

amerikansk svart-ek 5864

amerikansk svart-gran 5122

amerikansk vit-ek 5779；5857；5870；5896

amerikansken 3631

amerikanskrod-alm 7067

amerikanskrod-ek 5826

amerikanskt notstra 3618

amerikanskt platantrad 5359

amerikanskvit-ek 5787；5860

amescucu 7107

amezquite 2980

amistad 3332

amitha 5474

amoelau 4497；4509

amoerau-balli 4492

amole 1784；5540；6240；7317；7325；7382

amole dulce 7390

anon delrio 3917

anon domestico 475

anon pelon 470

anona 471；2490；2499；
3183；6082；6085

anona amarilla 462

anona babosa 6083

anona blanca 451；475

anona cimarrona 467

anona colorada 470

anona de mono 458

anona de montana 468

anona de monte 458

anona de redecilla 470

anona morada 468；470

anona poshte 451

anona silvestre 3071

anoncho 4834

anoncillo 3918；6080

anone 457

anone de montagne 472

anone pourpre 468

anonea peau dure 472

anonilla 458；470；471；
475；6083；6300；6308；
6900

anonilla de papagallo 458

anonillo 475；2337；
3187；4116；6081；6807

anonita 6083

anono colorado 470

anshiquel 6233

ansipacco' je 2033

antarctic beech 4694；4695

antarctisch 4695

antarctisch beuken 4694

antartisk bok 4695

ant-bush 6451

ante 4779；5078

antena 2886

anthodiscus 480

anthony's pine 5187

antillen eiche 1326

antillen kieselholz 5340

ant's wood 6412

antswood 6412；6415；
6419

ant-thorn 74

ant-tree 1910；7035；
7036

anuano 1496

anuro 3809

aoayyu 4402

aouara 624

aouara d'afrique 2533

apa 2577；2580

apa uapa 2577

apa wallaba 2576

apacas 5117

apach 3348

apacharama 3824

apacharana 3844

apache pine 5165

apachram 3802

apai 3145

apakai 3555

apakanierian 6626；6627

apakaniran 7410

apalachentee 3461

apalan 1996

apalioe 664

apan 4344

apanico 1763

apaoewa 1851

apara 5016

aparaiu 4181

apareiba 6021

aparina cara caspi 6083

apario 664

apasi 4235

apauwa 1860

apazeiro 2575；2576；
2580

apeboom 517

apelsintrad 1593

apenkam 495

apepu 1593

apesie 1985

apestoso 1545

ape-wood tree 5339

apikara 1153

apilla sani caspi 1269

apitzutzu 6412

apiy 2969

apoekoetja 572；578；588

apoeroekonnie 3531

apokoita 578

apokuita 1471

apomo 878

aporoena 3499

aporuma 6280

apoucoita canaficier 1471

apoucoita perola 1471

appalachiantea 3461

appelkwarrie 7232

appelroos 6725

apple 4158

apple akee 814

apple haw 2067

apple hawthorn 2043

apple pine 5213

apple shadbush 354

apple-blossom cassia 1293

apple-tree 2198；4160；
5743

apra noot 767

apricot 4166；5598

aprin 7380

apripari 4083

aprokonie 3473；3531

apsearring 7410

apugato cimarron 5081

apuhy 2993

apuhy grande 2027

apuna 3563；3567

aquacatillo 5075

aquaciba 5511

aquacillo 5049

aquariquara 4462

aquatapana 3763

aquay 1531

ara atroeka 1931

ara pacu preto 4496

arabaima 421

arabiskt kaffeetrad 1766

arabn coffeetree 1766

arabo 2654

arabo carbonero 2654

arabo colorado 2667

arabo real 2652

arabutan 1051

araca 5665；5673；6728；
6870

araca da mata 5671

araca d'agua 6870

araca guazu 5666

araca piranga 4531；5656

aracan 575

aracawood 516

arachichu-guazu 474

aracho 6338；6898

araconga 4210

aracuhy 402；411

aracui 411

arada-kwaiko 4413

arago 5719

araguan 2193；2194

araguaney 6752

araguato 1118；1120；
1121

araheuke 1706

araiba-ovo 6445

araida 2492

araira 2497

arakadak 1015；1032

arakadako 1019；1020；
1032；1035

arali matepalo 1686

aralia 512

aramata 1614

aramatta 1613；2425

arambo 5117

arana 1267；6331

arana caspi 1910

arana gato 6419

arancio 1593

arand 6050

arandanos 7093

aranguron 1627

arapapa 3989

arapari 4083

arapary 4083

arapary de terra firma 2538

arapary vermelho 2538

arapati 515

arapcoc vermelha 5963

arapichuna 171

arapipi 613

arapiraca 386；388；
1504；4942

arapirica 4941

arapoca 5963

arapoca amarella 3073；
5963

arapoca branca 5962

araque 3556

arara 816；1165；1166；
3185；3187；3188；
3199；3202；3203；
3206；3612；7074

araracanga 566；575；
577；584

ararama 6796

arara-tucupy 4956

arizona planetree　5362

arizona rough cypress　2170

arizona spruce　5120

arizona sycamore　5362

arizona walnut　3622；3623

arizona white oak　5783

arizona white pine　5212

arizona-tall　5163；5183

arizona-vit-ek　5783

arkansas ash　3051

arkansas oak　5784

arkansas pine　5162

arma-de-serra　326

armadillo huillas　5479

armata　1613

arneau　4876

arnica　4290

aroeira　627；630；636；6312；6322

aroeira branca　3895

aroeira colorada　6323

aroeira da praia　6322

aroeira legitima　639

aroeira negra　3893；6322

aroeira vermelha　6322

aroeirana　7107；7108

aroeirinho　6831

aroeiro sertao　639

aroemata　285；288

aroemata kharemeroe　1613

aroematta　1613

arom　669

aroma　82；2341

aroma americana　5549

aroma boba　3793

aroma francesa　250

aroma real　91

aromata　1613；1615

aromatie　1613

aromillo　1768

aromito　64

aromito derio　1087

aromo　108；119；669；1089

aromo negro　95

aromo real　91

arowone　6843；6847

arrabi　1423

arracacho　1611；3033

arracheche　4508

arraican　2815；6728

arraijan　2819；4508；4541；4571

arraijan blanco　1140

arrancillo　4508

arrayan　545；1131；2783；2785；2788；2809；2811；2818；2819；2825；2827；2837；2845；2855；3090；3091；3990；4528；4536；4541；4589；4597；5673；7091；7268；7274

arrayan amarilla　7272

arrayan blanco　4537；7272

arrayan colorado lobo　2837

arrayan falso　2836

arrayan macho　4145

arrayan mora　7272；7274

arrayan negro　4538

arrayan prieto　2809

arrendador　1039；4449

arrocillo　1506

arromatta　1613

arromatta belero　288

arrone　6747；6749

arrow-wood　2862；4894；7134

arroyo　4285；4286

arroyo willow　6202

arruda　6660

arruda-preta　6659

arruda-pveta　6653

arryan　4526

aruadan　1978；1983；6464；6465；6468；6469；6473；6483；6486

aruba　5767

aruda brava　2908；7347

aruera　3892

aruerina　6317

arumicaspil　1751

arveira　639

arvore de cuia　2085

arvore de natal　3710

arvore de sebo　7155

asada carne　1927

asapescado　7005

asare　834

asari　834；2607

asarquiro　3573

asar-quiro　3281；3573

asar-sisa　5980

asashi　3085；3086

asau　6894

asca　5061

asepoko　1541；5505

asepokoballi　4417

asexia　58

ash　3036；3037；3047；3052；3054；3059；7335；7343

ash maple　149

asharp point　1591

ashe birch　789

ashe juniper　3631

ashe magnolia　4100

ashente　4589

ashicana　3939

ashiquete　3053

ashleaf maple　149

ash-leaf maple　149

ashmud　421

asiente de perdis　478

asier　1955

asiminier　565

asintla　1943

ask-lonn　149

asniakara　3394

aspave　381

aspen　5436；5444；5447；5449；5450

aspen poplar　5450

assachi　6015；6017

assacu　3393；3394

assampelos ebracteata　7394

assao　705

assao blanc　7

assar　1657

assashi　3086

assopokballi　1541；5505

asta　1925；2603；3187；4888

asta amarilla　5649

asta blanca　2603；4873

asta maria　5649

astaprieta　5024

astromelia　3710；3712

astromera　3710

astromero　3710

astronomica　3710

asua caspi　4615

asubillo　5765

ata　179；6154

ata braba　2474

ata-apa　4085；4086

ataba　4085；4086

atabaiba　5387

ataje macho　1929

atakamara　1531；1540；5505

atakrorib　3487

atama　2364

atambu-assu　5402

atamisco　643

atamisque　643

atamisquea　643

atamte　7398

atana　2365

atapa　4085；4086

atapiriri　6831

atata　2741；2747

atauba　3172

ateje　854；1876

ateje amarillo　1865；1881

ateje americano　1881

ateje cimarron　1900

ateje de costa　862；1900

atejillo　1900

atesucil　3068

atexuxhil　3068

athel　6823

athel tamarisk　6823

atinupa　37

atlantic red cedar　6929

atlantic white cedar　1478

atlasholz　7345

atocamay　4541

atoelia　4046

atolikun　3937

atopale　5025

atoria　4046

atotoito　2733

atrete　3291

atuba　2348

atun-mullaca　4368

aturia　4046

atuto　7213

au-de-coller　3683

auguey　3119；4348；4396

auguey blanco　3119

auguey prieto　3119

august plum　5595

bailarina 5641

bainha de espado 1610

bainoro 1409

bainoro prieto 5313

bair 3762

baisu'u 6790

baitao 5109

baitoa 5109

baiuca-caspi 1126

baja 992

bajaya 3384

bajote 1865

bakabakaro 5316

bakabe-ie 3385

bakal-che 855；859

bakamo 2218

baker cypress 2171

bakkie-bakki 1812；1813

bakupar 5504；5525

balalaboue 2006

balambu 661

balamo 1572

balam-te 6911

balanzan 2913

balata 1531；4183；4184；
4192；4419；5516；6409

balata bianca 4419

balata blanc 3346；4419

balata blanca 4419

balata bloed 1541；4179

balata chien 1529

balata dooier 5510

balata franc indianen 5509

balata indien 4417；4419；
5509

balata jaune d'oeuf 5509；
5510

balata nispero 4189

balata pomme 1541

balata pommier 1541；
5505

balata roode 1541

balata rosada 4417；4422

balata rouge 4183；5516

balata saignant 1541

balata singe rouge 5509

balata witte 4419

balataballi 5523

balata-tree 4183

balate 4179；5516

balaustre 1420；1421

balche 3910；3928；3934

bal-che 3934

balchechi 3960

balche-kan 3273

balfour pine 5146；5150

balillo 6805

ballester 584

balm poplar 5439

balo 5383

balsa 4706

balsam 15；18；20；21；
2090；3394；4584；
5120；5124；5438

balsam apple 1686

balsam copiava 1858

balsam fig 1686

balsam fir 15；18；20；24

balsam fraser fir 20

balsam pine 5213

balsam poplar 5439

balsam willow 6212

balsamaria 1105

balsam-fig 1659

balsamito 4583

balsamo 1006；1572；
2808；4582；4584；
4586；5577；5578；
5693；5703；6317；7049

balsamo amarillo 172

balsamo de cayeput 4272

balsamo de tolu 4584

balsam-of-peru 4586

balsamo-quina 4615

balsam-pappel 5439

balsam-poppel 5439

balsam-tree 18；1659；
1667

balsem-populier 5439

balsilla 6991；7033

balsillo 2109

bam 5439

bambe 3717

bambito colorado 4799

bambito rosado 4714

bamboo 562

bamboo colorado 4799

bambulo 5724

bana-canida 3815

banacoco blanc 4836

banak 7155；7163；7165；
7170

banana 565

banana-bush 6027

banba-apis ieaie 3852

banco 2328；3250

banda 3852

bande 5737

baniaballi 6728

banjabo 3177

banks palmetto 6162

banksian pine 5151

banks-pijn 5151

banquito 2897

bansu 31

bantano 9

banya 6652

banyaballi 2781；2801；
4200

bapeba 5518

baptiste bois 7184

baqueta 7063

bara 1105

barabakoro 3440

barabara 2388；2389；
2391；2393；3890

bara-bara 2409

barabas 7035；7202；7210

barabu 5001；5005；
5006；5007

baracarra 6652；6670；
6678

baracaspi 2490

baradaballi 498

baradan 4791；4792

baraja 904；6382

barajitas 6382

barajo 749；1770

baraka roeballi 2344

bara-kara 4835

barakaro 4835；4836；
4838；4841；4845；
4851；4853

barakaro fieroberoe 4841

barakaro firiberoe 4853

barakaro firiberoebana 4836

barakaro ibikoro 4836

barakaro korero ibiberoiwi
4847

barakaroe firiberoe 4853

barakaroe ibiberoe 4838

barakaroeballi 2344

barakaruballi 2344

baramalli 1330；1331

baraman 1330

baramanni 1329；1330；
1331

baran quillo 6345

barano 107；1049

baranoa 107；115

barata 2523；5505

barataballi 1541；2522

baratinha 1288

barauna 4274；6312；
6313

barawad 5003

barawakashi 5016

barayara 2487

barazon 3375

barba chele 7240

barba de chivo 1057

barba de leon 3793

barba de mantel 723

barba de tigre 1778；5550

barba de toro 6289

barba do boi 1923

barbachatas 7385

barbados cedar 3633

barbados-en 3633

barbados-kers 4145

barbas 7202；7210；7212

barbas de chivo 63

barbas de viejo 3551

barbasco 36；1156；2280；
3933；4125；5306；
6258；6263；6856

barbasco amarillo 4583

barbasco de agua 3947

barbasco de raiz 3958

barbasco legitimo 3958

barbasquillo 2306；3906

barbasuchil 1070

barbatimao 2365；3591；
6625

barbeby earpodtree 2567

barbedwood 457

barberry 751；759；3032；
4127；4128

barberry hawthorn 2044

barberryleaf hawthorn 2044

barbon 1070

barbona 2867

barbona roja 1070

barbosquillo 402

beco 3924

beco cincho 3924

becuiba 7172

becuiba assu 7155

becuiba mirim 7155

becuiba vermelha 7155

beeb 5310

beech 2910；2912；4687

beef-tree 3155

beefwood 1321；3155；3157；3160；4179；4184；6119

beehlike burrwood 6470

beek 2528

beetree 6944

beetwood 2213

beh-eck 856

beherada 4946

beherie kotton 410

bejuca de morciellago 4802

bejuco 1472；2445；3165

bejuco angarilla 1798

bejuco blanco 3165；7008

bejuco cadena 725

bejuco cenizo 1040

bejuco chino 1040

bejuco colorado 1831；3352；3353

bejuco de agua 2566

bejuco de ardilla 4029

bejuco de cadena 725

bejuco de castillo 1668

bejuco de cerca 36

bejuco de estribo 2566

bejuco de hamaca 2264

bejuco de iuca 3243

bejuco de lareina 1564

bejuco de lia 725

bejuco de mona 1668

bejuco de mondongo 2566

bejuco de panune 2566

bejuco de peine de mico 192

bejuco de piedra 1798

bejuco de piojo 3351

bejuco de raton 36

bejuco de sangre 1692；4041

bejuco de toro 1797

bejuco de vieja 3353

bejuco lechoso 3024

bejuco negro 1927

bejuco prieto 2566

bejucocolorado 2270

beko 5523

be-kwai 5751

belarbe 4469

bel-ciniche 333

belefus 558

belehui 4158

belize mahogany 6697

bell olivetree 3253

bella 4121

bella angelica 6107

bella bell 3069

bella maria 1109；6434；7228；7239

bellaco-caspi 3346；3348；3349；3350；4958

bellata 6584

bellbird's heart 3115

belle-belle 1886

bellota 5820；6573

bell-tree 3253

bellwood 3253

bemberecua 6981

bemoonba 3563

be-moonba 3560

bencenuco 3259

benda 7399；7400；7406

benda-bulaga 1070

benerada 4945

benguat 5175

benguet pine 5172

benjamin fig 2936

benoleifere 4477

bepauletoe 885

beque 6994

bequem-tzojol 4161

bera 945；949

beradye hohorodikoro 4744

berba 879；885；3292

berdji-man barklak 2706

berengeno 2131

berenjena 6489；6495；6497；6502；6508；6509；6520；6524；6525；6528

berenjena cimarrona 6525

berenjena de gallina 6525

berenjena silvestre 6520；6526

berenjenilla 6495

berenjenita peluda 6509

berenjenita prludita 6509

berg fronfoeloe 5755；6139

berg gronfoeloe 5755

berg kwarie 5755；6139

berg layanillo 2788

berg walk naked 2788

bergi-bita 3100

berg-mahagoni 1439

berg-man barklak 2711

berg-pijn 5156

berg-tall 5185

berg-wortelboom 3477

beri manbatibati 6792

beri oede walaba 2580

beriba 2489；4888

berijua 6462

berkhout 3757；3768

berlandier acacia 66

berlandier ash 3038

berlandier esenbeckia 2742

berlandier fiddlewood 1566

bermajo 1632

bermejo 1632

bermejo blanco 1632

bermuda cedar 3633

bermuda juniper 3633

bermuda red cedar 3633

bermudas-zeder 3633

bernabe 1870

bernave 1870

berraco 905；1615；6784；6924；6993

berracode lacosta 6779

berry 7140

berry eugenia 2806

bersilana 4523

beruquillo 4205

besugo 7353

bethabara 6749；6751；6847

betulawood 771

betulla americana 775

betulla americana papyrifera 780

betulla grigia 784

betulla nana 776

betulla nera americana 778

betulla populifolia 784

betusagitse 2638

betz-tzaj 6981

bevat-berberine 7332；7335

beyacca 6254

beyo-zaa 4486

bhoso 3385

bhutan cypress 2173

bi 3292；3296

biaahui 2386

biaqui 2386

biberoe sokone 885

bibiru greenheart 1503

biche manso 6373

biche silvestre 6376

bicho 5431

bico de pato 4024；4040；4051

bicte 7012

bicuhyba 7172

bicuiba 4579；7172

bicuiba branca 7155；7172

bicuiba crespa 7155

bicuiba rosa 7171；7172

bicuiba vermelha 7155

bidkala 1194

bien mesabe 814

bienbiba 7155

bietahoedoe 3381

bifide bogwood 6449

big bend hophornbeam 4864

big bend yucca 7324

big buckeye 216

big bud hickory 1232

big hickory 1220

big laurel 4108

big pine 5176

big pod ceanothus 1351

big sagebrush 557

big shagbark 1228

big shellbark 1228

big tupelo 4698

biga-raagu 177

bigarade orange 1593

bigaradier 1594

bigbe 5724；5726

bigberry juniper 3652

bigcone douglas-fir 5654

bigcone pine 5157

bigcone pinyon pine 5181

bigcone spruce 5654

bigelow willow 6202

bigflower pawpaw 563

bigflower wallabatree 2576

big-fruit crab 4157

big-leaf 148

bigleaf laurel 6027

bigleaf maple 148

bigleaf mountain mahogany 1441

bigleaf shagbark hickory 1228

bigleaf snowbell 6639

bigleaf willow 6198

bigleafmaya 4348

bigtooth aspen 5444

bigtooth maple 146

big-toothed poplar 5444

bigtree 6396

bigtree hawthorn 2044

bigtree plum 5615

bihi 82

bihich 3102

biia 5549

bija 975；979；983

bijaguara 1784

bijlhout 2575；2576；2577；2580

bijlhout wit 2581

bijo 3146

bijote 4730

bikbach 297

bikiti 6139

bilabila 2164；4230

bilheiro 3172

bilibil 3172

bilillo 3792

bilimbi 661

bill bird patter 4877

billbird patter 4877

billy 174

bilreiro 3170

biltmore ash 3036

biltmore hawthorn 2059

bimbayan 7202；7210

bimbichu 3685；3686

bimbitchu 3686

bimiti wallaba 2581

bimiti-joreleko 1253

bindo 1824

binhatico amarello 5364

binolo 71

binolo blanco 91

binorama 75；82

bintoela 6338

bioudou 2580

biquiba 7172

bira-pepe 3378

birchberry 2819；4571

birchleaf buckthorn 3029

birchwood 1002

bird cherry 5599；5622；5623

bird limetree 6252

birds cherry 2825

birdseed 1567

biriba 2719；2723

biriba-branca 2723

biriba-preta 2723

biribi 2719

biriji 2825

birindiba 911

birjagua 1781

birma 1104

birmah 1104

birote de montana 1421

birqueta 3450

birrete de obispo 642；713

birringo 6031；6982

birsk 3292；3296

bisbirinda 1313

biscayne pricklyash 7337

biscayne prickly-ash 7337

biscochuel oamarillo 7018

biscochuelo 7007

biscochuelo negro 7021

biscoyal 696

biscuitwood 1257

bishicuri 5153

bishop pine 5187

biskops-tall 5187

bispo pine 5187

bisquite 118

bisschop-pijn 5187

bissy 1774

bita hoedoe 3380

biter red cherry 5606

bitter ash 2862；5132；5133；5767；5772

bitter cassava 4172

bitter cherry 5606

bitter condalia 1821

bitter damson 6430

bitter hickory 1224

bitter pecan 1222

bitter pignut 1224

bitter tamarind 6822

bitter water hickory 1230

bitter waternut 1230

bitter-ash 5966；6430

bitterbark 5132

bitterbush 1312；5129；5767；5966

bittercherry 5606

bitterhout 566；3100；3850

bitter-nuss 1221

bitternut 1224；1226

bitters 1781

bittersweet orange 1593

bitter-water hickory 1222

bitterwood 566；3910；3928；5133；6430；6433；7110

bitze 3487；3498

bixa 796；797

bixhumi 6233

bixomi 1453

bizcochuel oamarillo 7018

bizcolote 1824

biziaa 6912

bizil 4161

biznaga de estropajo 641

bizoya 6912

bjui 5664

bla eukalyptus 2759

bla gran 5124

black aishal 3912

black alder 312；313；321；3460

black algaroba 5552

black apple 2399

black ash 3047；3050；6278

black balsam 24

black birch 775；778；779；782；788；4571

black cabbage 3950

black calabash 369

black calabash-tree 369

black candlewood 3579；4738

black canele 4645

black capote 2386

black cedar 4752

black cherry 2783；2819；5631

black chokecherry 5638

black cinnamon 5139

black cottonwood 5438；5445；5451

black cypress 6839

black djedoe 6337

black dogwood 5309

black dwarf oak 5846

black ebony 250；5026

black elderberry 6232

black fiddlewood 856；7199；7204

black fir 5655

black fishpoison tree 5306

black grape 1757

black gum 18；4699；4704

black haiari 3912

black haw 2054；6415；6419；7140；7146

black hawthorn 2054

black hemlock 7051；7054

black hickory 1220；1226；1234；1236

black hills ponderosa pine 5210

black ironbark 2764；2771

black ironwood 1827；4814；6467

black kakaralli 2732；2740；3757

black kakeralli 2709；2732

black kakraralli 2711

black kulishiri 2161；2165；4225

black lancewood 4888

black larch 3729；3730

black laurel 1934；3130；6069

black limetree 6940

black lin 4108

black live oak 5797；5933

black locust 3111；3112；6069；6070

black mageniel 2880

black maho 6080

black mahoe 5306；6080

black mampoo 3157

black mangrove 565；663；

665；6021

black manjack 1916

black manwood 4462

black maple 150；157

black moroballi 6816

black mulberry 4489；4490

black myrtle 7070

black norway pine 5206

black oak 5799；5818；5820；5851；5864；5873；5902

black olive 925

black paddlewood 6651；6652；6678；6682；6685

black palm 623

black persimmon 2407

black pine 5151；5152；5155；5168；5172；5189；5200；5206

black poisonwood 4300

black poplar 5436；5439；5447；5449

black poui 6735

black riemhout 5498

black rod 2832

black rodvrood 2785

black rosewood 2284

black sage 557；1880；1903；1914；1920；1921

black sally 95

black scrub oak 5846

black sloe 5634；5636

black soursop 464

black spruce 5122；5125

black sucupira 867；869；2425

black sumach 6029

black sweetwood 4738

black tamarind 81

black titi 1648；1649

black torch 2615；4624

black tupelo 4704

black walnut 3626；3629

black willow 1162；6176；6180；6182；6205；6215

black witty 1168

black yarri-yarri 3185；3188；3199；3202；3203；3206

blackbark pine 5174

blackbead 5327；5330；

5332

blackberry 1097；2819；3219

blackberry elder 6231

blackbread 5340

blackbrush 111

blackbrush acacia 111

blackbutt eucalyptus 2765

black-fruit dogwood 1956

blackgum 4699

blackhaw 6415；7140；7142；7145；7146

blackheart 173；174；1613；7261

blackjack 5853；5872；5930

blackjack oak 5820；5864

blackjack pine 5151

blackjack scrub 5853

blacklau 3130

blackthorn 2047；5633

blacktree 664

black-tree 664

blackwood 565；665

blackwood pine 5174

blackwood-bush 664

bladdernut 6566

bla-ek 5812

blakaberie 3385

blakka kabisie 2425

blakka parihoedoe 6682

blakka tjabisie 2425

blanc tostado prieto 3381

blanca mara 3250

blanchet 6753

blancito 2339

blanco 581；7353

blanco juniper 3634

blanco pijn 5191

blanco pine 5191

blanco-tall 5191

blanquillo 366；1531；1537；6262；6343；6345

blanquillo blanco 252

blanquillo colorado 1535；6416

blanquito 6440

blasenschote 2418

blasted pecan 1230

blau esche 3054

blaues ebenholz 1847

blau-fichte 5124

blauwe amerikaanseeik 5812

blauwe amerikaansees 3054

blauwe mahoe 3329

blauw-spar 5124

bleeding-heart-tree 2862

bleistift-zeder 3657

blik-eik 5930

blind-eye-bush 3298

blindwood 1395

blister fir 15

blisters cho-koh-tung 15

bloedhout 3563；3567

blolly 3155；3160；5317

blood-of-christ 3602

bloodwood 1968；3129；5719；5724；7183；7184；7185；7186；7190；7194

bloodwood cacique 881；891

blossom-berryjug 4508

blue ash 3054

blue beech 1213

blue birch 772；784

blue catalpa 4983

blue dogwood 1939

blue elder 6232

blue elderberry 6232

blue fir 18

blue gum 2759；2770

blue haw 2045

blue mahoe 3329；3335

blue murtle 1355

blue myrtle 1355

blue oak 5787；5812；5860；5875

blue palo verde 1430

blue pine 5209

blue qualea 5747

blue sage 557

blue spruce 5121；5124；5125

blue-beech 1213

blueberry 6709；7072

blueberry elder 6232

blueberry hawthorn 2045

blue-blossom 1355；7206

blueblossom ceanothus 1355

blue-brush 1355

blue-copper 3222

blue-fruit dogwood 1947

bluehaw 7146

bluejack 5848

bluejack oak 5848

bluestem 6161

bluet 7089

bluewood 1822；5005；7385

bluff oak 5911

blumen hartriegel 1946

bluntclusia 1673

bluntended faveiro 5730

blyerts-en 3657

boawood 2409

bob 1750

bobbie manja 4167

bobche 1701；1750

bobchiche 1750

bobensana 1082

bobinzana amarilla 6651

bobiwaata 4417

boboro 6493；6503；6507

boboroballi 1468

bocachico 5292；5651

bocate 1885

boccoholz 3547

boch 2085

bocha tsaja 5472

bochil 6839

bochilte 5807

bochiv 5807

bocho 4167

boco 823；6652；6678；6683

boco marbre 823

bocote 1885

bocuas del toro 7202；7210

bodare 4076

bodareus 4076

bodorie 4046

boegoe-boegoe 6682

boegroe makka 694

boeirata 4946

boeletrie 4183；4184

boeloekoro 885

boesi 7410

boesi kakam 495

boesi mahonie 3977

boesie kasjoe 2361

boesie tamalin 6627

bois pois 6681

bois poison 5129

bois poulette 958

bois poupee 1900

bois puant 1164；1328；3236；5359；6581

bois puce 4914

bois raie 1416

bois resolu 1488

bois riviere 1488

bois rouge 337；1701；1742；2676；3172

bois rouge tisane 6166

bois royal 4147

bois sabot 3314

bois sagine 1499

bois saisissement 6925

bois sanglant 7183

bois savanne 245；4589

bois sentir 645

bois serpent 6626；7410

bois shavanon 1328

bois sucre 3524

bois tan 1010；1019；1034

bois tremble 2358

bois trompette 1367；1368；1372

bois vache 268；702

bois verdoyant 1341

bois violet 1847；2238；5007

bois violon 3189

bois zebra 6626

boisa barrique 6895

boisa dartres 7183

boisa flambeaux 6966

boisa pian 7371

boiscotenoir 6834

boisde tambour 6826

boisdefer 7360

boiseserpent 7410

boisfourmi 7037

boismacaque 566；593

boispin 6809

boiussu 4839

boj de persia 4524

boje 485；486；4248；6960

bojon 1882

bokkenoot 1246；1248

bokobokoto kon 3360

bokobokoton djamaro 3836

bokotokon 3359；3361；3362；3364；3365；3367；3368；3369；3370；3375

bokstavtra 885；5301

bola de nieve 3584；7144；7148

boladar 748

bolade raton 7004

bolade tejon 7004

bolador 748；6859

bolaina 4523

bolander bladdernut 6564

bolaquiro 635；1540

bola-quiro 6314

bolaquivo 632

bolchiche 1720

boldo 5064

boldu 5064

boleiro 272；3613

boliche 6240

bolikin 6165

bolina 4523

bolita de perro 962

bolita prieta 1879

bolivia seagrape 1712

bolivian walnut 3615

bollen 3663

bolletrie 5523

bolodar 748

bolsa de pastor 7373

bomba 1113

bombast mahoe 4706

bombay blackwood 6384

bombilla 558

bombo 3555

bombon 2642

bombona 3555

bombonde 3171

bom-rza 2386

bon garcon 2880

bonete 642；3600；3982；3986

bonete de arzobispo 713

bongia'avu 3289

bongo 1335

bongo macho 832

bongro 3805；3825；3838

boniate 4624

boniatillo 5077

boniato 4633；4651；4752；4801

boniato amarillo 4651

boniato del pinar 5080

boniato laurel 4738

bonisto blanco 4738

bonita 1480

bonnet de pretre 2863

bonnie-bonnie-hoedoe 4194

bonpland willow 6180

boob 1750

boohoorada 4946；4951

bookoot 1292

bookut 1292

boonewood 7177

boop 1750

boquet de novia 3584

bor vajmutov 5213

boracho-sisa 707

boragica 2749

bordao de velho 6229

border lumber pine 5212

border palo verde 1434

border white pine 5212

borlas de obispo 1091

boroborelli 3810

boroborolia djamaro 4875

boroconte 2787

borovice tuha 5213

borrachera 5135

borracho 3282；5309；6300

borrachos 7093

borracho-sisa 707；5715

borstaktig gran 17

borstiger schoten-dorn 6066

boruma 5476

bos cassave 1963

bosch kalebas 2016

bosch kasjoe 2361

bosch marmel doos 2509

boschkapok 2611

boschkasjoe 384

boschkers 2833；2841

boschtafra boom 1896

bosch-tamari 4959

bosch-tamarinde 3403；6626

bosguurgak 2488

boshi 683

boshtaab 3213

boskalabas 2016

boskasjoe 382；385

boskatoen 2606

boskoffie 4198

bosmahonie 4215

bospapaja 1368；1372

bosso 3755

bosso comun 1008

bossoea 379；7353

bossolodi constantin opoli 1008

bostamarinde 3402

bosu 7332；7353

bosua 7298；7364

bosuda 7353

boszapote 6573

boszuurzak 463

botan 6158

botan palm 6158

botarrama negro 7236

botavara 3058

botavaras 3059

bote 5641

boterboom 1246

boternoot 1248

boto 1761

boton 5761

boton artificial 610

boton de oro 52；1621

botoncahui 1838

botoncillo 1265；1838；3714；6890

bototillo 1763

bo-tree 2991

botrie 4184

botro-hoedoe 3236

bottlebrush 1099；1801；4272；4302

bottlebrush buckeye 220

bottom shellbark 1228

bottom white pine 5168

bottom-land post oak 5910

bottomland red oak 5884

bou 3171

bouchi cajou 382

bouchi papaye 5484

bouchiapa 4423

bougouni blanc 705

bougouni petites feuilles 705

brown mora   4469

brown silverball   3807

brown silverballi   4630

brownuya   2569

bruca   6824

brucal   2620；2642

brucayo   2642

brue-sucu pira   5580

bruinhart   7261

bruinhsri   396

brujo   7308

bruscon   6386

brusete   1270

brushbox   3968

buajiote blanco   995

buajiote verde   995

bubo   1927

bucacuru-caspi   4373

bucar   2642

bucare   2623；2628；
2632；2650

bucare enano   2620

bucaro   2632

bucayo   2628；2650

bucayo enano   2620

bucayo haitiano   2650

bucheira   581

bucheiro   593

buchholz podoberry   5394

buchilla   7407

buchsholz   593

bucida   925

buck oak   5799

buck varnish   3970；3972

buckbead   185

buckeye   216；217；221

buckley hickory   1236

buckthorn   3031；5998；
6415；6417；6419

buckthorn bumelia   6417

buckthorn cascara   3032

buckthorn chittimwood   6417

buckthorn-tree   3031

buckwax-tree   6703

buckwheat-tree   1648；1649

buckwood   152；4916

bucuva   7171；7172

bucuvucu   7155；7171；
7172

buddhist bauhinia   739

buen amigo   5310

bufano   3041

buffalo-berry   6406

bufumo   4888

bugleaf maple   148

buhs   1008

buhsboum   1008

buhurada   4946

bui   5664

buirata   4945；4946

buis commun   1008

buis de bresil   2899

buisdes antilles   6750

buiusse   4839

buiussu   4839

buke   4682

bukobukoto   kon   3370；
3372

bukra   5041

buksboom   1008

buku-buku   3370

bukut   1292

bulandi   7226

bulbstem yucca   7318

bull bay   4108

bull pine   5151；5157；
5162；5167；5172；
5174；5187；5197；
5209；5215

bullet   4179

bullet-tree   4188；6409

bulletwood   4183；4184

bullhoof   367；1410；2459

bullhoof macho   2459

bullhorn acacia   88

bullnut   1220

bullwood   5026；6463

bully-mastic   6414

bully'tree   3337

bully-tree   4179；4189；
4192；5513；6425

bullywood   6859

bultatakubia   6328

bumatell   2642

bumbuje   3555

bumbum   833

bumelia ironwood   6417

bumwood   4301

bun   4524

buncombe crab apple   4152

bundari   4046

bunduri pimpla   4046

bungya   518

bunyashiri   698

buque de noiva   3584

buquet de   novia   3578；
3580

buquet de novia rosado
3577

bur oak   5795

burabel   1882

burachi   5135；5137

buraci   4280

burada   2901；3825；
4945；4946；4947；4951

buradiye   4632

buraem   5536

burahem   5536

burajie   4630；4653；
4665；4667

burajuba   507

buranhe   5536

buranhem   5536

buranhen   5536

burbank walnut   3626

bureria   854

burhoorada   4945

burhuda   2556

buri   6567；6792

burio   7275

burio espinosa   3330

buriogre   1876；3263；
3264

buriogre amarillo   1900

buriogre de montana   1900

buriol   381

burito   6545

burmatoon   6958

burningbush   2862

burningwood   2213

burn-nose   2306

burnwood   2213

burr oak   5860

burra leiteira   6243

burraleiteira   6247

burro   1160；1161；1166；
1168

burro blanco   1160

burro mauricio   4116

burro prieto   1162

burrwood   6467

buruburuli   3810；3814

buruci   4281

burueballi   3344

buruma   5474

bush-laurel   6036

bush-poppy   2325

bushy pepper   5238

busitamaren   5

busso   1008

bussu   4168

bustic   2411；6425

bu'su bara   1171；3783

butalar   6487

but-but   2753

buteiro   4520

butter nuss   3617

butter pear   5041

butterbough   2905

butter-bough   2905

butterbough inkwood   2905

buttercup   293

butterfly bauhinia   728

butterfly-bush   932

butterflybushlike rondeletia
6093

butterflybushlikemaya   4325

butterfly-tree   2603

butternut   771；1224；
1246；1248；3617

butterwood   5359

button willow   1428

buttonball   5361

buttonball-tree   5361

buttonbush   1428

buttonwood   1838；3714；
5361

butua   36

buulchich   6362

buxbom   1008

buxbomstra   1008

buxo   1008

buxo de boi   7373

buzunuvo   3259

C

ca   6568

caajussara   2515

caa-nambi   3110

caaobate   3982

caaobeti   3985；3986

caa-o-vetoy fumo braco
6510

caa-pitiu   6449

caa-tigua   7000

cadillo 7279

cadmia 1155

cadrorana 1377

caeinaeiwae 6906

caenimouae 5293

caete de macaco 2019

caexeta 6772

cafe 1761；1766

cafe bravo 3172

cafe cimarron 1261；1567；
1572；1789；2923；
3579；5463；5704；
6367；6404

cafe cimmaron 201；1265

cafe de gallina 1261

cafe de monte 4914

cafe do diabo 1266

cafe excelsa 1767

cafe falso 957

cafe forastero 957；958

cafe gigante 1586

cafe grand bois 3579

cafe jaune 306

cafe liberico 1767

cafe mashan 5697

cafe silvestre 1275

cafecillo 863；1263；
2925；6056；6383；6435

cafecito 7404

cafeier 1766

cafeier arabe 1766

cafeillo 1261；2457；
2463；2923；3579

cafeillo yeso 958

caferillo 1267

cafesillo 6450

cafesinho 4252；4263

cafetan 4912；5682

cafetero 6300

cafetillo 539；1265；
3579；4508；6817

cafeto 1766；1767；1837

cafeto arabe 1766

cafezinho 4496；4511

caffetillo 2923

cafie 1766

cagalera 7287

cagalero 5941；7287

caguacu 6808

caguairan 3228

caguairon 3228

caguaro 1421

cagui 1238；1241

caguimo 2668

cahu 381

cahuasquie 7390

cahuichi 7094

cahuirica 2235；5306

cahuitzo 7094

caicareno 281

caieno 5653

caima 5472

caimite 1531

caimite marron 1537

caimiter 1531

caimitero 1537

caimitillo 37；1527；
4415；4423；4499；
5495；6420

caimitillo cimarron 4415

caimitillo groene 4415

caimitillo verde 4415

caimito 1534；1536；
1545；3684；5488；
5514；6559；7190

caimito blanco cimarron
1529

caimito cimarron 1529；
1537

caimito cocuyo 1529

caimito de perro 1538

caimito demontana 6011

caimito morado 5534

caimito verde 1529

caimito yura 1545

caimo 5488

cainga 593；4463

caisha-pujin 4858

caiucara 6521

caixeta 272；1546；2101；
2127；2356；3598；
5767；6431；6737

caixycahen 3435

caizeta 7236

caja manga 6558

cajarana 1041

cajaty 2151

cajazeiro 6559

cajeput-tree 4272；7070

cajeta 7055

cajetillo 3372

cajeto 4706

cajeton 268；2735

cajillon negro 578

cajiman 1611

cajoba 97

cajon de burro 6164

cajpoquiliso 6422

caju acu 382；385

caju assu 382；385

cajuco 7155；7166

cajuhy 381

cajui 103；382

cajuil 384

cajuilito suliman 6726

cajuput 4272

cajurana 383；5770

cajurica 3910；3927；
3928

cajuvana 381

cajzaicui 6332

cakalaka-berry 6516

calaba 1104

calaba afruits ronds 1108

calabacillo 1175

calabash 369

calabasillo 369

calabasse schwarze 369

calabura 4523

calafate 755

calafate grande 755

calaguaste 3167

ca'la'm 3498

calambrena 1732；1758

calan 1118

calarni 2788

calaveritas 6927

calcanhar de cotia 3172

calconcillo 3986

calden 5541；5543

calderon 818

calebasse marron 369；
2086

calebasse zombie 369

caleguana 1922

calenturo 1712

california alder 319

california barberry 4128

california bayberry 4540

california black oak 5851

california black walnut

3616；3618

california black willow 6180

california bladdernut 6564

california blannelbush 3060

california blue oak 5812

california boxelder 149

california buckeye 214

california buckthorn 3030

california calocedar 1102

california cedar 6930

california cherry 5638

california chestnut oak 3891

california chokecherry 5638

california coffee 3032

california coffeeberry 3030

california cypress 2176；
2181

california dogwood 1950；
1955

california false nutmeg 6963

california fan palm 7265

california fremontia 3060

california great fir 21

california holly 3318

california hoptree 5716

california juniper 3635；
3651

california laurel 7070

california lilac 1355

california live oak 5778

california mahogany 6031

california mountain ash
6544

california mountain cypress
2180

california myrtle 4540

california nutmeg 6963

california oak 5857

california palm 7265

california pinyon pine 5201

california planetree 5361

california privet 3880

california red fir 26；30

california redberry 5998

california redbud 1435

california redwood 6395

california rhododendron
6026

california rock oak 5812

california rosebay 6026

california scrub oak 5813

canang 1155

cananga 1155；3194

cananich 7132

canari macaque 2714；3779

canaria 6106

canary tree 50

canarywood 1422；1423；2899

canasta mexicana 1092

canastilla 548；5941

canatilla 2582；2587

canatillo 2583

cancer 124

cancer-tree 3588

cancharana 1042

canchi 6378

canchin 6386

cancorosa 4247；4255

candado 591

candela 490

candela de breyo 4030

candela patria 6363

candelabre 2875

candelada 3333

candelaria 374

candelera 1876

candelero 1865；1876；2875；6966

candelilla 1453；2868；6386

candelillo 4120；6095

candelo 1034；3249

candelon 65；6021

candelwood 380

candil 379；380

candil de playa 379

candilero 1870

candle-berry 1019；1028；4541；4561

candlenut 279

candle-tree 1325；1328；2221；4554；4968

candlewood 374；375；2221；2451；2543；3222；4945；4947；4951；6709；6820；6966

candlewood-tree 2155

candongo 6083

candrea 5364

canduru 891

cane ash 3036

caneay 4262

canel 5760

canela 272；1559；3849；3860；3863；3867；4658；4730；4731；4744；4745；4762；4763；4770；4797；4801；5049

canela amarela 4638

canela amarilla 3849；4654

canela batalha 2151；2152

canela bezerra 7107

canela blanc 2152

canela blanca 1156

canela branca 2151

canela da india 1559

canela de benado 4591

canela de china 1554；1555

canela de cutia 2745

canela de la tierra 5049

canela de veado 1266；3301

canela del pais 3867

canela escura 4645；4649

canela ferrugem 4645；4649；4659

canela fogo 2152

canela foreta 4645；4649

canela funcho 4763

canela garuva 4659

canela gialla 4654

canela guaica 4774

canela guaika 4643

canela imbuia 4771

canela jaune 4654

canela lageana 2151

canela lajeana 2151

canela legitima 1559

canela mandioca 2351

canela marmelada 4308

canela moena 421；2548；4726；4768；4788

canela moir 4645

canela muria 7107

canela murici 7107

canela negra 4645

canela nera 4645

canela noz moscada 2152

canela parda 1471；4645；

4649；4655

canela pimenta 4789；4790

canela preta 1471；4645；4649；5083

canela rosa 5055

canela sassafras 4763

canela tapinhoan 4308

canela-amarela 2557

canela-de-velho 326

canelao 4631；4727

canelero-de l-monte 2745

canelilla 421；1156；2093；3867；4739；4801

canelillo 420；3867；4730；4785；4796；5143

canelite 7246

canelito 268；5075；7259

canelito negro 410

canella 1156；2150；2550；3852；4628；4630；4645；4665；4667

canella amarela 4658

canella amarella 4638；4648；4668；4708

canella amarga 2456

canella batalha 4659；4660

canella blanca 1156

canella branca 2557；4644

canella burra 4621；4748

canella cheirosa 4764

canella de cotia 2745

canella de garca 6994

canella de sebo 4620

canella de varzea 4660

canella de veado 4645

canella de velha 4400

canella do brejo 4030

canella do venado 3300

canella do viado 3300；3301

canella falsa 2350

canella foreta 4645

canella imbuia 4771

canella imbuia clara 4771

canella imbuia escura 4771

canella lanosa 4750

canella louro 4717

canella parda 4655；4765

canella pardo 4650

canella powree 1156

canella preta 4645；4649；

4668；4723；4786

canella rapaduro 3831

canella sassafras 4763

canella sassafraz 4763；4781

canella seibo 4659

canellao 4621；4659

canelle 4645；4801

canelle giroflee 2350

canellinha 4643；4763；4775

canelo 421；1118；1559；1943；2453；4275；4658；4667；4762

canelo amarillo 4747

canelo fino 428

canelo jopincholo 5056

canelon 2142；3849；4591；4725；4728；4730；4801；5958；5960

canelon blanco 6028

canemuxu 6908

caney 1497；3251；3252

canforeiro 1556

cangalheira falsa 1628

cangalheiro 3715

cangarana roza 1041

cangerana 1042

cangica 3033

cangorosa 4263

cangrejo 6103

canhabin 6378

canharana 1041

canida 3815

canida de benado 4591

canida de venado 873

canilla de mula 4382；7035

canilla de venado 127；290；4396；4398

canillade venado 4388

canillo 4388

canillo de cerro 4388

canillo devenado 6100

canima 1848

canime 5539

canishte 5490

caniste 5490

canjarana 1041

canjaro 1866

canjerana 1041

cauxinguba 2968

cavalonga 6925

caven 68

caviuna 4038

caviúna do campo 2300

caviuna raye 4062

caviuna vermelha 4062

cav-pom 4230

cawara 1865

caxeta 6737；6757

caxim 4906；4907

caximduba 3355

caxinguba 2962

caya amarilla 6414

cayaba 1503

cayada deaura 6833

cayate 4815

cayena dobbel 3333

cayenito 707

cayenne linaloewood 439

cayenne sassafras 433

cayenne-rosenholz 3862

cayepon 1497

cayeput 4272

cayeputi 4272

cayilla 3143

cayolinan 929

cayolizan 929

cayoluian 929

cayuco 1444

cazabita 5314

cazabito 7005

cazaniche 6528

cazcat 3980

cazuela 1113；3341

cc'ana 7078

ccasi 3270

cchicharron 1275

ccomezu facho 3781

ccu'ye 7276

cdeterma 925

cebil 184；386；4942

cebil bianco 4941

cebil blanc 4941

cebil blanco 4941；5286

cebil colorado 184；386；388；4941；4942

cebil moro 386；388；4941；4942；5288

cebo burro 3314；3316

cebo macho 3314；3316

cebolinha 1686

cecepatli 3550

cecetzin 3550

ceda 3186

cedar 1475；1478；3643；3649；3651；3652；3655；3657；6930；7059

cedar elm 7059

cedar pine 5168

ceder 1378

cederhoutboom 3657

ceder-pesi 427

cedilla 7281

cedrahy 1041

cedrat 1374；1381

cedre 3657；4665；4667；4782

cedre bagasse 5560

cedre blanc 4721；5560；6746；6753；6929

cedre d'amerique 1383；1385

cedre eris 4774

cedre flibustier 3852

cedre gris 4638；4797；5747；5755；6139；7256

cedre gris couari 5747

cedre jaune 427

cedre noir 4742

cedre remi 6796

cedre rouge 4782；5560

cedrea crayons 1102

cedrea feuilles d'argent 2121

cedrela 1376

cedrela americana 1376；1383；1385

cedrilho 2614

cedrillo 830；901；905；1384；3165；3172；3179；3384；3643；4902；5107；7005；7012；7024；7055；7166；7332；7349

cedrillo blanco 7012

cedrinho 6340；6341；7007

cedrito 2163；5107

cedrito rebalsero 7018

cedro 1041；1374；1378；1379；1380；1381；

1384；1385；1386；2170；2172；2179；3631；3635；3637；3643；3645；3647；3649；3650；4722；5396；5560；6839

cedro amargo 5768；5769

cedro argentino 1376

cedro aromatico 1376

cedro bianco americano 1478

cedro bianco di california 1102

cedro blanco 1379；2170；2178；2179；3250；3650；6433

cedro borado 2891

cedro branco 1105；1376；1377

cedro bravo 6340；6341

cedro chino 1380；3640

cedro colorado 1384；1385；3650；4722

cedro cuangare 4868

cedro de alameda 1379

cedro de castilla 1379

cedro de himalaya 6958

cedro do campo 3716

cedro do pantano 1105

cedro espino 830；4902；7350

cedro espinosa 830；4902

cedro espinoso 830；2607

cedro fino 1380

cedro giallo 1476

cedro granadino 1384

cedro hembra 7055

cedro lanco 6430

cedro limon 1601

cedro macho 830；1383；3167；3341；4902

cedro maria 1105

cedro masha 3384

cedro mexicano 1381

cedro muyo 1381

cedro napyta 1041

cedro oloroso 1380

cedro pashaco 5431

cedro prieto 4300；4301

cedro rana 1387；7248

cedro real 1376

cedro rojo 1378；3655

cedro rosa 1376

cedro rosado 1379

cedro salteno 1378

cedro tasco 3643

cedro vermelho 1378

cedrode castilla 1379

cedrohy 1041

cedromacho 1197

cedron 1261；5768

cedron prieto 6836

cedrorana 1384

cefecillo 6593

cega olho 4906；4907

cego machado 2255；5112

cego maschado 5112

ceiba 1003；1388；1389；1393

ceiba colorado 4902

ceiba lechosa 3394

ceiba tolu 830

ceiba tolua 830；4902

ceiba yuca 1395

ceiba yucca 1395

ceibilla 3608

ceibillo 1389；1395；7350

ceibo 1389；2625；2629；2642

ceibon botijaguano 4706

ceituna 7390

celestino 3931

celosa 4460

cempoalchuatl 7063

cencerro 172；174；6692

cenicero 2569

ceniza 7063

ceniza negra 3362

cenizero 3366

cenizo 649；4320；6904；6905；7063；7351

cenizoso cimarron 4912

centavillo 77

centepee-plant 1803

centraalam erikaanse pijn 5191

cepanchina 6475

cepatli 3550

cepillo 1798；2566

cepillo del diablo 1798

cera vegetal 3680；4557

cerbatana 2451；6452

chapuliz 2442

chapulizle 7285

chapupo 6778

chaquera pino 5396；5397；5399；5400；5401；5403；5408；5426

chaquira 1342

chaquirilla 1342

chaquiringa panga 2661

chaquiro 5397；5399；5401；5403；5426

chaquis 534

chaquito 5400；5401；5403；5407；5408；5426

charachuela 2917；4503

charagallo 333

charamasca 6367

charamusca 6391

charapo 6928

charapu 6928

charemba 532

charichuela 3085；6008

charichula 4503

charo 878；1019

charo macho 885

charrasquillo 5850

chasa 2778；2831；2859

chaschom de montana 3167

chaschum 2165

chashte 3910

chasparria 3697

chaste-tree 7195；7215

chaste-tree negundo 7215

chataigne marron 4899

chataignier 558；1308

chataignier coco 6476

chataignier d'amerique 1308

chataignier de la martinique 6481

chataignier montagne 6481

chataignier rouge 6484

chatet 4816

chatilla 1261

chatsutsoco-scatan 6560

chau 179

chaucte 5057

chawari 1243

chaw-fo-ka-naw 6162

chaya 1693；4575

chayacachte 5094

chayba 3295

chayote 268

cheakyberry 4915；5132

checham 4300

chechem 4300

chechem de caballo 1143

chechen 1806；4300；6346；6981

chechen blanco 1144；6342；6346

chechen blanco de sabana 1144

chechum 4300

check pine 5151

checker-bark juniper 3640

cheepo 481

chelele 3520

chencherenche 7195

chene 1326

chene bicolore 5787

chene blanc 5779

chene blanc americain 5787

chene blanc d'amerique 5858；5866；5896

chene blanc frise 5860

chene bleu 5787

chene calebassier 5062

chene calle brassie 5062

chene chinquapin 5870

chene d'arizona blanc 5783

chene de caroline 5853

chene de garry 5832

chene de garry marais 5885

chene de kellogg 5851

chene de schoch 5906

chene ecarlate 5799

chene etoile 5915

chene haitien 1326

chene imbrique 5847

chene laurier rouge 5855

chene lourd d'amerique 5932

chene mexicain 5875

chene noir 1326；2528；5930

chene noir de californie 5851

chene nutall 5920

chene prin 5896

chene rouge 5902

chene rouge americain 5889；5908

chene rouge d'amerique 5826；5872

chenea glandes 2530

chenecte 3910

chenet 4278

chequen 3991

cheramusco 63

cherimolier 451

cherimoya 451

cherry 384；541；5618；5647；5649

cherry birch 775；779；788

cherry fig 2941

cherry oak 5787

cherrybark oak 5826；5884

cherrybark red oak 5884

cherry-grape 1758

cherry-laurel 5602

cherrystone juniper 3649

chestnut 1308；1310；1311

chestnut oak 3891；5870；5896

chestnut swamp oak 5896

chestnut upland oak 5794

chewing-gum-tree 4192

chewstick 3132；6703；7241

chiadra 1693

chiankrap 3815

chiapas 6573

chiapas juniper 3637

chibatao 633

chibo-caspi 7015

chibo-runtu-caspi 1987

chicab 1844

chicabte 1844

chicalaba 5916

chicalito de tuxtepec 618

chicamay 6636

chicasquil 1693；3608

chiceh 1546

chicha 6573；6575；6581；6586；6587；6591

chicha brava 6587

chicha de gato 6363

chicha fedorento 6581

chicharillo 4508

chicharro 911；5805；5843；5913

chicharron 226；1089；1267；1803；1805；3951；4004；4007；4876；5986；6462；6866

chicharron amarillo 4876

chicharron de monte 3222

chicharron del monte 4500

chichbat 2099

chiche 4048

chichi blanco 604

chichi colorado 584

chichibegua 6501

chichiboa 7381

chichica 566；584

chichicaste 1693；1698；5467；7080；7087

chichicaste cuyanigua 7080

chichicastillo 4575

chichicastle 7085

chichicazlillo 7081

chichicu yura 4244

chichide perra 3165

chichiguita 6509

chichihual caxtli 6778

chichimeca 4491

chichipate 172；2039

chichipince 3259

chichita 6322

chichitlaco 224

chichon 618；3167

chichon colorado 2155；6817

chichon de montana 3167

chichorillo 3271

chich-put 1201

chichte 2099

chichua 4257

chichutilla 1926

chici 570

chici prieta 570

chiciscua 289

chickasaw plum 5596

chickasawa tchie whitewood 4698

chicle 2522；3685；4080；4138；4192

chicle caspi 3684

chicle macho 4180

chicle rosado 5499

chicle-tree 4192

chicllur 7100

chocoijoyo 6807

chocolate 4237

chocolate palm 4807

chocolatillo 107；542；5959

chocolin 2619

choh 5502

ch'oh 3467

cho-i 1430

choke cherry 5638

chokecherry 5638

chokey apple 5513

cholago 1788

cholague 1788

cholan 6851

choleta-caspi 2916

cholol 5880

chomo 2083

chon 839；2607

chonchuela 2035

chonta 694；901

chonta duro 694

chonta ruru 694

chontaquiero 2423

chonte 6261

chope 3144；3233；3237；3238；3240；3242；5447

chopo 4445；5447

choquey 5673

chorao 127；1207；1211；6199

chorisia 1524

choro 1211

chorro de sangre 2099

chorros 3068

chorâo 5428

chote 268

chotecuahuite 4967

chotza 2619

choute 6907

chovarobo 1880

chove 4446

choven 4446

choyba 879；3292

chozo 3815

christine buisman-alm 7064

christine buismanelm 7064

christmas bush 6357

christmas candle 7044

christmas-berry 3318

christus-dorn 3112

chuachua 2490

chucamay 6636

chucarea 5461

chucaro 6386

chuccu 2649

chuccumuyu 2618

chuche 6839

chuchita 3661

chuchu washu 4257

chuchuashi-mashan 4890

chuchuhuas ha-masha 3363

chuchuhuasha 3283

chuchuhuasha-mashan 3195

chuchuhuasu 4257

chuchum 7063

chuchupate 3167

chuchupi 5461

chuckem 112

chuco 2618

chucte 5057

chucum 2099

chucupi 5460；5461

chudechu 6912

ch-uhuk-ts'iim 4175

chukchok 6914

chukem 112

chukupi 5461

chul 2110

chulche 2110

chulub 1118

chulujujste 7049

chulul 5379；5531

chululdzu 2904

chulut 723

chumbinho 6993

chumbino 6240

chumchintoc 3149

chumcintoc 945

chumico palo 2191

chumite 2942

chumiz 2942

chumloop 3354

chumpich 1084

chuna 2940；2944；2980

chuncho 1387

chunup 1665

chupa 1207；3242

chupa miel 1798

chupa panga 3781

chupa-chupa 1799

chupacte 1368

chupamiel 3260

chupamirto 4161

chuparrosa 3901

chuperia 4500

chupicana 1031

chupo 3242

chupon 1530；2739；3108；3236；3240；5513；5520；5530；5534；7037；7043

chupon colorado 3242；5486

chupon torito 5513

chupon ventoso 3236

churqui 68；82；5546

churqui blanco 5546

churqui negro 68

churu 1206

chusquitala 1413

chusumpek 6779

chutama 978；995

chutana 978；995

chutra 2218

chuva de ouro 1289；1290

chuwirikia 3210

chuya 5526

chuyuchojom 7307

cicahuite 4004

cicanaca-lati-yaga 1559

cicche 3928

cicin-caca 2916

ciclamor 1437

cico de pato 4024

cidra 1595；1598；1601

cidra limon 1601

cidreira 1601

cidreira-da-mata 6451

cidrero 1601

ciempies 6386

cieneguillo 2315；3119；4544

cienguillo 4544

cien-pies 871

cifica 5488

cigarbox cedar 1376

cigarbox cedrela 1382

cigare 2008

cigarreira 2891

cigua 3417；4624

cigua amarilla 745

cigua blanca 4624

cigua gorrita 3873

cigua laurel 4624；4752

cigua prieta 3873

ciguamo 3677

ciguapatle 864

ciguarayo 1162

ciguilla 3213

cihuapate 3258；6933

cihuapatli 7123

ciis 3250

ciliego 5599

ciliego americano 5631

ciliego montano 5599

cimarron 1267；1712；3614；6035；6298

cimarron ateje 1929

cimarrona 723

cimaruca 4145

cimbradera 2826

cimnamon canella 1156

cinacina 4966

cincahuite 3714

cincho 3924；3928；3945

cinchona tree 1551

cinchona-tree 1548；1549；1550

cinco dedos 5759

cinco folhas 7373

cinco negritos 1804；1844；2783；3720；4880；5970

cindi caspi 5637

cinguimase 5404

cinnamomo 4275

cinnamon 1559

cinnamon camphor-tree 1556

cinnamon clethra 1625

cinnamon oak 5848

cinnamon-tree 1559

cinnamonwood 6278

cinnecord 70

cintillo 1765

cinzeiro 7226

cinziero 6875；7240

ciomba huasca 4982

cipe-pau 6551

cipo buta 45

cipo d'anta 6352

cipo de sapo 3076

cipo pau 1486

cipoal 3346

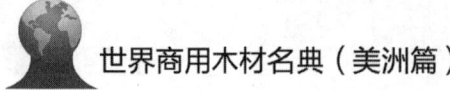

cockspur-thorn 2052

coco 3547；3778；6577；
6701；7169；7174；7336

coco cristal 3762；3766

coco de coffreci 713

coco de la montana 3171

coco de mar 713

coco de mono 2702；2720；
2726； 2736； 2739；
3752；3767；3778

coco de mono rebalsero
2736

coco de monte 4931

coco de purga 3613

coco do mono 3767

coco hediondo 3242

coco majagua 2709

coco mama 5760

coco manaco 2452

coco muerto 3242

coco salero 3752

coco zapote 2017

cocoa-tree 6912

cocobalo 6311

cocobola 1769；2284

cocobolito 5688

cocobolo 1733； 2265；
2295；3275；3752；5683

cocobolo de costa rica 3752

cocobolo prieto 2284

cocobolo van costa rica
3752

cococa 1628

cococha 2637

cococow 3814

cococxihuitl 817

coco-da-bahia 1764

cocoi 5136

cocolan 756

cocoloba 6314

coconut 1764

coconut palm 1764

cocopano 272

cocorac cucaracho 792

cocorite 655

cocorocho 3910

cocos 1764

cocos palm 1764

cocote del toro 4871

cocotero 1764

cocotier 1764

cocotombo 5970

cocotzte 7079

cocoyol 177

cocoyul 177

cocte 6807

cocu 300

cocua 5466

cocuapati rojo 3257

cocucho 7336

cocuelo 3767

cocus 908；909

cocuswood 908； 909；
1059

cocuyo 2385； 2406；
5493；6419；6424

cocuyo de sabana 6092

codeso 3679

codeso de los alpes 3678

codo de fraile 6924；6927

coelettegrandes-feuilles
3139

coengia ajupa'cco 4257

coentrilho 7347

coerana 1452；1546；6510

coeur de boeuf 470

coeur dehors 867；2423

coffee 1766

coffee mortar 6867

coffeebean 3247

coffeebean-tree 3247

coffeeberry 3030；5998

coffee-fence 1621

coffee-nut 3247

coffeetree 3032；3247

coffeewood 1050； 1059；
3814

cog 7376

cognassier 2198

cogne-molle 7389

cogollo morado 1585

cogolo morado 1585

cogote de toro 3417

cogotone 6778；6921

cogwood 1503； 6739；
6750；6751；7376

cohigue 4697

cohoba 388

coigue 4687

coihue 4686

coil 3714

coirana 6510

cojinicuil 3498

cojobana 388；1768

cojobanilla 1768

cojobillo 388

cojojo 167

cojon 6778

cojon de fraille 958

cojon de gato 2854；6509；
6921

cojon de mico 6569；6921

cojon de perro 6921

cojon de venado 6276；
6923

cojon de verraco 1245

cojon demico 6788

cojon deverraco 6784

cojonde mico 6779

cojonde puerco 6779

cojonde toro 6779

cojoton 6921

cola brava 4230

cola de alacran 7328

cola de armadillo 1711

cola de gato 128；130

cola de iguana 112；4429

cola de lagarto 118

cola de marrano 4003

cola de pava 2157；2158；
2159； 2160； 2164；
3165；6928

cola de pavo 2159

cola de perico 6928

cola de zorrillo 5718

colacion 1643

colade pavo 6817；7008

colalcaspi 3593

colambrena 1732

cola-nut 1774

colca 4372；4388

colchol 2420

colconab 177

cole pavo 2164

colebasse 369

colero 1774

coletillo 4830

coleto 4829

colher de vaqueiro 6227

colicberry 5741

coliguana 1922

colita 1884

collar de la reina 6517

collarete 1567

collar-sisa 5980

collca 4372

coloado 3178

colobte 7004

coloc 6815

coloc-max de montana 1174

cololte 5913

colol-te 7004

colombiahut 1973

colombian boxwood 1270

colombian lancewood 3187

colombian mahogany 1210

colombian rubbertree 6247

coloradillo 3146；3259

coloradito 1837

colorado 1118； 2213；
3169； 3180； 4897；
6434；6443；6817

colorado blue spruce 5124

colorado bristlecone pine
5146

colorado cedro 4722

colorado chalviande 4860

colorado dyewood 6443

colorado juniper 3655

colorado manzano 3171

colorado palo 5011

colorado pijn 5163

colorado pine 5163

colorado pujin 4858

colorado silver fir 18

colorado spruce 5124

colorado tornillo 1387

colorado white balsam 18

colorado white fir 18

colorado-balsa 272

colorin 2619； 2630；
2631； 2635； 2636；
2641； 2644； 3262；
4843；4846；6535

colorin cimarron 2636

colorin negro 2637

colorin patol 2635

colorin quemador 2621

colotague 49；51

colotahue 49

colox 6545

colpachi 2107

colquiyuyu 4263

colubrina 1791

copal caspi 3593；5566；
5569；5572；5587

copal chino 968；977

copal chino colorado 977

copal cimarron 968

copal colorado 7012

copal cuajiote colorado 992

copal de penca 986

copal de santo 986；996

copal grueso 1005

copal lantrisco 6037

copal macho 5590

copal manso 982

copal narrone 5577

copal quahuitl 6317

copal santo 968；977

copalche 2039

copalchi 2042；2107；
2110；2132；2138

copalchin 2123

copalcuahuitl 986

copalier 5568；5572；
5578

copalier marron 5577

copalillo 968；971；996；
1005； 1256； 2903；
3887；5568

copalquahuitl 6317

copalquin 2040；2042；
4904

copaltihuitl 4541

copaltree 233

copalxibuitl 4562

copapayo 1693

copataishte 2146

copatchi 575；584

copauva 1853；1861

copaz 3590

cope 1672；2968；3003

cope grande 1686

copei 1686

copei de paramo 1657

copei de tierra fria 3000

copei negro 1657

copeicillo 1672

copeito 1672

copey chico 1672

copey clusia 1686

copey oak 5804

copey vera 1636；6890

copeysillo 1665

copiava 1858

copidijo 7163

copite 1883

copito 1883；6145

copo 2944

copoe 971

coposo 2525

copoy 2968

copuda 3805；3825

coqi 6641

coqquelicot 185

coqueiro de bahia 1764

coquemolle 7387；7389

coquete 103

coquillo 1693；3604；
3752；3767；3779

coquiro 3709

coquito 1079； 1182；
1763；2006；2660；6728

coquito baboso 177

coqy 6641

cora 6517

coracao de negro 250；
1471； 1473； 1836；
4024； 5430； 6663；
7394；7396

coracao do bugre 4246

coraco de negro 506

corail 3259

corail grandes feuilles 4675

coral 185；1068；1565；
1782；2628；3608；4500

coral vegetal 2628

coralbean 2623； 2630；
2635；6531；6535

coralilla 5970

coralillo 185； 1312；
1772； 3261； 3523；
5340；6728

coralina 2630

coralitos 185

coralleira 3572

corallero 1735； 1744；
5939

coralmeca 6327

coralplant 3608

coraltree 2623

corana 6510

coratu 107

corazon 470

corazon azul 6655

corazon bonito 2298；5431

corazon de bugre 3894

corazon de paloma 1621；
3381；6071

corazon negro 506；507

corbano 65

corbon 5466

corcho 457； 495； 2128；
2420； 3157； 3160；
5311；5324

corcho blanco 3160；5311

corcho bobo 5311

corcho negro 3184

corcho prieto 3160

corcolen 668；670

cordalina 1935

cordate qualea 5748

cordate seagrape 1708

corden de la fari 1442

cordiawood 1892

cordoban 3305； 4270；
4348；4379；6308

cordobancillo 1114；6096

cordobancillo de arroyo
4353

cordobancillo peludo 6099

cordon santu 2878

cordoncillo 5223； 5225；
5227； 5232； 5234；
5238； 5240； 5242；
5248； 5249； 5252；
5253； 5254； 5255；
5256； 5257； 5258；
5260； 5263； 5264；
5266； 5268； 5269；
5270； 5272； 5274；
5275； 5276； 5277；
5278；5279；7004

cordoncillo blanco 5225

cordoncillo morado 5243

cordovancillo 4386

coretz 6751

corindiba 1402

corindiuba 1402

corisa 1391；1398；1522

cork elm 7057；7069

cork fir 24；25

corkbark 24

corkbark elm 7069

corkbark fir 25

corkwood 457； 3155；

3335； 3780； 5719；
5724；5726；5727

corky ekm 7057

corky elm 7069

corla 6395；6396

cormier 4499；6537

cornel-tree 1949；1954

cornesuelo 72；6382

corneta 130

corneton del monte 6495

cornezuelo 72； 75； 86；
88；116

cornezuelo blanco 86

cornical 5038

cornichon 661

corniolo americano 1946

cornizuelo 72

cornouille rblanc 1950

cornouiller de la floride
1946

cornstalk pine 5215

cornus americano 1946

cornus blanco americano
1950

corona de cristo 1312；
3674

corona de espinas 3110

corona de montezuma 1957

corona de reina 3584

corona de san pedro 1957

corona de santo 7308

corona santa 7312

coronda 3110

coronel 3677

corongoro 7390

coronilla 639； 5996；
6311；7307；7308

coronilla colorado 5996

coronillo 3110；5996

corosol grand bois 3189

corososol zombi 463

corossol cadliman sauvage
6083

corossol commun 464

corossol ecailleux 475

corossol sauvage 466

corossolier 464

corotu 2568

corozo 175；176

corozo gallinazo 654

corpo 7240

5942；7385
crueto real 6611
cruz caspi 895；900
cruz chilla 4291
cruz chillca 4295
cruz de espina 160
cruz espina 5310
cuaba 375；376；380
cuaba amarilla 374
cuaba amarilla de costa 375
cuaba blanca 380
cuaba de costa 375
cuaba de ingenio 2116；3417
cuaba de la maestra 376
cuaba de monte 374
cuaba prieta 2615
cuaba rosa 1077
cuaba rose 1077
cuabilla 374；2116；3417；6694
cuabilla de costa 6647
cuabillade playa 6647
cuabillo 375
cuacamojtli 4172
cuacamote dulce 4175
cuachepil 2418
cuachichile 1383
cuachile 817；3901
cuachilote 4967
cuachipil 3924
cuadrado 4176
cuahau 5400
cuahuilotillo 2088
cuahulote blanco 3980
cuaicuastle 1342
cuairaje colorado 2811
cuajachote 797
cuajada 7202；7207；7210
cuajani 5621
cuajani hembra 5618
cuajani macho 5621
cuajanincillo 5618
cuajillo 3703
cuajilote 4967
cuajilotillo 512
cuajinicuil 3483；3498；3527
cuajinicuil macheton 3527
cuajiote 1001
cuajiote amarillo 972；

993；995
cuajiote blanco 992
cuajiote chino 1007
cuajiote colorado 968；972；974；976；991
cuajiote verde 972
cuajo ucuuba 7177
c'uajtsutacu 986
cuajxilutl 4967
cualote blanco 3986
cualzorra 3667
cuamara kumara 2432
cuamecate 1800
cuamecate prieto 4029
cuamochil 5330
cuanabiche 3351
cuanaxunaxe 2093
cuangare 4866；4867；4868；7177
cuangare indio 4866
cuan-guina 865
cuantantillo 4427
cuapaste 3945
cuaquil 1403
cuare 3179
cuaripa 6560
cuasal-cua huit 2158
cuasel 2158
cuastecomate 2083
cuatante 4446
cuatantillo 4434
cuatatachi 3395
cuatatama 6082
cuate 2099
cuatlahuil ocoatl 3080
cuatlapal 310
cuatlaquil ocuahuitl 3080
cuatro hinojos 1472
cuauchichili 818
cuauchicue leche 3953
cuauh-camotli 4172
cuauhtzapotl 451
cuautlatla tzin 3395
cuautzapotl 475
cuayabi 4972
cuayavillo 1062
cuayo blanco 712
cuba colubrina 1783
cuba pijn 5190；5219
cuba pine 5164；5190；5219

cubaholz 4078
cuban bast 3329
cuban boxwood 1270
cuban royal palm 6123；6125
cuban sabicu 4009
cubata 118
cubawood 4078
cube 3958
cube'barbasco 3958
cubixa 4416
cuca 2658；4446；4448；4452；4457；5285；5291
cuca de arbol 4943
cucabit 103
cucaracho 1959
cucarda 3333
cuchara 4820
cuchara-capi 4138
cuchara-caspi 5712
cucharera 5461
cucharilla 4821
cucharillo 71；529；4105；4122；6439
cucharitas 71
cucharo 1506；1508；1629；1686；2085；4820；5958；6647
cucharon 3249
cucharrero 5460
cuche 1376
cuchi 627；630；639
cuchillal 6326
cuchillo 1270
cuchillo pacai 720
cuchito 6509
cuchiu 1686
cuchivan 5306
cuchivaro 945；949
cuchi-yuyu 6811
cuchucho 7336
cuco 1307；2306；7055
cucu 6912
cucua 5466
cucubano 1567；1713；3217；3220；3222；3226
cucubano de monte 3226
cucubano de vieques 3219
cucubano liso 3213
cucumber 4123
cucumbertree 4100

cucumberwood 4108
cucuna 6521
cucurito 656
cucuyul 532
cue 2085
cuecupatli 4451
cuengiaupa tticho 750
cuentrillo 7347
cueramo 1871；1885
c'ueramo 1871；1885
cuerduro 2457
cueriduro 2466
cuerillo 367
cuernecillo 3298
cuernitos 75
cuerno de buey 2905
cuerno de toro 75
cuero de puerco 4872；5493
cuero de sapo 3450；3459；4258
cuero de toro 2307
cuero duro 2457
cuesa 766
cueschcui 6184
cuetze 333
cu-ho 5903
cuia de macaco 2016；2019
cuia maraca 2084
cuia pequena do igapo 2084
cuiarana 923；2016
cuica de gato 6363；6375
cuicha 6375
cuichutilla 1926
cuieira 2085
cuie'yaase 4810
cuil 3487；3924
cuil macheton 3515
cuilcohuite 7012
cuillon 4452
cuilon 4433；4438；4452
cuipo 1335
cuirana 2016
cuirapichuna 4213
cuisache corteno 71
cuishpe 3906
cuitaz 4008
cuitlacoctli 3250
cuivira 6518
cuji 91；119；1508；5547

daguillo   6430；6431；
  6433
dahoon   3427；3449
dahoon holly   3427
dais   85
dajao   3579
dakain   4275
dakama   2361；2366
dakamaballi   277
dakara   5958
dakkama   2361
dalea   5677
dalia maritima   1937
dalina   3414
dalli   7160
dama   1567
dama de dia   1449
dama de noche   906；1449；
  1459；1463
dama di anochi   1444
damagua   5466
damajagua   3335
damask buckeye   215
damenoche   1459
damson   6431
damza   1227
dana   5382
dangouti   3177
danstan   1847
danto hediando   6115
daquilla   3713
darachk   4275
darcassou   384
dari   7166；7176
darina   4962
dark angico   184
dark blue peasea   5044
dark brown waibaima   3852
dark paddlewood   589
darling plum   5985
darlington ash   3050
darlington oak   5855
dartrier   6354
darura   171；6691
date plum   2409
daugeni   6229
dauphine   3629
dawn redwood   4299
day   63；102；114
day cestrum   1449
day jessamin   1449

dayawiuo   37
dayopa   7166；7176
de aceite   1858
de vava   737
dead-man's-bones   5701
deborkor   5041
deceiving bogwood   6450
deciduous coralbean   6531
deciduous cypress   6838
deciduous holly   3432
dedaleiro amarello   3708
dedaleiro negro   5748
deema maata indold   4778
deer laurel   6027
deerberry   3461
deerbrush   1344；1349
deerbrush ceanothus   1349
deerwood   4864
degame   1107
degame lancewood   1118
degamme   1118
degha   6050
del mar pine   5218
delgadillo   1068
delta oak   5910
delta post oak   5910
delta red gum   3887
demerara greenheart   1503；
  6739；6751
demerara groenhart   1503
demerara mahogany   1196
demti   2619
deokunud   7255
depiaratan   4416
depiaratun   4421
descamisador   1621
desert apricot   5607
desert ash   3059
desert athel   6823
desert catalpa   1487
desert cercocarpus   1439
desert date   7265
desert ironwood   4814
desert juniper   3652
desert mountain mahogany
  1439
desert olive   3013
desert palm   7265
desert smoketree   5677
desert sumac   6034
desert willow   1487

desert-bush   1431
desert-olive forestiera   3013
desota   87
determa   924；4630；
  4661；4778；6405
detze   5631
deux jumelles   728
devanador   6240
devildoer   6605；6606；
  6607；   6609；   6610；
  6615；   6616；   6617；
  6620；6623
devildoor   3113
devilsclaw   87
devils-claw   5310
devils-club   514；2926
devils-ear   2569
devils-fingers   5447
devils-tree   702；2623
devils-walkingstick   514
devilwood   4856
dewevre coffee   1767
diablo-casha   7305
diaguidia   6794；6796
diamilikie   3590
diamond   willow   6179；
  6210
diamond-leaf oak   5855
diapapaie   1372
dibidiba   1049
dicidivi   5544
didu simal   835
diente   de   molino   3667；
  3668
diente de perrito   4446
diente de perro   3397
diez mandamentu   3608
digger pine   5209
digger-pijn   5209
dikademo   2338
dilenia   2359
dillenia   2359
dinde   1609；4078
diomate   632；634
diphylle pois confiture   3405
dirik   499
disbota   3823
disciplina de monja   1057
dispero   3137
dispero blanco   4317
dispero sacha   4317

ditta   2441
dividive de losandes   1074
dividivi   1074
divi-divi   1073；1074；
  5544
djadidja   6336
djamboe   5664
djavulstra   6618
djedoe   6335；6336；
  6794；6796
djedoe bianco   6794
djedoe blanc   6794
djedoe blanco   6794
djedoe negro   6337
djedoe nero   6337
djedoe noir   6337
djedoe rojo   6333
djedoe rosso   6333
djedoe rouge   6333
djedu   6796
dji-pois   4556
djoekabebe   5719
djoemoe   2006；2008
dloemoe   2008
doboribanaro   5267
doce   4080
dockaliballi   5374
doctor gum   4301
doctor-bar   5129
doctors-club   7337
dodomissinga   4959
doekali   4935
doekaliballi   889；891
doekoeli   1985
doekoelia   1985；2968；
  6166
dog almond   1916
dog caper   1165
dogberry   6537
dogleg ash   3045
dog-seed   6792
dogwood   1939；1950；
  1952；   1955；   2442；
  3910；   3928；   3945；
  3952；4524；5306；5309
doi   656
doidir   3755
doifiesirie   3170
dokali   890；893；1996
dokalli   1997；4935
dollypear silverballi   4742

estribillo 7004

estribo 3157

estropaje 4500

estroraque 4584

esuqitillo 306

eta-balli 7231; 7241; 7256

etsa uchich 2642

etsaun 4834

etsoje 619

etzcuahuitl 2099

eucalipto 1970; 2757; 2764; 2769; 2770; 2772

eucalipto achatado 2769

eucalipto azul 2759

eucalipto blanco 2759

eucalipto colorado 2772

eucalipto comun 2769

eucalipto de pantano 2769

eucalipto gigante 2759

eucalipto maculata 1969

eucalipto medicinal 2768

eucalipto microcorys 2763

eucalipto resinifero 2768

eucalipto robusto 2769

eucalipto sauce 2770

eucalitto blu 2759

eucalitto diversicolore 2758

eucalitto microcorys 2763

eucalitto salice 2770

eucalypt 2768; 2769

eucalyptus bleu 2759

eucalyptus microcorys 2763

eucalyptus robuste 2769

eucalyptus saligna 2770

eucalyptus vermelho 2768

eucaz 5600

eugenia 2845; 5142

eugenio 7055

euramerican poplar 5453

euramericano-poppel 5453

euramerika anse populier 5453

european bird cherry 5622

european black alder 312

european buckthorn 5995

european filbert 1965

european hackberry 1401

european holly 3423

european larch 3728

european mountain ash

6542

european mountainash 6537

european plum 5605

european red elder 6234; 6236

european weeping willow 6178

european white willow 6175

everglades palm 169

evergreen ash 3057

evergreen athel 6823

evergreen bayberry 4550

evergreen buckthorn 5998

evergreen cassena 3461

evergreen cherry 5602; 5611

evergreen chestnut 1311

evergreen coralbean 6535

evergreen holly 3451; 3461

evergreen magnolia 4108

evergreen oak 5778; 5822

evergreen sumac 6044

evergreen tamarisk 6823

ewe 3166

excate 3351

expatli 866

exquixochitl 855

extremosa 3710

eyelash-leaved 5943

eyma 2733

eyong 6580; 6585

F

facheiro 3910; 7294

fa'cho 6991

faftan calotrope 1113

fagara de peru 7372

fagara di peru 7372

fagara du perou 7372

fagelbar 5599

faggio americano 2910

faggio antarctico 4695

faggio cileno 4687

faia 2545

faifaianor oko 3948

faique 91

faisan 2412; 5486; 6427

fakadi 912

falcate yellowwood 5399

falcon 1275

falsa alcaparra 1168

falsa caoba 1195

falsa quina 2040

falsa sucupira 6690

falsa-pelada 326

false acacia 6069; 6070

false avacado 4752

false balsa 7031

false banana 565

false boxwood 1946

false breadnut 5649

false buckthorn 6415

false button 3714

false buttonwood 3714

false candlewood 2748

false coffee 2923

false dogwood 6240

false elm 1408

false gooseberry 4198

false grape 1758

false indigo 364

false jacocalalu 6993

false lignum vitae 3245

false mahogany 402; 5043

false mastic 6414

false pareira 36

false sandalwood 1072

false santalwood 7287

false shagbark 1231

false slipperyelm 3060

false strobus 5199

false wacapou 5973

falso indigo 364

falso sapucaia 2696

falso zumaque 233

falso-acapi 7262

fan palm 7265

fan-leaf 7265

fanleaf hawthorn 2061

fapia-guassu 127

fapopare 3814

farinha seca 703; 714; 4874; 4952

farinha secca 4945

farinha seea 703

farinha-seca 4036; 5735

farkleberry 7089

farsha 3809; 3828

fasteque 4078

fat pine 5152; 5192

fatajuba 702

fatalox 6655

fat-pork 1526

faurestina 250

faux acajou d'australie 2752

faux balata 4417

faux hickory 1222; 1227

faux wacapou 5973

fava 4961

fava amarela 7110; 7114; 7116; 7118

fava amargosa 7110; 7114; 7116; 7118

fava arara tucupi 4961

fava bolota 4962

fava damta 2365

fava de bezouro 1474

fava folha fina 5652

fava tamboril 2572

faveca 4464

faveca-vermelha 515

faveina 2363; 2364

faveira 3414; 4959; 4961; 4962; 6326; 6625; 7110; 7115

faveira amarela 7110; 7114; 7116; 7117; 7118

faveira amargosa 7114; 7116; 7118

faveira bolacha 7114

faveira bolota 4962

faveira branca 4959

faveira do igapo 2144

faveira dura 2372

faveira ferro 2372

faveira grande 2372

faveira jaune 7110

faveira-folha-fina 5296

faveirinha 1288

faveiro 507; 5731; 6690

faveiro amarello 5731

faveiro da matta 5731

faveiro vermelho 5731

faveleira branca 3609

faveria 4960

faverinha branca 6371

faveurinha 1288

faviera 1652

faxon yucca 7319

faya 4547

feather-bush 1439

feather-cone fir 30

febertrad 2759

febo 5082

feguo   878; 3292; 3295;
    3296
feli kouali 2614
feltleaf ceanothus 1340
feltleaf willow 6174
female bay job 2830
female boy job 6728
female bullhoof 367; 1410
female calabash 2085
female pimento 5141
female rosewood 439
fenchelholz 6278
ferkel-nuss 1234
fernambucco 1051
fernansanc hez 7043
fernansanchez 7035; 7037;
    7038
fernpisque 3887
fern-tree   3596; 6326;
    6978
ferolia 891
ferreol 6652; 6653; 6670;
    6678; 6687
ferro 506
fetid 217
fetid buckeye 217
fetid yew 6964
fetid-shrub 565
feuille coeur 36
feuille doree 4423
feuilles enragees 7080
feuilles st. jean 2882
feverbark 5144
fever-bush 6451
fever-tree 5144
fewflower bogwood 6453
fewflower vauquelinia 7119
ficaco 3375
ficha 3355
fichal blanco 2806
ficu 2992
ficus-lira 2965
fiddle-leaf fig 2965
fiddlewood   1492; 1567;
    1568;   1571;   1572;
    1575;   1577;   1578;
    1584;   2451;   5062;
    6765;   7202;   7204;
    7206; 7210; 7212
field maple 142; 153; 154
fierillo 6728

fierrillo 2814
fig   1672; 2932; 2933;
    2937;   2938;   2940;
    2946;   2959;   2960;
    2966;   2967;   2968;
    2970;   2975;   2978;
    2982;   2983;   2984;
    2986; 2995; 2997
figeira 2951
figueira 2962; 2989
figueira da india 2991
figueira religiosa 2991
figueirinha 5025; 5030
figueroa 1195
figuier 1672; 2940; 2998
figuier blanc 2934
figuier dore 2934
figuier maudit 1672
figuier mugumu 2973
filao 1321
file-gumbo 6278
filiere 2528
fine-leaved arara 3206
fine-leaved kakaralli 2740
fine-leaved kautaballi 3826
fine-leaved kulishiri 4228
fine-smooth-leaf-kakarall
    2725
finger-cone pine 5185
fingle-me-go 7367
fingrigo 7367
finisache 82
fiqueroa 1195
fir pine 15
fire birch 784
fire cherry 5623
fire willow 6215
fireberry hawthorn 2047
firebrush 1801
firebush 3259
firecracker-plant 221
firethorn 5740
firewood 2213
firiberoe 3206
firrme 2614
fir-tree 15
fish poisontree 4980
fishing-rod 5939
fishpoison 5309
fiume 3904
flaco 7302

flakybark satinash 6723
flambeau 2615
flambeau rouge 1331
flambollan amarillo 6384
flamboyan 2323
flamboyan amarillo 5012
flamboyan azul 3596
flamboyan blanco 728
flamboyan colorado 2323
flamboyan cubano 728
flamboyan extranjero 2569
flamboyan orquidea 739
flamboyan rojo 2323
flamboyant 1070; 2323
flamboyant blanco 728
flameleaf sumac 6029
flame-tree 2323
flamingo-bill 6402
flannel-bush 3060
flaschenbaum 457
flatcupoak 5890
flatpod-tree 5380
flatwoods plum 5634
fleshy hawthorn 2075
fleshylea mayten 4269
fliegenholz 5767
floatwood 1372
flooded rosewood 2273
flood-gum eucalyptus 2770
flor amarillo 755; 7240
flor azul 7202; 7210
flor blanca 851
flor blanco 851
flor de arete 3066; 3068
flor de betun 3333
flor de cacao 5760
flor de cana 6359
flor de canela 1687
flor de cerro 5387
flor de clavo 1513
flor de colmena 1462
flor de cuaresma 7123
flor de dia 7275
flor de huimba 4899
flor de jerico 7314
flor de la reina 3712
flor de mayo 2603; 5385
flor de muerto 3240; 3739
flor de paisto 3326
flor de pipe 2636
flor de san jose 6376

flor de san juan 865
flor de seda 1091
flor de soldado 1462
flor de tilia grande 6886
flor de una hora 3334
flor de venado 1687
flor del indio 1057
flor lila 1963
flor variable 3332
floral 6252
florde arco 7035
flordel corazon 6807
flordel secreto 6354
florecillo   5744; 5755;
    6139
floresa taito 5539
florida acacia 70
florida anise-tree 3463
florida ash 3039
florida basswood 6943
florida bitterbush 5129
florida box 6298
florida boxwood 6298
florida catclaw 5340
florida cedar 3633
florida cherry 2855
florida clusia 1686
florida cupania 2159
florida dogwood 1946
florida elder 6231
florida elderberry 6231
florida elm 7058
florida forestiera 3017
florida guava 5660
florida hickory 1225
florida holly 3427
florida juniperus 3633
florida laurel 6715
florida longleaf pine 5192
florida   mahogany   5043;
    6698
florida mayten 4264
florida myrtle 4536
florida persimmon 2409
florida pine 5192
florida plum   2460; 2465;
    2466
florida poisontree 4301
florida privet 3017
florida quinine-bark 5144
florida rapanea 4590

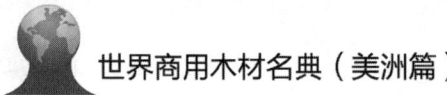

florida royal palm   6123

florida silverbell   3253

florida spruce pine   5154

florida strangler fig   2934

florida tetrazygia   6902

florida torreya   6964

florida whitewood   2461；2465

florida willow   6190

florida zeder   3633

floridaes   3039

florida-pflaume   2465

florida-torreya   6964

florizquierda   1763

flowering ash   1502；3042；3043

flowering california ash   3043

flowering cornel   1946

flowering dogwood   1946；1948；1950

flowering willow   1487

flowery alseis   326

flowery macawood   5370

flutewood   6664；6685

fluweelboom   6030；6043

flygel-alm   7057

fly-honeysuckle   3961；3965；3967

foa   2615

foedi iwidale   4929

foedidan   4887

foekoeleroe kautan   3816

foengoe   1985；3805；3825；3826；3828；3832；3838

foengoe hoedoe   3314；3370；4945；4946

foengoe pau   4946

foengoe-pau   3370

foetei   3591

folha comminao   2515

folha de bolo   5367

folha de lira   2965

folha de serra   4932

folha larga   4771；5367；6227

folhade bolo   272

folso-oiti   1984

fomang   1468

fono colorado   2715

fontole   2218

fontolo   5590

footee   3590

foothill ash   3043

foothill paloverde   1431

foothills yellow pine   5197

forest pine   5162

forest red gum   2772

forest tamarind   7410

forest zapote   6573；6575

forestiera buckthorn   3016

forked-leaf   5853

formigueiro   7037；7044

formosa   5628

formosa-al   315

fortuga caspi   1257

fosforito   5568

fosforo   6308

fowl-cocks comb   6786

fox-tail   5146

foxtail pine   5146；5150；5215

foye   2456

fragrant ash   3042

fragrant bursera   972

fragrant cypress   2180

fragrant dracaena   2452

fragrant olive   4856

fraile   1989；6927

frailecillo   1989

frailejon   3604

framboyan   2323

framboyan amarillo   5012

framboyan azul   3586；3596

frambuesa   6127

franc-frene   3036

francillade   1070

francisco alvarez   707；3699；3982

frangipanier   5389

frangipanier rose   5389

frankincen se pine   5215

franklinia   3034

franse bloem   4680

fransi mope   6558

fransk tamarisk   6824

franzosenholz   3150

frap   6559

fraser balsam fir   20

fraser fir   20

frassino americano   3054

frassino carolino   3039

frassino dell'oregon   3046

frassino nero americano   3047

frassino rosso americano   3050；3052

frayol   3102

freijo   1892；1917；1923；4972

freijo amarelo   1892

freijo escuro   1892

freijo vermelho   1892

frei-jorge   1892

frejoes   1866

frel jorge   1892

freme carolino   3039

fremont cottonwood   5443

fremont poplar   5443

fremont populier   5443

fremont-poppel   5443

french cashew   6726

french cotton   1113

french oak   1326

french tamarind   6229

french tamarisk   6824

frene anguleux   3054

frene blanc   3036

frene bleu d'amerique   3054

frene d'oregon   3046

frene epineux   7329

frene noir   3047

frene pubescent   3050

frene rouge   3050

frene rouge d'amerique   3052

frenea feuilles de sureau   3047

frene-piquant   7335

frescura   6920

fresno   3042；3057；4230；6765；6828；6851；6982

fresno amargo   5133

fresno americano   3054

fresno carolino   3039

fresno d'oregon   3046

fresno rojo americano   3052

freso   3375

fria   2338

friega plato   6495；6528

friega platos   4388；6497；6525

frijoillo   402；1768

frijoillo amariilo   3945

frijol   1070；1162

frijol de mico   1773

frijolillo   70；367；1076；1770；3530；3914；5306；5431；5653；6374；6386；6388；6532；6535；6857

frijolillo amarillo   3945

frijolillo cuadrado   4007

frijolillo negro   243

frijolito   6535

frijolilo   7110

fringed spruce   17

fringe-flowered ash   3043

frogwood   3217

fromager   1395；1398

fromagier   4474

froot locus   2432

frosted angelica   5435

frosted hawthorn   2069

froton   5590

fructa de pombo   4221

fructa pao   558

fruit defendu   1595

fruita pain   558

fruta bomba   1201

fruta de arara   3613

fruta de catey   862

fruta de chacha   959；1097

fruta de cotia   3613

fruta de danto   2210

fruta de loro   3170

fruta de mono   5463

fruta de paloma   1713；3375；6134；6298

fruta de pavo   187

fruta de pombo   2670

fruta de sabia   167

fruta de tucano   7258

fruta depau   6808

fruta devibora   5970

fruta dorada   7163；7176

fruta paloma   306；1270；3375

fruta-de-anta   749

fruta-de-morrcego   2892

frutao   5517

frutilla   532；7101；7390

frutillo   1644；3665；

genicero 2568；2569；2572

genipapa 3102

genipaparana 3233

genipapo do campo 6955

genipapo rosa 4913

geniparana 3236

genipa-tara 3242

genip-tree 4279

genit 1591

geno 3923

genogeno 3945

geno-geno 3947

gente 7306

geo 4752；5310

geo rojo 4633

geor 2900

georgia buckeye 222

georgia hackberry 1414

georgia holly 3444

georgia oak 5835

georgia-bark 5144

german sausage-tree 3671

gestreepte caviuna 4062

geurende ceder 1102

gevlamd-satijnhout 891

geweihbaum 3247

gewone cypres 1475

gewone jeneverbes 3638

gewone mexicaanse pijn 5216

gewone peer 5743

gewone thuja 6929

geyer willow 6193

ghohto 5631

gia blanca 182

giacatonga-aracatunga 1266

giant 2323

giant chinkapin 1311

giant fir 21

giant gumtree 2767

giant milkweed 1113

giant red fir 26

giant redwood 6396

giant sequoia 6396

giant-dagger 7319

gibatao 629；630；633；639

gibitan 629；630；633

gibitan aderno 632

gienhatti 6843

gift erle 1502

gift sumach 6980

gigantic pine 5176

gigantillo 73

giganton 1292；7049

gilead fir 15

ginepri d'america 3634；3635；3641；3653

ginepro alligatore 3640

ginepro comune 3638

ginepro delle montagne rocciose 3655

ginepro di barbados 3633

ginepro messicano 3631

ginepro occidentale 3651

ginepro piangente 3643

ginepro rosso 3655

ginepro svedese 3638

gingepau 4194

ginger 3866

ginger gale 431；438；3866

ginsira-caspi 2038

ginugal 4596

gipato 3303

gipio 5112

gippsland box 2751

girs mausa 1257

gita 5431

gitai 3410

giteron 6647

gito 3166

glabrate oak 5836

glabrous falseolmedia 5643

glabrous snowbell 6638

glamberry 1028

glans eik 5847

glanshagg 5631

glassy rondeletia 6098

glassywood 632；634；3223

glaucescent oak 5837

glaucous cassia 6374

glaucous willow 6186

glaziou rosewood 2262

gleditschia 3110

glicina 7286

glicina de la china 7286

glimwood 3027

globeflowers 1428

gloria 7374

glorybush 6934

glossy buckthorn 3028

glossy hawthorn 2066

glossy oak 5847

glossy willow 6204

gniagnia 7177

gnulgu 2775

goajiro 4966

goat willow 6175；6181；6185；6196；6221

goat-bush 1313

goatwood 1306；1307

gobaia 3590

gobernadara 3734

gobi 1194

goeaana 862

goebai 3587

goebaja 3591

goejaba 5751

goenfoloe 5755；6139

goerana 6510

goesberie 5092

gogo 6172；6173

gogo deguariba 5967

gogo dulce 6173

goiaba-da-mata 1151

goiabao 1546；5349；5514

goiabinha 3360；5671

goias 5136

goity coro 5488

goldcup oak 5797

golden apple 6557

golden aspen 5450

golden chinkapin 1311

golden chinquapin 1311

golden crumbly berk 922

golden duguetia 2476

golden fig 2934

golden fir 26

golden flame raintree 3675

golden maya 4321

golden panicled raintree 3676

golden trembling aspen 5450

goldenchain 3678；3679

golden-chain-tree 3679

golden-cup oak 5797

golden-cup ped white live oak 5797

golden-dewdrop 2507

goldenfiuit senna 6359

golden-fruit hawthorn 2047

goldenleaf 1531

goldenleaf chestnut 1311

goldenloaf eugenie 2790

golden-raintree 3679

golden-shower 1290

golden-shower senna 1290

golden-spoon 1019

goldmania 6629

goldschupp ige-eiche 5797

goldwood 1505；5364

gollinero 167

golondrilla 941

golondrinia 818

goma 1316；3070

goma amarilla 7242；7248

goma arabica 100

goma de acacia 100

goma elastica 2953

goma pashaca 4962

gomaarabiga 100

gombolimbo 1002

gomerata 2240

gomma 3166

gommart 5582

gommeiro azul 2759

gommier 2221；6896

gommier blanc 830；2221；2222；6894

gommier de lamontagne 2221

gommier la guadeloupe 2222

gommier rouge 5568；5585；5588；6894；6895；6896；6898

gomosilla 988

goncalo 636

goncalo alves 635；636

goncalo alvez 633

goncalo-alves 632

gonduru 881；891

gongoli 2332；3456

gongolin 3456

gonçalare 6669

goodding ash 3044

goodding willow 6194；6205

goose plum 5595；5610

gooseberry 1028；4179；

groote boschkapok 4900

groote bosch-kapok 4900

grootst bladige ingipipa 2005

gros mahaut 6920

grosela de mexico 2855

grosella 5092

grosella cimarrona 5103

grosfruchtig douglas-tanne 5654

grosse vinette 2676

grossfruch tige hickory 1235

ground ash 3036；3055

ground juniper 3638

groundsel-bush 674

groundsel-tree 674

grove purperhart 4993

grubixa 4416

gru-gru 175

gru-gru palm 175

grumichaba 2798

grumichama 2798

grumixava 4416

grunes ebenholz 6847

grunes holz 1341

grunherz 6847

grunholz 1503

grutillo 6056

guaba 3474；3510；3514；3520；3527；3540；3544

guaba ardita 747

guaba comun 3487

guaba de montana 3520

guaba del pais 3544

guaba hembra 13

guaba machetona 3533

guaba peluda 3488

guabajara 1741

guabillo 3530；4423

guabira 1151

guabiraba 1151

guabiroba branca 1150

guabiroba de matta 1151

guabirobeira 1151

guabiyu 2813；2842

guabo 3485；3487

guabo colorado 3484

guabo fojo 3484

guabo negro 3538

guaca de leite 5530

guaca ieron 1070

guaca maciele 7007

guacacoa 2310；2311

guacacoa baria 2306

guacal 2085

guacamay 1070

guacamaya 2323

guacamaya de costa 1077

guacamayo 244；402；411；1768；2323；5490；6382；7110

guacamayo de montana 3798

guacamayo-caspi 2039

guacamote 4172

guacamote dulce 4175

guacanala 4541

guacaran 2905

guacastillo 258；1768

guacatonga 1266

guachalala 1046

guachapele 5653

guachapeli 5653

guacharaco 445；2155；2218；3757；4230；4456；6859

guacharaco amarillo 3755

guacharaco blanco 3755

guache jobonillo 946

guachibelle 4966

guachichil 3901

guachichile 3901

guachilote 5939

guachipilin 172；2418

guaciban 704

guacima 3703；3985

guacima baria 3986

guacima blanco 3980

guacima cereza 4523

guacimilla 723；1416；1786；1866；1915

guacimo 903；1864；3699；3980；3982；3985

guacimo blanco 3985

guacimo cimarron 3981

guacimo hembra 4523

guacimo molinero 3985

guacipil 333

guaciran 704

guaciriano 1784

guacle 946

guacoco 1168

guaconeja 380

guacoporo 4966

guacoyol 177

guacoyul 177

guacuco 1274

guadalagua 6981

guadalupe cypress 2177

guadalupe pine 5204

guadaripo 4633

guadeloupe blackbead 5332

guadeloupe marlberry 540

guaguaci 3704

guaguasi 1253；7398

guaguejpo 5689

gua-he 140

guaiaruva 6350

guaiatais 5963

guaibasim 5664

guaica 4774

guaica blanca 4774

guaicara 2427；6690

guaicui 4006

guaimarito 2995

guaimaro 878；880；890；893；3954

guaimaro macho 1997

guaimi-pire 3915

guairage 2784；2796

guairaje 2783；2808；2845；6298；6960

guairaje blanco 2808

guairaje macho 2825

guairje 2808

guaite 6427

guajabara 1757

guajacan 1066

guajane 3873

guajanilla 3381

guaje 1049；3786；3787；3788；3790；3792；3794；3798；4008；5431

guaje blanco 252；3789

guaje colorado 3787

guaje de zope 5653

guaje zope 4029

guajillo 60；63；66；76；3792；6383

guajilote 4967

guajinaquil 3487

guajiniquil 3483

guajolote 1787

guajolotito 6145

guajon 745

guajuru 1526

guala 4339

guala colorada 4387

guala colorado 4387

guala negra 4392

gualacolca 4405

gualandai 3591

gualanday 3590

gualeguay 6317

guallame blanco 28

guama 645；3476；3500；3526；3544；3908；3952；3955；5984

guama candelon 5309

guama comun 3952

guama hediondo 3908

guama pinon 3945

guama venezolana 3488

guama venezolano 3521

guamaca 2905

guamache 5330

guamachile 5330

guamacho 7309

guamarillo 5653

guambo 2959

guambo aguacatillo 4618

guame 3497

guamiilo 6794

guamillo rojo 6338

guamirim ripa 4496

guamis 3734

guamito 2

guamito macho 1068

guamo 2143；3487；3488；3497；3511；3513；3527；3544

guamo bejuco 3527

guamo blanco 3512

guamo cajeto 3488

guamo caraota 3530

guamo caraoto 3530

guamo colorado 3473

guamo de mono 3495

guamo de playa 3497

guamo guata 2155

guamo macho 3540；7405

guamo matias 2155

guamo mestizo 3358

guamo montanero 3533

guatecomate 2083

guatemala 4585

guatemala balsamode 4583

guatemala den 31

guatemala fir 22；31

guatemala rosewood 2298

guatemala-gran 31

guatequero 3763

guatero 6801

guatuso 3233

guatzhic 3061

guatzic 3061

guau 6981

guauaba de montana 6873

guava 3482；3527；3544

guava skin 2694

guavaberi 2806

guava-skin kakaralli 2694

guave-skin kakaralli 2694

guavira 1151

guavito 5767

guaviyu 2842

guavo 3500；3533

guaxi 3790

guaxumbe 4051

guaxupita 2745

guaya 6819

guayaba agria 5662

guayaba cimarrona 4499

guayaba de monte 290

guayaba de venado 290

guayaba manzana 5664

guayaba perulera 5664

guayaba silvestre 2839

guayabacoa 3088

guayabacon 2779；2800；2860；4536；4545；4556；7026

guayabi amarillo 4972

guayabi blanco 4972

guayabi moroti 4972

guayabi negro 4972

guayabilla 5665；5673

guayabilla de costa 2845

guayabillo 1131；1261；1267；1506；1536；1537；1724；2809；2814；2835；2847；4240；5287；5357；5663；5673；5725；5759；6145；6873

guayabillo borcelano 1400

guayabillo cimarron 2788

guayabillo de tinta 1989

guayabillo negro 1073；1506；4574

guayabillo prieto 3213

guayabillo rebalsero 2785

guayabira 4972

guayabira blanco 4972

guayabira crespo 4972

guayabira negro 4972

guayabito 187；290；4260；4536

guayabito arrayan 2837

guayabito blanco 2792；2839

guayabito de cerro 3146

guayabo 1121；1762；2826；3216；3814；4014；4563；5665；5759；6150；6873

guayabo agrio 2809；5662；5665

guayabo cimarron 2677

guayabo de agua 5662

guayabo de monte 347；6873

guayabo de mulo 1710

guayabo de paloma 1264

guayabo demonte 6868

guayabo fruta de pava 536

guayabo hormiguero 7035

guayabo montanero 2780

guayabo montes 5662

guayabo murcielago 2850

guayabo negro 3257；4553；6873

guayabo pimiento 4653

guayabo prieto 2850

guayabo sabanero 5665

guayabo volador 6873

guayabon 1713；2164；4556；6872；6873

guayabota 2399；2404；2786；2848

guayabota de sierra 2786

guayabota nispero 2404

guayabote 1305

guayabou 4504

guayacach 6694

guayacan 69；254；949；1066；3147；3149；3151；3302；3910；3928；4583；5460；5461；6747；6751；6752；6769；6846；7203；7219

guayacan blanco 5330

guayacan carrapo 3148

guayacan chaparro 254

guayacan cienega 254

guayacan corriente 172

guayacan de nicaragua 3152

guayacan de vera 3152

guayacan jobo 1424

guayacan negro 1066；3152；4462

guayacan pechiche 4462

guayacan polvillo 1654；6739

guayacan prieto 3152

guayacan resino 945

guayacancillo 3150

guayacanejo 1713

guayacanillo 2135

guayacillo 6062

guayaco 3150

guayacte 4145

guayaibi amarillo 6877

guayaibi negro 4972

guayaibi sayyu 6863

guayaibi-jhu 4972

guayaibi-moroti 4972

guayalote 60

guayame blanco 28；32

guayamero 880

guayaparin 2400；2405

guayare hokotomali 2734

guayarote 1305；4286

guayatil 6438

guayatil colorado 6438

guayava 5656

guayavi 4972

guayavia 76

guayavilla 5656

guayca de salta 4754

guaycan coco 3752；3779

guayo 1570；1989；6819

guayo blanco 1572

guayo prieto 5062

guayocule 6925

guayolote 87

guayote 60

guayparin 2403

guayti 3844

guayubira 4972

guayul 1787；7120

guayule 7119；7120

guayusa 3437

guayuyo 5225

guazatumba 1275

guazumilla 863；6647

gudicui 4003

gudstrad 233；3150

guebrachillo 4255

guechi-beyo 6050

guechibidoo 7087

guechi-bidoo 7085

gueguetzi 333

gueladao 4192

guela-daug uixi 3184

gueli 2344

guenepier marron 2905

gueneppe 4278

guenin 5721

guenin yiri 5721

guepe 4256

guepois-grande feuille 2853

gueppois 2829

gueramo 1885；1890

gueribo 5440

guerrero 225

guesito 4920

guest-tree 3673

gueteregl 1053

gueto-xiga 4967

gue-xron 5523

guguve'cco 4795

guh 4175

guia 1279

guia-be-cohua 6105

guiabiche 6851

guiacan 945

guiacu 3150

guiaguia 7166

guia-lacha-yati 6807

guia-lachi 4104

guiana big plum 2461；2466

guiana crabwood 1196

guiana plum 2459；2460；2466

guiana rapanea 5958

589

hariraroma balli　1812；1813

hariroroe　491

hariroroja roeroe　572

harkis　7332

harpulli　3274

hartweg pijn　5170

hartweg pine　5170

hartweg-tall　5170

hatlon　3552

hatti　3323

hauche　1891

haudan　2712；2733；3233；3757；3762

haudin　3755

hauhele　3325

hauhuica　966

haujillo　3792

haul-back　4430

hauoli　6839

hauso　2338

havanische-bourreria　854

havard oak　5842

havard shin oak　5842

havarilla　3394

haw　2074；2080；7145

hawaii kauila　1790

hawaiian saligna eucalyptus　2770

hawakai　2364

hawthorn　2048；2080；2198；4160；5743

haw-tree　2049

haya　2911；2912；3186；4686；4697；4889；5123；5357

haya americana　2910

haya antartica　4695

haya blanca　3189

haya chilena　4687

haya criolla　6120

haya de montana　2654

haya mala　4889

haya minga　3186

hayariballi　1613

hayawa　5576

hayito　2654

hayo　388

hayuelo　2442

hazel　1965

hazel alder　321

hazel snapping　3256

hazel sterculia　6581

hazelnut　1964

he balsam　5125

healing balsam　20

healing guava　5672

heart pine　5192；5215

heartleaf　1562

heavy pine　5197

heavy virola　7155

heavy-bush　3814

he-balsam　5121

hebechi-abo　6401

hebrito　3755

heburu　4721

hedge　4076

hedge apple　4076

hedge euphorbia　2878

hedge maple　142

hedge-plant　4076

hediondilla　817；1052；1464；3734；3793；6355；6379

hediondillo　3250；6357

hediondo　1448；4942；5292；5651

heech-beech　4427

hegronbebe　5719；5726

hehe-coanj　6246

hehes-quiixlc　5738

heigron　2858

helecho　3142

heliotropo morado　2507

hemelboom　233

hemlock　5654

hemlock spruce　7051；7052；7053

hemlockspar　7053

hemp-tree　7195

hencea sword　1591

henderson pine　5155

henguet pine　5172

henna　3739

henna egyptian　3739

henriettea sardino　3310

heraino　2204

herbe du cariacou　3177

hernandier　3316

herva　3452

hervade frieira　267

hervao　3319

hesen　4814

hetre　2910

hetre americain　2910

hetre antarctique　4695

hetre chilien　4687

hetre rouge　2910

heule de noche　1463

hevea　3321；3322；3324

hevio　2573

hevmassoli　7287

heyderie　1102

hiarakoro kakeralli　3757

hiava　5576

hiawa　5576

hiawaballi　1830

hibiscus　3060；3333

hibiuba　6728

hicaco　1526；3699

hicaquillo　1714；1745；3373

hicara　2083

hicarita　2083

hicha　1034

hichu　2833

hickel fir　23

hickleberry-tree　7089

hickory　1220；1223；1224；1225；1231；1232；1236；1237

hickory elm　7069

hickory falso　1227

hickory genuino　1226；1228；1232

hickory illegittimo　1222

hickory nucifere　1227

hickory nuez　1227

hickory oak　5797

hickory pine　5146；5149；5200；5210

hickory poplar　4698

hickory veritable　1226；1228

hickory vero　1228

hickory-of-chile　4599

hicoria amarga　1224

hicoria falsa　1222；1227

hidden podocarpus　5395

hiddenflower qualea　5749

hiedra　3278；6979

hiedra venenosa　6981

hiedramala　6981

hiegra　6979

hielillo blanco　584

hielillo negro　566

hierba de clavo　1513

hierba de la calentura　3550

hierba de la chachalaca　1097

hierba de la conchuda　3736；6452

hierba de la flecha　6242；6246；6257；6348

hierba de la mosca　929

hierba de la nigua　1880

hierba de la rosa　6506

hierba de la virgen　3901

hierba de lamuchachita　6097

hierba de lamula　1467

hierba de las escobas　941

hierba de los frios　3550

hierba de puyo　3351

hierba de san antonio　3901

hierba de zope　6452

hierba del aire　6383

hierba del burro　6973

hierba del cancer　123；125

hierba del carbonero　678；684

hierba del cargapalito　5689

hierba del cura　6890

hierba del gato　2098

hierba del indio　866

hierba del jabali　2129；6452

hierba del moro　2094

hierba del ojo　1760

hierba del pasmo　675；683；685；686；866；1880

hierba del perra　6491

hierba del perro　1313；1451

hierba del piojo　3351

hierba del sapo　6599；6973

hierba del tabardillo　3550

hierba del talaje　3736；6452

hierba del tepozan　942

hierba del zorrillo　2098

4279

honey-flower 4277

honeylocust 3112

honey-pod 5547

honeyshucks 3112

honeysuckle 3966

honeysuckle-bush 3964; 3966

honokoli 2734

hontoneaku sisi 2006

hoobodia 381

hooboo 6558; 6559

hooboodia 382

hoogland baboen 7166

hoogland bebe 5726

hooker willow 6198

hoololnuxib 687

hooloop 872

hoo-loop 872

hoop ash 1408; 3047; 3055

hop sage 3141

hopbush 2442

hophornbeam 1213; 4863

hopi 571

hopshrub 2442

hoptree 5718

hopwood 1757

hora 1246

horco cebil 4941; 5286; 5288

horco molle 6420

horco quebracho 596

horco sauce 2684

horcocebil 4942; 5288

hormiga 4843

hormigillo 1866

hormigo 3358; 5368; 7035

hormiguera 1890

hormiguero 7035

hormiguillo 1366; 2119; 5368; 6367

hormiguillo colorado 5368

hormiguillo negro 5609

hornbeam 1212; 1213; 4864

horowassa 7

horse apple 4076

horse cassia 1292

horse chestnut 214; 218

horse plum 5595; 5619

horsebean 1430; 1431; 4966

horse-bush 5009

horse-eye 4519

horseflesh 4007; 4009; 4179

horsellesh mahogany 4009

horse-sugar 6715

horsetail beefwood 1321

horsewhip-wood 3982

hortensia 3399

hortulan plum 5610

hos 6412

houx 1803; 3445

houx americain 3451

howadanni 4888

howa-howa 3316

howdan 3762

huaca 204

huacamayo 2927

huacamayo-caspi 2039; 6443; 6446; 7377

huacamayo-chico 6229

huacamote 4172

huacamotl 4172

huacanala 4541

huacapi 1388

huacapu 3884; 4462; 7261

huacapu maquizapa huayo 2713

huacapurana 3680; 3681

huachacote 4149

huachansu 1249

huachi blanco 3790

huachichile 3900

huachicotillo 964

huachipil 333

huacimilla 1915

huaco-caspi 4080

huacoporo 4966

huacra pona 3555

huacux 6411

huagra yana muro 4673

huagura yana muyu 4676

huahua 3316

huahuan 3735; 3736

huahuica 966

huainava 5112

huainuma 5112

huainuna 5112

huairuru 4836

huaje 3790

huajilla 66; 76

huajillo 66; 87; 3792

hualaja 7349

hualcanga muyu 6058

hualhua 6807

hualicon lanudo 4073

huallca muyu 6900

hualo 4690

hualtaco 3976

huaman-samana 2347

huamis 3734

huamoga 3335

huampo 4706

huamuche 5330

huamuchil costeno 5330

huamuchilillo 5334

huan huan 3736

huanabano 463; 464

huanacaxtle 2569

huanarpu 4855

huanavana 463

huanaxtle 2569

huanchal 2159; 4230; 7049

huancui 4855

huangana-caspi 3284; 5488; 5505

huanili 2526

huanini 855

huanita 855

huanuco podoberry 5398

huapa 3565

huapa yura 4869

huapa-caspi 3284; 6702

huapapa-caspi 3284

huapaque 2338

huarabu encirado 632

huaranga 82

huarango 91; 1074; 4083

huaranhua 6851

huariuba 1611

huarmi-caspi 1875

huarmi-chuchuhuasha 3283

huarmi-huarmi 6310

huasai-caspi 2423

huasca'barbasco 3958

huasca-game 1684

huashihua 6374

huasi 3790

huasicuco 162

huataujui 6495

huatsin 3793

huaucui 4855

huaxaxa 3149

huayal 4003

huayancox 2905

huayhuash-zapote 5761

huayo 3663; 6819

huayra-caspi 1387

huayu 3663

huayul 6240

huayum 6819

huba-aida 340

hubu 6558

hububalli koeipjari 3977

hucapurana 1152

hucar blanco 925

huchuasca 4263

huck 1408

huckleberry-tree 7089

hucux 6411

hucuya 6678

hudoke 867; 869

hueilaqui 1068

huejocote 6199

huelatave 7101

huele de dia 1450

huele de noche 1459; 1463; 6097; 6409

huele de noche negro 6513

huele denoche 5941

huele noche 6513

huelede noche 1463

hueljalau 793

huembereua 6981

hueribo 5440

huerigo 5440

huermo 2775

huesillo 297; 306; 1497; 2923; 5702; 6056; 6482; 6873; 7280

huesillo prieto 2132

huesito 172; 536; 1261; 3152; 3418; 4145; 4556; 6692; 7005; 7027; 7375

huesito de tierra fria 6440

hueso 367; 1416; 1495; 1496; 1497; 1498;

icaco negro　1526

icaque　1526；3375

icaquillo　3226；3372；3373；3375

icaquito　3815

ice vine　36

ich-bahatsch　7008

ichcuetl　6851

ichhuh　2783

ichigogo　6230

ichisojo　6860

ichtaj　5191

iciboicica　178

icica　5579

icica-riba　5579

icipo gudica　4601

iciquier　5560

iciquier cedre　5560

icoja　7073

icoje　6648；7073

icotl　6765

icu　37

idaballi　4929

idaho cedar　6930

idatimon　3763

idin　1013；1017；1018；1020

iengibarki　3805；3825

iesrihart　6652

ifafeuilles courtes　6840

ifdu canada　6840

ifoccidental　6840

igel kiefer　5162

iginsa　6859

ignu-unandu　965

igope　5542

igope-para　5542

iguaco　1052

iguajari dulce　2799

iguana-tail　2565；2566；4444

iguana-tree　6371

iguanawood　1924；1931

iguanero　664；1052；1576；1922

iguanero de agua　115

iguano　1052；4452

iguano blanco　5285；5291

igui　6420

iishcauico　1460

ijbat　3184

ijkbat　3184

ijyocxibitl　1460

ijzerhart　823；6652；6670；6678

ik-aban　2113

ikbach　297

ikbat　3184

ila　960

ilama　454；468

ilamazapotl　454

ilang-ilang　1155

ilan-ilan　1155

ilavo　1432

ileng　4721

ilianchana　4859

ilite　311

ilite verde　314

ilitl　314

illoro　1943

illuale　3102

iluwaru　4513

imauba　1611

imba　1246

imbarana　350

imbauba　1362；1372；5476

imbaúbarana　5481

imbira　6079

imbirema　2006

imbiriba　2723

imbuia amarela　4771

imbuia brazina　4771

imbuia canella　4771

imbuia rajada　4771

imburana　349；350；990

imbuzeiro　6558

imchich masha　36

iminyar　2191

imira quinha　2350

imirimia　4094

imirimiaballi　1470

imiritokon　690

immortel　2623

immortel etranger　6549

immortelle　2650

imo　891

imoro　4916

imyracen　5536

inacu　491

inaiba jacare　2738

inaja-rana envira　4236

inambu-quissaua　1187

iname　965

inamui　4628

inamui louro　4731

inamuy　4665；4667

inanue　965

inare　879；3295

incago fino　3487

incati　6982

incense cedar　1102

incense-tree　5578

incensewood　4581

incenso rosso　6898

inch plum　5615

incienso　968；973；2218；2546；4581；4584；5568；6320；6895

incienso amarillo　4580

incienso cabrioba　4581

incienso colorado　4581

incienso japones　7195

incienso rojo　6898

incinillo　7268

incorruptible　4462

inda assu　3613

inda guassu　3613

inda-a　5549

inda-guiassu　3613

indano　1034

indano colorado　1019；1034

india jujube　7380

india laurel fig　2970

india rubber fig　2953

indian almond　6865

indian arrow　2862

indian cherry　355；3031

indian cigar-tree　1328

indian cinnamon-tree　1559

indian elm　7067

indian laburnum　1290

indian lace　3713

indian laurel　2970；2992

indian mallow tree　50

indian mulberry　4474

indian pear　355

indian pine　5215

indian wild pear　355

indian-bean　1325

indian-tree spurge　2886

indianwood　3150

indi-caspi　1158

indiecito　3146

indigo　3468

indigo faux　364

indigoberry　5939

indigo-bush　364；5677

indio　2654

indio desnudo　529；2880

indjoe　5549

inesquirte　5547

inga　3471；3473；3506；3516；3542

inga amargo　3542

inga caetitu　7410

inga chichica　3492

inga colorado　3542

inga del cerro　3530

inga dulce　3500

inga feijao　3530

inga ferradura　3532

inga freijao　3530

inga hu　3530

inga macaco　3532

inga mirim　3529

inga moroti　6993

inga puita　3542

ingabau　4556

inga-de-lagarta　3

inga-fava　1

ingai　3542

inga'i　3542

ingai colorado　3542

ingaina　6113；6119

ingaina blanca　4242

ingalan colorado　532

ingamo　3887

ingarana　3

inga-rana　990；1094；3536；7410

ingaseira　3479

ingerto　5531

ingibarki　3814

ingienoto　767

ingiepipa　2008

ingikandra　5576

ingipipa　3768

ingipipa sranan longo　2012

ingitabaka　916

inguande　817；818

inguipia　2428

7241；7251；7253；7255；7256

itesi fan'di 7078

ithabte 1631

itik 3852

itiki 4940

itiki hororadikoro 5726

itikiboera balli 4940

itikiboro 5727

itikiboro corkwood 5727

itikiboroballi 6653；6656；6657；6661；6662；6666；6671；6688

itikiboura 5724

itikiboura balli 4940

itil 4242

itil blanco 4242

itin 5550

itjoeranan o-anakoko 4841

itjoetano perapisie 4194

ito-balli 7256

itoeli walaba 2576；2580；2581

itoeloetano japopalli 3810

itslips 7067

itu 2338

ituchi-caspi 6113

itui 6881

itulli-caspi 2917

ituri wallaba 1153；2575；2580；2581

ituri wallabe 2577

iturihi 3524

iturihi-warakosa 3534

ituri-ishi-lokodo 4854

itzampi 3835

itzcante 3271

itzil 3665

itzohu 5443

itzpacan 1765

itztacuitzli 179

iumanasa 4523

iutai mirim 7236

iva-catinga 6728

ivahe 139

ivahehe 140

ivarapyta 5009

ivararo 5733

ivatingy 3984

ivira pepe colorado 3378

ivirapiapuna 509

ivira-ro 6153

ivitinga 3984

ivoire vegetal 5115

ivoorhout 703

ivo-po 3110

ivy 3278

ivyflower 4621

iwahay 6728

iwakush 4182

iwiank 2511

ixbahach 297

ixcanal 72；88

ixcapantl 3463

ixi 5624

ixiconal 88

iximche 1583

ixquefe 6889

ixtepeque 5431

ixtzente jumay 3924

iza 5625

izitzuch 3897

izoara 3578

izote 2451；7318

izote de montana 2451

iztac-cuahuitl 1838

iztac-zapotl 1279

J

jaas 4192；6636

jabele tokon 4358

jabilla 3395

jabillo negro 3394

jabin 5306；5307

jabnal 4833

jaboncelle 6240

jaboncillo 793；968；1631；2441；4917；6270；6705；7285；7317

jaborandi 5138

jaborandi de madeira 5138

jaborandi-miudo-da-restinga 5138

jabote 879

jaboti 2614

jaboticaba 2789；6728

jaboticabeira 2799

jaboty 2612

jaca 5531

jaca randa 5370

jaca randa rosa 5370

jacamim 566；572；575；577；584

jacamin 593

jacana 5513

jacapa 6925

jacapacaio 3769；3779

jacaramda-do-cerrado 2278

jacaranda 2294；3586；3587；3591；3592；3596；4024；4049；4062；4068；4069；5380；5542；5550；5552

jacarandá 2269

jacaranda amarello 4068

jacaranda amarelo 4068

jacaranda bianca 3598

jacaranda bico 4068

jacaranda blanca 3598

jacaranda branca 2281；5380

jacaranda branco 3598

jacaranda cabiuna 2278

jacaranda capitao 6870

jacaranda cipo 4045

jacaranda de campo 5380

jacaranda de flore 3586

jacaranda do campo 2299；2300

jacaranda do cerrado 4068

jacaranda do litor 5370

jacaranda do para 2294

jacaranda escuro 4068

jacaranda mimoso 3586；3596

jacaranda mindo 5380

jacaranda morcego 397

jacaranda mullato 2281

jacaranda pan 4026

jacaranda pardo 2281；4068

jacaranda paulista 4068

jacaranda pedra 4068

jacaranda preto 3587；4043；4068

jacaranda rosa 2255；4038；5370

jacaranda rotes 4033

jacaranda rouge 2255

jacarandá roxa 4068

jacaranda roxo 2255；4033；4068

jacaranda tan 4045；4069

jacaranda violeta 2238；

4062；4069

jacaranda violete 2238

jacaranda-da-bahia 2281

jacarandata 4026；5370

jacare 386；388；2573；2575；4941；4942；5288

jacareuba 1110

jacatauba 7220

jacatirao 4323；4379；6939

jacatirao do gande 3383

jacatiroes 4323；4409

jachuca 5780

jacifate 5560

jacinto 4477

jack 559

jack oak 5818；5847；5864；5930

jack pine 5146；5151；5155；5167

jack-fish-wood 1077

jackfruit 559

jack-in-the-box 3314；3316

jack-pine 5206

jackwood 1865

jaco 5228；5274

jacobillo 3395

jacote de mico 7212

jacte 929

jacua 3102

jacuro amarillo 911

jacutinga 5733

jacuuba 1266

jagua 6125

jagua amarilla 1490

jagua blanco 3102

jagua de montana 6438

jaguatirao 6937

jaguay 2998；6041

jaguay cimarron 5340

jagueicillo 2941

jaguerillo 5103

jaguery blanco 2941

jaguey 2936；2946；2970；2984；2985；2998

jaguey blanco 2941；2998

jaguey colorado 2985

jaguey macho 2941

jaguey prieto 2985

jaguilla 4116

jequitaba rosa 3769；3779

jequitiba 1205；1206；1207；1210

jequitiba amarella 1205

jequitiba blanc 1205

jequitiba blanca 1205

jequitiba branca 1205；1207

jequitiba branco 1205；1206；1207

jequitiba rosa 1205；1206；1207

jequitiba vermelha 1207

jequitiba vermelho 1205；1206；1207；2798

jereton 6308

jeriakopi 5755

jeringuilla 5071

jerusalem-thorn 1431；4966

jeseredan hohorodikoro 7077

jesriharti 823

jessamine 5389

jetiballi 7236

jetikiboralli 823

jetjoenban karaapa 1196

jetoeri walaba 2577；2581

jetquitiba rosa 1207

jeucon 3298

jeve fino 3321

jewalidanni 4462

jewaraballi hokorodikoro 4493

jewaraballi kokorodikoro 4493

jewuitiba 1207

jia 182；1265

jia amarilla 1261

jia blanca 182

jia brava 1274

jia peluda 1274

jiba 2673；6298

jiba de costa 2673

jicaco 1526

jicaquillo 3372；3373

jicara 2083

jicarera 2083

jicarillo 369；1629

jicaro 3752

jicaro prieto 924

jicote 1002

jicotea 1495；6462

jigger 871

jiggerwood 871

jigua 1243；3852；4616；4621；4738

jigue blanco 4007

jiguerillo 2941

jiguilote 1865

jijiche 584

jijte 5886

jimbay 3793

jimbling 5092

jimianim 1026

jimoli 3665

jina 3500

jinicuil 3498

jinicuite 1002

jiniquil 3498

jiniquile 3533

jinocuabo 1002

jinote 1002

jiote blanco 978

jiotillo 995

jique 1253

jiqui 5026；6419

jiqui de costa 3357

jiquilite 3467

jiquimite 2619；2625

jiquitiba 1204；1207

jisitri 5382

jitahy 3410

jitzicui 2942；2980

jiva 2662

jmanzana de otahiti 6558

joa minda 1404

joao molle 4673

joaquin 1921

jobero 6647

jobillo 4491；5131；6828

jobitillo 5093

jobo 6561；6830

jobo de laindia 3087

jobo macho 6559

jobo ocomico 5590；6011

jocoro 3798

jocote 5117

jocote de mico 6433；7202；7210；7212

jocote jobo 6560

jocote maranon 384

jocotillo 634；7005

jocotoso 744

jocuma 6414

jocuma amarilla 6414

jodemza 3629

joekoejapoei 4782

joekoetoena 3166；6651

joeliballi 6895

joenoepe 1985

john bead 1770

john crow bead 1770

john-jo 1761

joint-bush 4353

jointwood 1293

jointwood senna 1293

jojonchi ccaque 1611

jokoro 4782

jolmashte 6807

jolobobo-kham 6620

jolopete 973

jolo-pete 973

jolube 2459

jomirim 5960

jomte 5568

jondura 6560

jonote 4523

jonote blanco 3264

jonote colorado 3264

jopoy 2742；2743；2747；2968；3303

jorkapesi 6380

jos 6332

josefina 2323

joshua-tree 7316

joso 1506

jotomillo 1085

jovero 1724

jowalidovi 4462

joy bindwood 3278

joyote 6927

jozuaboom 7316

jroca 6527

jua 1416；6523

juacacoa 2311

juan de la verdad 1454

juan garote 1734；1737

juan garrote 1709；1737

juan garrote prieto 1734

juan perez 1748

juan soco 1997

juanco 3674

juangarote 1709

juanilla 3373

juanjunesco 402

juapina 2157

juaquequistli 1366

juarana 7058

juatuna 1

juba 5621

juba abiyu 2511

juba blanca 6462

jubatan 630；633

jubilla 6425

juca 1054

juca ou pan-ferro 1054

jucarillo 925；6859

jucaro 925；2923

jucaro blanco 925

jucaro colorado 1012

jucaro prieto 925

jucay 523

juche 5389

jucite 7049

jucumico 6431；6433

jucunare-cipo 2273

judastrad 1435

judas-tree 1435

judio 4752；5707；6326

juerana 5337

jueso blanco 2466

jug 4501

jug-tree 1882

juice plum 355

juiceless bourreria 852

juijui 3803

juilichi 492

juilocuahuitl 2110

juilon 4438

juimay 3952

juinay 3924

jujamo 2923

jujubier 7380

jujuhuali 7213

jujul 4706

jujuy 350；1066；1120；5733

jukaro 925

juksapuo 878

jukyry rusu 5323

julahuasi 6357

julibrissin 249

julube 2459

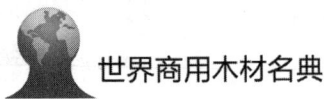

kooleshiri 2165

koonanaballi koemaka 4900

koonanaballi koemaka djam 4900

kooraroe ibiberoo 410

koorobooilli 1847

koortskruid 3718

kopai 1667

kopaiyuwa 1860

kopal 976；996

kopche 1880

kopi 571

kopie-ie 3134

kopijk 1686

kopo 1110；2944

kopochit 2944

kopte 1883；1921

korallenbaum 2625

korallenst rauch 2625

korallsumak 6030

koraltrad 2623

koraro 396；406；410；411

koraroballi 3412

koreko 1613；1615

korir 912

kornelred osier 1946

korob 4192

koroballi 3590；3591；3597；5016

koroboreli 4993；5003；5005；5007

koroborelli 1847；5004

koroda 664

korokororo 4839

korokorowai 3948

koron 1331

korrekoran 288

korsoe wiwiri 3718

korstorne 3112

koruburelli 1847

kosararada 1115

kosing 4959

kosopa 3185

kosumil muluch-abal 6560

kotaka-dan 4883；4885

kotakadana 1124

koto 285；7205

kotore 6166

kotupuru 6401

kotyo 5057

kouali 7232；7254；7255；7256

kouali st. marie 7229

kouatakama 4962

kouatapatou 3779

koumantikopi 566

kouratary 2006

kowai 4423

koyarakushi 2925；5681；5706

koyechi 6080

koyechiballi 3988

koyetchi 6080

koyomaroin 1667

kperf 5298

krachikan 4091

kraipeoe 3403

kramo 5492

krappa 1197

krappaboom 1195

krassa 1104

kre-kre 6904

krikimauro eroe 3814

kriporsan 6834

kroebara 5016

kromanti 571

kromanti kopi 581；584

kromoko 2858

krug holly 3441

krup 1194

kuaduli 2725

kuawa 5664

kuba mahogany 6698

kuba-tall 5219

kuch 1389

kucha tsempu 4859

kuchanmania tsempu 7177

kudibiushi 4419；4423

kudibutshi 4417

kuelé 5748

kuentrillo 7347

kufa 1659；1661；1663；1664；1667；1669；1672；1673；1674；1677；1678；1683；1688；1689

kufiballi 3177

kugelbaum 4179

kuitmkeip 5041

kukaraballi 2933

kukubesi 1194

kukui 279

kula 1245

kula wala 3778

kulina 3315

kulinche 2904

kulishiri 2161；4218；4219；4224；4226；4228；4229；4233

kulkin 6977

kulort kvebracho 6311；6313

kum 4806

kumakaballi 2967；2968

kumara-mara 335；2509

kumaraukou 2967

kumarawa 6615

kumaru 2436

kumasaukun 3937

kume 3779

kumecke 3755

kumeyuarai 6874

kumquat 3025

kumquat largo 3025

kum-waia 4806

kunawaru 4313；4315；4316；4319；4322；4328；4332；4333；4340；4343；4344；4345；4346；4347；4351；4356；4361；4363；4364；4367；4368；4371；4376；4378；4379；4381；4382；4384；4388；4389；4390；4391；4393；4396；4403；4407；4408

kunchai 2226

kunche 2226

kunfe 4165

kunkuk 4807

kunquat 3025

kuntse kunts 5640

kupay 1853

kupe 1659

kupisini 4947

kupiye 3134

kupo 5225；5226；5229；5233；5235；5236；5237；5241；5245；5246；5247；5250；

5251；5259；5262；5273；5281

kura tura 7334

kurahara 1110

kurahara shiruaballi 4742

kuraka 5576

kuran 3501

kurana 1381

kurang 3472；3473；3477；3478；3479；3486；3487；3491；3492；3494；3496；3497；3499；3500；3501；3506；3507；3511；3516；3522；3524；3531；3534；3536；3540；3541

kuraru 398；402；2372

kurashi-uru-baie 3364

kure 282

kurero shiruaballi 429

kurida 665

kurihikoyoko 390；391；392；395

kurimiru 1526

kurk-moutoudli 5724

kurkschors-den 24

kurnyuk 7225

kurok 5523

kurokai 5568；5570；5572；5588；5589

kurokororu 4839

kuru 4869

kurua 657

kurukoruru 4839

kurunai 3227

kurupikai 6253

kurupikay guazu 6253

kurupum 4542

kuruwiwae 3322

kusapo 2121

kushikiam 1910

kushub 797

kustgran 21

kust-gran 21

kusuweran 6473

kutsa 4706

kutunau 2448

kuwariri 7256

kuyama 3187；7289；7295；7296；7299；7300

largeleaf podocarpus 5404

largetooth aspen 5444

large-toothed aspen poplar 5444

large-toothed maple 146

large-toothed poplar 5444

largoncillo 73

larice occidentale 3732

lasha-ual-co 23

lashorn balsam spruce 20

lat che 1963

lata 4432

lata de corozo 697

latacadili 2083

latapi 3167；3170

latapi de hojas menuda 3167

late lilac 6718

lateleaf oak 5919

lateralflower rosewood 2275

lathberry 6722

latigo 4028

lauaballi 742

lauel 3736

laukididan 1186

laurel 450；525；529； 532；545；1837；1908； 1910； 1934； 2970； 2991； 2992； 3736； 3853； 3897； 3899； 4111； 4121； 4564； 4618； 4634； 4642； 4644； 4647； 4651； 4653； 4658； 4663； 4667； 4716； 4738； 4739； 4752； 4772； 4796； 5054； 5078； 5080； 5626； 6024； 6027；6568；7070

laurel aguacatillo 4618

laurel amarillo 4620； 4647； 4659； 4716； 4725；4732；4751

laurel amorillo 4620

laurel angelino 4627；4722

laurel avispillo 4772；5077

laurel blanco 1892；1908； 3873； 4620； 4633； 4644； 4663； 4732； 4738；6028；6778

laurel bobo 4633；5077

laurel cambron 4633

laurel canelon 4634；4801

laurel capuchino 428

laurel cherry 5602；5618

laurel chino 4589

laurel cimarron 5047

laurel comino 436

laurel de abajo 4647

laurel de bajo 4716

laurel de bejamina 2936

laurel de chile 4779

laurel de hoja grande 4618

laurel de isla 4620

laurel de la falda 5083

laurel de la india 2970； 2992

laurel de la sierra 545； 3853；3897；5054

laurel de lasierra 532

laurel de loma 3873

laurel de paloma 4772

laurel del poeta 3738

laurel delrio 4620

laurel espada 4738

laurel geo 4772

laurel geo colorado 4651

laurel geogeo 4644；4752

laurel higuito 4618

laurel muneca 1870

laurel negro 1890；1934； 3762； 4618； 4644； 4664； 4710； 4742； 4786；5083

laurel oak 5847；5855； 5889

laurel pimienta 4658

laurel prieto 4626；4644； 4772

laurel quina 4646

laurel red oak 5855

laurel rosa 4680

laurel roseta 4651

laurel sabino 4116；4121

laurel serrano 4779

laurel spurgle 2302；2303； 2304；2305

laurel tulipan 6807

laurela 3735；3736

laurelia 3736

laurelillo 532； 3851； 3868；4644；5777

laurel-leaf oak 5855

laurelleaf swartzpea 6668

laurelmini 4620

laurel-tree 5043；5051

laurelwood 525

lauriel jaune 3873

laurier 4630；4665；4752

laurier avocat 5041

laurier blanc 4624

laurier bois jaune 1341

laurier canelle 4644；4778

laurier cypre 4725；4742

laurier de rose 5077

laurier fourmi 745

laurier grandes feuilles 4633

laurier jaune 3873

laurier madame 745

laurier mattack 4734

laurier noir 4644

laurier puant 4738

laurier rose 4680；5080； 5396

laurier rouge 420

laurier tropical 4680

laurier zaboca 4742

laurier-eik 5855

laurii amande 5602

lauro 1892

lauro branco 4744

lauro pardo 1890；1921

lauro preto 4645

lauro vermelho 4778

laury mundy 5602

lava perro 6921

lava plato 6520

lavapen 558

lawson chamaecypa ris 1475

lawson cypress 1475

lawson pijn 5177

lawson pine 5177

lawson-tall 5177

laxux 1605

lay lay 1902

laylay 1929

layolizan 929

lbira-bera 1066

leadtree 3793；3796

leadwood 3677；5985

leaf aspen 5450

leafletted rosewood 2253

leafy rosewood 2254

leafy sterculia 6582

leather-coat-tree 1742

leatherleaf ash 3059

leatherwood 2213；2438

lebbek albizia 250

lebens eiche 5931

lebi kiabici 398

lebi loabi 3763

lebiloabi 3770

lebisa 3873；4738

lebon 1431

lebon retama 1431

leche 1105

leche amarilla 6703

leche amarillaolandi 1105

leche caspi 1997

leche de cochino 285

leche de maria 6257

leche de perra 5642

leche leche 3346

leche perra 3295

leche prieta 4423

lechea 2873

lechecillo 1529； 1531； 6259；6419

lecher 2978

lechera 2874

lecheria 6778

lecherillo 2876； 6568； 6569；6778；6921

lecherio 6571

lechero 878； 890； 2874； 2876； 3001； 4013； 6245； 6247； 6252； 6254；6343；7049

lechero de cercas 2878

lechero de lindero 2875； 2878

lechillo 1213

lechon 6261

lechosa 1201

lechoso 1112； 2986； 6568；6569

lechuga 6254

lechuza-caspi 7015

lecta 5306

lecythis 3779

leele 5939

legno amarante 4993； 4994；4997

legno benedetto 3150

listocoshat　6524

litchi　5051

litie　5389

litre　3896

little pignut　1231

little shagbark　1231

little silverbell　3253

little sugar pine　5185

little walnut　3622；3623

littlehip hawthorn　2074

littleleaf ash　3045

littleleaf cyrilla　2212

little-leaf horsebean　1431

littleleaf leadtree　3797

littleleaf leucaena　3797

littleleaf lysiloma　4011

littleleaf mulberry　4488

littleleaf palo verde　1431

littleleaf sumac　6034

littleleaf titi　2212

littlenut shagbark　1232

littletree willow　6177

live island oak　5923

live　oak　3891；5778；
　5797；　5829；　5833；
　5932；5933

live scrub oak　5927

livstrad　6929

li-yo-hmuy　865

lizardwood　7212

llagrumo　1368

llaity　909

llaiuhua　4728

llaja　6900

llajas　1253

llallo　3985

llalo　3986

llamuyo　2962

llanchama　7046

llantai　5352

llanten　5352

llausa-quiro　495

llave　1432

llema de huevo　1492；4475

llimoncillo　6456

llora　sangre　817；818；
　2099；4869；5725

lloro　1943

lloron　487；4198；6178

llorona　2213

llovizna　2306

lluchan　1524

lluicho-caspi　3884；7019

lluvia　2507

lluvia de oro　3679

lluvia de plata　5435

lmeadow pine　5164

loblolly　5324

loblolly bay　3130

loblolly sweetwood　4752

loblolly-bay　3130

loblolly-tree　1865

lobooshou　3703

loco　6069

locorice　6229

locura　3710

locust　363；3112；6068

locustberry　1019；1020；
　1028

locuswood　634

lodgepole pijn　5155

lodgepole pine　5155

loeloe-oe　4959

logma　5514

logwood　1822

logwood-brush　4430

lohoedoe　4417

loiro　1934

lokonanjo　6356；6365；
　6380

loli-quec　1885

lolito　1844

loma　333

loma de caiman　5380

lombardy poplar　5447

lombricero　3944

lombriceromoca　amarilla
　402

lombricillo　7279

lombrigueira　2962

lombrizero　400；3910；
　3928

lomo laagarto de hoja grande
　7349

lone pine　5218

lone tupelo　4702

long john　7037；7044

long pod　5340

longana　4679

longbeak eucalyptus　2754

long-beak willow　6179

longearlysilom　4004

longfruit swartzpea　6673

longleaf blolly　3155；5317

longleaf pine　5164；5197

longleaf willow　6223

longleaved willow　6223

long-spine hawthorn　2075

long-stalk holly　3428

longstalk mayten　4260

long-stalk stopper　5667

long-stalk willow　6182

looiersbas tboom　3891

lootsyash　72

lopachillo　170

loparo　2085

loquat　2605

loranegra　4220

lorito　1769；7268；7272；
　7273

lorjena　7256

loro　1934；2748

loro amarillo　1897；1934

loro blanco　715

loro micuna　2927

loro negro　1921

loro rosa　434

loro shungo　7108

loromicuna　2440；2928；
　2929；2930；2931

loti-coro　1978

lotohoedoe　4377

louantan　7104

louisiana palmetto　6161

louisiana red cypress　6838

louro　1897；2547；3846；
　4628；　4630；　4665；
　4764；4789

louro abacate　420；5057

louro amarello　4636；4647

louro aritu　3847

louro blanco　715

louro branco　1897；2554；
　4764

louro camphora　4728

louro canela　4721

louro cheiroso　2350；4763

louro chumbo　3869

louro cravo　2350

louro cyti　4766

louro da varzea　4617

louro de igapo　4617

louro do igapo　4617

louro faia　4928；6111

louro gamela　4778

louro inamuhy　4628；4715

louro inamui　4628；4715；
　4731；4744

louro inamuy　4628

louro inhamui　4628；4715

louro inhamuy　4628

louro itauba　4306

louro mamorim　4731

louro mutamba　1934

louro pardo　1892；1897；
　1934

louro pimenta　4721

louro preciosa　421

louro　preto　1897；4645；
　4649；4655；4744；4786

louro preto da terra firm
　4756

louro rosa　434；439；443；
　4617

louro tamancao　4744

louro tamanco　4626；4744

louro tamaqure　6629

louro umiri　426

louro vermelho　4661

louroa marelo　1897

louro-faia　2893；2895

louro-preto　4760

louveira　2196；2197

louvi　3009

lovely fir　14

lovi-lovi　3009

lovtrad-ceder　1376；1381

low maple　159

low-eh-dee　1836

lowground hickory　1222

lowland black gum　4699

lowland crabwood　1195

lowland fir　21

lowland gum　4699

lowland hackberry　1405

lowland hickory　1222

lowland spruce pine　5168

loxabark　1549

lu　4806

lubei　7225

luc　2093

lucee　4145

luch　2085

lucky-seed　6925

madron 523；1118

madrona 521；525；527；529；3085

madrona burr 525；527

madrone 525；529

madrone laurel 525

madrone tree 525；529

madronito 7097

madrono 521；522；524；525；526；528；529；1629；2687；2688；3085；3086；6010；6015

madrono chino 7097

madura platano 3259

maduraverde 1531

maengowae 3811

maenigwae 5494

mafamuti 4681

mafo 5316

mafua 6227

mafura 6227

maga 3316；4465；6918；6919

maga colorada 6919

magaleto 7293

magar 6919

magas 6919

magaycujy 400

magnificent fir 26

magnolia 4109；4111；4115；4119；4120；4123；6806；6810

magnolia dobrejo 6808

magnolia wild banana 5043

mago 3316；6246

magoncalo 3337

magot 6246

maguey silvestre 7314

maguira 368

maha 5760

mahagoni 6694

mahagua 3329

mahague negro 1874

mahala mat 1353

mahaleb cherry 5614

mahass 5760

mahate 5760

mahaudeme 4706

mahaut franc 3335

mahaut piment 6992

mahban 7163；7166

ma-hing 1605

ma-hna 2638

maho 2008；2306；3335；4706；6583；6587；6590

maho jaune 2727；3771；3779

maho noir 3189

mahoballi 4929

mahoe 278；2306；3329；6574

mahoenoir 2718

mahogany 2769；3247；6031；6693；6694

mahogany birch 775

mahogany sumac 6031

mahogany sumach 6031

mahokobe 6587

mahomo 3936；3947

mahomoi 3945

ma-ho-na 2638

mahot 2004；2008；2428；2607；3763；3770；3772；3773；6574

mahot blanc 2714；2720；3755；3756；3763；3770

mahot chardon 495

mahot cigare 2009；2428

mahot coatari 3755

mahot cochin 6587

mahot coton 830；2606；2607；4900

mahot jaune 3773

mahot noir 2706；2708；2714；2720

mahot rouge 4469

mahota couatary 2708

mahotfer 3770

mahout pimente 2306

mahuba 1651

ma-hum-sey 3194

mai 3820；3828

maiate 6445

maiden gum 2759

maiden plum 1807；1809

maidenbush 6290

maik 3820

maikwakesere 401

maio sandalwood 4525

maipa 3500

maipaima 4797

maipiorie kerapori 4989

mais cocido 1700

mais de las indias 1587

maisjoere-ekjarepore 4989

maitakin 4479；6703

maiten 4247；4263

maiten chico 4249

maiten de magellanes 4261

maiten grande 4247

maiwarai 3801；3816；3828

maiz pelado 1803

maiz tostado 1803；5939

majaariran 3590

majagu 5466

majagua 2471；3157；3264；3266；3267；3980；5466；6587；6920；6992；7030；7032

majagua azul 3329

majagua balsa 7030

majagua blanca 3266；3329

majagua brava 2315

majagua colorada 6993

majagua comun 3329

majagua de cuba 6918

majagua de gallina 3947

majagua de indio 3762

majagua de la maestra 3329

majagua de mona 3157

majagua de playa 3264

majagua de sierra 2306

majagua melada 59

majagua quemadora 2315

majaguade florida 6920

majaguaozul 3329

majaguilla 6920

majaguilla de costa 3298

majaguillo 2706；2725；3190

majaguillo negro 2706；2735

majaguito de tierra fria 901

majahgua 7030

majahuilla 3787

majahus 5760

majambo 6914

majana 3267

majao 3265

majao colorado 3265；3335

majao de indio 4612

majash 5760

majauito 3335

majo 3329

majomo 3920；3936；3947

majugua 7032

maka-mapa 3683

makang 6237

makarai 4945；4946；4947

makarasali 3284；3286；3287

makarin 6828

makeralli 2718

makka pruim 6560

makorire 345

makoriro 345

makraka 2206

mak'ulan 5228

ma-ku-no 2265

makwariballi 3021；3022；3023

mal aire pange 6455

mal de ojos 1057

mala di suerte 7195

mala mujer 1693；1696；2874；3160；3326；6526；6981；6982；7080；7081；7306

malaba-balli 1147

malabar 3089；6495

malabito 2104

malacacheta 6757

malacahuit zilti 7307

malacapa 7353

malacate 7123；7312

malacaxeta 6737

malagano 3981；3982；3985；3986

malageto 3182

malageto prieto 3208

malagri panga 2458

malaguate 7293

malagueta 1136；3182；4542；5140；5141；5143；7163；7195；7289；7388

malagueta prieto 3208

malagueto 3187；5140；5141

malagueto prieto 3208

malako 1847

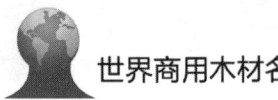

mangillo 6443

mangimeo 1372

mangle 664；665；846；
1089；3131；4264；
6434；6443；6702

mangle aguabola 4264

mangle blanc 6703

mangle blanco 871；6022；
6995

mangle bobo 846

mangle boton 3714

mangle corra 3677

mangle de agua 871

mangle de montanao
rapabalbo 1682

mangle dulce 4264

mangle iguanero 664

mangle llanero 871

mangle nero 665

mangle pinuela 4991

mangle prieto 665

mangle rojo 6022

mangle rojo ocascaron 6020

mangle salada 664

manglecito 664；665；
6995

manglier 1838

manglier rouge 6021

manglillo 485；1567；
3131；3288；4589；
6434；6435；6446

mango 3316

mango criollo 4167

mango tarango 1279

mango-micuna 1175

mango-micunan 1175

mangostan 3083；3087

mangosteen 3083；3087

mangostin 3087

mangot 4167

mangotier 4167

mangottier 4167

mangoustan corne 3082

mangowood 4167

mangrove 6018；6020；
6022

mangrovia grigia 1838

mangrovia nera 665

mangu caspi 6326

mangue 665；1838；4167

mangue seco 1289

mangue vermelho 6021

mangue yellow 4478

manguel 6865

mangue-rana 6702

manhage 1921

mani 905；1238；1241

maniapotano tokowe 4744

maniballi 374；4478

manica 5972

manicillo 6592

manicito 6690

manicoba 4173

manie 4478

manigoae 4414

manihue 5417

manil kara 4179

manil pacouri 4478

manila mango 4167

manilballi 4478

manilihuan 5396；5397；
5399；5400；5401；
5403；5407；5408；
5417；5426

manio 5397；5399；5400；
5401；5407；5408；5417

manioc 4172

manipau 4478；5365

manira 6478

manirito 461

manirote 468

manisito 6690

manitoba maple 148；149；
6232

maniu 5397；5399；5400；
5407；5408；5417；5426

maniu de la frontera 5417

maniu macho 5417

manja 4167

manjack 1881；1916；
1929

manjak 1876

mank-barklak 2727

mankey-pod 6230

mankrappa 6828

man-letri 3295

manman guepes 7080

manna gum 1970

manniballi 3473；4478

mannie 4478

mannie botieie 5958

mano 6299

mano de danta 4829；4833

mano de leon 817；1305；
2328；3314；3316；
4829；4833

mano de tigre 4833

mano de vaca 736

manoa papos 475

manobodin 2543；2544

manocarpo 1276

manolo 1693

manonti kouali 2614

manquillo de montana 4347

mantakihui 534

manta-palme 5115

mantapoepa 3233

manteau st. joseph 2882

manteca 367；6907

manteca de leon 1837

manteco 367；1009；
1019；2105；2333；4589

manteco blanco 4589；
5958

manteco de agua 1009

manteco negro 6878

mantecoso 1432

mantequero 4589

mantequillo 3033

mantequita 6513

mantequito 4589

mantjotjo 566

mantos 2218

mantua oak 5779

manu 1241

manuno 1882

ma-nya 2638

manyflower faramea 2922

manyokinaballi 3098；3100

manyspike-alumbeak tree
6629

manystamenclusia 1674

manzalina bobo 2874

manzalinja 3355

manzana 4139；4158；
4160；4314；4812；
6725；6726

manzana de burro 4812；
6924

manzana de judas 4812

manzana de puya larga 2055

manzana del diablo 1676

manzana estrella 5092

manzana rosa 6725

manzanilla 846；2063；
2525；3045

manzanilla bobo 2874

manzanilla de playa 3355

manzanillo 591；2525；
2874；3167；3355；
4145；6259；6725；
7055；7398

manzanillo de costa 3355

manzanillo del cerro 4241

manzanita 525；527；529；
1787；2525；2528；
3720；4139；4161

manzanita cimarrona 2854

manzanita de amor 6517

manzanita de costoche
7386；7390

manzanita de rosa 2659；
6725

manzanita del cerro 4149

manzanito 4149；7055

manzanito cimarron 2854

manzanito de montana 1270

manzano 901；1270；
1837；4314；4320；
4366；7398

manzano colorado 3167

manzano de mono 3835

manzano delcampo 6142；
6152

manzanote 4812

mao de picao 3831

maode gato 6832

maoranaballi 5751

maoupaou 2606

map 177

mapa 4080；4935

mapahuite 7005

mapahuite cimarron 7008

mapalapa 3322

maparajuba 4184

maparana 575；584

maparapa 3322

mapia 3123

mapilla 1925

maple 145；146；148；
155；156；157

maple-leaf viburnum 7133

mapoa gris 3160

mapola 766；2642；3985；

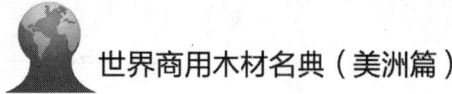

masujin 2115

ma-sun 1764

masusi 7084

maswa 692；697

mata buey 2518；3950

mata caballo 3463

mata caiman 2632

mata cansada 2703；3762

mata de seda 1113

mata hombre 1943

mata mata preta 2732

mata mata sapeiro 3762

mata muchacho 6240

mata ojos 5522

mata olho 4907

mata paja 7127

mata palo 1670；2946

mata pau 1396

mata piojo 3351；4042；7005

mata projo 4028

matabecerro 1160

mataburro 4966

matacartago 1274

matache 7266；7271

matagallina 167；1167

matagrie 4478

mataisa 6268

mataise 6268

mataiza 5625

mataja 6445

matakki 911

matakkie 4478

matamaiz 138

matamata 2700；2716；2725；2726；3755；3763

mata-mata 2710

matamata amarelo 2714；3762

matamata blanco 2727

matamata branco 2709；2714；3777

matamata castanha 2716

matamata de altura 767

matamata preto 2698

matamata roseo 3773

matamata roxa 2727

matamataci 2698

matambilla 3184

ma-ta-ne-no 6890

mataojo 5522

mata-olho 4906

matapal 1686；2936

matapale 1686

matapalo 1665；2024；2029；2943；2946；2959；2977；2980；2984；2994；2995；2996；6959

mata-palo 1665

matapalo liso 2994

matapez 5306

matapiojo 6890

mataplo 5035

mataratu 1182

mataro 6382；7289

matarro 5228

matasano 1282；1283；1963

matasano de mico 2386

matasarna 5135

mata-serrano 4166

matatauba 6300

matatexis 6778

matavidi 2879

matawarie 6828

matayo 6393

matchwood 1475；6300；6831

mate 2085；3452；4837

mate prieto 1305

mateoco 6839

matesillo 369

mati cara yura 1269

matico 5224；5225；5265

matico falso 5225

maticoa 934

matijon 7338

matillo 4844

matlacuahuitl 3149

matlahuacal 1945

matlalquah uitl 3150

matlaquahuitl 3149

mato 2823；2842；4844

mato azul 1051

mato colorado 185

mato de playa 1051

mato grosso 5136

mato palo 2941

mato piojo 4042

matoeli 1729

matora 1723

matoro 1723

matorral 87

matosirian 5724；5726

matsh-wood 6308

mattoe 6753

mattoe gwegive 5719

mattoe gwegwe 5726

matuda podoberry 5405

matuhua 5389

matura 6472

matzapotl 451

ma'tzengo 6452

matzingua 7

matzu 1865

ma-tzu 1389

matzungo 5306

ma-ua 76

mauba 3864

maubin 6558

mauisapa 495

maul oak 5797

maurecie 1010

mauricic paralejo 1027

mauricic patagon 1027

mauricif 1034

mauricif patagon 1027；1036

mauricio 4116

maurier sauvage 4490

mauta 4008

mautaurai 3391

mauto 117；4006；4008；5287

mauto blanco 117

mauto colorado 4006；4008

mauu 4167

ma-uuta 4006

maveve 3380

mawanting 5097

mawaranaballi 5751

mawassi 6875

mawirtan 4797

mawna-tree 4478

maxcuahuitl 5308

may cherry 355

may haw 2043；2067

may hawthorn 2043；2067

maya 4320；4348；4359

mayagua 6587

mayan-itara 7001

mayflower 6751；6767

mayo 656；7240；7241；7381

mayombo 6629

mayr pine 5165

mayten 4247

maytenus 4264

mazamoro 5467

mazamorra 3986

mazapan 558；4161

mazzard 5599

mazzard cherry 5599

mbabi 1259

mbavy 1259

mbocaya 175

mborebi caa guazu 6114

mbota 4426

mcdonald oak 5859

mcnab's cypress 2180

mcnzano 3167

meadow holly 3432

meadow pine 5215

meadow willow 6209

mealy stringybark 2755

mecabal 2306

mecate colorado 7030

mecaxochitl 5228

mecri 7236

medallo 2573

medelameri kansk tall 5191

medialuna 1169

medicinier 3604

medicinier d'inde 3608

medicinier espagnol 3608

mediodia-sacha 808

medlar 358；4298

meerilang 4571

mehamehame 3010；3011

mehen kax 5956

mehen utsubpec 6779

mejae 5524

mekoe kwaire 2733

mekoekoeware 2733

melaleuca 4273

melambo 2456

melancieira 284

melassieho edoe 491

melero 2507

meleze occidental 3732

meli 3755；3773；4600

melica 4687

melina 3114

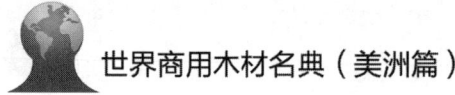

mille branches 4198

millerwood 5765

milles branches 3381

millo 4198

millua-caspi 4396

millua-mullaca 3744;
4368；4374

milolo 470

milome 170

mimbre 87；1487；1945；
3019；6184；6199

mimbre blanco 1945

mimbre pasilla 1943

mimili 2191

miminet 3739

mimosa 95；110；249；
3793；3796；6097；
6098；6329

mimosa mejicana 3796

mimosa messicana 3796

mimu 1598

mincapatli 6348

minchipata 7046

minchi-pata 7046

mindano gum 2757

miner plum 5610

miners dogwood 1956

minerva 3710

ming aralia 5434

miniatura 6107

ministro 6889

miniuku 3295

mino 5020

miohome 3701

mioporo 4525

mirahoedoe 7044

mirajuba 507

miranba 4495

mirandiba doce 3113

mirichi 1035

mirikiu 3294

mirim 869；7034

mirindiba 923；3113；
3707

mirindiba doce 3113

mirobolan 3314

mirto 866；3901；4524

mirto del pais 4514

mirueira 636

misanteca 3853

misanteco 3853；3873

misbil 49

mishiconi 2980

misho-caspi 5128

mishoquiro 327

misho-quiro 327

mishqui panga 2033

mishuquiro 7043

mispatli 942

mispelboom 4192

mispoe 4192

mississippi valley oak 5910

missouri river willow 6188

missouri willow 6188

missutahyba 7394

mistelojoyo 4357

mistletoe 7181

mistol 7383

mito-micunan 5686

mitra 642

mitso 4253

mitzpulumne 1450

mixpatli 942

mixto 167

mixtontze 6851

mjolktrad 1995；1996；
2000

mjuk-tall 5167

mme jean 573

moa gordonia 3130

moabe 6559

moca blanca 402

mocaya 175

mo-cha 6912

mochitahyba 7393

mochocho blanco 6991

mocitahyba 7394；7396

mocitaiba 6687；7393

mock olive 5602

mock orange 4076；5602

mockernut hickory 1220；
1232；1237

mockorange 4524；6417；
6639

mock-orange 5070；5602

mocochtaj 5199

moconche 6056

mocoso 7379

mocot 177

mocsete 3718；3720

modesto ash 3059

modoc cypress 2171

mo-do-tza 6281

mo-dzu 1389

moelawa 3703

moeleki 1019

moena 1557；2097；
2548；3283；3284；
3848；3863；4618；
4728；4743；4744；
4770；4774；4791；
4793；4800；6895

moena aguaras 4788

moena amarilla 428；437；
444；4616；4641；4656

moena blanca 2548；2562；
4656；4755；4764；
4780；4793

moena blanco 4793

moena colorada 3848

moena de agua 2548

moena del agua 237；2548

moena negra 4667；4753

moena puckiri 432

moerascypres 6838

moerastupelo 4704

mogano brasileano 6696

mogno 6696

mogomogo 4385

mogu 5074

mo-guu 5074

mohau 7032

mohave yucca 7322

mohi 4807

moho 3267；7030；7032

mo-ho 4706

mohr oak 5868

moina 7116

moirapiranga 891

mo-i-tza 3467

mojan 162

mojara 272

mojarra 272

mojars 272

moju 882

moke 2016

mo-la-he 3458

molave 7217

mol-che 6409

molinillo 961；3394；
4238；4239；5760；
5762；5765

molle 6316；6317

molle blanco 6320

molle colorado 6320

molle crespo 6420

molle de curtir 6320

molle de incienso 6320

molle de monte 6320

molle do monte 6320

molle falso 6320

molle guazu 6320

molle morado 6315

molle negro 164

molle rastrero 6320

mollejo 4859；7163

molongo 346；4080

molongo do colher 4138

molou 1389

moluccas 2757

mombin balard 7005

momo 5228

momo de zopilote 5280

momoa 2665

momoen 3587

momoi 3590

mona 7072

monacillo 4161；4164

monacillo amarillo 56

monacillo colorado 4162

monacilloabricot 4166

monaguillo 4161

monca prieto 2211

moncocuabitl 4167

mondacapullo 1140

mondongo 878

mondururu preto 4379

monesia 5536

moneybush 2280

moneybush rosewood 2280

mongle rojo 6021

mongo mataaki 5365

monilla 7072

monillo 7072

monioleiro 107

monjoleiro 107

monjolo 2569

monkey apple 457；464；
2338；3835；5463

monkey puzzle araucaria
517

monkey rattle 5101

monkey rottle 5102

monkey-hammock 5002

mountain soursop 463

mountain spruce 5120

mountain stewartia 6595

mountain sumach 6537

mountain tamarack 3731

mountain white birch 774

mountain white pine 5185

mountain whitethorn ceanothus 1343

mountain wild olive 922

mountain willow 6215

mountain yucca 7323

mountain zebrawood 2809

mountainash 6537；7061

mountain-camellia 6595

mountainelm 7061

mountain-rosebay 6024

mountian oak 5830

moureil 1010

moureiller 1010

moureiller piquant 4148

mouriri 4504

mouroumou 612

mousara 2462

moussigo 7176

moussigot 3567

moutende 7241

moutouchi 3473；3531

moutouchi grand bois 4940

moyoi 5480

mozambique ochna 4705

muata-pana 1049

mucamba 5963

mucaro 2404

muchagente 1261

muche 250

muche blanco 246

muchil 5334

muchina 7037；7043

muchite 5330

mucilage cordia 1929

mucilage manjack 1929

muckeag spruce 5122

muco blanco 1927

mucro 1591

mucro-l 1591

mucronate 1591

mucronatus 1591

mucronis 1591

mucuge 1999

mucuhyba 7176

mucuna 2374

mucuri 5518

mucururana 1988

mucurutu 2016

mucutena 5724

mucuteno 6386

mudah 1113

muela de gato 327

muela de vieja 6522

muellera 287

muena 3283；4667；4743

muena amarilla 4616

muermo 2775

muerto 2654

muhlenbergeik 5870

muichilama 2995

muichipata 7046

muina 4653

muirachimbe 2543

muiracoatiara 635

muiracoatiara preta 635

muira-juba 507

muirajucara 1998

muira-juss ara 586

muirajuss aray 586

muirajussara 577；581；591；593；606

muirapanga 575

muiraparanga 1421

muirapiranga 887；2574；2575；2581；3269

muirapixi 3113

muirapixuna 1066；1300

muiraquatiara 632；635

muiraquyia 2350

muirataua 508

muiratinga 879；4196；4197；4813

muiratinga verdadeira 4604

muirauba 5755；6139

muirauna 4274

muiraximbe 2543

muiungu 2625

muji negro 4583

muk 2258

muka 4085

mula 2466

mula muerta 3236

mulata 3348

mulateiro 1120

mulatinho 6133

mulato 745；985；2905；5016；6083

mulberry 4490

mule-fat 684

mullaca 1639；1640；1641；1642；1645；1646；1647；3126；3740；3741；3744；3748；4314；4321；4330；4375；4399；5711

mullaca azul 1642；6226

mullaca del ajo 5685

mullaca grande 770

mullaca-capi 4338

mulla-huasca 6976

mulla-huayo 6900

mulla-quillo 1878

mullein nightshade 6497

mullo-caspi 4673

mullu caspi 4379

mulnngu 2632

multe 2328

mulugu 2651

mulungu 2642；2649

mumapage 2432

mummum 5228

muna 699

munditos 2442

mundshuy 4616；4667

munec 2386

muneca 1872；3275

muneco 470；862；953；1870；1872；1876；1900

muneco prieto 1929；1930

muneque 2386

munguba 838

munguba preta 4899

mungubarana 829

munguba-rana 829

munguey 2984

muniridan 6451；6457

muniste 855

munson plum 5617

munzap 1989

mura 635

muramo 5539

muraquatiara 635

murarena 3411

murcielago 6274

murcuvaril lacolorada 2663

murcu-varil la-colorada

2663

mure 1387

murecy 1021；1025；1035

murere 877

murererana 891；893

muri kakirio 1116

muri kupe 1675

muriapiranga 887

murici 1025；1037

muricy branco 1034

murier noir 4489

murier rouge 4490

murier sauvage 4490

muringa 4408

murira 6376

muriri 877

muriye 1017

murnek 390

murray fir 26

murray red gum 2754

murraya 4524

murta 813；1307；1735；1744；2783；2785；3360；3372；4499；4546

murteira 2821

murtinha 3372

murucuru 3947

muruk 5936

murumuru 624

muru-muru 619

murupa 6430

murupita 6256

murure 875；877

murushi 1019；1026

murushi numi 1866

muruxi doampo 1020

musa 4843

musara 578

muscadier 7166

muscadier de californie 6963

muscadier sauvage 6014

musclewood 1213

musico 250

muskwood 3166；7012

musmus 4728

muthutz 6495

muticacea 2508

mutonggana 1194

mutunata 3763

mutushi 5719；5724

nee-ko-no-egg 2729

neem 667

neflier du japon 2605

negra de cuba 6918；6920

negra loca 1728

negra lora 3186；4230

negra macahuba 5377

negralora 4220

negrillo 891；4070；6449

negrito 162；227；545；
1566； 2418； 3215；
3665；5769；6430；6433

negrito coyote 7202；7210

negritos 3213

negro 1997；2383

negro coyote 7213

negro laurel 4664

negundo 149

negundo maple 149

neitak 7127

nekoe 3958；4839；5309

nekoe hoedoe 288

nekoehoedoe 1613；1812；
1813

neko-oudou 285

nelson pijn 5188

nelson pine 5188

nelson pinyon pine 5188

nemacacao 4785

nemaxtla 3550

ne-mix 128

nemoca 4759；4785

nemoca cimarron 4785

nemoca macho 4785

nempa 5330

nena 3681

nenda-xunaxi 2122

nepal alder 316

nered maple 145

nerie 4685

nesco 3926

nesko 3926

netleaf oak 5903

nettle-tree 1408；3247

nevada-tall 5221

nevado 3584

nevin mahonia 4129

new england ash 2765

new jersey tea 1339

new mexican alder 317

new mexican buckeye 7072

new mexican robinia 6067；
6068

new mexico elder 6232

new mexico locust 6068

new south wales mountain
gum 2760

newcastle-thorn 2052

ngedni 986

ngedri 972

ngew 835

ngidi 986

nha 768

nhanica 6728

nhotinga branca 2152

niaragato 7367

niase 1316

niato balam 4988

nicaragua pokhout 3152

nicaraguan cocobolo 2284

nicaraguan pine 5164；
5191

nicaraguan rosewood 2265

nich'ma'axche 6273

nickers 1051

nicker-tree 3247

nicoxcuahuitl 2563

nictaa 4491

nielillo 581

nielillo negro 566

nienye 1997

nigger pine 5220

nigger-pill 1408

night bloom 4275

night-blooming 1460

nigua 1844；1961；4474；
4523；6970

nigua de puerco 7131

niguillo 7080

niguito 167；1876；1911；
1933；4523

niguo 6974

niiche 1757

ni-joh 5664

nijon'cho 4808

nikkoehout 5429

nikte 5389

nim ou sinamomo 4275

nimba 667

nimbarra 4275

nimble-bush 6451

nimbooka 1598

nimbuka 1598

nin 971

nina-caspi 1175；3783；
6680；6686

ninebark 5113；5114

ningre notto 1243；1246；
1248

nino de cota 3726

ninuhuiqui 3686

nioi 2843

nionoudou 6629

niopa 388

nipe 5330

niquitaoito 684

nire 4685；4694

niriba 4589

nirre 4685

nirrhe 2775

nisberry 4192

nishtamal-cuauit 6513

nispera sacha blanca 4317

nisperillo 1146；2905；
4184；4191

nisperillo de hoja fines 4184

nispero 749；750；1531；
2605； 3137； 4179；
4180； 4183； 4184；
4189；4192；5491；7103

nispero blanco 1608

nispero cimarron 6707

nispero colorado 5491

nispero de espana 2605

nispero de montana 4180

nispero de monte 4180

nispero del japon 2605

nispero del monte 749

nispero japones 2605

nispero macho 1629

nispero macho de tierra
3131

nispero negro 4462

nispero sacha 4317

nispero sacha blanco 4317

nistamal 4198

nite-biito 3887

nixtamalcu ahuitl 2328

nixtamalxo chitl 6851

njambokka 5505

njoe fodoe 1763

nnambar 2284

noble fir 30

noble red fir 30

noce argentino 3614

noce cinereo americano
3617

noce di arizona 3622

noce nero 3626

noce nero americano 3616；
3626

noce satin 3887

noce satinato 3887

nocedel peru 3625

nochi 5490

no-choc-che 3167

nocuana-cohui 3467

nocuana-tanini 6257

nocuana-totia 6257

nocuana-toxo 6257

nocuana-zeha-castilla 5738

noculpat 7063

nodding cassia 1293

nogaed 2295

nogal 279；1230；3614；
3615； 3621； 3622；
3623； 3625； 3626；
3627； 3628； 3630；
3905；7055

nogal argentino 3614

nogal blanco 1866；3591；
3615；3625

nogal blanco americano
3617

nogal cayure 3614

nogal cayuri 3614

nogal cimarron 1381；3614

nogal criollo 3614

nogal de arizona 3622

nogal de california 3618

nogal de castilla 3629

nogal de cuilapan 1227

nogal de la india 279

nogal de peru 3625

nogal del pais 3614；3621

nogal du perou 3625

nogal falso 5719；5724

nogal liso 1227

nogal motudo 1229

nogal negro 3615

nogal negro americano 3616

nogal nuez meca 3624

nogal pecanero 1227

nogal prieto 279

ogechi 893

ogeechee lime 4702

ogeechee tupelo 4702

oglethorpe oak 5879

ogoru 2425

oguito 3583

ohia 4302；6726

ohia ha 6727

ohia lehua 4302

ohio buckeye 216；217

ohio kastanie 217

ohiorme 2338

oil-bean 5016

oilnut 3617；6050

oisterwood 3245

oiteira 5364

oiti 3823；3844

oiticica 1984；3837；3840

oiticica amarella 1611

oiticica gialla 1611

oitiseiro 3805；3825；3831

oitisica 3837

oity 1993；3844

oity bravo 2969

oity coroya 3844

oity de praia 3844

oity do campo 2439

oja 4959

oje 4093

oje de tucunare 1269

ojibipo 2506

ojite 7049

ojo de gato 4353

ojo de venado 6921

ojoche 882；886；892；893；3292；3296；3689；5647

ojoche blanco 878；886；892

ojoche colorado 892

ojoche de hoja menuda 886

ojochillo 892

ojoewa 4957

ojte 4663

ojushte 7049

okilolo 6703

okokonshi 3691；3692；5935；5936；5937；5938

okoro 4044；6473

okoromai 2694

okraprabu 6653

okro-oedoe 6587

okuchi-huasi 3275

olacahuite 1316

olaga 4143

olandim 1105

old'english poplar 5447

oldfield birch 784

oldfield pine 5154；5162；5215；5220

old-mans-beard 1502

old-wifes-shirt-tree 3888

old-william 7187

olea vermelho 4586

oleander 4680

oleander di bonaire 5387

oleaster 2531

oleife 846

olemarie 2006

oleo 1861；1862；3410；4586

oleo branco 5733

oleo de balsamo 4584

oleo de copahyba 1853

oleo de copaiba 1853；1861

oleo de jatahy 3410

oleo de jatoba 3410

oleo de jutahy 3410

oleo de macaco 4580；4581

oleo folha 1854

oleo jatahy 3410

oleo parda 4580

oleo pardo 4580；4581

oleo vermelho 4586

olfato deperro 6779

olho de boi 4679；4840

olhodeboi 2360

oli 2110

oliba 846

olicuahuitl 1316

olie wapa 2575

oliefe 846

oliehout 6828

olijfi 846

olijfidi bonaire 6925

olinaloe 965

olith 2110

oliva 1162

oliva mache 1169

oliva macho 1169

olive 745

olivetree 4698

olivier 4811；6870

olivier batard 846

olivier dupays 846

olivier mangue 6859

olivier montagne 2213

olivier sauvage 846

olivillo 223；3662

olivio 4810

olivo 1173；5408；6247；6254；6266；6430；6431；6433；6643

olivo bastardo 846

olivo macho 1168；6272

olivo santo 1173

olivo-ra 1531

olla de mono 3752；3760；3767；3778

olla de zorro 1506

olleto 3752；3767；3778；3779

ollita 2734；2735

ollita de mono 3767

ollito 2703；2728；3762

ollokaike 2217

olmo 5446；5447；7059；7060；7063

olmo christine buisman 7064

olmo corcho 7057

olmo de canada 7066

olmo de septiembre 7068

olmo de settembre 7068

olmo piangente americano 7058

olmo rojo americano 7059

olmo rosso americano 7059

olmo siberiano 7066

olmo sughero 7057

olmo sugheroso del canada 7069

olompaya 1268

olomte 5443

oloroso 3385

oltzapotl 5490

olympic fir 7054

o'ma 694

omando ccopi'jin 7161

ombang 2510

ombu 5116

ombu-ra 2331

omechuai-caspi 7289

omi taproepa 3233；3236

omirir 6883

omose 3988

omphalier 4815

ompon haitiano 2650

omukaru 7384

oncoba 1103

one seed stahlia 6563

oneberry 1408

onechte acacia 6069

onechte hickory 1227

onechte-bokkenoot 767

one-flower hawthorn 2079

one-seed juniper 3649

one-seeded hawthorn 2065

onga a'picho 2717

ongaccu fino 3487

onoja-ere-palli 4492

ononbujecc ocho 953

onotillo 799；3977；7187；7188；7193

ontano bianco dell'oregon 319

ontano dell'oregon 320

ontano di formosa 315

ontario poplar 5439

ontario populier 5439

ontario-papper bjork 781

ontario-poppel 5439

oocarpa pine 5191

oocob-otel 3080

oolemari 2012

oolu 5589

oonduru 2487

oop 468

oorbina 3755

opa 6776

opaccojin 6593

opacta 2418

opagga 5016

opossum 3253

opossumwood 3253

oprito 5714

ora 3555

oracle oak 5869

oradapor 735

orali 7184；7185；7186；7190；7194

1950

pacific hemlock 7053

pacific madrone 525；527

pacific maple 148

pacific mountain ash 6544

pacific myrtle 7070

pacific plum 5634

pacific red cedar 6930

pacific rhododendron 6026

pacific serviceberry 353

pacific silover fir 14

pacific waxmyrtle 4540

pacific white oak 5832

pacific yew 6840

pacingo 5199

pacito 4523；6420

paciubarana 6703

paco 3239

pacote 1761

pacova de macado 6667

pacova de macao 6667

pacuri 3081；6016

pacury guazu 5365

pacuschumi 1537

pada de vaca 719；723；5334

paddlewood 572；578；589；593

padero 6308

pae manuel 2466

pagao 7107

pagelet 1186

pagoda 1939

pagoda dogwood 1939

pagoda-cornel 1939

paguay 6041

pague 2338

paguilla 1631

pahoorie 5365

pah-papkal 1593

pahsh 5624

pahua 5057

pahual 2094

pahuilla 1629

paicoussa rouge 4462

paihi 6727

pain d'epice 5513

paina 1524

paina de seda 3122

paineira 1524

paineira barriguda 1391

paineira branca 1390

paineira branca das pedras 2609

paineira cheirosa 1392

paineira de castanha 835

paineira de seda 1524

paineira do campo 2608

paineira femea 1391；1524

paineira mata pao 1396

pain-in-back 6992

painkiller 4474

painted buckeye 222

paishal 1278

pajar 5089

pajar-mullaca 1641

pajaro bobo 1900；1928

pajarobobo 1932；6184；6199

pajar-umu 3688

pajoeli 3560

pajoelidan 3560

pajoerian 7289；7300

pajoerilan 3560；3563

pajsh 5624

pajui 6419

pajuil 384

pajujurana 1834

pajulilte 6431

pajulul 6039

pajura 1988；4945；4946；4947；5496

pajurarana 1834；3825；3828；3840

pakal 1605

pakeri 4215

paki 2338

pakirem pirye 2482

pakiria sipioli 6895

pakoeli 3085；5365；6013

pakoorie 5365

paku yaji 301

pakuri 3085；5366；6013

pakwatopo 2543

pal malata 3680

pa-la 3790

palacio 7398

palada danto amarillo 6868

palakoea 4469

palal 3500

palaloea 4469

palanco 393；6273；

7293；6277

palata 4179

palawan 6958

pale hickory 1233

pale lidflower 1131

pale senna 6376

pale snowbell 6643

pale stopper 4536

palebark maple 147

pale-cat-wood 3031

paleleaf hickory 1233

paleleaf hoptree 5718

paleoudou 6682

paleta 2338

paletilla 1265

paleto de blanco 7407

paleto de colorado 2210

paletuvier 1838；3714；6022

paletuvier blanc 664；3426

paletuvier commun 6022

paletuvier de montagne 1672；3477

paletuvier gris 337

paletuvier gris montagne 337

paletuvier jaune 4478

paletuvier rouge 663；6021

palicourea 4914

palillo 1149；1786；2093；2094；2122；2665；2743；2746；2747；3167；3303

palimara alstonia 332

palinguan 1160；1165

palisandro 2284；4062

palisandro de guatemala 2298

palisandro de honduras 2295

palisanto 6803

palissande rhout 2281；4062

palissander de para 2294

palissander du guatemala 2298

palissander du honduras 2295

palissandre cocobolo 2284

palissandre de cayenne 3587

palissandre de guatemala 2298

palissandre de rose 2247

palissandre de violette 2238

palissandre des jardins 2269

palissandre honduras 2295

palissandre hygrophile 2270

palissandre para 2294

palissandro del brasile 2294

palissandro dell'honduras 2295

palissandro di guatemala 2298

palito 2886

palito blanco 2831

palito de vara 4270

pallewie 2575；2577

pallid hickory 1233

palma 7318；7319；7325

palma amarga 6159

palma araque 3556

palma barreta 7319

palma bendita 1447

palma blanca 4805

palma cana 6157

palma chapay 618

palma christi 6050

palma cola de pescado 1250

palma criolla 7325

palma cristi 6050

palma de abanico 6156

palma de cacho 3553

palma de cera 1446

palma de cogollo 6156

palma de corozo 176

palma de coyor 242

palma de datil 7326

palma de micharos 6160

palma de sombrero 6156

palma de tirabuzon 4925

palma de tornillo 4925

palma de vino 652；654

palma de yagua cubana 6125

palma de yaguas 6125

palma deabanico 5971

palma deviajero 5971

palma manaca 1141

palma piedra 5115

palma pietra 5115

palma pita 7326

palo de patlaches 3934

palo de peine 2298；6460

palo de peje 5129

palo de perdiz 766

palo de perico 3157

palo de peronia 4844

palo de peronias 4844

palo de pez 5129

palo de piedra 1751；2147

palo de piedra corteno 1256

palo de piedra costeno 1256

palo de pollo negro 2332

palo de pomamba 6725

palo de pozoli 4677

palo de puerco 1140

palo de pulque 63

palo de quandra 4006

palo de quina 2039

palo de ramon 710

palo de rayo 5008

palo de ropa 4872；7349；
7364

palo de rosa 600；1077；
1951； 2293； 3664；
4871；4872

palo de sabana 4589

palo de sal 665

palo de salvador 4843

palo de san antonio 4591；
5021

palo de sangre 1497；
3952；4035

palo de seca 400

palo de seda 7283

palo de tapon de pumpo
3212

palo de tea 375

palo de tecumblate 3018

palo de tejon 2159；4784

palo de tepache 3924

palo de torillla 766

palo de toro 1307；2923

palo de trebol 350

palo de tzitz 5078

palo de vaca 327；863；
890；1995；1996；2000；
2332；2457

palo de vaca blanco 2457

palo de vara 2483

palo de vela 4968

palo de vidrio 1963

palo de vino 7258

palo de violin 1583

palo de yagua 1253；1267

palo de yuca 2880

palo de zope 3184

palo de zopilote 3250

palo de zorrillo 3250；
6357；6928

palo dearo 3911；3919

palo deauga 6150

palo del diablo 817

palo del golpe 231

palo delacruz 5941

palo delanza 6144

palo deleche 5966

palo demuneco 5966

palo diable 3677

palo diablo 1162；3677

palo dulce 162

palo eba 1506

palo ebano 1506

palo fierro 1506；1508；
3950；4814；5554；6332

palo fierro cimarron 1047

palo flojo 7277

palo fraile 1989

palo guacamayo colorado
2715

palo guemuchi 1256

palo guitaro 2328

palo guitarra 1567

palo guitarro 1572

palo hediondo 1450；
1453；1460；3250

palo herrero 4429

palo hierro 1054；4141

palo hinchador 6242

palo hormiguero 7036

palo jeringa 4477

palo joso 257；258

palo lagarto 1389

palo lechero 6348

palo lechon 6261

palo lechoso 6778；6783

palo leon 2326

palo liso 87；122

palo lloron 487

palo maceta 3909

palo macho 4852

palo malin 7236

palo mantecoso 1432

palo marfim 703

palo maria 1104；3384；
7037；7043

palo maria barrabas 7036

palo membrillo 1945

palo meta-huayo 3680

palo mino 4871

palo mirto 1925

palo misanteco 3853；3873

palo morado 5000

palo moral 4486

palo moreno 1506；6000

palo moro 5693

palo mortero 4058；5733

palo muela 2099

palo muerto 223

palo mulato 972； 978；
3680； 7035； 7037；
7043；7327；7343；7353

palo mulato de mazatlan
7329

palo mulatto 631

palo negrito 3665

palo negro 1077；1908；
3396；3903；3905

palo nesco 3926

palo obero 631

palo ortigo 7083

palo pagaya blanco 583

palo paraiso 2017

palo perola 1471

palo picante 2453

palo pichi 2906

palo piojo 1065；3926；
7277

palo pluma 3381

palo pozole 4677

palo prieto 1400； 1913；
1925； 2639； 4449；
4453；5024；6394；7120

palo puerco 1052

palo quesero 6997

palo rey rosado 1105

palo robinson 1307

palo roble 6768

palo ronoso 3045

palo rosa 568；594；3337

palo rosado 603

palo salvaje 1253

palo san antonio 5960

palo sangre 7163

palo sano 949；3152

palo santa 7036

palo sante nutante 949

palo santo 510； 818； 949；
971； 2328； 2417； 2420；
2624； 3149； 3250；
4739； 5376； 5461；
7036； 7037； 7043；
7195；7273；7396

palo santo blanco 947

palo sapo 964； 1168；
1182

palo seco 3945

palo silo 1213

palo sinverguenza 6760

palo sonzo 5101

palo swati 6332

palo tabaco 1929

palo tinta 4814

palo tortuga 365

palo trebol 349； 350；
6631

palo verde 1430； 1431；
1432；7119；7120

palo verde acacia 1430

palo verde azul 1430

palo verraco 1161；6784

palo villa 3395

palo volador 7398

palo zapallo 202

palo zopilote 6694

palo zorrillo 6452

paloamarillo 6862

paloblanco 4375； 6743；
6765

palode aceite 7014

palode buey 6888

palode cacca 6912

palode craba 6993

palode cuchara 7004

palode hormiga 5368

palode san diego 6778

palode viruela 6982

palode zorillo 6119

palodesal 4991

palodo matos 4844

paloeloipio 491

paloma 1456； 2328；
2334；6402

palomarimba 5368

palometa caspi 1759

133

paracuuba 1050；3750；
4473

paradijsboom 2017

paradise-tree 2017

paradisier 4275

paragua 1269；3803；
6577

paraguata 6436

paraiso 667；4477

paraiso blanco 4477

paraiso de la india 667

paraju 4181；4185

parakusan 6652；6664；
6674；6682；6685

parakwa 2372

parakwai 4470

parama de queso 5274

paramana 1468

parana araucaria 516

parana pine 384

parana-pine 516

paranary 4952

parana-tall 5165

paranga 2364

paranka 1381

para-noot 767

paranootboom 767

paranussbaum 768

para-palisander 2294

parapara 5093；5097；
5105；6300；6309

para-para 3592

paraparo 6240

paraparo negro 6966

parasol-tree 3005

paratilla 258

paratillo 258

paratodo 1836

paratudo 2456；6733；
6736

parawaholz 664

parawajaji 5016

parcouri 1667

parcouri jaune 5365

parcouri manil 4478

parcouri montagne 575

parcouri soufre 5365

parcouti jaune 5365

parda 4581

pardillo 1912；4583

pardillo blanco 1865

pardillo negro 1869

parecebalao-chines 2264

pareira brava blanc 37

parelejo 4388

parelhout 572；578；588；
589；593

parencsuni 2619

parepou 694

pareseux 5435

paresol 1929

parica 386；1387；2191；
4941；5284；6386

parica branco 5652

paricachi 386；388；4941

parica-da-varzea 5284

paricarana 867；869；
5293

pariguanilla 6555

parihoedoe 572；588；
589；6652

parika 107；4455

parilla 6530

parinap 2967

parinard 307

parinari 1980；1994；
3286；4945；4946；
4947；4952

parinari de seniso 1994

parinari petit 4945

parinary 4952

paripiballi 1539

pariti 3335

pariva 664；665

parkinsonia 4966

parlatore podoberry 5409

parne 1869

paroa-caxi 5016

parocata 6385

parontrad 5743

parotilla 5431

parqui 1460

parrewe 2577

parrot apple 1686；2615

parrot plum 4556

parry pinyon 5201

parsley haw 2062

parsley hawthorn 2062

parsley-leaf hawthorn 2062

parsley-staw 2062

partiromuyo 6832

partridge 402

partridgeberry 7099

partridge-pea 3285

partridge-tree 3285

partridgewood 1059；1064；
1066；3285；7261

partridge-wood 396

parue 2349

parupa 3382

paruru 6166

parwa 663；665

parwruwaka 3156

pasacho amarillo 252

pasak 6430

pasallo 2610

pascua 2882

pascualito 3080

pasfare 6334

pashaco 107；118；252；
2565；4083；5287；
6325；6335；6627

pashaco negro 107

pashaco sinespina 6371

pashaguillo 8

pasha-mullaca 1639

pashaquilla 4083

pashaquillo 4097；5287

pasilla 818；4275

pasilla blanco 1943

pasita 878；1844；5318；
6412

pasito 4523

pasmo 6453

pasmoxiu 1183

pasoemoeti 1851

passak 6431

passariuwa 6796

passiemoetie 1851

passuare 6334；6796

pasta 3372

pastelillo 1700

pastillo 268

pasture fiddlewood 1572

pasture hawthorn 2074

pasture-tree 7050

pasu 3237

pata 4510；4511；5664

pata de cabra 723；726；
738；4010

pata de cabro 2210

pata de cochino 738

pata de danta 4511

pata de gallina 1906

pata de gallo 4174

pata de pajaro 2665

pata de pauji 4017；4511

pata de res 723

pata de vaca 719；727；
728；730；732；733；
736；1435

pata de venado 738

pata de zamuro 635；638

pata grulla 6060

pataban de monte 4752

patabuey 739

patachcuauit 3934

patade danto 6868

pata-de-vaca 738

patagonian fitroya 3008

patagonian manio 5407

patagonian pilgeroden dron
5134

patagua 1591；2087

patai 3487

patalolote 5141

patan 2778；2859

pataoua 4807

patas 6911

patashte 6911

patashte de mico 6274

patashtillo 4320

patashtillo de montana 3985

pataste 3985；6911

patastillo 3986

patatle 6911

patawa 4806；4807

pataxte 3980；3982；6911

patazte 3980

patede pauji 6060

paterna 3515；3527

paternillo 3500

paterno 3515；3527；6679

pathaxoxox tic 942

patiara sipioro 6895

patillo 2155；6419；6828

pativier 2442

patlache 3934

patlachi 3934

patlahuac-tzitzi-caztli 6974

patloxoxohuic 942

pato 737

patoela 1729

patol 2635；2637；6535

pegrekoehout 7296；7300

pegrekoewood 7293；7300；7303

pegreou 7293；7296；7300

pegui 1243；1246

pegwood 486

pehuen 516；517

pe-hui-jna-castilla 1600

peigne macaque 495

peine 6419；7359

peine de mico 500

peinecillo 231；500；1798

peinede mico 498

peineta 1798

peinetillo 1798

pejiballito 1492

pejiran 1812；1813

pejmoch 2635

pejon 4486

pejte 534；2809

pekea 1243

peki 1248

pek-pijn 5206

pekquia 1248

pela manos 2306

pelada 6870

pelawan 3968

pele 1781

p'eles-k'uch 2107

pellejo de indio 1612

pellin 4687；4694

pelmash 584

pelo de indio 3358

pelo rebi 2834

pelotazo 54

pelotazo bronco 49

pelotazo chico 54

pelotazo peludo 58

peloto 1276

peltophorum 5012

pelu 6536

pelua 3320

peludilla 1183；3225

peludo chalviande 7159

pelusita 3550

pem 1316

pemientilla 4536

pemoche 2635

penachna 2785

penao 1695

pencil cedar 1102；1475；3632；3657；6163

pencilbush 2886

pencil-tree 2886

pencilwood 3632；3651

penda 1488；1567；2194；2280；5704

pendare 1997；2000

pendejera 6525

pendola 1571；1572

pendula 7204

pendula blanca 7204

pendula cimarrona 1098

pendula desierra 1567

penga 1257

penhamu 6839

peninsula pine 5174

penipeniche 3355

pensacola hawthorn 2060

pensamiento 2507

pensiil 971

pentagonal senna 6380

pente de macaco 500

pentede macaco preto 498

pente-de-macaco 494

peonia 1844；2636；2640；2641；3720；4841；5309

peonia colorada 3720

peonia negra 3718

peonio 4845

pepa 4476

pepa pejajosa 6492

pepe nance 7403

pepepere votomite 1658

pepetaca 6573

pepetoliso 3520

pepexecuate 3244

pepeyoca 5443

pepeyocatl 5443

pepin 4967

pepino de arbol 4967

pepino de la india 662

pepino de maceta 6512

pepino de piojo 3351

pepita del indio 3080

pepper cillament 4624

pepper cinnamon 1156

pepperidge 4704

peppermint wood 3862；7070；7335

pepperwood 7070；7335

pequea setim 2899

pequeno 2662

pequi 1239；1246；1248

pequia 577；606；1241；1242；1248

pequia amarella 606

pequia amarilla 591

pequia brava 1239

pequia cetim 2899

pequia marfim 577；591；703

pequia setim 2899

pequizeiro 1239

pera 1996；5026；6726

perabisi 4194

perakaua 4469

perakuruk 2389

peral 5743

peral comun 5743

peralejo blanco 1020

peraman 4478

peramancillo 6703

perastro 5743

perbinha 4944

perdrix 7261

perefuetano 4949

pereiora 421

pereira 5367

pereira amarella 5367

pereira brava 6291

pereira vermelha 5367

pereiro 5367

perenqueta 1499

pere-pere 1658

peres-cuch 2132

perexcuts 2132

perfume cherry 5614

perhuetamo 4504

perico 3157；6928

perileo 4571

perillo blanco 3346

perillo negro 1997

periquiteira 923；1761；1762

periquiteira do igapo 917

perit 699；701

perita haitiana 7380

peritjaloi pio 3563；3567

perlas 4477；6974

perlate 968

perlilla 5693；6604

perlitos 163

perman 6703

pernambucco 1051

pernilla de casa 2644

pernilla del monte 4846

pernillo 4850

pero comune 5743

pero rebi 2834

peroba 568；574；577；593；595；605；606；1532

peroba amaralla 4944

peroba amarela 598；4944

peroba amarella 577；591；606；4944

peroba amarilla 606

peroba bianca 4944

peroba blanca 4944

peroba branca 4944

peroba branco 4944

peroba d'agua amar 6908

peroba de campo 4944

peroba grauda amarella 593

peroba miuda 170

peroba reseca 4944

peroba rosa 594；595；606

peroba rose 594

peroba rossa 594

peroba setim 591

peroba sobro 593

peroba tigrinha 4944

peroba tremida 4944

peroba verdadeira 4944

peroba vermelha 593

peroba-cascuda 585

peroba-setim 577

perobinha 170；6658；6676；6689；6692

perobinha tigre 170

peroeloe 1009

pero-ishi-lokodo 6792

perola 1471

peron 4154

peronia 4844

peronias 185

peronias chatas 185

peronilla 2620；2644

peronilla macho 2620

peronio 2620；4845；5340

pikin-misiki 5652

pilche 3171

pilchi 1580

pillahui 2386

pillenterry 7335

pillo-pillo 4886

pilo 6536

pilon 517；1988；3343；7261

pilon negro 4262

pilon rosado 4253；5030

pilo-pilo 4886

pilu 6533

pi-lu 177

pim 1389

pimenta 2809

pimenta gorda 5141

pimenta-longa 5247

pimenteira 1553；7018

pimenteira de folhas largas 6135

pimenteira selvagem 2920；6136

pimentero 6317

pimentero de peru 6317

pimentiera 6996；7018

pimento 4559；4796

pimento de california 6317

pimento do mato 3682

pimenton gorda 5141

pimienta 375；380；4536；5141；5261

pimienta cimarrona 4542；4573

pimienta de america 6317

pimienta de brazil 6322

pimienta de tabasco 5143

pimienta del diablo 6317

pimientero 6317

pimientilla 545；3664；6728

pimientillo 162；532；2809；3851；3868；4735；4796；5092；7280

pimiento 4618；4628；4630；4665；4667；5075；5104；6317

pimiento de tabasco 5141

pimiento oloroso 5141

pimiento-che 1787

pimo 168

pin argente 5185

pin argente americain 5185

pin baliveau 5213

pin birch 784

pin blanc americain 5168

pin blanco 5191

pin cherry 5623

pin chetif 5151；5220

pin comestible 5153

pin coulter 5157

pin cubain 5219

pin d'alabama 5154

pin d'arizona 5163

pin de banks 5151

pin de durango 5160

pin de hartweg 5170

pin de jalisco 5199；5216

pin de la sierra nevada 5221

pin de lambert 5176

pin de lawson 5177

pin de monterey 5202

pin de pringlei 5198

pin de sabine 5209

pin de torrey 5218

pin de virginie 5220

pin d'engelmann 5165

pin des dieux 5216

pin des marais 5192

pin d'haiti 5190

pin dortleaf 5162

pin doux 5162

pin du mexique 5193

pin du michoacan 5182

pin durango 5161

pin geant 5176

pin gigantesque 5176

pin jaune du mexique 5178

pin knobcone 5148

pin large du mexique 5193

pin mexicain 5179；5188；5195

pin mexicain de la montagne 5156

pin noir de mexique 5169

pin oak 5818；5847；5855；5870；5885；5889；5911；5920

pin parana 516

pin pinyon 5153；5183

pin pungens 5200

pin queue de renard 5146；5150

pin radiata 5202

pin raide 5206

pin resineux 5205

pin rouge 5205

pin sabine 5209

pin shortleaf 5162

pina blanche ecorce 5145

pina de puerto 4474

pina l'aubier 5206

pinabete 22；23；28；31；2170；4078；5119；5149；5199；5655

pinacata 6394

pinacate 6394

pinacatillo 5718；6394

pinahuihuixtle 4451

pinaster 5194

pinavete 5164

pince pinyon pine 5195

pince's pine 5195

pinchi-caspi 605

pinchoa 2876

pinchot juniper 3654

pinckneya 5144

pindabuna 2489

pindahiba 2489

pindahuva 2489；7292

pindahyba 4888；7292

pindahyba branca 2489

pindahyba preta 7292

pindaiba 2472；2489

pindaiba branca 7293

pindauva 2489

pindauvuna 2489

pinday 2483

pindo 6701

pindo do parana 516

pine 5121；7051

pinebete 2177

pine-ridge 1497

pingacui-casha 4451

pinguico 2528

pinguin 7314

pingulla caspi 2458

pinha 475

pinha dobrejo 6808

pinhao 3604

pinhao bravo 3604

pinheira 2489

pinheira brava 5418

pinheirinho 5396；5397；5399；5401；5402；5403；5407；5408；5418；5426

pinheirinho bravo 5402

pinheiro 516

pinheiro arnacasia 516

pinheiro branco 516

pinheiro brasileiro 516

pinheiro bravo 5402；5418

pinho bravo 5402

pinho de parana 384

pinho do parana 5402

pinho ou pino 5152

pinhoa 2489

pinho-insu laris 5172

piniche 6254

pinien-nussbaum 5163

pinipinche de sabana 1305

pinipiniche 1305

pinique 6252

pinito 6006；6836

pink angelim 5367

pink angelium 5367

pink cassia 1293

pink guatambu 595

pink locust 6531

pink sophora 6531

pinkshower cassia 1292

pinkwood 2255；2256；2777

pino 31；737；1321；5207；5399；5400；5401；5403；5406；5407；5426

pino acahuite 5149

pino albar 5214

pino amarillo 5152；5156；5191

pino americano 5191

pino australiano 1320；1321；1323

pino banksiano 5151

pino barba caida 5179

pino barda caida 5179

pino bianco americano 5168

pino blanco 2603；5147；5160；5161；5184；5199；5391；5397；5399；5400；5401；

pipiloxochitl 1449

pipima 7331

pipoca 2749

piqiua bravo 1248

piqnia-marfim 589

piquana blanca 1934

piquant amourette 3112

piquant arada 1274

piqui 1239

piqui vinagreiro 1242

piquia 581；1239；1246

piquia amarilla 606

piquia bravo 1243

piquia da perda 606

piquia marfim 566；575；590；1242

piquia marfim do roxo 590

piquia rocha 1248

piquia roxo 1243

piquia-ete 1248

piquia-of-brazil 1239

piquiarana 1243；1248

piquia-rana 1245；1248

piquibucu 7176

piquiche 5330

piquillin 1825

piquinte 1665

piqui-rana 1244

pira pisi 4194

pira pisie 4194

piragua 2654；4499

piramidale populier 5447

piranha 5300

piranheira 171；5300

pirapisi 4194

pirara poisonnut 6606

piratinier mouchete 885

piri maharo 3086

piria 3703

pirikraipio 5025

piriquiteira 2410

piriwo 4682

piro caspi colorado 3817

pirquichy 6684

piruli 4680

pirumu 2442

pisabed 6386

pisamo 2642

piscala 1057

pisch-tong 5101

pischu-moena 1558

piscidia 5306

pishco isman 5088；5090

pishco moena 1558

pishco nahui moena 4653

pishcu micuna muyu yura 4327；4339；4342；4408；4410

pishcu minuna muyu yura 4335

pisho 2147；2148

pisi 4742；4744；4770；4774；4797

pisie 4626；4667；4721；4724；4782；4797

pisigallo 504

pisonai 2625

pisonia 5321

pisquin 246；250

piss ash 3050

piste 2788

pistolet 3172

pistula 1296

pita-do-rego 603

pitambaina 6965

pitamo real 2583；2587

pitanga 1035；2855

pitangueira 2785；2855

pitch apple 1686

pitch pine 5145；5157；5164；5191；5205；5206

pitchpin 5206

pitchpin americain 5164；5192

pith buttonwood 3331

pithwood 3331

pitia 1242

pitimini 6783

pitiuk 718；4605

pito 2631；2633；2644；5713

pito de peronilla 2620

pito extranjero 2642

pitomba 6430；6433；6814

pitomba preta 7393

pitomba-de-leite 5520

pitombeira 5640

piton 2620；2644；3144；4895

piton cara 3145

pitra 4530；4533；4602

pituca 1611

pitumba 1257

piuna 913；6762

piuna amarela 6752；6762

piuna roxa 6762

piune 3904

piuspio 1989

piute cypress 2183

piuva 6741

piuva-branca 5381

piviay 2992

pivijay 2970；2990；2992

pixirica 4325；4326

pixixica 6300

pixton 5102

pixuneira-rana 1471

pizarra 5056

pizarro 5726

pizoya 6912

placa chiquitu 6419

plaine batarde 159

plaine blanche 156

plaine bleue 159

plaine rouge 155

plainea guigere 149

plakonie 3473；3531

planertree 5351

planetree 5359；5360；5361

platanillo 1890；6300；6357

platanito 6356

platano 1492；1545；4462

platano occidental 5359

plateado 2123

platiado 2123

platina-caspi 3284

platuquero 6632

pleasing qualea 5746

plene 5351

pletuvier 3473

plokonie 705

plomillo 1241；1866

plum fruited yew 5390

plum granite 5595

pluma de oro 3660

pluma gallina 2673

plumajatzin 22

plumajillo 23；333；5326；6326

plumajillo de montana 23

plumed retinospora 1477

plumerillo 1091；1095

plumero 3038

plum-rose 6725

po jatio 6028

pochitoco 5707

pochitoquillo 1263

pochota 1395

pochote 268；830；1388；1389；1394；4902

pochote de aguas 1389

pochote de secas 1394

pockenholts 3150

pockholz 3150

pocsnum-qui-ui 2099

podo 5401

podo d'america 5414

podocarp 5396

podocarpus 5396；5400；5408

podoio 1836

poeloe moto 3560

poevinga 3295

pohual 2094

poinciana 2323

poinsettia 2882

pointed 1591

poire petite 355

poirier 1996

poirier commun 5743

poirier desantilles 6750

poirier sauvage 5743

pois doux 3544

pois perdrix 3285

pois sabre 2576；2580

pois sucre 5330

pois sucrin 3544

pois vallier 6402

poison ash 1803

poison dogwood 1662；6983

poison elder 6983

poison guava 3355

poison spurge 2874

poison sumac 6983

poison sumach 6983

poisonbark 4301

poisonivy 6980

poisonoak 6979

poisontree 1305

poisonwood 3245；4300；

prickly spruce 5124

prickly wild coffee 1621

pricklyash 7333

prickly-ash 514；7329；
7346

prickly-cone pine 5148

prickly-yellow 258；7332；
7350；7351

prieta 1168

prieto 2284；3947

prieto mango 4167

primavera 2194；6743；
6747；7286

princess-tree 4983

princewood 1866；1890

pringaleche 1694

pringamosa de monte 1698

pringamoza 7080；7081

pringle pine 5198

pringlei pijn 5198

pringlei-tall 5198

pripal 4006

prisco 5624

pritijari 2486；2909；
7332；7357

pritjiarie 2486

privet 1621；3012；3015；
3017；3432；3882

privet stopper 2819

proekoeni 3473；3531

proekoenie 705

prokoni 3473；3531

prokonie 3473；3531

prontolivio 3165

prostrate juniper 3638

protium 5580

provision 4895

pruan 5621

prukoi 2732

prune café 957

prune coton 1526

prune de florida 2465

pruneau 3450

pruneau noir 3450

prune-tree 5621

prunier canadien 5619

prunier mombin 6559

pseudolmedia 5646

pseudostrobus pine 5199

pseudostrobus tall 5199

ptari-tepui podoberry 5422

pua 4586

puarnum 3348

puat 608

pubescent oak 5888；
5897；5901

pubescentshoot balsamo
5694

pu-bu-kuk 4796

puca-chaglla 6935

puca-huayo 4674

puca-llaja 2669

puca-mullaca 1639；4332；
6226

puca-quiro 574；6443；
6448

puca-sisa 7264

puca-varila 187

pucca varilla 3372

puchcui 1763

pucheri 4628；4630；
4665；4667

puchury pequeno 3854

puchury-rara 4740

puckerbush 4541

puckout 1728

pucte 6859

pucu muyu 7016

pucuna-caspi 5508；7203

puenka 6703

puerco 380

puerquito 2681

puerta de lanza 7189

puerto rican manac 1141

puerto rico acrocomia 176

puerto rico hat palm 6156

puerto rico palmetto 6156

puerto rico royal palm 6122

puhala 4923；4924

puh-puh 6460

pui 4583

puire 6166

pujin 2692

pujin blanco 4858

pukeawa 6633

pukiim 1787

puk'in 1097

pukte 925

pukunawapa 3165

puk-yim 1787

pulleywood 2338

pulurhuasca 2028

pulush 6495

puma maqui 4823

puma sacha 2097

pumamaqui 4825；4827；
4828；4831；5472；6308

pumaquiro 566；581

pumarosa 749

puma-sacha 2097

puma-sisa 134

pummelo 1596

pumpkin ash 3050；3052

pumpkin pine 5213

pumpumjuche 1763

pumpwood 1372

pumui 3323

punab 6696

punan 3559；3563；3567；
3569；4859

punchberry 4571

pung 4706

punga 829

punga blanca de chamisal
829；4898

punga de altura 2607

pungara 1363；3085

pungens tall 5200

pungens-gran 5124

pungens-pijn 5200

punic apple 5738

punk oak 5782；5872

punk-tree 4272

punta de sarvia 4348

punta deral 1261

punta real blanca 3219

punteral 1274；1275；
3213；3219

punteral negro 3219

pupinha-rana 2470

pupo 4334

pupu 1844

pupunharana 2470

purga de cavallo 3613

purga de gentio 3613

purga dos paulistas 3613

purgacion 4028；4063

purge-nut 3604

purgin buckthorn 5995

purging cassia 1290

purgio 4179

purgua 6021

purguillo 5496

purguillo blanco 6773

purio 4889

purio fangar 3186

purio prieto 3186

purma-caspi 7127

purpel law 1822

purperhart 1847；4993；
4994；4997；5003；5005

purple anise-tree 3463

purple bauhinia 732

purple dogwood 1939

purple glorytree 6934

purple haiti-haiti 6919

purple haw 1822

purple laurel 6024

purple osier 6211

purple rhododendron 6024

purple sesban 6403

purple-flowerlilac 6719

purpleheart 1847；1855；
4992；4993；4994；
4997；5001；5003；
5004；5005

purplewood 5001

purpurholz 1847

puruhy 2514

puruhy grande 336

puruhy sinko 290

puruma 5474；5482

purva 1997

pusera 6526

pushiri 437

pushni 4967

pushual 2094

pus-pus 7397

puss-puss 1653

pussy willow 6186

put 1201

puta locus 6626；7410

put-balam 6501

putia 5066

putumuju 1422；1423

putzmucuy 6409

putzo 2685

puxlatem 7079

puxn 4967

puyeque 664

puzual 2094

pygmy cypress 2176

pyita 5664

pykasu rembi'u 1535

quindu 3131
quindublanco 3131
quinguio 505
quinilla 847；2512；3375；3385；3884；4183；4184；4414；4423；7264
quinilla blanca 1082；3284
quinilla colorada 3390；3884；4179
quinilla colorado 307；3884
quinilla negra 4199
quinim 1389
quinin 6559
quinine cherry 5606
quinine-tree 5718
quino 5022
quino amarillo 3074
quinoa blanca 1763
quinoa blanco 1795
quinon 2456
quinulla 3375
quiote 1002；3008
quipito hediondo 5953
quipo 1333；1335
quiquiscua huitl 1366
quira 5374
quirindal 3803
quirindi 581
quiripiti 1672
quiripito 1672
quiripyranga 506
quisa muyu aula yura 3974
quisache 72
quisache costeno 71
quisache tepamo 71；103
quisanda 1739；1752
quishaur 935
quishcaparo 3063
quishtan 6529
quishuar 935；936
quisjoche 882；892
quisquite 7390
quistan 6529
quita-calzon 1161
quitaran 1781
quitasol 1895；2692；5103
quitatian 1804
quite gato 6363

quitlacoctli 3250
quitlacotli 3250
quixabeira 952
quixoqui 7364
quizarra 4618；4667；5073
quizarra zopilote 4784
quizarri 4625
qunche 2226
quossia 1302

R

rabaraba 3534
rabaraba karoto 3516
rabba-rabba 3516
rabbiteye blueberry 7098
rabo 3932
rabo de arara 7264
rabo de cojoli 2158
rabo de iguana 89；112；118；4431；5292
rabo de iguano de agua 115
rabo de lagarto 296；7339；7350；7352；7364
rabo de leon 1700
rabo de macaco 3932；4274
rabo de tucano 7252
rabo junco 1253
rabo macaco 3932
rabo macao 3942
rabo molle 3915；3940
rabo raton 1253；1274
rabode macaco 127
racao de negro 5630
racemose fiddlewood 1567
racuada 3394
radal 2542；3109；3905
radiata pijn 5202
radiata pine 5202
radiatakiefer 5202
radiatamanty 5202
radiata-tall 5202
raia de gallina 1163
raicita 3076
raijan 4508
raintree 906；2569
raisin marron 1713
raisinier 1710
raisinier grandes feuilles 1742
raisinier montagne 5396

raisiniera feuilles dela 1713
raisiniera grandes feuill 1742
raisiniera grappes 1757
raizu 487
rajador 4006；4008；4382；4404
rajador negro 4006
rajate bien 7202；7210
rajate luego 7123；7132
rakuda 3395
ralral 3905
rama de caballo 2108
rama menuda 4571
rama negra 5618；6360
rambeshi 6419
rameira barava 2356
ramo 2169
ramo camboata 2168
ramo colorado 2169
ramo de orquidea 732
ramon 1438；1439；3245；5326；7048
ramon amarillo 1140
ramon blanco 2466；2467
ramon colorado 7047
ramon de caballo 2328
ramon de costa 1416
ramon de hoja ancha 878
ramon de mico 5647
ramon de montana 892
ramon de sierra 1416
ramon macho 4198
ramoncillo 1416；4583；7015；7049
ramoon 878
ramshorn 87；5330；5332
rana de terra firma 1241
rana-ampa 889
randegonde 1326
ran-hoo 3802
ranoi 6735
rapadura 3831；7107
raparigeira 1834
rapia guaco 272
rapia mirim 272
rappa-rappa 3322
rapphonatra 1059
raque 7100
raqueta 2875
raral 3905

rarmas 6167
rasca viejo 1871
rascabarriga 4876
rasca-rasca 1564
rascaso 2880
rasianccucho 2157
raspa lengua 1267；7049
raspa sombrero 2525
raspador 1416；6993
raspadura 3417
raspa-guacal 2191
raspalengua 862；863
rastrera 2346
rastro 5431
rat-bean 1161
ratimbo 6021
ratira 4220
ratocillo 4594
raton 1781；2673；4220
raton-caspi 3275
rattan-vine 760
rattle-box 3253
rattler-tree 5436
rauli 4684；4687；4692；4694；4695
rauli beech 4684
raverinja 6469
ravsvans-tall 5146；5150
raxoch 149
raya-caspi 707；708；5465；6132
rayan 2859
rayana 5673
rayanillo 2788
rayo 4962
rayo caspi 7408
rayo del sol 4870
rayu caspi 1178
real ebano 2387
real pino 5120；5124
real quebracho 6311；6313
realillo 625
recadito 3259
recurana 492
red aishal weir 3948
red alder 320
red american larch 3732
red angico 4942；5294
red arariba 1423
red ash 3036；3052
red balata 4179；5516

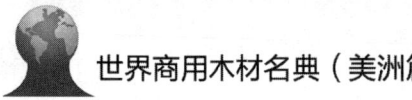
rusty lyonia 3996

rusty nannyberry 7146

rusty ruigterania 6140

rustycalyxmaya 4390

rutinti 3517

rydberg cottonwood 5438

rzedowski pine 5208

S

saandoe 3411；4962

saandoe awha 3412

saaxnik 7287

saayab 3934

saba 4865；4868

sabana kwarie 1019

sabana letri 3295

sabana mango 1020

sabane kwepie 1981

sabanero 2306；5109

saba-nikte 5385

sabanna tranga hoedoe 2165；4232

sabano 4320

sabatero 4230

sabbir 3394

sabica 6698

sabica de costa 1028

sabicau 1768

sabicu 4007；4009；5008；5009

sabicu colorado 5008

sabicu maranon 7272

sabicu moruno 1768

sabicu moruro 5008

sabicuholz 4009

sabina 3632；3649；3652；5396；5397；5399；5400；5401；5403；5407；5408；5426

sabina americana 3652

sabina cimarrona 5391；5392

sabina de costa 3632

sabina meridonal 3632

sabina morena 3652

sabine d'utah 3652

sabine pijn 5209

sabine pine 5209

sabine's pine 5209

sabine-tall 5209

sabino 3631；4121

sabinon 2128

sablier bianca 3394

sablito 6308

saboarana 2294；6653；6659；6666

saboneteiro 6240

saborana 2281；2294

sabroso 2731；5719

sabto 1865

saca 6651

saca manteca 6495；6520

sacacaquiui 129

sacacera 7112

sacalacahuite 5149

sacamanteca 6489

sacambu 5370

sacamenteca 6526

sacana 6908

sac-bay-eck 203；858

sacbey-eck 858

sacchacah 2328

sac-chacal 2330

sacha aguacate 5058

sacha amio yutza 4285

sacha anona 452；460

sacha barbasco 3958

sacha cafe 4922

sacha caimito 1011

sacha caspi 2511

sacha cebil 4941

sacha chope 3145；3242

sacha culantro 6811

sacha damoa 495

sacha guabo 1085

sacha indan 960

sacha indana 1679

sacha limon 6458

sacha manga 3242

sacha membrillo 1162

sacha mullaca 6953

sacha paparagua 718

sacha paraiso 5021

sacha patas yura 4899

sacha peral 7100

sacha piral 167

sacha sindi cara 6478

sacha soliman 6755

sacha umari 1980

sacha uva 6300

sacha uvilla 4832；5483

sacha vaca-shahuinto 4546

sacha vaya 3237

sacha yuchi 5384

sacha yuchiqui 5384

sachauva 6308

sachi mullaca 4381

sacin 6964

sacjische 809

sackysac 3500

sacmuda 1275

sacnicte 5385

sacpacche 7063

sac-pom 2160

sacpucte 7063

sacred bamboo 4603

sacred fir 31

sacsa 4868

sacsispashni 7131

sacuayum 4217

sacue blanco 6184

sacyashte 809

sada 7330；7332

sadajii curura 5472

saddle-tree 3888

saffeka 3166

saffraanboom 1531

saffrantrad 1531

saffron cedar 3631

saffron plum 6412

saffron-tree 1537

safo 1146

sage 556；557；2135

sagebrush 557

sage-tree 7195

sagische 809

sagna 1972

sagrada cascara 3032

saguaragy 1793

saguarcaspi 3171

saguaroti 6357

saha 2191

sahi 4006；4008

sahmees 1605

sahmees ccapxl 1592

sahpelleja 7343

sahuauo 5796

sahuco 511

sahuinto 5664

saino 3134

saint esprit 1161

saintia 7291

sai-sai 7270

saisai curtidor 7272

saituna 7390

saixeta 6737

sajadito 5953

sajavo 5796

saji 4006

sajo 1146

sajumerio 2603

saka 2807；5003；5005

sakaballi 2204；2206；2207

sakar 1723

sakaraballi 1812

sakau 4344

sakavalli 4993；5001；5003；5005；5007

sakchaka 2328

sak-che 4264

sakchichibe 4289

sak-chukum 2129

sak-hok-lub 534

sak'hulub 872

sakiab 3934

sak-kabah 2968

sakkaballi 2206

sak-katsin 4430

sak-kulul 1445

sak-loob 2824

sakmizbil 55

sak-nak-che 1787

sak-nikte 5385

sak-okom 3714

sak-pom 2160

sak-poom 2160

sak-pukin 1097

sak-puk'yim 1097

sak-subinche 86

sak-ts'its-il-che 3248

sak-ts'ulub-tok 736

sakwasepere 749

sakwosepere koeleroe 4358

sakwospre 3972

sak-xiu 49；58

sak-yaxte 809

sal de inchias 4247

sal de indus 4269

salaam 1866

salacate 1565；1566；1582

saladillo 649；1186；1188；1482；7236

salado 664；6034

saona de gente 7389

saona de puerco 7387

saona dulce 7389

saouari 1246

saouarou 1248

saouary 1248

sap pine 5206；5215

sap poplar 3888

sapallu caspi 6308

sapan 1614；2312；6085；6991；6993

sapan amarillo 4487

sapan prieto 477

sapande paloma 6991

sapater 5001

sapatero 1270

sapechihua 1299；6382

sapin beaumier 15

sapin blanc 15；5121

sapin bracteata 17

sapin concolore 24

sapin du bresil 516

sapin du chili 517

sapin du guatemala 31

sapin grandissime 21

sapin liege 24

sapin magnifique 26

sapin noble d'amerique 30

sapin noir 5122

sapin rouge 15

sapin shasta 26

sapina bractees 17

sapinette blanche 5121

sapinette noire 5122

sapiranguy 6782

sapisuro guala 3778

sapium 6252

sapo 1160；1161；1166；1629；2874；3143；3160；5317

sapo-balli 3438

sapocillo 6289

sapodilla 166；4179；4183；4184；4192

sapodilla bullet-tree 4191

sapo-huasca 4976

sapoje 652

saponario 6270

sapo-prieto 1168

sapote 4235；4899；5531；6419；6576

sapote blanco 1279

sapote colorado 6576

sapote culebra de costa 5493

sapote de montana 6573

sapote de perro 3145

sapote delmono 1217

sapote negro 2390；4192；4235

sapotejin 6576

sapoti 166

sapotier vert 5531

sapotilla 4239

sapotillbaum 4192

sapotille 4184

sapotille marron 4191

sapotillie rmarron 4179

sapotillier marmelade 5523

sapotillo 1195；5091

sapoton 4895

sappadill 4192

saprieran 6828

saptrad 6270；7317

sapucaia 295；1208；2714；2722；3761；3764；3768；3769；3771；3779

sapucaia branca 3764

sapucaia castanha 3769

sapucaia grande 3768；3771

sapucaia mirim 2707

sapucaia vermelha 3771

sapucaia-mirim 3764

sapucaia-miuda 3764

sapucaia-nut-tree 3768；3769

sapucainha 505；1215

sapucaiu 3765

sapucarana 2696

sapucaya 3768；3769

sapuche 5946；7063

sapuche delasierra 5948

sapuchihua 6382

sapupira 867；869；2426；3413；3414

sapupira amarela 3411；3412；3413；3414

sapupira amarella 3411；3415；5726

sapupira parda 2426

sapurira 867

sapute 6703

sapuva 4024；4066

sapwood 157

sapwood jacaranda 4062

sapwood pine 5174

saqui 830

saquira sevacho'jim 6666

saqui-saqui 4902

saquiyac 4314

sara 403；7261；7262

sara muyu yura 305

sara waknyu 1372

sarabebe 4083；4085；4086；4090

sarabebeballi 7262

saramulla 475

saramuyo yura 1410

saran 4682

sarandi 4198

sararai 1372

sarasara 2142

sarasaradek 5481

saraurai 6587

sarca dormilona 4451

sardina mullaca 4368

sardine 4379

sardinheira 847

sardinillo 6851

sardonia 7143

sarebebe 4083；4085；4086；4088

sarebebeballi 396；7262

sarerokono 4408

sargent cypress 2176；2185

sarna deperro 5970

saroraye 2967

sarrapia 2436

sarrapio 2436

sarrapio montanero 398

sarsa 112

sartalillo 1312

saruma 1366

sarumo 1366

sarvice 353；355

sarviceberry 353；355

sarvis holly 3421

sarytan 1275

sarza 4447；4450

sasafras 979；997；4730；4731；4763

sasafras americano 4745

sasafras brasileno 4731

sasanil 1865

sascatsim 4430

sashew apple 384

saskatoon 353

saskatoon serviceberry 353

saskatzim 4430

sassafras 433；3858；4628；4630；4665；4667；4745；4763；4781

sassafras amarelo 4763

sassafras de l'amerique dusud 4745

sassafraso 6278

sassafrasso 4763

sassafrasso americano 4745

sassafrasso brasiliano 4731

sassafraz 4781

sassafraz amarelha 4745

sastra 6011

satanicua 6765

sateenwood 2899

sati 4541

satijnhout 891

satin nuss 3887

satin willow 6216；6218

satina 888

satine 887

satine faux 6838

satine jaune 7345

satine rubane 887

satinerubane 635

satin-leaf 1542

satinwood 891；2899；7341

satiny willow 6206

saual 2386

sauce 1321；6180；6184；6202；6219

sauce amargo 6199

sauce americano 6176

sauce comun 6199

sauce lloron 6178

sauce mimbrero 6220

sauce sandbar 6191

saucealamo 6175

saucecriollo 6199

saucelloron 6178

saucenegro 6205

sauchino 7063

serpe 2030

serpent 6925

serra 1712

serrasuela 3222

serrecio 3372

serren-serren 260

serrette 1034

serrette guava 2779

serrezuela 2846

serrucho 7055

serrulatemaya 4396

serveira 2000

serviceberry 354；356；358；359；360；4298

serviceberry holly 3421

servicetree 355

sese caocho 6263

sesho 5472

seso vegetal 814

sessil oak 5888；5897；5901

sessile balsamo 5681

sessileflower 6292

sete capotes 1148

sete casacas 4040

sete cascas 4023

sete sangrias 6711；6712

seteballi-korero 7241

setico 1360；1361；1363；1372

setico de oyada 1363

sevenleaf buckeye 217

seven-year apple 1287

sewanna 3560；3563；3567

sewejoe-balli 3322

seweyuballi 1834

sha 1009

shabshib 103

shacalxilh aushtle 6374

shack-shack 3793

shadbark 7；1771

shadberry 355

shadblow 354

shadblown serviceberry 354

shadbush 354；356；358；4298

shadbush serviceberry 354；355；356

shaddock 1600

shade pine 5176

shadflower 355

shagbark 7；1230

shagbark hickory 1223；1230

shajlam 7308

shak-bake 6332

shalipu 6993

shamboquiro 6582

shambu 797

shambu-huayo 797

shambu-quiro 797

shamburu 3599

shamel ash 3057

shami 5545

shamint 495

sham-mu 2083

shamoja negra 5753

shamshu huaiu 4244

shamshu huayo 4244

shan 6160

shanatkiui 2854

shan'cco coquio'cho 6916

shangura 7046

shapaja 652

shapallejo 7360

shapillejo 7360；7364

shaqueina 3338

shashafa'cco 4869

shasta cypress 2180

shasta den 26

shasta fir 26；27

shasta red fir 27

shatkuuk 4967

shatona 7009

shatona blanca 6675；7009

shatona colorada 1833；2675

shauc 6233；7055

shawnee-wood 1328

she balsam 20

she oak 1321

she pitch pine 5152

sheepberry 7140

shellbark hickory 1228；1230

shellseed 1763

shellwood 6111

sheriquina 191

shero 6052；6054；6055；6058；6060；6061

shiapash 3905

shibadan 566；571；575；584；591；602；609；1254；2468

shiballidan 3277

shihuahuaco 2429

shihuahuaco negro 2427

shihuijoyo 6364

shika 3809

shiksh 6233

shimalo-shanal 5081

shimarachiri 4512

shimarucu machu 4145

shimbiayso 4414

shimbillo 8；307；3469；3473；3487；3491；3493；3497；3501；3517；3520；3521；3525；3530；3535；5746

shimbillo colorado 3530

shimbillo rujinti 3517

shimut 495

shin oak 5832；5842；5848；5868；5911

shingipe 1085

shingle oak 5847

shinglewood 4633；6930

shinil 1806；5892

shining hawthorn 2043

shining sumach 6029

shining willow 6204

shinnery oak 5842

shino 3102

shiny oysterwood 3245

shiny willow 6204

shinza 6560

shipare cuna 799

shipila 723

shipiye 6052；6054；6055；6058；6060；6061

shipuradai 1421

shirabulib alli 6472

shirada 3499

shiraip 6670

shirare 1925

shirik 6080

shirimai 5652

shiringa 3323

shiringa mapa 3321

shiringa masha 4312

shiringa silvestre 3323

shiringarana 3321

shirint 6255

shiritikan 591

shirua 4619；4621；4626；4633；4667；4744

shiruaballi 422

shiruaballi kurero 429

shishije 5115

shisich 63

shitari-caspi 301；1833

shitari-caspi colorado 301

shitari-runtu-caspi 301

shite-leaf oak 5845

shittimwood 3032；6415

shma-dzi 2569

shmauma 1395

shoe-black 3333

shondi 5624

shoni 6285

shoo-shoo-bush 6525

shore juniper 3639

shore pine 5155

shore shadbush 360

shorebay 5043

short shucks 5220

shortleaf 2941

shortleaf pine 5206；5215；5220

shortleaf yellow pine 5162

shortschat pine 5162；5220

shortshat pine 5162

shortstraw pine 5162

shower-of-gold 1290

showy barringtonia 713

showy chorisia 1524

showy mountainash 6541

shpereskutch 2107

shrub oak 5870

shrubby amorpha 364

shrubby buckeye 220

shrubby maple 145

shrubby treefoil 5718

shuat 2716

shucks honey locust 3112

shucte 5057

shucush-quina 4927

shuhuay 5330

shuin 5530

shuke 2649

shula 4673

shumard oak 5908

shumard red oak 5920

siroeaballi tataro 4306; 4308

siroeaballi tataroe 3852

siroewaballi ibiberoe 3869

siroewaballi kharemeroe 4770

siroua 4709

sirowa 4306

sirpe 5469

sirpe hembra 5474

sirpe macho 5478

sirpo 5472

sirri 5061

sirua 4665

siruelo 956

sirunda-urata 2386

sisi bene 3530

sisin 3950; 5397; 5398; 5399; 5401; 5403; 5407; 5426

sisino 7407

sisiote 971

siskiyou cypress 2171

siskiyou spruce 5118

sismoyo 6559

sissoo 2293

sis-uch 3897

sitavaro 7101

sitevase 7101

sitillo 6788

si-tit 7123

sitka cypress 1476; 6931

sitka mountain ash 6544

sitka spar 5126

sitka willow 6218

sitkafichte 5126

sitka-gran 5126

sitka-spar 5126

sitka-zypresse 1476

sits-muk 1404

situn 6529

siuca-culantro 2617

siuca-sanango 6787

siwaroewa 3166

siyou 167

skegoatleaf buckthorn 5994

skewerwood 2862

skledros 319

skogsalm 7061

skorowarew arin 5941

skunk spruce 5121

skunkbush 5718

slang houdou 6626; 7410

slangehout 3977

slangenboom 1781

slash pine 5152; 5162; 5164

slave oak 5779

slender rosewood 2264

slender willow 6209; 6223

slippery elm 7067

slipperyelm 3060

sloe 5594; 5595; 5633; 5634; 5636; 5986

sloe plum 5594

sloewood 952; 6420

sloj-gran 5118

slowwood 6415

small bumelia 6417

small monkey-pot 3751

small pignut 1231; 1232

small viburnum 7142

small white birch 784

small-flower anise-tree 3464

small-flower pawpaw 564

smallflower sderonema 6340

small-fruit hawthorn 2074

small-fruit hickory 1231

small-fruit pawpaw 564

small-leaf 2825; 4571

small-leaf elephant-tree 992

small-leaf grape 1758

small-leaf lime 6942; 6948

small-leaf sumac 6034

small-leaf viburnum 7142

smallspike alumbarktree 6628

small-tooth aspen 5450

smelling-sick 6278

smgkotree euphorbia 2874

smokethorn 5677

smoketree 1975; 5677

smoky oak 5852

smooth alder 321

smooth arizona cypress 2180

smooth ash 3059

smooth buckeye 217

smooth bumelia 6417

smooth cypress 2170

smooth dogwood 1948

smooth falsemedia 5642

smooth leaf kakaralli 2711

smooth rauvolfia 5966

smooth snakebark 1784

smooth sumac 6030

smooth sumach 6029; 6030

smooth winterberry 3442

smoothbark cottonwood 5438

smoothbark hickory 1226

smoothbark ironwood 1213

smoothbark oak 5930

smoothbark poplar 5450

smoothest maya 4341

smoothleaf arpatiella 515

smooth-leaf kakaralli 2709; 2711; 2725

smooth-leaf willow 6180

smooth-skin arara 3199; 4134

smooth-skinarara 3185

smucuco-scatan 6560

snakebark 1781; 1784; 1785

snakeroot 551; 1312

snakeseed 6618

snakeseed-tree 5463

snakewood 885; 1368; 1784; 2793; 5301; 5302; 5304; 5305; 7410

snaki hoodoo 3977

sneki housou 6626

snowball 7144

snowbell 6639

snow-brush 1343

snowbrush ceanothus 1356

snowdrop-tree 3253; 3254

snowflower-tree 1502

snow-line pine 5148

soap 1635

soapberry 6239

soapbush 3147

soap-tree 6270; 7317

soaptree yucca 7317

soapweed 7317

soapwood 7

sobolero 6515

soboleroballi 7010

sobragy 1793

sobrasil 1793; 5993

sobrazil 2654

sobreiero 705

sobro 593; 2191; 6116

sockernass latrad 1405

sockertall 5176

socker-tall 5176

socoba 3348

socol 5230

socoro 4492

socorro junleplum 6426

soda 3144

soderns gul-tall 5152; 5206

soemaroeba 5769

soe-maroeba 5772

soemaroepa 6430; 6431; 6433

soeproenie 3494; 3499

soeroema umbakeloire 3838

soft black pisi 4632

soft elm 7058; 7067

soft maple 148; 155; 156

soft pine 5185

soft pisi 4744

soft pourouma 5480

soft wallaba 2575; 2577; 2580

soft white pisi 4770

softcalyxmatisia 4237

soft-leaf willow 6217

soko-ibini 3380

sokone biberoe 885

sokoneballi 891

solano 1118

soldadillo 5225

soldiers-cap 5709

soldiers-whip 2135

soldierwood 1784

soledad pine 5218

solera 2505; 3187

solerillo 1870

soliman 2088; 2093; 2114; 2136; 7085

soliman blanco 2093

soliman prieto 2132

solimanche 3395

solitario 2511

solocuahuil 1925

solo-solo-bakelotje 3828; 3838

solveira 1996

sombra de armado 1275; 6332

sombra de conejo 1275

spoon-tree 862；1305

spoonwood 6940

spota au sapoti 166

spotted gum 1967；1969

spotted oak 5799；5872；
5902；5908；5930

spotted resintree 5587

spotted-stick 3256

spottnuss 1220

sprainleaf 1113

spreading branched elm
7062；7064

spreading branchedelm
7061

spreading-leaved pine 5193

spring birch 779

springwood 7058

spruce 5655；7053

spruce gum 1475

spruce lowland pine 5168

spruce pine 5121；5122；
5150； 5151； 5152；
5154； 5162； 5164；
5168；5220

spruces d'america 5119；
5120；5124；5125

spruikhaan boom 3405

spu 662

spucaia miuda 2707

squarewood 2439

squawbush 1955

srebebe 3560；3567

srin morado 4327

st. lucie cherry 5614

st. martin gris 6835

st. martin jaune 4842

stagbush 7145

staggerbush 3996

staghorn sumac 6043

standley juniper 3656

star apple 1529；1537；
1999

star gooseberry 5092

star-anise 3463；3464

starbush 3463

starscale swizzlesticktree
5759

stave oak 5779

stavewood 6431

stech-fichte 5124

steel acacia 91

steenpalm 5115

steinnuss-palme 5115

sterappel 1531；1537

sterculia 6574；6587

sterile rubbertree 1318

steyermark podoberry 5421

stiff cornel dogwood 1947

stiff dogwood 1947

stiff-bush poppy 2325

stiffcornel 1947

stifftwig gum 6415

stinging cherry 4147

stinging nettle 7080；
7081；7082

stingingbush 4146

stingingtree 1881

sting-tongue 7335

stink cherry 3031

stinkberry 3031

stinkbush 3463

stinkhout 3233；5309

stinking buckeye 217

stinking cedar 6963；6964

stinking chun 233

stinking sacin 6964

stinking'fish 6901

stinking-toe 1292；3405

stinkweed 1512

stinkwood 366； 3031；
3134；5306

stone beech 2910

stone mountain oak 5835

stone palm 5115

stone pine 5153

stone rocks 1623

stopolie 3322

stopper 2793； 2808；
2837；2845；4536；5667

stopperbush 2808

stopperwood 1131；2837

storax 6639

storbladig hickory 1220

stragornia 3710

strangler fig 2934；2946；
2977

strangle-tree 2934

strawberry-bush 2862

strawberry-tree 525；2862；
4523

striate guava 5675

strijkstok kenhout 1051

strim-lonn 152

stringybark 2750

striped caviuna 4062

striped dogwood 152

striped maple 152

strobus 522；5213

stromelia 3710

strongback 854；857

strongbark 854；857

strychnine boom 6624

strychnine-tree 6624

stryknintrad 6624

stump-tree 3247

stureli 7410

stutz-tzuk 2418

suan 2950

subalfir 24

subalpine fir 24；25

subalpine larch 3731

subin 72；81；86；116

subinche 82；116；5379

subuleroballi 7010

suburutin 2573

suc 4006

sucara 3110

succulent hawthorn 2075

suchicuahua 1866

sucrier 3544

sucrier de montagne 6895；
6896

sucrin 3544

sucspirana 6690

sucte 1218

sucuba 3348；5388

sucupira 868； 2421；
2423； 2424； 2426；
5730；5731；5972

sucupira acu 2422

sucupira amarela 2573；
7115

sucupira amarella 7110

sucupira assu 869

sucupira bianca 5731

sucupira blanc 5731

sucupira blanca 5731

sucupira branca 2365

sucupira do cerrad 2422

sucupira liza 5731

sucupira mata 867

sucupira mirim 869

sucupira parada 869

sucupira parda 869

sucupira preta 867；869；
2423；6690

sucupira vermelha 398；
406

sucupira-amarele 867

sucupira-da-terra-firme
2425

sucupira-preta 2422

sucuuba 3349

sudlicher wadlolder 3632

sueava 2899

suelda 231

suelda con suelda 231；
2603；5090

suetsink-che 333

sufracago 3897

sufracallo 3897

sugar ash 149

sugar gum 2756

sugar hackberry 1405

sugar maple 141； 146；
147；157

sugar pine 5176；5212

sugar plum 355

sugar sumac 6036

sugarberry 1405； 1408；
2524

sugarbush 6036

sugary grape 1758

suiker berk 775

suiker-esdoorn 157

suikerhout 4417； 4419；
4423

suikernete lboom 1405

suiker-pijn 5176

suina 2625

suipo 7021

suitamini 1541

su'ja 2994

sujoc 2994

sukune 879；3295

sul sul 4501

sulfato 4966

sulipox 470

sulluco 6240

sumac amaranthe 6043

sumac devirginie 6043

sumac veloute 6030

sumac vinaigrier 6043

sumacara 2803；2804

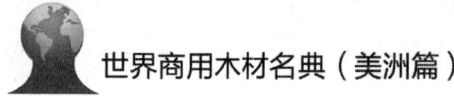

tabacco de coto 900

tabachin 3596

tabachin chico 3377

tabachin de monte 1062

tabaco 2576；2580；7036

tabaco cimarron 6497；
6513

tabaco de burro 1176

tabaco de monte 167；6489

tabacon 3245；6521；
6525；7035

tabacon afelpado 6497

tabacon aspero 6521

tabaiba 3607；5387；
6254；6259

tabalgue 167

tabaniro 3385

tabanuco 2221；2222

tabaquillo 330；6510

tabara-hui 6898

tabari 2006；2734；3757

tabasaro 5539

tabasco cedar 1381

tabat 6778

tabebuia 6769

tabebuia bianco 6773

tabebuia blanc 6773

tabebuia blanco 6773

tabeiba 2404；5385

tabeque 7163

tabernaemo ntana 6781

tabernau 4007

tabi 7044

tabla 2980；5405

table mountain pine 5200；
5210

tablelojeca 1165

table-tree 1870；1888；
1889；1924；1931

tabloncillo 6424；6425

tabonuca 2222

tabonuco 2221

tabuarana 328

tabuchin 2323

tabunoco 2221

taburete 4915

tacacazeiro 6586；6591

tacahamaca 5577

tacaloa 536；1712；1727；
1755

tacalote 2566

tacamaca 973

tacamahac 5439

tacamahac poplar 5439

tacamahaca 973

tacamahaco 3802

tacamahaco blanco 5576

tacarigua 4706

tache 4584

tachi 6796

tachi blanco 6799

tachi preto 6799

tachicon 2159；2191

tachinole 7081

tachi-preto 6798

tachiste 7123

ta'chki 3498

tachuary 4016

tachuchu 3322

tachuelilla 7364

tachuelo 4050；7349

tachy 7035

tachy da varzea 7041

tachy de flor amarella 5720

tachy preto 7044

tachyseiro 6796

tachyseiro blanco 6338

tachyzeiro 5719

taco 193；194

tacotillo 1880；7126；
7132

tacuary 4016

tacurai 1866

taeda pine 5215

tafelboom 1931

tafelhout 1931

tafetan 4912

tafraboom 1931

tafrahoedoe 1931

tag alder 321

taga-tzego 6281

tagibebuia 6737

tagua 2109；5115

tagua-palme 5115

tagua-tagua 2382

ta-hina 1593

tahiti lime 1592

tahuampa cordia hypoleuca
1892

tahuampa-caspi 1931

tahuari 483；6747；6749

tahuari negro 6772

taiavevuia 6737

taiche 1168

taipo 6730

taipoca 6730；6750；6763

taipoco 6769

tajahoedoe 4989

tajchac 4119

tajibo amarillo 507

tajkanyuk 380

tajuba 6870

tajuvinha 6342

takariwa 3314

takaruva 3316

takau 5225；5226；5229；
5233； 5235； 5236；
5237； 5241； 5245；
5246； 5247； 5250；
5251； 5259； 5262；
5273；5281

takina 890；893

takini 877

taki-taki 1834

tak-ob 464

taku 2426

takuba 6657

tala 1411；1412；1413；
1416

tala grande 1413；5109

talachca 3515

talalachi 201

talalate 3250

talantron 3703

talcacao 5137

talco 647

talgtra 2763

tali 1376；1381

talieste 3941

talimo-mereke 1812；1813

talismecate 2307

taliste 3926；3931

talistillo 3931

talkhout 2763

tall albizzia 256

tall black willow 6205

tall hibiscus 3329

tall maya 4339

tallow bayberry 4541

tallowberry 1028

tallow-tree 6270

tallow-wood 2763

talohuisi 6526

talpacapachi nuindi 1063

talyu 1033

talzungo 5309

tamacoare 1186

tamad 2732；2734

tamaga 4275

tamaguaste 5287

tamalameque 572

tamalcuahuitl 2328

tamalin 705；5337；6228

tama-mara 3275

tamamuri 4606

taman 6822

taman-bub 7125

taman-che'ich 4161

tamanokware 491

tamanqueira 6430；6431；
6433；6761；7364

tamanqueira de leite 3685；
4135

tamaquare 1189；3268；
3269

tamaquire 3269

tamarac 3730

tamarac meieze occidental
3730

tamarac meleze occidental
3730

tamarack 3731；3732

tamarack larch 3730

tamarack pine 5155

tamarak 3730

tamaren prokoni 2573

tamarenprokoni 13

tamarice 6824

tamarin 3402；6822；6824

tamarin prokonie 4096

tamarind 5016；6822

tamarindade 6822

tamarinde 6822

tamarinde plokonie 705

tamarindillo 70；1768；
3793；5431；7293

tamarindillo de agua 2210

tamarindilo 5291

tamarindo 1768；4962；
6822

tamarindo americano 7102

tamarindo cimarron 97

tamarindo de loma 7272

tamarindo de monte 1089

tatabu 867；2423

tatabuballi 4214

tatacui 5354

tatajuba 702；717

tatak'che 1583

tatamaco 1006

tatane 1505；1507

tatane blanco 1505；1508

tatang 277

tatare 1505

tatatian 1808；1811

tatatil 1808；1811

tatayouba 1246

tatilbichim 723

tation 6283

ta-toho 2386

tatsan 5041

ta'tsi 3351

tatuan 1787

tatzungo 5306；5309

tauari 2002；2006；2007；2009；2010；2012；2013；2014

tauari amarelo 2008

tauari branco 2008；2009

tauari do igapo 2014

tauari-sinho 2723

tauary 1206；1208；2008

tauary doigapo 6734

tauch 3684

tauche 2386

tauch-ya 2386

ta'upu'u 6527

tausaquiro 1158

tauwaweru 5983

taveleira 3610

tavia 6410

tawanonero 3385

tawaranoe 3385

tawayor 7183

tawnyberry holly 3441

taxiseiro 6796

taxo americano 6840

tayacua 4171

tayahu-ynga 3

tayanca 680

tayavevuia 6757

tayi 6741

tayi pichai 6749

tayuva 1509

tayy-sayyu 6762

taztab 3212

tcan-lol 4881

tea 375；378；2615

tea cimarrona 4220

tea pine 5192

teabark 4557

tea-box 4557

teak 6852

tear-blanket 7329；7335

tea-tree 3785；4271

tebekra 4523

teberinto 4477

teca 6852

tecalate 4320

tecla 7236

teclate 1804

teclatilla 1804

tecolhuistle 4431

tecolitito 6332

tecolotillo 861；5952；6332

tecoma yew 402

tecomaca 973；982；999

tecomahaca 971

tecomasuch iamatl 2977

tecomasuche 1763

tecomate 2083

tecomaxochitl 1763

tecomblate 1820；1826

tecon 5102

tecopulin 1844

tecpan 5291

tecuche 5942

tecuyaui 2318

teelpucuj 7240

tehaute 4348

tehuaje 4008

tehuate 4320

tehuixtle 6240

tei-hatti 4194

teilla 374

tejoroso 3102

tejoruco 3102

teka 6852

tekaljing apokuita 589

tekroma 2694

teleloema 925；4778

telmax 584

tem 811

temante 2085

temazcal 6041

temazcalch ihual 6041

tembetarhu 7334

tembetari 6404；7347

tembetari guazu 7344

tembetari puita 7347

tembetary moroti 7358；7365

tembetary pyta 7366

tembetary say'ju 7354

tembetary sayyu 7365

tembetaryhu 7347；7354

tempate 3604

tempeschitle 6422

tempesquistle 6415；6420；6422

tempesquite 6422

tempiale 6422

tempimpiam 6382

tempisco 6411

tempisle 6422

tempisque 3665；6411；6429

tempiste 952

tempixquiztli 6422

tempixtle 6429

tempixtli 6422

tempixue 6411

tempizquitli 6422

temporana 6647

tempranero 5703

temu 811；2797；2851；4529

ten verguenza 4451

tenbeiro 4840

teneo 7268；7273

tengue amarillo 5431

tenidor 5107

tenio 7273

teniu 2851；7273

tenleaflets schefflera 6300

tennessee poplar 5441

tennessee red cedar 3657

tenteiro 716；4840；4851

tento 716；3134；4836；4840

tento agul 7

tento amarello 4840

tento carolina 185

tento grande 6678

teobroma 6912

teocote pine 5216

tepa 3735

tepalcahuite 1702；1748

tepamo 103

tepane 75

tepao huahuan 3735

tepeacuilotl 1945

tepeaguacate 5047；5050

tepeamate 2987

tepecacao 5760；7398

tepecajete 6133

tepecajete blanco 5692

tepecajete cimarron 3376

tepecamichin 2987

tepecaulot 3982；3985；3986

tepecocash 458

tepecuilo 1945

tepecuilote 1945

tepeguacate 4658

tepeguaje 76；87；3795；3796；4003；4006；4008；4011

tepehauge 4007

tepehuaje 4003；4008

tepehuate 1068

tepehuexote 6202

tepemezquite 4007

tepemezquite blanco 96；4006；4008

tepemezquite colorado 4008

tepemiste 5431

tepenaguaste 6229

tepeoaxin 4003

tepequehuite 4004

tepescahuite 4459

tepescohuite 118

tepeshucut 7005

tepesontle 258

tepesquite 3705

tepesuchi 1866

tepetaca 6573

tepetate 510；6040

tepetlaxocotl 6728

tepetomate 5647

tepetsapotl 6890

tepezapote 1256；1629；5376；6889；6890

tepezontle 258；1506

tepic jungleplum 6429

tepocuaistle 5776

tepopote 672；678；683；

timbersweet　4633；4640；
　4662；5078

timbin　4458

timbo　491；2568；2572；
　2573

timbo blanco　251；255

timbo colorado　2568；2572

timbo hiata　255

timbo jacare　3930

timbo macaquinho　3958

timbo moroti　255

timbo pao　1615

timbo pau　1615

timbo rana　1615；3921；
　3930；5652

timbo urucu　3957

timborana　5296

timboruna　5652

timbourbou　500

timbouva　2569；2572

timboy ata　1853

timbre　112；4428

timbrillo　63

timbuva　2568

timiche palm　4168

timuche　5334

timuchi　5334

tin teiro　4366

tinaco　1049

tinadientes　3102

tinafito　3762

tinajero　4571

tinajita　283

tinajito　283；3779；4353

tinal　7268

tinanche　1389

tinbohyba　2568

tinche　4172

tinchi　3283；4639；4658

tinco　402；7112；7268

tincui　3250

tine cuerda　6973

tinecu　252

tinel　7273

tineo　7273

tineo tinel　7273

tingana　3929

tingi hoedoe　3947；5309

tingi hoedoe-money　5576

tingiemonnie　6987；6990

tingimoni　5572；5577；

5578；　5580；　5588；
　6987；6990

tinguaciba　7370

tiniari　3852

tinta　6513；7055

tintatico　5542；5552

tinteira　1701；1715；
　3714；5719

tinteira dos mangues　3714

tintenholz　2905

tintillo　5939

tintilon　3995

tintin　7236

tinto blanco　3591

tintoreiro　160

tintureira　4314

tipa　6949

tipa amarella　6949

tipa blanca　4058；6949

tipa colorado　5733

tipo　7016

tipu　2140；6949

tipuana　6949

tique　223

tiquimite　6413

tiquiscara　4625

tiquiscaro　4625

tiquissara　4713

tiquissaro　4713

tira　1617

tiraco　5334；5340

tirajala　1316

tirana barbasco　6856

tiricia　2091

tiricu guayash　5581

tirimo　6946

tirra　7063

tissaholz　6038

tisswood　3253；5043

titane　1508

titatian　1804

tite barkraki　3757

titemenecca　3974

titi　1648；1649；1650；
　2212；2213；3996；4894

titian　1804

titirillo　3250

titora　1637

tiumbil　1657；1681

tjabisi　398

tjabisihoe doe　2425

tjanaren wakapoe　7261

tjara-tjan ari　3100

tjatjaboetja　7261

tjirikawa　3563；3567

tjoekoenda　3590

tlacacuahuitl　7063

tlachichinoa　6974

tlachicon　2191

tlacocote　5178

tlacoeca-patli　6374

tlacoguilla　1631

tlacopale　3927

tlacosuchil　866

tlacoxihuatl　817

tlacoxihuitl　818

tlacoxochitl　866

tlacualote　3080

tlahuilol　112

tlahuilote　4008

tlahuitol　4008

tlalahuacate　2525

tlalcapolin　3665

tlalcapulin　6004

tlalicopetl　1938

tlalni　2619

tlalocopet ate　1938

tlalocopet atl　1938

tlamahuacatl　7136

tlamahual　6752

tlamapaque lite　5274

tlamatlantli　6508

tlampa　5228

tlanepaque lite　5274

tlanipa　5228；5274

tlanochtle　3995

tlapalitos　5389

tlascal　2179；3631；3640；
　3643；3650

tlatlacotic　878

tlatlancuaya　3550

tlatlancuaye　3551

tlaxcal　3640

tlaxistle　1342

tlecuahuitl　1629

tlepatli　6974

tletlati　1808

tlilamatli　2944

tnunday　5631

tnu-nde　6035

t-nutinumi　4158

t-nuya　5903

tnu-yaa　5900

tnu-yaha　7374

tnu-yhooco　1342

tnuyucu　6839

toa　5488

tobacco　5018

tobacco sumac　6044

tobago　3771

tobitoutou　6300

toborache　1523

toborochi　1391；1395；
　1523

tocarito　3945

tocccota　3162

toche　5926；5928

tochi　6798

tochimitillo　3259

toco blanco　2709

toco prieto　1721

tocorito　3916

tocosito　3959

tocota　3176；3177；7023

tocota blanco　3171

tocoy　6184

tocuma amarillo　6414

toe　1962

toe mullaca　6489

toekadi　911

toekoesie paida　3295

toelaroe fieroberoe　2614

toelimani　3768

toenba-lobbi　1931

toepoera apoekoetja　6682

toepoeroe tonorebjo　2165

toepoeroe-apoekoetja rang
　6651

toerelie　3494；3499

toeririe　3494；3499

tojcho　4119

tojo　7056

tojtanyuc　380

toko　3755；3757

tokor　3801；3809；3826

tokoro apolinore　3295

tokowe　4744

tokwiwako　1488

tokxihua　6233

tola　1778；1779；4538

toledowood　2709；2727；
　2732；2734

tolelie　3494；3499

trois paroles 297；306

trois pieda 1876

trokro 3335

trompeta 1366

trompeta de angel 906

trompetboom 1328

trompetero 5065

trompetero-caspi 2081；5685

trompetero-sanango 37

trompetilla 866；1060；1366

trompette 1368；1372

trompillo 1787；1789；1871；2874；3345；3703；3709；4628；4630；4665；4784；6109；6495；6886；7005

trompillo de playa 3165

trompo-huaiu 3681

trompo-huayo 505；3680

tronadora 54

troolie palm 4168

tropical almond 6865

tropical ash 3057

tropical buckthorn 6412

tropical nogal 3625

tropical pine 5219

trosno 5624

trourjuniper 3643

trucha 2093

truckee pine 5174

true angico 4942；5294

true cassena 3461

true hickory 1220；1226；1232

true mahogany 6698

true maya 4313

true mountain mahogany 1440

true white oak 5779

true white pine 5176

trueno 3879

truli 4168

trumpet cedar 1381

trumpet-creeper 1154

trumpettrad 1328

trumpet-tree 1358；1359；1366；1367；1372；6769

trumpetwood 1368

trupi 119

trupillo 5544；5549

trysil 5016

tsachik numi 7349

tsai 3348

tsaik 1387

tsaik numi 1387

tsajave'cco 303

tsaj-pcum 1764

tsaj-pox 1592

tsakol-kon 3714

tsalam 4007

tsalmuy 475

tsampi 8

tsanda mappi-cho 895

tsanpi'su cca'na 456

tsanpisu congui'cho 7022

tsanpisu conguju 6390

tsapscuc 1605

tsapyan 5738

tsapyon 5738

tsaratpang 4167

tseek 1381

tsejch 2619

tselepatl 939

tsempu 7160；7174；7177

tsihiren 5182

tsiim 4172

ts'iin 4172

tsimche 5340

ts'in 4175

tsirisicua 5549

tsisquiut 3718

tsitica dundu 1363

ts'its-il-che 3248

tso-arza 5216

tsobojush 905

tsocote 5230

tsolos-che 6233

tsotsash 5647

tsotsax 5647

tssitssinocho 3685

tsucta 6790

tsucu 7264

tsuga canadese 7051

tsuga caroliniana 7052

tsuga de caroline 7052

tsuga del pacifico 7053

tsugade californie 7054

tsugade patton 7054

tsugadi california 7054

tsuikill 1605

tsulotok 723

tsupilul 2386

tsurimbini 82

tsusocostata 6560

tsutsocosh unuc 3264

tsutson 1070

tsutsucosh unuc 3264

ttanillo 6752

tteccupaje 4706

ttesitive' cho 5034

ttette'ccu 3237

ttetteccucho 3144

ttofi fino 3470

tttzacthunni 6317

ttuia gigantesca 6930

tuatua 3604

tuba abiyu 2511

tuberculated-cone pine 5148

tubroos 2569

tuc 5733；6949

tuca 768

tucano 7258

tucari do campo 2722

tucave 5672

tucib 451

tuck-tuck 30

tucum 613

tucuma 613；624

tucunae envira 4054

tucunara envira 4054

tucupa 3687

tucuta 3170

tucuy 5334

tugul 1503

tuhuara 1494

tuinfa 615

tu-ita-timi 6355

tuk 177

tukpong 6255

tuku 4834

tukumu 613

tukux 6520

tukwoinanku 3833

tula 1113

tulasuchil 6851

tulipan 3333；7049

tulipan africano 6549

tulipan de africa 6549

tulipan del japon 6919

tulipan sencillo 906

tulipier 3888

tulipiero d'amerique 3888

tulipifero americano 3888

tuliptree 3335；3888；6920

tulipwood 2255；2281；3888

tullidor 3667

tullidora 3665；3667

tulpantrad 3888

tulpeboom 3888

tulpenbaum 3888

tulpenboom 6549

tulpenboom hout 3888

tulub-balam 3351

tulub-bayam 6391

tulub-bi-yam 6391

tulubuayam 3351

tul-ul 5523

tumbalo 1376

tumbarabu 3793

tumoreng 6802

tumu 5466

tun 6560；6958

tuna 1318

tuna de cruz 2875

tuna francesa 2878

tunadi 281

tunants 5624

tuncuy 5309

tun-daja 2328

tundityu 3405

tungnut 279

tungui 718

tunguia 750

tuno 1318；4396；5466

tuno morado 7362

tuno nacedero 6994

tunu 1318

tun-yaa 7374

tupelo 4702

tupelo gum 4699；4704

tupelo negro 4704

tupelo noir 4704

tupin 2526

tuque 223

turacaspi 6325

turagua 463

tural 6765

turamira 3385

turanira 3385

ucsha-quiro 3525；6338；
6793；6796；6804

ucuchahuasi 2440

ucuhuba 7160；7166；
7176

ucuhuba branca 7157

ucuhubarana 3563

ucuhuba-rana 3563

uculhuitz 5389

ucullucui 5463

ucu-llucuy 5463

ucum 2633

ucumi-micuna 5686

ucuquirana 1544

ucuuba 7161；7164；
7168；7169；7172；
7177；7179

ucuuba branca 7155；7177

ucuuba vermelha 3567

ucuubarana 4859

ucuuba-rana 3559；3566；
4859

ucuuba-vermelha 7155

uejoue 5549

uella 1971

uetembila 2450

ueyomel 31

uforbia caracana 2873

uganda carbwood 1194

uhee-tee 2338

uinaj 6760

uique 5523

uirapapa 3378

ujtui 6829；6830

ujusthe 878

ujuxte 878

ukuch 6495

ulcumanu 5395

ule 1318

ulei 558；4857

ullu-mullaca 1277

ulmo 2775

ulozapote 5490

ulu 6986；6987；6990；
7007

uluballi 6932

ulukara 3128

ulumaruru 839

ulumpaya 1268

umago 1052

umari 5458

umari amarillo 5458

umari negro 5458

umarirana 1988

umary 5457

umaryrana 1992

umbarana 350

umbrella chinaberry 4275

umbrella magnolia 4123

umbrella-tree 1939；4123；
4275；6299；6920

umbu 2326；5116

umburana cheira 350

umduma 3448

umiri balsamo 3385

umirirana 5755；5758；
6141

umiry-rana 6141

una de cabra 82

una de gato 67；101；
112；757；1621；3718；
4041； 4060； 4064；
4428； 4429； 4431；
4437； 4443； 4449；
4814； 5287； 5310；
5340； 6109； 6505；
7343；7367

una de gato prieto 5313

una de gato tigre 5334

una del diablo 5310

unabai 614

unade gato 1404

unagato 7343

unarmed rondeletia 6096

unay 7161

unbatapo 3295

uncincaca 7287

unechtes hickoryholz 1227

unegual euplassa 2892

unga fino 3487

ungua 6085

unguarahua 4807

ungurahui 4807

unha d'anta 170

unha de vaca 724

uni 3825

uni kia 3825

unikiakia 1981；3815；
3816； 3818； 3821；
3829；3842

unque-kan-he 4955

untzincaca de montana

7287；7288

uo 5274

uohtoli 2944

uojtoli 2944

uouli 2962

upay 1883

upland hackberry 1414

upland hickory 1230；1232

upland spruce pine 5154

upland sumach 6029

upland willow oak 5848

ur 5031

urani 2083

urapan 3040

urape 728；729

urari 6605；6624

uratkiye 2191

urauna 2281

urawood 3394

urban podoberry 5425

urcu requia 3172

urcu-cumala 5508

urcu-ingaina 2663

urcu-moena 4758

urcu-mullaca 4758

urcu-tamara 3783

urero macho 6229

uria 3249

uricuru 658

urimari 2006

uripapa 3378

urirana 3337

uriridan 7402

urishi 616

urodibe 4462

urpai-machinga 7049

urraco 1118；3835

urtiga 7081

urtiga bronca 7080

urtiga grauda 7080

urua 1892

uruata 451

uruazeiro 1931

urubishi 529

urubuzeiro 7410

uruca 7002；7004

urucuba 7226

urucuca 7236；7252

urucum 795

urucurana 271； 797；
3340；6472

urucurana da matta 795

urucurana mirim 3337

urucurana prego 3337

urucuri 652；658

urumaropo 3830

urundai 627；628

urunday 628；630；633；
636

urunday blanco 639

urunday colorado 627

urunday crespo 627；628

urunday para 632

urunday pardo 639

urunday pichai 627

urunday-mi 627；628

urunday-para 635

urunday-pardo 627；628

urunday-pichai 627；628

urundel 627；628；630

urundeuva 639

urundey 627；628

urundey crespo 639

urundey para 632

urundey pyta 632；633

urundeymi-para 639

urupagua 5520

urupi 1611

uruquenia 2093

urury 4511

urutz 4859

uruuba-preta 7155

ushi 7049

ushun 6559

ushun moena 748

ushuputu 1395

usipoon 634

utah juniper 3652

utah serviceberry 361

utah white oak 5830

utah-en 3652

uthuthte 109；111

utia 792

utsa 1070

uts'pec 6779

utsupek 6779

uttetsupan ciricho 1217

utzum 1201

uva 532；1844；2806；
2997； 5472； 5473；
5474；5479

uva blanca 5682

verdecillo 6747；6749

verdecito 3381

verdesillo 6739；6752

verdiseco 6904

vergonzosa 4427；4451

verguenza 4451

vermelho 516；634

vermont poplar 5441

verwermore bessen 4078

verytall poeppigia 5431

verzino 1051

veseet 107

vetun 1118

veuhuba 7176

veylaqui 1068

viaro 6149

vibona 2332；2615

vibora 2332；3160

viburno 7148

viburnum 7140

viche 1062；6376

viche prieto 6374

vicho caspi 4571

vicotrian grey gum 2760

victoria palmetto 6160

victorian box 5348

vidrioso 2110

viejo 3551

vigueta 3226；4500

vigueta delechuza 6833

vigueta naranjo 6833

vijaguillo 4523

vilca 186

vilco blanco 4089

villous pourouma 5484

villo-villo 3170

vinagrillo 6035

vinaigrier 6043

vinal 5556

vine maple 143

vinega tree 3968

vinegar'tree 6043

vinette 2654

vinhairo do matto 7236

vinhatica amarello 5364

vinhatico 1505；2570；
5363；5364

vinhatico amarelo 5363

vinhatico da mata 5363

vinhatico de espinho 1505；

1508；5341

vinhatico de macaco 1505；
2899

vinhatico do matto 92

vinhatico espinho 1505；
5364

vinhatico rajado 5363

vinheiro 7226

vinheiro do matto 7258

vinolo 71

vinorama 82

violet ash 3059

violet de campo 5364

violet roxo 5364

violeta 2238；7152

violeta de cipo 2255

violethout 2238

violetina 2507

violett holz 5005

violetta 2238

violetwood 2238；2255；
4993；4995；5001；5007

violinbow-wood 1051

virapita 5009

viraro 5733；6149；6151；
6153

viraru 5618；6142；6149

viraru colorado 6152

virgilia 1606

virginia ash 3054

virginia birch 789

virginia creeper 4970

virginia jointvetch 213

virginia live oak 5932

virginia mulberry-tree 4490

virginia oak 5932

virginia pine 5220

virginia poplar 5441

virginia roundleaf birch 789

virginia sap pine 5215

virginia stewartia 6594

virginia tall 5220

virginia walnut 3626

virginia winterberry 3460

virginia-ask 3054

virginia-gran 20

virginian date palm 2409

virginian pencil cedar
3657；6163

virginia-tall 5220

virginische dattelfeige 2409

virginische potlood-ceder
3657

virginische sevenboom 3657

virginische sumpfzedar 6838

virginische zeder 3657

virginischer wacholder 3657

virinia sumach 6043

viro 6376

viroity 5761

virola 3561；7155；7161；
7166；7168；7177；
7178；7179

virola de tumaco 3561

virola di peru 7156；7160；
7164；7171

virola du perou 7160；7164

virola van peru 7160

viruviru 1503

visapolollo 172

visci-arca 121

visco 121

viscote 121

viscous robinia 6070

visgueiro 4956；4959；
4962

visiebia 4989

visna 5542；5552

visnal 5556

vit algarroba 5542

vit canela 2152

vit cebil 4941

vit djedu 6794

vit jakaranda 3598

vit kvebracho 596

vit mangrove 3714

vit paddeltra 583

vit quebracho 596

vitae 6929

vit-ask 3036

vit-ceder 6929

vit-cypress 1478

vitex 7206；7225

vit-gran 5121

vito pijte 3887

vitpalo 1120

vittal 5145

vit-tall 5145

vitvit kornel 1950

vivaro 5733

vivaruru 6153

vivaseca 1506；2418

vizaduni 6357

vleugel iep 7057

vlinderbloem 728

voa-vanga 7102

vogelkop 4417；4423

volador 566；577；584；
3250；6150；6269；
6308；6859；6873；7162

volantin 7398

vomitel colorado 1890；
1921

vomitel encarnado 1890

vonkhout 3372；3828；
3838；4945；4946

vossestaart-pijn 5146；
5150

vouacapouholz 7261

vouacapu 7261

vrai quebracho 6311；6313

vreemoesoe hoedoe 398；
410

vrouwelijk rozehout 439

vurupacong uicho 7022

vuvupai'va 3002

W

waahoo 2862

waaierpalm 5971

waaierpisang 5971

wabi 2727；2734

wacapou 396；403；405；
7262；7263

wachi wachi kouali 7254

wacinia 495

wadaduri 2714；3779

wadala 2006

wadara 2003；2004；
2005；2008；2009；
2011；2012；2428；3762

waddie-wassie kwari 5751

wadera 2012

wadili-hoeroewassa 171

wadodorie 2727

wadoedoelie 2006

wafer-ash 5718

wagukwa-eba 5680

wah-en-nah-kas 6278

wahoo 3032；4123；6940；
7057；7069

wahoo elm 7057

wahoo-tree 3797

wai 4744

wild akee 3170

wild anon 450

wild apple 4160

wild apricot 4166

wild attawood 6470

wild avocado 5041

wild banyan 2941

wild black cherry 5631

wild boulanger 6507

wild brazilletto 7272

wild breadnut 4899

wild cainit 1531

wild calabach 1105

wild calabash 369；2085；
4968；4969

wild calebash 1105

wild capa 1900

wild cashew 381；382

wild cassada 5618；6425

wild chataigne 4899

wild cherimoya 473

wild cherry 1020；1257；
1567； 2833；
3219； 4145； 5599；
5606； 5611； 5623；
5631；5638

wild chestnut 4899

wild china-tree 6240

wild cilliment 5143

wild cinnamon 1156；
2107；5080；5143

wild clammy cherry 1876；
1929

wild coco plum 3358；3886

wild cocoa 3814；4285；
4895；6911；7264

wild coffe 3032

wild coffee 1261；1794；
2035； 2793； 2923；
3032； 3579； 5129；
5463；5693；6057

wild coffeebush 3032

wild cotton 1113；1395；
1763；3335

wild crab 4152；4156

wild crab apple 4152；
4155；4156

wild craboo 1020；4145

wild cucumber 1199；2211

wild custard apple 457；
475

wild date 279

wild dilly 4183；4184；
4461

wild ebony 1781；1785

wild fig 2934；2941；
2960； 2962； 2968；
2978；2998；6254

wild garden plum 5610

wild genip 3922

wild ginep 2905

wild goose plum 5610；
5617

wild gooseberry 5092

wild grape 1702；1703；
1720； 1722； 1753；
1756；5017

wild guava 1115；2831；
2839； 3222； 4556；
4569；4571；5664

wild guavo 5662

wild honeytree 1257

wild immortelle 2623

wild indigo 364

wild jasmine 198；1449；
3346

wild juniper 3997

wild kaimit 1529

wild laurel 6027

wild lemon 1274

wild lilac 1355

wild lime 1569；5941；
7011

wild limetree 4702；7343

wild mahogany 4491

wild mamee 329；1105

wild mammee 1686

wild mammee apple 5365

wild mango 4423

wild maran 340；1191

wild maran daurobona 1191

wild marrow 2090

wild nutmeg 1305；4761；
4769； 6014； 7163；
7166；7176

wild olive 922；1871；
5143；6414

wild olivetree 3253；4698

wild orange 2743；2747；
2748； 4076； 5602；
6569；6780；7335；7345

wild palm 5763

wild papaw 1368

wild paradise-tree 4275

wild peach 5602

wild pear 355；3835；
4667；5057

wild pear-tree 4704

wild pecan 1222

wild physic-nut 3605

wild pigeon plum 3372；
4879

wild pine 5396

wild pistachio 5327

wild plum 5092；5595；
5606； 5610； 5619；
5634；5636；6560

wild plum umbellata 5634

wild poponax 119

wild raisin 7140

wild red cherry 5623

wild rooder 7349

wild rose bay 6027

wild rubber 3323

wild rubbertree 2934

wild sage 1275

wild salve 3298

wild sapodilla 1982；4179；
4183；4461

wild sapote 1545

wild senna 293；1070；
6382

wild silk cotton 834；839；
2607

wild smoketree 1975

wild soursop 463；464；
473

wild star apple 1536；
1996；1997；1999

wild sugar apple 6080；
6083

wild tamarind 91；258；
1470； 1768； 3793；
4007；5016

wild tobacco 167；6497

wild yellow plum 5595

wild-banana 565

wild-coffee 1781

wild-date 7265

wild-down 1113

wilde abrikoos 2016

wilde amandel 6865

wilde kers 5599

wilde olijf 846

wilde salie 1893

wilde tamarinde 4007

wilder feigenbaum 2934

wildlime 7287

wild-lime 7343

wild-mastic 6414

wild-olive 1871； 3013；
3017；4856；6414

wildorange 3303

wild-orange 2463

wild-peach 5602

wilgbladige eik 5889

wiliwili 2646

willca 186

willow 6182；6184；6186；
6199；6215；6218

willow bustic 2411

willow cottonwood 5438

willow hawthorn 2073

willow oak 5855；5889

willow poplar 5447

willow swamp oak 5889

willow-leaved cottonwood
5438

wils orange 5602

win oudou 3337

wind pine 5146

wine palm 177；4168

wine-tree 6537

winged ash 7057

winged elm 7057

winged euonymus 2861

winged spindle-tree 2861

winged sumac 6029

wingleaf soapberry 6240

wingnut 5729

wing-rib sumac 6029

wing-seed 5718

winter beech 2910

winter bloom 3256

winter huckleberry 7089

winter plum 2409

winterbark 1156

winterberry 3432；3460；
7089

wintersbark-tree 2456

winter-tree 2453

wiod cinnamon 2107

wiri 616

wirimiri 3756

xomet 6233

xonaxe 2093

xook 534

xooknum 534

xoop 992

xoxapajtzi 6050

xoxoco 6035

xoxocote 529

xoxocotzi 7094

xoxox 6495

xoyo 2619

x-pahul 5097

xpasak 6430；6433

xpaxakil 6431

xpbixtdon 5101

xpech-kitam 5939；5956

x-pets'kuts 2132

xpibul 5097

xpu-ku-sikil 7011

x-puk'usik'il 7011

x-sususk 2415

xtabche 6021

xtadzi 4671

xtekak 1039

xtes-ak 1039

x-tst'uts' uk 2415

xtuab 6357；6391

x-tuab 6391

x-tu'ha 6376

xtuh'bin 6378

xtuhuy 6495

xucte 3796

xul 3960

xumetl 6233

xunalixase 2093

xunaxe 2093

xunche 3705

xuul 3924；3960

Y

ya 4192

ya ya blanco 7076

ya'axhabin 6378

ya'ax-habin 6382

ya'ax-hok-ob 2748

yaaxhukob 2748

ya'ax-k'anan 5703

ya-ax-katsim 84

ya-axnic 7206

ya'axnik 7206

ya'ax-pehel-che 5244

ya'ax-pukim 1787

ya'axtehe-che 5244

yaa-yitz 6839

yaba 402

yabioo 1366

yabo 1432；4966

yaca 6945；6946

yacaranda itin 5550

yacayaca 1387

yacca 5396；5397；5399；
5400； 5401； 5407；
5408；5411；5425；5426

yacca podoberry 5396

yac-cu 3643

ya-chibe 2569

yachibon 3591

yachimambo 3591

yaco 6946

yaco de cuero 6993

yaco shimbillo 3371

yaco-chihua 260

yaco-moena 234；237

yaco-mullaca 6951；6953

yaco-pashao 4097

yaco-sanango 4080；6790

yaco-shimbillo 3371

yaco-shutiri 5678；5684；
5706

yaco-sisa 1494

yac-pukim 1787

yacu caspi 7190

yacu tucuta 3171

ya-cuchar 5928

yacushapana 6873

ya-fee-a 3802

yaga 4175

yaga yetzi 2418

yagabecia 1409

yaga-begaa 1763

yaga-bexomi 1453

yaga-beyo-zaa 4486

yaga-beziia 1409

yaga-bi-ache-castilla 4810

yagabiche 6041

yaga-biche 631

yagabichi 6041

yaga-bishiui 5330

yagabisoya 6912

yaga-bixiimi 1453

yaga-biyo-zaa 4486

yaga-bziga 2453

yaga-cica 6317

yaga-cohui-pichacha 3466

yagaduchi 4290

yaga-exee 6041

yaga-gacho 1366

yagaguej 5326

yaga-guela 5326

yaga-gueta-bigi 3803

yaga-guia 1279

yaga-guie 5326

yaga-guiegiei 5326

yagaguienite 4584

yaga-guito 4320；4353

yaga-gupi 3149

yaga-huii 5664

yaga-laa 3790

yagalache 6982

yaga-laga-xe 23

yagalan 2788； 2794；
2824； 3665； 4559；
4568；6728

yagalan colorado 532

yaga-latzi 1316

yaga-muzia 4843

yaga-na 3149；3151

yaga-naa 3149

yaga-naraxo 1605

yaganduchi 4290

yaga-niche 6778

yaga-nupi 63

yaga-pe-xumi 1453

yagapi-ache 4810

yaga-piache 6560

yaga-piogo-xilla 1389

yaga-pi-zija 6912

yaga-quich icina 6839

yaga-quie 5326

yaga-quiguece 4680

yaga-quijlana 6257

yaga-qui-lana 6257

yagareche 5899

yaga-sachi 5738

yaga-sola 1227

yagati 1053

yaga-vido 3887

yaga-xoba 855

yaga-yaci 4003

yaga-yale 965

yaga-yaxo-castilla 2940

yaga-zaha 4118

yaga-zulaque 6233

yaglancito amarillo 4507

yago-peche-topa 6981

yago-peyo-zaa 4486

yagpsuy 5880

yagruma hembra 1368

yagruma macho 6308

yagrumbo hembra 1368

yagrume hembra 1368

yagrumita 818

yagrumo 1371

yagrumo hembra 1365；
1368

yagrumo macho 818；2354

yagrumo-sunsun 5474

yag-shog 5803

yagua 1865；6124；6125；
7389

yagua-ratai 6760

yaguare 3102

yaguarmuyu 2226

ya-guii 1629

yahal 5471

yah-cuio 6233

yahi 5643

yahua nena 3681

yahuarrhui qui 4706

yahuati caspi 37

yahui 4168

yaibi 3245

yaicuaja 2905

yaicuaje 2905

yaity 909

yakatszin 84

yak'bo 400

yaked wallabatree 2574

yaki 3210

yakita 884

yakopi 5751；5755；6139

yaksauru 7110

yaku 6430

yakutat willow 6198

yala-guito 1002

yalam 1376；1381

yale 2026

yalla 3187

yama cocobolo 5374

yama rosewood 5376

yamagua 3165

yamagua colorado 3170

yambigo 6925

yamole 6240

yana 1262；1275；1838；

yellow oleander 6925

yellow olivier 911；922

yellow palo verde 1431

yellow pine 5145；5162；
5178； 5185； 5192；
5197； 5200； 5206；
5213；5215

yellow plum 5595；5596

yellow poinciana 5012

yellow poplar 3888

yellow poui 6735；6772

yellow prickle 7329；
7350；7351；7356

yellow prickly ash 7353

yellow rosewood 2284

yellow sandbox 3394

yellow sanders 922；7287；
7341；7345

yellow silverballi 427；
429；430；432；433；
4776

yellow slash pine 5164

yellow spruce 5125；5126

yellow sucupira 6690

yellow sweetwood 4633

yellow wood 6298

yellow wood de lafloride
6298

yellowbark oak 5930

yellow-blossom 6851

yellow-bud hickory 1224

yellow-flowered balsam
1665

yellow-flowering guayacan
6846

yellowheart 7345

yellowheart prickly-ash
7345

yellow-shower 6386

yellowthroat rondeletia 6091

yellow-trumpet 6851

yellowwood 5400

yellow-wood 605；1606；
1975； 2407； 3031；
3032； 4076； 4078；
6715；7345

yel-xron 5523

yema de hevo 3033

yema de huevo 4126；
4475；6356

yemeri 7241；7243

yemery 7241

yemoke 7240

yepaxihuitl 2098

yepouecha 103

yequiti 6240

yerba de chacra 3658

yerba lechera 2874

yerba louisa 7195

yerba mate 3452

yerba santa 1465

yerbo de chivato 1618

yeriyer 2497

yersey pine 5220

yeshidan 2479；2488；
2506

yeshikushi 6879；6880；
6881； 6882； 6883；
6884；6887；6891

yesquero 1206；1207

yeta-uede 1629

yetcha 4312

yet-le 7081

yeuca-te 5041

yeux crabes 814

yew 6840；6963

yew pine 5121；5122

yew willow 6219

yewleaf willow 6219

yewleafmacrolobium 4092

yew-leaved torreya 6964

yezgos 7086

yichasmis 7343

yichiachi 5389

yiguire 5652

yishidan 2488

yisimbalan 7308

yisimbolon 7307；7308

ylang ylang 1155

ymira piranga 1051

ymira-ita 1054

ynsira 4078

yoa-hu-y 6353

yoale 3102

yoale prieto 5688

yoa-prieta de cerro 3218

yoa-sy-y 1402

yoboko 2575；2576；2577

yohue 5482

yoibi 5579

yokar 3473

yoke 637

yokewood 1326

yo-lachi 6807

yolis-papa loxihuit 723

yolosochil 6807

yolosuchil 4118

yoloxochitl 4111；6807

yomo de huero 703

yongo 7110；7114；7116；
7118

yopo 388

yopon 3461

yoroconte 4115

you rouoari 7071

youcamoney 5576

yoyote 6924；6927

yoyotl 6927

yoyotli 6927

yo-zaba 4104

ypanpocolcum 1080

ysapuy chico 2261

ysapy'y pyta 4030

yslay 5611

ysula-micuna 4379

ytayucuine 855

ytu 506

yuaco sanango 4080

yubandoo 5274

yuc 7318

yuca 766；4172；7323

yuca amarga 4172

yuca antigua 4170；4177

yuca blanca 4172

yuca brava 4172

yuca cimarrona 3608

yuca del cerro 4169

yuca dulce 4175

yuca escorsonera 4170

yuca mansa 4172

yucca 7316；7317；7320

yucca cactus 7316

yucca yucca-palm 7316

yucca-tree 7316；7322

yuccawood 7315

yuchan 1391；1523

yuco 905；1020

yuco rinon 901

yucto sanco 478

yucucaca 6927

yucucaya 6035

yucunchi 301

yucurira 4269

yucutiojo 6973

yuguazu 3110

yugun 6873

yukeri-ruzu-ra 5320

yukeri-sy 5320

yuki-ra 4247

yukiru-ruzu 5320

yulu 6696

yumanazo 4523

yumbing 3779

yumbingue 6859；6868

yuntu-nduchi-dzaha 6050

yuqueri-buzu 5320

yuquery guazu 112

yuquiacui 1938

yuquilla 2874；3599；
6305

yuquillo 4198

yuqy-ra 4269

yurac-ingaina 4242

yurac-moena 4780

yurac-mullaca 4316

yurac-siprana 2121

yurac-tortilla-caspi 299

yuriballi 7020；7021

yuroware 6978

yurunts 107；4957

yuruwe 689

yutahy 3408

yutnucate 6233

yutnu-satnu 5184

yutnu-tandaa 3151

yutobanco 2663；3257；
4331

yuto-banco 4331

yutso 8

yutsu 737；1085；7407

yutubanco 3407

yutzo 7408

yuuy 1283

yuvia 767

yuwanahi 4444

yuwana-hi 2565；2566

yuwanaro 1924；1931

yuwartu 4462

yuwi 4706

yuy 1283

yuyubi 7380

yuyubo 7380

yuyun 6873

yvaro 5618

美洲篇

商用木材名称及产地

序号	学名	主要产地	中文名称	地方名
Abarema（MIMOSACEAE） 阿巴豆属（含羞草科）			**HS CODE** **4403.49**	
1	*Abarema acreana*	南美洲	高阿巴豆	inga-fava；juatuna；rioacra abarema
2	*Abarema barbouriana*	南美洲	巴布阿巴豆	donmilon；guamito
3	*Abarema cochleata*	南美洲	弯枝阿巴豆	campinarana；inga-de-lagarta； ingarana；tayahu-ynga
4	*Abarema commutata*	南美洲	互生阿巴豆	altered abarema
5	*Abarema corymbosum*	南美洲	伞花阿巴豆	busitamaren
6	*Abarema idiopoda*	南美洲	独花阿巴豆	
7	*Abarema jupunba*	加勒比地区、南美洲北部	阿巴豆	abey blanco；angeliano；angelino； angelium fraco；assao blanc； carbonero；cirualitillo；horowassa； huruasa；klaipio；kwatupans； matzingua；orukorong；shadbark； shagbark；soapwood；tento agul
8	*Abarema laeta*	南美洲	光亮阿巴豆	aague；bright abarema；pashaguillo； shimbillo；tsampi；yutso
9	*Abarema macradenia*	巴拿马	巴拿马阿巴豆	bantano；panama aberema
10	*Abarema mataybifolia*	南美洲	马泰阿巴豆	
11	*Abarema obovalis*	南美洲	卵苞阿巴豆	
12	*Abarema pedicellare*	南美洲	柄花阿巴豆	
13	*Abarema racemiflora*	南美洲	总花阿巴豆	chaperno；guaba hembra； tamarenprokoni
Abies（PINACEAE） 冷杉属（松科）		**HS CODE** **4403.23**（截面尺寸≥15cm）或 **4403.24**（截面尺寸<15cm）		
14	*Abies amabilis*	美国、加拿大	美丽冷杉	amabilis fir；cascade fir；lovely fir； pacific silover fir
15	*Abies balsamea*	美国、墨西哥、加拿大、纽芬兰岛	香脂冷杉	balsam；balsam fir；blister fir； blisters cho-koh-tung；bracted balsam fir；canadian balsam；eastern fir；fir pine；fir-tree；gilead fir；sapin beaumier；sapin blanc；sapin rouge； silver pine；single pine
16	*Abies balsamifera*	北美洲	巴尔萨冷杉	american silver fir

序号	学名	主要产地	中文名称	地方名
17	*Abies bracteata*	美国、墨西哥	具苞冷杉	abete bracteata；abeto bracteata；abeto cerdoso；borstaktig gran；bracteata den；bristlecone fir；fringed spruce；santa lucia den；santa lucia fir；sapin bracteata；sapina bractees；silver fir
18	*Abies concolor*	美国、墨西哥	白冷杉	abete concolore；abete glauco；balsam；balsam-tree；balsam fir；bastard pine；black gum；blue fir；colorado silver fir；colorado white balsam；colorado white fir；concolor fir；pino real blanco；silver fir；tannuba abyad；western balsam fir；white balsam；white fir
19	*Abies durangensis*	中美洲、墨西哥	杜戟冷杉	abeti del giappone；durango fir；oyamel
20	*Abies fraseri*	美国、墨西哥	南方香脂冷杉	abeto de fraser；balsam；balsam fir；balsam fraser fir；double spruce；eastern fir；fraser balsam fir；fraser fir；healing balsam；lashorn balsam spruce；mountain balsam；she balsam；southern balsam fir；southern fir；virginia-gran
21	*Abies grandis*	加拿大、美国、墨西哥	北美冷杉	abete bianco americano；amerikansk gran；balsam；california great fir；californis che den；giant fir；groise tanne；kustgran；kust-gran；lowland fir；sapin grandissime；silver fir；vancouver；vancouver den；western balsam fir；western white fir；yellow fir
22	*Abies guatemalensis*	危地马拉、墨西哥	危地马拉冷杉①#	guatemala fir；oyamel；oyamel ocopetla；pinabete；plumajatzin
23	*Abies hickeli*	墨西哥、中美洲	希克利冷杉	hickel fir；laga-axi；lasha-ual-co；ocopetla；oyamel；pinabete；plumajillo；plumajillo de montana；yaga-laga-xe

---

树种中文名称中①、②、③的具体说明详见编制说明部分的阐释。

序号	学名	主要产地	中文名称	地方名
24	*Abies lasiocarpa*	加拿大、美国、墨西哥	毛果冷杉	abete bianco americano；abete sughero；abeto blanco americano；abeto corcho；alpine fir；arigona fir；balsam fir；black balsam；caribou fir；cork fir；corkbark；kurkschors-den；mountain balsam；mountain fir；sapin concolore；sapin liege；subalfir；subalpine fir；western balsam；white balsam
25	*Abies lasiocarpa* var. *arizonica*	美国	亚利桑那州冷杉	arizona cork fir；arizona corkbark fir；arizona fir；cork fir；corkbark fir；subalpine fir
26	*Abies magnifica*	美国、墨西哥	加州冷杉	abete di california；abete shasta；abeto de california；abeto shasta；california red fir；giant red fir；golden fir；great red fir；magnificent fir；murray fir；red bark fir；red fir；sapin magnifique；sapin shasta；shasta den；shasta fir；silvertip fir；western balsam fir；white fir
27	*Abies magnifica* var. *shastensis*	美国	沙斯塔山红冷杉	shasta fir；shasta red fir
28	*Abies mexicana*	墨西哥	墨西哥冷杉	guallame blanco；guayame blanco；oyamel；pinabete
29	*Abies oaxacana*	中美洲	中美洲冷杉	oyamel
30	*Abies procera*	美国、加拿大、墨西哥	壮丽红冷杉	abete bianco americano；abeto blanco americano；amerikaanse nobel-den；amerikansk adel-gran；bracted red fir；california red fir；feather-cone fir；kaskadgran；noble fir；noble red fir；red fir；sapin noble d'amerique；tuck-tuck；white fir
31	*Abies religiosa*	危地马拉、洪都拉斯、墨西哥	圣神冷杉	abeto；abeto de guatemala；acshoyatl；bansu；cipreso；guatemala den；guatemala fir；guatemala-gran；mexican fir；ocopetla；oyamel；oyamel den；oyamelo abeto；pinabete；pino；sacred fir；sapin du guatemala；thucum；ueyomel；xalocotl；xolocotl

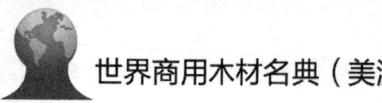

序号	学名	主要产地	中文名称	地方名
32	*Abies vejari*	墨西哥、中美洲	维贾里冷杉	guayame blanco；hallarin；oyamel；oyamel blanco；vejar fir
Abuta（MENISPERMACEAE）蜕皮藤属（防己科）			HS CODE 4403.99	
33	*Abuta brevifolia*	秘鲁	短叶蜕皮藤	
34	*Abuta candollei*	秘鲁	坎多蜕皮藤	
35	*Abuta colombiana*	秘鲁	哥伦比亚蜕皮藤	
36	*Abuta fluminense*	秘鲁	弗卢米蜕皮藤	abutua；aristoloche lobee；barbasco；bejuco de cerca；bejuco de raton；butua；false pareira；feuille coeur；gasing-gasing；ice vine；imchich masha；liane patte cheval
37	*Abuta grandifolia*	秘鲁、厄瓜多尔	大叶蜕皮藤	atinupa；caimitillo；dayawiuo；eko；icu；pani；pareira brava blanc；sanango；tara tara yura；trompetero-sanango；yahuati caspi
38	*Abuta grisebachii*	厄瓜多尔	节氏蜕皮藤	
39	*Abuta imene*	厄瓜多尔	伊梅蜕皮藤	
40	*Abuta obovata*	厄瓜多尔	倒卵叶蜕皮藤	
41	*Abuta pahni*	厄瓜多尔	帕尼蜕皮藤	
42	*Abuta panurensis*	厄瓜多尔	帕努伦蜕皮藤	
43	*Abuta rufescens*	厄瓜多尔	红蜕皮藤	
44	*Abuta sandwithiana*	厄瓜多尔	桑维西蜕皮藤	
45	*Abuta selloana*	巴西	塞拉纳蜕皮藤	cipo buta
46	*Abuta solimoesensis*	巴西	索利蜕皮藤	
47	*Abuta splendida*	巴西	灿烂蜕皮藤	
48	*Abuta velutina*	巴西	绒毛蜕皮藤	
Abutilon（MALVACEAE）苘麻属（锦葵科）			HS CODE 4403.99	
49	*Abutilon abutilodes*	墨西哥	阿布比苘麻	colotague；colotahue；misbil；pelotazo bronco；sak-xiu；yax-holche
50	*Abutilon chitterdenii*	危地马拉、洪都拉斯	金丝雀树	canary tree；indian mallow tree
51	*Abutilon ellipticum*	墨西哥	椭圆叶苘麻	colotague
52	*Abutilon hirtum*	墨西哥	恶味苘麻	boton de oro；malva lisa

序号	学名	主要产地	中文名称	地方名
53	*Abutilon hypoleucum*	墨西哥	浅白苘麻	tzacotxojol
54	*Abutilon incanum*	墨西哥	因卡苘麻	pelotazo；pelotazo chico；tronadora
55	*Abutilon permolle*	墨西哥	软苘麻	sakmizbil；zak-xiu
56	*Abutilon striatum*	墨西哥	具纹苘麻	monacillo amarillo
57	*Abutilon theophrasti*	美国	苘麻	velvet-leaf
58	*Abutilon umbellatum*	墨西哥	伞形苘麻	asexia；pelotazo peludo；sak-xiu
59	*Abutilon umbelliflorum*	哥伦比亚	伞花苘麻	majagua melada
	***Acacia*（MIMOSACEAE）** **相思树属（含羞草科）**		**HS CODE** **4403.49**	
60	*Acacia acatlensis*	墨西哥	阿卡特相思	guajillo；guayalote；guayote
61	*Acacia acuifera*	巴哈马	针尖相思	cassip；pork-and-doughboy；rosewood
62	*Acacia anegadensis*	波多黎各	阿尼加相思	anegada acacia；erizo
63	*Acacia angustissima*	墨西哥、巴西	窄叶相思	ari；barbas de chivo；cantemo；cheramusco；day；gavia；guajillo；k-antemo；palo de pulque；quebracho liso；shisich；timbe；timbrillo；xaax；yaga-nupi
64	*Acacia aroma*	阿根廷	芳香相思	algarrobillo；aromito；espinillo aromita
65	*Acacia augustifolia*	多米尼加	狭叶相思	candelon；corbano
66	*Acacia berlandieri*	美国、墨西哥	伯兰特金合欢	acacia guajillo；berlandier acacia；catclaw；espino；guajillo；huajilla；huajillo；thobem
67	*Acacia bonariensis*	阿根廷、乌拉圭	波纳相思	garabato blanco；napinda；una de gato
68	*Acacia caven*	阿根廷	阿根廷相思	caven；churqui；churqui negro
69	*Acacia chaconensis*	墨西哥	查科相思	guayacan
70	*Acacia choriophylla*	古巴、美国、巴哈马、墨西哥	叶脉相思	alava-alava；cinnecord；florida acacia；frijolillo；tamarindillo
71	*Acacia cochliacantha*	墨西哥	科奇相思	binolo；chilahui；concho；cucharillo；cucharitas；cuisache corteno；culantrillo；espinilla；espino；guinora；guisache tepamo；huinol；huisache；huisache blanco；quebracho；quisache costeno；quisache tepamo；sinala；vinolo

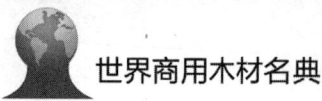

序号	学名	主要产地	中文名称	地方名
72	*Acacia collinsii*	墨西哥、哥伦比亚、伯利兹	高氏相思	arbol del cuerno；cachitos；cornesuelo；cornezuelo；cornizuelo；crowsfoot；ishcanel；ixcanal；lootsyash；quisache；subin；torito；tzumbi；zubinche
73	*Acacia constricta*	墨西哥	长管相思	chaparro prieto；gigantillo；huizache；largoncillo；vara prieta
74	*Acacia cookii*	伯利兹、危地马拉	库氏相思	ant-thorn；cockspur；guasacanal；guascanal
75	*Acacia cornigera*	墨西哥	山地相思	arbol del cuerno；binorama；chixcanal；cornezuelo；cuernitos；cuerno de toro；espino blanco；hoitzmamazali；huitzmamaxali；tepane；toritos；tzupin；zubin；zubinche
76	*Acacia coulteri*	墨西哥	库尔特相思	guajillo；guayavia；huajilla；ma-ua；palo blanco；palo de arco；tepeguaje
77	*Acacia crassifolia*	墨西哥	厚叶相思	centavillo
78	*Acacia crinita*	墨西哥	灰毛相思	gato；lanudita
79	*Acacia dealbata*	阿根廷	变白相思	acacia francesca
80	*Acacia decurrens*	阿根廷	下延金合欢	acacia natal
81	*Acacia dolichostachya*	伯利兹、小安的列斯群岛、墨西哥	多利科塔相思	black tamarind；subin
82	*Acacia farnesiana*	墨西哥、波多黎各、古巴、阿根廷、哥伦比亚、洪都拉斯、西印度群岛、伯利兹、巴哈马、维尔京群岛、美国、牙买加、委内瑞拉、危地马拉、乌拉圭、萨尔瓦多、巴西、秘鲁、多米尼加、瓜德罗普岛	金合欢	acacia；aroma；bihi；binorama；casha；catclaw；churqui；espinal；espinillo；espino ruco；esponjeira；finisache；gabia；guizache；guizache yondiro；huaranga；huisache；pauji；subinche；thujanum；tsurimbini；tusca；una de cabra；vinorama；xcantiris；zubinche
83	*Acacia furcatispina*	阿根廷	富卡塔相思	garabato；garanchi
84	*Acacia gaumeri*	墨西哥	高梅相思	box-katsin；catzin；katsim；katsin；ya-ax-katsim；yakatszin
85	*Acacia glauca*	墨西哥	青冈金合欢	dais

序号	学名	主要产地	中文名称	地方名
86	*Acacia globulifera*	墨西哥、洪都拉斯	球芯相思	cornezuelo；cornezuelo blanco；escanal；sak-subinche；subin；zakzubinche；zubinche
87	*Acacia greggii*	墨西哥、美国	格氏相思	catclaw；catclaw acacia；desota；devilsclaw；espino；gatuno；gregg catclaw；guayolote；huajillo；matorral；mimbre；palo liso；panelo；ramshorn；tepeguaje；yaxcatzim；zarza
88	*Acacia hindsii*	洪都拉斯、墨西哥、危地马拉	海氏相思	bullhorn acacia；carretadera；cornezuelo；huisache costeno；ixcanal；ixiconal；jarretadera
89	*Acacia iguana*	墨西哥	美洲相思	rabo de iguana
90	*Acacia koa*	美国	夏威夷相思	koalaunui
91	*Acacia macracantha*	海地、厄瓜多尔、墨西哥、哥伦比亚、波多黎各、委内瑞拉、阿根廷、秘鲁、洪都拉斯、古巴、美国、巴哈马、牙买加、维尔京群岛、向风群岛、多米尼加、荷属安的列斯群岛	大刺相思	acacia；algarrobo；aroma real；aromo real；binolo blanco；casha；cuji；espina de tinta；espinillo；faique；garrobo；guarango；guatapana；huarango；steel acacia；tamarindo silvestre；taque；wild tamarind
92	*Acacia maleolens*	巴西	马来相思	vinhatico do matto
93	*Acacia mayana*	墨西哥	马伦相思	crucetillo；pinuela
94	*Acacia mearnsii*	阿根廷	米氏相思	acacia centenario
95	*Acacia melanoxylon*	墨西哥、阿根廷、智利	黑相思	acacia；aromo negro；black sally；mimosa
96	*Acacia millefolia*	墨西哥	千叶相思	culuncuahui；tepemezquite blanco
97	*Acacia muricata*	波多黎各、维尔京群岛、西印度群岛、向风群岛	穆克相思	acacia nudosa；amarat；cajoba；ironwood；spineless acacia；tamarindo cimarron
98	*Acacia nayaritensis*	墨西哥	纳雅相思	huinacaxtillo
99	*Acacia neovernicosa*	墨西哥	内弗尼相思	chaparro prieto
100	*Acacia nilotica*	洪都拉斯、美国、西印度群岛、波多黎各、古巴、向风群岛	尼洛相思	acacia；amrad gum；casha；espino；goma arabica；goma de acacia；gomaarabiga
101	*Acacia occidentalis*	墨西哥	西方相思	teso；uasiua；uasiva；una de gato
102	*Acacia ortegae*	墨西哥	奥尔特相思	day

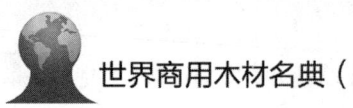

序号	学名	主要产地	中文名称	地方名
103	*Acacia pennatula*	墨西哥	佩纳相思	algarrobo；cajui；carbon；chirahui；coquete；cucabit；cuquet；espino；espino blanco；garrobo；guizache tepamo；huizache tepamo；quisache tepamo；shabshib；tepamo；yepouecha
104	*Acacia picachensis*	危地马拉	皮卡相思	orotguaje
105	*Acacia piparia*	巴西	皮帕里相思	malicia
106	*Acacia polyacantha*	波多黎各	多刺相思	catechu-tree
107	*Acacia polyphylla*	哥伦比亚、伯利兹、巴拿马、巴西、墨西哥、洪都拉斯、厄瓜多尔、危地马拉、圭亚那、秘鲁、委内瑞拉	多叶相思	barano；baranoa；chocolatillo；coratu；cujuba；espino；espino blanco；guarango；lagarto；monioleiro；monjoleiro；parika；pashaco；pashaco negro；sanpadrano；tiamo-gauie；veseet；white tamarind；yurunts
108	*Acacia praecox*	阿根廷	早花相思	aromo；garabato；garabato manso
109	*Acacia pringlei*	墨西哥	普林相思	cabico；gavia；guamuchil；quebracho；uthuthte
110	*Acacia retinodes*	墨西哥	胶状相思	mimosa
111	*Acacia rigidula*	美国、墨西哥	硬相思	blackbrush；blackbrush acacia；chaparro；chaparro prieto；gavia；uthuthte
112	*Acacia riparia*	墨西哥、哥伦比亚、伯利兹、阿根廷	利帕相思	carbenosa；carbonera；carita；chuckem；chukem；cola de iguana；gutuno blanco；rabo de iguana；sarsa；timbre；tlahuilol；una de gato；yax-kat-sin；yuquery guazu
113	*Acacia roemeriana*	美国、墨西哥	罗梅里相思	catclaw；roemer acacia；roemer catclaw；timbe
114	*Acacia rosei*	墨西哥	罗塞相思	day；vara colorada
115	*Acacia rostrata*	哥伦比亚	垂花相思	baranoa；iguanero de agua；rabo de iguano de agua
116	*Acacia sphaerocephala*	墨西哥	圆叶相思	cornezuelo；espino blanco；subin；subinche；zubin；zubinche
117	*Acacia standleyi*	墨西哥	斯坦相思	mauto；mauto blanco

序号	学名	主要产地	中文名称	地方名
118	*Acacia tenuifolia*	洪都拉斯、巴西、墨西哥、阿根廷、危地马拉、秘鲁	细叶相思	bisquite；carbon colorado；cola de lagarto；cubata；cuvata；espino；napinda hu；napinda negro；orotoguaje；pashaco；rabo de iguana；tepescohuite
119	*Acacia tortuosa*	牙买加、巴巴多斯、哥伦比亚、海地、波多黎各、美国、墨西哥、委内瑞拉、多米尼加、荷属安的列斯群岛	曲干相思	acacia-bush；akasee；aromo；bayahonde rouge；casia；catclaw；cuji；cuji torcido；huisachillo；huizache；huizache chino；sweet-briar；trupi；twisted acacia；wild poponax
120	*Acacia tucumanensis*	阿根廷	图库曼相思	garabato
121	*Acacia visco*	阿根廷	胶粘相思	arca；visci-arca；visco；viscote；yapan
122	*Acacia willardiana*	墨西哥	威拉迪相思	palo blanco；palo liso
	***Acalypha*（EUPHORBIACEAE）** 铁苋菜属（大戟科）		**HS CODE** **4403.99**	
123	*Acalypha adenostachya*	墨西哥	阿德诺铁苋菜	chilibtux；hierba del cancer
124	*Acalypha alopecuroides*	墨西哥	禾状铁苋菜	cancer
125	*Acalypha cincta*	墨西哥	辛克塔铁苋菜	hierba del cancer
126	*Acalypha cuneata*	厄瓜多尔	楔叶铁苋菜	quilch
127	*Acalypha diversifolia*	厄瓜多尔、洪都拉斯、墨西哥、秘鲁、巴西	众叶铁苋菜	canilla de venado；castillo de danto；chorao；costilla de caballo；costilla de danta；costilla de danto；fapia-guassu；rabode macaco；tapa camino；tapacamino；tapacamino colorado；tape-camino；yana varilla
128	*Acalypha hispida*	墨西哥	红穗铁苋菜	cola de gato；ne-mix
129	*Acalypha leptopoda*	墨西哥	莱普铁苋菜	palo blanco；sacacaquiui
130	*Acalypha macrostachya*	墨西哥、哥伦比亚、秘鲁	大穗铁苋菜	cola de gato；cometa；corneta；lagana de vieja；yana bara；yana ocuera；yana-ocuer de oyada；yana-vara；yana-varilla
131	*Acalypha scandens*	秘鲁	攀茎铁苋菜	varilla
132	*Acalypha schlechtendaliana*	墨西哥	斑叶铁苋菜	ischcapat-linaca；ischcapat-linaque
133	*Acalypha seleriana*	墨西哥	犀角铁苋菜	ch'ilib-tux
134	*Acalypha stricta*	秘鲁	密枝铁苋菜	puma-sisa
135	*Acalypha unibracteata*	墨西哥	单苞铁苋菜	ch'ilib-tux
136	*Acalypha villosa*	哥伦比亚、墨西哥	毛铁苋菜	salvia del monte；tapacamino
137	*Acalypha wilkesiana*	墨西哥	威氏铁苋菜	payasito

序号	学名	主要产地	中文名称	地方名
Acanthosyris（SANTALACEAE） 刺沙针属（檀香科）			**HS CODE** **4403.99**	
138	*Acanthosyris colombiana*	哥伦比亚	哥伦比亚刺沙针	matamaiz
139	*Acanthosyris falcata*	阿根廷	镰叶刺沙针	iba-he-e；ivahe；quebrachillo；sombra de touro
140	*Acanthosyris spinescens*	阿根廷、巴西、乌拉圭	刺沙针	cabo de langa；gua-he；iba-ee；iba-he-he；ibera-hu；ivahehe；quebrachillo；quebracho flojo；saxha-pera
Acer（ACERACEAE） 槭属（槭树科）			**HS CODE** **4403.99**	
141	*Acer barbatum*	墨西哥	硬刺槭	hammock maple；southern sugar maple；sugar maple
142	*Acer campestre*	美国	栓皮槭	field maple；great maple；hedge maple；norway maple
143	*Acer circinatum*	加拿大、美国	圆叶槭	erable circine；mountain maple；vine maple
144	*Acer floridanum*	美国	佛罗里达槭	
145	*Acer glabrum*	加拿大、美国、墨西哥	落基山槭	acero americano；amerikaanse esdoorn；amerikansk lonn；arce americano；bark maple；douglas maple；dwarf maple；erable americain；erable nain；maple；mountain maple；nered maple；shrubby maple；sierra maple
146	*Acer grandidentatum*	美国、墨西哥	巨齿槭	bigtooth maple；canyon maple；hard maple；large-toothed maple；maple；palo de azucar；sugar maple；uvalde bigtooth maple；western sugar maple
147	*Acer leucoderme*	美国、墨西哥	勒库槭	chalk maple；palebark maple；sugar maple；whitebark maple
148	*Acer macrophyllum*	加拿大、美国、墨西哥	东北槭	big-leaf；bigleaf maple；broadleaf maple；bugleaf maple；californian maple；grootbladi geesdoorn；jatte-lonn；manitoba maple；maple；oregon maple；pacific maple；soft maple；white maple

序号	学名	主要产地	中文名称	地方名
149	*Acer negundo*	墨西哥、美国、阿根廷、加拿大、危地马拉	梣叶槭	acecincle；acezintle；arce negundo；ash maple；ashleaf maple；ash-leaf maple；ask-lonn；california boxelder；erable negundo；inland boxelder；manitoba maple；negundo；negundo maple；plainea guigere；raxoch；sugar ash；veder-esdoorn；western boxelder
150	*Acer nigrum*	北美洲	黑槭	black maple；hard maple；rock maple
151	*Acer palmatum*	美国	鸡爪槭	green-leaf
152	*Acer pensylvanicum*	加拿大、美国、墨西哥	条纹槭	acero americano；bois barre；buckwood；erable de pennsyivanie；goose-foot maple；moose maple；moosewood；mountain alder；northern maple；strim-lonn；striped dogwood；striped maple；whistlewood
153	*Acer platanoides*	美国	挪威槭	field maple；great maple
154	*Acer pseudoplatanus*	美国	欧亚槭	curly maple；field maple；great maple；norway maple；sycamore maple
155	*Acer rubrum*	加拿大、美国、墨西哥	红花槭	acero rosso；arce rojo；drummond maple；erable；erable rouae；erable rouge；erable tendre；maple；plaine rouge；red maple；scarlet maple；silver maple；soft maple；swamp maple；white maple
156	*Acer saccharinum*	加拿大、美国、墨西哥	银槭	arce blanco；creek maple；erable argente；maple；papascowood；plaine blanche；river maple；silver maple；silverleaf maple；silver-lonn；soft maple；swamp maple；water maple；white maple；witte esdoorn；zilver-esdoorn
157	*Acer saccharum*	加拿大、美国、墨西哥	糖槭	arce de azucar；black maple；canadian maple；canadian rock maple；erable blanc；erable pique；hard maple；maple；river maple；rock maple；rough maple；sapwood；sugar maple；suiker-esdoorn；sweet maple；zucker ahorn
158	*Acer skutchii*	墨西哥	斯氏槭	agodoncillo

序号	学名	主要产地	中文名称	地方名
159	*Acer spicatum*	加拿大、美国、墨西哥	尖叶槭	dwarf maple；erable aepis；erable batard；goose-foot maple；low maple；moose maple；mountain maple；mountain maple-bush；plaine batarde；plaine bleue；spiked maple；water maple
***Achatocarpus*（ACHATOCARPACEAE）玛瑙果属（玛瑙果科）**			HS CODE 4403.99	
160	*Achatocarpus bicornutus*	阿根廷	新月形玛瑙果	cruz de espina；nuati kuruzu；tintoreiro
161	*Achatocarpus mexicanus*	墨西哥	墨西哥玛瑙果	limoncillo
162	*Achatocarpus nigricans*	墨西哥、哥伦比亚、厄瓜多尔	黑玛瑙果	huasicuco；limonche；limoncillo；mojan；negrito；palo dulce；pimientillo；zamurito
163	*Achatocarpus obovatus*	阿根廷	倒卵叶玛瑙果	ibira-hu；ibyra hu；perlitos；polo mataco
164	*Achatocarpus praecox*	阿根廷	早花玛瑙果	molle negro
165	*Achatocarpus spinulosus*	阿根廷	刺玛瑙果	ibera-hu
Achras（SAPOTACEAE）人心果属（山榄科）			HS CODE 4403.99	
166	*Achras zapota*	拉丁美洲	人心果	muy；naseberry；sapodilla；sapoti；spota au sapoti；zapota；zaya
Acnistus（SOLANACEAE）野烟木属（茄科）			HS CODE 4403.99	
167	*Acnistus arborescens*	厄瓜多尔、巴西、哥伦比亚、波多黎各、哥斯达黎加、秘鲁、委内瑞拉、尼加拉瓜、特立尼达、多米尼加、向风群岛	树状野烟木	bastard sirio；cojojo；fruta de sabia；fruto gallino；gollinero；guitite；hollowheart；macapaqui；marianeira；matagallina；mixto；niguito；palo de gallina；quiebra ollas；sacha piral；siyou；tabaco de monte；tabalgue；tomatoquina；toque；uvito；wild tobacco
Acoelorrhaphe（PALMAE）马来椰属（棕榈科）			HS CODE 4403.99	
168	*Acoelorrhaphe pimo*	墨西哥	皮莫马来椰	pimo
169	*Acoelorrhaphe wrightii*	美国、墨西哥	魏氏马来椰	everglades palm；paurotis；paurotis palm；saw-cabbage palm；silver saw palmetto；silver-saw palmetto；tasiste

序号	学名	主要产地	中文名称	地方名
Acosmium（FABACEAE） 埃可豆属（蝶形花科）			**HS CODE** **4403.99**	
170	*Acosmium dasycarpum*	巴西、阿根廷	粗果埃可豆	amargozinho；cascudo；chapada；ibira-y-yu；lapachillo；lapachin；lapacho do campo；lepacho del campo；lopachillo；milome；peroba miuda；perobinha；perobinha tigre；unha d'anta
171	*Acosmium nitens*	巴西、委内瑞拉、苏里南、圭亚那	亮叶埃可豆	arapichuna；congrio；darura；hoerocwassa；itaubarana；kamarakata；piranheira；sierietjo；sonbogienhatti；wadili-hoeroewassa；wassiba-omera-kodikoro；water groenhart；watragrien
172	*Acosmium panamense*	洪都拉斯、墨西哥、伯利兹、哥斯达黎加、危地马拉、巴西、萨尔瓦多、哥伦比亚、委内瑞拉、巴拿马	帕纳埃可豆	almendra；balsamo amarillo；carboncillo；cascara amarga；cencerro；chacte；chichipate；cisapollopo；corteza de honduras；coyote；guachipilin；guayacan corriente；huesito；malvecino；rejo；rosewood；visapolollo
173	*Acosmium praeclara*	圭亚那	岩生埃可豆	blackheart
174	*Acosmium praeclurum*	拉丁美洲	黑心埃可豆	billy；blackheart；cencerro；chakte；coyote；rejo；vera de agua；webb
Acrocomia（PALMAE） 刺茎椰子属（棕榈科）			**HS CODE** **4403.99**	
175	*Acrocomia aculeata*	委内瑞拉、伯利兹、特立尼达、牙买加、苏里南、巴西、阿根廷、圭亚那、多米尼加	针尖刺茎椰子	corozo；gru-gru；gru-gru palm；kaumakka；macacauba；macasuba；mbocaya；mocaya；moucaya
176	*Acrocomia media*	波多黎各、美国	中性刺茎椰子	corozo；palma de corozo；prickly palm；puerto rico acrocomia
177	*Acrocomia mexicana*	墨西哥、洪都拉斯	墨西哥刺茎椰子	biga-raagu；cocoyol；cocoyul；colconab；coquito baboso；coyol；coyol baboso；coyol redondo；coyul；cum；guacoyol；guacoyul；map；mocot；pi-lu；ticachiti；tuk；wine palm

序号	学名	主要产地	中文名称	地方名
Adansonia（Malvaceae） 猴面包属（锦葵科）			**HS CODE** **4403.99**	
178	*Adansonia digitata*	西印度群岛、巴西、海地、荷属安的列斯群岛	手指状猴面包木	guinea tamarind；iciboicica；mapou zombi
Adelia（EUPHORBIACEAE） 柑桐属（大戟科）			**HS CODE** **4403.99**	
179	*Adelia barbinervis*	墨西哥	髭脉柑桐	acalocochoc；ata；chau；espino blanco；itztacuitzli
180	*Adelia membranifolia*	阿根廷	膜叶柑桐	nuati moroti
181	*Adelia oaxacana*	墨西哥	瓦哈柑桐	caca de gallina；nanche de monte
182	*Adelia ricinella*	波多黎各、古巴、委内瑞拉、多米尼加	里基柑桐	cotorro；escambron；espinillo；gavilan；gia blanca；jia；jia blanca；polegallo
183	*Adelia triloba*	洪都拉斯、哥伦比亚、尼加拉瓜	三裂柑桐	agajo；bagre；escambron；naranjito
Adenanthera（MIMOSACEAE） 孔雀豆属（含羞草科）			**HS CODE** **4403.99**	
184	*Adenanthera macrocarpa*	巴西、巴拉圭	大果孔雀豆	angico-preto；cebil；cebil colorado；curupay；curupay-ata；dark angico
185	*Adenanthera pavonina*	圭亚那、维尔京群岛、波多黎各、古巴、特立尼达、巴西、美国、多米尼加、向风群岛、瓜德罗普岛	孔雀豆	buckbead；coqquelicot；coral；coralillo；coralitos；jumbie-bead；mato colorado；palo de mato；pau tento；peronias；peronias chatas；sandal bead-tree；tento carolina
186	*Adenanthera pregrina*	阿根廷	阿根廷孔雀豆	angico-branco；curupau；huico；huilca；vilca；white algerba；wilco；willca
Adenaria（LYTHRACEAE） 青虾花属（千屈菜科）			**HS CODE** **4403.99**	
187	*Adenaria floribunda*	哥伦比亚、巴拿马、委内瑞拉、秘鲁	多花青虾花	chaparral；fruta de pavo；guayabito；gurima-ey；puca-varila；rumo-caspi
Adenia（PASSIFLORACEAE） 蒴莲属（西番莲科）			**HS CODE** **4403.99**	
188	*Adenia cubensis*	古巴	古巴蒴莲	hierro
189	*Adenia macrophylla*	秘鲁	大叶蒴莲	

序号	学名	主要产地	中文名称	地方名
190	*Adenia rumiciflora*	秘鲁	酸模花蒴莲	
Aegiphila（VERBENACEAE） 羊喜木属（马鞭草科）			**HS CODE** **4403.99**	
191	*Aegiphila alba*	厄瓜多尔	白羊喜木	margarita；sheriquina
192	*Aegiphila deppeana*	墨西哥、哥伦比亚	德佩羊喜木	bejuco de peine de mico；sauco del monte
193	*Aegiphila elata*	墨西哥	高羊喜木	taco；taquito
194	*Aegiphila falcata*	墨西哥	镰叶羊喜木	taco；taquito
195	*Aegiphila fasciculata*	洪都拉斯	簇花羊喜木	vara blanca
196	*Aegiphila filipes*	秘鲁	细柄羊喜木	chirapa sacha
197	*Aegiphila integrifolia*	厄瓜多尔	全缘叶羊喜木	pecho de gallina
198	*Aegiphila martinicensis*	巴西、波多黎各、巴巴多斯、巴拿马、瓜德罗普岛	马丁羊喜木	bois cabri；capaillo；spiritweed；wild jasmine
199	*Aegiphila membranacea*	巴拿马	膜叶羊喜木	
200	*Aegiphila mollis*	哥伦比亚	软羊喜木	san juan de la verdad
201	*Aegiphila monstruosa*	墨西哥、中美洲	蒙斯特羊喜木	cafe cimmaron；talalachi；vara blanca
202	*Aegiphila monticola*	厄瓜多尔	山地羊喜木	palo zapallo
203	*Aegiphila pauciflora*	伯利兹	少花羊喜木	sac-bay-eck
204	*Aegiphila peruviana*	秘鲁	秘鲁羊喜木	chirapa sacha；huaca
205	*Aegiphila sellowiana*	厄瓜多尔	塞洛维羊喜木	cusum
Aegle（RUTACEAE） 木橘属（芸香科）			**HS CODE** **4403.99**	
206	*Aegle marmelos*	墨西哥	木橘木	membrillo de bengala
Aeschrion（SIMAROUBACEAE） 爱舍苦木属（苦木科）			**HS CODE** **4403.49**	
207	*Aeschrion crenata*	阿根廷、巴西	圆齿爱舍苦木	palo amargo；pau amargo；pau jose；pau tenente；quassia；quassia do sul；quina brava
208	*Aeschrion cubensis*	古巴	古巴爱舍苦木	ciruelillo
209	*Aeschrion excelsa*	古巴	大爱舍苦木	palo amargo

序号	学名	主要产地	中文名称	地方名
210	*Aeschrion selleana*	牙买加	塞拉纳爱舍苦木	jamaica bitterwood；jamaica quassia
Aeschynomene （FABACEAE） **合萌属（蝶形花科）**			**HS CODE** **4403.99**	
211	*Aeschynomene ciliata*	古巴	纤毛合萌	palo bobo de agua
212	*Aeschynomene sensitiva*	墨西哥、古巴	敏感合萌	chipile；palo bobo de agua
213	*Aeschynomene virginica*	古巴	弗吉尼亚合萌	sensitive jointvetch；virginia jointvetch
Aesculus （HIPPOCASTANACEAE） **七叶树属（七叶树科）**			**HS CODE** **4403.99**	
214	*Aesculus californica*	美国	加州七叶树	california buckeye；horse chestnut；pavier de california
215	*Aesculus carnea*	美国	红七叶树	damask buckeye；red horse chestnut
216	*Aesculus flava*	美国	黄花七叶树	amerikansk kastanje；big buckeye；buckeye；castagno americano；castano americano；large buckeye；marronnier americain；ohio buckeye；sweet buckeye；yellow buckeye
217	*Aesculus glabra*	美国	光滑七叶树	american horse chestnut；amerikaanse kastanje；amerikansk kastanje；buckeye；castagno americano；castano americano；fetid；fetid buckeye；marronnier americain；ohio buckeye；ohio kastanie；sevenleaf buckeye；smooth buckeye；stinking buckeye
218	*Aesculus hippocastanum*	美国	欧洲七叶树	horse chestnut
219	*Aesculus octandra*	美国	八蕊七叶树	sweet buckeye；yellow buckeye
220	*Aesculus parviflora*	美国	小花七叶树	bottlebrush buckeye；shrubby buckeye
221	*Aesculus pavia*	美国	红花七叶树	buckeye；firecracker-plant；pavia roja；pavia rossa；pavia rouge；red buckeye；red pavia；red-flowered buckeye；rod pavia；rode pavia；scarlet buckeye；woolly buckeye
222	*Aesculus sylvatica*	美国	林生七叶树	dwarf buckeye；georgia buckeye；painted buckeye

序号	学名	主要产地	中文名称	地方名
Aextoxicon（AEXTOXICACEAE） **鳞枝属（鳞枝树科）**			**HS CODE** **4403.99**	
223	_Aextoxicon punctatum_	智利	鳞枝木	aceitunillo；olivillo；palo muerto；roble；teque；tique；tuque
Ageratina（COMPOSITAE） **假藿香蓟属（菊科）**			**HS CODE** **4403.99**	
224	_Ageratina ligustrina_	墨西哥	女贞假藿香蓟	chichitlaco
225	_Ageratina resiniflua_	波多黎各	树脂假藿香蓟	guerrero
Agonandra（OPILIACEAE） **西柚属（山柚子科）**			**HS CODE** **4403.99**	
226	_Agonandra brasiliensis_	巴西、哥伦比亚、委内瑞拉	巴西西柚木	aceituno；amarellao；caimancillo；chicharron；hoja menuda；mamon de venado；marfim；marfinzeiro；pao marfim；pau bucha；pau marfim；sangrito de loalto
227	_Agonandra conzattii_	墨西哥	康氏西柚木	maromero；negrito
228	_Agonandra excelsa_	阿根廷	大西柚木	caona；meloncillo；sombra del toro
229	_Agonandra obtusifolia_	墨西哥	钝叶西柚木	granadilla；granadillo；revienta cabras
230	_Agonandra peruviana_	秘鲁	秘鲁西柚木	
231	_Agonandra racemosa_	墨西哥	聚果西柚木	chilillo；limoncillo；margarita；palo del golpe；pega hueso；peinecillo；suelda；suelda con suelda
232	_Agonandra silvatica_	墨西哥	林生西柚木	
Ailanthus（SIMAROUBACEAE） **臭椿属（苦木科）**			**HS CODE** **4403.99**	
233	_Ailanthus altissima_	墨西哥、美国、加拿大	臭椿	ailante；ailanthus；ailanto；ailantus；albero del paradiso；arbolel cielo；chinese sumach；copaltree；falso zumaque；gudstrad；hemelboom；piede di cavallo；stinking chun
Aiouea（LAURACEAE） **杯托樟属（樟科）**			**HS CODE** **4403.99**	
234	_Aiouea bambillensis_	秘鲁	班比伦杯托樟	yaco-moena
235	_Aiouea brasiliensis_	巴西	巴西杯托樟	amajouva
236	_Aiouea costaricensis_	尼加拉瓜、哥斯达黎加	哥斯达黎加杯托樟	capirote；ira rosa
237	_Aiouea dubia_	秘鲁	美洲杯托樟	moena del agua；yaco-moena

序号	学名	主要产地	中文名称	地方名
238	*Aiouea guianensis*	圭亚那	圭亚那杯托樟	
239	*Aiouea laevis*	圭亚那	平滑杯托樟	
240	*Aiouea myristicoides*	巴西	迈瑞杯托樟	
241	*Aiouea tenella*	巴西	膜叶杯托樟	ajubo
Aiphanes （PALMAE） 刺叶椰子属（棕榈科）			**HS CODE** **4403.99**	
242	*Aiphanes acanthophylla*	波多黎各、美国	刺叶椰子	coyora；coyore；coyure；coyure ruffle palm；palma de coyor
Albizia （MIMOSACEAE） 合欢属（含羞草科）			**HS CODE** **4403.49**	
243	*Albizia adinocephala*	墨西哥	阿迪诺合欢木	chapulaltapa；chipilon；frijolillo negro；quiebra muela
244	*Albizia barranquillas*	哥伦比亚	巴兰基亚合欢木	guacamayo
245	*Albizia berteriana*	古巴、海地、多米尼加	贝塔合欢木	abey blanco；bois savanne
246	*Albizia carbonaria*	哥伦比亚、波多黎各、委内瑞拉	卡里合欢木	bayeto antioqueno；carbonero；carbonero blanco；carbonero de sombria；dormilon；gallinazo；guamuche；muche blanco；pisquin
247	*Albizia caribaea*	拉丁美洲	加勒比合欢木	carabaea；tantakayo
248	*Albizia carrii*	拉丁美洲	卡氏合欢木	
249	*Albizia julibrissin*	阿根廷、美国	合欢木	acacia de constantin opla；constantin ople acacia；julibrissin；mimosa；silktassel-tree
250	*Albizia lebbeck*	波多黎各、古巴、委内瑞拉、西印度群岛、百慕大、海地、萨尔瓦多、哥伦比亚、巴西、特立尼达、美国、巴哈马、维尔京群岛、多米尼加、瓜德罗普岛	大叶合欢木	acacia amarilla；aroma francesa；black ebony；bois noir；canjuro；casia amarilla；coracao de negro；dormilon；east indian walnut；faurestina；guarmuche；lebbek albizia；lengua viperina；muche；musico；pisquin；saman；tibet；womans-tongue
251	*Albizia multiflora*	巴西、阿根廷、玻利维亚	多花合欢木	cannafistu la；timbo blanco
252	*Albizia niopioides*	秘鲁、阿根廷、委内瑞拉、墨西哥、巴拿马、巴拉圭	矮根合欢木	anchico blanco；blanquillo blanco；carabali；guaje blanco；pasacho amarillo；pashaco；tantakayo；tinecu；yvyra ju；yvyraju
253	*Albizia occidentalis*	巴拉圭	西方合欢木	

序号	学名	主要产地	中文名称	地方名
254	*Albizia pistaciifolia*	哥伦比亚	黄连叶合欢木	guayacan；guayacan chaparro；guayacan cienega
255	*Albizia polycephala*	巴西、委内瑞拉、阿根廷	多花刺合欢木	cacunda；caro huesco de pescado；hueso de pescado；timbo blanco；timbo hiata；timbo moroti
256	*Albizia procera*	波多黎各	白格	acacia；tall albizzia
257	*Albizia sinaloensis*	墨西哥	锡那合欢木	palo joso
258	*Albizia tomentosa*	墨西哥、伯利兹	毛合欢木	guacastillo；guanacaste blanco；nacastillo；palo joso；paratilla；paratillo；prickly-yellow；tepesontle；tepezontle；tepozontle；wild tamarind；xiahtimin
	Alchornea（EUPHORBIACEAE） 山麻杆属（大戟科）	**HS CODE** **4403.49**		
259	*Alchornea aquifolia*	哥伦比亚	冬青叶山麻杆	
260	*Alchornea castaneifolia*	哥伦比亚、秘鲁	山麻杆	serren-serren；yaco-chihua
261	*Alchornea costaricensis*	尼加拉瓜	哥斯达黎加山麻杆	concha de congrejo
262	*Alchornea discolor*	尼加拉瓜	变色山麻杆	
263	*Alchornea glandulosa*	阿根廷、厄瓜多尔	腺叶山麻杆	amor seco；guilmo；kantsa；pechuga de gallina；pechuga de gallino；pihua muyu yura
264	*Alchornea grandiflora*	委内瑞拉	大花山麻杆	canaflote
265	*Alchornea grandis*	委内瑞拉	大山麻杆	
266	*Alchornea haitiensis*	海地	海地山麻杆	graind'or
267	*Alchornea iricurana*	巴西、阿根廷	伊瑞库山麻杆	hervade frieira；mora blanca；tapia；tapia-guassu
268	*Alchornea latifolia*	波多黎各、古巴、海地、危地马拉、墨西哥、洪都拉斯、哥斯达黎加、牙买加、厄瓜多尔、萨尔瓦多、多米尼加	阔叶山麻杆	achiotillo；aguacatillo；bacona；bois crapaud；bois vache；cajeton；canelito；carreton；chayote；chote；crapaud；dovewood；kanak；kantsa；palo de cotorra；palo de huevo；pastillo；pochote；pozol agrio；tambor
269	*Alchornea pycnogyne*	巴西	皮克诺山麻杆	tapia-guassu
270	*Alchornea schomburgkii*	圭亚那	舍氏山麻杆	cassava-tree
271	*Alchornea sidaefolia*	巴西	茎花山麻杆	tapia；urucurana

序号	学名	主要产地	中文名称	地方名
272	*Alchornea triplinervia*	厄瓜多尔、巴西、圭亚那、秘鲁	三脉山麻杆	bayan；boleiro；caixeta；canela；cassavawood；cocapano；cocopano；colorado-balsa；folhade bolo；malcacheta；mojara；mojarra；mojars；rapia guaco；rapia mirim；samambaia；tanheiro；tapia-guacu
Alchorneopsis（EUPHORBIACEAE）穗麻杆属（大戟科）			**HS CODE** 4403.99	
273	*Alchorneopsis floribunda*	圭亚那	多花穗麻杆	aurosauri；cassava-tree；kanakudiballi
274	*Alchorneopsis portoricensis*	波多黎各	波多黎各穗麻杆	palo de gallina
275	*Alchorneopsis trimera*	苏里南	三节穗麻杆	alepawerie；cassave hout；kanekidiballi ojoto；kanekikidiballi
Aldina（FABACEAE）玉桃豆属（蝶形花科）			**HS CODE** 4403.99	
276	*Aldina heterophylla*	巴西	异叶玉桃豆	macucu；macucu de paca
277	*Aldina insignis*	圭亚那	显著玉桃豆	dakamaballi；tatang
Alectryon（SAPINDACEAE）红冠果属（无患子科）			**HS CODE** 4403.99	
278	*Alectryon macrococcus*	美国	大球红冠果	mahoe
Aleurites（EUPHORBIACEAE）石栗属（大戟科）			**HS CODE** 4403.99	
279	*Aleurites moluccana*	西印度群岛、萨尔瓦多、波多黎各、美国、古巴、巴西、圭亚那、海地、多米尼加	石栗	acrot；arbol de indias；candlenut；kemeri；kukui；nogal；nogal de la india；nogal prieto；nogueira；nogueira de bancul；nogueira de iguape；noix de bancoul；noyer des indes；nuez de india；tungnut；varnish-tree；wild date
280	*Aleurites triloba*	西印度群岛	三裂石栗	
Alexa（FABACEAE）护卫豆属（蝶形花科）			**HS CODE** 4403.49	
281	*Alexa canaracunensis*	委内瑞拉、巴西	卡纳护卫豆	caicareno；kadapa；kaiapa；karapa；kayapa；tunadi
282	*Alexa confusa*	委内瑞拉、巴西	杂色护卫豆	cule yek；guamo peludo；kure
283	*Alexa cowanii*	委内瑞拉、巴西	柯氏护卫豆	tinajita；tinajito

序号	学名	主要产地	中文名称	地方名
284	*Alexa grandiflora*	巴西	大花护卫豆	melancieira
285	*Alexa imperatricis*	圭亚那、委内瑞拉	圭亚那护卫豆	aroemata; crook; haiari; haiariballi; kapai; koto; leche de cochino; neko-oudou
286	*Alexa leiopetala*	圭亚那	平瓣护卫豆	haiariballi; haiarilli; kapai; koatoi
287	*Alexa surinamensis*	圭亚那、苏里南	苏里南护卫豆	haiariballi; muellera
288	*Alexa wachenheimii*	圭亚那、苏里南、法属圭亚那	瓦氏护卫豆	aroemata; arromatta belero; crook; haiari; haiariballi; korrekoran; nekoe hoedoe
	***Alfaroa*（JUGLANDACEAE）** **南美黄杞属（胡桃科）**		**HS CODE** **4403.99**	
289	*Alfaroa costaricensis*	哥斯达黎加	哥斯达黎加黄杞	campano chile; chiciscua; gaulin; gavilan colorado; gavilancillo
	***Alibertia*（RUBIACEAE）** **阿利伯属（茜草科）**		**HS CODE** **4403.99**	
290	*Alibertia edulis*	墨西哥、洪都拉斯、巴西	可食阿利伯	canilla de venado; cascarita; castarrica; costarrica; guayaba de monte; guayaba de venado; guayabito; lirio; malaquito; naranjillo; palo de jarro; puruhy sinko
291	*Alibertia myrciifolia*	巴西	杨梅叶阿利伯	
292	*Alibertia triflora*	巴西	三花阿利伯	
	***Allamanda*（APOCYNACEAE）** **黄蝉属（夹竹桃科）**		**HS CODE** **4403.99**	
293	*Allamanda cathartica*	圭亚那	软枝黄蝉	allamanda; barudaballi; buttercup; wild senna
	***Allantoma*（LECYTHIDACEAE）** **爪玉蕊属（玉蕊科）**		**HS CODE** **4403.49**	
294	*Allantoma integrifolia*	巴西	全缘叶爪玉蕊	
295	*Allantoma lineata*	巴西	线形爪玉蕊	ceru; sapucaia
	***Allophylus*（SAPINDACEAE）** **异木患属（无患子科）**		**HS CODE** **4403.99**	
296	*Allophylus campostachys*	墨西哥	弯穗异木患	cascarilla blanca; cascarillo; cascarillo blanco; rabo de lagarto
297	*Allophylus cominia*	墨西哥、伯利兹、海地、古巴、哥伦比亚、多米尼加	科米尼亚异木患	bikbach; huesillo; ikbach; ixbahach; marguerite; san pedro; trois paroles; yanilla

序号	学名	主要产地	中文名称	地方名
298	*Allophylus crassinervis*	波多黎各、多米尼加	粗脉异木患	polo blanco
299	*Allophylus divaricatus*	秘鲁	两歧异木患	yurac-tortilla-caspi
300	*Allophylus edulis*	阿根廷、智利、巴拉圭、巴西	可食异木患	chalchai de gallina；chal-chal；cocu；granadillo；koku；picazu-rembiu；vacu；vaccum
301	*Allophylus floribundus*	厄瓜多尔、秘鲁	多花异木患	paku yaji；shitari-caspi；shitari-caspi colorado；shitari-runtu-caspi；yucunchi
302	*Allophylus longeracemosus*	伯利兹、墨西哥	长穗异木患	bastard axemaster；cascarilla blanca；cascarillo；cascarillo blanco
303	*Allophylus pilosus*	厄瓜多尔	茸毛异木患	tsajave'cco
304	*Allophylus psilospermus*	墨西哥	光籽异木患	kamchunup
305	*Allophylus punctatus*	厄瓜多尔	斑纹异木患	sara muyu yura
306	*Allophylus racemosus*	海地、哥斯达黎加、委内瑞拉、伯利兹、波多黎各、古巴、多米尼加	总状异木患	cafe jaune；esuqitillo；fruta paloma；huesillo；kistenbaum；marfil；palo blanco；palo de caja；petit cafe；quiebrahacha；trois paroles
307	*Allophylus scrobiculatus*	厄瓜多尔、秘鲁	浅沟异木患	paccoyajecho；parinard；quinilla colorado；shimbillo；supai-ocote
	***Alnus*（BETULACEAE）** **桤木属（桦木科）**		**HS CODE** **4403.99**	
308	*Alnus acuminata*	委内瑞拉、哥斯达黎加	披针叶桤木	aliso；jaul
309	*Alnus arguta*	墨西哥	白桤木	abedul；aile；aliso；elite；palo de aguila
310	*Alnus firmifolia*	墨西哥	刚毛赤杨	aile；cuatlapal
311	*Alnus glabrata*	墨西哥	光滑桤木	aile；aliso；elite；ilite
312	*Alnus glutinosa*	美国	欧洲桤木	black alder；european black alder
313	*Alnus incana*	美国	灰赤杨	black alder；grey alder；hoary alder；speckled alder
314	*Alnus jorullensis*	墨西哥、阿根廷、哥伦比亚、厄瓜多尔	乔鲁桤木	aile；aliso；aliso de cerro；aliso del cerro；ilite verde；ilitl
315	*Alnus maritima*	美国	东北赤杨	aliso de formosa；aune du formosa；formosa-al；ontano di formosa；seaside alder
316	*Alnus nepalensis*	美国	西南桤木	nepal alder

序号	学名	主要产地	中文名称	地方名
317	*Alnus oblongifolia*	墨西哥、美国	长圆叶桤木	alamillo; arizona alder; lanceleaf alder; mexican alder; new mexican alder; oblong-leaved alder
318	*Alnus pringlei*	墨西哥	普林桤木	aliso
319	*Alnus rhombifolia*	美国	菱叶桤木	aliso blanco americano; aune blanc americain; california alder; mountain alder; ontano bianco dell'oregon; oregon-al; sierra alder; skledros; white alder
320	*Alnus rubra*	加拿大、美国	红桤木	aliso americano; amerikaanse rodeels; auned'oregon; ontano dell'oregon; oregon alder; oregon erle; oregon-al; pacific coast alder; red alder; western alder
321	*Alnus serrulata*	美国	齿状桤木	black alder; common alder; hazel alder; smooth alder; tag alder
322	*Alnus spachi*	阿根廷	斯帕奇桤木	aliso del cerro
323	*Alnus tenuifolia*	北美洲西部	细叶桤木	mountain alder; thinleaf alder
324	*Alnus viridis*	美国	绿桤木	green alder
	Alphitonia （RHAMNACEAE） 麦珠子属 （鼠李科）		**HS CODE** **4403. 99**	
325	*Alphitonia ponderosa*	美国	庞氏麦珠子	kauai kauila; kauila
	Alseis （RUBIACEAE） 热美茜草属 （茜草科）		**HS CODE** **4403. 99**	
326	*Alseis floribunda*	秘鲁	多花热美茜草木	alséis fleuri; arma-de-serra; canela-de-velho; falsa-pelada; flowery alseis; gabetilloblanco; quina-de-sao-paulo
327	*Alseis peruviana*	秘鲁	秘鲁热美茜草木	mishoquiro; misho-quiro; muela de gato; palo blanco; palo de vaca; pino regional
328	*Alseis trichocarpa*	秘鲁	毛果热美茜草木	aboarana; carutillo; lengua de vaca; southamerica alseis; tabuarana; totumillo
329	*Alseis yucatana*	伯利兹	尤卡坦热美茜草木	wild mamee
330	*Alseis yucatansesis*	墨西哥	尤卡坦斯热美茜草木	cacaoche; kakaoche; papelillo; tabaquillo

序号	学名	主要产地	中文名称	地方名
Alstonia（APOCYNACEAE） 鸡骨常山属（夹竹桃科）			**HS CODE** **4403.49**	
331	*Alstonia longifolia*	墨西哥	长叶盆架木	chamisillo
332	*Alstonia scholaris*	美国	糖胶树	palimara alstonia
Alvaradoa（PICRAMNIACEAE） 槐椿属（苦榄木科）			**HS CODE** **4403.99**	
333	*Alvaradoa amorphoides*	墨西哥、萨尔瓦多、洪都拉斯、美国	异形槐椿木	bel-ciniche；camaron；charagallo；cuetze；guacipil；gueguetzi；huachipil；huichipil；kalmia；loma；mexican alvaradoa；palo de hormiga；plumajillo；ruda cimarrona；silktree；suetsink-che；xbesinikche；zorra
Amaioua（RUBIACEAE） 犰狳棠属（茜草科）			**HS CODE** **4403.99**	
334	*Amaioua corymbosa*	巴西	伞房犰狳棠	
335	*Amaioua guianensis*	巴西、圭亚那	圭亚那犰狳棠	carvoeiro；komaramara balli；kumaramara
336	*Amaioua monteiroi*	巴西	蒙氏犰狳棠	puruhy grande
Amanoa（EUPHORBIACEAE） 阿马大戟属（大戟科）			**HS CODE** **4403.99**	
337	*Amanoa caribaea*	小安的列斯群岛、瓜德罗普岛	加勒比阿马大戟木	bois rouge；carapite；paletuvier gris；paletuvier gris montagne
338	*Amanoa congesta*	伯利兹	密花阿马大戟木	
339	*Amanoa grandiflora*	伯利兹	大花阿马大戟木	swamp icaco
340	*Amanoa guianensis*	圭亚那、苏里南	圭亚那阿马大戟木	bois de lettre rouge；bow-wood；huba-aida；konolibi；konoribi；kwatamoperi；lettremarbre rubane；piat；wild maran
341	*Amanoa nanayensis*	圭亚那	南叶阿马大戟木	
342	*Amanoa oblongifolia*	圭亚那	长圆叶阿马大戟木	
343	*Amanoa sinuosa*	圭亚那	弯曲阿马大戟木	

序号	学名	主要产地	中文名称	地方名
Amaracarpus（RUBIACEAE） 沟果九节属（茜草科）			**HS CODE** **4403.99**	
344	*Amaracarpus brassii*	苏里南	巴氏沟果九节	
Ambelania（APOCYNACEAE） 林瓜树属（夹竹桃科）			**HS CODE** **4403.99**	
345	*Ambelania acida*	圭亚那、苏里南	酸林瓜树	makorire；makoriro；wakorira batibati
346	*Ambelania laxa*	巴西	疏叶林瓜树	molongo
347	*Ambelania quadrangularis*	委内瑞拉	方形林瓜树	guayabo de monte
348	*Ambelania ternstroemiacea*	巴西	芭蕉林瓜树	sorva da catinga
Amburana（FABACEAE） 良木豆属（蝶形花科）			**HS CODE** **4403.49**	
349	*Amburana acreana*	巴西、秘鲁、阿根廷、巴拉圭、玻利维亚	良木豆	amburana；cerejeira；cumaru de cheiro；imburana；ishpingo；palo trebol；roble de pais；soryoko
350	*Amburana cearensis*	阿根廷、巴西、玻利维亚、秘鲁、巴拉圭	巴西良木豆	amburana；amburanade cheiro；cerejeira rajada；cumare；cumaru de cheiro；imbarana；imburana；jujuy；palo de trebol；palo trebol；roble；roble de pais；roble del pais；salta；sorgoto；sorioco；trebol；umbarana；umburana cheira
351	*Amburana erythrosema*	巴西	赤式良木豆	
352	*Amburana rosea*	玻利维亚	红花良木豆	roble
Amelanchier（ROSACEAE） 唐棣属（蔷薇科）			**HS CODE** **4403.99**	
353	*Amelanchier alnifolia*	美国、加拿大	桤叶唐棣	juneberry；pacific serviceberry；pigeonberry；rocky mountain servicetree；sarvice；sarviceberry；saskatoon；saskatoon serviceberry
354	*Amelanchier arborea*	美国	树状唐棣	allegheny serviceberry；apple shadbush；downy serviceberry；serviceberry；shadblow；shadblown serviceberry；shadbush；shadbush serviceberry

序号	学名	主要产地	中文名称	地方名
355	*Amelanchier canadensis*	美国、加拿大	加拿大唐棣	currant-tree；downy serviceberry；indian cherry；indian pear；indian wild pear；juice plum；juneberry；lancewood；may cherry；poire petite；sarvice；sarviceberry；servicetree；shadberry；shadbush serviceberry；shadflower；sugar plum；wild pear
356	*Amelanchier laevis*	美国	平滑唐棣	northern smooth shadbush；serviceberry；shadbush；shadbush serviceberry
357	*Amelanchier nervosa*	墨西哥	多脉唐棣	membrillito
358	*Amelanchier ovalis*	美国	卵形唐棣	medlar；serviceberry；shadbush
359	*Amelanchier pallida*	美国	淡紫唐棣	serviceberry
360	*Amelanchier sanguinea*	美国	红花唐棣	huron serviceberry；roundleaf juneberry；round-leaf serviceberry；serviceberry；shore shadbush
361	*Amelanchier utahensis*	美国	犹他唐棣	utah serviceberry
	***Amomyrtus*（MYRTACEAE） 小凤榴属（桃金娘科）**		**HS CODE 4403.99**	
362	*Amomyrtus luma*	智利	鲁玛小凤榴	luma；west indian sandalwood
	***Amorpha*（FABACEAE） 紫穗槐属（蝶形花科）**		**HS CODE 4403.99**	
363	*Amorpha californica*	美国	加州紫穗槐	locust
364	*Amorpha fruticosa*	美国、阿根廷	灌木状紫穗槐	bastard indigo；false indigo；falso indigo；gemeiner-indigo；indaco bastardo；indigo faux；indigo-bush；shrubby amorpha；wild indigo
	***Ampelocera*（ULMACEAE） 藤榆属（榆科）**		**HS CODE 4403.99**	
365	*Ampelocera cubensis*	海地、古巴	古巴藤榆	bois blanc；grandes feuilles；palo tortuga
366	*Ampelocera edentula*	圭亚那、苏里南、玻利维亚、巴西	缺齿藤榆	adabadan；blanquillo；para canahuba；para canauba；stinkwood
367	*Ampelocera hottlei*	哥伦比亚、伯利兹、墨西哥、危地马拉、古巴、委内瑞拉、洪都拉斯	蜡藤榆	achote del monte；arepito；bullhoof；casco de venado；cautivo；chaperno；cuerillo；female bullhoof；frijolillo；hueso；luin；luin hembra；manteca；manteco；zitsmuk

序号	学名	主要产地	中文名称	地方名
Amphitecna（BIGNONIACEAE） 米糠树属（紫葳科）			**HS CODE** **4403.99**	
368	*Amphitecna cucurbitina*	古巴	库比米糠树	maguira
369	*Amphitecna latifolia*	伯利兹、洪都拉斯、美国、哥斯达黎加、特立尼达、哥伦比亚、小安的列斯群岛、海地、委内瑞拉、波多黎各、古巴、墨西哥、西印度群岛、巴拿马、多米尼加	阔叶米糠树	black calabash；black calabash-tree；cacao silvestre；calabash；calabasillo；calabasse schwarze；calebasse marron；calebasse zombie；camuro；colebasse；guira；guira de olor；higuerillo；jicarillo；matesillo；taparito；totumillo；totumito；wild calabash
370	*Amphitecna macrophylla*	危地马拉、墨西哥	大叶米糠树	huiro de montana；morro-cimarron
371	*Amphitecna regalis*	墨西哥	长叶米糠树	
372	*Amphitecna tuxtlensis*	墨西哥	驼叶米糠树	
Amyris（RUTACEAE） 胶香木属（芸香科）			**HS CODE** **4403.99**	
373	*Amyris attenuata*	墨西哥	狭长胶香木	ocotillo de montana
374	*Amyris balsamifera*	牙买加、委内瑞拉、萨尔瓦多、波多黎各、美国、西印度群岛、海地、洪都拉斯、古巴、墨西哥、法属圭亚那、哥伦比亚、巴西、厄瓜多尔、伯利兹、多米尼加	胶香木	amriswood；amyris legimito；amyriswood；candelaria；candlewood；chilillo；cuaba amarilla；cuaba de monte；cuabilla；limoncillo；maniballi；melon liso；naranjito；ocotillo；quigua；rosewood；sandalo comun；sandalwood；santal venezuelien；teilla；torchwood；waika pine；west indian sandalwood
375	*Amyris elemifera*	牙买加、法属圭亚那、海地、美国、洪都拉斯、古巴、波多黎各、萨尔瓦多、巴西、伯利兹、巴哈马、维尔京群岛、向风群岛、多米尼加、瓜德罗普岛	脂胶香木	amyriswood；bois chandelle；candlewood；chandelle blanc；chilillo；cuaba；cuaba amarilla de costa；cuaba de costa；cuabillo；melon；ocotillo；palo de tea；pimienta；roldan；sea amyris；taray；tea；torchwood；waika pine；white torch
376	*Amyris lineata*	古巴	线纹胶香木	cuaba；cuaba de la maestra
377	*Amyris macrocarpa*	厄瓜多尔	大果胶香木	arbol de pescado；chalua tacu
378	*Amyris maritima*	波多黎各	马里胶香木	tea

序号	学名	主要产地	中文名称	地方名
379	*Amyris simplicifolia*	西印度群岛、委内瑞拉、库拉索	单叶胶香木	bossoea；candil；candil de playa
380	*Amyris sylvatica*	海地、西印度群岛、牙买加、委内瑞拉、洪都拉斯、古巴、墨西哥、哥伦比亚、巴西、波多黎各、厄瓜多尔、美国、伯利兹、多米尼加、荷属安的列斯群岛	林生胶香木	bois chandelle；candelwood；candil；chilillo；cuaba；cuaba blanca；guaconeja；kanyuk；limoncillo；marfil；melon；naranjito；ocotillo；palo de gas；pimienta；puerco；quigua；rosewood；sandalwood；seca olorosa；tajkanyuk；tigua；tojtanyuc；torchwood；waika pine
***Anacardium*（ANACARDIACEAE） 腰果属（漆树科）**			**HS CODE 4403.49**	
381	*Anacardium excelsum*	苏里南、委内瑞拉、哥斯达黎加、巴西、哥伦比亚、厄瓜多尔、法属圭亚那、巴拿马、尼加拉瓜、圭亚那	高腰果木	akajoe；aspave；buriol；cahu；cajuhy；cajuvana；caracoli blanco；carcoli；cashew；cashew wild；cashu；cujui；espavel amarillo；espavel rosado；gran cashew；hoobodia；maranon；merekeballi；mijaguo；panama-mahagoni；quina；wild cashew
382	*Anacardium giganteum*	苏里南、巴西、西印度群岛、圭亚那	巨腰果木	boskasjoe；bouchi cajou；caju acu；caju assu；cajui；caracoli；cashew；cashew wild；espavel；hoeboedi；hooboodia；kawarui；obodie；roroi；ubudi；wild cashew
383	*Anacardium nanum*	巴西	小腰果木	cajurana
384	*Anacardium occidentale*	巴西、法属圭亚那、圭亚那、波多黎各、苏里南、西印度群岛、秘鲁、牙买加、委内瑞拉、危地马拉、洪都拉斯、哥伦比亚、海地、特立尼达、美国、瓜德罗普岛	西方腰果木	acajaiba；acajou baum；auloui；boschkasjoe；cacahuil；cajuil；caschou；cashew；cashu；cherry；darcassou；jocote maranon；kasjoen；maranon casho；merehe；oacaju；orvi；pajuil；parana pine；paujil；pinho de parana；pomme cajou；sashew apple
385	*Anacardium spruceanum*	苏里南、巴西、厄瓜多尔	腰果木	boskasjoe；caju acu；caju assu；caracoli；espavel
***Anadenanthera*（MIMOSACEAE） 柯拉豆属（含羞草科）**			**HS CODE 4403.49**	
386	*Anadenanthera colubrina*	阿根廷、巴西、巴拉圭	蛇状柯拉豆	angico；arapiraca；cambuhy ferro；cebil；cebil colorado；cebil moro；curupay；jacare；parica；paricachi；surucucu；timba rana

序号	学名	主要产地	中文名称	地方名
387	*Anadenanthera macrocarpa*	拉丁美洲	大果柯拉豆	curupy
388	*Anadenanthera peregrina*	阿根廷、巴西、海地、委内瑞拉、特立尼达、波多黎各、巴拉圭、圭亚那、哥伦比亚	硬皮柯拉豆	angico；angico bianco；arapiraca；bois galle；cebil colorado；cebil moro；cohoba；cojobana；cojobillo；curuba；hayo；jacare；niopa；paricachi；savannah yoke；surucucu；timba rana；white angico；witte angico；yopo
	***Anaueria*（LAURACEAE）** **梨琼楠属（樟科）**	**HS CODE** **4403. 99**		
389	*Anaueria brasiliensis*	巴西	巴西梨琼楠	anauera
	***Anaxagorea*（ANNONACEAE）** **蒙嵩属（番荔枝科）**	**HS CODE** **4403. 99**		
390	*Anaxagorea acuminata*	圭亚那	披针叶蒙嵩	kurihikoyoko；murnek；swamp；yari yari
391	*Anaxagorea brevipes*	圭亚那	短柄蒙嵩	kurihikoyoko
392	*Anaxagorea dolichocarpa*	圭亚那	长果蒙嵩	kurihikoyoko
393	*Anaxagorea guatemalensis*	伯利兹、危地马拉	危地马拉蒙嵩	palanco
394	*Anaxagorea pachypetala*	秘鲁	厚皮蒙嵩	espintana
395	*Anaxagorea petiolata*	圭亚那	柄叶蒙嵩	kurihikoyoko
	***Andira*（FABACEAE）** **甘蓝豆属（蝶形花科）**	**HS CODE** **4403. 49**		
396	*Andira americana*	巴西、圭亚那、苏里南	甘蓝豆	acapu；bruinhsri；koraro；partridge-wood；sarebebeballi；wacapou；wavapou
397	*Andira anthelmia*	巴西	驱虫甘蓝豆	andira；angelim；angelim amargoso；bracui；jacaranda morcego
398	*Andira coriacea*	圭亚那、苏里南、中美洲、巴西、西印度群岛、委内瑞拉	革叶甘蓝豆	acouri；akoeli tjerere；almendro；andira uchi；angelim；angelin；bat-seed；cochenilla；ishpingo；kabbes roode；kiabici oudou；koeraroe；kuraru；lebi kiabici；red cabbage；rere erepare；roode kabbes；sarrapio montanero；sucupira vermelha；tjabisi；vreemoesoe hoedoe

序号	学名	主要产地	中文名称	地方名
399	*Andira fraxinifolia*	巴西	枻叶甘蓝豆	angelim doce；pau angelim
400	*Andira galeottiana*	墨西哥	加洛甘蓝豆	lombrizero；maca colorada；macallo；macallo grande；macaya；magaycujy；mo-tzau；palo de seca；yak'bo
401	*Andira grandistipula*	圭亚那	大托叶甘蓝豆	maikwakesere
402	*Andira inermis*	巴西、玻利维亚、苏里南、西印度群岛、危地马拉、萨尔瓦多、特立尼达、秘鲁、圭亚那、牙买加、波多黎各、哥伦比亚、巴拿马、海地、美国、伯利兹、墨西哥、洪都拉斯、哥斯达黎加、委内瑞拉、尼加拉瓜、维尔京群岛、厄瓜多尔、古巴、向风群岛、多米尼加、瓜德罗普岛	无刺甘蓝豆	acapurana；angeleen；angelin；angelino；aracuhy；arenillo；barbosquillo；bastard cabbage；cumarurana；false mahogany；frijoillo；guacamayo；juanjunesco；kohlbaum；kuraru；lombriceromoca amarilla；moca blanca；morcegueira；partridge；tecoma yew；tinco；wormbark；wurmrinden baum；yaba
403	*Andira macropetala*	圭亚那	大瓣甘蓝豆	sara；wacapou
404	*Andira micrantha*	巴西	小刺甘蓝豆	acapu-rana
405	*Andira pallidior*	亚马孙	稍苍甘蓝豆	wacapou
406	*Andira parviflora*	巴西、西印度群岛	小花甘蓝豆	acapu-rana；andira；koraro；rode kabbes；sucupira vermelha
407	*Andira racemosa*	巴西	聚果甘蓝豆	andaia uichi
408	*Andira retusa*	巴西、西印度群岛	微凹甘蓝豆	andira
409	*Andira spectabilis*	巴西	显著甘蓝豆	angelim pedra
410	*Andira surinamensis*	苏里南、巴西、西印度群岛、圭亚那、委内瑞拉	苏南甘蓝豆	andira；andiroba jareua；angelin rojo；angelin rosso；angelin rouge；batseed；beherie kotton；canelito negro；kabbes witte；kabisi；kooraroe ibiberoo；koraro；ma-ats；rere erepare；rod angelin；rode kabbes；tataboe；uchi-rana；vreemoesoe hoedoe；wormboom
411	*Andira vermifuga*	西印度群岛、巴西、危地马拉、洪都拉斯	蠕虫甘蓝豆	andira；angelim amargosa；angelim dos campos；aracuhy；aracui；guacamayo；koraro；rode kabbes
412	*Andira villose*	西印度群岛	柔毛甘蓝豆	

序号	学名	主要产地	中文名称	地方名
	Andromeda（ERICACEAE） 青姬木属（杜鹃科）		**HS CODE** **4403.99**	
413	Andromeda ferruginea	墨西哥	锈毛青姬木	chaguas
	Anemopaegma（BIGNONIACEAE） 黄凌霄属（紫葳科）		**HS CODE** **4403.99**	
414	Anemopaegma chamberlaynii	伯利兹	科氏黄凌霄	
415	Anemopaegma chrysoleucum	伯利兹	金边黄凌霄	tie-tie
416	Anemopaegma robustum	伯利兹	粗壮黄凌霄	
	Angostura（RUTACEAE） 苦笛香属（芸香科）		**HS CODE** **4403.99**	
417	Angostura trifoliata	委内瑞拉	三叶苦笛香	cuspa
	Aniba（LAURACEAE） 安尼樟属（樟科）		**HS CODE** **4403.49**	
418	Aniba affinis	拉丁美洲	近缘安尼樟	
419	Aniba amazonica	拉丁美洲	亚马孙安尼樟	
420	Aniba bracteata	西印度群岛、波多黎各、小安的列斯群岛、巴西、向风群岛、瓜德罗普岛	具苞安尼樟	bois jaune；canelillo；laurier rouge；louro abacate
421	Aniba canelilla	巴西、圭亚那、秘鲁、委内瑞拉	香油安尼樟	amapaima；arabaima；ashmud；canela moena；canelilla；canelo；casca de maranhao；casca preciosa；guariman；louro preciosa；pau preciosa；pereiora；preciosa；waibaima；wapisiana
422	Aniba citrifolia	圭亚那	橘叶安尼樟	almond gale；shiruaballi
423	Aniba duckei	巴西	杜科安尼樟	pau-rosa
424	Aniba excelsa	圭亚那	大安尼樟	aneo；greenheart gale；waitiara
425	Aniba firmula	法属圭亚那	强壮安尼樟	bois de rose；brazilian rosewood
426	Aniba glauca	巴西	青冈安尼樟	louro umiri
427	Aniba guianensis	苏里南、圭亚那、秘鲁	圭亚那安尼樟	ceder-pesi；cedre jaune；sinchi-caspi；yellow silverballi

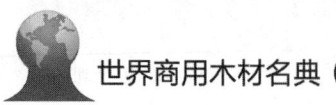

序号	学名	主要产地	中文名称	地方名
428	*Aniba hostmanniana*	厄瓜多尔、苏里南、委内瑞拉、秘鲁	霍斯曼安尼樟	canelo fino；kanoeaballi；laurel capuchino；moena amarilla；quilla caspi；waikara-pisi；waitjara
429	*Aniba hypoglauca*	圭亚那	白背安尼樟	kawioi；kurero shiruaballi；shiruaballi kurero；yellow silverballi
430	*Aniba jenmani*	圭亚那	杰曼尼安尼樟	yellow silverballi
431	*Aniba kappleri*	圭亚那	卡普安尼樟	ginger gale；pandara
432	*Aniba ovalifolia*	圭亚那	卵叶安尼樟	gale silverballi；moena puckiri；silverballi；yellow silverballi
433	*Aniba panurensis*	圭亚那、苏里南、巴西	努伦安尼樟	aniba amarilla；aniba jaune；bois de capahu；bois de licari；bois de rose；bois jaune；cayenne sassafras；echt rozenhout；gele aniba；likari；linaloewood；rosewood；rozenhout；sassafras；yellow silverballi
434	*Aniba parviflora*	巴西	小花安尼樟	bois de rose；loro rosa；louro rosa；macacaparanga；pao de rosa
435	*Aniba percoriacea*	巴西	革叶安尼樟	
436	*Aniba perutilis*	哥伦比亚	良木安尼樟	comino；comino crespo；comino liso；cominowood；kominoholz；laurel comino
437	*Aniba puchury-minor*	秘鲁	普丘尔安尼樟	moena amarilla；pushiri；quillo-moena
438	*Aniba riparia*	巴西、圭亚那	岸生安尼樟	brazilian louro；ginger gale；pao rosa；silverballi
439	*Aniba rosaeodora*	巴西、法属圭亚那、圭亚那、苏里南	玫瑰安妮樟②	aniba rosewood；bois de rose；brazilian louro；cayenne linaloewood；echt rozenhout；eclit rozenhout；female rosewood；legno rosa femminino；louro rosa；pao rosa；rosenholz；rosenhout；rosewood；surinam rosewood；vrouwelijk rozehout
440	*Aniba salicifolia*	拉丁美洲	柳叶安尼樟	
441	*Aniba santalodora*	拉丁美洲	檀香安尼樟	sandalwood scentaniba
442	*Aniba taubertiana*	拉丁美洲	陶贝安尼樟	
443	*Aniba terminalis*	巴西	终末安尼樟	louro rosa
444	*Aniba williamsii*	圭亚那、秘鲁	威氏安尼樟	greenheart gale；moena amarilla

序号	学名	主要产地	中文名称	地方名
Anisomeris（RUBIACEAE） 异毛属（茜草科）			**HS CODE** **4403.99**	
445	_Anisomeris polyantha_	委内瑞拉	多花异毛木	guacharaco
446	_Anisomeris recordii_	委内瑞拉	瑞氏异毛木	
Annona（ANNONACEAE） 番荔枝属（番荔枝科）			**HS CODE** **4403.99**	
447	_Annona amambayensis_	巴拉圭	阿曼巴番荔枝	aratiku chimaron
448	_Annona ambotay_	巴拉圭	安博番荔枝	
449	_Annona annonoides_	巴拉圭	阿诺番荔枝	
450	_Annona bullata_	古巴	泡叶番荔枝	laurel; wild anon
451	_Annona cheirimola_	波多黎各、萨尔瓦多、海地、危地马拉、美国、墨西哥、厄瓜多尔、牙买加、伯利兹	切里番荔枝	anona blanca; anona poshte; cherimolier; cherimoya; chirimollo; chirimoya; chirimoyo; cuauhtzapotl; ek'mul; matzapotl; pacaquiati; posh; sweetsop; sweetsop chirimoya; tucib; tzulipox; uruata; yati
452	_Annona deminuta_	秘鲁	德米番荔枝	sacha anona
453	_Annona densicoma_	巴西	登西番荔枝	envireira aaticum
454	_Annona diversifolia_	墨西哥	众叶番荔枝	ilama; ilamazapotl; papahuce; papausa
455	_Annona dolichophylla_	墨西哥	长叶番荔枝	
456	_Annona duckei_	厄瓜多尔	达凯番荔枝	tsanpi'su cca'na
457	_Annona glabra_	美国、伯利兹、波多黎各、哥伦比亚、巴拿马、委内瑞拉、洪都拉斯、墨西哥、厄瓜多尔、西印度群岛、危地马拉、巴西、古巴、海地、维尔京群岛、小安的列斯群岛、巴哈马、哥斯达黎加、多米尼加、荷属安的列斯群岛	光叶番荔枝	alligator apple; anone; araticum do brejo; baga; barbedwood; chirimoya cimarrona; corcho; corkwood; cortissa; courasotte; coyur; custard apple; flaschenbaum; guanabano cimarron; maak; mammier; monkey apple; sweet-sop; wild custard apple; xmaac
458	_Annona globiflora_	墨西哥	球花番荔枝	anchich; anchuch; anona de mono; anona de monte; anonilla; anonilla de papagallo; chirimoya; ishcahitqu ihuimu-shni; tepecocash

序号	学名	主要产地	中文名称	地方名
459	*Annona haematantha*	圭亚那	红花番荔枝	karampai
460	*Annona hypoglauca*	秘鲁	粉叶番荔枝	sacha anona
461	*Annona jahnii*	委内瑞拉	雅氏番荔枝	manirito
462	*Annona lutescens*	墨西哥	黄色番荔枝	anona amarilla
463	*Annona montana*	巴西、苏里南、秘鲁、海地、委内瑞拉、波多黎各、古巴、美国、多米尼加	山地番荔枝	araticum ape; boszuurzak; chirimoya; corososol zombi; guanabana; guanabana cimarrona; guanabana de loma; guanabano; huanabano; huanavana; mountain soursop; turagua; wild soursop
464	*Annona muricata*	牙买加、墨西哥、危地马拉、委内瑞拉、秘鲁、巴西、海地、圭亚那、法属圭亚那、波多黎各、西印度群岛、美国、苏里南	刺果番荔枝	black soursop; cabeza de negro; cachiman epineux; catuch; catuche; catucho; chirimoya; corossol commun; corossolier; guanabana; huanabano; kaiedi; monkey apple; polvox; sorsaka; tak-ob; wild soursop; zapote de viejas; zuurzak soursap
465	*Annona nitida*	秘鲁	密茎番荔枝	guariuba
466	*Annona paludosa*	圭亚那	沼泽番荔枝	corossol sauvage; envira de cheiro; guimanim
467	*Annona primigenia*	墨西哥	普莱米番荔枝	anona cimarrona
468	*Annona purpurea*	墨西哥、危地马拉、委内瑞拉、伯利兹、巴拿马	紫番荔枝	ahate; anona de montana; anona morada; anone pourpre; cabeza de ilama; cabeza de negro; chak-oop; chincua; chincuva; ilama; manirote; oop; papanaca; polvox; sencuya; soncolla; soncoya; suncuya; toreto
469	*Annona quinduensis*	巴拿马	昆杜番荔枝	
470	*Annona reticulata*	哥斯达黎加、哥伦比亚、墨西哥、危地马拉、洪都拉斯、巴西、美国、海地、委内瑞拉、牙买加、波多黎各、向风群岛、多米尼加、荷属安的列斯群岛	牛心果	anon pelon; anona colorada; anona de redecilla; anona morada; anonilla; anono colorado; cachiman coeur boeuf; chirimoya; cocax; coeur de boeuf; corazon; cuquey; custard apple; milolo; muneco; queshuesh; sulipox; tzubpox
471	*Annona scandens*	秘鲁	攀茎番荔枝	anona; anonilla
472	*Annona scleroderma*	危地马拉	硬皮番荔枝	anone de montagne; anonea peau dure

序号	学名	主要产地	中文名称	地方名
473	*Annona sericea*	巴西、牙买加	绢毛番荔枝	envireira dura；wild cherimoya；wild soursop
474	*Annona spinescens*	阿根廷	锐刺番荔枝	arachichu-guazu
475	*Annona squamosa*	墨西哥、波多黎各、哥伦比亚、尼加拉瓜、巴西、西印度群岛、海地、厄瓜多尔、危地马拉、伯利兹、苏里南、美国、向风群岛、多米尼加、瓜德罗普岛、荷属安的列斯群岛	鳞状番荔枝	ahate；annona；anon domestico；anona blanca；anonilla；anonillo；cachiman；corossol ecailleux；cuautzapotl；custard apple；dzalmuy；kaneelappel；manoa papos；pinha；pomme canelle；saramulla；scopappel；sweetsop；texalzapotl；tsalmuy；wild custard apple
476	*Annona symphyocarpa*	圭亚那	复果番荔枝	aggregatefruitannona；duru
477	*Annona uliginosa*	厄瓜多尔	乌利番荔枝	sapan prieto
Anomalocalyx（EUPHORBIACEAE）裂萼桐属（大戟科）			**HS CODE 4403.99**	
478	*Anomalocalyx uleanus*	秘鲁	乌莱裂萼桐	asiente de perdis；yucto sanco
Anthocephalus（RUBIACEAE）黄梁木属（茜草科）			**HS CODE 4403.49**	
479	*Anthocephalus chinensis*	波多黎各	黄梁木	kadam
Anthodiscus（CARYOCARACEAE）佐灵木属（多柱树科）			**HS CODE 4403.99**	
480	*Anthodiscus amazonicus*	秘鲁	亚马孙佐灵木	anthodiscus
481	*Anthodiscus montanus*	哥伦比亚	蒙塔纳佐灵木	cheepo
482	*Anthodiscus peruanus*	秘鲁	秘鲁佐灵木	chamisa amarilla
483	*Anthodiscus pilosus*	秘鲁	茸毛佐灵木	tahuari
Antidesma（EUPHORBIACEAE）五月茶属（大戟科）			**HS CODE 4403.99**	
484	*Antidesma pulvinatum*	美国	星毛五月茶	hame
Antirhea（RUBIACEAE）毛茶属（茜草科）			**HS CODE 4403.99**	
485	*Antirhea acutata*	波多黎各、荷属安的列斯群岛	尖小毛茶	boje；manglillo；quina

序号	学名	主要产地	中文名称	地方名
486	*Antirhea coriacea*	小安的列斯群岛、波多黎各、牙买加、瓜德罗普岛	革叶毛茶	acouquoi；boje；pegwood；quina
487	*Antirhea lucida*	古巴、海地、波多黎各、多米尼加、荷属安的列斯群岛	亮叶毛茶	almorrana；almorrana amarilla；avocat marron；bois patate；lloron；palo lloron；raizu
488	*Antirhea obtusifolia*	波多黎各	钝叶毛茶	quina；quina roja；tortuguillo
489	*Antirhea sintenisii*	波多黎各	辛氏毛茶	quina
490	*Antirhea trichantha*	巴拿马	毛瓣毛茶	candela
Antonia（LOGANIACEAE） 八圭马钱木属（马钱科）			**HS CODE** **4403.49**	
491	*Antonia ovata*	苏里南、巴西、圭亚那	卵圆八圭马钱木	hariraroe thoeraroe；hariroroe；inacu；inyak；ipoentrie；kasabahoedoe；kasave；kwarie；licahout；melassieho edoe；paloeloipio；tamanokware；tamoene kware；thoraroe hariraroe；timbo
Aparisthmium（EUPHORBIACEAE） 棉麻杆属（大戟科）			**HS CODE** **4403.99**	
492	*Aparisthmium cordatum*	厄瓜多尔、苏里南、圭亚那、巴西、秘鲁	心形棉麻杆	juilichi；kantsa；koesoeweoe mattoe；mababalli；mababallie；natash；pau de facho；recurana；rucurana；sauoero nani；tossie kojo
Apeiba（TILIACEAE） 热美椴属（椴树科）			**HS CODE** **4403.99**	
493	*Apeiba aspera*	拉丁美洲	粗糙热美椴	maquisapa
494	*Apeiba echinata*	拉丁美洲	多刺热美椴	pau de jangda；pente-de-macaco
495	*Apeiba glabra*	厄瓜多尔、圭亚那、尼加拉瓜、巴拿马、哥伦比亚、苏里南、秘鲁、巴西	光滑热美椴	achiotillo；apenkam；boesi kakam；combwood；corcho；cortezo；cunsagarocri；duru；kiskissi kamkam；llausa-quiro；mahot chardon；maquizapa；mauisapa；peigne macaque；sacha damoa；shamint；shimut；tapabutija；wacinia
496	*Apeiba intermedia*	苏里南	中性热美椴	kuyetsi diamaro
497	*Apeiba membranacea*	圭亚那	膜叶热美椴	duru

序号	学名	主要产地	中文名称	地方名
498	Apeiba petoumo	苏里南、圭亚那、秘鲁、巴西、厄瓜多尔、尼加拉瓜	佩托热美椴	baradaballi；duru；kanawiak；maquisapa；maquisapa nac-cha；paude jangada；paude jaugada；peinede mico；pentede macaco preto；romemand；wana
499	Apeiba schomburgkii	圭亚那	斯氏热美椴	dirik
500	Apeiba tibourbou	墨西哥、委内瑞拉、玻利维亚、哥伦比亚、巴拿马、西印度群岛、巴西、秘鲁、圭亚那	热美椴	achota；cabeza de negro；cabeza de mono；cortezo；duru；erizo；gargauba；maqui-sapa；pachiote；papachote；pau de jangada；peine de mico；peinecillo；pente de macaco；pienecillo；timbourbou；wekere japoepare
	Aphelandra（ACANTHACEAE） 单药花属（海榄雌科）		**HS CODE** **4403.99**	
501	Aphelandra macrophylla	墨西哥	大叶单药花	
502	Aphelandra pulcherrima	墨西哥	粉蕊单药花	
503	Aphelandra scabra	墨西哥、伯利兹、哥伦比亚	粗叶单药花	anilillo；chac-anal；chakanal；chak-kank' il-xiu；hueso de anta
504	Aphelandra tetragona	哥伦比亚	四棱单药花	cabellito；pisigallo
	Aptandra（OLACACEAE） 兜帽果属（铁青树科）		**HS CODE** **4403.99**	
505	Aptandra tubicina	秘鲁、巴西	管胞兜帽果	pamashto；quinguio；sapucainha；trompo-huayo
	Apuleia（CAESALPINIACEAE） 铁苏木属（苏木科）		**HS CODE** **4403.99**	
506	Apuleia ferrea	巴西	铁苏木	coraco de negro；corazon negro；ferro；garapa；pao ferro；pau ferro；quiripyranga；ytu
507	Apuleia leiocarpa	巴西、阿根廷、秘鲁、玻利维亚、委内瑞拉、巴拉圭、乌拉圭	光果铁苏木	amarelao；amarelinho；burajuba；caraga ou grapia；corazon negro；cumarurana；faveiro；garapa amarella；grapeapunha；grapia；iberapere；jatahy amarello；jatai amarelo；jutahy amarello；madera manchada；mapurite；mirajuba；muira-juba；pau mulato；tajibo amarillo；taperiba guazu；yberapere；ybera-pere

序号	学名	主要产地	中文名称	地方名
508	*Apuleia molaris*	巴西	臼齿苏木	muirataua
509	*Apuleia pogomana*	巴拉圭	波戈铁苏木	ibira-piapuna；ivirapiapuna
Aralia（ARALIACEAE） 楤木属（五加科）			HS CODE 4403.99	
510	*Aralia humilis*	墨西哥	矮生楤木	curguaton；palo santo；tepetate
511	*Aralia laetevirens*	智利	亮绿楤木	sahuco；traumen
512	*Aralia pubescens*	墨西哥	短柔毛楤木	aralia；cuajilotillo
513	*Aralia ryukyuensis*	墨西哥	琉球楤木	
514	*Aralia spinosa*	美国	多刺楤木	angelica-tree；devils-club；devils-walkingstick；pigeon-tree；prickley elder；prickly ash；prickly-ash；spidenard-tree；thorny ash
Arapatiella（FABACEAE） 肾苞豆属（蝶形花科）			HS CODE 4403.99	
515	*Arapatiella psilophylla*	巴西	光叶菲肾苞豆	arapati；faveca-vermelha；smoothleaf arpatiella
Araucaria（ARAUCARIACEAE）　HS CODE 南洋杉属（南洋杉科）　　　4403.25（截面尺寸≥15cm）或 4403.26（截面尺寸<15cm）				
516	*Araucaria angustifolia*	巴西、阿根廷、智利、巴拉圭、美国	狭叶南洋杉	aracawood；araucaria；brano；brazilian araucaria；mosal；organ mountains pine；parana araucaria；parana-pine；pehuen；pin parana；pindo do parana；pinheiro；pinheiro arnacasia；pinheiro branco；pinheiro brasileiro；pino del brasil；pino del parana；pino misiones；sapin du bresil；vermelho
517	*Araucaria araucana*	智利、阿根廷、墨西哥	智利南洋杉①	apeboom；araucaria；araucaria espinuda；chilean pine；chilensk tall；chili-tall；kandelaar spar；monkey puzzle araucaria；pehuen；pilon；pino chileno；pino de chile；pino del cile；pino del neuquen；pino pinonero；sapin du chili
518	*Araucaria bidwillii*	墨西哥	大叶南洋杉	araucaria；bungya
519	*Araucaria brasiliana*	巴西	巴西南洋杉	
520	*Araucaria cunninghamii*	智利	南洋杉	monkey-puzzle

序号	学名	主要产地	中文名称	地方名
Arbutus（ERICACEAE）乔杜鹃木属（杜鹃科）			HS CODE 4403.99	
521	Arbutus arizonica	墨西哥、美国	亚墨乔杜鹃木	arizona madrone；arizona madrono；madrona；madrono
522	Arbutus canariensis	中美洲	加那利乔杜鹃木	madrono；strobus
523	Arbutus glandulosa	墨西哥	腺叶乔杜鹃木	jucay；madron；nuzu-ndu；panangsuni
524	Arbutus laurina	墨西哥	桂叶乔杜鹃木	jarrito；madrono
525	Arbutus menziesii	加拿大、墨西哥、美国	太平洋乔杜鹃木	arbousier de menzies；arbutus；erdbeerbaum westamerik anis；jarrito；laurel；laurelwood；madrona；madrona burr；madrone；madrone laurel；madrone tree；madrono；manzanita；pacific madrone；strawberry-tree
526	Arbutus peninsularis	墨西哥	半岛乔杜鹃木	madrono
527	Arbutus pracera	墨西哥、美国	普罗乔杜鹃木	jarrito；madrona；madrona burr；manzanita；pacific madrone
528	Arbutus spinulosa	墨西哥	刺叶乔杜鹃木	madrono
529	Arbutus xalapensis	墨西哥、中美洲、委内瑞拉、美国	得克萨斯州乔杜鹃木	amazaquitl；cucharillo；indio desnudo；laurel；madrona；madrone；madrone tree；madrono；manzanita；nuzu-nudu；roble；texas madrone；texas madrono；urubishi；xoxocote
Archytaea（BONNETIACEAE）桃金茶属（泽茶科）			HS CODE 4403.99	
530	Archytaea multiflora	圭亚那、委内瑞拉	多花桃金茶	hitchiaballi；hitchia-balli
Ardisia（MYRSINACEAE）紫金牛属（紫金牛科）			HS CODE 4403.99	
531	Ardisia amplifolia	尼加拉瓜、洪都拉斯	广叶紫金牛	cujia；uva de montana；uvita
532	Ardisia compressa	洪都拉斯、墨西哥、巴拿马、美国、尼加拉瓜	扁穗紫金牛	camaca；capulin；capulin de tejon；capulin silvestre；capulincillo；charemba；crabwood；cucuyul；frutilla；ingalan colorado；laurel；laurel de lasierra；laurelillo；marlberry；pie de paloma；pimientillo；pozolillo；queremba；uva；yagalan colorado

序号	学名	主要产地	中文名称	地方名
533	*Ardisia coriacea*	波多黎各	革叶紫金牛	mameyuelo
534	*Ardisia escallonioides*	墨西哥、美国	埃卡紫金牛	capulin；capulin de pajaro；chaquis；guitumbillo；huitumbillo；mantakihui；marbleberry；marlberry；morita；pejte；sak-hok-lub；xook；xooknum
535	*Ardisia excelsa*	西印度群岛	大紫金牛	aderno
536	*Ardisia foetida*	哥伦比亚	异味紫金牛	guayabo fruta de pava；huesito；tacaloa
537	*Ardisia glauciflora*	波多黎各	大花紫金牛	ausobon；mameyuela；mameyuelo
538	*Ardisia luquillensis*	波多黎各	卢基紫金牛	mameyuelo
539	*Ardisia nigrescens*	墨西哥	暗黑紫金牛	cafetillo
540	*Ardisia obovata*	波多黎各、巴哈马	倒卵叶紫金牛	badula；guadeloupe marlberry；mameyuelo
541	*Ardisia paniculata*	美国	锥花紫金牛	cherry；marlberry
542	*Ardisia paschalis*	墨西哥、洪都拉斯	帕斯紫金牛	chocolatillo；cotalpava；cuya；madre monte
543	*Ardisia pellucida*	墨西哥	佩尔紫金牛	tapacajete
544	*Ardisia rekoi*	墨西哥	雷科紫金牛	capulin；schca-na-tau
545	*Ardisia revoluta*	墨西哥、巴拿马	卷叶紫金牛	arrayan；camaca；capulin；capulin manso；capulincillo；laurel；laurel de la sierra；negrito；pimientilla；sirasi；sirasil；uvito
546	*Ardisia spicigera*	墨西哥	穗序紫金牛	tzijte
Argyrodendron（STERCULIACEAE） 郁香桐属（梧桐科）		**HS CODE** **4403.99**		
547	*Argyrodendron trifoliolatum*	哥伦比亚	三叶郁香桐	elm crowsfoot
Aristolochia（ARISTOLOCHIACEAE） 马兜铃属（马兜铃科）		**HS CODE** **4403.99**		
548	*Aristolochia asperifolia*	秘鲁	糙叶马兜铃	canastilla
549	*Aristolochia daemoninoxia*	圭亚那	达莫马兜铃	boyari；pauisima
550	*Aristolochia macrophylla*	美国	大叶马兜铃	dutchmans-pipe
551	*Aristolochia schippii*	伯利兹	斯氏马兜铃	snakeroot
552	*Aristolochia sipho*	美国	斯福马兜铃	dutchmans-pipe；moonseed-vine

序号	学名	主要产地	中文名称	地方名
553	*Aristolochia tomentosa*	美国	毛马兜铃	pipe-vine；woolly
554	*Aristolochia truncata*	秘鲁	截叶马兜铃	oreja de perro
Aristotelia（ELAEOCARPACEAE） 酒果属（杜英科）			**HS CODE** **4403.99**	
555	*Aristotelia chilensis*	阿根廷	智利酒果	maqui
Artemisia（COMPOSITAE） 蒿属（菊科）			**HS CODE** **4403.99**	
556	*Artemisia filifolia*	美国	细叶蒿	sage
557	*Artemisia tridentata*	美国	重齿蒿	basin sagebrush；big sagebrush；black sage；blue sage；common sagebrush；sage；sagebrush
Artocarpus（MORACEAE） 波罗蜜属（桑科）			**HS CODE** **4403.49**	
558	*Artocarpus altilis*	波多黎各、墨西哥、秘鲁、法属圭亚那、海地、美国、古巴、特立尼达、小安的列斯群岛、巴西、危地马拉、洪都拉斯、西印度群岛、多米尼加	面包树	arbre veritable；arbrea pain；belefus；bombilla；breadfruit；breadnut；brodfrukttrad；brodtrad；chataignier；fructa pao；fruita pain；lavapen；mazapan；pana de pepitas；pana forastera；panapen；pichones；ulei
559	*Artocarpus heterophyllus*	哥伦比亚、圭亚那、尼加拉瓜、波多黎各、美国、牙买加、巴西、法属圭亚那、古巴、多米尼加	波罗蜜	arbol de pan；arbre paina graines；cartahar；castano；jack；jackfruit；jaqueira；jaueira；pana cimarrona；rima；siri broodboom；zaad-brood boom
560	*Artocarpus integer*	巴西	榴莲蜜	jaqueira
561	*Artocarpus lakoocha*	西印度群岛	莱柯桂木	keledang；lakooch
Arundinaria（GRAMINEAE） 北美箭竹属（禾本科）			**HS CODE** **4403.99**	
562	*Arundinaria macrosperma*	美国	北美箭竹	bamboo
Asimina（ANNONACEAE） 巴婆果属（番荔枝科）			**HS CODE** **4403.99**	
563	*Asimina obovata*	美国	倒卵叶巴婆果	bigflower pawpaw
564	*Asimina parviflora*	美国	小花巴婆果	dwarf pawpaw；small-flower pawpaw；small-fruit pawpaw

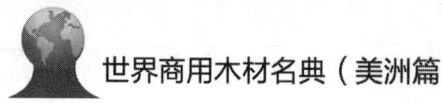

序号	学名	主要产地	中文名称	地方名
565	*Asimina triloba*	美国、加拿大	三裂巴婆果	asiminier；banana；black mangrove；blackwood；common papaw；common pawpaw；custard apple；false banana；fetid-shrub；jasmine；jasminier；north american papaw；pawpaw apple；wild-banana
	***Aspidosperma*（APOCYNACEAE）** **盾籽木属（夹竹桃科）**		**HS CODE** **4403.49**	
566	*Aspidosperma album*	巴西、苏里南、圭亚那、危地马拉、委内瑞拉、洪都拉斯、秘鲁、哥伦比亚	白盾籽木	araracanga；ararauba；bitterhout；bitterwood；boismacaque；chichica；hielillo negro；jacamim；kiantioutiou；koumantikopi；mantjotjo；nielillo negro；piquia marfim；pumaquiro；quillo caspi；shibadan；siferoe adda；volador
567	*Aspidosperma auriculatum*	巴西	耳叶盾籽木	
568	*Aspidosperma australe*	巴西	南方盾籽木	guatambu；guatambu amarillo；palo rosa；pau marfim；peroba
569	*Aspidosperma carapanauba*	巴西	卡拉盾籽木	carapanauba
570	*Aspidosperma chiapensis*	墨西哥	基亚盾籽木	chici；chici prieta
571	*Aspidosperma cruentum*	委内瑞拉、苏里南、圭亚那	血红盾籽木	hopi；kopi；kromanti；shibadan
572	*Aspidosperma curranii*	哥伦比亚、苏里南、法属圭亚那、巴西、圭亚那、多米尼加	柯氏盾籽木	amargo；apoekoetja；bois chapelle；carapanauba；carretillo；carreto；chivato；hariroroja roeroe；jacamim；macuiro；paddlewood；parelhout；parihoedoe；tamalameque；witie apokita；witie parihoedoe；yaruru
573	*Aspidosperma cuspa*	委内瑞拉、巴西、海地、波多黎各、多米尼加	库斯帕盾籽木	cruceto；cuspa；guatambu；guatambu amarello；mme jean；vaca
574	*Aspidosperma cylindrocarpum*	秘鲁	柱状盾籽木	peroba；puca-quiro

序号	学名	主要产地	中文名称	地方名
575	*Aspidosperma desmanthum*	巴西、哥伦比亚、圭亚那	束花盾籽木	aracan；araracanga；ararauba；copachi；copatchi；costillo；jacamim；maparana；muirapanga；parcouri montagne；piquia marfim；shibadan；sibadanni
576	*Aspidosperma dugandii*	拉丁美洲	杜氏盾籽木	carreto
577	*Aspidosperma eburneum*	委内瑞拉、巴西	象牙色盾籽木	amarillo；araracanga；box；guatambu；jacamim；muirajussara；pao setim；pau marfim；pau setim；pequia；pequia marfim；peroba；peroba amarella；peroba-setim；volador
578	*Aspidosperma excelsum*	苏里南、巴西、圭亚那	高大盾籽木	apoekoetja；apokoita；arbrea pain；bois pagaie；cajillon negro；carapanauba；hariraroja roeroe；jaroeroe；musara；paddlewood；parelhout；porekai；quillo bordon；witie-pari hoedoe；yarula；yaruri；yaruru
579	*Aspidosperma illustre*	巴西	伊劳盾籽木	quina de camamu
580	*Aspidosperma inundatum*	巴西	湿地盾籽木	carapanauba
581	*Aspidosperma macrocarpon*	巴西、秘鲁	大果盾籽木	blanco；bucheira；guatambu；kromanti kopi；muirajussara；nielillo；pao pereira；pau de arara；piquia；pumaquiro；quirindi；tambu
582	*Aspidosperma macrophyllum*	巴西	大叶盾籽木	
583	*Aspidosperma marcgravianum*	巴西、委内瑞拉	盾籽木	bois pagaie clair；cnafilon amarillo；legno pagaia bianco；light paddlewood；palo pagaya blanco；vit paddeltra；wit parelhout
584	*Aspidosperma megalocarpon*	哥斯达黎加、巴拿马、巴西、墨西哥、危地马拉、洪都拉斯、伯利兹、哥伦比亚、圭亚那	巨果盾籽木	abrojo；alcareto；araracanga；ballester；bayo；carboncillo；chaperno；chichi colorado；chichica；copachi；copatchi；hielillo blanco；huichichi；jacamim；jijiche；kromanti kopi；maparana；ocre；pelmash；shibadan；sibadanni；telmax；volador
585	*Aspidosperma melanocalyx*	巴西	黑萼盾籽木	peroba-cascuda

序号	学名	主要产地	中文名称	地方名
586	*Aspidosperma multiflorum*	巴西	多花盾籽木	muira-juss ara；muirajuss aray
587	*Aspidosperma muzonensis*	巴西	穆佐盾籽木	quina
588	*Aspidosperma nitidum*	苏里南、巴西、圭亚那	光泽盾籽木	apoekoetja；bois pagaie；caraipe；carapanauba；hariraroja roeroe；legno pagaia bianco；light paddlewood；parelhout；parihoedoe；tamoene-ap oekoetja；wit parelhout；witie-pari hoedoe；witte parelhout；yaruru
589	*Aspidosperma oblongum*	圭亚那、巴西、苏里南	长圆盾籽木	bois pagaie fonce；carapanauba；dark paddlewood；hariraroja roeroe；jaroro kharemeroe；paddlewood；parelhout；parihoedoe；piqnia-marfim；porekai；svart paddeltra；tekaljing apokuita；yarula；zwart parelhout
590	*Aspidosperma obscurinervium*	巴西	蒙地盾籽木	piquia marfim；piquia marfim do roxo
591	*Aspidosperma parvifolium*	委内瑞拉、巴西、圭亚那、秘鲁、苏里南	小叶盾籽木	candado；dottergelb；lima montanera；manzanillo；muirajussara；palo amarillo；pau marfim；pequia amarilla；pequia marfim；peroba amarella；peroba setim；shibadan；shiritikan；venezuelan boxwood；walababadan；west indian box；zapatero
592	*Aspidosperma peroba*	拉丁美洲	红盾籽木	
593	*Aspidosperma ployneuron*	巴西、哥伦比亚、法属圭亚那、阿根廷、巴拉圭、苏里南、委内瑞拉	玫红盾籽木	amarella；amargosa；bois pagaie；boismacaque；bucheiro；buchsholz；cainga；carapanauba；carreto；cumala；guatambu blanco；jacamin；muirajussara；paddlewood；parelhout；peroba；peroba grauda amarella；peroba sobro；peroba vermelha；red peroba；rosa peroba；sobro
594	*Aspidosperma pyricollum*	阿根廷、巴西	橄榄色盾籽木	gautambu；guatamblu amarillo；guatambu；guatambu branco；guatambu rosa；guatambu vermelho；ibira-romi；palo rosa；peroba rosa；peroba rose；peroba rossa；red peroba；zalmhout

序号	学名	主要产地	中文名称	地方名
595	*Aspidosperma pyrifolium*	巴西	杨叶盾籽木	guatambu peroba；guatambu rosa；guatambu rosado；guatambu rose；guatambu roseo；guatambu vermelho；peroba；peroba rosa；pink guatambu；rosa guatambu；rose guatambu
596	*Aspidosperma quebracho-blanco*	阿根廷、巴西、巴拉圭、乌拉圭	破斧盾籽木	horco quebracho；palo blanco；quebrachillo；quebracho bianco；quebracho blanc；quebracho blanco；quebracho blanco lloron；vit kvebracho；vit quebracho；weisses quebrachoholz；white quebracho；witte quebracho
597	*Aspidosperma quirandi*	巴拉圭	巴拉圭盾籽木	kirandy
598	*Aspidosperma ramiflorum*	巴西	枝花盾籽木	gele guatambu；guatambu；guatambu amarelo；guatambu amarillo；guatambu giallo；guatambu jaune；gul guatambu；peroba amarela；quatambu；yellow guatambu
599	*Aspidosperma rigidum*	巴西	尖果盾籽木	
600	*Aspidosperma rosea*	阿根廷	玫瑰盾籽木	palo de rosa
601	*Aspidosperma rusby*	哥伦比亚、委内瑞拉	罗斯比盾籽木	amargo；carreto；chivato amargo；macuiro
602	*Aspidosperma sandwithianum*	圭亚那	沙维盾籽木	broad-leaved shibadan；kamatani；shibadan；tuun
603	*Aspidosperma spruceanum*	秘鲁	萼叶盾籽木	palo rosado；pita-do-rego
604	*Aspidosperma stegomeris*	墨西哥	斯蒂盾籽木	chichi blanco
605	*Aspidosperma subincanum*	巴西、秘鲁	黄盾籽木	palo amarillo；pau amarello；pau marfim；peroba；pinchi-caspi；pinshi-caspi；quillo bordon；quillo-bordon；remocaspi；yellow-wood
606	*Aspidosperma tomentosum*	巴西、巴拉圭	毛盾籽木	guatambu；guatambu amarello；kirandy；muirajussara；pau marfim；pau pereira；pau setim；pequia；pequia amarella；peroba；peroba amarella；peroba amarilla；peroba rosa；piquia amarilla；piquia da perda
607	*Aspidosperma ulei*	巴西	乌勒盾籽木	

序号	学名	主要产地	中文名称	地方名
608	*Aspidosperma verruculosum*	厄瓜多尔	疣孢盾籽木	puat；remo
609	*Aspidosperma woodsonianum*	圭亚那	伍德盾籽木	pau shanks；shibadan；siba danni
	Aster（**COMPOSITAE**） 紫菀属（菊科）		**HS CODE** **4403.99**	
610	*Aster laevis*	秘鲁	平滑紫菀	boton artificial
611	*Aster spinosus*	秘鲁	刺紫菀	
	Astrocaryum（**PALMAE**） 星果刺椰子树属（棕榈科）		**HS CODE** **4403.99**	
612	*Astrocaryum acaule*	圭亚那	无茎星果刺椰子树	counana；mouroumou
613	*Astrocaryum aculeatum*	圭亚那、苏里南、巴西	刚毛星果刺椰子树	acuyuru；akuyuru；arapipi；para makka；tucum；tucuma；tukumu
614	*Astrocaryum candescens*	圭亚那	坎德星果刺椰子树	unabai
615	*Astrocaryum chambira*	厄瓜多尔	钱比拉星果刺椰子树	chambira；nyukwa；tuinfa
616	*Astrocaryum gynacanthum*	圭亚那	格纳星果刺椰子树	akiau；towerir；urishi；wiri
617	*Astrocaryum jauari*	圭亚那	株里星果刺椰子树	awarra palm；sauwarai
618	*Astrocaryum mexicanum*	墨西哥、洪都拉斯	墨西哥星果刺椰子树	acte；chapay；chapaya；chicalito de tuxtepec；chichon；chipi；guiscoyul；lancetilla；palma chapay；tzitzun
619	*Astrocaryum murumuru*	厄瓜多尔	穆鲁星果刺椰子树	etsoje；muru-muru
620	*Astrocaryum paramaca*	苏里南	帕拉星果刺椰子树	para makka
621	*Astrocaryum sciophilum*	圭亚那	肖菲星果刺椰子树	karia
622	*Astrocaryum segregatum*	圭亚那	塞格星果刺椰子树	avara
623	*Astrocaryum standleyanum*	巴拿马	黑星果刺椰子树	black palm
624	*Astrocaryum vulgare*	圭亚那、哥伦比亚	大众星果刺椰子树	aouara；avoira；awara；cumare palm；murumuru；tucuma

序号	学名	主要产地	中文名称	地方名
Astrocasia（EUPHORBIACEAE） 辟蛇木属（大戟科）		**HS CODE** **4403.99**		
625	*Astrocasia neurocarpa*	墨西哥	异果辟蛇木	realillo
626	*Astrocasia phyllantoides*	墨西哥	多叶辟蛇木	ak-p'ixt'onkaak；kah-yuk；kayuk；kbal-p'ixt'onkaak；xkaba-xpix tolon；xkayuk
Astronium（ANACARDIACEAE） 斑纹漆属（漆树科）		**HS CODE** **4403.49**		
627	*Astronium balansae*	巴西、玻利维亚、巴拉圭、阿根廷	巴氏斑纹漆	aderno；aroeira；cuchi；ubatan；urundai；urunday colorado；urunday crespo；urunday pichai；urunday-mi；urunday-pardo；urunday-pichai；urundel；urundey
628	*Astronium candolei*	巴拉圭	星状斑纹漆	urundai；urunday；urunday crespo；urunday-mi；urunday-pardo；urunday-pichai；urundel；urundey
629	*Astronium commune*	巴西	爪哇斑纹漆	aderno；gibatao；gibitan
630	*Astronium concinnum*	巴西、玻利维亚、阿根廷、巴拉圭	优雅斑纹漆	aderno；aroeira；cuchi；gibatao；gibitan；guarabu preto；jubatan；ubatan；urunday；urundel
631	*Astronium conzattii*	墨西哥、巴拿马、危地马拉、伯利兹	康氏斑纹漆	amapola；cero；chaperla；ciruela；palo mulatto；palo obero；ronron；sangolica；sangualica；sangualico；yaga-biche；zangolica；zercotte；zongolica
632	*Astronium fraxinifolium*	委内瑞拉、巴西、圭亚那、秘鲁、玻利维亚、洪都拉斯、墨西哥、哥伦比亚、伯利兹、巴拉圭、厄瓜多尔、危地马拉、巴拿马	枰叶斑纹漆	algarrobo；almedro macho；bolaquivo；diomate；gibitan aderno；glassywood；goncalo-alves；guasango；huarabu encirado；kingwood；muiraquatiara；quebrahacha；ronron；tigerwood；ubatan；urunday para；urundey para；urundey pyta；zebrawood
633	*Astronium gracile*	巴西、阿根廷、巴拉圭、委内瑞拉	南美洲斑纹漆	chibatao；gibatao；gibitan；goncalo alvez；guaribu；jubatan；ubatan；ubatao；urunday；urundey pyta

序号	学名	主要产地	中文名称	地方名
634	*Astronium graveolens*	巴西、委内瑞拉、伯利兹、圭亚那、秘鲁、墨西哥、洪都拉斯、危地马拉、萨尔瓦多、哥伦比亚、哥斯达黎加、厄瓜多尔、巴拿马、巴拉圭	烈叶斑纹漆	aderno；algarrobo；arathanha；cirruelillo；diomate；gateado galan；glasswood；guarabu rajado；jocotillo；kingwood；locuswood；masicaran；potrico；quebracha；ronron；tibigaro；tigerwood；usipoon；vermelho；zongolica；zorrowood
635	*Astronium lecointei*	委内瑞拉、秘鲁、巴西、阿根廷、巴拉圭	莱蔻斑纹漆	algarrobo；bolaquiro；gateado；goncalo alves；guarita；guasanero；gusanero；kingwood；maracatiara；muiracoatiara；muiracoatiara preta；muiraquatiara；mura；muraquatiara；pata de zamuro；ronron；satinerubane；tigerwood；urunday-para；zorrowood
636	*Astronium macrocalyx*	巴西、巴拉圭	大萼斑纹漆	aderno；aderno preto；aroeira；goncalo；goncalo alves；guaribu preto；guaribu rajado；mirueira；ubatan；urunday
637	*Astronium obliquum*	委内瑞拉、特立尼达	斜斑纹漆	algarrobo；gateado；gusanero；yoke
638	*Astronium ulei*	圭亚那、巴西、委内瑞拉	斑纹漆	bauwaua；kina；pata de zamuro
639	*Astronium urundeuva*	巴西、玻利维亚、巴拉圭、阿根廷	乌龙斑纹漆	aderno；aderno preto；araroeira；aroeira legitima；aroeiro sertao；arveira；coronilla；cuchi；gibatao；guarubu preto；orendeuva；sotocolo；ubatao；urunday blanco；urunday pardo；urundeuva；urundey crespo；urundeymi-para
	Astrophytum（CACTACEAE） 星球属（仙人掌科）		**HS CODE** **4403.99**	
640	*Astrophytum asterias*	墨西哥	星球木	peyote
641	*Astrophytum capricorne*	墨西哥	山杨星球木	biznaga de estropajo
642	*Astrophytum myriostigma*	墨西哥	奥格星球木	birrete de obispo；bonete；mitra；peyote cimarron
	Atamisquea（CAPPARACEAE） 白花菜属（山柑科）		**HS CODE** **4403.99**	
643	*Atamisquea emarginata*	阿根廷、智利	白花菜木	atamisco；atamisque；atamisquea

序号	学名	主要产地	中文名称	地方名
Ateleia（FABACEAE） 瑕豆属（蝶形花科）			**HS CODE** **4403.99**	
644	Ateleia arsenii	墨西哥	二瑕豆	haba de venado
645	Ateleia gummifera	海地、古巴	胶状瑕豆	bois sentir；caiman franc；guama
646	Ateleia pterocarpa	墨西哥	瑕豆	gorgojo；siete pellejos；tzaate；zaate
Athyana（SAPINDACEAE） 阿蒂杨属（无患子科）			**HS CODE** **4403.99**	
647	Athyana weinmannifolia	阿根廷	清香木	quebrachillo；talco；tarco
Atriplex（CHENOPODIACEAE） 滨藜属（藜科）			**HS CODE** **4403.99**	
648	Atriplex barkleyana	墨西哥	巴克滨藜	chamiso
649	Atriplex canescens	墨西哥	灰滨藜	cenizo；chamiso；costilla de vaca；saladillo
650	Atriplex linearis	墨西哥	线纹滨藜	chamiso
651	Atriplex muricata	墨西哥	刺果滨藜	chaparro salado
Attalea（PALMAE） 直叶椰子属（棕榈科）			**HS CODE** **4403.99**	
652	Attalea butyracea	厄瓜多尔、哥伦比亚、巴西	直叶椰子木	canambo；palma de vino；palma real；pa-pa；sapoje；shapaja；urucuri
653	Attalea funifera	委内瑞拉、巴西	巴西直叶椰子木	chiquichiqui；piassaba；piassave-palme
654	Attalea gomphococca	哥斯达黎加、哥伦比亚、巴拿马	球形直叶椰子木	corozo gallinazo；palma de vino；palma real
655	Attalea insignis	特立尼达	显著直叶椰子木	cocorite
656	Attalea maripa	委内瑞拉、圭亚那、法属圭亚那、巴西、苏里南、厄瓜多尔	毛直叶椰子木	cucurito；doi；kakoclita；kokerit；kokerit palm；kokorite；maripa；maripa palm；mayo；pokored；wo-ho
657	Attalea microcarpa	圭亚那	小果直叶椰子木	kurua；sand kokorite
658	Attalea phalerata	圭亚那、巴西	南美直叶椰子木	maripa；uricuru；urucuri
659	Attalea speciosa	巴西、中美洲、委内瑞拉	美丽直叶椰子木	babassu；babassu palm；coruba；ua-nassu

序号	学名	主要产地	中文名称	地方名
Aucoumea（BURSERACEAE） **奥克榄属（橄榄科）**			**HS CODE** **4403.49**	
660	_Aucoumea klaineana_	南美洲、北美洲	奥克榄	libreville mahogany；samara
Averrhoa（OXALIDACEAE） **阳桃属（酢浆草科）**			**HS CODE** **4403.99**	
661	_Averrhoa bilimbi_	西印度群岛、巴西、荷属安的列斯群岛	红阳桃	balambu；bilimbi；carambolier blimbing；cornichon
662	_Averrhoa carambola_	巴西、波多黎各、西印度群岛、萨尔瓦多、海地、多米尼加	阳桃	caramba；carambola；carambole；caramboleira；carambolero；carambolier；kamaraga；pepino de la india；spu；zibline
Avicennia（VERBENACEAE） **海榄雌属（马鞭草科）**			**HS CODE** **4403.99**	
663	_Avicennia africana_	苏里南、圭亚那	黑海榄雌木	black mangrove；paletuvier rouge；parwa
664	_Avicennia germinans_	苏里南、圭亚那、萨尔瓦多、美国、委内瑞拉、西印度群岛、巴哈马、巴西、波多黎各、特立尼达、哥斯达黎加、哥伦比亚、秘鲁、墨西哥、百慕大、厄瓜多尔、古巴、海地、牙买加、法属圭亚那、巴拿马	萌发海榄雌木	apalioe；apario；blacktree；black-tree；blackwood-bush；china mangle；ciriuba；courida；iguanero；ishtaten；koroda；limewood；mangle；mangle iguanero；mangle salada；manglecito；paletuvier blanc；parawaholz；pariva；puyeque；salado；seriba
665	_Avicennia marina_	伯利兹、牙买加、西印度群岛、美国、圭亚那、哥斯达黎加、法属圭亚那、巴西、厄瓜多尔、墨西哥、委内瑞拉、洪都拉斯、苏里南	海榄雌木	black mangrove；blackwood；courida；culumate；guapira；ishtalen；kurida；mangle；mangle nero；mangle prieto；manglecito；mangrovia nera；mangue；palo de sal；pariva；parwa；svart mangrove；zwarte mangrove
666	_Avicennia nitida_	西印度群岛	密茎海榄雌木	
Azadirachta（MELIACEAE） **蒜楝属（楝科）**			**HS CODE** **4403.99**	
667	_Azadirachta indica_	波多黎各、西印度群岛、古巴	蒜楝木	margosa；neem；nimba；paraiso；paraiso de la india

序号	学名	主要产地	中文名称	地方名
Azara（FLACOURTIACEAE） 金柞属（大风子科）			**HS CODE** **4403.99**	
668	*Azara integrifolia*	南美洲	全缘叶金柞木	corcolen
669	*Azara microphylla*	智利、阿根廷	小叶金柞木	arom；aromo；bois de chinchin；chinchin；chinchinholz
670	*Azara serrata*	智利	齿缘金柞木	corcolen
Baccharis（COMPOSITAE） 酒神菊属（菊科）			**HS CODE** **4403.99**	
671	*Baccharis concava*	智利	凹形酒神菊	vautro
672	*Baccharis conferta*	墨西哥	密花酒神菊	escoba；escoba de monte；escobilla；escobilla del carbonero；jarilla；tepopote；tepopotl
673	*Baccharis glomeruliflora*	美国	球花酒神菊	saltbush
674	*Baccharis halimifolia*	美国	酒神菊	eastern baccharis；groundsel-bush；groundsel-tree；saltbrush；saltbush；sea myrtle
675	*Baccharis heterophylla*	墨西哥	异叶酒神菊	escobilla；hierba del pasmo；jara
676	*Baccharis latifolia*	厄瓜多尔	阔叶酒神菊	chilca；chillca
677	*Baccharis linearis*	智利	线叶酒神菊	romerillo
678	*Baccharis multiflora*	墨西哥	多花酒神菊	escobilla；hierba del carbonero；limpia tunas；tepopote
679	*Baccharis neglecta*	墨西哥	矮小酒神菊	jarilla delrio
680	*Baccharis odorata*	秘鲁	香酒神菊	tayanca
681	*Baccharis patagonica*	阿根廷、智利	巴塔哥尼亚酒神菊	romerillo
682	*Baccharis pilularis*	美国	柱状酒神菊	coyote-bush
683	*Baccharis ramulosa*	墨西哥	多枝酒神菊	boshi；caratacua；hierba del pasmo；jaral blanco；popotillo；tepopote；tepopotl
684	*Baccharis salicifolia*	美国、墨西哥、委内瑞拉	柳叶酒神菊	avalon；batamote；chamiso；chilsa；escobilla；guatamote；hierba del carbonero；jaral；jarilla；jarilla del rio；mule-fat；niquitaoito；water-wally
685	*Baccharis sarothroides*	墨西哥	沙罗酒神菊	escoba amarga；hierba del pasmo；romerillo

序号	学名	主要产地	中文名称	地方名
686	*Baccharis thesioides*	墨西哥	奥德斯酒神菊	batamote de monte；hierba del pasmo；uachama；uachamo
687	*Baccharis trinervis*	墨西哥	三脉酒神菊	hoololnuxib
688	*Baccharis vaccinioides*	墨西哥	扁枝酒神菊	meste
Bactris（PALMAE） 桃果椰子属（棕榈科）			**HS CODE** **4403.99**	
689	*Bactris acanthoccarpa*	圭亚那	刺果桃果椰子	kartapang；yuruwe
690	*Bactris campestris*	圭亚那	野生桃果椰子	imiritokon
691	*Bactris concinna*	厄瓜多尔	整洁桃果椰子	inzupara；kamancha
692	*Bactris cruegeriana*	圭亚那	克鲁桃果椰子	maswa
693	*Bactris cuspidata*	巴西	尖叶桃果椰子	carana do rio negro
694	*Bactris gasipaes*	圭亚那、厄瓜多尔、苏里南	加斯佩桃果椰子	boegroe makka；chonta；chonta duro；chonta ruru；egg palm；o'ma；parepou；piengo makka
695	*Bactris hirta*	圭亚那	毛桃果椰子	zagrinette；zaquenette
696	*Bactris horrida*	哥斯达黎加、伯利兹	霍里达桃果椰子	biscoyal；guiscoyol；pokenoboy；pork-and-doughboy
697	*Bactris major*	哥伦比亚、圭亚那	梅杰桃果椰子	lata de corozo；maswa
698	*Bactris maraja*	圭亚那	马拉加桃果椰子	bunyashiri；kamarupo
699	*Bactris oligoclada*	圭亚那	小枝桃果椰子	amonai；kidalebanaro；muna；perit
700	*Bactris plumeriana*	古巴	普卢利桃果椰子	palmilla
701	*Bactris simplicifrons*	圭亚那	单体桃果椰子	hikuriparipia；perit
Bagassa（MORACEAE） 乳桑属（桑科）			**HS CODE** **4403.49**	
702	*Bagassa guianensis*	巴西、圭亚那、法属圭亚那、苏里南、伯利兹	圭亚那乳桑	amaparana；amapa-rana；amarelo；bagaceira；bagasse；bagasse jaune；bois bagasse；bois vache；cow-wood；devils-tree；fatajuba；garrote；gele bagasse；jawahedan；kanhoedoe；odon；tatajuba；tuwue；witte bagasse；yawahudan

序号	学名	主要产地	中文名称	地方名
Balfourodendron（RUTACEAE） 巴福芸香属（芸香科）			**HS CODE** **4403.99**	
703	*Balfourodendron riedelianum*	巴西、巴拉圭、阿根廷、秘鲁、哥伦比亚	巴福芸香	elfenbenstra；farinha seca；farinha seea；gautambu blanco；guatambu；guatambu blanco；ibiria-nete；ivoorhout；kyrandy；marfim；moroti；palo marfim；pao liso；pequia marfim；quatamba；quillo bordon；yomo de huero
Balizia（MIMOSACEAE） 雅合欢属（含羞草科）			**HS CODE** **4403.99**	
704	*Balizia leucocalyx*	墨西哥	白萼雅合欢	guaciban；guaciran
705	*Balizia pedicellaris*	苏里南、圭亚那、法属圭亚那、巴西、委内瑞拉	花梗雅合欢	aboonkini；assao；bois ara；bois cerf；bougouni blanc；bougouni petites feuilles；cambui；chiti；gambui；hoerocwassa；jurema；kairaimai；koded；manariballi；plokonie；proekoenie；sera；sobreiero；tamalin；tamarinde plokonie；wassie-wassie kwarrie
Balmea（RUBIACEAE） 巴尔米属（茜草科）			**HS CODE** **4403.99**	
706	*Balmea stormiae*	危地马拉、墨西哥、萨尔瓦多、洪都拉斯	巴尔米木①	ayuque
Banara（FLACOURTIACEAE） 白茬柞属（大风子科）			**HS CODE** **4403.99**	
707	*Banara guianensis*	秘鲁、委内瑞拉、阿根廷、尼加拉瓜	圭亚那白茬柞	boracho-sisa；borracho-sisa；cayenito；francisco alvarez；machinmangua；raya-caspi；sombra de iguana
708	*Banara nitida*	秘鲁	密茎白茬柞	machin mangua；raya-caspi
709	*Banara parviflora*	巴西	小花白茬柞	casco de tatu
710	*Banara portoricensis*	波多黎各	波多黎各白茬柞	caracolillo；palo de ramon；tostado
711	*Banara regia*	厄瓜多尔	雷吉亚白茬柞	lengua de vaca
712	*Banara wilsonii*	古巴	短叶白茬柞	cuayo blanco；machete
Barringtonia（LECYTHIDACEAE） 玉蕊属（玉蕊科）			**HS CODE** **4403.49**	
713	*Barringtonia asiatica*	波多黎各、多米尼加、美国	亚洲玉蕊	barringtonia；birrete de obispo；bonete de arzobispo；coco de coffreci；coco de mar；pacana；showy barringtonia

序号	学名	主要产地	中文名称	地方名
Basiloxylon（STERCULIACEAE） 基杨属（梧桐科）			HS CODE 4403.99	
714	*Basiloxylon brasiliensis*	巴西	巴西基杨	farinha seca；pau-rei
Bastardiopsis（MALVACEAE） 韧葵木属（锦葵科）			HS CODE 4403.99	
715	*Bastardiopsis densiflora*	巴西、阿根廷、巴拉圭	密花韧葵木	algodao；algodoeiro；ioro blancon；jangada brava；loro blanco；louro blanco；peterbimoroti；peterebymoroti；vassourao
Batesia（CAESALPINIACEAE） 巴北苏木属（苏木科）			HS CODE 4403.99	
716	*Batesia floribunda*	巴西	多花巴北苏木	acapu；acapu-rana；acapu-rana daterra firme；tenteiro；tento
Batocarpus（MORACEAE） 荔枝桑属（桑科）			HS CODE 4403.99	
717	*Batocarpus amazonicus*	巴西、法属圭亚那、苏里南、秘鲁	亚马孙荔枝桑	amapa-rana；bagaceira；bagasse；bagasse jaune；bois bagasse；gele bagasse；mashunasti；tatajuba
718	*Batocarpus orinocensis*	厄瓜多尔	山荔枝桑	pitiuk；sacha paparagua；tungui
Bauhinia（CAESALPINIACEAE） 羊蹄甲属（苏木科）			HS CODE 4403.99	
719	*Bauhinia aculeata*	哥伦比亚	尖刺羊蹄甲	pada de vaca；pata de vaca
720	*Bauhinia arborea*	厄瓜多尔	树状羊蹄甲	anita；caobilla；cuchillo pacai
721	*Bauhinia cookii*	墨西哥	库氏羊蹄甲	casquito de venado
722	*Bauhinia dipetale*	墨西哥	迪佩塔羊蹄甲	chippilaquiui
723	*Bauhinia divaricata*	墨西哥、洪都拉斯、伯利兹、牙买加	展枝羊蹄甲	barba de mantel；calzoncillo；casco de venado；chulut；cimarrona；guacimilla；pada de vaca；papalacuahuitl；pata de cabra；pata de res；pie；shipila；tatilbichim；totzitza；tsulotok；yolis-papa loxihuit
724	*Bauhinia forficata*	巴西	福瑞塔羊蹄甲	unha de vaca
725	*Bauhinia glabra*	哥伦比亚、墨西哥、委内瑞拉	光滑羊蹄甲	bejuco cadena；bejuco de cadena；bejuco de lia；cadenillo；escalera de mico
726	*Bauhinia guianensis*	墨西哥	圭亚那羊蹄甲	pata de cabra
727	*Bauhinia herrerae*	墨西哥	棒叶羊蹄甲	chak-ts'ul ubtok；kibix；pata de vaca

序号	学名	主要产地	中文名称	地方名
728	*Bauhinia monandra*	波多黎各、维尔京群岛、美国、海地、古巴、多米尼加、委内瑞拉、西印度群岛	单雄蕊羊蹄甲	alas de angel；bauhinia；baujinia；butterfly bauhinia；casco de mulo；deux jumelles；flamboyan blanco；flamboyan cubano；flamboyant blanco；mariposa；pata de vaca；poor-mans-orchid；seplina；urape；varital variable；vlinderbloem
729	*Bauhinia multinervia*	委内瑞拉	多脉羊蹄甲	urape
730	*Bauhinia pauletia*	哥伦比亚	壮丽羊蹄甲	pata de vaca
731	*Bauhinia pescaprae*	墨西哥	佩斯卡羊蹄甲	pie de cabra
732	*Bauhinia purpurea*	美国、波多黎各、委内瑞拉、危地马拉	紫羊蹄甲	mountain ebony；orchid-tree；palo de orquideas；pata de vaca；pie de cabra；purple bauhinia；ramo de orquidea
733	*Bauhinia rubelcrusiana*	墨西哥	鲁贝羊蹄甲	pata de vaca
734	*Bauhinia rubiginosa*	圭亚那	棕色羊蹄甲	monkey-ladder
735	*Bauhinia scalasimiae*	圭亚那	斯卡羊蹄甲	hikuritarafon；monkey-ladder；oradapor；turtle steps
736	*Bauhinia subrotundifolia*	墨西哥	亚罗羊蹄甲	mano de vaca；pata de vaca；sak-ts'ulub-tok
737	*Bauhinia tarapotensis*	厄瓜多尔、秘鲁	塔拉波羊蹄甲	de vava；machete vaina；pato；pino；vaina；vaina de machete；yutsu
738	*Bauhinia ungulata*	墨西哥	古拉塔羊蹄甲	calzoncillo；chak-ts'ulubtok；pata de cabra；pata de cochino；pata de venado；pata-de-vaca；pie de venado
739	*Bauhinia variegata*	美国、多米尼加、波多黎各、哥伦比亚	斑状羊蹄甲	buddhist bauhinia；flamboyan orquidea；mountain ebony；orchid-tree；palo de orquideas；patabuey；poor-mans-orchid
740	*Bauhinia wallichii*	巴西	瓦氏羊蹄甲	mororo；pede boi
Beilschmiedia（**LAURACEAE**）琼楠属（樟科）			**HS CODE 4403.49**	
741	*Beilschmiedia costaricensis*	圭亚那	哥斯达黎加琼楠	
742	*Beilschmiedia curviramea*	圭亚那	弯枝琼楠	lanaballi；lauaballi
743	*Beilschmiedia mahagoni*	哥伦比亚、厄瓜多尔	桃花心琼楠	caoba

序号	学名	主要产地	中文名称	地方名
744	*Beilschmiedia mexicana*	墨西哥	墨西哥琼楠	aguacate perulero；jocotoso
745	*Beilschmiedia pendula*	古巴、波多黎各、小安的列斯群岛、西印度群岛、海地、多米尼加、牙买加	悬锤琼楠	aceitunillo；aguacate cimarron；bois de vert；bois doux muscadier；cabeza de toro；carne de doncella；carrasqueno；cigua amarilla；curabara；curavara；guajon；laurier fourmi；laurier madame；mulato；olive；palo colorado
746	*Beilschmiedia riparia*	墨西哥	岸生琼楠	aguacate de mico；guaquemico
747	*Beilschmiedia rohliana*	厄瓜多尔	罗利琼楠	guaba ardita
748	*Beilschmiedia sulcata*	哥斯达黎加、委内瑞拉、秘鲁、厄瓜多尔	皱状琼楠	boladar；bolador；bolodar；curo blanco；palta moena；ushun moena；waykish

Bellucia（MELASTOMATACEAE）　　HS CODE
热美野牡丹属（野牡丹科）　　4403. 99

序号	学名	主要产地	中文名称	地方名
749	*Bellucia grossularioides*	危地马拉、圭亚那、苏里南、秘鲁、委内瑞拉	醋栗热美野牡丹	barajo；bartara silver balli；bartara silverballi；chigonit；fruta-de-anta；itahara；itara；itarra；mesoupo；mess apple；nispero；nispero del monte；pumarosa；sakwasepere
750	*Bellucia pentamera*	厄瓜多尔、秘鲁	五热美野牡丹	cuengiaupa tticho；nispero；tunguia

Berberis（BERBERIDACEAE）　　HS CODE
小檗属（小檗科）　　4403. 99

序号	学名	主要产地	中文名称	地方名
751	*Berberis amurensis*	美国	黑水小檗	barberry
752	*Berberis chilensis*	智利	智利小檗	michai
753	*Berberis darwinii*	阿根廷、智利	达氏小檗	michai chico
754	*Berberis lehmannii*	厄瓜多尔	莱氏小檗	amarillo
755	*Berberis linearifolia*	阿根廷、智利	线叶小檗	calafate；calafate grande；flor amarillo
756	*Berberis loxensis*	厄瓜多尔	洛森小檗	cocolan
757	*Berberis prolifica*	委内瑞拉	多产小檗	una de gato
758	*Berberis thunbergii*	美国	日本小檗	japanese barberry
759	*Berberis vulgaris*	美国	普通小檗	barberry

Berchemia（RHAMNACEAE）　　HS CODE
勾儿茶属（鼠李科）　　4403. 99

序号	学名	主要产地	中文名称	地方名
760	*Berchemia scandens*	美国	攀援勾儿茶	rattan-vine；supple jack
761	*Berchemia volubilis*	美国	流利勾儿茶	alabama supple jack

序号	学名	主要产地	中文名称	地方名
Bergeronia（FABACEAE） 绢毛槐果崖豆属（蝶形花科）			**HS CODE** **4403.99**	
762	*Bergeronia sericea*	阿根廷、巴拉圭	绢毛槐果崖豆	ibira-ita；ibira-saiyu
Bernardia（EUPHORBIACEAE） 鼠耳桐属（大戟科）			**HS CODE** **4403.99**	
763	*Bernardia dichotoma*	古巴	二歧鼠耳桐	cacapul；tareo de chivo
764	*Bernardia interrupta*	伯利兹	皱颈鼠耳桐	waika ribbon
765	*Bernardia tamanduana*	伯利兹	塔曼鼠耳桐	
Bernoullia（BOMBACACEAE） 山鹑树属（木棉科）			**HS CODE** **4403.99**	
766	*Bernoullia flammea*	墨西哥、伯利兹、巴拿马	矮生山鹑树	amapola；cosante；cuesa；mapola；marquesote；palo calabaza；palo de cuesa；palo de perdiz；palo de torillla；red mapola；uacut；yuca
Bertholletia（LECYTHIDACEAE） 栗油果属（玉蕊科）			**HS CODE** **4403.49**	
767	*Bertholletia excelsa*	委内瑞拉、哥伦比亚、巴西、苏里南、巴拉圭、圭亚那、玻利维亚、秘鲁、法属圭亚那	栗油果木	almendra；apra noot；brazilnut；brazilnut-tree；castagna brasiliana；castana；castanha para；castanha verdadeir；castanha-do-paia；castanheira；ingienoto；inia；juvia；kokeleko；matamata de altura；onechte-bokkenoot；para-noot；paranootboom；tetoka；turury；yuvia
768	*Bertholletia nobilis*	哥伦比亚、巴西、圭亚那	显著栗油果木	almendro；brazil-nussbaum；castanheiro；juvia；nha；paranussbaum；tuca
Bertiera（RUBIACEAE） 舒榄属（茜草科）			**HS CODE** **4403.99**	
769	*Bertiera guianensis*	秘鲁	圭亚那舒榄	
770	*Bertiera parviflora*	秘鲁	小花舒榄	mullaca grande
Betula（BETULACEAE） 桦木属（桦木科）		**HS CODE** 4403.95（截面尺寸≥15cm）或 4403.96（截面尺寸<15cm）		
771	*Betula alleghaniensis*	加拿大、美国	黄桦	abedul amarillo candiense；betulawood；bouleau jaune；bouleau jaune candien；butternut；curly birch；hard birch；merisier；merisier onde；merisier rouge；swamp birch；white birch；yellow birch

序号	学名	主要产地	中文名称	地方名
772	*Betula caerulea*	美国	蓝桦	blue birch
773	*Betula commutata*	加拿大	银桦	western white birch
774	*Betula cordifolia*	美国	心叶桦	mountain paper birch; mountain white birch; paper birch
775	*Betula lenta*	加拿大、美国	坚桦	abedul americano; betulla americana; black birch; bouleau merisier; bouleau sucre; cherry birch; dwarf birch; hard birch; mahogany birch; merisier odorant; river birch; spice birch; suiker berk; wych hazel; yellow birch
776	*Betula nana*	美国	矮桦	abedul enano; betulla nana; bouleau nain; dvarg-bjork; dwarf birch; swamp birch
777	*Betula neoalaskana*	加拿大、美国	阿拉斯加桦	alaska birch; alaska paper birch; alaska white birch; alaskan white birch; white birch
778	*Betula nigra*	加拿大、美国	水白桦	abedul negro americano; betulla nera americana; black birch; bouleau noir; red birch; river birch; rode berk; svart-bjork; water birch; zwarte berk
779	*Betula occidentalis*	美国、加拿大	西方桦	black birch; bouleau occidental; canyon birch; cherry birch; mountain birch; red birch; red canyon birch; spring birch; swamp birch; sweet birch; water birch; western birch; western paper birch
780	*Betula papyracea*	加拿大、美国	纸莎草桦	abedul americano; betulla americana papyrifera; bouleaua papier; canadian white birch; paper birch; papper-bjork; white birch
781	*Betula papyrifera*	加拿大、美国、纽芬兰岛	北美白桦	abedul de alasca; alaska birch; alaska-bjork; american birch; boileau; bouleaua capot; canadian white birch; canoe birch; kanadensisk papper-bjork; mountain paper birch; ontario-papper bjork; paper birch; russian birch; silver birch; westcanadese berk; white birch

序号	学名	主要产地	中文名称	地方名
782	*Betula papyrifera* var. *cordifolia*	美国	山纸桦	alaska paper birch；alaska white birch；black birch；kenai birch；kenai paper birch；red birch
783	*Betula pendula*	美国	垂枝桦	white birch
784	*Betula populifolia*	加拿大、美国	杨叶桦	abedul gris；abedul populifolio；betulla grigia；betulla populifolia；blue birch；bouleau gris；bouleau rouge；fire birch；gra-bjork；gray birch；oldfield birch；pin birch；poverty birch；small white birch；white birch
785	*Betula pubescens*	美国	欧洲桦	silver birch；white birch
786	*Betula pumila*	美国	普米拉桦	dwarf birch
787	*Betula sandbergii*	美国	沙氏桦	sanberg birch
788	*Betula tenta*	北美洲	甜桦	black birch；cherry birch；sweet birch
789	*Betula uber*	美国	尤伯桦	ashe birch；virginia birch；virginia roundleaf birch
790	*Betula utahensis*	美国	犹他桦	northwestern paper birch；paper birch
	Bignonia (BIGNONIACEAE) 号角藤属（紫葳科）		**HS CODE** **4403.99**	
791	*Bignonia tinctoria*	圭亚那	染料号角藤	caragerou
	Billia (HIPPOCASTANACEAE) 三叶树属（七叶树科）		**HS CODE** **4403.99**	
792	*Billia colombiana*	厄瓜多尔、委内瑞拉、哥斯达黎加	哥伦比亚三叶树	capuli；caracoli；cocorac cucaracho；guashcaparo；rosas；tia；utia
793	*Billia hippocastanum*	墨西哥	卡斯三叶树	castano de la sierra；hueljalau；jaboncillo
794	*Billia rosea*	墨西哥	玫瑰三叶树	
	Bixa (BIXACEAE) 红木树属（红木科）		**HS CODE** **4403.99**	
795	*Bixa arborea*	巴西	树状红木树	urucum；urucurana da matta
796	*Bixa excelsa*	古巴	大红木树	bixa

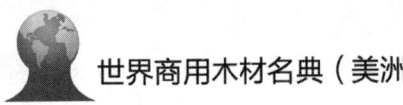

序号	学名	主要产地	中文名称	地方名
797	*Bixa orellana*	墨西哥、法属圭亚那、西印度群岛、秘鲁、厄瓜多尔、哥伦比亚、巴拿马、波多黎各、洪都拉斯、美国、哥斯达黎加、巴西、伯利兹、圭亚那、古巴、委内瑞拉、危地马拉、萨尔瓦多、苏里南、维尔京群岛、玻利维亚	红木树	acanguarica；achiote amarillo；achiotl；achote de monte；annato；anatto-tree；bixa；cacicuto；chancangua rica；cuajachote；cuypuc；ematabi；kiui；kushub；manduro；ornato；pamuca；shambu；shambu-huayo；shambu-quiro；uchuvia；urucurana；xayau
798	*Bixa platycarpa*	厄瓜多尔	宽果红木树	achiote de monte；achiotillo
799	*Bixa urucurana*	委内瑞拉、厄瓜多尔	乌拉圭红木树	onotillo；shipare cuna

Blakea（MELASTOMATACEAE）
杯碟花属（野牡丹科）
HS CODE 4403.99

序号	学名	主要产地	中文名称	地方名
800	*Blakea alternifolia*	厄瓜多尔	互叶杯碟花	
801	*Blakea calyptrata*	厄瓜多尔	帽状杯碟花	
802	*Blakea glandulosa*	厄瓜多尔	腺叶杯碟花	chinchak
803	*Blakea granatensis*	厄瓜多尔	格拉纳杯碟花	
804	*Blakea latifolia*	秘鲁	阔叶杯碟花	
805	*Blakea paludosa*	秘鲁	沼泽杯碟花	
806	*Blakea pulverulenta*	秘鲁	灰杯碟花	
807	*Blakea rosea*	秘鲁	玫瑰杯碟花	
808	*Blakea spruceana*	秘鲁	亚马孙杯碟花	mediodia-sacha

Blepharidium（RUBIACEAE）
白靛榄属（茜草科）
HS CODE 4403.99

序号	学名	主要产地	中文名称	地方名
809	*Blepharidium mexicanum*	墨西哥	墨西哥白靛榄	popiste；popistle；popistle blanco；sacjische；sacyashte；sagische；sak-yaxte

Blepharocalyx（MYRTACEAE）
毛萼金娘属（桃金娘科）
HS CODE 4403.99

序号	学名	主要产地	中文名称	地方名
810	*Blepharocalyx cisplatensis*	南美洲	西斯普毛萼金娘	lapachillo
811	*Blepharocalyx cruckshanksii*	智利	鲁氏毛萼金娘	tem；temu
812	*Blepharocalyx giganteus*	阿根廷	巨型毛萼金娘	cocha-molle；palo barroso

序号	学名	主要产地	中文名称	地方名
813	*Blepharocalyx salicifolius*	阿根廷	柳叶毛萼金娘	murta
Blighia（SAPINDACEAE）阿开木属（无患子科）			**HS CODE** **4403.99**	
814	*Blighia sapida*	墨西哥、波多黎各、美国、古巴、法属圭亚那、西印度群岛、哥伦比亚、巴西、巴拿马、特立尼达	美味阿开木	akee；akee de africa；akee-tree；aki arbre fricasse；apple akee；bien mesabe；castanheiro do africa；huevo vegetal；seso vegetal；vegetable brains；yeux crabes
Bocageopsis（ANNONACEAE）舌辕木属（番荔枝科）			**HS CODE** **4403.99**	
815	*Bocageopsis canescens*	圭亚那	灰舌辕木	
816	*Bocageopsis multiflora*	圭亚那	多花舌辕木	arara；rough-skin arara
Bocconia（PAPAVERACEAE）博落木属（罂粟科）			**HS CODE** **4403.99**	
817	*Bocconia arborea*	墨西哥	树状博落木	arbol de judas；capul；cococxihuitl；cuachile；enguamba；enguambe；enguambo；hediondilla；inguande；inhuambo；jauque；jediondilla；llora sangre；mano de leon；palo amarillo；palo del diablo；tlacoxihuatl；venenillo
818	*Bocconia frutescens*	哥伦比亚、海地、墨西哥、危地马拉、多米尼加、哥斯达黎加、古巴、波多黎各、委内瑞拉	灌木状博落木	azafran；bois codine；calderon；cuauchichili；gengibrillo；golondrinia；gordolobo；inguande；llora sangre；palo santo；pan cimarron；panapen cimmaron；pasilla；sangre de toro；saniculo；tlacoxihuitl；yagrumita；yagrumo macho
819	*Bocconia integrifolia*	多米尼加	全缘叶博落木	
820	*Bocconia pearcei*	多米尼加	皮尔塞博落木	
821	*Bocconia vulcanica*	多米尼加	沃卡博落木	
Bocoa（FABACEAE）玉蕊檀属（蝶形花科）			**HS CODE** **4403.49**	
822	*Bocoa alterna*	圭亚那	普氏玉蕊檀	
823	*Bocoa prouacensis*	圭亚那、法属圭亚那、苏里南	普鲁玉蕊檀	aieoudou；baco；boco；boco marbre；bois de fer；ijzerhart；isri-ati；jesriharti；jetikiboralli；ouguipaou；panacoco；panacoco noir；wajewoe；wamara；womara；zwarti parelhout

序号	学名	主要产地	中文名称	地方名
Boehmeria（URTICACEAE） 苎麻属（荨麻科）			**HS CODE** **4403.99**	
824	Boehmeria caudata	厄瓜多尔	尾状苎麻	ortiguillo
825	Boehmeria pavonii	秘鲁	帕氏苎麻	ishanga
Boerlagiodendron（ARALIACEAE） 兰屿加属（五加科）			**HS CODE** **4403.99**	
826	Boerlagiodendron novoguineensis	巴西	巴新兰屿加	
827	Boerlagiodendron pachycephallum	巴西	厚叶兰屿加	
Bombacopsis（BOMBACACEAE） 类木棉属（木棉科）			**HS CODE** **4403.49**	
828	Bombacopsis glabra	巴西	光滑类木棉	maranhao
829	Bombacopsis paraensis	巴西、秘鲁	帕州类木棉	mungubarana；munguba-rana；punga；punga blanca de chamisal
830	Bombacopsis quinata	洪都拉斯、尼加拉瓜、巴拿马、委内瑞拉、哥伦比亚、哥斯达黎加、西印度群岛、巴西	类木棉	aba；acedaro espina；cedrillo；cedro espino；cedro espinosa；cedro espinoso；cedro macho；ceiba tolu；ceiba tolua；gommier blanc；huimba；mahot coton；pochote；saqui；sumauma；sumauma de tierra firme；tolu
831	Bombacopsis sepium	拉丁美洲	篱笆类木棉	habilia
832	Bombacopsis sessilis	巴拿马	无柄类木棉	bongo macho
Bombax（BOMBACACEAE） 木棉属（木棉科）			**HS CODE** **4403.49**	
833	Bombax costatum	巴西	科斯塔木棉	bumbum
834	Bombax flaviflorum	圭亚那	火焰色木棉	asare；asari；kamakuti；wild silk cotton
835	Bombax insignis	百慕大、巴西	显著木棉	didu simal；ngew；paineira de castanha
836	Bombax jenmanii	圭亚那	软氏木棉	kononoballi
837	Bombax longipedicellata	巴西	长梗木棉	
838	Bombax munguba	巴西	巴西木棉	munguba
839	Bombax surinamense	圭亚那	苏里南木棉	chon；kamakuti；ulumaruru；wild silk cotton

序号	学名	主要产地	中文名称	地方名
Bonnetia（BONNETIACEAE）泽茶属（泽茶科）			**HS CODE 4403.99**	
840	*Bonnetia celiae*	拉丁美洲	西莉泽茶	
841	*Bonnetia crassa*	拉丁美洲	粗糙泽茶	
842	*Bonnetia kathleenae*	拉丁美洲	凯瑟琳泽茶	
843	*Bonnetia neblinae*	拉丁美洲	纳布泽茶	
844	*Bonnetia paniculata*	秘鲁	锥花泽茶	cascarilla；cascarilla legitimo
845	*Bonnetia sessilis*	圭亚那	无柄泽茶	konwai
Bontia（MYOPORACEAE）假瑞香属（苦槛蓝科）			**HS CODE 4403.99**	
846	*Bontia daphnoides*	古巴、多米尼加、维尔京群岛、巴哈马、圭亚那、海地、波多黎各、委内瑞拉、安的列斯群岛、巴巴多斯、牙买加、向风群岛	达芙假瑞香	aceituna americana；mang blanc；mangle；mangle bobo；manzanilla；oleife；oliba；oliefe；olijfi；olivier batard；olivier dupays；olivier sauvage；olivo bastardo；white-alling；wilde olijf
Bothriospora（RUBIACEAE）黄珠茜属（茜草科）			**HS CODE 4403.99**	
847	*Bothriospora corymbosa*	秘鲁、巴西	伞房黄珠茜	junuisco-ey；quinilla；sardinheira
Bougainvillea（NYCTAGINACEAE）叶子花属（紫茉莉科）			**HS CODE 4403.99**	
848	*Bougainvillea glabra*	美国、秘鲁、哥伦比亚	光滑叶子花	crimson-lake；enredadera；trinitaria de monte
849	*Bougainvillea stipitata*	阿根廷	具柄叶子花	afiler
Bourreria（BORAGINACEAE）虎躯木属（紫草科）			**HS CODE 4403.99**	
850	*Bourreria calophylla*	古巴	海棠叶虎躯木	agalla
851	*Bourreria cumanensis*	荷属安的列斯群岛、委内瑞拉	库曼虎躯木	flor blanca；flor blanco；guatacaro
852	*Bourreria exsucca*	哥伦比亚	无汁虎躯木	juiceless bourreria；uvito macho
853	*Bourreria formosa*	伯利兹、洪都拉斯	美岛虎躯木	sombra de ternero
854	*Bourreria havanensis*	古巴、西印度群岛、美国、安的列斯群岛、巴哈马	哈瓦那虎躯木	ateje；bourrerier de havana；bureria；havanische-bourreria；ircuma；strongback；strongbark

序号	学名	主要产地	中文名称	地方名
855	*Bourreria huanita*	墨西哥	华尼塔虎躯木	bakal-che；exquixochitl；guiaxoba；huanini；huanita；jazmin de la india；jazmin de oaxaca；jazmin del istmo；jzmin de palo；lipa-dziqui；muniste；vanita；yaga-xoba；ytayucuine
856	*Bourreria mollis*	伯利兹	柔软虎躯木	beh-eck；black fiddlewood；pay；roble
857	*Bourreria ovata*	美国	卵圆虎躯木	bahama strongback；bahama strongbark；strongback；strongbark
858	*Bourreria oxyphylla*	伯利兹	锐叶虎躯木	eck；roble；sac-bay-eck；sacbey-eck；sombre de ternero
859	*Bourreria pulchra*	墨西哥	美丽虎躯木	bakal-che；k'ak'al-che
860	*Bourreria radula*	美国	长枝虎躯木	rough strongback；rough strongbark
861	*Bourreria spathulata*	墨西哥	多汁虎躯木	tecolotillo；zapotillo
862	*Bourreria succulenta*	古巴、海地、波多黎各、西印度群岛、多米尼加、维尔京群岛、向风群岛、瓜德罗普岛	匙叶虎躯木	ateje de costa；cerecillo；chinkswood；doncella；fruta de catey；goeaana；mapou gris；muneco；pigeonberry；pigeonwood；raspalengua；roble guayo；spoon-tree；watakeeli；white-chank
863	*Bourreria virgata*	古巴、多米尼加、波多黎各	帚枝虎躯木	cafecillo；guazumilla；palo de vaca；raspalengua；roble de guayo
	Bouvardia（RUBIACEAE） 寒丁子属（茜草科）		**HS CODE 4403.99**	
864	*Bouvardia bouvardioides*	墨西哥	薄叶寒丁子	ciguapatle；siguapatle
865	*Bouvardia longiflora*	墨西哥	长花寒丁子	clavelito；cuan-guina；flor de san juan；jazmin de san juan；li-yo-hmuy；rosa de san juan
866	*Bouvardia ternifolia*	墨西哥	三叶寒丁子	contrahier ba；contrahier ba colorada；expatli；hierba del indio；hierba del pasmo；mirto；tlacosuchil；tlacoxochitl；tonati-shochit；trompetilla

序号	学名	主要产地	中文名称	地方名
Bowdichia（FABACEAE） 鲍迪豆属（蝶形花科）			**HS CODE** **4403.49**	
867	Bowdichia nitida	委内瑞拉、美国、哥伦比亚、法属圭亚那、巴西、秘鲁、圭亚那、苏里南	光鲍迪豆	alcornoque；amoteak；arenillo；black sucupira；coeur dehors；congrio；cutiubeira；hudoke；licupiraholz；mach；marachuba；paricarana；sapurira；sapurira；sebipira；sucupira mata；sucupira preta；sucupira-amarele；tatabu；zapan negro；zwarte kabbes
868	Bowdichia nitidaformis	巴西	亮壮鲍迪豆	sucupira
869	Bowdichia virgilioides	哥伦比亚、委内瑞拉、美国、巴西、圭亚那、玻利维亚	鲍迪豆	alcornoque；amoteak；amotique；black sucupira；cutiuba；cutiubeira；hudoke；mach；mirim；paricarana；sapurira；sebipira；sibipira；sucupira assu；sucupira mirim；sucupira parada；sucupira parda；sucupira preta
Brachystegia（CAESALPINIACEAE） 短盖豆属（苏木科）			**HS CODE** **4403.49**	
870	Brachystegia spiciformis	墨西哥	美丽短盖豆	messassa
Bravaisia（ACANTHACEAE） 白君木属（海榄雌科）			**HS CODE** **4403.99**	
871	Bravaisia integerrima	墨西哥、特立尼达、尼加拉瓜、巴拿马、委内瑞拉、哥伦比亚	全缘叶白君木	canacoite；cien-pies；jigger；jiggerwood；mangle blanco；mangle de agua；mangle llanero；naranjillo bobo；palo blanco；palo de agua；pinto pie；sancho-arana
872	Bravaisia tubiflora	伯利兹、墨西哥	管花白君木	hooloop；hoo-loop；hulu'bai；sak'hulub
Bredemeyera（POLYGALACEAE） 繁牙木属（远志科）			**HS CODE** **4403.99**	
873	Bredemeyera floribunda	委内瑞拉	多花繁牙木	canida de venado
874	Bredemeyera lucida	委内瑞拉	亮叶繁牙木	
Brosimopsis（MORACEAE） 类饱食桑属（桑科）			**HS CODE** **4403.99**	
875	Brosimopsis diandra	巴西	二雄蕊类饱食桑	leiteira；murure

序号	学名	主要产地	中文名称	地方名
876	*Brosimopsis oblongifolia*	巴西	长圆叶类饱食桑	amaparana；merure
Brosimum（MORACEAE） 饱食桑属（桑科）			HS CODE 4403.49	
877	*Brosimum acutifolium*	巴西、苏里南、圭亚那	尖叶饱食桑	murere；muriri；murure；takini；taquini
878	*Brosimum alicastrum*	墨西哥、伯利兹、委内瑞拉、洪都拉斯、西印度群岛、哥斯达黎加、哥伦比亚、古巴、秘鲁、危地马拉、萨尔瓦多、尼加拉瓜、特立尼达、巴西、厄瓜多尔、巴哈马	麦粉饱食桑	ajash；apomo；breadnut；brodnotstrad；capomo；charo；cpomo；feguo；guaimaro；huji；juksapuo；jushapu；lechero；manata；manchinga；mondongo；nazareno；ojoche blanco；pasita；ramon de hoja ancha；ramoon；samaritan；tlatlacotic；ujusthe；ujuxte；vaco
879	*Brosimum bernadetteae*	巴西、巴拿马、圭亚那	伯纳饱食桑	aimpem；berba；choyba；inare；jabote；muiratinga；querendo；sukune
880	*Brosimum columbianum*	委内瑞拉、哥伦比亚、厄瓜多尔	哥伦比亚饱食桑	guaimaro；guayamero
881	*Brosimum conduru*	巴拿马、巴西	孔杜鲁饱食桑	bloodwood cacique；conduru；gonduru；pao de sangue
882	*Brosimum costaricanum*	哥斯达黎加、巴拿马	哥斯达黎加饱食桑	amaparana；capomo；masicaran；masicaron；moju；morillo；ojoche；ox de mico；quisjoche
883	*Brosimum discolor*	巴西	变色饱食桑	barruch；oti-mirim-ayra
884	*Brosimum gaudichaudii*	巴拉圭、巴西	高氏饱食桑	yakita；yatita
885	*Brosimum guianensis*	苏里南、巴西、法属圭亚那、圭亚那、特立尼达、墨西哥、巴拿马、西印度群岛、多米尼加、委内瑞拉、哥伦比亚、伯利兹	圭亚那饱食桑	amapa-amargo；amorethout；bepauletoe；berba；biberoe sokone；boeloekoro；bois lezard；bois lizard；bokstavtra；boura-coura；casique care；charo macho；gamelleira preta；leopardwood；letri；piratinier mouchete；schlangenholz；snakewood；sokone biberoe；tianalin wewe；tibicusi；tortoiseshell；tortoiseshell-wood；wekere-paida
886	*Brosimum lactescens*	巴西、尼加拉瓜、墨西哥、厄瓜多尔	窄叶饱食桑	leiteira；mesica；ojoche；ojoche blanco；ojoche de hoja menuda；sande

序号	学名	主要产地	中文名称	地方名
887	*Brosimum lanciferum*	中美洲	兰西饱食桑	muirapiranga；muriapiranga；satine；satine rubane
888	*Brosimum paraensse*	拉丁美洲	帕州饱食桑	satina
889	*Brosimum parinarioides*	巴西、苏里南	帕氏饱食桑	amapa；caucho macho；doekaliballi；rana-ampa
890	*Brosimum potabile*	巴西、哥伦比亚、法属圭亚那、委内瑞拉、哥斯达黎加、巴拿马、秘鲁、厄瓜多尔	亚马孙饱食桑	amapa；arbol vaca；dokali；guaimaro；lechero；leiteira；marina；palo de vaca；panguana；sande；takina
891	*Brosimum rubescens*	苏里南、巴西、圭亚那、巴拿马、法属圭亚那、秘鲁、哥伦比亚、厄瓜多尔、委内瑞拉	红饱食桑	adda；bloodwood cacique；canduru；cunduru；doekaliballi；ferolia；gevlamd-satijnhout；gonduru；imo；koenatepi；legno satino；moirapiranga；murererana；negrillo；polisthout；poliswood；redwood；satijnhout；satinwood；sokoneballi；vacuna；waiwe；warimiaballi
892	*Brosimum terrabanum*	墨西哥、危地马拉、洪都拉斯、伯利兹、尼加拉瓜	姜饼饱食桑	arenoso；maseco；masica；masicaran；masico；mesica；ojoche；ojoche blanco；ojoche colorado；ojochillo；quisjoche；ramon de montana
893	*Brosimum utile*	巴西、哥斯达黎加、哥伦比亚、委内瑞拉、厄瓜多尔、特立尼达、巴拿马、法属圭亚那、秘鲁	良木饱食桑	amapa；amapadoce；anapa；arbol vaca；avichuri；barimiso；cuqua；dokali；guaimaro；leiteira；melkboom；milktree；murererana；ogechi；ojoche；palo de leche；panguana；sande murere-rana；sandy；takina；vaco；vacuno
	***Broussonetia*（MORACEAE）** 构树属（桑科）	**HS CODE** 4403.99		
894	*Broussonetia papyrifera*	美国	构树	paper mulberry
	***Brownea*（CAESALPINIACEAE）** 宝冠木属（苏木科）	**HS CODE** 4403.49		
895	*Brownea ariza*	厄瓜多尔	阿里萨宝冠木	condor panga；cruz caspi；tsanda mappi-cho
896	*Brownea coccinea*	委内瑞拉	朱红宝冠木	guaraba
897	*Brownea grandiceps*	委内瑞拉	荣光宝冠木	palo de cruz；rosa de montana
898	*Brownea macrophylla*	哥伦比亚	大叶宝冠木	ariza；arizal

序号	学名	主要产地	中文名称	地方名
899	*Brownea rosa-de-monte*	委内瑞拉	蒙蒂宝冠木	rosa de montana
900	*Brownea ucayalina*	厄瓜多尔	乌卡亚利宝冠木	a'cho ccumba；condor caspi；cruz caspi；tabacco de coto
***Brunellia*（BRUNELLIACEAE）** **槽柱花属（槽柱花科）**			**HS CODE** **4403.99**	
901	*Brunellia comocladifolia*	古巴、哥伦比亚、海地、波多黎各、委内瑞拉、多米尼加、瓜德罗普岛、牙买加	科莫槽柱花	auya barria；bois mabel；cabra；caobano；cedrillo；chantre；chonta；crdrillo de montana；guao；limon；machimbi；majaguito de tierra fria；mal-fini；malebar；manzano；palo bobo；rinon；yuco rinon
902	*Brunellia costaricensis*	哥斯达黎加	哥斯达黎加槽柱花	
903	*Brunellia integrifolia*	委内瑞拉	全缘叶槽柱花	guacimo
904	*Brunellia mexicana*	墨西哥	墨西哥槽柱花	baraja；tziquinacui
905	*Brunellia sibundoya*	哥伦比亚	锡本槽柱花	berraco；cedrillo；mani；rinon；tsobojush；yuco
***Brunfelsia*（SOLANACEAE）** **番茉莉属（茄科）**			**HS CODE** **4403.99**	
906	*Brunfelsia americana*	多米尼加、波多黎各、安的列斯群岛、小安的列斯群岛、向风群岛	美洲番茉莉	aguacero；aleli falso；dama de noche；empoisonneur；galan；raintree；trompeta de angel；tulipan sencillo
907	*Brunfelsia lactea*	波多黎各	乳状番茉莉	jazmin del monte；vega blanca
***Brya*（FABACEAE）** **椰豆木属（蝶形花科）**			**HS CODE** **4403.99**	
908	*Brya buxifolia*	西印度群岛、海地	黄杨叶椰豆木	cocus；cocuswood；galle-galle
909	*Brya ebenus*	西印度群岛、古巴、巴哈马、南美洲、牙买加	黑椰豆木	american ebony；brown ebony；cocus；cocuswood；espino de sabina；granadillo；green ebony；grenadille；jamaican ebony；legno granadillo；llaity；roodes ebbenhout；torchwood；west indian ebony；yaity
***Buchenavia*（COMBRETACEAE）** **黄砂使君子属（使君子科）**			**HS CODE** **4403.49**	
910	*Buchenavia acuminata*	哥伦比亚	尖叶黄砂使君子	

序号	学名	主要产地	中文名称	地方名
911	*Buchenavia capitata*	哥伦比亚、巴拿马、委内瑞拉、法属圭亚那、巴西、海地、多米尼加、苏里南、伯利兹、波多黎各、古巴、特立尼达、牙买加、瓜德罗普岛	头状黄砂使君子	almendro；amaraelao；amarillo boj；birindiba；bois gris-gris；chicharro；ciruelillo；gemberhout；granadillo；jacuro amarillo；katoelima；matakki；palo de granadillo；toekadi；yellow olivier
912	*Buchenavia fanshawei*	圭亚那	研钵黄砂使君子	fakadi；fukadi；korir；kuyoriye
913	*Buchenavia grandis*	巴西	大黄砂使君子	piuna
914	*Buchenavia kleinii*	巴西	克氏黄砂使君子	guarajuva
915	*Buchenavia macrophylla*	巴西	大叶黄砂使君子	alimimo；ingui-tabaka；turumana
916	*Buchenavia megalophylla*	巴西	巨叶黄砂使君子	alimi hudu；ingitabaka；kwatabobi
917	*Buchenavia ochroprumna*	巴西	奥克黄砂使君子	periquiteira do igapo；tanibnu
918	*Buchenavia oxycarpa*	巴西	木果黄砂使君子	
919	*Buchenavia sericocarpa*	巴西	丝状黄砂使君子	
920	*Buchenavia suaveolens*	巴西	香甜黄砂使君子	
921	*Buchenavia tanibouca*	巴西	塔尼黄砂使君子	tanibouca；tanibuca
922	*Buchenavia tetraphylla*	巴西	轮叶黄砂使君子	golden crumbly berk；mountain wild olive；wild olive；yellow olivier；yellow sanders
923	*Buchenavia viridiflora*	巴西	绿花黄砂使君子	cuiarana；mirindiba；periquiteira
	***Bucida*（COMBRETACEAE）** **拉美使君子属（使君子科）**		**HS CODE** **4403.49**	
924	*Bucida angustifolia*	法属圭亚那、圭亚那、古巴	狭叶拉美使君子木	determa；grignon；jicaro prieto

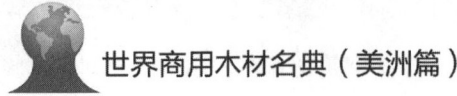

序号	学名	主要产地	中文名称	地方名
925	*Bucida buceras*	巴拿马、波多黎各、美国、巴哈马、海地、哥伦比亚、伯利兹、危地马拉、苏里南、圭亚那、多米尼加、法属圭亚那、古巴、巴西、西印度群岛、特立尼达、墨西哥、瓜德罗普岛、牙买加	牛角拉美使君子木	amarillo；black olive；bucida；cdeterma；fukadi；grgue-gue；hucar blanco；jucarillo；jucaro；jucaro blanco；jucaro prieto；jukaro；marion；oxhorn bucida；pukte；tapirin-wonoe；teleloema；teteroema；ucar-negro；wonoe
926	*Bucida macrostachya*	墨西哥	大穗拉美使君子木	cacho de toro
927	*Bucida wigginsiana*	墨西哥	维吉拉美使君子木	espina de urraca；guichishaui

Buddleja（SCROPHULARIACEAE）　　HS CODE
醉鱼草属（玄参科）　　　　　　　　　4403.99

序号	学名	主要产地	中文名称	地方名
928	*Buddleja alternifolia*	墨西哥	互叶醉鱼草	
929	*Buddleja americana*	墨西哥	美洲醉鱼草	axtlacapali；cayolinan；cayolizan；cayoluian；hierba de la mosca；jacte；layolizan；salvia real；teposa；tepoza；tepozan；tzelepat；zayolizan；zayolizcan
930	*Buddleja cordata*	墨西哥	心形醉鱼草	tepozan；tezopan blanco
931	*Buddleja crotonoides*	墨西哥	巴豆醉鱼草	lengua de buey
932	*Buddleja davidii*	美国	达氏醉鱼草	butterfly-bush
933	*Buddleja diversifolia*	美国	众叶醉鱼草	
934	*Buddleja globosa*	智利、阿根廷	球形醉鱼草	maticoa；panil
935	*Buddleja incana*	厄瓜多尔	灰醉鱼草	quishaur；quishuar
936	*Buddleja longifolia*	秘鲁	长叶醉鱼草	quishuar
937	*Buddleja marrubiifolia*	墨西哥	毛醉鱼草	azafran；azafran del campo；azafrancillo；wooly butterfly bush
938	*Buddleja nitida*	哥斯达黎加	密茎醉鱼草	salvia
939	*Buddleja parviflora*	墨西哥	小花醉鱼草	tepozan；tepozan cimmaron；tepozan de cerro；tselepatl；tzelepatl
940	*Buddleja perfoliata*	墨西哥	贯叶醉鱼草	salvia de bolita；salvia india；salvia real

序号	学名	主要产地	中文名称	地方名
941	*Buddleja scordioides*	墨西哥	沼泽醉鱼草	escobilla; golondrilla; hierba de las escobas; salvia
942	*Buddleja sessiliflora*	墨西哥	无柄醉鱼草	hierba del tepozan; michpatli; mispatli; mixpatli; pathaxoxox tic; patloxoxohuic; popotzo; quimishpatli; salvia; tapiro; tepoza; tepozan; tepozana; tepozanillo; tepuza; zoyapatli
943	*Buddleja utahensis*	墨西哥	犹他醉鱼草	
944	*Buddleja vetula*	墨西哥	维图拉醉鱼草	

Bulnesia（ZYGOPHYLLACEAE）
维腊木属（蒺藜科）　　**HS CODE 4403.49**

序号	学名	主要产地	中文名称	地方名
945	*Bulnesia arborea*	委内瑞拉、墨西哥、哥伦比亚、美国、阿根廷、巴西、萨尔瓦多	树状维腊木	bera; chumcintoc; cuchivaro; era; gayacan; guayacan resino; guiacan; lignum vitae; maracaibo; palo balsamo; quiebrahacha; retamo; venesia; vera aceituna; vera amarilla; vera blanca; vera pokhout; verawood
946	*Bulnesia bonariensis*	阿根廷	波纳维腊木	guache jobonillo; guacle
947	*Bulnesia gancedoi*	阿根廷	甘塞多维腊木	palo santo blanco
948	*Bulnesia retama*	阿根廷	雷塔玛维腊木	retama; retamo
949	*Bulnesia sarmientoi*	委内瑞拉、玻利维亚、哥伦比亚、阿根廷、巴拉圭、巴西	萨米维腊木②	bera; cuchivaro; gayac de caracas; guayacan; maracaibo lignum-vitae; palo balsamo; palo sano; palo sante nutante; palo santo; retamo; venesia; vera; verawood

Bumelia（SAPOTACEAE）
刺李山榄属（山榄科）　　**HS CODE 4403.99**

序号	学名	主要产地	中文名称	地方名
950	*Bumelia angustifolia*	委内瑞拉	狭叶刺李山榄	
951	*Bumelia obovata*	委内瑞拉	倒卵叶刺李山榄	
952	*Bumelia obtusifolia*	委内瑞拉、巴西	钝叶刺李山榄	quixabeira; sloewood; tempiste

Bunchosia（MALPIGHIACEAE）
豆沙果属（金虎尾科）　　**HS CODE 4403.99**

序号	学名	主要产地	中文名称	地方名
953	*Bunchosia argentea*	哥伦比亚、厄瓜多尔	银豆沙果	muneco; ononbujecc ocho
954	*Bunchosia biocellata*	墨西哥	双斑豆沙果	nanche cimarron

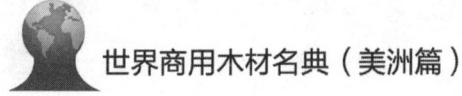

序号	学名	主要产地	中文名称	地方名
955	*Bunchosia cornifolia*	委内瑞拉	茱萸叶豆沙果	cerezo
956	*Bunchosia elliptica*	秘鲁	椭圆豆沙果	ciruelo；ciruelo de lachina；oreja de burro；siruelo
957	*Bunchosia glandulifera*	波多黎各、瓜德罗普岛	腺状豆沙果	bois cafe；cafe falso；cafe forastero；prune café
958	*Bunchosia glandulosa*	海地、多米尼加、波多黎各、伯利兹、墨西哥	线隙豆沙果	bois poulette；cabra；cabrita；cafe forastero；cafeillo yeso；chinkwood；cojon de fraille；sipche
959	*Bunchosia guatemalensis*	墨西哥	腺体豆沙果	fruta de chacha
960	*Bunchosia hookeriana*	厄瓜多尔、秘鲁	羽脉豆沙果	ila；sacha indan
961	*Bunchosia lindeniana*	墨西哥	林德豆沙果	capulincillo；ciruelillo；clarincillo；molinillo；nanche；nanche coyote；nanche de perro；zapatillo；zapotillo；zapotito de san juan
962	*Bunchosia mollis*	哥伦比亚	柔枝豆沙果	bolita de perro
963	*Bunchosia nitida*	古巴、多米尼加、海地	密茎豆沙果	abran de costa；cabrita；merde rouge de la montagn
964	*Bunchosia palmeri*	墨西哥	掌叶豆沙果	garbancillo；huachicotillo；palo sapo
	***Bursera*（BURSERACEAE）** **裂榄属（橄榄科）**		**HS CODE** **4403. 49**	
965	*Bursera aloexylon*	墨西哥	沉香裂榄木	cuya；ignu-unandu；iname；inanue；linaloe；olinaloe；xochicopal；yaga-yale
966	*Bursera arborea*	墨西哥	树状裂榄木	hauhuica；huahuica
967	*Bursera bicolor*	墨西哥	双色裂榄木	cupalaca
968	*Bursera bipinnata*	墨西哥	复羽叶裂榄木	copal amargo；copal chino；copal cimarron；copal santo；copalillo；cuajiote colorado；incienso；jaboncillo；palo copal；perlate；tetlate；tetlatia；tetlatian；tetlatin；torote blanco
969	*Bursera confusa*	墨西哥	杂色裂榄木	copal；torote chutama
970	*Bursera diversifolia*	墨西哥	众叶裂榄木	capulillo
971	*Bursera excelsa*	墨西哥	大裂榄木	arbol del copal de santo；copal；copalillo；copoe；nin；palo santo；pensiil；pomo；sisiote；tecomahaca

序号	学名	主要产地	中文名称	地方名
972	Bursera fagaroides	墨西哥、美国	法加罗裂榄木	cuajiote amarillo; cuajiote colorado; cuajiote verde; fragrant bursera; linaloe; ngedri; palo mulato
973	Bursera fragilis	墨西哥	黄钟花裂榄木	copal; elemi; incienso; jolopete; jolo-pete; tacamaca; tacamahaca; tecomaca; torote; torote prieto
974	Bursera galeottiana	墨西哥	加洛裂榄木	cuajiote colorado
975	Bursera glabra	哥伦比亚	光滑裂榄木	bija; carana
976	Bursera glabrifolia	墨西哥、中美洲	光叶裂榄木	cuajiote colorado; elemi; kopal; linaloe
977	Bursera gracilis	墨西哥	细裂榄木	copal chino; copal chino colorado; copal santo
978	Bursera grandifolia	墨西哥	大叶裂榄木	chicopun; chutama; chutana; jiote blanco; palo mulato
979	Bursera graveolens	哥伦比亚、墨西哥	香叶裂榄木	bija; carana; nabanche; sasafras; x-chite
980	Bursera heterophylla	委内瑞拉	异叶裂榄木	mara colorada
981	Bursera hetersthes	墨西哥	赫瑟斯裂榄木	copal; copal blanco
982	Bursera hintoni	墨西哥	辛托尼裂榄木	copal manso; tecomaca
983	Bursera howellii	哥伦比亚	腾氏裂榄木	bija
984	Bursera inopinnata	墨西哥	因诺裂榄木	torote copal; torote prieto
985	Bursera instabilis	墨西哥	易变裂榄木	mulato; papelillo
986	Bursera jorullensis	墨西哥	约鲁裂榄木	c'uajtsutacu; copal blanco; copal de penca; copal de santo; copalcuahuitl; ngedni; ngidi; tutzi
987	Bursera karsteniana	委内瑞拉	卡斯滕裂榄木	mara blanca
988	Bursera lancifolia	墨西哥	剑叶裂榄木	gomosilla
989	Bursera laxiflora	墨西哥	疏花裂榄木	torote prieto
990	Bursera leptophloeos	巴西	莱普托裂榄木	emburana; embu-rana; imburana; inga-rana
991	Bursera longipes	墨西哥	长柄裂榄木	cuajiote colorado
992	Bursera microphylla	墨西哥、美国	小叶裂榄木	baja; copal; copal cuajiote colorado; cuajiote blanco; elephant bursera; elephant-tree; palo colorado; small-leaf elephant-tree; torote; torote blanco; xoop

序号	学名	主要产地	中文名称	地方名
993	*Bursera multijuga*	墨西哥	多对裂榄木	cuajiote amarillo
994	*Bursera nesopola*	墨西哥	尼索裂榄木	copal
995	*Bursera odorata*	墨西哥	香裂榄木	buajiote blanco；buajiote verde；chutama；chutana；cuajiote amarillo；jiotillo；papelillo；torote；torote colorado
996	*Bursera penicillata*	中美洲、墨西哥	画笔裂榄木	copal；copal de santo；copalillo；elemi；kopal；torote；torote colorado
997	*Bursera pubescens*	墨西哥	短柔毛裂榄木	sasafras
998	*Bursera rhoifolia*	墨西哥	漆叶裂榄木	copal；copal blanco
999	*Bursera sarcopoda*	墨西哥	萨尔科裂榄木	tecomaca
1000	*Bursera schlechtendalii*	墨西哥	施氏裂榄木	aceitillo
1001	*Bursera sessiliflora*	墨西哥	无柄裂榄木	copal；cuajiote
1002	*Bursera simaruba*	古巴、美国、西印度群岛、委内瑞拉、多米尼加、巴西、危地马拉、荷属安的列斯群岛、圭亚那、安的列斯群岛、小安的列斯群岛、巴巴多斯、伯利兹、波多黎各、哥斯达黎加、特立尼达、哥伦比亚、巴拿马、墨西哥、海地、洪都拉斯、巴哈马、尼加拉瓜、萨尔瓦多、维尔京群岛、牙买加、向风群岛、瓜德罗普岛	苦木裂榄木	aceitero；almacigo；almescaussu；amaciga；birchwood；chachah；chocohuite；gombolimbo；jenequite；jicote；jinicuite；jinocuabo；jinote；lemsi；mastic；paaloe sieja maatsjoe；quiote；resbalo mono；songolica；torchwood；tzaca；xioquauitl；yala-guito
1003	*Bursera simplicifolia*	墨西哥	单叶裂榄木	ceiba
1004	*Bursera stenophylla*	墨西哥	狭叶裂榄木	torote blanco
1005	*Bursera submoniliformis*	墨西哥	亚莫裂榄木	copal grueso；copalillo
1006	*Bursera tomentosa*	委内瑞拉、哥伦比亚、安的列斯群岛	毛裂榄木	balsamo；carana；tatamaco
1007	*Bursera trijuga*	墨西哥	三对裂榄木	cuajiote chino

序号	学名	主要产地	中文名称	地方名
	Buxus（BUXACEAE） 黄杨属（黄杨科）	**HS CODE** **4403.99**		
1008	_Buxus sempervirens_	美国	欧洲黄杨木	bois beni；bosso comun；bossolodi constantin opoli；box-tree；buhs；buhsboum；buis commun；buksboom；busso；buxbom；buxbomstra；buxo；common box；gemeiner buchs；persian box；turkish box
	Byrsonima（MALPIGHIACEAE） 金匙树属（金虎尾科）	**HS CODE** **4403.99**		
1009	_Byrsonima aerugo_	苏里南、圭亚那、委内瑞拉	阿鲁戈金匙木	alikadako；arikadako；chimmychimmy；manteco；manteco de agua；peroeloe；perulu；sha
1010	_Byrsonima altissima_	西印度群岛、圭亚那	高金匙木	bois tan；maurecie；moureil；moureiller
1011	_Byrsonima arthropoda_	秘鲁	节枝金匙木	sacha caimito
1012	_Byrsonima biflora_	古巴	双花金匙木	jucaro colorado
1013	_Byrsonima bracteolaris_	圭亚那	长毛金匙木	idin
1014	_Byrsonima bucidaefolia_	墨西哥	黄砂叶金匙木	nancen agrio；zakpah
1015	_Byrsonima ceranthera_	圭亚那	尾枝金匙木	arakadak
1016	_Byrsonima chrysophylla_	秘鲁	金粉金匙木	quilla sisa
1017	_Byrsonima coccolobifolia_	圭亚那	科洛比金匙木	huria；idin；maripati；muriye
1018	_Byrsonima concinna_	圭亚那	整洁金匙木	idin
1019	_Byrsonima coriacea_	圭亚那、巴巴多斯、法属圭亚那、海地、西印度群岛、委内瑞拉、伯利兹、波多黎各、苏里南、秘鲁、巴西、哥伦比亚、墨西哥、古巴、多米尼加、特立尼达、危地马拉、牙买加、向风群岛	革叶金匙木	arakadako；bois tan；candle-berry；chaparro de chinche；charo；doncella；golden-spoon；indano colorado；kanoaballi；locustberry；madabrieballi；manteco；moeleki；murushi；nanche；piginio；pessegueiro bravo；rosewood；sabana kwarie；sangre；tapal

序号	学名	主要产地	中文名称	地方名
1020	*Byrsonima crassifolia*	圭亚那、法属圭亚那、海地、西印度群岛、委内瑞拉、墨西哥、哥伦比亚、伯利兹、洪都拉斯、波多黎各、苏里南、多米尼加、巴西、秘鲁、巴拿马、哥斯达黎加、萨尔瓦多、尼加拉瓜、古巴、特立尼达、危地马拉	厚叶金匙木	arakadako；bois canne；changugo；changunga；huizaa；idin；kanoaballi；kwarie；locustberry；madabrieballi；muruxi doampo；nananche；nanzinxocotl；nonce；peralejo blanco；sabana mango；suretti de grand bois；tapal；wild cherry；wild craboo；yuco
1021	*Byrsonima crispa*	巴西	密花金匙木	murecy
1022	*Byrsonima densa*	苏里南	致密金匙木	alikiadako balli
1023	*Byrsonima eugeniifolia*	圭亚那	尤氏金匙木	huria
1024	*Byrsonima gymnocalycina*	圭亚那	裸子金匙木	arikadako
1025	*Byrsonima intermedia*	巴西	中性金匙木	murecy；murici
1026	*Byrsonima japurensis*	厄瓜多尔、秘鲁	贾普金匙木	jimianim；murushi
1027	*Byrsonima laevigata*	瓜德罗普岛	无毛金匙木	mauricic paralejo；mauricic patagon；mauricif patagon
1028	*Byrsonima lucida*	波多黎各、西印度群岛、巴哈马、古巴、多米尼加、美国	亮叶金匙木	aceituna；candle-berry；doncella；glamberry；gooseberry；guanaberry；jaimlqui；key byrsonima；locustberry；maricao；palo de doncella；sabica de costa；sangre de doncella；sangre de vaca；tallowberry
1029	*Byrsonima magna*	厄瓜多尔	麦格纳金匙木	vainilla
1030	*Byrsonima obversa*	苏里南	奥布弗金匙木	kamma khaleballi
1031	*Byrsonima poeppigiana*	秘鲁	佩皮金匙木	chupicana
1032	*Byrsonima rugosa*	圭亚那	皱叶金匙木	arakadak；arakadako
1033	*Byrsonima schomburgkiana*	圭亚那	斯氏金匙木	talyu
1034	*Byrsonima spicata*	安的列斯群岛、圭亚那、西印度群岛、法属圭亚那、巴西、秘鲁、波多黎各、特立尼达、古巴、瓜德罗普岛	穗状金匙木	bois de tam；bois dysenterique；bois tan；candelo；chaparro；hicha；indano；indano colorado；mauricif；muricy branco；palo de maricao；pecegueiro bravo；quillo-sisa；serrette

序号	学名	主要产地	中文名称	地方名
1035	*Byrsonima stipulacea*	圭亚那、巴西	托叶金匙木	arakadako；hitchia；kamwatha；kamwo；kanoaballi；mirichi；morocy；murecy；nance verde；nancite；oratom；pitanga
1036	*Byrsonima trinitensis*	瓜德罗普岛	特里金匙木	mauricif patagon
1037	*Byrsonima verbascifolia*	圭亚那、巴西	韦伯金匙木	kenamanarare；murici
1038	*Byrsonima wadsworthii*	波多黎各	瓦氏金匙木	almendrillo；maricao
Byttneria（STERCULIACEAE）刺果藤属（梧桐科）			**HS CODE 4403.99**	
1039	*Byttneria aculeata*	墨西哥	尖锐刺果藤	arrendador；canutillo espinudo；espino cuadrado；garabato；garza；gatuno；nancenes；oxtex-ak；tezak；varilla prieta；xtekak；xtes-ak；yax-kix；zarza
1040	*Byttneria catalpaefolia*	墨西哥	梓叶刺果藤	bejuco cenizo；bejuco chino
Cabralea（MELIACEAE）南美洲楝属（楝科）			**HS CODE 4403.99**	
1041	*Cabralea canjerana*	巴西、阿根廷、巴拉圭、秘鲁、乌拉圭	南美洲楝	acayara；cajarana；cangarana roza；canharana；canjarana；canjerana；canxarana；canyarana；cedrahy；cedro；cedro napyta；cedrohy；chanchorena；congerana；mamantunim；requia blanca；taperugua guazu
1042	*Cabralea oblongifoliola*	阿根廷	长圆叶南美洲楝	cancharana；cangerana
Caesalpinia（CAESALPINIACEAE）苏木属（苏木科）			**HS CODE 4403.49**	
1043	*Caesalpinia acinaciformis*	巴西	针叶苏木	caranguda
1044	*Caesalpinia bahamensis*	古巴、巴哈马	巴斯苏木	brasilete；bresillet
1045	*Caesalpinia bonduc*	委内瑞拉、向风群岛	刺果苏木	garrapata de playa
1046	*Caesalpinia cacalaco*	墨西哥	可可苏木	cacalaco；cacalaxtli；cascalote；chalala；guachalala；huisache；huisache bola；huizache；huizache bola；huizache marismeno；nacascul；xa-gala
1047	*Caesalpinia caladenia*	墨西哥	钙质苏木	palo fierro cimarron
1048	*Caesalpinia cassioides*	委内瑞拉	卡斯苏木	brazil

序号	学名	主要产地	中文名称	地方名
1049	*Caesalpinia coriaria*	巴拿马、哥伦比亚、古巴、墨西哥、委内瑞拉、西印度群岛、多米尼加、波多黎各、牙买加、哥斯达黎加、萨尔瓦多、尼加拉瓜、巴西、危地马拉、安的列斯群岛	革质苏木	agallo；barano；coscolote；dibidiba；granadillo；guaje；guaracabuya；guastapana；libidibi；lumbre；muatapana；nacascalotl；nacascol；nacascolo；nacascolote；nacaz-colotl；nacescul；ouatta-pana；tinaco；watapana；xa-gala
1050	*Caesalpinia ebano*	委内瑞拉、哥伦比亚、尼加拉瓜、墨西哥、巴西	柿黑苏木	brown ebony；coffeewood；ebano；eletenwood；gracadillo；granadillo；lumbre；mesquite；paracuuba
1051	*Caesalpinia echinata* (*Paubrasilia echinata*)#	中美洲、巴西、西印度群岛、波多黎各	巴西苏木②	arabutan；arellano；bahiawood；brasilette；brasiletto；brasilianskt fargtra；brasilienholz；fernambucco；grey nickers；ibira-pitanga；mato azul；mato de playa；nickers；pernambucco；pou-brasil；strijkstok kenhout；verzino；violinbow-wood；ymira piranga
1052	*Caesalpinia eriostachys*	墨西哥、巴西、哥斯达黎加、尼加拉瓜	香苏木	carahuata；casa iguana；casagua；casague；casaiguana；guano casagua；hediondilla；iguaco；iguanero；iguano；palo alejo；palo puerco；pichanchuelo；pintadillo；umago；vera；zahino；zajino
1053	*Caesalpinia exostemma*	危地马拉、墨西哥	埃玛苏木	carcano；gueteregl；hoja sen；sen；yagati
1054	*Caesalpinia ferrea*	巴西	铁云实	brasilianskt jarntra；braziliaans ijzerhout；brazilian ironwood；ironwood；juca；juca ou pan-ferro；palo hierro；pao ferro；pau ferro；ymira-ita
1055	*Caesalpinia gardneriana*	巴西	加德苏木	pau brazil
1056	*Caesalpinia gaumeri*	伯利兹、墨西哥	金柱苏木	bastard logwood；kitamche；kitanche；kitinche；kiting-che；peccarywood；warreewood；warriwood；x-kitin-che；xcitinche；zinkin
1057	*Caesalpinia gilliesii*	阿根廷	金氏苏木	barba de chivo；disciplina de monja；flor del indio；lagana de perro；mal de ojos；piscala
1058	*Caesalpinia gracilis*	墨西哥	薄皮苏木	vara prieta

Caesalpinia echinata 为 2019 年前 CITES 濒危木材树种附录中的学名，2019 年后变为 *Paubrasilia echinata*。

序号	学名	主要产地	中文名称	地方名
1059	*Caesalpinia granadillo*	委内瑞拉、洪都拉斯、墨西哥、尼加拉瓜、巴西	浸斑苏木	bois de perdrix；bresillet；brown edony；cocciniglia；cochenille；cocuswood；coffeewood；ebano；grenadille；macaya；maracaibo；partridgewood；patrijshout；quebrahacho；rapphonatra；yaque
1060	*Caesalpinia hintonii*	墨西哥	辛氏苏木	trompetilla
1061	*Caesalpinia kauaiensis*	美国	卡恩斯苏木	ke'a
1062	*Caesalpinia mexicana*	墨西哥、美国	青豆苏木	cuayavillo；ebano；gunabia prieto；mexican caesalpinia；mexican poinciana；retamilla；tabachin de monte；viche
1063	*Caesalpinia ortegae*	墨西哥	奥特苏木	jalpacapachi；talpacapachi nuindi
1064	*Caesalpinia paipai*	厄瓜多尔、委内瑞拉	伞房苏木	cascol；cochenille；partridgewood
1065	*Caesalpinia palmeri*	墨西哥	掌叶苏木	palo piojo；piojo；polilla
1066	*Caesalpinia paraguariensis*	阿根廷、巴西、巴拉圭	巴拉圭苏木	chaco；guayacan；guajacan；guayacan negro；ibira-bera；jujuy；lbira-bera；macaya；muirapixuna；partridgewood；pau ferro；salta；ybyra-bera
1067	*Caesalpinia paucijuga*	巴西	帕加苏木	
1068	*Caesalpinia platyloba*	墨西哥、危地马拉、西印度群岛、伯利兹、哥伦比亚	狭叶红苏木	alumbrador；arellano；avellano；brasiletto；braziletto；coral；delgadillo；guamito macho；hueilaqui；hueylaki；palo colorado；quiebra fierro；quiebracha；tepehuate；veylaqui；yarua
1069	*Caesalpinia pluviosa*	巴西	泊氏苏木	sibipiruna
1070	*Caesalpinia pulcherrima*	秘鲁、哥伦比亚、墨西哥、巴西、美国、萨尔瓦多、尼加拉瓜、西印度群岛、多米尼加、波多黎各、哥斯达黎加、危地马拉、委内瑞拉、伯利兹、圭亚那、海地、巴拿马、古巴、洪都拉斯、苏里南	粉蕊苏木	angel sisal；angelsisa；barhasuchil；barbon；barbona roja；benda-bulaga；camaron；doodle-do；flamboyant；francillade；frijol；gallito；guaca ieron；guacamay；hoja de sen；kansickin；maravilla；tsutson；utsa；wild senna；xiloxochitl；zinkin；ziringuanico
1071	*Caesalpinia punctata*	委内瑞拉、哥伦比亚	点状苏木	ebano；granadillo；quiebrahacha
1072	*Caesalpinia sappan*	巴西	苏木	false sandalwood
1073	*Caesalpinia sclerocarpa*	中美洲、墨西哥、西印度群岛	硬果苏木	divi-divi；ebano；granadilla；granadillo；guayabillo negro；huisache bola；huizache bola；mesquite；vera

序号	学名	主要产地	中文名称	地方名
1074	*Caesalpinia spinosa*	玻利维亚、智利、秘鲁、委内瑞拉、厄瓜多尔、哥伦比亚	多刺苏木	avane de magellan；brazil；bresillet；campeche；dividive de losandes；dividivi；divi-divi；espino；guarango；huarango；tara；yara
1075	*Caesalpinia standleyi*	墨西哥	斯坦利苏木	huetapoche；margarita
1076	*Caesalpinia velutina*	危地马拉、墨西哥	绒毛苏木	aripin；cacique；frijolillo；madre cacao
1077	*Caesalpinia vesicaria*	牙买加、墨西哥、古巴、伯利兹	长形苏木	bastard nicarago；box-che；brasil；brazil；cuaba rosa；cuaba rose；guacamaya de costa；jack-fish-wood；palo brasil；palo de rosa；palo negro；peccarywood；toxob；yaxkix-kanab
1078	*Caesalpinia violacea*	墨西哥	紫苏木	chakte
1079	*Caesalpinia wootonii*	墨西哥	托氏苏木	coquito
1080	*Caesalpinia yucatanensis*	伯利兹、墨西哥	香果苏木	bastard billy webb；k'ampo-olchum；k'anpok-olchum；kan-kopol-kum；kanpopol-kun；warree；xkampolkum；ypanpocolcum；caramayo
	Caldcluvia（CUNONIACEAE） 栎珠梅属（火把树科）	HS CODE 4403.99		
1081	*Caldcluvia paniculata*	哥伦比亚、智利	锥花栎珠梅	ensenillo；quiaca；tiaca；triaca
	Calliandra（MIMOSACEAE） 朱缨花属（含羞草科）	HS CODE 4403.99		
1082	*Calliandra angustifolia*	秘鲁	狭叶朱缨花	bobensana；quinilla blanca
1083	*Calliandra blakeana*	委内瑞拉	紫荆朱缨花	tiamo
1084	*Calliandra calothyrsus*	伯利兹	聚伞朱缨花	chumpich
1085	*Calliandra carbonaria*	厄瓜多尔	黑皮朱缨花	jotomillo；sacha guabo；shingipe；wambishkunin；yutsu
1086	*Calliandra coriacea*	厄瓜多尔	革叶朱缨花	
1087	*Calliandra emarginata*	巴拿马	边缘朱缨花	aromito derio
1088	*Calliandra hymenaeodes*	巴西	红铁朱缨花	
1089	*Calliandra magdalenae*	巴拿马、哥伦比亚、委内瑞拉	马格达朱缨花	aromo；chicharron；mangle；tamarindo de monte
1090	*Calliandra mexicana*	墨西哥	墨西哥朱缨花	morono
1091	*Calliandra parvifolia*	阿根廷	小叶朱缨花	borlas de obispo；chicote de nino；flor de seda；plumerillo

序号	学名	主要产地	中文名称	地方名
1092	*Calliandra surinamensis*	巴西、多米尼加、波多黎各	苏里南朱缨花	angelim de capucina; canasta mexicana; surinam calliandra
1093	*Calliandra tergemina*	委内瑞拉	畸形朱缨花	andarillo; clavellino
1094	*Calliandra trinervia*	巴西	三脉朱缨花	inga-rana
1095	*Calliandra tweediei*	阿根廷	特威迪朱缨花	plumerillo
1096	*Calliandra winzerlingi*	伯利兹	温泽林朱缨花	capulin de corona
Callicarpa（VERBENACEAE） 紫珠属（马鞭草科）		**HS CODE** 4403.99		
1097	*Callicarpa acuminata*	墨西哥、巴拿马、危地马拉	尖形紫珠	alahualte; blackberry; elte; fruta de chacha; granadilla; hierba de la chachalaca; patsumacashil; puk'in; sak-puk'yim; sak-pukin; uvilla
1098	*Callicarpa ampla*	波多黎各	紫珠	capa rosa; pendula cimarrona
Callistemon（MYRTACEAE） 红千层属（桃金娘科）		**HS CODE** 4403.99		
1099	*Callistemon citrinus*	波多黎各、美国、多米尼加	红千层	bottlebrush; citrus-leaf bottlebrush; lemon bottlebrush; limpia botela; red bottlebrush
Callitris（CUPRESSACEAE） 澳柏属（柏科）		**HS CODE** 4403.25（截面尺寸≥15cm）或 4403.26（截面尺寸<15cm）		
1100	*Callitris columellaris*	美国	籽心柱澳柏	white cypress pine
Calocarpum（SAPOTACEAE） 美果山榄属（山榄科）		**HS CODE** 4403.99		
1101	*Calocarpum sapote*	中美洲	美果山榄木	mamee-sapote
Calocedrus（CUPRESSACEAE） 翠柏属（柏科）		**HS CODE** 4403.25（截面尺寸≥15cm）或 4403.26（截面尺寸<15cm）		
1102	*Calocedrus decurrens*	墨西哥、美国、加拿大	北美翠柏	bastard cedar; california calocedar; cedrea crayons; cedro bianco di california; geurende ceder; heyderie; incense cedar; juniper; libocedro; pencil cedar; rod-ceder; roughbark cedar; weihrauch zeder; weihrauch-zeder; witte cedar

序号	学名	主要产地	中文名称	地方名
Caloncoba（FLACOURTIACEAE） 卡洛大风子属（大风子科）			**HS CODE** **4403.99**	
1103	*Caloncoba echinata*	波多黎各	多刺卡洛大风子木	gorli；katoupo；oncoba
Calophyllum（GUTTIFERAE） 海棠木属（藤黄科）			**HS CODE** **4403.49**	
1104	*Calophyllum antillanum*	哥伦比亚、圭亚那、特立尼达、古巴、多米尼加、伯利兹、安的列斯群岛、尼加拉瓜、墨西哥、委内瑞拉、波多黎各、牙买加、西印度群岛、向风群岛	拉美红厚壳木	aceite de maria；aceito de maria；baria；birma；birmah；bois marie；calaba；galba；krassa；limoncillo de cordoba；notello；ocuje；palo maria；santa maria；varilla
1105	*Calophyllum brasiliense*	巴西、哥伦比亚、波多黎各、特立尼达、秘鲁、巴拉圭、玻利维亚、墨西哥、多米尼加、萨尔瓦多、厄瓜多尔、美国、委内瑞拉、海地、哥斯达黎加、伯利兹、圭亚那、维尔京群岛、苏里南、尼加拉瓜、危地马拉、西印度群岛、古巴、洪都拉斯、牙买加、瓜德罗普岛	巴西海棠木	aceite cachicamo；aceito；arary；balsamaria；bara；bari obscuro；baria；cascarillo；cedro branco；cedro do pantano；cedro maria；landi；landim；leche；leche amarillaolandi；olandim；palo rey rosado；vario；wild calabach；wild calebash；wild mamee；yandiira
1106	*Calophyllum btancoi*	巴西	海棠木	
1107	*Calophyllum candidssimum*	墨西哥南部、古巴至南美洲	极白红厚壳木	degame；lemonwood
1108	*Calophyllum inophyllum*	美国	琼崖海棠木	beauty-leaf；calaba afruits ronds
1109	*Calophyllum longifolium*	委内瑞拉、巴拿马、圭亚那	长叶海棠木	aceituno；bella maria；maria；mario
1110	*Calophyllum lucidum*	委内瑞拉、特立尼达、圭亚那	光亮红厚壳木	cachicamo；galba；jacareuba；koerali；kopo；kurahara；marawaro；mario；serena；watschir
1111	*Calophyllum wightianum*	西印度群岛	杯氏红厚壳木	irai

序号	学名	主要产地	中文名称	地方名
Calotropis（ASCLEPIADACEAE） 牛角瓜属（萝藦科）			**HS CODE** 4403. 99	
1112	*Calotropis gigantea*	哥伦比亚	牛角瓜木	lechoso
1113	*Calotropis procera*	波多黎各、多米尼加、哥伦比亚、海地、美国、古巴、西印度群岛、巴西、牙买加、巴巴多斯、巴哈马、向风群岛	高大牛角瓜木	algodon de ceda；algodon extranjero；arbre soie；bomba；calotrope；cazuela；coton soie；faftan calotrope；french cotton；giant milkweed；mata de seda；mudah；sprainleaf；tula；wild cotton；wild-down；zijkatoen
Calycogonium（MELASTOMATACEAE） 萼棱属（野牡丹科）			**HS CODE** 4403. 99	
1114	*Calycogonium squamulosum*	波多黎各	小鳞萼棱木	camacey negro；camasey；camasey jusillo；camasey negro；camasey noir；camasey scuro；cordobancillo；jusillo；svart camasey
Calycolpus（MYRTACEAE） 合萼桃木属（桃金娘科）			**HS CODE** 4403. 99	
1115	*Calycolpus goetheanus*	圭亚那	合萼桃木	kakiri；kakirio；kosararada；pauwi-eno；pika；reperepeshi；wild guava
1116	*Calycolpus revolutus*	圭亚那	球状合萼桃木	muri kakirio
1117	*Calycolpus surinamensis*	圭亚那	苏里南合萼桃木	
Calycophyllum（RUBIACEAE） 萼叶茜草属（茜草科）			**HS CODE** 4403. 49	
1118	*Calycophyllum candidissimum*	哥伦比亚、巴拿马、委内瑞拉、西印度群岛、玻利维亚、危地马拉、墨西哥、秘鲁、洪都拉斯、哥斯达黎加、厄瓜多尔、美国、尼加拉瓜、阿根廷、古巴、巴拉圭、巴西、萨尔瓦多	极白萼叶茜草	alazano；araguato；bresilien；calan；camaron；canelo；capirona；cararon；chacali；chulub；colorado；degame lancewood；degamme；espino madrono；guatagire；harino；iberamoroti；lancewood；lemonwood；madron；palo calabaza；pau mulato；salamo；salmo；solano；urraco；vetun
1119	*Calycophyllum intonsum*	委内瑞拉	大萼叶茜草	

序号	学名	主要产地	中文名称	地方名
1120	*Calycophyllum multiflorum*	哥伦比亚、委内瑞拉、巴西、秘鲁、厄瓜多尔、玻利维亚、阿根廷、巴拉圭	丛花萼叶茜草	alazano；araguato；capirona negra；citronnier bresilien；corusicaa；gayabochi；ibira-moroti；jujuy；morotibi；mulateiro；palo bianco；palo blanc；palo blanco；vitpalo；yvira moroti
1121	*Calycophyllum spruceanum*	哥伦比亚、委内瑞拉、玻利维亚、巴西、厄瓜多尔、巴拉圭、秘鲁、阿根廷	萼叶茜草	alazano；araguato；bayabochi；brasil zitronenholz；capirona；capirona negra；citronnier bresilien；corusicaa；gayabochi；guayabo；palo blanco；pao mulato；pao mulatto；pau mulato；polo camaron
	Calyptranthes（MYRTACEAE）帽矾木属（桃金娘科）		**HS CODE 4403.99**	
1122	*Calyptranthes belizensis*	伯利兹	伯利兹帽矾木	bastard turtle bone
1123	*Calyptranthes elegans*	向风群岛	秀丽帽矾木	petites fruilles
1124	*Calyptranthes fasciculata*	圭亚那、苏里南	束状帽矾木	ibibanaro；ibibanero；kotakadana；tarepi
1125	*Calyptranthes krugii*	波多黎各	克氏帽矾木	limoncillo
1126	*Calyptranthes longifolia*	秘鲁	长叶帽矾木	baiuca-caspi
1127	*Calyptranthes macrophylla*	厄瓜多尔	大叶帽矾木	ochonioccucho
1128	*Calyptranthes millspaughi*	墨西哥、伯利兹	裸子帽矾木	chachi；walk-naked-wood
1129	*Calyptranthes multiflora*	秘鲁	多花帽矾木	arasa
1130	*Calyptranthes oreophila*	阿根廷	斜纹帽矾木	kocha molle
1131	*Calyptranthes pallens*	多米尼加、危地马拉、波多黎各、美国、巴哈马	灰白帽矾木	arrayan；guayabillo；limoncillo；pale lidflower；spicewood；stopperwood；tapon blanco；white spicewood；white stopper
1132	*Calyptranthes pileata*	巴拿马	毛帽矾木	
1133	*Calyptranthes pulchella*	苏里南	普氏帽矾木	
1134	*Calyptranthes rigida*	古巴	硬帽矾木	mige
1135	*Calyptranthes sericea*	小安的列斯群岛	绢毛帽矾木	bois plait

序号	学名	主要产地	中文名称	地方名
1136	*Calyptranthes sintenisii*	波多黎各、多米尼加	红氏帽矾木	hoja menuda；limoncillo；limoncillo cimarron；limoncillo del monte；malagueta
1137	*Calyptranthes speciosa*	苏里南	美丽帽矾木	laba owalla
1138	*Calyptranthes strigipes*	苏里南	帽矾木	
1139	*Calyptranthes widgreniana*	巴西	巴西帽矾木	guaramirim chorao
1140	*Calyptranthes zuzygium*	古巴、多米尼加、波多黎各、美国	朱利帽矾木	arraijan blanco；escobon；mondacapullo；myrtle-of-the-river；palo de puerco；ramon amarillo；spicewood
Calyptronoma（**PALMAE**）肖椰子属（棕榈科）			**HS CODE** **4403.99**	
1141	*Calyptronoma rivalis*	美国、波多黎各	肖椰子木	manac palm；palma manaca；palmilla；puerto rican manac
Camellia（**THEACEAE**）茶属（山茶科）			**HS CODE** **4403.99**	
1142	*Camellia japonica*	巴西、墨西哥	山茶树	camelia
Cameraria（**APOCYNACEAE**）鸭蛋花属（夹竹桃科）			**HS CODE** **4403.99**	
1143	*Cameraria belizensis*	伯利兹	伯利兹鸭蛋花木	chechem de caballo；white poisonwood；white savanna poison；white savannah poisonwood
1144	*Cameraria latifolia*	墨西哥、古巴、伯利兹	阔叶鸭蛋花木	chechen blanco；chechen blanco de sabana；maboa；maboa de sabana；white poison
Campnosperma（**ANACARDIACEAE**）坎诺漆属（漆树科）			**HS CODE** **4403.49**	
1145	*Campnosperma gummifera*	哥斯达黎加、巴拿马	树胶籽漆木	orey
1146	*Campnosperma panamense*	哥伦比亚、巴拿马、巴西、哥斯达黎加、西印度群岛	巴拿马籽漆木	hoary；nisperillo；orey；oreywood；ori；safo；sajo
Campomanesia（**MYRTACEAE**）橘凤榴属（桃金娘科）			**HS CODE** **4403.99**	
1147	*Campomanesia grandiflora*	苏里南	大花橘凤榴	malaba-balli

序号	学名	主要产地	中文名称	地方名
1148	*Campomanesia guazumifolia*	巴西	苏拉橘凤榴	sete capotes
1149	*Campomanesia lineatifolia*	秘鲁	细叶橘凤榴	palillo
1150	*Campomanesia maschalantha*	巴西	阳春橘凤榴	guabiroba branca
1151	*Campomanesia xanthocarpa*	阿根廷、巴西、巴拉圭	黄果橘凤榴	goiaba-da-mata；guabira；guabiraba；guabiroba de matta；guabirobeira；guariba；guavira
	Campsiandra（CAESALPINIACEAE）卡姆苏木属（苏木科）	**HS CODE 4403.99**		
1152	*Campsiandra angustifolia*	秘鲁	狭叶卡姆苏木	hucapurana
1153	*Campsiandra comosa*	圭亚那	尖细卡姆苏木	apikara；ituri wallaba；waiyaremeyushi；wai-yarene-yushi
	Campsis（BIGNONIACEAE）凌霄属（紫葳科）	**HS CODE 4403.99**		
1154	*Campsis radicans*	墨西哥、美国	根茎萼凌霄	manapesto；trumpet-creeper
	Cananga（ANNONACEAE）依兰属（番荔枝科）	**HS CODE 4403.99**		
1155	*Cananga odorata*	哥伦比亚、西印度群岛、波多黎各、维尔京群岛	香依兰木	cadmia；canang；cananga；ilan-ilan；ilang-ilang；ylang ylang
	Canella（CANELLACEAE）假樟属（假樟科）	**HS CODE 4403.99**		
1156	*Canella winteriana*	古巴、波多黎各、维尔京群岛、多米尼加、美国、海地、巴哈马、西印度群岛、哥伦比亚、瓜德罗普岛、中美洲	假樟木	amansa guapo；barbasco；canela blanca；canelilla；canella；canella blanca；canella powree；cimnamon canella；curbana；curbano；malambo；pepper cinnamon；picapica；weisser-zimmt；whitewood；wild cinnamon；winterbark
	Canotia（CELASTRACEAE）刑钉木属（卫矛科）	**HS CODE 4403.99**		
1157	*Canotia holacantha*	美国	全刺刑钉木	canotia；crucifixion-thorn
	Capirona（RUBIACEAE）苞檬檀属（茜草科）	**HS CODE 4403.99**		
1158	*Capirona decorticans*	厄瓜多尔、秘鲁	剥皮苞檬檀	capirona；capirona de altura；capirona negra；indi-caspi；tausaquiro

序号	学名	主要产地	中文名称	地方名
1159	*Capirona peruviana*	秘鲁	秘鲁苞檬檀	
Capparis（CAPPARACEAE） 山柑属（山柑科）			**HS CODE** **4403.99**	
1160	*Capparis amplissima*	海地、波多黎各、多米尼加	凹脉山柑	avocat marron；burro；burro blanco；matabecerro；palinguan；palo de burro；sapo
1161	*Capparis baducca*	墨西哥、海地、波多黎各、哥伦比亚、古巴、萨尔瓦多、向风群岛	巴杜山柑	bazo de caballo；bois bourrique；burro；contra prieta；ishmacpasa cahuaiu；kabachulob；macpasa-cauayo；palo verraco；quita-calzon；rat-bean；saint esprit；sapo；xkabachulok
1162	*Capparis cynophallophora*	墨西哥、波多黎各、巴哈马、海地、美国、古巴、尼加拉瓜、多米尼加、牙买加、委内瑞拉、阿根廷、西印度群岛、危地马拉、瓜德罗普岛	牙买加山柑	alcaparra；arete；black willow；burro prieto；carbonero；ciguarayo；endurece maiz；frijol；jamaica caper；mostacilla；oliva；palo diablo；sacha membrillo；totumito；zebrawood
1163	*Capparis eustachiana*	哥伦比亚	埃斯塔山柑	raia de gallina
1164	*Capparis ferruginea*	安的列斯群岛	锈色山柑	bois caca；bois de corne fetide；bois puant；caprier ferrugineux；mabouya
1165	*Capparis flexuosa*	哥伦比亚、阿根廷、美国、海地、墨西哥、西印度群岛、波多黎各、委内瑞拉、巴哈马、多米尼加、特立尼达、古巴、危地马拉、瓜德罗普岛	扭曲山柑	aji；arara；bayleaf caper；bayleaf caper-tree；caper-tree；clavelina；dog caper；mabouya；mierda de gallino；mostacilla；naranjuelo；palinguan；potal；tablelojeca；thiuh；vela de muerto；xbayuamak
1166	*Capparis hastata*	委内瑞拉、波多黎各、特立尼达	戟叶山柑	arara；burro；contra；mabouya；paniagua；sapo
1167	*Capparis incana*	墨西哥	灰山柑	fu-yi-vi；matagallina；vara blanca；x-koh-che
1168	*Capparis indica*	墨西哥、维尔京群岛、波多黎各、萨尔瓦多、巴拿马、尼加拉瓜、哥伦比亚、巴巴多斯、向风群岛、瓜德罗普岛、库拉索	印度山柑	alcaparra；arete；black witty；burro；curumo；endurece maiz；falsa alcaparra；guacoco；liguam；naranjuelo；olivo macho；pachaca；palo sapo；prieta；sapo-prieto；taiche；white willow

序号	学名	主要产地	中文名称	地方名
1169	*Capparis linearis*	委内瑞拉、哥伦比亚	线形山柑	gatillo；lengua de vaca；medialuna；oliva mache；oliva macho
1170	*Capparis longipes*	墨西哥	长柄山柑	naranjillo
1171	*Capparis macrophylla*	厄瓜多尔	大叶山柑	bu'su bara
1172	*Capparis nitida*	秘鲁	密茎山柑	intuto-caspi
1173	*Capparis odoratissima*	墨西哥、哥伦比亚、委内瑞拉	馨香山柑	naranjillo；olivo；olivo santo
1174	*Capparis oxysepala*	墨西哥	虎耳山柑	choch-kitam；coloc-max de montana
1175	*Capparis pachaca*	委内瑞拉、哥伦比亚、秘鲁	卡帕斯山柑	ajicito；calabacillo；mango-micuna；mango-micunan；nina-caspi；totumito
1176	*Capparis pulcherrima*	哥伦比亚	粉蕊山柑	tabaco de burro
1177	*Capparis quina*	秘鲁	奎纳山柑	quina-quina
1178	*Capparis sola*	厄瓜多尔	索拉山柑	rayu caspi
1179	*Capparis speciosa*	阿根廷	美丽山柑	amarguillo
1180	*Capparis subbiloba*	委内瑞拉	苏比山柑	paniagua
1181	*Capparis tenuisiliqua*	委内瑞拉、哥伦比亚	特夷山柑	guariare；maretiro；nudo；palo de agua
1182	*Capparis verrucosa*	墨西哥、哥伦比亚	疣状山柑	coquito；limoncillo；mataratu；naranjillo；palo sapo；vara prieta
	Capraria（SCROPHULARIACEAE）羊芙蓉属（玄参科）		HS CODE 4403.99	
1183	*Capraria biflora*	墨西哥、秘鲁	双花羊芙蓉木	chakuil-xiu；claudiosa；lengua de gallina；malvavisco；pasmoxiu；peludilla；tasajo
1184	*Capraria saxifragaefolia*	墨西哥	羊芙蓉木	claudiosa；tasajo
	Caragana（FABACEAE）锦鸡儿属（蝶形花科）		HS CODE 4403.99	
1185	*Caragana arborescens*	美国	树锦鸡儿	pea-tree
	Caraipa（GUTTIFERAE）南美洲藤黄属（藤黄科）		HS CODE 4403.99	
1186	*Caraipa densifolia*	圭亚那、苏里南、巴西、巴拉圭、委内瑞拉	密叶南美洲藤黄	alacassi；alakoeseri balli；alakseri；alksirie；lacassi；laksiri；laukididan；pagelet；saladillo；tamacoare；tamocoari
1187	*Caraipa insidiosa*	巴西	刺毛南美洲藤黄	inambu-quissaua
1188	*Caraipa llanorum*	哥伦比亚	小叶南美洲藤黄	saladillo

序号	学名	主要产地	中文名称	地方名
1189	*Caraipa paraensis*	巴西	帕拉南美洲藤黄	tamaquare
1190	*Caraipa punctulata*	法属圭亚那	小穗南美洲藤黄	abokondiouka
1191	*Caraipa richardiana*	圭亚那	蓖麻南美洲藤黄	camacari；konoribi；wild maran；wild maran daurobona
1192	*Caraipa valioi*	圭亚那	圭亚那南美洲藤黄	camacari-da-amazonia
Carallia（RHIZOPHORACEAE）竹节树属（红树科）			**HS CODE** 4403.49	
1193	*Carallia brachiata*	西印度群岛	竹节树	carallia；carraliawood
Carapa（MELIACEAE）蟹木楝属（楝科）			**HS CODE** 4403.49	
1194	*Carapa grandifora*	拉丁美洲	大花蟹木楝	agogo；alele；bidkala；crabnut；dona；gobi；krup；kukubesi；mutonggana；toon-kordah；uganda carbwood
1195	*Carapa guianensis*	多米尼加、厄瓜多尔、巴西、圭亚那、秘鲁、西印度群岛、哥伦比亚、美国、伯利兹、洪都拉斯、苏里南、哥斯达黎加、巴拿马、法属圭亚那、古巴、尼加拉瓜、特立尼达、委内瑞拉、墨西哥、瓜德罗普岛	圭亚那蟹木楝	acajou；andiroba；andirobeira；bateo；falsa caoba；figueroa；fiqueroa；guina；karapai；krappaboom；lowland crabwood；maco；masabalo；najesi；nandiroba；nandirova；royal mahogany；sapotillo；surinaamsch mahonie；tangare pipa；tangarillo；tangere；west indian crabwood；white crabwood；yandiroba
1196	*Carapa procera*	巴西、哥伦比亚、法属圭亚那、苏里南、圭亚那	高大蟹木楝	andiroba；andirobeira；angiroba；bois caille；brazilian mahogany；british guiana mahogany；cachipou；crabwood；demerara mahogany；guiana crabwood；ibbegogo；jetjoenban karaapa；nandiroba；surinam mahogany；yandiroba
1197	*Carapa surinamensis*	拉丁美洲	苏里南蟹木楝	andiroba；cedromacho；crabwood；krappa
Carica（CARICACEAE）番木瓜属（番木瓜科）			**HS CODE** 4403.99	
1198	*Carica cauliflora*	墨西哥	茎花番木瓜	oreja de mico

序号	学名	主要产地	中文名称	地方名
1199	*Carica dolichaula*	洪都拉斯、巴拿马	多利番木瓜	papaya；wild cucumber
1200	*Carica microcarpa*	厄瓜多尔	小果番木瓜	airo watihiko
1201	*Carica papaya*	墨西哥、古巴、波多黎各、巴西、阿根廷、西印度群岛、美国、维尔京群岛、法属圭亚那、海地、洪都拉斯、秘鲁、哥伦比亚、伯利兹	番木瓜	chich-put；dungue；fruta bomba；lechosa；mammoeira；mamoeiro；mamon；melon zapote；otzo；papao；papaw；papaya de monte；papaya de pajaro；papayito cimarron；papayo；pawpaw；put；tutun-chichi；tzipi；utzum
Cariniana（LECYTHIDACEAE）卡林玉蕊属（玉蕊科）			HS CODE 4403.49	
1202	*Cariniana brasiliensis*	巴西	巴西卡林玉蕊	
1203	*Cariniana decandra*	巴西	十雄蕊卡林玉蕊	cachimbo
1204	*Cariniana domestica*	巴西	双翅卡林玉蕊	jiquitiba
1205	*Cariniana estrellensis*	巴西	卡林玉蕊	estopeiro；jequitiba；jequitiba amarella；jequitiba blanc；jequitiba blanca；jequitiba branca；jequitiba branco；jequitiba rosa；jequitiba vermelho；pau estopeiro；white jequitiba；witte jequitiba
1206	*Cariniana integrifolia*	巴西、玻利维亚	全缘叶卡林玉蕊	ceru；churu；estopeiro；jequitiba；jequitiba branco；jequitiba rosa；jequitiba vermelho；tauary；yesquero
1207	*Cariniana legalis*	巴西、玻利维亚	利格卡林玉蕊	abarco；albarco；brazilian mahogany；ceru；chorao；chupa；estopeiro；gul jequitiba；jequitiba；jequitiba branca；jequitiba branco；jequitiba rosa；jequitiba vermelha；jequitiba vermelho；jetquitiba rosa；jewuitiba；jiquitiba；pau carga；yesquero
1208	*Cariniana micrantha*	巴西	小花卡林玉蕊	sapucaia；tauary
1209	*Cariniana multiflora*	哥伦比亚、秘鲁	多花卡林玉蕊	enic-nirika；machimango
1210	*Cariniana pyriformis*	哥伦比亚、委内瑞拉	梨形卡林玉蕊	abarco；albarco；bacu；caobono；cobano；colombian mahogany；jequitiba；kobono；santa marta mahogany；touari
1211	*Cariniana uahupensis*	巴西	亚马孙卡林玉蕊	chorao；choro

序号	学名	主要产地	中文名称	地方名
Carpinus（BETULACEAE） 鹅耳枥属（桦木科）			**HS CODE** **4403.99**	
1212	*Carpinus betulus*	美国	欧洲鹅耳枥	hornbeam
1213	*Carpinus caroliniana*	加拿大、危地马拉、洪都拉斯、美国、墨西哥	美洲鹅耳枥	american hornbeam; amerikansk avenbok; blue beech; blue-beech; broomwood; carpe americano; hophornbeam; hornbeam; ironwood; lechillo; musclewood; palmilla; palo barranco; palo silo; smoothbark ironwood; water beech; water-beech
Carpotroche（ACHARIACEAE） 烟斗树属（青钟麻科）			**HS CODE** **4403.99**	
1214	*Carpotroche amazonica*	秘鲁	亚马孙烟斗树	
1215	*Carpotroche arborea*	巴西	烟斗树	pao canudo; sapucainha
1216	*Carpotroche brasiliensis*	巴西	巴西烟斗树	canudo
1217	*Carpotroche longifolia*	厄瓜多尔、秘鲁	长叶烟斗树	huira muyu; huira-huayo; muyu yura; sapote delmono; uttetsupan ciricho; zapote del mono
1218	*Carpotroche platyptera*	危地马拉	宽叶烟斗树	sucte
1219	*Carpotroche surinamensis*	苏里南	苏里南烟斗树	
Carya（JUGLANDACEAE） 山核桃属（胡桃科）			**HS CODE** **4403.99**	
1220	*Carya alba*	美国、加拿大	白山核桃	big hickory; black hickory; bullnut; common hickory; echte hickory; hardbark hickory; hickory; hognut; mockernut hickory; red hickory; spottnuss; storbladig hickory; true hickory; white hickory; whiteheart hickory
1221	*Carya amara*	北美洲	阿马拉山核桃	bitter-nuss
1222	*Carya aquatica*	美国	水山核桃	bitter pecan; bitter-water hickory; faux hickory; hickory illegittimo; hicoria falsa; lowground hickory; lowland hickory; not-hickory; pecan hickory; pignut hickory; swamp hickory; water bitternut; water hickory; wild pecan

序号	学名	主要产地	中文名称	地方名
1223	*Carya carolinae-septentrionalis*	美国	北卡山核桃	carolina hickory；hickory；scalybark hickory；shagbark hickory；southern shagbark hickory；southern shellbark
1224	*Carya cordiformis*	美国、加拿大	心果山核桃	bitter hickory；bitter pignut；bitternut；butternut；carya amer；hickory；hicoria amarga；highland hickory；noyer dur；pecanier sauvage；pig walnut；pignut；pignut hickory；redheart hickory；swamp hickory；yellow-bud hickory
1225	*Carya floridana*	美国	佛罗里达山核桃	florida hickory；hickory；scrub hickory
1226	*Carya glabra*	美国、加拿大	光滑山核桃	bitternut；black hickory；broom hickory；carya des pourceaux；carya glabre；echte hickory；hickory genuino；hickory veritable；pignut；pignut hickory；red hickory；smoothbark hickory；svinnots-hickory；swamp hickory；sweet pignut；true hickory；white hickory
1227	*Carya illinoensis*	墨西哥、美国	剥壳山核桃	damza；faux hickory；hickory falso；hickory nucifere；hickory nuez；hicoria falsa；nogal de cuilapan；nogal liso；nogal pecanero；noot-hickory；onechte hickory；pacanier；pecan；pecan-nut；pecanier；sweet pecan；unechtes hickoryholz；yaga-sola
1228	*Carya laciniosa*	美国、加拿大	条裂山核桃	akta hickory；big shagbark；big shellbark；bigleaf shagbark hickory；bottom shellbark；hickory genuino；hickory veritable；hickory vero；ridge hickory；shellbark hickory；thick shellbark；thickbark hickory；western shellbark
1229	*Carya mexicana*	墨西哥	墨西哥山核桃	nogal motudo；nogal rayado；nogalillo
1230	*Carya myristiciformis*	美国、墨西哥	肉豆蔻山核桃	bitter water hickory；bitter waternut；blasted pecan；nogal；nutmeg hickory；scalybark hickory；shagbark；shagbark hickory；shellbark hickory；swamp hickory；upland hickory

序号	学名	主要产地	中文名称	地方名
1231	*Carya ovalis*	美国、加拿大	卵形山核桃	false shagbark; hickory; kleinfruch tige hickory; little pignut; little shagbark; nutmeg hickory; oval pignut hickory; pignut; pignut hickory; red hickory; small pignut; small-fruit hickory; sweet hickory; sweet pignut hickory
1232	*Carya ovata*	美国、加拿大	卵圆山核桃	big bud hickory; carya blanc; carya tomenteux; echte hickory; hickory; hickory genuino; littlenut shagbark; mockernut hickory; noyer ecailleux; red hickory; redheart hickory; scalybark hickory; small pignut; sweet walnut; true hickory; tuscatine; upland hickory; walnut; weisse hickory; whiteheart hickory
1233	*Carya pallida*	美国	淡紫山核桃	pale hickory; paleleaf hickory; pallid hickory; pignut hickory; sand hickory
1234	*Carya porcina*	加拿大、美国	肥耳山核桃	black hickory; brown hickory; ferkel-nuss; noyer anoix de cochon; pignut hickory
1235	*Carya sulcata*	美国	皱状山核桃	grossfruch tige hickory; king-nut; spitzfruch tige hickory
1236	*Carya texana*	美国	特克山核桃	black hickory; buckley hickory; hickory; pignut hickory; texas hickory
1237	*Carya tomentosa*	美国	毛山核桃	hickory; mockernut hickory; ture hickory
Caryocar (CARYOCARACEAE) **油桃木属（多柱树科）**			**HS CODE** **4403.49**	
1238	*Caryocar amygdaliferum*	哥伦比亚、秘鲁	苦油桃木	almendro; cagui; caqui; mani
1239	*Caryocar brasiliense*	巴西	巴西油桃木	pequi; pequia brava; pequizeiro; piqui; piquia; piquia-of-brazil
1240	*Caryocar coccineum*	拉丁美洲	红油桃木	almendro
1241	*Caryocar costaricense*	哥伦比亚、哥斯达黎加	多柱树②	achiotillo; ajillo; ajo; almendrillo; almendro; almendro de bajo; almendron; almendron cagui; caballokup; cagui; genene; mani; manu; maqui-maqui; pequia; pete; plomillo; rana de terra firma

序号	学名	主要产地	中文名称	地方名
1242	*Caryocar edule*	巴西	普雷特油桃木	pequia；piqui vinagreiro；piquia marfim；pitia
1243	*Caryocar glabrum*	法属圭亚那、圭亚那、秘鲁、委内瑞拉、哥伦比亚、苏里南、玻利维亚、厄瓜多尔、巴西、中美洲	光油桃木	agougagui；almendra；aloekoemar irang；arbre beurre；bats souari；batsouari；chawari；clmendra；jigua；kassagnan；ningre notto；pegui；pekea；piquia bravo；piquia roxo；piquiarana；sawari；sawarrie；sopohoedoe；souari-nut；tararongye；walgo；waruko；water sawari；zeep-hout
1244	*Caryocar gracile*	巴西	纤细油桃木	piqui-rana
1245	*Caryocar microcarpum*	秘鲁、圭亚那、委内瑞拉、苏里南、巴西	小果油桃木	alamendra de bajo；bats sawari；cojon de verraco；koela；kula；piquia-rana；water sawari；water sawarri；zeephout
1246	*Caryocar nuciferum*	圭亚那、苏里南、巴西	油桃木	alokomali；arbre beurre；bois de tatayouba；bokkenoot；boterboom；butternut；hora；imba；ningre notto；pegui；pequi；piquia；saoearoe；saouari；sawarie noot；sawarri；sawarrie；suwarrow；tatayouba；zeep-hout
1247	*Caryocar pallidum*	苏里南	白球油桃木	
1248	*Caryocar villosum*	苏里南、巴西、圭亚那	柔毛油桃木	bokkenoot；boternoot；butternut；ningre notto；noz de galha；peki；pekquia；pequi；pequia；piqiua bravo；piquia rocha；piquia-ete；piquiarana；piquia-rana；saouarou；saouary；sawarie；souari；sowarie；zeephout；zeep-hout
	Caryodendron（**EUPHORBIACEAE**） 榛桐属（大戟科）	**HS CODE** **4403.99**		
1249	*Caryodendron orinocense*	厄瓜多尔	山地榛桐	huachansu；namp'；suni
	Caryota（**PALMAE**） 鱼尾葵属（棕榈科）	**HS CODE** **4403.99**		
1250	*Caryota urens*	墨西哥	董棕	cariota；palma cola de pescado
	Cascarilla（**RUBIACEAE**） 大籽鸡纳属（茜草科）	**HS CODE** **4403.99**		
1251	*Cascarilla muzonensis*	委内瑞拉	卡氏大籽鸡纳	quina

序号	学名	主要产地	中文名称	地方名
Casearia (FLACOURTIACEAE) 嘉赐属（大风子科）			HS CODE 4403.99	
1252	*Casearia aculeata*	秘鲁	锐角嘉赐	espuela-casha; naranjillo; supai-casha
1253	*Casearia arborea*	苏里南、多米尼加、古巴、波多黎各、秘鲁	梓嘉赐	bimiti-joreleko; cascarita; espeteiro; guaguasi; guasimilla; hoja menuda; jique; llajas; palo de yagua; palo salvaje; rabo junco; rabo raton; robojunco
1254	*Casearia combaymensis*	圭亚那	科莱嘉赐	shibadan
1255	*Casearia commersoniana*	圭亚那	山柑嘉赐	kibihidan
1256	*Casearia corymbosa*	巴拿马、墨西哥、哥伦比亚	伞房嘉赐	carana; chilillo; comida de loro; copalillo; garrapatilla; palo de piedra corteno; palo de piedra costcno; palo guemuchi; tepezapote; vara blanca
1257	*Casearia decandra*	特立尼达、波多黎各、秘鲁、委内瑞拉、厄瓜多尔、巴西、维尔京群岛、向风群岛、瓜德罗普岛	十雄蕊嘉赐	biscuitwood; cerezo; cotorrelillo; fortuga caspi; girs mausa; limoncaspi; machacomo; palo blanco; penga; pipewood; pitumba; tapaculo; tortuga-caspi; tostado; wild cherry; wild honeytree
1258	*Casearia fasciculata*	厄瓜多尔	束状嘉赐	cushishpa; petaquilla
1259	*Casearia gossypiosperma*	阿根廷、巴拉圭	棉籽嘉赐	catigua-oby; espeteiro; mbabi; mbavy
1260	*Casearia grandiflora*	圭亚那	大花嘉赐	warakaioro
1261	*Casearia guianensis*	多米尼加、波多黎各、墨西哥、委内瑞拉、古巴、圭亚那、萨尔瓦多、巴拿马、特立尼达	桂嘉赐	cafe cimarron; cafe de gallina; cafeillo; capulincillo; cedron; chatilla; coacoyolillo; espino blanco; guayabillo; huesito; jia amarilla; kibihidan; limoncillo; mierddeloro; muchagente; pipewood; punta deral; tu-yuu; wild coffee
1262	*Casearia hirsuta*	古巴	毛嘉赐	yana
1263	*Casearia javitensis*	墨西哥、圭亚那、苏里南	爪哇嘉赐	cafecillo; kibihidan; klein zwart parelhout; pachitoquillo; pie de venado; pochitoquillo
1264	*Casearia mariquitensis*	委内瑞拉、秘鲁	马尾嘉赐	carraspero; guayabo de paloma; tambor huactana; zapatero

序号	学名	主要产地	中文名称	地方名
1265	*Casearia nitida*	墨西哥、巴拿马、洪都拉斯、伯利兹、古巴、哥伦比亚、危地马拉	密茎嘉赐	abal-chichich；botoncillo；cafe cimmaron；cafetillo；carano；chilillo；comida de culebra；comida de loro；ishim-che；jia；obatel；paletilla；pinol-cuauit；vara blanca；xmaben-che
1266	*Casearia obliqua*	巴西	白嘉赐	anavinga；cafe do diabo；canela de veado；cansa；giacatonga-aracatunga；guacatonga；guassatonga；jacuuba；lingua de la garto；pau de lagarto；vagatonga
1267	*Casearia oblongifolia*	哥伦比亚	长圆叶嘉赐	arana；caferillo；capulincillo；cerillo；chicharron；cimarron；comida de culebra；comida de loro；edcambron；guayabillo；monocarpo；palo blanco；palo de lacurz；palo de yagua；raspa lengua；rompeatosajno blanco；sangino blanco
1268	*Casearia obovata*	墨西哥	山嘉赐	espina de bagre；olompaya；ulumpaya
1269	*Casearia pitumba*	厄瓜多尔、秘鲁	坦巴嘉赐	apilla sani caspi；mati cara yura；oje de tucunare；paragua；tambor huactona；tambora huactana；uchu-caspi
1270	*Casearia praecox*	哥伦比亚、古巴、委内瑞拉、西印度群岛、巴西、墨西哥、美国、多米尼加	雷嘉赐	agracejo；boxwood；brusete；colombian boxwood；cuban boxwood；cuchillo；fruta paloma；limoncillo；malfil；manzanito de montana；manzano；pau branco；sapatero；vara piedra；west indian box；west indian boxwood；zapatero de maracaibo；zapatero de venwzuela
1271	*Casearia pringlei*	墨西哥	凯萨嘉赐	ciruela；crementilla；huevo de gato
1272	*Casearia prunifolia*	厄瓜多尔	李叶嘉赐	tetacho
1273	*Casearia rusbyana*	圭亚那	圭亚那嘉赐	warakaioro
1274	*Casearia spinescens*	洪都拉斯、波多黎各、多米尼加、墨西哥、厄瓜多尔、秘鲁、委内瑞拉、危地马拉、古巴、伯利兹、哥伦比亚、哥斯达黎加、海地	尖嘉赐	cambron；carambomba；clavillo；escambron；espina del demonio；guacuco；jia brava；jia peluda；lemonario；limoncillo；margabomba；matacartago；naranjilla；piquant arada；punteral；rabo raton；supai-oasha；supiecacha；wild lemon

序号	学名	主要产地	中文名称	地方名
1275	*Casearia sylvestris*	阿根廷、萨尔瓦多、厄瓜多尔、西印度群岛、巴拉圭、波多黎各、巴西、巴拿马、墨西哥、委内瑞拉、尼加拉瓜、危地马拉、哥伦比亚、古巴、圭亚那、海地、洪都拉斯、特立尼达、伯利兹	野生嘉赐	avati tymbati; cafe silvestre; cchicharron; comida de culebra; dondequiera; falcon; geigenholz; guazatumba; pabito; palo blanco; papelite; punteral; rompe lengua; sacmuda; sarytan; sombra de armado; sombra de conejo; tortolito; wild sage; yana
1276	*Casearia tremula*	洪都拉斯、委内瑞拉、西印度群岛、哥伦比亚	穆拉嘉赐	manocarpo; paaloe de bonaire; peloto; vara de piedra
1277	*Casearia ulmifolia*	圭亚那、巴西、秘鲁	榆叶嘉赐	kibihidan; marmelero colorado; marmelleiro bravo; uchu-mullaca; ullu-mullaca
1278	*Casearia zizyphoides*	圭亚那	红嘉赐	paishal

Casimiroa（RUTACEAE） HS CODE
香肉果属（芸香科） 4403.99

序号	学名	主要产地	中文名称	地方名
1279	*Casimiroa edulis*	危地马拉、墨西哥、古巴、萨尔瓦多、伯利兹	香肉果	abache; chapote; coaxmuttza; cochitzapol; guia; hyuy; isloctzapotl; istoc; iztac-zapotl; mango tarango; sapote blanco; tzapotl; uauata; weisse sapote; xiezetua; yaga-guia; zapote blanco; zapote dormilon
1280	*Casimiroa pringlei*	墨西哥	格尔香肉果	zapotillo
1281	*Casimiroa pubescens*	墨西哥	短柔毛香肉果	zapote de rata
1282	*Casimiroa sapota*	墨西哥	波塔香肉果	ajte; matasano; tzucui
1283	*Casimiroa tetrameria*	洪都拉斯、墨西哥	四叶香肉果	matasano; yuuy; yuy
1284	*Casimiroa watsonii*	墨西哥	华氏香肉果	zapote cimarron

Cassia（CAESALPINIACEAE） HS CODE
铁刀木属（苏木科） 4403.49

序号	学名	主要产地	中文名称	地方名
1285	*Cassia apoucouita*	巴西、法属圭亚那	阿婆铁刀木	cassia; pau-perola
1286	*Cassia brasiliensis*	拉丁美洲	巴西铁刀木	anchico blanca; curupai-na
1287	*Cassia clusiifolia*	美国	山竹叶铁刀木	seven-year apple; velvetseed
1288	*Cassia fastuosa*	巴西	八角铁刀木	angico; baratinha; cana-fistula; faveirinha; faveurinha

序号	学名	主要产地	中文名称	地方名
1289	*Cassia ferruginea*	巴西	锈色铁刀木	canafistula；cassia；chuva de ouro；guarucaia；mangue seco
1290	*Cassia fistula*	委内瑞拉、波多黎各、伯利兹、墨西哥、西印度群岛、海地、牙买加、巴西、美国、特立尼达、瓜德罗普岛	腊肠树	cana marimari；canafistola；casse；cassia-stick-tree；chuva de ouro；golden-shower；golden-shower senna；indian laburnum；purging cassia；shower-of-gold
1291	*Cassia fruticosa*	墨西哥	大叶铁刀木	
1292	*Cassia grandis*	伯利兹、危地马拉、墨西哥、委内瑞拉、巴西、古巴、巴拿马、多米尼加、波多黎各、哥伦比亚、萨尔瓦多、尼加拉瓜、哥斯达黎加、洪都拉斯、海地、美国、牙买加、苏里南、圭亚那	大铁刀木	bookoot；bookut；bukut；canafistula burrero；canandonga；caramano；cassia；chacaco；chacara；giganton；horse cassia；marimary preto；marimary rana；marimary saro；pinkshower cassia；quauhuayo；sandalo；stinking-toe；wayombo
1293	*Cassia javanica*	波多黎各、美国、维尔京群岛	爪哇铁刀木	acacia rosada；apple-blossom cassia；casia rosada；javanese cassia；jointwood；jointwood senna；nodding cassia；pink cassia
1294	*Cassia marcanahyba*	巴西	马卡铁刀木	tapanhuma
1295	*Cassia marginata*	秘鲁	边缘铁刀木	retama
1296	*Cassia moschata*	委内瑞拉、哥伦比亚	麝香铁刀木	canafistola；pistula
1297	*Cassia multijuga*	秘鲁、哥伦比亚、中美洲、巴西	多对铁刀木	quillo-sisa
1298	*Cassia ramiflora*	巴西	枝花铁刀木	acapu-ranada terra firme
1299	*Cassia roxburghii*	秘鲁	刺槐铁刀木	retama；sapechihua
1300	*Cassia scleroxylon*	亚马孙	硬木铁刀木	muirapixuna
1301	*Cassia spectabilis*	苏里南	美丽铁刀木	
1302	*Cassia spruceana*	法属圭亚那	亚马孙铁刀木	quossia
	***Cassine*（CELASTRACEAE）** **藏红卫矛属（卫矛科）**		**HS CODE** **4403.99**	
1303	*Cassine attenuatum*	西印度群岛、古巴	渐窄藏红卫矛	calvery；renosa；ronosa
1304	*Cassine curtipendulum*	美国	卷皮藏红卫矛	norfolk maple

序号	学名	主要产地	中文名称	地方名
1305	*Cassine xylocarpa*	波多黎各、墨西哥、美国、古巴、维尔京群岛、向风群岛	木果藏红卫矛	coscorron; guayabote; guayarote; mano de leon; marbletree; mate prieto; nut muscat; pinipinche de sabana; pinipiniche; poisontree; spoon-tree; wild nutmeg; zapote de costoche
Cassipourea（RHIZOPHORACEAE）红柱树属（红树科）			**HS CODE** **4403.49**	
1306	*Cassipourea elliptica*	西印度群岛、巴拿马、危地马拉、伯利兹	椭圆红柱树	bois l'ill; garlicwood; goatwood; lanranjorana; laranjorana; naranjo; palo de gongoli; schimis; waterwood
1307	*Cassipourea guianensis*	小安的列斯群岛、古巴、巴拿马、苏里南、委内瑞拉、波多黎各、多米尼加、伯利兹、瓜德罗普岛	圭亚那红柱树	bois agouti; bois die; cuco; goatwood; goyavier; mammo-sare; mamoncillo; mamoncillo blanco; murta; palo de orejas; palo de toro; palo robinson; waterwood
Castanea（FAGACEAE）栗属（壳斗科）			**HS CODE** **4403.99**	
1308	*Castanea dentata*	加拿大、美国	重齿栗木	american chestnut; amerikansk kastanje; castagno americano; castano americano; chataignier; chataignier d'amerique; chestnut; prickly buro-heh-yah-tah; sweet chestnut; white chestnut; wormy chestnut
1309	*Castanea pumila*	美国	矮小栗木	alleghany chinkapin; allegheny chinquapin; american chestnut; amerikansk kastanje; castagno americano; chincapin; downy chinkapin; dwarf chestnut; ki-eiche; running chinkapin; trailing chinkapin; zwerg kastanie
1310	*Castanea sativa*	美国、墨西哥	欧洲栗木	american chestnut; castano; chestnut; sweet chestnut
Castanopsis（FAGACEAE）锥木属（壳斗科）			**HS CODE** **4403.49**	
1311	*Castanopsis chrysophylla*	美国	黄叶锥	chestnut; chinkapin; chinquapin; evergreen chestnut; giant chinkapin; golden chinkapin; golden chinquapin; goldenleaf chestnut; western chinquapin

序号	学名	主要产地	中文名称	地方名
Castela（SIMAROUBACEAE） 苦棘属（苦木科）			**HS CODE** **4403. 99**	
1312	*Castela emoryi*	巴西、古巴、牙买加、巴哈马、波多黎各、美国、海地、哥斯达黎加、墨西哥、阿根廷、哥伦比亚、多米尼加、秘鲁	埃氏苦棘	aceitunito；aguedita；bitterbush；brasilete bastardo；brasilete falso；chilillo；coralillo；corona de cristo；guarema；marigoncillo；rosario；sanipanga；sartalillo；snakeroot；vaillant garcon
1313	*Castela erecta*	墨西哥、西印度群岛、委内瑞拉	直立苦棘	amargoso；bisbirinda；chaparro；chaparro amargoso；goat-bush；hierba del perro；palo amargoso；retama；rupa wit
1314	*Castela peninsularis*	墨西哥	半岛苦棘	amargoso
1315	*Castela retusa*	墨西哥	微凹苦棘	palo amargoso
Castilla（MORACEAE） 卡斯桑属（桑科）			**HS CODE** **4403. 99**	
1316	*Castilla elastica*	墨西哥、美国、波多黎各、哥伦比亚、洪都拉斯、巴拿马、危地马拉、伯利兹、秘鲁、多米尼加	弹性卡斯桑	arbol deule；caucho；caucho negro；gaucho；goma；holcuahuitl；hule；mo-tina；niase；olacahuite；olicuahuitl；pem；quiikche；rubber；rubbertree；tarantacua；tirajala；yaga-latzi；yaxha
1317	*Castilla panaolensis*	巴拿马	帕诺卡斯桑	caucho
1318	*Castilla tunu*	巴拿马、厄瓜多尔、哥斯达黎加、墨西哥、尼加拉瓜	图努卡斯桑	caoutcho macho；cauchillo；caucho；caucho macho；hule macho；male rubbertree；mexican rubbertree；rubbertree；sterile rubbertree；toonu；tuna；tuno；tunu；ule
1319	*Castilla ulei*	巴西、厄瓜多尔、秘鲁	卡斯桑	cauchillo；caucho；caucho negro；rubbertree
Casuarina（CASUARINACEAE） 木麻黄属（木麻黄科）			**HS CODE** **4403. 99**	
1320	*Casuarina cunninghamiana*	美国、波多黎各、巴西、哥斯达黎加	细枝木麻黄	australian beefwood；australian pine；casuarina；casuarina cavalinha；cunningham casuarina；pino australiano；pino de australia

序号	学名	主要产地	中文名称	地方名
1321	*Casuarina equisetifolia*	波多黎各、古巴、巴拿马、美国、巴哈马、西印度群岛、巴西、墨西哥、海地、洪都拉斯、尼加拉瓜、维尔京群岛、特立尼达	木麻黄	australian beefwood；beefwood；casuarina；cipres；filao；horsetail beefwood；ironwood；pino；pino australiano；pino maritimo；polynesian ironwood；sauce；she oak；weeping willow；whistling pine
1322	*Casuarina glauca*	古巴	青冈木麻黄	casuarina
1323	*Casuarina lepidophloia*	美国、波多黎各	鳞翅木麻黄	australian pine；casuarina；pino australiano；pino de australia；scalybark casuarina
1324	*Casuarina stricta*	巴西、圭亚那	狭窄木麻黄	casuarina；pao ferro
	Catalpa（**BIGNONIACEAE**） 梓树属（紫葳科）		**HS CODE** **4403.99**	
1325	*Catalpa bignonioides*	美国	美国梓树	amerikaanse trompetboom；beantree；beau-tree；candle-tree；catalpa；catalpa americana；catawba；catawba-tree；common catalpa；common coatalpa；indian-bean；southern catalpa；vanlig katalpa
1326	*Catalpa longissima*	安的列斯群岛、海地、西印度群岛、牙买加、波多黎各、多米尼加、特立尼达、向风群岛	极长梓树	antillen eiche；bois chaine；catalpa；chene；chene haitien；chene noir；french oak；haiti catalpa；jamaica oak；mastwood；randegonde；roble de olor；roble dominicano；yokewood
1327	*Catalpa punctata*	古巴	点状楸	roble de olor
1328	*Catalpa speciosa*	美国	美丽梓树	bois puant；bois shavanon；candle-tree；catawba；hardy catalpa；indian cigar-tree；northern catalpa；praktkatalpa；shawnee-wood；trompetboom；trumpettrad；western catawba
	Catostemma（**BOMBACACEAE**） 垂冠木棉属（木棉科）		**HS CODE** **4403.49**	
1329	*Catostemma altsonii*	圭亚那、哥伦比亚	奥氏垂冠木棉	adaurona；arenillo；baramanni；baromalli；clambeau rouge；huimba；karamai；katama；palu；sand baromalli；simana

序号	学名	主要产地	中文名称	地方名
1330	*Catostemma commune*	圭亚那、委内瑞拉	垂冠木棉	baramalli；baraman；baramanni；baromalli；palu；simana
1331	*Catostemma fragrans*	圭亚那、法属圭亚那、苏里南	香垂冠木棉	adaurona；aganananga；baramalli；baramanni；baromalli；cou-yami；flambeau rouge；kajoewaballi；kamatana；koron；palu；simana
1332	*Catostemma sclerophyllum*	圭亚那	硬叶垂冠木棉	
Cavanillesia（**BOMBACACEAE**） 卡夫木棉属（木棉科）			**HS CODE** **4403.99**	
1333	*Cavanillesia arborea*	巴西	树状卡夫木棉	barriguda；barriguda branca；barrigudo；macondo；pot-belliedwood；quipo
1334	*Cavanillesia hylogeiton*	秘鲁	卡夫木棉	lupuna colorado
1335	*Cavanillesia platanifolia*	哥伦比亚、巴拿马	悬铃木叶卡夫木棉	barrigudo；bongo；cuipo；hammatti；macondo；quipo
Cavendishia（**ERICACEAE**） 艳苞莓属（杜鹃科）			**HS CODE** **4403.99**	
1336	*Cavendishia bracteata*	墨西哥	具苞艳苞莓	limoncillo
1337	*Cavendishia callista*	巴西	卡利艳苞莓	
1338	*Cavendishia nitida*	委内瑞拉	密茎艳苞莓	cacaguito
Ceanothus（**RHAMNACEAE**） 美洲茶属（鼠李科）			**HS CODE** **4403.99**	
1339	*Ceanothus americanus*	美国	美洲茶	new jersey tea；redroot
1340	*Ceanothus arboreus*	美国	乔状美洲茶	catalina ceanothus；feltleaf ceanothus；greenbark ceanothus；island ceanothus；island myrtle；myrtle-tree；redheart；redheart ceanothus；spiny ceanothus
1341	*Ceanothus chloroxylon*	牙买加	羽扇美洲茶	bois doux jaune；bois jaune；bois verdoyant；cerillo；gelbes holz；groenhout；groenhoutboom；grunes holz；jamaica greenheart；jamaica laurel；laurier bois jaune
1342	*Ceanothus coeruleus*	墨西哥	蓝斑美洲茶	chaquira；chaquirilla；cuaicuastle；palo colorado；sayolistle；tlaxistle；tnu-yhooco

序号	学名	主要产地	中文名称	地方名
1343	*Ceanothus cordulatus*	美国	图斯美洲茶	mountain whitethorn ceanothus; snow-brush
1344	*Ceanothus crassifolius*	美国	厚叶美洲茶	deerbrush; hoary-leaf ceanothus
1345	*Ceanothus cuneatus*	美国	楔形美洲茶	wedgeleaf ceanothus
1346	*Ceanothus foliosus*	美国	小叶美洲茶	wavyleaf ceanothus
1347	*Ceanothus greggii*	美国	诺氏美洲茶	gregg ceanothus
1348	*Ceanothus incanus*	美国	灰白美洲茶	whitethorn
1349	*Ceanothus integerrimus*	美国	全缘美洲茶	deerbrush; deerbrush ceanothus
1350	*Ceanothus leucodermis*	美国	白皮美洲茶	chaparral whitethorn ceanothus
1351	*Ceanothus megacarpus*	美国	巨果美洲茶	big pod ceanothus
1352	*Ceanothus oliganthus*	美国	橄榄美洲茶	greenthorn
1353	*Ceanothus prostratus*	美国	匍匐美洲茶	mahala mat
1354	*Ceanothus spinosus*	美国	多刺美洲茶	lilac; spiny myrtle
1355	*Ceanothus thyrsiflorus*	美国	粗美洲茶	blue murtle; blue myrtle; blue-blossom; blueblossom ceanothus; blue-brush; california lilac; wild lilac
1356	*Ceanothus velutinus*	美国	鹅掌美洲茶	snowbrush ceanothus
***Cecropia*（MORACEAE）** **砂纸桑属（桑科）**			**HS CODE** **4403.99**	
1357	*Cecropia adenopus*	阿根廷、巴西、哥伦比亚	腺柄砂纸桑	albero di carta smerigliata; ambaiba; ambay; ambey; ambug; arbol de papel de vidrio; arbre de papier de verre; guarumo; palo de lija; sandpaper-tree; schuurpapi erboom
1358	*Cecropia angulata*	圭亚那	角状砂纸桑	congo-pump; kamang; trumpet-tree; wanasaoro; wanasoro
1359	*Cecropia arachnoidea*	哥伦比亚、巴拿马	蛛形砂纸桑	guarumo; guarumo morado; trumpet-tree
1360	*Cecropia engleriana*	秘鲁	青冈砂纸桑	setico
1361	*Cecropia latifolia*	秘鲁	阔叶砂纸桑	setico
1362	*Cecropia leucocoma*	秘鲁	白毛砂纸桑	imbauba
1363	*Cecropia membranacea*	秘鲁、厄瓜多尔	膜叶砂纸桑	pungara; setico; setico de oyada; tsitica dundu
1364	*Cecropia monostachya*	厄瓜多尔	单苞砂纸桑	
1365	*Cecropia obtusa*	古巴	钝叶砂纸桑	yagrumo hembra

序号	学名	主要产地	中文名称	地方名
1366	*Cecropia obtusifolia*	墨西哥、巴拿马、伯利兹	聚蚁砂纸桑	chancarro；chancarro blanco；guarumo；hormiguillo；jarilla；juaquequistli；kooche；koochle；quiquiscua huitl；saruma；sarumo；shushanguji；tequescuahuitl；trompeta；trompetilla；trumpet-tree；tzulte；yabioo；yaga-gacho；yava
1367	*Cecropia palmata*	拉丁美洲	掌状砂纸桑	bois trompette；palmata；trumpet-tree
1368	*Cecropia peltata*	阿根廷、圭亚那、特立尼达、海地、苏里南、墨西哥、波多黎各、哥伦比亚、危地马拉、巴西、委内瑞拉、巴巴多斯、美国、秘鲁、维尔京群岛、西印度群岛、古巴、多米尼加、瓜德罗普岛	盾状砂纸桑	ambahu；ambay；bois trompette；bospapaja；cetico；chancarro blanco；chupacte；coulequin；gembra；kochle；llagrumo；orume；snakewood；trompette；trumpetwood；wild papaw；yagruma hembra；yagrumbo hembra；yagrume hembra；yagrumo hembra
1369	*Cecropia perusana*	巴西	紫苏砂纸桑	embauba
1370	*Cecropia propinqua*	厄瓜多尔	春榆砂纸桑	guarumo
1371	*Cecropia riparia*	委内瑞拉	利帕砂纸桑	yagrumo
1372	*Cecropia sciadophylla*	巴西、圭亚那、法属圭亚那、厄瓜多尔、中美洲、秘鲁	伞叶砂纸桑	ambaibo cecropia；bois trompette；bospapaja；congo pump；diapapaie；floatwood；guaruma；imbauba；kamaiye；mangimeo；pumpwood；sara waknyu；sararai；setico；sorosoro；tor；trompette；trumpet-tree；wanasoro
1373	*Cecropia telealba*	圭亚那	尔巴砂纸桑	
Cedrela（MELIACEAE） 洋椿属（楝科）			**HS CODE** **4403.49**	
1374	*Cedrela angustifolia*	巴西、法属圭亚那	狭叶洋椿②	cedrat；cedro
1375	*Cedrela calantas*	拉丁美洲	南美洋椿②	kalantas
1376	*Cedrela fissilis*	巴西、古巴、玻利维亚、苏里南、哥斯达黎加、阿根廷、圭亚那、墨西哥、海地、法属圭亚那、小安的列斯群岛、巴拉圭、秘鲁、厄瓜多尔、波多黎各、萨尔瓦多、尼加拉瓜、巴拿马、伯利兹	劈裂洋椿②	acajouwood；akkojaarie；cedrela；cedrela americana；cedro argentino；cedro aromatico；cedro branco；cedro real；cedro rosa；cigarbox cedar；cobano；cuche；grenadine；kalantas；lovtrad-ceder；nowalilwae；peruvian cedar；runkra；samariehout；spanish cedar；tali；tantalo；tumbalo；yalam

序号	学名	主要产地	中文名称	地方名
1377	*Cedrela huberi*	阿根廷	休伯洋椿②	cadrorana；cedro branco
1378	*Cedrela lilloi*	委内瑞拉、阿根廷、巴西、玻利维亚	阿根廷洋椿②	cabirma；ceder；cedro；cedro rojo；cedro salteno；cedro vermelho
1379	*Cedrela montana*	厄瓜多尔	山地洋椿②	cedro；cedro blanco；cedro de alameda；cedro de castilla；cedro rosado；cedrode castilla
1380	*Cedrela oaxacensis*	墨西哥、巴拿马	山洋椿②	cedro；cedro chino；cedro fino；cedro oloroso
1381	*Cedrela odorata*	法属圭亚那、特立尼达、西印度群岛、圭亚那、小安的列斯群岛、委内瑞拉、巴西、墨西哥、苏里南、哥斯达黎加、伯利兹、古巴、海地、安的列斯群岛、秘鲁、哥伦比亚、巴拿马、厄瓜多尔、波多黎各、尼加拉瓜、阿根廷、巴拉圭、牙买加、瓜德罗普岛、库拉索	香洋椿②	acajou；acajou amer；acajou femelle；cedrat；cedro；cedro mexicano；cedro muyo；guyana cedar；kurana；lovtrad-ceder；mexican cedar；nogal cimarron；paranka；rouge cedrat；runkra；samariehout；tabasco cedar；tali；trumpet cedar；tseek；west indian cedar；yalam；zedernholz；zwamp cedar
1382	*Cedrela odorata*	美国	香洋椿	cigarbox cedrela
1383	*Cedrela salvadorensis*	巴西、墨西哥	萨尔瓦多洋椿②	american cedar；amerikaanse ceder；amerikansk ceder；cedre d'amerique；cedrela americana；cedro macho；cuachichile
1384	*Cedrela tonduzii*	墨西哥、巴拿马	洋椿②	cedrillo；cedro；cedro colorado；cedro granadino；cedrorana；mexican cedar；spanish cedar
1385	*Cedrela tubiflora*	中美洲、巴拉圭	管花洋椿②	american cedar；amerikaanse loofhout ceder；amerikaanse loofhout-ceder；amerikansk ceder；cedre d'amerique；cedrela americana；cedro；cedro colorado
1386	*Cedrela whitefordii*	拉丁美洲	怀氏洋椿②	cedro

序号	学名	主要产地	中文名称	地方名
Cedrelinga（MIMOSACEAE） 亚马孙豆属（含羞草科）			**HS CODE** **4403.99**	
1387	*Cedrelinga cateniformis*	哥伦比亚、巴西、厄瓜多尔、秘鲁、法属圭亚那	亚马孙豆	achapo; cedro rana; chuncho; colorado tornillo; don cede; huayra-caspi; iacaica; mure; parica; seique; seiqui; tornillo; tornillo blanco; tornillo rosado; tsaik; tsaik numi; weique; yacayaca
Ceiba（BOMBACACEAE） 吉贝属（木棉科）			**HS CODE** **4403.49**	
1388	*Ceiba acuminata*	墨西哥	尖叶吉贝	ahaiya; ceiba; huacapi; lanta; mosmot; mosmote; motmot; pochote
1389	*Ceiba aesculifolia*	危地马拉、墨西哥、波多黎各	七叶吉贝	algodon de monte; ceiba; ceibillo; ceibo; kuch; lanta de cerros; lanta mayero; len-o-ma; masmot del cerro; ma-tzu; mo-dzu; molou; palo lagarto; pim; pochote; pochote de aguas; quinim; tinanche; yaga-piogo-xilla; yaxche
1390	*Ceiba erianthos*	巴西	埃里吉贝	croa; paineira branca
1391	*Ceiba insignis*	巴西、阿根廷、秘鲁、乌拉圭、巴拉圭、玻利维亚	显著吉贝	bariguda; barigudo; barriguda; corisa; epigiie barriguda; lupuna; paineira barriguda; paineira femea; palo borracho; palo botella; paneira; paneiro; samuhu-pyta; samulu porott; toborochi; yuchan; zamuhu
1392	*Ceiba jasminodora*	巴西	茉莉吉贝	paineira cheirosa
1393	*Ceiba occidentalis*	拉丁美洲	西方吉贝	ceiba; honduras cottonwood
1394	*Ceiba parvifolia*	墨西哥	小叶吉贝	pochote; pochote de secas
1395	*Ceiba pentandra*	委内瑞拉、墨西哥、法属圭亚那、圭亚那、西印度群岛、哥伦比亚、巴拿马、厄瓜多尔、波多黎各、尼加拉瓜、苏里南、伯利兹、巴西、小安的列斯群岛、特立尼达、秘鲁、玻利维亚、海地、危地马拉、古巴	五雄吉贝	arbre coton; blindwood; bois epineux; boussana; ceiba yuca; ceiba yucca; ceibillo; cotonnier grand bois; fromager; guampush; huimba; kaddo bakkoe; kapokboom; pochota; shmauma; sumauma commun; sumaumeira; toborochi; ushuputu; white cottontree; wild cotton; wirin; xiloxochitl; yasche; yaxche

序号	学名	主要产地	中文名称	地方名
1396	*Ceiba rivieri*	巴西	里维吉贝	mata pau；paineira mata pao
1397	*Ceiba samuma*	巴西、哥伦比亚、玻利维亚、秘鲁	塞姆吉贝	lupuna；samauma
1398	*Ceiba saumauma*	秘鲁、法属圭亚那、厄瓜多尔、巴西	吉贝	corisa；fromager；huimba；lupuna；saumauma；sumauma doalto amazonas；vatova ta'va
1399	*Ceiba thonningii*	拉丁美洲	丁氏吉贝	
Celaenodendron（EUPHORBIACEAE）黑大戟属（大戟科）			HS CODE 4403.99	
1400	*Celaenodendron mexicanum*	墨西哥、中美洲	墨西哥黑大戟木	guayabillo borcelano；palo prieto
Celtis（ULMACEAE）朴属（榆科）			HS CODE 4403.49	
1401	*Celtis australis*	美国	南方朴	european hackberry
1402	*Celtis brasiliensis*	巴西、阿根廷	巴西朴	corindiba；corindiuba；juveve；yoa-sy-y
1403	*Celtis caudata*	墨西哥	尾状朴	cuaquil；palo de estribo；tzatzanaco
1404	*Celtis iguanaea*	墨西哥	伊犁朴	carindiba；chaparro blanco；gaos de gallo；garabato；garabato blanco；granjeno；guichigueda；huipuy；joa minda；nanchibejuco；naranjillo cimnarron；palo d'arco；sits-muk；unade gato；vainoro；zitsmuk
1405	*Celtis laevigata*	美国、墨西哥	糖朴	almez americano；american celtis；bagolaro americano；bois inconnu；connu；hackberry；lowland hackberry；palo blanco；sockernass latrad；southern hackberry；sugar hackberry；sugarberry；suikernete lboom；texas sugarberry
1406	*Celtis lindheimeri*	美国、墨西哥	林德朴	lindheimer hackberry；palo blanco
1407	*Celtis monoica*	墨西哥	艾氏朴	palo de aguila
1408	*Celtis occidentalis*	美国、加拿大	西方朴	almez americano；almez occidental；bagolaro occidentale；bastard elm；beaverwood；common hackberry；false elm；hackberry；hacktree；hoop ash；huck；micocoulier occidental；nettle-tree；nigger-pill；northern hackberry；oneberry；sugarberry；western hackberry；zwepenboom

序号	学名	主要产地	中文名称	地方名
1409	*Celtis pallida*	墨西哥、美国	淡紫朴	acebuche；bainoro；capul；chindule；garabato；garambullo；granjeno amarillo；guichi-bezia；palo blanco；palo de aguila；rome capa；yagabecia；yaga-beziia
1410	*Celtis schippii*	伯利兹、厄瓜多尔	席氏朴	bullhoof；female bullhoof；gallinaza；kaway；saramuyo yura
1411	*Celtis sellowiana*	阿根廷、巴西	塞洛朴	tala；tata blanca
1412	*Celtis spinosa*	乌拉圭	多刺朴	tala
1413	*Celtis tala*	阿根廷、巴西	塔拉朴	chusquitala；gurupia；tala；tala grande
1414	*Celtis tenuifolia*	美国、墨西哥	细叶朴	dwarf hackberry；georgia hackberry；hackberry；palo blanco；upland hackberry
1415	*Celtis triflora*	巴西	三花朴	graos grandes de gallo
1416	*Celtis trinervia*	波多黎各、多米尼加、海地、古巴、西印度群岛	三脉朴	almez；amarguillo；bois raie；gageda de gallina；guacimilla；guisacillo；hueso；hueso blanco；jua；lejio；palo amargo；palo de hueso；ramon de costa；ramon de sierra；ramoncillo；raspador；ruisenor；tala

Centrolobium（FABACEAE）
刺片豆属（蝶形花科）

HS CODE 4403.49

序号	学名	主要产地	中文名称	地方名
1417	*Centrolobium fluminense*	巴西	弗氏刺片豆	arariba preto；araribo testa de boi
1418	*Centrolobium krukovianum*	玻利维亚	毛蕊刺片豆	teteyeque
1419	*Centrolobium microchaete*	巴西	微珠刺片豆	arariba amarello
1420	*Centrolobium ochroxylon*	厄瓜多尔、哥伦比亚、委内瑞拉、瓜德罗普岛	黄刺片豆	amarillo；amarillo de guayaquil；arariba；araribo；balaustre
1421	*Centrolobium paraense*	委内瑞拉、厄瓜多尔、巴西、哥伦比亚、圭亚那、特立尼达	帕州刺片豆	alcornoque；amarilla putana；ararauba；balaustre；birote de montana；caguaro；clavellino；muiraparanga；paoda rainha；pau rainha；porcupine；porcupinewood；redwood kartang；shipuradai；zebrawood

序号	学名	主要产地	中文名称	地方名
1422	*Centrolobium robustum*	巴西、圭亚那	粗刺片豆	amarillo；ararauba；arariba amarello；arariba rosa；arariba vermalho；arariba vermelho；araroba；canarywood；guarariba；iririba；potumuju；putumuju；redwood；tarara amarillo；valaustre；zebrawood
1423	*Centrolobium tomentosum*	巴西	毛刺片豆	amarello arariba；arariba amarello；arariba roja；arariba rouge；araruva；arrabi；canarywood；iririba；porcupinewood；putumuju；red arariba；rod arariba；rode arariba；zebrawood
1424	*Centrolobium yavizanum*	巴拿马、哥伦比亚	半叶刺片豆	amarillo de guayaquil；batteo；guayacan jobo
Centronia（MELASTOMATACEAE）彤号丹属（野牡丹科）			**HS CODE 4403.99**	
1425	*Centronia mutisii*	哥伦比亚	彤号丹	funo esmeralda
1426	*Centronia neblinae*	哥伦比亚	林纳彤号丹	
Ceodes（NYCTAGINACEAE）胶果木属（紫茉莉科）			**HS CODE 4403.99**	
1427	*Ceodes excelso*	美国	高大胶果木	papala kepau
Cephalanthus（RUBIACEAE）风箱树属（茜草科）			**HS CODE 4403.99**	
1428	*Cephalanthus occidentalis*	美国	风箱树	button willow；buttonbush；common buttonbush；crooked-wood；globeflowers；honey-balls
Ceratonia（CAESALPINIACEAE）角豆苏木属（苏木科）			**HS CODE 4403.99**	
1429	*Ceratonia siliqua*	墨西哥、阿根廷、美国	长角豆苏木	algarrobo de espana；algarrobo europea；carob-tree
Cercidium（CAESALPINIACEAE）多刺扁轴木属（苏木科）			**HS CODE 4403.99**	
1430	*Cercidium floridum*	美国、墨西哥	杉花多刺扁轴木	blue palo verde；brea；cho-i；greenbark acacia；horsebean；palo brea；palo verde；palo verde acacia；palo verde azul；retama；texas palo verde

序号	学名	主要产地	中文名称	地方名
1431	*Cercidium microphyllum*	美国、墨西哥	细叶多刺扁轴木	desert-bush；foothill paloverde；horsebean；jerusalem-thorn；lebon；lebon retama；little-leaf horsebean；littleleaf palo verde；palo brea；palo verde；retama；yellow palo verde
1432	*Cercidium praecox*	阿根廷、委内瑞拉、荷属安的列斯群岛、墨西哥	雷竹多刺扁轴木	brea；ilavo；llave；mantecoso；palo brea；palo de berria；palo de brea；palo mantecoso；palo verde；yabo
1433	*Cercidium sonorae*	墨西哥	索氏多刺扁轴木	brea
1434	*Cercidium texanum*	美国	紫堇多刺扁轴木	border palo verde；chinaretama；texas palo verde

Cercis（CAESALPINIACEAE）
紫荆属（苏木科）　　　　HS CODE 4403.99

序号	学名	主要产地	中文名称	地方名
1435	*Cercis canadensis*	美国、加拿大、墨西哥	美国紫荆	alberodi giuda；american redbud；california redbud；eastern redbud；gainier；gainier du canada；judastrad；judas-tree；june-bud；pata de vaca；redbud；salad-tree；western redbud
1436	*Cercis chinensis*	拉丁美洲	紫荆	
1437	*Cercis siliquastrum*	阿根廷	地中海紫荆	arbol de judas；arbol de judea；ciclamor

Cercocarpus（ROSACEAE）
山红木属（蔷薇科）　　　　HS CODE 4403.99

序号	学名	主要产地	中文名称	地方名
1438	*Cercocarpus fothergilloides*	墨西哥	弗瑟山红木	ramon；zunu-ina
1439	*Cercocarpus ledifolius*	美国、墨西哥	莱迪山红木	berg-mahagoni；curl-leaf cercocarpus；curlleaf mountain mahogany；desert cercocarpus；desert mountain mahogany；feather-bush；hardtack；lentisco；mountain mahogany；ramon；zunuina
1440	*Cercocarpus montanus*	美国	蒙大拿山红木	alderleaf cercocarpus；mountain mahogany；true mountain mahogany
1441	*Cercocarpus traskiae*	美国	卡琳娜山红木	bigleaf mountain mahogany；catalina cercocarpus；catalina mountain mahogany

序号	学名	主要产地	中文名称	地方名
Cereus（CACTACEAE） **仙人柱属（仙人掌科）**		**HS CODE** **4403.99**		
1442	_Cereus eburneus_	委内瑞拉	欧氏仙人柱	cardon de la fari；corden de la fari
1443	_Cereus giganteus_	拉丁美洲	开花仙人柱	
1444	_Cereus hexagonus_	波多黎各、多米尼加、安的列斯群岛、委内瑞拉	六角蜡仙人柱	cacto columnar；cayuco；dama di anochi；lady-of-the-night；reina de la noche
1445	_Cereus yucatanensis_	墨西哥	尤卡坦仙人柱	sak-kulul
Ceroxylon（PALMAE） **蜡椰属（棕榈科）**		**HS CODE** **4403.99**		
1446	_Ceroxylon alpinum_	厄瓜多尔、委内瑞拉	如蜡椰	palma de cera
1447	_Ceroxylon klopstockiae_	委内瑞拉	克洛蜡椰	palma bendita
Cestrum（SOLANACEAE） **夜香树属（茄科）**		**HS CODE** **4403.99**		
1448	_Cestrum alternifolium_	哥伦比亚	洋夜香树	hediondo
1449	_Cestrum diurnum_	波多黎各、委内瑞拉、美国、古巴、牙买加、墨西哥、多米尼加、哥伦比亚	日夜香树	dama de dia；dama de noche；day cestrum；day jessamin；galan de dia；ink-bush；pipiloxihuitl；pipiloxochitl；rufiana；sauco tintoreo；wild jasmine
1450	_Cestrum dumetorum_	墨西哥	杜美夜香树	alcajuda；arcajuda；chacuaco；galan；huele de dia；mitzpulumne；orcajuda；palo hediondo；potonxihui te；tzabal-te
1451	_Cestrum fasciculatum_	墨西哥	束状夜香树	hierba del perro
1452	_Cestrum laevigatum_	巴西	光叶夜香树	coerana
1453	_Cestrum lanatum_	墨西哥	拉纳夜香树	aguacatillo；bixomi；candelilla；chacuaco；palo hediondo；pexomi；potonxihuite；yaga-bexomi；yaga-bixiimi；yaga-pe-xumi
1454	_Cestrum latifolium_	哥伦比亚	阔叶夜香树	juan de la verdad
1455	_Cestrum laurifolium_	波多黎各、多米尼加	月桂叶夜香树	galan del monte；rufiana
1456	_Cestrum laxum_	墨西哥	拉克夜香树	paloma
1457	_Cestrum megalophyllum_	墨西哥	巨叶夜香树	pie de paloma
1458	_Cestrum microcalyx_	厄瓜多尔	微萼夜香树	chini curu caspi
1459	_Cestrum nitidum_	墨西哥	光泽夜香树	dama de noche；damenoche；huele de noche

序号	学名	主要产地	中文名称	地方名
1460	*Cestrum nocturnum*	墨西哥、美国、波多黎各、古巴、哥伦比亚、海地、多米尼加、萨尔瓦多、伯利兹、哥斯达黎加	夜香树	ak'ab-yom; cestrum; galan de noche; hierbas hediondas; iishcauico; ijyocxibitl; jasmin de nuit; lilas de nuit; night-blooming; palo hediondo; parqui; pipiloxihuitl; rufiana; scauilojo; sopillo; zorillo
1461	*Cestrum oblongifolium*	墨西哥	长叶夜香树	popimashcui
1462	*Cestrum purpureum*	墨西哥	紫夜香树	flor de colmena; flor de soldado
1463	*Cestrum racemosum*	厄瓜多尔、伯利兹、洪都拉斯、墨西哥、巴拿马	总状夜香树	chini curu caspi; dama de noche; heule de noche; huele de noche; huelede noche; yedi
1464	*Cestrum roseum*	墨西哥	玫瑰夜香树	hediondilla
1465	*Cestrum sendtnerianum*	秘鲁	千叶夜香树	hierba santa; yerba santa
1466	*Cestrum strigilatum*	秘鲁	森特纳夜香树	uchpa-panga
1467	*Cestrum thyrsoideum*	墨西哥	泰尔索夜香树	hierba de lamula
Chaetocarpus (EUPHORBIACEAE) 毛果大戟属（大戟科）			**HS CODE 4403.99**	
1468	*Chaetocarpus schomburgkianus*	圭亚那、委内瑞拉、苏里南	毛果大戟	boboroballi; cacho; fomang; kanau; mamoeriballi; paramana; ruri; ruru; sikarik; witte djoebollet rie
1469	*Chaetocarpus stipularis*	圭亚那	托叶毛果大戟	ruri
Chamaecrista (CAESALPINIACEAE) 山扁豆属（苏木科）			**HS CODE 4403.99**	
1470	*Chamaecrista adiantifolia*	圭亚那	铁线山扁豆	imirimiaballi; mosok; wild tamarind
1471	*Chamaecrista apoucouita*	圭亚那、巴西、法属圭亚那	洋甘菊山扁豆	apokuita; apoucoita canaficier; apoucoita perola; bois casse; canela parda; canela preta; cassier; coracao de negro; irary; karamatakan; palo perola; pao peroba; pearlwood; perola; pixuneira-rana
1472	*Chamaecrista hispidula*	墨西哥、圭亚那	海谝山扁豆	bejuco; cuatro hinojos; hoja sen; warua
1473	*Chamaecrista scleroxylon*	巴西	硬木山扁豆	acapu; acapu pixuna; acariquara; coracao de negro
1474	*Chamaecrista xinguensis*	巴西	兴古山扁豆	fava de bezouro

序号	学名	主要产地	中文名称	地方名
Chamaecyparis（CUPRESSACEAE） 扁柏属（柏科）		**HS CODE** 4403.25（截面尺寸≥15cm）或 4403.26（截面尺寸<15cm）		
1475	Chamaecyparis lawsoniana	美国、加拿大	美国扁柏	adel-cypress；cedar；cipres de lawson；gewone cypres；lawson chamaecyparis；lawson cypress；matchwood；oregon cedar；oregon cypress；oregon zeder；pencil cedar；scheinzypr esse；spruce gum；white cedar；white cypress
1476	Chamaecyparis nootkatensis	加拿大、美国	黄扁柏	alaska cedar；alaska cypress；amerikansk cypress；cedro giallo；cipres americano；cipres nootka；cipresso americano；nootka cypres；nootka cypress；nutka cypres；nutka-zypresse；sitka cypress；sitka-zypresse；yellow cedar
1477	Chamaecyparis pisifera	美国	日本扁柏	plumed retinospora
1478	Chamaecyparis thyoides	美国	美国尖叶扁柏	atlantic white cedar；cedar；cedro bianco americano；cipresso bianco；coast white cedar；juniper；kogelcypres；post cedar；retinospora；southern white cedar；swamp cedar；swano white cedar；vit-cypress；white cedar；white cypress；zeder-zypresse
Chamaedorea（PALMAE） 竹棕属（棕榈科）		**HS CODE** 4403.99		
1479	Chamaedorea kinlochii	伯利兹	金氏竹棕	monkey-tail palm
1480	Chamaedorea pinnatifrons	秘鲁	羽叶竹棕	bonita；palmiche
Charpentiera（AMARANTHACEAE） 炬苋树属（苋科）		**HS CODE** 4403.99		
1481	Charpentiera obovata	美国	倒卵叶炬苋树	papala
Chaunochiton（OLACACEAE） 草帽果属（铁青树科）		**HS CODE** 4403.99		
1482	Chaunochiton kappleri	苏里南、圭亚那、哥伦比亚	卡普尔草帽果	awarraballi djamaro；curupira；hiwaradan；saladillo；warakaiaro

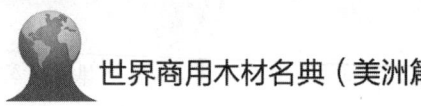

序号	学名	主要产地	中文名称	地方名
Cheiloclinium（CELASTRACEAE）唇诊属（卫矛科）			**HS CODE 4403.99**	
1483	*Cheiloclinium anomalum*	圭亚那	异性唇诊	
1484	*Cheiloclinium belizense*	圭亚那	贝利桑唇诊	
1485	*Cheiloclinium congnatum*	圭亚那	角藻唇诊	bacupari-da-mata；hoasoropan；monkey-syrup
1486	*Cheiloclinium serratum*	巴西	锯齿状唇诊	cipo pau
Chilopsis（BIGNONIACEAE）沙鳅属（紫葳科）			**HS CODE 4403.99**	
1487	*Chilopsis linearis*	墨西哥、美国	线性沙鳅	a-cuahuitl；catalpa willow；desert catalpa；desert willow；flowering willow；mimbre；spanish willow；texas flowering willow
Chimarrhis（RUBIACEAE）冬流木属（茜草科）			**HS CODE 4403.99**	
1488	*Chimarrhis cymosa*	危地马拉、小安的列斯群岛、特立尼达、圭亚那、古巴、西印度群岛、向风群岛、瓜德罗普岛	小果冬流木	bois resolu；bois riviere；kodoibadin；penda；resolu；tokwiwako
1489	*Chimarrhis glabriflora*	厄瓜多尔	玻璃花冬流木	intachi
1490	*Chimarrhis latifolia*	巴拿马	阔叶冬流木	jagua amarilla
1491	*Chimarrhis microcarpa*	委内瑞拉	小时冬流木	carutillo
1492	*Chimarrhis parviflora*	巴拿马、哥斯达黎加	小花冬流木	fiddlewood；llema de huevo；pejiballito；platano
1493	*Chimarrhis turbinata*	巴拿马	大花冬流木	
1494	*Chimarrhis williamsii*	秘鲁	接氏冬流木	tuhuara；tuwara；yaco-sisa
Chionanthus（OLEACEAE）流苏木属（木犀科）			**HS CODE 4403.99**	
1495	*Chionanthus axilliflorus*	古巴、波多黎各	侧花流苏木	guaney negro；hueso；jicotea
1496	*Chionanthus compactus*	委内瑞拉、波多黎各、安的列斯群岛、多米尼加、向风群岛、瓜德罗普岛	紧密流苏木	anuano；avispillo；bridgo-tree；hueso；tarana

序号	学名	主要产地	中文名称	地方名
1497	*Chionanthus domingensis*	古巴、加拿大、海地、波多黎各、伯利兹、多米尼加、牙买加	多米尼加流苏木	bayito；brojo；caney；cayepon；guaney；huesillo；hueso；hueso blanco；ironwood；lirio；palo de hueso；palo de sangre；pine-ridge；tarana；white rosewood
1498	*Chionanthus holdridgei*	波多黎各	霍尔流苏木	espejuelo；hueso；hueso prieto；palo de hueso
1499	*Chionanthus ligustrina*	海地、多米尼加、古巴、波多黎各	女贞流苏木	bois sagine；cabra blanca；careicillo；hueso；lirio；perenqueta
1500	*Chionanthus mandioccana*	巴西	姆迪奥流苏木	carne de vaca
1501	*Chionanthus panamensis*	巴拿马	巴拿马流苏木	rosewood
1502	*Chionanthus virginicus*	美国	美国流苏木	american fringe；flowering ash；gift erle；graybeard；old-mans-beard；snowflower-tree；white ash；white fringe；white fringe-tree
	Chlorocardium （LAURACEAE） 绿心樟属（樟科）		**HS CODE** **4403.49**	
1503	*Chlorocardium rodiei*	圭亚那、苏里南、巴西、委内瑞拉、巴巴多斯	罗氏绿心樟	beberubaum；beberuboom；bibiru greenheart；brown greenheart；cayaba；cogwood；cuorverde；demerara greenheart；demerara groenhart；groenhartboom；grunholz；ispingo moena；maratakka；queenwood；sepeira；torchwood；tugul；viruviru；wainop；white greenheart
	Chloroleucon （MIMOSACEAE） 刺梗楹属（含羞草科）		**HS CODE** **4403.99**	
1504	*Chloroleucon acacioides*	巴西	相思刺梗楹	arapiraca
1505	*Chloroleucon dumosum*	巴西、阿根廷	多叶刺梗楹	amarello；cacunda；espinillen hout；espinillo；goldwood；tatane；tatane blanco；tatare；vinhatico；vinhatico de espinho；vinhatico de macaco；vinhatico espinho

序号	学名	主要产地	中文名称	地方名
1506	*Chloroleucon mangense*	墨西哥、巴拿马、哥伦比亚	曼根刺梗槐	arrocillo；cacho de toro；chino；cucharo；espino amarillo；guayabillo；guayabillo negro；joso；moreno；naranjillo；olla de zorro；palo chino；palo eba；palo ebano；palo fierro；palo moreno；tepezontle；vainillo；vivaseca
1507	*Chloroleucon tenuiflorum*	阿根廷	细花刺梗槐	espinillo；palo cascarudo；tatane
1508	*Chloroleucon tortum*	巴拿马、墨西哥、委内瑞拉、古巴、巴西、阿根廷	扭曲刺梗槐	amarillo espino；cucharo；cuji；cuji amarillo；ebano；espino amarillo；humo；jaruma；macagua；palo fierro；poralana；quiebrahacha；quiebra-hacha；retuerto；tatane blanco；titane；vinhatico de espinho

***Chlorophora*（MORACEAE）**
绿柄桑属（桑科）　　**HS CODE 4403.49**

序号	学名	主要产地	中文名称	地方名
1509	*Chlorophora affinis*	巴西	近缘绿柄桑	tayuva
1510	*Chlorophora mollis*	墨西哥	软绿柄桑	moral amarillo
1511	*Chlorophora tinctoria*	阿根廷、巴拉圭、巴西南部	染料绿柄桑	fustic；moral

***Choisya*（RUTACEAE）**
墨西哥橘属（芸香科）　　**HS CODE 4403.99**

序号	学名	主要产地	中文名称	地方名
1512	*Choisya dumosa*	美国、墨西哥	杜摩墨西哥橘	stinkweed；zorrillo
1513	*Choisya ternata*	墨西哥	墨西哥橘	clavillo；clavo de olor；flor de clavo；hierba de clavo

***Chomelia*（RUBIACEAE）**
鸽爪木属（茜草科）　　**HS CODE 4403.99**

序号	学名	主要产地	中文名称	地方名
1514	*Chomelia affinis·*	墨西哥	近缘鸽爪木	
1515	*Chomelia barbellata*	墨西哥	少须鸽爪木	
1516	*Chomelia obtusa*	墨西哥	钝叶鸽爪木	
1517	*Chomelia paniculata*	秘鲁、厄瓜多尔	锥花鸽爪木	cunshi-cashan；cunshi-huacran；haeso；rifari
1518	*Chomelia recordi*	危地马拉	卢克鸽爪木	clavo
1519	*Chomelia tenuiflora*	危地马拉	细花鸽爪木	
1520	*Chomelia unguis-cati*	秘鲁	长柄鸽爪木	garras de gato
1521	*Chomelia vauthierii*	秘鲁	沃氏鸽爪木	

序号	学名	主要产地	中文名称	地方名
Chorisia（BOMBACACEAE） 郝瑞棉属（木棉科）			**HS CODE** **4403.49**	
1522	*Chorisia insignis*	阿根廷、秘鲁	郝瑞棉	consia; corisa
1523	*Chorisia integrifolia*	巴西、秘鲁、乌拉圭、阿根廷、玻利维亚、巴拉圭	全缘叶郝瑞棉	bariguda; barriguda; lupuna; paneira; paneiro; toborache; toborochi; yuchan; zamuhu
1524	*Chorisia speciosa*	阿根廷、巴西、波多黎各、哥伦比亚、多米尼加、秘鲁、乌拉圭、美国	美丽郝瑞棉	algodon; algodonero; barriguda; chorisia; estrella federal; lluchan; lupuna; paina; paineira; paineira de seda; paineira femea; palo borracho rosado; paneira; samohu; showy chorisia; silk-floss-tree
1525	*Chorisia spinosa*	巴拉圭	多刺郝瑞棉	samu'u
Chrysobalanus（ROSACEAE） 可可李属（蔷薇科）			**HS CODE** **4403.99**	
1526	*Chrysobalanus icaco*	巴西、墨西哥、圭亚那、伯利兹、波多黎各、美国、安的列斯群岛、特立尼达、洪都拉斯、古巴、萨尔瓦多、西印度群岛、巴哈马、苏里南、法属圭亚那	伊卡科可可李	ajuru; caramio; ecacs; fat-pork; ganzepruim; gopher plum; guajuru; hicaco; icaco dulce; icaco mrosado; icaco negro; icaque; jicaco; katoenpruim; kurimiru; pigeon plum; prune coton; white coco plum; white plum; xicaco; zicaque
Chrysophyllum（SAPOTACEAE） 金叶树属（山榄科）			**HS CODE** **4403.49**	
1527	*Chrysophyllum amazonicum*	厄瓜多尔	亚马孙金叶树	caimitillo
1528	*Chrysophyllum arborea*	洪都拉斯	梓金叶树	zapotillo
1529	*Chrysophyllum argenteum*	圭亚那、西印度群岛、古巴、多米尼加、哥斯达黎加、波多黎各、苏里南、背风群岛、海地、特立尼达、巴拿马、秘鲁、萨尔瓦多、瓜德罗普岛	银金叶树	aima-inu; balata chien; caimito blanco cimarron; caimito cimarron; caimito cocuyo; caimito verde; carabana; kokeritiballi; lechecillo; macanabo; petit caimite; star apple; suriridan; surruburuen; wild kaimit; zapotillo
1530	*Chrysophyllum aulacocarpum*	委内瑞拉	槽籽金叶树	chupon

序号	学名	主要产地	中文名称	地方名
1531	*Chrysophyllum cainito*	阿根廷、巴西、西印度群岛、苏里南、秘鲁、特立尼达、法属圭亚那、古巴、波多黎各、哥斯达黎加、墨西哥、哥伦比亚、维尔京群岛、圭亚那、伯利兹、美国、库拉索	藏红金叶树	aguay amarillo；aquay；atakamara；balata；blanquillo；bouis；caimite；caimiter；camiquie；carapun；chique；goldenleaf；kaimit；lanza blanca；lechecillo；maduraverde；nispero；olivo-ra；pomme surette；saffraanboom；saffrantrad；sterappel；vasurinha；wild cainit
1532	*Chrysophyllum gonocarpum*	阿根廷、巴拉圭、巴西	毛果金叶树	aguai；aguay；peroba
1533	*Chrysophyllum lucentifolium* (＝*Syzygiopsis pachycarpa*)	巴西	茜叶金叶树	abiu casca
1534	*Chrysophyllum manaosense*	厄瓜多尔	金叶树	caimito
1535	*Chrysophyllum marginatum*	阿根廷、巴拉圭	边缘金叶树	blanquillo colorado；chal-chal；lanza blanca；pykasu rembi'u
1536	*Chrysophyllum mexicanum*	萨尔瓦多、伯利兹、墨西哥	墨西哥金叶树	caimito；chike；guayabillo；wild star apple
1537	*Chrysophyllum oliviforme*	巴西、苏里南、阿根廷、秘鲁、海地、法属圭亚那、多米尼加、墨西哥、波多黎各、哥斯达黎加、古巴、西印度群岛、伯利兹、巴哈马、美国	橄榄叶金叶树	ajara；blanquillo；caimite marron；caimitero；caimito cimarron；chijilte；chikeh；guayabillo；isi；lanza blanca；macoucou；ocatlan；pacuschumi；quebracoyol；riemhout；saffron-tree；star apple；sterappel；thijul；zapote caimito；zapotillo
1538	*Chrysophyllum pauciflorum*	波多黎各	少花金叶树	caimito de perro
1539	*Chrysophyllum pomiferum*	圭亚那、委内瑞拉	苹果金叶树	aknon；capure；kwikpa；limonaballi；paripiballi
1540	*Chrysophyllum prieurii*	圭亚那、秘鲁、巴西	圭亚那金叶树	atakamara；bolaquiro；macarandu barana
1541	*Chrysophyllum sanguinolentum*	圭亚那、苏里南、秘鲁、巴西	血缘金叶树	abiurana；asepoko；assopokballi；baaka messoupou；balata bloed；balata pomme；balata pommier；balata roode；balata saignant；barataballi；bois cochon；jamboka；kwipa；suitamini；swit'anini；wapo；zapotina

序号	学名	主要产地	中文名称	地方名
1542	*Chrysophyllum sericeum*	美国	塞里金叶树	satin-leaf
1543	*Chrysophyllum ubganulense*	巴西	乌布金叶树	
1544	*Chrysophyllum ucuquirana-branca*	巴西	红花金叶树	ucuquirana
1545	*Chrysophyllum venezuelanense*	墨西哥、厄瓜多尔、巴拿马	委内瑞拉金叶树	apestoso；caimito；caimito yura；consishasha；palo de brujo；platano；wild sapote
1546	*Chrysophyllum viride*	巴西、墨西哥	绿色金叶树	caixeta；chiceh；coerana；goiabao；guatamburana；valvu
	***Chytroma*（LECYTHIDACEAE）** **热美玉蕊属（玉蕊科）**		**HS CODE** **4403.99**	
1547	*Chytroma jarana*	中美洲、亚马孙	热美玉蕊木	jarana
	***Cinchona*（RUBIACEAE）** **金鸡纳属（茜草科）**		**HS CODE** **4403.99**	
1548	*Cinchona ledgeriana*	南美洲	金鸡纳木	albero cincona；arbol de quina；arbre quinquina；cinchona-tree；kinaboom；kinatrad
1549	*Cinchona officinalis*	秘鲁、牙买加、墨西哥	药用金鸡纳木	arbol de quina；arbre quinquina；capirona del bajo；cascarilla amarilla；cinchona-tree；kinaboom；kinatrad；loxabark；quina roja；quina'quina
1550	*Cinchona pubescens*	厄瓜多尔、委内瑞拉	短柔毛金鸡纳木	albero cincona；arbol de quina；arbre quinquina；cascarilla；cascarilla rojo；cascarilla serrana；cinchona-tree；kinaboom；kinatrad；quina
1551	*Cinchona succirubra*	南美洲	红汁金鸡纳木	cinchona tree
	***Cinnamodendron*（CANELLACEAE）** **万灵樟属（假樟科）**		**HS CODE** **4403.99**	
1552	*Cinnamodendron dinisii*	巴西	迪氏万灵樟	pau paratudo
1553	*Cinnamodendron pimenteira*	巴西	皮门万灵樟	pimenteira
	***Cinnamomum*（LAURACEAE）** **樟属（樟科）**		**HS CODE** **4403.99**	
1554	*Cinnamomum aromaticum*	古巴	芳香樟	canela de china

序号	学名	主要产地	中文名称	地方名
1555	*Cinnamomum burmannii*	古巴、波多黎各	阴香	canela de china；malay cinnamon
1556	*Cinnamomum camphora*	巴西、古巴、墨西哥、波多黎各、法属圭亚那、美国、瓜德罗普岛	香樟	alcanfor；alcanfor del japon；camphier；camphor；camphor-tree；canforeiro；cinnamon camphor-tree；japanese camphor-tree
1557	*Cinnamomum maynense*	秘鲁	马延樟	moena
1558	*Cinnamomum pichisense*	秘鲁	皮奇樟	pischu-moena；pishco moena
1559	*Cinnamomum verum*	巴西、波多黎各、墨西哥、法属圭亚那、美国、牙买加	斯里兰卡樟	canela；canela da india；canela legitima；canelo；cannelle；cannellier；cicanaca-lati-yaga；cinnamon；cinnamon-tree；guina-xtilla；indian cinnamon-tree；quina-castilla；ticana-lati-yaga
	Cissampelos（MENISPERMACEAE） 锡生藤属（防己科）		**HS CODE** **4403.99**	
1560	*Cissampelos fasciculata*	南美洲	束状锡生藤	
1561	*Cissampelos pareira*	秘鲁	锡生藤	vaca-nahui-huasca
	Cissus（VITACEAE） 白粉藤属（葡萄科）		**HS CODE** **4403.99**	
1562	*Cissus ampelopsis*	美国	蛇葡萄白粉藤	ampelopsis；heartleaf
1563	*Cissus biformifolia*	伯利兹	双形白粉藤	tie-tie
1564	*Cissus verticillata*	秘鲁、哥伦比亚	轮叶白粉藤	ampato-huasca；bejuco de lareina；para de monte；rasca-rasca；ruipato-huasca
	Citharexylum（VERBENACEAE） 琴木属（马鞭草科）		**HS CODE** **4403.49**	
1565	*Citharexylum affine*	墨西哥	近缘琴木	cacachila；chacalpezle；coral；salacate
1566	*Citharexylum berlandieri*	美国、墨西哥	贝兰迪琴木	berlandier fiddlewood；cacachila；negrito；orcajuela；orejuela；panochillo；revienta cabra；salacate；sauco hediondo

序号	学名	主要产地	中文名称	地方名
1567	*Citharexylum caudatum*	伯利兹、多米尼加、海地、古巴、波多黎各、哥斯达黎加、美国、西印度群岛、巴拿马、巴哈马、尼加拉瓜、牙买加	尾状核琴木	birdseed; cafe cimarron; collarete; cucubano; dama; fiddlewood; manglillo; palo guitarra; penda; pendula desierra; pigeon-feed; racemose fiddlewood; roble amarillo; roble guayo; white fiddle; wild cherry
1568	*Citharexylum cinereum*	巴西南部、西印度群岛	灰琴木	fiddlewood; pao de viola; pao de violla; pau de viola; pombeira
1569	*Citharexylum cooperi*	巴拿马	库珀琴木	corrimiente; wild lime
1570	*Citharexylum discolor*	古巴	变色琴木	guayo
1571	*Citharexylum flexuosum*	小安的列斯群岛、维尔京群岛、波多黎各、向风群岛、瓜德罗普岛	柔韧琴木	bois cotelette; fiddlewood; pendola; susanna; susannaberry
1572	*Citharexylum fruticosum*	波多黎各、安的列斯群岛、美国、墨西哥、西印度群岛、多米尼加、古巴、巴哈马、维尔京群岛	灌状琴木	balamo; balsamo; bois fidele; cafe cimarron; fiddlewood; guayo blanco; higuerillo; palo guitarro; pasture fiddlewood; pendola; pombeira; pomberia; roble amarillo; spicate fiddlewood; susanaleche
1573	*Citharexylum hexangulare*	墨西哥	六角琴木	canahuite
1574	*Citharexylum kerberi*	墨西哥	克雷氏琴木	aceitunillo
1575	*Citharexylum lucidum*	古巴	灵芝琴木	fiddlewood
1576	*Citharexylum macrochlamys*	巴拿马	大花琴木	iguanero; pombeira; pomberia; pomberira
1577	*Citharexylum macrophyllum*	圭亚那	大叶琴木	fiddlewood
1578	*Citharexylum melanocardium*	西印度群岛	黑色琴木	fiddlewood
1579	*Citharexylum montevidense*	阿根廷	蒙特维琴木	aguai guazu; aguay guazu; espina de baiiado; taruma con espinas; taruma espinudo
1580	*Citharexylum poeppigii*	厄瓜多尔	波皮吉琴木	nacedero; pilchi
1581	*Citharexylum pringlei*	墨西哥	普林莱琴木	tripa de gallina
1582	*Citharexylum scabrum*	墨西哥	赤琴木	salacate
1583	*Citharexylum schottii*	墨西哥	肖氏琴木	iximche; palo de violin; tatak'che

序号	学名	主要产地	中文名称	地方名
1584	*Citharexylum spinosum*	墨西哥、百慕大、特立尼达	棘琴木	canahuite；fiddlewood
1585	*Citharexylum sulcatum*	厄瓜多尔	沟琴木	cogollo morado；cogolo morado
1586	*Citharexylum teclense*	巴西	特克伦琴木	cafe gigante
1587	*Citharexylum tetrastichum*	古巴	四齿琴木	mais de las indias
1588	*Citharexylum viride*	巴拿马	绿色琴木	corrimiente
Citronella（CARDIOPTERIDACEAE）橙榄属（心翼果科）			**HS CODE 4403. 99**	
1589	*Citronella brassii*	巴西	巴氏橙榄	
1590	*Citronella incarum*	厄瓜多尔	印加橙榄	sincchocho
1591	*Citronella mucronata*	巴西、智利	尖头橙榄	asharp point；congonha；genit；hencea sword；mucro；mucro-l；mucronate；mucronatus；mucronis；patagua；pointed
Citrus（RUTACEAE）柑橘属（芸香科）			**HS CODE 4403. 99**	
1592	*Citrus aurantifolia*	墨西哥、海地、秘鲁、西印度群岛、波多黎各、古巴、多米尼加、美国、伯利兹、洪都拉斯、厄瓜多尔、维尔京群岛、向风群岛、瓜德罗普岛	金叶柑橘	citron；key lime；lamunchi；lemoen；lima agria；lima chica；lime；limetree；limon；limon agrio；limon criollo；limon sutil；mexican lime；naranja；orangewood；sahmees ccapxl；tahiti lime；tsaj-pox；west indian lime
1593	*Citrus aurantium*	阿根廷、牙买加、百慕大、美国、法属圭亚那、波多黎各、墨西哥、西印度群岛、巴西、洪都拉斯、秘鲁、哥斯达黎加、委内瑞拉、古巴、多米尼加、海地、瓜德罗普岛	酸橙木	apelsintrad；apepu；arancio；bigarade orange；bittersweet orange；bois d'oranger；china dulce；larangeira；naranjja acida；naranjja cajjera；naranjo；naranjo silvestre；orange；orangewood；pah-papkal；sinaasappelboom；sour orange；ta-hina
1594	*Citrus bigaradi*	萨尔瓦多、波多黎各、阿根廷	比加拉柑橘	bigaradier；naranja agria；naranjo；naranjo agrio；naranjo amargo
1595	*Citrus decumana*	西印度群岛、阿根廷	薄皮柑橘	chaddec；chadek；cidra；fruit defendu；pampelmose；pamplemoussier

序号	学名	主要产地	中文名称	地方名
1596	*Citrus grandis*	海地、法属圭亚那、洪都拉斯、波多黎各、萨尔瓦多	大柑橘	chadec；chadeque；grapefruit；pamplemousse；pamplemusa；pomelo；pummelo；toronja
1597	*Citrus limetta*	海地、墨西哥、秘鲁	酸柑橘	calmouc；lima chichona；lima dulce；limero；limon dulce；limon real
1598	*Citrus limon*	墨西哥、古巴、海地、西印度群岛、洪都拉斯、波多黎各、美国、阿根廷、多米尼加、尼加拉瓜、委内瑞拉	柠檬	alemuncuabitl；cidra；citronnier；lamoentsji；lamunchi dushi；lemon；limon；limon agrio；limon criollo；limon de cabro；limon frances；limonero；limunix；mimu；nimbooka；nimbuka；orangewood；rough lemon；sinacari；tzaposhi
1599	*Citrus limonuni*	巴拉圭	利莫柑橘	toronya
1600	*Citrus maxima*	墨西哥、美国	巨大柑橘	grapefruit；pamplemusa；pe-hui-jna-castilla；pomela；shaddock；toronja
1601	*Citrus medica*	墨西哥、法属圭亚那、洪都拉斯、秘鲁、波多黎各、哥伦比亚、安的列斯群岛、美国、萨尔瓦多、尼加拉瓜、瓜德罗普岛	大花柑橘	bois de citronnier；cedro limon；cidra；cidra limon；cidreira；cidrero；cirtroen；citronnier；citronnier des juifs；citronnier vrai；limon cedra；limon cidra；limon sidra；limonsidra；orangewood；toronja；zamboa
1602	*Citrus nobili*	拉丁美洲	高贵柑橘	orangewood
1603	*Citrus paradisi*	海地、牙买加、波多黎各、西印度群岛、美国、瓜德罗普岛	葡萄柚	chadeque；grapefruit；marsh grapefruit；pamplemousse；pamplemusa；pompelmo；toronja
1604	*Citrus reticulata*	美国、西印度群岛、哥斯达黎加、法属圭亚那	网纹柑橘	king orange；mandarijn；mandarina；mandarine；mandarine orange；tangerine
1605	*Citrus sinensis*	墨西哥、波多黎各、委内瑞拉、洪都拉斯、多米尼加、美国、维尔京群岛、法属圭亚那、西印度群岛	中华柑橘	aloxoxcuabitl；china dulce；laxux；limon-naranjo；ma-hing；naaraso；nancha；orange douce；orangewood；pakal；sahmees；sinaasappels；sweet orange；tsapscuc；tsuikill；tuzan；tzapkiuk；valencia orange；xidni；yaga-naraxo
Cladrastis（FABACEAE） 香槐属（蝶形花科）			HS CODE 4403.99	
1606	*Cladrastis kentukea*	美国	肯塔香槐	american yellow-wood；gopherwood；virgilia；yellow ash；yellow locust；yellow-wood

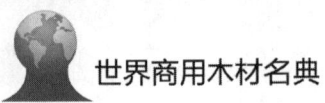

序号	学名	主要产地	中文名称	地方名
Claoxylon（EUPHORBIACEAE） 白桐树属（大戟科）			**HS CODE** **4403.99**	
1607	*Claoxylon sandwicense*	美国	夹果白桐树	claoxylon；poola
Clarisia（MORACEAE） 克拉桑属（桑科）			**HS CODE** **4403.49**	
1608	*Clarisia biflora*	厄瓜多尔、巴拿马	双花克拉桑	moral bobo；nispero blanco；savaleta
1609	*Clarisia colombiana*	哥伦比亚	哥伦比亚克拉桑	ache；agi；aji；dinde
1610	*Clarisia ilicifolia*	巴西、厄瓜多尔	冬青叶克拉桑	bainha de espado；petaquilla
1611	*Clarisia racemosa*	哥伦比亚、巴西、墨西哥、玻利维亚、秘鲁、厄瓜多尔、委内瑞拉	聚果克拉桑	ache；amarela；arracacho；bacury；cajiman；caraco；catruz；guariuba；guariuba amarela；huariuba；imauba；jojonchi ccaque；killo muena；oiticica amarella；oiticica gialla；pituca；quariuba；sota；turupay amarillo；urupi；yasmich
1612	*Clarisia spruceana*	委内瑞拉	亚马孙克拉桑	pellejo de indio
Clathrotropis（FABACEAE） 龙骨豆属（蝶形花科）			**HS CODE** **4403.49**	
1613	*Clathrotropis brachypetala*	圭亚那、苏里南、特立尼达	短瓣龙骨豆	aramatta；armata；aroemata kharemeroe；aroematta；aromata；aromatie；arromatta；blackheart；hayariballi；katje；koelekoe；koerekoe；koreko；mutuwali；nekoehoedoe；oeroematta-hororadi-kore；powakka
1614	*Clathrotropis brunnea*	哥伦比亚	褐色龙骨豆	alma negra；aramata；sapan
1615	*Clathrotropis macrocarpa*	圭亚那、巴西	大果龙骨豆	aromata；berraco；cabari；cabary；cabory；kauwi；koreko；mutuwali；timbo pao；timbo pau；timbo rana
1616	*Clathrotropis nitida*	巴西	密茎龙骨豆	acapu；acapu do igapo
1617	*Clathrotropis paradoxa*	圭亚那	帕罗龙骨豆	iron mary；tira
Clematis（RANUNCULACEAE） 铁线莲属（毛茛科）			**HS CODE** **4403.99**	
1618	*Clematis ligusticifolia*	美国	川芎铁线莲	yerbo de chivato
1619	*Clematis terniflora*	美国	圆锥铁线莲	clematis
1620	*Clematis vitalba*	美国	葡叶铁线莲	clematis；vase-vine

序号	学名	主要产地	中文名称	地方名
Clerodendrum（VERBENACEAE） 大青属（马鞭草科）			**HS CODE** **4403.99**	
1621	Clerodendrum aculeatum	波多黎各、巴巴多斯、多米尼加、美国、西印度群岛、安的列斯群岛、向风群岛	刚毛大青	boton de oro; coffee-fence; corazon de paloma; crab-prickle; descamisador; escambron blanco; haggarbush; haguebush; prickly myrtle; prickly wild coffee; privet; una de gato
1622	Clerodendrum ligustrinum	尼加拉瓜	常山大青	jazmin
1623	Clerodendrum lindenianum	古巴	林德尼大青	stone rocks
1624	Clerodendrum thomsoniae	秘鲁	托姆索大青	brinco de dama
Clethra（CLETHRACEAE） 桤叶树属（桤叶树科）			**HS CODE** **4403.99**	
1625	Clethra acuminata	美国	喜桤叶树	cinnamon clethra; summer-sweet; sweet pepperbush; white-alder
1626	Clethra alnifolia	美国	美洲桤叶树	sweet pepperbush; white alder
1627	Clethra bicolor	委内瑞拉	双色桤叶树	aranguron
1628	Clethra brasiliensis	巴西、玻利维亚	巴西桤叶树	cangalheira falsa; cococa; pau de cinzas; vassarao
1629	Clethra lanata	墨西哥、哥斯达黎加、哥伦比亚、委内瑞拉、巴西、萨尔瓦多	绵毛桤叶树	aguacatillo; cucharo; jicarillo; madrono; mama malhuaztili; mamalhuaztli; mameyito blanco; mameyito negro; nance macho; nispero macho; pahuilla; sapo; tepezapote; tlecuahuitl; ya-guii; yeta-uede; zapotillo de montana
1630	Clethra matudai	墨西哥	马齿桤叶树	palo colorado
1631	Clethra mexicana	墨西哥	墨西哥桤叶树	ithabte; jaboncillo; mamellito; paguilla; palo cucharo; tlacoguilla
1632	Clethra ovalifolia	厄瓜多尔	圆叶桤叶树	bermajo; bermejo; bermejo blanco
1633	Clethra pringlei	墨西哥	普林格桤叶树	palo blanco
1634	Clethra suaveolens	墨西哥	香甜桤叶树	coshoste
1635	Clethra tinifolia	牙买加	紫叶桤叶树	soap
Cleyera（THEACEAE） 肖柃属（山茶科）			**HS CODE** **4403.99**	
1636	Cleyera albopunctata	古巴	白叶肖柃	copey vera
1637	Cleyera theaoides	哥斯达黎加	茶色肖柃	titora

序号	学名	主要产地	中文名称	地方名
Clidemia（MELASTOMATACEAE）毛野牡丹属（野牡丹科）			HS CODE 4403.99	
1638	*Clidemia bullosa*	秘鲁	大疤毛野牡丹	cascabel
1639	*Clidemia dentata*	墨西哥、秘鲁	重齿毛野牡丹	capulin；mullaca；pasha-mullaca；puca-mullaca；runtu-mullaca
1640	*Clidemia foliosa*	秘鲁	小叶毛野牡丹	mullaca
1641	*Clidemia hirta*	秘鲁	毛野牡丹	mullaca；pajar-mullaca；yana-mullaca
1642	*Clidemia naevula*	秘鲁	纳埃夫毛野牡丹	mullaca；mullaca azul
1643	*Clidemia naudiniana*	墨西哥	纳乌毛野牡丹	colacion
1644	*Clidemia petiolaris*	墨西哥	细柄毛野牡丹	capulincillo；frutillo
1645	*Clidemia rubra*	秘鲁	红毛野牡丹	mullaca
1646	*Clidemia septuplinervia*	秘鲁	秘鲁毛野牡丹	mullaca；peru clidemia
1647	*Clidemia ulei*	秘鲁	南美毛野牡丹	mullaca
Cliftonia（CYRILLACEAE）荞麦树属（鞣木科）			HS CODE 4403.99	
1648	*Cliftonia ligustrina*	拉丁美洲、美国	女贞荞麦树	black titi；buckwheat-tree；titi
1649	*Cliftonia monophylla*	美国	荞麦树	black titi；buckwheat-tree；ironwood；titi
1650	*Cliftonia nitida*	美国	密茎荞麦树	ironwood；titi
Clinostemon（LAURACEAE）弯药土楠属（樟科）			HS CODE 4403.99	
1651	*Clinostemon mahuba*	巴西	马库巴弯药土楠	mahuba
Clitoria（FABACEAE）蝶豆属（蝶形花科）			HS CODE 4403.99	
1652	*Clitoria arborea*	巴西	树栖蝶豆	amapa；faviera
1653	*Clitoria arborescens*	圭亚那	藜蝶豆	puss-puss；sweet pea
1654	*Clitoria fendleri*	哥伦比亚	光萼蝶豆	guayacan polvillo
1655	*Clitoria leptostachya*	南美洲	纤穗蝶豆	
1656	*Clitoria pendens*	南美洲	挂蝶豆	
Clusia（GUTTIFERAE）克拉藤黄属（藤黄科）			HS CODE 4403.99	
1657	*Clusia alata*	巴拿马、哥伦比亚、厄瓜多尔	翼状克拉藤黄	assar；copei de paramo；copei negro；tiumbil
1658	*Clusia alba*	法属圭亚那、苏里南	白克拉藤黄	pepepere votomite；pere-pere

序号	学名	主要产地	中文名称	地方名
1659	*Clusia amazonica*	圭亚那	亚马孙克拉藤黄	balsam-fig；balsam-tree；cooper；kufa；kupe
1660	*Clusia clusioides*	波多黎各	柱状克拉藤黄	cupeillo
1661	*Clusia colorans*	圭亚那	有色克拉藤黄	kufa
1662	*Clusia cooperi*	巴拿马	库珀克拉藤黄	poison dogwood
1663	*Clusia crassifolia*	圭亚那	厚叶克拉藤黄	kufa
1664	*Clusia cuneata*	圭亚那	楔形克拉藤黄	kufa；madaburi
1665	*Clusia flava*	墨西哥、古巴、美国	黄花克拉藤黄	chunup；clusiaceas；copeysillo；higo-amate；matapalo；mata-palo；memelita；piquinte；yellow-flowered balsam
1666	*Clusia fockeana*	苏里南、圭亚那	福克克拉藤黄	madaboeri；madaburi；maddaburi；wakwami
1667	*Clusia grandiflora*	圭亚那、苏里南、秘鲁	大花克拉藤黄	balsam-tree；bois de parcouri；kodawkodaw；kopai；koyomaroin；kufa；parcouri；pokori；renaco；rumak
1668	*Clusia gundlachii*	波多黎各	古氏克拉藤黄	bejuco de castillo；bejuco de mona
1669	*Clusia jenmanii*	圭亚那	延氏克拉藤黄	kufa；wakwami
1670	*Clusia lundellii*	伯利兹	轮氏克拉藤黄	mata palo
1671	*Clusia mexicana*	墨西哥	墨西哥克拉藤黄	zapatillo
1672	*Clusia minor*	巴拿马、委内瑞拉、古巴、多米尼加、波多黎各、海地、圭亚那、安的列斯群岛	小叶克拉藤黄	cope；copeicillo；copeito；copey chico；cupeillo；cupey chiquito；cupey de monte；cupey trepador；cypey；fig；figuier；figuier maudit；kufa；paletuvier de montagne；quiripiti；quiripito；tampaco；tar-gum-tree
1673	*Clusia mutica*	圭亚那	钝克拉藤黄	bluntclusia；kufa
1674	*Clusia myriandra*	圭亚那	多雄蕊克拉藤黄	kufa；manystamenclusia
1675	*Clusia nemorosa*	圭亚那	莘荔克拉藤黄	madaburi；muri kupe
1676	*Clusia orizabae*	墨西哥	奥里克拉藤黄	manzana del diablo；palo de aguila
1677	*Clusia palmicida*	圭亚那	帕尔克拉藤黄	kufa
1678	*Clusia panapanari*	圭亚那	帕纳克拉藤黄	kufa

序号	学名	主要产地	中文名称	地方名
1679	*Clusia penduliflora*	秘鲁	下垂花克拉藤黄	game；sacha indana
1680	*Clusia platystigma*	苏里南	桔梗克拉藤黄	koffa
1681	*Clusia poeppigiana*	厄瓜多尔	佩皮吉克拉藤黄	tiumbil
1682	*Clusia popayanensis*	哥伦比亚	波帕克拉藤黄	mangle de montanao rapabalbo
1683	*Clusia purpurea*	圭亚那	紫克拉藤黄	kufa
1684	*Clusia radicans*	秘鲁	根茎克拉藤黄	huasca-game
1685	*Clusia renggerioides*	秘鲁	红果克拉藤黄	renaquillo
1686	*Clusia rosea*	特立尼达、哥斯达黎加、西印度群岛、美国、牙买加、法属圭亚那、哥伦比亚、委内瑞拉、巴拿马、多米尼加、波多黎各、古巴、维尔京群岛、安的列斯群岛、海地、圭亚那、向风群岛、瓜德罗普岛	玫瑰克拉藤黄	arali matepalo；balsam apple；balsam fig；cebolinha；clusier rose；cope grande；copei；copey clusia；cucharo；cuchiu；florida clusia；gaque；koningshout；kopijk；matapal；matapale；parrot apple；pitch apple；tampaco；west indian gamboge；wild mammee
1687	*Clusia salvinii*	墨西哥、洪都拉斯	萨氏克拉藤黄	flor de canela；flor de venado；oreja de burro；oreja de venado；palo de aguila
1688	*Clusia savannarum*	圭亚那	草地克拉藤黄	kufa
1689	*Clusia schomburgkiana*	圭亚那	斯氏克拉藤黄	kufa
1690	*Clusia spruceana*	秘鲁	云杉状克拉藤黄	came；game；renaquillo；renquillo de hojas doble
1691	*Clusia tetrastigma*	古巴	四柱克拉藤黄	cupeycillo
	Cnestidium (**CONNARACEAE**) 裘果藤属 （牛栓藤科）	**HS CODE** **4403.99**		
1692	*Cnestidium rufescens*	哥伦比亚	红裘果藤	bejuco de sangre
	Cnidoscolus (**EUPHORBIACEAE**) 花棘麻属 （大戟科）	**HS CODE** **4403.99**		
1693	*Cnidoscolus aconitifolius*	萨尔瓦多、墨西哥、危地马拉、哥斯达黎加、洪都拉斯、巴拿马、哥伦比亚、波多黎各、尼加拉瓜	乌头叶	chaira；chaya；chiadra；chicasquil；chichicaste；copapayo；coquillo；mala mujer；mala-mujer；manolo；panama；papaya macho；papayilla；papayuelo；picar；quelite

序号	学名	主要产地	中文名称	地方名
1694	*Cnidoscolus acrandus*	多米尼加	阿克兰花棘麻	pringaleche
1695	*Cnidoscolus marcgravii*	巴西	马氏花棘麻	penao
1696	*Cnidoscolus spinosus*	墨西哥	多刺花棘麻	mala mujer；quemador
1697	*Cnidoscolus tepiquensis*	墨西哥	温热花棘麻	chilte blanco
1698	*Cnidoscolus urens*	中美洲、哥伦比亚	热花棘麻	chichicaste；ortiga；pringamosa de monte
	Coccoloba（POLYGONACEAE） 海葡萄属（蓼科）		HS CODE 4403.99	
1699	*Coccoloba acapulcensis*	墨西哥、洪都拉斯	阿卡普海葡萄	carnero；tolondron
1700	*Coccoloba acuminata*	哥伦比亚、洪都拉斯	尖尾海葡萄	mais cocido；pastelillo；rabo de leon；tapatamal
1701	*Coccoloba ascendensis*	圭亚那、墨西哥、西印度群岛	上升海葡萄	bobche；bois rouge；masari；tinteira
1702	*Coccoloba barbadensis*	墨西哥、伯利兹	翠叶海葡萄	carnero；carnero de la costa；grenada；hoja dura；napajquiui；palo de carnero；papaturro；roble de la costa；sea grape；tamulero；tepalcahuite；tu-tyeje；uvero；wild grape
1703	*Coccoloba belizensis*	尼加拉瓜、伯利兹	伯利兹海葡萄	papaturro；wild grape
1704	*Coccoloba browniana*	洪都拉斯	布朗海葡萄	tolondron
1705	*Coccoloba caracasana*	哥伦比亚、委内瑞拉、墨西哥、哥斯达黎加、巴拿马	加拉加斯海葡萄	cabeza de leon；cumare blanco；papaturro；papaturro blanco；ubero；uvero；uvero macho
1706	*Coccoloba caurana*	委内瑞拉	考拉纳海葡萄	araheuke
1707	*Coccoloba charitostachya*	圭亚那	圭亚那海葡萄	guyana seagrape；masari
1708	*Coccoloba cordala*	阿根廷	心形海葡萄	cordate seagrape；duraznillo morado
1709	*Coccoloba coronata*	哥伦比亚	冠状海葡萄	guangarote；juan garrote；juangarote
1710	*Coccoloba costata*	多米尼加、海地、波多黎各	脉状海葡萄	guayabo de mulo；raisinier；uvilla
1711	*Coccoloba cozumelensis*	墨西哥	科祖海葡萄	carnero；chilch-boop；cola de armadillo
1712	*Coccoloba densifrons*	哥伦比亚、秘鲁、厄瓜多尔	玻利维亚海葡萄	bolivia seagrape；calenturo；cimarron；coccoloba；hueso de negro；palo bagre；serra；simarron；tacaloa

序号	学名	主要产地	中文名称	地方名
1713	*Coccoloba diversifolia*	多米尼加、美国、波多黎各、墨西哥、古巴、西印度群岛、委内瑞拉、海地	众叶海葡萄	carga agua；cucubano；dove plum；fruta de paloma；gateado；guayabon；guayacanejo；kamalia；pigeon plum；raisin marron；raisiniera feuilles dela；uva cimarrona；uva de paloma；uverillo
1714	*Coccoloba ekmani*	古巴	科氏海葡萄	hicaquillo
1715	*Coccoloba excelsa*	圭亚那、巴西	大海葡萄	masari；tinteira
1716	*Coccoloba filipes*	哥伦比亚	细柄海葡萄	aji
1717	*Coccoloba floribunda*	墨西哥	众花海葡萄	carnero
1718	*Coccoloba goldmanii*	墨西哥	高氏海葡萄	roble de la costa
1719	*Coccoloba gymnorrhachis*	圭亚那	裸序海葡萄	masari
1720	*Coccoloba hondurensis*	墨西哥、伯利兹	洪都拉斯海葡萄	bolchiche；ubero；uvero；wild grape
1721	*Coccoloba humboldti*	墨西哥	洪堡海葡萄	toco prieto
1722	*Coccoloba krugii*	巴哈马、维尔京群岛、波多黎各	克鲁氏海葡萄	bow-pigeon；crabwood；whitewood；wild grape
1723	*Coccoloba latifolia*	圭亚那	阔叶海葡萄	matora；matoro；sakar
1724	*Coccoloba liebmannii*	墨西哥	利氏海葡萄	carnero；guayabillo；jovero；palo de estribo
1725	*Coccoloba longifolia*	南美洲	长叶海葡萄	
1726	*Coccoloba marginata*	圭亚那	边缘海葡萄	masari
1727	*Coccoloba microneura*	哥伦比亚	微海葡萄	tacaloa
1728	*Coccoloba microstachya*	波多黎各、维尔京群岛	小穗海葡萄	negra loca；puckout；uverilla；uverillo；uvillo
1729	*Coccoloba mollis*	厄瓜多尔、苏里南	软海葡萄	awa；bradilifi；matoeli；patoela
1730	*Coccoloba montana*	墨西哥	山地海葡萄	carnero
1731	*Coccoloba nigra*	西印度群岛	黑球海葡萄	seagrape
1732	*Coccoloba nivea*	波多黎各、多米尼加	厚叶海葡萄	calambrena；colambrena；saona
1733	*Coccoloba nutans*	秘鲁	努坦海葡萄	cocobolo
1734	*Coccoloba obovata*	哥伦比亚、巴拿马	倒卵叶海葡萄	cardo santo；juan garote；juan garrote prieto；papaturro blanco
1735	*Coccoloba obtusifolia*	哥伦比亚、波多黎各	钝叶海葡萄	corallero；corralero；murta；uverillo；uvillo
1736	*Coccoloba paraensis*	巴西	帕拉海葡萄	cau-assu

序号	学名	主要产地	中文名称	地方名
1737	*Coccoloba parimensis*	哥伦比亚	帕里姆海葡萄	juan garote；juan garrote
1738	*Coccoloba peruviana*	秘鲁	秘鲁海葡萄	cunchu-caspi；cunshu'caspi
1739	*Coccoloba pittieri*	委内瑞拉	皮氏海葡萄	quisanda
1740	*Coccoloba polystachya*	委内瑞拉	多穗海葡萄	
1741	*Coccoloba populifolia*	巴西	杨叶海葡萄	guabajara
1742	*Coccoloba pubescens*	小安的列斯群岛、海地、美国、多米尼加、巴巴多斯、波多黎各、西印度群岛	短柔毛海葡萄	bois rouge；gamelle；grandleaf seagrape；hojancha；leather-coat-tree；moralon；raisinier grandes feuilles；raisiniera grandes feuill
1743	*Coccoloba pyrifolia*	波多黎各	梨叶海葡萄	uvera
1744	*Coccoloba ramosissima*	哥伦比亚	多枝海葡萄	corallero；murta
1745	*Coccoloba retusa*	古巴、多米尼加	微凹海葡萄	hicaquillo；manati；uva la sierra；yarua
1746	*Coccoloba rubra*	巴西	红海葡萄	catuteiro vermelho
1747	*Coccoloba rugosa*	波多黎各	皱叶海葡萄	ortegon
1748	*Coccoloba schiedeana*	伯利兹、墨西哥	五味子海葡萄	iril；juan perez；palo de carnero；tamulero；tepalcahuite；ydil
1749	*Coccoloba sintenisii*	波多黎各	青藤	uvero de monte
1750	*Coccoloba spicata*	墨西哥	穗花海葡萄	bob；bobche；bobchiche；boob；boop
1751	*Coccoloba spruceana*	厄瓜多尔	亚马孙海葡萄	arumicaspil；palo de piedra
1752	*Coccoloba striata*	委内瑞拉	条纹海葡萄	quisanda
1753	*Coccoloba swartzii*	波多黎各、巴哈马、牙买加、古巴、伯利兹	施氏海葡萄	ortegon；tie-tongue；uvilla；uvillon；wild grape
1754	*Coccoloba tenuifolia*	巴哈马	细叶海葡萄	bahama pigeon plum
1755	*Coccoloba trianaei*	哥伦比亚	三角海葡萄	tacaloa
1756	*Coccoloba tuerckheimii*	危地马拉、伯利兹	图氏海葡萄	irayol de montana；papaturro；wild grape
1757	*Coccoloba uvifera*	美国、西印度群岛、牙买加、安的列斯群岛、墨西哥、委内瑞拉、苏里南、伯利兹、维尔京群岛、巴西、圭亚那、洪都拉斯、尼加拉瓜、海地、巴拿马、波多黎各、古巴、多米尼加、哥伦比亚、瓜德罗普岛	海葡萄	american kino；black grape；carnero；coccolobaholz；dreifi；dreifi di laman；druif；guajabara；hopwood；kiiche；niiche；papaturro；raisiniera grappes；seaside grape；suvacalcta；uvifero；uvillo；west indian kino-tree；zapatero；zeedreifi

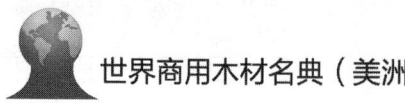

序号	学名	主要产地	中文名称	地方名
1758	*Coccoloba venosa*	波多黎各、墨西哥、维尔京群岛、多米尼加、巴巴多斯、特立尼达、西印度群岛、向风群岛	显脉海葡萄	calambrena；carnero；cherry-grape；chicory-grape；false grape；guarapo；hoestick-wood；small-leaf grape；sugary grape；trible-grape；white grape
1759	*Coccoloba williamsii*	秘鲁	威氏海葡萄	coccoloba；palometa caspi；tangarana mashan
Cocculus（MENISPERMACEAE） 木防己属（防己科）			**HS CODE** **4403.99**	
1760	*Cocculus carolina*	墨西哥	卡罗莱纳州木防己	hierba del ojo
Cochlospermum（BIXACEAE） 弯子木属（红木科）			**HS CODE** **4403.99**	
1761	*Cochlospermum orinocense*	委内瑞拉、秘鲁、圭亚那、巴西	山地弯子木	boto；cafe；cassava-tree；huimba；huina；huina-caspi；john-jo；kanakudiballi；pacote；periquiteira；quillo-sisa；quillo-siza
1762	*Cochlospermum regium*	玻利维亚、圭亚那、巴西	马齿弯子木	guayabo；kanakudiballi；periquiteira
1763	*Cochlospermum vitifolium*	墨西哥、萨尔瓦多、古巴、厄瓜多尔、哥伦比亚、委内瑞拉、波多黎各、尼加拉瓜、危地马拉、美国、秘鲁、洪都拉斯、圭亚那、苏里南、伯利兹、小安的列斯群岛、维尔京群岛	紫叶弯子木	apanico；bototillo；comasuche；coquito；florizquierda；guate；huimba；njoe fodoe；papayote；pichichini shanat；poroporo；puchcui；pumpumjuche；quinoa blanca；rosa china；shellseed；tecomasuche；tecomaxochitl；wild cotton；yaga-begaa
Cocos（PALMAE） 椰子属（棕榈科）			**HS CODE** **4403.99**	
1764	*Cocos nucifera*	法属圭亚那、洪都拉斯、波多黎各、巴西、美国、西印度群岛、墨西哥	椰子	coco-da-bahia；coconut；coconut palm；cocos；cocos palm；cocotero；cocotier；coqueiro de bahia；klapperboom；kokos-palme；ma-sun；noix de coco；palmera de coco；porcupineholz；porcupinewood；tijaca；tsaj-pcum；yashi
Codiaeum（EUPHORBIACEAE） 变叶木属（大戟科）			**HS CODE** **4403.99**	
1765	*Codiaeum variegatum*	秘鲁、墨西哥	变叶木	brasilerina；cintillo；croton；itzpacan；papelillo

序号	学名	主要产地	中文名称	地方名
Coffea（RUBIACEAE） 咖啡属（茜草科）			**HS CODE** **4403.99**	
1766	*Coffea arabica*	法属圭亚那、墨西哥、波多黎各、西印度群岛	小果咖啡	arabiskt kaffeetrad；arabn coffeetree；cafe；cafeier；cafeier arabe；cafeto；cafeto arabe；cafie；cape；capij；coffee；koffie；koffieboom
1767	*Coffea liberica*	波多黎各、墨西哥	大果咖啡	cafe excelsa；cafe liberico；cafeto；dewevre coffee
Cojoba（MIMOSACEAE） 鸡髯豆属（含羞草科）			**HS CODE** **4403.99**	
1768	*Cojoba arborea*	多米尼加、墨西哥、萨尔瓦多、安的列斯群岛、特立尼达、西印度群岛、洪都拉斯、伯利兹、波多黎各、牙买加、危地马拉、海地、哥斯达黎加、巴拿马、厄瓜多尔、古巴、尼加拉瓜	梓鸡髯豆	abey；abey hembra；aromillo；bahama sabicu；chabark；cojobana；cojobanilla；frijoillo；guacamayo；guacastillo；hoja menuda；mururorojo；sabicau；sabicu moruno；tamarindillo；tamarindo；turkey gill；wild tamarind；zapatero
1769	*Cojoba costaricensis*	哥斯达黎加	哥斯达黎加鸡髯豆	cocobola；lorito
1770	*Cojoba graciliflora*	危地马拉、墨西哥、伯利兹	单花鸡髯豆	barajo；frijolillo；john bead；john crow bead
1771	*Cojoba micradenium*	牙买加	小腺鸡髯豆	shadbark
1772	*Cojoba rufescens*	巴拿马、哥伦比亚	红鸡髯豆	coralillo；limpia diente
1773	*Cojoba sophorocarpa*	危地马拉	槐果鸡髯豆	frijol de mico
Cola（STERCULIACEAE） 非洲梧桐属（梧桐科）			**HS CODE** **4403.99**	
1774	*Cola acuminata*	牙买加、波多黎各、多米尼加	披针叶非洲梧桐	bissy；cola-nut；colero；nuez de cola；palo de col
Colletia（RHAMNACEAE） 锚刺棘属（鼠李科）			**HS CODE** **4403.99**	
1775	*Colletia cruzerillo*	阿根廷	克鲁塞锚刺棘	chacay
1776	*Colletia discolor*	智利	变色锚刺棘	chacoi
1777	*Colletia doniana*	阿根廷	芒尖锚刺棘	chacay
1778	*Colletia ferox*	阿根廷	粗壮锚刺棘	barba de tigre；tola
1779	*Colletia paradoxa*	阿根廷	悖论锚刺棘	tola

序号	学名	主要产地	中文名称	地方名
1780	*Colletia spinosissima*	智利	刺角锚刺棘	crucero；yaquil
Colubrina（RHAMNACEAE） **蛇藤属（鼠李科）**			**HS CODE** **4403.99**	
1781	*Colubrina arborescens*	波多黎各、西印度群岛、古巴、巴哈马、牙买加、巴巴多斯、安的列斯群岛、海地、巴西、墨西哥、巴拿马、玻利维亚、萨尔瓦多、美国、多米尼加、危地马拉、特立尼达、伯利兹、向风群岛	藜蛇藤	abayuelo；abejuelo；birjagua；bitters；costex；fuego；greenheart；mountain ebony；nakedwood；pele；quitaran；raton；slangenboom；snakebark；west indian snakewood；wild ebony；wild-coffee；yax-puken
1782	*Colubrina celtidifolia*	墨西哥	朴叶蛇藤	coral
1783	*Colubrina cubensis*	美国	古巴蛇藤	cuba colubrina；nakedwood
1784	*Colubrina elliptica*	墨西哥、古巴、美国、西印度群岛、特立尼达、安的列斯群岛、海地、委内瑞拉、波多黎各、巴哈马、多米尼加、瓜德罗普岛	椭圆蛇藤	amole；bijaguara；bois pele；cabonero；carbonero；carbonero guaciriano；ebano；guaciriano；jayajabico；maabee；mabi；nakedwood；palo amargo；smooth snakebark；snakebark；snakewood；soldierwood；yayajabico ebano
1785	*Colubrina ferruginosa*	墨西哥	锈色蛇藤	snakebark；wild ebony
1786	*Colubrina glomerata*	墨西哥	聚花蛇藤	guacimilla；palillo
1787	*Colubrina greggii*	墨西哥	格氏蛇藤	guajolote；guayul；luin；manzanita；pimiento-che；pukiim；puk-yim；sak-nak-che；tatuan；trompillo；vara prieta；ya'ax-pukim；yac-pukim；yaxpuken；yax-puken；yax-pukim；yaxpukin
1788	*Colubrina guatemalensis*	墨西哥	危地马拉蛇藤	cholago；cholague
1789	*Colubrina macrocarpa*	墨西哥	大果蛇藤	cafe cimarron；trompillo
1790	*Colubrina oppositifolia*	美国	对叶蛇藤	hawaii kauila；kamoila；kauila
1791	*Colubrina papuana*	南美洲	巴布亚蛇藤	colubrina
1792	*Colubrina retusua*	委内瑞拉	微凹蛇藤	macarao

序号	学名	主要产地	中文名称	地方名
1793	*Colubrina rufa*	巴西、巴拿马	浅红蛇藤	bois pele；brasilete；elm；madeira-pele；saguaragy；sobragy；sobrasil；spanish elm
1794	*Colubrina spinosa*	巴拿马	多刺蛇藤	pichy pang；wild coffee
Columellia（COLUMELLIACEAE）弯药树属（弯药树科）			**HS CODE 4403.99**	
1795	*Columellia oblonga*	厄瓜多尔	长圆弯药树	quinoa blanco
Combretum（COMBRETACEAE）风车子属（使君子科）			**HS CODE 4403.99**	
1796	*Combretum cacoucia*	圭亚那	卡库风车子	yariman
1797	*Combretum eriathum*	墨西哥	毛蕊风车子	bejuco de toro；tamborillo
1798	*Combretum farinosum*	墨西哥	粉风车子	angarilla；bejuco angarilla；bejuco de piedra；carape；carapi；cepillo；cepillo del diablo；chupa miel；compio；guie-tzine；ita-yoyuu；lupeme；peinecillo；peineta；peinetillo；quie-tzine；tamborillo；zinon
1799	*Combretum fruticosum*	哥伦比亚	小花风车子	chupa-chupa
1800	*Combretum laxum*	墨西哥、哥伦比亚、秘鲁、圭亚那	大花风车子	cuamecate；culimba；escobilla；supple jack
1801	*Combretum rotundifolium*	圭亚那	圆叶风车子	bottlebrush；firebrush
Comocladia（ANACARDIACEAE）冬青漆属（漆树科）			**HS CODE 4403.99**	
1802	*Comocladia dentata*	多米尼加、古巴	重齿冬青漆	guao bravo；guao comun；guao de sabana
1803	*Comocladia dodonaea*	海地、波多黎各、安的列斯群岛、多米尼加、西印度群岛、向风群岛	车桑冬青漆	bresillet；carrasco；centepee-plant；chicharron；guao；houx；maiz pelado；maiz tostado；poison ash；prapra；red man；thumbtack
1804	*Comocladia engleriana*	墨西哥	青冈冬青漆	cachimba；cachimbo；chinte；cinco negritos；hincha huevos；jaya；quitatian；teclate；teclatilla；tetatlan；tetlatia；titatian；titian
1805	*Comocladia glabra*	海地、波多黎各、多米尼加	光滑冬青漆	bois espagnole；bresillet；caraca；carrasco；chicharron；guao
1806	*Comocladia guatemalensis*	墨西哥	危地马拉冬青漆	chechen；hincha huevos；shinil

序号	学名	主要产地	中文名称	地方名
1807	*Comocladia integrifolia*	牙买加	全缘叶冬青漆	maiden plum
1808	*Comocladia palmeri*	墨西哥	掌叶冬青漆	hincha huevos；papaloquian；tatatian；tatatil；tetlati；tletlati
1809	*Comocladia pinnatifolia*	牙买加	羽叶冬青漆	maiden plum
1810	*Comocladia platyphylla*	古巴	宽叶冬青漆	guao；guao de sabana
1811	*Comocladia repanda*	墨西哥	子叶冬青漆	hincha huevos；tatatian；tatatil；tetlata；tetlate；tetlatil
Conceveiba（EUPHORBIACEAE）河桐属（大戟科）			**HS CODE 4403.99**	
1812	*Conceveiba guianensis*	法属圭亚那、苏里南、圭亚那	圭亚那河桐	agougame；bakkie-bakki；hariraroma balli；mababalli；maballi-hariraro；mabi；mabi-hout；mabiballi hariraroe；nekoehoedoe；pejiran；sakaraballi；talimo-mereke；taminlo mereke
1813	*Conceveiba hostmanni*	苏里南	霍斯河桐	bakkie-bakki；hariraroma balli；maballi-hariraro；mabi-hout；nekoehoedoe；pejiran；talimo-mereke
1814	*Conceveiba krukoffii*	苏里南	克氏河桐	
1815	*Conceveiba leptostachys*	苏里南	细河桐	
1816	*Conceveiba macrostachys*	苏里南	大穗河桐	
1817	*Conceveiba martiana*	苏里南	马蒂亚河桐	
1818	*Conceveiba prealta*	苏里南	普雷河桐	
1819	*Conceveiba simulata*	苏里南	模拟河桐	
Condalia（RHAMNACEAE）刺羊枣属（鼠李科）			**HS CODE 4403.99**	
1820	*Condalia ericoides*	墨西哥	欧石楠刺羊枣	abrojo；comida de cuervo；garambullo；tecomblate
1821	*Condalia globosa*	美国	球状刺羊枣	bitter condalia；crucillo；spiny abrojo
1822	*Condalia hookeri*	美国、墨西哥	栓果刺羊枣	bluewood；brasil；capul；capul negro；capulin；chaparral；condalila bluewood；huitz-cuahuitl；logwood；mezquitillo；purpel law；purple haw
1823	*Condalia lloydii*	墨西哥	劳氏刺羊枣	garrapata

序号	学名	主要产地	中文名称	地方名
1824	*Condalia mexicana*	墨西哥	墨西哥刺羊枣	bindo；bizcolote
1825	*Condalia microphylla*	阿根廷	小叶刺羊枣	piquillin
1826	*Condalia spathulata*	墨西哥	匙叶刺羊枣	abrojo；chamis；tecomblate
1827	*Condalia terrea*	拉丁美洲	特里刺羊枣	black ironwood
1828	*Condalia velutina*	墨西哥	绒毛刺羊枣	zargihuil
Connarus（CONNARACEAE） 牛栓藤属（牛栓藤科）			**HS CODE** **4403.99**	
1829	*Connarus erianthus*	巴西	毛花牛栓藤	cumate；macaquinho
1830	*Connarus lambertii*	法属圭亚那、圭亚那、伯利兹	巴氏牛栓藤	bois de zebre；haiawaballi；hiawaballi；supple jack；tie-tie；zebrahout；zebrawood
1831	*Connarus lentiginosus*	墨西哥	斑状牛栓藤	bejuco colorado
1832	*Connarus megacarpus*	圭亚那	巨果牛栓藤	supple jack
1833	*Connarus patrisii*	秘鲁	帕氏牛栓藤	shatona colorada；shitari-caspi
1834	*Connarus perrottetii*	法属圭亚那、巴西、圭亚那	克氏牛栓藤	casca de sangue；marassacaca；pajujurana；pajurarana；raparigeira；seweyuballi；taki-taki；wayamu menepulu
1835	*Connarus ruber*	秘鲁	红牛栓藤	macote；paujil-sacha；paujil-singa
1836	*Connarus suberosus*	巴西	小头牛栓藤	arariba do campo；azeitona brava；cabello de negro；cabelo de negro；coracao de negro；low-eh-dee；pao ferro；paratodo；podoio
1837	*Connarus venezuelanus*	委内瑞拉、哥伦比亚、玻利维亚	委内瑞拉牛栓藤	aceite macho；aceitillo；cafeto；coloradito；laurel；manteca de leon；manzano；pico de guaro；pico de loro
Conocarpus（COMBRETACEAE） 圆锥果属（使君子科）			**HS CODE** **4403.99**	
1838	*Conocarpus erectus*	墨西哥、巴西、波多黎各、委内瑞拉、洪都拉斯、美国、伯利兹、西印度群岛、巴哈马、圭亚那、尼加拉瓜、维尔京群岛、厄瓜多尔、多米尼加、海地、古巴、哥伦比亚、哥斯达黎加、巴拿马、特立尼达、苏里南、法属圭亚那、瓜德罗普岛	直立圆锥果	botoncahui；botoncillo；buttonwood；conocarpe droit；estachahuite；grignon；grijze mangle；iztac-cuahuitl；jele；kanche；mangel；mangel blancu；manglier；mangrovia grigia；mangue；maraquito；paletuvier；taabche；witte mangel；wortelboom；xkanche；yana；zaragoza mangrove

序号	学名	主要产地	中文名称	地方名
1839	*Conocarpus lancifolius*	南美洲	剑叶圆锥果	
Conostegia（MELASTOMATACEAE） **蜗牛木属（野牡丹科）**			**HS CODE** **4403.99**	
1840	*Conostegia micromeris*	墨西哥	小花蜗牛木	
1841	*Conostegia montana*	墨西哥	山地蜗牛木	
1842	*Conostegia rufescens*	巴拿马	红蜗牛木	macreleaf
1843	*Conostegia subhirsuta*	墨西哥	亚氏蜗牛木	teshuate
1844	*Conostegia xalapensis*	洪都拉斯、墨西哥	沙棘蜗牛木	capiroto；capulin；capulincillo；chicab；chicabte；cinco negritos；hoja latillo blanco；lolito；mora；nigua；pasita；peonia；pupu；sedita；sirin；tecopulin；teshuate；tesuate；tesuate colorado；tezhualillo；tilia；uva；xococ-cuah uitl
Copaifera（CAESALPINIACEAE） **香脂苏木属（苏木科）**			**HS CODE** **4403.49**	
1845	*Copaifera aromatica*	巴拿马	郁金香脂苏木	cabimo blanco
1846	*Copaifera baumiana*	南美洲	红花香脂苏木	
1847	*Copaifera bracteata*	圭亚那、苏里南、巴西	具苞香脂苏木	amarante；blaues ebenholz；bois violet；danstan；koeloeboerelli；kooroobooilli；koroborelli；koruburelli；luftholz；malako；mala-oko；marako；purperhart；purpleheart；purpurholz；simirida；simitridis
1848	*Copaifera canime*	哥伦比亚	卡内香脂苏木	canima
1849	*Copaifera chiriquensis*	巴拿马、哥斯达黎加	奇里香脂苏木	cabismo；cipricillo；cobema
1850	*Copaifera glycycarpa*	巴西	卡帕香脂苏木	copahiba cularana；copahiba prela
1851	*Copaifera guianensis*	苏里南、圭亚那	圭亚那香脂苏木	apaoewa；copaiva；hoepel；hoepelboom；hoepelhout；hoepfroe-hoedoe；hoeproe；koepajoewa；koepawa；maran；pasoemoeti；passiemoetie
1852	*Copaifera krukovii*	苏里南	克氏香脂苏木	

序号	学名	主要产地	中文名称	地方名
1853	Copaifera langsdorfii	巴西、委内瑞拉、巴拉圭、圭亚那、阿根廷	兰氏香脂苏木	bracuhy de pedra; cabimo; copahiba; copahuva; copahy; copahyba; copaiba; copaiba; copaiba marimari; copauva; kupay; maran; oleo de copahyba; oleo de copaiba; pao de oleo; pau do oleo; timboy ata
1854	Copaifera majorina	巴西	马略香脂苏木	oleo folha
1855	Copaifera martii	巴西、巴拉圭、秘鲁、特立尼达	马氏香脂苏木	copahiba; copahiba jutahy; copaiba; cupay; purpleheart
1856	Copaifera multijuga	巴西、巴拉圭	多对香脂苏木	amazon copahiba; amazone copahiba; capaiba; copahiba; copahiba angelim; copahiba de para; copahiba di para; copahiba marimary; copaiba; copaiba de para
1857	Copaifera oblongifolia	巴拉圭	长圆叶香脂苏木	
1858	Copaifera officinalis	哥伦比亚、委内瑞拉、特立尼达、多米尼加、秘鲁、西印度群岛、巴西、向风群岛	药用香脂苏木	abarco; aceite; aceitede canime; balsam copiava; cabimo; camoba; copahiba; copahuva; copahuva escura; copahuvo clara; copahyba; copaiba; copiava; curracay; de aceite; palo; pao olho
1859	Copaifera panamensis	巴拿马	巴拿马香脂苏木	cabima
1860	Copaifera pubiflora	圭亚那、法属圭亚那、哥伦比亚	毛花香脂苏木	amarante; apauwa; bagot; copaiba balsam; copaiva; kopaiyuwa; maran; marana; maranai; maranyo
1861	Copaifera reticulata	巴西、秘鲁	网脉香脂苏木	copahiba; copahiba jutahy; copahiba marimary; copaiba; copaiba marimari; copaiba preta; copaiba vermelha; copauva; jutahy; oleo; oleo de copaiba; pau de oleo; peruan copaiba
1862	Copaifera trapezifolia	哥斯达黎加、巴西	斜纹香脂苏木	camibar; oleo
1863	Copaifera venezuelana	委内瑞拉	委内瑞拉香脂苏木	venezuelan copaltree
Cordia（BORAGINACEAE）破布木属（紫草科）			**HS CODE 4403.49**	
1864	Cordia acuta	哥伦比亚	尖破布木	guacimo; guasco

序号	学名	主要产地	中文名称	地方名
1865	*Cordia alba*	古巴、墨西哥、委内瑞拉、海地、波多黎各、哥伦比亚、安的列斯群岛、萨尔瓦多、洪都拉斯、牙买加、巴巴多斯、巴拿马、伯利兹、哥斯达黎加、多米尼加、巴西、危地马拉、向风群岛、库拉索	白破布木	ateje amarillo; baboso; bajote; candelero; capa; capa blanca; cariaco; caujaro; cawara; duppy cherry; english clammy cherry; gulavere; jackwood; jiguilote; karawara; loblolly-tree; masu; matzu; pardillo blanco; sabto; sasanil; uva gomosa; valozo; varia blanca; white manjack; yagua; zazamil
1866	*Cordia alliodora*	墨西哥、阿根廷、玻利维亚、委内瑞拉、厄瓜多尔、巴西、秘鲁、古巴、美国、伯利兹、小安的列斯群岛、海地、危地马拉、圭亚那、哥伦比亚、西印度群岛、多米尼加、波多黎各、特立尼达、巴巴多斯、哥斯达黎加、洪都拉斯、尼加拉瓜、乌拉圭、萨尔瓦多、巴拿马、牙买加、向风群岛、瓜德罗普岛	蒜味破布木	abib; afata grande; amapa blanca; amapa prieta; canaletta; canjaro; dzeui; ecuador laurel; frejoes; guacimilla; hormigillo; jennywood; murushi numi; nogal blanco; plomillo; popocotle; princewood; roamarillo; salaam; salmonwood; suchicuahua; tacurai; tepesuchi; uauazeiro; varia prieta
1867	*Cordia angiocarpa*	古巴	被子破布木	tortoiseshell-wood
1868	*Cordia appendiculata*	墨西哥	附片破布木	anacahuite de totolapan
1869	*Cordia apurensis*	委内瑞拉	阿普莱破布木	pardillo negro; parne
1870	*Cordia bicolor*	哥斯达黎加、委内瑞拉、尼加拉瓜、墨西哥、圭亚那	双色破布木	bernabe; bernave; candilero; laurel muneca; muneco; pau-cabeludo; solerillo; table-tree
1871	*Cordia boissieri*	美国、墨西哥	博西破布木	anacahuita; anacahuite; anacahuite-wood; anacahuitholz; anacahuitl; c'ueramo; cueramo; macahuite; nacagua; nacaguita; nacahuite; nacahuitl; rasca viejo; siricote; trompillo; wild olive; wild-olive
1872	*Cordia borinquensis*	波多黎各	博尔科氏破布木	capa; capa cimmaron; muneca; muneco
1873	*Cordia calocephala*	巴西	杯状破布木	carahyba; grao de gallo

序号	学名	主要产地	中文名称	地方名
1874	*Cordia caracasana*	委内瑞拉	加拉加斯破布木	mahague negro
1875	*Cordia cicatricosa*	秘鲁	疤痕破布木	huarmi-caspi
1876	*Cordia collococca*	委内瑞拉、古巴、伯利兹、哥斯达黎加、墨西哥、波多黎各、牙买加、西印度群岛、萨尔瓦多、巴拿马、多米尼加、海地、巴巴多斯、向风群岛	野樱破布木	alatrique；ateje；bastard salmwood；buriogre；candelera；candelero；caujaro；cereza cimarrona；manjak；muneco；niguito；nopo；palo de muneca；red manjack；trois pieda；wild cherry；wild clammy cherry；zapote
1877	*Cordia colombiana*	厄瓜多尔	哥伦比亚破布木	tigua balsosa
1878	*Cordia corymbosa*	秘鲁	伞房破布木	mulla-quillo
1879	*Cordia curassavica*	墨西哥	库拉破布木	bolita prieta
1880	*Cordia cylindrostachya*	墨西哥、西印度群岛	圆柱穗破布木	azota caballo；black sage；chovarobo；confituria；hierba de la nigua；hierba del pasmo；kopche；oreja de raton；tacotillo；vara prieta；xakopche；x-k'olche；x-kapiche
1881	*Cordia dichotoma*	古巴、波多黎各、巴巴多斯、西印度群岛、向风群岛	破布木	ateje amarillo；ateje americano；cereza blanca；clammy cherry；manjack；stingingtree
1882	*Cordia diversifolia*	墨西哥、洪都拉斯、巴拿马、危地马拉、伯利兹	众叶破布木	bojon；burabel；chachalaco；jug-tree；manuno；tiguilote；ziricote
1883	*Cordia dodecandra*	墨西哥、美国、西印度群岛、危地马拉、伯利兹	十二雄蕊破布木	amapa；anaconda；baria；canaletta；chakopte；copite；copito；cupape；geiger-tree；k'an-k'opte；kopte；palo de asta；sebestena；siricote；upay；ziricote
1884	*Cordia ecalyculata*	阿根廷、巴拉圭	外萼破布木	araticu；araticu guazu；colita
1885	*Cordia elaeagnoides*	墨西哥	白绿叶破布木	abocote；anacahuite de tehuantepec；barcino；bocate；bocote；bogote；c'ueramo；ciricote；cueramo；gretana；grisino；gueramo；guiri-xina；loli-quec；ocotillo meco
1886	*Cordia ensifolia*	海地	剑叶破布木	belle-belle
1887	*Cordia eriostigma*	厄瓜多尔	蛇床子破布木	tutumbe

序号	学名	主要产地	中文名称	地方名
1888	*Cordia exaltata*	委内瑞拉、巴西、圭亚那	碎叶破布木	alatrique blanco；juvevena bofe；masimikar；table-tree；wasang
1889	*Cordia fallax*	委内瑞拉、圭亚那	拟破布木	alatrique negro；masimikar；table-tree
1890	*Cordia gerascanthus*	阿根廷、波多黎各、墨西哥、古巴、美国、伯利兹、西印度群岛、委内瑞拉、哥伦比亚、海地、特立尼达、洪都拉斯、尼加拉瓜、危地马拉、巴西、小安的列斯群岛、牙买加、瓜德罗普岛	委内瑞拉破布木	afata grande；bohom habeem；bohonche；cutiperi；dominica rosewood；geiger-tree；gueramo；hormiguera；laurel negro；lauro pardo；mapou；platanillo；princewood；rosenholz；samwood；sebestena；vomitel colorado；vomitel encarnado；zac-copte；ziricote
1891	*Cordia globosa*	墨西哥、哥伦比亚	脱毛破布木	hauche；salvia de monte
1892	*Cordia goeldiana*	巴西	亚马孙破布木	amazon teak；brateco；brazilian teak；brazilian walnut；cordiawood；freijo；freijo amarelo；freijo escuro；freijo vermelho；frei-jorge；frel jorge；jenniewood；jennywood；jenuiewood；laurel blanco；lauro；louro pardo；siera walnut；tahuampa cordia hypoleuca；urua
1893	*Cordia graveolens*	苏里南	重味破布木	montjoly；wilde salie
1894	*Cordia guerkeana*	墨西哥	格尔破布木	laa-zaa-y-xe
1895	*Cordia hebeclada*	厄瓜多尔	海德破布木	quitasol
1896	*Cordia hirta*	苏里南	毛破布木	boschtafra boom
1897	*Cordia hypoleuca*	巴西、阿根廷	下白破布木	claraiba；loro amarillo；louro；louro branco；louro pardo；louro preto；louroa marelo；peterebi；peterebi hu
1898	*Cordia inermis*	墨西哥	无棘破布木	chivarova
1899	*Cordia insignis*	巴西	显著破布木	grao de gallo
1900	*Cordia laevigata*	古巴、海地、哥斯达黎加、波多黎各、墨西哥、伯利兹、洪都拉斯、维尔京群岛	金樱子破布木	ateje cimarron；ateje de costa；atejillo；bois paupit；bois poupee；buriogre amarillo；buriogre de montana；capa colorado；cerezo；cerezo del pais；muneco；pajaro bobo；palo de goma；red manjack；sombra de ternero；west indian cherry；wild capa

序号	学名	主要产地	中文名称	地方名
1901	*Cordia laurifolia*	秘鲁	月桂叶破布木	mote-mullaca
1902	*Cordia locharti*	特立尼达	洛查蒂破布木	lay lay
1903	*Cordia lomatoloba*	圭亚那	洛马破布木	black sage
1904	*Cordia longipeda*	巴拉圭	长青破布木	peterevi-hy
1905	*Cordia lutea*	厄瓜多尔	黄花破布木	muyuyu sabanero
1906	*Cordia macrostachya*	哥伦比亚	大穗破布木	pata de gallina
1907	*Cordia martinicensis*	圭亚那	马提尼破布木	montjoly
1908	*Cordia megalantha*	危地马拉、洪都拉斯	巨花破布木	laurel；laurel blanco；palo negro
1909	*Cordia morelosana*	墨西哥	莫洛破布木	chirire
1910	*Cordia nodosa*	秘鲁、圭亚那、厄瓜多尔	节果破布木	almendrillo；anallio-caspi；ant-tree；arana caspi；chai numi；huruereroko；kushikiam；laurel；piaima-pomai
1911	*Cordia panamensis*	巴拿马	巴拿马破布木	lengua de buey；niguito
1912	*Cordia panicularis*	委内瑞拉	圆锥破布木	pardillo
1913	*Cordia parvifolia*	墨西哥	小叶破布木	palo prieto；vara prieta
1914	*Cordia polycephala*	圭亚那	多头破布木	black sage
1915	*Cordia pringlei*	墨西哥	普林破布木	guacimilla；huacimilla
1916	*Cordia rickseckeri*	西印度群岛、波多黎各	里克斯破布木	black manjack；dog almond；lija；manjack
1917	*Cordia sagotti*	苏里南	萨格蒂破布木	freijo；kakoro-hoh oridokoro
1918	*Cordia salvadorensis*	墨西哥	萨尔破布木	tamborcillo
1919	*Cordia salviaefolia*	哥伦比亚	鼠尾破布木	guiasimo nogal
1920	*Cordia schomburgkii*	圭亚那	肖氏破布木	black sage
1921	*Cordia sebestena*	墨西哥、古巴、美国、波多黎各、多米尼加、荷属安的列斯群岛、巴哈马、西印度群岛、阿根廷、哥伦比亚、委内瑞拉、安的列斯群岛、海地、巴西、危地马拉、牙买加、巴巴多斯、伯利兹	核果破布木	amapa；anacaguita；black sage；canalete；canaletta；geiger-tree；joaquin；kopte；lauro pardo；loro negro；manhage；petit soleil；quiebra hacha；red cordia；scarlet cordia；scarlet-flower；sebestena anaconsa；siricote；vomitel colorado；ziricote
1922	*Cordia seleriana*	墨西哥	犀角破布木	caleguana；caliguana；coliguana；iguanero

序号	学名	主要产地	中文名称	地方名
1923	*Cordia sellowiana*	巴西	塞尔洛破布木	barba do boi；catuteiro branco；freijo；jurute
1924	*Cordia sericicalyx*	圭亚那	花萼破布木	clammy cherry；iguanawood；table-tree；torch-tree；turkeyberry；watson；yuwanaro
1925	*Cordia sonorae*	墨西哥	索诺拉破布木	amapa blanca；amapa boba；amapa bola；amapa hasta；asta；chirare；mapilla；palo asta；palo de asta；palo mirto；palo prieto；shirare；solocuahuil；tamborcillo
1926	*Cordia spathulata*	墨西哥	匙叶破布木	chichutilla；cuichutilla
1927	*Cordia spinescens*	洪都拉斯、墨西哥	尖刺破布木	asada carne；bejuco negro；bubo；carne asada；chilillo prieto；conguipo；muco blanco；vara morada；xochicuahuitl
1928	*Cordia stellata*	墨西哥	繁果破布木	pajaro bobo；popotapexte
1929	*Cordia sulcata*	古巴、小安的列斯群岛、特立尼达、牙买加、波多黎各、维尔京群岛、多米尼加、海地、巴巴多斯、瓜德罗普岛	皱状破布木	ataje macho；bois bre；bois laylay；cimarron ateje；hairy laylay；laylay；manjack；mapou；moral；moral de paz；mucilage cordia；mucilage manjack；muneco prieto；palo tabaco；paresol；white manjack；wild clammy cherry
1930	*Cordia taguahyensis*	哥伦比亚、多米尼加、墨西哥	塔瓜破布木	cusu；muneco prieto；nopo；nopo-tapeshte
1931	*Cordia tetrandra*	巴西、苏里南、圭亚那、秘鲁	防己破布木	ajara；ara atroeka；aratroeka；boggi-lobbi；clammy cherry；iguanawood；kakaro；kakoro；table-tree；tafelboom；tafelhout；tafraboom；tafrahoedoe；tahuampa-caspi；toenba-lobbi；torch-tree；turkeyberry；uruazeiro；yuwanaro
1932	*Cordia tinifolia*	墨西哥	紫叶破布木	pajarobobo
1933	*Cordia toqueve*	秘鲁、巴拿马、厄瓜多尔、哥斯达黎加	托福破布木	bacuri；lengua de buey；niguito；tutumba；zapotete

序号	学名	主要产地	中文名称	地方名
1934	*Cordia trichotoma*	阿根廷、巴西、厄瓜多尔、巴拉圭、玻利维亚	三出破布木	afata；black laurel；cascudinho；laurel；laurel negro；loiro；loro；loro amarillo；louro mutamba；louro pardo；peterebi；petereby；petereby-hu；petererihu；peterevi；peterevi-sayhu；peterevy；peteribi；piquana blanca
Cordyline（AGAVACEAE）朱蕉属（龙舌兰科）			**HS CODE** **4403.99**	
1935	*Cordyline australis*	墨西哥	南方朱蕉	cordalina；dracena
Coreopsis（COMPOSITAE）金鸡菊属（菊科）			**HS CODE** **4403.99**	
1936	*Coreopsis gigantea*	墨西哥	大金鸡菊	
1937	*Coreopsis maritima*	墨西哥	袍金鸡菊	dalia maritima
Coriaria（CORIARIACEAE）马桑属（马桑科）			**HS CODE** **4403.99**	
1938	*Coriaria ruscifolia*	墨西哥	枝状叶马桑	ahoyacpetli；ocopetatl；secaro；tlalicopetl；tlalocopet ate；tlalocopet atl；yuquiacui
Cornus（CORNACEAE）梾木属（山茱萸科）			**HS CODE** **4403.99**	
1939	*Cornus alternifolia*	美国	互叶梾木	alternate-leaf dogwood；alternate-leaved cornel；blue dogwood；dogwood；green osier；green-osier；pagoda；pagoda dogwood；pagoda-cornel；pigeonberry；purple dogwood；umbrella-tree
1940	*Cornus amomum*	美国	天蓝梾木	kinnikinnik；silky cornel；silky dogwood
1941	*Cornus asperifolia*	美国	糙叶梾木	roughleaf dogwood
1942	*Cornus canadensis*	加拿大	加拿大梾木	
1943	*Cornus disciflora*	墨西哥、哥斯达黎加、巴拿马	盘状花梾木	abiodo；aceituna；asintla；canelo；illoro；isimac；lloro；mata hombre；mimbre pasilla；palo canelo；pasilla blanco
1944	*Cornus drummondii*	美国	粗叶梾木	roughleaf dogwood；rough-leaved cornel

序号	学名	主要产地	中文名称	地方名
1945	*Cornus excelsa*	墨西哥	大梾木	acaciste；aceitunillo；matlahuacal；mimbre；mimbre blanco；palo membrillo；tepeacuilotl；tepecuilo；tepecuilote；teposa；tepoza
1946	*Cornus florida*	美国、加拿大	花梾木	american box；blumen hartriegel；bois de chein；corniolo americano；cornouiller de la floride；cornus americano；false boxwood；florida dogwood；flowering cornel；flowering dogwood；kornelred osier；red willow；white cornel
1947	*Cornus foemina*	美国	福米梾木	blue-fruit dogwood；stiff cornel dogwood；stiff dogwood；stiffcornel；swamp dogwood
1948	*Cornus glabrata*	美国	光滑梾木	brown dogwood；flowering dogwood；mountain dogwood；pacific dogwood；smooth dogwood；western flowering dogwood
1949	*Cornus mas*	美国	地中海梾木	common dogwood；cornel-tree
1950	*Cornus nuttallii*	美国、加拿大	太平洋梾木	andubon；california dogwood；cornouille rblanc；cornus blanco americano；dogwood；flowering dogwood；mountain dogwood；pacific dogwood；vitvit kornel；western dogwood；witte kornel；witte kornoelie
1951	*Cornus peruviana*	厄瓜多尔	秘鲁梾木	palo de rosa
1952	*Cornus racemosa*	美国	聚果梾木	dogwood；gray dogwood
1953	*Cornus rugosa*	美国	藿香梾木	roundleaf dogwood
1954	*Cornus sanguinea*	美国	红梾木	cornel-tree
1955	*Cornus sericea*	美国	绢毛梾木	american dogwood；asier；california dogwood；creek dogwood；dogwood；kinnikinnik；red dogwood；red-osier dogwood；redstem dogwood；red-stemmed dogwood；squawbush；western dogwood
1956	*Cornus sessilis*	美国	塞西梾木	black-fruit dogwood；miners dogwood
1957	*Cornus urbiniana*	墨西哥	乌尔梾木	corona de montezuma；corona de san pedro
1958	*Cornus volkensii*	墨西哥	沃氏肯梾木	

序号	学名	主要产地	中文名称	地方名
Cornutia（VERBENACEAE） 石荠荆属（马鞭草科）			HS CODE 4403.99	
1959	*Cornutia grandiflora*	墨西哥、洪都拉斯、巴拿马	大花石荠荆	cucaracho；lengua de vaca；morcielago；zopilote
1960	*Cornutia microcalycine*	洪都拉斯	玉兰石荠荆	
1961	*Cornutia obovata*	波多黎各	倒卵叶石荠荆	capap jiguerilla；nigua；palo de nigua
1962	*Cornutia odorata*	秘鲁	香石荠荆	toe
1963	*Cornutia pyramidata*	多米尼加、小安的列斯群岛、西印度群岛、危地马拉、墨西哥、伯利兹、古巴、萨尔瓦多、尼加拉瓜、向风群岛	尖石荠荆	azulejo；bois decassove；bos cassave；flor lila；hoja de zope；lat che；matasano；palo de vidrio；pangoge；pongage；pongaje；salvilla；tzultesnuk；zapilote；zapilote morado
Corylus（BETULACEAE） 榛属（桦木科）			HS CODE 4403.99	
1964	*Corylus americana*	美国	美洲榛	american hazelnut；hazelnut
1965	*Corylus avellana*	墨西哥、美国	本色榛	avellano；european filbert；hazel
1966	*Corylus cornuta*	美国、加拿大	加州榛	beaked hazel；beaked hazelnut
Corymbia（MYRTACEAE） 伞房桉属（桃金娘科）			HS CODE 4403.99	
1967	*Corymbia citriodora*	波多黎各、南美洲	柠檬伞房桉	lemon eucalyptus；lemon-scented gum；spotted gum
1968	*Corymbia gummifera*	巴西	胶状伞房桉	angelin；angelin koraro；bloodwood；cabbage；red cabbage-bark
1969	*Corymbia maculata*	巴西	斑皮伞房桉	eucalipto maculata；maculata gum；spotted gum
1970	*Corymbia viminalis*	古巴、巴西	多枝伞房桉	eucalipto；manna gum
Corynabutilon（MALVACEAE） 棒苘麻属（锦葵科）			HS CODE 4403.99	
1971	*Corynabutilon vitifolium*	智利	葡萄叶棒苘麻	uella
Corynanthe（RUBIACEAE） 棒花属（茜草科）			HS CODE 4403.49	
1972	*Corynanthe paniculata*	古巴	锥花棒花木	sagna

序号	学名	主要产地	中文名称	地方名
Coscinium（MENISPERMACEAE） 金睛藤属（防己科）		**HS CODE** **4403.99**		
1973	*Coscinium fenestratum*	哥伦比亚	扇形金睛藤	albero di colombia；bois de colombia；colombiahut；madera de colombia
Cosmibuena（RUBIACEAE） 黄丁桐属（茜草科）		**HS CODE** **4403.99**		
1974	*Cosmibuena grandiflora*	圭亚那	大花黄丁桐	akorakalidan
Cotinus（ANACARDIACEAE） 黄栌属（漆树科）		**HS CODE** **4403.99**		
1975	*Cotinus obovatus*	美国	卵形黄栌	american smoketree；chittamwood；smoketree；venetian sumac；wild smoketree；yellow-wood
Cotoneaster（ROSACEAE） 栒子属（蔷薇科）		**HS CODE** **4403.99**		
1976	*Cotoneaster integerrimus*	美国	全缘栒子	cotoneaster；pomaceous-fruit
1977	*Cotoneaster nebrodensis*	美国	蘑栒子	cotoneaster；pomaceous-fruit
Couepia（ROSACEAE） 玉蕊李属（蔷薇科）		**HS CODE** **4403.99**		
1978	*Couepia bracteosa*	圭亚那	苞叶玉蕊李	aku-morambo；aruadan；loti-coro
1979	*Couepia caryophylloides*	南美洲	香豆玉蕊李	anaura couepi；couepia
1980	*Couepia chrysocalyx*	秘鲁	金黄玉蕊李	parinari；sacha umari
1981	*Couepia cognata*	委内瑞拉、苏里南、圭亚那	毛缘玉蕊李	acuri-yu-yek；sabane kwepie；unikiakia
1982	*Couepia comosa*	圭亚那	簇生玉蕊李	aku-morambo；wild sapodilla
1983	*Couepia exflexa*	圭亚那	外翻玉蕊李	aruadan；warigi
1984	*Couepia grandiflora*	巴西	大花玉蕊李	folso-oiti；oiticica
1985	*Couepia guianensis*	苏里南、巴西、圭亚那、法属圭亚那	圭亚那玉蕊李	anaura；anaura kauta；apesie；caboucalli；couepia；coupi；doekoeli；doekoelia；foengoe；gammasagon；japopalli；jappopare；joenoepe；kaierieballi；kairiballi hohorodikoro；kwepi；oenikiakia djamaro；water kopi
1986	*Couepia longipendula*	巴西	长叶玉蕊李	castanha de gallinha
1987	*Couepia macrophylla*	秘鲁	大叶玉蕊李	capricornia；chibo-runtu-caspi

序号	学名	主要产地	中文名称	地方名
1988	*Couepia paraensis*	巴西、委内瑞拉	帕拉玉蕊李	mucururana; pajura; pilon; querebere; queroberonegro; uchirana; uchyrana; umarirana
1989	*Couepia polyandra*	墨西哥、洪都拉斯、危地马拉	多蕊玉蕊李	carnero; fraile; frailecillo; guayabillo de tinta; guayo; gurupillo; munzap; palo fraile; pi-ja; piuspio; uzbib; zapote amarillo; zapotillo
1990	*Couepia racemosa*	秘鲁	聚果玉蕊李	machusacha; mashu-sacha
1991	*Couepia steyermarkii*	委内瑞拉	斯氏玉蕊李	hierro
1992	*Couepia subcordata*	巴西	籽玉蕊李	umaryrana
1993	*Couepia uiti*	巴西	乌伊玉蕊李	oity; oyty chiado
1994	*Couepia ulei*	巴西、秘鲁	南美玉蕊李	parinari; parinari de seniso; sinchi-parinari; uchpa parinari; uchpa-parinari

Couma（APOCYNACEAE）
牛奶木属（夹竹桃科）

HS CODE 4403.99

序号	学名	主要产地	中文名称	地方名
1995	*Couma guatemalensis*	伯利兹、危地马拉	危地马拉牛奶木	akoema; albero di latte; ama-apa; arbre aulait; couma; cowtree; melkboom; milktree; mjolktrad; palo de vaca
1996	*Couma guianensis*	巴西、圭亚那、苏里南、法属圭亚那、厄瓜多尔	圭亚那牛奶木	akoema; amaparian; apalan; dokali; dukalliballi; melkboom; milktree; mjolktrad; palo de vaca; pera; poirier; samarupa; solveira; sorva; sorve; tapooka; vache lait; wild star apple
1997	*Couma macrocarpa*	苏里南、哥伦比亚、危地马拉、委内瑞拉、巴西、圭亚那、秘鲁、伯利兹	大果牛奶木	ama-apa; avichure; couma; cowtree; cuma assu; dokalli; dukaballi; guaimaro macho; juan soco; kariman; leche caspi; melkboom; milktree; negro; nienye; pendare; perillo negro; purva; sorveira; souva-branca; vaca hosca; vaca-tree; wild star apple
1998	*Couma pentaphylla*	南美洲圭亚那高原、巴西	五叶牛奶木	muirajucara
1999	*Couma rigida*	巴西、圭亚那	硬牛奶木	mucuge; star apple; wild star apple
2000	*Couma utilis*	巴西、委内瑞拉	良木牛奶木	akoema; alberodi latte; ama-apa; arbreau lait; couma; cowtree; melkboom; milktree; mjolktrad; palo de vaca; pendare; serveira; sorva

序号	学名	主要产地	中文名称	地方名
Couratari（LECYTHIDACEAE） 纤皮玉蕊属（玉蕊科）			**HS CODE** **4403.49**	
2001	*Couratari asterophora*	巴西	星毛纤皮玉蕊	emabirema
2002	*Couratari atrovinosa*	巴西	暗紫纤皮玉蕊	ripeiro；tauari
2003	*Couratari calycina*	圭亚那	萼花纤皮玉蕊	wadara
2004	*Couratari fagifolia*	亚马孙及南美洲北部	水青冈叶纤皮玉蕊	mahot；wadara
2005	*Couratari gloriosa*	苏里南、圭亚那	亮丽纤皮玉蕊	grootst bladige ingipipa；wadara
2006	*Couratari guianensis*	圭亚那、法属圭亚那、委内瑞拉、巴拿马、哥伦比亚、苏里南、巴西	圭亚那纤皮玉蕊	balalaboue；bourrao；cachimbo；coquito；djoemoe；guarataro；hontoneaku sisi；imbirema；kaliso oolemarite；kouratary；marimori；oele malie；oeremerie；olemarie；tabari；tauari；urimari；wadala；wadoedoelie；waranaka
2007	*Couratari macrosperma*	巴西	大籽纤皮玉蕊	embirama；tauari
2008	*Couratari multiflora*	法属圭亚那、巴西、苏里南、圭亚那、委内瑞拉	多花纤皮玉蕊	cigare；couratari；djoemoe；dloemoe；ingiepipa；inguipipa；kalioe；karipo；karipon；maho；mahot；oelemari；oelemaroe；oelmari；tampipio；tauari amarelo；tauari branco；tauary；wadara；wandara
2009	*Couratari oblongifolia*	法属圭亚那、巴西、圭亚那	长圆叶纤皮玉蕊	inguipipa；mahot cigare；tauari；tauari branco；wadara
2010	*Couratari oligantha*	苏里南	疏花纤皮玉蕊	tauari
2011	*Couratari riparia*	圭亚那	河沿纤皮玉蕊	arawak kakaralli；wadara
2012	*Couratari stellata*	苏里南、巴西、圭亚那	星芒纤皮玉蕊	arawak kharomeroo；ingipipa sranan longo；oelemari；oolemari；tauari；wadara；wadera
2013	*Couratari tauari*	巴西	陶阿里纤皮玉蕊	tauari
2014	*Couratari tenuicarpa*	巴西	细果纤皮玉蕊	shuru de macaco；tauari；tauari do igapo
Couroupita（LECYTHIDACEAE） 炮弹果属（玉蕊科）			**HS CODE** **4403.99**	
2015	*Couroupita amazonica*	亚马孙	亚马孙炮弹果	couroupita

序号	学名	主要产地	中文名称	地方名
2016	*Couroupita guianensis*	巴西、圭亚那、秘鲁、委内瑞拉、法属圭亚那、特立尼达、古巴、厄瓜多尔、波多黎各、苏里南、哥伦比亚、巴拿马、多米尼加	圭亚那炮弹果	aiauma；aiauman；bosch kalebas；boskalabas；couroupita；cuia de macaco；cuiarana；cuirana；elarbol de granadillo；mamey hediono；maracao；maraco；moke；mucurutu；tapara chuco；taparo de monte；taparom；taparon；wilde abrikoos
2017	*Couroupita nicaraguarensis*	巴拿马、委内瑞拉、尼加拉瓜	尼加拉瓜炮弹果	albero del paradiso；arbre de paradis；cannonball-tree；coco zapote；granadilla；granadillo；palo de paraiso；palo paraiso；paradijsboom；paradise-tree；zapote de mico；zapote de mono；zapote mono；zapoto de mono；zapoto mono
2018	*Couroupita peruviana*	秘鲁	秘鲁炮弹果	aiaúma
2019	*Couroupita subsessilis*	秘鲁、巴西	无柄炮弹果	ayahuma；caete de macaco；castanheira do macaco；cuia de macaco
2020	*Couroupita venezuelensis*	委内瑞拉	委内瑞拉炮弹果	
Coussapoa（CECROPIACEAE） 绞麻树属（号角树科）			**HS CODE** **4403.99**	
2021	*Coussapoa angustifolia*	南美洲	狭叶绞麻树	
2022	*Coussapoa batavorum*	南美洲	巴塔绞麻树	
2023	*Coussapoa currani*	巴西	库拉绞麻树	gummilera
2024	*Coussapoa eggersii*	厄瓜多尔	爱氏绞麻树	matapalo
2025	*Coussapoa hypochlora*	圭亚那	绿囊绞麻树	komakaballi
2026	*Coussapoa microcephala*	圭亚那	小头绞麻树	mabakubia；yale
2027	*Coussapoa nitida*	巴西	密茎绞麻树	apuhy grande
2028	*Coussapoa ovalifolia*	厄瓜多尔	椭圆叶绞麻树	pulurhuasca
2029	*Coussapoa panamensis*	洪都拉斯	巴拿马绞麻树	matapalo
2030	*Coussapoa villosa*	秘鲁、哥伦比亚	毛绞麻树	renaco-caspi；serpe
Coussarea（RUBIACEAE） 雪蛛檀属（茜草科）			**HS CODE** **4403.99**	
2031	*Coussarea brevicaulis*	南美洲	短尾雪蛛檀	
2032	*Coussarea contracta*	南美洲	节枝雪蛛檀	
2033	*Coussarea dulcifolia*	厄瓜多尔	甜叶雪蛛檀	ansipacco' je；mishqui panga

序号	学名	主要产地	中文名称	地方名
2034	*Coussarea longiflora*	南美洲	长花雪蛛檀	
2035	*Coussarea paniculata*	秘鲁、特立尼达	锥花雪蛛檀	chonchuela；wild coffee
2036	*Coussarea racemosa*	南美洲	聚果雪蛛檀	
2037	*Coussarea tenella*	秘鲁	柔嫩雪蛛檀	nuncu-huito
2038	*Coussarea tenuiflora*	秘鲁	细花雪蛛檀	ginsira-caspi；montelo-micuna；nuncu-huito；supai-caspi
Coutarea（RUBIACEAE） 巴西鸡纳属（茜草科）			**HS CODE** **4403. 99**	
2039	*Coutarea hexandra*	委内瑞拉、阿根廷、墨西哥、秘鲁	六蕊巴西鸡纳	cabrito negro；cascarilla；chichipate；copalche；guacamayo-caspi；huacamayo-caspi；palo de quina；quina
2040	*Coutarea latiflora*	墨西哥	大紫花巴西鸡纳	campanillo；copalquin；corteza de jojutla；falsa quina；garanona；jutetillo；palo amargo；quina；san juan
2041	*Coutarea octomera*	墨西哥	八角巴西鸡纳	kabal-k'aak；pay-luch
2042	*Coutarea pterosperma*	墨西哥	翼籽巴西鸡纳	copalchi；copalquin；hutatiyo；palo amargo；quina
Crataegus（ROSACEAE） 山楂属（蔷薇科）			**HS CODE** **4403. 99**	
2043	*Crataegus aestivalis*	美国	夏威夷山楂	apple hawthorn；may haw；may hawthorn；shining hawthorn
2044	*Crataegus berberifolia*	美国	伯氏山楂	barberry hawthorn；barberryleaf hawthorn；bigtree hawthorn
2045	*Crataegus brachyacantha*	美国	短枝山楂	blue haw；blueberry hawthorn；pommette bleue
2046	*Crataegus brainerdii*	美国	布氏山楂	brainerd hawthorn
2047	*Crataegus calpodendron*	美国	卡尔波山楂	blackthorn；fireberry hawthorn；golden-fruit hawthorn；pear haw；pear hawthorn；roundleaf hawthorn；thorn pear
2048	*Crataegus chrysocarpa*	美国	黄果山楂	hawthorn；thornless-margaret
2049	*Crataegus coccinea*	美国	朱红山楂	haw-tree；redthorn；scarlet haw；scarlet hawthorn
2050	*Crataegus coccinioides*	美国	球囊山楂	kansas hawthorn
2051	*Crataegus columbiana*	美国	哥伦比亚山楂	columbia hawthorn

序号	学名	主要产地	中文名称	地方名
2052	*Crataegus crus-galli*	美国	稗山楂	cockspur; cockspur hawthorn; cockspur-thorn; hog apple; newcastle-thorn
2053	*Crataegus dilatata*	美国	扩张山楂	ample-leaf hawthorn; broadleaf hawthorn
2054	*Crataegus douglasii*	美国	道格拉斯山楂	black haw; black hawthorn; douglas hawthorn; river haw; river hawthorn; thorn apple; western thorn apple; western-thorn
2055	*Crataegus erythropoda*	美国	红足山楂	cerro hawthorn; manzana de puya larga
2056	*Crataegus flava*	美国	黄花山楂	summer haw; yellow haw; yellow hawthorn
2057	*Crataegus greggiana*	美国	格雷山楂	gregg hawthorn
2058	*Crataegus harbisonii*	美国	哈氏山楂	harbison hawthorn
2059	*Crataegus intricata*	美国	复杂山楂	allegheny hawthorn; biltmore hawthorn; thicket hawthorn
2060	*Crataegus lacrimata*	美国	泪腺山楂	pensacola hawthorn; sandhill hawthorn; weeping hawthorn; yellow hawthorn
2061	*Crataegus macrosperma*	美国	大籽山楂	fanleaf hawthorn
2062	*Crataegus marshallii*	美国	马氏山楂	parsley haw; parsley hawthorn; parsley-leaf hawthorn; parsley-staw
2063	*Crataegus mexicana*	危地马拉	墨西哥山楂	manzanilla
2064	*Crataegus mollis*	美国	软山楂	downy haw; downy hawthorn; red haw; turkey apple hawthorn
2065	*Crataegus monogyna*	美国	单子山楂	english hawthorn; one-seeded hawthorn; single-seed hawthorn
2066	*Crataegus nitida*	美国	密茎山楂	glossy hawthorn
2067	*Crataegus opaca*	美国	奥帕卡山楂	apple haw; may haw; may hawthorn; riverflat hawthorn
2068	*Crataegus phaenopyrum*	美国	固体山楂	washington hawthorn; washington-thorn
2069	*Crataegus pruinosa*	美国	灰叶山楂	frosted hawthorn; waxy-fruit-thorn
2070	*Crataegus pulcherrima*	美国	粉蕊山楂	beautiful hawthorn
2071	*Crataegus punctata*	美国	点状山楂	dotted hawthorn; dotted-fruit-thorn; large-fruit-thorn

序号	学名	主要产地	中文名称	地方名
2072	*Crataegus reverchonii*	美国	杂氏山楂	reverchon hawthorn
2073	*Crataegus saligna*	美国	柳叶山楂	willow hawthorn
2074	*Crataegus spathulata*	美国	匙叶山楂	haw；littlehip hawthorn；pasture hawthorn；small-fruit hawthorn；spathulate haw
2075	*Crataegus succulenta*	美国	多汁山楂	fleshy hawthorn；long-spine hawthorn；spike hawthorn；succulent hawthorn
2076	*Crataegus texana*	美国	德州山楂	texas hawthorn
2077	*Crataegus tracyi*	美国	特蕾西山楂	mountain hawthorn；tracy hawthorn
2078	*Crataegus triflora*	美国	三花山楂	three-flower hawthorn
2079	*Crataegus uniflora*	美国	单花山楂	dwarf hawthorn；one-flower hawthorn
2080	*Crataegus viridis*	美国	绿色山楂	green hawthorn；haw；hawthorn；southern hawthorn
	Crepidospermum（BURSERACEAE）悬子榄属（橄榄科）		**HS CODE 4403.99**	
2081	*Crepidospermum goudotianum*	秘鲁	古多悬子榄	isula-micuna；trompetero-caspi
2082	*Crepidospermum rhoifolium*	苏里南、厄瓜多尔	柔毛叶悬子榄	aloewau-oe；gariana caspi
	Crescentia（BIGNONIACEAE）葫芦树属（紫葳科）		**HS CODE 4403.99**	
2083	*Crescentia alata*	墨西哥、哥斯达黎加	翼状葫芦树	arbol de lajicara；cadili；chomo；cuastecomate；guatecomate；guiro；guito-xiga；hicara；hicarita；jayascate；jicara；jicarera；latacadili；morro；sam-mu；sham-mu；tecomate；urani
2084	*Crescentia amazonica*	巴西	亚马孙葫芦树	cuia maraca；cuia pequena do igapo
2085	*Crescentia cujete*	墨西哥、巴西、哥斯达黎加、委内瑞拉、古巴、伯利兹、牙买加、巴拿马、波多黎各、美国、西印度群岛、厄瓜多尔、哥伦比亚、法属圭亚那、圭亚那、秘鲁、萨尔瓦多、多米尼加、洪都拉斯、苏里南、危地马拉、瓜德罗普岛	葫芦树	arvore de cuia；boch；cabaceiracirian；cucharo；cue；cuieira；female calabash；guacal；guirototumo；higuero；kalabose；loparo；luch；mate；morrito；owewe；palo de huacal；temante；tzima；was；wild calabash；xica-gueta-nazaa；zacual
2086	*Crescentia linearifolia*	海地、波多黎各、多米尼加	线叶葫芦树	calebasse marron；higuerita；higuerito

序号	学名	主要产地	中文名称	地方名
Crinodendron（ELAEOCARPACEAE） 百合木属（杜英科）			**HS CODE 4403.99**	
2087	Crinodendron patagua	智利	铃兰树	patagua
Croton（EUPHORBIACEAE） 巴豆属（大戟科）			**HS CODE 4403.49**	
2088	Croton adspersus	墨西哥	阿德巴豆	cuahuilotillo; soliman
2089	Croton alamosanus	墨西哥	阿拉莫巴豆	ocotillo
2090	Croton astroites	西印度群岛、波多黎各、瓜德罗普岛	孤星巴豆	balsam; mana; maran; wild marrow
2091	Croton belutinus	墨西哥	贝鲁巴豆	tiricia
2092	Croton callicarpifolius	委内瑞拉	紫珠叶巴豆	beautyberryleaf croton; croton
2093	Croton ciliatoglandulifer	墨西哥	纤毛腺巴豆	canelilla; chilipajtle; cuanaxunaxe; dominguilla; enchiladora; luc; palillo; picosa; shunashi-lase; soliman; soliman blanco; trucha; uruquenia; xinax; xonaxe; xunalixase; xunaxe
2094	Croton cortesianus	墨西哥	皮质巴豆	ek-balam; hierba del moro; ocoyanmona; ocueyan-mona; pahual; palillo; pinolillo; pohual; pozual; pushual; puzual
2095	Croton croizatii	墨西哥	克氏巴豆	
2096	Croton cubensis	古巴	古巴巴豆	guasima de costa
2097	Croton cuneatus	秘鲁	楔形巴豆	croton; moena; puma sacha; puma-sacha
2098	Croton dioicus	墨西哥	雌雄异株巴豆	encembla; encinilla; epaxihuitl; hierba del gato; hierba del zorrillo; robaldo; rosval; rubaldo; vara blanca; yepaxihuitl
2099	Croton draco	墨西哥	德拉科巴豆	chichbat; chichte; chorro de sangre; chucum; cuate; drago; escuahuitl; etzcuahuitl; grado; llora sangre; palo muela; peesnum-qui-ui; pocsnum-qui-ui; sangragrado; sangre de drago; sangre de perro; xitzte; xixte
2100	Croton draconoides	巴西	龙舌兰巴豆	melmeleiro
2101	Croton echinocarpus	巴西	棘巴豆	caixeta; pau de sangue; sangue de drago

序号	学名	主要产地	中文名称	地方名
2102	*Croton flavens*	墨西哥	黄酮巴豆	ek-balan；xabalan
2103	*Croton floribundus*	巴西	多花巴豆	capechingui；capixingui；tapixingui；velama-da-mata
2104	*Croton fragilis*	哥伦比亚、墨西哥	脆弱巴豆	malabito；tanche
2105	*Croton fragrans*	哥伦比亚、厄瓜多尔	香巴豆	manteco；sangre de drago
2106	*Croton fruticulosus*	墨西哥	斜巴豆	encinilla；hierba loca
2107	*Croton glabellus*	伯利兹、洪都拉斯、墨西哥、尼加拉瓜、巴拿马	无毛巴豆	barenillo；caobilla；cascarillo；casearilian；colpachi；copalchi；kok-che chuts；lian；p'eles-k'uch；palo casero；shpereskutch；wild cinnamon；wiod cinnamon；zakpokolche
2108	*Croton glandulosus*	墨西哥	腺柱巴豆	rama de caballo
2109	*Croton gossypiifolius*	哥伦比亚、墨西哥、委内瑞拉、哥斯达黎加	棉蚜巴豆	balsillo；sandgregado；sanga de drago；sangre de drago；sangregado；tagua
2110	*Croton guatemalensis*	墨西哥	危地马拉巴豆	algodoncillo；cascarillo；chul；chulche；copalchi；huilote；huilotl；juilocuahuitl；oli；olith；palo blanco；quina blanca；vara blanca；vidrioso
2111	*Croton guianensis*	圭亚那	圭亚那巴豆	
2112	*Croton huitotorum*	秘鲁	惠托巴豆	rucurana
2113	*Croton humilis*	墨西哥	扁平巴豆	ik-aban
2114	*Croton hypoleucus*	墨西哥	白背巴豆	soliman
2115	*Croton lechleri*	厄瓜多尔	龙血巴豆	lanhuiqui；masujin
2116	*Croton lucidus*	古巴	光巴豆	cuaba de ingenio；cuabilla
2117	*Croton macrobothrys*	巴西	茨巴豆	pau sangue
2118	*Croton macrodontus*	墨西哥	图斯巴豆	varilla prieta
2119	*Croton magdalenae*	墨西哥	马格达巴豆	hormiguillo
2120	*Croton malambo*	哥伦比亚	马兰博巴豆	malambo
2121	*Croton matourensis*	圭亚那、苏里南、秘鲁	马图伦巴豆	cedrea feuilles d'argent；hoeliaballi；kusapo；yurac-siprana
2122	*Croton morifolius*	墨西哥	桑叶巴豆	nenda-xunaxi；palillo；vara blanca
2123	*Croton niveus*	墨西哥、哥伦比亚	白巴豆	copalchin；plateado；platiado；vara blanca
2124	*Croton palanostigma*	秘鲁	帕拉诺巴豆	sangre de dragon

序号	学名	主要产地	中文名称	地方名
2125	*Croton perspeciosus*	秘鲁	腺巴豆	sangre de dragon
2126	*Croton peruvianus*	秘鲁	秘鲁巴豆	chino-mashan
2127	*Croton piptocaly*	巴西	酒园巴豆	caixeta
2128	*Croton poecilanthus*	波多黎各	波奇巴豆	corcho；sabinon
2129	*Croton punctatus*	墨西哥	粉刺巴豆	hierba del jabali；sak-chukum；zak-chukum
2130	*Croton pyramidalis*	墨西哥	尖巴豆	casarillo blanco；cascarillo blanco
2131	*Croton pyriticus*	哥伦比亚、墨西哥	黄巴豆	berengeno；jengibre arborescente；sangre de drago；sangregado
2132	*Croton reflexifolius*	巴西、墨西哥	背光巴豆	copalchi；huesillo prieto；peres-cuch；perexcuts；pers-chuch；quina；quina blanca；soliman prieto；tapaskiui；x-pets'kuts
2133	*Croton repens*	墨西哥	三叶巴豆	chacote
2134	*Croton rhamnifolius*	墨西哥	鼠李叶巴豆	ekbalam；ocotillo；vara blanca；x-balam；xa-balan
2135	*Croton rigidus*	波多黎各、维尔京群岛	僵直巴豆	adormidera；guayacanillo；sage；soldiers-whip；yellow balsam
2136	*Croton soliman*	墨西哥	索利曼巴豆	chilpate de tuxtepec；soliman
2137	*Croton suaveolens*	墨西哥	香甜巴豆	encinillo
2138	*Croton subfragilis*	墨西哥	亚种巴豆	copalchi
2139	*Croton succirubrus*	南美洲	毒蛾巴豆	arbol de sangre de drago
2140	*Croton trinitatis*	秘鲁	聚合巴豆	sinchi-pichana；tipu
2141	*Croton urucurana*	阿根廷、巴拉圭	乌拉圭巴豆	sangre de drago
2142	*Croton xanthochloros*	委内瑞拉	黄汁巴豆	canelon；sarasara
***Crudia*（CAESALPINIACEAE） 库地豆属（苏木科）**		**HS CODE 4403.99**		
2143	*Crudia aequalis*	哥伦比亚	麦娘库地豆	cascarillo；guamo
2144	*Crudia amazonica*	巴西	亚马孙库地豆	faveira do igapo
2145	*Crudia aromatica*	南美洲	香库地豆	
2146	*Crudia choussyana*	巴西	乔斯库地豆	copataishte
2147	*Crudia glaberrima*	哥伦比亚、秘鲁、苏里南	格拉伯库地豆	palo de piedra；pisho；walaballi
2148	*Crudia tomentosa*	巴西、秘鲁	毛库地豆	jutairana do marajo；pisho

序号	学名	主要产地	中文名称	地方名
Cryptocarya (LAURACEAE) 厚壳桂属（樟科）			HS CODE 4403.99	
2149	*Cryptocarya densiflora*	巴西	密花厚壳桂	anhauiana
2150	*Cryptocarya guianensis*	巴西、圭亚那	圭亚那厚壳桂	canella; cao xio
2151	*Cryptocarya mandioccana*	智利、巴西	姆迪厚壳桂	batalha; batalhe; cajaty; canela batalha; canela branca; canela lageana; canela lajeana
2152	*Cryptocarya moschata*	巴西、圭亚那	香锦葵厚壳桂	anhuvi nha branca; canela batalha; canela blanc; canela fogo; canela noz moscada; nhotinga branca; peumo; vit canela; white braca; white canela; witte canela
2153	*Cryptocarya rubra*	智利	红厚壳桂	madera de peumo; peumo
Cuervea (CELASTRACEAE) 库韦亚属（卫矛科）			HS CODE 4403.99	
2154	*Cuervea kappleriana*	圭亚那	毛果库韦亚木	karoshiri; monkey-nut
Cupania (SAPINDACEAE) 野蜜莓属（无患子科）			HS CODE 4403.99	
2155	*Cupania americana*	海地、委内瑞拉、巴巴多斯、墨西哥、哥伦比亚、波多黎各、古巴、多米尼加、特立尼达、厄瓜多尔	美洲野蜜莓	bois de satanier; cabimo; candlewood-tree; chichon colorado; guacharaco; guamo guara; guamo matias; guara comun; guarana hembra; guarana macho; maraquil; patillo; yauquin; zapatero
2156	*Cupania belizensis*	伯利兹、墨西哥	伯利兹野蜜莓	grande-betty; tres lomos; zak-pom
2157	*Cupania cinerea*	尼加拉瓜、秘鲁、厄瓜多尔	灰化野蜜莓	cola de pava; juapina; manchada manchon; rasianccucho
2158	*Cupania dentata*	墨西哥	重齿野蜜莓	cola de pava; cuasal-cua huit; cuasel; rabo de cojoli; tzan
2159	*Cupania glabra*	墨西哥、洪都拉斯、哥伦比亚、美国、古巴	光滑野蜜莓	chakchon; cola de pava; cola de pavo; florida cupania; guara; guara blanca; guara de costa; guarano; huanchal; nogalito; palo de tejon; quebracho; quiebracha; tachicon; tres lomos
2160	*Cupania guatemalensis*	危地马拉、伯利兹、墨西哥	危地马拉野蜜莓	carboncillo; cola de pava; grande-betty; red copal; sac-pom; sak-pom; sak-poom; tres lomos

序号	学名	主要产地	中文名称	地方名
2161	*Cupania hirsuta*	圭亚那	叶野蜜莓	black kulishiri; kulishiri
2162	*Cupania oblongifolia*	巴西	长圆叶野蜜莓	camboata grande
2163	*Cupania rubiginosa*	委内瑞拉	刺果野蜜莓	cedrito
2164	*Cupania rufescens*	尼加拉瓜	红野蜜莓	bilabila; cola de pava; cole pavo; guayabon
2165	*Cupania scrobiculata*	圭亚那、墨西哥、苏里南	狭叶野蜜莓	black kulishiri; chaschum; gatottie; gauwetie; gauwitie; khale-koel isirie; koelisirie khalemeroe; kooleshiri; sabanna tranga hoedoe; tamoeni-tonorebjo; toepoeroe tonorebjo; tonorebjo
2166	*Cupania tomentosa*	古巴	毛野蜜莓	guara macha
2167	*Cupania triquetra*	波多黎各、多米尼加	三尖野蜜莓	guara; guara blanca; guarano
2168	*Cupania uruguensis*	阿根廷	乌拉圭野蜜莓	camboata; ramo camboata
2169	*Cupania vernalis*	巴西、阿根廷	丝花野蜜莓	camboata; corpus; cuvanta; pandagua; ramo; ramo colorado
	Cupressus（CUPRESSACEAE） 柏木属（柏科）	HS CODE 4403.25（截面尺寸≥15cm）或 4403.26（截面尺寸<15cm）		
2170	*Cupressus arizonica*	美国、墨西哥	绿干柏木	arizona cypres; arizona cypress; arizona rough cypress; cedro; cedro blanco; cipres; cipres de mejico; cipresso messicano; cypress; pinabete; rough-bark arizona cypress; rough-barked; smooth cypress; tascate; tasco
2171	*Cupressus bakeri*	美国	巴克柏木	baker cypress; cipres macnab; cipresso macnab; cypres de macnab; macnab cypres; macnab cypress; macnab-cypress; modoc cypress; siskiyou cypress
2172	*Cupressus benthami*	墨西哥	本瑟柏木	cedro; sibino
2173	*Cupressus duclouxiana*	美国	冲天柏	bhutan cypress
2174	*Cupressus glandulosa*	美国	腺叶柏木	macnab cypress
2175	*Cupressus glauca*	墨西哥	青冈柏木	cypress; mexican cypress

序号	学名	主要产地	中文名称	地方名
2176	*Cupressus goveniana*	美国	加州柏木	california cypress；californis che cypres；cipres de california；cipresso di california；cypres de gowen；cypress；kalifornisk cypress；mendocino cypress；mountain cypress；north coast cypress；pygmy cypress；sargent cypress
2177	*Cupressus guadalupensis*	美国、墨西哥	瓜达拉普柏木	arizona cypress；guadalupe cypress；pinebete
2178	*Cupressus lindleyi*	墨西哥	林氏柏木	cedro blanco
2179	*Cupressus lusitanica*	墨西哥、巴西、危地马拉、哥斯达黎加、厄瓜多尔、波多黎各、美国	墨西哥柏木	cedro；cedro blanco；cipres；cipres nuculpat；cipres portugues；cipresso del portogallo；cipresso messicano；cypress；gretado amarillo；lusitanica cypress；mexican cypress；mexikansk cypress；narok cypress；nuculpat；portuguese cedar；tlascal
2180	*Cupressus macnabiana*	美国	麦克纳柏木	california mountain cypress；cypress；fragrant cypress；gray cypress；macnab cypress；mcnab's cypress；shasta cypress；smooth arizona cypress；white cedar
2181	*Cupressus macrocarpa*	美国、厄瓜多尔	大果柏木	california cypress；californis che cypres；cipres；cipres americano；cipres lambert；cipresso americano；cipresso di california；cypres agros fruites；cypres de lambert；cypres de monterey；cypress；kalifornisk cypress；monterey cypress
2182	*Cupressus montana*	美国	山地柏木	san pedro martir cypress
2183	*Cupressus nevadensis*	美国	内华达州柏木	piute cypress
2184	*Cupressus pygmaea*	美国	矮柏木	mendocino cypress
2185	*Cupressus sargentii*	美国	偃氏柏木	sargent cypress
2186	*Cupressus sempervirens*	波多黎各	常绿柏木	cipres；cipres italiano；italian cypress
2187	*Cupressus stephensonii*	美国	斯氏柏木	cuyamaca cypress
Curarea（MENISPERMACEAE） **箭毒藤属（防己科）**			**HS CODE** **4403.99**	
2188	*Curarea candicans*	圭亚那	白箭毒藤	granny-backbone；teteabo

序号	学名	主要产地	中文名称	地方名
2189	*Curarea tecunarum*	南美洲	特克箭毒藤	
2190	*Curarea toxicofera*	南美洲	毒箭毒藤	
Curatella（DILLENIACEAE） 库拉五桠果属（五桠果科）			**HS CODE** **4403.99**	
2191	*Curatella americana*	圭亚那、巴西、古巴、墨西哥、玻利维亚、委内瑞拉、巴拿马、哥斯达黎加、萨尔瓦多、苏里南、法属圭亚那、哥伦比亚、海地、秘鲁、伯利兹	库拉五桠果	acajou batard；achumico；chumico palo；curata；curatahie；hoja mango；iminyar；jaman；malcajaco；manabadin；mimili；parica；pedralejo；raspa-guacal；saha；sambahiba；saya；schnurblad；sobro；tachicon；tlachicon；uratkiye；vaca buey；vacabuey
Cybistax（BIGNONIACEAE） 赛比紫薇属（紫葳科）			**HS CODE** **4403.99**	
2192	*Cybistax antisyphilitica*	巴西	抗菌赛比紫薇	caroba de flor verde；ipe de flor verde
2193	*Cybistax chrysea*	哥伦比亚、委内瑞拉	金黄赛比紫薇	araguan；canada；roble；roble amarillo
2194	*Cybistax donnell-smithii*	墨西哥、委内瑞拉、危地马拉、巴西、哥伦比亚、洪都拉斯	赛比紫薇	amapa；amapa amarilla；araguan；copal；cortez；cortez blanco；duranga；mexican white mahagony；palo blanco；penda；primavera；roble；san juan；white mahogany
2195	*Cybistax millsii*	墨西哥	米氏赛比紫薇	macuelis de cerro
Cyclolobium（FABACEAE） 环裂豆属（蝶形花科）			**HS CODE** **4403.99**	
2196	*Cyclolobium clausenii*	巴西	韦氏环裂豆	louveira；pau ferro
2197	*Cyclolobium vecchii*	巴西	环叶环裂豆	cabriutinga；louveira
Cydonia（ROSACEAE） 榅桲属（蔷薇科）			**HS CODE** **4403.99**	
2198	*Cydonia oblonga*	美国、危地马拉、洪都拉斯、墨西哥	榅桲	apple-tree；cognassier；hawthorn；membrillo；pear-tree；quince
2199	*Cydonia vulgaris*	美国	普通榅桲	quince
Cymbopetalum（ANNONACEAE） 巧舟花属（番荔枝科）			**HS CODE** **4403.99**	
2200	*Cymbopetalum brasiliense*	巴西	巴西巧舟花	

序号	学名	主要产地	中文名称	地方名
2201	*Cymbopetalum penduliflorum*	墨西哥	垂花巧舟花	eirojuelo；orejuelo；orijuelo；orojuelo
2202	*Cymbopetalum schunkei*	南美洲	舒克巧舟花	
2203	*Cymbopetalum tessmannii*	秘鲁	特氏巧舟花	espintana
Cynometra（CAESALPINIACEAE） 喃喃果属（苏木科）			**HS CODE** **4403. 49**	
2204	*Cynometra bauhiniifolia*	巴西、海地、秘鲁、圭亚那	羊蹄甲叶喃喃果苏木	guarabu；herairo；pororoca；sakaballi
2205	*Cynometra caevalhoi*	南美洲	卡瓦喃喃果	
2206	*Cynometra hostmanniana*	圭亚那、苏里南	枝花喃喃果	makraka；sakaballi；sakkaballi
2207	*Cynometra marginata*	圭亚那	边缘喃喃果	sakaballi
2208	*Cynometra notzmaniana*	圭亚那	诺氏喃喃果	bagot
2209	*Cynometra portoricensis*	多米尼加、波多黎各	红叶喃喃果	algarrobillo；oreganillo
2210	*Cynometra retusa*	洪都拉斯、危地马拉、伯利兹、墨西哥	微凹喃喃果	fruta de danto；paleto de colorado；pata de cabro；tamarindillo de agua
Cyphomandra（SOLANACEAE） 树番茄属（茄科）			**HS CODE** **4403. 99**	
2211	*Cyphomandra betacea*	巴拿马	树番茄	manca prieto；monca prieto；wild cucumber
Cyrilla（CYRILLACEAE） 鞣木属（鞣木科）			**HS CODE** **4403. 99**	
2212	*Cyrilla parvifolia*	美国	小叶鞣木	littleleaf cyrilla；littleleaf titi；titi
2213	*Cyrilla racemiflora*	美国、古巴、牙买加、波多黎各、多米尼加、西印度群岛、委内瑞拉、圭亚那、瓜德罗普岛	总花鞣木	american cyrilla；barril；beetwood；burningwood；burnwood；clavellina；colorado；firewood；granado；ironwood；leatherwood；lirio de costa；llorona；olivier montagne；southern ironwood；swamp leatherwood；titi；tranca de puerto；waiking-pomo；warimiri；yanilla
Cyrtocarpa（ANACARDIACEAE） 斜枣属（漆树科）			**HS CODE** **4403. 99**	
2214	*Cyrtocarpa procera*	墨西哥	高大斜枣	popoaqua

序号	学名	主要产地	中文名称	地方名
2215	*Cyrtocarpa velutinifolia*	南美洲	紫叶斜枣	

Dacrydium（PODOCARPACEAE）　　HS CODE
陆均松属（罗汉松科）　　4403. 25（截面尺寸≥15cm）或 4403. 26（截面尺寸<15cm）

序号	学名	主要产地	中文名称	地方名
2216	*Dacrydium fonkii*	智利	方氏陆均松	chilean dacrydium

Dacryodes（BURSERACEAE）　　HS CODE
蜡烛木属（橄榄科）　　4403. 49

序号	学名	主要产地	中文名称	地方名
2217	*Dacryodes belemnensis*	苏里南	白花蜡烛木	ollokaike
2218	*Dacryodes canalensis*	哥伦比亚	隧状蜡烛木	alcanfor；anime blanco；anime incienso；bakamo；chutra；fontole；guacharaco；incienso；mantos；tonton
2219	*Dacryodes colombiana*	哥伦比亚	哥伦比亚蜡烛木	carano
2220	*Dacryodes cupularis*	厄瓜多尔	心形蜡烛木	anime
2221	*Dacryodes excelsa*	波多黎各、美国、安的列斯群岛、小安的列斯群岛、西印度群岛、向风群岛、瓜德罗普岛	大蜡烛木	candle-tree；candlewood；gommier；gommier blanc；gommier de lamontagne；grey gommier；kaarsboom；tabanuco；tabonuco；tabunoco；white gommier
2222	*Dacryodes hexandra*	西印度群岛、波多黎各、瓜德罗普岛	六蕊蜡烛木	gommier blanc；gommier la guadeloupe；grey gommier；tabanuco；tabonuca；white gommier
2223	*Dacryodes kukachkana*	秘鲁	库卡蜡烛木	copal
2224	*Dacryodes occidentalis*	南美洲	西方蜡烛木	anime
2225	*Dacryodes olivifera*	南美洲	橄榄蜡烛木	
2226	*Dacryodes peruviana*	厄瓜多尔	秘鲁蜡烛木	copal；kunchai；kunche；qunche；yaguarmuyu

Dalbergia（FABACEAE）　　HS CODE
黄檀属（蝶形花科）　　4403. 49

序号	学名	主要产地	中文名称	地方名
2227	*Dalbergia acuta*	巴西	尖黄檀②	
2228	*Dalbergia agudeloi*	中美洲	阿古德黄檀②	
2229	*Dalbergia amazonica*	南美洲	莲叶黄檀②	
2230	*Dalbergia amerimmon*	美国	美国黄檀②	
2231	*Dalbergia berteroi*	中美洲	贝特罗黄檀②	
2232	*Dalbergia brasiliensis*	巴西	巴西黄檀②	
2233	*Dalbergia brownei*	中美洲、南美洲	布朗内黄檀②	
2234	*Dalbergia calderonii*	中美洲	卡氏黄檀②	

序号	学名	主要产地	中文名称	地方名
2235	*Dalbergia calycina*	墨西哥	花萼黄檀②	cahuirica
2236	*Dalbergia catingicola*	巴西	卡廷基黄檀②	
2237	*Dalbergia caudata*	圭亚那	尾状黄檀②	
2238	*Dalbergia cearensis*	巴西	赛州黄檀②	bois violet；braziliaans violethout；jacaranda violeta；jacaranda violete；kingwood；legno violetto；madera violada；marnut；palissandre de violette；pau violeta；violeta；violethout；violetta；violetwood
2239	*Dalbergia chontalensis*	中美洲	钱塔伦黄檀②	
2240	*Dalbergia congestiflora*	墨西哥	丛花黄檀②	camotillo；campinchiran；gomerata
2241	*Dalbergia cubilquitzensis*	中美洲	库比尔黄檀②	
2242	*Dalbergia cucullata*	委内瑞拉	兜状黄檀②	
2243	*Dalbergia cuiabensis*	玻利维亚、巴西	库亚本黄檀②	
2244	*Dalbergia cuscatlanica*	南美洲	尖叶黄檀②	
2245	*Dalbergia darienensis*	哥伦比亚、巴拿马	达里黄檀②	
2246	*Dalbergia debilis*	秘鲁	梨形黄檀②	
2247	*Dalbergia decipularis*	巴西	大辩黄檀②	palissandre de rose；sebastiao de arruda
2248	*Dalbergia densiflora*	巴西	密花黄檀②	
2249	*Dalbergia ecastophyllum*	美国	长吻黄檀②	liana
2250	*Dalbergia elegans*	巴西	优雅黄檀②	
2251	*Dalbergia enneaphylla*	委内瑞拉	新叶黄檀②	
2252	*Dalbergia ernest-ulei*	巴西	油香黄檀②	
2253	*Dalbergia foliolosa*	玻利维亚、巴西	小叶黄檀②	leafletted rosewood
2254	*Dalbergia foliosa*	玻利维亚、巴西	叶状黄檀②	leafy rosewood
2255	*Dalbergia frutescens*	巴西	灌木黄檀②	bahia rozehout；brazilian tulip；brazilian tulipwood；cego machado；grao do porco；jacaranda rosa；jacaranda rouge；jacaranda roxo；pau rosada；pinkwood；sebastoao de arruda；tulipwood；violeta de cipo；violetwood

序号	学名	主要产地	中文名称	地方名
2256	*Dalbergia frutescens* var. *tomentosa*	巴西	绒毛黄檀②	brazillan tulipwood；pinkwood
2257	*Dalbergia funera*	萨尔瓦多、危地马拉	福拉黄檀②	
2258	*Dalbergia glabra*	墨西哥	光滑黄檀②	ah-muk；camac；kibix；muk；tzacui
2259	*Dalbergia glandulosa*	巴西	腺叶黄檀②	
2260	*Dalbergia glauca*	圭亚那	青冈黄檀②	kwata
2261	*Dalbergia glaucescens*	阿根廷	白变黄檀②	isa pui；ysapuy chico
2262	*Dalbergia glaziovii*	巴西	格氏黄檀②	glaziou rosewood
2263	*Dalbergia glomerata*	中美洲	聚花黄檀②	
2264	*Dalbergia gracilis*	波利维亚、巴西、秘鲁	纤细黄檀②	slender rosewood；bejuco de hamaca；cipó-cábua；cipó-de-escada；escada-de-jaboti；parecebalao-chines
2265	*Dalbergia granadillo*	墨西哥、危地马拉、尼加拉瓜、哥斯达黎加	中美洲黄檀②	campinceran；cocobolo；granadillo morado；ma-ku-no；nambar；nicaraguan rosewood；rosewood；tampinseran；tapinceran
2266	*Dalbergia grandistipula*	巴西	大托叶黄檀②	
2267	*Dalbergia guttembergii*	巴西	加氏黄檀②	
2268	*Dalbergia hiemalis*	巴西	冬令黄檀②	
2269	*Dalbergia hortensis*	巴西	易生黄檀②	gardens rosewood；jacarandá；palissandre des jardins；sebastiao-de-arruda
2270	*Dalbergia hygrophila*	南美洲	湿生黄檀②	anicillo；bejucocolorado；hygrophilous rosewood；palissandre hygrophile
2271	*Dalbergia intermedia*	南美洲	中性黄檀②	
2272	*Dalbergia intibucana*	洪都拉斯	因蒂黄檀②	
2273	*Dalbergia inundata*	巴西、秘鲁	贝吉黄檀②	flooded rosewood；jucunare-cipo；meradiu；meradui
2274	*Dalbergia iquitosensis*	巴西、秘鲁	伊基托斯黄檀②	
2275	*Dalbergia lateriflora*	巴西	侧花黄檀②	lateralflower rosewood
2276	*Dalbergia longepedunculata*	洪都拉斯、墨西哥	长叶黄檀②	
2277	*Dalbergia luteola*	中美洲	黄花黄檀②	
2278	*Dalbergia miscolobium*	巴西	雌雄黄檀②	cabuina；jacaramda-do-cerrado；jacaranda cabiuna

序号	学名	主要产地	中文名称	地方名
2279	*Dalbergia mollis*	巴西	软黄檀②	
2280	*Dalbergia monetaria*	墨西哥、哥伦比亚	内塔黄檀②	barbasco；cruceta；moneybush；moneybush rosewood；penda；tietie
2281	*Dalbergia nigra*	巴西、阿根廷、西印度群岛	巴西黑黄檀①	bahia rosewood；brasiliansk palisander；cabiuna roxa；cabuiva；cambore；camboriuna；jacaranda branca；jacaranda mullato；jacaranda pardo；jacaranda-da-bahia；jakaranda；palissande rhout；rosenholz；rozenhout；saborana；tulipwood；urauna；white rosewood
2282	*Dalbergia palo-escrito*	墨西哥	笔杆黄檀②	
2283	*Dalbergia paucifoliolata*	墨西哥	少叶黄檀②	
2284	*Dalbergia retusa*	尼加拉瓜、哥伦比亚、墨西哥、哥斯达黎加、巴拿马、巴西、危地马拉、洪都拉斯	微凹黄檀②	black rosewood；cocobola；cocobolo prieto；funera；granadillo；granadillo de chontales；namba；nambar；nicaraguan cocobolo；nnambar；palisandro；palissandre cocobolo；prieto；red foxwood；rosewood；yellow rosewood
2285	*Dalbergia revoluta*	南美洲	卷叶黄檀②	revolute rosewood
2286	*Dalbergia rhachiflexa*	墨西哥	拉希夫黄檀②	
2287	*Dalbergia riedelii*	南美洲	瑞氏黄檀②	
2288	*Dalbergia riparia*	南美洲	岸生黄檀②	
2289	*Dalbergia ruddiae*	中美洲	鲁迪黄檀②	
2290	*Dalbergia salvanaturae*	萨尔瓦多	萨瓦纳黄檀②	
2291	*Dalbergia sampaioana*	巴西	桑帕黄檀②	
2292	*Dalbergia simpsonii*	秘鲁	辛氏黄檀②	
2293	*Dalbergia sissoo*	古巴、美国	印度黄檀②	palo de rosa；sissoo
2294	*Dalbergia spruceana*	巴西	亚马孙黄檀②	amazon rosewood；jacaranda；jacaranda do para；palissander de para；palissandre para；palissandro del brasile；para palissander；para rosewood；para-palisander；rosewood；saboarana；saborana

序号	学名	主要产地	中文名称	地方名
2295	*Dalbergia stevensonii*	伯利兹、危地马拉、洪都拉斯	伯利兹黄檀②	british honduras rosewood；ciruelo；cocobolo；honduras birds-eye；honduras palisander；honduras rosewood；honduras-palisander；nagaed；nagaedwood；nogaed；palisandro de honduras；palissander du honduras；palissandre honduras；palissandro dell'honduras；rosewood
2296	*Dalbergia subcymosa*	南美洲	宽分枝黄檀②	
2297	*Dalbergia tilarana*	中美洲	地拉那黄檀②	
2298	*Dalbergia tucurensis*	墨西哥、危地马拉、洪都拉斯、伯利兹	危地马拉黄檀②	corazon bonito；granadillo；guatemala rosewood；junero；palisandro de guatemala；palissander du guatemala；palissandre de guatemala；palissandro di guatemala；palo de peine；rosewood；rosul
2299	*Dalbergia villosa*	巴西	毛黄檀②	cabiuna do campo；jacaranda do campo
2300	*Dalbergia violacea*	巴西	紫色黄檀②	caviúna do campo；jacaranda do campo
Daniellia（CAESALPINIACEAE）西非苏木属（苏木科）			**HS CODE** **4403. 49**	
2301	*Daniellia thurifera*	法属圭亚那	乳香西非苏木	sandan
Daphne（THYMELAEACEAE）瑞香属（瑞香科）			**HS CODE** **4403. 99**	
2302	*Daphne alpina*	美国	高山瑞香	laurel spurge；mezereum
2303	*Daphne laureola*	美国	桂叶瑞香	laurel spurge；mezereum
2304	*Daphne mezereum*	美国	欧亚瑞香	laurel spurge；mezereum
2305	*Daphne striata*	美国	条纹瑞香	laurel spurge；mezereum
Daphnopsis（THYMELAEACEAE）檀薇香属（瑞香科）			**HS CODE** **4403. 99**	
2306	*Daphnopsis americana*	哥伦比亚、特立尼达、牙买加、危地马拉、墨西哥、波多黎各、古巴、西印度群岛、海地、小安的列斯群岛、尼加拉瓜、哥斯达黎加、委内瑞拉、瓜德罗普岛	美洲檀薇香	barbasquillo；burn-nose；cuco；emajagua de sierra；guacacoa baria；llovizna；maho；mahoe；mahout pimente；majagua de sierra；mancuno；mastate；mecabal；pela manos；sabanero

序号	学名	主要产地	中文名称	地方名
2307	*Daphnopsis bonplandiana*	墨西哥	扁平檀薇香	cuero de toro；talismecate
2308	*Daphnopsis brasiliensis*	巴西	巴西檀薇香	embira branca
2309	*Daphnopsis coriacea*	古巴	革叶檀薇香	
2310	*Daphnopsis cubensis*	古巴	小叶檀薇香	guacacoa
2311	*Daphnopsis guacacoa*	古巴	假檀薇香	guacacoa；juacacoa
2312	*Daphnopsis loranthifolia*	厄瓜多尔	筒状檀薇香	sapan
2313	*Daphnopsis macrophylla*	厄瓜多尔	大叶檀薇香	
2314	*Daphnopsis mollis*	墨西哥	软檀薇香	coni de ardilla；correa blanca
2315	*Daphnopsis philippiana*	波多黎各	菲利檀薇香	cieneguillo；emajagua brava；emajagua de sierra；majagua brava；majagua quemadora
2316	*Daphnopsis salicifolia*	墨西哥	柳叶檀薇香	adelfilla；ahuejote
Datura（SOLANACEAE）曼陀罗属（茄科）			**HS CODE 4403.99**	
2317	*Datura arborea*	墨西哥	树状曼陀罗	
2318	*Datura inoxia*	墨西哥	毛曼陀罗	tecuyaui；toloache；toloache grande；tolohual-xihuitl
Davilla（DILLENIACEAE）苞萼藤属（五桠果科）			**HS CODE 4403.99**	
2319	*Davilla alata*	圭亚那	翼状苞萼藤	kabuduli；katwai
2320	*Davilla kunthii*	伯利兹、圭亚那	昆氏苞萼藤	chaparro；kabuduli
2321	*Davilla rugosa*	圭亚那	皱叶苞萼藤	kabuduli
Delonix（CAESALPINIACEAE）凤凰木属（苏木科）			**HS CODE 4403.99**	
2322	*Delonix boiviniana*	墨西哥	波多凤凰木	
2323	*Delonix regia*	危地马拉、墨西哥、哥伦比亚、多米尼加、波多黎各、委内瑞拉、维尔京群岛、美国、海地、古巴、巴西、洪都拉斯	凤凰木	acacia；aclavellino；arbol de fuego；flamboyan；flamboyan colorado；flamboyan rojo；flamboyant；flame-tree；framboyan；giant；guacamaya；guacamayo；josefina；poinciana；royal poinciana；tabuchin

序号	学名	主要产地	中文名称	地方名
Dendrobangia（CARDIOPTERIDACEAE）乔茶茱萸属（心翼果科）			**HS CODE 4403.99**	
2324	*Dendrobangia boliviana*	苏里南、玻利维亚、巴西、圭亚那、厄瓜多尔	玻利维亚乔茶茱萸	mope watong tekaleja；pau de cubiu；roble；wajaballi；wajaballi kharameroe
Dendromecon（PAPAVERACEAE）罂粟木属（罂粟科）			**HS CODE 4403.99**	
2325	*Dendromecon rigidum*	美国	硬枝罂粟木	bush-poppy；stiff-bush poppy
Dendropanax（ARALIACEAE）树参属（五加科）			**HS CODE 4403.99**	
2326	*Dendropanax affinis*	阿根廷	近缘树参	palo leon；umbu
2327	*Dendropanax amplifolia*	厄瓜多尔	广叶树参	malva
2328	*Dendropanax arboreus*	牙买加、哥伦比亚、海地、墨西哥、波多黎各、多米尼加、巴西、巴拿马、委内瑞拉、洪都拉斯、尼加拉瓜、古巴	乔木树参	angelica-tree；banco；bois negresse；mano de leon；maria molle；multe；nagua blanca；nixtamalcu ahuitl；palo guitaro；palo santo；paloma；ramon de caballo；sacchacah；sakchaka；tamalcuahuitl；tun-daja；vaquero；zapotillo
2329	*Dendropanax caucanum*	厄瓜多尔	单叶树参	algodoncillo
2330	*Dendropanax concinna*	伯利兹	整洁树参	sac-chacal；white gumbo-limbo
2331	*Dendropanax cuneifolia*	阿根廷	楔叶树参	ombu-ra
2332	*Dendropanax laurifolius*	波多黎各	桂叶树参	gongoli；palo de cachumba；palo de gangulin；palo de pollo negro；palo de vaca；vibona；vibora
2333	*Dendropanax sessiliflorus*	哥斯达黎加	无柄树参	manteco
2334	*Dendropanax smithiana*	巴拿马	斯密树参	paloma
2335	*Dendropanax stenocarpa*	洪都拉斯	窄果树参	palo de agua
2336	*Dendropanax williamsii*	秘鲁	尖叶树参	achcu-ysman；acheu-isman
Desmopsis（ANNONACEAE）苞鹰爪属（番荔枝科）			**HS CODE 4403.99**	
2337	*Desmopsis panamensis*	巴拿马	巴拿马苞鹰爪	anonillo

序号	学名	主要产地	中文名称	地方名
Dialium（CAESALPINIACEAE）摘亚木属（苏木科）			**HS CODE** **4403.49**	
2338	*Dialium guianense*	巴西、哥伦比亚、委内瑞拉、秘鲁、洪都拉斯、尼加拉瓜、伯利兹、厄瓜多尔、巴拿马、墨西哥、圭亚那、苏里南、危地马拉	圭亚那摘亚木	azedinha；cacho；comenegro；dikademo；fria；granadillo；hauso；huapaque；huitillo；ironwood；itu；jatahy；jatai；monkey apple；ohiorme；pague；paki；paleta；pulleywood；quebra machado；sangre blanco；tamarindo montero；tamarindo negro；uhee-tee；wapak
Dichapetalum（DICHAPETALACEAE）毒鼠子属（毒鼠子科）			**HS CODE** **4403.99**	
2339	*Dichapetalum axillare*	巴拿马	叶轴花毒鼠子	blancito
2340	*Dichapetalum pedunculatum*	圭亚那	长花梗毒鼠子	kanakudiballi
Dichrostachys（MIMOSACEAE）代儿茶属（含羞草科）			**HS CODE** **4403.99**	
2341	*Dichrostachys cinerea*	古巴	代儿茶	aroma；marabu
Diclinanona（ANNONACEAE）秘巴番荔枝属（番荔枝科）			**HS CODE** **4403.99**	
2342	*Diclinanona calycina*	秘鲁东部、巴西西部	萼状秘巴番荔枝木	envira preta
Dicorynia（CAESALPINIACEAE）双柱苏木属（苏木科）			**HS CODE** **4403.49**	
2343	*Dicorynia calvum*	巴西	无毛双柱苏木	mandioqueira
2344	*Dicorynia guianensis*	巴西、法属圭亚那、圭亚那、苏里南、巴拿马	双柱苏木	angelica；angelique gris；angelique rouge；baaralocus；baraka roeballi；barakaroeballi；barakaruballi；gueli；guiana teak；kabakally；nutwood；sienga pretoe；siengdia apeto；tapaiuna；weti；zand locus；zwarte
2345	*Dicorynia paraensis*	法属圭亚那、苏里南	帕拉州双柱苏木	angelica-do-pana；angelique；basralocus
Dicranopteris（GLEICHENIACEAE）芒萁属（里白科）			**HS CODE** **4403.99**	
2346	*Dicranopteris pectinata*	秘鲁	梳状芒萁	rastrera

序号	学名	主要产地	中文名称	地方名
Dictyoloma（RUTACEAE） 醉鱼枫属（芸香科）			**HS CODE** **4403.99**	
2347	_Dictyoloma peruvianum_	秘鲁	秘鲁醉鱼枫	huaman-samana
Dicymbe（CAESALPINIACEAE） 双舟檀属（苏木科）			**HS CODE** **4403.99**	
2348	_Dicymbe altsonii_	圭亚那	阿氏双舟檀	atuba；clump wallaba
2349	_Dicymbe corymbosa_	圭亚那	伞房双舟檀	clump wallaba；parue；sand mora
Dicypellium（LAURACEAE） 丁香桂属（樟科）			**HS CODE** **4403.99**	
2350	_Dicypellium caryophyllatum_	法属圭亚那、巴西	丁香桂	bois crabe；canella falsa；canelle giroflee；cravo de maranhao；imira quinha；louro cheiroso；louro cravo；macaca poranga；muiraquyia；pao cravo；pau cravo
Didymopanax（ARALIACEAE） 双参属（五加科）			**HS CODE** **4403.49**	
2351	_Didymopanax anomalum_	巴西	白双参木	canela mandioca
2352	_Didymopanax calvum_	巴西	无毛双参木	mandioqueira
2353	_Didymopanax longipetiolatum_	巴西	长花序双参木	mandioca；mandioqueira
2354	_Didymopanax moritzianum_	巴西	苦双参木	yagrumo macho
2355	_Didymopanax morototoni_	巴西	莫罗双参木	
2356	_Didymopanax navarroi_	巴西、圭亚那	纳氏双参木	caixeta；handioqueira；mandioca；mandiocao；mandioqueira；morototo；pau caixeta；rameira barava；sambaquim；sumbaquim
2357	_Didymopanax pittieri_	哥斯达黎加	皮蒂双参木	papayillo
2358	_Didymopanax tremulum_	海地	毛蕊双参木	bois tremble
Dillenia（DILLENIACEAE） 五桠果属（五桠果科）			**HS CODE** **4403.49**	
2359	_Dillenia indica_	多米尼加、波多黎各、美国	印度五桠果	chalter；coca；dilenia；dillenia

序号	学名	主要产地	中文名称	地方名
Dimocarpus（SAPINDACEAE） 龙眼属（无患子科）			**HS CODE** **4403.99**	
2360	*Dimocarpus longan*	巴西	龙眼木	olhodeboi
Dimorphandra（CAESALPINIACEAE） 二型雄蕊苏木属（苏木科）			**HS CODE** **4403.49**	
2361	*Dimorphandra conjugata*	苏里南、圭亚那、巴西、委内瑞拉	成对二型雄蕊苏木	akajoeran；akayoran；anjama；boesie kasjoe；bosch kasjoe；dakama；dakkama；kadjoe mattoe
2362	*Dimorphandra davisii*	圭亚那	德氏二型雄蕊苏木	arisauroballi
2363	*Dimorphandra gardneriana*	圭亚那	加德二型雄蕊苏木	faveina
2364	*Dimorphandra macrostachya*	秘鲁、圭亚那	大穗二型雄蕊苏木	akwoto；atama；faveina；hawakai；kanawai；paranga；zapatilla
2365	*Dimorphandra mollis*	巴拉圭、巴西	软二型雄蕊苏木	atana；barbatimao；fava damta；sucupira branca
2366	*Dimorphandra polyandra*	圭亚那、苏里南	多蕊二型雄蕊苏木	aieoueko；dakama；huruhurudan；light manariballi；manariballi；mora
2367	*Dimorphandra pullei*	苏里南	普拉二型雄蕊苏木	riariadan ojota
Dimorphanthera（ERICACEAE） 异药莓属（杜鹃科）			**HS CODE** **4403.99**	
2368	*Dimorphanthera collinsii*	苏里南	柯氏异药莓	
2369	*Dimorphanthera decockii*	圭亚那	异药莓	
2370	*Dimorphanthera kempteriana*	巴西	蝉叶异药莓	
2371	*Dimorphanthera keyseri*	苏里南	凯氏异药莓	
Dinizia（MIMOSACEAE） 异味豆属（含羞草科）			**HS CODE** **4403.49**	
2372	*Dinizia excelsa*	巴西、圭亚那	异味豆	angelim falso；angelim ferro；angelim pedra；angelim pedra verd；angelim vermelho；faveira dura；faveira ferro；faveira grande；kuraru；parakwa；silver

序号	学名	主要产地	中文名称	地方名
Dioclea (FABACEAE) 茵藤豆属（蝶形花科）			**HS CODE** **4403.99**	
2373	_Dioclea elliptica_	巴西	椭圆茵藤豆	
2374	_Dioclea grandiflora_	巴西	大花茵藤豆	mucuna
2375	_Dioclea malacocarpa_	巴西	白果茵藤豆	amapa
2376	_Dioclea reflexa_	巴西	高大茵藤豆	
2377	_Dioclea virgata_	巴西	帚状茵藤豆	
Diospyros (EBENACEAE) 柿属（柿树科）			**HS CODE** **4403.49**	
2378	_Diospyros anisandra_	墨西哥	大花柿木	xcache；xkanchee；x-nob-che
2379	_Diospyros artanthifolia_	秘鲁	黄花柿木	motelomicuna
2380	_Diospyros blancoi_	古巴	苞片柿木	mabolo
2381	_Diospyros blepharophylla_	墨西哥	短柄柿木	zapote negro
2382	_Diospyros caribaea_	古巴	加勒比柿木	tagua-tagua
2383	_Diospyros conzattii_	墨西哥	墨西哥柿木	montes；negro；zapote；zapote negro montes
2384	_Diospyros crassinervis_	古巴	粗脉柿木	carbonero；ebano
2385	_Diospyros domingensis_	多米尼加	多米柿木	cocuyo
2386	_Diospyros ebenaster_	墨西哥、西印度群岛、危地马拉、伯利兹	斯里兰卡乌木	biaahui；biaqui；black capote；bomrza；ebano；ebene plaque minier；matasano de mico；munec；muneque；pillahui；saual；sirunda-urata；tatoho；tauche；tauch-ya；tilzapot；tsupilul；xinde；zapote negro；zapote prieto
2387	_Diospyros grisebachii_	古巴、	塞氏柿木	carbonero ebano；ebany；real ebano
2388	_Diospyros guianensis_	圭亚那、苏里南	圭亚那柿木	barabara；barrabarra；kaki-da-mata；pedakuruk；tarara
2389	_Diospyros ierensis_	圭亚那	卫矛柿木	barabara；perakuruk；tarara
2390	_Diospyros laurifolia_	古巴	月桂叶柿木	sapote negro
2391	_Diospyros lissocarpoides_	圭亚那	利索卡柿木	barabara
2392	_Diospyros martinii_	圭亚那	齿氏柿木	
2393	_Diospyros matheriana_	圭亚那	泰利柿木	barabara

序号	学名	主要产地	中文名称	地方名
2394	*Diospyros nicaraguensis*	墨西哥	尼加拉瓜柿木	tichele
2395	*Diospyros oaxacana*	墨西哥	瓦卡纳柿木	zapote negro；zapotillo
2396	*Diospyros obtusiflora*	墨西哥	钝花柿木	acapulco
2397	*Diospyros palmeri*	墨西哥	掌叶梅柿木	chapota；zapote negro
2398	*Diospyros poeppigiana*	秘鲁	薄皮柿木	uchpa-pamashto；uchpa-pamasto
2399	*Diospyros revoluta*	小安的列斯群岛、多米尼加、波多黎各、瓜德罗普岛	苏铁柿木	babara bambarat；black apple；ebano；guayabota；zapote negro
2400	*Diospyros rosei*	墨西哥	罗塞柿木	guayaparin；jejito
2401	*Diospyros rubra*	拉丁美洲	红柿木	roodes ebbenhout
2402	*Diospyros salicifolia*	墨西哥	柳叶柿木	ebano
2403	*Diospyros sinaloensis*	墨西哥	白芥柿木	guayparin
2404	*Diospyros sintenisii*	波多黎各	扁氏柿木	guayabota；guayabota nispero；mucaro；tabeiba
2405	*Diospyros sonorae*	墨西哥	索诺拉柿木	guayaparin
2406	*Diospyros tetrasperma*	多米尼加、古巴	四籽柿木	cocuyo；ebano carbonero；ebano real
2407	*Diospyros texana*	美国、墨西哥	德克萨斯柿木	black persimmon；chapote；chapote manzano；mexikanisc he dattelfeige；mexikanisc he dattel-pflaume；mexikanisc he persimmon；schwarze dattel-pflaume；spanish chapote；sweetleaf；texas persimmon；yellow-wood；zapote prieto
2408	*Diospyros verae-crucis*	伯利兹	十字柿木	cylil；ebony
2409	*Diospyros virginiana*	美国、西印度群岛	弗吉尼亚州柿木	bara-bara；boawood；common persimmon；date plum；ebony；echtes persimmon；florida persimmon；paqueminier；persimmon；possumwood；seeded plum；simmon；virginian date palm；virginische dattelfeige；winter plum
2410	*Diospyros xylopioides*	巴西	木卫柿木	piriquiteira
Dipholis（SAPOTACEAE）代弗山榄属（山榄科）			**HS CODE 4403.99**	
2411	*Dipholis salicifolia*	中美洲、西印度群岛、美国东南部	柳叶代弗山榄木	bustic；willow bustic

序号	学名	主要产地	中文名称	地方名
2412	*Dipholis stevensonii*	伯利兹	伯利兹代弗山榄木	faisan
Diphysa（FABACEAE） 绿裤豆属（蝶形花科）			**HS CODE** **4403.99**	
2413	*Diphysa carthagenensis*	墨西哥	矮小绿裤豆	
2414	*Diphysa macrocarpa*	墨西哥	大果绿裤豆	retama de cerro
2415	*Diphysa minutifolia*	墨西哥	小叶绿裤豆	retama；x-sususk；x-tst'uts' uk
2416	*Diphysa occidentalis*	墨西哥	西方绿裤豆	guiloche；huiloche
2417	*Diphysa racemosa*	墨西哥	聚果绿裤豆	palo santo
2418	*Diphysa robinioides*	哥伦比亚、墨西哥、巴拿马、洪都拉斯、哥斯达黎加、萨尔瓦多、巴西、危地马拉、伯利兹	刺槐绿裤豆	arate；babalche；blasenschote；cacique；chipilcoite；cuachepil；granadillo；guachipilin；macano amarillo；negrito；opacta；palo amarillo；quebracho decerro；quebraco；stutz-tzuk；su-suk；vivaseca；xbabalche；yaga yetzi
2419	*Diphysa sennoides*	委内瑞拉、墨西哥	双舌绿裤豆	achivare；cascabelillo
2420	*Diphysa suberosa*	墨西哥	木栓绿裤豆	colchol；corcho；palo santo
Diplotropis（FABACEAE） 双龙瓣豆属（蝶形花科）			**HS CODE** **4403.49**	
2421	*Diplotropis brasiliensis*	巴西	巴西双龙瓣豆	sucupira
2422	*Diplotropis incexis*	巴西	毛双龙瓣豆	sucupira acu；sucupira do cerrad；sucupira-preta
2423	*Diplotropis martiusii*	委内瑞拉、哥伦比亚、法属圭亚那、秘鲁、巴西、圭亚那、苏里南	马氏双龙瓣豆	alcornoque；arenillo；baaka kiabici；chontaquiero；coeur dehors；congrio；huasai-caspi；sucupira；sucupira preta；tatabu；zapan negro；zwarte kabbes；zwarte sapupira
2424	*Diplotropis nitida*	巴西	密茎双龙瓣豆	acapu；acapu do igapo；sucupira
2425	*Diplotropis purpurea*	巴西、哥伦比亚、委内瑞拉、圭亚那、法属圭亚那、苏里南、秘鲁、玻利维亚	紫双龙瓣豆	acapurana；aramatta；baaka kiabici；black sucupira；blakka kabisie；blakka tjabisie；kiabici oudou；koewotto-epoe；levarte kabbes；ogoru；sebipira；sucupira-da-terra-firme；tataboe；tataboo；tjabisihoe doe；zapan negro；zwarte kabbes
2426	*Diplotropis racemosa*	巴西	聚果双龙瓣豆	sapupira；sapupira parda；sebipira；sucupira；taku

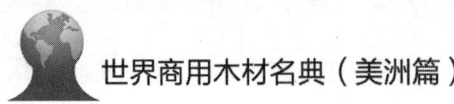

序号	学名	主要产地	中文名称	地方名
Dipteryx（FABACEAE） 二翅豆属（蝶形花科）			**HS CODE** **4403.99**	
2427	*Dipteryx alata*	巴西、秘鲁	翼状二翅豆	baru；combaru；cumaru；cumbaru；guaicara；shihuahuaco negro
2428	*Dipteryx fagifolia*	圭亚那	水青冈叶二翅豆	inguipia；mahot；mahot cigare；wadara
2429	*Dipteryx ferrea*	秘鲁	铁二翅豆	shihuahuaco
2430	*Dipteryx magnifica*	巴西	大二翅豆	cumaru；cumaru-ferro；cumaru-rana
2431	*Dipteryx micrantha*	巴西、秘鲁	小花二翅豆	cumaru；hyamansana
2432	*Dipteryx odorata*	圭亚那、哥斯达黎加、巴西、西印度群岛、法属圭亚那、苏里南、秘鲁、洪都拉斯、委内瑞拉、巴拿马、哥伦比亚、特立尼达	香二翅豆	aipo；almendro；camarurana；cuamara kumara；cumaru；froot locus；gaiac；gaiac franc；gaiacholz；groot locus；katoelimia；kelappabosie；mumapage；serapia；tonca；tonca-bean；tonka-hout；tonkin-bean；tonquina-bean；yape
2433	*Dipteryx oleifera*	巴拿马	油二翅豆	almendro
2434	*Dipteryx panamensis*	哥斯达黎加、尼加拉瓜	巴拿马天蓬树③	almendro；almendro amarillo；almendro de montana；ebo；eboe；tonka bean-tree
2435	*Dipteryx panamensis*	巴拿马、洪都拉斯	巴拿马天蓬树	almendro；ebo；eboe
2436	*Dipteryx punctata*	巴西、圭亚那、哥伦比亚、委内瑞拉	斑二翅豆	cumaru；kumaru；sarrapia；sarrapio；tonka-bean
2437	*Dipteryx trifoliata*	圭亚那	三叶二翅豆	
Dirca（THYMELAEACEAE） 韦木属（瑞香科）			**HS CODE** **4403.99**	
2438	*Dirca palustris*	美国	沼泽韦木	leatherwood；moosewood；wicopy
Discocarpus（EUPHORBIACEAE） 头碟木属（大戟科）			**HS CODE** **4403.99**	
2439	*Discocarpus essequiboensis*	巴西、圭亚那、苏里南	头碟木	oity do campo；squarewood
2440	*Discocarpus gentryi*	巴西、秘鲁	甘特头碟木	loromicuna；ucuchahuasi

序号	学名	主要产地	中文名称	地方名
Ditta（EUPHORBIACEAE） 杨梅桐属（大戟科）			**HS CODE** **4403.99**	
2441	_Ditta myricoides_	波多黎各	匙叶杨梅桐	ditta；jaboncillo
Dodonaea（SAPINDACEAE） 车桑子属（无患子科）			**HS CODE** **4403.99**	
2442	_Dodonaea viscosa_	美国、墨西哥、西印度群岛、波多黎各、哥伦比亚、萨尔瓦多、巴哈马、多米尼加、巴巴多斯、海地、特立尼达、牙买加、巴西	车桑子	aalii；aria；bois guillaume；chapuliz；dogwood；granadina；gui-laga-ciiti；guitaran；hayuelo；hopbush；hopshrub；munditos；ocotillo；palomilto；pativier；pirumu；qui-laga-cijti；salte；tarachico；tonalcotl-xihuitl；vassourinha
Doliocarpus（DILLENIACEAE） 蕴水藤属（五桠果科）			**HS CODE** **4403.99**	
2443	_Doliocarpus brevipedicellatus_	圭亚那	短叶蕴水藤	kabuduli；katauwai
2444	_Doliocarpus coriaceus_	圭亚那	革质蕴水藤	
2445	_Doliocarpus dentatus_	哥伦比亚、圭亚那	齿状蕴水藤	bejuco；kabuduli；katuwaiye
2446	_Doliocarpus macrocarpus_	圭亚那	大果蕴水藤	kabuduli
2447	_Doliocarpus major_	圭亚那、秘鲁	重蕴水藤	kabuduli；katuwaiye；paujil-husca
2448	_Doliocarpus savannarum_	圭亚那	草地蕴水藤	kabuduli；kutunau
2449	_Doliocarpus spraguei_	圭亚那	奥斯蕴水藤	kabuduli；katuwaiye
Dovyalis（FLACOURTIACEAE） 锡兰莓属（大风子科）			**HS CODE** **4403.99**	
2450	_Dovyalis hebecarpa_	美国、波多黎各	钝果锡兰莓	ceylon gooseberry；ketambilla；kitembilla；uetembila
Dracaena（AGAVACEAE） 龙血树属（龙舌兰科）			**HS CODE** **4403.99**	
2451	_Dracaena americana_	伯利兹、洪都拉斯、危地马拉	美洲龙血树	candlewood；cerbatana；fiddlewood；isote；izote；izote de montana

序号	学名	主要产地	中文名称	地方名
2452	*Dracaena fragrans*	多米尼加、波多黎各、美国、特立尼达、瓜德罗普岛	香龙血树	coco manaco；dracaena；fragrant dracaena；white rayo
Drimys（WINTERACEAE）辛酸八角属（假八角科）			HS CODE 4403.99	
2453	*Drimys granadensis*	墨西哥、南美洲、哥斯达黎加	格氏辛酸八角	al-ca-puc；boigne；canelo；cashiquec；chachaca；chilillo；palo de chile；palo picante；quiebra muela；quiebra muelas；quiebra-muelas；vaya-yina；winter-tree；yaga-bziga
2454	*Drimys lanceolata*	墨西哥	剑叶辛酸八角	
2455	*Drimys piperita*	墨西哥	黄连辛酸八角	
2456	*Drimys winteri*	委内瑞拉、巴西、阿根廷、智利、哥伦比亚、墨西哥、厄瓜多尔、哥斯达黎加	辛酸八角	arbol de agi；boigne；canella amarga；chachaca；chilillo；ecorce de tapir；foye；garan blanco；kanelo；melambo；pao paratudo；papororoca；paratudo；quiebra muela；quiebra-muelas；quinon；wintersbark-tree
Drypetes（EUPHORBIACEAE）核果木属（大戟科）			HS CODE 4403.49	
2457	*Drypetes alba*	多米尼加、海地、波多黎各、古巴、瓜德罗普岛	白核果木	azota criollo；bois cotelette；cafeillo；cuerduro；cuero duro；hueso；hueso amarillo；hueso tortuga；laboue cochon；lirio；maco；palo blanco；palo de vaca；palo de vaca blanco
2458	*Drypetes amazonica*	厄瓜多尔	亚马孙核果木	gulumpara；malagri panga；pingulla caspi
2459	*Drypetes brownii*	圭亚那、伯利兹、洪都拉斯、墨西哥	布氏核果木	bois cotelette；bullhoof；bullhoof macho；guiana plum；jolube；julube；male bullhoof；palo de aceituna
2460	*Drypetes crocea*	美国、古巴	大核果木	florida plum；guiana plum；hueso de monte；whitewood
2461	*Drypetes diversifolia*	美国	众叶核果木	florida whitewood；guiana big plum；milkbark；whitewood
2462	*Drypetes dussii*	向风群岛	杜氏核果木	mousara
2463	*Drypetes glauca*	波多黎各、古巴、牙买加、瓜德罗普岛	青冈核果木	cafeillo；hueso；palo blanco；palo de aceituna；varital；wild-orange

序号	学名	主要产地	中文名称	地方名
2464	*Drypetes ilicifolia*	波多黎各、牙买加	冬青叶核果木	encinillo; rosenholz
2465	*Drypetes keyensis*	巴哈马、美国、西印度群岛、波多黎各	斑状核果木	florida plum; florida whitewood; florida-pflaume; hueso; milkbark; prune de florida; varital
2466	*Drypetes lateriflora*	海地、波多黎各、美国、古巴、萨尔瓦多、多米尼加、牙买加	美洲核果木	bois cotelette; ciruela de guayana; cotelette; cueriduro; florida plum; guiana big plum; guiana plum; hueso; hueso de monte; jueso blanco; mula; pae manuel; ramon blanco; whitewood; whitewood drypetes
2467	*Drypetes mucronata*	古巴	尖头核果木	ramon blanco
2468	*Drypetes variabilis*	苏里南、委内瑞拉、圭亚那	异叶核果木	jakalawa ereparoe; kerosen; koejala tokon; shibadan
	Dubautia（COMPOSITAE）轮菊属（菊科）		**HS CODE 4403.99**	
2469	*Dubautia plantaginea*	美国	车前轮菊木	naenae
	Duckeodendron（SOLANACEAE）核果茄属（茄科）		**HS CODE 4403.99**	
2470	*Duckeodendron cestroides*	巴西	核果茄	pupinha-rana; pupunharana
	Duguetia（ANNONACEAE）杜古番荔枝属（番荔枝科）		**HS CODE 4403.99**	
2471	*Duguetia argentea*	南美洲	银杜古番荔枝	majagua; silvery duguetia; sosirana
2472	*Duguetia bahiensis*	南美洲	巴伊杜古番荔枝	pindaiba
2473	*Duguetia cadaverica*	南美洲	卡达杜古番荔枝	
2474	*Duguetia calycina*	南美洲	卡利杜古番荔枝	ata braba; boesi-soensoka; panta
2475	*Duguetia cauliflora*	南美洲	茎花杜古番荔枝	envira; yarayara; yarayara negra
2476	*Duguetia chrysea*	南美洲	金色杜古番荔枝	golden duguetia; xaxerany
2477	*Duguetia confinis*	南美洲	克莱杜古番荔枝	
2478	*Duguetia cooperi*	哥伦比亚	库珀杜古番荔枝	yaya

序号	学名	主要产地	中文名称	地方名
2479	*Duguetia cuspidata*	圭亚那	尖杜古番荔枝	pioi；yarayara；yeshidan
2480	*Duguetia decurrens*	南美洲	延叶杜古番荔枝	yarriyarri
2481	*Duguetia echinophora*	南美洲	埃奇杜古番荔枝	ameiju；ameipi
2482	*Duguetia eximia*	南美洲	埃杜古番荔枝	mamanyara；pakirem pirye；panta
2483	*Duguetia flagellaris*	南美洲	鞭毛杜古番荔枝	palo de vara；pinday；vara；vara blanca
2484	*Duguetia furfuracea*	南美洲	糠杜古番荔枝	
2485	*Duguetia granvilleana*	南美洲	格兰杜古番荔枝	
2486	*Duguetia guianensis*	圭亚那、苏里南	圭亚那杜古番荔枝	babubali；lanshout；pritijari；pritjiarie；witte pritjarie；yari-vari
2487	*Duguetia hadrantha*	巴西	厚花杜古番荔枝	barayara；envireira ameju；espintana；oonduru
2488	*Duguetia inconspicua*	圭亚那	隐叶杜古番荔枝	bosguurgak；envira；jari-jari；yeshidan；yishidan
2489	*Duguetia lanceolata*	智利、巴西	剑叶杜古番荔枝	beriba；embeu；pindabuna；pindahiba；pindahuva；pindahyba branca；pindaiba；pindauva；pindauvuna；pinheira；pinhoa
2490	*Duguetia latifolia*	南美洲	阔叶杜古番荔枝	anona；baracaspi；chuachua；motelo chagui；ocmtai
2491	*Duguetia lucida*	圭亚那	亮叶杜古番荔枝	yarri-yarri
2492	*Duguetia megalophylla*	圭亚那	巨叶杜古番荔枝	araida
2493	*Duguetia neglecta*	圭亚那	忽杜古番荔枝	yarri-yari
2494	*Duguetia odorata*	厄瓜多尔	香杜古番荔枝	mi-en；vara
2495	*Duguetia pauciflora*	南美洲	少花杜古番荔枝	
2496	*Duguetia pycnastera*	圭亚那	紫苑杜古番荔枝	yarri-yarri
2497	*Duguetia quitarensis*	委内瑞拉、圭亚那、秘鲁	戒杜古番荔枝	annancillo；araira；lanzenholz；tortuga-caspi；yarri-yarri；yeriyer
2498	*Duguetia riparia*	南美洲	岸边杜古番荔枝	

序号	学名	主要产地	中文名称	地方名
2499	*Duguetia spixiana*	秘鲁、巴西、委内瑞拉	杜古番荔枝	anona；elemuy；envira；espintana；espintana blanca；yaya
2500	*Duguetia staudtii*	南美洲	斯氏杜古番荔枝	
2501	*Duguetia stelechantha*	南美洲	斯泰杜古番荔枝	
2502	*Duguetia stenantha*	南美洲	短柄杜古番荔枝	
2503	*Duguetia surinamensis*	苏里南	苏里南杜古番荔枝	kajediballi
2504	*Duguetia uniflora*	南美洲	单花杜古番荔枝	
2505	*Duguetia vallicola*	巴西、委内瑞拉、哥伦比亚	谷地杜古番荔枝	elemy；envira；solera；yaya；yaya pino
2506	*Duguetia yeshidan*	圭亚那	倒卵叶杜古番荔枝	ojibipo；yeshidan
Duranta (VERBENACEAE) 假连翘属（马鞭草科）			**HS CODE** 4403.99	
2507	*Duranta erecta*	安的列斯群岛、哥伦比亚、牙买加、波多黎各、海地、墨西哥、古巴、萨尔瓦多、多米尼加、美国、巴西、尼加拉瓜、巴拿马、委内瑞拉、西印度群岛	假连翘	adonis；adonis morado；bois jambette；capocoche；duranta；espina blanca；espino negro；golden-dewdrop；heliotropo morado；kampokoche；lluvia；melero；pensamiento；violetina；x-kambokolche；zarza
2508	*Duranta sprucei*	厄瓜多尔	云杉假连翘	muticacea；papa-casha；tandalo
Duroia (RUBIACEAE) 猴棠属（茜草科）			**HS CODE** 4403.99	
2509	*Duroia eriopila*	苏里南、圭亚那	绒膜猴棠	bosch marmel doos；komaramara；kumara-mara；marmelade doosjes-boom；typical wodly duroia
2510	*Duroia genipoides*	圭亚那	土拨猴棠	ombang；yayabare
2511	*Duroia hirsuta*	厄瓜多尔、秘鲁	多毛猴棠	ahuangucaspi；hairy duroia；iwiank；juba abiyu；palo de diablo；rey de la selva；sacha caspi；solitario；supai-caspi；supai-quinilla；tuba abiyu；uchulumba caspi

序号	学名	主要产地	中文名称	地方名
2512	*Duroia longifolia*	秘鲁	长叶猴棠	pamparemo-caspi；quinilla
2513	*Duroia micrantha*	委内瑞拉	小花猴棠	carutillo
2514	*Duroia paraensis*	巴西	帕拉猴棠	puruhy
2515	*Duroia saccifera*	巴西	甜猴棠	caajussara；folha comminao
2516	*Duroia sprucei*	巴西	云杉猴棠	
2517	*Duroia trichocarpa*	秘鲁	毛果猴棠	lanca-caspi
	Dussia（FABACEAE） 冲天檀属（蝶形花科）		**HS CODE** **4403.99**	
2518	*Dussia cuscatlanica*	墨西哥	尖叶冲天檀	mata buey
2519	*Dussia discolor*	墨西哥	变色冲天檀	
2520	*Dussia macroprophyllata*	巴拿马	大叶冲天檀	citron
2521	*Dussia tessmanii*	厄瓜多尔	塔氏冲天檀	almendro；batea caspi apa
	Ecclinusa（SAPOTACEAE） 托星榄属（山榄科）		**HS CODE** **4403.99**	
2522	*Ecclinusa guianensis*	圭亚那、委内瑞拉	圭亚那托星榄	barataballi；bartaballi；chicle；kwipa
2523	*Ecclinusa psilophylla*	圭亚那	光叶托星榄	barata
	Ehretia（BORAGINACEAE） 厚壳树属（紫草科）		**HS CODE** **4403.99**	
2524	*Ehretia anacua*	美国	大叶厚壳树	anacua；anagua；anama；anaqua；anaqua ehretia；knackaway；knockaway；sugarberry；yara
2525	*Ehretia elliptica*	墨西哥	椭圆厚壳树	anacua；anagua；cacala；coposo；manzanilla；manzanillo；manzanita；raspa sombrero；tihute；tlalahuacate
2526	*Ehretia latifolia*	墨西哥	阔叶厚壳树	capulin cimarron；huanili；tupin
2527	*Ehretia tehuacana*	墨西哥	全缘厚壳树	topayo
2528	*Ehretia tinifolia*	墨西哥、海地、古巴	紫叶厚壳树	bastard cherry；beek；capulin cimarron；chene noir；filiere；lambimbo；malinche；mambimbo；manzanita；nambimbo；pinguico；quebracho；quiebrahacha；quilalinacate；roble；roble prieto
	Ekmanianthe（BIGNONIACEAE） 苏号树属（紫葳科）		**HS CODE** **4403.99**	
2529	*Ekmanianthe actinophylla*	古巴	苏号树	roble；roble caiman

序号	学名	主要产地	中文名称	地方名
2530	*Ekmanianthe longiflora*	海地	长花苏号树	chenea glandes；ipe
Elaeagnus（ELAEAGNACEAE） 胡颓子属（胡颓子科）		**HS CODE** **4403.99**		
2531	*Elaeagnus angustifolia*	美国	沙枣	oleaster；russian olive
2532	*Elaeagnus commutata*	加拿大、美国	银叶胡颓子	silverberry
Elaeis（PALMAE） 油棕属（棕榈科）		**HS CODE** **4403.99**		
2533	*Elaeis guineensis*	圭亚那、哥斯达黎加	油棕	aouara d'afrique；awarra afrikaansche；palmiche
Elaeocarpus（ELAEOCARPACEAE） 杜英属（杜英科）		**HS CODE** **4403.99**		
2534	*Elaeocarpus bifidus*	美国	夏威夷杜英	kalia
Eleutherococcus（ARALIACEAE） 五加属（五加科）		**HS CODE** **4403.99**		
2535	*Eleutherococcus ricinofolius*	美国	多刺五加	castor arabia
Elizabetha（CAESALPINIACEAE） 幻烟豆属（苏木科）		**HS CODE** **4403.99**		
2536	*Elizabetha coccinea*	圭亚那	朱红幻烟豆	
2537	*Elizabetha durissima*	南美洲	硬脊幻烟豆	azapary
2538	*Elizabetha paraensis*	巴西、哥伦比亚、法属圭亚那、圭亚那、委内瑞拉	白沙幻烟豆	arapary de terra firma；arapary vermelho
2539	*Elizabetha princeps*	圭亚那	幻烟豆	manariballi
Elliottia（ERICACEAE） 夏羽树属（杜鹃科）		**HS CODE** **4403.99**		
2540	*Elliottia paniculata*	美国	锥花夏羽树	
2541	*Elliottia racemosa*	美国	聚果夏羽树	elliottia；southern plume
Embothrium（PROTEACEAE） 洋翅籽属（山龙眼科）		**HS CODE** **4403.99**		
2542	*Embothrium coccineum*	阿根廷、智利、秘鲁	绯红洋翅籽木	circuelillo；ciruelillo；notra-ciruelillo；notro；notru；picahua；radal
Emmotum（ICACINACEAE） 团烛木属（茶茱萸科）		**HS CODE** **4403.99**		
2543	*Emmotum fagifolium*	圭亚那、巴拉圭、巴西	青冈叶团烛木	candlewood；manobodin；marachimbe；muirachimbe；muiraximbe；pakwatopo

序号	学名	主要产地	中文名称	地方名
2544	*Emmotum fulvum*	圭亚那	黄枝团烛木	manobodin
2545	*Emmotum nitens*	巴西	尼滕斯团烛木	faia；maaria-da-mata
Encelia（COMPOSITAE）脆菊木属（菊科）			**HS CODE** 4403.99	
2546	*Encelia farinosa*	美国	粉毛脆菊木	incienso
Endlicheria（LAURACEAE）锥钓樟属（樟科）			**HS CODE** 4403.99	
2547	*Endlicheria acuminata*	巴西	尖突锥钓樟	louro
2548	*Endlicheria anomala*	秘鲁	异锥钓樟	agua-moena；canela moena；moena；moena blanca；moena de agua；moena del agua；nana
2549	*Endlicheria bracteolata*	秘鲁	小苞锥钓樟	
2550	*Endlicheria cocuirey*	委内瑞拉	钩状锥钓樟	canella
2551	*Endlicheria dysodantha*	秘鲁	宽叶锥钓樟	
2552	*Endlicheria endlicheriopsis*	巴西	锥钓樟	
2553	*Endlicheria juruensis*	巴西	短鲷锥钓樟	
2554	*Endlicheria krukovii*	巴西	克氏锥钓樟	louro branco
2555	*Endlicheria macrophylla*	巴西	大叶锥钓樟	
2556	*Endlicheria multiflora*	圭亚那	多花锥钓樟	bastard silverballi；burhuda
2557	*Endlicheria paniculata*	巴西	锥花锥钓樟	canela-amarela；canella branca
2558	*Endlicheria paradoxa*	巴西	堂锥钓樟	
2559	*Endlicheria punctulata*	圭亚那	点状锥钓樟	yekoro
2560	*Endlicheria sericea*	圭亚那	绢毛锥钓樟	
2561	*Endlicheria verticillata*	圭亚那	轮枝锥钓樟	
2562	*Endlicheria williamsii*	秘鲁	威氏锥钓樟	isma-moena；moena blanca；pampa-moena
Engelhardia（JUGLANDACEAE）黄杞属（胡桃科）			**HS CODE** 4403.99	
2563	*Engelhardia orizabensis*	墨西哥	奥里黄杞	nicoxcuahuitl

序号	学名	主要产地	中文名称	地方名
2564	*Engelhardia pterocarpa*	哥斯达黎加	紫黄杞	gavilan
Entada（MIMOSACEAE） 楹藤属（含羞草科）			**HS CODE** **4403.99**	
2565	*Entada polyphylla*	圭亚那、秘鲁	多叶楹藤	iguana-tail；pashaco；sichacha；yuwana-hi
2566	*Entada polystachya*	墨西哥、哥伦比亚、圭亚那	多穗楹藤	alampepe；bejuco de agua；bejuco de estribo；bejuco de mondongo；bejuco de panune；bejuco prieto；cepillo；gun-tahau；iguana-tail；kolu-mpit；tacalote；yuwana-hi
Enterolobium（MIMOSACEAE） 象耳豆属（含羞草科）			**HS CODE** **4403.49**	
2567	*Enterolobium barnebianum*	厄瓜多尔	巴尼象耳豆	barbeby earpodtree；guarango；kenimowe；salsal
2568	*Enterolobium contortisiliquum*	阿根廷、哥伦比亚、委内瑞拉、巴西、巴拿马、玻利维亚、西印度群岛、巴拉圭	旋果象耳豆	carito；caro-caro；chimbo；conacaste；conanaste negro；corotu；genicero；guanacaste；orejero；orelha de negro；pacara；pecara earpodtree；tambury；timbaiba；timbauva；timbo；timbo colorado；timbuva；tinbohyba；ximbo
2569	*Enterolobium cyclocarpum*	墨西哥、古巴、哥伦比亚、萨尔瓦多、海地、圭亚那、阿根廷、委内瑞拉、哥斯达黎加、巴西、危地马拉、巴拿马、特立尼达、波多黎各、美国、牙买加、秘鲁、多米尼加、尼加拉瓜、西印度群岛、洪都拉斯、伯利兹、巴拉圭	环果象耳豆	aguacasle；brownuya；cenicero；conaceste；devils-ear；earfruit；espina；flamboyan extranjero；genicero；huanacaxtle；huanaxtle；kelobra；monjolo；nacaxtle；oreja judio；perota；piche；pichwood；raintree；shma-dzi；timbouva；tubroos；ya-chibe
2570	*Enterolobium ellipticum*	巴西	椭圆象耳豆	vinhatico
2571	*Enterolobium lutescens*	巴西	散尾象耳豆	cabui

序号	学名	主要产地	中文名称	地方名
2572	*Enterolobium maximum*	阿根廷、哥伦比亚、委内瑞拉、巴西、巴拉圭、中美洲	大象耳豆	camba-camby；carito；caro-caro；conacaste；conanaste negro；fava tamboril；genicero；guanacaste；oreja de negro；orejero；para；pich；tamboril；timbo；timbo colorado；timbouva
2573	*Enterolobium schomburgkii*	法属圭亚那、圭亚那、委内瑞拉、哥伦比亚、巴西、秘鲁、玻利维亚、墨西哥、巴拿马、危地马拉、阿根廷、苏里南、巴拉圭、伯利兹	尚氏象耳豆	acacia；aratabana；batibatra；chimbo；curarina；espina；espino；hevio；jacare；kadiouchi；medallo；prefontaine；suburutin；sucupira amarela；tamaren prokoni；tambureiro；tambuva；timbauba；timbo；ximbo
	Eperua（CAESALPINIACEAE） 木荚苏木属（苏木科）		HS CODE 4403.49	
2574	*Eperua bijuga*	巴西	二对木荚苏木	muirapiranga；yaked wallabatree
2575	*Eperua falcata*	巴西、圭亚那、法属圭亚那、苏里南、委内瑞拉	镰形木荚苏木	aipe；apazeiro；awapa；bijlhout；cupaubarana；espadeira；ituri wallaba；jacare；kharemeroe walaba；muirapiranga；olie wapa；pallewie；soft wallaba；tamoene；uapa；walaba koeleroe；wouapa；yoboko
2576	*Eperua grandiflora*	巴西、圭亚那、苏里南、委内瑞拉	大花木荚苏木	apa wallaba；apazeiro；baboen walaba；bigflower wallabatree；bijlhout；copaiba rana；espadeira；itoeli walaba；kharemeroe walaba；pois sabre；tabaco；uapa；walaba；wapa gras；wapa huileux；yoboko
2577	*Eperua jenmanii*	苏里南、巴西、圭亚那、委内瑞拉	软木荚苏木	apa；apa uapa；bijlhout；hariraro walaba；ituri wallabe；jetoeri walaba；pallewie；parrewe；soft wallaba；tamoene；uapa；walaba hariroe；wallaba；witte wallaba；yoboko
2578	*Eperua leucantha*	巴西	白花木荚苏木	whiteflower wallabatree；yauacano
2579	*Eperua purpurea*	巴西	紫木荚苏木	copahiba rana；cupauba-rana；jebaru；yebaro

序号	学名	主要产地	中文名称	地方名
2580	*Eperua rubiginosa*	巴西、圭亚那、苏里南、委内瑞拉	锈木荚苏木	apa；apazeiro；baboen walaba；beri oede walaba；bijlhout；bioudou；copaiba rana；espadeira；itoeli walaba；ituri wallaba；kharemeroe walaba；pois sabre；soft wallaba；tabaco；uapa；walaba；wallaba；wapa；wapa gras；wapa huileux
2581	*Eperua schomburgkiana*	苏里南、圭亚那	斯氏木荚苏木	baboen walaba；bijlhout wit；bimiti wallaba；hariraro walaba；itoeli walaba；ituri wallaba；jetoeri walaba；muirapiranga；papirin-bale-ie；tamoene；toto amoete；uapa tobaco；walaba hariroe；witte wallaba
	Ephedra（EPHEDRACEAE） 木贼麻黄属（麻黄科）		HS CODE 4403.99	
2582	*Ephedra antisyphilitica*	墨西哥	抗菌木贼麻黄	canatilla；clapweed；popote；tepopote
2583	*Ephedra aspera*	墨西哥	粗糙木贼麻黄	canatillo；canutillo；hintimorreal；itamo real；pitamo real；popotillo；sanguinaria；tepopote
2584	*Ephedra boelckei*	墨西哥	博尔木贼麻黄	
2585	*Ephedra breana*	墨西哥	木贼麻黄	
2586	*Ephedra californica*	墨西哥	加州木贼麻黄	canutillo
2587	*Ephedra compacta*	墨西哥	密枝木贼麻黄	canatilla；comida de vibora；itamo real；pitamo real；popotillo；retama real；sanguinaria；tepopote
2588	*Ephedra nevadensis*	墨西哥	内华达木贼麻黄	
2589	*Ephedra ochreata*	墨西哥	鞘木贼麻黄	
2590	*Ephedra pedunculata*	墨西哥	下垂木贼麻黄	
2591	*Ephedra rupestris*	墨西哥	岩生木贼麻黄	
2592	*Ephedra torreya*	墨西哥	无柄木贼麻黄	
2593	*Ephedra triandra*	墨西哥	三蕊木贼麻黄	
2594	*Ephedra trifurca*	墨西哥	长叶木贼麻黄	canutillo；itamo real；popotillo
2595	*Ephedra viridis*	墨西哥	绿木贼麻黄	
	Ephedranthus（ANNONACEAE） 长梗辕木属（番荔枝科）		HS CODE 4403.99	
2596	*Ephedranthus amazonicus*	巴西	亚马孙长梗辕木	

序号	学名	主要产地	中文名称	地方名
2597	*Ephedranthus boliviensis*	玻利维亚	玻利维亚长梗辕木	
2598	*Ephedranthus colombianus*	哥伦比亚	哥伦比亚长梗辕木	
2599	*Ephedranthus dimerus*	墨西哥	二数长梗辕木	
2600	*Ephedranthus guianensis*	圭亚那	圭亚那长梗辕木	karishiri
2601	*Ephedranthus parviflorus*	墨西哥	小花长梗辕木	
2602	*Ephedranthus pisocarpus*	墨西哥	豆果长梗辕木	
Erblichia（**PASSIFLORACEAE**）火蝶木属（西番莲科）			**HS CODE** **4403. 99**	
2603	*Erblichia odorata*	墨西哥、伯利兹、巴拿马	香火蝶木	asta；asta blanca；azuche；butterfly-tree；chamiso；copa de oro；flor de mayo；jarro de oro；pino blanco；sajumerio；sanjuanero；suelda con suelda
Erica（**ERICACEAE**）欧石楠属（杜鹃科）			**HS CODE** **4403. 99**	
2604	*Erica arborea*	美国、西印度群岛	树状欧石楠	algerian briarwood；brezo
Eriobotrya（**ROSACEAE**）枇杷属（蔷薇科）			**HS CODE** **4403. 99**	
2605	*Eriobotrya japonica*	美国、洪都拉斯、波多黎各、危地马拉、墨西哥	枇杷	japanese medlar；loquat；neflier du japon；nispero；nispero de espana；nispero del japon；nispero japones
Eriotheca（**BOMBACACEAE**）毛鞘木棉属（木棉科）			**HS CODE** **4403. 99**	
2606	*Eriotheca crassa*	圭亚那、苏里南	粗糙毛鞘木棉	bois coton；boskatoen；coton siam；kamakuti；kapokier；katoen；katon oudou；mahot coton；maoupaou；yankomini
2607	*Eriotheca globosa*	圭亚那、委内瑞拉、西印度群岛、秘鲁、巴西	球形毛鞘木棉	asari；cedro espinoso；chon；kamakuti；mahot；mahot coton；punga de altura；sumauma de terra firme；wild silk cotton
2608	*Eriotheca gracilipes*	巴西	细柄毛鞘木棉	paineira do campo
2609	*Eriotheca pentaphylla*	巴西	五叶毛鞘木棉	paineira branca das pedras

序号	学名	主要产地	中文名称	地方名
2610	*Eriotheca ruizii*	秘鲁	毛鞘木棉	pasallo
2611	*Eriotheca surinamensis*	苏里南、圭亚那	苏里南毛鞘木棉	boschkapok；kamakuti；kerere-maoeroe；koenanaballi
Erisma（VOCHYSIACEAE） 轴状独蕊属（独蕊科）			**HS CODE** **4403.49**	
2612	*Erisma calcaratum*	巴西	巴西轴状独蕊	jaboty
2613	*Erisma lanceolatum*	南美洲	披针轴状独蕊	quarubarana
2614	*Erisma uncinatum*	苏里南、厄瓜多尔、巴西、委内瑞拉、圭亚那、法属圭亚那	轴状独蕊	arenillo；cambara；cedrilho；feli kouali；firrme；jaboti；koesalijepo；kokopaie；kwalidan；leteballib elero；manonti kouali；quariuba；quarubarana；sengrie kwarrie；thoraroe firiberoe；toelaroe fieroberoe；warapa kware；witti-hoedoe
Erithalis（RUBIACEAE） 埃梨属（茜草科）			**HS CODE** **4403.99**	
2615	*Erithalis fruticosa*	安的列斯群岛、小安的列斯群岛、古巴、波多黎各、特立尼达、巴哈马、瓜德罗普岛	紫穗埃梨	black torch；bois flambeau；cuaba prieta；flambeau；foa；jayajabico；lumbra blancu；parrot apple；pigeonberry；rompe machete；tea；vibona
Eryngium（APIACEAE） 刺芹属（伞形科）			**HS CODE** **4403.99**	
2616	*Eryngium bupleuroides*	秘鲁	齿刺芹	
2617	*Eryngium foetidum*	秘鲁	刺芹	culantro；siuca-culantro
Erythrina（FABACEAE） 刺桐属（蝶形花科）			**HS CODE** **4403.99**	
2618	*Erythrina amazonica*	厄瓜多尔	亚马孙刺桐	chipiri shetu；chuccumuyu；chuco；porotillo
2619	*Erythrina americana*	墨西哥	美洲刺桐	chocolin；chotza；colorin；demti；equimite；iquemite；jiquimite；lakatila；lakatilo；madre brava；parencsuni；quimite；sompantle；tlalni；tsejch；tzinacancu ahuitl；tzompantli；xoyo；zompantli

序号	学名	主要产地	中文名称	地方名
2620	Erythrina berteroana	海地、古巴、波多黎各、美国、危地马拉、尼加拉瓜、巴拿马、哥伦比亚、多米尼加	白刺刺桐	brucal; bucare enano; bucayo enano; elequeme; gallito; machete; machetillos; machette; peronilla; peronilla macho; peronio; pinon de cerca; pinon de pito; pito de peronilla; piton
2621	Erythrina breviflora	墨西哥	短花刺桐	colorin quemador
2622	Erythrina chiapasana	墨西哥	赤刺桐	pipal; tzompancua huitl
2623	Erythrina corallodendrum	西印度群岛、多米尼加、波多黎各、美国、特立尼达、巴巴多斯、圭亚那、苏里南、古巴、牙买加、瓜德罗普岛	珊瑚刺桐	amapola; arbol madre; arbre coral; bucare; coralbean; coraltree; devilstree; immortel; jumby cutlass; koffiemama; koraltrad; lent-tree; pinon espinoso; red beantree; wild immortelle
2624	Erythrina costaricensis	巴拿马	肋刺桐	machete; palo santo
2625	Erythrina crista-galli	阿根廷、巴拉圭、乌拉圭、美国、多米尼加、波多黎各、法属圭亚那、巴西、西印度群岛、墨西哥、古巴、秘鲁	鸡冠刺桐	ceibo; cockscomb coralbean; cockspur; corticeira; cresta de gallo; curtiscao; curtiza; curtizera; iquimite; jiquimite; korallenbaum; korallenst rauch; muiungu; pinon ingles; pisonai; seibo; suina; zuinan
2626	Erythrina droogmansiana	阿根廷	臭刺桐	
2627	Erythrina edulis	秘鲁、厄瓜多尔	紫红刺桐	amadisa; amasisa; poroto; poroton
2628	Erythrina eggersii	波多黎各	埃氏刺桐	bucare; bucayo; cockspur; coral; coral vegetal; espuelo de gallo; pinon espinoso
2629	Erythrina falcata	阿根廷、巴拉圭	镰刀刺桐	ceibo; seibo de jujuy
2630	Erythrina flabelliformis	美国、墨西哥	扁腹刺桐	chilicote; colorin; coralbean; coralina; pioneo; southwestern coralbean; tzinacancu ahuitl; tzompantli; western coralbean; xloolco
2631	Erythrina folkersii	墨西哥、伯利兹	佛氏刺桐	cochoquelite; colorin; equelite; pito; sumpante; tiger-tree

序号	学名	主要产地	中文名称	地方名
2632	*Erythrina fusca*	萨尔瓦多、秘鲁、委内瑞拉、巴西、苏里南、巴拿马、牙买加、特立尼达、美国、哥伦比亚、波多黎各、圭亚那、洪都拉斯、墨西哥、厄瓜多尔、古巴、哥斯达黎加、瓜德罗普岛	黑刺桐	ahuejote；ahuijote；amasisa mulungu；anauco；bois immortelle；bucare；bucaro；cambulo；cantagallo；guiliqueme；madre chontal；mambla；mata caiman；mote；mulnngu；oronoque；swamp immortelle；warjoewaballi；water-immortelle
2633	*Erythrina goldmanii*	墨西哥	金氏刺桐	pito；tzentzencui；ucum
2634	*Erythrina grisebachii*	古巴	灰刺桐	pinon botijo；pinon real
2635	*Erythrina herbacea*	美国、墨西哥	红斑刺桐	cardinal-spear；colorin；colorin patol；coralbean；eastern coralbean；jutucu；patol；pejmoch；pemoche；pichoco cimarron；pomachita；red cardinal；southeastern coralbean
2636	*Erythrina lanata*	墨西哥	短柱刺桐	chilicote；colorin；colorin cimarron；flor de pipe；gasparito；peonia；pipe；rosa coral
2637	*Erythrina leptorhiza*	墨西哥	白刺桐	cochizquilitl；cococha；colorin negro；patol
2638	*Erythrina mexicana*	墨西哥	墨西哥刺桐	betusagitse；ma-hna；ma-ho-na；ma-nya；zumpantle
2639	*Erythrina mitis*	厄瓜多尔	轻刺桐	palo prieto
2640	*Erythrina montana*	墨西哥	山地刺桐	peonia
2641	*Erythrina occidentalis*	墨西哥	西花刺桐	chilicote；colorin；peonia
2642	*Erythrina peruviana*	厄瓜多尔、多米尼加、秘鲁、美国、特立尼达、海地、牙买加、波多黎各、委内瑞拉、加拿大、哥伦比亚、巴西、古巴、危地马拉、哥斯达黎加、瓜德罗普岛	秘鲁刺桐	etsa uchich；amapola；bois immortel；bois immortelle；bombon；brucal；brucayo；bucar；bumatell；cambulo；canto gallo；ceibo；mambla；mapola；mulungu；palo de boya；pinon de sombra；pisamo；pito extranjero
2643	*Erythrina polychaeta*	厄瓜多尔	多毛刺桐	poroto
2644	*Erythrina rubrinervia*	伯利兹、墨西哥、巴拿马、哥伦比亚、危地马拉、洪都拉斯	红刺桐	chac-mol-che；coapma；colorin；equelite；machete；pernilla de casa；peronilla；pito；piton；sumpank-le；sumpante；tigerwood

序号	学名	主要产地	中文名称	地方名
2645	*Erythrina sacleuxii*	伯利兹	萨氏刺桐	
2646	*Erythrina sandwicensis*	美国	夏威夷刺桐	wiliwili
2647	*Erythrina speciosa*	巴西	美丽刺桐	eritrina
2648	*Erythrina standleyana*	墨西哥	空桐刺桐	chakmolche；pinon espinoso
2649	*Erythrina ulei*	秘鲁、厄瓜多尔、巴西	南美刺桐	amaisisa；amasisa；ama-sisa；chuccu；mulungu；porotillo；shuke
2650	*Erythrina variegata*	多米尼加、海地、波多黎各、美国	斑状刺桐	amapola；arbre acorail；bois immortel；bucare；bucayo；bucayo haitiano；immortelle；mapoleona；ompon haitiano；tigers-claw
2651	*Erythrina velutina*	委内瑞拉	绒毛刺桐	mulugu；palo boontsji
Erythroxylum（ERYTHROXYLACEAE）古柯属（古柯科）			**HS CODE 4403.49**	
2652	*Erythroxylum affine*	古巴、伯利兹	近缘古柯	arabo real；redwood；swamp redwood
2653	*Erythroxylum amazonicum*	圭亚那	亚马孙古柯	cocaine-tree
2654	*Erythroxylum areolatum*	古巴、多米尼加、巴西、哥伦比亚、秘鲁、玻利维亚、阿根廷、波多黎各、委内瑞拉、伯利兹、墨西哥、危地马拉、海地、牙买加、巴哈马、西印度群岛	槟榔古柯	arabo；arabo carbonero；bois major；catauba；coca coquillo；cocaina falsa；haya de montana；hayito；indio；limoncillo；muerto；nagot；piragua；redwood；sobrazil；swamp redwood；vinette；zapotillo
2655	*Erythroxylum argentinum*	阿根廷	阿根廷古柯	ajicillo
2656	*Erythroxylum carthagenense*	哥伦比亚	红古柯	coca
2657	*Erythroxylum citrifolium*	圭亚那	酸角古柯	cocaine-tree
2658	*Erythroxylum coca*	巴西、墨西哥、秘鲁、阿根廷、圭亚那	古柯	coca；coca del monte；cocaine-tree；cuca
2659	*Erythroxylum densum*	哥伦比亚	密刺古柯	manzanita de rosa
2660	*Erythroxylum glaucum*	厄瓜多尔	灰绿古柯	coquito
2661	*Erythroxylum gracilipes*	厄瓜多尔	细柄古柯	anchu paju panga；chaquiringa panga；conoa ambatu panga；cunua panga

序号	学名	主要产地	中文名称	地方名
2662	*Erythroxylum havanense*	小安的列斯群岛、古巴、委内瑞拉	哈塞古柯	bois de fer noir；jiva；pequeno
2663	*Erythroxylum macrophyllum*	圭亚那、秘鲁	大叶古柯	cocaine-tree；murcuvaril lacolorada；murcu-varil la-colorada；urcu-ingaina；yutobanco
2664	*Erythroxylum mamacoca*	秘鲁	黑木古柯	motela-caspi
2665	*Erythroxylum mexicanum*	墨西哥、中美洲	墨西哥古柯	acusa；agusa；escobillo；mamoa；momoa；ocotillo；palillo；pata de pajaro；pie de pajaro；polillo
2666	*Erythroxylum microphyllum*	阿根廷	小叶古柯	gato cama
2667	*Erythroxylum obovatum*	古巴、伯利兹	倒卵古柯	arabo colorado；swamp redwood
2668	*Erythroxylum orinocense*	哥伦比亚	山地古柯	caguimo；hueso de negro；huevo de zuidere
2669	*Erythroxylum paraense*	秘鲁	秘鲁古柯	catahua；puca-llaja
2670	*Erythroxylum pelleterianum*	巴西	球粒古柯	fruta de pombo
2671	*Erythroxylum pulchrum*	巴西	美丽古柯	arco de pipa；arco de pipi；cataba
2672	*Erythroxylum refum*	委内瑞拉、多米尼加	雷库古柯	miel de pajarito；papelillo；topillo
2673	*Erythroxylum rotundifolium*	波多黎各、维尔京群岛、多米尼加、古巴、向风群岛	圆叶古柯	brisselet；carga agua；hija menuda；jiba；jiba de costa；ocio；pluma gallina；raton；yaria de costa
2674	*Erythroxylum rufum*	海地	红棕古柯	papelillo；topillo
2675	*Erythroxylum shatona*	秘鲁	沙田古柯	shatona colorada
2676	*Erythroxylum squamatum*	西印度群岛、圭亚那	角鲨古柯	bois rouge；cocaine-tree；grosse vinette
2677	*Erythroxylum tabascense*	墨西哥	塔巴古柯	coca；guayabo cimarron；zapotillo
2678	*Erythroxylum vernicosum*	圭亚那	亮叶古柯	cocaine-tree
Escallonia（ESCALLONIACEAE）南鼠刺属（南鼠刺科）			**HS CODE** **4403. 99**	
2679	*Escallonia bifida*	委内瑞拉	二枝南鼠刺	
2680	*Escallonia exoniensis*	委内瑞拉	南鼠刺	

195

序号	学名	主要产地	中文名称	地方名
2681	*Escallonia floribunda*	委内瑞拉	多花南鼠刺	puerquito
2682	*Escallonia fonkeii*	阿根廷、智利	沙氏南鼠刺	chapel
2683	*Escallonia illinita*	智利	伊氏南鼠刺	
2684	*Escallonia montana*	阿根廷	山地南鼠刺	horco sauce
2685	*Escallonia myrtilloides*	厄瓜多尔	细枝南鼠刺	chachacoma; putzo
2686	*Escallonia paniculata*	哥伦比亚、委内瑞拉	锥花南鼠刺	chilco colorado; cochinito; corraleros; jarillo
2687	*Escallonia poasana*	哥斯达黎加	黄花南鼠刺	madrono
2688	*Escallonia pulverulenta*	智利	灰南鼠刺	madrono
2689	*Escallonia resinosa*	秘鲁	多脂南鼠刺	chachacuma
2690	*Escallonia revoluta*	智利	轮叶南鼠刺	lun
2691	*Escallonia rubra*	阿根廷、智利	红南鼠刺	seis camisas; siete camisas
2692	*Escallonia tortuosa*	厄瓜多尔、委内瑞拉	曲干南鼠刺	pujin; quitasol
2693	*Escallonia urlara*	委内瑞拉	乌氏南鼠刺	
	**Eschweilera**（LECYTHIDACEAE） 拉美玉蕊属（玉蕊科）		**HS CODE** **4403.49**	
2694	*Eschweilera alata*	圭亚那	翼状拉美玉蕊	guava skin; guava-skin kakaralli; guave-skin kakaralli; kakaralli; okoromai; tekroma
2695	*Eschweilera albiflora*	哥伦比亚、巴西、秘鲁	乳白拉美玉蕊	duke; macacarecu ya; manchimango; manchimango colorado
2696	*Eschweilera alvimii*	巴西	埃氏拉美玉蕊	falso sapucaia; sapucarana
2697	*Eschweilera amara*	南美洲圭亚那高原	苦味拉美玉蕊	oemanbarklak
2698	*Eschweilera amazonica*	巴西	巴西拉美玉蕊	matamata preto; matamataci
2699	*Eschweilera andina*	厄瓜多尔、秘鲁	安第斯拉美玉蕊	cashnumi; cusapa; machimango amarillo; shuwat
2700	*Eschweilera apiculata*	巴西	红拉美玉蕊	matamata
2701	*Eschweilera atropetiolata*	巴西	黑柄拉美玉蕊	castanha vermelha; castanharana
2702	*Eschweilera bracteosa*	委内瑞拉	苞叶拉美玉蕊	coco de mono
2703	*Eschweilera calyculata*	巴拿马	萼状拉美玉蕊	mata cansada; ollito; oreja de mula

序号	学名	主要产地	中文名称	地方名
2704	*Eschweilera caudiculata*	厄瓜多尔、哥伦比亚	尾轮拉美玉蕊	alfenique；cabuyo
2705	*Eschweilera chartaceifolia*	秘鲁	沙枣拉美玉蕊	machimango hoja menuda
2706	*Eschweilera collina*	法属圭亚那、苏里南、委内瑞拉、巴西、圭亚那	黄花拉美玉蕊	baikaaki；berdji-man barklak；cacao grande；mahot noir；majaguillo；majaguillo negro；ripeiro；ripeiro branco；teteihoedoe；waruwau
2707	*Eschweilera compressa*	巴西	艾斯拉美玉蕊	ibiriba-rana；sapucaia mirim；spucaia miuda
2708	*Eschweilera congestiflora*	苏里南、法属圭亚那	聚花拉美玉蕊	akwanda；grandes feuilles；mahot noir；mahota couatary
2709	*Eschweilera coriacea*	法属圭亚那、圭亚那、苏里南、厄瓜多尔、哥伦比亚、委内瑞拉、秘鲁、巴西、玻利维亚	革叶拉美玉蕊	barklak；black kakeralli；cashnum；coco majagua；kakeralli；machimango；machinmango；manbarklak；matamata branco；poko；quebrachi；smooth-leaf kakaralli；toco blanco；toledowood；wopetanoe kwatele
2710	*Eschweilera corrugata*	亚马孙及南美洲北部	皱缩拉美玉蕊	mata-mata；oemanbarklak
2711	*Eschweilera decolorans*	圭亚那、苏里南、委内瑞拉、巴西	变色拉美玉蕊	akurima；berg-man barklak；black kakraralli；cacao；kwateri；kwatru；ripeiro；smooth leaf kakaralli；smooth-leaf kakaralli
2712	*Eschweilera fanshawei*	圭亚那	沙威拉美玉蕊	haudan
2713	*Eschweilera gigantea*	秘鲁、厄瓜多尔	巨拉美玉蕊	huacapu maquizapa huayo；machin manga
2714	*Eschweilera grandiflora*	法属圭亚那、圭亚那、巴西、苏里南	大花拉美玉蕊	baikaaki；canari macaque；castanharana；kwatta patoe；mahot blanc；mahot noir；matamata amarelo；matamata branco；monkey-pot；sapucaia；tibira；vadaduri；wadaduri；weti loabi
2715	*Eschweilera itayensis*	哥伦比亚、秘鲁	伊塔拉美玉蕊	fono colorado；machimango colorado；machinmango；palo guacamayo colorado
2716	*Eschweilera juruensis*	秘鲁、巴西	裘诺拉美玉蕊	machimango；matamata；matamata castanha；shuat
2717	*Eschweilera laevicarpa*	厄瓜多尔	平果拉美玉蕊	onga a'picho

序号	学名	主要产地	中文名称	地方名
2718	*Eschweilera longipes*	南美洲圭亚那高原	圭亚那拉美玉蕊	mahoenoir；makeralli；manbarklak
2719	*Eschweilera luschnathii*	巴西	勒氏拉美玉蕊	biriba；biribi
2720	*Eschweilera micrantha*	委内瑞拉、法属圭亚那、巴西	小花拉美玉蕊	coco de mono；mahot blanc；mahot noir；ripeiro；weti loabi
2721	*Eschweilera moritziana*	委内瑞拉	莫里兹拉美玉蕊	naranjillo
2722	*Eschweilera nana*	巴西	花萼拉美玉蕊	sapucaia；tucari do campo
2723	*Eschweilera ovata*	巴西	卵圆拉美玉蕊	biriba；biriba-branca；biriba-preta；imbiriba；morrao；tauari-sinho
2724	*Eschweilera pachyderma*	哥伦比亚	厚皮拉美玉蕊	guasco blanco
2725	*Eschweilera parviflora*	委内瑞拉、圭亚那、巴西	小苞拉美玉蕊	cacaito；fine-smooth-leaf-kakarall；kuaduli；kwaturi；majaguillo；matamata；smooth-leaf kakaralli
2726	*Eschweilera parvifolia*	委内瑞拉、巴西、圭亚那、秘鲁	小叶拉美玉蕊	coco de mono；cravinho da beira de agua；kakaralli；machimango；machimango blanco；machinmango；machinpuro；matamata
2727	*Eschweilera pedicellata*	苏里南、法属圭亚那、圭亚那、巴西	同瓣拉美玉蕊	akakarie；baikaaki；dwergman barklak；kakeralli；machinmango；maho jaune；manbarkraki；mank-barklak；matamata blanco；matamata roxa；swamp wina；toledowood；wabi；wadodorie；wana
2728	*Eschweilera pittieri*	厄瓜多尔、哥伦比亚、巴拿马	兜形拉美玉蕊	guasca；guasco；ollito
2729	*Eschweilera punctata*	哥伦比亚	点状拉美玉蕊	castana-rana；dooroo；kepaw；nee-ko-no-egg；paw
2730	*Eschweilera rimbachii*	厄瓜多尔	伦氏拉美玉蕊	pinuela；tete
2731	*Eschweilera rufifolia*	秘鲁	绣叶拉美玉蕊	machimango blanco；sabroso
2732	*Eschweilera sagotiana*	法属圭亚那、圭亚那、苏里南	黑拉美玉蕊	barklak；black kakaralli；black kakeralli；common black kakaralli；common kakaralli；kakaralli；kwateri；kwatru；manbarklak；mata mata preta；prukoi；tamad；toledowood

序号	学名	主要产地	中文名称	地方名
2733	*Eschweilera simiorum*	苏里南、圭亚那、法属圭亚那	西拉美玉蕊	arepawane；atotoito；barklak；barkraki；eyma；haudan；jawanebolotin；kakaralli；kakkaralliballi；komantie kwatie；man tapouhoupa；mekoe kwaire；mekoekoeware
2734	*Eschweilera subglandulosa*	苏里南、法属圭亚那、圭亚那、委内瑞拉、特立尼达	腺叶拉美玉蕊	akakarie；barklak；cascarare；guatacare；guatecale；guatecare；guayare hokotomali；honokoli；kakaralli wadilie-koro；kakeralli；kwateri；oekele kwatele；oemanbarklak；ollita；oripopo；tabari；tamad；tampipio；toledowood；wabi
2735	*Eschweilera tenax*	委内瑞拉	硬拉美玉蕊	cajeton；curtidor montanero；majaguillo negro；ollita；tough eschweilra
2736	*Eschweilera tenuifolia*	委内瑞拉、巴西	细叶拉美玉蕊	coco de mono；coco de mono rebalsero；macacarecuia
2737	*Eschweilera tessmannii*	秘鲁、巴西	塞氏拉美玉蕊	machimango；machimango colorado；ripeiro；ripeiro vermelho
2738	*Eschweilera tetrapetala*	巴西	四瓣拉美玉蕊	inaiba jacare
2739	*Eschweilera venezuelica*	委内瑞拉	委内瑞拉拉美玉蕊	chupon；coco de mono
2740	*Eschweilera wachenheimii*	圭亚那	巴氏拉美玉蕊	black kakaralli；fine-leaved kakaralli
Esenbeckia（RUTACEAE）类药芸香属（芸香科）			**HS CODE 4403.99**	
2741	*Esenbeckia atata*	委内瑞拉	类药芸香	atata
2742	*Esenbeckia berlandieri*	美国、墨西哥	贝兰类药芸香	berlandier esenbeckia；hokob；hueso de tigre；jopoy；runyon esenbeckia
2743	*Esenbeckia febrifuga*	委内瑞拉、哥伦比亚、巴西、巴拉圭、特立尼达、墨西哥、阿根廷、伯利兹、牙买加	常山类药芸香	anacoa；angustora；gasparillo；guarantan；hokab；ibira-obig uazu；jopoy；larangdo matto；laranjera；mameninho；naranjillo bravo；palillo；quina do matto；venezuelan boxwood；verde lucero；wild orange
2744	*Esenbeckia flava*	墨西哥	黄花类药芸香	palo amarillo

序号	学名	主要产地	中文名称	地方名
2745	Esenbeckia grandiflora	特立尼达、巴西、阿根廷	大花类药芸香	amarillo colorado; canela de cutia; canelero-de l-monte; canella de cotia; caputuna; carrapatei rao; cocao; cutia; cutia-amarela; gasparil; gasparillo colorado; guaxupita; pau cutia
2746	Esenbeckia hartmanii	墨西哥	曼氏类药芸香	palillo; palo amarillo; samota
2747	Esenbeckia leiocarpa	委内瑞拉、哥伦比亚、巴西、巴拉圭、特立尼达、墨西哥、阿根廷、伯利兹、牙买加	平滑果类药芸香	anacoa; angustora; atata; brazilian boxwood; duro; gasparee; guaranta; guarantan; guaratan; hokab; ibira-obig uazu; jopoy; larangeira; mendanha; palillo; palo; verde lucero; wild orange
2748	Esenbeckia pentaphylla	危地马拉、墨西哥、哥伦比亚、牙买加、伯利兹	五叶类药芸香	false candlewood; hokob; loro; verde lucero; wild orange; ya'ax-hok-ob; yaaxhukob
2749	Esenbeckia pilocarpoides	巴西、特立尼达	毛果类药芸香	boragica; gasparee; gasparillo; pipoca
Eucalyptus (MYRTACEAE) 桉属（桃金娘科）			**HS CODE 4403.98**	
2750	Eucalyptus acmenoides	巴西	白桃花心桉	stringybark
2751	Eucalyptus bosistoana	巴西	波士桉	gippsland box; grey-coast box; white box
2752	Eucalyptus botryoides	巴西	串果桉	faux acajou d'australie; southern mahogany woollybutt
2753	Eucalyptus bridgesiana	巴西	金钱桉	but-but
2754	Eucalyptus camaldulensis	美国、乌拉圭	赤桉	longbeak eucalyptus; murray red gum; river red gum
2755	Eucalyptus cephalocarpa	巴西	灰桉	mealy stringybark; silver-leaved stringybark; woollybutt
2756	Eucalyptus cladocalyx	巴西	棒萼桉	sugar gum
2757	Eucalyptus deglupta	哥斯达黎加	剥皮桉	eucalipto; kamarere; mindano gum; moluccas
2758	Eucalyptus diversicolor	中美洲	异色桉	eucalitto diversicolore; karri
2759	Eucalyptus globulus	墨西哥、厄瓜多尔、巴西	蓝桉	alcanfor; bla eukalyptus; blue gum; eucalipto azul; eucalipto blanco; eucalipto gigante; eucalitto blu; eucalyptus bleu; febertrad; gommeiro azul; maiden gum; ocalo; southern blue gum

序号	学名	主要产地	中文名称	地方名
2760	*Eucalyptus goniocalyx*	巴西	角桉	bastard box; grey mountain gum; new south wales mountain gum; vicotrian grey gum
2761	*Eucalyptus kitsoniana*	巴西	北桉	red mahogany
2762	*Eucalyptus marginata*	阿根廷	边缘桉	jarrah; rouge eucalyptus
2763	*Eucalyptus microcorys*	巴西	小帽桉	eucalipto microcorys; eucalitto microcorys; eucalyptus microcorys; talgtra; talkhout; tallow-wood
2764	*Eucalyptus paniculata*	巴西	锥花桉	black ironbark; eucalipto; grey ironbark; ironbark; red ironbark; white ironbark
2765	*Eucalyptus pilularis*	美国	弹丸桉	blackbutt eucalyptus; new england ash
2766	*Eucalyptus propinqua*	巴西	小果灰桉	grey gum
2767	*Eucalyptus regnans*	美国、巴西	王桉	argento; giant gumtree; swamp gum; white mountainash
2768	*Eucalyptus resinifera*	波多黎各、巴西、美国	树脂桉	eucalipto medicinal; eucalipto resinifero; eucalypt; eucalyptus vermelho; kino eucalyptus; kino-gum eucalyptus; red mahogany eucalyptus
2769	*Eucalyptus robusta*	巴西、波多黎各、哥伦比亚、美国	大叶桉	australian swamp mahogany; beakpod cucalyptus; eucalipto; eucalipto achatado; eucalipto comun; eucalipto de pantano; eucalipto robusto; eucalypt; eucalyptus robuste; mahogany; swamp mahogany
2770	*Eucalyptus saligna*	巴西、美国	柳叶桉	blue gum; eucalipto; eucalipto sauce; eucalitto salice; eucalyptus saligna; flood-gum eucalyptus; hawaiian saligna eucalyptus; saligna; saligna gum; sydney blue gum
2771	*Eucalyptus sideroxylon*	阿根廷、巴西	铁木桉	black ironbark; ironbark negro; ironbark nero; ironbark noir; red ironbark; svart ironbark; zwarte ironbark
2772	*Eucalyptus tereticornis*	古巴、巴西	细叶桉	eucalipto; eucalipto colorado; forest red gum

序号	学名	主要产地	中文名称	地方名
Eucommia（EUCOMMIACEAE） 杜仲属（杜仲科）			**HS CODE** **4403.99**	
2773	*Eucommia ulmoides*	美国	杜仲	rubber
Eucryphia（EUCRYPHIACEAE） 船形果属（船形果科）			**HS CODE** **4403.99**	
2774	*Eucryphia billardieri*	智利	白花船形果	
2775	*Eucryphia cordifolia*	智利、阿根廷	心叶船形果	gnulgu；huermo；huinke；muermo；nirrhe；roble de chile；ulmo
2776	*Eucryphia jinksii*	智利	金氏船形果	
2777	*Eucryphia moorei*	巴西	穆氏船形果	pinkwood
Eugenia（MYRTACEAE） 番樱桃属（桃金娘科）			**HS CODE** **4403.49**	
2778	*Eugenia acapulcensis*	墨西哥	金番樱桃	capulin；chasa；palo；patan
2779	*Eugenia aeruginea*	海地、古巴、波多黎各、多米尼加、特立尼达	绿番樱桃	brignolle；comecara；guasabara；guasara；guasavara；guayabacon；serrette guava
2780	*Eugenia anastomosans*	委内瑞拉	异叶番樱桃	guayabo montanero
2781	*Eugenia arawakorum*	圭亚那	花番樱桃	banyaballi
2782	*Eugenia avicenniae*	墨西哥	叶蝉番樱桃	capulin
2783	*Eugenia axillaris*	尼加拉瓜、牙买加、伯利兹、巴西、萨尔瓦多、安的列斯群岛、墨西哥、多米尼加、波多黎各、古巴、西印度群岛、美国、巴哈马、向风群岛	腋脉番樱桃	arrayan；black cherry；cacho venado；chamiso；choakyberry；cinco negritos；escobo；escobon de vara；grajo；grenada cimaron；grenada cimarron；guairaje；ichhuh；merisier；murta；white stopper；white-stopper
2784	*Eugenia baruensis*	古巴	巴鲁番樱桃	guairage
2785	*Eugenia biflora*	哥伦比亚、多米尼加、委内瑞拉、波多黎各、厄瓜多尔、秘鲁、牙买加	双花番樱桃	arrayan；black rodvrood；escobon；guayabillo rebalsero；hoja menuda；macaguete；murta；penachna；pichirina；pitangueira；rodwood
2786	*Eugenia borinquensis*	波多黎各	硼化番樱桃	guayabota；guayabota de sierra
2787	*Eugenia campechiana*	墨西哥	香根番樱桃	boroconte

序号	学名	主要产地	中文名称	地方名
2788	*Eugenia capuli*	墨西哥、伯利兹	墨西哥番樱桃	aca-lasni; arrayan; berg layanillo; berg walk naked; calarni; capulin; guayabillo cimarron; ishlacastapu; piste; rayanillo; yagalan
2789	*Eugenia cauliflora*	巴西	茎花番樱桃	jaboticaba
2790	*Eugenia chrysophyllum*	巴拿马	金叶番樱桃	goldenloaf eugenie; white cacique
2791	*Eugenia clinocarpa*	巴西	向阳番樱桃	batinga
2792	*Eugenia compta*	委内瑞拉	带状番樱桃	guayabito blanco
2793	*Eugenia confusa*	波多黎各、美国、巴哈马、牙买加、多米尼加、特立尼达、古巴	杂色番樱桃	caracolillo; garber stopper; ironwood; jayao; red stopper; redberry eugenia; redberry stopper; sieneguillo; snakewood; stopper; wild coffee; yarua; yayao
2794	*Eugenia conzattii*	墨西哥	康氏番樱桃	yagalan
2795	*Eugenia crassilana*	西印度群岛	宽叶番樱桃	petites feuilles
2796	*Eugenia dielicha*	古巴	地衣番樱桃	guairage
2797	*Eugenia divaricata*	智利	展枝番樱桃	temu
2798	*Eugenia dombeyi*	巴西、阿根廷	多尼番樱桃	grumichaba; grumichama; gurumichaba; jequitiba vermelho; ybapo-roity
2799	*Eugenia edulis*	巴西	尖番樱桃	iguajari dulce; jaboticabeira
2800	*Eugenia eggersii*	波多黎各	埃氏番樱桃	guasabara; guasavara; guayabacon
2801	*Eugenia essequiboensis*	圭亚那	埃斯番樱桃	banyaballi
2802	*Eugenia euscidifolia*	阿根廷	夜蛾番樱桃	ibajay mi
2803	*Eugenia fadyenii*	古巴	法氏番樱桃	sumacara
2804	*Eugenia faydeni*	古巴	费迪番樱桃	sumacara
2805	*Eugenia flavescens*	巴西	淡黄番樱桃	itapeua
2806	*Eugenia floribunda*	维尔京群岛、多米尼加	多花番樱桃	berry eugenia; fichal blanco; guavaberi; uva
2807	*Eugenia florida*	秘鲁、厄瓜多尔	绚丽番樱桃	rupinia negra; saka
2808	*Eugenia foetida*	波多黎各、古巴、海地、美国、多米尼加、牙买加、巴哈马	臭番樱桃	anguila; balsamo; boxleaf stopper; escobon; guairaje; guairaje blanco; guairje; gurgeon stopper; hoja menuda; petites feuilles; rodwood; spanish stopper; stopper; stopperbush; white stopper

序号	学名	主要产地	中文名称	地方名
2809	Eugenia fragrans	墨西哥、牙买加、古巴	香番樱桃	arrayan; arrayan prieto; capulin de huesto; guayabillo; guayabo agrio; mountain zebrawood; pejte; pimenta; pimientillo
2810	Eugenia francisii	墨西哥	弗氏番樱桃	
2811	Eugenia glabrata	多米尼加、古巴、牙买加	光滑番樱桃	arrayan; cuairaje colorado; rodwood
2812	Eugenia grandiflora	委内瑞拉	大花番樱桃	naranjillo
2813	Eugenia guabiju	阿根廷	瓜比番樱桃	araza; guabiyu
2814	Eugenia guatemalensis	墨西哥、洪都拉斯	灰缎番樱桃	capulin; fierrillo; guayabillo
2815	Eugenia guaviyu	阿根廷	维尤番樱桃	arraican
2816	Eugenia haematocarpa	波多黎各	血竭番樱桃	uvillo
2817	Eugenia itzana	墨西哥	伊扎番樱桃	chak-ni
2818	Eugenia karsteniana	委内瑞拉	卡氏番樱桃	arrayan
2819	Eugenia ligustrina	阿根廷、古巴、多米尼加、美国、西印度群岛、波多黎各、向风群岛	女贞番樱桃	amarillo; arraijan; arrayan; birchberry; black cherry; blackberry; escobon de aguja; granadilla; hoja menuda; merisier; palo de muleta; palo de murta; privet stopper
2820	Eugenia lindeniana	墨西哥	林氏番樱桃	chamis
2821	Eugenia lucida	巴西	亮叶番樱桃	murteira
2822	Eugenia macoorai	巴西	奥古番樱桃	
2823	Eugenia mato	阿根廷	马托番樱桃	mato
2824	Eugenia mayana	墨西哥	玛瑙叶番樱桃	sak-loob; yagalan
2825	Eugenia monticola	多米尼加、西印度群岛、波多黎各、海地、古巴、牙买加、特立尼达、巴巴多斯、向风群岛、瓜德罗普岛	山地番樱桃	arrayan; birds cherry; biriji; bois d'inde; escobon; escobon blanco; guairaje macho; hoja menuda; merisier; mije; rodwood; small-leaf; white rodwood
2826	Eugenia moritziana	委内瑞拉、波多黎各	莫里兹番樱桃	cimbradera; guayabo
2827	Eugenia myrobalana	厄瓜多尔	紫番樱桃	arrayan
2828	Eugenia oblongifolia	哥伦比亚	长圆叶番樱桃	nuez moscada; vara real
2829	Eugenia octopleura	西印度群岛	八眼番樱桃	gueppois
2830	Eugenia oerstedeana	巴拿马	奥氏番樱桃	emiyuemo; female bay job; sequarra

序号	学名	主要产地	中文名称	地方名
2831	*Eugenia origanoides*	墨西哥、伯利兹	羽状番樱桃	capulin；chasa；escobillo；palito blanco；wild guava
2832	*Eugenia pallens*	牙买加	淡色番樱桃	black rod
2833	*Eugenia patrisii*	苏里南、圭亚那	帕氏番樱桃	boschkers；hichu；hitsio；turtleberry；waiamutuka；wakuku；wild cherry
2834	*Eugenia perorebi*	阿根廷	罗比番樱桃	pelo rebi；pero rebi
2835	*Eugenia petenensis*	墨西哥	黄番樱桃	guayabillo
2836	*Eugenia petiolata*	阿根廷、智利	叶柄番樱桃	arrayan falso
2837	*Eugenia procera*	哥伦比亚、多米尼加、波多黎各、维尔京群岛、美国、巴哈马、牙买加	高大番樱桃	arrayan；arrayan colorado lobo；guayabito arrayan；hoja menuda；red birchberry；red stopper；stopper；stopperwood
2838	*Eugenia pseudocaryophyllus*	巴西	假石番樱桃	guapicica
2839	*Eugenia pseudopsidium*	多米尼加、波多黎各、委内瑞拉、维尔京群岛、向风群岛、瓜德罗普岛	假番樱桃	guasara；guayaba silvestre；guayabito blanco；quiebrahacha；wild guava
2840	*Eugenia psiloclada*	古巴	爪叶番樱桃	yarua；yarua de oriente
2841	*Eugenia pumila*	圭亚那、苏里南	小番樱桃	boschkers；zoete kers
2842	*Eugenia pungens*	阿根廷、巴拉圭	尖刺番樱桃	guabiyu；guaviyu；mato
2843	*Eugenia rariflora*	美国	杜加番樱桃	nioi
2844	*Eugenia retusa*	巴西、阿根廷	微凹番樱桃	cereja；cerelha；ceresa；cereza
2845	*Eugenia rhombea*	多米尼加、海地、美国、古巴、波多黎各、西印度群岛、巴哈马、瓜德罗普岛	隆贝番樱桃	arrayan；bois myrte；eugenia；guairaje；guayabilla de costa；hoja menuda；merisier；mije；myrte；red stopper；rodwood；spiceberry；spiceberry eugenia；stopper
2846	*Eugenia serrasuela*	波多黎各	泽兰番樱桃	serrezuela
2847	*Eugenia sinaloae*	墨西哥	西纳番樱桃	guayabillo
2848	*Eugenia stahlii*	波多黎各	斯氏番樱桃	guayabota；limoncillo
2849	*Eugenia stipitata*	厄瓜多尔、秘鲁	具柄番樱桃	araza；membrillo de montana；pichi
2850	*Eugenia tapacumensis*	哥伦比亚	赤番樱桃	guayabo murcielago；guayabo prieto
2851	*Eugenia tenuis*	智利	单歧番樱桃	temu；teniu
2852	*Eugenia tetrasperma*	波多黎各	四籽番樱桃	guasabara
2853	*Eugenia trinervia*	瓜德罗普岛	三脉番樱桃	guepois-grande feuille

序号	学名	主要产地	中文名称	地方名
2854	*Eugenia trunciflora*	墨西哥	卷叶番樱桃	cojon de gato；manzanita cimarrona；manzanito cimarron；shanatkiui
2855	*Eugenia uniflora*	阿根廷、美国、波多黎各、法属圭亚那、圭亚那、多米尼加、萨尔瓦多、西印度群岛、智利、乌拉圭、巴拉圭、巴西、墨西哥	单花番樱桃	arrayan；brazil cherry；cerise du pays；florida cherry；grosela de mexico；guinda；honeyberry；inlandsche kers；manapiri；mangapire；nangapire；nangapiri；pitanga；pitangueira；vaporiti
2856	*Eugenia uvalha*	阿根廷、巴拉圭	乌利番樱桃	ibahay guazu；ybajhai
2857	*Eugenia verticicillata*	圭亚那	黄花番樱桃	kakurio
2858	*Eugenia wukkschlaegeliana*	苏里南	施莱番樱桃	heigron；kromoko
2859	*Eugenia xalapensis*	墨西哥	沙棘番樱桃	chasa；patan；rayan
2860	*Eugenia xerophytica*	波多黎各	旱生番樱桃	guayabacon
Euonymus（CELASTRACEAE）卫矛属（卫矛科）		**HS CODE 4403.99**		
2861	*Euonymus alata*	美国	卫矛	winged euonymus；winged spindle-tree
2862	*Euonymus atropurpurea*	美国	大叶卫矛	arrow-wood；bitter ash；bleeding-heart-tree；burningbush；eastern burningbush；eastern wahoo；indian arrow；skewerwood；spindle-tree；strawberry-bush；strawberry-tree；waahoo；woohaw
2863	*Euonymus europaea*	北美洲	欧洲卫矛	bonnet de pretre
2864	*Euonymus occidentalis*	美国	西方卫矛	western burningbush；western wahoo
2865	*Euonymus sachalinensis*	美国	库页卫矛	
2866	*Euonymus yedoensis*	美国	紫花卫矛	yeddo euonymus
Eupatoriastrum（COMPOSITAE）肖泽兰属（菊科）		**HS CODE 4403.99**		
2867	*Eupatoriastrum nelsoni*	墨西哥	肖泽兰	barbona
Euphorbia（EUPHORBIACEAE）大戟属（大戟科）		**HS CODE 4403.99**		
2868	*Euphorbia antisyphilitica*	墨西哥	抗菌大戟	candelilla
2869	*Euphorbia atrococca*	墨西哥	深红大戟	

序号	学名	主要产地	中文名称	地方名
2870	*Euphorbia atropurpurea*	墨西哥	暗紫大戟	
2871	*Euphorbia balsamifera*	玻利维亚	香脂大戟	
2872	*Euphorbia calycina*	哥伦比亚	花萼大戟	
2873	*Euphorbia caracasana*	委内瑞拉	加拉斯加大戟	lechea；uforbia caracana
2874	*Euphorbia cotinifolia*	哥斯达黎加、波多黎各、古巴、圭亚那、苏里南、委内瑞拉、哥伦比亚、墨西哥、美国、尼加拉瓜、秘鲁	紫叶大戟	barrabas；carraseo；hierba mala；kamarau；koenapari；konabaro；konaparo；lechera；lechero；mala mujer；manzalina bobo；manzanilla bobo；manzanillo；nacedero；pinoncillo；poison spurge；sapo；smgkotrec cuphorbia；trompillo；ycrba lechera；yuquilla
2875	*Euphorbia lactea*	多米尼加、海地、波多黎各、古巴、安的列斯群岛、哥伦比亚、维尔京群岛、美国	乳大戟	cacto；candelabre；candelero；cardon；escambron；lechero de lindero；malayan spurge-tree；milkstripe euphorbia；monkey-puzlceuphorbia；moteado；mottled spurge；raqueta；surinam cactus；tuna de cruz
2876	*Euphorbia laurifolia*	厄瓜多尔	月桂叶大戟	lecherillo；lechero；pinchoa；pinsho
2877	*Euphorbia milii*	秘鲁	米氏大戟	entrecasadas
2878	*Euphorbia neriifolia*	多米尼加、安的列斯群岛、波多黎各、哥伦比亚、萨尔瓦多	夹竹桃叶大戟	adorna patio；cordon santu；hedge euphorbia；lechero de cercas；lechero de lindero；nacedero；tuna francesa
2879	*Euphorbia nudiflora*	哥伦比亚	裸花大戟	matavidi
2880	*Euphorbia petiolaris*	西印度群岛、海地、巴哈马、波多黎各、多米尼加	大叶大戟	black mageniel；bon garcon；indio desnudo；palo de leche；palo de yuca；rascaso
2881	*Euphorbia piscatoria*	波多黎各	水母大戟	
2882	*Euphorbia pulcherrima*	海地、洪都拉斯、美国	粉蕊大戟	feuilles st. jean；manteau st. joseph；pascua；poinsettia
2883	*Euphorbia remyi*	美国	雷公大戟	
2884	*Euphorbia rockii*	美国	岩氏大戟	
2885	*Euphorbia schlechtendalii*	美国	长柄大戟	

序号	学名	主要产地	中文名称	地方名
2886	*Euphorbia tirucalli*	多米尼加、巴西、波多黎各、美国、安的列斯群岛	绿玉大戟	alfabeto chino；antena；aveloz；esqueleto；esquelito；indian-tree spurge；milkbush；palito；pencilbush；pencil-tree；wishbone-cactus
2887	*Euphorbia triangularis*	美国	三角大戟	chandelier tree；rivereuphorbia；rivernaboon
Euphronia（**EUPHRONIACEAE**）银鹃木属（银鹃木科）		**HS CODE 4403.99**		
2888	*Euphronia acuminatissima*	巴西	尖叶银鹃木	
2889	*Euphronia guianensis*	圭亚那	短序银鹃木	
2890	*Euphronia hirtelloides*	委内瑞拉	银鹃木	
Euplassa（**PROTEACEAE**）南美榛属（山龙眼科）		**HS CODE 4403.99**		
2891	*Euplassa cantareirae*	巴西	坎塔南美榛	carne-de-vaca；carvalho brasileir；carvalho nacional；cedro borado；cigarreira；pau concha
2892	*Euplassa inaequalis*	巴西	黑星南美榛	fruta-de-morrcego；mijo de guara；unegal euplassa
2893	*Euplassa incana*	巴西	灰南美榛	carvalho brasileiro；grey euplassa；louro-faia
2894	*Euplassa madeirae*	巴西	马德拉南美榛	uanalaa
2895	*Euplassa pinnata*	巴西	羽状南美榛	lamoussaie bland；louro-faia
2896	*Euplassa saxicola*	巴西	岩生南美榛	saxicolous euplassa
Eurya（**THEACEAE**）柃属（山茶科）		**HS CODE 4403.99**		
2897	*Eurya mexicana*	墨西哥	墨西哥柃	banquito
Euxylophora（**RUTACEAE**）良木芸香属（芸香科）		**HS CODE 4403.49**		
2898	*Euxylophora araensis*	巴西	巴西良木芸香	limao-rana；pau amarello；pau setim；peuqia setim
2899	*Euxylophora paraensis*	巴西、巴拉圭	良木芸香	amarello；amarello brasiliano；amarello vinhatico；amarelo cetim；amarillo；brazilian box；buis de bresil；canarywood；pau amarello；pau amarelo；pequea setim；pequia cetim；pequia setim；sateenwood；satinwood；sueava；vinhatico de macaco

序号	学名	主要产地	中文名称	地方名
Excoecaria（EUPHORBIACEAE） 海漆属（大戟科）			**HS CODE** **4403.99**	
2900	*Excoecaria agallocha*	西印度群岛	海漆木	geor
Exellodendron（ROSACEAE） 苞谷李属（蔷薇科）			**HS CODE** **4403.99**	
2901	*Exellodendron barbatum*	圭亚那、巴西	硬刺苞谷李	burada；caraipe rana；macucu
Exochorda（ROSACEAE） 白鹃梅属（蔷薇科）			**HS CODE** **4403.99**	
2902	*Exochorda racemosa*	美国	白鹃梅	common pearlbush
Exothea（SAPINDACEAE） 墨木患属（无患子科）			**HS CODE** **4403.99**	
2903	*Exothea copalillo*	墨西哥	科普墨木患	copalillo；sipipum；tzatzupu cimarron
2904	*Exothea diphylla*	墨西哥	双叶墨木患	chululdzu；kulinche；twoleaf inkwood；uayamkosh
2905	*Exothea paniculata*	安的列斯群岛、美国、海地、波多黎各、多米尼加、巴哈马、古巴、墨西哥、西印度群岛、牙买加	锥花墨木患	bois mulet；butterbough；butter-bough；butterbough inkwood；cuerno de buey；gaita；guacaran；guamaca；guenepier marron；huayancox；ironwood；mulato；nisperillo；tintenholz；tzatzupu cimarron；wild ginep；yaicuaja；yaicuaje
Fabiana（SOLANACEAE） 柏枝花属（茄科）			**HS CODE** **4403.99**	
2906	*Fabiana imbricata*	阿根廷、智利	重叠柏枝花	palo pichi
2907	*Fabiana viscosa*	智利	粘性柏枝花	
Fagara（RUTACEAE） 崖椒属（芸香科）			**HS CODE** **4403.49**	
2908	*Fagara hyemalis*	巴西	冬崖椒木	aruda brava
2909	*Fagara pentandra*	南美洲圭亚那高原	五雄崖椒木	kakaralli；pritijari
Fagus（FAGACEAE） 水青冈属（壳斗科）	**HS CODE** 4403.93（截面尺寸≥15cm）或 4403.94（截面尺寸<15cm）			
2910	*Fagus grandifolia*	加拿大、美国	大叶水青冈	american beech；amerikanis che buche；amerikanis che buche-rot；amerikansk bok；beech；faggio americano；haya americana；hetre；hetre americain；hetre rouge；red beech；ridge beech；stone beech；white beech；winter beech

序号	学名	主要产地	中文名称	地方名
2911	*Fagus mexicana*	墨西哥	墨西哥山毛榉	haya；totolcal
2912	*Fagus sylvatica*	阿根廷、美国	欧洲水青冈	beech；haya
	Faidherbia（MIMOSACEAE） 环荚合欢属（含羞草科）		**HS CODE** **4403.99**	
2913	*Faidherbia albida*	巴西	环荚合欢	balanzan
	Faramea（RUBIACEAE） 长蛛檀属（茜草科）		**HS CODE** **4403.99**	
2914	*Faramea anisocalyx*	秘鲁	异萼长蛛檀	uchu-sanango
2915	*Faramea candelabrum*	秘鲁	烛台长蛛檀	uchpa-caspi
2916	*Faramea capillipes*	秘鲁	毛细长蛛檀	choleta-caspi；cicin-caca；kikinkaka
2917	*Faramea glandulosa*	秘鲁	腺叶长蛛檀	charachuela；guiyabeyi；itulli-caspi； uchpa-caspi
2918	*Faramea juruana*	秘鲁	珠纳长蛛檀	carbonero
2919	*Faramea longifolia*	秘鲁	长叶长蛛檀	
2920	*Faramea marginata*	巴西	边缘长蛛檀	pimenteira selvagem
2921	*Faramea montevidensis*	墨西哥	蒙特长蛛檀	montevideo farmea
2922	*Faramea multiflora*	墨西哥	多花长蛛檀	away；manyflower faramea；nonokowe； wiyamemo
2923	*Faramea occidentalis*	墨西哥、波多黎各、委内瑞拉、厄瓜多尔、多米尼加、古巴、巴拿马、牙买加、特立尼达、西印度群岛、瓜德罗普岛	西方长蛛檀	azuaenilla；azuncenilla；cafe cimarron；cafeillo；caffetillo；false coffee；hiquillo；huesillo；hueso； hueso de sapo；jasmin de estrella； jazmin de estrella；jucaro；jujamo； nabaco；palo de toro；wild coffee
2924	*Faramea polytriadophora*	委内瑞拉	多齿长蛛檀	triadsinflorescence faramea
2925	*Faramea sessilifolia*	圭亚那	无柄长蛛檀	cafecillo；guaratalo；koyarakushi
	Fatsia（ARALIACEAE） 八角金盘属（五加科）		**HS CODE** **4403.99**	
2926	*Fatsia japonica*	加拿大	八角金盘	devils-club
	Ferdinandusa（RUBIACEAE） 翡丁香属（茜草科）		**HS CODE** **4403.99**	
2927	*Ferdinandusa chlorantha*	秘鲁	绿花翡丁香	huacamayo；loro micuna
2928	*Ferdinandusa elliptica*	秘鲁	椭圆翡丁香	loromicuna
2929	*Ferdinandusa hirsuta*	秘鲁	多毛翡丁香	loromicuna

序号	学名	主要产地	中文名称	地方名
2930	*Ferdinandusa paraensis*	秘鲁	帕州翡丁香	loromicuna
2931	*Ferdinandusa uaupensis*	秘鲁	超微翡丁香	loromicuna
Ficus（MORACEAE） 榕树属（桑科）			HS CODE 4403.99	
2932	*Ficus albert-smithii*	圭亚那	艾氏榕	fig
2933	*Ficus amazonica*	圭亚那	亚马孙榕	fig；komakaballi；kukaraballi
2934	*Ficus aurea*	海地、美国、巴哈马、古巴、西印度群岛	金黄榕	figuier blanc；figuier dore；florida strangler fig；golden fig；rubbertree；strangler fig；strangle-tree；wild fig；wild rubbertree；wilder feigenbaum
2935	*Ficus benghalensis*	墨西哥	孟加拉榕	amate
2936	*Ficus benjamina*	波多黎各、哥伦比亚、特立尼达、多米尼加、古巴、牙买加、秘鲁、安的列斯群岛	垂叶榕	benjamin fig；caucho benjamin；ceylon willow；higo；higo cimarron filipo；jaguey；jamaican evergreen；laurel de bejamina；matapal；waringin
2937	*Ficus broadwayi*	圭亚那	宽叶榕	fig
2938	*Ficus caballina*	圭亚那、秘鲁	卡巴利榕	fig；renaquillo
2939	*Ficus canca*	墨西哥	坎卡榕	higo
2940	*Ficus carica*	墨西哥、美国、秘鲁	无花果木	chuna；common fig；cultivated fig；echter feigenbaum；fig；figuier；higo；higuera；yaga-yaxo-castilla
2941	*Ficus citrifolia*	墨西哥、美国、圭亚那、西印度群岛、哥伦比亚、多米尼加、古巴、波多黎各、危地马拉、洪都拉斯、牙买加、巴哈马、维尔京群岛、瓜德罗普岛	橘叶榕	amate；cherry fig；chileamate；higueron；jagueicillo；jaguery blanco；jaguey blanco；jaguey macho；jiguerillo；mato palo；red fig；rubbertree；shortleaf；white fig；wild banyan；wild fig
2942	*Ficus cookii*	墨西哥	库氏榕	chumite；chumiz；higo；jitzicui；mutut；palo de chumiz
2943	*Ficus costaricana*	墨西哥	椰子榕	higo loxe chico；matapalo

序号	学名	主要产地	中文名称	地方名
2944	*Ficus cotinifolia*	墨西哥	紫叶榕	alamo；amate prieto；capulin；chipil；chuna；cobo；copo；higueron；kopo；kopochit；nacapuli；tescalama；tlilamatli；uohtoli；uojtoli
2945	*Ficus crassiuscula*	墨西哥	厚叶榕	amate blanco del monte
2946	*Ficus curtipes*	萨尔瓦多、巴拿马、波多黎各、危地马拉、向风群岛	钝叶榕	capulamate；fig；jaguey；mata palo；matapalo；strangler fig
2947	*Ficus cystopoda*	巴西	囊榕	azongue vegetal
2948	*Ficus daphniphylla*	巴西	虎皮榕	camelleira；gamelleira
2949	*Ficus decussata*	秘鲁	交叉榕	renaquillo
2950	*Ficus dendrocida*	哥伦比亚	树状榕	quano；suan
2951	*Ficus doliaria*	巴西	多利榕	figeira
2952	*Ficus drupacea*	波多黎各	枕果榕	mysore fig
2953	*Ficus elastica*	萨尔瓦多、海地、多米尼加、哥伦比亚、古巴、美国、波多黎各	印度橡皮木	amate；caoutchouc；caucho；caucho de la india；goma elastica；higo amos；higuera；india rubber fig；palo de goma
2954	*Ficus enormis*	巴西	巨大榕	gameleira；gummilera
2955	*Ficus eximia*	秘鲁	美极榕	renaco
2956	*Ficus glabrata*	秘鲁	光滑榕	renaco；renaco roughe；peruan fig
2957	*Ficus goldmanii*	墨西哥	黄花榕	chala；chalamat；chalate；popatza；salate；xalama；zalate
2958	*Ficus grandiflora*	哥伦比亚	大花榕	higueron
2959	*Ficus guianensis*	圭亚那、厄瓜多尔	圭亚那榕	fig；guambo；higueron；matapalo；yapik
2960	*Ficus hartwegii*	巴拿马	哈氏榕	fig；higo；wild fig
2961	*Ficus ibapohy*	阿根廷	伊巴榕	ibapohy
2962	*Ficus insipida*	墨西哥、厄瓜多尔、巴西、哥斯达黎加、秘鲁、伯利兹、巴拿马、洪都拉斯	无味榕	alamo；amate；cauchillo；caxinguba；chilamate；chimon；coajinguva；figueira；higuera；higuera de peru；higueron；higuerote；labiata；llamuyo；lombrigueira；macahuite；ou-uuli；renaco；salate；siranda；uapuim-assu；uouli；wild fig
2963	*Ficus killippii*	秘鲁	基利榕	chimico negro；renaco；renaco colorado

序号	学名	主要产地	中文名称	地方名
2964	*Ficus lapathifolia*	墨西哥	酸叶榕	alamo；amate de hojaancha；higo；zacamua
2965	*Ficus lyrata*	巴西、波多黎各、美国	琴叶榕	ficus-lira；fiddle-leaf fig；folha de lira；lyrate-leaf fig
2966	*Ficus malacocarpa*	圭亚那	软果榕	fig
2967	*Ficus mathewsii*	秘鲁、圭亚那	马氏榕	caucho-renaco；fig；komakaballi；kumakaballi；kumaraukou；parinap；renaco；renaquillo；saroraye
2968	*Ficus maxima*	伯利兹、墨西哥、厄瓜多尔、巴西、哥伦比亚、圭亚那、巴拿马	极大榕	amate；amato prieto；cauxinguba；chacst；chimon；cope；copoy；doekoelia；fig；higueron；higueron blanco；jopoy；kumakaballi；macachuite；mexican fig；nacapuli；sak-kabah；siranda；wild fig；zauchama caspi
2969	*Ficus maximiliana*	巴西	巴西榕	apiy；oity bravo
2970	*Ficus microcarpa*	墨西哥、维尔京群岛、美国、波多黎各、哥伦比亚	小果榕	alamo extranjero；fig；india laurel fig；indian laurel；jaguey；laurel；laurel de la india；pivijay
2971	*Ficus microchlamys*	墨西哥	小叶榕	salate bronco；zalate；zalate blanco；zalate bronco
2972	*Ficus monckii*	巴拉圭	蒙氏榕	agarra palo
2973	*Ficus natalensis*	巴西	南非榕	barkcloth fig；figuier mugumu；natal fig；natal fikus
2974	*Ficus nekbuda*	波多黎各	奈布达榕	african cloth-bark-tree
2975	*Ficus nymphaeifolia*	圭亚那、哥伦比亚	莲叶榕	fig；higueron blanco
2976	*Ficus oblanceolata*	秘鲁	圆叶榕	renaco
2977	*Ficus obtusifolia*	墨西哥、巴拿马	细叶榕	amate；amate blanco；matapalo；salate；strangler fig；tecomasuch iamatl
2978	*Ficus oerstediana*	伯利兹、委内瑞拉	奥斯特榕	amate；fig；lecher；wild fig
2979	*Ficus ovalis*	墨西哥	卵圆榕	higo-amate
2980	*Ficus padifolia*	墨西哥、危地马拉	帕迪福榕	amatillo；amezquite；cabra-higo；camuchin；capulamate；chilate；chuna；comuchin；cozahuique；higo amate；jalamate；jitzicui；matapalo；mishiconi；nacapuli；samatito；tabla；tzaman；xalama limon

序号	学名	主要产地	中文名称	地方名
2981	*Ficus palmeri*	墨西哥	掌叶榕	salate; zalate
2982	*Ficus paludica*	圭亚那	沼泽榕	fig
2983	*Ficus panurensis*	圭亚那	盘叶榕	fig
2984	*Ficus paraensis*	墨西哥、圭亚那、哥伦比亚、厄瓜多尔、秘鲁	三叶榕	amartillo; fig; jaguey; matapalo; munguey; renaco
2985	*Ficus perforata*	波多黎各	穿孔榕	higuillo prieto; jaguey; jaguey colorado; jaguey prieto
2986	*Ficus pertusa*	圭亚那、阿根廷、苏里南、墨西哥、秘鲁	佩尔图萨榕	fig; guapohy; higuera del agua; ibapohy; ibapoysay; kodisiosib alli djamaro; lechoso; renaco
2987	*Ficus petiolaris*	墨西哥	叶柄榕	amacostic; amate; higuera; higueron; limis-cui; palo amarillo; palo chilamate; tepeamate; tepecamichin; tescalamate; texcalama lechoso; texcal-ama-coztli; texcalamate; texcalamatl
2988	*Ficus piedimculata*	牙买加	小花榕	red fig
2989	*Ficus pohliana*	巴西	假榕	figueira
2990	*Ficus prinoides*	哥伦比亚	普林奥榕	pibijay; pivijay
2991	*Ficus religiosa*	古巴、多米尼加、波多黎各、巴西、阿根廷、美国	菩提榕	alamo; bo-tree; figueira da india; figueira religiosa; higuera de las pagodas; higuillo; laurel; peepul-tree
2992	*Ficus retusa*	墨西哥、哥伦比亚、古巴	微凹榕	alamo extranjero; amate; ficu; indian laurel; laurel; laurel de la india; piviay; pivijay; sein
2993	*Ficus tapajozensis*	巴西	塔帕榕	apuhy
2994	*Ficus tecolutensis*	墨西哥	泰格榕	abrecapalo; amate; amate prieto; macahuite; matapalo; matapalo liso; su'ja; sujoc
2995	*Ficus tonduzii*	墨西哥、巴拿马、哥伦比亚、厄瓜多尔	董氏榕	amate blanco; fig; guaimarito; higueron; higueron negro; matapalo; muichilama
2996	*Ficus trianae*	厄瓜多尔	三角榕	matapalo
2997	*Ficus trigona*	圭亚那、秘鲁、厄瓜多尔	三棱榕	fig; renaco; renaco-caspi; uva

序号	学名	主要产地	中文名称	地方名
2998	Ficus trigonata	危地马拉、海地、多米尼加、波多黎各、厄瓜多尔	特里贡榕	chimon；figuier；higo；higo cimarron；jaguay；jaguey；jaguey blanco；wampu；wild fig
2999	Ficus utilis	美国	良木利榕	rubbertree
3000	Ficus velutina	哥伦比亚	绒毛榕	copei de tierra fria
3001	Ficus verstodiana	委内瑞拉	疣枝榕	lechero
3002	Ficus yoponensis	厄瓜多尔	约彭斯榕	ka'konyu；vuvupai'va
3003	Ficus ypsilophlebia	哥伦比亚	伊普西洛榕	cope
3004	Ficus zenkeri	哥伦比亚	森柯儿榕	
Firmiana（STERCULIACEAE） 梧桐属（梧桐科）			**HS CODE** **4403.99**	
3005	Firmiana simplex	美国	梧桐	chinese parasol-tree；parasol-tree
Fissicalyx（FABACEAE） 肋果豆属（蝶形花科）			**HS CODE** **4403.99**	
3006	Fissicalyx fendleri	委内瑞拉	光萼肋果豆	tasajo
Fitchia（COMPOSITAE） 舌头菊属（菊科）			**HS CODE** **4403.99**	
3007	Fitchia speciosa	美国	美丽舌头菊	pau neinei；pau nina
Fitzroya（CUPRESSACEAE） 智利肖柏属（柏科）		**HS CODE** **4403.25（截面尺寸≥15cm）或 4403.26（截面尺寸<15cm）**		
3008	Fitzroya cupressoides	阿根廷、智利	智利肖柏①	alerce；alerchholz；lahua；lahuan；patagonian fitroya；pioche；quiote；zongalica
Flacourtia（FLACOURTIACEAE） 刺篱木属（大风子科）			**HS CODE** **4403.99**	
3009	Flacourtia inermis	美国、波多黎各	无棘刺篱木	batoko plum；louvi；lovi-lovi
Flueggea（EUPHORBIACEAE） 白饭树属（大戟科）			**HS CODE** **4403.99**	
3010	Flueggea flexuosa	美国	柔曲白饭树	mehamehame
3011	Flueggea neowawraea	美国	内瓦白饭树	mehamehame
Forestiera（OLEACEAE） 泽蜡树属（木犀科）			**HS CODE** **4403.99**	
3012	Forestiera acuminata	美国	尖叶泽蜡树	common adelia；privet；swamp privet；texas adelia；texas forestiera；whitewood

序号	学名	主要产地	中文名称	地方名
3013	*Forestiera angustifolia*	美国、墨西哥	狭叶泽蜡树	desert olive；desert-olive forestiera；panalero；texas forestiera；wild-olive
3014	*Forestiera durangensis*	墨西哥	杜戟泽蜡树	acebuche；lantrisco；lentisco；lentrisco；palo blanco
3015	*Forestiera pubescens*	美国	短柔毛泽蜡树	privet
3016	*Forestiera rhamnifolia*	古巴、美国、墨西哥、向风群岛	鼠李泽蜡树	careicillo；forestiera buckthorn；hueso blanco；palo blanco
3017	*Forestiera segregata*	美国、波多黎各、古巴	隔离泽蜡树	florida forestiera；florida privet；inkbush；privet；wild-olive；yanilla blanca
3018	*Forestiera shrevei*	墨西哥	什里维泽蜡树	garrapatillo；palo de tecumblate
3019	*Forestiera tomentosa*	墨西哥	毛泽蜡树	mimbre；pico de pajaro
Forsteronia（APOCYNACEAE） 犬乳藤属（夹竹桃科）			**HS CODE** **4403.99**	
3020	*Forsteronia acouci*	伯利兹	尖叶犬乳藤	tie-tie
3021	*Forsteronia corymbifera*	圭亚那	伞形犬乳藤	makwariballi
3022	*Forsteronia gracilis*	圭亚那	纤细犬乳藤	makwariballi
3023	*Forsteronia guyanensis*	圭亚那	圭亚那犬乳藤	makwariballi
3024	*Forsteronia spicata*	哥伦比亚	穗花犬乳藤	bejuco lechoso
Fortunella（RUTACEAE） 金橘属（芸香科）			**HS CODE** **4403.99**	
3025	*Fortunella margarita*	波多黎各、美国	金橘	kumquat；kumquat largo；kunquat；nagami kumquat；oval kumquat
Fouquieria（FOUQUIERIACEAE） 福桂树属（福桂树科）			**HS CODE** **4403.99**	
3026	*Fouquieria digueti*	美国	迪盖蒂福桂树	
3027	*Fouquieria splendens*	美国	福桂树	coachwhip；glimwood；ocotillo
Frangula（RHAMNACEAE） 裸芽鼠李属（鼠李科）			**HS CODE** **4403.99**	
3028	*Frangula alnus*	美国	欧裸芽鼠李	alder buckthorn；glossy buckthorn
3029	*Frangula betulifolia*	美国	桦叶裸芽鼠李	birchleaf buckthorn
3030	*Frangula californica*	美国	加州裸芽鼠李	california buckthorn；california coffeeberry；coast coffeeberry；coffeeberry；pigeonberry；sierra coffeeberry

序号	学名	主要产地	中文名称	地方名
3031	*Frangula caroliniana*	美国	卡罗莱纳州裸芽鼠李	alder buckthorn；bog birch；brittlewood；buckthorn；buckthorn-tree；carolina buckthorn；elbow-brush；indian cherry；pale-cat-wood；polecat-tree；polecatwood；stink cherry；stinkberry；stinkwood；yellow buckthorn；yellow-wood
3032	*Frangula purshiana*	加拿大、美国	圣皮裸芽鼠李	barberry；bearwood；buckthorn cascara；california coffee；canadian buckthorn；cascara buckthorn；chittim；coffeetree；oregon bearwood；pigeonberry；sagrada cascara；shittimwood；wahoo；wild coffe；wild coffee；wild coffeebush；yellow-wood
3033	*Frangula sphaerosperma*	哥斯达黎加、美国、古巴	球籽裸芽鼠李	arracacho；cangica；duraznillo；mantequillo；yello santa；yema de hevo

Franklinia（THEACEAE） **HS CODE**
洋木荷属（山茶科） **4403.99**

序号	学名	主要产地	中文名称	地方名
3034	*Franklinia alatamaha*	美国	洋木荷	franklinia

Fraxinus（OLEACEAE） **HS CODE**
白蜡树属（木犀科） **4403.99**

序号	学名	主要产地	中文名称	地方名
3035	*Fraxinus alba*	北美洲	白曲柳	grau esche；weiss esche
3036	*Fraxinus americana*	美国、加拿大	美洲白蜡木	american ash；american white ash；amerikansk ask；ash；biltmore ash；cane ash；franc-frene；frene blanc；green ash；ground ash；mountain ash；quebec ash；red ash；vit-ask；white ash；white river ash；white southern ash
3037	*Fraxinus anomala*	美国	桔梗白蜡木	anomalous ash；ash；dwarf ash；singleleaf ash
3038	*Fraxinus berlandieriana*	美国、墨西哥	伯兰迪白蜡木	berlandier ash；mexican ash；plumero
3039	*Fraxinus caroliniana*	古巴、美国	卡罗莱纳州白蜡木	carolina ash；florida ash；floridaes；frassino carolino；freme carolino；fresno carolino；pop ash；swamp ash；water ash；water florida ash
3040	*Fraxinus chinensis*	哥伦比亚	白蜡木	urapan

序号	学名	主要产地	中文名称	地方名
3041	*Fraxinus cubensis*	古巴	古巴白蜡木	bufano
3042	*Fraxinus cuspidata*	美国、墨西哥	尖叶白蜡木	flowering ash；fragrant ash；fresno
3043	*Fraxinus dipetala*	美国	二瓣白蜡木	california shrub ash；flowering ash；flowering california ash；foothill ash；fringe-flowered ash；mountain ash；two-petal ash
3044	*Fraxinus gooddingii*	美国	古氏白蜡木	goodding ash
3045	*Fraxinus greggii*	美国、墨西哥	葛氏白蜡木	barreta china；barreta de cochina；dogleg ash；escobilla；gregg ash；littleleaf ash；manzanilla；palo ronoso
3046	*Fraxinus latifolia*	加拿大、美国	阔叶白蜡木	basket ash；frassino dell'oregon；frene d'oregon；fresno d'oregon；oregon ash；oregon es；oregon-ask；water ash；white ash
3047	*Fraxinus nigra*	加拿大、美国	黑白蜡木	american black ash；amerikaanse zwartees；amerikansk svart-ask；ash；basket ash；black ash；brown ash；frassino nero americano；frene noir；frenea feuilles de sureau；hoop ash；splinter ash；swamp ash；water ash
3048	*Fraxinus oregona*	美国西北部	俄勒冈州白蜡木	oregon ash
3049	*Fraxinus papillosa*	美国	乳突白蜡木	chihuahua ash
3050	*Fraxinus pennsylvanica*	美国、加拿大	宾州白蜡木	amerikansk red ask；black ash；brown ash；darlington ash；frassino rosso americano；frene pubescent；frene rouge；gray ash；green ash；piss ash；pumpkin ash；rim ash；river ash；swamp ash；white ash
3051	*Fraxinus platycarpa*	美国	宽果白蜡木	arkansas ash；carolina ash；water ash
3052	*Fraxinus profunda*	美国	红白蜡木	amerikansk rod-ask；ash；frassino rosso americano；frene rouge d'amerique；fresno rojo americano；pumpkin ash；red ash；rode amerikaansees
3053	*Fraxinus purpusii*	墨西哥	紫氏白蜡木	ashiquete；cante；saucillo

序号	学名	主要产地	中文名称	地方名
3054	*Fraxinus quadrangulata*	美国、加拿大	四棱白蜡木	ash；blau esche；blauwe amerikaansees；blue ash；frassino americano；frene anguleux；frene bleu d'amerique；fresno americano；virginia ash；virginia-ask
3055	*Fraxinus sambucifolia*	加拿大	沼泽白蜡木	ground ash；hoop ash；nova scotia ash；swamp ash
3056	*Fraxinus texensis*	美国	德州白蜡木	mountain ash；texas ash
3057	*Fraxinus uhdei*	美国、墨西哥、波多黎各	墨西哥白蜡木	evergreen ash；fresno；madre de agua；shamel ash；tropical ash
3058	*Fraxinus vellerea*	墨西哥	韦莱雷白蜡木	botavara
3059	*Fraxinus velutina*	美国、墨西哥	绒毛白蜡木	arizona ash；ash；botavaras；desert ash；leatherleaf ash；modesto ash；native ash；smooth ash；toumey ash；velvet ash；violet ash
	***Fremontodendron*（BOMBACACEAE）** 绵绒树属（木棉科）		**HS CODE 4403.99**	
3060	*Fremontodendron californicum*	美国	加州绵绒树	california blannelbush；california fremontia；california slipperyelm；false slipperyelm；flannel-bush；hibiscus；mexican fremontia；mountain leatherwood；napafremontia；silver oak；slipperyelm
	***Freziera*（THEACEAE）** 美杨桐属（山茶科）		**HS CODE 4403.99**	
3061	*Freziera canescens*	厄瓜多尔	灰美杨桐	guatzhic；guatzic
3062	*Freziera grisebachii*	哥伦比亚	节氏美杨桐	avispa
3063	*Freziera verrucosa*	厄瓜多尔	疣状美杨桐	guishcaparun；huishcaparun；quishcaparo
	***Fuchsia*（ONAGRACEAE）** 倒挂金钟属（柳叶菜科）		**HS CODE 4403.99**	
3064	*Fuchsia chiapensis*	墨西哥	基亚倒挂金钟	tzajalnich
3065	*Fuchsia corymbiflora*	墨西哥	伞花倒挂金钟	aretillo
3066	*Fuchsia fulgens*	墨西哥	亮叶倒挂金钟	adelaida；aretillo；flor de arete
3067	*Fuchsia magellanica*	阿根廷、智利、美国	倒挂金钟	aljaba；chilco；fuchsia
3068	*Fuchsia paniculata*	墨西哥	锥花倒挂金钟	adelaida；aretillo；atesucil；atexuxhil；chorros；flor de arete；lipa-cauadz

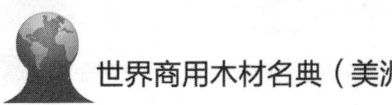

序号	学名	主要产地	中文名称	地方名
3069	*Fuchsia tincta*	秘鲁	染料倒挂金钟	bella bell
Funtumia（APOCYNACEAE） 野橡胶树属（夹竹桃科）		**HS CODE** **4403.49**		
3070	*Funtumia elastica*	法属圭亚那、古巴、波多黎各、美国	野橡胶树	caoutchouc；caucho de lagos；goma；ofruntum-tree；silk-rubber
Fusaea（ANNONACEAE） 山番荔枝属（番荔枝科）		**HS CODE** **4403.99**		
3071	*Fusaea longifolia*	墨西哥、巴西	长叶山番荔枝	anona silvestre；chirimoya cimarrona；chirimoya de la barranca；envira；envira preta
3072	*Fusaea peruviana*	秘鲁	秘鲁山番荔枝	
Galipea（RUTACEAE） 玉笛香属（芸香科）		**HS CODE** **4403.99**		
3073	*Galipea dichotoma*	巴西	双歧玉笛香	arapoca amarella
3074	*Galipea longiflora*	委内瑞拉	长花玉笛香	quino amarillo
3075	*Galipea trifoliata*	委内瑞拉	三叶玉笛香	
Galium（RUBIACEAE） 拉拉藤属（茜草科）		**HS CODE** **4403.99**		
3076	*Galium hypocarpium*	巴西、委内瑞拉	果托拉拉藤	cipo de sapo；raicita；ruivinha
Gallesia（PHYTOLACCACEAE） 巴秘商陆属（商陆科）		**HS CODE** **4403.99**		
3077	*Gallesia gorazena*	巴西、秘鲁	巴秘商陆木	pao dalho
3078	*Gallesia integrifolia*	巴西、秘鲁	全缘叶巴秘商陆木	ajos；garlicwood；palo cebolla；pao d'alho；pau d'alho
3079	*Gallesia scorododendrum*	巴西	蒜味巴秘商陆木	garlicwood；guararema；ibirarema；pao d'alho
Garcia（EUPHORBIACEAE） 构桐属（大戟科）		**HS CODE** **4403.99**		
3080	*Garcia nutans*	墨西哥、哥伦比亚、巴西、委内瑞拉	垂花构桐	aguacatilo；avellano；cuatlahuil ocoatl；cuatlaquil ocuahuitl；echcuahuitl；huevo de gato；oocob-otel；pascualito；pepita del indio；pinoncillo；texixtl；thocob-otel；tlacualote
Garcinia（GUTTIFERAE） 藤黄属（藤黄科）		**HS CODE** **4403.99**		
3081	*Garcinia brasiliensis*	阿根廷	巴西藤黄	pacuri

序号	学名	主要产地	中文名称	地方名
3082	*Garcinia cornea*	西印度群岛	角膜藤黄	mangoustan corne
3083	*Garcinia dulcis*	美国、波多黎各	甜藤黄	gourka; mangostan; mangosteen
3084	*Garcinia humilis*	瓜德罗普岛	矮生藤黄	abricot batard
3085	*Garcinia macrophylla*	圭亚那、巴西、秘鲁、厄瓜多尔	大叶藤黄	achedan; arawindru; asashi; awarintaru; bacury-pary; charichuela; madrona; madrono; pakoeli; pakuri; pungara
3086	*Garcinia madruno*	圭亚那、厄瓜多尔	马诺藤黄	asashi; assashi; madrono; piri maharo
3087	*Garcinia mangostana*	多米尼加、墨西哥、波多黎各	山竹子	jobo de laindia; mangostan; mangosteen; mangostin
3088	*Garcinia portoricensis*	波多黎各	波多黎各藤黄	guayabacoa; palo de cruz; sebucan
Gardenia (RUBIACEAE) **栀子属（茜草科）**			**HS CODE** **4403.99**	
3089	*Gardenia augusta*	秘鲁、委内瑞拉	栀子花	jazmin; jazmin de cabo; jazmin de malabar; malabar
Gaultheria (ERICACEAE) **白珠属（杜鹃科）**			**HS CODE** **4403.99**	
3090	*Gaultheria acuminata*	墨西哥	尖叶白珠	arrayan; axocopaconi; axocopaque; lima-to; xiopatla; yato-scua-ree
3091	*Gaultheria hidalgensis*	墨西哥	伊达戈洲白珠	arrayan
3092	*Gaultheria nitida*	墨西哥	密茎白珠	ajopatla
3093	*Gaultheria schultesii*	墨西哥	舒氏白珠	capulincillo del diablo
3094	*Gaultheria shallon*	加拿大	北美白珠	salal
3095	*Gaultheria strigosa*	拉丁美洲	粗毛白珠	
3096	*Gaultheria tomentosa*	拉丁美洲	毛白珠	
Geissanthus (MYRSINACEAE) **繁金牛属（紫金牛科）**			**HS CODE** **4403.99**	
3097	*Geissanthus lepidotus*	厄瓜多尔	齿叶繁金牛	lengua de vaca
Geissospermum (APOCYNACEAE) **缘籽树属（夹竹桃科）**			**HS CODE** **4403.99**	
3098	*Geissospermum argenteum*	圭亚那	银叶缘籽树	manyokinaballi; marisoba; vataki
3099	*Geissospermum laeve*	圭亚那	无毛缘籽树	
3100	*Geissospermum sericeum*	巴西、苏里南、圭亚那	绢毛缘籽树	acariquara branca; acary-rana; bergibita; bitterhout; manyokinaballi; marisabo; quinaquina; tjara-tjan ari; waranjo

序号	学名	主要产地	中文名称	地方名
3101	*Geissospermum vellosum*	巴西	披毛缘籽树	pau pereira
Genipa（RUBIACEAE） 格尼茜属（茜草科）		**HS CODE** **4403.99**		
3102	*Genipa americana*	厄瓜多尔、哥伦比亚、苏里南、玻利维亚、委内瑞拉、哥斯达黎加、海地、特立尼达、圭亚那、墨西哥、波多黎各、西印度群岛、洪都拉斯、巴西、尼加拉瓜、巴拿马、秘鲁、危地马拉、古巴、阿根廷、小安的列斯群岛、萨尔瓦多、瓜德罗普岛	美洲格尼茜	airo-toa；angelina；bihich；caruto rebalsero；frayol；genipapa；illuale；jacua；jagua blanco；jenipapo；juniper；lanna；maluca；nandipa；resotu montagne；sawa；shino；tapoerina；tejoroso；tejoruco；tinadientes；vaco-huito；xahua；yaguare；yoale
3103	*Genipa brasiliensis*	巴西	巴西格尼茜	nanelipa；nauelipa
3104	*Genipa clusiifolia*	巴西	山竹叶格尼茜	nauelipa
3105	*Genipa spruceana*	厄瓜多尔	亚马孙格尼茜	huito de agua
Geoffroea（FABACEAE） 青篱檀属（蝶形花科）		**HS CODE** **4403.99**		
3106	*Geoffroea decorticans*	阿根廷、智利	剥皮青篱檀	chanar；chanar breda；chanarcillo
3107	*Geoffroea spinosa*	阿根廷、厄瓜多尔	多刺青篱檀	chanar；marizozeiro；seca
3108	*Geoffroea striata*	委内瑞拉、哥伦比亚	条纹青篱檀	almendro；chupon；coa；silbadero；taque
Gevuina（PROTEACEAE） 热夫山龙眼属（山龙眼科）		**HS CODE** **4403.99**		
3109	*Gevuina avellana*	智利	智利热夫山龙眼木	avellana；avellano；radal
Gleditsia（CAESALPINIACEAE） 皂荚木属（苏木科）		**HS CODE** **4403.99**		
3110	*Gleditsia amorphoides*	阿根廷、乌拉圭、巴西、古巴、玻利维亚、巴拉圭	紫穗槐状皂荚木	caa-nambi；corona de espinas；coronda；coronillo；espina；espina corona；espina cristi；espina di corona；espinilho；espinillo；espinillo amarillo；gleditschia；ivo-po；palo de corona；quillay；sucara；yuguazu

序号	学名	主要产地	中文名称	地方名
3111	*Gleditsia aquatica*	美国	水生皂荚木	black locust; honey locust; swamp honey locust; water locust
3112	*Gleditsia triacanthos*	阿根廷、美国	三刺皂荚木	acacia; acacia negra; black locust; christus-dorn; honey locust; honeylocust; honeyshucks; korstorne; locust; piquant amourette; shucks honey locust; sweet locust; sweet-bean; thorn locust; thorny locust
Glycydendron（EUPHORBIACEAE） **甜桐属（大戟科）**			**HS CODE** **4403.49**	
3113	*Glycydendron amazonicum*	圭亚那、巴西	亚马孙甜桐	devildoor; mirandiba doce; mirindiba; mirindiba doce; muirapixi; wain; wainya
Gmelina（VERBENACEAE） **石梓属（马鞭草科）**			**HS CODE** **4403.49**	
3114	*Gmelina arborea*	哥斯达黎加	石梓	melina
Gnetum（GNETACEAE） **买麻藤属（买麻藤科）**			**HS CODE** **4403.99**	
3115	*Gnetum panuculatum*	圭亚那	帕努买麻藤	bellbird's heart
3116	*Gnetum urens*	巴西	尤伦斯买麻藤	itaua branco
3117	*Gnetum venosum*	巴西	静脉买麻藤	itau
Godmania（BIGNONIACEAE） **羊角楸属（紫葳科）**			**HS CODE** **4403.99**	
3118	*Godmania aesculifolia*	墨西哥、危地马拉	七叶羊角楸	cacho de diablo; cacho de novillo; cacho de toro; coyacate; palo blanco; roble; roble cachudo; roble cuerno de borrago; roble de playa
Gomidesia（MYRTACEAE） **直萼矾木属（桃金娘科）**			**HS CODE** **4403.99**	
3119	*Gomidesia lindeniana*	多米尼加、波多黎各、古巴、瓜德罗普岛	椴直萼矾木	auguey; auguey blanco; auguey prieto; cieneguillo; linden gomidesia; yareicillo
Gomortega（GOMORTEGACEAE） **奎乐果属（奎乐果科）**			**HS CODE** **4403.99**	
3120	*Gomortega keule*	智利	库勒奎乐果	
3121	*Gomortega nitida*	智利	密茎奎乐果	queule

序号	学名	主要产地	中文名称	地方名
	Gomphocarpus（ASCLEPIADACEAE） 钉头果属（萝藦科）	**HS CODE** **4403.99**		
3122	Gomphocarpus brasiliensis	巴西	巴西钉头果	paina de seda
	Goniodiscus（CELASTRACEAE） 铁饼角属（卫矛科）	**HS CODE** **4403.99**		
3123	Goniodiscus elaeospermus	巴西	橄榄籽铁饼角	andirobinha；cabeca de cutia；mapia
	Goniorrhachis（CAESALPINIACEAE） 角刺豆属（苏木科）	**HS CODE** **4403.99**		
3124	Goniorrhachis marginata	巴西、多米尼加	边缘角刺豆木	guarabu amarello；guarabu amarelo；guarabu rajado；guaribu amarelo；itapicuru；itapicuru amarello；itapicuru amarelo；roxo
	Gonzalagunia（RUBIACEAE） 鞭序桐属（茜草科）	**HS CODE** **4403.99**		
3125	Gonzalagunia chiapasensis	墨西哥	恰帕斯鞭序桐	almendrillo
3126	Gonzalagunia cornifolia	秘鲁	茱萸叶鞭序桐	bachata；mullaca
	Gordonia（THEACEAE） 大头茶属（山茶科）	**HS CODE** **4403.99**		
3127	Gordonia brenesii	哥斯达黎加、墨西哥	布氏大头茶	campana；campano；campano chile；nanche ahuatosa
3128	Gordonia fruticosa	圭亚那	类灌木大头茶	ulukara
3129	Gordonia haematoxylon	牙买加	血木大头茶	bloodwood；ironwood；jamaica bloodwood
3130	Gordonia lasianthus	美国	毛刺大头茶	bay；black laurel；blacklau；gordonia；holly bay；holly-bay；loblolly bay；loblolly-bay；moa gordonia；swamp laurel；tan bay
3131	Gordonia semiserrata	哥斯达黎加、巴西、秘鲁、巴拿马、哥伦比亚、委内瑞拉	半齿大头茶	campana；campana chile；campano；mangle；manglillo；nispero macho de tierra；quindu；quindublanco；vara de leon
	Gouania（RHAMNACEAE） 咀签属（鼠李科）	**HS CODE** **4403.99**		
3132	Gouania blanchetiana	秘鲁	布兰咀签木	chewstick

序号	学名	主要产地	中文名称	地方名
3133	*Gouania trichodonta*	秘鲁	三齿咀签木	granadilla
Goupia（GOUPIACEAE）毛药树属（尾瓣桂科）			HS CODE 4403.49	
3134	*Goupia glabra*	圭亚那、苏里南、委内瑞拉、巴西、秘鲁、哥伦比亚、法属圭亚那	光滑毛药树	bois caca; cabacalli; caballi; cachaceiro; goupi franc; goupi glabre; goupie; goupil; koboekhali; kopie-ie; kupiye; mgoupi; piaunde saino; red copie; saino; stinkwood; tento; waramai; zahino
3135	*Goupia paraensis*	巴西	帕州毛药树	cupiuba
3136	*Goupia tomentosa*	圭亚那	毛药树	goupi; goupi jaune; kabukalli; red kabukalli
Graffenrieda（MELASTOMATACEAE）彩号丹属（野牡丹科）			HS CODE 4403.99	
3137	*Graffenrieda cucullata*	秘鲁	尖叶彩号丹	dispero; nispero
3138	*Graffenrieda gracilis*	秘鲁	纤细彩号丹	isula-micuna
3139	*Graffenrieda latifolia*	秘鲁	阔叶彩号丹	coelettegrandes-feuilles; crécré; crécré-grandes-feuilles
3140	*Graffenrieda limbata*	秘鲁	边缘彩号丹	montagne
Grayia（CHENOPODIACEAE）刺壤藜属（藜科）			HS CODE 4403.99	
3141	*Grayia spinosa*	美国	多刺刺壤藜	hop sage
Grevillea（PROTEACEAE）银桦属（山龙眼科）			HS CODE 4403.99	
3142	*Grevillea robusta*	巴西、洪都拉斯、波多黎各、哥斯达黎加、委内瑞拉、古巴、阿根廷、美国	大银桦	australian silky oak; carvalho sedoso; gravilea; grevillea; helecho; lacewood; pino rojo; roble australiano; roble de pelota; roble de seda; roble redoso; silky oak; southern silky oak
Grias（LECYTHIDACEAE）玉杻果属（玉蕊科）			HS CODE 4403.99	
3143	*Grias cauliflora*	危地马拉、巴拿马、洪都拉斯、墨西哥、尼加拉瓜	鲈梨	cayilla; haguey; irayol; membrillo; membrillo macho; morro cimarron; papallon; sapo
3144	*Grias neuberthii*	厄瓜多尔、秘鲁	纽氏玉杻果	aguacatillo; chope; kasi; membrillo; piton; soda; ttetteccucho

序号	学名	主要产地	中文名称	地方名
3145	*Grias peruviana*	厄瓜多尔、秘鲁	秘鲁玉杯果	aguacate de monte；apai；piton cara；sacha chope；sapote de perro
	Grislea（**LYTHRACEAE**） 樱虾花属（千屈菜科）	**HS CODE** **4403.99**		
3146	*Grislea*（=*Pehria*）*secunda*	委内瑞拉、洪都拉斯、哥伦比亚	次樱虾花	bijo；coloradillo；guayabito de cerro；indiecito
	Guaiacum（**ZYGOPHYLLACEAE**） 愈疮木属（蒺藜科）	**HS CODE** **4403.49**		
3147	*Guaiacum angustifolium*	墨西哥、美国	窄叶愈疮木②	guayacan；soapbush；texas lignum vitae；texas porliera
3148	*Guaiacum arboreum*	哥伦比亚	乔状愈疮木②	guayacan carrapo
3149	*Guaiacum coulteri*	墨西哥	库氏愈疮木②	arbol santo；chumchintoc；guayacan；huaxaxa；lignum vitae；matlacuahuitl；matlaquahuitl；mo-tzi；nuitscui；palo santo；yaga-gupi；yaga-na；yaga-naa；yatnu-tandaa
3150	*Guaiacum officinale*	洪都拉斯、墨西哥、西印度群岛、波多黎各、法属圭亚那、海地、巴西、委内瑞拉、哥伦比亚、古巴、多米尼加、美国、维尔京群岛、向风群岛	药用愈疮木②	bois de gaiac；echt pokhout；franzosenholz；gaiac；guayacancillo；guayaco；gudstrad；guiacu；guyacan；hoaxacan；holywood；indianwood；ironwood；legno benedetto；lignum vitae；matlalquah uitl；pockenholts；pockholz；vera amarillo；wajakaa
3151	*Guaiacum palmeri*	墨西哥	掌叶愈疮木②	arbol santo；guayacan；yaga-na；yutnu-tandaa
3152	*Guaiacum sanctum*	墨西哥、西印度群岛、巴西、美国、多米尼加、海地、危地马拉、哥伦比亚、哥斯达黎加、古巴、洪都拉斯、巴拿马、委内瑞拉、波多黎各、尼加拉瓜	神圣愈疮木②	bastaard pokhout；guayacan de nicaragua；guayacan de vera；guayacan negro；guayacan prieto；huesito；ironwood；lignum vitae；maatsjoe；nicaragua pokhout；palo sano；pokhout；vera amarilla；vera bera；vera prieta；wayaka shimaron；zoon
	Guamia（**ANNONACEAE**） 檬茸木属（番荔枝科）	**HS CODE** **4403.99**		
3153	*Guamia unijugum*	墨西哥	单对檬茸木	lignum vitae
	Guapira（**NYCTAGINACEAE**） 水柔木属（紫茉莉科）	**HS CODE** **4403.99**		
3154	*Guapira cuspidata*	委内瑞拉、圭亚那	尖叶水柔木	casabe；casabe blanco；mamudan

序号	学名	主要产地	中文名称	地方名
3155	*Guapira discolor*	古巴、美国	变色水柔木	barrehorno；beef-tree；beefwood；blolly；brace blolly；corkwood；longleaf blolly；pigeonwood；porkwood；roundleaf blolly
3156	*Guapira eggersiana*	圭亚那	埃格水柔木	mamudan；parwruwaka
3157	*Guapira fragrans*	古巴、巴巴多斯、波多黎各、哥伦比亚、圭亚那、西印度群岛、巴西、多米尼加	香水柔木	barrehorno；beefwood；black mampoo；corcho；emajagua；estribo；majagua；majagua de mona；mamudan；mapoo；mariamol；palo de corcho；palo de perico；perico
3158	*Guapira graciliflora*	圭亚那	单花水柔木	mamudan
3159	*Guapira myrtifolia*	秘鲁	番樱桃叶水柔木	clavo-caspi
3160	*Guapira obtusata*	美国、西印度群岛、巴哈马、波多黎各、古巴、多米尼加	钝水柔木	beefwood；blolly；broad-leaved blolly；corcho；corcho blanco；corcho prieto；guapira；macaguey；mala mujer；mapoa gris；pigeonwood；porkwood；sapo；vibora
3161	*Guapira salicifolia*	圭亚那	柳叶水柔木	mamudan
	Guarea (MELIACEAE) 驼峰楝属（楝科）		**HS CODE** **4403.49**	
3162	*Guarea cinnamomea*	厄瓜多尔	樟叶驼峰楝	tocccota
3163	*Guarea costata*	墨西哥	脉状驼峰楝	
3164	*Guarea excelsa*	墨西哥	大驼峰楝	
3165	*Guarea glabra*	墨西哥、委内瑞拉、巴西、洪都拉斯、危地马拉、伯利兹、巴拿马、哥伦比亚、波多黎各、尼加拉瓜、厄瓜多尔、特立尼达、古巴	光滑驼峰楝	bejuco；bejuco blanco；cedrillo；chichide perra；chilillo；chiquicob；cola de pava；cramantee；dorita；guaraguadillo；mamecillo blanco；ocotillo blanco；prontolivio；pukunawapa；redwood；remo；trompillo de playa；yamagua
3166	*Guarea gomma*	苏里南、巴西、秘鲁	戈玛驼峰楝	alligatorwood；ewe；gito；gomma；jarreewe；joekoetoena；karabababalli；karababalli eweda koro-abo；kodjo oedoe；koejake fehoeta；muskwood；panjil-ruru；saffeka；siwaroewa

序号	学名	主要产地	中文名称	地方名
3167	*Guarea grandifolia*	墨西哥、伯利兹、洪都拉斯、厄瓜多尔、巴拿马、秘鲁	大叶驼峰楝	calaguaste；carbon；cedro macho；chaschom de montana；chichon；chichon de montana；chuchupate；latapi；latapi de hojas menuda；manzanillo；manzano colorado；mcnzano；no-choc-che；palillo
3168	*Guarea guara*	拉丁美洲	瓜拉驼峰楝	
3169	*Guarea guentheri*	厄瓜多尔	冈氏驼峰楝	colorado
3170	*Guarea guidonia*	巴西、委内瑞拉、牙买加、波多黎各、古巴、秘鲁、哥伦比亚、安的列斯群岛、小安的列斯群岛、法属圭亚那、圭亚那、海地、洪都拉斯、多米尼加、阿根廷、哥斯达黎加、厄瓜多尔、西印度群岛、苏里南、特立尼达、巴拿马、向风群岛、瓜德罗普岛	拉美驼峰楝	acafroa；bilreiro；cabima；cabirma santa；camboata；camboata blanca；camotoata；doifiesirie；fruta de loro；guaragao；jatuauba；jatuauba amarella；kogelboom；latapi；redwood；requia；tucuta；villo-villo；wild akee；yamagua colorado；yantso；zambo cedro
3171	*Guarea kunthiana*	厄瓜多尔、秘鲁、苏里南	昆氏驼峰楝	bombonde；bou；coco de la montana；colorado manzano；mashua；pilche；requia；saguarcaspi；tocota blanco；warakadan djamaro；yacu tucuta
3172	*Guarea macrophylla*	巴西、哥伦比亚、多米尼加、维尔京群岛、阿根廷、秘鲁	心叶驼峰楝	atauba；bilheiro；bilibil；bois arab；bois rouge；cafe bravo；calcanhar de cotia；cedrillo；cragoantan；cuquindo；jatuauba；marinheiro；pau de arco；pistolet；requia blanca；requia colorada；requilla；urcu requia
3173	*Guarea megantha*	南美洲	巨花驼峰楝	
3174	*Guarea pendula*	南美洲	垂枝驼峰楝	guassalongo amarillo
3175	*Guarea polymera*	厄瓜多尔	多节驼峰楝	pialde macho
3176	*Guarea pterorhachis*	厄瓜多尔	普特驼峰楝	tocota
3177	*Guarea pubescens*	苏里南、法属圭亚那、圭亚那、秘鲁、厄瓜多尔、委内瑞拉	短柔毛驼峰楝	banjabo；dangouti；herbe du cariacou；kufiballi；paujil ruru；payaw risili；soro sali；tocota；tortolito blanco
3178	*Guarea purusana*	厄瓜多尔	普鲁萨驼峰楝	coloado

序号	学名	主要产地	中文名称	地方名
3179	*Guarea spicaeflora*	阿根廷	五香驼峰楝	cedrillo；cuare
3180	*Guarea sylvatica*	厄瓜多尔	林生驼峰楝	colorado
3181	*Guarea trichilioides*	拉丁美洲	三叶驼峰楝	
	***Guatteria*（ANNONACEAE）** **瓜特番荔枝属（番荔枝科）**		**HS CODE** **4403. 99**	
3182	*Guatteria aeruginosa*	巴拿马	锈色瓜特番荔枝	malageto；malagueta
3183	*Guatteria amplifolia*	尼加拉瓜	广叶瓜特番荔枝	anona
3184	*Guatteria anomala*	墨西哥	异丽瓜特番荔枝	corcho negro；guela-daug uixi；ijbat；ijkbat；ikbat；matambilla；palo de chombo；palo de zope；zope-zope
3185	*Guatteria atra*	圭亚那	黑瓜特番荔枝	arara；black yarri-yarri；kosopa；smooth-skinarara
3186	*Guatteria blainii*	海地、古巴、波多黎各、多米尼加	布氏瓜特番荔枝	bois noir；ceda；haya；haya minga；negra lora；purio fangar；purio prieto；yaya
3187	*Guatteria boyacana*	哥斯达黎加、哥伦比亚、圭亚那、海地、巴西、墨西哥、巴拿马、法属圭亚那、委内瑞拉	博亚卡瓜特番荔枝	anonillo；arara；asta；bois noir；cipoira；colombian lancewood；elemuy；envira；kadaburichi；karemero；kuyama；malagueto；ouregou；solera；yalla；yaya
3188	*Guatteria brachypoda*	圭亚那	短柄瓜特番荔枝	arara；black yarri-yarri
3189	*Guatteria caribaea*	小安的列斯群岛、法属圭亚那、波多黎各、向风群岛	加勒比瓜特番荔枝	bois violon；cachiman grand bois；corosol grand bois；haya blanca；maho noir
3190	*Guatteria cestrifolia*	哥伦比亚	夜香叶瓜特番荔枝	majaguillo
3191	*Guatteria chlorantha*	哥伦比亚	绿花瓜特番荔枝	
3192	*Guatteria cinnamomea*	秘鲁	樟叶瓜特番荔枝	cara huasca
3193	*Guatteria elongata*	巴西	长序瓜特番荔枝	envireira fraca；jurua cacauo
3194	*Guatteria galeottiana*	墨西哥	加洛瓜特番荔枝	cananga；ma-hum-sey

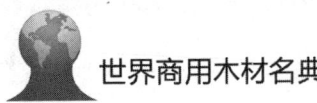

序号	学名	主要产地	中文名称	地方名
3195	*Guatteria hyposericea*	秘鲁	丝质瓜特番荔枝	chuchuhuasha-mashan；yana-huasca
3196	*Guatteria inundata*	巴西	泛滥瓜特番荔枝	envira preta do igapo
3197	*Guatteria leiophylla*	墨西哥	光叶瓜特番荔枝	ek'le-muy；elemuybox
3198	*Guatteria microcarpa*	秘鲁	小果瓜特番荔枝	tortuga-caspi
3199	*Guatteria ovalifolia*	圭亚那	椭圆叶瓜特番荔枝	arara；black yarri-yarri；smooth-skin arara
3200	*Guatteria phanerocampta*	秘鲁	法内瓜特番荔枝	cara huasca；carra-huasca
3201	*Guatteria poeppigiana*	巴西	波皮瓜特番荔枝	envira amarello；envira preta；envireira
3202	*Guatteria procera*	圭亚那	高大瓜特番荔枝	arara；black yarri-yarri
3203	*Guatteria punctata*	圭亚那	斑点瓜特番荔枝	arara；black yarri-yarri
3204	*Guatteria rubrinervis*	圭亚那	红脉瓜特番荔枝	
3205	*Guatteria scandens*	圭亚那	攀援瓜特番荔枝	
3206	*Guatteria schomburgkiana*	圭亚那、苏里南	斯氏瓜特番荔枝	arara；black yarri-yarri；fine-leaved arara；firiberoe；koejeko；koelihi；koeliho；kojoko
3207	*Guatteria scvtophylla*	秘鲁、巴西	瓜特番荔枝	carahuasca
3208	*Guatteria slateri*	巴拿马	斯莱特瓜特番荔枝	malageto prieto；malagueta prieto；malagueto prieto
3209	*Guatteria trichostemon*	巴拿马	三雄蕊瓜特番荔枝	
Guettarda（RUBIACEAE） **海岸桐属（茜草科）**		**HS CODE** **4403.99**		
3210	*Guettarda acreana*	圭亚那	高海岸桐	chuwirikia；eekwa；yaki
3211	*Guettarda ambigua*	委内瑞拉	长萼海岸桐	cruceto
3212	*Guettarda combsii*	墨西哥	康氏西海岸桐	palo de tapon de pumpo；payluk；tapon de pumpo；tasta'ab；taztab

序号	学名	主要产地	中文名称	地方名
3213	*Guettarda elliptica*	墨西哥、委内瑞拉、古巴、波多黎各、美国、伯利兹	椭圆海岸桐	boshtaab; boxtaxtaab; cabrito; cacalche; ciguilla; crucecilla; cruceto negro; crucillo; cucubano liso; guayabillo prieto; nakedwood; negritos; picklewood; pricklewood; punteral; velvetseed
3214	*Guettarda ferox*	秘鲁	粗壮海岸桐	garabato
3215	*Guettarda filipes*	墨西哥	细柄海岸桐	negrito
3216	*Guettarda foliacea*	巴拿马	叶状海岸桐	espino; guayabo
3217	*Guettarda krugii*	波多黎各、巴哈马	克氏海岸桐	cucubano; frogwood; velvetseed
3218	*Guettarda macrosperma*	墨西哥	大籽海岸桐	yoa-prieta de cerro
3219	*Guettarda odorata*	维尔京群岛、西印度群岛、波多黎各、委内瑞拉、安的列斯群岛、向风群岛	香海岸桐	blackberry; bois guette; cucubano de vieques; punta real blanca; punteral; punteral negro; wild cherry
3220	*Guettarda ovalifolia*	波多黎各	卵叶海岸桐	cucubano
3221	*Guettarda pungens*	多米尼加、波多黎各	普金斯海岸桐	encinillo; palo de cruz; roseta; yaya
3222	*Guettarda scabra*	特立尼达、西印度群岛、古巴、波多黎各、美国、巴哈马、向风群岛、瓜德罗普岛	粗叶海岸桐	blue-copper; bois madame; bois noire; candlewood; chicharron de monte; craw-wood; cucubano; greenheart; palo de dajao; rough velvetseed; roughleaf velvetseed; serrasuela; velvetberry; wild guava
3223	*Guettarda seleriana*	伯利兹、墨西哥	犀角海岸桐	glasswood; popiste negro
3224	*Guettarda steyermarkii*	委内瑞拉	斯氏海岸桐	salvio
3225	*Guettarda uruguensis*	巴西	乌拉圭海岸桐	peludilla
3226	*Guettarda valenzuelana*	波多黎各、古巴	瓦伦海岸桐	cucubano; cucubano de monte; hueso; icaquillo; naranjito; vigueta
	Guibourtia（**CAESALPINIACEAE**）古夷苏木属（苏木科）		**HS CODE 4403. 49**	
3227	*Guibourtia chodatiana*	巴拉圭	乔达古夷苏木	kurunai
3228	*Guibourtia hymenaeifolia*	古巴	赫梅纳古夷苏木	caguairan; caguairon; quiebrahacha
3229	*Guibourtia langsdorfii*	巴西	朗氏古夷苏木	copahyba; copaiba jutahy; copaiba marimary; pau de oleo

序号	学名	主要产地	中文名称	地方名
3230	*Guibourtia pellegriniana*	美国	佩莱古夷苏木②	akume
3231	*Guibourtia tessmannii*	美国	特氏古夷苏木②	akume
Gustavia（LECYTHIDACEAE）烈臭玉蕊属（玉蕊科）			**HS CODE** 4403.99	
3232	*Gustavia angustifolia*	厄瓜多尔	细叶烈臭玉蕊	membrillo de monte
3233	*Gustavia augusta*	苏里南、圭亚那、秘鲁、巴西、委内瑞拉	高烈臭玉蕊	aripawana；bois piant；caballo-cocha；chope；genipaparana；guatuso；haudan；kokoni-breta；laagland tapoerina；lanaballi；lannaballi；mantapoepa；omi taproepa；otdok；stinkhout；watramama-bobbi
3234	*Gustavia cauliflora*	洪都拉斯、尼加拉瓜	茎花烈臭玉蕊	irayol；jaguillo；papallon
3235	*Gustavia flagellata*	委内瑞拉	细长芽烈臭玉蕊	camburito
3236	*Gustavia hexapetala*	苏里南、圭亚那、厄瓜多尔、委内瑞拉、巴西、哥伦比亚	六瓣烈臭玉蕊	aripaennekan；bois puant；botro-hoedoe；catzo；chupon；chupon ventoso；geniparana；hietsjiete；lanaballi；lanaballi diamaroe；motin；mula muerta；omi taproepa；palo de muerto；tapoeripa；wokomolo kotele
3237	*Gustavia longifolia*	秘鲁、厄瓜多尔、巴西	长叶烈臭玉蕊	chope；pasu；sacha vaya；ttette'ccu
3238	*Gustavia macarenensis*	秘鲁	马卡伦烈臭玉蕊	chope
3239	*Gustavia nana*	巴拿马	纳纳烈臭玉蕊	achucalo；membrillo；paco
3240	*Gustavia poeppigiana*	秘鲁、委内瑞拉	佩皮烈臭玉蕊	chope；chupon；flor de muerto
3241	*Gustavia pubescens*	厄瓜多尔	短柔毛烈臭玉蕊	membrillo de monte
3242	*Gustavia speciosa*	哥伦比亚、秘鲁、委内瑞拉、巴西	美丽烈臭玉蕊	chope；chupa；chupo；chupon colorado；coco hediondo；coco muerto；genipa-tara；janiparindiba；membatillo de monte；membrillo；pau fedorente；sacha chope；sacha manga
3243	*Gustavia superba*	巴拿马、哥伦比亚	艳丽烈臭玉蕊	bejuco de iuca；membrillo

序号	学名	主要产地	中文名称	地方名
Gymnanthes（EUPHORBIACEAE）裸花树属（大戟科）			**HS CODE 4403. 99**	
3244	*Gymnanthes longipes*	墨西哥	长柄裸花树	calulte；pepexecuate
3245	*Gymnanthes lucida*	古巴、波多黎各、美国、西印度群岛、海地、小安的列斯群岛、巴西、墨西哥、巴哈马、伯利兹、维尔京群岛、多米尼加、危地马拉	亮叶裸花树	aceitillo；bois marbre；branquilho；capixava；cascudo；crabwood；false lignum vitae；grannadillo boho；haite；lignum vitae；macho；oisterwood；oysterwood；poisonwood；ramon；shiny oysterwood；tabacon；yaibi
3246	*Gymnanthes marginata*	巴西	边缘裸花树	branquilho
Gymnocladus（CAESALPINIACEAE）肥皂荚属（苏木科）			**HS CODE 4403. 99**	
3247	*Gymnocladus dioica*	美国、加拿大	加拿大肥皂荚	american coffeebean；chicot；chicot du canada；coffeebean；coffeebean-tree；coffee-nut；coffeetree；geweihbaum；kentucky mahogany；mahogany；nettle-tree；nicker-tree；stump-tree
Gymnopodium（POLYGONACEAE）木酸模属（蓼科）			**HS CODE 4403. 99**	
3248	*Gymnopodium antigonoides*	墨西哥、伯利兹	对角木酸模	aguana；cruceto；nangana；sak-ts'its-il-che；ts'its-il-che；tzitzilche；zakzitilche
Gyranthera（BOMBACACEAE）巨鹑树属（木棉科）			**HS CODE 4403. 99**	
3249	*Gyranthera caribensis*	委内瑞拉	卡里巨鹑树	candelo；cucharon；nono；uria
Gyrocarpus（HERNANDIACEAE）旋翼果属（莲叶桐科）			**HS CODE 4403. 99**	
3250	*Gyrocarpus jacquinii*	墨西哥、哥伦比亚、委内瑞拉、尼加拉瓜、巴西、危地马拉	雅氏旋翼果	baba；banco；blanca mara；caballitos；cedro blanco；ciis；corroncha de lagarto；cuitlacoctli；gallito；hediondillo；jutamo；k'i'ix；k'iis-te；k'its；kiis；lagarto；limoncillo；palo de zopilote；palo de zorrillo；palo hediondo；palo santo；palomitas；papayo cimarron；pinon；quitlacoctli；quitlacotli；talalate；tambor；tincui；titirillo；tortugo；volador；xkis

序号	学名	主要产地	中文名称	地方名
Haenianthus（OLEACEAE） 鳞瓣榄属（木犀科）			**HS CODE** **4403.99**	
3251	*Haenianthus grandifolius*	古巴	大叶鳞瓣榄	caney
3252	*Haenianthus salicifolius*	古巴、多米尼加、波多黎各、西印度群岛	柳叶鳞瓣榄	bayito；caney；cara de hombre；hueso；hueso prieto；palo de hueso
Halesia（STYRACACEAE） 银钟花属（野茉莉科）			**HS CODE** **4403.99**	
3253	*Halesia carolina*	美国	卡罗莱纳银钟花	bell olivetree；bell-tree；bellwood；carolina silverbell；catbell；florida silverbell；little silverbell；mountain silverbell；no-name-tree；opossum；opossumwood；rattle-box；silverbell；silver-tree；silverbell-tree；snowdrop-tree；tisswood；wild olivetree
3254	*Halesia diptera*	美国	双叶银钟花	cow-licks；silverbell；silverbell-tree；snowdrop-tree；southern silverbell-tree；two-wing silverbell
3255	*Halesia macgregorii*	美国	银钟花	
Hamamelis（HAMAMELIDACEAE） 金缕梅属（金缕梅科）			**HS CODE** **4403.99**	
3256	*Hamamelis virginiana*	美国、加拿大	弗吉尼亚金缕梅	common witch-hazel；hamamelis de virginie；hazel snapping；oe-eh-nah-kwe-ha-he；southern witch-hazel；spotted-stick；winter bloom；witch-hazel
Hamelia（RUBIACEAE） 长隔木属（茜草科）			**HS CODE** **4403.99**	
3257	*Hamelia axillaris*	尼加拉瓜、墨西哥、巴拿马、秘鲁	腋脉长隔木	chiiio de perro；cocuapati rojo；guayabo negro；yutobanco
3258	*Hamelia calycosa*	墨西哥	花萼长隔木	cihuapate；clavo panelilla
3259	*Hamelia patens*	洪都拉斯、哥斯达黎加、波多黎各、哥伦比亚、多米尼加、墨西哥、尼加拉瓜、危地马拉、伯利兹、萨尔瓦多、海地、委内瑞拉、美国、古巴、巴拿马	伸展长隔木	achiotillo colorado；anileto；bencenuco；buzunuvo；cacahuapastle；cacapuate；chichipince；chochoa；clavito；coloradillo；corail；doncella；estirnina；firebush；leoncito；madura platano；maravilla；recadito；sancocho；scarletbush；susupinche；tochimitillo；uvero；vara prieta；xkanan；zambumbia；zipate

序号	学名	主要产地	中文名称	地方名
3260	*Hamelia rovirosae*	尼加拉瓜、洪都拉斯	罗非长隔木	chupamiel；clavillo；papalniel
3261	*Hamelia versicolor*	墨西哥	杂色长隔木	coralillo；sangre de toro
3262	*Hamelia xorullensis*	墨西哥	异源长隔木	colorin；sangre de toro；sangre de toro amarilla
Hampea（MALVACEAE）鼠棉属（锦葵科）			**HS CODE** **4403. 99**	
3263	*Hampea appendiculata*	哥斯达黎加	伴生鼠棉木	buriogre
3264	*Hampea integerrima*	哥斯达黎加、墨西哥	全缘叶鼠棉木	buriogre；jonote blanco；jonote colorado；majagua；majagua de playa；tsutsocosh unuc；tsutsucosh unuc
3265	*Hampea stipitata*	洪都拉斯	具柄鼠棉木	majao；majao colorado
3266	*Hampea tomentosa*	墨西哥	毛鼠棉木	majagua；majagua blanca
3267	*Hampea trilobata*	伯利兹、墨西哥	三裂鼠棉木	kajana；majagua；majana；moho；toobhoop；zakitzia
Haploclathra（GUTTIFERAE）红圣木属（藤黄科）			**HS CODE** **4403. 99**	
3268	*Haploclathra leiantha*	巴西	光花红圣木	anani；tamaquare
3269	*Haploclathra paniculata*	巴西	锥花红圣木	muirapiranga；tamaquare；tamaquire
Haplorhus（ANACARDIACEAE）柳叶漆属（漆树科）			**HS CODE** **4403. 99**	
3270	*Haplorhus peruviana*	秘鲁	秘鲁柳叶漆	ccasi
Harpalyce（FABACEAE）印度苏木属（蝶形花科）			**HS CODE** **4403. 99**	
3271	*Harpalyce arborescens*	墨西哥	树状印度苏木	cante；can-te；carne de gallina；chichorillo；itzcante；quebracho
3272	*Harpalyce cubensis*	古巴	古巴印度苏木	cerillo
3273	*Harpalyce pringlei*	墨西哥	羽叶印度苏木	balche-kan
Harpullia（SAPINDACEAE）假山萝属（无患子科）			**HS CODE** **4403. 99**	
3274	*Harpullia cupanioides*	美国	山木患	harpulli
Hasseltia（FLACOURTIACEAE）骨柞属（大风子科）			**HS CODE** **4403. 99**	
3275	*Hasseltia floribunda*	巴拿马、尼加拉瓜、秘鲁	多花骨柞木	cocobolo；muneca；okuchi-huasi；raton-caspi；tama-mara

序号	学名	主要产地	中文名称	地方名
3276	*Hasseltia guatemalensis*	墨西哥	危地马拉骨柞木	citeito
Hebepetalum（LINACEAE） 沙麻木属（亚麻科）		**HS CODE** **4403.99**		
3277	*Hebepetalum humiriifolium*	苏里南、圭亚那	胡氏沙麻木	mope watong wewe；shiballidan；waiaballi；waiadan；wajaballi；wajaballi koeleroe
Hedera（ARALIACEAE） 常春藤属（五加科）		**HS CODE** **4403.99**		
3278	*Hedera helix*	墨西哥、美国	常春藤	hiedra；ivy；joy bindwood
Hedyosmum（CHLORANTHACEAE） 雪香兰属（金莉兰科）		**HS CODE** **4403.99**		
3279	*Hedyosmum arborescens*	波多黎各、瓜德罗普岛	树状雪香兰	azafran
3280	*Hedyosmum bonplandianum*	哥伦比亚	邦普兰雪香兰	malibu morado
3281	*Hedyosmum racemosum*	秘鲁	总状花序雪香兰	asar-quiro
3282	*Hedyosmum scabrum*	厄瓜多尔	斯卡鲁雪香兰	borracho；tarquei；tarqui
Heisteria（OLACACEAE） 折帽果属（铁青树科）		**HS CODE** **4403.99**		
3283	*Heisteria acuminata*	秘鲁、厄瓜多尔	尖锐折帽果	chuchuhuasha；huarmi-chuchuhuasha；moena；muena；tinchi
3284	*Heisteria cauliflora*	秘鲁、圭亚那	茎花折帽果	huangana-caspi；huapa-caspi；huapapa-caspi；makarasali；marihibona；moena；platina-caspi；quinilla blanca
3285	*Heisteria coccinea*	西印度群岛、洪都拉斯、小安的列斯群岛、安的列斯群岛	朱红折帽果	bois de perdrix；cabbage-tree；cabiche；caracat；partridge-pea；partridge-tree；partridgewood；pois perdrix
3286	*Heisteria densifrons*	圭亚那、秘鲁	登西弗折帽果	makarasali；parinari
3287	*Heisteria duckei*	圭亚那	达凯折帽果	makarasali
3288	*Heisteria macrophylla*	巴拿马、哥斯达黎加、萨尔瓦多	大叶折帽果	ajicillo；manglillo；naranjillo colorado；sombrerito
3289	*Heisteria nitida*	委内瑞拉、厄瓜多尔	密茎折帽果	amarillo；bongia'avu
3290	*Heisteria silvianii*	巴西	席氏折帽果	casco de tatu

序号	学名	主要产地	中文名称	地方名
3291	*Heisteria spruceana*	厄瓜多尔	亚马孙折帽果	atrete
Helicostylis（MORACEAE） 卷花桑属（桑科）			**HS CODE** **4403.99**	
3292	*Helicostylis montana*	巴拿马、哥斯达黎加	山地卷花桑	berba；bi；birsk；choyba；feguo；kabakra；ojoche；querendo
3293	*Helicostylis podogyne*	南美洲	波多基卷花桑	inhare
3294	*Helicostylis scabra*	厄瓜多尔	粗叶卷花桑	mirikiu
3295	*Helicostylis tomentosa*	巴西、委内瑞拉、中美洲、圭亚那、苏里南、哥伦比亚、厄瓜多尔	毛卷花桑	aimpem；basra-letri；chayba；feguo；hioeiepau lettoe；inare；leche perra；letri；letri sabana；letterwood；man-letri；miniuku；pauletoe aledin；poevinga；querendo；sabana letri；sukune；toekoesie paida；tokoro apolinore；unbatapo；wamiriaballi
3296	*Helicostylis urophylla*	哥斯达黎加	尾叶卷花桑	bi；birsk；feguo；kabakra；ojoche
Helicteres（STERCULIACEAE） 山芝麻属（梧桐科）			**HS CODE** **4403.99**	
3297	*Helicteres baruensis*	墨西哥	巴伦斯山芝麻	algodoncillo
3298	*Helicteres jamaicensis*	巴哈马、海地、波多黎各、古巴、牙买加	牙买加山芝麻	blind-eye-bush；cotton-rat；cowbush；cuernecillo；gato；gato soga；huevo de gato；jeucon；majaguilla de costa；salzbush；screwtree；tapaculo；wild salve
3299	*Helicteres pentandra*	秘鲁	五雄山芝麻	tornecillo
Helietta（RUTACEAE） 赫利芸香属（芸香科）			**HS CODE** **4403.99**	
3300	*Helietta cuspidata*	阿根廷	尖叶赫利芸香	canella do venado；canella do viado；ibera-obi；iberraobi；ibyra ovi；ybyra-oby
3301	*Helietta longifoliata*	巴西、阿根廷、巴拉圭	长叶赫利芸香	amarelinho；canela de veado；canella do viado；ibira-obi；ibira-oby；ybyra-oby；yvyraovi
3302	*Helietta parvifolia*	墨西哥、美国	小叶赫利芸香	baretta；barreta；barretta；guayacan；palo blanco

序号	学名	主要产地	中文名称	地方名
3303	*Helietta plaeana*	委内瑞拉、哥伦比亚、巴西、巴拉圭、特立尼达、墨西哥、阿根廷、伯利兹、西印度群岛、牙买加	普拉赫利芸香	anacao；angustora；brazilian boxwood；gasparee；gipato；guaranta；guarantan；guaratan；hokab；ibira-obiguazu；jopoy；larangeira；mendanha；palillo；venezuelan boxwood；verde lucero；west indian sandalwood；wildorange
Henriettea（MELASTOMATACEAE） 嘉罐花属（野牡丹科）			**HS CODE** **4403.99**	
3304	*Henriettea catrisiana*	圭亚那	卡特嘉罐花	itara
3305	*Henriettea fascicularis*	波多黎各、尼加拉瓜、古巴、海地	带状嘉罐花	camasey；camasey bobo；camasey de paloma；camasey peludo；camasey simple；capirote blanco；cordoban；petigrene
3306	*Henriettea macfadyenii*	波多黎各	麦氏嘉罐花	camasey
3307	*Henriettea membranifolia*	波多黎各	膜叶嘉罐花	camasey
3308	*Henriettea multiflora*	圭亚那、苏里南	多花嘉罐花	itara；kaboanama beletere；otarra；waramai
3309	*Henriettea ramiflora*	圭亚那	枝花嘉罐花	itara
3310	*Henriettea succosa*	特立尼达、圭亚那	多汁嘉罐花	henriettea sardino；itara
Henriettella（MELASTOMATACEAE） 小嘉罐花属（野牡丹科）			**HS CODE** **4403.99**	
3311	*Henriettella lawrancei*	厄瓜多尔	罗兰塞小嘉罐花	anduchi caspi yura
3312	*Henriettella stellaris*	秘鲁	星斑小嘉罐花	huito mullo；panguana-mullaca
3313	*Henriettella verrucosa*	哥伦比亚、秘鲁	疣状小嘉罐花	camesey peludo；uchpa-caspi
Hernandia（HERNANDIACEAE） 莲叶桐属（莲叶桐科）			**HS CODE** **4403.99**	
3314	*Hernandia guianensis*	危地马拉、圭亚那、法属圭亚那、巴拿马、洪都拉斯	圭亚那莲叶桐	aguacatillo；bois amadou；bois sabot；cebo burro；cebo macho；foengoe hoedoe；hoahoa；hoja tamal；jack-in-the-box；kaioballi；lempa；mano de leon；mirobolan；takariwa；tambor
3315	*Hernandia moerenhoutiana*	美国	莫雷诺莲叶桐	enua；kulina；turina

序号	学名	主要产地	中文名称	地方名
3316	*Hernandia nymphaefolia*	危地马拉、洪都拉斯、苏里南、哥斯达黎加、巴拿马、法属圭亚那、圭亚那、巴巴多斯、多米尼加、波多黎各、墨西哥、特立尼达、巴西、向风群岛	美丽莲叶桐	aguacatillo; ajowo; cebo burro; cebo macho; hernandier; hoja tamal; howa-howa; huahua; jack-in-the-box; kajoeballi; lampa; maga; mago; mango; mano de leon; myrobolan; palo de chicalpexte; takaruva; tambor; toporite; ventosa
3317	*Hernandia sonora*	中美洲、南美洲	墨西哥莲叶桐	hoahoa
Heteromeles（ROSACEAE）柳石楠属（蔷薇科）			**HS CODE** 4403.99	
3318	*Heteromeles arbutifolia*	美国	柳石楠	california holly; chamiso; christmas-berry; hollyberry; tollon; tollon toyon; toyon
Heterostemon（CAESALPINIACEAE）异蕊豆属（苏木科）			**HS CODE** 4403.99	
3319	*Heterostemon mimosoides*	巴西	含羞草异蕊豆	hervao
Heterotrichum（MELASTOMATACEAE）异旋毛膜属（野牡丹科）			**HS CODE** 4403.99	
3320	*Heterotrichum cymosum*	波多黎各	聚伞异旋毛膜	camasey; camasey de paloma; camasey peludo; pelua; terciopelo
Hevea（EUPHORBIACEAE）橡胶树属（大戟科）			**HS CODE** 4403.49	
3321	*Hevea brasiliensis*	秘鲁、委内瑞拉、巴西、墨西哥	橡胶木	arbol de caucho; caoutchouc-tree; capi; hevea; jebe debil fino; jeve fino; kautschukt rad; para rubbertree; rubberboom; rubbertree; seringa; seringueira branca; shiringa mapa; shiringarana; siringa mapa
3322	*Hevea guianensis*	圭亚那、厄瓜多尔、苏里南、巴西	圭亚那橡胶木	caoutchouc-boom; caucho; hevea; kautschukt rad; kuruwiwae; malapala; mapalapa; maparapa; nougowe; paur numi; rappa-rappa; seroejoeballi; sewejoe-balli; siringa; stopolie; tachuchu
3323	*Hevea pauciflora*	圭亚那、秘鲁	少花橡胶木	hatti; pumui; shiringa; shiringa silvestre; sibisibi; siringa; wild rubber
3324	*Hevea spruceana*	巴西、巴拉圭	亚马孙橡胶木	hevea; kautschukt rad

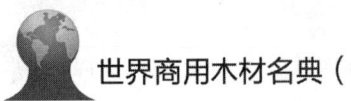

序号	学名	主要产地	中文名称	地方名
Hibiscus（MALVACEAE） 木槿属（锦葵科）			HS CODE 4403.99	
3325	*Hibiscus arnottianus*	美国	阿诺蒂木槿	hauhele；kokia keokeo；kokio keokeo
3326	*Hibiscus bifurcatus*	墨西哥	分叉木槿	alalatz；flor de paisto；mala mujer
3327	*Hibiscus cannabinus*	墨西哥、美国	大麻木槿	clavelina；kanaf；kenaf；kenef
3328	*Hibiscus clypeatus*	墨西哥	克莱木槿	angu；hol
3329	*Hibiscus elatus*	安的列斯群岛、古巴、牙买加、西印度群岛、美国、波多黎各、苏里南	高槿	blauwe mahoe；blue mahoe；cuban bast；emajagua；emajagua excelsa；mahagua；mahoe；majagua azul；majagua blanca；majagua comun；majagua de la maestra；majaguaozul；majo；maltesewood；mountain mahoe；tall hibiscus
3330	*Hibiscus luteus*	哥斯达黎加	黄色木槿	burio espinosa
3331	*Hibiscus moscheutos*	美国	芙蓉木槿	pith buttonwood；pithwood
3332	*Hibiscus mutabilis*	墨西哥、秘鲁	变叶木槿	amistad；cortejo；flor variable
3333	*Hibiscus rosa-sinensis*	波多黎各、尼加拉瓜、墨西哥、洪都拉斯、多米尼加、安的列斯群岛、美国、维尔京群岛、萨尔瓦多、秘鲁、巴拿马、巴西、哥伦比亚、牙买加	朱槿	amapola；avispa；campana；candelada；carta abierta；cayena dobbel；chinese hibiscus；clavelon；cucarda；flor de betun；gallarde；gallardete；hibiscus；lamparilla；mar pacifico；marimona；obelisco；papoula；resplandor；resucito；shoe-black；tulipan
3334	*Hibiscus syriacus*	墨西哥、美国	木槿	flor de una hora；rose-of-sharon；white-shaded rose
3335	*Hibiscus tiliaceus*	巴西、巴拿马、委内瑞拉、伯利兹、牙买加、安的列斯群岛、海地、多米尼加、秘鲁、波多黎各、美国、墨西哥、厄瓜多尔、苏里南、圭亚那、哥斯达黎加、西印度群岛、特立尼达、法属圭亚那、古巴、洪都拉斯、尼加拉瓜、哥伦比亚、向风群岛、瓜德罗普岛	黄槿	algodoncillo；blue mahoe；corkwood；damajagua；emajagua excelsa；emajague；huamoga；kajowa；mahaut franc；maho；majao colorado；majauito；pariti；rosenholz；trokro；tuliptree；uacima de praia；whitewood；wild cotton；xcolo

序号	学名	主要产地	中文名称	地方名
3336	*Hibiscus triloba*	伯利兹	三裂木槿	sick-it-tah
Hieronyma（EUPHORBIACEAE） 海厄大戟属（大戟科）			**HS CODE** **4403.49**	
3337	*Hieronyma alchorneoides*	伯利兹、委内瑞拉、苏里南、巴西、法属圭亚那、哥斯达黎加、巴拿马、古巴、哥伦比亚、洪都拉斯、圭亚那、秘鲁、小安的列斯群岛、厄瓜多尔、尼加拉瓜、危地马拉、西印度群岛	海厄大戟	aguacatillo; ananiwana suradanni; bully'tree; carne-de-vaca; cartancillo; itahuba colorada; licarana; magoncalo; mancito; palo rosa; pantano; quina; rosa; scotchebo; suradan; suradanni; tarroema; torito; urirana; urucurana mirim; urucurana prego; waikwabia; win oudou; zapatero
3338	*Hieronyma andina*	厄瓜多尔	安迪纳海厄大戟	shaqueina; sota
3339	*Hieronyma asperifolia*	厄瓜多尔	糙叶海厄大戟	motillon colorado; motilon; motilon colorado; sanon
3340	*Hieronyma chocoensis*	巴西、哥伦比亚	褐色海厄大戟	acuarana; mascarey; sangue de boi; urucurana
3341	*Hieronyma clusioides*	古巴、波多黎各	克洛西海厄大戟	cazuela; cedro macho
3342	*Hieronyma jamaicensis*	牙买加	牙买加海厄大戟	graciewood
3343	*Hieronyma laxiflora*	墨西哥、巴西、圭亚那、秘鲁、哥伦比亚	疏花海厄大戟	pilon; suradan
3344	*Hieronyma oblonga*	圭亚那、哥斯达黎加、厄瓜多尔、洪都拉斯	长圆海厄大戟	burueballi; come negro; comenegro; mascaré; motilon; rosita
3345	*Hieronyma poasana*	尼加拉瓜、委内瑞拉	波萨海厄大戟	nanciton; trompillo
Himatanthus（APOCYNACEAE） 黑坦斯属（夹竹桃科）			**HS CODE** **4403.99**	
3346	*Himatanthus articulatus*	苏里南、厄瓜多尔、委内瑞拉、巴西、巴拿马、圭亚那	棱叶黑坦斯木	balata blanc; bellaco-caspi; carabina; cipoal; janahuba; janauba; leche leche; leon; mabu; mabwa; malongo; mapolo; perillo blanco; wild jasmine
3347	*Himatanthus bracteatus*	圭亚那、厄瓜多尔	苞叶黑坦斯木	mabwa; malata; reko

序号	学名	主要产地	中文名称	地方名
3348	*Himatanthus lancifolius*	厄瓜多尔	披针叶黑坦斯木	apach；bellaco-caspi；mulata；puarnum；socoba；sucuba；surucuyu yura；tsai
3349	*Himatanthus sucuuba*	秘鲁、巴西	苏库巴黑坦斯木	bellaco-caspi；sucuuba
3350	*Himatanthus tarapotensis*	秘鲁	塔拉波黑坦斯木	bellaco-caspi
Hippocratea (CELASTRACEAE) **化风藤属 （卫矛科）**			**HS CODE** **4403.99**	
3351	*Hippocratea celastroides*	墨西哥	类内蛇化风藤	bejuco de piojo；coanabiche；cuanabiche；excate；hierba de puyo；hierba del piojo；mata piojo；pepino de piojo；ta'tsi；tulub-balam；tulubuayam
3352	*Hippocratea utilis*	墨西哥	良木化风藤	bejuco colorado
3353	*Hippocratea volubilis*	伯利兹、墨西哥、古巴、多米尼加、海地	流利化风藤	barracuta tie-tie；bejuco colorado；bejuco de vieja；haquimey；jaiquimey；liane blanc
3354	*Hippocratea yucatanensis*	墨西哥	尤卡坦化风藤	chumloop
Hippomane (EUPHORBIACEAE) **马疯大戟属 （大戟科）**			**HS CODE** **4403.99**	
3355	*Hippomane mancinella*	墨西哥、波多黎各、巴西、秘鲁、委内瑞拉、哥伦比亚、安的列斯群岛、美国、维尔京群岛、法属圭亚那、西印度群岛、巴巴多斯、厄瓜多尔、古巴、哥斯达黎加、海地、向风群岛、瓜德罗普岛	马疯大戟木	caximduba；ficha；hincha huevos；knsah-uinik；limoncillo；mancanila；mancenilheira；mancenillier；manzalinja；manzanilla de playa；manzanillo；manzanillo de costa；penipeniche；poison guava；pomme zombi
Hippophae (ELAEAGNACEAE) **沙棘属 （胡颓子科）**			**HS CODE** **4403.99**	
3356	*Hippophae rhamnoides*	美国	沙棘	sea buckthorn
Hiraea (MALPIGHIACEAE) **藤翅果属 （金虎尾科）**			**HS CODE** **4403.99**	
3357	*Hiraea reclinata*	古巴	斜藤翅果	jiqui de costa

序号	学名	主要产地	中文名称	地方名
Hirtella（ROSACEAE） 猫须李属（蔷薇科）			HS CODE 4403.99	
3358	*Hirtella americana*	尼加拉瓜、伯利兹、哥伦比亚	美洲猫须李	costillo raton；grenada；guamo mestizo；hormigo；pelo de indio；pigeon plum；uayam-che；wild coco plum
3359	*Hirtella angustissima*	圭亚那	窄叶猫须李	bokotokon
3360	*Hirtella bicornis*	苏里南、巴西	双角猫须李	bokobokoto kon；goiabinha；murta
3361	*Hirtella caduca*	圭亚那	卡杜卡猫须李	bokotokon
3362	*Hirtella davisii*	圭亚那、委内瑞拉	戴氏猫须李	bokotokon；ceniza negra；guaray
3363	*Hirtella excelsa*	秘鲁	大猫须李	chuchuhuas ha-masha
3364	*Hirtella glandulosa*	圭亚那	腺叶猫须李	azeitona；bokotokon；kurashi-uru-baie
3365	*Hirtella guyanensis*	圭亚那	圭亚那猫须李	bokotokon
3366	*Hirtella hebeclada*	巴西	赫贝拉猫须李	cenizero；comandutuba
3367	*Hirtella hispidula*	圭亚那	齿叶猫须李	bokotokon
3368	*Hirtella macrosepala*	圭亚那	大萼猫须李	bokotokon
3369	*Hirtella obidensis*	圭亚那	奥比登猫须李	bokotokon；wamuk
3370	*Hirtella paniculata*	圭亚那、苏里南	锥花猫须李	bokotokon；bukobukoto kon；buku-buku；foengoe hoedoe；foengoe-pau；karami；wooitano-koembetassi
3371	*Hirtella pilosissima*	厄瓜多尔、秘鲁	多毛猫须李	araza de monte；yaco shimbillo；yaco-shimbillo
3372	*Hirtella racemosa*	危地马拉、巴西、法属圭亚那、圭亚那、墨西哥、巴拿马、委内瑞拉、苏里南、伯利兹、萨尔瓦多、哥斯达黎加、洪都拉斯、尼加拉瓜、秘鲁	聚果猫须李	aceituna；ajurarana；bukobukoto kon；cajetillo；cameroncillo；icaco montes；icaquillo；jicaquillo；karami；murta；murtinha；pasta；pucca varilla；rodwood；serrecio；varilla caspi；vonkhout；wayamche；wild pigeon plum；wooitano-koembetassi
3373	*Hirtella rugosa*	波多黎各	皱叶猫须李	hicaquillo；icaquillo；jicaquillo；juanilla；teta de burro
3374	*Hirtella silicea*	特立尼达	沙猫须李	cauto

序号	学名	主要产地	中文名称	地方名
3375	*Hirtella triandra*	尼加拉瓜、小安的列斯群岛、圭亚那、巴拿马、委内瑞拉、哥伦比亚、特立尼达、多米尼加、墨西哥、西印度群岛、古巴、秘鲁、苏里南、波多黎各、厄瓜多尔、伯利兹、向风群岛、瓜德罗普岛	三蕊猫须李	barazon; bois poil; bokotokon; camaroncillo; escobillo prieto; ficaco; freso; fruta de paloma; fruta paloma; icacillo; icaque; icaquillo; isiguiro-ey; marisi balli; merecurillo; pigeonberry; quinilla; quinulla; siguapa; teta de burro; vara rosada; waro; waroma; zicaque
Hoffmannia（RUBIACEAE） 星罗木属（茜草科）			HS CODE 4403.99	
3376	*Hoffmannia nicotanaefolia*	墨西哥	烟叶星罗木	tepecajete cimarron
Hoffmannseggia（FABACEAE） 羽蔺豆属（蝶形花科）			HS CODE 4403.99	
3377	*Hoffmannseggia multijuga*	墨西哥	多对羽蔺豆	tabachin chico
Holocalyx（FABACEAE） 齐萼豆属（蝶形花科）			HS CODE 4403.99	
3378	*Holocalyx balansae*	巴西、阿根廷、巴拉圭	巴兰塞齐萼豆	alecrim; alecrim-campina; alecrin; bira-pepe; ibira-pepe; ibira-pipe morati; ibira-pipe moroti; ivira pepe colorado; uirapapa; uripapa; ybirapepe; ybira-pepe; ybirapepe colorado; ybura-pepe; yvyra pepe
Holopyxidium（LECYTHIDACEAE） 金盖果玉蕊属（玉蕊科）			HS CODE 4403.99	
3379	*Holopyxidium jarana*	巴西	金盖果玉蕊	inhauba; jarana
Homalium（FLACOURTIACEAE） 天料木属（大风子科）			HS CODE 4403.99	
3380	*Homalium guianense*	圭亚那、苏里南、法属圭亚那	圭亚那天料木	bita hoedoe; konoribiballi; masaraipjo; maveve; soko-ibini
3381	*Homalium racemosum*	波多黎各、苏里南、委内瑞拉、多米尼加、小安的列斯群岛、尼加拉瓜、牙买加、向风群岛、瓜德罗普岛	总状天料木	acoma; bietahoedoe; blanc tostado prieto; caracolillo; caramacate; cereza; corazon de paloma; granadillo de clavo; guajanilla; marfil; milles branches; palo pluma; tostado; tostado prieto; verdecito; white cogwood

序号	学名	主要产地	中文名称	地方名
Hortia（RUTACEAE） 锦霞木属（芸香科）			HS CODE 4403.99	
3382	*Hortia regia*	圭亚那	高贵锦霞木	orange wild warunana；parupa；samaru；warunana
Huberia（MELASTOMATACEAE） 胡贝属（野牡丹科）			HS CODE 4403.99	
3383	*Huberia semiserrata*	巴西	半齿胡贝	jacatirao do gande
Huertea（TAPISCIACEAE） 腺椒树属（瘿椒树科）			HS CODE 4403.99	
3384	*Huertea glandulosa*	厄瓜多尔、秘鲁	腺叶腺椒树	bajaya；capuli；cedrillo；cedro masha；macairo；maquero；palo maria
Humiria（HUMIRIACEAE） 香膏木属（香膏木科）			HS CODE 4403.49	
3385	*Humiria balsamifera*	苏里南、巴西、圭亚那、委内瑞拉、法属圭亚那、哥伦比亚	香正香膏木	bakabe-ie；basra bolletrie；bastard bulletwood；bhoso；blakaberie；couramira；homiry；kiesie-ma；meri；merie；oloroso；quinilla；swietimerie；tabaniro；tawanonero；tawaranoe；toweroeniroe；triane；turamira；turanira；umiri balsamo
3386	*Humiria floribunda*	南美洲	多花香膏木	
3387	*Humiria procera*	哥伦比亚	高大香膏木	chanu；chanul
Humiriastrum（HUMIRIACEAE） 香榄木属（香膏木科）			HS CODE 4403.99	
3388	*Humiriastrum colombianum*	哥伦比亚	哥伦比亚香榄木	aceituno；aceituno rojo
3389	*Humiriastrum cuspidatum*	巴西	突窄叶香榄木	uchi-curua
3390	*Humiriastrum excelsum*	秘鲁	大香榄木	hispe；humiriastrum；quinilla colorada
3391	*Humiriastrum obovatum*	圭亚那	倒卵香榄木	hurihi；mautaurai
3392	*Humiriastrum procerum*	哥伦比亚、厄瓜多尔	高大香榄木	chanu；chanul
Hura（EUPHORBIACEAE） 沙箱大戟属（大戟科）			HS CODE 4403.49	
3393	*Hura brasiliensis*	巴西	巴西沙箱大戟	assacu

序号	学名	主要产地	中文名称	地方名
3394	*Hura crepitans*	巴西、哥伦比亚、圭亚那秘鲁、特立尼达、西印度群岛、玻利维亚、海地、法属圭亚那、委内瑞拉、巴拿马、尼加拉瓜、古巴、墨西哥、厄瓜多尔、波多黎各、多米尼加、苏里南、维尔京群岛、危地马拉、向风群岛	沙箱大戟	acacu; asniakara; assacu; balsam; ceiba lechosa; guassacu; havarilla; jabillo negro; konopetele; molinillo; oassacu; possen-tree; possumwood; postentrie; racuada; sabbir; sablier bianca; teresnim; tetereta; urawood; warajoewa; white sandbox; yellow sandbox; zaehthout
3395	*Hura polyandra*	墨西哥、苏里南、危地马拉	多蕊沙箱大戟	arbol del diablo; cuatatachi; cuautlatla tzin; haba; haba de guatemala; haba del indio; habilla; jabilla; jacobillo; ovillo; palo villa; possentrie; possumwood; postentrie; quabajohuatli; quauhtlatl atzin; rakuda; solimanche; tetereta; zandkokerboom
Hybanthus (VIOLACEAE) 罗伞堇属（堇菜科）			**HS CODE** **4403.99**	
3396	*Hybanthus guanacastensis*	尼加拉瓜	瓜纳罗伞堇	palo negro
3397	*Hybanthus havanensis*	古巴	哈瓦那罗伞堇	diente de perro
3398	*Hybanthus prunifolius*	哥伦比亚	樱叶罗伞堇	mapola del monte
Hydrangea (HYDRANGEACEAE) 八仙花属（绣球科）			**HS CODE** **4403.99**	
3399	*Hydrangea macrophylla*	秘鲁	大叶八仙花	hortensia
3400	*Hydrangea paniculata*	美国	锥花八仙花	hydrangea
3401	*Hydrangea scandens*	美国	攀援八仙花	climbing hydrangea
Hydrochorea (MIMOSACEAE) 水流楹属（含羞草科）			**HS CODE** **4403.99**	
3402	*Hydrochorea corymbosa*	圭亚那	伞房水流楹	bostamarinde; chiti; koded; manariballi; orukorong; tamarin

序号	学名	主要产地	中文名称	地方名
3403	*Hydrochorea gonggrijpii*	苏里南、圭亚那	贡氏水流楹	bosch-tamarinde; chiti; holowasa; hurowassa; jengie sopo; kabana; kleipeo; klepe-oe; koded; kraipeoe; manariballi; morumbo; oeroewasa; orukorong; water tamarinde; watratamalin
Hydrogaster (**TILIACEAE**) 胃液椴属（椴树科）		**HS CODE** **4403.99**		
3404	*Hydrogaster trinerve*	巴西	三出脉胃液椴	barriga d'agua
Hymenaea (**CAESALPINIACEAE**) 李叶苏木属（苏木科）		**HS CODE** **4403.99**		
3405	*Hymenaea courbaril*	委内瑞拉、巴拉圭、巴西、圭亚那、西印度群岛、波多黎各、哥伦比亚、多米尼加、洪都拉斯、巴拿马、苏里南、古巴、秘鲁、法属圭亚那、墨西哥、厄瓜多尔、萨尔瓦多、安的列斯群岛、小安的列斯群岛、伯利兹、哥斯达黎加、危地马拉、尼加拉瓜、巴哈马、巴巴多斯、维尔京群岛、牙买加、特立尼达、向风群岛、瓜德罗普岛	李叶苏木	abati; algarobo; bois de simire; caouroubali; caroubier; caroubier de laguyane; chimidida; coapinol; diphylle pois confiture; estoraque; gaupinol; jutahy miry; jutahy pororoca; kawakanalli; quapinole jutahy; rode lokus; simirie; spruikhaan boom; stinking-toe; tundityu; witte locus; yatayba; zwarte locus
3406	*Hymenaea davisii*	圭亚那	戴氏李叶苏木	courbaril; simiri
3407	*Hymenaea oblongifolia*	巴西、秘鲁	长圆叶李叶苏木	hymenaea; jutai; yutubanco
3408	*Hymenaea parvifolia*	巴西	小叶李叶苏木	algarobo; jatahy; jatoba; jatobazinho; jutahy; jutahy do campo; jutahy sinho; jutai; yutahy
3409	*Hymenaea reticulata*	巴西	网脉李叶苏木	jatoba; jutahy
3410	*Hymenaea stigonocarpa*	巴西	长美李叶苏木	gitai; guapinol; jatai; jatai-peba; jatayva; jati; jatoba; jatoba roxo; jaty; jitahy; jutai; oleo; oleo de jatahy; oleo de jatoba; oleo de jutahy; oleo jatahy; timbary avati

序号	学名	主要产地	中文名称	地方名
Hymenolobium（FABACEAE） 膜瓣豆属（蝶形花科）			**HS CODE** **4403.49**	
3411	Hymenolobium excelsum	巴西、苏里南、圭亚那、巴拉圭	大膜瓣豆	aneelim-da-mata；angelim；angelim dos amarelos；angelim pedra；angelim rajado；angelin；caramate；erejoeroe；jaune st. martin para-angelim；kadjoesie；liadiaden koleroe；murarena；para-angelim；saandoe；sapupira amarela；sapupira amarella
3412	Hymenolobium flavum	圭亚那、苏里南、巴西	黄膜瓣豆	arina；erejoeloe；kadjoesie-awha；koraroballi；lialiadan koeloera；lialiadan koleroe；moronainaru；reejoeloe；reejoeloe erejoeroerian；riariadan；riariadan hororodikoro；saandoe awha；sapupira amarela；wormbast；wormboom
3413	Hymenolobium nitidum	巴西	光膜瓣豆	sapupira；sapupira amarela
3414	Hymenolobium petraeum	苏里南、巴西、哥伦比亚、圭亚那、秘鲁	石生膜瓣豆	algarrobo；angelim；angelim da mata；angelim pedra；angelin pedra；dalina；erejoeroe；faveira；gris st. martin para-angelim；quebracho；sapupira；sapupira amarela
3415	Hymenolobium pulcherrimum	巴西	细叶膜瓣豆	sapupira amarella
Hypelate（SAPINDACEAE） 白木患属（无患子科）			**HS CODE** **4403.99**	
3416	Hypelate paniculata	波多黎各	锥花白木患	gaita；inkwood
3417	Hypelate trifoliata	古巴、海地、波多黎各、多米尼加、美国、西印度群岛、巴哈马	三叶白木患	cerillo；chandelle marron；cigua；cogote de toro；cuaba de ingenio；cuabilla；gallipeau；granadillo；hueso de costa；hypelate；inkwood；melocha；raspadura；vera；vera amarilla；weisses-eisenholz；white ironwood
Hypericum（GUTTIFERAE） 金丝桃属（藤黄科）			**HS CODE** **4403.99**	
3418	Hypericum laricifolium	委内瑞拉、厄瓜多尔	落叶松金丝桃	huesito；romerillo
3419	Hypericum sessilifolium	圭亚那	无梗金丝桃	bois baptiste；bois dartre

序号	学名	主要产地	中文名称	地方名
Ilex（AQUIFOLIACEAE） 冬青属（冬青科）			HS CODE 4403.99	
3420	*Ilex ambigua*	美国	摇曳冬青	carolina holly；sand holly
3421	*Ilex amelanchier*	美国	桤冬青	sarvis holly；serviceberry holly
3422	*Ilex anomala*	美国	铜绿冬青	aiea；kawau
3423	*Ilex aquifolium*	美国	圣诞树	european holly；holly
3424	*Ilex brandegeana*	墨西哥	白兰地冬青	junco serrano
3425	*Ilex canariensis*	西印度群岛	加那利冬青	acevino
3426	*Ilex casiquiarensis*	圭亚那、法属圭亚那	卡西基冬青	paletuvier blanc；pavier blanc；pavier blanco
3427	*Ilex cassine*	美国、波多黎各、古巴	卡辛冬青	alabama dahoon；cassena holly；cassena-bush；dahoon；dahoon holly；florida holly；yanilla blanca；yaupon
3428	*Ilex collina*	美国	黄花冬青	long-stalk holly；mountain holly
3429	*Ilex congonha*	巴西	贡尼亚冬青	congonha
3430	*Ilex coriacea*	美国	革叶冬青	bay-gallbush；large gallberry；sweet gallberry
3431	*Ilex cornuta*	美国	科努塔冬青	chinese holly
3432	*Ilex decidua*	美国	蜕膜冬青	bearberry；curtiss possumhaw；deciduous holly；holly；meadow holly；possom haw；possumhaw；privet；swamp holly；turkeyberry；walddistel；winterberry
3433	*Ilex discolor*	墨西哥	变色冬青	palo de agua
3434	*Ilex dugesii*	墨西哥	杜氏西冬青	naranjillo
3435	*Ilex ebenacea*	巴西	乌木冬青	caixycahen
3436	*Ilex glabra*	美国	光滑冬青	inkberry
3437	*Ilex guayusa*	厄瓜多尔	瓜尤萨冬青	guayusa；waiusa；wayus
3438	*Ilex guianensis*	古巴、法属圭亚那、洪都拉斯、伯利兹、巴拿马、波多黎各、尼加拉瓜、圭亚那	圭亚那冬青	acebo；casaca；casadawood；garlicwood；holly；macoucoua；palo blanco；pavier blanc；sapo-balli；waterwood；white pavier；whitewood；witte pavier
3439	*Ilex hondurensis*	尼加拉瓜	洪都拉斯冬青	areno blanco
3440	*Ilex jenmanii*	苏里南	詹氏冬青	barabakoro

序号	学名	主要产地	中文名称	地方名
3441	*Ilex krugiana*	美国	克氏冬青	krug holly；southern holly；tawnyberry holly
3442	*Ilex laevigata*	美国	金樱子冬青	smooth winterberry
3443	*Ilex laurina*	委内瑞拉	桂叶冬青	jaque blanco
3444	*Ilex longipes*	美国	长柄冬青	chapman holly；georgia holly
3445	*Ilex macfadyenii*	波多黎各、海地、多米尼加、小安的列斯群岛、瓜德罗普岛	麦氏冬青	acebo de sierra；graines vertes pruneau；houx；palo blanco；petit citronnier；ticitron
3446	*Ilex macoucoua*	巴西	枸杞冬青	macucu
3447	*Ilex martiniana*	圭亚那	马氏冬青	kakatara；kakotaro
3448	*Ilex mitis*	巴西	柔软冬青	umduma
3449	*Ilex myrtifolia*	美国	番樱桃叶冬青	dahoon；myrtle dahoon
3450	*Ilex nitida*	波多黎各、向风群岛、瓜德罗普岛	密茎冬青	birqueta；briqueta naranjo；citronnier blanc；cuero de sapo；graines vertes；hueso prieto；palo de murta；pruneau；pruneau noir
3451	*Ilex opaca*	美国	美国冬青	acebo americano；agrifoglio americano；american holly；amerikaanse hulst；boxwood；evergreen holly；holly；houx americain；nordamerik anis stechpalme；white holly
3452	*Ilex paraguari*	巴西、巴拉圭	巴拉圭冬青	arboldel mate；baguasu；herva；ka'a；ka'a saijumi；mate；pao de herva mate；yerba mate
3453	*Ilex parviflora*	南美洲	小花冬青	south american holly
3454	*Ilex pseudo-buxus*	巴西	假黄杨冬青	cauna
3455	*Ilex rimbachii*	厄瓜多尔	巴氏冬青	limon de montana
3456	*Ilex sideroxyloides*	西印度群岛、波多黎各、小安的列斯群岛、背风群岛、瓜德罗普岛	铁冬青	cirtonnier blanc；citronnier blanc；gongoli；gongolin；ticitron；white birch
3457	*Ilex theezans*	巴西	伯利兹冬青	carvalho branco
3458	*Ilex tolucana*	墨西哥	托洛卡冬青	aceituna；limoncillo；mo-la-he
3459	*Ilex urbaniana*	波多黎各	厄巴冬青	cuero de sapo
3460	*Ilex verticillata*	美国	北美冬青	black alder；common winterberry；virginia winterberry；winterberry

序号	学名	主要产地	中文名称	地方名
3461	*Ilex vomitoria*	美国	轮叶冬青	apalachentee；appalachiantea；bassena；carolina tea；cassena；cassena-bush；cassine；cassioberry；deerberry；emetic holly；evergreen cassena；evergreen holly；the des apalaches；true cassena；yaupon；yaupon holly；yopon
	Illicium（ILLICIACEAE） 八角属（八角科）		**HS CODE** 4403.99	
3462	*Illicium anisatum*	美国	茴香八角	anise-tree
3463	*Illicium floridanum*	美国、墨西哥	弗洛里达八角	florida anise-tree；ixcapantl；mata caballo；polecat-tree；purple anise-tree；star-anise；starbush；stinkbush
3464	*Illicium parviflorum*	美国	小花八角	small-flower anise-tree；star-anise；yellow anise-tree
3465	*Illicium verum*	墨西哥	八角	anis de china；anis estrella
	Indigofera（FABACEAE） 木蓝属（蝶形花科）		**HS CODE** 4403.99	
3466	*Indigofera microcarpa*	墨西哥·	小果木蓝	yaga-cohui-pichacha
3467	*Indigofera suffruticosa*	多米尼加、墨西哥、秘鲁	木质木蓝	anil；anil montes；ch'oh；huiquilitl；jiquilite；manat-yax；mo-i-tza；nocuana-cohui；xiquelite；xiuquilitl
3468	*Indigofera tinctoria*	美国	染料木蓝	indigo
	Inga（MIMOSACEAE） 因加豆属（含羞草科）		**HS CODE** 4403.49	
3469	*Inga acreana*	秘鲁	高因加豆	shimbillo
3470	*Inga acrocephala*	厄瓜多尔	尖叶因加豆	ttofi fino
3471	*Inga affinis*	阿根廷	近缘因加豆	inga
3472	*Inga aggregata*	圭亚那	乌药因加豆	kurang；warakosa
3473	*Inga alba*	苏里南、巴西、圭亚那、委内瑞拉、秘鲁	因加豆	aboonkini；aprokonie；bois pagode；guamo colorado；inga；kurang；kwariye；manniballi；maporokon；maprokonie；moutouchi；plakonie；pletuvier；proekoeni；prokoni；prokonie；shimbillo；yokar
3474	*Inga barbourii*	哥斯达黎加	巴氏因加豆	guaba
3475	*Inga belizensis*	墨西哥	伯利兹因加豆	quiebrajacha

序号	学名	主要产地	中文名称	地方名
3476	*Inga bonplandiana*	委内瑞拉	邦普兰因加豆	guama
3477	*Inga bourgonii*	圭亚那	布氏因加豆	berg-wortelboom; bourgoni; kurang; paletuvier de montagne; warakosa
3478	*Inga brevipes*	圭亚那	短柄因加豆	kurang; warakosa
3479	*Inga capitata*	圭亚那、苏里南、巴西	头状因加豆	hikoritoro; hikulikoti; hikuritoro; ingaseira; kurang; warakosa
3480	*Inga cayennensis*	圭亚那	卡耶因加豆	
3481	*Inga cinnamomea*	圭亚那	肉桂因加豆	
3482	*Inga conferta*	秘鲁	包状因加豆	guava
3483	*Inga cookiana*	危地马拉	库基因加豆	cuajinicuil; guajiniquil
3484	*Inga cordatoalata*	厄瓜多尔	珊瑚因加豆	guabo colorado; guabo fojo
3485	*Inga coruscans*	厄瓜多尔	科鲁因加豆	guabo
3486	*Inga disticha*	圭亚那	迪蒂因加豆	kurang; warakosa
3487	*Inga edulis*	圭亚那、墨西哥、伯利兹、厄瓜多尔、尼加拉瓜、巴拿马、哥伦比亚、委内瑞拉、秘鲁、巴西、苏里南、美国	食果因加豆	atakrorib; bitze; chalahuite; cuil; guaba comun; guabo; guajinaquil; guamo; guamoblanco; huitz; incago fino; kobe; kurang; ongaccu fino; pacai; pacai guava; patai; salamite; shimbillo; unga fino; warakosa
3488	*Inga fastuosa*	波多黎各、多米尼加、委内瑞拉、哥伦比亚	重瓣因加豆	guaba peluda; guama venezolana; guamo; guamo cajeto; guamo peludo
3489	*Inga ferrea*	向风群岛	铁因加豆	bois de poir
3490	*Inga feuillei*	秘鲁	菲勒雷因加豆	pacay; paccai
3491	*Inga graciliflora*	圭亚那、秘鲁	单花因加豆	kheronite; kurang; shimbillo; waremesuri
3492	*Inga gracilifolia*	圭亚那	细叶因加豆	inga chichica; kurang; tureli
3493	*Inga guaternata*	秘鲁	瓜特纳因加豆	shimbillo
3494	*Inga heterophylla*	苏里南、圭亚那	异叶因加豆	adjawakie; koelisiri wokoeloe; kurang; sepronie; sierada; sipoeroene; sipoeroeni; soeproenie; toerelie; toeririe; tolelie; toreli; torelie; warakosa
3495	*Inga heteroptera*	厄瓜多尔	异枝因加豆	guamo de mono
3496	*Inga huberi*	圭亚那	休伯里因加豆	kurang; warakosa

序号	学名	主要产地	中文名称	地方名
3497	*Inga ingoides*	多米尼加、委内瑞拉、圭亚那、秘鲁、苏里南	英格斯因加豆	bois doux maron；guame；guamo；guamo de playa；guamo rabo de mono；guamode playa；kobe；kurang；poix doux creole；shimbillo；switie boonkie；waikey；warakosa
3498	*Inga jinicuil*	墨西哥	尼吉尔因加豆	algodoncillo；bitze；ca'la'm；cojinicuil；cuajinicuil；jinicuil；jiniquil；ta'chki；uajnikuile
3499	*Inga lateriflora*	苏里南、圭亚那	侧花因加豆	adjawakie；aporoena；koelisiri wokoeloe；kurang；masai；sepronie；shirada；sierada；sipoeroene；sipoeroeni；sirada；soeproenie；toerelie；toeririe；tolelie；torelie
3500	*Inga laurina*	萨尔瓦多、多米尼加、巴拿马、波多黎各、委内瑞拉、古巴、圭亚那、墨西哥、危地马拉、维尔京群岛、特立尼达、瓜德罗普岛	桂叶因加豆	chapernillo；cujinicuil；guama；guavo；hikuritoro；inga dulce；jina；kurang；maipa；nacaspirol；palal；paternillo；poix doux；pomshock；sackysac；spanish oak；sweetpea
3501	*Inga leiocalycina*	圭亚那、秘鲁	平萼因加豆	kuran；kurang；kwatinopip；shimbillo；warakosa
3502	*Inga lentiscifolia*	南美洲	乳香因加豆	
3503	*Inga leptingoides*	南美洲	细鳞因加豆	
3504	*Inga longiflora*	南美洲	长花因加豆	
3505	*Inga longipes*	秘鲁	长柄因加豆	rosea shimbillo
3506	*Inga meissneriana*	圭亚那	迈斯尼因加豆	inga；kurang；warakosa
3507	*Inga melinonis*	圭亚那	美利奴因加豆	karoto；kurang；warakosa
3508	*Inga micheliana*	墨西哥	米奇林因加豆	chalum；chalum de montana；tzan
3509	*Inga microphylla*	委内瑞拉	小叶因加豆	espuelita
3510	*Inga multijuga*	哥斯达黎加	多对因加豆	guaba
3511	*Inga nobilis*	委内瑞拉、圭亚那	显著因加豆	guamo；kurang；poro；waikey；warakosa；whykee
3512	*Inga oerstediana*	委内瑞拉	奥斯特因加豆	guamo blanco
3513	*Inga olivacea*	委内瑞拉	橄榄因加豆	guamo
3514	*Inga ornifolia*	厄瓜多尔	虎眼兰因加豆	guaba

序号	学名	主要产地	中文名称	地方名
3515	*Inga paterno*	墨西哥、萨尔瓦多、危地马拉	帕特诺因加豆	chalahuite；cuil macheton；macheton；paterna；paterno；quej；talachca
3516	*Inga pezizifera*	圭亚那、苏里南	盘状因加豆	inga；kurang；rabaraba karoto；rabba-rabba；switiboontje；waikie；waneprokone；warakosa；worisjeporo apotopo
3517	*Inga pilosula*	秘鲁	皮洛苏因加豆	rutinti；shimbillo；shimbillo rujinti
3518	*Inga plumifera*	秘鲁	羽毛因加豆	coto-chupa
3519	*Inga pruriens*	秘鲁	普鲁因加豆	pacay
3520	*Inga punctata*	墨西哥、巴拿马、危地马拉、洪都拉斯、哥斯达黎加、委内瑞拉、尼加拉瓜、厄瓜多尔、巴西、秘鲁	尖状因加豆	acotope；acotope prieto；bri-bri；caloni；caom；caspirol negro；caspsirol blanco；cerel；cerelillo；chalahuite；chelele；guaba；guaba de montana；guamochivo；patunga fino；pepetoliso；rufindi；shimbillo；tzelele；vainillo
3521	*Inga quaternata*	墨西哥、巴拿马、波多黎各、秘鲁、厄瓜多尔	四叶因加豆	acotopillo de montana；acotopillo silvertre；bribri；bri-bri；guama venezolano；shimbillo；wampukshi
3522	*Inga rhynchocalyx*	圭亚那	喙萼因加豆	kurang；warakosa
3523	*Inga rubens*	巴拿马	红因加豆	coralillo
3524	*Inga rubiginosa*	圭亚那	锈红因加豆	bois sucre；iturihi；kurang；swietie boontje；waikey
3525	*Inga ruiziana*	巴拿马、秘鲁	鲁伊齐因加豆	bribri；shimbillo；ucsha-quiro
3526	*Inga sagifolia*	波多黎各	萨吉因加豆	guama
3527	*Inga sapindoides*	伯利兹、巴拿马、墨西哥、危地马拉、洪都拉斯、哥斯达黎加、委内瑞拉、尼加拉瓜	无患子因加豆	bri-bri；chalum；chalum colorado；cuajinicuil；cuajinicuil macheton；guaba；guamo；guamo bejuco；guava；paterna；paterno；tama-tama
3528	*Inga schiedeana*	墨西哥	谢亚纳因加豆	chalahuite
3529	*Inga sellowiana*	巴西	塞尔洛因加豆	inga mirim
3530	*Inga semialata*	墨西哥、厄瓜多尔、委内瑞拉、阿根廷、巴西、秘鲁、圭亚那	单翼因加豆	acotopillo；actopillo；frijolillo；guabillo；guamo caraota；guamo caraoto；inga del cerro；inga feijao；inga freijao；inga hu；inza fino；pacai；shimbillo；shimbillo colorado；sisi bene；warakosa

序号	学名	主要产地	中文名称	地方名
3531	*Inga sertulifera*	苏里南、圭亚那	蛇纹因加豆	aboonkini; apoeroekonnie; aprokonie; kurang; maporokon; maprokon; maprokonie; moutouchi; plakonie; proekoeni; prokoni; prokonie; warakosa
3532	*Inga sessilis*	巴西	莲子草因加豆	inga ferradura; inga macaco
3533	*Inga spectabilis*	伯利兹、巴拿马、墨西哥、厄瓜多尔、哥伦比亚、尼加拉瓜	大因加豆	breabri; bribri; carne juile; cotopacay; guaba machetona; guamo montanero; guavo; jiniquile
3534	*Inga splendens*	圭亚那、苏里南、委内瑞拉	光亮因加豆	iturihi-warakosa; karoto firiberoe; kurang; liso; rabaraba; warakosa
3535	*Inga stenoptera*	秘鲁	窄翅因加豆	shimbillo
3536	*Inga stipularis*	巴西、圭亚那	托叶因加豆	inga-rana; kurang; warakosa
3537	*Inga striata*	圭亚那	条纹因加豆	
3538	*Inga tenuirama*	厄瓜多尔	特努伊因加豆	guabo negro
3539	*Inga tenuistipula*	厄瓜多尔	纤细因加豆	
3540	*Inga thibaudiana*	伯利兹、哥斯达黎加、危地马拉、圭亚那、厄瓜多尔	蒂博因加豆	bastard bri-bri; bri-bri; guaba; guamo macho; kurang; macho bri-bri; noka bene; tama-tama; warakosa
3541	*Inga umbellifera*	圭亚那	伞叶因加豆	kurang; warakosa
3542	*Inga uraguensis*	阿根廷、乌拉圭、巴拉圭	南美因加豆	inga; inga amargo; inga colorado; inga puita; inga'i; ingai; ingai colorado
3543	*Inga velutina*	秘鲁	绒毛因加豆	rosa shimbillo; rosca-shimbillo
3544	*Inga vera*	波多黎各、多米尼加、委内瑞拉、哥伦比亚、海地、西印度群岛、瓜德罗普岛	真因加豆	guaba; guaba del pais; guama; guamo; guava; pois doux; pois sucrin; poix doux; sucrier; sucrin
3545	*Inga virescens*	南美洲	绿因加豆	
3546	*Inga virgultosa*	南美洲	多枝因加豆	
Inocarpus（FABACEAE）栗檀属（蝶形花科）			**HS CODE 4403. 99**	
3547	*Inocarpus fagifer*	圭亚那	法吉尔栗檀	boccoholz; coco
Iresine（AMARANTHACEAE）血苋属（苋科）			**HS CODE 4403. 99**	
3548	*Iresine arbescula*	墨西哥	乔状血苋	palo de agua

序号	学名	主要产地	中文名称	地方名
3549	*Iresine argentata*	哥伦比亚	银血苋	cana de vieja
3550	*Iresine calea*	墨西哥	卡莱血苋	amarasillo；carricillo；cecepatli；cecetzin；cepatli；hierba de la calentura；hierba de los frios；hierba del tabardillo；nemaxtla；pelusita；pie de paloma；salvilla；tascuayo；tlatlancuaya；zakyesxiu
3551	*Iresine interrupta*	墨西哥	塞尔塔血苋	barbas de viejo；tlatlancuaye；viejo
3552	*Iresine schaffneri*	墨西哥	沙夫里血苋	batallaquillo；hatlon
***Iriartea*（PALMAE）** **南美椰属（棕榈科）**			**HS CODE** **4403.99**	
3553	*Iriartea altissima*	委内瑞拉	高南美椰	palma de cacho
3554	*Iriartea corneto*	厄瓜多尔	科内托南美椰	pambil
3555	*Iriartea deltoidea*	厄瓜多尔、秘鲁	三角叶南美椰	apakai；bombo；bombona；bumbuje；cacho de vaca；huacra pona；nyoko；ora；pambil
3556	*Iriartea fusca*	委内瑞拉	黑南美椰	araque；palma araque
3557	*Iriartea praemorsa*	委内瑞拉	隐纹南美椰	prapa
***Iryanthera*（MYRISTICACEAE）** **臀果楠属（肉豆蔻科）**			**HS CODE** **4403.99**	
3558	*Iryanthera densifolia*	圭亚那	密叶臀果楠	kirikaua
3559	*Iryanthera grandis*	巴西	大热美臀果楠	punan；ucuuba-rana
3560	*Iryanthera hostmanni*	苏里南、巴西、圭亚那	亚马孙臀果楠	be-moonba；kirikawa；kirikawa-wade-likoro；kirikowa；pajoeli；pajoelidan；pajoerilan；poeloe moto；serebebe；sewanna；srebebe；wepetano-waroesie
3561	*Iryanthera juruensis*	巴西、秘鲁、厄瓜多尔、哥伦比亚	菊苣臀果楠	cacauhy；cumala del altura；cumala del alturas；cushni caspi；virola；virola de tumaco
3562	*Iryanthera laevis*	秘鲁	平滑臀果楠	cumala colorada
3563	*Iryanthera lancifolia*	巴西、圭亚那、苏里南、秘鲁、法属圭亚那	剑叶臀果楠	apuna；bemoonba；bloedhout；cacauhy；cumala；ique；killakewa；kirakawa；kirikaua；marbuk；mouchigo rouge；pajoerilan；peritjaloi pio；punan；sewanna；tjirikawa；ucuhubarana；ucuhuba-rana；wokomoroko tore

序号	学名	主要产地	中文名称	地方名
3564	*Iryanthera longiflora*	厄瓜多尔	长叶臀果楠	tzembo
3565	*Iryanthera macrophylla*	厄瓜多尔、巴西、圭亚那、秘鲁	大叶臀果楠	huapa；kirikaua；kirikowa；marbuk；weputano
3566	*Iryanthera paraensis*	厄瓜多尔、巴西、巴拉圭、秘鲁、圭亚那	帕州臀果楠	caracoli；cumala；kirikau；kirikaua；marbuk；ucuuba-rana
3567	*Iryanthera sagotiana*	巴西、圭亚那、苏里南、秘鲁、法属圭亚那	圭亚那臀果楠	apuna；basterd baboen；bloedhout；cacauhy；cumala；ique；killakewa；marakaipo；marbuk；mouchigo；moussigot；peritjaloi pio；punan；sewanna；srebebe；swamma；tjirikawa；ucuuba vermelha；wepoetance pajaloe；wokomoroko tore
3568	*Iryanthera tessmannii*	秘鲁	特氏臀果楠	cumala
3569	*Iryanthera tricornis*	巴西	三角鱼臀果楠	ique；punan
3570	*Iryanthera ulei*	厄瓜多尔	乌雷臀果楠	wirisaka
	Isertia（**RUBIACEAE**） 伊泽茜草属（茜草科）	**HS CODE** **4403.99**		
3571	*Isertia coccinea*	苏里南	朱红伊泽茜草木	zoete kers
3572	*Isertia hypoleuca*	巴西、圭亚那	下白伊泽茜草木	coralleira；kamadan；lamuk；mamahuka；mamayahooka
3573	*Isertia laevis*	秘鲁	平滑伊泽茜草木	asarquiro；asar-quiro
3574	*Isertia longifolia*	拉丁美洲	长叶丝伊泽茜草木	
3575	*Isertia parviflora*	拉丁美洲	小花伊泽茜草木	
	Isoberlinia（**CAESALPINIACEAE**） 准鞋木属（苏木科）	**HS CODE** **4403.99**		
3576	*Isoberlinia doka*	巴西	准鞋木	dagacienanyiri
	Ixora（**RUBIACEAE**） 龙船花属（茜草科）	**HS CODE** **4403.99**		
3577	*Ixora chinesis*	秘鲁	龙船花	buquet de novia rosado
3578	*Ixora coccinea*	秘鲁、墨西哥	朱红龙船花	buquet de novia；isoca；isoque；izoara

序号	学名	主要产地	中文名称	地方名
3579	*Ixora ferrea*	背风群岛、小安的列斯群岛、西印度群岛、古巴、波多黎各、多米尼加、向风群岛、瓜德罗普岛	铁龙船花	black candlewood；bois crapaud；bois de fer；cafe cimarron；cafe grand bois；cafeillo；cafetillo；dajao；palo de dajao；palo de hierro；wild coffee
3580	*Ixora finlaysoniana*	秘鲁	薄叶龙船花	buquet de novia
3581	*Ixora gaiffardii*	委内瑞拉	阿氏龙船花	arbustillo
3582	*Ixora killipii*	秘鲁	基氏龙船花	chimiqua
3583	*Ixora nicaraguensis*	巴拿马、危地马拉	尼加拉瓜龙船花	amaco；oguito
3584	*Ixora thwaitesii*	波多黎各、巴西、萨尔瓦多、西印度群岛、美国	斯氏龙船花	bola de nieve；boquet de novia；buque de noiva；corona de reina；nevado；rice-flower；thwaites ixora；white ixora
3585	*Ixora triflorum*	圭亚那	三花龙船花	hackia

Jacaranda（BIGNONIACEAE）　　**HS CODE**
蓝花楹属（紫葳科）　　**4403.49**

序号	学名	主要产地	中文名称	地方名
3586	*Jacaranda acutifolia*	古巴、阿根廷、巴西	蓝花楹	framboyan azul；jacaranda；jacaranda de flore；jacaranda mimoso；tarco
3587	*Jacaranda brasiliana*	圭亚那、巴西、苏里南	巴西蓝花楹	goebai；jacaranda；jacaranda preto；momoen；palissandre de cayenne
3588	*Jacaranda caerulea*	古巴、巴哈马、西印度群岛	翠绿蓝花楹	abey；abey macho；box；boxwood；cancer-tree；caroba；what-o'clock
3589	*Jacaranda caroba*	阿根廷、巴西、巴拉圭	卡罗蓝花楹	caroba
3590	*Jacaranda caucana*	苏里南、秘鲁、哥伦比亚、委内瑞拉、圭亚那	考纳蓝花楹	alieskie-ie；alieskie-ie-wewe；amchiponga；chingale；chingali；clavelino；copaz；diamilikie；footee；gobaia；gualanday；kabana；koroballi；majaariran；mari-mari；momoi；tjoekoenda
3591	*Jacaranda copaia*	古巴、圭亚那、苏里南、委内瑞拉、厄瓜多尔、巴西、巴哈马、哥伦比亚、阿根廷、秘鲁、法属圭亚那、哥斯达黎加、尼加拉瓜、巴拿马、伯利兹、玻利维亚	柯比蓝花楹	abey；alieskieie；amauscu；barbatimao；camboata；cambote；carabuco；carauba；foetei；goebaja；gualandai；ishtapi；jacaranda；koepaja；koroballi；nogal blanco；phootie；samarapa；samarupa；simarouba faux；tinto blanco；yachibon；yachimambo；zweer-hout

序号	学名	主要产地	中文名称	地方名
3592	*Jacaranda cuspidifolia*	巴西、巴拉圭	尖叶蓝花楹	caroba；jacaranda；para-para
3593	*Jacaranda glabra*	厄瓜多尔	光滑蓝花楹	ahuas caspi；chiricaspi；colalcaspi；copa panga；copal caspi；cupa yura；romerillo
3594	*Jacaranda hesperia*	南美洲	赫佩蓝花楹	
3595	*Jacaranda macrantha*	南美洲	大花蓝花楹	
3596	*Jacaranda mimosifolia*	维尔京群岛、波多黎各、古巴、阿根廷、哥斯达黎加、墨西哥、美国、玻利维亚、向风群岛	含羞草叶蓝花楹	fern-tree；flamboyan azul；framboyan azul；jacaranda；jacaranda mimoso；tabachin；tarco
3597	*Jacaranda obtusifolia*	苏里南	钝叶蓝花楹	alasoaba；koroballi
3598	*Jacaranda puberula*	巴西、阿根廷、巴拉圭	半齿蓝花楹	caixeta；caroba blanc；caroba do mato；carobeira；carobinha；jacaranda bianca；jacaranda blanca；jacaranda branco；pau de colher；pau santo；vit jakaranda；white caroba；white jacaranda；witte jacaranda
	Jacaratia（CARICACEAE） 枝木瓜属（番木瓜科）		**HS CODE** **4403.99**	
3599	*Jacaratia digitata*	厄瓜多尔、秘鲁	掌状枝木瓜	numpi；papaya sacha；papayillo；shamburu；tzindien'c honjin；yuquilla
3600	*Jacaratia mexicana*	墨西哥	墨西哥枝木瓜	bonete
3601	*Jacaratia spinosa*	巴拉圭、巴西	多刺枝木瓜	jakarati；mamaorana
	Jatropha（EUPHORBIACEAE） 麻风树属（大戟科）		**HS CODE** **4403.99**	
3602	*Jatropha cardiophylla*	美国	心叶麻风树	blood-of-christ
3603	*Jatropha chamelensis*	墨西哥	纱梅麻风树	papelillo
3604	*Jatropha curcas*	哥斯达黎加、美国、哥伦比亚、海地、安的列斯群岛、小安的列斯群岛、波多黎各、巴西、阿根廷、伯利兹、古巴、秘鲁、墨西哥	麻风树	coquillo；curcas-bean；frailejon；grave physic-nut；medicinier；pinhao；pinhao bravo；pinon botija；pinon purgante；pinoncillo；purge-nut；sangregado；schijnoot；tartago；tempate；tuatua
3605	*Jatropha gaumeri*	伯利兹、洪都拉斯	古梅麻风树	chip-che；pinon；wild physic-nut
3606	*Jatropha gossypifolia*	秘鲁	棉叶麻风树	pinon；pinon negro
3607	*Jatropha hernandiifolia*	波多黎各	莲叶麻风树	papayo；tabaiba

序号	学名	主要产地	中文名称	地方名
3608	*Jatropha multifida*	墨西哥、古巴、哥斯达黎加、哥伦比亚、波多黎各、安的列斯群岛、委内瑞拉、牙买加、海地、美国、多米尼加	凤尾麻风树	cabalongo；castano purgante；ceibilla；chicasquil；coral；coralplant；diez mandamentu；don tomas；emetico vegetal；mana；medicinier d'inde；medicinier espagnol；pinon de espana；pinon extranjero；pinon vomico；tartago emetico；yuca cimarrona
3609	*Jatropha obtusifolia*	巴西	圆叶麻风树	faveleira branka
3610	*Jatropha phyllacantha*	巴西	绿刺麻风树	taveleira
3611	*Jatropha standleyii*	墨西哥	斯氏麻风树	avellana；papelillo
***Joannesia*（EUPHORBIACEAE）油大戟属（大戟科）**			**HS CODE 4403.99**	
3612	*Joannesia heveoides*	巴西	类胶油大戟	arara；castanha de arara
3613	*Joannesia princeps*	巴西、古巴	南方油大戟	anda acu；anda assu；anda-assu；anda guassu；boleiro；castanha de arara；coco de purga；cotieira；cotiero；fruta de arara；fruta de cotia；inda assu；inda guassu；inda-guiassu；purga de cavallo；purga de gentio；purga dos paulistas
***Juglans*（JUGLANDACEAE）核桃属（胡桃科）**			**HS CODE 4403.99**	
3614	*Juglans australis*	阿根廷、萨尔瓦多、委内瑞拉、古巴、秘鲁	阿根廷核桃木	argentijns noten；argentina nogal；argentinisk；cimarron；noce argentino；nogal；nogal argentino；nogal cayure；nogal cayuri；nogal cimarron；nogal criollo；nogal del pais；nogal silvestre；peruvian walnut；south american walnut
3615	*Juglans boliviana*	玻利维亚、秘鲁	玻利维亚核桃木	bolivian walnut；nogal；nogal blanco；nogal negro；walnut
3616	*Juglans californica*	美国	加州核桃木	california black walnut；californis che black walnut；claro walnut；noce nero americano；nogal negro americano；noyer noir americain；southern california black walnut；walnut

序号	学名	主要产地	中文名称	地方名
3617	*Juglans cinerea*	美国、加拿大、波多黎各	白核桃木	amerikaanse witte noot；arbre noix longues；butter nuss；butternut；grau nuss；grauer nussbaum；grey walnut；grijze noot；lemon walnut；noce cinereo americano；nogal blanco americano；noyer cendre；noyer tendre；nuez；oilnut；walnut
3618	*Juglans hindsii*	美国	兴氏核桃木	amerikanskt notstra；california black walnut；california walnut；californis che wal-noot；claro walnut；hinds black walnut；hinds walnut；nogal de california；northern california walnut；noyer de californie
3619	*Juglans hirsuta*	墨西哥	褐毛核桃木	nuez de caballo
3620	*Juglans insularis*	拉丁美洲	兰屿核桃木	
3621	*Juglans jamaicensis*	古巴、多米尼加、波多黎各、美国	牙买加核桃木	nogal；nogal del pais；nuez；palo de nuez；walnut；west indian walnut
3622	*Juglans major*	美国、墨西哥	大核桃木	arizona black walnut；arizona noten；arizona walnut；little walnut；mexican walnut；noce di arizona；nogal；nogal de arizona；nogal silvestre；noyer d'arizona；western walnut
3623	*Juglans microcarpa*	美国、墨西哥	小果核桃木	arizona walnut；dwarf walnut；little walnut；mamboca；mexican walnut；nogal；nogalillo；nogalito；river walnut；texas black walnut；texas walnut；walnut；western walnut
3624	*Juglans mollis*	墨西哥	软核桃木	namboca；nogal nuez meca
3625	*Juglans neotropica*	阿根廷、玻利维亚、厄瓜多尔、秘鲁、哥伦比亚、委内瑞拉	新热带核桃木	nocedel peru；nogal；nogal blanco；nogal de peru；nogal du perou；noyer du perou；peru noten；peruaans noten；peruvian walnut；south american walnut；sydafrikansk notsra；tropical nogal

序号	学名	主要产地	中文名称	地方名
3626	*Juglans nigra*	美国、加拿大、墨西哥	黑核桃木	american black walnut; american walnut; amerikaanse zwarte noot; amerikanisch nussbaum; black walnut; burbank walnut; eastern walnut; gunwood; noce nero; noce nero americano; nogal; noyer noir; schwarze walnuss; schwarz-nuss; virginia walnut; zwarte wal-noot
3627	*Juglans olanchana*	危地马拉、墨西哥、洪都拉斯	奥兰核桃木	nogal
3628	*Juglans pyriformis*	巴西、墨西哥	梨形核桃木	nogal
3629	*Juglans regia*	古巴、墨西哥	核桃木	black walnut; dauphine; jodemza; nogal de castilla; r-ta
3630	*Juglans venezuelensis*	委内瑞拉	委内瑞拉核桃木	nogal

Juniperus（CUPRESSACEAE）　　　HS CODE

刺柏属（柏科）　　　4403. 25（截面尺寸≥15cm）或 4403. 26（截面尺寸<15cm）

序号	学名	主要产地	中文名称	地方名
3631	*Juniperus ashei*	美国、墨西哥	红刺柏	amerikansken; ashe juniper; cedro; enebro mejicano; ginepro messicano; juniper cedar; mexicaanse jeneverbes; mexican juniper; mountain cedar; ozark cedar; post cedar; rock cedar; sabino; saffron cedar; tlascal; yellow cedar
3632	*Juniperus barbadensis*	古巴、美国、西印度群岛、海地、牙买加、多米尼加、巴巴多斯、巴哈马	库拉索刺柏	enebro criollo; genevrier meridional; pencil cedar; pencilwood; red cedar; sabina; sabina de costa; sabina meridonal; san domingan red cedar; savin; southern red cedar; sudlicher wadlolder; west indian red cedar; west indies juniper
3633	*Juniperus bermudiana*	百慕大、西印度群岛	百慕大桧	barbados cedar; barbados-en; bermuda cedar; bermuda juniper; bermuda red cedar; bermudas-zeder; enebro de barbados; florida cedar; florida juniperus; florida zeder; genevrier de barbados; ginepro di barbados; red cedar
3634	*Juniperus blancoi*	美国、墨西哥	苞片刺柏	blanco juniper; ginepri d'america

序号	学名	主要产地	中文名称	地方名
3635	*Juniperus californica*	美国、墨西哥	加州刺柏	california juniper; cedro; ginepri d'america; sweet-berried cedar; sweet-fruited juniper; white cedar
3636	*Juniperus chinensis*	美国	中国刺柏	reeves juniper
3637	*Juniperus comitana*	墨西哥、危地马拉	科米刺柏	cedro; chiapas juniper; cipres
3638	*Juniperus communis*	美国、加拿大	欧洲刺柏	common juniper; dwarf juniper; enebro comun; enebro comun de suecia; enebro real; genevrier commun; gewone jeneverbes; ginepro comune; ginepro svedese; ground juniper; prostrate juniper; savin juniper; scent cedar; scrub juniper; svensken; swedish juniper; trad-en; vanlig en; zweedse jeneverbes
3639	*Juniperus conferta*	美国	密生刺柏	shore juniper
3640	*Juniperus deppeana*	美国、墨西哥	墨西哥刺柏	alligator jeneverboom; alligator wacholder; cedro chino; checker-bark juniper; eastern alligator juniper; enebro aligator; genevrier; ginepro alligatore; mountain cedar; oakbark juniper; tascate; thick-barked juniper; tlascal; tlaxcal; western juniper
3641	*Juniperus durangensis*	美国、墨西哥	杜戟刺柏	durango juniper; ginepri d'america
3642	*Juniperus erythrocarpa*	美国	红果刺柏	redberry juniper
3643	*Juniperus flaccida*	美国、墨西哥	柔纤刺柏	cedar; cedrillo; cedro; cedro tasco; cipreso; drooping juniper; enebro; enebro lloron; genevrier pleureru; ginepro piangente; hangandeen; mexican drooping juniper; mexican juniper; tascate; tlascal; trourjuniper; weeping juniper; weeping mexican juniper; yac-cu
3644	*Juniperus foetidissima*	美国、墨西哥	臭刺柏	mountain juniper; rock cedar
3645	*Juniperus gamboana*	墨西哥、危地马拉	甘博刺柏	cedro; cipres; gamboa juniper
3646	*Juniperus horizontalis*	美国、加拿大、墨西哥	平铺刺柏	american savin; creeping juniper; enebro enano
3647	*Juniperus jaliscana*	墨西哥	贾利斯刺柏	cedro; jalisco juniper
3648	*Juniperus mexicana*	美国南部、墨西哥	墨西哥红刺柏	mexican juniper; mexican red cedar; mexican savin

序号	学名	主要产地	中文名称	地方名
3649	*Juniperus monosperma*	美国、墨西哥	单籽刺柏	cedar；cedro；cherrystone juniper；naked-seeded juniper；one-seed juniper；sabina；west texas juniper
3650	*Juniperus monticola*	墨西哥	山地刺柏	cedro；cedro blanco；cedro colorado；mountain juniper；tlascal
3651	*Juniperus occidentalis*	美国、加拿大	北美西部刺柏	california juniper；canada juniper；cedar；enebro occidental；genevrier occidental；ginepro occidentale；pencilwood；sierra juniper；vasterland sken；western cedar；western juniper；western red cedar；westerse juniper；yellow cedar
3652	*Juniperus osteosperma*	美国	骨籽刺柏	bigberry juniper；cedar；desert juniper；sabina；sabina americana；sabina morena；sabine d'utah；utah juniper；utah-en；western juniper；western red cedar；white cedar
3653	*Juniperus patoniana*	美国	帕桐刺柏	ginepri d'america
3654	*Juniperus pinchotii*	美国、墨西哥	平氏刺柏	eastern pinchot juniper；pinchot juniper；redberry juniper
3655	*Juniperus scopulorum*	美国、加拿大、墨西哥	落基山桧	cedar；cedro rojo；colorado juniper；enebro de las montanas rocosas；ginepro delle montagne rocciose；ginepro rosso；red cedar；river juniper；rocky mountain juniper；rocky mountains jeneverboom；rocky mountains-en；western red cedar
3656	*Juniperus standleyi*	危地马拉、墨西哥	斯坦刺柏	standley juniper
3657	*Juniperus virginiana*	加拿大、美国、巴西、古巴、西印度群岛	弗吉尼亚桧	amerikansk rod-ceder；bleistift-zeder；blyerts-en；cedar；cederhoutboom；cedre；eastern red cedar；eastern red juniper；enebro americano；enebro criollo；enebro virginiano；juniper；pencil cedar；southern red cedar；tennessee red cedar；virginian pencil cedar；virginische potlood-ceder；virginische sevenboom；virginische zeder；virginischer wacholder
	Jussiaea（ONAGRACEAE） 水龙属（柳叶菜科）		**HS CODE** **4403. 99**	
3658	*Jussiaea linifolia*	秘鲁	线叶水龙	yerba de chacra

序号	学名	主要产地	中文名称	地方名
3659	*Jussiaea villosa*	拉丁美洲	毛水龙	
	Justicia（ACANTHACEAE） 爵床属（海榄雌科）		**HS CODE** **4403.99**	
3660	*Justicia aurea*	墨西哥	金黄爵床	aloloe amarillo；cresta de gallo；monte de oro；pluma de oro；vara de san jose
3661	*Justicia bracteosa*	哥伦比亚	金叶爵床	chuchita
	Kageneckia（ROSACEAE） 桐梅属（蔷薇科）		**HS CODE** **4403.99**	
3662	*Kageneckia angustifolia*	智利	狭叶桐梅	olivillo
3663	*Kageneckia oblonga*	智利	长圆桐梅	bollen；huayo；huayu
	Karwinskia（RHAMNACEAE） 卡文鼠李属（鼠李科）		**HS CODE** **4403.99**	
3664	*Karwinskia calderonii*	墨西哥、尼加拉瓜、巴西、危地马拉	萨氏卡文鼠李木	cacachila；guiliguista；hilihuiste；huiliguiste；palo de rosa；pimientilla
3665	*Karwinskia humboldtiana*	墨西哥	墨西哥卡文鼠李木	cacachila；cacachila china；cacachilla；cachila；capulin；capulin cimarron；capulin de zorra；capulincillo；carabullo；chanchanote；coyotillo；frutillo；himoli；itzil；jimoli；margarita；negrito；palo negrito；piojillo；tempisque；tlalcapolin；tullidora；yagalan
3666	*Karwinskia latifolia*	墨西哥	阔叶卡文鼠李木	argarita；frutillo；margarita；piojillo
3667	*Karwinskia mollis*	墨西哥	软卡文鼠李木	capulincillo；cualzorra；diente de molino；kapulincillo；tullidor；tullidora
3668	*Karwinskia pubescens*	墨西哥	短柔毛卡文鼠李	diente de molino
	Kielmeyera（GUTTIFERAE） 薇圣木属（藤黄科）		**HS CODE** **4403.99**	
3669	*Kielmeyera coriacea*	巴西	革叶薇圣木	malva do malvacampo；pau de san jose
3670	*Kielmeyera excelsa*	巴西	大薇圣木	pau santo

序号	学名	主要产地	中文名称	地方名
Kigelia（BIGNONIACEAE） 吊灯树属（紫葳科）			**HS CODE** **4403.99**	
3671	*Kigelia africana*	墨西哥	非洲吊灯树	albero di salsiccia；arbol de las salchichas；arbol del embutido；arbre de saucisse；german sausage-tree；worstboom
Klainedoxa（IRVINGIACEAE） 热非粘木属（苞芽树科）			**HS CODE** **4403.49**	
3672	*Klainedoxa gabonensis*	巴西	加蓬克莱木	mututtu
Kleinhovia（STERCULIACEAE） 鹧鸪麻属（梧桐科）			**HS CODE** **4403.99**	
3673	*Kleinhovia hospita*	波多黎各	鹧鸪麻	guest-tree
Koeberlinia（KOEBERLINIACEAE） 刺枝木属（刺枝木科）			**HS CODE** **4403.99**	
3674	*Koeberlinia spinosa*	墨西哥、美国、南美洲	多刺枝木	abrojo；allthorn；corona de cristo；crown-of-thorns；crucifixion-bush；juanco；junco；junco-tree；spines
Koelreuteria（SAPINDACEAE） 栾树属（无患子科）			**HS CODE** **4403.99**	
3675	*Koelreuteria elegans*	美国	线状栾树	golden flame raintree
3676	*Koelreuteria paniculata*	美国	锥花栾树	golden panicled raintree
Krugiodendron（RHAMNACEAE） 铁勾儿茶属（鼠李科）			**HS CODE** **4403.99**	
3677	*Krugiodendron ferreum*	古巴、伯利兹、波多黎各、巴西、牙买加、美国、西印度群岛、危地马拉、海地、墨西哥、多米尼加、维尔京群岛、巴哈马、洪都拉斯	如铅木	acero；axemaster；bariaco；chintok；ciguamo；coronel；ebony；espejuelo；guatafer；hierro；ironberry；ironwood；leadwood；manggel cora；mangle corra；palo diable；palo diablo；quebracho；quebrahacha；quiebrahacha；quiebra-hacha；rose；west indian ironwood
Laburnum（FABACEAE） 毒豆属（蝶形花科）			**HS CODE** **4403.99**	
3678	*Laburnum alpinum*	阿根廷、美国	阿尔卑斯山毒豆木	codeso de los alpes；goldenchain
3679	*Laburnum anagyroides*	阿根廷、美国	毒豆木	codeso；ebano falso；goldenchain；golden-chain-tree；golden-raintree；laburnum；lluvia de oro

序号	学名	主要产地	中文名称	地方名
Lacistema （LACISTEMATACEAE） 荷包柳属（荷包柳科）			**HS CODE** **4403.99**	
3680	*Lacistema aggregatum*	洪都拉斯、秘鲁、伯利兹、厄瓜多尔	聚果荷包柳	carbon；cera vegetal；huacapurana；pab mulato；pal malata；palo meta-huayo；palo mulato；sani caspi；trompo-huayo
3681	*Lacistema nena*	秘鲁、厄瓜多尔	尼娜荷包柳	huacapurana；nena；trompo-huaiu；waitsnume；yahua nena
3682	*Lacistema pubescens*	巴西	短柔毛荷包柳	estaladeira；pimento do mato
Lacmellea （APOCYNACEAE） 拉塞属（夹竹桃科）			**HS CODE** **4403.99**	
3683	*Lacmellea aculeata*	拉丁美洲	尖刺拉塞	au-de-coller；maka-mapa；prickly lamellea
3684	*Lacmellea floribunda*	拉丁美洲	多花拉塞	caimito；chicle caspi；chide huaya；tauch
3685	*Lacmellea lactescens*	厄瓜多尔、巴西	窄叶拉塞	bimbichu；chicle；tamanqueira de leite；tssitssinocho
3686	*Lacmellea oblongata*	厄瓜多尔	长圆拉塞	bimbichu；bimbitchu；ninuhuiqui
3687	*Lacmellea peruviana*	秘鲁、巴西	秘鲁拉塞	huiqui-caspi；iqui-caspi；tucupa
3688	*Lacmellea ramosissima*	秘鲁	多枝拉塞	pajar-umu
3689	*Lacmellea standleyi*	伯利兹、尼加拉瓜	斯坦拉塞	cow-tree vaca；ojoche
3690	*Lacmellea utilis*	圭亚那、法属圭亚那、苏里南	良木拉塞	arbre lait；haiahaia；hya-hya；melkhout；milki hoedoe；yaya
Lacunaria （QUIINACEAE） 雉斑木属（绒子树科）			**HS CODE** **4403.99**	
3691	*Lacunaria crenata*	苏里南、圭亚那	圆齿雉斑木	marodite；okokonshi
3692	*Lacunaria jenmanii*	圭亚那	詹氏雉斑木	okokonshi
Ladenbergia （RUBIACEAE） 大籽鸡纳属（茜草科）			**HS CODE** **4403.99**	
3693	*Ladenbergia lambertiana*	拉丁美洲	朗博大籽鸡纳	
3694	*Ladenbergia latifolia*	拉丁美洲	阔叶大籽鸡纳	
3695	*Ladenbergia magnifolia*	秘鲁	大叶大籽鸡纳	cascarilla
3696	*Ladenbergia pavonii*	厄瓜多尔	帕氏大籽鸡纳	cascarilla；cascarilla macho；palo cuchara

序号	学名	主要产地	中文名称	地方名
3697	*Ladenbergia sericophylla*	哥斯达黎加	绢叶大籽鸡纳	chasparria
3698	*Ladenbergia undata*	委内瑞拉	曲枝大籽鸡纳	quina-quina
Laetia（FLACOURTIACEAE） 利蒂大风子属（大风子科）			HS CODE 4403.99	
3699	*Laetia americana*	哥伦比亚、巴西、厄瓜多尔	美洲利蒂大风子	bagre；francisco alvarez；guacimo；hicaco；resinouso；rompehato
3700	*Laetia apetala*	拉丁美洲	无瓣利蒂大风子	
3701	*Laetia caseariodes*	法属圭亚那	凯撒利蒂大风子	miohome
3702	*Laetia corymbulosa*	秘鲁	伞房利蒂大风子	timarehua
3703	*Laetia procera*	圭亚那、波多黎各、巴西、尼加拉瓜、苏里南、法属圭亚那、委内瑞拉、多米尼加、哥斯达黎加、厄瓜多尔、秘鲁	高大利蒂大风子	abois lamende；agamou kaman；almendrillo；bcaimite cimarron；cascarudo；cuajillo；espino amarillo；guacima；lobooshou；madera marie；moelawa；pau jacare；pientokopie；piria；sani caspi；talantron；trompillo；warakaioro；warakajaro；watuwai
3704	*Laetia ternstroemioides*	古巴	厚皮利蒂大风子	guaguaci
3705	*Laetia thamnia*	墨西哥	塔姆利蒂大风子	kimche；tepesquite；xinche；xunche
Lafoensia（LYTHRACEAE） 丽薇属（千屈菜科）			HS CODE 4403.99	
3706	*Lafoensia acuminata*	厄瓜多尔	渐尖丽薇	amarillo
3707	*Lafoensia glyptocarpa*	巴西	雕果丽薇	merindiba-rosa；mirindiba；pao terra
3708	*Lafoensia pacari*	巴西	帕卡丽薇	dedaleiro amarello；pacari
3709	*Lafoensia punicifolia*	秘鲁、巴拿马、墨西哥	红叶丽薇	almendro amarillo；amarillo fruta；amarillo guayaquil；amarillo pepita；campana；coquiro；granadillo；moreno；trompillo

序号	学名	主要产地	中文名称	地方名
Lagerstroemia (LYTHRACEAE) 紫薇属（千屈菜科）			**HS CODE** **4403.99**	
3710	_Lagerstroemia indica_	多米尼加、巴西、波多黎各、墨西哥、美国、秘鲁、安的列斯群岛、海地	紫薇	almira; arvore de natal; astromelia; astromera; astromero; astronomica; common crapemyrtle; crapemyrtle; crespon; escumilha; estremosa; extremosa; jupiter; locura; minerva; norma; queen-of-crib-flower; queen-of-flowers; stragornia; stromelia
3711	_Lagerstroemia piriformis_	巴西	梨叶紫薇	batitinan
3712	_Lagerstroemia speciosa_	委内瑞拉、维尔京群岛、圭亚那、美国、波多黎各	美丽紫薇	astromelia; crapemyrtle-tree; flor de la reina; king-of-flowers; queen crapemyrtle; queen-flower; queen-of-flowers; reina de las flores
Lagetta (THYMELAEACEAE) 岛薇香属（瑞香科）			**HS CODE** **4403.99**	
3713	_Lagetta lagetto_	西印度群岛、古巴、美国	正岛薇香	daguilla; daquilla; gauze; indian lace; lacebark; lacebark-tree; lagetto; spitzenbaum
Laguncularia (COMBRETACEAE) 假红树属（使君子科）			**HS CODE** **4403.99**	
3714	_Laguncularia racemosa_	苏里南、巴哈马、多米尼加、美国、巴西、萨尔瓦多、圭亚那、牙买加、维尔京群岛、海地、墨西哥、哥伦比亚、古巴、委内瑞拉、西印度群岛、洪都拉斯、尼加拉瓜、波多黎各、哥斯达黎加、法属圭亚那、伯利兹、瓜德罗普岛	聚果假红树	akira; ankira; bastard button; botoncillo; buttonwood; cincahuite; coil; false button; false buttonwood; mangle boton; paletuvier; sak-okom; tinteira; tinteira dos mangues; tsakol-kon; vit mangrove; white button; white buttonwood; witte mangrove; zacolcom
Lamanonia (CUNONIACEAE) 南美洲火把树属（火把树科）			**HS CODE** **4403.99**	
3715	_Lamanonia glabra_	南美洲南部	光滑南美洲火把树	cangalheiro
3716	_Lamanonia tomentosa_	巴西	毛南美洲火把树	cedro do campo

序号	学名	主要产地	中文名称	地方名
	Lannea（ANACARDIACEAE） 厚皮树属（漆树科）	**HS CODE** **4403.49**		
3717	_Lannea acida_	巴西	酸厚皮树	bambe
	Lantana（VERBENACEAE） 马缨丹属（马鞭草科）	**HS CODE** **4403.99**		
3718	_Lantana camara_	墨西哥、秘鲁、波多黎各、巴西、苏里南、圭亚那	穹顶马缨丹	alantana；alfombrilla hedionda；confituria；confituril la blanca；confiturilla；confiturio；frutillo；koortskruid；korsoe wiwiri；lampana；marie crabe；mocsete；peonia negra；sonora；sonora roja；sweet sage；tozozquiu；tres colores；tsisquiut；una de gato；zapotillo
3719	_Lantana glandulosissima_	墨西哥	腺瘤马缨丹	confiturilla amarilla
3720	_Lantana involucrata_	墨西哥	紫花马缨丹	caca de mono；chapul；cinco negritos；confite；confituril la blanca；duraznillo；manzanita；mocsete；oregano；peonia；peonia colorada；sikil-ha'xiu；sonora；tarepe；tilihuete
3721	_Lantana trifolia_	墨西哥	三叶马缨丹	orozuz colorado
3722	_Lantana velutina_	墨西哥	绒毛马缨丹	sonora
	Laplacea（THEACEAE） 血红茶木属（山茶科）	**HS CODE** **4403.99**		
3723	_Laplacea curtyana_	古巴	库亚血红茶木	almandier；almendro
3724	_Laplacea grandis_	墨西哥	大血红茶木	chiri；nanche aguatoso；nanche ahuatoso
3725	_Laplacea haematoxylon_	牙买加	牙买加血红茶木	jamaica bloodwood
3726	_Laplacea portoricensis_	波多黎各	波多黎各血红茶木	maricao；maricao verde；nino de cota
3727	_Laplacea semiserrata_	秘鲁、巴西南部	半齿血红茶木	campano
	Larix（PINACEAE） 落叶松属（松科）	**HS CODE** 4403.25（截面尺寸≥15cm）或 4403.26（截面尺寸<15cm）		
3728	_Larix decidua_	美国	欧洲落叶松	european larch
3729	_Larix gmelinii_	加拿大、美国	落叶松	american larch；black larch；hockmatack；ostamerika nische larche

序号	学名	主要产地	中文名称	地方名
3730	*Larix laricina*	巴西、加拿大、美国	北美落叶松	alaska larch；alerce americano；american larch；amerikansk lark；black larch；eastern canadian larch；eastern larch；epinette rouge；hackmatac；hacmack；juniper；red larch；tamarac；tamarac meieze occidental；tamarac meleze occidental；tamarack larch；tamarak
3731	*Larix lyallii*	美国、加拿大	高山落叶松	alpine larch；lyall tamarack；lyall's larch；mountain larch；mountain tamarack；subalpine larch；tamarack；timberline larch；woolly larch
3732	*Larix occidentalis*	美国、加拿大	粗皮落叶松	alerce americano occidental；british columbia tamarack；hackmatack；larice occidentale；meleze occidental；mountain larch；oregon larch；red american larch；tamarack；vastamerik ansk lark；westamerik aanse lariks；westamerik anische larche；western tamarack
Larea（ZYGOPHYLLACEAE） **团香木属（蒺藜科）**			**HS CODE** **4403.99**	
3733	*Larrea divaricata*	拉丁美洲	展枝团香木	
3734	*Larrea tridentata*	墨西哥	重齿团香木	gobernadara；guamis；haajat；haaxat；hediondilla；huamis
Laurelia（ATHEROSPERMATACEAE） **类月桂属（香皮檫科）**			**HS CODE** **4403.99**	
3735	*Laurelia philippiana*	智利	锯齿类月桂木	huahuan；laurela；tepa；tepao huahuan
3736	*Laurelia sempervirens*	智利、墨西哥、阿根廷、巴西、哥伦比亚	常绿类月桂木	chilean laurel；chileense laurier；chileholz；hierba de la conchuda；hierba del talaje；huahuan；huan huan；lauel；laurel；laurela；laurelia；limoeira brava；limon cimarron；vauvau
Laurus（LAURACEAE） **月桂属（樟科）**			**HS CODE** **4403.99**	
3737	*Laurus chloroxylon*	牙买加	小花月桂	greenheart
3738	*Laurus nobilis*	墨西哥	月桂	laurel del poeta

序号	学名	主要产地	中文名称	地方名
Lawsonia（LYTHRACEAE）散沫花属（千屈菜科）			HS CODE 4403.99	
3739	*Lawsonia inermis*	秘鲁、安的列斯群岛、小安的列斯群岛、西印度群岛、墨西哥、美国、波多黎各、哥伦比亚、古巴	散沫花	amor fino；amorfina；amorfina colorada；copaie；egyptian privet；flor de muerto；henna；henna egyptian；mignonette；mignonette-tree；miminet；reseda；reseda de monte；reseda francesa；resedon；residon；rociado
Leandra（MELASTOMATACEAE）星绢木属（野牡丹科）			HS CODE 4403.99	
3740	*Leandra chaetodon*	秘鲁	柴拓星绢木	mullaca；sinchi-mullaca
3741	*Leandra dichotoma*	秘鲁	双歧星绢木	mullaca
3742	*Leandra glandulifera*	秘鲁	腺状星绢木	
3743	*Leandra hylophile*	秘鲁	适林星绢木	
3744	*Leandra longicoma*	秘鲁	长星绢木	millua-mullaca；mullaca
3745	*Leandra purpurascens*	秘鲁	紫叶星绢木	
3746	*Leandra rufescens*	秘鲁	红星绢木	
3747	*Leandra sanguinea*	秘鲁	红花星绢木	
3748	*Leandra secunda*	秘鲁	次星绢木	mullaca；santa mullaca
3749	*Leandra subseriata*	秘鲁	亚塞星绢木	
Lecointea（FABACEAE）香根檀属（蝶形花科）			HS CODE 4403.99	
3750	*Lecointea amazonica*	伯利兹、巴西、哥伦比亚、洪都拉斯	亚马孙香根檀	enemy；enemy tango；paracuhuba cheirosada varze；paracuuba；pracuuba；pracuuba cheirosa；pracuuba da varzea；santowood；tango
Lecythis（LECYTHIDACEAE）正玉蕊属（玉蕊科）			HS CODE 4403.49	
3751	*Lecythis alutacea*	委内瑞拉、圭亚那	蛋黄正玉蕊	come-yek；kakarali；kakaralli；small monkey-pot；zakarali
3752	*Lecythis ampla*	哥斯达黎加、哥伦比亚、巴拿马、尼加拉瓜、厄瓜多尔	宽叶正玉蕊	caoba；coco de mono；coco salero；cocobolo；cocobolo de costa rica；cocobolo van costa rica；coquillo；costa rica cocobolo；guaycan coco；jicaro；olla de mono；olleto；pan suba；salero
3753	*Lecythis barnebyi*	巴西	巴尼正玉蕊	jarana de folha grande

序号	学名	主要产地	中文名称	地方名
3754	*Lecythis brancoensis*	巴西	布朗库正玉蕊	castanha de macaco
3755	*Lecythis chartacea*	苏里南、法属圭亚那、哥伦比亚、委内瑞拉、圭亚那、巴西	纸叶正玉蕊	bosso; camaro macaque; carguero blanco; doidir; guacharaco amarillo; guacharaco blanco; haudin; hebrito; kumecke; mahot blanc; mahot coatari; matamata; meli; oerbina; oorbina; toko; totaiduc-ke; vela de muerto; weti lobi
3756	*Lecythis confertiflora*	圭亚那、法属圭亚那、巴西	密花正玉蕊	kakaralli; mahot blanc; ripeiro vermelho; wena kakaralli; weti loabi; wirimiri
3757	*Lecythis corrugata*	苏里南、圭亚那、委内瑞拉、巴西	皱缩正玉蕊	berkhout; black kakaralli; cabullo; engosso; guacharaco; haudan; hiarakoro kakeralli; kwatere; manbarklak; morrao; oemanbarklak; sienkwatta; tabari; tamoene kwatere; tite barkraki; toko; wena; wena kakaralli; witte kakaralli; woli kwatele
3758	*Lecythis costaricensis*	哥斯达黎加	哥斯达黎加正玉蕊	cota rica cocobolo
3759	*Lecythis davisii*	拉丁美洲	达氏正玉蕊	
3760	*Lecythis dubia*	哥伦比亚	杜比亚正玉蕊	olla de mono
3761	*Lecythis grandiflora*	巴西东部	大花正玉蕊	sapucaia
3762	*Lecythis holcogyne*	圭亚那、委内瑞拉、巴西	霍科正玉蕊	bair; coco cristal; haudan; howdan; kakeralli; laurel negro; machinmango; majagua de indio; manbarklak; mata cansada; mata mata sapeiro; matamata amarelo; ollito; pinuela; tete blanco; tete congo; tinafito; toro; wadara
3763	*Lecythis idatimon*	特立尼达、巴西、委内瑞拉、圭亚那、法属圭亚那、苏里南	伊达正玉蕊	aquatapana; cacador; guatacare; guatecare; guatecaro; guatequero; idatimon; jatereu; lebi loabi; mahot; mahot blanc; manbarklak; matamata; mutunata; oemanbarklak; pikin loeabi; ripeira; water care; weti loabiu
3764	*Lecythis lanceolata*	巴西	剑叶正玉蕊	sapucaia; sapucaia branca; sapucaia-mirim; sapucaia-miuda

序号	学名	主要产地	中文名称	地方名
3765	*Lecythis lurida*	巴西、中美洲	正玉蕊	iarana；inhaiba；inhaiba derego；inhaiba-gigante；inhauba；inuiba；jarana；sapucaiu
3766	*Lecythis mesophylla*	哥伦比亚	肉叶正玉蕊	coco cristal
3767	*Lecythis minor*	哥伦比亚、委内瑞拉、巴拿马	小正玉蕊	coco de mono；coco do mono；cocuelo；coquillo；olla de mono；olleto；ollita de mono
3768	*Lecythis ollaria*	苏里南、巴西、委内瑞拉、圭亚那	奥里正玉蕊	barklak；berkhout；brazilnut；castanheira；creamnut-tree；ingipipa；inhahyba；kakaralli；manbarklak；oelimani；sapucaia；sapucaia grande；sapucaia-nut-tree；sapucaya；toelimani
3769	*Lecythis paransis*	巴西	帕州正玉蕊	castanha sapucaia；jacapacaio；jequitaba rosa；sapucaia；sapucaia castanha；sapucaia-nut-tree；sapucaya
3770	*Lecythis persistens*	法属圭亚那	宿苞正玉蕊	lebiloabi；mahot；mahot blanc；mahotfer
3771	*Lecythis pisonis*	巴西、圭亚那、哥伦比亚	圭巴正玉蕊	cacamba do mato；castanha de sapucaia；castanha sapucaia；combuca de macaco；maho jaune；marmita de macaco；marmite de singe；sapucaia；sapucaia grande；sapucaia vermelha；tobago
3772	*Lecythis pneumatophora*	法属圭亚那	长柄正玉蕊	mahot
3773	*Lecythis poiteaui*	苏里南、巴西、法属圭亚那	波托正玉蕊	gele gelebast tetehoedoe；jarana；jarana amarela；mahot；mahot jaune；matamata roseo；meli
3774	*Lecythis prancei*	巴西	普西正玉蕊	castanha jarana；jarana；jarana-da-folha-grande
3775	*Lecythis retusa*	巴西	微凹正玉蕊	castanha jarana；jarana；jarana-da-folha-grande
3776	*Lecythis schomburgkii*	圭亚那、巴西	斯氏正玉蕊	kakaralli；macacarecuia
3777	*Lecythis serrata*	巴西	锯缘正玉蕊	matamata branco
3778	*Lecythis tuyrana*	巴拿马、哥伦比亚	图耶正玉蕊	coco；coco de mono；kula wala；olla de mono；olleto；sapisuro guala

序号	学名	主要产地	中文名称	地方名
3779	*Lecythis zabucajo*	法属圭亚那、巴西、委内瑞拉、圭亚那、苏里南、厄瓜多尔	猴壶正玉蕊	canari macaque；castanha sapucaia；coquillo；guaycan coco；jacapacaio；jequitaba rosa；kouatapatou；kume；kwattapatoe；lecythis；maho jaune；marmite de singe；monkey-pot；olleto；quatele；quatopot；sapucaia；tinajito；wadaduri；yumbing
	Leitneria（LEITNERIACEAE）塞子木属（塞子木科）	**HS CODE 4403.99**		
3780	*Leitneria floridana*	美国	佛罗里达塞子木	corkwood
	Leonia（VIOLACEAE）来昂堇菜木属（堇菜科）	**HS CODE 4403.99**		
3781	*Leonia crassa*	厄瓜多尔	粗壮来昂堇菜木	ccomezu facho；chupa panga
3782	*Leonia cymosa*	巴西	聚伞来昂堇菜木	arenillo；trapiarana
3783	*Leonia glycycarpa*	厄瓜多尔、秘鲁、巴西	甜果来昂堇菜木	bu'su bara；huina-caspi；nina-caspi；tamia muyu；trapiarana；urcu-tamara
	Lepidocaryum（PALMAE）鳞果宗属（棕榈科）	**HS CODE 4403.99**		
3784	*Lepidocaryum tenue*	巴西	纤细鳞果宗	caranahy do matto
	Leptospermum（MYRTACEAE）松红梅属（桃金娘科）	**HS CODE 4403.99**		
3785	*Leptospermum scoparium*	美国	细枝松红梅	tea-tree
	Leucaena（MIMOSACEAE）银合欢属（含羞草科）	**HS CODE 4403.99**		
3786	*Leucaena brachycarpa*	萨尔瓦多	短果银合欢	guaje
3787	*Leucaena collinsii*	墨西哥	高氏银合欢	guaje；guaje colorado；guash；majahuilla
3788	*Leucaena confusa*	墨西哥	杂色银合欢	guaje
3789	*Leucaena diversifolia*	墨西哥	众叶银合欢	guaje blanco
3790	*Leucaena esculenta*	墨西哥	可食银合欢	al-pa-la；guaje；guashi；guaxi；hoaxin；huachi blanco；huaje；huasi；pa-la；yaga-laa
3791	*Leucaena greggii*	美国	格氏银合欢	gregg leucaena

序号	学名	主要产地	中文名称	地方名
3792	*Leucaena lanceolata*	墨西哥	剑叶银合欢	bilillo; guaje; guajillo; haujillo; huajillo; nasiva; vasiua
3793	*Leucaena leucocephala*	百慕大、波多黎各、巴西、古巴、危地马拉、墨西哥、巴哈马、海地、多米尼加、美国、西印度群岛、哥伦比亚、特立尼达、维尔京群岛、向风群岛、瓜德罗普岛	银合欢	acacia; aroma boba; barba de leon; campeche; chajal; chajlib; granadino; hediondilla; huatsin; jimbay; kiulilac; leadtree; lino; mimosa; nacaste; panelo; shack-shack; tamarindillo; tumbarabu; uaxim; west indies mimosa; wild tamarind; xaxim; zarcilla
3794	*Leucaena macrophylla*	墨西哥	大叶银合欢	guaje; laa-lag; zaca huaje; zacaguaje
3795	*Leucaena pueblana*	墨西哥	普埃布拉银合欢	petlacia; tepeguaje
3796	*Leucaena pulverulenta*	美国、墨西哥、西印度群岛	灰银合欢	chalky leucaena; great leadtree; great leucaena; leadtree; liliac; mexikansk mimosa; mimosa; mimosa mejicana; mimosa messicana; quiebra hacha; tepeguaje; thuc; tzuqui; xucte
3797	*Leucaena retusa*	美国	微凹银合欢	littleleaf leadtree; littleleaf leucaena; wahoo-tree
3798	*Leucaena shannonii*	巴西	尚氏银合欢	guacamayo de montana; guaje; jocoro
3799	*Leucaena trichodes*	海地、哥伦比亚、委内瑞拉	三联银合欢	bois burro; canafistula de monte; durote

Libocedrus（CUPRESSACEAE）　　**HS CODE**
甜柏属（柏科）　　　　　　　　4403.25（截面尺寸≥15cm）或 4403.26（截面尺寸<15cm）

| 3800 | *Libocedrus chilensis* | 智利、阿根廷 | 甜柏 | chilean cedar; chilean libocedar; cipres; libocedri dell'america meridio |

Licania（CHRYSOBALANACEAE）　　**HS CODE**
利堪蔷薇属（金橡实科）　　　　　4403.49

| 3801 | *Licania alba* | 委内瑞拉、圭亚那 | 白里卡木 | hierro; kauada; kaudanaro; kautaballi; maiwarai; tokor |
| 3802 | *Licania apetala* | 哥伦比亚、厄瓜多尔、巴西、委内瑞拉、圭亚那、苏里南 | 无瓣利堪蔷薇 | amaree; apachram; caripe; cariperana; gateado; grigi; kauta; kwata; kwebie; kwepi; kwepie; mamoncillo; mamoncillo rebalsero; ran-hoo; tacamahaco; ya-fee-a |

序号	学名	主要产地	中文名称	地方名
3803	*Licania arborea*	墨西哥、哥伦比亚、巴拿马	利堪蔷薇	cacahoanantzi; cacahuananche; cacahuate; cana dulce; carnero blanco; conduce; curinda; garcero; juijui; licania; palo de fraile; paragua; quirindal; totopostle; yaga-gueta-bigi
3804	*Licania boyanii*	圭亚那	伯氏利堪蔷薇	marishballi
3805	*Licania buxifolia*	巴西、法属圭亚那、苏里南、圭亚那	黄杨叶利堪蔷薇	ajuri; anaoura; araudanni; bongro; caraipe; copuda; couepi; coutabally; foengoe; grigi; guariuba; iengibarki; kauston; kauta; kautaballi; koepesini; konoko; oitiseiro; piachirana; tapoeripa; white sand-maris hiballi
3806	*Licania canescens*	圭亚那	浅灰利堪蔷薇	grigri; kwepie
3807	*Licania cannellai*	中美洲	褐色利堪蔷薇	brown silverball
3808	*Licania cuprea*	圭亚那	铜色利堪蔷薇	konoko
3809	*Licania densiflora*	圭亚那、委内瑞拉	密花利堪蔷薇	acourie-broot; anuro; farsha; hierrito; marishballi; shika; tokor
3810	*Licania divaricata*	苏里南、圭亚那	展枝利堪蔷薇	boroborelli; buruburuli; gris-gris; itoeloetano japopalli; japopalli; jappopare
3811	*Licania durifolia*	厄瓜多尔	杜里利堪蔷薇	maengowae
3812	*Licania elliptica*	苏里南	椭圆利堪蔷薇	marishiballi hairiraroe
3813	*Licania guianensis*	巴西、圭亚那	圭亚那利堪蔷薇	caraipe; counta; kauta; swamp kauta
3814	*Licania heteromorpha*	苏里南、圭亚那、巴西、特立尼达、委内瑞拉、哥伦比亚	异形利堪蔷薇	anaura; bois gaulettes rouge; buruburuli; caripe rana; cococow; coffeewood; fapopare; grigri; guayabo; heavy-bush; ingibarki; japopalli; jappopare; kairiballi; krikimauro eroe; macucu; oroy-uara-yek; wild cocoa

序号	学名	主要产地	中文名称	地方名
3815	*Licania hypoleuca*	巴西、哥伦比亚、委内瑞拉、厄瓜多尔、伯利兹、危地马拉、洪都拉斯、圭亚那、苏里南	下白利堪蔷薇	anauera；bana-canida；canida；caraipe；caripe；chiankrap；chozo；hierrillo；hierrillo blanco；icaquito；iron mary；oenikiakia djamaro；pigeon plum；unikiakia
3816	*Licania incana*	巴西、苏里南、圭亚那、委内瑞拉	灰利堪蔷薇	cariparana；cariperana；foekoeleroe kautan；grigi；gris-gris；iron mary；kwepilan；kwewpilan；maiwarai；milho cosido；oenikiakia；palo de hierro；unikiakia
3817	*Licania intrapetiolaris*	秘鲁	叶柄利堪蔷薇	piro caspi colorado
3818	*Licania kunthiana*	圭亚那	昆氏利堪蔷薇	iron mary；unikiakia
3819	*Licania laicaniiflora*	圭亚那	草氏利堪蔷薇	marishballi
3820	*Licania laxiflora*	圭亚那、委内瑞拉	疏花里卡木	counta；hierrito；kauta；mai；maik
3821	*Licania leptostachya*	圭亚那	纤穗利堪蔷薇	unikiakia
3822	*Licania licaniaeflora*	巴西	利卡利堪蔷薇	pianchirana
3823	*Licania littoralis*	巴西	滨利堪蔷薇	disbota；oiti
3824	*Licania longistyla*	秘鲁	长柱利堪蔷薇	apacharama
3825	*Licania macrophylla*	巴西、苏里南、法属圭亚那、圭亚那	大叶里卡木	ajuri；alauna；anaoura；bongro；burada；caraipe；copuda；couepi；coutabally；foengoe；guariuba；iengibarki；kaieriballi；kauston；kauta；kautaballi；koepesini；marishballi；oitiseiro；pajurarana；piachirana；sponsehoedoe；surinam；tapoeripa；uni；uni kia
3826	*Licania majuscula*	巴西、圭亚那、苏里南	大里卡木	bois gaulette；fine-leaved kautaballi；foengoe；grigri；gris-gris；kauada；kautaballi；tokor
3827	*Licania membranacea*	圭亚那、法属圭亚那	膜叶利堪蔷薇	gris-gris；gris-gris gaulette；gris-gris marbre；gris-gris rouge；rouge
3828	*Licania micrantha*	巴西、圭亚那、苏里南	小花利堪蔷薇	caraiperana；cariperana de folha larga；farsha；foengoe；grigi；grigri；koepesini；kokoho；mai；maiwarai；marishballi；marisiballi tataroe；pajurarana；solo-solo-bakelotje；soroma；vonkhout；wekeroe koepesinirian

序号	学名	主要产地	中文名称	地方名
3829	*Licania microphylla*	圭亚那	小叶利堪蔷薇	iron mary；unikiakia
3830	*Licania mollis*	圭亚那	软毛利堪蔷薇	grigri；kauta；kautaballi；urumaropo
3831	*Licania octandra*	巴西、哥伦比亚、厄瓜多尔、委内瑞拉、苏里南	八蕊利堪蔷薇	canella rapaduro；caraipe das aguas；caraipe verdadeiro；caripe verdadeiro；clavellino；cocao；guaray blanco；kauta；kwepi；mao de picao；mas de pilao；oitiseiro；palo de hierro；rapadura；sorore
3832	*Licania ovalifolia*	圭亚那	钝叶利堪蔷薇	foengoe；fungu；gris-gris
3833	*Licania parviflora*	委内瑞拉、圭亚那	细花利堪蔷薇	merecure de montana；tukwoinanku
3834	*Licania persaudii*	圭亚那	佩氏利堪蔷薇	counta；kauta
3835	*Licania platypus*	墨西哥、洪都拉斯、哥伦比亚、伯利兹、巴拿马、危地马拉、哥斯达黎加、萨尔瓦多	宽柄利堪蔷薇	acch-xit；acchisht-jaca；barraco；cabeza de mico；huicume；itzampi；manzano de mono；monkey apple；sonsapote；sonzapote；sunzapote；tzacote；urraco；wild pear；zapote amarillo；zapote borracho；zapote cabello；zapote mono；zonzapote
3836	*Licania polita*	苏里南	光滑利堪蔷薇	bokobokoton djamaro
3837	*Licania rigida*	巴西、法属圭亚那	硬利堪蔷薇	grigri；milho cozido defo；milho-cozido-folha-miuda；oiticica；oitisica
3838	*Licania robusta*	苏里南、圭亚那	大利堪蔷薇	bongro；foengoe；kokoho；man foengoe；marenballi wadilikoro；soeroema umbakeloire；solo-solo-bakelotje；vonkhout
3839	*Licania rufescens*	拉丁美洲	红利堪蔷薇	
3840	*Licania sclerophylla*	巴西	硬叶利堪蔷薇	caraipe verdadeiro；oiticica；pajurarana
3841	*Licania sparsipilis*	墨西哥	斯帕利堪蔷薇	pio
3842	*Licania stipata*	圭亚那	周围利堪蔷薇	iron mary；unikiakia
3843	*Licania ternatensis*	特立尼达、向风群岛、瓜德罗普岛	三叶利堪蔷薇	bois diable；bois gris；breaknail
3844	*Licania tomentosa*	巴西、秘鲁	毛利堪蔷薇	aiti；aiti guayti；apacharana；guayti；milho cozido defo；oiti；oity；oity coroya；oity de praia
3845	*Licania venosa*	圭亚那	多脉利堪蔷薇	kautaballi；marish；marishiballi

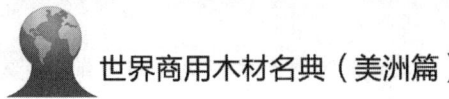

序号	学名	主要产地	中文名称	地方名
Licaria（CANELLACEAE） 斜蕊樟属（假樟科）			HS CODE 4403.99	
3846	*Licaria amara*	法属圭亚那	苦味斜蕊樟	louro
3847	*Licaria aritu*	巴西	阿图斜蕊樟	aritu；louro aritu
3848	*Licaria armeniaca*	秘鲁、圭亚那	亚美尼亚斜蕊樟	moena；moena colorada；systemonod aphne mezii
3849	*Licaria brittoniana*	波多黎各	布利多斜蕊樟	cacao macho；canela；canela amarilla；canelon；casa maria laurel
3850	*Licaria camara*	圭亚那、安的列斯群岛	卡马拉斜蕊樟	bitterhout；bois amer
3851	*Licaria campechiana*	墨西哥	坎佩斜蕊樟	laurelillo；pimientillo
3852	*Licaria canela*	苏里南、法属圭亚那、圭亚那、厄瓜多尔、特立尼达、巴西	褐花斜蕊樟	ajoewa；ajoewi；banba-apis ieaie；banda；bois canelle；canella；cedre flibustier；dark brown waibaima；itik；jigua；kamarai；kaneelhart；kaneerjoe；kanerie hoedoe；lulo-pirarucu；preciosa；sieroeaballi tatroe；silberballi；siroeaballi tataroe；tiniari；wajaaka
3853	*Licaria capitata*	墨西哥	头花斜蕊樟	laurel；laurel de la sierra；misanteca；misanteco；palo misanteco；scoyutkiui
3854	*Licaria caryophyllata*	巴西	石竹斜蕊樟	puchury pequeno
3855	*Licaria cervantesii*	伯利兹、墨西哥	赛氏斜蕊樟	aguacatillo
3856	*Licaria chrysophylla*	拉丁美洲	金叶斜蕊樟	
3857	*Licaria coriacea*	墨西哥	革叶斜蕊樟	sombrerito
3858	*Licaria cymbarum*	委内瑞拉	伞状斜蕊樟	sassafras
3859	*Licaria debilis*	拉丁美洲	柔弱斜蕊樟	
3860	*Licaria duartei*	巴西	杜特斜蕊樟	canela
3861	*Licaria excelsa*	哥斯达黎加	大斜蕊樟	quina
3862	*Licaria guianensis*	法属圭亚那、圭亚那、巴西	圭亚那斜蕊樟	bois canelle；bois cannelle；cayenne-rosenholz；clove cassia-of-brazil；kaneelpisi；licari kanali；peppermint wood；rozehout；wijfjes-rozehout
3863	*Licaria limbosa*	厄瓜多尔、秘鲁	林博斜蕊樟	canacia；canela；ishpingo；moena
3864	*Licaria mahuba*	巴西	马胡斜蕊樟	mauba
3865	*Licaria martiniana*	拉丁美洲	马丁尼斜蕊樟	

序号	学名	主要产地	中文名称	地方名
3866	*Licaria multiflora*	圭亚那	多花斜蕊樟	gale；ginger；ginger gale
3867	*Licaria parvifolia*	波多黎各、瓜德罗普岛	小叶斜蕊樟	canela；canela del pais；canelilla；canelillo
3868	*Licaria peckii*	墨西哥	佩氏斜蕊樟	laurelillo；pimientillo
3869	*Licaria polyphylla*	委内瑞拉、巴西、圭亚那、苏里南	多叶斜蕊樟	hoja ancha；louro chumbo；silverballi；siroewaballi ibiberoe
3870	*Licaria rigida*	巴西	斜蕊樟	
3871	*Licaria simulans*	圭亚那	拟态斜蕊樟	yekuru
3872	*Licaria subbullata*	拉丁美洲	亚布斜蕊樟	
3873	*Licaria triandra*	多米尼加、美国、古巴、波多黎各、海地、牙买加	三药斜蕊樟	cigua gorrita；cigua prieta；guajane；gulf licaria；gulf misanteca；laurel blanco；laurel de loma；lauriel jaune；laurier jaune；lebisa；levisa；levita；mesantica；misanteco；palo de misanteco；palo misanteco；sweetwood
3874	*Licaria venosa*	拉丁美洲	细脉斜蕊樟	
3875	*Licaria vernicosa*	圭亚那	毛缘斜蕊樟	yekoro
3876	*Licaria wilhelminensis*	拉丁美洲	微联斜蕊樟	
Ligustrum（OLEACEAE） 女贞属（木犀科）			**HS CODE** **4403.99**	
3877	*Ligustrum ibolium*	美国	夷卜女贞	ibolium privet
3878	*Ligustrum japonicum*	巴西、波多黎各、美国	日本女贞	alfineiro de japao；japanese privet
3879	*Ligustrum lucidum*	美国、墨西哥	女贞	compact privet；troeno；trueno
3880	*Ligustrum ovalifolium*	美国	圆叶女贞	california privet
3881	*Ligustrum sinense*	美国、波多黎各	墨兰女贞	amur river privet；chinese privet
3882	*Ligustrum vulgare*	美国	大众女贞	liguster；privet
Lindackeria（FLACOURTIACEAE） 雀杨属（大风子科）			**HS CODE** **4403.99**	
3883	*Lindackeria laurina*	危地马拉、巴拿马、洪都拉斯	桂叶雀杨	achiote；carbonera；uvre；yare
3884	*Lindackeria paludosa*	秘鲁	沼泽雀杨	caracana；huacapu；lluicho-caspi；quinilla；quinilla colorada；quinilla colorado
Lindera（LAURACEAE） 山胡椒属（樟科）			**HS CODE** **4403.99**	
3885	*Lindera benzoin*	美国	安息香山胡椒	spicebush

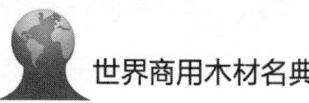

序号	学名	主要产地	中文名称	地方名
Linociera（OLEACEAE） 李榄属（木犀科）			**HS CODE** **4403.99**	
3886	*Linociera oblanceolata*	伯利兹	倒披针叶李榄	wild coco plum
Liquidambar（HAMAMELIDACEAE） 枫香属（金缕梅科）			**HS CODE** **4403.99**	
3887	*Liquidambar styraciflua*	美国、墨西哥、洪都拉斯、阿根廷、伯利兹、危地马拉	美国枫香木	amberboom；ambratrad；american red gum；copalillo；delta red gum；estoraque；fernpisque；ingamo；kyonix；nite-biito；noce satin；noce satinato；ocozotl；ozocotl；satin nuss；somerio；toshcui；vito pijte；yaga-vido；yavito
Liriodendron（MAGNOLIACEAE） 鹅掌楸属（木兰科）			**HS CODE** **4403.99**	
3888	*Liriodendron tulipifera*	美国、加拿大、阿根廷	北美鹅掌楸	american populier tulpenboom；liriodendron；old-wifes-shirt-tree；poplar；pople；popple；saddle-tree；sap poplar；secoya；tulipier；tulipiero d'amerique；tulipifero americano；tuliptree；tulipwood；tulpantrad；tulpeboom；tulpenbaum；tulpenboom hout；white poplar；whitewood；yellow poplar
Lissocarpa（EBENACEAE） 里斯柿属（柿树科）			**HS CODE** **4403.99**	
3889	*Lissocarpa benthamii*	拉丁美洲	本氏里斯柿	
3890	*Lissocarpa guianensis*	圭亚那	圭亚那里斯柿	barabara
Lithocarpus（FAGACEAE） 桐木属（壳斗科）			**HS CODE** **4403.49**	
3891	*Lithocarpus densiflora*	美国	密花石栎	albero del tannatore；arbol del curtidor；arbre du tanneur；california chestnut oak；chestnut oak；garvarbark trad；live oak；looiersbas tboom；peach oak；tan oak；tanbark oak
Lithrea（ANACARDIACEAE） 白饼漆树属（漆树科）			**HS CODE** **4403.99**	
3892	*Lithrea brasiliensis*	乌拉圭	白饼漆树	aruera
3893	*Lithrea chichita*	阿根廷	赤塔白饼漆树	aroeira negra

序号	学名	主要产地	中文名称	地方名
3894	*Lithrea lorentziana*	南美洲	洛伦兹白饼漆树	corazon de bugre
3895	*Lithrea molleiodes*	巴西、阿根廷	莫莱白饼漆树	aroeira branca
3896	*Lithrea venenosa*	智利	静脉白饼漆树	litre
Litsea（LAURACEAE） 木姜子属（樟科）			**HS CODE** **4403.99**	
3897	*Litsea glaucescens*	墨西哥	白变木姜子	cu-jue-e；izitzuch；laurel；laurel de la sierra；lipa-cujue-e；sis-uch；sufracago；sufracallo；ziz-uch
3898	*Litsea montana*	美国	山地木姜子	
3899	*Litsea schaffneri*	墨西哥	夏福利木姜子	laurel
Loeselia（POLEMONIACEAE） 堇罗花属（花荵科）			**HS CODE** **4403.99**	
3900	*Loeselia greggii*	墨西哥	格氏堇罗花	huachichile
3901	*Loeselia mexicana*	墨西哥	墨西哥堇罗花	chuparrosa；cuachile；espinosilla；guachichil；guachichile；hierba de la virgen；hierba de san antonio；hoitzitzilin；huicicillo；mirto
3902	*Loeselia tenuifolia*	墨西哥	细叶堇罗花	ubi
Lomatia（PROTEACEAE） 洛马山龙眼属（山龙眼科）			**HS CODE** **4403.99**	
3903	*Lomatia dentata*	智利	重齿洛马山龙眼	avellanillo；guarda-fuego；guardafuego pinol；palo negro；pinol
3904	*Lomatia ferruginea*	智利	锈色洛马山龙眼	fiume；fuinque；huinque；huinqui；palmilla；piune；romarillo
3905	*Lomatia hirsuta*	秘鲁、阿根廷、智利	粗毛洛马山龙眼	andaga；avellano；garo；nogal；nogal silvestre；palo negro；radal；ralral；raral；rodal；shiapash
Lonchocarpus（FABACEAE） 合生果属（蝶形花科）			**HS CODE** **4403.49**	
3906	*Lonchocarpus araripensis*	厄瓜多尔	阿拉合生果	barbasquillo；cuishpe
3907	*Lonchocarpus atropurpureus*	哥斯达黎加、洪都拉斯	紫黑合生果	chaperno
3908	*Lonchocarpus blainii*	古巴	布氏合生果	guama；guama hediondo
3909	*Lonchocarpus campestris*	阿根廷	野生合生果	palo maceta

序号	学名	主要产地	中文名称	地方名
3910	*Lonchocarpus castilloi*	墨西哥、伯利兹、哥斯达黎加、洪都拉斯、危地马拉、巴西	卡迪合生果	aricauhue；balche；bitterwood；cabbage-bark；cajurica；chashte；chenecte；chilillo；cocorocho；dogwood；facheiro；guayacan；jumay；kanazin；lombrizero；manchich；manchiche；masicaran；rosa morado；siete cueros
3911	*Lonchocarpus caudatus*	墨西哥	有尾合生果	palo dearo；rosa-morada；tapachichi
3912	*Lonchocarpus chrysophyllus*	圭亚那	金叶合生果	aya；black aishal；black haiari；wakorokoda
3913	*Lonchocarpus comitensis*	墨西哥	康密特合生果	chaperla
3914	*Lonchocarpus constrictus*	墨西哥	狭缩合生果	frijolillo
3915	*Lonchocarpus costatus*	阿根廷	有肋合生果	guaimi-pire；rabo molle
3916	*Lonchocarpus crucisrubienae*	委内瑞拉	克鲁西合生果	menudito；tocorito
3917	*Lonchocarpus domingensis*	多米尼加	多米合生果	anon delrio
3918	*Lonchocarpus ehrenbergii*	多米尼加	埃氏合生果	anoncillo
3919	*Lonchocarpus eriocarinalis*	墨西哥	埃里合生果	chaperna；margarita；marinero；palo dearo
3920	*Lonchocarpus fendleri*	委内瑞拉	光萼合生果	jebe；majomo
3921	*Lonchocarpus floribundus*	巴西	多花合生果	timbo rana
3922	*Lonchocarpus frutescens*	圭亚那	灌木状合生果	wild genip
3923	*Lonchocarpus glaucifolius*	波多黎各	光叶合生果	geno
3924	*Lonchocarpus guatemalensis*	墨西哥、洪都拉斯、危地马拉、伯利兹	危地马拉合生果	beco；beco cincho；cincho；cuachipil；cuil；gusano；gusano blanco；ixtzente jumay；jediondillo；juinay；marinero；marinero de montana；palo de aro；palo de tepache；rosa morada；vainillo；xuul；yax-habin

序号	学名	主要产地	中文名称	地方名
3925	*Lonchocarpus hedyosmns*	苏里南、圭亚那	香甜合生果	sindjaple
3926	*Lonchocarpus hermannii*	墨西哥	赫氏合生果	nesco; nesko; palo nesco; palo piojo; polo piojo; taliste
3927	*Lonchocarpus hintoni*	墨西哥	欣多合生果	aricagua; aricuahue; cajurica; tlacopale; zopilocuahue
3928	*Lonchocarpus hondurensis*	墨西哥、伯利兹、哥斯达黎加、洪都拉斯、危地马拉、尼加拉瓜	洪都拉斯合生果	aricauhue; balche; bitterwood; cajurica; chapel; chaperno; chilillo; cicche; cincho; dogwood; guayacan; kantzin; lombrizero; machich; manchich; margarita; rosa morado; rosamorada; siete cueros; swamp dogwood; yax-habin
3929	*Lonchocarpus hylobia*	秘鲁	海洛合生果	tingana
3930	*Lonchocarpus killipii*	巴西	基氏合生果	timbo jacare; timbo rana
3931	*Lonchocarpus lanceolatus*	墨西哥	剑叶合生果	cabo de hacha; celestillo; chaperma; taliste; talistillo; vara blanca
3932	*Lonchocarpus leucanthus*	巴拉圭、巴西、阿根廷	白花合生果	arbol de lluvia; orelha de onca; rabo; rabo de macaco; rabo macaco; robo blanco
3933	*Lonchocarpus longipedicellatus*	墨西哥	长柄合生果	barbasco; chaperla
3934	*Lonchocarpus longistylus*	墨西哥	长穗合生果	balche; bal-che; palo de patlaches; patachcuauit; patlache; patlachi; saayab; sakiab; xbal-che; zaayab
3935	*Lonchocarpus luteomaculatus*	墨西哥	库勒合生果	gusano
3936	*Lonchocarpus margaritensis*	委内瑞拉	珠叶合生果	mahomo; majomo
3937	*Lonchocarpus martynii*	圭亚那	马氏合生果	atolikun; aya; kumasaukun; liana; white aishal; white haiari
3938	*Lonchocarpus michelianus*	萨尔瓦多	米切利合生果	quebracho
3939	*Lonchocarpus minimiflorus*	墨西哥	小花合生果	ashicana; chaperla; nayapupu
3940	*Lonchocarpus muehlbergianus*	阿根廷	摩尔合生果	rabo molle
3941	*Lonchocarpus mutans*	墨西哥	变异合生果	cabo de hacha; calistillo; talieste

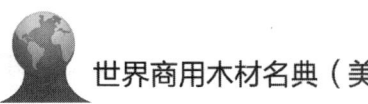

序号	学名	主要产地	中文名称	地方名
3972	*Loreya mespiloides*	圭亚那、苏里南	墨斯匹微裂莲罐花	buck varnish；itara；itarra；sakwospre
3973	*Loreya mucronata*	拉丁美洲	尖头微裂莲罐花	
3974	*Loreya spruceana*	厄瓜多尔	亚马孙微裂莲罐花	quisa muyu aula yura；titemenecca
3975	*Loreya strigosa*	拉丁美洲	粗毛微裂莲罐花	
Loxopterygium（ANACARDIACEAE） 歪翅漆属（漆树科）			**HS CODE** **4403.49**	
3976	*Loxopterygium huasango*	秘鲁	瓦桑歪翅漆	hualtaco
3977	*Loxopterygium sagotii*	圭亚那、苏里南、委内瑞拉、法属圭亚那	蛇木歪翅漆	aupar；boesi mahonie；hoboballi；hububalli koeipjari；huhuballi；koeipjarie；kooel pialli；kwipari；kwipariye；madera serpiente delsurinam；onotillo；picaton；slangehout；snaki hoodoo；surinaamsch slangenhout；surinam
Ludwigia（ONAGRACEAE） 丁香蓼属（柳叶菜科）			**HS CODE** **4403.99**	
3978	*Ludwigia nervosa*	秘鲁	多脉丁香蓼	carnaval-sisa
3979	*Ludwigia uruguayensis*	乌拉圭	乌拉圭丁香蓼	
Luehea（TILIACEAE） 马鞭椴属（椴树科）			**HS CODE** **4403.99**	
3980	*Luehea candida*	哥伦比亚、墨西哥、洪都拉斯、委内瑞拉	四瓣裂马鞭椴	algodon de monte；cascabillo；caulote blanco；cazcat；cuahulote blanco；guacima blanco；guacimo；majagua；pataxte；patazte
3981	*Luehea cymulosa*	委内瑞拉、哥伦比亚	聚毛马鞭椴	guacimo cimarron；malagano
3982	*Luehea divaricata*	阿根廷、巴西、哥伦比亚、墨西哥、西印度群岛、巴拉圭、秘鲁、伯利兹、洪都拉斯、哥斯达黎加、古巴、尼加拉瓜、巴拿马、委内瑞拉、危地马拉	马鞭椴	aceito de cavalho；acoite-cavalo；bonete；caaobate；cabeti；calzoncillo；caulote；contamal；cotonron；estribeira；francisco alvarez；guacimo；horsewhip-wood；ibatingui；malagano；paardezwee phout；pataxte；tapasquit；tepecaulot；ubatinga；yayo

序号	学名	主要产地	中文名称	地方名
4045	*Machaerium leucopterum*	巴西	普特军刀豆	jacaranda cipo; jacaranda tan; pananguba de espinho
4046	*Machaerium lunatum*	圭亚那、苏里南、秘鲁、多米尼加、波多黎各、向风群岛	月纹军刀豆	amourette; atoelia; atoria; aturia; bodorie; brantimakka; bundari; bunduri pimpla; cambron; escambron; moon-fruit; palo de hoz; wait-a-bit; wata; zamourette
4047	*Machaerium melanophyllum*	委内瑞拉	黑叶军刀豆	cumarica
4048	*Machaerium millei*	厄瓜多尔	米雷军刀豆	arbolito de playa; cabo de hacha; chiche
4049	*Machaerium mimosifolia*	玻利维亚	蓝花军刀豆	jacaranda
4050	*Machaerium moritzianum*	委内瑞拉、哥伦比亚	莫里军刀豆	cascaron; siete cueros; siete cueros blanco; siete cueros espinose; tachuelo
4051	*Machaerium nyctitans*	巴西	闪烁军刀豆	bico de pato; chimbe; guaxumbe
4052	*Machaerium oblongifolium*	拉丁美洲	棠棣军刀豆	
4053	*Machaerium opacum*	拉丁美洲	奥帕军刀豆	
4054	*Machaerium paludicola*	巴西	亚目军刀豆	tucunae envira; tucunara envira
4055	*Machaerium paraguariense*	阿根廷	巴拉圭军刀豆	isapuy-guazu
4056	*Machaerium pedicellatum*	玻利维亚	有柄军刀豆	morado
4057	*Machaerium pilosum*	玻利维亚	多毛军刀豆	tusequi
4058	*Machaerium pseudotipa*	阿根廷	蒂帕军刀豆	palo mortero; tipa blanca
4059	*Machaerium quinata*	圭亚那	五叶军刀豆	bohoribada; liana
4060	*Machaerium salvadorense*	墨西哥	萨尔军刀豆	una de gato
4061	*Machaerium schomburgkii*	拉丁美洲	格基军刀豆	

序号	学名	主要产地	中文名称	地方名
4062	*Machaerium scleroxylon*	巴西、玻利维亚、苏里南、圭亚那	硬木军刀豆	brazilian rosewood；cabiana；caviuna raye；caviuna vermelha；gestreepte caviuna；jacaranda；jacaranda violeta；palisandro；palissande rhout；pao ferro；pau ferro；sapwood jacaranda；striped caviuna；tuseque
4063	*Machaerium seemannii*	哥伦比亚	塞氏军刀豆	purgacion
4064	*Machaerium setulosum*	墨西哥	硬毛军刀豆	una de gato
4065	*Machaerium stenophyllum*	委内瑞拉	细叶军刀豆	naure
4066	*Machaerium stipitatum*	阿根廷、巴西	具柄军刀豆	isapuy-mini；pau de malho；sapuva；supuvucu
4067	*Machaerium trifoliatum*	圭亚那	三叶军刀豆	bohoribada
4068	*Machaerium villosum*	巴西、委内瑞拉	毛军刀豆	jacaranda；jacaranda amarello；jacaranda amarelo；jacaranda bico；jacaranda do cerrado；jacaranda escuro；jacaranda pardo；jacaranda paulista；jacaranda pedra；jacaranda preto；jacaranda roxa；jacaranda roxo；marnut
4069	*Machaerium violaceum*	巴西	堇色军刀豆	jacaranda；jacaranda tan；jacaranda violeta
4070	*Machaerium whitfordii*	哥伦比亚	惠氏军刀豆	negrillo
Machaonia（RUBIACEAE）牛苗木属（茜草科）		**HS CODE 4403.99**		
4071	*Machaonia portoricensis*	波多黎各	牛苗木	alfilerillo；roseta
4072	*Machaonia spinosa*	阿根廷	多刺牛苗木	araza nuati
Macleania（ERICACEAE）蜂鸟花属（杜鹃科）		**HS CODE 4403.99**		
4073	*Macleania mollis*	厄瓜多尔	软蜂鸟花	hualicon lanudo
4074	*Macleania stricta*	拉丁美洲	紧蜂鸟花	
Maclura（MORACEAE）桑橙属（桑科）		**HS CODE 4403.49**		
4075	*Maclura brasiliensis*	巴西	巴西桑橙	

序号	学名	主要产地	中文名称	地方名
4076	*Maclura pomifera*	美国、墨西哥、阿根廷	桑橙	bodare；bodareus；bogenholz；geelhout；hedge；hedge apple；hedge-plant；horse apple；maclura；mock orange；mora；mora amarilla；naranja china；naranjo chino；osage；osage apple-tree；rootwood；wild orange；yellow-wood
4077	*Maclura regia*	美国	雷吉亚桑橙	
4078	*Maclura tinctoria*	哥伦比亚、委内瑞拉、巴西、玻利维亚、秘鲁、墨西哥、阿根廷、海地、古巴、西印度群岛、哥斯达黎加、波多黎各、洪都拉斯、多米尼加、伯利兹、尼加拉瓜、巴拿马、特立尼达、巴拉圭、厄瓜多尔、萨尔瓦多、牙买加、危地马拉、安的列斯群岛	染料桑橙	ainje；amarcira；avinge；branco；brasil；citronnier；come negro；cubaholz；cubawood；dinde；fasteque；gultra；huil yaga；insira caspi；jataiba；mora colorado；moratana；morita；pinabete；quebracho de cerro；verwermore bessen；white fustic；yellow-wood；ynsira
4079	*Maclura tricuspidata*	拉丁美洲	三尖桑橙	

Macoubea (APOCYNACEAE) 热美夹竹桃属 (夹竹桃科)		**HS CODE 4403.99**		
4080	*Macoubea guianensis*	巴西、圭亚那、秘鲁、苏里南	圭亚那热美夹竹桃木	amapa；amapa doce；chicle；doce；huaco-caspi；jaupa-caspi；liekapatoe；mapa；mappa；molongo；rokko-rokko；rokoroko；warapa；yaco-sanango；yuaco sanango

Macrocnemum (RUBIACEAE) 褐鸡纳属 (茜草科)		**HS CODE 4403.99**		
4081	*Macrocnemum roseum*	哥伦比亚、秘鲁	玫瑰褐鸡纳	quina；remo caspi negro

Macrohasseltia (FLACOURTIACEAE) 羊角骨柞属 (大风子科)		**HS CODE 4403.99**		
4082	*Macrohasseltia macroterantha*	危地马拉、哥斯达黎加	巨翅羊角骨柞	areno；chancho blanco

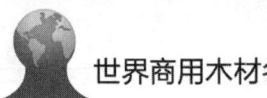

序号	学名	主要产地	中文名称	地方名
Macrolobium（CAESALPINIACEAE） 巨瓣苏木属（苏木科）			**HS CODE** **4403.49**	
4083	*Macrolobium acaciifolium*	秘鲁、巴西、厄瓜多尔、圭亚那	巨瓣苏木	apripari；arapari；arapary；aripari；cutanga；huarango；pashaco；pashaquilla；sarabebe；sarebebe；sirkir
4084	*Macrolobium amplexans*	圭亚那	艾末巨瓣苏木	
4085	*Macrolobium angustifolium*	苏里南、圭亚那	窄叶巨瓣苏木	ata-apa；ataba；atapa；muka；salelebe；sarabebe；sarebebe；wapa-sec；watapa；water bijlhout；water wallaba；watrabirie hoedoe；watrabiri hoedoe；watrapa
4086	*Macrolobium bifolium*	苏里南、圭亚那、巴西	双叶巨瓣苏木	ata-apa；ataba；atapa；jatobarana；salelebe；sarabebe；sarebebe；wapa-sec；watapa；water bijlhout；water wallaba；watrabirie hoedoe；watrapa
4087	*Macrolobium inaequale*	厄瓜多尔	黑巨瓣苏木	nato derio
4088	*Macrolobium limbatum*	圭亚那	边缘巨瓣苏木	sarebebe
4089	*Macrolobium machaerioides*	秘鲁	军刀巨瓣苏木	vilco blanco
4090	*Macrolobium multijugum*	圭亚那	大叶巨瓣苏木	sarabebe；sirkir
4091	*Macrolobium suaveolens*	圭亚那	香甜巨瓣苏木	krachikan
4092	*Macrolobium taxifolium*	秘鲁	紫杉叶巨瓣苏木	aripari；yewleafmacrolobium
Macropharynx（APOCYNACEAE） 巨咽属（夹竹桃科）			**HS CODE** **4403.99**	
4093	*Macropharynx spectabilis*	秘鲁	显著巨咽	oje
Macrosamanea（MIMOSACEAE） 大雨豆属（含羞草科）			**HS CODE** **4403.99**	
4094	*Macrosamanea discolor*	圭亚那	大雨豆	imirimia
4095	*Macrosamanea kegeli*	苏里南、圭亚那	格利大雨豆	holowasa；hurowassa；oeroewasa；watratamalin
4096	*Macrosamanea pedicellaris*	苏里南、法属圭亚那	花梗大雨豆	tamarin prokonie

序号	学名	主要产地	中文名称	地方名
4097	*Macrosamanea spruceana*	秘鲁	亚马孙大雨豆	pashaquillo；yaco-pashao
Magnolia（MAGNOLIACEAE） 木兰属（木兰科）			**HS CODE** **4403.99**	
4098	*Magnolia acuminata*	美国、加拿大	披针叶木兰	
4099	*Magnolia angatensis*	拉丁美洲	铁木兰	
4100	*Magnolia ashei*	美国	阿氏木兰	ashe magnolia；cucumbertree；sandhill magnolia
4101	*Magnolia balansae*	拉丁美洲	巴氏木兰	
4102	*Magnolia compressa*	拉丁美洲	扁身木兰	
4103	*Magnolia cubensis*	古巴	古巴木兰	
4104	*Magnolia dealbata*	墨西哥	软毛木兰	elosuchil；guia-lachi；guie-zehe；quije-zehe；yo-zaba
4105	*Magnolia dixonii*	厄瓜多尔	迪氏木兰	cucharillo
4106	*Magnolia drymifolia*	厄瓜多尔	花叶木兰	
4107	*Magnolia fraseri*	美国	红叶木兰	
4108	*Magnolia grandiflora*	美国、哥斯达黎加、墨西哥	广木兰	amerikansk magnolia；bat-tree；big laurel；black lin；bull bay；cucumberwood；evergreen magnolia
4109	*Magnolia guatemalensis*	危地马拉	危地马拉木兰	magnolia；mamey
4110	*Magnolia hamori*	多米尼加	哈里木兰	green ebony
4111	*Magnolia iltisiana*	墨西哥	伊蒂西亚那木兰	ahuatoso；laurel；magnolia；yoloxochitl
4112	*Magnolia macrophylla*	美国	大叶木兰	
4113	*Magnolia minor*	古巴	窄叶木兰	azulejo
4114	*Magnolia pacifica*	墨西哥	帕斯菲卡木兰	corpus
4115	*Magnolia poasana*	哥斯达黎加、巴拿马	波萨纳木兰	magnolia；yoroconte
4116	*Magnolia portoricensis*	波多黎各	阿尔木兰	alciba；anonillo；burro mauricio；jaguilla；laurel sabino；mauricio；ortegon
4117	*Magnolia pyramidata*	美国	皮拉米木兰	mountain magnolia；pyramid magnolia
4118	*Magnolia schiedeana*	墨西哥	分歧木兰	corpus；elo-xochitl；palo de cacique；quie-lachi；yaga-zaha；yolosuchil
4119	*Magnolia sharpii*	墨西哥	夏氏伊木兰	magnolia；tajchac；tojcho
4120	*Magnolia sororum*	哥斯达黎加、巴拿马	索罗伦木兰	candelillo；condelillo；magnolia；vaco；vaco magnolia

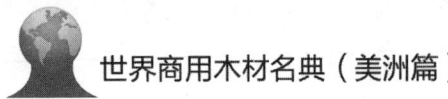

序号	学名	主要产地	中文名称	地方名
4121	*Magnolia splendens*	波多黎各、墨西哥、西印度群岛、中美洲	光亮木兰	bella；laurel；laurel sabino；sabino
4122	*Magnolia striatifolia*	厄瓜多尔	条纹木兰	cucharillo
4123	*Magnolia tripetala*	美国	三瓣木兰	cucumber；elk-browse；elkwood；japanese magnolia；japanse magnolia；japansk magnolia；magnolia；umbrella magnolia；umbrella-tree；wahoo
4124	*Magnolia virginiana*	美国	弗州木兰	

Magonia（SAPINDACEAE） **HS CODE**
蓼树藤属（无患子科） **4403.99**

序号	学名	主要产地	中文名称	地方名
4125	*Magonia pubescens*	巴拉圭	蓼树藤	barbasco；yvyra hy'a

Mahonia（BERBERIDACEAE） **HS CODE**
十大功劳属（小檗科） **4403.99**

序号	学名	主要产地	中文名称	地方名
4126	*Mahonia berriozabalensis*	墨西哥	十大功劳	yema de huevo
4127	*Mahonia californica*	美国	加州十大功劳	barberry
4128	*Mahonia fremontii*	美国	弗氏十大功劳	barberry；california barberry
4129	*Mahonia nevinii*	美国	媛氏十大功劳	nevin mahonia
4130	*Mahonia trifoliolata*	墨西哥、美国	小叶十大功劳	agrillo；agrito；algerita；laredo mahonia；palo amarillo

Mahurea（GUTTIFERAE） **HS CODE**
滨圣木属（藤黄科） **4403.99**

序号	学名	主要产地	中文名称	地方名
4131	*Mahurea exstipulata*	圭亚那	滨圣木	kapuriwari

Malmea（ANNONACEAE） **HS CODE**
石辕木属（番荔枝科） **4403.99**

序号	学名	主要产地	中文名称	地方名
4132	*Malmea cuspidata*	秘鲁	硬尖叶石辕木	espintana
4133	*Malmea depressa*	墨西哥	抑制石辕木	elemuy；nazareno prieto
4134	*Malmea discolor*	圭亚那	变色石辕木	smooth-skin arara

Malouetia（APOCYNACEAE） **HS CODE**
鱼鳃木属（夹竹桃科） **4403.99**

序号	学名	主要产地	中文名称	地方名
4135	*Malouetia duckei*	巴西	杜基鱼鳃木	tamanqueira de leite
4136	*Malouetia flavescens*	圭亚那	淡黄鱼鳃木	kirikahu
4137	*Malouetia glandulifera*	委内瑞拉	腺状鱼鳃木	palo de bollo
4138	*Malouetia tamaquarina*	秘鲁、圭亚那、巴西	塔马鱼鳃木	chicle；cuchara-capi；kirikahu；malango de colher；molongo do colher

序号	学名	主要产地	中文名称	地方名
Malpighia（MALPIGHIACEAE） 金虎尾属（金虎尾科）			HS CODE 4403.99	
4139	*Malpighia diversifolia*	墨西哥	众叶金虎尾	manzana；manzanita；margarita
4140	*Malpighia emarginata*	墨西哥	边缘金虎尾	granadilla；more de campo；palo chino
4141	*Malpighia esmonde*	古巴	埃蒙金虎尾	palo hierro
4142	*Malpighia favinia*	墨西哥	法维尼亚金虎尾	nanche
4143	*Malpighia fucata*	波多黎各	墨角金虎尾	olaga；palo bronco
4144	*Malpighia galeottiana*	墨西哥	加洛金虎尾	nanche de monte
4145	*Malpighia glabra*	危地马拉、波多黎各、墨西哥、哥伦比亚、圭亚那、海地、安的列斯群岛、萨尔瓦多、古巴、秘鲁、委内瑞拉、巴拿马、西印度群岛、牙买加、美国、维尔京群岛、哥斯达黎加、荷属安的列斯群岛、伯利兹、向风群岛	光滑金虎尾	arrayan macho；barbados-kers；boxuavalte；camaroncito；capulin；cerecito；cereza colorada；cimaruca；guayacte；huesito；huyate；kersenboom；lucee；manzanillo；nance；nancenes；palo de lumbre；panecito；sanango；shimarucu machu；tomatillo；uayacte；wild cherry；wild craboo；xocot
4146	*Malpighia infestissima*	波多黎各	管状金虎尾	cowhage cherry；stingingbush
4147	*Malpighia linearis*	法属圭亚那、西印度群岛	线性金虎尾	bois royal；stinging cherry
4148	*Malpighia martinicensis*	西印度群岛	马提尼金虎尾	moureiller piquant
4149	*Malpighia mexicana*	墨西哥	墨西哥金虎尾	huachacote；manzanita del cerro；manzanito；nancerol；nanche de cerro；nanche de monte
4150	*Malpighia souzae*	墨西哥	苏扎伊金虎尾	oshte；oxte
4151	*Malpighia urens*	墨西哥、西印度群岛、古巴	乌伦斯金虎尾	ahualtzoco tlque；bois capitaine；bois hinselin；brin d'amour；cerisier capitaine；cerisier de courwith；couhaya；palo bronco
Malus（ROSACEAE） 苹果属（蔷薇科）			HS CODE 4403.99	
4152	*Malus angustifolia*	美国	狭叶苹果	american crab apple；buncombe crab apple；crab apple；crabtree；narrowleaf crab；narrowleaf crab apple；southern crab；southern crab apple；wild crab；wild crab apple

序号	学名	主要产地	中文名称	地方名
4153	*Malus coronaria*	美国	冠状苹果	
4154	*Malus domestica*	墨西哥	圆顶苹果	peron
4155	*Malus fusca*	美国、加拿大	黑苹果	crab apple；oregon crab；oregon crab apple；pacific crab apple；western crab apple；wild crab apple
4156	*Malus ioensis*	美国	伊奥苹果	bechel crab；crab apple；iowa crab；iowa crab apple；prairie crab；prairie crab apple；wild crab；wild crab apple
4157	*Malus platycarpa*	美国	宽果苹果	big-fruit crab
4158	*Malus pumila*	美国、墨西哥	苹果	apple；belehui；manzana；t-nutinumi；toringo crab
4159	*Malus soulardii*	美国	索氏苹果	bronx crab
4160	*Malus sylvestris*	美国、洪都拉斯	野生苹果	apple-tree；hawthorn；manzana；pear-tree；pomaceous-fruit；quince；wild apple
Malvaviscus（MALVACEAE） 悬铃花属（锦葵科）			**HS CODE** **4403.99**	
4161	*Malvaviscus arboreus*	墨西哥、巴拿马	悬铃花	bequem-tzojol；bizil；chanita；chupamirto；civil；ishlicatap achat；manzanita；mapola；mazapan；monacillo；monaguillo；obelisco de la sierra；quesito；taman-che'ich
4162	*Malvaviscus penduliflorus*	墨西哥	垂花悬铃花	monacillo colorado
4163	*Malvaviscus populifolius*	墨西哥	胡杨悬铃花	chocho
4164	*Malvaviscus urticifolius*	墨西哥	荨麻叶悬铃花	monacillo
Mammea（GUTTIFERAE） 黄果藤黄属（藤黄科）			**HS CODE** **4403.99**	
4165	*Mammea africana*	苏里南	非洲黄果藤黄木	kunfe
4166	*Mammea americana*	巴西、海地、安的列斯群岛、小安的列斯群岛、西印度群岛、波多黎各、法属圭亚那、危地马拉、牙买加、苏里南、维尔京群岛、多米尼加、厄瓜多尔、墨西哥、美国、古巴、巴拿马、特立尼达、尼加拉瓜、瓜德罗普岛	美洲黄果藤黄木	monacilloabricot；abricot du pays；abricotier des antilles；amerikanis chaprikosenbaum；apricot；mamaja；mamaya；mamee；mamey cartajena；mamey de santo domingo；mamie；mamme sapote；mammee apple；mammee-tree；maney；mata-serrano；palo de mamey；wild apricot；zapote domingo；zapote mamey；zapote nino；zapote santo domingo

序号	学名	主要产地	中文名称	地方名
Mangifera（ANACARDIACEAE） 杜果属（漆树科）			**HS CODE** **4403.49**	
4167	*Mangifera indica*	波多黎各、苏里南、墨西哥、巴西、西印度群岛、古巴、多米尼加、厄瓜多尔、美国、法属圭亚那、危地马拉、瓜德罗普岛	印度杜果	ambe；bobbie manja；bocho；griollo mango；jegachu；kajanna manja；mamid；manga；manggaboom；manggo；mango criollo；mangot；mangotier；mangottier；mangowood；mangue；manila mango；manja；marka；marveen thayet；mauu；moncocuabitl；prieto mango；sepam；tsaratpang
Manicaria（PALMAE） 油棕属（棕榈科）			**HS CODE** **4403.99**	
4168	*Manicaria saccifera*	波多黎各、圭亚那、委内瑞拉、苏里南	母油棕	bussu；mutzen-palme；thatch palm；timiche palm；tourlouri；troeli palm；troolie palm；truli；turuli；wine palm；yahui
Manihot（EUPHORBIACEAE） 木薯属（大戟科）			**HS CODE** **4403.99**	
4169	*Manihot angustiloba*	墨西哥	狭裂木薯	yuca del cerro
4170	*Manihot carthaginensis*	阿根廷、哥伦比亚	卡斯木薯	guaso mandio；yuca antigua；yuca escorsonera
4171	*Manihot caudata*	墨西哥	尾状木薯	tayacua；teteque
4172	*Manihot esculenta*	墨西哥	可食木薯	bitter cassava；coshquehui；cuacamojtli；cuauh-camotli；guacamote；guu-yaga；gu-yaga；huacamote；huacamotl；manioc；tinche；topioca；tsiim；ts'iin；tzin；yuca；yuca amarga；yuca blanca；yuca brava；yuca mansa
4173	*Manihot glaziovii*	巴西	格氏木薯	manicoba
4174	*Manihot isoloba*	墨西哥	伊索洛巴木薯	pata de gallo
4175	*Manihot leptophylla*	墨西哥	落叶木薯	ch-uhuk-ts'iim；cuacamote dulce；guacamote dulce；guh；kiki-tsiim；ts'in；yaga；yeda；yuca dulce
4176	*Manihot olfersiana*	墨西哥	阿尔夫木薯	cuadrado
4177	*Manihot pittieri*	哥伦比亚	佩蒂埃里木薯	yuca antigua
Manilkara（SAPOTACEAE） 铁线子属（山榄科）			**HS CODE** **4403.49**	
4178	*Manilkara bella*	巴西	贝拉铁线子	cowtree；massaranduba

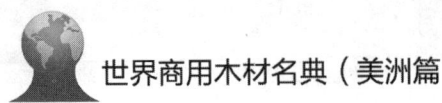

序号	学名	主要产地	中文名称	地方名
4179	*Manilkara bidentata*	圭亚那、古巴、波多黎各、委内瑞拉、巴西、西印度群岛、法属圭亚那、特立尼达、苏里南、美国、牙买加、巴巴多斯、墨西哥、安的列斯群岛、多米尼加、哥伦比亚、哥斯达黎加、巴拿马、秘鲁、海地、向风群岛、瓜德罗普岛	重齿铁线子	abeille；acana；acoma jaune；ausubo；balata bloed；balate；beefwood；bullet；bully-tree；cochinillo；gooseberry；horseflesh；jaimiqui；kugelbaum；manil kara；massa randu；massaranduba；nispero；paardevlee shout；palata；pferdeflei schholz；purgio；quinilla colorada；red balata；sapodilla；sapotillie rmarron；trapichero；wild sapodilla
4180	*Manilkara chicle*	伯利兹、墨西哥、巴西、危地马拉、巴拿马、萨尔瓦多、哥伦比亚、洪都拉斯	蔡克铁线子	chicle macho；chicozapote de hoja ancha；nispero；nispero de montana；nispero de monte；zapotillo
4181	*Manilkara elata*	巴西	高铁线子	aparaiu；gararoba；macaranduba de lei；macaranduba de-leite；paraju
4182	*Manilkara excelsa*	圭亚那	大铁线子	iwakush
4183	*Manilkara huberi*	古巴、波多黎各、委内瑞拉、巴西、西印度群岛、法属圭亚那、圭亚那、苏里南、牙买加、多米尼加、哥伦比亚、哥斯达黎加、巴拿马、秘鲁、海地、美国	霍贝铁线子	acana；almique；balata；balata rouge；balata-tree；boeletrie；bulletwood；cochinillo；jaimiqui；macaranduba；nispero；quinilla；sapodilla；trapichero；turar；wild dilly；wild sapodilla
4184	*Manilkara jaimiqui*	古巴、波多黎各、委内瑞拉、西印度群岛、圭亚那、苏里南、牙买加、多米尼加、巴西、哥伦比亚、哥斯达黎加、巴拿马、秘鲁、海地	耶米基铁线子	acanna；aimiqui；balata；beefwood；boeletrie；botrie；bulletwood；cochinillo；jaimiqui；maparajuba；massarandu；nisperillo；nisperillo de hoja fines；nispero；quinilla；sapodilla；sapotille；trapichero；wild dilly
4185	*Manilkara longifolia*	巴西	长叶铁线子	macaranduba；paraju
4186	*Manilkara pleeana*	波多黎各	普利铁线子	ausuba；ausubo machuelo；mameyuelo；zapote de costa
4187	*Manilkara salzmannii*	巴西	萨氏铁线子	massaranduva
4188	*Manilkara sideroxylon*	西印度群岛、牙买加	铁木铁线子	bullet-tree；naseberry bully-tree
4189	*Manilkara spectabilis*	哥斯达黎加、巴拿马	显著铁线子	balata nispero；bully-tree；nispero

序号	学名	主要产地	中文名称	地方名
4190	*Manilkara surinamens*	苏里南	苏里南铁线子	macaranduba
4191	*Manilkara valenzuelana*	古巴、海地、波多黎各、牙买加	瓦伦铁线子	acana；acana blanca；almique；almiqui；bois huile；donsella；nisperillo；sapodilla bullet-tree；sapotille marron
4192	*Manilkara zapota*	西印度群岛、美国、墨西哥、伯利兹、巴哈马、尼加拉瓜、哥斯达黎加、维尔京群岛、苏里南、危地马拉、洪都拉斯、萨尔瓦多、巴西、牙买加、多米尼加、哥伦比亚、厄瓜多尔、波多黎各、委内瑞拉、古巴、安的列斯群岛、小安的列斯群岛、法属圭亚那、海地	人心果木	amerikaanse mispel；balata；breiapfel；bully-tree；chapote；chewing-gum-tree；chicle；chicle-tree；chico；chiquibul；gueladao；iban；jaas；korob；mispelboom；mispoe；muy；muyosapot；naseberry；nisberry；nispero；peruetano；sapodilla；sapote negro；sapotillbaum；sappadill；tzicozapotl；ya；zapota；zapote chico；zapote colorado；zapote morado；zapotillo
	Maprounea（EUPHORBIACEAE） 头序柏属（大戟科）		**HS CODE** **4403.99**	
4193	*Maprounea brasiliensis*	秘鲁	巴西头序柏	
4194	*Maprounea guianensis*	秘鲁、圭亚那、苏里南	圭亚那头序柏	airana；arean；awati；awatie；awatti；bonnie-bonnie-hoedoe；cascuado；gingepau；itjoetano perapisie；kisi-angoala；maprounea；perabisi；pira pisi；pira pisie；pirapisi；tei-hatti
	Maquira（MORACEAE） 马奎桑属（桑科）		**HS CODE** **4403.49**	
4195	*Maquira calophylla*	巴西	海棠叶马奎桑	caucho-rana；meurapinima
4196	*Maquira coriacea*	巴西	革叶马奎桑	capinuri；muiratinga
4197	*Maquira sclerophylla*	巴西	硬叶马奎桑	capinuri；muiratinga
	Margaritaria（EUPHORBIACEAE） 篮子木属（大戟科）		**HS CODE** **4403.99**	
4198	*Margaritaria nobilis*	波多黎各、古巴、牙买加、苏里南、尼加拉瓜、厄瓜多尔、伯利兹、维尔京群岛、西印度群岛、墨西哥、委内瑞拉、萨尔瓦多、多米尼加、哥伦比亚、巴西、秘鲁、瓜德罗普岛	显著篮子木	avispillo；azulejo；bastard hogberry；boskoffie；carillo；clawberry；false gooseberry；lloron；mille branches；millo；nistamal；palo amargo；pinturero；ramon macho；sarandi；siete cueros；ucariviro；yantsantsa；yayo；yuquillo

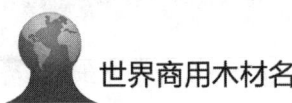

序号	学名	主要产地	中文名称	地方名
Marlierea（MYRTACEAE） 裂萼矾木属（桃金娘科）			HS CODE 4403.99	
4199	*Marlierea caudata*	秘鲁	尾状裂萼矾木	quinilla negra
4200	*Marlierea macrophylla*	圭亚那	大叶裂萼矾木	banyaballi
4201	*Marlierea montana*	圭亚那、苏里南	蒙大拿裂萼矾木	kwako
4202	*Marlierea parviflora*	拉丁美洲	小花裂萼矾木	
4203	*Marlierea schomburgkiana*	圭亚那	斯氏裂萼矾木	akarako；wutuk
4204	*Marlierea scytophyllus*	拉丁美洲	革叶裂萼矾木	
4205	*Marlierea sintenisii*	波多黎各	长柄裂萼矾木	beruquillo
4206	*Marlierea spruceana*	拉丁美洲	亚马孙裂萼矾木	
4207	*Marlierea sylvatica*	巴西	林生裂萼矾木	guaramirim chorao
4208	*Marlierea umbraticola*	拉丁美洲	阴生裂萼矾木	
Marmaroxylon（MIMOSACEAE） 大理石豆属（含羞草科）			HS CODE 4403.49	
4209	*Marmaroxylon incuriale*	巴西	大理石豆	angelim rajado；angicoraja do
4210	*Marmaroxylon racemosum*	拉丁美洲	总状大理石豆	angelim rajado；araconga
4211	*Marmaroxylon ramiflorum*	拉丁美洲	茎花大理石豆	
Martinella（BIGNONIACEAE） 紫焰藤属（紫葳科）			HS CODE 4403.99	
4212	*Martinella obovata*	圭亚那	倒卵叶紫焰藤	kamoro
Martiodendron（CAESALPINIACEAE） 马蹄豆属（苏木科）			HS CODE 4403.99	
4213	*Martiodendron elatum*	巴西	宽叶马蹄豆	cuirapichuna；jutahy sica
4214	*Martiodendron excelsum*	苏里南、圭亚那	大马蹄豆	amarante rouge；bois d'amarante rouge；tatabuballi；witte purperhart

序号	学名	主要产地	中文名称	地方名
4215	*Martiodendron parviflorum*	苏里南	小花马蹄豆	amarante rouge；bois d'amarante rouge；bosmahonie；pakeri；tataboballi；witte purperhart
	Matayba（SAPINDACEAE） 马太无患子属（无患子科）		HS CODE 4403.99	
4216	*Matayba americana*	墨西哥	美洲马太无患子	chicon colorado
4217	*Matayba apelata*	古巴、伯利兹、墨西哥、牙买加、波多黎各、危地马拉	鹰爪马太无患子	boy job；cascarillo；chicon blanco；doncella；mabehu；macurije；sacuayum；zacuayum
4218	*Matayba arborescens*	苏里南、巴西、圭亚那	乔状马太无患子	gatottie；gauwetie；gauwitie；guarantan；kulishiri
4219	*Matayba camptoneura*	圭亚那	卡门马太无患子	kulishiri
4220	*Matayba domingensis*	古巴、波多黎各、多米尼加	马太无患子	caraicillo；doncella；escoba；guara；loranegra；macurije；negralora；ratira；raton；tea cimarrona
4221	*Matayba eleagnoides*	阿根廷、巴西	埃莱加马太无患子	camboata；cambo-ata；fructa de pombo
4222	*Matayba fallax*	苏里南	拟马太无患子	gatottie；gauwetie；gauwitie
4223	*Matayba glaberrima*	洪都拉斯、危地马拉	大叶马太无患子	carbon；coyolillo
4224	*Matayba guianensis*	巴西、苏里南、圭亚那、委内瑞拉	圭亚那马太无患子	camboata；cascudinho；gatottie；gauwetie；gauwitie；kulishiri；zapatero
4225	*Matayba inelegans*	圭亚那	银勒马太无患子	black kulishiri
4226	*Matayba macrostylis*	圭亚那	梅克马太无患子	kulishiri
4227	*Matayba miquelii*	苏里南	米氏马太无患子	sirada djamaro
4228	*Matayba oligandra*	圭亚那	欧历马太无患子	fine-leaved kulishiri；kulishiri；toron
4229	*Matayba opaca*	苏里南、圭亚那	暗马太无患子	koelesiri koeleroe；kulishiri；red kulishiri；tapiring-tonorebjo；tonorebio

序号	学名	主要产地	中文名称	地方名
4230	*Matayba scrobiculata*	哥伦比亚、墨西哥	细凹马太无患子	aguwetie；bilabila；carboncillo；cavpom；cola brava；culo de indio；fresno；gatottie；grande betty；guacharaco；guara；huanchal；kileshiri；lijo；maraguil；negra lora；nogalillo；red copal；sabatero；tonorebjo
4231	*Matayba spathulata*	古巴	匙叶马太无患子	doncella
4232	*Matayba surinamensis*	苏里南	苏里南马太无患子	gatottie；gauwetie；gauwitie；sabanna tranga hoedoe
4233	*Matayba unelegans*	圭亚那	无线马太无患子	kulishiri
	Matisia（BOMBACACEAE） 马蹄木棉属（木棉科）		**HS CODE** **4403.99**	
4234	*Matisia bicolor*	秘鲁	二色马蹄木棉	machin zapote
4235	*Matisia cordata*	厄瓜多尔、秘鲁	心形马蹄木棉	apasi；sapote；sapote negro；tanke apasi；zapote
4236	*Matisia lasiocalyx*	巴西	毛萼马蹄木棉	inaja-rana envira
4237	*Matisia malacocalyx*	厄瓜多尔	软萼马蹄木棉	chocolate；softcalyxmatisia
4238	*Matisia obliquifolia*	厄瓜多尔	斜马蹄木棉	molinillo；tanke apasi；zapotillo
4239	*Matisia ochrocalyx*	厄瓜多尔、秘鲁	欧齿马蹄木棉	molinillo；sapotilla；zapotillo
	Matudaea（HAMAMELIDACEAE） 蚊母桂属（金缕梅科）		**HS CODE** **4403.99**	
4240	*Matudaea trinervia*	墨西哥	三脉蚊母桂	guayabillo；palo blanco
	Mauria（ANACARDIACEAE） 毛里漆属（漆树科）		**HS CODE** **4403.99**	
4241	*Mauria heterophylla*	委内瑞拉	异叶毛里漆	alovillo；chachique；manzanillo del cerro
4242	*Mauria suaveolens*	厄瓜多尔、秘鲁	香甜毛里漆	alovillo；ingaina blanca；itil；itil blanco；yurac-ingaina
	Mayna（ACHARIACEAE） 猴雀杨属（青钟麻科）		**HS CODE** **4403.99**	
4243	*Mayna grandifloia*	哥伦比亚	大花猴雀杨	morrocoy
4244	*Mayna odorata*	厄瓜多尔、秘鲁	香猴雀杨	chichicu yura；chime shoccopi'cho；congo-caspi；kwayae mongau；shamshu huaiu；shamshu huayo

序号	学名	主要产地	中文名称	地方名
4245	*Mayna parvifolia*	秘鲁	小叶猴雀杨	casha-huayo
Maytenus（CELASTRACEAE） 美登卫矛属（卫矛科）			**HS CODE** **4403.99**	
4246	*Maytenus alaternoides*	巴西	阿拉美登卫矛	carranaudo；coracao do bugre
4247	*Maytenus boaria*	阿根廷、智利	布拉美登卫矛	cancorosa；maiten；maiten grande；mayten；naranjito；sal de inchias；yuki-ra
4248	*Maytenus buxifolia*	海地、古巴	黄杨叶美登卫矛	acajou sauvage；boje；carne devaca
4249	*Maytenus disticha*	智利	二列美登卫矛	maiten chico
4250	*Maytenus ebenifolia*	厄瓜多尔	柿叶美登卫矛	curi yura；esetare
4251	*Maytenus elaeodendroides*	古巴	伊拉美登卫矛	sangre de toro
4252	*Maytenus evonymoides*	巴西	似卫矛美登卫矛	cafesinho
4253	*Maytenus ficiformis*	圭亚那、委内瑞拉	丝状美登卫矛	kaiarima；masa；mitso；pilon rosado
4254	*Maytenus guianensis*	圭亚那	圭亚那美登卫矛	kaiarima
4255	*Maytenus ilicifolia*	阿根廷	冬青叶美登卫矛	cancorosa；carrancudo；guebrachillo；hollyleaf mauten；sombra de toro
4256	*Maytenus kanukuensis*	圭亚那	卡努美登卫矛	guepe；kaiarima
4257	*Maytenus krukovii*	厄瓜多尔	美登卫矛	chichua；chuchu washu；chuchuhuasu；coengia ajupa'cco
4258	*Maytenus laevigata*	多米尼加、波多黎各、向风群岛	金樱子美登卫矛	albulito；cuero de sapo
4259	*Maytenus lineata*	古巴	细纹美登卫矛	nazareno morado
4260	*Maytenus longipes*	委内瑞拉	长柄美登卫矛	guayabito；longstalk mayten
4261	*Maytenus magellanica*	智利	东南美登卫矛	lena dura；lengue maiten；maiten de magellanes；naranjillo
4262	*Maytenus myrsinoides*	哥伦比亚、圭亚那	铁仔美登卫矛	ariza；camaron；caneay；kaiarima；pilon negro

序号	学名	主要产地	中文名称	地方名
4263	*Maytenus obtusifolia*	海地、墨西哥、巴西、哥伦比亚、古巴、乌拉圭、阿根廷、委内瑞拉、波多黎各、巴拉圭、圭亚那、牙买加	钝叶美登卫矛	aboje；acajou sauvage；aguabola；cafesinho；cangorosa；colquiyuyu；huchuasca；kaiarineo；lena dura；limoncillo；maiten；naranjillo；nazareno morado；palta；quebrachillo；rockwood；say；sombra de toro；tapia；tapirwood
4264	*Maytenus phyllanthoides*	墨西哥、美国	水扬草美登卫矛	agua bola；florida mayten；granadilla；guttapercha mayten；limoncillo；mangle；mangle aguabola；mangle dulce；maytenus；palo blanco；sak-che
4265	*Maytenus pitteriana*	墨西哥	皮特美登卫矛	zapatero
4266	*Maytenus planifolia*	圭亚那	扁叶美登卫矛	kaiarima
4267	*Maytenus reissekii*	哥伦比亚	瑞氏美登卫矛	camaron
4268	*Maytenus repandus*	墨西哥	波状美登卫矛	aitcotzon；cacho de venado
4269	*Maytenus vitisidae*	智利、阿根廷	肉叶美登卫矛	fleshylea mayten；sal de indus；yucurira；yuqy-ra
Mecranium（MELASTOMATACEAE）梅克拉属（野牡丹科）			**HS CODE** 4403.99	
4270	*Mecranium amygdalinum*	海地、波多黎各、古巴、多米尼加	苦梅克拉	bois pigeon；camasey；camasey almendro；cordoban；palito de vara；pega pollo；sangre de pollo
Melaleuca（MYRTACEAE）白千层属（桃金娘科）			**HS CODE** 4403.99	
4271	*Melaleuca linariifolia*	美国	亚麻叶白千层	tea-tree
4272	*Melaleuca quinquenervia*	波多黎各、美国	五脉白千层	aceite de cayeput；balsamo de cayeput；bottlebrush；cajeput-tree；cajuput；cayeput；cayeputi；paperbark-tree；punk-tree
4273	*Melaleuca styphelioides*	古巴	硬白千层	melaleuca
Melanoxylon（CAESALPINIACEAE）黑苏木属（苏木科）			**HS CODE** 4403.99	
4274	*Melanoxylon brauna*	巴西	黑苏木	barauna；brauna；brauna parda；brauna preta；garauna；grauna；grauna parda；grauna preta；guirauna；ibira-una；maria preta；muirauna；perovauna；rabo de macaco

序号	学名	主要产地	中文名称	地方名
	Melia（MELIACEAE）棟属（棟科）		**HS CODE** **4403.49**	
4275	Melia azedarach	波多黎各、委内瑞拉、西印度群岛、多米尼加、巴西、墨西哥、牙买加、美国、秘鲁、巴拿马、厄瓜多尔、维尔京群岛、海地、法属圭亚那、伯利兹、阿根廷、瓜德罗普岛	苦棟	alelaila; anesita; arbol paraiso; arbre chapelets; bead-tree; canelo; cape lilac; cinnamomo; dakain; darachk; granillo; lilayo; night bloom; nim ou sinamomo; nimbarra; paradisier; pasilla; tamaga; umbrella chinaberry; umbrella-tree; valparaiso; white cedar; wild paradise-tree
4276	Melia sempervirens	牙买加	常绿棟	lilac
	Melianthus（MELIANTHACEAE）蜜花属（密花科）		**HS CODE** **4403.99**	
4277	Melianthus major	美国	蜜花	honey-flower
	Melicoccus（SAPINDACEAE）蜜莓属（无患子科）		**HS CODE** **4403.99**	
4278	Melicoccus bijugatus	特立尼达、尼加拉瓜、牙买加、维尔京群岛、西印度群岛、海地、圭亚那、波多黎各、安的列斯群岛、苏里南、多米尼加、哥伦比亚、委内瑞拉、哥斯达黎加、古巴、巴拉圭、瓜德罗普岛	二对米里无患子	chenet; escanjocote; gueneppe; honeyberry; kenepa; kinep; knepier; knipnee; knippen; limoncillo; maco; mamon; mamon casero; mamon de castilla; mamoncillo; quenepier; quenette; spanish lime; yba-pomo
4279	Melicoccus paniculata	美国	锥花蜜莓	genip-tree; honeyberry
	Meliosma（SABIACEAE）泡花树属（清风藤科）		**HS CODE** **4403.99**	
4280	Meliosma alba	墨西哥	白泡花树	ayon; buraci; palo blanco
4281	Meliosma brasiliense	哥斯达黎加、巴西	巴西泡花树	buruci; ira
4282	Meliosma cuneifolia	拉丁美洲	楔叶泡花树	
4283	Meliosma ferruginea	拉丁美洲	锈色泡花树	
4284	Meliosma glabrata	拉丁美洲	光滑泡花树	
4285	Meliosma herbertii	波多黎各、小安的列斯群岛、多米尼加、厄瓜多尔、特立尼达、向风群岛、瓜德罗普岛	黄泡花树	aguacatillo; algarrobo; arroyo; bois de sept ans; cacaillo; cacao bobo; cacao cimarron; sacha amio yutza; wild cocoa

序号	学名	主要产地	中文名称	地方名
4286	*Meliosma obtusifolia*	波多黎各	钝叶泡花树	arroyo；cacaillo；cacao bobo；cerrillo；ciralillo；guayarote
4287	*Meliosma pittieriana*	委内瑞拉	皮特泡花树	cacaon
Melochia（STERCULIACEAE） 马松子属（梧桐科）		**HS CODE** **4403.99**		
4288	*Melochia tomentella*	墨西哥	短毛马松子	malva de loscerros
4289	*Melochia tomentosa*	墨西哥	毛马松子	malva de loscerros；malva rosa；sakchichibe；zak-chichibe
Mentzelia（LOASACEAE） 耀星花属（刺莲花科）		**HS CODE** **4403.99**		
4290	*Mentzelia conzattii*	墨西哥	康氏耀星花	arnica；yagaduchi；yaganduchi；zagaduchi
Meriania（MELASTOMATACEAE） 元丹花属（野牡丹科）		**HS CODE** **4403.99**		
4291	*Meriania longifolia*	秘鲁	长叶元丹花	cruz chilla
4292	*Meriania macrophylla*	拉丁美洲	大叶元丹花	
4293	*Meriania pallida*	拉丁美洲	淡紫元丹花	
4294	*Meriania radula*	拉丁美洲	扁萼元丹花	
4295	*Meriania spruceana*	秘鲁	亚马孙元丹花	cruz chillca
4296	*Meriania tomentosa*	拉丁美洲	毛元丹花	
4297	*Meriania urceolata*	圭亚那	坛萼元丹花	meriania；waraia
Mespilus（ROSACEAE） 欧楂果属（蔷薇科）		**HS CODE** **4403.99**		
4298	*Mespilus germanica*	美国	欧楂果木	medlar；pomaceous-fruit；serviceberry；shadbush
Metasequoia（TAXODIACEAE） 水杉属（杉科）		**HS CODE** **4403.25**（截面尺寸≥15cm）或 **4403.26**（截面尺寸<15cm）		
4299	*Metasequoia glyptostroboides*	美国	水杉	dawn redwood
Metopium（ANACARDIACEAE） 毒漆树属（漆树科）		**HS CODE** **4403.49**		
4300	*Metopium brownei*	伯利兹、危地马拉、西印度群岛、墨西哥、波多黎各、多米尼加、古巴、美国、牙买加	黑毒漆木	black poisonwood；boxcheche；cedro prieto；checham；chechem；chechen；chechum；cochinilla；cochinillo；guao de costa；honduran walnut；honduras walnut；jamaica sumac；kabal-chechen；poisonwood

序号	学名	主要产地	中文名称	地方名
4301	*Metopium toxiferum*	波多黎各、美国、西印度群岛、古巴、海地、巴哈马	毒漆木	almendron; bumwood; cedro prieto; doctor gum; florida poisontree; guao de costa; hog gum; hog plum; manceniller; papayo; poisonbark; poisonwood; west indies poisontree
	***Metrosideros*（MYRTACEAE）** 铁心木属（桃金娘科）		**HS CODE** **4403.99**	
4302	*Metrosideros polymorpha*	美国	多型铁心木	bottlebrush; lehua; ohia; ohia lehua
4303	*Metrosideros tremuloides*	美国	美洲铁心木	lehua ahihi
	***Metteniusa*（METTENIUSACEAE）** 水螅花属（水螅花科）		**HS CODE** **4403.99**	
4304	*Metteniusa edulis*	委内瑞拉	可食水螅花	macagua
	***Mezilaurus*（LAURACEAE）** 热美樟属（樟科）		**HS CODE** **4403.49**	
4305	*Mezilaurus decurrens*	巴西	延叶热美樟	itauba
4306	*Mezilaurus itauba*	巴西、苏里南	亚马孙热美樟	itauba; itauba abacate; itauba amarella; itauba preta; itauba vermelha; kaneerjoe; kjanarie; kjarie; louro itauba; siroeaballi tataro; sirowa; tapinhoa
4307	*Mezilaurus lindaviana*	巴西、圭亚那	林岛热美樟	itauba abacate; itauba amarella; rukut; tanwaye; tanweye
4308	*Mezilaurus navalium*	巴西、苏里南	纳瓦热美樟	canela marmelada; canela tapinhoan; itauba amarella; itauba preta; kaneelhout; kaneerjoe; kjanarie; siroeaballi tataro; tapinhoa; tapinhoan; tapinhoan mulato; tapinuan
4309	*Mezilaurus spruceanum*	拉丁美洲	萼叶热美樟	
4310	*Mezilaurus synandra*	巴西	聚雄蕊热美樟	itauba
4311	*Mezilaurus wurdackianum*	巴西	乌尔热美樟	
	***Micandra*（EUPHORBIACEAE）** 迈克大戟属（大戟科）		**HS CODE** **4403.49**	
4312	*Micandra spruceana*	哥伦比亚、秘鲁、委内瑞拉	亚马孙光亮蔓藓	carapacho; cunuri; higuerilla negra; reventillo; shiringa masha; yetcha

序号	学名	主要产地	中文名称	地方名
Miconia（MELASTOMATACEAE） 绢木属（野牡丹科）			**HS CODE** **4403.99**	
4313	Miconia acinodendron	圭亚那	真绢木	kunawaru；true maya
4314	Miconia affinis	波多黎各、墨西哥、秘鲁、委内瑞拉、伯利兹、巴西	近缘绢木	camasey；hoja latillo；manzana；manzano；mullaca；saquiyac；sirin；tesuate；tintureira
4315	Miconia alata	圭亚那	翼状绢木	kunawaru
4316	Miconia albicans	圭亚那、秘鲁	白绢木	kunawaru；waraia；yurac-mullaca
4317	Miconia amazonica	厄瓜多尔、秘鲁	亚马孙绢木	chinchak；dispero blanco；dispero sacha；nispera sacha blanca；nispero sacha；nispero sacha blanco
4318	Miconia ampla	危地马拉	宽绢木	cachito
4319	Miconia aplostachya	圭亚那	单蕊绢木	kunawaru；singlespikemaya
4320	Miconia argentea	尼加拉瓜、洪都拉斯、墨西哥、伯利兹、危地马拉	银绢木	capirote；cenizo；hoja de lata；manzano；maya；patashtillo；red maya；sabano；sirin；sirinon；tecalate；tehuate；teshuate；tesuate；tesuate blanco；white maya；yaga-guito
4321	Miconia aurea	秘鲁	金黄绢木	golden maya；mullaca
4322	Miconia bracteata	圭亚那	具苞绢木	kunawaru
4323	Miconia brasiliensis	巴西	巴西绢木	jacatirao；jacatiroes；tangara
4324	Miconia bubalina	厄瓜多尔	牛绢木	cattle maya；payachi
4325	Miconia budlejoides	巴西	醉鱼草绢木	butterflybushlikemaya；pixirica
4326	Miconia cabucu	巴西	卡布绢木	cabucu；cabycu；pixirica
4327	Miconia calvescens	哥伦比亚、秘鲁、厄瓜多尔、危地马拉	光叶绢木	camasei morado；huisha；pishcu micuna muyu yura；srin morado
4328	Miconia campestris	圭亚那	平原绢木	kunawaru
4329	Miconia candolleana	巴西	杏叶绢木	vassourinha
4330	Miconia cannabina	秘鲁	麻叶绢木	mullaca
4331	Miconia ceramicarpa	秘鲁	陶果绢木	yutobanco；yuto-banco
4332	Miconia chrysophylla	圭亚那、秘鲁、墨西哥	金叶绢木	kunawaru；puca-mullaca；tesuate；tresuate；waraia
4333	Miconia ciliata	圭亚那	纤毛绢木	kunawaru
4334	Miconia cuernavacana	墨西哥	库特绢木	pupo
4335	Miconia decurrens	厄瓜多尔	延叶绢木	pishcu minuna muyu yura

序号	学名	主要产地	中文名称	地方名
4336	*Miconia dodecandra*	哥伦比亚	十二雄蕊绢木	camasey；camasey esquinado；mortino
4337	*Miconia donaeana*	秘鲁	多纳绢木	nuncu-mullaca
4338	*Miconia elaeagnoides*	秘鲁	鳞毛绢木	caracha-caspi；mullaca-capi；ubiamba
4339	*Miconia elata*	厄瓜多尔	高绢木	guala；pishcu micuna muyu yura；tall maya
4340	*Miconia fallax*	圭亚那	拟绢木	kunawaru
4341	*Miconia glaberrima*	伯利兹	极高绢木	red maya；smoothest maya
4342	*Miconia grandifolia*	厄瓜多尔	大叶绢木	chinshaqui；pishcu micuna muyu yura
4343	*Miconia gratissima*	圭亚那	愉悦绢木	agreeable maya；kunawaru
4344	*Miconia guianensis*	圭亚那	圭亚那绢木	apan；bois cotelette；kunawaru；sakau；tara；wakradani；waraia
4345	*Miconia holosericea*	苏里南、圭亚那	全娟毛绢木	itaraballi；kunawaru；quaresmeira；wakaradan
4346	*Miconia hypoleuca*	圭亚那	下白绢木	kunawaru；wakaradan
4347	*Miconia ibaguensis*	圭亚那、巴拿马	伊巴绢木	kunawaru；manquillo de montana
4348	*Miconia impetiolaris*	多米尼加、波多黎各、古巴、巴拿马、哥斯达黎加、海地、伯利兹、哥伦比亚、危地马拉、墨西哥	白玛雅绢木	auguey；bigleafmaya；camasey colorado；camasey de costilla；cordoban；dos caras；hoja de pasmo；jatico；macrioi；maya；oreja de mula；punta de sarvia；sirin；tehaute；trois cotes；white maya
4349	*Miconia joveolata*	波多黎各	乔韦绢木	camasey
4350	*Miconia juruensis*	秘鲁	朱伦绢木	caracha-caspi
4351	*Miconia kappleri*	圭亚那	卡佩绢木	kunawaru；wakaradan
4352	*Miconia lacera*	伯利兹、危地马拉	拉凯绢木	sirin
4353	*Miconia laevigata*	波多黎各、墨西哥、萨尔瓦多、洪都拉斯、古巴、小安的列斯群岛、多米尼加、背风群岛、巴拿马、危地马拉、向风群岛	金樱子绢木	camasey；capulineillo；cirin；cocinera；cordobancillo de arroyo；crecre；granadillo；hogwood；joint-bush；ojo de gato；teshuate；tezhuate；tinajito；totopozole；yaga-guito
4354	*Miconia lamprophylla*	巴拿马	亮叶绢木	search-my-heart
4355	*Miconia langlassei*	危地马拉	兰格绢木	sirin
4356	*Miconia lateriflora*	圭亚那	侧花绢木	kunawaru
4357	*Miconia lauriformis*	墨西哥	桂绢木	mistelojoyo

序号	学名	主要产地	中文名称	地方名
4358	*Miconia lepidota*	苏里南	鳞皮绢木	jabele tokon；sakwosepere koeleroe；scaly maya
4359	*Miconia leucocephala*	伯利兹、墨西哥	白头绢木	maya；tezuete manzana
4360	*Miconia littleii*	厄瓜多尔	小提绢木	mora
4361	*Miconia longifolia*	圭亚那、秘鲁	长叶绢木	kunawaru；rifari；waraia
4362	*Miconia longiracemosa*	秘鲁	长序绢木	bacacuru-caspi
4363	*Miconia macrothyrsa*	圭亚那	大聚伞绢木	kunawaru
4364	*Miconia marginata*	圭亚那	边缘绢木	chiko-eno；kunawaru；waraia
4365	*Miconia minutiflora*	秘鲁、哥伦比亚、圭亚那	小花绢木	carachupa-sacha；jayo macho；waraia
4366	*Miconia mirabilis*	西印度群岛、小安的列斯群岛、波多黎各、委内瑞拉、伯利兹、巴西、多米尼加、圭亚那、瓜德罗普岛	奇异绢木	bois cotte；bois cre-cre；camasey；camasey blanco；camasey cuatrocanales；camasey de costilla；manzano；sirin manzana；tin teiro；tresfilos；waraia
4367	*Miconia myriantha*	圭亚那	多花绢木	kunawaru；wakaradan
4368	*Miconia nervosa*	秘鲁、圭亚那	多脉绢木	atun-mullaca；kunawaru；millua-mullaca；sardina mullaca；waraia
4369	*Miconia ottoschulzii*	海地	奥氏绢木	petites graines
4370	*Miconia pachyphylla*	波多黎各	厚叶绢木	camasey racimoso
4371	*Miconia panicularis*	圭亚那	帕苏绢木	kunawaru；waraia
4372	*Miconia pastoensis*	厄瓜多尔	帕斯绢木	colca；collca
4373	*Miconia pieropoda*	秘鲁	皮耶绢木	bucacuru-caspi
4374	*Miconia pileata*	秘鲁	桩塔绢木	casha-mullaca；millua-mullaca
4375	*Miconia pilgeriana*	秘鲁、厄瓜多尔	皮尔绢木	mullaca；paloblanco；payas；rifari
4376	*Miconia plukenetii*	圭亚那	普氏绢木	kunawaru；waraia
4377	*Miconia poeppigii*	苏里南、秘鲁	波氏绢木	kamra koejoeroe；lotohoedoe；rifari；rupinia；wakaradan
4378	*Miconia polita*	圭亚那	珀利绢木	kunawaru

序号	学名	主要产地	中文名称	地方名
4379	Miconia prasina	伯利兹、波多黎各、巴西、多米尼加、古巴、秘鲁、苏里南、圭亚那、特立尼达	绿绢木	bastard waterwood；camasey blanco；capitihu；cordoban；granadillo；granadillo bobo；jacatirao；kunawaru；mondururu preto；mullu caspi；otokoko adadaketeh；pintjo；santo；sardine；selele beletere；waraia；ysula-micuna
4380	Miconia puberula	秘鲁	毛茸绢木	downy maya；uchu-mullaca
4381	Miconia pubipetala	圭亚那、秘鲁	毛瓣绢木	kunawaru；sachi mullaca；waraia
4382	Miconia punctata	多米尼加、波多黎各、哥斯达黎加、伯利兹、圭亚那	斑点绢木	auquey；auquey bobo；camasey；canilla de mula；caperote；cirin；jau-jau；kunawaru；rajador；red maya；tresfilos；waraia
4383	Miconia pycnoneura	波多黎各	皮克绢木	camasey
4384	Miconia racemosa	波多黎各、圭亚那	聚果绢木	camasey felpa；camasey racimoso；kunawaru；terciopelo
4385	Miconia radula	秘鲁	扁萼绢木	mogomogo
4386	Miconia rangeliana	古巴	兰利绢木	cordovancillo
4387	Miconia riveti	厄瓜多尔	里维绢木	guala colorada；guala colorado
4388	Miconia rubiginosa	波多黎各、委内瑞拉、巴拿马、厄瓜多尔、圭亚那、多米尼加	黄紫绢木	camasey；canillade venado；canillo；canillo de cerro；colca；friega platos；kunawaru；oreja de mula；parelejo；waraia
4389	Miconia rufescens	圭亚那	红绢木	kunawaru；sira-sira
4390	Miconia ruficalyx	圭亚那	锈萼绢木	kamarakoyoro；kunawaru；rustycalyxmaya；wakaradan
4391	Miconia rugosa	圭亚那	皱叶绢木	kunawaru；waraia
4392	Miconia ruizii	厄瓜多尔	鲁氏绢木	guala negra
4393	Miconia rupestris	圭亚那	岩生绢木	kunawaru；rupicolousmaya
4394	Miconia schlimii	洪都拉斯	施氏绢木	sirin blanco
4395	Miconia serialis	秘鲁	系列绢木	caracha-caspi
4396	Miconia serrulata	多米尼加、波多黎各、委内瑞拉、圭亚那、哥斯达黎加、秘鲁、墨西哥、哥伦比亚、伯利兹	齿状绢木	auguey；camasey；canilla de venado；jau-jau；kunawaru；lengua de vaca；millua-caspi；morito；rifari；serrulatemaya；tesuate；tuno；white maya
4397	Miconia sintenisii	波多黎各	辛特绢木	camasey

序号	学名	主要产地	中文名称	地方名
4398	*Miconia spicellata*	哥伦比亚	斯皮绢木	canilla de venado
4399	*Miconia stelligera*	秘鲁	星毛绢木	mullaca；sira-sira
4400	*Miconia stenostachya*	巴西、秘鲁	短梗绢木	canella de velha；caracha-caspi；papaterra
4401	*Miconia subcorymbosa*	波多黎各	似伞房绢木	camasey
4402	*Miconia subspicata*	厄瓜多尔	穗序绢木	aoayyu
4403	*Miconia superba*	圭亚那	艳丽绢木	kunawaru
4404	*Miconia tetrandra*	波多黎各、多米尼加	四蕊绢木	camasey；camasey de paloma；rajador；yarador
4405	*Miconia theaezans*	厄瓜多尔	阿埃绢木	gualacolca
4406	*Miconia thomasiana*	波多黎各	托马绢木	camasey tomaso
4407	*Miconia tinifolia*	圭亚那	紫叶绢木	kunawaru
4408	*Miconia tomentosa*	秘鲁、圭亚那、厄瓜多尔、苏里南	毛绢木	caracha-caspi；kunawaru；muringa；pichirina；pishcu micuna muyu yura；sarerokono；wakaradan；waraia
4409	*Miconia triandra*	巴西	三蕊绢木	jacatiroes
4410	*Miconia trinervia*	厄瓜多尔	三脉绢木	pishcu micuna muyu yura
	***Micrandra*（EUPHORBIACEAE）巴桐属（大戟科）**	**HS CODE 4403.99**		
4411	*Micrandra elata*	秘鲁	高巴桐	caso silvestre
4412	*Micrandra spruceana*	巴西、秘鲁	亚马孙巴桐	cunury；maquinaria；seringa mashan
	***Micropholis*（SAPOTACEAE）小鳞山榄属（山榄科）**	**HS CODE 4403.99**		
4413	*Micropholis coriacea*	圭亚那	革叶小鳞山榄木	arada-kwaiko；karami；moraballi
4414	*Micropholis egensis*	厄瓜多尔、秘鲁	埃根小鳞山榄木	manigoae；quinilla；shimbiayso；varilla del agua
4415	*Micropholis garciniifolia*	波多黎各、巴西	山竹子小鳞山榄木	caimitillo；caimitillo cimarron；caimitillo groene；caimitillo verde
4416	*Micropholis gardneriana*	巴西、圭亚那	巴西小鳞山榄木	bacumixa；cubixa；depiaratan；grubixa；grumixava；gumbijava；pau de remo

序号	学名	主要产地	中文名称	地方名
4417	*Micropholis guyanensis*	巴西、苏里南、圭亚那、法属圭亚那、秘鲁	圭亚那小鳞山榄木	abiurana; asepokoballi; awapau; balata indien; balata rosada; bobiwaata; faux balata; koesirie paratare; kudibutshi; lohoedoe; morabali; remoe-epo; riemhout; rosadinha; selele boerowin; suikerhout; vogelkop; wasepoekoe; witreimhout
4418	*Micropholis humboldtiana*	巴西	洪博小鳞山榄木	brasilian pouteria
4419	*Micropholis melinoniana*	圭亚那、巴西	金色小鳞山榄木	balata; balata bianca; balata blanc; balata blanca; balata indien; balata witte; bois crapaud; kudibiushi; mamantin; moraballi; morabam; suikerhout; white balata
4420	*Micropholis mensalis*	巴西	方形小鳞山榄木	abiurana goyabinha
4421	*Micropholis porphyrocarpa*	圭亚那	紫果小鳞山榄木	depiaratun
4422	*Micropholis resinifera*	巴西	脂小鳞山榄木	balata rosada
4423	*Micropholis venulosa*	巴西、圭亚那、墨西哥、小安的列斯群岛、厄瓜多尔、波多黎各、西印度群岛、苏里南、背风群岛、向风群岛、瓜德罗普岛	密脉小鳞山榄木	abiurana; baaka bouba; baricoco; bouchiapa; caimitillo; feuille doree; guabillo; kowai; kudibiushi; leche prieta; micropholis; morabali; pan mango; quinilla; riemhout; rosadinha; suikerhout; vogelkop; wild mango
4424	*Micropholis williamii*	南美洲	威氏小鳞山榄木	abiurana

Millettia（FABACEAE） 崖豆属（蝶形花科）		**HS CODE** 4403.49		
4425	*Millettia griffoniana*	墨西哥	金银花崖豆	pangu
4426	*Millettia versicolor*	委内瑞拉	花斑崖豆	mbota

Mimosa（MIMOSACEAE） 含羞草属（含羞草科）		**HS CODE** 4403.99		
4427	*Mimosa albida*	墨西哥	白含羞草	chochohuiste; cuantantillo; dormilona; heech-beech; huihuitz-y o-cochis; sensitiva; tapa verguenza; vergonzosa; zarza
4428	*Mimosa arenosa*	墨西哥	沙棘含羞草	espino; huizache; timbre; una de gato

序号	学名	主要产地	中文名称	地方名
4429	*Mimosa aurycarpa*	墨西哥	金果含羞草	cola de iguana；palo herrero；una de gato
4430	*Mimosa bahamensis*	伯利兹、墨西哥、巴哈马	巴哈马含羞草	bastard logwood；boxcetzim；casteem logwood；catseem；citsim；haul-back；kitsim；logwood-brush；sak-katsin；sascatsim；saskatzim；zaccatsim；zak-katzin
4431	*Mimosa benthamii*	墨西哥	本氏含羞草	quilahuacate；rabo de iguana；tecolhuistle；una de gato
4432	*Mimosa caringata*	阿根廷	卡林含羞草	lata
4433	*Mimosa coelocarpa*	墨西哥	腔棘含羞草	cuilon
4434	*Mimosa diplotricha*	墨西哥	美洲含羞草	cuatantillo；sierrilla
4435	*Mimosa dysocarpa*	墨西哥	硬果含羞草	gatuno
4436	*Mimosa egregia*	墨西哥	白鹭含羞草	espino chaparro
4437	*Mimosa galeottii*	墨西哥	伽氏含羞草	una de gato
4438	*Mimosa guatemalensis*	墨西哥	危地马拉含羞草	cuilon；juilon
4439	*Mimosa hondurana*	墨西哥	洪都含羞草	sierrita
4440	*Mimosa ionema*	墨西哥	伊内含羞草	cacaletrou che
4441	*Mimosa leptocarpa*	墨西哥	小果含羞草	sierrilla
4442	*Mimosa microcephala*	圭亚那	小头含羞草	kararapo
4443	*Mimosa monancistra*	墨西哥	摩纳含羞草	garabatillo；una de gato
4444	*Mimosa myriadena*	圭亚那	米利含羞草	iguana-tail；yuwanahi
4445	*Mimosa palmeri*	墨西哥	掌叶含羞草	chopo
4446	*Mimosa pigra*	墨西哥、哥伦比亚	皮格含羞草	chapapul；choben；chove；choven；coatante；coatlante；cochiz-xihuitl；cuatante；cuca；diente de perrito；dormilona；palote；sinverguenza；zarza；zarza de agua
4447	*Mimosa platycarpa*	危地马拉	宽果含羞草	sarza；zarza
4448	*Mimosa polyancistra*	墨西哥	聚精含羞草	cuca
4449	*Mimosa polyantha*	墨西哥	多花含羞草	arrendador；gatuno；palo prieto；una de gato
4450	*Mimosa polycarpa*	危地马拉	多果含羞草	sarza；zarza

序号	学名	主要产地	中文名称	地方名
4451	*Mimosa pudica*	墨西哥、秘鲁、尼加拉瓜	含羞草	adormidera；choben；cuecupatli；dormilona，pinahuihuixtle；pingacuicasha；quececupatli；sarca dormilona；sensitiva；ten verguenza；vergonzosa；verguenza；xmumuts；xmutx
4452	*Mimosa purpurascens*	墨西哥	紫丝含羞草	cuca；cuillon；cuilon；iguano
4453	*Mimosa rosei*	墨西哥	罗西含羞草	palo prieto
4454	*Mimosa scabrella*	巴西	糙含羞草	abaracaatinga；abracatinga；bracaatinga；bracatinga；bracsatinga；roughish mimosa
4455	*Mimosa schomburgkii*	圭亚那	朔氏含羞草	parika
4456	*Mimosa schrankioides*	委内瑞拉	施兰含羞草	guacharaco
4457	*Mimosa spirocarpa*	墨西哥	螺果含羞草	cuca
4458	*Mimosa stipitata*	墨西哥	斯提含羞草	t'imbeni；timbin
4459	*Mimosa tenuiflora*	墨西哥	细花含羞草	tepescahuite
4460	*Mimosa xanti*	墨西哥	赞氏含羞草	celosa
Mimusops（SAPOTACEAE） 子弹木属（山榄科）		**HS CODE** 4403.49		
4461	*Mimusops elengi*	美国、西印度群岛	埃伦子弹木	wild dilly；wild sapodilla
Minquartia（OLACACEAE） 明夸铁青属（铁青树科）		**HS CODE** 4403.99		
4462	*Minquartia guianensis*	巴西、苏里南、巴拿马、圭亚那、西印度群岛、法属圭亚那、哥伦比亚、厄瓜多尔、秘鲁、哥斯达黎加、尼加拉瓜、委内瑞拉	圭亚那明夸铁青	acaiquara；aquariquara；black manwood；cricamola；criollo；guayacan negro；guayacan pechiche；huacapu；incorruptible；jewalidanni；jowalidovi；kobakedive；mencoar；nispero negro；pachiche；paicoussa rouge；platano；tomopio；urodibe；yandira；yayo；yuwartu
Moldenhawera（CAESALPINIACEAE） 三木苏木属（苏木科）		**HS CODE** 4403.99		
4463	*Moldenhawera blanchetiana*	巴西	巴尾三木苏木	cainga
4464	*Moldenhawera floribunda*	巴西	众花三木苏木	faveca

序号	学名	主要产地	中文名称	地方名
Montezuma（MALVACEAE）古巴木棉属（锦葵科）			**HS CODE** 4403.99	
4465	*Montezuma cubensis*	中美洲、西印度群岛	古巴木棉	maga
4466	*Montezuma speciosissima*	古巴	美丽古巴木棉	
Mora（CAESALPINIACEAE）鳕苏木属（苏木科）			**HS CODE** 4403.49	
4467	*Mora duclitan*	哥斯达黎加	兰屿鳕苏木	nato
4468	*Mora ekmanii*	海地	海底鳕苏木	haiti mora；mora
4469	*Mora excelsa*	巴拿马、特立尼达、西印度群岛、圭亚那、委内瑞拉、法属圭亚那、苏里南、洪都拉斯、哥伦比亚、厄瓜多尔、巴西、向风群岛	大鳕苏木	alcornoque；belarbe；brown mora；king-tree；mahot rouge；mora；mora de guayana；morabukea；morera；nato；palakoea；palaloea；perakaua；pracuuba；pracuuba branca；prakowa；roode more；witte mora
4470	*Mora gonggrijpii*	苏里南、委内瑞拉、伯利兹、圭亚那	圭亚那鳕苏木	mora；moraboekea；morabucquia；morabukea；moraburkea；morera；nato；parakwai
4471	*Mora megistosperma*	巴拿马、特立尼达、委内瑞拉、哥伦比亚、厄瓜多尔	巨籽鳕苏木	alcornoque；mora；nato；nato rojo；panama mora
4472	*Mora oleifera*	拉丁美洲	油鳕苏木	
4473	*Mora paraensis*	巴西	巴西鳕苏木	moraboekea；morabukea；nato；paracuhuba branca；paracuuba；pracuuba
Morinda（RUBIACEAE）鸡眼藤属（茜草科）			**HS CODE** 4403.99	
4474	*Morinda citrifolia*	海地、波多黎各、古巴、美国、多米尼加、瓜德罗普岛	橘叶鸡眼藤	douleur；fromagier；gardenia hedionda；indian mulberry；morinda；nigua；noni；painkiller；pina de puerto
4475	*Morinda panamensis*	洪都拉斯、危地马拉、伯利兹、哥伦比亚	巴拿马鸡眼藤	concha de huevo；llema de huevo；turkey victuals；yema de huevo
4476	*Morinda roioc*	委内瑞拉	罗约鸡眼藤	pepa

序号	学名	主要产地	中文名称	地方名
Moringa（MORINGACEAE）辣木属（辣木科）			**HS CODE** **4403.99**	
4477	*Moringa oleifera*	墨西哥、哥伦比亚、波多黎各、西印度群岛、海地、美国、巴拿马、多米尼加、伯利兹、古巴、危地马拉、苏里南、圭亚那、萨尔瓦多、瓜德罗普岛	油辣木	acacia；angela；benoleifere；brenolli；chinto borrego；jacinto；libertad；maranga calalu；orengga；orselli；palo jeringa；paraiso；paraiso blanco；perlas；pinon；salaster；san jacinto；teberinto；terebinto
Moronobea（GUTTIFERAE）默罗藤黄属（藤黄科）			**HS CODE** **4403.49**	
4478	*Moronobea coccinea*	巴西、特立尼达、圭亚那、苏里南、法属圭亚那、牙买加、西印度群岛、委内瑞拉、危地马拉、伯利兹	朱红默罗藤黄	anany；bacuri bravo；mangue yellow；maniballi；manie；manil pacouri；manilballi；manipau；manniballi；mannie；matagrie；matakkie；mawna-tree；paletuvier jaune；parcouri manil；peraman；tapoekin-mani；waika
4479	*Moronobea jenmanii*	圭亚那	詹氏默罗藤黄	maitakin
4480	*Moronobea pulchra*	巴西	美丽默罗藤黄	anani-da-terra；anany da terra firme；avani
Mortonia（CELASTRACEAE）砂纸木属（卫矛科）			**HS CODE** **4403.99**	
4481	*Mortonia greggii*	墨西哥	格氏砂纸木	afinador
4482	*Mortonia palmeri*	墨西哥	掌叶砂纸木	afinador
4483	*Mortonia scabrella*	墨西哥	糙砂纸木	
4484	*Mortonia sempervirens*	墨西哥、美国	常绿砂纸木	afinador
Morus（MORACEAE）桑属（桑科）			**HS CODE** **4403.49**	
4485	*Morus alba*	墨西哥、洪都拉斯、美国	桑木	mora；mora blanca，morera；white mulberry
4486	*Morus celtidifolia*	墨西哥、厄瓜多尔、秘鲁	朴叶桑木	amacapulin；beyo-zaa；mora；palo moral；pejon；peyo-zaa；tiamath；yaga-beyo-zaa；yaga-biyo-zaa；yago-peyo-zaa
4487	*Morus insignis*	厄瓜多尔	显著木莲桑木	guillo；sapan amarillo

序号	学名	主要产地	中文名称	地方名
4488	*Morus microphylla*	美国、墨西哥	小叶桑木	littleleaf mulberry；mexican mulberry；mora；moral；mountain mulberry；texas mulberry
4489	*Morus nigra*	波多黎各、美国、墨西哥	黑果桑木	black mulberry；gelso nero；mora；mora negra；moral negro；morera negra；moro nero；murier noir；svart mullbar；svart mullbarstrad；zwarte moerbeiboom；zwarte moerbezie
4490	*Morus rubra*	加拿大、美国	红果桑木	black mulberry；gelso rosso；maurier sauvage；moral；moral rojo；mulberry；murier rouge；murier sauvage；red mulberry；rode moerbezie；rott mullbartrad；virginia mulberry-tree

Mosquitoxylum（ANACARDIACEAE）蚊漆属（漆树科）		HS CODE 4403.99		
4491	*Mosquitoxylum jamaicense*	伯利兹、巴拿马、危地马拉、洪都拉斯、哥斯达黎加、牙买加、墨西哥	牙买加蚊漆	bastard mahogany；carbonero；chichimeca；circuelo；cirri；cirri blanco；cirri colorado；ciruelo；jobillo；mosquitowood；nictaa；redwood；ridge redwood；wild mahogany

Mouriri（MELASTOMATACEAE）穆里野牡丹（野牡丹科）		HS CODE 4403.99		
4492	*Mouriri acutiflora*	苏里南、圭亚那、巴西	尖花穆里野牡丹	amoerau-balli；komotoriballi；mamoeri-balli；onoja-ere-palli；socoro；wokopope
4493	*Mouriri angulicosta*	苏里南	角形穆里野牡丹	jewaraballi hokorodikoro；jewaraballi kokorodikoro
4494	*Mouriri brevipes*	圭亚那	短柄穆里野牡丹	mamori-bali；mamuriballi
4495	*Mouriri callocarpa*	巴西	并果穆里野牡丹	casca de assahy；miranba
4496	*Mouriri chamissoana*	巴西	矮灌穆里野牡丹	ara pacu preto；cafezinho；chiputa；guamirim ripa；guaramirim ripa；mandapuca；pau ripa；pau ripa claro；xiputa
4497	*Mouriri crassifolia*	苏里南、圭亚那、巴西	厚叶穆里野牡丹	amerae-amo elaoe；amerau；amoelau；bois de fer；koematalie；komotolie；komotorie；mopie；moppie；spiekrieho edoe；spijkerhout；topi；topie；toppie

序号	学名	主要产地	中文名称	地方名
4498	*Mouriri cyphocarpa*	墨西哥、巴拿马、危地马拉	驼果穆里野牡丹	frutillo；half-crown；roble
4499	*Mouriri domingensis*	波多黎各、海地、多米尼加	多明穆里野牡丹	caimitillo；cormier；guasabara；guasavara；guayaba cimarrona；murta；piragua
4500	*Mouriri emarginata*	古巴	边缘穆里野牡丹	acana de costa；chicharron del monte；chisperia；chuperia；coral；estropaje；maceta；palo de hierro；torcido；vigueta
4501	*Mouriri exilis*	伯利兹、墨西哥	小米穆里野牡丹	jug；maluqueno；sul sul
4502	*Mouriri gleasoniana*	墨西哥	格里穆里野牡丹	frutillo
4503	*Mouriri grandiflora*	秘鲁、苏里南、圭亚那、巴西	大花穆里野牡丹	characheula；charichula；komotoriballi oenilokodik；lanca-caspi；mamuriballi；mereuba
4504	*Mouriri guianensis*	委内瑞拉、圭亚那	圭亚那穆里野牡丹	guayabou；mamuriballi；mouriri；perhuetamo
4505	*Mouriri helleri*	波多黎各	海勒穆里野牡丹	mameyuelo
4506	*Mouriri huberi*	圭亚那、委内瑞拉	赫氏穆里野牡丹	amarau；guarataro；ironwood；kakorokhondi；mamuriballi
4507	*Mouriri muelleri*	墨西哥	灰长穆里野牡丹	yaglancito amarillo
4508	*Mouriri myrtilloides*	巴拿马、哥伦比亚、墨西哥、伯利兹、委内瑞拉、厄瓜多尔、危地马拉、秘鲁、萨尔瓦多、哥斯达黎加、洪都拉斯、玻利维亚、尼加拉瓜、古巴	桃金娘穆里野牡丹	arracheche；arraijan；arrancillo；blossom-berryjug；cachita；cacho de toro；cafetillo；camaron；chicharillo；chija；chijua；escobos；granadillo；half crown；hoja biuche；hojaviushi；isna；pinuela prieta；raijan；turtle bone；yaya cimarrona；yaya macho
4509	*Mouriri nigra*	苏里南、委内瑞拉、巴西	黑穆里野牡丹	amerae-amo elaoe；amerau；amoelau；guarataro；guarotaro；koematalie；komotolie；komotoriballi；komotorie；marauba；mopie；moppie；spiekrieho edoe；spijkerhout；topie；toppie
4510	*Mouriri parvifolia*	中美洲、哥伦比亚、玻利维亚	小叶穆里野牡丹	pata
4511	*Mouriri pseudo-geminata*	特立尼达、巴西、委内瑞拉	假双穆里野牡丹	bois lisette；cafezinho；pata；pata de danta；pata de pauji；pauji；urury
4512	*Mouriri sagotiana*	圭亚那、苏里南	萨戈穆里野牡丹	shimarachiri；simarasiri

序号	学名	主要产地	中文名称	地方名
4513	*Mouriri sideroxylon*	圭亚那	铁木穆里野牡丹	amarau；iluwaru；ironwood；mamuriballi
4514	*Mouriri spathulata*	古巴	匙叶穆里野牡丹	carinosa；maceta；mierda de gallina；mirto del pais
4515	*Mouriri tetragona*	圭亚那	利特穆里野牡丹	mamuriballi
4516	*Mouriri umbrosa*	圭亚那	阴生穆里野牡丹	mamuriballi
4517	*Mouriri valenzuelana*	古巴	瓦伦穆里野牡丹	torcido
4518	*Mouriri vernicosa*	圭亚那	韦尔穆里野牡丹	mamuriballi
Mucuna（FABACEAE） 黧豆属（蝶形花科）		**HS CODE** **4403.99**		
4519	*Mucuna urens*	圭亚那	欧黧豆	cow-itch；horse-eye；ox-eye
Muellera（FABACEAE） 槐果崖豆属（蝶形花科）		**HS CODE** **4403.99**		
4520	*Muellera denudata*	巴西、阿根廷	槐果崖豆	buteiro；iberaita；pau de boto
4521	*Muellera frutescens*	拉丁美洲	灌木状槐果崖豆	
4522	*Muellera glaziovii*	拉丁美洲	格氏槐果崖豆	
Muntingia（MUNTINGIACEAE） 文定果属（文定果科）		**HS CODE** **4403.99**		
4523	*Muntingia calabura*	哥伦比亚、墨西哥、海地、西印度群岛、秘鲁、巴西、古巴、危地马拉、萨尔瓦多、委内瑞拉、哥斯达黎加、美国、巴拿马、多米尼加、厄瓜多尔	文定果	acuruco；bersilana；bolaina；bolina；calabura；chitoto；guacima cereza；guacimo hembra；iumanasa；jamaica cherry；jonote；mabaujo；memiso；nigua；niguito；pacito；palman；pasito；strawberry-tree；tapabotija；tebekra；vijaguillo；yumanazo
Murraya（RUTACEAE） 九里香属（芸香科）		**HS CODE** **4403.99**		
4524	*Murraya paniculata*	委内瑞拉、哥伦比亚、多米尼加、古巴、安的列斯群岛、海地、波多黎各、特立尼达、西印度群岛、萨尔瓦多、危地马拉、墨西哥、牙买加、秘鲁	锥花九里香	azahar；azahar de jardin；boj de persia；boxwood；bun；citronera；dogwood；jazmin de arabia；jazmin frances；limonaria；limoncillo；maraya；mirto；mockorange；murraya；naranjillo；orange-jes samine

序号	学名	主要产地	中文名称	地方名
Myoporum（MYOPORACEAE） **苦槛蓝属（苦槛蓝科）**			**HS CODE** **4403.99**	
4525	_Myoporum sandwicense_	美国、墨西哥	夏威夷苦槛蓝	maio sandalwood；mioporo；nae'a
Myrceugenia（MYRTACEAE） **温美桃金娘属（桃金娘科）**			**HS CODE** **4403.99**	
4526	_Myrceugenia apiculata_	阿根廷、智利	细尖温美桃金娘	arryan
4527	_Myrceugenia brevipes_	阿根廷、智利	短柄温美桃金娘	
4528	_Myrceugenia chrysocarpa_	阿根廷	金果温美桃金娘	arrayan
4529	_Myrceugenia exsucca_	智利	奇异温美桃金娘	temu
4530	_Myrceugenia fernandeziana_	智利	费尔南温美桃金娘	luma；pitra
4531	_Myrceugenia glaucescens_	巴西	淡青温美桃金娘	araca piranga
4532	_Myrceugenia myrcioides_	拉丁美洲	温美桃金娘	
4533	_Myrceugenia pitra_	智利	皮塔温美桃金娘	peta；petra；pitra
4534	_Myrceugenia planipes_	智利	翅温美桃金娘	peta；picha picha；picka-picka
4535	_Myrceugenia schulzii_	拉丁美洲	舒氏温美桃金娘	
Myrcianthes（MYRTACEAE） **忍冬番樱属（桃金娘科）**			**HS CODE** **4403.99**	
4536	_Myrcianthes fragrans_	多米尼加、海地、美国、波多黎各、委内瑞拉、安的列斯群岛、巴哈马、墨西哥、古巴、向风群岛、瓜德罗普岛	香忍冬番樱	arrayan；florida myrtle；guayabacon；guayabito；naked stopper；nakedwood；pale stopper；pemientilla；pimienta；simpson eugenia；simpson stopper；stopper；twinberry eugenia；twinberry stopper
4537	_Myrcianthes hallii_	厄瓜多尔	哈氏忍冬番樱	arrayan blanco
4538	_Myrcianthes rhopaloides_	厄瓜多尔	菱形忍冬番樱	arrayan negro；caracho；tola
Myrica（MYRICACEAE） **杨梅属（杨梅科）**			**HS CODE** **4403.99**	
4539	_Myrica amazonica_	亚马孙	亚马孙杨梅	

序号	学名	主要产地	中文名称	地方名
4540	*Myrica californica*	美国	夜蛾杨梅	bayberry；california bayberry；california myrtle；california waxmyrtle；myrtle；pacific bayberry；pacific waxmyrtle；waxmyrtle；western waxmyrtle
4541	*Myrica cerifera*	多米尼加、墨西哥、古巴、波多黎各、美国、洪都拉斯、伯利兹、牙买加	塞里杨梅	arraijan；arrayan；atocamay；bayberry；candle-berry；copaltihuitl；dwarf waxmyrtle；guacanala；huacanala；otocamay；puckerbush；sati；southern bayberry；southern waxmyrtle；tallow bayberry；vegetal；waxmyrtle；waxwood
4542	*Myrica citrifolia*	西印度群岛、古巴、小安的列斯群岛、波多黎各、多米尼加、海地、巴巴多斯、向风群岛、瓜德罗普岛	橘叶杨梅	bois de fer；hoja menuda；kurupum；limoncillo del monteho；malagueta；pimienta cimarrona；poivrier jamaique；red rodwood
4543	*Myrica cucullata*	委内瑞拉	兜状杨梅	orumo
4544	*Myrica deflexa*	多米尼加、波多黎各、西印度群岛、向风群岛、瓜德罗普岛	蜡果杨梅	aguey del chiquito；cieneguillo；cienguillo；goyavier montagne
4545	*Myrica divaricata*	波多黎各	展枝杨梅	guayabacon
4546	*Myrica fallax*	西印度群岛、委内瑞拉、波多黎各、圭亚那、苏里南、巴西、秘鲁、瓜德罗普岛	拟杨梅	bois grille；curame；hoja menuda；ibibanaro；kole alin；murta；rupina；sacha vaca-shahuinto；sinchi-caspi
4547	*Myrica faya*	巴西	法亚杨梅	faya
4548	*Myrica floribunda*	法属圭亚那	众花杨梅	maafigo
4549	*Myrica gale*	美国	大风杨梅	sweet-gale
4550	*Myrica heterophylla*	美国	异叶杨梅	bayberry；evergreen bayberry
4551	*Myrica holdridgeana*	波多黎各	霍尔德杨梅	palo de cera
4552	*Myrica hostmanniana*	苏里南	霍斯曼杨梅	kakerijoe koeleroe
4553	*Myrica humboldtiana*	委内瑞拉	鸿博杨梅	guatabo negro；guayabo negro；merecurillo de cerro
4554	*Myrica inodora*	美国	无味杨梅	candle-tree；odorless bayberry；odorless myrtle；odorless waxmyrtle；waxmyrtle
4555	*Myrica laevigata*	巴西	金樱子杨梅	cerejeira

序号	学名	主要产地	中文名称	地方名
4556	*Myrica leptoclada*	小安的列斯群岛、波多黎各、多米尼加、巴西、伯利兹、特立尼达、瓜德罗普岛	轻枝杨梅	dji-pois; guayabacon; guayabon; hoja menuda roja; huesito; ingabau; parrot plum; wild guava
4557	*Myrica mexicana*	墨西哥、洪都拉斯、伯利兹	墨西哥杨梅	arbolito de la cera; cera vegetal; teabark; tea-box
4558	*Myrica neesiana*	秘鲁	内西亚杨梅	uchu-mullaca
4559	*Myrica oerstedeana*	墨西哥、巴拿马	奥斯特杨梅	escobillo blanco; pimento; rosadillo morado; yagalan
4560	*Myrica paganii*	波多黎各	帕氏尼杨梅	ausu
4561	*Myrica pensylvanica*	美国	宾夕法尼亚杨梅	bayberry; candle-berry; northern bayberry
4562	*Myrica pringlei*	墨西哥	普林格杨梅	arbolito de lacera; copalxibuitl; limoncillo
4563	*Myrica prunifolia*	委内瑞拉	桃叶杨梅	guayabo
4564	*Myrica pubescens*	厄瓜多尔	短柔毛杨梅	laurel
4565	*Myrica pubipetala*	巴西	毛瓣杨梅	guaramirim araca
4566	*Myrica pyrifolia*	苏里南	梨叶杨梅	jawariballi
4567	*Myrica rostrata*	巴西	罗斯杨梅	guaramirim de folha fina
4568	*Myrica rufidula*	墨西哥	鲁菲杨梅	capulincillo; yagalan
4569	*Myrica rufipila*	圭亚那	红色杨梅	kakirio; wild guava
4570	*Myrica servata*	圭亚那	塞尔杨梅	ibibanaro; ibibanero; preserved myrcia
4571	*Myrica splendens*	古巴、维尔京群岛、背风群岛、西印度群岛、波多黎各、圭亚那、苏里南、哥伦比亚、巴巴多斯、特立尼达、秘鲁、向风群岛、瓜德罗普岛	光亮杨梅	arraijan; birchberry; black birch; bois creole; comecara; hoja menuda; ibbi-banaru; meerilang; perileo; punchberry; rama menuda; red rodwood; small-leaf; surinam cherry; tinajero; vicho caspi; wild guava
4572	*Myrica sylvatica*	圭亚那	林生杨梅	ibibanaro
4573	*Myrica valenzuelana*	古巴	瓦伦杨梅	pimienta cimarrona
4574	*Myrica venezuelansis*	委内瑞拉	委内瑞拉杨梅	guayabillo negro
	***Myriocarpa*（URTICACEAE） 万果麻属（荨麻科）**		**HS CODE 4403.99**	
4575	*Myriocarpa longipes*	墨西哥、洪都拉斯、尼加拉瓜、巴拿马	长柄万果麻	chaya; chichicastillo; cow-itch; gow-itch
4576	*Myriocarpa magnifica*	哥伦比亚	华丽万果麻	tripa de pato
4577	*Myriocarpa stipitala*	秘鲁	柱头万果麻	ishanga
4578	*Myriocarpa yzabalensis*	拉丁美洲	伊扎巴万果麻	

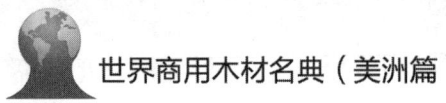

序号	学名	主要产地	中文名称	地方名
Myristica（MYRISTICACEAE） **肉豆蔻属（肉豆蔻科）**			**HS CODE** **4403.49**	
4579	_Myristica fragrans_	巴西、墨西哥、向风群岛	香肉豆蔻	bicuiba；nuez moscada
Myrocarpus（FABACEAE） **脂果豆属（蝶形花科）**			**HS CODE** **4403.49**	
4580	_Myrocarpus fastigiatus_	巴西、阿根廷、巴拉圭	帚状脂果豆	cabareiba；cabreuba；cabreuva；cabreuva amarella；cabreuva do campo；cabreuva parda；cabrewa；cabriuba；cabure；caburehiba；carareba；incienso amarillo；oleo de macaco；oleo parda；oleo pardo
4581	_Myrocarpus frondosus_	巴西、阿根廷、巴拉圭	多叶脂果豆	cabore；cabreuva branca；cabreuva parda；cabrinova；cabriuba；cabriuva；cabriuva parda；capriwa；ibira-payo；incensewood；incienso；incienso cabrioba；incienso colorado；oleo de macaco；oleo pardo；parda
Myrospermum（FABACEAE） **香籽豆属（蝶形花科）**			**HS CODE** **4403.99**	
4582	_Myrospermum erythroxylon_	巴西	红香籽豆	balsamo
4583	_Myrospermum frutescens_	哥斯达黎加、哥伦比亚、委内瑞拉、波多黎各、尼加拉瓜、墨西哥、古巴、巴西、萨尔瓦多、特立尼达	灌木状香籽豆	arco；balsamito；barbasco amarillo；cereipo；guatamare；guatemala balsamode；guayacan；macagua；macaguito；muji negro；palo de olor；pardillo；pui；ramoncillo；roble negro；sereipe cereipo；wattama
Myroxylon（FABACEAE） **香脂木豆属（蝶形花科）**			**HS CODE** **4403.49**	
4584	_Myroxylon balsamum_	秘鲁、伯利兹、巴西、哥斯达黎加、哥伦比亚、巴拿马、委内瑞拉、古巴、厄瓜多尔、墨西哥、多米尼加、玻利维亚、阿根廷、巴拉圭、危地马拉、萨尔瓦多	香脂木豆	arbol del balsamo；balsam；balsamo；balsamo de tolu；cabore；estroraque；graybark pine；incienso；kina；naba；oleo de balsamo；quina quina；quinaquina；roble maria；sandalo；sangue de gato；santos mahogany；tache；tolu；yagaguienite
4585	_Myroxylon elemifera_	古巴	脂香脂木豆	guatemala

序号	学名	主要产地	中文名称	地方名
4586	*Myroxylon peruiferum*	圭亚那、巴西、秘鲁、阿根廷	秘鲁香脂木豆	balsam-of-peru；balsamo；cabreuva vermelha；cabreuva vermelho；chirchirka dana；estoraque；olea vermelho；oleo；oleo vermelho；pua；quina；quina-quina；sandalo
4587	*Myroxylon toluiferum*	巴西	托鲁香脂木豆	
	***Myrsine*（MYRSINACEAE）** 铁仔属（紫金牛科）		**HS CODE** **4403.99**	
4588	*Myrsine andina*	厄瓜多尔	安第斯铁仔	samal
4589	*Myrsine coriacea*	萨尔瓦多、波多黎各、墨西哥、巴西、海地、古巴、阿根廷、哥伦比亚、多米尼加、巴拿马、委内瑞拉、厄瓜多尔	革叶铁仔	amatillo；arrayan；ashente；azeitona brava；badula；bois plomb；bois savanne；camaguilla；cochachayactzi；espadero；hojita larga；laurel chino；manglillo；manteco；manteco blanco；mantequero；mantequito；niriba；palo de sabana
4590	*Myrsine cubana*	美国	古巴铁仔	florida rapanea；myrsine
4591	*Myrsine floribunda*	阿根廷、巴拉圭	众花铁仔	canela de benado；canelon；canida de benado；palo de san antonio
4592	*Myrsine grisebachi*	阿根廷	格里铁仔	polo blanco
4593	*Myrsine melanophleos*	阿根廷	梅拉铁仔	lanza blanca
4594	*Myrsine pellucidopunctata*	哥斯达黎加	透明铁仔	ratocillo
4595	*Myrsine sprucei*	秘鲁	云杉铁仔	camesito
	***Myrtus*（MYRTACEAE）** 香桃木属（桃金娘科）		**HS CODE** **4403.99**	
4596	*Myrtus beckleri*	巴哈马	贝克香桃木	ginugal
4597	*Myrtus ehrenbergii*	墨西哥	埃氏香桃木	arrayan
4598	*Myrtus erythroxyloudes*	委内瑞拉	红香桃木	ootoperis
4599	*Myrtus luma*	智利	路马香桃木	hickory-of-chile；lama；luma
4600	*Myrtus meli*	智利	梅莉香桃木	meli
4601	*Myrtus mucronata*	南美洲	尖头香桃木	icipo gudica
4602	*Myrtus multiflora*	智利	多花香桃木	pitra
	***Nandina*（BERBERIDACEAE）** 南天竹属（小檗科）		**HS CODE** **4403.99**	
4603	*Nandina domestica*	美国	南天竹	nandina；sacred bamboo

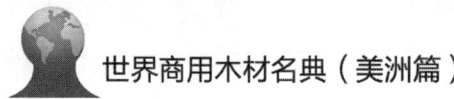

序号	学名	主要产地	中文名称	地方名
Naucleopsis（MORACEAE） 番箭毒木属（桑科）			**HS CODE** **4403.99**	
4604	Naucleopsis caloneura	巴西	美脉番箭毒木	beautifullynervednaucleopsis；muiratinga verdadeira
4605	Naucleopsis concinna	秘鲁、厄瓜多尔	整洁番箭毒木	pana；pitiuk
4606	Naucleopsis glabra	秘鲁	光滑番箭毒木	naccho-huasca；nac-cho-huasu；tamamuri
4607	Naucleopsis guianensis	圭亚那	圭亚那箭毒木	
4608	Naucleopsis imitans	拉丁美洲	仿斑番箭毒木	
4609	Naucleopsis krukovii	厄瓜多尔	克氏番箭毒木	cauchillo
4610	Naucleopsis macrophylla	拉丁美洲	大叶番箭毒木	
4611	Naucleopsis mello-barettoi	拉丁美洲	梅洛番箭毒木	
4612	Naucleopsis naga	洪都拉斯	那加番箭毒木	concha de indio；majao de indio
4613	Naucleopsis stipularis	拉丁美洲	托叶箭毒木	
4614	Naucleopsis ternstroemiiflora	拉丁美洲	白花番箭毒木	ternstroemia flower
4615	Naucleopsis ulei	厄瓜多尔、巴西、秘鲁	乌莱番箭毒木	asua caspi；balsamo-quina；pinsha caspi
Nectandra（LAURACEAE） 尼克樟属（樟科）			**HS CODE** **4403.49**	
4616	Nectandra acutifolia	秘鲁	尖叶尼克樟	jigua；moena amarilla；muena amarilla；mundshuy；nomebe tuina
4617	Nectandra amazonum	巴西	亚马孙尼克樟	louro da varzea；louro de igapo；louro do igapo；louro rosa
4618	Nectandra ambigens	哥斯达黎加、危地马拉、洪都拉斯、墨西哥、阿根廷、伯利兹、委内瑞拉、哥伦比亚、秘鲁、巴西、巴拿马	歧义尼克樟	aguacatillo；aguacte cimarron；guambo aguacatillo；laurel；laurel aguacatillo；laurel de hoja grande；laurel higuito；laurel negro；moena；pimiento；quizarra；sigua blanca
4619	Nectandra ambigua	圭亚那	安比尼克樟	shirua
4620	Nectandra angustifolia	阿根廷、巴西、乌拉圭	狭叶尼克樟	ayui-y；canella de sebo；laurel amarillo；laurel amorillo；laurel blanco；laurel de isla；laurel delrio；laurelmini

序号	学名	主要产地	中文名称	地方名
4621	*Nectandra cissiflora*	巴西、厄瓜多尔、圭亚那	常春藤花尼克樟	canella burra；canellao；ivyflower；jigua；kiroa；shirua
4622	*Nectandra coeloclada*	厄瓜多尔	天蓝尼克樟	eayu
4623	*Nectandra cordata*	拉丁美洲	心形尼克樟	
4624	*Nectandra coriacea*	波多黎各、美国、巴哈马、西印度群岛、古巴、牙买加、多米尼加、委内瑞拉、海地、维尔京群岛、向风群岛、瓜德罗普岛	革叶尼克樟	amarillo laurel；avispillo；black torch；boniate；cigua；cigua blanca；cigua laurel；jamaica nectandra；jamaica ocotea；lancewood；lanewood；laurier blanc；pepper cillament；sigua；siguaraya；sweetwood；west indian lancewood；yellow belly sweetwood
4625	*Nectandra cufodontisii*	哥斯达黎加	库氏尼克樟	aguacatillo；quizarri；tiquiscara；tiquiscaro
4626	*Nectandra cuspidata*	墨西哥、巴西、圭亚那	尖凸尼克樟	laurel prieto；louro tamanco；pisie；shirua
4627	*Nectandra discolor*	委内瑞拉	变色尼克樟	angelino；laurel angelino
4628	*Nectandra elaiophora*	巴西、委内瑞拉	巴西尼克樟	aguacate；amarillo；angelico aceituno；angelino aceituno；batalha；canella；capuchino；inamui；louro；louro inamuhy；louro inamui；louro inamuy；louro inhamui；louro inhamuy；pimiento；pucheri；rosenholz；sassafras；trompillo
4629	*Nectandra embirensis*	拉丁美洲	埃比尼克樟	
4630	*Nectandra globosa*	巴西、委内瑞拉、圭亚那、苏里南、法属圭亚那、特立尼达	球状尼克樟	aguacate；amarillo；bouragie；brown silverballi；burajie；canella；capuchino；determa；grignon franc；kereti wadili；laurier；louro；pimiento；pucheri；sassafras；silverballi；teteroma；tetruma；trompillo；waitjara；wataaka；yellow cironballi
4631	*Nectandra grandiflora*	巴西	大花尼克樟	canelao
4632	*Nectandra grandis*	圭亚那	大尼克樟	buradiye；soft black pisi
4633	*Nectandra hihua*	古巴、危地马拉、洪都拉斯、波多黎各、厄瓜多尔、伯利兹、多米尼加、海地、牙买加、圭亚那、巴拿马、向风群岛、瓜德罗普岛	希华尼克樟	aguacatillo；boniato；geo rojo；guadaripo；laurel blanco；laurel bobo；laurel cambron；laurier grandes feuilles；shinglewood；shirua；sigua；sweetwood；timbersweet；whitewood；yellow sweetwood
4634	*Nectandra krugii*	波多黎各	克氏尼克樟	laurel；laurel canelon

序号	学名	主要产地	中文名称	地方名
4635	*Nectandra kunthiana*	巴拿马	昆蒂尼克樟	sweetwood；yaya
4636	*Nectandra lanceolata*	巴西	剑叶尼克樟	canla-amarela；louro amarello；massaranduba
4637	*Nectandra laurel*	尼加拉瓜、巴拿马、南美洲	桂叶尼克樟	aguacatillo；sweetwood；yaya
4638	*Nectandra leucantha*	巴西、圭亚那	白花尼克樟	canela amarela；canella amarella；cedre gris
4639	*Nectandra lineata*	巴拿马、厄瓜多尔	林塔尼克樟	rock sweetwood；tinchi
4640	*Nectandra lundellii*	伯利兹	伦氏尼克樟	timbersweet
4641	*Nectandra maranonensis*	秘鲁	马拉尼克樟	moena amarilla
4642	*Nectandra martinicensis*	墨西哥	马丁尼克樟	aguacatillo；aguacatilo blanco；laurel
4643	*Nectandra megapotamic*	阿根廷、巴西	帕塔尼克樟	aiuy-moroti；canela guaika；canellinha
4644	*Nectandra membranacea*	厄瓜多尔、巴西、伯利兹、波多黎各、危地马拉、阿根廷、特立尼达、小安的列斯群岛、巴拿马、巴巴多斯、瓜德罗普岛	膜叶尼克樟	aguacatillo；canella branca；laurel；laurel blanco；laurel geogeo；laurel negro；laurel prieto；laurelillo；laurier canelle；laurier noir；rock sweetwood；sigua；sweetwood
4645	*Nectandra mollis*	巴西、巴拉圭	软尼克樟	black canele；canela escura；canela ferrugem；canela foreta；canela moir；canela negra；canela nera；canela parda；canela preta；canella；canella de veado；canella foreta；canella preta；canelle；donkere canela；lauro preto；louro preto；svart canela
4646	*Nectandra moritziana*	委内瑞拉、哥伦比亚	莫里兹尼克樟	laurel quina；oreganito；pompadur
4647	*Nectandra nitida*	墨西哥、伯利兹、巴西	密茎尼克樟	aguacatillo；laurel；laurel amarillo；laurel de abajo；louro amarello
4648	*Nectandra nitidula*	巴西	微亮尼克樟	canella amarella
4649	*Nectandra panamensis*	巴西	巴拿马尼克樟	canela escura；canela ferrugem；canela foreta；canela parda；canela preta；canella preta；louro preto
4650	*Nectandra pardo*	巴西	帕多尼克樟	canella pardo

序号	学名	主要产地	中文名称	地方名
4651	*Nectandra patens*	古巴、牙买加、波多黎各	伸展尼克樟	boniato；boniato amarillo；capberry；laurel；laurel geo colorado；laurel roseta；sweetwood
4652	*Nectandra pentagona*	巴拿马	五角尼克樟	sigua
4653	*Nectandra pichurim*	哥伦比亚、圭亚那、委内瑞拉、秘鲁	皮丘尼克樟	aji de monte；burajie；guayabo pimiento；keriti silverballi；keriti-silverballi；laurel；muina；pichurim；pishco nahui moena；white silverballi
4654	*Nectandra psammophila*	拉丁美洲	喜沙尼克樟	canela amarilla；canela gialla；canela jaune；gele canela；yellow canela
4655	*Nectandra puberula*	巴西	微毛尼克樟	canela parda；canella parda；louro preto
4656	*Nectandra pulverulenta*	秘鲁	灰尼克樟	moena amarilla；moena blanca
4657	*Nectandra rectinervia*	拉丁美洲	纳维尼克樟	alacanfor
4658	*Nectandra reticulata*	洪都拉斯、尼加拉瓜、巴西、厄瓜多尔、墨西哥、巴拿马	网状尼克樟	aguacatillo；canela；canella amarela；canelo；laurel；laurel pimienta；sweetwood；tepeguacate；tinchi
4659	*Nectandra rigida*	巴西、委内瑞拉	硬尼克樟	canela ferrugem；canela garuva；canella batalha；canella seibo；canellao；laurel amarillo
4660	*Nectandra robusta*	巴西	壮尼克樟	batalha；canella batalha；canella de varzea
4661	*Nectandra rubra*	巴西、圭亚那	红尼克樟	determa；louro vermelho；teteruma；wana；wanu
4662	*Nectandra rubriflora*	伯利兹	红花尼克樟	timbersweet
4663	*Nectandra salicifolia*	墨西哥	柳状尼克樟	aguacate；aguacatillo；laurel；laurel blanco；ojte；piecito de paloma；quesca
4664	*Nectandra saligna*	阿根廷	柳叶尼克樟	laurel negro；negro laurel
4665	*Nectandra sanguinea*	巴西、委内瑞拉、阿根廷、圭亚那、法属圭亚那、苏里南、特立尼达	血红尼克樟	aguacate；amarillo；angelino aceituno；batalha；bouragie；burajie；canella；capuchino；cedre；inamuy；kanoaballi；laurier；louro；pimiento；pucheri；sassafras；siroeaballi；sirua；trompillo；waitjara；wataaka
4666	*Nectandra superba*	拉丁美洲	艳丽尼克樟	

序号	学名	主要产地	中文名称	地方名
4667	*Nectandra turbacensis*	巴西、哥斯达黎加、古巴、洪都拉斯、墨西哥、尼加拉瓜、厄瓜多尔、委内瑞拉、圭亚那、法属圭亚那、苏里南、伯利兹、哥伦比亚、多米尼加、波多黎各、海地、特立尼达、西印度群岛、秘鲁、巴拿马、牙买加	土尼克樟	aguacatillo；bouragie；burajie；canella；canelo；capuchino；cedre；inamuy；kanoaballi；laurel；moena negra；muena；mundshuy；pimiento；pisie；pucheri；quizarra；roble；sassafras；shirua；sweetwood；tihua；wataaka；wild pear
4668	*Nectandra villosa*	巴西	毛尼克樟	canella amarella；canella preta
4669	*Nectandra wana*	苏里南	瓦纳尼克樟	wana
4670	*Nectandra willdenowiana*	中美洲	威尔尼克樟	west indian lancewood
	***Neea*（NYCTAGINACEAE）** **黑牙木属（紫茉莉科）**		**HS CODE** **4403. 99**	
4671	*Neea choriophylla*	墨西哥	绿叶黑牙木	xtadzi
4672	*Neea constricta*	圭亚那	扁萼黑牙木	mamudan
4673	*Neea divaricata*	秘鲁、厄瓜多尔、巴西、圭亚那	展枝黑牙木	cumala；huagra yana muro；humatuba；joao molle；mamudan；maria molle；mullo-caspi；shula
4674	*Neea laxa*	秘鲁	疏叶黑牙木	puca-huayo
4675	*Neea macrophylla*	海地	大叶黑牙木	corail grandes feuilles
4676	*Neea parviflora*	厄瓜多尔、秘鲁	小花黑牙木	huagura yana muyu；yana-muco；yana-mucu
4677	*Neea psychotrioides*	墨西哥	尼亚黑牙木	clavel；palo de pozoli；palo pozole；posolillo；posolio
4678	*Neea spruceana*	秘鲁	亚马孙黑牙木	intuto-caspi；topamaca blanca
	***Nephelium*（SAPINDACEAE）** **山荔枝属（无患子科）**		**HS CODE** **4403. 99**	
4679	*Nephelium ramboutan-ake*	巴西	拉姆山荔枝	longana；olho de boi

序号	学名	主要产地	中文名称	地方名
Nerium（APOCYNACEAE） 夹竹桃属（夹竹桃科）			**HS CODE** **4403.99**	
4680	*Nerium oleander*	墨西哥、波多黎各、哥伦比亚、美国、安的列斯群岛、海地、多米尼加、秘鲁、古巴、萨尔瓦多、委内瑞拉	夹竹桃	adelfa；aleli；alheli；common oleander；franse bloem；laurel rosa；laurier rose；laurier tropical；martinica；naranjillo；narciso；oleander；piruli；rosa francesa；rosa laurel；trinitaria；yaga-quiguece
Newtonia（MIMOSACEAE） 纽敦豆属（含羞草科）			**HS CODE** **4403.49**	
4681	*Newtonia（=Piptadenia）buchananii*	墨西哥	布氏纽敦豆	mafamuti
Norantea（MARCGRAVIACEAE） 蜜瓶花属（蜜囊花科）			**HS CODE** **4403.99**	
4682	*Norantea guianensis*	圭亚那	圭亚那蜜瓶花	buke；karakara；piriwo；saran；scot-hugging-creole；scots-attorney
Nothofagus（NOTHOFAGACEAE） 假水青冈属（南青冈科）			**HS CODE** **4403.99**	
4683	*Nothofagus alessandrii*	智利	亚氏假水青冈木	ruil
4684	*Nothofagus alpina*	智利	大假水青冈木	chilean beech；rauli；rauli beech
4685	*Nothofagus antarctica*	阿根廷、智利	南假水青冈木	anis；nerie；nire；nirre；roble；roble antarctico；roble de la montana；roble de magellanos
4686	*Nothofagus betuloides*	智利、阿根廷	桦状假水青冈木	chilean beech；coihue；guindo；haya；kohigus；ouchpaya；roble；roble de magellanes；south american beech
4687	*Nothofagus dombeyi*	智利、阿根廷	智利假水青冈木	beech；cashire；chilean beech；chilean oak；chileens beuken；coigue；faggio cileno；guindo；haya chilena；hetre chilien；melica；oyan；pellin；rauli；roble cienego；roble de magellanes；south american beech
4688	*Nothofagus flaviramea*	拉丁美洲	黄假水青冈木	
4689	*Nothofagus glauca*	智利	粉绿假水青冈木	roble colorado

序号	学名	主要产地	中文名称	地方名
4690	*Nothofagus leoni*	智利	莱氏假水青冈木	hualo
4691	*Nothofagus macrocarpa*	智利	大果假水青冈木	roble de colchagua
4692	*Nothofagus nervosa*	阿根廷	多脉假水青冈木	rauli
4693	*Nothofagus nitida*	智利	密茎假水青冈木	roble chilote；roble de chiloe
4694	*Nothofagus obliqua*	智利、阿根廷	斜假水青冈木	antarctic beech；antarctisch beuken；coryam；engue；guindo；nire；oyan；pellin；rauli；roble；roble cienego；roble coyan；roble haulle；roble hualle；roble megallann；roble pellin；roble-pellin
4695	*Nothofagus procera*	智利、阿根廷	高大假水青冈木	antarctic beech；antarctisch；antartisk bok；caoba chilena；chilean beech；faggio antarctico；haya antartica；hetre antarctique；rauli；south american beech
4696	*Nothofagus pullei*	智利	普莱假水青冈木	
4697	*Nothofagus pumilio*	智利、阿根廷	低矮假水青冈木	cohigue；guindo；haya；lenar；lenga；roble
Nyssa（NYSSACEAE） 蓝果树属（蓝果树科）		**HS CODE** 4403.99		
4698	*Nyssa aquatica*	美国	湿生蓝果树	bastard cottonwood；bay poplar；bay-poplar；big tupelo；bowl gum；chickasawa tchie whitewood；gum cottonwood；hickory poplar；ladle gum；large tupelo；olivetree；papaw gum；swamp tupelo；water tupelo；white gum；wild olivetree；yellow gum
4699	*Nyssa biflora*	美国	二花蓝果树	black gum；blackgum；bouw gum；lowland black gum；lowland gum；sour gum；southern gum；swamp black gum；swamp black tupelo；swamp blackgum；swamp tupelo；tupelo gum；water gum
4700	*Nyssa grandidentata*	美国	重齿蓝果树	large gum

序号	学名	主要产地	中文名称	地方名
4701	*Nyssa multiflora*	北美洲	多花蓝果树	sour gum
4702	*Nyssa ogeche*	美国	酸蓝果树	gopher plum；limetree；lone tupelo；ogechee plum；ogeechee lime；ogeechee tupelo；sour tupelo；sour tupelo gum；tupelo；white tupelo；wild limetree
4703	*Nyssa sinensis*	美国	中国蓝果树	
4704	*Nyssa sylvatica*	美国、加拿大、墨西哥	林生蓝果树	black gum；black tupelo；cabo de luc；chiste；gum；moerastupelo；nyssa sylvestre；palo de papaxi；pepperidge；petcui；quartered black gum；reooeridge；tupelo gum；tupelo negro；tupelo noir；wild pear-tree；yellow gum；yellow gumtree；zwarte tupelo
Ochna（OCHNACEAE） 金莲木属（金莲木科）			**HS CODE** **4403.49**	
4705	*Ochna mossambicensis*	波多黎各	摩萨金莲木	mozambique ochna
Ochroma（BOMBACACEAE） 轻木属（木棉科）			**HS CODE** **4403.49**	
4706	*Ochroma pyramidale*	巴西、萨尔瓦多、墨西哥、伯利兹、玻利维亚、哥伦比亚、哥斯达黎加、厄瓜多尔、危地马拉、巴拿马、秘鲁、苏里南、美国、波多黎各、委内瑞拉、安的列斯群岛、海地、特立尼达、西印度群岛、牙买加、古巴、维尔京群岛、尼加拉瓜、洪都拉斯、多米尼加、向风群岛、瓜德罗普岛	轻木	algodon；balsa；bois flot；bombast mahoe；boya；cajeto；ceibon botijaguano；ha-ma；huampo；jujul；kutsa；lagopus；mahaudeme；maho；mo-ho；palo de balsa；pao de balsa；pung；tacarigua；topa；tteccupaje；yahuarrhui qui；yuwi
Ochrosia（APOCYNACEAE） 玫瑰树属（夹竹桃科）			**HS CODE** **4403.99**	
4707	*Ochrosia compta*	美国	带状玫瑰树	holei
Ocotea（LAURACEAE） 绿心樟属（樟科）			**HS CODE** **4403.49**	
4708	*Ocotea aciphylla*	巴西	针叶绿心樟	canella amarella

序号	学名	主要产地	中文名称	地方名
4709	*Ocotea acutangula*	圭亚那	棱角绿心樟	pear-leaf silverballi；siroua；toraro；white silverballi
4710	*Ocotea acutifolia*	乌拉圭	尖叶绿心樟	laurel negro
4711	*Ocotea adenotrachelium*	拉丁美洲	腺绿心樟	
4712	*Ocotea argyrophylla*	拉丁美洲	银叶绿心樟	
4713	*Ocotea atirrensis*	哥斯达黎加	迪伦绿心樟	tiquissara；tiquissaro
4714	*Ocotea austinii*	巴拿马、哥斯达黎加	沃氏绿心樟	bambito rosado；ira rosa
4715	*Ocotea barcellensis*	巴西	巴西绿心樟	inhamui；louro inamuhy；louro inamui；louro inhamui
4716	*Ocotea bernoulliana*	墨西哥	伯努利绿心樟	aguacatillo；laurel；laurel amarillo；laurel de bajo
4717	*Ocotea blancheti*	巴西	渐白绿心樟	canella louro
4718	*Ocotea bofo*	拉丁美洲	波弗绿心樟	
4719	*Ocotea bullata*	拉丁美洲	水泡绿心樟	
4720	*Ocotea calophylla*	委内瑞拉	海棠叶绿心樟	palo de hierro
4721	*Ocotea canaliculata*	巴西、圭亚那	纵沟绿心樟	cedre blanc；heburu；ileng；louro canela；louro pimenta；pisie；sawariskin silverballi；white silverballi
4722	*Ocotea caracasana*	厄瓜多尔、委内瑞拉	厄委绿心樟	angelin；angelino；cedro；cedro colorado；colorado cedro；laurel angelino
4723	*Ocotea catharinensis*	巴西	长青绿心樟	canella preta
4724	*Ocotea caudata*	圭亚那	尾状绿心樟	pisie；yekoro
4725	*Ocotea cernua*	洪都拉斯、墨西哥、尼加拉瓜、多米尼加、特立尼达、巴拿马	翅膜绿心樟	aguacatillo；canelon；cypre；laurel amarillo；laurier cypre；sigua amarilla
4726	*Ocotea compactiflora*	秘鲁	密花绿心樟	canela moena
4727	*Ocotea corymbosa*	巴西	伞房绿心樟	canelao
4728	*Ocotea costulata*	厄瓜多尔、秘鲁、巴西	小脉绿心樟	alcanfor；alcanfor moena；canelon；guipro；llaiuhua；louro camphora；moena；musmus；pao rosa；rosenholz；tangarana moena
4729	*Ocotea cujumary*	拉丁美洲	库朱绿心樟	

序号	学名	主要产地	中文名称	地方名
4730	*Ocotea cuneata*	古巴、波多黎各、多米尼加	楔叶绿心樟	achetillo; bijote; canela; canelillo; canelon; sasafras; vencedor
4731	*Ocotea cymbarum*	委内瑞拉、巴西、哥伦比亚	伞状绿心樟	bois d'anis; brasiliansk sassafras; braziliaanse sassafras; brazilian sassafras; canela; inamui louro; louro inamui; louro mamorim; pau de gasolina; sasafras; sasafras brasileno; sassafrasso brasiliano
4732	*Ocotea diospyrifolia*	阿根廷	柿叶绿心樟	aiui-para; laurel amarillo; laurel blanco
4733	*Ocotea discrepens*	拉丁美洲	特异绿心樟	
4734	*Ocotea eggersiana*	小安的列斯群岛、特立尼达、向风群岛、瓜德罗普岛	黄绿心樟	bois doux; laurier mattack
4735	*Ocotea escuintlensis*	墨西哥	硬绿心樟	pimientillo
4736	*Ocotea eucuneata*	伯利兹	乌库绿心樟	oak
4737	*Ocotea fasciculata*	圭亚那	束状绿心樟	keriti silverballi
4738	*Ocotea floribunda*	牙买加、古巴、厄瓜多尔、波多黎各、多米尼加、海地、瓜德罗普岛、中美洲	众花绿心樟	black candlewood; black sweetwood; boniato laurel; bonisto blanco; guipro; jigua; laurel; laurel blanco; laurel espada; laurier puant; lebisa
4739	*Ocotea foeniculacea*	多米尼加、波多黎各	茴叶绿心樟	canelilla; laurel; palo santo
4740	*Ocotea fragrantissima*	巴西	郁香绿心樟	puchury-rara
4741	*Ocotea globifera*	南美洲	球状绿心樟	hard pisi
4742	*Ocotea glomerata*	圭亚那、委内瑞拉、特立尼达、苏里南	聚花绿心樟	cedre noir; dollypear silverballi; kereti; kurahara shiruaballi; laurel negro; laurier cypre; laurier zaboca; pisi; yaneau
4743	*Ocotea gracilis*	秘鲁	纤细绿心樟	moena; muena
4744	*Ocotea guianensis*	苏里南、圭亚那、巴西、哥伦比亚	圭亚那绿心樟	beradye hohorodikoro; canela; lauro branco; louro inamui; louro preto; louro tamancao; louro tamanco; maniapotano tokowe; moena; pisi; shirua; soft pisi; tokowe; wai; zilverblad ceder; zilverpisi

序号	学名	主要产地	中文名称	地方名
4745	*Ocotea indecora*	巴西	无饰绿心樟	canela；sasafras americano；sassafras；sassafras de l'amerique dusud；sassafrasso americano；sassafraz amarelha；south american sassafras；zuidamerik aanse sassafras
4746	*Ocotea ira*	巴拿马	艾拉绿心樟	aguacaton
4747	*Ocotea javitensis*	厄瓜多尔	伽维绿心樟	canelo amarillo；quilli ajua
4748	*Ocotea kuhlmannii*	巴西	库氏绿心樟	canella burra
4749	*Ocotea laevis*	巴西	平滑绿心樟	varongy fotsy
4750	*Ocotea lanata*	巴西	绵毛绿心樟	canella lanosa
4751	*Ocotea lanceolata*	阿根廷	剑叶绿心樟	ayui-saiyu；ayuy-saiyu；laurel amarillo
4752	*Ocotea leucoxylon*	特立尼达、古巴、波多黎各、多米尼加、加拿大、牙买加、圭亚那、海地、向风群岛、瓜德罗普岛	白绿心樟	black cedar；boniato；cacaillo；cigua laurel；curabara；duckwood；false avacado；geo；hojancha；judio；lablab sweetwood；laurel；laurel geogeo；laurier；loblolly sweetwood；oreja de burro；pataban de monte；whitewood
4753	*Ocotea licanioides*	秘鲁	利坎绿心樟	moena negra
4754	*Ocotea lingua*	阿根廷	舌叶绿心樟	guayca de salta
4755	*Ocotea longifolia*	秘鲁	长叶绿心樟	moena blanca；sipra moena
4756	*Ocotea macrothyrsus*	巴西	大柄绿心樟	louro preto da terra firm
4757	*Ocotea marmellensis*	拉丁美洲	麻美绿心樟	
4758	*Ocotea minutiflora*	秘鲁	小花绿心樟	urcu-moena；urcu-mullaca
4759	*Ocotea moschata*	波多黎各	莫茶绿心樟	nemoca；nuez moscada；nuez moscada cimarrona；nuez moscada del pais；nuez moscada macho
4760	*Ocotea neesiana*	巴西	奈斯绿心樟	louro-preto
4761	*Ocotea nicaraguensis*	巴拿马	尼加拉瓜绿心樟	wild nutmeg
4762	*Ocotea oblonga*	巴西、厄瓜多尔、圭亚那	长圆绿心樟	canela；canelo；kereti；kereti silverballi；keriti
4763	*Ocotea odorifera*	巴西	降香绿心樟	canela；canela funcho；canela sassafras；canella sassafras；canella sassafraz；canellinha；louro cheiroso；sasafras；sassafras；sassafras amarelo；sassafrasso

序号	学名	主要产地	中文名称	地方名
4764	*Ocotea opifera*	巴西、秘鲁	奥皮绿心樟	canella cheirosa；louro；louro branco；moena blanca
4765	*Ocotea organensis*	巴西	月见绿心樟	canella parda
4766	*Ocotea pallida*	巴西	淡紫绿心樟	louro cyti
4767	*Ocotea palmana*	哥斯达黎加	掌叶绿心樟	ira zopilote
4768	*Ocotea pauciflora*	秘鲁	少花绿心樟	canela moena
4769	*Ocotea pentagona*	巴拿马	五角绿心樟	wild nutmeg
4770	*Ocotea petalanthera*	苏里南	扁花绿心樟	canela；kaneelpisi；moena；pisi；siroewaballi kharemeroe；soft white pisi
4771	*Ocotea porosa*	巴西	细孔绿心樟	brasiliani sche pfefferholz；canela imbuia；canella imbuia；canella imbuia clara；canella imbuia escura；embuia amarella；embuia vermelha；embuya；folha larga；imbuia amarela；imbuia brazina；imbuia canella；imbuia rajada
4772	*Ocotea portoricensis*	波多黎各	波多黎各绿心樟	laurel；laurel avispillo；laurel de paloma；laurel geo；laurel prieto
4773	*Ocotea pretiosa*	拉丁美洲	普雷绿心樟	
4774	*Ocotea puberula*	阿根廷、圭亚那、苏里南	柔毛绿心樟	ayui-saiyu；canela guaica；cedre eris；guaica；guaica blanca；kereti；kereti silverballi；moena；pisi
4775	*Ocotea pulchella*	巴西	美丽绿心樟	canellinha
4776	*Ocotea rhynchophylla*	圭亚那	钩藤叶绿心樟	pandara；yellow silverballi
4777	*Ocotea rodiei*	圭亚那、苏里南、委内瑞拉、巴西	绿心樟	greenheart
4778	*Ocotea rubra*	圭亚那、苏里南、巴西、法属圭亚那	红绿心樟	achiamandola；baaka；deema maata indold；determa；gamela；ishpingo maraco；laurier canelle；lauro vermelho；louro gamela；red louro；red ocotea；taparin；teleloema；wane ilsie amain；wonae
4779	*Ocotea rubriflora*	墨西哥	红花绿心樟	ante；laurel de chile；laurel serrano
4780	*Ocotea rubrinervis*	秘鲁	红脉绿心樟	moena blanca；yurac-moena
4781	*Ocotea sassafras*	巴西	檫叶绿心樟	canella sassafraz；sassafras；sassafraz

序号	学名	主要产地	中文名称	地方名
4782	*Ocotea schomburgkiana*	圭亚那、苏里南	斯氏绿心樟	cedre；cedre rouge；jekoeroe；joekoejapoei；jokoro；pisie；silverballi；swizzlestick；wana pisie；wana-pisie；witte pisie；yapui；yekoro；zachte pisi
4783	*Ocotea sieberi*	拉丁美洲	西柏绿心樟	
4784	*Ocotea sinuata*	墨西哥、哥斯达黎加、危地马拉	波状绿心樟	aguacate；aguacatillo；aguacatillo hediondo；palo de aguacate；palo de tejon；quizarra zopilote；trompillo
4785	*Ocotea spathulata*	波多黎各	齿叶绿心樟	canelillo；nemacacao；nemoca；nemoca cimarron；nemoca macho；nuez moscado macho
4786	*Ocotea spectabilis*	阿根廷、巴西	托叶绿心樟	ayui-hu；canella preta；laurel negro；louro preto
4787	*Ocotea stenoneura*	巴拿马	窄脉绿心樟	narrownervedocotea；sweetwood
4788	*Ocotea tarapotana*	秘鲁	秘鲁绿心樟	canela moena；moena aguaras；turpentina moena
4789	*Ocotea teleiandra*	巴西	全雄蕊绿心樟	canela pimenta；louro
4790	*Ocotea tenuiflora*	巴西	细花绿心樟	canela pimenta
4791	*Ocotea tessmannii*	圭亚那、秘鲁	特氏绿心樟	baradan；moena
4792	*Ocotea tomentella*	圭亚那	毛绿心樟	baradan；yaneau
4793	*Ocotea trianae*	秘鲁	三棱绿心樟	moena；moena blanca；moena blanco；pampa moena
4794	*Ocotea ucayalensis*	厄瓜多尔	乌卡绿心樟	totoa caropita'jin
4795	*Ocotea venenosa*	厄瓜多尔	静脉绿心樟	guguve'cco
4796	*Ocotea veraguensis*	哥斯达黎加、哥伦比亚、墨西哥、尼加拉瓜、萨尔瓦多、巴西、危地马拉、巴拿马	维拉绿心樟	canelillo；laurel；palo colorado；pimento；pimientillo；pu-bu-kuk；sigua canela；sigua canelo
4797	*Ocotea wachenheimii*	圭亚那、苏里南	瓦氏绿心樟	akuwako；canela；cedre gris；jekoeroe；kereti；kereti silverballi；maipaima；mawirtan；pisi；pisie；swizzlestick silverballi；wana pisie；witte pisie；yekoro；zwarte pisie
4798	*Ocotea wedeliana*	巴拿马	韦伯绿心樟	sigua
4799	*Ocotea whitei*	巴拿马	怀特氏绿心樟	bambito colorado；bamboo colorado；sigua amarilla；sigua amarillo

序号	学名	主要产地	中文名称	地方名
4800	*Ocotea williamsii*	秘鲁	威氏绿心樟	moena
4801	*Ocotea wrightii*	古巴、波多黎各、多米尼加、海地	魏氏绿心樟	boniato；canela；canelilla；canelle；canelon；laurel canelon
Odontadenia（APOCYNACEAE）齿腺藤属（夹竹桃科）			**HS CODE 4403.99**	
4802	*Odontadenia macrantha*	巴拿马、秘鲁	大花齿腺藤	bejuca de morciellago；campanilla
4803	*Odontadenia perrottetii*	拉丁美洲	佩氏齿腺藤	
4804	*Odontadenia puncticulosa*	拉丁美洲	点状齿腺藤	peaoba
Oenocarpus（PALMAE）葡果棕榈属（棕榈科）			**HS CODE 4403.99**	
4805	*Oenocarpus altissima*	委内瑞拉	高大葡果棕榈	palma blanca；palmiche morado
4806	*Oenocarpus bacaba*	圭亚那、苏里南	巴卡葡果棕榈	comou；koemboe；kum；kum-waia；lu；patawa；tooroo；turu；turu palm
4807	*Oenocarpus bataua*	圭亚那、厄瓜多尔、苏里南、法属圭亚那、秘鲁	葡果棕榈	chocolate palm；gosa；kom；komboe；kunkuk；kwarama；mohi；oshur；palmier；pataoua；patawa；patwaia；turu；unguarahua；ungurahui
4808	*Oenocarpus mapora*	厄瓜多尔	马托葡果棕榈	kinkink；nijon'cho；patsatsa
Olea（OLEACEAE）木犀榄属（木犀科）			**HS CODE 4403.49**	
4809	*Olea capensis*	美国	开普木犀榄	ironwood
4810	*Olea europaea*	墨西哥、阿根廷	油橄榄	cuie'yaase；olivio；pi-ache-castilla-nititie-zaa-niza；yaga-bi-ache-castilla；yagapi-ache
4811	*Olea laperrini*	美国	佩里木犀榄	olivier
Olmediella（FLACOURTIACEAE）冬青柞属（大风子科）			**HS CODE 4403.99**	
4812	*Olmediella betschleriana*	危地马拉、墨西哥	美洲冬青柞木	cumbo de cerro；manzana；manzana de burro；manzana de judas；manzanote
Olmedioperebea（MORACEAE）亚马孙桑属（桑科）			**HS CODE 4403.99**	
4813	*Olmedioperebea sclerophylla*	亚马孙、巴西	硬叶亚马孙桑木	muiratinga

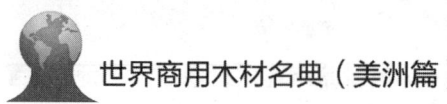

序号	学名	主要产地	中文名称	地方名
Olneya（FABACEAE） 铁锋豆属（蝶形花科）			**HS CODE** 4403.99	
4814	_Olneya tesota_	墨西哥、美国	沙漠铁锋豆	arbol de hierro；black ironwood；desert ironwood；hesen；ironwood；mexican ironwood；palo fierro；palo tinta；sonora ironwood；tesota；tosota；trauwood；una de gato
Omphalea（EUPHORBIACEAE） 脐戟属（大戟科）			**HS CODE** 4403.99	
4815	_Omphalea diandra_	苏里南、巴西、西印度群岛、圭亚那	二雄蕊脐戟	baboennoot；cayate；hoedoe-papaja；liane papaye；lianea l'anse；omphalier；ouabe
4816	_Omphalea oleifera_	墨西哥	油脐戟	aguacate de danta；chatet；pinoncillo
4817	_Omphalea trichotoma_	古巴	三出脐戟	avellano de costa；huevo de perro
Onychopetalum（ANNONACEAE） 亚马孙番荔枝属（番荔枝科）			**HS CODE** 4403.99	
4818	_Onychopetalum amazonicum_	巴西	亚马孙番荔枝	envira preta
Ophellantha（EUPHORBIACEAE） 小檗桐属（大戟科）			**HS CODE** 4403.99	
4819	_Ophellantha spinosa_	墨西哥、巴西	多刺小檗桐	crucetillo；limoncillo
Oreocallis（PROTEACEAE） 翘瓣花属（山龙眼科）			**HS CODE** 4403.99	
4820	_Oreocallis grandiflora_	委内瑞拉	大花翘瓣花	cuchara；cucharo
4821	_Oreocallis mucronata_	厄瓜多尔	尖头翘瓣花	cucharilla
Oreomunnea（JUGLANDACEAE） 坚黄杞属（胡桃科）			**HS CODE** 4403.49	
4822	_Oreomunnea pterocarpa_	哥斯达黎加	枫桃②	campana
Oreopanax（ARALIACEAE） 山参属（五加科）			**HS CODE** 4403.99	
4823	_Oreopanax argentatus_	厄瓜多尔、墨西哥、委内瑞拉	银山参	puma maqui
4824	_Oreopanax capitatus_	海地	头状山参	bois de'anjou
4825	_Oreopanax lehmannii_	厄瓜多尔	莱氏尼山参	pumamaqui
4826	_Oreopanax liebmanni_	伯利兹	利勃山参	yash-hulup

序号	学名	主要产地	中文名称	地方名
4827	*Oreopanax malachotrichus*	厄瓜多尔	马拉山参	pumamaqui
4828	*Oreopanax muronulatus*	厄瓜多尔	穆罗山参	pumamaqui
4829	*Oreopanax peltatus*	墨西哥、洪都拉斯	佩氏山参	coleto; mano de danta; mano de leon; palo de coleto; palo de danta; papaya cimarrona
4830	*Oreopanax sanderianus*	墨西哥	德里山参	coletillo
4831	*Oreopanax sprucei*	厄瓜多尔	云杉山参	galan; galan pumamagui; pumamaqui
4832	*Oreopanax williamsii*	秘鲁	威氏山参	sacha uvilla
4833	*Oreopanax xalapense*	墨西哥、哥斯达黎加	萨拉山参	acubisi; cacho venado; jabnal; mano de danta; mano de leon; mano de tigre; palmillo; xocotamal
	Ormosia（FABACEAE） 红豆属（蝶形花科）		HS CODE 4403.99	
4834	*Ormosia amazonica*	厄瓜多尔	亚马孙红豆	anoncho; etsaun; tuku
4835	*Ormosia coarctata*	圭亚那	红豆	bara-kara; barakaro
4836	*Ormosia coccinea*	苏里南、圭亚那、法属圭亚那、秘鲁、巴西	朱红红豆	agipau; banacoco blanc; barakaro; barakaro firiberoebana; barakaro ibikoro; chocho; epikrik; huairuru; ibikoro; kokeriki; kokriki; panacoco petit; petit panacoco; pionia; tento
4837	*Ormosia colombiana*	哥伦比亚	哥伦比亚红豆	mate
4838	*Ormosia costulata*	苏里南、圭亚那	小脉红豆	anakoko; barakaro; barakaroe ibiberoe; kokriki
4839	*Ormosia coutinhoi*	巴西、圭亚那、苏里南	苏里南红豆	boiussu; buiusse; buiussu; crook; korokororo; kurokororu; kurukoruru; nekoe; wanaka; warabokkadan
4840	*Ormosia excelsa*	巴西	大红豆	jatobahy; jatobahy do igapo; lento amarillo; olho de boi; tenbeiro; tenteiro; tento; tento amarello
4841	*Ormosia fastigiata*	圭亚那、苏里南、委内瑞拉	直枝红豆	barakaro; barakaro fieroberoe; itjoeranan o-anakoko; peonia
4842	*Ormosia flava*	巴西、圭亚那	黄红豆	cumaru-rana; ormosia; st. martin jaune
4843	*Ormosia isthmensis*	墨西哥、伯利兹	狭叶红豆	colorin; hormiga; mo-sa; musa; palo de salvador; yaga-muzia

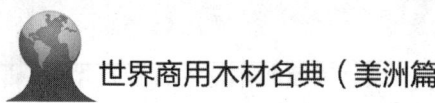

序号	学名	主要产地	中文名称	地方名
4844	*Ormosia krugii*	小安的列斯群岛、波多黎各、多米尼加	克氏红豆	malcaconier；matillo；mato；mosongo；palo de matos；palo de peronia；palo de peronias；palodo matos；peronia
4845	*Ormosia lignivalis*	圭亚那、委内瑞拉	木质红豆	barakaro；peonio；peronio；pionia
4846	*Ormosia macrocalyx*	哥斯达黎加、巴拿马、墨西哥	大萼红豆	alasan；alcornoque；casique；colorin；pernilla del monte；surespina
4847	*Ormosia melanocarpa*	苏里南	黑果红豆	agipau；awaakoko；barakaro korero ibiberoiwi；barokaro-koereroe-ibi-bero-iewi
4848	*Ormosia monosperma*	西印度群岛、多米尼加	单籽红豆	bois caconnier rouge；caconier；caconnier rouge
4849	*Ormosia oblongifolia*	厄瓜多尔	长圆叶红豆	anionocho
4850	*Ormosia panamensis*	巴拿马	巴拿马红豆	alcornoque；espinosur；pernillo
4851	*Ormosia paraensis*	圭亚那、哥伦比亚、巴西	帕拉州红豆	barakaro；chocho；tenteiro
4852	*Ormosia schippii*	墨西哥	斯氏红豆	carne de caballo；catalox；palo macho
4853	*Ormosia stipularis*	圭亚那、苏里南	托叶红豆	barakaro；barakaro firiberoe；barakaroe firiberoe
Orthomene（MENISPERMACEAE）王椒藤属（防己科）		**HS CODE 4403.99**		
4854	*Orthomene schomburgkii*	圭亚那	王椒藤	ituri-ishi-lokodo；schlaunko-loko-loko
Orthopterygium（ANACARDIACEAE）南乳椿属（漆树科）		**HS CODE 4403.99**		
4855	*Orthopterygium huaucui*	秘鲁	南乳椿	huanarpu；huancui；huaucui
Osmanthus（OLEACEAE）木犀属（木犀科）		**HS CODE 4403.99**		
4856	*Osmanthus americanus*	美国	美国木犀	devilwood；fragrant olive；native olive；wild-olive
Osteomeles（ROSACEAE）小石积属（蔷薇科）		**HS CODE 4403.99**		
4857	*Osteomeles anthyllidifolia*	美国	小石积	ulei
4858	*Osteomeles glabrata*	厄瓜多尔	光滑小石积	caisha-pujin；colorado pujin；pujin blanco

序号	学名	主要产地	中文名称	地方名
Osteophloeum （MYRISTICACEAE） 骨皮树属 （肉豆蔻科）			**HS CODE** **4403.99**	
4859	*Osteophloeum platyspermum*	巴西、哥伦比亚、厄瓜多尔、巴拿马	阔籽骨皮树	acuuba-rana；chalviande；coninga；ilianchana；kucha tsempu；mollejo；punan；sebo；sebo caspi；ucuuba-rana；ucuubarana；urutz
4860	*Osteophloeum sulcatum*	厄瓜多尔	黄骨皮树	colorado chalviande
Ostrya （BETULACEAE） 铁木属 （桦木科）			**HS CODE** **4403.99**	
4861	*Ostrya carpinifolia*	美国	鹅耳枥叶铁木	
4862	*Ostrya guatemalensis*	古巴、墨西哥	危地马拉铁木	guapaque；mora
4863	*Ostrya knowltonii*	美国	诺氏铁木	hophornbeam；ironwood；knowlton hophornbeam；western hophornbeam；wolf hophornbeam
4864	*Ostrya virginiana*	加拿大、美国	美洲铁木	american hophornbeam；big bend hophornbeam；bois de fer；bois dur；carpe americano；carpino americano；chisos hophornbeam；deerwood；eastern hophornbeam；hardhack；hornbeam；ironwood；leverwood；ostria；ostrya de virginie；ostryer de virginie；roughbark ironwood
Otoba （MYRISTICACEAE） 山油楠属 （肉豆蔻科）			**HS CODE** **4403.99**	
4865	*Otoba acuminata*	巴拿马	披针叶山油楠	saba
4866	*Otoba gordoniaefolia*	厄瓜多尔	五叶山油楠	cuangare；cuangare indio；sangre de drago
4867	*Otoba gracilipes*	厄瓜多尔	细梗山油楠	cuangare
4868	*Otoba novogranatensis*	巴拿马、哥伦比亚、哥斯达黎加、委内瑞拉	新叶山油楠	bogamani verde；cedro cuangare；cuangare；fruto dorado；guangare；otivo；otoba；otobo；otova；roble；saba；sacsa；sebo；white cedar
4869	*Otoba parvifolia*	秘鲁、厄瓜多尔	小叶山油楠	cumala blanca；guapa；huapa yura；kuru；llora sangre；sangre；sangre de gallina；shashafa'cco
Ottoschulzia （ICACINACEAE） 玫烛木属 （茶茱萸科）			**HS CODE** **4403.99**	
4870	*Ottoschulzia cubensis*	古巴	古巴玫烛木	rayo del sol

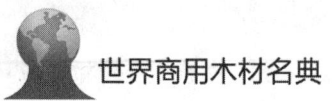

序号	学名	主要产地	中文名称	地方名
4871	*Ottoschulzia domingensis*	古巴、多米尼加、波多黎各	多根玫烛木	cocote del toro; fruton; oreganillo; palo de rosa; palo mino; palomino
4872	*Ottoschulzia rhodoxylon*	多米尼加、波多黎各	红色玫烛木	cuero de puerco; palo de ropa; palo de rosa; palomino
Ouratea（OCHNACEAE）番金莲木属（金莲木科）			**HS CODE** **4403.99**	
4873	*Ouratea caracasana*	委内瑞拉	加拉斯加番金莲木	asta blanca
4874	*Ouratea castaneifolia*	阿根廷	栗叶番金莲木	farinha seca; palo chumbo
4875	*Ouratea decagyna*	苏里南	德卡番金莲木	boroborolia djamaro
4876	*Ouratea ilicifolia*	海地、多米尼加、古巴	冬青叶番金莲木	arneau; chicharron; chicharron amarillo; rascabarriga
4877	*Ouratea insulae*	伯利兹	岛番金莲木	bastard sapodilla; bill bird patter; billbird patter
4878	*Ouratea littoralis*	波多黎各	番金莲木	abey amarillo; abeyuelo amarillo; abeyuelo perfumado; doncella
4879	*Ouratea lucens*	巴拿马	卢森番金莲木	wild pigeon plum
4880	*Ouratea mexicana*	墨西哥	墨西哥番金莲木	aguacatillo prieto; cinco negritos; zapotillode lacosta
4881	*Ouratea nitida*	伯利兹	密茎番金莲木	tcan-lol
4882	*Ouratea roraimae*	圭亚那	罗来番金莲木	morokwai
4883	*Ouratea schomburgkii*	圭亚那	施氏番金莲木	karaikarai; kotaka-dan
4884	*Ouratea striata*	古巴	纹状番金莲木	guanabanilla
4885	*Ouratea surinamensis*	苏里南、委内瑞拉	苏里南番金莲木	kotaka-dan; sierrito
Ovidia（THYMELAEACEAE）杜瑞香属（瑞香科）			**HS CODE** **4403.99**	
4886	*Ovidia pilo-pilo*	智利、阿根廷	皮罗杜瑞香	chinchin; pillo-pillo; pilo-pilo
Oxandra（ANNONACEAE）剑木属（番荔枝科）			**HS CODE** **4403.99**	
4887	*Oxandra asbeckii*	苏里南、圭亚那	阿氏剑木	foedidan; karishiri; lancewood
4888	*Oxandra lanceolata*	法属圭亚那、西印度群岛、美国、圭亚那、巴西、牙买加、海地、委内瑞拉、波多黎各、古巴、洪都拉斯、巴拿马、苏里南、多米尼加	剑木	asta; beriba; black lancewood; bufumo; carisiri; embyu branco; envira; howadanni; jeierecou; karaseri; lancewood; madera de lanza; ouregou; pindahyba; white lancewood; yaya blanca; yaya comun; yaya de monte; yaya lancewood

序号	学名	主要产地	中文名称	地方名
4889	*Oxandra laurifolia*	海地、波多黎各、牙买加、古巴、多米尼加、瓜德罗普岛	月桂叶剑木	bois de lance batard；haya；haya mala；lancewood；purio；yaya；yaya blanca；yaya boba
4890	*Oxandra macrophylla*	秘鲁	大叶剑木	chuchuashi-mashan
4891	*Oxandra maya*	墨西哥	玛雅剑木	hahuacte
4892	*Oxandra riedeliana*	巴西	德里剑木	juvueira algodao
4893	*Oxandra sphaerocarpa*	秘鲁	球果剑木	acara-huasca
Oxydendrum（ERICACEAE）酸木属（杜鹃科）			**HS CODE** **4403.99**	
4894	*Oxydendrum arboreum*	美国	酸木	arbrel'oselle；arrow-wood；elk-tree；lily-of-the-valley-tree；sorrel-tree；sour gum；sourgum-bush；sourwood；titi
Pachira（BOMBACACEAE）瓜栗属（木棉科）			**HS CODE** **4403.99**	
4895	*Pachira aquatica*	墨西哥、圭亚那、秘鲁、法属圭亚那、巴西、古巴、苏里南、巴拿马、尼加拉瓜、伯利兹、萨尔瓦多、危地马拉、厄瓜多尔	水瓜栗	acamoyote；bastard cocoa；cabello；castanha de maranhao；castano silvestre；kobel；konaheri；kuyche；mammo；mamorana；palo de agua；piton；poponjoche；provision；sapoton；webiaku；wild cocoa；xcui-che；zapaton；zapote bobo；zapote reventon；zapoton
4896	*Pachira brevipes*	拉丁美洲	短枝瓜栗	
4897	*Pachira emarginata*	海地	边缘瓜栗	colorado
4898	*Pachira faroensis*	秘鲁	法罗瓜栗	punga blanca de chamisal
4899	*Pachira insignis*	圭亚那、多米尼加、委内瑞拉、特立尼达、哥伦比亚、巴西、厄瓜多尔、波多黎各	显著瓜栗	bastard cocoa；carolina；castano；chataigne marron；flor de huimba；kanahiriballi；mamorana grande；munguba preta；sacha patas yura；sapote；water cocoa；wild breadnut；wild chataigne；wild chestnut
4900	*Pachira nervosa*	圭亚那、苏里南	多脉瓜栗	caton oudou；groote boschkapok；groote bosch-kapok；koonanaballi koemaka；koonanaballi koemaka djam；mahot coton；wepoetana kili kili；wopoetana kili kili maroe；yankomini
4901	*Pachira nitida*	巴西	密茎瓜栗	embiratanha

序号	学名	主要产地	中文名称	地方名
4902	*Pachira quinata*	洪都拉斯、尼加拉瓜、委内瑞拉、巴拿马、哥斯达黎加、哥伦比亚	五叶瓜栗	aba; caoba bastardo; cedrillo; cedro espino; cedro espinosa; cedro macho; ceiba colorado; ceiba tolua; habilla; jare; jaris; pochote; saqui-saqui; tolu
Pachyanthus（MELASTOMATACEAE）厚鹦属（野牡丹科）			HS CODE 4403.99	
4903	*Pachyanthus cubensis*	古巴	古巴厚鹦	hierro
Pachycormus（ANACARDIACEAE）白榄漆属（漆树科）			HS CODE 4403.99	
4904	*Pachycormus coville*	美国	康维白榄漆	copalquin; torote blanco
4905	*Pachycormus discolor*	墨西哥	变色白榄漆	torote blanco
Pachystroma（EUPHORBIACEAE）枸骨戟属（大戟科）			HS CODE 4403.99	
4906	*Pachystroma ilicifolium*	巴西	伊利西枸骨戟	canxim; canxim de folha grande; caxim; cega olho; mata-olho
4907	*Pachystroma longifolium*	巴西	长叶枸骨戟	canxim; caxim; cega olho; mata olho
Pagamea（RUBIACEAE）沙九节属（茜草科）			HS CODE 4403.99	
4908	*Pagamea capitata*	圭亚那	头状沙九节	kaiakaiadan; kirischok
4909	*Pagamea coriacea*	圭亚那	革叶沙九节	
4910	*Pagamea guianensis*	圭亚那、苏里南	圭亚那沙九节	kaiakaiadan; kai-yakai yadan; kaiyakaiyadan; kirichak; kwariroman
4911	*Pagamea pilosa*	苏里南	多毛沙九节	
Palicourea（RUBIACEAE）帕立茜草属（茜草科）			HS CODE 4403.99	
4912	*Palicourea alpina*	多米尼加、古巴、瓜德罗普岛	高山帕立茜草	cafetan; cenizoso cimarron; tafetan; tapa camino
4913	*Palicourea corymbifera*	巴西	伞状帕立茜草	genipapo rosa
4914	*Palicourea crocea*	委内瑞拉、西印度群岛、波多黎各、古巴、向风群岛	番红帕立茜草	amargoso; bois puce; cachimbo; cafe de monte; palicourea; palo de cachimbo; ponasi; tapa camino; yellow cedar
4915	*Palicourea domingensis*	西印度群岛、古巴	多明帕立茜草	cheakyberry; taburete

序号	学名	主要产地	中文名称	地方名
4916	Palicourea guianensis	圭亚那	圭亚那帕立茜草	buckwood；imoro；kamadani
4917	Palicourea lasiantha	秘鲁	毛花帕立茜草	jaboncillo
4918	Palicourea macrobotrys	秘鲁	长序帕立茜草	quillo-sisa
4919	Palicourea padifolia	墨西哥	帕迪帕立茜草	ipecacuana
4920	Palicourea perquadrangularis	委内瑞拉	佩朗帕立茜草	guesito
4921	Palicourea rigida	委内瑞拉	硬帕立茜草	chaparro bobo
4922	Palicourea solivaga	厄瓜多尔	索瓦帕立茜草	sacha cafe
	Pandanus（PANDANACEAE） 露兜树属（露兜树科）		**HS CODE** **4403.99**	
4923	Pandanus odoratissimus	美国	芬芳露兜树	hala；puhala
4924	Pandanus tectorius	美国	穹顶露兜树	puhala；screw pine
4925	Pandanus utilis	波多黎各	良木露兜树	palma de tirabuzon；palma de tornillo；pandano；screwpine
	Pangium（ACHARIACEAE） 黑羹树属（青钟麻科）		**HS CODE** **4403.99**	
4926	Pangium pilosum	秘鲁	多毛黑羹树	toro-urcu
4927	Pangium polygonatum	秘鲁	玉竹黑羹树	shucush-quina
	Panopsis（PROTEACEAE） 热美山龙眼属（山龙眼科）		**HS CODE** **4403.99**	
4928	Panopsis rubescens	亚马孙	红热美山龙眼	louro faia
4929	Panopsis sessilifolia	苏里南、圭亚那	短柄热美山龙眼	foedi iwidale；idaballi；kaikai；mahoballi
4930	Panopsis sprucei	巴西	云杉热美山龙眼	malheia；pau malheira
4931	Panopsis suaveolens	厄瓜多尔、哥斯达黎加	香甜热美山龙眼	coco de monte；papa
	Paradrypetes（EUPHORBIACEAE） 贴梗桐属（大戟科）		**HS CODE** **4403.99**	
4932	Paradrypetes ilicifolia	巴西	冬青叶贴梗桐	ameixa；folha de serra
4933	Paradrypetes subintegrifolia	拉丁美洲	半缘叶贴梗桐	

序号	学名	主要产地	中文名称	地方名
Parahancornia（APOCYNACEAE） 胶竹桃属（夹竹桃科）			HS CODE 4403.49	
4934	*Parahancornia amapa*	巴西、圭亚那、苏里南	胶竹桃	amapa；amapa-amargo；dukali
4935	*Parahancornia fasciculata*	苏里南、巴西、圭亚那、法属圭亚那、秘鲁	簇生胶竹桃	amaapa；amapa amargoso；amapa branco；amapazinho；doekali；dokalli；dukali；mampa；mapa；mappa；naranja podrida；naranjo podrido
4936	*Parahancornia paradoxa*	巴西、圭亚那、苏里南、秘鲁	奇异胶竹桃	amapa
4937	*Parahancornia peruviana*	秘鲁	秘鲁胶竹桃	naranjo podrida；naranjo podrido
Paramachaerium（FABACEAE） 赛军刀豆属（蝶形花科）			HS CODE 4403.99	
4938	*Paramachaerium krukovii*	圭亚那	克氏赛军刀豆	
4939	*Paramachaerium ormosioides*	圭亚那	红豆赛军刀豆	
4940	*Paramachaerium schomburgkii*	圭亚那、苏里南、法属圭亚那	舒氏赛军刀豆	bois de lettre；bois de lettres marbre；bois de lettres mouchete；hitriribou raballi；itaka；itiki；itikiboera balli；itikiboura balli；lettremarbre；moutouchi grand bois；tigerwood
Parapiptadenia（MIMOSACEAE） 赛落腺豆木属（含羞草科）			HS CODE 4403.99	
4941	*Parapiptadenia excelsa*	阿根廷、巴西、乌拉圭、巴拉圭	大赛落腺豆木	angico；arapirica；cebil bianco；cebil blanc；cebil blanco；cebil colorado；cebil moro；cevil；curupay；horco cebil；jacare；parica；paricachi；sacha cebil；surucucu；timba rana；vit cebil；witte cebil
4942	*Parapiptadenia rigida*	阿根廷、巴西、中美洲、巴拉圭、委内瑞拉	硬赛落腺豆木	anchico；anchico colorado；arapiraca；cebil；cebil colorado；cebil moro；curupay；hediondo；horcocebil；jacare；paracachi；queenwood；red angico；rod angico；rode angico；surucucu；timba rana；true angico

序号	学名	主要产地	中文名称	地方名
Paraserianthes（MIMOSACEAE） 箭羽楹属（含羞草科）			**HS CODE** **4403. 49**	
4943	*Paraserianthes lophantha*	墨西哥	尖花箭羽楹	cuca de arbol; garbancillo
Paratecoma（BIGNONIACEAE） 赛黄钟花属（紫葳科）			**HS CODE** **4403. 99**	
4944	*Paratecoma peroba*	巴西	赛黄钟花	caroba; edelteak; ipe; ipe clare; perbinha; peroba amaralla; peroba amarela; peroba amarella; peroba bianca; peroba blanca; peroba branca; peroba branco; peroba de campo; peroba reseca; peroba tigrinha; peroba tremida; peroba verdadeira; white peroba
Parinari（CHRYSOBALANA） 姜饼木属（金橡实科）			**HS CODE** **4403. 49**	
4945	*Parinari campestris*	苏里南、圭亚那、巴西、特立尼达、厄瓜多尔、法属圭亚那	平地姜饼木	bcherada; benerada; buirata; burada; burhoorada; candlewood; cautoro; farinha secca; foengoe hoedoe; koebesini; koepesini; koepesjini; makarai; pajura; parinari; parinari petit; swamp burada; vonkhout; witte foengoe
4946	*Parinari excelsa*	圭亚那、苏里南、巴西、特立尼达、委内瑞拉	大姜饼木	aiamoradan; beherada; boeirata; boohoorada; buhurada; buirata; burada; caraiperana; foengoe hoedoe; foengoe pau; koebesini; koepesiini; makarai; pajura; parinari; vonkhout; witte foengoe
4947	*Parinari montana*	圭亚那、巴西	山生姜饼木	burada; candlewood; kupisini; makarai; pajura; parinari; wamuk; wamuku
4948	*Parinari nitidum*	圭亚那	光泽姜饼木	
4949	*Parinari pachyphylla*	委内瑞拉、哥伦比亚	厚叶姜饼木	merecure; perefuetano; perquetano
4950	*Parinari parilis*	秘鲁	帕里姜饼木	uchpa-umari
4951	*Parinari parvifolia*	圭亚那	小叶姜饼木	boohoorada; burada; candlewood; hill burada
4952	*Parinari rodolphii*	巴西北部、圭亚那、委内瑞拉	姜饼木	farinha seca; hill burada; merecure montanero; paranary; parinari; parinari; parinary
4953	*Parinari rubiginosa*	巴西	褐姜饼木	

序号	学名	主要产地	中文名称	地方名
4954	*Parinari salomonensis*	巴西	萨洛姜饼木	
Parkia（MIMOSACEAE）球花豆属（含羞草科）			**HS CODE** 4403.49	
4955	*Parkia balslevii*	厄瓜多尔	巴氏球花豆	guarango；sotanga；unque-kan-he
4956	*Parkia decussata*	巴西	德库球花豆	arara-tucupy；visgueiro
4957	*Parkia multijuga*	厄瓜多尔、巴西	多对球花豆	acacia；cutangam；male faveira；ojoewa；tambury；tankam；uya；yurunts
4958	*Parkia nitens*	秘鲁	尼登球花豆	bellaco-caspi
4959	*Parkia nitida*	圭亚那、苏里南、巴西、委内瑞拉、秘鲁	密茎球花豆	acacia male；ajoewa；bosch-tamari；caro montanero；dodomissinga；faveira；faveira branca；ipanai；kasoeto；kosing；kwatakama；loeloe-oe；oeloeloe-oe；oja；tamoene oeloeloe；tontoaoua；tontoe awha；visgueiro
4960	*Parkia oppositifolia*	巴西	对生叶球花豆	faveria；japacanim
4961	*Parkia paraensis*	巴西	帕拉球花豆	fava；fava arara tucupi；faveira
4962	*Parkia pendula*	圭亚那、委内瑞拉、苏里南、巴西、法属圭亚那	悬垂球花豆	acacia male；cascaron；darina；fava bolota；faveira；faveira bolota；goma pashaca；hipanai；ipana；kouatakama；kwata kama；lialiadan tataroe；pau de arara；rayo；saandoe；tamarindo；visgueiro
4963	*Parkia roxburghii*	巴西	球花豆	
4964	*Parkia ulei*	圭亚那	乌勒球花豆	uya
4965	*Parkia velutina*	拉丁美洲	短绒球花豆	
Parkinsonia（CAESALPINIACEAE）肩轴木属（苏木科）			**HS CODE** 4403.99	
4966	*Parkinsonia aculeata*	多米尼加、尼加拉瓜、墨西哥、西印度群岛、美国、阿根廷、乌拉圭、委内瑞拉、古巴、波多黎各、巴哈马、危地马拉、哥伦比亚、海地、秘鲁、萨尔瓦多、瓜德罗普岛	肩轴木	acacia；bacapore；cinacina；espinillo；fulfatillo；goajiro；guachibelle；guacoporo；horsebean；huacoporo；jerusalem-thorn；madam yass；mataburro；parkinsonia；quechi-pelle；retama china；siempre-viva；spanish broom；sulfato；wonder-tree；yabo

序号	学名	主要产地	中文名称	地方名
Parmentiera（BIGNONIACEAE） 桐花树属（紫葳科）			**HS CODE** **4403.99**	
4967	*Parmentiera aculeata*	墨西哥、伯利兹、波多黎各	多刺桐花树	auue-quec；chachi；chotecuahuite；crucetillo；cuachilote；cuajilote；cuajxilutl；guajilote；gueto-xiga；katkuuk；pepin；pepino de arbol；pushni；puxn；shatkuuk；tyacua-najnu；tzote；x-kat-kuuk
4968	*Parmentiera cereifera*	美国、波多黎各、巴拿马	塞雷桐花树	arbol de cera；candle-tree；palo de vela；panama candle-tree；wild calabash
4969	*Parmentiera macrophylla*	巴拿马	大叶桐花树	wild calabash
Parthenocissus（VITACEAE） 爬山虎属（葡萄科）			**HS CODE** **4403.99**	
4970	*Parthenocissus quinquefolia*	美国	五叶爬山虎	virginia creeper
4971	*Parthenocissus tricuspidata*	美国	三尖爬山虎	
Patagonula（BORAGINACEAE） 帕塔厚壳木属（紫草科）			**HS CODE** **4403.99**	
4972	*Patagonula americana*	巴西、阿根廷、巴拉圭、乌拉圭	帕塔厚壳木	amarillo；cuayabi；freijo；guayabi amarillo；guayabi blanco；guayabi moroti；guayabi negro；guayabira；guayabira blanco；guayabira crespo；guayabira negro；guayaibi negro；guayaibi-jhu；guayaibi-moroti；guayavi；guayubira；guyaba；ipebranco
Paullinia（SAPINDACEAE） 醒神藤属（无患子科）			**HS CODE** **4403.99**	
4973	*Paullinia alata*	秘鲁	翼状醒神藤	cumba-huasca
4974	*Paullinia anodonta*	秘鲁	无齿醒神藤	
4975	*Paullinia bracteosa*	秘鲁	多苞醒神藤	
4976	*Paullinia caloptera*	秘鲁	美翼醒神藤	sapo-huasca
4977	*Paullinia capreolata*	秘鲁	卡雷醒神藤	
4978	*Paullinia latifolia*	秘鲁	阔叶醒神藤	

序号	学名	主要产地	中文名称	地方名
4979	*Paullinia moquisapaensis*	秘鲁	莫奎醒神藤	uchu-huasca
4980	*Paullinia pinnata*	伯利兹	羽状醒神藤	fish poisontree
4981	*Paullinia rufescens*	圭亚那	红醒神藤	abuyabokoloko
4982	*Paullinia selenoptera*	秘鲁	月蕊醒神藤	ciomba huasca
Paulownia（SCROPHULARIACEAE）泡桐属（玄参科）		**HS CODE 4403.99**		
4983	*Paulownia tomentosa*	美国	毛泡桐	blue catalpa；empress-tree；kiri；paulownia；paulownia-tree；princess-tree；royal paulownia
Pausandra（EUPHORBIACEAE）青冈桐属（大戟科）		**HS CODE 4403.99**		
4984	*Pausandra martinii*	圭亚那	马氏青冈桐	masawi
4985	*Pausandra megalophylla*	拉丁美洲	巨叶青冈桐	
4986	*Pausandra morisiana*	拉丁美洲	莫里青冈桐	
4987	*Pausandra trianae*	拉丁美洲	三角青冈桐	
Payena（SAPOTACEAE）巴因山榄属（山榄科）		**HS CODE 4403.99**		
4988	*Payena lucida*	西印度群岛	亮叶巴因山榄	niato balam
Paypayrola（VIOLACEAE）管蕊堇属（堇菜科）		**HS CODE 4403.99**		
4989	*Paypayrola guianensis*	苏里南、圭亚那	圭亚那管蕊堇	akkarandan；ejarcpore；encens；kakauballi；koepare-er epale；maipiorie kerapori；maisjoere-ekjarepore；saminoe-wewe；tajahoedoe；visiebia
4990	*Paypayrola longifolia*	圭亚那	长叶管蕊堇	adebero
Pelliciera（TETRAMERISTACEAE）假红树属（四籽树科）		**HS CODE 4403.99**		
4991	*Pelliciera rhizophorae*	哥斯达黎加、巴拿马	根瘤假红树	mangle pinuela；palodesal
Peltogyne（CAESALPINIACEAE）紫心苏木属（苏木科）		**HS CODE 4403.49**		
4992	*Peltogyne catngae*	南美洲	卡蒂紫心苏木	amarante；morado；pau roxo；purpleheart；roxinho

序号	学名	主要产地	中文名称	地方名
4993	*Peltogyne confertiflora*	巴西、苏里南、圭亚那、委内瑞拉、哥伦比亚	密花紫心苏木	amarante；amaranth pau roxo；amaranttra；grove purperhart；guarabu；koroboreli；legno amarante；morado；nazzareno；purperhart；purpleheart；roxinho；sakavalli；tananeo；violetwood
4994	*Peltogyne discolor*	巴西、圭亚那	异色紫心苏木	amarante；amaranth purpleheart；amaranto；amaranttra；legno amarante；nazareno；nazzareno；pau roxo；purperhart；purpleheart
4995	*Peltogyne floribunda*	委内瑞拉、美国	众花紫心苏木	nazareno；violetwood
4996	*Peltogyne guarabu*	巴西	瓜拉布紫心苏木	guararu roxo
4997	*Peltogyne lecointei*	巴西、圭亚那	紫心苏木	amarante；amaranth；amaranto；amaranttra；legno amarante；nazareno；nazzareno；pau-roxo；purperhart；purpleheart
4998	*Peltogyne macrolobium*	南美洲	大裂紫心苏木	guarabu
4999	*Peltogyne maranhensis*	巴西	巴西紫心苏木	pau-roxo；roxinho
5000	*Peltogyne mexicana*	巴拿马、墨西哥	墨西哥紫心苏木	nazareno；palo morado
5001	*Peltogyne paniculata*	委内瑞拉、巴西、法属圭亚那、苏里南、圭亚那、特立尼达、哥伦比亚	锥花紫心苏木	algarrobito；amarante；barabu；cocha；echte purperhart；guarabussu；hoepelhout；ipe roxo；koeloeboeralli；marawineroo；popoatti；popohatti；purpleheart；purplewood；sakavalli；sapater；tananeo；tannaneo；violetwood；zapatero
5002	*Peltogyne paradoxa*	巴西	奇异紫心苏木	coata quicaua；monkey-hammock
5003	*Peltogyne porphyrocardia*	圭亚那、委内瑞拉、苏里南、特立尼达、哥伦比亚	红褐紫心苏木	barawad；daba；kanau；koroborelı；morado；nazareno；pau roxo；purperhart；purpleheart；saka；sakavalli；tananeo；zapatero
5004	*Peltogyne pubescens*	亚马孙及南美洲北部	短柔毛紫心苏木	amarante；koroborelli；pauroxo；purpleheart

序号	学名	主要产地	中文名称	地方名
5005	*Peltogyne purpurea*	哥伦比亚、圭亚那、巴拿马、委内瑞拉、哥斯达黎加、巴西、苏里南	巴拿马紫心苏木	ago parpora；amarante；amaranth purpleheart；barabu；bluewood；koroboreli；morado；nazareno；pao ferro；pao roxo；pau roxo；purperhart；purpleheart；roxinho；saka；sakavalli；tananeo；violett holz
5006	*Peltogyne recifensis*	巴西	礁石紫心苏木	barabu；pau roxa；pau roxo
5007	*Peltogyne venosa*	委内瑞拉、圭亚那、巴西、法属圭亚那、苏里南、哥伦比亚、美国、特立尼达	具脉紫心苏木	algarrobito；amaranth purpleheart；amaranttra；barabu；bois violet；guarabu；guarabussu；hoepelhout；koeloeboeralli；koroboreli；legno purpureo；marako；nazareno；popohatti；roxinho；sakavalli；simitridis；tananeo；violetwood；zapatero
	Peltophorum（CAESALPINIACEAE）双翼苏木属（苏木科）		**HS CODE 4403.49**	
5008	*Peltophorum adnatum*	古巴	附生双翼苏木	abey hembra；moruro abey；moruro de sabana；moruro roja；palo de rayo；sabicu；sabicu colorado；sabicu moruro；zapatero
5009	*Peltophorum dubium*	海地、多米尼加、巴西、阿根廷、巴拉圭、波多黎各、巴哈马、墨西哥、古巴	有疑双翼苏木	abe rouge；abey；amendoim falso；canafistola；canafistula；guarucaia；horse-bush；ipalo colorado；ivarapyta；sabicu；tamboril bravo；varapita；virapita；yvyra-pita；zapatero
5010	*Peltophorum mollis*	哥伦比亚	软双翼苏木	canafistulo
5011	*Peltophorum platyloba*	墨西哥、哥伦比亚	宽裂片双翼苏木	arellano；canafistolo de monte；colorado palo
5012	*Peltophorum pterocarpum*	波多黎各、古巴、特立尼达、美国、瓜德罗普岛	盾柱双翼苏木	flamboyan amarillo；framboyan amarillo；peltophorum；yellow flamboyant；yellow poinciana；zapatero
5013	*Peltophorum velutina*	危地马拉	短茸毛双翼苏木	aripin
5014	*Peltophorum violacea*	牙买加、古巴	花叶双翼苏木	braziletto；yarua
5015	*Peltophorum vogelianum*	阿根廷、巴拉圭	沃格双翼苏木	guarucaia；ipira-pyta

序号	学名	主要产地	中文名称	地方名
Pentaclethra（MIMOSACEAE） 五柳豆属（含羞草科）			**HS CODE** **4403.49**	
5016	*Pentaclethra macroloba*	委内瑞拉、圭亚那、巴西、法属圭亚那、巴拉圭、苏里南、特立尼达、尼加拉瓜、哥斯达黎加、海地、巴拿马	大裂五柳豆	apara；awaragaik；barawakashi；carbonero；gavilan；iripilbark-tree；koroballi；kroebara；mulato；oil-bean；opagga；palo；paracachy；parawajaji；paroa-caxi；pracachy；pracxy；quebracho；sangredo；tamarind；trysil；wild tamarind
Pentagonia（RUBIACEAE） 红乳果属（茜草科）			**HS CODE** **4403.99**	
5017	*Pentagonia macrophylla*	厄瓜多尔、巴拿马	大叶红乳果	ahua chicta；boyomo；chicta；ismarcarina yura；nunka；wild grape
5018	*Pentagonia magnifica*	巴拿马	美丽红乳果	tobacco
5019	*Pentagonia orthoneura*	厄瓜多尔	直脉红乳果	cascarilla de montana
5020	*Pentagonia williamsii*	厄瓜多尔	威氏红乳果	mino
Pentapanax（ARALIACEAE） 五加参属（五加科）			**HS CODE** **4403.99**	
5021	*Pentapanax angelicifolius*	阿根廷	角五加参	alamo；albiche；palo de san antonio；pino del chaco；pino del norte；sacha paraiso
5022	*Pentapanax warmingiana*	巴拉圭	温丽五加参	quino
Pera（PERACEAE） 蚌壳木属（蚌壳木科）			**HS CODE** **4403.99**	
5023	*Pera arborea*	哥伦比亚	树状蚌壳木	gallino
5024	*Pera barbellata*	墨西哥	巴贝蚌壳木	astaprieta；palo prieto
5025	*Pera bicolor*	圭亚那	少须蚌壳木	atopale；figueirinha；hachiballi；pirikraipio；watopari
5026	*Pera bumeliifolia*	巴哈马	枪叶蚌壳木	black ebony；bullwood；jiqui；pera
5027	*Pera coccinea*	拉丁美洲	朱红蚌壳木	
5028	*Pera decipiens*	拉丁美洲	解密蚌壳木	congrij；congrillo blanco
5029	*Pera ferruginea*	圭亚那	锈色蚌壳木	hachiballi
5030	*Pera glabrata*	圭亚那、委内瑞拉	光滑蚌壳木	figueirinha；hachiballi；pilon rosado
5031	*Pera schomburgkiana*	圭亚那、委内瑞拉	斯氏蚌壳木	amarillo；hachiballi；ur

序号	学名	主要产地	中文名称	地方名
Perebea（MORACEAE） 黄乳桑属（桑科）			**HS CODE** **4403.99**	
5032	*Perebea guianensis*	拉丁美洲	圭亚那黄乳桑	
5033	*Perebea mollis*	拉丁美洲	软黄乳桑	
5034	*Perebea tessmannii*	厄瓜多尔	泰氏黄乳桑	guapi；ttesitive' cho
5035	*Perebea xanthochyma*	厄瓜多尔、秘鲁	黄化黄乳桑	c'arap'ach；chimiqua；mataplo；siparuna
Pericopsis（FABACEAE） 美木豆属（蝶形花科）			**HS CODE** **4403.49**	
5036	*Pericopsis laxiflora*	巴西	疏花美木豆	kolo'kolo
Peridiscus（PERIDISCACEAE） 围盘树属（围盘树科）			**HS CODE** **4403.99**	
5037	*Peridiscus lucidus*	巴西	光亮围盘树	pau santo
Periploca（ASCLEPIADACEAE） 杠柳属（萝藦科）			**HS CODE** **4403.99**	
5038	*Periploca laevigata*	西印度群岛	金樱子杠柳	cornical
Pernettya（ERICACEAE） 南白珠属（杜鹃科）			**HS CODE** **4403.99**	
5039	*Pernettya ciliata*	墨西哥	纤毛南白珠	capulincillo
5040	*Pernettya mucronata*	拉丁美洲	尖头南白珠	
Persea（LAURACEAE） 鳄梨属（樟科）			**HS CODE** **4403.99**	
5041	*Persea americana*	巴西、苏里南、墨西哥、古巴、厄瓜多尔、巴拿马、波多黎各、美国、委内瑞拉、法属圭亚那、哥斯达黎加、维尔京群岛、秘鲁、西印度群岛、伯利兹、哥伦比亚、牙买加、特立尼达、海地、向风群岛	鳄梨木	abacate；abacateiro；awacati；bashlobo；bois d'anis；bukra；butter pear；cuytuim；deborkor；hamo；huira-palto；koidium；kuitmkeip；laurier avocat；palta；tatsan；tutiti；wild avocado；xinene；yashusa；yaujca；yeuca-te；zaboca；zoboca
5042	*Persea amplifolia*	洪都拉斯	广叶鳄梨木	aguacatillo
5043	*Persea borbonia*	美国	红湾鳄梨木	common papaw；false mahogany；florida mahogany；galls bay；laurel-tree；magnolia wild banana；red bay；redbay；shorebay；swamp bay；sweet bay；tisswood；white bay

序号	学名	主要产地	中文名称	地方名
5044	*Persea caerula*	巴拿马、委内瑞拉、哥伦比亚	蓝鳄梨木	aguacate chico；aguacatillo；amarillo laurel；dark blue peasea
5045	*Persea carolinensis*	拉丁美洲	卡洛琳鳄梨木	
5046	*Persea floccosa*	墨西哥	絮状鳄梨木	aguacate cimarron
5047	*Persea hintonii*	墨西哥	辛顿鳄梨木	laurel cimarron；tepeaguacate
5048	*Persea humilis*	美国	扁平鳄梨木	scrub-bay；silkbay
5049	*Persea krugii*	多米尼加、波多黎各、海地	库氏鳄梨木	almendro；aquacillo；canela；canela de la tierra；macao；peche marron
5050	*Persea liebmanni*	墨西哥	利布曼鳄梨木	tepeaguacate
5051	*Persea lingue*	智利	舌状鳄梨木	laurel-tree；ligue；line；lingue；litchi
5052	*Persea oralissima*	西印度群岛	奥拉里鳄梨木	avocado pear
5053	*Persea palustris*	美国	沼泽鳄梨木	bay；red swamp bay；redbay；swamp bay；swamp red bay；swamp redbay；sweetbay
5054	*Persea podadenia*	墨西哥	波代鳄梨木	amolillo；laurel；laurel de la sierra；salsafras
5055	*Persea racemosa*	巴西	聚果鳄梨木	canela rosa；rosa
5056	*Persea rigens*	巴拿马	硬鳄梨木	aguacatillo；canelo jopincholo；pizarra
5057	*Persea schiedeana*	墨西哥、巴拿马、危地马拉、哥斯达黎加、巴西、伯利兹	野鳄梨木	aguacate；aguacatillo；chaucte；chinin；chinini；chucte；coyo；coyocte；kiyau；kiyo；kotyo；louro abacate；pahua；shucte；wild pear；xinene；yas
5058	*Persea sericea*	厄瓜多尔	绢毛鳄梨木	pacarcar；sacha aguacate
5059	*Persea urbaniana*	波多黎各、背风群岛	班卡鳄梨木	aguacatillo；sweetwood
5060	*Persea veraguasensis*	巴拿马	贝拉瓜斯鳄梨木	sigua carano
5061	*Persea vesticula*	哥斯达黎加	威斯鳄梨木	asca；sirri
	Petitia（VERBENACEAE） 西印度群岛马鞭属（马鞭草科）		**HS CODE** **4403.99**	
5062	*Petitia domingensis*	巴哈马、牙买加、西印度群岛、海地、波多黎各、多米尼加、古巴	西印度群岛马鞭	bastard stopper；capa amarillo；capa blanca；capa blanco；capa de sabana；capa rosado；capa sabanero；capade sabana；capawood；chene calebassier；chene calle brassie；fiddlewood；guayo prieto；petitia；roble guayo

序号	学名	主要产地	中文名称	地方名
5063	*Petitia poeppigia*	古巴	波皮西印度群岛马鞭	roble guayo
Peumus（MONIMIACEAE） 解醉茶属（玉盘桂科）			**HS CODE** **4403.99**	
5064	*Peumus boldus*	智利、墨西哥	波尔多树	boldo；boldu
Pfaffia（AMARANTHACEAE） 莽棉苋属（苋科）			**HS CODE** **4403.99**	
5065	*Pfaffia stenophylla*	秘鲁	狭叶莽棉苋	trompetero
Phaulothamnus（ACHATOCARPACEAE） 蛇眼果属（玛瑙果科）			**HS CODE** **4403.99**	
5066	*Phaulothamnus spinescens*	墨西哥	锐刺蛇眼果	putia
Phellodendron（RUTACEAE） 黄檗属（芸香科）			**HS CODE** **4403.99**	
5067	*Phellodendron amurense*	美国	黄檗	amur corktree
Philadelphus（HYDRANGEACEAE） 山梅花属（绣球科）			**HS CODE** **4403.99**	
5068	*Philadelphus affinis*	墨西哥	近缘山梅花	mosqueta
5069	*Philadelphus coronarius*	北美洲、墨西哥	冠状山梅花	jasmin unechter；jazmin mosqueta；mosqueta
5070	*Philadelphus inodorus*	美国	无味山梅花	mock-orange
5071	*Philadelphus mexicanus*	墨西哥	墨西哥山梅花	acuilotl；jazmin；jazmin de hueyapan；jazmin del monte；jeringuilla；mosqueta
Phoebe（LAURACEAE） 桢楠属（樟科）			**HS CODE** **4403.49**	
5072	*Phoebe barbusano*	西印度群岛	巴布桢楠	babusano
5073	*Phoebe betazensis*	哥斯达黎加	贝塔桢楠	quizarra
5074	*Phoebe chinantecorum*	墨西哥	齐科桢楠	mogu；mo-guu
5075	*Phoebe effusa*	墨西哥、巴拿马	疏松桢楠	aquacatillo；canelito；pimiento；sigua blanca
5076	*Phoebe ehrenbergii*	墨西哥	埃氏桢楠	aguacatillo；bebelama
5077	*Phoebe elongata*	波多黎各、西印度群岛、古巴、小安的列斯群岛、瓜德罗普岛	长体桢楠	avispillo；bois doux；boniatillo；laurel avispillo；laurel bobo；laurier de rose

序号	学名	主要产地	中文名称	地方名
5078	*Phoebe helicterifolia*	墨西哥、伯利兹	螺旋叶桢楠	ante; campana; laurel; palo de campana; palo de tzitz; timbersweet
5079	*Phoebe mexicana*	墨西哥	墨西哥桢楠	
5080	*Phoebe montana*	波多黎各、古巴、多米尼加、海地、牙买加	山地桢楠	avispillo; boniato del pinar; laurel; laurier rose; palo de canela; sigua boba; sigua laurel; sigua macho; wild cinnamon
5081	*Phoebe pachypoda*	墨西哥	帕奇桢楠	aguacate cimarron; aguacatillo; apugato cimarron; shimalo-shanal
5082	*Phoebe porosa*	南美洲	波罗萨桢楠	febo
5083	*Phoebe porphyria*	阿根廷	卟啉桢楠	ayuy hu; canela preta; laurel de la falda; laurel negro
5084	*Phoebe psychotrioides*	墨西哥	节状桢楠	aguacatillo
5085	*Phoebe tampicensis*	墨西哥	坦皮科桢楠	aguacatillo; tzenojti
5086	*Phoebe vesiculosa*	阿根廷	囊状桢楠	ayuy-pichai
	Phoradendron（VISCACEAE）肉穗寄生属（槲寄生科）		**HS CODE 4403.99**	
5087	*Phoradendron flavescens*	秘鲁	淡黄肉穗寄生	
5088	*Phoradendron mathewsii*	秘鲁	马氏肉穗寄生	pishco isman
5089	*Phoradendron piperoides*	秘鲁	笛状肉穗寄生	pajar
5090	*Phoradendron quadrangulare*	秘鲁	方形肉穗寄生	pishco isman; suelda con suelda
	Phragmotheca（BOMBACACEAE）隔药榄属（木棉科）		**HS CODE 4403.99**	
5091	*Phragmotheca leucoflora*	秘鲁	白叶隔药榄	sapotillo
	Phyllanthus（EUPHORBIACEAE）油柑属（大戟科）		**HS CODE 4403.99**	
5092	*Phyllanthus acidus*	哥伦比亚、委内瑞拉、波多黎各、墨西哥、苏里南、西印度群岛、美国、尼加拉瓜、萨尔瓦多、巴西、海地、圭亚那、伯利兹、瓜德罗普岛	阴沉油柑	arbolito; cereza; cereza amarilla; ciruelo costeno; goesberie; grosella; jimbling; manzana estrella; otaheite gooseberry-tree; pimientillo; roselle; star gooseberry; sybilline; totolole; wild gooseberry; wild plum
5093	*Phyllanthus acuminatus*	伯利兹、巴拿马、圭亚那	渐尖油柑	ciruelillo; jobitillo; parapara

序号	学名	主要产地	中文名称	地方名
5094	*Phyllanthus adenodiscus*	墨西哥	腺盘油柑	cascabel；chayacachte
5095	*Phyllanthus adianthoides*	拉丁美洲	弧状油柑	
5096	*Phyllanthus attenuatus*	拉丁美洲	细薄油柑	
5097	*Phyllanthus brasiliensis*	墨西哥、圭亚那	巴西油柑	kahyuk；mawanting；parapara；tikum；x-pahul；xpibul
5098	*Phyllanthus carolinensis*	墨西哥	卡洛琳油柑	kabalbesikte
5099	*Phyllanthus cladanthus*	拉丁美洲	侧枝油柑	
5100	*Phyllanthus cladotrichus*	拉丁美洲	毛芽油柑	hairyshoot leafflower
5101	*Phyllanthus glaucescens*	伯利兹、墨西哥	白霜油柑	monkey rattle；palo sonzo；pisch-tong；xpbixtdon
5102	*Phyllanthus grandifolius*	秘鲁	大叶油柑	gallinazo-panga；monkey rottle；pixton；tecon
5103	*Phyllanthus juglandifolius*	古巴、波多黎各、厄瓜多尔	桃叶油柑	grosella cimarrona；jaguerillo；quitasol
5104	*Phyllanthus niruri*	墨西哥、秘鲁	缪氏油柑	dormilona；pimiento
5105	*Phyllanthus piscatorum*	圭亚那	海岸油柑	parapara
5106	*Phyllanthus pseudoconami*	厄瓜多尔	伪科油柑	kwimbe
5107	*Phyllanthus salviifolius*	委内瑞拉	鼠叶油柑	cascaron；cedrillo；cedrito；tenidor
Phyllocarpus（CAESALPINIACEAE） 叶状枝属（苏木科）		**HS CODE 4403.99**		
5108	*Phyllocarpus riedelii*	巴西	河地叶状枝	guarabuyce bola
Phyllostylon（ULMACEAE） 叶柱榆属（榆科）		**HS CODE 4403.99**		
5109	*Phyllostylon brasiliensis*	古巴、多米尼加、阿根廷、海地、墨西哥、西印度群岛、委内瑞拉、巴西、巴拉圭、哥伦比亚	巴西叶柱榆	baitao；baitoa；boxwood；cara tibama；ceron；ibira-catu；jatia；membrillo；palo amarillo；pau branco；sabanero；san domingo palmhout；tala grande；vareteiro；west indian box；west indian boxwood；westindisch palmhout；whitewood；yao-si-y-guazu

序号	学名	主要产地	中文名称	地方名
5110	*Phyllostylon rhamnoides*	阿根廷	菱叶叶柱榆	ibera-katu；ibira-catu；palo amarillo；san domingo boxwood
Physocalymma（LYTHRACEAE）樱薇属（千屈菜科）			**HS CODE** 4403.99	
5111	*Physocalymma noridum*	巴西	诺里樱薇	pao cravo
5112	*Physocalymma scaberrimum*	巴西、秘鲁	粗糙樱薇	cego machado；cego maschado；gipio；huainava；huainuma；huainuna；pau-rosa；paude-resas
Physocarpus（ROSACEAE）风箱果属（蔷薇科）			**HS CODE** 4403.99	
5113	*Physocarpus malvaceus*	美国	马尔瓦风箱果	ninebark
5114	*Physocarpus opulifolius*	美国	金叶风箱果	ninebark
Phytelephas（PALMAE）石棕榈属（棕榈科）			**HS CODE** 4403.99	
5115	*Phytelephas macrocarpa*	厄瓜多尔、委内瑞拉、秘鲁、哥伦比亚	大果石棕榈	chapi；ivoire vegetal；manta-palme；marfil vegetal；palma piedra；palma pietra；palmier pierreux；shishije；steenpalm；steinnuss-palme；stone palm；tagua；tagua-palme；yarina
Phytolacca（PHYTOLACCACEAE）商陆属（商陆科）			**HS CODE** 4403.99	
5116	*Phytolacca dioica*	西印度群岛、巴西、阿根廷	异株商陆	arbol de sombra；maria mole；ombu；umbu
5117	*Phytolacca rivinoides*	秘鲁、伯利兹	里维诺商陆	apacas；arambo；jocote
Picea（PINACEAE）云杉属（松科）			**HS CODE** 4403.23（截面尺寸≥15cm）或 4403.24（截面尺寸<15cm）	
5118	*Picea breweriana*	美国	布鲁尔云杉	brewer spruce；brewer's weeping spruce；brewer-spar；brewer-tran；epicea de brewer；picea de brewer；picea di brewer；siskiyou spruce；sloj-gran；weeping spruce
5119	*Picea chihuahuana*	墨西哥、美国	吉娃娃云杉	chihuahuan spruce；pinabete；spruces d'america

序号	学名	主要产地	中文名称	地方名
5120	*Picea engelmannii*	美国、加拿大	恩氏云杉	arizona spruce；balsam；columbian spruce；engelmann spar；engelmann-fichte；mountain spruce；picea de englemann；real pino；rocky mountain spruce；silver spruce；spruces d'america；western white spruce；white pine；white spruce
5121	*Picea glauca*	美国、加拿大、纽芬兰岛	白云杉	adirondack spruce；blue spruce；canadian spruce；cat spruce；double spruce；epinette blanche；epinette grise；epinette jaune；he-balsam；juniper；northern spruce；picea del canada；pine；sapin blanc；sapinette blanche；skunk spruce；spruce pine；vit-gran；water spruce；white spruce；yew pine
5122	*Picea mariana*	加拿大、美国	黑云杉	amerikansk svart-gran；black spruce；double spruce；eastern canadian spruce；eastern spruce；epinette jaune；muckeag spruce；picea nera americana；quebec spruce；sapin noir；sapinette noire；spruce pine；swamp spruce；water spruce；western spruce；yew pine
5123	*Picea mexicana*	墨西哥	墨西哥云杉	cipres；haya
5124	*Picea pungens*	美国	北美云杉	balsam；bla gran；blau-fichte；blauw-spar；blue spruce；colorado blue spruce；colorado spruce；epicea epineux；picea azul；picea pungente；prickly spruce；pungens-gran；real pino；silver spruce；spruces d'america；stech-fichte；water spruce；white spruce
5125	*Picea rubens*	加拿大、美国	红云杉	abetina rossa；black spruce；blue spruce；canadian red spruce；canadian spruce；double spruce；eastern spruce；he balsam；picea roja de canada；red spruce；rot-fichte；spruces d'america；west virginia spruce；yellow spruce

序号	学名	主要产地	中文名称	地方名
5126	*Picea sitchensis*	美国、加拿大	西加云杉	coast spruce；coast west spruce；eipcea de menzies；great tideland spruce；menzies spar；menziesie；sequoia silver spruce；silver spruce；sitka spar；sitkafichte；sitka-gran；sitka-spar；tideland spruce；west coast spruce；western spruce；yellow spruce
Picramnia（PICRAMNIACEAE） 苦榄木属（苦榄木科）			**HS CODE** **4403.99**	
5127	*Picramnia antidesma*	墨西哥	反网苦榄木	chilillo；huihuitecomit
5128	*Picramnia latifolia*	秘鲁	阔叶苦榄木	misho-caspi
5129	*Picramnia pentandra*	古巴、波多黎各、美国、海地、特立尼达、多米尼加、西印度群岛、瓜德罗普岛	五雄苦榄木	aguedita；bitterbush；bois poison；doctor-bar；florida bitterbush；guarema；hueso；palo de peje；palo de pez；quina del pais；roble agalla；vaillant garcon；wild coffee
5130	*Picramnia pistaciaefolia*	墨西哥	黄连叶苦榄木	cascara amarga
5131	*Picramnia tetramera*	墨西哥	四聚苦榄木	jobillo
Picrasma（SIMAROUBACEAE） 苦树属（苦木科）			**HS CODE** **4403.99**	
5132	*Picrasma antillana*	波多黎各、巴巴多斯、西印度群岛、背风群岛、小安的列斯群岛、向风群岛、瓜德罗普岛	安替苦树	bitter ash；bitterbark；cheakyberry；gall-tree；quassia；simaruba
5133	*Picrasma excelsa*	西印度群岛、波多黎各、伯利兹、哥伦比亚、海地、牙买加、安的列斯群岛、阿根廷	大苦树	bitter ash；bitterwood；bois amer；chilillo；fresno amargo；gorie frene；jamaica bitterholz；jamaica quassia；lena amarga；noyer；palo amargo；quachi；quassia jaune；quina brava；simaoba；simarouba male；west indian bitterwood
Pilgerodendron（CUPRESSACEAE） 智利南部柏属（柏科）			**HS CODE** 4403.25（截面尺寸≥15cm）或 4403.26（截面尺寸<15cm）	
5134	*Pilgerodendron uviferum*	智利、阿根廷	皮尔格柏①	cipres；cipres de las guaytecas；lahuan；patagonian pilgeroden dron

序号	学名	主要产地	中文名称	地方名
Pilocarpus（RUTACEAE） 解表木属（芸香科）			HS CODE 4403.99	
5135	*Pilocarpus goudotianus*	委内瑞拉、哥伦比亚	骨多解表木	borrachera；burachi；matasarna；palu cayente
5136	*Pilocarpus pennatifolius*	巴西	翼叶解表木	cocoi；goias；ibira-tai；mato grosso
5137	*Pilocarpus racemosus*	波多黎各、维尔京群岛、委内瑞拉、萨尔瓦多、墨西哥、哥斯达黎加、伯利兹、向风群岛、瓜德罗普岛	总状解表木	aceitillo；bois blanc；bois flambeau caraibe；burachi；cortes；kokobele；palu cayente；talcacao；tancache
5138	*Pilocarpus spicatus*	巴西	穗解表木	jaborandi；jaborandi de madeira；jaborandi-miudo-da-restinga
Pimenta（MYRTACEAE） 多香果属（桃金娘科）			HS CODE 4403.99	
5139	*Pimenta acris*	西印度群岛、多米尼加	众香树	bayleaf-tree；black cinnamon
5140	*Pimenta caryophyllata*	波多黎各、多米尼加	丁香多香果	auzu；malagueta；malagueto；ozua
5141	*Pimenta dioica*	伯利兹、牙买加、西印度群岛、墨西哥、哥斯达黎加、委内瑞拉、海地、洪都拉斯、古巴、危地马拉、尼加拉瓜、瓜德罗普岛	异株多香果	allspice；allspice-tree；du-tedan；female pimento；jamaica；malagueta；malagueto；patalolote；pimenta gorda；pimenton gorda；pimienta；pimiento de tabasco；pimiento oloroso；poivre jamaique；xocoxochitl
5142	*Pimenta pseudocaryophyllus*	巴西	假丁香多香果	eugenia
5143	*Pimenta racemosa*	波多黎各、苏里南、美国、牙买加、西印度群岛、海地、多米尼加、小安的列斯群岛、古巴、维尔京群岛、向风群岛、瓜德罗普岛	聚果多香果	ausu；bay boom；bay-rum-tree；bayberry-tree；bayleaf；canelillo；curupoom；limoncillo；malagueta；ozua；pimienta de tabasco；west indian bayberry；wild cilliment；wild cinnamon；wild olive
Pinckneya（RUBIACEAE） 苦扇花属（茜草科）			HS CODE 4403.99	
5144	*Pinckneya bracteata*	美国	具苞苦扇花	feverbark；fever-tree；florida quinine-bark；georgia-bark；pinckneya

序号	学名	主要产地	中文名称	地方名
Pinus（PINACEAE） 松属（松科）		**HS CODE** **4403. 21（截面尺寸≥15cm）或 4403. 22（截面尺寸<15cm）**		
5145	*Pinus albicaulis*	美国、加拿大	美国白皮松	alpine pine；alpine whitebark pine；creeping pine；pina blanche ecorce；pino blanco americano；pitch pine；scrub pine；vittal；vit-tall；white pine；white-bark；whitebark pine；white-stem pine；witbast-pijn；yellow pine
5146	*Pinus aristata*	美国	刺果松	balfour pine；bristle-cone；bristlecone pine；colorado bristlecone pine；fox-tail；foxtail pine；hickory pine；jack pine；pin queue de renard；pino de colorado；pino di california；ravsvans-tall；vossestaart-pijn；wind pine
5147	*Pinus arizonica*	南美洲	亚马孙松	pino blanco；pino chino
5148	*Pinus attenuata*	美国、墨西哥	瘤果松	eldorado-tall；hocker-pijn；knobcone pijn；knobcone pine；mount shasta pine；narrow-cone pine；pin knobcone；prickly-cone pine；sandy-slope pine；scrub pine；snow-line pine；sun-loving pine；sunny-slope pine；tuberculated-cone pine
5149	*Pinus ayacahuite*	墨西哥、美国、危地马拉	墨西哥白松	acalocahuite；acalocote；ayacahuite pijn；ayaucuahuitl；grijze mexicaanse pijn；hickory pine；mexican white pine；mexikansk tall；ocote blanco；ocote gretado；pinabete；pino acahuite；pino blanco de mejico；pino gretado；pino real；pino tabla；sacalacahuite
5150	*Pinus balfouriana*	美国	狐尾松	balfour pinc；foxtail pine；northern foxtail pine；pin queue de renard；pino coda di volpe；pino cola de zorro；ravsvans-tall；spruce pine；vossestaart-pijn

序号	学名	主要产地	中文名称	地方名
5151	*Pinus banksiana*	加拿大、美国	北美短叶松	banksian pine; banks-pijn; black pine; blackjack pine; bull pine; check pine; cypress; grey pine; jack pine; juniper; labrador pine; pin chetif; pin de banks; pino banksiano; scrub pine; sir joseph banks pine; spruce pine; zwerg-kiefer
5152	*Pinus caribaea*	巴哈马、伯利兹、古巴、波多黎各、南美洲、危地马拉、美国、洪都拉斯、尼加拉瓜、哥斯达黎加	加勒比松	bahaman pine; black pine; caribaea pine; caribbean pine; caribbean pitch pine; fat pine; honduran pine; honduras pitchpine; pinho ou pino; pino amarillo; pino hondureno; pino veta; she pitch pine; slash pine; soderns gul-tall; southern yellow pine; spruce pine; white pine
5153	*Pinus cembroides*	美国、墨西哥	墨西哥果松	arizona pine; bishicuri; mexican pine; mexican pinon; mexican pinyon; mexican pinyon pine; nut pine; pin comestible; pin pinyon; pino di colorado; pino messicano; pino pinonero; pinonero; pinyon; pinyon mejicano; pinyon pijn; stone pine; two-leaved nut pine
5154	*Pinus clausa*	美国	美国沙松	alabama pijn; alabama pine; alabama tall; florida spruce pine; oldfield pine; pin d'alabama; pino de alabama; pino di alabama; sand pine; scrub pine; southern sand pine; spruce pine; upland spruce pine
5155	*Pinus contorta*	加拿大、美国、墨西哥	扭叶松	beach pine; black pine; coast pine; contorta pijn; contorta pine; contorta-tall; drehkiefer; henderson pine; jack pine; knotty pine; lodgepole pijn; lodgepole pine; pino contorta; prickly pine; scrub pine; shore pine; tamarack pine; twisted pine; white pine

序号	学名	主要产地	中文名称	地方名
5156	*Pinus cooperi*	墨西哥	墨西哥山松	albacarrote；berg-pijn；cooper pine；mexican mountain pine；mexikansk tall；pin mexicain de la montagne；pino amarillo；pino mejicano de la montana；pino messicano della montagna
5157	*Pinus coulteri*	美国、墨西哥	大果松	bigcone pine；bull pine；coulter pijn；coulter pine；coulter-tall；large-cone pine；nut pine；pin coulter；pino coulter；pitch pine
5158	*Pinus culminicola*	墨西哥	野顶松	potosi pinyon pine
5159	*Pinus densa*	美国	密松	dade pine
5160	*Pinus douglasiana*	墨西哥	道格拉斯松	douglas pine；durango pijn；durango pine；durango-tall；pin de durango；pino blanco；pino de durango；pino di durango；pino hayarin
5161	*Pinus durangensis*	墨西哥	杜戟松	durango pijn；durango pine；durango-tall；hojas；pin durango；pino blanco；pino de seis；pino durango；pino real；pino real de seis hoja
5162	*Pinus echinata*	美国	多刺松	arkansas pine；bull pine；carolina pine；forest pine；igel kiefer；oldfield pine；pin dortleaf；pin doux；pin shortleaf；shortleaf yellow pine；shortschat pine；shortshat pine；shortstraw pine；slash pine；spruce pine；sydstatern asgul-tall；yellow pine
5163	*Pinus edulis*	美国、墨西哥	食松	arizona pijn；arizona pine；arizona-tall；colorado pijn；colorado pine；nut pine；pin d'arizona；pinien-nussbaum；pinon；pinyon；pinyon colorado
5164	*Pinus elliottii*	美国、墨西哥、南美洲	湿地松	american pitch pine；bastard pine；cuba pine；lmeadow pine；longleaf pine；nicaraguan pine；pinavete；pino grasso；pino pece；pino tea；pitch pine；pitchpin americain；saltwater pine；slash pine；spruce pine；yellow slash pine；zuid-florida pijn

序号	学名	主要产地	中文名称	地方名
5165	*Pinus engelmannii*	美国、墨西哥	恩氏松	apache pine；arizona broadleaf pine；arizona longleaf pine；broadleaf pine；engelmann pijn；engelmanns-tall；mayr pine；parana-tall；pin d'engelmann；pino de engelmann；pino real；pino real de barbas largas
5166	*Pinus estevesii*	墨西哥	艾氏松	esteves pine
5167	*Pinus flexilis*	美国、墨西哥、加拿大	柔松	bull pine；californis che buigzame pijn；hange kiefer；jack pine；limber pine；limber-twig pine；mjuk-tall；pino enano；pino flessibile；pino flexible；pino huiyoco；pino nayar；rocky mountain pine；western white pine；white pine
5168	*Pinus glabra*	美国	光滑松	amerikaanse witte pijn；black pine；bottom white pine；cedar pine；kings-tree；lowland spruce pine；pin blanc americain；pino bianco americano；pino blanco americano；poor pine；spruce lowland pine；spruce pine；walter pine；white pine
5169	*Pinus greggii*	墨西哥	格氏松	gregg pine；mexikansk tall；pin noir de mexique；pino nero messicano；pino ocote；pino prieto；pino prieto mejicano；zwarte mexikaanse pijn
5170	*Pinus hartwegii*	墨西哥、萨尔瓦多、危地马拉	灰叶山松	hartweg pijn；hartweg pine；hartweg pine；hartweg-tall；pin de hartweg；pino de volcan；pino di hartweg
5171	*Pinus herrerai*	墨西哥西部	哈利科斯松	jalisco pine；pino chilo
5172	*Pinus insularis*	美国、巴西	岛松	benguet pine；black pine；bull pine；henguet pine；jeffrey pine；luzon pine；pinho-insu laris
5173	*Pinus jaliscana*	墨西哥	哈利斯科松	jalisco pine
5174	*Pinus jeffreyi*	美国、墨西哥	黑材松	blackbark pine；blackwood pine；bull pine；jeffrey pine；jeffrey-tall；peninsula pine；pino de jeffrey；pino negro；pinos；redbark pine；redbark sierra pine；sapwood pine；truckee pine；western yellow pine
5175	*Pinus kesiya*	巴西	卡西亚松	benguat；khasya pina

序号	学名	主要产地	中文名称	地方名
5176	*Pinus lambertiana*	墨西哥、美国西部	糖松	big pine；california sugar pine；gigantic pine；great sugar pine；lambert pine；pin de lambert；pin geant；pin gigantesque；pino de azucar；pino gigantesco；shade pine；sockertall；socker-tall；sugar pine；suiker-pijn；true white pine；zuckerkiefer
5177	*Pinus lawsoni*	墨西哥	劳氏松	lawson pijn；lawson pine；lawson-tall；ortiguillo；pin de lawson；pino de lawson；pino di lawson
5178	*Pinus leiophylla*	美国、墨西哥	平滑叶松	chihuahua pine；mexikaanse gele pijn；ocote blanco；ocote chino；pin jaune du mexique；pino chino；pino giallo di messico；pino otomite；pino prieto；pino real；tlacocote；xalatlaco；yellow pine
5179	*Pinus lumholtzii*	墨西哥	卢氏松	huiyoco；lumholtz pine；lumholz pine；mexican pine；mexico pijn；mexikanische kiefer；ocote dormido；pin mexicain；pino barba caida；pino barda caida；pino messicano；pino triste；pinyon mejicano
5180	*Pinus macrophylla*	墨西哥	大叶松	mexikanische kiefer
5181	*Pinus maximartinezii*	墨西哥	马氏松	bigcone pinyon pine
5182	*Pinus michoacana*	墨西哥	米却肯松	mexikanische kiefer；michoacan pijn；michoacan pine；michoacan-tall；pin du michoacan；pino de michoacan；pino di michoacan；pino lacio；tsihiren
5183	*Pinus monophylla*	美国、墨西哥	单叶松	arizona-tall；eennaaldige pijn；pin pinyon；pino de arizona；pinon；rondnaaldige pijn；single-leaf pinyon pine；singleleaf pinyon
5184	*Pinus montezumae*	墨西哥、危地马拉	山松	chalmaite blanco；mexicaanse pijn；montezuma pine；montezuma-tall；ocote blanco；ocote hembro；pino blanco；pino de mejico；pino messicano；pino moctezuma；pino montezuma；pino real；yutnu-satnu

序号	学名	主要产地	中文名称	地方名
5185	*Pinus monticola*	加拿大、美国	山地山松	berg-tall；columbia pijn；finger-cone pine；little sugar pine；mountain pine；mountain white pine；pin argente；pin argente americain；pino blanco americano；silver pine；soft pine；western white pine；weymouth berg-pijn；white pine；yellow pine
5186	*Pinus mugo*	美国	欧洲山松	scots pine
5187	*Pinus muricata*	美国、墨西哥	加州沼松	anthony's pine；bishop pine；biskops-tall；bispo pine；bisschop-pijn；bull pine；california swamp pine；dwarf marine；dwarf marine pine；obispo pine；pino obispo；pino vescovo；santa cruz island pine；scrub pine；swamp pine
5188	*Pinus nelsonii*	墨西哥	连叶松	mexican pine；mexico pijn；mexikanische kiefer；mexikansk tall；nelson pijn；nelson pine；nelson pinyon pine；pin mexicain；pino messicano；pinon；pinon colorado；pinonero；pinyon mejicano
5189	*Pinus nigra*	美国	欧洲黑松	black pine
5190	*Pinus occidentalis*	古巴、多米尼加、海地	古巴松	cuba pijn；cuba pine；haiti pijn；haiti pine；haiti-tall；pin d'haiti；pino de haiti；pino di haiti；west indies pine
5191	*Pinus oocarpa*	墨西哥、巴哈马、古巴、西印度群岛、洪都拉斯、危地马拉、伯利兹、尼加拉瓜、萨尔瓦多	卵果松	blanco pijn；blanco pine；blanco-tall；centraalam erikaanse pijn；ichtaj；medelameri kansk tall；nicaraguan pine；ocote macho；ocote pine；oocarpa pine；pin blanco；pino amarillo；pino americano；pino martinez；pino ocote；pino prieto；pino real；pitch pine
5192	*Pinus palustris*	美国	长叶松	american pitch pine；broom pine；fat pine；florida longleaf pine；florida pine；hard pine；heart pine；palustris pine；pin des marais；pino del sur；pino giallo；pitchpin americain；red pine；rosemary pine；sumpf kiefer；tea pine；turpentine pine；yellow pine

序号	学名	主要产地	中文名称	地方名
5193	*Pinus patula*	巴西、墨西哥	展叶松	jelicote pine; mexicaanse patula pijn; mexican pine; mexikanische kiefer; ocote; ocote colorado; ocote-tall; pin du mexique; pin large du mexique; pino de mejico; pino messicano; pino patula; spreading-leaved pine
5194	*Pinus pinaster*	墨西哥	海岸松	bournemouth pine; cluster pine; maritime pine; pinaster; seaside pine
5195	*Pinus pinceana*	墨西哥	平皮松	mexican pine; mexico pijn; mexikanische kiefer; mexikansk tall; pin mexicain; pince pinyon pine; pince's pine; pino mejicano; pino messicano; pino pinon; pinon
5196	*Pinus pinea*	乌拉圭	意大利伞松	pino nero
5197	*Pinus ponderosa*	美国、加拿大、墨西哥	西黄松	arizona pijn; arizona pine; bull pine; california yellow pine; foothills yellow pine; gelb kiefer; heavy pine; knotty pine; longleaf pine; pino giallo; pino ponderosa; pondosa; red pine; rock pine; westerse gele pijn; yellow pine
5198	*Pinus pringlei*	墨西哥	普林松	ocote; pin de pringlei; pino de guerrero; pino di pringlei; pringle pine; pringlei pijn; pringlei-tall
5199	*Pinus pseudostrobus*	墨西哥、萨尔瓦多、危地马拉、洪都拉斯、尼加拉瓜	假北美乔松	cantej; false strobus; jalisco pijn; jalisko-tall; mexican white pine; mocochtaj; pacingo; pin de jalisco; pinabete; pino blanco; pino canis; pino ortiguillo; pino real; pseudostrobus pine; pseudostrobus tall; tzit; weymouth false pine
5200	*Pinus pungens*	美国	辛松	black pine; hickory pine; mountain pine; pin pungens; pino pungens; poverty pine; prickly pine; pungens tall; pungens-pijn; ridge pine; southern mountain pine; table mountain pine; yellow pine
5201	*Pinus quadrifolia*	美国加利福尼亚	四针松	california pinyon pine; parry pinyon; pino pinonero

序号	学名	主要产地	中文名称	地方名
5202	*Pinus radiata*	美国、智利	辐射松	insignis pine；insignis-pijn；insular pine；monterey fohre；monterey kiefer；monterey pine；pin de monterey；pin radiata；pino di monterey；pino insegne；pino insigne；radiata pijn；radiata pine；radiata-tall；radiatakiefer；radiatamanty；remarkable pine
5203	*Pinus reflexa*	墨西哥	撒古松	pino saguaco
5204	*Pinus remorata*	中美洲、瓜德罗普岛	留恋松	guadalupe pine
5205	*Pinus resinosa*	加拿大、美国	多脂松	amerikansk rod-tall；canadese rode pijn；canadian pine；eastern red pine；hard pine；northern pine；norway pine；ottowa red pine；pin resineux；pin rouge；pino rojo americano；pitch pine；quebec pine；red deal；tannub ahhmar；yellow deal
5206	*Pinus rigida*	美国、加拿大	硬松	black norway pine；black pine；hard pine；jack-pine；pech kiefer；pek-pijn；pin raide；pina l'aubier；pino bronco；pino rigido；pitch pine；pitchpin；ridge pine；sap pine；shortleaf pine；soderns gul-tall；wiesen kiefer；yellow pine
5207	*Pinus rudis*	墨西哥中部	粗糙松	pino；rudis pine
5208	*Pinus rzedowskii*	墨西哥	瑞氏松	rzedowski pine
5209	*Pinus sabiniana*	美国	加州大子松	blue pine；bull pine；digger pine；digger-pijn；grey pine；grey-leaf pine；nut pine；pin de sabine；pin sabine；pino de sabine；pino di sabine；round-top；sabine pijn；sabine pine；sabine's pine；sabine-tall；silver pine；wythe pine
5210	*Pinus scopulorum*	美国	岩松	black hills ponderosa pine；hickory pine；interior ponderosa pine；mountain pine；prickly pine；rocky mountain pine；rocky mountain ponderosa pine；table mountain pine
5211	*Pinus sondereggeri*	美国	宋德格松	sonderegger pine

序号	学名	主要产地	中文名称	地方名
5212	*Pinus strobiformis*	美国、墨西哥	由白松	arizona white pine；ayacahuite pine；border lumber pine；border white pine；mexican pine；mexican white pine；pino enano；pino real；southwestern white pine；sugar pine；white pine
5213	*Pinus strobus*	美国、加拿大、危地马拉、墨西哥、纽芬兰岛	北美乔松	apple pine；balsam pine；bor vajmutov；borovice tuha；northern pine；ottawa pine；pin baliveau；pumpkin pine；quebec pine；seidenkiefer；silver pine；simafenyo；strobus；tonawanda pine；weymouth pine；weymouth-pijn；white soft pine；wisconsin white pine；yellow pine
5214	*Pinus sylvestris*	波多黎各、美国	欧洲赤松	pino albar；scotch pine；scots pine
5215	*Pinus taeda*	美国、巴西	火炬松	bastard pine；bog pine；bull pine；cornstalk pine；foxtail pine；frankincen se pine；heart pine；indian pine；kienbaum；meadow pine；oldfield pine；rosemary pine；sap pine；shortleaf pine；swamp pine；sydstatern asgul-tall；taeda pine；virginia sap pine；yellow pine
5216	*Pinus teocote*	墨西哥、危地马拉	卷叶松	gewone mexicaanse pijn；mexikanische kiefer；ocote；ocote macho；pin de jalisco；pin des dieux；pino de los dioses；pino di jalisco；pino ordinario de mejico；pino real；pino rosillo；teocote pine；tso-arza；twisted-leaved pine；tzat-adi；vanlig mexikansk tall；xalocotl
5217	*Pinus thunbergiana*	美国	黑松	scots pine
5218	*Pinus torreyana*	美国	托雷松	del mar pinc；lone pine；pin de torrey；pino de torrey；pino di torrey；soledad pine；torrey pine；torrey-tall
5219	*Pinus tropicalis*	古巴	热带松	cuba pijn；cuba pine；kuba-tall；pin cubain；pino criollo；pino cubano；pino hembra；tropical pine

序号	学名	主要产地	中文名称	地方名
5220	*Pinus virginiana*	美国	矮松	alligator pine；bastard pine；nigger pine；oldfield pine；pin chetif；pin de virginie；poor pine；river pine；scrub pine；short shucks；shortleaf pine；shortschat pine；spruce pine；virginia pine；virginia tall；virginia-tall；yersey pine
5221	*Pinus washoensis*	美国	华疏松	nevada-tall；pin de la sierra nevada；pino de la sierra nevada；pino della sierra nevada；sierra nevada pijn；sierra nevada pine；washoe pine
Pinzona（DILLENIACEAE） **橙籽藤属（五桠果科）**			**HS CODE** **4403.99**	
5222	*Pinzona coriacea*	圭亚那	革叶橙籽藤	kabuduli；katuwaiye
Piper（PIPERACEAE） **胡椒属（胡椒科）**			**HS CODE** **4403.99**	
5223	*Piper achromatolepsis*	秘鲁	阿罗胡椒	cordoncillo
5224	*Piper acutifolium*	巴西	尖叶胡椒	acuteleaf pepper；matico；pao d'angola
5225	*Piper aduncum*	墨西哥、多米尼加、巴西、危地马拉、古巴、波多黎各、伯利兹、圭亚那、海地、哥斯达黎加、瓜德罗普岛	弯胡椒	achiotlin；alcotan；anisillo；cordoncillo；cordoncillo blanco；cowsfoot；elder；ells；esekomwari；guayuyo；higuillo oloroso；kupo；matico；matico falso；soldadillo；spanish elder；spanish ella；sureau；takau；wamaratan；yaxal
5226	*Piper arboreum*	圭亚那	乔状胡椒	kupo；takau；tona；tree pepper；wamaratan；warakabakoro
5227	*Piper arrectispicum*	秘鲁	畸形胡椒	cordoncillo
5228	*Piper auritum*	墨西哥、洪都拉斯、尼加拉瓜	墨西哥胡椒	acoyo；acuyo；corrimiento；hierba santa；jaco；mak'ulan；mataro；mecaxochitl；momo；mummum；santa maria；tlampa；tlanipa；xmak'ulan
5229	*Piper avellanum*	圭亚那	阿韦拉胡椒	kupo；takau；tona；wamaratan；warakabakoro
5230	*Piper berlandieri*	墨西哥	伯兰迪胡椒	socol；tsocote
5231	*Piper blattarum*	波多黎各	萼裂胡椒	higuillo；higuillo oloroso
5232	*Piper caballocochanum*	秘鲁	卡巴胡椒	cordoncillo

序号	学名	主要产地	中文名称	地方名
5233	*Piper citrifolium*	圭亚那	柠檬胡椒	kupo；takau；tona；wamaratan；warakabakoro
5234	*Piper cumbasonum*	秘鲁	康巴胡椒	cordoncillo
5235	*Piper demeraranum*	圭亚那	德玛拉南胡椒	kupo；takau；tona；wamaratan；warakabakoro
5236	*Piper dilatatum*	圭亚那	粗序胡椒	kupo；takau；tona；wamaratan；warakabakoro
5237	*Piper divaricatum*	圭亚那	双瓣胡椒	kupo；takau；tona；wamaratan；warakabakoro
5238	*Piper dumosum*	秘鲁	多叶胡椒	bushy pepper；cordoncillo
5239	*Piper elongatum*	巴拿马	长穗胡椒	piper
5240	*Piper expolitum*	秘鲁	橙黄胡椒	cordoncillo
5241	*Piper flexicaule*	圭亚那	柔韧胡椒	kupo；takau；tona；wamaratan；warakabakoro
5242	*Piper fortalezanum*	秘鲁	福塔勒桑胡椒	cordoncillo
5243	*Piper fraguanum*	墨西哥	香胡椒	cordoncillo morado
5244	*Piper gaumeri*	墨西哥	高默胡椒	ya'ax-pehel-che；ya'axtehe-che；yaxtehe-che；yaxtek-che
5245	*Piper gleasonii*	圭亚那	格氏胡椒	kupo；takau；tona；wamaratan；warakabakoro
5246	*Piper hispidum*	圭亚那、厄瓜多尔、墨西哥	多毛胡椒	bristly pepper；kupo；lutu；pie de guicharco；takau；tona；tripas de zopilote；wamaratan；warakabakoro
5247	*Piper hostmannianum*	圭亚那	霍曼胡椒	kupo；pimenta-longa；takau；tona；wamaratan；warakabakoro
5248	*Piper intosum*	秘鲁	进苏姆胡椒	cordoncillo
5249	*Piper iquitosense*	秘鲁	伊基胡椒	cordoncillo
5250	*Piper kappleri*	圭亚那	卡普胡椒	kupo；takau；tona；wamaratan；warakabakoro
5251	*Piper kegelianum*	圭亚那	凯格利胡椒	kupo；takau；tona；wamaratan；warakabakoro
5252	*Piper lamasense*	秘鲁	拉马胡椒	cordoncillo
5253	*Piper lanceaefolium*	秘鲁	柳叶胡椒	cordoncillo
5254	*Piper lehmannianum*	秘鲁	莱曼尼胡椒	cordoncillo
5255	*Piper leucophaeum*	秘鲁	白胡椒	cordoncillo

序号	学名	主要产地	中文名称	地方名
5256	*Piper lineatum*	秘鲁	线状胡椒	cordoncillo
5257	*Piper margaritatum*	秘鲁	玛格丽特胡椒	cordoncillo
5258	*Piper martinense*	秘鲁	马丁尼胡椒	cordoncillo
5259	*Piper miquelii*	圭亚那	密氏胡椒	kupo；takau；tona；wamaratan；warakabakoro
5260	*Piper nanayanum*	秘鲁	纳纳亚胡椒	cordoncillo
5261	*Piper nigrum*	墨西哥	黑胡椒	pimienta
5262	*Piper obliquum*	圭亚那	斜胡椒	kupo；takau；tona；wamaratan；warakabakoro
5263	*Piper oculatispicum*	秘鲁	尖眼胡椒	cordoncillo
5264	*Piper opizianum*	秘鲁	奥皮胡椒	cordoncillo
5265	*Piper palmeri*	墨西哥	掌叶胡椒	hachogue；matico
5266	*Piper pebasense*	秘鲁	佩巴胡椒	cordoncillo
5267	*Piper peltatum*	圭亚那、秘鲁	盾叶胡椒	cow-foot；cow-hoof；doboribanaro；santa maria
5268	*Piper pervulgatum*	秘鲁	透状胡椒	cordoncillo
5269	*Piper pothophyllum*	秘鲁	白花胡椒	cordoncillo
5270	*Piper reductipes*	秘鲁	原状胡椒	cordoncillo
5271	*Piper reticulatum*	巴拿马	网状胡椒	canotillo
5272	*Piper riojanum*	秘鲁	里奥胡椒	cordoncillo
5273	*Piper rupununianum*	圭亚那	胡松尼胡椒	kupo；takau；tona；wamaratan；warakabakoro
5274	*Piper sanctum*	墨西哥	暗状胡椒	acuyo；cordoncillo；hierba santa；hoja santa；ibaco；jaco；jeco；lacap-uxcue；lalustu；parama de queso；santa maria；tapa cantaro；tlamapaque lite；tlanepaque lite；tlanipa；uo；vavaji；yubandoo
5275	*Piper sanroqueanum*	秘鲁	桑罗胡椒	cordoncillo
5276	*Piper sellertianum*	秘鲁	塞勒蒂安南胡椒	cordoncillo
5277	*Piper sericeonervosum*	秘鲁	丝脉胡椒	cordoncillo
5278	*Piper stuebelii*	秘鲁	斯氏胡椒	cordoncillo
5279	*Piper tenebricosum*	秘鲁	天牛胡椒	cordoncillo

序号	学名	主要产地	中文名称	地方名
5280	*Piper umbellatum*	墨西哥	大胡椒	acoyo blanco；acuyo；consapu；momo de zopilote；santilla de culebra
5281	*Piper wachenheimii*	圭亚那	瓦氏胡椒	kupo；takau；tona；wamaratan；warakabakoro
5282	*Piper wichmannii*	拉丁美洲	胡椒	
5283	*Piper yzabalanum*	墨西哥	伊扎巴兰胡椒	acuyo cimarron
Piptadenia（MIMOSACEAE）落腺豆属（含羞草科）			**HS CODE** **4403.99**	
5284	*Piptadenia amazonica*	亚马孙	亚马孙落腺豆	parica；parica-da-varzea
5285	*Piptadenia constricta*	墨西哥、巴西、萨尔瓦多	缢缩落腺豆	cuca；iguano blanco；lengua de vaca；quebracho
5286	*Piptadenia excelsa*	阿根廷、乌拉圭	大落腺豆	angico；cebil blanco；horco cebil
5287	*Piptadenia flava*	墨西哥、秘鲁	黄花落腺豆	cameguaje；espino negro；guayabillo；mauto；pashaco；pashaquillo；tamaguaste；una de gato
5288	*Piptadenia gonoacantha*	阿根廷、哥伦比亚、巴西	落腺豆	cebil moro；espino；horco cebil；horcocebil；jacare；pau jacare；zarza colorada
5289	*Piptadenia incuriale*	巴西	菲尼落腺豆	pau pipu
5290	*Piptadenia macrocarpa*	拉丁美洲	大果落腺豆	
5291	*Piptadenia obliqua*	墨西哥	斜落腺豆	cuca；iguano blanco；nacastillo；pinzanillo；tamarindilo；tecpan；zopilote
5292	*Piptadenia pitteri*	委内瑞拉	委内瑞拉落腺豆	bocachico；carabali；carbonero；hediondo；huilca；rabo de iguana；tarahuilca
5293	*Piptadenia pteroclada*	厄瓜多尔、巴西	翼落腺豆	caenimouae；guarango de espinas；jurema；paricarana
5294	*Piptadenia rigida*	巴西	硬落腺豆	angico-vermelho；curupayra；red angico；true angico
5295	*Piptadenia robusta*	拉丁美洲	壮落腺豆	
5296	*Piptadenia suaveolens*	巴西、苏里南	香甜落腺豆	faveira-folha-fina；timborana
5297	*Piptadenia viridiflora*	玻利维亚、巴西	绿花落腺豆	cari-cari；surucucu
Piptadeniastrum（MIMOSACEAE）腺瘤豆属（含羞草科）			**HS CODE** **4403.49**	
5298	*Piptadeniastrum*（=*Piptadenia*）*africana*	圭亚那	腺瘤豆	kperf

序号	学名	主要产地	中文名称	地方名
Piranhea（EUPHORBIACEAE） 皮兰大戟木属（大戟科）			**HS CODE** **4403.99**	
5299	*Piranhea longepedunculata*	巴西	长梗皮兰大戟木	
5300	*Piranhea trifoliata*	巴西	三叶皮兰大戟木	piranha；piranheira
Piratinera（MORACEAE） 蛇桑属（桑科）			**HS CODE** **4403.99**	
5301	*Piratinera discolor*	圭亚那	杂色蛇桑	amourette；bokstavtra；letterhout；palo de letras；snakewood
5302	*Piratinera guianensis*	圭亚那、苏里南	圭亚那蛇桑	bourra courra；letterhout；snakewood
5303	*Piratinera longepedunculata*	委内瑞拉	长梗蛇桑	caramacate
5304	*Piratinera scabridula*	亚马孙、南美洲圭亚那高原	糙蛇桑	snakewood
5305	*Piratinera velutina*	亚马孙及南美洲北部	茸毛蛇桑	snakewood
Piscidia（FABACEAE） 毒鱼豆属（蝶形花科）			**HS CODE** **4403.99**	
5306	*Piscidia carthagenensis*	哥伦比亚、特立尼达、哥斯达黎加、墨西哥、委内瑞拉、伯利兹、波多黎各、美国、西印度群岛、萨尔瓦多、向风群岛	黑毒鱼豆	amarillo；arepo；barbasco；baura；black fishpoison tree；black mahoe；cachimbo；cahuirica；cuchivan；dogwood；frijolillo；habim；habin；jabin；jebe；lecta；matapez；matzungo；piscidia；stinkwood；tatzungo；ventura；zatzumbo
5307	*Piscidia grandifolia*	墨西哥、萨尔瓦多	大叶毒鱼豆	jabin；zope
5308	*Piscidia mollis*	墨西哥	软毒鱼豆	maxcuahuitl；palo blanco；palo blanco duro；tzijol
5309	*Piscidia piscipula*	墨西哥、哥伦比亚、委内瑞拉、牙买加、西印度群岛、危地马拉、伯利兹、波多黎各、美国、巴哈马、古巴、圭亚那、苏里南、巴西、瓜德罗普岛	毒鱼豆	alejo；anipak；black dogwood；borracho；dogwood；fishpoison；guama candelon；guanade costa；haabin；jamguijy；nekoe；palo blanco duro；peonia；stinkhout；talzungo；tatzungo；tiaxab；tingi hoedoe；tuncuy；zopilocuavo

序号	学名	主要产地	中文名称	地方名
Pisonia（NYCTAGINACEAE） 腺果藤属（紫茉莉科）			**HS CODE** **4403.99**	
5310	Pisonia aculeata	墨西哥、哥伦比亚、洪都拉斯、美国、波多黎各	多刺腺果藤	beeb；buen amigo；caltute；cargalera；cruceta espinuda；cruz espina；cumbro；devils-claw；escambron；garabato；garabato prieto；geo；gumbio；huiscolote；huitzcocolotl；tutum prieto；una de gato；una del diablo
5311	Pisonia albida	波多黎各	白达腺果藤	corcho；corcho blanco；corcho bobo
5312	Pisonia ambigua	巴西	暧昧腺果藤	maria mol
5313	Pisonia capitata	墨西哥	头序腺果藤	bainoro prieto；cacoca；caloca；garabato；garambullo；una de gato prieto；vainoro prieto
5314	Pisonia cephalantha	委内瑞拉	头花腺果藤	cazabita
5315	Pisonia floribunda	拉丁美洲	多花腺果藤	
5316	Pisonia glabra	圭亚那	光滑腺果藤	bakabakaro；mafo；mamudan
5317	Pisonia longifolia	美国、古巴	长叶腺果藤	blolly；longleaf blolly；sapo
5318	Pisonia macranthocarpa	危地马拉、墨西哥	大花果腺果藤	clavo；pasita；rompezapato
5319	Pisonia myrtiflora	秘鲁	杨梅叶腺果藤	clavo-casp
5320	Pisonia praecox	阿根廷	早熟腺果藤	yukeri-ruzu-ra；yukeri-sy；yukiru-ruzu；yuqueri-buzu
5321	Pisonia rotundata	美国	圆叶腺果藤	pisonia；roundleaf pisonia
5322	Pisonia sandwicensis	美国	夏威夷腺果藤	aulu
5323	Pisonia sapallo	巴拉圭	沙帕罗腺果藤	jukyry rusu
5324	Pisonia subcordata	波多黎各、维尔京群岛、西印度群岛、瓜德罗普岛	籽腺果藤	corcho；loblolly；mampoo；mapou；mappoo；palo bobo；water mampoo
5325	Pisonia zapallo	阿根廷、委内瑞拉	腺果藤	casabe；zapallo；zapallo caspi
Pistacia（ANACARDIACEAE） 黄连木属（漆树科）			**HS CODE** **4403.99**	
5326	Pistacia mexicana	墨西哥、危地马拉	墨西哥黄连木	achin；lantrisco；lentisco；plumajillo；ramon；yagaguej；yaga-guela；yaga-guie；yaga-guiegiei；yaga-quie
5327	Pistacia texana	美国	德州黄连木	american pistachio；blackbead；texas pistache；wild pistachio

序号	学名	主要产地	中文名称	地方名
Pithecellobium（MIMOSACEAE） 围涎树属（含羞草科）			HS CODE 4403.99	
5328	*Pithecellobium arboreum*	墨西哥中部、中美洲、西印度群岛	乔状围涎树	mico
5329	*Pithecellobium crucigerum*	圭亚那	十字围涎树	barudaballi
5330	*Pithecellobium dulce*	墨西哥、美国、圭亚那、哥伦比亚、萨尔瓦多、尼加拉瓜、波多黎各、委内瑞拉、古巴、危地马拉、西印度群岛、哥斯达黎加、法属圭亚那、苏里南	牛蹄豆木	anamuchil；blackbead；camachile；cuamochil；espino；guamache；guamachile；guayacan blanco；huamuche；huamuchil costeno；macochin；muchite；nempa；nipe；pinzan；piquiche；pois sucre；ramshorn；shuhuay；ticuahndi；yaga-bishiui
5331	*Pithecellobium incuriale*	巴西	印库围涎树	angico rajado
5332	*Pithecellobium keyense*	美国、墨西哥	凯恩围涎树	blackbead；catclaw；guadeloupe blackbead；ramshorn；xiax-k'aax
5333	*Pithecellobium laetum*	墨西哥	光泽围涎树	
5334	*Pithecellobium lanceolatum*	墨西哥、哥伦比亚、伯利兹	披针围涎树	conchi；cutze；guamuchil bronco；hogador；huamuchilillo；muchil；pada de vaca；pechijume；pinzanillo；southern main prickle；timuche；timuchi；tiraco；tucuy；una de gato tigre
5335	*Pithecellobium macrandrium*	伯利兹	大精子围涎树	pricklewood
5336	*Pithecellobium mathewsi*	秘鲁	秘鲁围涎树	algarrobo
5337	*Pithecellobium pedicelare*	巴西及南美洲北部	小花序围涎树	juerana；mapuxiqui-vermelho；tamalin
5338	*Pithecellobium reticulata*	巴西	网状围涎树	jurema
5339	*Pithecellobium trapezifolium*	法属圭亚那	梯叶围涎树	ape-wood tree

序号	学名	主要产地	中文名称	地方名
5340	*Pithecellobium unguis-cati*	西印度群岛、安的列斯群岛、美国、维尔京群岛、波多黎各、墨西哥、委内瑞拉、哥伦比亚、危地马拉、古巴、特立尼达、尼加拉瓜、向风群岛	猫爪围涎树	antillen kieselholz；blackbread；catclaw；catclaw blackbead；coralillo；dabarouidaespinuelo；florida catclaw；guamuchilillo；jaguay cimarron；long pod；manca montero；otsuiche；peronio；rolon escambron colorado；tiraco；tsimche；tzimche；una de gato
5341	*Pithecellobium vinhaticolium*	巴西北部	绿白围涎树	vinhatico de espinho
5342	*Pithecellobium winzerlingii*	伯利兹	文氏围涎树	red fowl；siem-che
Pittosporum（PITTOSPORACEAE） 海桐花属（海桐花科）			**HS CODE** **4403.99**	
5343	*Pittosporum confertiflorum*	美国	密花海桐花	hoawa
5344	*Pittosporum glabrum*	美国	无毛海桐花	hoawa
5345	*Pittosporum hosmeri*	美国	霍斯默海桐花	aawa hua kukui
5346	*Pittosporum kauaiense*	美国	卡纳海桐花	hoawa launui
5347	*Pittosporum tobira*	墨西哥、美国	海桐花	clavo；japanese pittosporum；lila
5348	*Pittosporum undulatum*	美国	波状海桐花	victorian box
Planchonella（SAPOTACEAE） 山榄属（山榄科）			**HS CODE** **4403.49**	
5349	*Planchonella pachycarpa*	巴西	厚果山榄	abiu casca grossa；abiurana amarela；goiabao
5350	*Planchonella pohlmaniana*	巴西	坡山榄	
Planera（ULMACEAE） 沼榆属（榆科）			**HS CODE** **4403.99**	
5351	*Planera aquatica*	美国	水沼榆	american planetree；planertree；plene；sycamore；water elm；water elmaha；water-elm
Plantago（PLANTAGINACEAE） 车前属（车前科）			**HS CODE** **4403.99**	
5352	*Plantago major*	秘鲁	大车前	llantai；llanten
5353	*Plantago princeps*	秘鲁	首席车前	

序号	学名	主要产地	中文名称	地方名
Platanus（PLATANACEAE） 悬铃木属（悬铃木科）			**HS CODE** **4403.99**	
5354	*Platanus chiapensis*	墨西哥	基亚悬铃木	tatacui
5355	*Platanus glabrata*	墨西哥	光滑悬铃木	alamo
5356	*Platanus lindeniana*	墨西哥	椴叶悬铃木	alamo；chicolcohuite
5357	*Platanus mexicana*	墨西哥	墨西哥悬铃木	acuahuitl；alamo；alamo blanco；guayabillo；haya
5358	*Platanus oaxacana*	墨西哥	中美洲悬铃木	alamo
5359	*Platanus occidentalis*	墨西哥、加拿大、美国、西印度群岛	一球悬铃木	alamo；american plane；american planetree；amerikanskt platantrad；bois puant；butterwood；cotonier；lacewood；oriental planetree；planetree；platano occidental；quartered sycamore；sycomore；water beech；westerse plataan
5360	*Platanus orientalis*	墨西哥、美国	三球悬铃木	oriental planetree；planetree；sicomoro；sycamore
5361	*Platanus racemosa*	墨西哥、美国	聚果悬铃木	aliso；buttonball；buttonball-tree；buttonwood；california planetree；california sycamore；planetree；sycamore；western sycamore
5362	*Platanus wrightii*	美国	魏氏悬铃木	alamo；arizona planetree；arizona sycamore；sycamore
Plathymenia（MIMOSACEAE） 黄苏木属（含羞草科）			**HS CODE** **4403.99**	
5363	*Plathymenia foliolosa*	巴西	小叶黄苏木	vinhatico；vinhatico amarelo；vinhatico da mata；vinhatico rajado
5364	*Plathymenia reticulata*	巴西、美国、玻利维亚、阿根廷、哥伦比亚	网状黄苏木	amarello；angiko；binhatico amarello；candrea；espinollo；goldwood；jarcadel monte；jaruma；oiteira；pau amarello；vinhatica amarello；vinhatico；vinhatico espinho；violet de campo；violet roxo；yellow mahogany
Platonia（GUTTIFERAE） 普拉藤黄属（藤黄科）			**HS CODE** **4403.49**	
5365	*Platonia esculenta*	苏里南、圭亚那、巴西、厄瓜多尔、巴拉圭、法属圭亚那、阿根廷、委内瑞拉	普拉藤黄	bacupary；bacuri acu；bacuri grande；bacuxiuba；ibacury；landirana；manipau；mongo mataaki；pacury guazu；pahoorie；pakoeli；pakoorie；parcouri jaune；parcouri soufre；parcouti jaune；surinaamsch geelhart；uba coupari；wild mammee apple

序号	学名	主要产地	中文名称	地方名
5366	*Platonia insignis*	亚马孙、圭亚那	显著普拉藤黄	bacura；pakuri
Platycyamus（**FABACEAE**） 扁豆木属（蝶形花科）			**HS CODE** **4403.99**	
5367	*Platycyamus regnellii*	巴西	扁豆木	angelim rosa；angelium rosa；catagua；folha de bolo；folha larga；mangalo；mangalo rosa；pau pente；pau pereira；pau quente；pereira；pereira amarella；pereira vermelha；pereiro；pink angelim；pink angelium；rosa angelim
Platymiscium（**FABACEAE**） 阔变豆属（蝶形花科）			**HS CODE** **4403.49**	
5368	*Platymiscium dimorphandrum*	墨西哥、危地马拉	二形雄蕊阔变豆	granadillo；hormigo；hormiguillo；hormiguillo colorado；marimbo；palode hormiga；palomarimba；sanichte
5369	*Platymiscium duckei*	墨西哥	杜克阔变豆	macacauba
5370	*Platymiscium floribundum*	巴西	多花阔变豆	arariba preto；canudo de pito；flowery macawood；jaca randa；jaca randa rosa；jacaranda do litor；jacaranda rosa；jacarandata；sacambu
5371	*Platymiscium lasiocarpum*	墨西哥	毛果阔变豆	granadillo
5372	*Platymiscium longifolium*	哥斯达黎加	长叶阔变豆	maria
5373	*Platymiscium parviflorum*	哥斯达黎加、萨尔瓦多、尼加拉瓜	多穗阔变豆②	cachimbo；cristobal；granadillo
5374	*Platymiscium pinnatum*	巴西、萨尔瓦多、哥斯达黎加、危地马拉、厄瓜多尔、委内瑞拉、苏里南、洪都拉斯、尼加拉瓜、巴拿马、特立尼达、哥伦比亚	羽状阔变豆	aceituno montes；cristobal；dockaliballi；koenatepie；konatepi；konatepie；macacauba；macacauba preta；nambar bastardo；ormigo；panama redwood；quira；roble blanco；roble colorado；sangrillo；swamp kaway；trebol；uvedita；yama cocobolo；zrok
5375	*Platymiscium stipulare*	厄瓜多尔	托叶阔变豆	cachimbo；cauhap nana
5376	*Platymiscium trifoliolatum*	尼加拉瓜、巴西、墨西哥	三花阔变豆	bastard cocobolo；macawood；palo santo；tepezapote；yama rosewood

序号	学名	主要产地	中文名称	地方名
5377	*Platymiscium trinitatis*	圭亚那、巴西、尼加拉瓜、巴拉圭、特立尼达、苏里南	特阔变豆	hishirudan；koenatepi；koenatepie；macaca huba；macacauba；macacuba de terra firme；macacubade terra firme；negra macahuba；roble；trebol
5378	*Platymiscium ulei*	巴西	乌氏阔变豆	beati；granadillo；konatepi；macacauba；macacauba da varaea；macacauba da varzea；macacawood；macawood；trebol
5379	*Platymiscium yucatanum*	墨西哥	尤卡坦阔变豆	chulul；granadillo；grenadillo；sbinche；subinche
Platypodium（FABACEAE）田花生属（蝶形花科）			**HS CODE** **4403.99**	
5380	*Platypodium elegans*	巴西、玻利维亚	美丽田花生	canoeto；carcuera；flatpod-tree；gaceful platypodium；jacaranda；jacaranda branca；jacaranda de campo；jacaranda mindo；loma de caiman；pezoe amarillo
Plenckia（CELASTRACEAE）杜杞木属（卫矛科）			**HS CODE** **4403.99**	
5381	*Plenckia populnea*	巴西	杨叶杜杞木	marmelheiro；piuva-branca；poplarike plenckin
Plinia（MYRTACEAE）树番樱属（桃金娘科）			**HS CODE** **4403.99**	
5382	*Plinia pinnata*	圭亚那	羽状树番樱	dana；jisitri；kakirio
Plocama（RUBIACEAE）垂柳楠属（茜草科）			**HS CODE** **4403.99**	
5383	*Plocama pendula*	西印度群岛	垂柳楠	balo
Plukenetia（EUPHORBIACEAE）星油藤属（大戟科）			**HS CODE** **4403.99**	
5384	*Plukenetia volubilis*	秘鲁	流利星油藤	sacha yuchi；sacha yuchiqui
Plumeria（APOCYNACEAE）鸡蛋花属（夹竹桃科）			**HS CODE** **4403.99**	
5385	*Plumeria alba*	波多黎各、西印度群岛、墨西哥、古巴、维尔京群岛、瓜德罗普岛	白鸡蛋花	alelaila；aleli；aleli blanco；bois de lait；flor de mayo；jasmine；lirio de costa；milktree；milky-bush；pigeonwood；popojoyo；saba-nikte；sacnicte；sak-nikte；tabeiba；white frangepane

序号	学名	主要产地	中文名称	地方名
5386	*Plumeria multiflora*	伯利兹	多花鸡蛋花	zopilote
5387	*Plumeria obtusa*	多米尼加、波多黎各、海地、古巴、牙买加、安的列斯群岛	钝叶鸡蛋花	aleli; aleli cimarron; aleli de la mona; aleli montuno; alelia; atabaiba; flor de cerro; lirio; milkwood; oleander di bonaire; tabaiba
5388	*Plumeria paraensis*	巴西	帕州鸡蛋花	sucuba
5389	*Plumeria rubra*	墨西哥、波多黎各、哥伦比亚、委内瑞拉、多米尼加、哥斯达黎加、秘鲁、巴拿马、萨尔瓦多、危地马拉、尼加拉瓜、维尔京群岛、古巴、法属圭亚那、海地、巴哈马、美国、西印度群岛、牙买加、瓜德罗普岛	红鸡蛋花	acalztatsim; ahaipuih; cacajoyo; cacalojoche; chachas; compotonera; frangipanier; frangipanier rose; jessamine; juche; litie; matuhua; mexican frangipani; nikte; nopinjoyo; popojoyo; red jasmine; red paucipan; saugran; tlapalitos; uculhuitz; white frangipani; yichiachi

Podocarpus（PODOCARPACEAE）　HS CODE
罗汉松属（罗汉松科）　　4403.25（截面尺寸≥15cm）或 4403.26（截面尺寸<15cm）

序号	学名	主要产地	中文名称	地方名
5390	*Podocarpus andinus*	南美洲西部安第斯山脉、智利南部	安第斯山罗汉松	plum fruited yew
5391	*Podocarpus angustifolius*	古巴、阿根廷	狭叶罗汉松	narrowleaf cuban podoberry; pino blanco; sabina cimarrona
5392	*Podocarpus aristulatus*	古巴、海地	天南星罗汉松	monte verdi podoberry; sabina cimarrona
5393	*Podocarpus brasiliensis*	委内瑞拉、巴西	巴西罗汉松	brazilian podoberry
5394	*Podocarpus bucholzii*	委内瑞拉	布氏罗汉松	buchholz podoberry
5395	*Podocarpus celatus*	玻利维亚、秘鲁、委内瑞拉	隐形罗汉松	hidden podocarpus; moro podoberry; ulcumanu
5396	*Podocarpus coriaceus*	海地、波多黎各、委内瑞拉、洪都拉斯、哥伦比亚、危地马拉、哥斯达黎加、伯利兹、西印度群岛、智利、阿根廷、巴西、巴拿马、特立尼达、古巴、厄瓜多尔、牙买加、瓜德罗普岛	皮质罗汉松	bois lubin; castaneto; cedro; chaquera pino; cypress; granadillo; laurier rose; manilihuan; pinheirinho; podocarp; podocarpus; raisinier montagne; resinier montagne; sabina; weedee; wild pine; yacca; yacca podoberry

序号	学名	主要产地	中文名称	地方名
5397	*Podocarpus elatus*	海地、委内瑞拉、哥伦比亚、危地马拉、洪都拉斯、哥斯达黎加、伯利兹、智利、阿根廷、巴西、巴拿马、古巴、厄瓜多尔、牙买加	高大罗汉松	bois lubin；castaneto；chaquera pino；chaquiro；cipres；cipricillo；cobola；cypress；geelhout；granadillo；kalander；manilihuan；manio；maniu；pinheirinho；pino blanco；sabina；sisin；sumi；yacca
5398	*Podocarpus glomeratus*	玻利维亚、秘鲁、厄瓜多尔	簇状罗汉松	huanuco podoberry；sisin；sumi
5399	*Podocarpus gracilior*	海地、委内瑞拉、哥伦比亚、危地马拉、洪都拉斯、哥斯达黎加、伯利兹、智利、阿根廷、巴西、巴拿马、古巴、厄瓜多尔、牙买加	细长罗汉松	bois lubin；castaneto；chaquera pino；chaquiro；cipres；cipricillo；cobola；cypress；falcate yellowwood；granadillo；manilihuan；manio；maniu；pinheirinho；pino；pino blanco；sabina；sisin；sumi；yacca
5400	*Podocarpus guatemalensis*	洪都拉斯、海地、伯利兹、危地马拉、西印度群岛、委内瑞拉、哥伦比亚、哥斯达黎加、巴拿马、智利、巴西、古巴、厄瓜多尔、牙买加	危地马拉罗汉松	awaspi；bois lubin；castaneto；chaquera pino；chaquito；cipres；cipricillo；cobola；cuahau；cypress；granadillo；manilihuan；manio；maniu；pino；pino blanco；podocarpus；sabina；yacca；yellowwood
5401	*Podocarpus henckelii*	海地、委内瑞拉、哥伦比亚、危地马拉、洪都拉斯、哥斯达黎加、伯利兹、巴西、智利、阿根廷、巴拿马、古巴、厄瓜多尔、牙买加	纳塔尔罗汉松	bois lubin；castaneto；chaquera pino；chaquiro；chaquito；cipres；cipricillo；cobola；cypress；granadillo；manilihuan；manio；pinheirinho；pino；pino blanco；podo；sabina；sisin；sumi；yacca
5402	*Podocarpus lambertii*	巴西、阿根廷	巴西南部罗汉松	atambu-assu；lambert podoberry；pinheirinho；pinheirinho bravo；pinheiro bravo；pinho bravo；pinho do parana
5403	*Podocarpus latifolius*	海地、委内瑞拉、哥伦比亚、危地马拉、洪都拉斯、哥斯达黎加、伯利兹、智利、巴西、巴拿马、古巴、厄瓜多尔	阔叶罗汉松	bois lubin；castaneto；chaquera pino；chaquiro；chaquito；cipres；cipricillo；cobola；cypress；granadillo；manilihuan；pinheirinho；pino；pino blanco；sabina；sisin；sumi

序号	学名	主要产地	中文名称	地方名
5404	*Podocarpus magnifolius*	玻利维亚、委内瑞拉	集叶罗汉松	cinguimase；larecaju podoberry；larecaju podoberry；largeleaf podocarpus
5405	*Podocarpus matudai*	危地马拉、墨西哥	马图达罗汉松	matuda podoberry；tabla
5406	*Podocarpus montanus*	哥伦比亚	山地罗汉松	american tropics podocarpus；pino
5407	*Podocarpus nubigenus*	海地、委内瑞拉、哥伦比亚、阿根廷、智利、危地马拉、洪都拉斯、哥斯达黎加、伯利兹、巴西、巴拿马、古巴、厄瓜多尔、牙买加	云雾罗汉松	bois lubin；castaneto；chaquito；chile mountain podoberry；granadillo；manilihuan；manio；maniu；patagonian manio；pinheirinho；pino；pino blanco；sabina；sisin；sumi；yacca
5408	*Podocarpus oleifolius*	海地、委内瑞拉、哥伦比亚、危地马拉、洪都拉斯、哥斯达黎加、伯利兹、智利、阿根廷、墨西哥、秘鲁、厄瓜多尔、巴西、巴拿马、古巴、牙买加	橄榄叶罗汉松	bois lubin；castaneto；chaquera pino；chaquito；cipres；cipresillo blanco；cipricillo；ciprosill blanco；cobola；cypress；granadillo；manilihuan；manio；maniu；milagroso；olivo；pinheirinho；podocarpus；sabina；sumi；yacca
5409	*Podocarpus parlatorei*	阿根廷、玻利维亚	弯叶罗汉松①	argentijns podo；argentinisk podo；parlatore podoberry；pino del cerro；pino montano；pino parlatorei
5410	*Podocarpus pendulifolius*	委内瑞拉	吊叶罗汉松	venezualan weeping podoberry
5411	*Podocarpus purdieanus*	牙买加	普迪罗汉松	yacca
5412	*Podocarpus reichei*	墨西哥	瑞秋罗汉松	palmillo
5413	*Podocarpus roraimae*	委内瑞拉	罗莱曼罗汉松	roraima podoberry
5414	*Podocarpus rospigliosii*	中美洲	迷迭香罗汉松	podo d'america
5415	*Podocarpus rusbyi*	玻利维亚	鲁斯罗汉松	rusby podoberry
5416	*Podocarpus salicifolius*	委内瑞拉	大柳叶罗汉松	venezuelan willow-leafpodoberry
5417	*Podocarpus salignus*	智利、阿根廷	柳叶罗汉松	chilean willow-leafpodoberry；chilian longleaf pine；manihue；manilihuan；manio；maniu；maniu de la frontera；maniu macho
5418	*Podocarpus sellowii*	巴西	赛氏罗汉松	pinheira brava；pinheirinho；pinheiro bravo；sellow podoberry
5419	*Podocarpus sprucei*	厄瓜多尔、秘鲁	云杉罗汉松	chimborazo podoberry
5420	*Podocarpus standleyi*	哥斯达黎加	斯坦罗汉松	ciprecillo；cipresillo；cipresillo lorito
5421	*Podocarpus steyermarkii*	委内瑞拉	斯氏罗汉松	steyermark podoberry

序号	学名	主要产地	中文名称	地方名
5422	*Podocarpus tepuiensis*	委内瑞拉	特普伊罗汉松	ptari-tepui podoberry
5423	*Podocarpus transiens*	巴西	过渡罗汉松	intormediate podocarrpus；transien podoberry
5424	*Podocarpus trinitensis*	特立尼达	特立尼达罗汉松	trinidad podoberry
5425	*Podocarpus urbanii*	牙买加	牙买加罗汉松	urban podoberry；yacca
5426	*Podocarpus usambarensis*	海地、委内瑞拉、哥伦比亚、危地马拉、洪都拉斯、哥斯达黎加、伯利兹、智利、阿根廷、巴西、巴拿马、古巴、厄瓜多尔、牙买加	乌桑巴罗汉松	bois lubin；castaneto；chaquera pino；chaquiro；chaquito；cipres；cipricillo；cobola；cypress；granadillo；manilihuan；maniu；pinheirinho；pino；pino blanco；sabina；sisin；sumi；yacca
Poecilanthe（FABACEAE）杂花豆属（蝶形花科）			**HS CODE** 4403.99	
5427	*Poecilanthe effusa*	巴西	散序杂花豆	cumaru de rato；gema-de-oro；scattered poecilanthe
5428	*Poecilanthe falcata*	巴西	短剑杂花豆	angelim-ferro；carrancuda；chorâo
5429	*Poecilanthe hostmannii*	拉丁美洲	霍氏杂花豆	nikkoehout
5430	*Poecilanthe parviflora*	巴西、哥斯达黎加、阿根廷、乌拉圭	小花杂花豆	coracao de negro；lapachillo；lapachillo morado
Poeppigia（CAESALPINIACEAE）黄蝶檀属（苏木科）			**HS CODE** 4403.99	
5431	*Poeppigia procera*	巴西、古巴、墨西哥、秘鲁、萨尔瓦多、巴拿马、哥伦比亚	高大黄蝶檀	abey hembra；bicho；cedro pashaco；corazon bonito；frijolillo；gita；guaje；hoja menudo；ixtepeque；memble；parotilla；quebracho blanco；quiebrahacha；rastro；tamarindillo；tapemiste；tengue amarillo；tepemiste；verytall poeppigia
Pogonophora（PERACEAE）髯瓣木属（蚌壳木科）			**HS CODE** 4403.99	
5432	*Pogonophora schomburgkiana*	巴西、圭亚那	斯氏髯瓣木	amaro linho；curry-tree
Pogonopus（RUBIACEAE）绫扇花属（茜草科）			**HS CODE** 4403.99	
5433	*Pogonopus febrifuga*	拉丁美洲	常山绫扇花	cascarilla；quina
Polyscias（ARALIACEAE）南洋参属（五加科）			**HS CODE** 4403.99	
5434	*Polyscias fruticosa*	秘鲁	灌木南洋参	alegria；ming aralia

序号	学名	主要产地	中文名称	地方名
5435	*Polyscias guilfoylei*	安的列斯群岛、多米尼加、波多黎各、萨尔瓦多、维尔京群岛、海地	福禄桐	frosted angelica；gallego；guilfoyle polyscias；lluvia de plata；panax；pareseux
Populus（SALICACEAE）杨属（杨柳科）			**HS CODE 4403.97**	
5436	*Populus alba*	美国、墨西哥、阿根廷	银白杨	abele；alamo blanco；alamo plateado；aspen；black poplar；great aspen；rattler-tree；silver poplar；silver-leaf poplar；silver-leaved poplar；white aspen；white poplar；whitebark；white-leaf
5437	*Populus androscoggin*	美国	安德罗斯科金杨	androscoggin poplar
5438	*Populus angustifolia*	美国、加拿大	狭叶杨	alamo mejicano；balsam；black cottonwood；cottonwood；lanceleaf cottonwood；mexikaanse smalbladige populier；mexikansk poppel；mountain cottonwood；narrowleaf cottonwood；pioppo messicano；rydberg cottonwood；smoothbark cottonwood；willow cottonwood；willow-leaved cottonwood
5439	*Populus balsamifera*	加拿大、美国	脂杨	alamo balsamico；aune baumier；balm poplar；balsam poplar；balsam-pappel；balsam-poppel；balsem-populier；bam；baumier；black poplar；canadian poplar；cottonwax；hackmatack；ontario poplar；ontario populier；ontario-poppel；peuplier baumier；poplar；roughbark poplar；tacamahac；tacamahac poplar
5440	*Populus brandegeei*	墨西哥	布兰德杨	gueribo；hueribo；huerigo
5441	*Populus deltoides*	美国、加拿大、阿根廷、墨西哥	美洲黑杨	alamo angulata；alamo carolino；amerikansk poppel；angulata poplar；angulata populier；common cottonwood；cotonnier；cottontree；cottonwood；eastern cottonwood；peuplier missouriensis；peuplier monalifere；river poplar；southern cottonwood；tennessee poplar；vermont poplar；virginia poplar；water poplar；whitewood；yellow cottonwood

序号	学名	主要产地	中文名称	地方名
5442	*Populus dimorpha*	墨西哥	双形杨	alamo
5443	*Populus fremontii*	墨西哥、美国	弗氏黑杨	alamo cimarron; alamo de fremont; cottonwood; fremont cottonwood; fremont poplar; fremont populier; fremont-poppel; itzohu; olomte; pepeyoca; pepeyocatl; peuplier de fremont; pioppo di fremont; white cottonwood
5444	*Populus grandidentata*	加拿大、美国	大赤杨	alamo canadiense; american aspen; aspen; bigtooth aspen; big-toothed poplar; canadese populier; canadian poplar; grand tremble; grofgetande populier; kandensisk poppel; large american aspen; large poplar; largetooth aspen; large-toothed aspen poplar; large-toothed poplar; pioppo canadese; pioppo del canada; poplar; popple; white poplar; whitewood
5445	*Populus heterophylla*	美国、加拿大	异叶杨	alamo de pantano americano; amerikaanse moeras-populier; amerikansk sump-poppel; black cottonwood; cotton-gum; cottontree; cottonwood; downy poplar; langues de femmes; liar; peuplier des marais americain; pioppo di pantano americano; river cottonwood; swamp cottonwood; swamp poplar
5446	*Populus mexicana*	墨西哥	墨西哥杨	olmo
5447	*Populus nigra*	阿根廷、墨西哥、美国	黑杨	alamo; alamo criollo; alamo de italia; alamo italiano; alamo llamado de italia; alamo negro; aspen; black poplar; catfoots poplar; chope; chopo; devils-fingers; italiaanse populier; italiensk svart-poppel; lombardy poplar; old'english poplar; olmo; peuplier noir d'italie; peuplier pyramidal; pioppo italiano; piramidale populier; pyramid-poppel; white poplar; willow poplar
5448	*Populus palmerii*	美国南部及西南部	帕氏杨	palmer cottonwood
5449	*Populus tremula*	墨西哥、美国、加拿大	欧洲山杨	alamo temblon; aspen; black poplar; trembling aspen; white poplar

序号	学名	主要产地	中文名称	地方名
5450	*Populus tremuloides*	墨西哥、美国、加拿大、圭亚那、西印度群岛	美洲山杨	alamillo; alamo; alamo blanco; alamo temblon; alamo temblon americano; american aspen; american poplar; amerikaanse ratel-populier; aspen; aspen poplar; canadian aspen; golden aspen; golden trembling aspen; leaf aspen; mountain aspen; peuplier; peuplier d'athenes; peuplier faux-tremble americain; peuplier tremble; pioppo tremulo americano; poplar; popple; quaking aspen; small-tooth aspen; smoothbark poplar; tremble; tremble faux; trembling aspen; trembling aspen poplar; trembling poplar; white poplar
5451	*Populus tricocarpa*	美国西部	毛果杨	black cottonwood; western balsam poplar
5452	*Populus X acuminata*	美国、加拿大	披针叶杨	alamo acuminata; andrew-poppel; andrews poplar; andrews populier; lanceleaf cottonwood; peuplier acuminata; pioppo acuminata
5453	*Populus X canadensis*	墨西哥、南美洲、美国	加拿大杨	alamo del canada; alamo euramericano; canada populier; carolina poplar; euramerican poplar; euramericano-poppel; euramerika anse populier; kanada-poppel; kanadische pappel; norway poplar; peuplier du canada; peuplier du virginie; peuplier euramericain; pioppo del canada; pioppo euramericano
5454	*Populus X geneva*	美国	日内瓦杨	alamo geneva; geneva poplar; geneva populier; peuplier geneva; pioppo geneva; veneva poppel
5455	*Populus X oxford*	美国	牛津杨	alamo oxford; oxford poplar; oxford populier; oxford-poppel; peuplier oxford; pioppo oxford
5456	*Populus X rochester*	美国	罗切斯特杨	alamo rochester; peuplier rochester; pioppo rochester; rochester poplar; rochester populier; rochester-poppel
	Poraqueiba (ICACINACEAE) 林蜜莓属（茶茱萸科）	**HS CODE** **4403.99**		
5457	*Poraqueiba paraensis*	巴西、巴拉圭	帕州林蜜莓	mari; umary

序号	学名	主要产地	中文名称	地方名
5458	*Poraqueiba sericea*	秘鲁	绢毛林蜜莓	umari；umari amarillo；umari negro
Porlieria（ZYGOPHYLLACEAE） 皂圣木属（蒺藜科）			**HS CODE** **4403.99**	
5459	*Porlieria angustifolia*	南美洲	狭叶皂圣木	
5460	*Porlieria hygrometrica*	阿根廷、智利、墨西哥、秘鲁	吸湿皂圣木	chucupi；cucharrero；gaiac du chile；gayacan；guayacan；pao santo；turucasa
5461	*Porlieria microphyla*	阿根廷、圭亚那、智利	小叶皂圣木	chucarea；chuchupi；chucupi；chukupi；cucharera；guayacan；palo santo
Posoqueria（RUBIACEAE） 银针树属（茜草科）			**HS CODE** **4403.99**	
5462	*Posoqueria gracilis*	拉丁美洲	纤细银针树	
5463	*Posoqueria latifolia*	厄瓜多尔、墨西哥、巴西、特立尼达、委内瑞拉、洪都拉斯、伯利兹、危地马拉、巴拿马、圭亚那、秘鲁	阔叶银针树	aguacate de montana；azucena；bagade macaco；brasiliani sche eiche；cachito；cafe cimarron；chintonrol；fruta de mono；kamadan；monkey apple；mosquitowood；snakeseed-tree；ucullucui；ucu-llucuy；wild coffee
5464	*Posoqueria longiflora*	秘鲁、圭亚那	长花银针树	estrella；kamadan
5465	*Posoqueria longifolia*	秘鲁	长叶银针树	raya-caspi
Poulsenia（MORACEAE） 厄瓜多尔桑属（桑科）			**HS CODE** **4403.99**	
5466	*Poulsenia armata*	墨西哥、巴拿马、哥伦比亚、厄瓜多尔、哥斯达黎加、洪都拉斯、尼加拉瓜、秘鲁	厄瓜多尔桑木	ababbi；abababite；carnero；chirimoya；cocua；corbon；cucua；damagua；majagu；majagua；maragua；mastate；namagua；thorny poulsenia；tumu；tuno；yanchama
5467	*Poulsenia ornata*	墨西哥	绚丽厄瓜多尔桑木	carne de pescado；carnero；carnero blanco；chichicaste；chirimoyo；huichilam；masamorro；mazamoro
Pourouma（MORACEAE） 雨葡萄属（桑科）			**HS CODE** **4403.99**	
5468	*Pourouma acuminata*	巴西	披针叶雨葡萄	ambauva mirim de vinho
5469	*Pourouma apiculta*	哥伦比亚	极短雨葡萄	sirpe
5470	*Pourouma aspera*	拉丁美洲	粗糙雨葡萄	

序号	学名	主要产地	中文名称	地方名
5471	*Pourouma bicolor*	巴西、洪都拉斯、墨西哥、尼加拉瓜、厄瓜多尔	双色雨葡萄	ambauva brava; guarumo de montana; guarumo macho; otspacho tsaja; yahal
5472	*Pourouma cecropiifolia*	厄瓜多尔、秘鲁	蚕叶雨葡萄	amagon tree grope; bocha tsaja; caima; huillas; pumamaqui; sadajii curura; sesho; sirpo; uva; uvilla
5473	*Pourouma chocoana*	厄瓜多尔	漏斗雨葡萄	uva
5474	*Pourouma guianensis*	圭亚那、哥伦比亚、厄瓜多尔、委内瑞拉	圭亚那雨葡萄	amitha; badkorinina; buruma; mikwa; pratakik; puruma; sirpe hembra; uva; yagrumo-sunsun
5475	*Pourouma hispida*	拉丁美洲	刚毛雨葡萄	
5476	*Pourouma lawrencei*	巴西	彩色雨葡萄	boruma; imbauba; pourouma
5477	*Pourouma melinoni*	拉丁美洲	梅利雨葡萄	
5478	*Pourouma melionii*	哥伦比亚	梅氏雨葡萄	sirpe macho
5479	*Pourouma minor*	厄瓜多尔	次级雨葡萄	armadillo huillas; kasua; uva
5480	*Pourouma mollis*	拉丁美洲	软雨葡萄	moyoi; soft pourouma
5481	*Pourouma ovata*	拉丁美洲	卵圆雨葡萄	ambaibillo; imbaúbarana; ovate pourouma; sarasaradek
5482	*Pourouma tomentosa*	巴西	绒毛雨葡萄	ambauva de vinho; puruma; yarayara; yohue
5483	*Pourouma ulei*	秘鲁	乌雷雨葡萄	sacha uvilla; uvilla; uvillo
5484	*Pourouma villosa*	拉丁美洲	毛雨葡萄	bois canon; bouchi papaye; kobí; villous pourouma
	Pouteria（SAPOTACEAE） 桃榄属（山榄科）		**HS CODE** **4403.49**	
5485	*Pouteria ambelaniifolia*	圭亚那	安氏桃榄	kokoritiballi; maruksupai
5486	*Pouteria amygdalina*	委内瑞拉、危地马拉、伯利兹、墨西哥	杏仁桃榄	chupon colorado; faisan; silion; silly young; zapote faisan
5487	*Pouteria belizensis*	伯利兹	伯利兹桃榄	silly young
5488	*Pouteria caiito*	厄瓜多尔、巴西、阿根廷、圭亚那、秘鲁、委内瑞拉、哥伦比亚	凯米托桃榄	abillu; abio; abiu; abiurana vermelka; aguai guazu; caimito; caimo; cifica; goity coro; huangana-caspi; hueso; toa
5489	*Pouteria calistophylla*	巴拿马	凯里叶桃榄	mamecillo; mameicillo

序号	学名	主要产地	中文名称	地方名
5490	*Pouteria campechiana*	墨西哥、古巴、萨尔瓦多、危地马拉、伯利兹	蛋黄果树	acamayo；canishte；caniste；guacamayo；huicon；huicume；kaniste；lun-da-e；ma-chum；mamee ciruela；nochi；oltzapotl；rumua；ta-ni；tapa；ulozapote；zapote amarillo；zapote borracho；zapotillo calenturiente
5491	*Pouteria chiricana*	巴拿马	七里卡桃榄	nispero；nispero colorado
5492	*Pouteria cladantha*	圭亚那	克拉丹桃榄	aiomorakushi；kramo；pavi-eno；porkun
5493	*Pouteria dictyoneura*	多米尼加、古巴	网脉桃榄	caracol；cocuyo；cuero de puerco；sapote culebra de costa；tomasina
5494	*Pouteria dolichophylla*	厄瓜多尔、秘鲁	长叶桃榄	maenigwae；quina-quina
5495	*Pouteria durlandii*	厄瓜多尔、墨西哥、中美洲	杜氏桃榄	cabo de bacha；caimitillo；ibte；zapotillo
5496	*Pouteria egregia*	圭亚那、委内瑞拉	优越桃榄	kokeritiballi；pajura；purguillo
5497	*Pouteria elegans*	圭亚那	秀丽桃榄	kokoritiballi
5498	*Pouteria engleri*	苏里南、圭亚那	桃榄	abiurana；black riemhout；konoko；samalung；zwart riemhout
5499	*Pouteria eugenifolia*	委内瑞拉	番樱桃叶桃榄	chicle rosado
5500	*Pouteria filipes*	圭亚那	细柄桃榄	kamahora
5501	*Pouteria gardeneria*	阿根廷	园丁桃榄	aguay
5502	*Pouteria glomerata*	厄瓜多尔、阿根廷、中美洲、墨西哥	聚花桃榄	abio；aguai saiyu；aguay amarillo；choch；choh；palo de calentura；pan del lavida；thocobte；tzocohuite；zapote；zocohuite
5503	*Pouteria gongrijpii*	苏里南	贡氏桃榄	kokeritjiballi
5504	*Pouteria grandis*	圭亚那	大桃榄	bakupar；yau
5505	*Pouteria guianensis*	苏里南、巴西、圭亚那、秘鲁	圭亚那桃榄	abenbele-njambokka；abiurana；asepoko；assopokballi；atakamara；balata pommier；barata；bois cochon；huangana-caspi；janbokka；kokeritiballi；njambokka；pientro botrie；poyak；rosadinha；topie；wapi；wapo
5506	*Pouteria hispida*	巴西、厄瓜多尔	刚毛桃榄	abuirana caramuri；yarazo
5507	*Pouteria izabalensis*	危地马拉、洪都拉斯	拉伊萨桃榄	silion

序号	学名	主要产地	中文名称	地方名
5508	*Pouteria lucuma*	秘鲁	路库玛桃榄	lucuma; pucuna-caspi; rucuma; urcu-cumala
5509	*Pouteria macrocarpa*	圭亚那	大果桃榄	balata franc indianen; balata indien; balata jaune d'oeuf; balata singe rouge
5510	*Pouteria macrophylla*	圭亚那	大叶桃榄	balata dooier; balata jaune d'oeuf; jaune d'oeuf
5511	*Pouteria melanopoda*	圭亚那	黑柄桃榄	aquaciba; sipikidiou
5512	*Pouteria melinoniana*	南美洲圭亚那高原、巴西	圭巴桃榄	moraballi
5513	*Pouteria multiflora*	牙买加、西印度群岛、委内瑞拉、波多黎各、小安的列斯群岛、向风群岛、瓜德罗普岛	多花桃榄	bully-tree; chokey apple; chupon; chupon torito; contrevent; jacana; pain d'epice; savannah bully-tree
5514	*Pouteria multilfora*	厄瓜多尔	多福桃榄	caimito; goiabao; hond aekamuwae; logma
5515	*Pouteria pachycarpa*	巴西	厚果桃榄	
5516	*Pouteria pallida*	小安的列斯群岛、西印度群岛、南美洲、向风群岛、瓜德罗普岛	淡紫桃榄	balata; balata rouge; balate; red balata
5517	*Pouteria pariry*	巴西	帕里里桃榄	abiorana gutta; frutao
5518	*Pouteria procera*	巴西	高大茎桃榄	bapeba; macaca vermelha; massarandu ba branca; mucuri
5519	*Pouteria ramiflora*	巴西	枝花桃榄	abui
5520	*Pouteria reticulata*	巴西、委内瑞拉、圭亚那、墨西哥	网纹桃榄	abiurana branca; chupon; kokoritiballi; mexican pouteria; pitomba-de-leite; urupagua; zapotillo
5521	*Pouteria sagotiana*	圭亚那	索格底桃榄	kokoritiballi
5522	*Pouteria salicifolia*	阿根廷、乌拉圭	柳叶桃榄	aguay guasu; mata ojos; mataojo
5523	*Pouteria sapota*	圭亚那、哥斯达黎加、墨西哥、伯利兹、危地马拉、海地、西印度群岛、巴拿马、古巴、波多黎各、百慕大、巴西、尼加拉瓜、萨尔瓦多、哥伦比亚、向风群岛、瓜德罗普岛	美果榄	balataballi; beko; bolletrie; chacal haaz; grand sapotillier; gue-xron; kurok; mamey colorado; mamey rojo; mamey sapote; oa-bo; potcac; sapotillier marmelade; tul-ul; uique; yel-xron; zapote mamey; zapotillo; zapotte; zapotte grose
5524	*Pouteria sclerocarpa*	厄瓜多尔	硬果桃榄	mejae
5525	*Pouteria sericea*	圭亚那	绢毛桃榄	bakupar; yau

序号	学名	主要产地	中文名称	地方名
5526	*Pouteria speciosa*	圭亚那	美丽桃榄	chuya；por；suya
5527	*Pouteria superba*	圭亚那	艳丽桃榄	
5528	*Pouteria torta*	巴西	扭曲桃榄	abiorana；abiu-do-cerrado；guapeva
5529	*Pouteria trigonosperma*	苏里南、圭亚那	三果桃榄	jawahepako elia；kamahora
5530	*Pouteria venosa*	委内瑞拉、巴西、圭亚那	细脉桃榄	chupon；guaca de leite；kamahora；porok；shuin；watharapoboye
5531	*Pouteria viridis*	墨西哥、危地马拉、洪都拉斯、尼加拉瓜、萨尔瓦多、伯利兹、哥斯达黎加	松绿桃榄	chulul；green sapote；ingerto；jaca；red faisan；sapote；sapotier vert；white faisan；zapote；zapote ingerto；zapote verde；zapotillo

Pouzolzia（URTICACEAE）   **HS CODE**
雾水葛属（荨麻科）   **4403.99**

序号	学名	主要产地	中文名称	地方名
5532	*Pouzolzia nivea*	墨西哥	妮维雾水葛	samo de coche
5533	*Pouzolzia siminea*	拉丁美洲	西米雾水葛	

Pradosia（SAPOTACEAE）   **HS CODE**
普拉山榄属（山榄科）   **4403.99**

序号	学名	主要产地	中文名称	地方名
5534	*Pradosia caracasanum*	委内瑞拉	卡拉卡普拉山榄	caimito morado；chupon
5535	*Pradosia colombiana*	哥伦比亚	哥伦比亚普拉山榄	mamon de leche
5536	*Pradosia lactescens*	巴西	窄叶普拉山榄	buraem；burahem；buranhe；buranhem；buranhen；casca doce；guaranhe；guaranhen；guranhem；guranhen；gurenham；imyracen；monesia；pao doce；sweetbark-tree；sweetwood
5537	*Pradosia schomburgkiana*	圭亚那	斯氏普拉山榄	kaka；kakarua
5538	*Pradosia surinamensis*	苏里南	苏里南普拉山榄	kodibiosi

Prioria（CAESALPINIACEAE）   **HS CODE**
脂苏木属（苏木科）   **4403.49**

序号	学名	主要产地	中文名称	地方名
5539	*Prioria copaifera*	哥伦比亚、巴拿马、哥斯达黎加、西印度群岛、委内瑞拉	脂苏木	algorrobillo cativo；amansa-mujer；amasamujer；amazon mugar；cabimbo；canime；cativo；cativo blanco；cativo negro；cautivo；curucai；eativo；floresa taito；kartivo；muramo；red cativo；spanish walnut；tabasaro；trementino；white cativo

序号	学名	主要产地	中文名称	地方名
Prochnyanthes（AGAVACEAE） 垂香玉属（龙舌兰科）			HS CODE 4403.99	
5540	*Prochnyanthes viridescens*	墨西哥	草绿垂香玉	amole；amolilla
Prosopis（MIMOSACEAE） 牧豆属（含羞草科）			HS CODE 4403.99	
5541	*Prosopis affinis*	阿根廷、乌拉圭	近缘牧豆木	algarobilla；algarobillo；algarrobilla；algarrobillo；algarrobo negro；calden；espinillen hout；espinillo；nandubay
5542	*Prosopis alba*	阿根廷、巴西、乌拉圭	白牧豆木	algaroba blanca；algarobo；algarroba；algarrobo；algarrobo bianco；algarrobo blanco；bate caixa；igope；igope-para；jacaranda；tintatico；visna；vit algarroba；white algaroba；witte algaroba
5543	*Prosopis caldenia*	阿根廷	卡德牧豆木	calden
5544	*Prosopis chilensis*	智利、洪都拉斯、危地马拉、墨西哥、哥伦比亚	智利牧豆木	algaroba chilena；algaroba du chili；algarroba；algarrobo cileno；chilean algaroba；chileens algaroba；dicidivi；divi-divi；mesquite；nacascal；nacascol；nacascolote；trupillo
5545	*Prosopis cineraria*	西印度群岛	穗花牧豆木	jambu；kandi；shami
5546	*Prosopis ferox*	阿根廷	粗壮牧豆木	churqui；churqui blanco
5547	*Prosopis glandulosa*	美国、委内瑞拉、巴拉圭、波多黎各、古巴	腺叶牧豆木	algaroba；common mesquite；cuji；honey locust；honey mesquite；honey pod；honey-pod；ibapiguazu；inesquirte；ironwood；mesquite；screwbean；wawahi
5548	*Prosopis hassleri*	阿根廷	哈斯牧豆木	algarrobo；algarrobo del chaco
5549	*Prosopis juliflora*	尼加拉瓜、墨西哥、洪都拉斯、古巴、波多黎各、巴拿马、委内瑞拉、海地、多米尼加、萨尔瓦多、牙买加、西印度群岛、美国、哥伦比亚、特立尼达、危地马拉	牧豆木	algaroba；algarroba；aroma americana；bayahonda；bayarone；biia；cambron；ganda babool；guatapana；huupa；inda-a；indjoe；ironwood；mesquite；nacasol；trupillo；tsirisicua；uejoue；wawabi；yaque blanco；yaque negro
5550	*Prosopis kuntzei*	阿根廷	昆西牧豆木	barba de tigre；itin；jacaranda；yacaranda itin

序号	学名	主要产地	中文名称	地方名
5551	*Prosopis laevigata*	墨西哥	金樱子牧豆木	mesquite
5552	*Prosopis nigra*	阿根廷、乌拉圭	黑牧豆木	agarrobo morado；algaroba noir；algaroba dulce；algarrobi negro；algarrobo；algarrobo amarillo；algarrobo nero；algeroba negra；arbol negro；black algaroba；ibope-saiyu；jacaranda；tintatico；visna；zwarte algaroba
5553	*Prosopis pallida*	波多黎各	淡紫牧豆木	bayahonda
5554	*Prosopis palmeri*	墨西哥	掌叶牧豆木	palo fierro
5555	*Prosopis pubescens*	美国、墨西哥	短柔毛牧豆木	mescrew；screwbean；screw-bean mesquite；screwpod mesquite；screw-pod mesquite；scrub mesquite；tornillo
5556	*Prosopis ruscifolia*	阿根廷、玻利维亚、巴拉圭	枝状叶牧豆木	algarrobo blanco；vinal；visnal
5557	*Prosopis tamarugo*	智利	塔马牧豆木	tamarugo
5558	*Prosopis velutina*	美国	绒毛牧豆木	mesquite；velvet mesquite
5559	*Prosopis vinalillo*	阿根廷	维纳牧豆木	algarrobo blanco

Protium（BURSERACEAE）　　　　**HS CODE**
马蹄榄属（橄榄科）　　　　　　　**4403.49**

序号	学名	主要产地	中文名称	地方名
5560	*Protium altissimum*	苏里南、巴西、圭亚那、西印度群岛、委内瑞拉	高马蹄榄	bastard cedar；carana branca；carana gum；cedre bagasse；cedre blanc；cedre rouge；cedro；encens gris；ganga-iese；iciquier；iciquier cedre；jacifate；red cedar
5561	*Protium altsonii*	圭亚那	阿氏马蹄榄	haiawa
5562	*Protium amazonicum*	拉丁美洲	亚马孙马蹄榄	
5563	*Protium apiculatum*	秘鲁	细尖马蹄榄	lacre
5564	*Protium aracouchini*	苏里南、圭亚那	阿拉库马蹄榄	bastard cedar；elemi-tree；encens gris；ganga-iese；ganga-pisie；haiawa
5565	*Protium attenuatum*	安的列斯群岛	渐窄马蹄榄	bois encens；encens
5566	*Protium carana*	委内瑞拉、秘鲁	卡纳马蹄榄	carana；copal caspi
5567	*Protium colombianum*	厄瓜多尔	哥伦比亚马蹄榄	anime blanco

序号	学名	主要产地	中文名称	地方名
5568	*Protium copal*	伯利兹、巴西、墨西哥、西印度群岛、尼加拉瓜	脂马蹄榄	camphorwood；copal；copalier；copalillo；fosforito；gommier rouge；incienso；jomte；kurokai；pom；pon；poom
5569	*Protium crassifolium*	秘鲁	厚叶马蹄榄	copal caspi
5570	*Protium crenatum*	委内瑞拉、圭亚那	圆齿马蹄榄	anime blanco；encens；kamarakwa；kurokai；panatro；tiengimonni
5571	*Protium cubense*	古巴	库彭马蹄榄	copal
5572	*Protium decandrum*	委内瑞拉、巴西、西印度群岛、秘鲁、圭亚那	十雄蕊马蹄榄	azucarito；copal；copal caspi；copalier；elimi；kurokai；maruwa；tiengimonni；tingimoni；waruwai
5573	*Protium elemigera*	圭亚那	埃莱米马蹄榄	elemi-tree
5574	*Protium fimbriatum*	厄瓜多尔	毛缘马蹄榄	chirquillo；serguillo
5575	*Protium giganteum*	巴西	巨马蹄榄	breu branco
5576	*Protium guianense*	哥伦比亚、巴西、委内瑞拉、古巴、圭亚那、苏里南	圭亚那马蹄榄	anime bianco；anime blanc；anime blanca；breu vermelho；carana；copal；encens blanc；encens grand bois；hayawa；hiava；hiawa；ingikandra；kuraka；laksiri；tacamahaco blanco；tingi hoedoe-money；wierookboom；witte anime；youcamoney
5577	*Protium heptaphyllum*	巴西、哥伦比亚、西印度群岛、圭亚那、苏里南、特立尼达、墨西哥、委内瑞拉	七叶马蹄榄	almecega；almecegueira；almiscar；anime copal；balsamo；bastard cedar；breu；breu xinca；carano；copal narrone；copalier marron；couroucay；elemi；haiawa；konina；mesclao；pom；sipuede；tacahamaca；tingimoni
5578	*Protium hostmannii*	圭亚那	霍氏马蹄榄	balsamo；copal；copalier；encens gris；haiawa；incense-tree；tiengimonni；tingimoni
5579	*Protium icicariba*	巴西、巴拉圭	伊卡马蹄榄	almecega；almecegueira；icica；icica-riba；ycy；yoibi
5580	*Protium insigne*	圭亚那、哥伦比亚	显著马蹄榄	anime；brue-sucu pira；protium；tiengimonni；tingimoni；vara blanca
5581	*Protium nodulosum*	厄瓜多尔	多节马蹄榄	chipea；copal；tiricu guayash

序号	学名	主要产地	中文名称	地方名
5582	*Protium obtusifolium*	西印度群岛	钝叶马蹄榄	bois de colophane batard；bois de compagnie；bois de marigni；gommart；marignia
5583	*Protium panamensis*	巴拿马	巴拿马马蹄榄	copa
5584	*Protium plagiocarpum*	圭亚那	斜长果马蹄榄	haiawa
5585	*Protium polybotryum*	苏里南	灰马蹄榄	aloewau-oe；gommier rouge；grey resintree
5586	*Protium puberulum*	苏里南	软毛马蹄榄	bastard cedar；encens gris；ganga-iese；ganga-pisie
5587	*Protium puncticulatum*	秘鲁	斑点马蹄榄	breu；breu vermelho；copal caspi；spotted resintree
5588	*Protium sagotianum*	苏里南、委内瑞拉、圭亚那	萨古马蹄榄	aloewau-oe；bastard cedar；breu branco；carano；encens gris；ganga-iese；gommier rouge；kurokai；panatro；porokai；tapoekjen-ajawa；tingimoni
5589	*Protium schomburgkianum*	圭亚那	朔博马蹄榄	azucarito；azucarito blanco；kurokai；noyeau；oolu
5590	*Protium sessiliflorum*	巴拿马、洪都拉斯、伯利兹	无柄马蹄榄	comida del mono；copal；copal macho；fontolo；froton；jobo ocomico
5591	*Protium subserratum*	委内瑞拉	亚齿马蹄榄	kiriwa'yw；sipuede
5592	*Protium tenuifolium*	委内瑞拉、圭亚那	薄叶马蹄榄	anime；anime rosado；carano；carano blanco；haiawaballi
	Prunus（ROSACEAE）樱桃属（蔷薇科）		**HS CODE 4403.49**	
5593	*Prunus alabamensis*	美国	阿拉巴马樱桃	alabama black cherry；alabama cherry；alabama chokecherry；beadle chokecherry；southeastern black cherry
5594	*Prunus alleghaniensis*	美国	阿勒格尼樱桃	allegheny plum；allegheny sloe；northern sloe；porter plum；sloe；sloe plum
5595	*Prunus americana*	美国	美国樱桃	american plum；august plum；canadian plum；ciruela；goose plum；hog plum；horse plum；native plum；plum granite；red plum；river plum；sloe；wild plum；wild yellow plum；yellow plum

序号	学名	主要产地	中文名称	地方名
5596	*Prunus angustifolia*	美国	狭叶樱桃	chickasaw plum; hog plum; sand plum; yellow plum
5597	*Prunus annularis*	巴拿马、哥斯达黎加	环樱桃	bastard cacique; mamey; mariquita
5598	*Prunus armeniaca*	墨西哥、美国	杏树	albaricoque; apricot; chabacano
5599	*Prunus avium*	墨西哥、美国	甜樱桃	bird cherry; cerezo silvestre; cerisier des bois; cerisiera fruits doux; ciliego; ciliego montano; fagelbar; gean; guindo; mazzard; mazzard cherry; merisier; sotkorsbar; sweet cherry; wild cherry; wilde kers; zoete kers
5600	*Prunus brachybotrya*	墨西哥	短序樱桃	cerezo; cerezo montes; eucaz; ucase; zazafras
5601	*Prunus brasiliensis*	巴西	巴西樱桃	pessegueiro; pessegueiro bravo; pessegueiro do mato
5602	*Prunus caroliniana*	美国	卡州樱桃	carolina cherry; cherry-laurel; evergreen cherry; laurel cherry; laurii amande; laury mundy; mock olive; mock orange; mock-orange; wild orange; wild peach; wild-peach; wils orange
5603	*Prunus cerasus*	美国	樱桃	amarelles cherry; morello; pie cherry; sour cherry
5604	*Prunus cortapico*	墨西哥	科尔塔樱桃	carretero; cortapico
5605	*Prunus domestica*	墨西哥、美国	西洋樱桃	ciruelo; common plum; european plum
5606	*Prunus emarginata*	美国、加拿大	边缘樱桃	biter red cherry; bitter cherry; bittercherry; cerisier amer; quinine cherry; red cherry; western wild cherry; wild cherry; wild plum
5607	*Prunus fremontii*	美国	弗芒氏樱桃	desert apricot
5608	*Prunus gentryi*	墨西哥	绅士樱桃	uasiqui
5609	*Prunus guatemalensis*	墨西哥	危地马拉樱桃	hormiguillo negro
5610	*Prunus hortulana*	美国	郝图兰樱桃	goose plum; hog plum; hortulan plum; miner plum; wild garden plum; wild goose plum; wild plum

序号	学名	主要产地	中文名称	地方名
5611	*Prunus ilicifolia*	美国、墨西哥	冬青叶樱桃	evergreen cherry；holly cherry；hollyleaf cherry；islay；mountain evergreen cherry；oakleaf cherry；spanish wild cherry；wild cherry；yslay
5612	*Prunus lundelliana*	墨西哥	伦带樱桃	taquicui
5613	*Prunus lyonii*	美国	里昂樱桃	catalina cherry
5614	*Prunus mahaleb*	美国	圆叶樱桃	mahaleb cherry；perfume cherry；st. lucie cherry
5615	*Prunus mexicana*	美国	墨西哥樱桃	bigtree plum；inch plum；mexican plum
5616	*Prunus mollis*	北美洲	软樱桃	woolly-leaf bitter cherry
5617	*Prunus munsoniana*	美国	雁樱桃	munson plum；wild goose plum
5618	*Prunus myrtifolia*	古巴、委内瑞拉、牙买加、阿根廷、美国、乌拉圭、巴西、多米尼加、西印度群岛、巴拉圭、瓜德罗普岛	番樱桃叶樱桃	almendrillo；almendro；casadawood；cherry；cuajani hembra；cuajanincillo；duraznero bravo；laurel cherry；marmelo bravo；membrillito；persiguero bravo；pessegueiro bravo；rama negra；taruman；viraru；west indian cherry；wild cassada；yvaro
5619	*Prunus nigra*	美国、加拿大	黑樱桃	canadian plum；horse plum；prunier canadien；red plum；wild plum
5620	*Prunus nipponica*	拉丁美洲	高岭樱桃	
5621	*Prunus occidentalis*	古巴、委内瑞拉、波多黎各、多米尼加、海地、牙买加	西方樱桃	almendrillo；almendrilo；almendro；almendron；almendron membrillo；amandier；cuajani；cuajani macho；juba；membrillo；noyeau；pruan；prune-tree
5622	*Prunus padus*	美国	稠李	bird cherry；european bird cherry
5623	*Prunus pensylvanica*	美国、加拿大	宾夕法尼亚樱桃	bird cherry；fire cherry；merisier petit；northern pin cherry；pigeon cherry；pin cherry；red cherry；red wild cherry；wild cherry；wild red cherry
5624	*Prunus persica*	美国、墨西哥、洪都拉斯、南美洲	桃李	alberta peach；dresa；durazno；ishi；ixi；melocoton；ndora；nectarine；pahsh；pajsh；peach；prisco；shondi；traza；trosno；tunants；turca；turusi；ucansa；zonti

序号	学名	主要产地	中文名称	地方名
5625	*Prunus rhamnoides*	墨西哥	菱叶樱桃	iza；mataiza
5626	*Prunus rugosa*	厄瓜多尔	皱叶樱桃	laurel
5627	*Prunus salasi*	墨西哥	萨拉樱桃	zapoyolillo
5628	*Prunus salicina*	美国	李樱桃	formosa；japanese red june；kelsey；santa rosa
5629	*Prunus samydoides*	墨西哥	天料樱桃	catecsh-quiui
5630	*Prunus sellowii*	巴西	塞氏樱桃	pessegueiro bravo；racao de negro
5631	*Prunus serotina*	加拿大、美国、墨西哥、厄瓜多尔、危地马拉、委内瑞拉	野黑樱桃	american cherry；amerikaanse vogelkers；black cherry；cabinet cherry；capollin；capuli；cerezo americano；cerisier tardif；ciliego americano；detze；ghohto；glanshagg；merisier；tnunday；whiskey cherry；wild black cherry；wild cherry；xeugua
5632	*Prunus spachiana*	美国	西帕樱桃	higan weeping cherry
5633	*Prunus spinosa*	美国	多刺樱桃	blackthorn；sloe
5634	*Prunus subcordata*	美国	籽樱桃	black sloe；flatwoods plum；hog plum；klamath plum；pacific plum；sierra plum；sloe；western plum；wild plum；wild plum umbellata
5635	*Prunus tomentosa*	美国	毛樱桃	nanking cherry
5636	*Prunus umbellata*	美国	伞花樱桃	black sloe；hog plum；sloe；southern bullace plum；wild plum
5637	*Prunus vana*	厄瓜多尔	瓦纳樱桃	cindi caspi；sindi panga
5638	*Prunus virginiana*	美国、加拿大	弗吉尼亚樱桃	alabama cherry；black chokecherry；california cherry；california chokecherry；capulin；cerisier de virginie；cerisier sauvage；choke cherry；chokecherry；columbian wild cherry；western choke cherry；wild cherry
5639	*Prunus zingii*	墨西哥	梓氏樱桃	jashuca；jeco
Pseudima（SAPINDACEAE） **假玛属（无患子科）**			**HS CODE** **4403. 99**	
5640	*Pseudima frutescens*	圭亚那、巴西	灌木状假玛	kuntse kunts；pau-de-arapuca；pauis-biaun；pitombeira

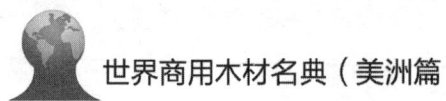

序号	学名	主要产地	中文名称	地方名
Pseudobombax（BOMBACACEAE） 假木棉属（木棉科）			**HS CODE** **4403.49**	
5641	Pseudobombax ellipticum	墨西哥	龟纹木棉	amapola；bailador；bailarina；bote；cabello de angel；chackkuyche
Pseudolmedia（MORACEAE） 双球桑属（桑科）			**HS CODE** **4403.99**	
5642	Pseudolmedia laevigata	厄瓜多尔、哥伦比亚	金樱子双球桑	cauchillo；chimi；leche de perra；smooth falselmedia
5643	Pseudolmedia laevis	厄瓜多尔、秘鲁	平滑双球桑	capuli silvestre；chimi；chimicua；glabrous falseolmedia；nui；yahi
5644	Pseudolmedia macrophylla	厄瓜多尔	大叶双球桑	chimi colorado
5645	Pseudolmedia multinervia	秘鲁	多脉双球桑	itauba amarilla
5646	Pseudolmedia obliqua	南美洲	斜双球桑	pseudolmedia
5647	Pseudolmedia oxyphyllaria	伯利兹、墨西哥、哥斯达黎加	氧菲双球桑	cherry；mamba；manash；manax；manba；ojoche；ramon de mico；tepetomate；tsotsash；tsotsax；tzotzash
5648	Pseudolmedia simiarum	墨西哥	西米亚双球桑	durazno
5649	Pseudolmedia spuria	墨西哥、海地、巴拿马、伯利兹、牙买加、古巴、多米尼加、危地马拉	刺矢双球桑	asta amarilla；asta maria；bois merise；cacique bloodwood；cherry；false breadnut；macagua；macao；manax；milkwood；palo de leche
Pseudopiptadenia（MIMOSACEAE） 假落腺豆属（含羞草科）			**HS CODE** **4403.99**	
5650	Pseudopiptadenia contorta	阿根廷、巴西	旋叶假落腺豆	anchico blanco；cambui pitanga
5651	Pseudopiptadenia pittieri	哥伦比亚、委内瑞拉、秘鲁	皮蒂假落腺豆	bocachico；carbonero；hediondo；huilca；tarahuilca
5652	Pseudopiptadenia psilostachya	圭亚那、巴西、苏里南、委内瑞拉	光梗假落腺豆	alimiao；fava folha fina；ipana harikaroe；manari balli；parica branco；pikimissiki；pikin-misiki；shirimai；timbo rana；timboruna；yiguire

序号	学名	主要产地	中文名称	地方名
Pseudosamanea（MIMOSACEAE） 假雨树属（含羞草科）			**HS CODE** 4403.99	
5653	*Pseudosamanea guachapele*	危地马拉、伯利兹、洪都拉斯、巴西、古巴、厄瓜多尔、委内瑞拉、秘鲁、哥伦比亚	假雨树	cadeno；caieno；frijolillo；guachapele；guachapeli；guaje de zope；guamarillo；quanacasti llo；samanigua；tabaca；tabaca de monte；uvero macho
Pseudotsuga（PINACEAE） 黄杉属（松科）			**HS CODE** 4403.25（截面尺寸≥15cm）或 4403.26（截面尺寸<15cm）	
5654	*Pseudotsuga macrocarpa*	墨西哥、美国	大果黄杉	abeto；acahuite；bigcone douglas-fir；bigcone spruce；californis che douglas；douglas bigcone spruce；douglas fir；douglasia；douglasia di california；grosfruchtig douglas-tanne；hemlock；kalifornisk douglas；large-coned douglas fir；red fir
5655	*Pseudotsuga menziesii*	加拿大、美国、墨西哥	北美黄杉	abeto；achahuite；alpine hemlock；black fir；canadian douglas fir；coast douglas-fir；common douglas；common douglas fir；douglasie；douglaska；douglaskuusi；groene；oregon fir；pinabete；red fir；red pine；red spruce；santiam quality fir；spruce；yellow douglas fir；yellow national fir
Psidium（MYRTACEAE） 番石榴属（桃金娘科）			**HS CODE** 4403.99	
5656	*Psidium acutangulum*	巴西、秘鲁	锐角番石榴	araca piranga；guayava；guayavilla
5657	*Psidium amplexicaule*	维尔京群岛	宝盖番石榴	mountain guava
5658	*Psidium aquaticum*	圭亚那	水生番石榴	arisa；warad
5659	*Psidium arasa-hu*	阿根廷	阿萨番石榴	araza-hay；araza-hu
5660	*Psidium buxifolium*	美国	黄杨叶番石榴	florida guava
5661	*Psidium cattleianum*	乌拉圭、阿根廷、危地马拉	卡特兰番石榴	araza；araza-saiyu；goyavier fraise
5662	*Psidium friedrichsthalianum*	哥斯达黎加、洪都拉斯、墨西哥、巴拿马	福德番石榴	cas；guayaba agria；guayabo agrio；guayabo de agua；guayabo montes；wild guavo
5663	*Psidium galapagenium*	墨西哥	加拉佩奇番石榴	guayabillo

序号	学名	主要产地	中文名称	地方名
5664	*Psidium guajava*	墨西哥、巴拉圭、阿根廷、美国、西印度群岛、巴西、苏里南、法属圭亚那、萨尔瓦多、圭亚那、洪都拉斯、波多黎各、维尔京群岛、哥斯达黎加、厄瓜多尔、尼加拉瓜、古巴、巴拿马、秘鲁、哥伦比亚、委内瑞拉、危地马拉、伯利兹、瓜德罗普岛	番石榴	al-pil-ca; arasay; araza puita; bjui; bui; chalxocotl; common guava; djamboe; enandi; goyavier commun; goyaviera fruits; guaibasim; guayaba manzana; guayaba perulera; jalocote; kuawa; ni-joh; pata; pichi; pyita; sahuinto; sumbadan; vayevavaxi-te; wild guava; xalacotl; yaga-huii
5665	*Psidium guineense*	巴西、圭亚那、墨西哥、洪都拉斯、哥伦比亚	巴西番石榴	agaca do compo; araca; brazilian guava; cashpadan; guayabilla; guayabo; guayabo agrio; guayabo sabanero; huevo de gato
5666	*Psidium laurifolium*	阿根廷	月桂叶番石榴	araca guazu
5667	*Psidium longipes*	美国	长柄番石榴	bahama eugenia; long-stalk stopper; stopper; trailing eugenia
5668	*Psidium montanum*	牙买加	山地番石榴	mountain guava
5669	*Psidium ovatifolium*	圭亚那	卵叶番石榴	arisa; warad
5670	*Psidium piriferum*	南美洲	皮里番石榴	arasay
5671	*Psidium riparium*	巴西	里帕番石榴	araca da mata; goiabinha
5672	*Psidium salutare*	墨西哥	自愈番石榴	healing guava; tucave
5673	*Psidium sartorianum*	墨西哥	缝纫番石榴	araca; arrayan; avellano; choquey; guayabilla; guayabillo; pichiche; rayana
5674	*Psidium sintenisii*	波多黎各	辛氏番石榴	hoja menuda
5675	*Psidium striatulum*	圭亚那	细枝番石榴	arisa; striate guava; warad
5676	*Psidium yucatanensis*	墨西哥	尤卡坦番石榴	pichiche
Psorothamnus（FABACEAE） 银靛木属（蝶形花科）		**HS CODE** **4403.99**		
5677	*Psorothamnus spinosus*	美国	多刺银靛木	dalea; desert smoketree; indigo-bush; smokethorn; smoketree
Psychotria（RUBIACEAE） 九节木属（茜草科）		**HS CODE** **4403.99**		
5678	*Psychotria acuminata*	秘鲁	披针叶九节木	yaco-shutiri

序号	学名	主要产地	中文名称	地方名
5679	*Psychotria altorum*	墨西哥	阿托九节木	vara negra
5680	*Psychotria altsonii*	圭亚那	阿氏九节木	wagukwa-eba
5681	*Psychotria apoda*	圭亚那	无柄九节木	koyarakushi；sessile balsamo
5682	*Psychotria berteriana*	海地、波多黎各、多米尼加、尼加拉瓜、瓜德罗普岛	贝特九节木	bois cabrit；cachimbo comun；cafetan；escobon；uva blanca
5683	*Psychotria brachiata*	巴拿马	有腕九节木	brachiate balsamo；cocobolo
5684	*Psychotria calochlamys*	秘鲁	卡洛克九节木	chirapa sacha；yaco-shutiri
5685	*Psychotria capitata*	秘鲁	头状九节木	mullaca del ajo；trompetero-caspi
5686	*Psychotria carthagenesis*	哥伦比亚、秘鲁	卡塔九节木	goterero；mito-micunan；rumisapa；ucumi-micuna
5687	*Psychotria catochiamys*	秘鲁	卡托九节木	shuturi
5688	*Psychotria chiapensis*	墨西哥、伯利兹、巴拿马	基亚九节木	cacate cimarron；casada；cocobolito；palo de agua；whitewood；yash-can-an；yoale prieto
5689	*Psychotria erythrocarpa*	墨西哥	红果九节木	guaguejpo；hierba del cargapalito
5690	*Psychotria eurycarpa*	墨西哥	宽果九节木	popiste blanco
5691	*Psychotria excelsa*	墨西哥	大九节木	ipecacuana de jalapa
5692	*Psychotria flava*	墨西哥	黄九节木	tepecajete blanco
5693	*Psychotria grandis*	美国、波多黎各、厄瓜多尔、古巴	高大九节木	balsamo；cachimbo grande；palo moro；perlilla；tapa camino；wild coffee
5694	*Psychotria hebeclada*	墨西哥	毛良九节木	lagunillo prieto；pubescentshoot balsamo
5695	*Psychotria horizontalis*	墨西哥	平直九节木	quina blanca
5696	*Psychotria lachnantha*	秘鲁	拉赫九节木	sonia
5697	*Psychotria ligustrina*	秘鲁	女贞九节木	cafe mashan
5698	*Psychotria maleolens*	波多黎各	马来九节木	cachimbo de gato
5699	*Psychotria maricaensis*	波多黎各	马里卡九节木	cachimbo de maricao
5700	*Psychotria mathewsii*	秘鲁	马氏九节木	topomaki
5701	*Psychotria microdon*	伯利兹、墨西哥	梅迪九节木	crucecillo；dead-man's-bones；hueso de finado
5702	*Psychotria miradorensis*	墨西哥	米拉多尔九节木	huesillo

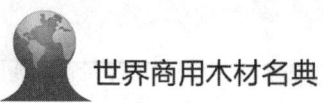

序号	学名	主要产地	中文名称	地方名
5703	*Psychotria nervosa*	美国、秘鲁、墨西哥	多脉九节木	balsamo; machinsacha; tempranero; ya'ax-k'anan
5704	*Psychotria nutans*	海地、多米尼加、波多黎各	垂九节木	bois laitelle; brilloso; cabra blanca; cabra santa; cachimbo de mona; cafe cimarron; penda
5705	*Psychotria oerstediana*	墨西哥	奥斯迪九节木	bayatillo
5706	*Psychotria officinalis*	圭亚那、秘鲁	龙须九节木	akuomu; koyarakushi; yaco-shutiri
5707	*Psychotria papantlensis*	墨西哥	罂粟九节木	frutillo; judio; pochitoco; tapacajete
5708	*Psychotria parviflora*	圭亚那	小花九节木	simira
5709	*Psychotria poeppigiana*	墨西哥、圭亚那	佩皮九节木	cresta de gallo; doradilla; hierba gallina; kaia-eno-mio; oropelo; soldiers-cap
5710	*Psychotria recordiana*	厄瓜多尔	纪录九节木	pigue
5711	*Psychotria santaremica*	秘鲁	桑塔九节木	mullaca
5712	*Psychotria sapitata*	秘鲁	萨皮九节木	cuchara-caspi
5713	*Psychotria trichotoma*	墨西哥	三出九节木	canutillo; macashpit-quiui; macspitquiui; palo de agua; pito; trichotomous balsamo
5714	*Psychotria viridis*	厄瓜多尔、秘鲁	松绿九节木	oprito; paujil-chaqui; sami rucu
5715	*Psychotria williamsii*	秘鲁	威氏九节木	borracho-sisa
Ptelea（RUTACEAE） 榆橘属（芸香科）			**HS CODE** **4403. 99**	
5716	*Ptelea crenulata*	美国	齿缘榆橘	california hoptree
5717	*Ptelea polyodemia*	美国	多瘤榆橘	
5718	*Ptelea trifoliata*	美国、墨西哥	三叶榆橘	ague-bark; cola de zorrillo; common hoptree; hoptree; narrowleaf hoptree; paleleaf hoptree; pinacatillo; quinine-tree; shrubby treefoil; skunkbush; wafer-ash; western hoptree; whahoo; wing-seed; zorrillo
Pterocarpus（FABACEAE） 紫檀属（蝶形花科）			**HS CODE** **4403. 49**	
5719	*Pterocarpus acapulcensis*	巴西、墨西哥、苏里南、巴拿马、哥伦比亚、哥斯达黎加、圭亚那、委内瑞拉、阿根廷、伯利兹、法属圭亚那、玻利维亚、危地马拉、尼加拉瓜、巴拉圭	阿卡普尔科紫檀	angu; arago; bebe; bloodwood; corkwood; corticeira; djoekabebe; drago; grau blanco; hegronbebe; itchikiboura; kaway; lagunero; mattoe gwegive; mutushi; nogal falso; sabroso; sangredrago; tachyzeiro; tinteira; watrabebe

序号	学名	主要产地	中文名称	地方名
5720	*Pterocarpus amazonum*	巴西、厄瓜多尔	亚马孙紫檀	amarelao; tachy de flor amarella; tangarana
5721	*Pterocarpus erinaceus* (=*africanus*)#	巴西	刺猬紫檀②	guenin; guenin yiri
5722	*Pterocarpus indicus*	特立尼达	印度紫檀	rosewood
5723	*Pterocarpus micheli*	阿根廷	米歇利紫檀	ibara
5724	*Pterocarpus officinalis*	厄瓜多尔、圭亚那、苏里南、委内瑞拉、巴拿马、西印度群岛、海地、哥斯达黎加、洪都拉斯、多米尼加、伯利兹、法属圭亚那、巴西、波多黎各、墨西哥、哥伦比亚、危地马拉、尼加拉瓜、瓜德罗普岛	药用紫檀	bambulo; bebe hoedoe; bigbe; bloodwood; bois chatousieux; bois pale; cacu; chajada amarilla; corkwood; itikiboura; kaway; kurk-moutoudli; lagunero; matosirian; mucutena; mutushi; nogal falso; otoshimik; sangre de grado; sangregado; sangrillo; swamp kaway; watrabebe
5725	*Pterocarpus orbiculatus*	墨西哥	球形紫檀	chachalaca; guayabillo; llora sangre; sangre de drago; sangre de toro
5726	*Pterocarpus rohrii*	圭亚那、苏里南、墨西哥、厄瓜多尔、危地马拉、巴西、巴拿马、哥斯达黎加、委内瑞拉	罗氏紫檀	amarelao; bebehoedoe; bigbe; bois chatousieux; chabecte; copal; corkwood; drago; hegronbebe; hoogland bebe; itiki hororadikoro; matosirian; mattoe gwegwe; mututi; pizarro; sangrillo; sapupira amarella
5727	*Pterocarpus santalinoides*	圭亚那	类檀香紫檀	corkwood; itikiboro; itikiboro corkwood
5728	*Pterocarpus violaceus*	巴西	堇色紫檀	dragociana; pau sangue; pau vidro; sangueiro
Pterocarya（JUGLANDACEAE）枫杨属（胡桃科）		**HS CODE 4403.99**		
5729	*Pterocarya stenoptera*	美国	枫杨	wingnut
Pterodon（FABACEAE）翅齿豆属（蝶形花科）		**HS CODE 4403.99**		
5730	*Pterodon abruptus*	拉丁美洲	截形翅齿豆	bluntended faveiro; calumbi; pau-liso-amarelo; sucupira
5731	*Pterodon emarginatus*	巴西、玻利维亚	柔毛翅齿豆	faveiro; faveiro amarello; faveiro da matta; faveiro vermelho; pezoe negro; sucupira; sucupira bianca; sucupira blanc; sucupira blanca; sucupira liza; white sucupira; witte sucupira

---

Pterocarpus africanus 为《进出口税则商品及品目注释》中的异名，但该异名在 CITES 濒危木材树种附录中未查到，在进口报关时需提请有关主管部门认定。

序号	学名	主要产地	中文名称	地方名
5732	*Pterodon pubescens*	拉丁美洲	短柔毛翅齿豆	
Pterogyne（CAESALPINIACEAE）翅雌豆属（苏木科）			**HS CODE** 4403.99	
5733	*Pterogyne nitens*	玻利维亚、阿根廷、巴西、巴拉圭、乌拉圭	翅雌豆木	ajunado；amendoim；chaco；ebiraro；guarucaia；ibira-rana；ibira-ro；ibirare；ibyrare；ivararo；jacutinga；jujuy；oleo branco；palo amargo；palo mortero；pau amendoim；pau fava；tipa colorado；tuc；viraro；vivaro；ybira-ro
Pterygota（STERCULIACEAE）翅苹婆属（梧桐科）			**HS CODE** 4403.49	
5734	*Pterygota amazonica*	秘鲁	亚马孙翅苹婆	paujil-ruro
5735	*Pterygota brasiliensis*	巴西	霍氏翅苹婆	farinha-seca
5736	*Pterygota excelsa*	危地马拉	大翅苹婆	castano
Ptychopetalum（OLACACEAE）皱瓣铁青树属（铁青树科）			**HS CODE** 4403.99	
5737	*Ptychopetalum olacoides*	法属圭亚那、圭亚那	铁青叶皱瓣铁青木	bande；bois bande；tatabedieti-bina
Punica（LYTHRACEAE）石榴属（千屈菜科）			**HS CODE** 4403.99	
5738	*Punica granatum*	美国、安的列斯群岛、秘鲁、波多黎各、墨西哥、法属圭亚那、洪都拉斯	石榴木	garnet apple；granaatappel；granada cordelina；granadero；granado；granatapel；grenade；hehes-quiixlc；nocuana-zeha-castilla；pomegranate；punic apple；tsapyan；tsapyon；yaga-sachi；yan-u-ko；yatnudidsi
Pyracantha（ROSACEAE）火棘属（蔷薇科）			**HS CODE** 4403.99	
5739	*Pyracantha angustifolia*	美国	狭叶火棘	narrow-leaf firethorn
5740	*Pyracantha fortuneana*	美国	火棘	firethorn
Pyrularia（SANTALACEAE）檀梨属（檀香科）			**HS CODE** 4403.99	
5741	*Pyrularia pubera*	美国	檀梨	colicberry
Pyrus（ROSACEAE）梨属（蔷薇科）			**HS CODE** 4403.99	
5742	*Pyrus calleryana*	美国	豆梨	bradford pear；callery pear

序号	学名	主要产地	中文名称	地方名
5743	*Pyrus communis*	美国、洪都拉斯、墨西哥	西洋梨	apple-tree；bartlett pear；common pear；gewone peer；hawthorn；parontrad；pear；pearlwood；peral；peral comun；perastro；pero comune；poirier commun；poirier sauvage；pomaceous-fruit；quince；vanligt parontrad
	Qualea（VOCHYSIACEAE） **上位独蕊属（独蕊科）**		**HS CODE** **4403.49**	
5744	*Qualea acuminata*	苏里南	披针叶上位独蕊	florecillo；mandio；mandioqueira；quaruba
5745	*Qualea albifora*	巴西、苏里南	白花夸雷木	mandioqueira
5746	*Qualea amoena*	巴西、苏里南	美丽上位独蕊	pleasing qualea；shimbillo
5747	*Qualea coerulea*	巴西、圭亚那、苏里南、法属圭亚那	蓝色上位独蕊	blue qualea；cedre gris；cedre gris couari；couaie；grignon fou；grignon indien；gronfoeloe；gronfolo；iria-kopie；jakopi；kwali；mandio；mandioqueira；meniridan；meniriolan；tiapotano；water kwarie；watra-kwaii hoedoe；woto kwaleli
5748	*Qualea cordata*	拉丁美洲	心形上位独蕊	cordate qualea；dedaleiro negro；kuelé；quebracho falso
5749	*Qualea cryptantha*	拉丁美洲	隐花上位独蕊	hiddenflower qualea；pian
5750	*Qualea cymulosa*	巴拿马	聚伞花序上位独蕊	cyme qualea；gorgojo
5751	*Qualea dinizii*	苏里南、法属圭亚那、委内瑞拉、圭亚那	迪氏上位独蕊	be-kwai；goejaba；gronfolo gris；guarapo；gujavekwarrie；kwa-ie；kwarrie；mandioqueira；maoranaballi；mawaranaballi；saniki-pisie；waddie-wassie kwari；wassie-wassie；wossie-jossie；yakopi
5752	*Qualea homosepala*	巴西	帕拉上位独蕊	mandio；mandioqueira；quaruba；similarsepal qualea
5753	*Qualea implexa*	秘鲁	灰木上位独蕊	shamoja negra
5754	*Qualea paraensis*	法属圭亚那、巴西、圭亚那	帕州夸雷木	gronfolo rose；kwarie van para；kwarrie van para；mandio；mandio de para；mandioqueira；quaruba

序号	学名	主要产地	中文名称	地方名
5755	*Qualea rosea*	苏里南、圭亚那、巴西、法属圭亚那、委内瑞拉	玫瑰夸雷木	berg fronfoeloe；berg gronfoeloe；berg kwarie；cedre gris；couari；couari cedre；florecillo；goenfoloe；grignon fou；gronfoeloe；gronfolo rose；iria-kopie；jakopi；jeriakopi；kwarie；laba-laba；mandio；mandioqueira；mountain gronfoeloe；muirauba；pao terra；tiapotano；umirirana；water-kwarie；woto kwaleli；woto kware；yakopi
5756	*Qualea schomburgkiana*	圭亚那	斯氏上位独蕊	manaw
5757	*Qualea trichantera*	拉丁美洲	特拉上位独蕊	
5758	*Qualea wittrockii*	巴西	维氏上位独蕊	umirirana
Quararibea (BOMBACACEAE) 搅棒树属（木棉科）			**HS CODE 4403.99**	
5759	*Quararibea asterolepis*	巴拿马、危地马拉	星图搅棒树	cinco dedos；guayabillo；guayabo；moro；starscale swizzlesticktree
5760	*Quararibea funebris*	伯利兹、墨西哥、洪都拉斯、危地马拉	富布搅棒树	batidos；cacahuaxoc hitl；cacaoxochitl；canel；coco mama；flor de cacao；madre de cacao；maha；mahass；mahate；majahus；majash；molinillo；moro；palo copado；rosa de cacao；tepecacao
5761	*Quararibea guianensis*	哥伦比亚、秘鲁、圭亚那、委内瑞拉、巴西	圭亚那搅棒树	boton；huayhuash-zapote；kibiwara-i shi-lokodo；mampuesto；viroity
5762	*Quararibea penningtonii*	厄瓜多尔	彭氏搅棒树	molinillo
5763	*Quararibea pterocalyx*	巴拿马	翼萼搅棒树	wild palm
5764	*Quararibea stenophylla*	危地马拉	狭叶搅棒树	cuyapo
5765	*Quararibea turbinata*	波多黎各、西印度群岛、多米尼加、小安的列斯群岛	图尔搅棒树	asubillo；garrocho；millerwood；molinillo；palo de garrocha；swizzlestick-tree
5766	*Quararibea wittii*	秘鲁	维氏搅棒树	zapotillo

序号	学名	主要产地	中文名称	地方名
Quassia（SIMAROUBACEAE） 夸斯苦木属（苦木科）			**HS CODE** **4403.99**	
5767	Quassia amara	委内瑞拉、西印度群岛、圭亚那、法属圭亚那、墨西哥、巴拿马、苏里南、巴西、特立尼达、荷属安的列斯群岛、安的列斯群岛	夸斯苦木	acajou blanc；aruba；bitter ash；bitterbush；caixeta；coachi；echtes quassiaholz；fliegenholz；guavito；kwassi；kwassie；lignum quassiae；quashi bitters；quassia；simaropa；simarruba；simarupa；south america bitterwood；surinam quassia；walkara adoonsidero
5768	Quassia cedron	墨西哥、圭亚那、巴西、哥伦比亚、委内瑞拉	中美洲夸斯苦木	amargo；cedro amargo；cedron；haba cedron；hikuribian da；kartabac plum；pau paratudo；turtle food
5769	Quassia glauca	美国东南部、中美洲、南美洲	青冈夸斯苦木	aceituno；cedro amargo；guitarro；marupa；negrito；simaru-ba；soemaroeba
5770	Quassia guianensis	巴西	圭亚那夸斯苦木	cajurana
5771	Quassia multiflora	圭亚那、委内瑞拉	多花夸斯苦木	congrillo；hachiballi；hueso de pescado；simarudo；watuwai
5772	Quassia simarouba	中美洲、南美洲	苦楝夸斯苦木	aku；bitter ash；marupa；simarouba；simarupa；soe-maroeba
5773	Quassia undulata	拉丁美洲	恩杜夸斯苦木	
5774	Quassia versicolor	巴西	异色夸斯苦木	pau parahyba
Quercus（FAGACEAE） 栎属（壳斗科）			**HS CODE** **4403.91**	
5775	Quercus acatenangensis	墨西哥	阿卡栎	chiquinib；nanyamai
5776	Quercus acutifolia	墨西哥	墨西哥饶栎	aguatle；ahuatl；encino de asta；tepocuaistle；teposcohuite
5777	Quercus affinis	墨西哥	近缘栎	encino colorado；encino hasta；laurelillo
5778	Quercus agrifolia	美国、墨西哥	禾叶栎	california live oak；coast live oak；encina；encino verde；evergreen oak；live oak

序号	学名	主要产地	中文名称	地方名
5779	*Quercus alba*	加拿大、美国	美洲白栎	american white oak；amerikansk vit-ek；arizona oak；chene blanc；mantua oak；quebec oak；roble；roble blanco americano；slave oak；stave oak；true white oak；weiss eiche；white brash oak；white oak
5780	*Quercus albocincta*	墨西哥	阿尔伯栎	cusi；encino negro；encino roble；hachuca；jachuca
5781	*Quercus anglo-hondurensis*	墨西哥	红杜兰皮栎	chiquinib de montana
5782	*Quercus aquatica*	美国	水生栎	possum oak；punk oak；water oak
5783	*Quercus arizonica*	墨西哥、美国	亚利桑那州栎	arizona white oak；arizona-vit-ek；chene d'arizona blanc；encino azul；encino blanco；quercia bianca di arizona；roble de arizona；rojaca-sacame；white oak；witte arizona eik
5784	*Quercus arkansana*	美国	阿肯萨那栎	arkansas oak；water oak
5785	*Quercus axillaris*	墨西哥	酸栎	encino de hoja ancha
5786	*Quercus barvinervis*	墨西哥	栓皮栎	mexican oak
5787	*Quercus bicolor*	美国、加拿大	二色栎	amerikaanse witte eik；amerikanskvit-ek；blue oak；chene bicolore；chene blanc americain；chene bleu；cherry oak；curly swamp oak；quercia bianca americana；roble blanco americano；swamp oak；swamp white oak；white oak
5788	*Quercus bourgaei*	墨西哥	布尔盖栎	encino capulincillo
5789	*Quercus brachystachys*	墨西哥、危地马拉	短栎	bachte；cantulan；encino
5790	*Quercus brandegei*	墨西哥	布兰德栎	encino negro
5791	*Quercus bravinervis*	墨西哥	布拉维栎	encino
5792	*Quercus canbyi*	墨西哥	坎比栎	encino colorado
5793	*Quercus candicans*	墨西哥	白栎	ahuahuaxtl；ahuamextli；encino ahuatl；encino asta；encino blanco；encino cenizo；encino colorado；encino papatla；huilocualoni；popocamay；tzacui blanco；tzaquioco

序号	学名	主要产地	中文名称	地方名
5794	*Quercus castanea*	墨西哥、美国	栗栎	capulincillo；capulincillo capulincillo；chestnut upland oak；encino；encino amarillo；encino blanco；encino chino；encino colorado；encino negro；encino roble；encino rojo；encino rosillo；mexican oak；teposcohuite chino
5795	*Quercus chapmanii*	美国	查氏栎	bur oak；chapman oak；chapman white oak；scrub oak
5796	*Quercus chihuahuensis*	墨西哥	奇瓦栎	encino miscalme；sahuauo；sajavo
5797	*Quercus chrysolepis*	美国	峡谷栎	black live oak；canyon live oak；canyon oak；goldcup oak；golden-cup oak；golden-cup ped white live oak；goldschupp ige-eiche；hickory oak；iron oak；live oak；maul oak；valparaiso oak；white live oak
5798	*Quercus chrysophylla*	墨西哥	金叶栎	encino dorado
5799	*Quercus coccinea*	美国、加拿大	朱红栎	bastard oak；black oak；buck oak；chene ecarlate；chene ecarlate；quercia scarlatta；red oak；roble escarlate；scarlet oak；scharlakan-ek；scharlaken eik；spanish oak；spotted oak
5800	*Quercus coccolobaefolia*	墨西哥	球果栎	encino verde
5801	*Quercus conspersa*	墨西哥	斑点栎	chiquilin；encino blanco；encino capulincillo；encino pipitillo；encino rojo；encino teposchuite；encino teposcohuite；speckled oak；toposcohuite
5802	*Quercus convallata*	墨西哥、北美洲	墨西哥黑栎	encino blanco
5803	*Quercus conzattii*	墨西哥	康氏蒂栎	yag-shog
5804	*Quercus copeyensis*	哥斯达黎加	科佩伊栎	copey oak；encino；roble
5805	*Quercus corrugata*	墨西哥	波纹栎	carrugated oak；chicharro；encinorey
5806	*Quercus costaricensis*	哥斯达黎加	科斯塔栎	roble encino

序号	学名	主要产地	中文名称	地方名
5807	*Quercus crassifolia*	墨西哥	厚叶栎	bochilte；bochiv；chanal；encino colorado；encino hojarasco；encino huaje；encino oaquatepoztle；encino prieto；encino roble；encino tesmolillo；thickleaf oak；yaval-jite'e
5808	*Quercus crassipes*	墨西哥	粗梗栎	encino；encino piptza；encino tesmolillo
5809	*Quercus crispipilis*	墨西哥、北美洲	卷毛栎	chiquinib；crisped hair oak
5810	*Quercus devia*	墨西哥	德瓦栎	encino colorado；encino negro
5811	*Quercus digitata*	美国	膨大栎	keilblatte rige eiche；spanische eiche
5812	*Quercus douglasii*	美国	蓝栎	american blue oak；bla-ek；blauwe amerikaanseeik；blue oak；california blue oak；california rock oak；california white oak；douglas oak；encina；hill oak；iron oak；mountain oak；post oak；quercia azzurra americana；rock oak；white mountain oak；white oak
5813	*Quercus dumosa*	美国	矮栎	california scrub oak
5814	*Quercus dunnii*	美国	敦氏栎	dunn oak；palmer oak
5815	*Quercus durifolia*	墨西哥	硬叶栎	encino colorado；encino laurelillo
5816	*Quercus dysophylla*	墨西哥	水蜡烛栎	encino colorado；encino manzanillo
5817	*Quercus edwardi*	墨西哥	爱德瓦栎	encino manzano
5818	*Quercus ellipsoidalis*	美国	椭圆叶栎	black oak；hill oak；hills oak；jack oak；northern pin oak；pin oak；yellow oak
5819	*Quercus elliptica*	墨西哥	湿地栎	encino colorado；encino laurel；encino nanche；encino tpaahuite；tapahuile
5820	*Quercus emoryi*	美国、墨西哥	埃默里栎	bellota；black oak；blackjack oak；emory oak；encino negro；encino prieto；roble negro
5821	*Quercus endlichiana*	墨西哥	恩迪栎	encino hueja；rocuro；rojaca
5822	*Quercus engelmannii*	美国	恩氏栎	engelmann oak；evergreen oak；mesa oak；white evergreen oak
5823	*Quercus epileuca*	墨西哥	恩西栎	encino rosillo
5824	*Quercus eugeniafolia*	哥斯达黎加	番樱桃栎	encino
5825	*Quercus excelsa*	墨西哥	高大栎	encino bornio；lafty oak

序号	学名	主要产地	中文名称	地方名
5826	*Quercus falcata*	美国	镰状栎	american red oak；american red oak；amerikaanse rodeeik；amerikanskrodek；chene rouge d'amerique；cherrybark oak；quercia rossa americana；red oak；roble rojo americano；southern red oak；spanish oak；water oak
5827	*Quercus frainetto*	美国	稠密栎	italian oak
5828	*Quercus furfuracea*	墨西哥	糠栎	encino colorado
5829	*Quercus fusiformis*	美国、墨西哥	梭形栎	live oak；scrub live oak；tesmoli；texas live oak；texmole
5830	*Quercus gambelii*	美国	甘氏栎	encino；gambel oak；mountian oak；rocky mountain white oak；scrub live oak；tesmoli；texas live oak；texmole；utah white oak；white oak
5831	*Quercus ganderi*	美国	甘德里栎	gander oak
5832	*Quercus garryana*	美国、加拿大	俄勒冈州栎	amerikaanse witteeik；brewer oak；british columbia oak；chene de garry；garry oak；oregon oak；oregon white oak；pacific white oak；post oak；prairie oak；quercia bianca；quercia garry；roble garry；shin oak；western oak；white oak
5833	*Quercus geminata*	美国	活栎	live oak；sand live oak；sand oak
5834	*Quercus gentry*	墨西哥	绅栎	encino avellano cimarron；encino cacachila；encino colorado
5835	*Quercus georgiana*	美国	格鲁栎	georgia oak；stone mountain oak
5836	*Quercus glabrescens*	墨西哥	光滑栎	encino roble；glabrate oak
5837	*Quercus glaucescens*	墨西哥	淡青栎	encino roble amarillo；glaucescent oak
5838	*Quercus graciliformis*	美国	优美栎	chisos oak
5839	*Quercus granatensis*	哥伦比亚	格拉栎	roble
5840	*Quercus gravesii*	美国	苟氏栎	chisos red oak；graves oak
5841	*Quercus grisea*	美国	灰栎	gray oak
5842	*Quercus havardii*	美国	哈氏栎	havard oak；havard shin oak；shin oak；shinnery oak
5843	*Quercus hondurensis*	墨西哥	洪都拉斯栎	chicharro
5844	*Quercus humboldtii*	哥伦比亚	洪氏栎	roble

序号	学名	主要产地	中文名称	地方名
5845	*Quercus hypoleucoides*	美国	薄叶栎	mexican oak；shite-leaf oak；silverleaf oak；white-leaved oak
5846	*Quercus ilicifolia*	美国	冬青叶栎	barren oak；bear oak；black dwarf oak；black scrub oak；scrub oak
5847	*Quercus imbricaria*	美国	复瓦栎	chene imbrique；glans eik；glossy oak；jack oak；laurel oak；pin oak；quercia imbricaria；roble imbricado；shingle oak；swamp oak；turkey oak；water oak；white oak
5848	*Quercus incana*	美国	灰毛栎	bluejack；bluejack oak；cinnamon oak；high-ground willow oak；sandjack；sand-jack；shin oak；turkey oak；upland willow oak
5849	*Quercus inopina*	美国	胭脂栎	scrub oak
5850	*Quercus intricata*	墨西哥	错枝栎	charrasquillo
5851	*Quercus kelloggii*	美国	加州黑栎	black oak；california black oak；chene de kellogg；chene noir de californie；kalifornisk svart-ek；kellogg oak；kellogg-ek；mountain black oak；quercia di kellogg；roble de kellogg；roble negro de california
5852	*Quercus laceyi*	美国	莱克西栎	canyon oak；lacey oak；rock oak；smoky oak
5853	*Quercus laevis*	美国	平滑栎	barren scrub oak；blackjack；blackjack scrub；carolina eik；carolina red oak；catesby oak；chene de caroline；forked-leaf；karolina-ek；quercia di carolina；roble de carolina；sand-black jack；sand-jack；scrub oak；turkey oak
5854	*Quercus lanceolata*	墨西哥	剑叶栎	encino manzanillo
5855	*Quercus laurifolia*	美国	月桂叶栎	chene laurier rouge；darlington oak；diamond-leaf oak；encino negro；laurel oak；laurel red oak；laurel-leaf oak；laurier-eik；obtusa oak；pin oak；quercia laura；roble laurel；swamp laurel oak；water oak；willow oak

序号	学名	主要产地	中文名称	地方名
5856	*Quercus laurina*	墨西哥	桂叶栎	ahucepitza huac；encino；encino ahualpitza hual；encino jarilla；encino laurelillo；encino nechilahue；mexican oak；teposcohuite de hoja angosta
5857	*Quercus lobata*	美国	加州白栎	amerikansk vit-ek；california oak；california white oak；california white valley oak；californis che witte eik；langfruchtige eiche；quercia bianca americana；roble；roble blanco americano；valley oak；water oak；weeping oak；white oak
5858	*Quercus lyrata*	加拿大、美国	琴叶栎	american white oak；amerikaanse witte eik；chene blanc d'amerique；overcup oak；quercia bianca americana；roble blanco americano；swamp post oak；swamp white oak；water white oak；white oak
5859	*Quercus macdonaldii*	美国	麦氏栎	island scrub oak；mcdonald oak
5860	*Quercus macrocarpa*	美国、加拿大	大果栎	amerikaanse witteeik；amerikanskvit-ek；blue oak；burr oak；chene blanc frise；massy oak；overcup oak；quercia bianca americana；roble blanco americano；scrub oak；white oak；white overcup oak
5861	*Quercus macrophylla*	墨西哥	大叶栎	ahuacocoztli；roble
5862	*Quercus magnoliaefolia*	墨西哥	木兰栎	encino amarillo；encino napis
5863	*Quercus margarettae*	美国	玛格栎	dwarf post oak；post oak；san post oak；scrubby post oak
5864	*Quercus marilandica*	美国	马里兰州栎	amerikaanse zwarte eik；amerikansk svart-ek；barren oak；barrens oak；black oak；blackjack oak；iron oak；jack oak；quercia nera americana；ridge oak；roble negro americano；scrub oak
5865	*Quercus mexicana*	墨西哥	墨西哥栎	cozahuatl；mexican oak

序号	学名	主要产地	中文名称	地方名
5866	Quercus michauxii	加拿大、美国	沼生栗栎	american white oak；amerikaans wit eiken；basket oak；chene blanc d'amerique；cow oak；quercia bianca americana；roble blanco americano；swamp chestnut oak；swamp oak
5867	Quercus microphylla	墨西哥	小叶栎	encino capulincillo；encino enano
5868	Quercus mohriana	美国	莫里亚栎	mohr oak；scrub oak；shin oak
5869	Quercus moreha	美国	莫雷哈栎	oracle oak
5870	Quercus muehlenbergii	美国、加拿大	黄栗栎	amerikansk vit-ek；chene chinquapin；chestnut oak；chinkapin oak；dwarf chestnut oak；dwarf chinquapin oak；muhlenbergeik；pin oak；rock chestnut oak；rock oak；running white oak；scrub oak；shrub oak；white oak；yellow chestnut oak；yellow oak
5871	Quercus myrtifolia	美国	桃金娘栎	myrtle oak；scrub；scrub oak；seaside scrub oak
5872	Quercus nigra	美国	黑栎	american red oak；amerikaanse rode eik；barren oak；blackjack；chene rouge d'amerique；possum oak；punk oak；quercia rossa americana；red oak；roble rojo americano；spotted oak；water oak
5873	Quercus nigrescens	美国	变黑栎	black oak
5874	Quercus nuttalli	美国南部	纳塔栎	nuttall oak
5875	Quercus oblongifolia	美国、墨西哥	长圆叶栎	blue oak；chene mexicain；mexicaanseeik；mexican blue oak；mexikanskek；quercia messicana；roble mejicano；white oak
5876	Quercus obtusata	墨西哥	墨西哥奥波栎	encino prieto；roble
5877	Quercus obtusiloba	拉丁美洲	钝皮栎	
5878	Quercus ocoteaefolia	墨西哥	卵叶栎	encino capulincillo
5879	Quercus oglethorpensis	美国	奥格索栎	oglethorpe oak
5880	Quercus oleoides	墨西哥、危地马拉	油栎	cholol；encino nanche；encino negro；encino prieto；roble；roblecito；yagpsuy
5881	Quercus omissa	墨西哥	乌米萨栎	encino colorado；encino manzano
5882	Quercus oocarpa	墨西哥、哥斯达黎加	黄皮栎	cantulan colorado；roble negro

424

序号	学名	主要产地	中文名称	地方名
5883	*Quercus opaca*	墨西哥	疤栎	chaparro；encino chaparro
5884	*Quercus pagoda*	美国	塔栎	bottomland red oak；cherrybark oak；cherrybark red oak；elliott oak；red oak；spanish oak；spanish swamp oak；swamp red oak
5885	*Quercus palustris*	加拿大、美国	岩生栎	amerikaanse moeras-eik；amerikansk rod-ek；chene de garry marais；karr-ek；pin oak；quercia rossa americana；red oak；spanish oak；spanish swamp oak；spanish water oak；swamp oak；water oak
5886	*Quercus peduncularis*	墨西哥、洪都拉斯	波西蒂栎	camay；encino；encino blanco；jijte；roble
5887	*Quercus perseaefolia*	墨西哥	透皮栎	encino colorado
5888	*Quercus petraea*	美国	无梗花栎	pubescent oak；sessil oak
5889	*Quercus phellos*	美国	柳栎	amerikaanse rode eik；amerikansk rod-ek；chene rouge americain；laurel oak；peach oak；pin oak；quercia rossa americana；red oak；roble rojo americano；water oak；wilgbladige eik；willow oak；willow swamp oak
5890	*Quercus planipocula*	墨西哥	扁杯栎	flatcupoak；mexican oak；teposcohuite
5891	*Quercus platanoides*	拉丁美洲	普拉帕尼栎	
5892	*Quercus polymorpha*	墨西哥	多叶栎	shinil
5893	*Quercus praineana*	墨西哥	草原栎	encino de asta
5894	*Quercus pringlei*	墨西哥	普林莱栎	chaparro；encino chaparro
5895	*Quercus prinoides*	美国	青克平栎	chinquapin oak；dwarf chinquapin oak；scrub chestnut oak；scrub oak
5896	*Quercus prinus*	美国、加拿大	圣栎	american white oak；amerikansk vit-ek；basket oak；chene blanc d'amerique；chene prin；chestnut oak；chestnut swamp oak；mountain oak；rock chestnut；rock oak；swamp oak；tanbark oak；white oak
5897	*Quercus pubescens*	美国	短柔毛栎	pubescent oak；sessil oak
5898	*Quercus pungens*	美国	蓬根斯栎	sandpaper oak；scrub oak
5899	*Quercus rekonis*	墨西哥	雷科尼斯栎	encino roble；yagareche；zagareche

序号	学名	主要产地	中文名称	地方名
5900	*Quercus reticulata*	墨西哥	网纹栎	palo colorado；thn-yaha；tnu-yaa
5901	*Quercus robur*	美国	欧洲栎	pedunculate oak；pubescent oak；sessil oak
5902	*Quercus rubra*	加拿大、美国	红栎	american red oak；black oak；canadian red oak；chene rouge；common red oak；eastern red oak；gray oak；leopard oak；red oak；rode rodek；rot eiche；southern red oak；spotted oak；water oak
5903	*Quercus rugosa*	墨西哥、美国	藿香栎	cu-ho；encino；encino blanco；encino cuero；encino de asta；encino de miel；encino quiebra hacha；encino roble；netleaf oak；palo colorado；t-nuya
5904	*Quercus salicifolia*	墨西哥	柳叶栎	encino chino；encino laurel；encino laurelillo；encino saucillo
5905	*Quercus saltillensis*	墨西哥	盐沼栎	encino colorado；encino rojo
5906	*Quercus schochiana*	美国	大栎	chene de schoch；quercia di schoch；roble de schoch；schoch eik；schoch oak；schoch-ek
5907	*Quercus scytophylla*	墨西哥	革质叶栎	encino blanco
5908	*Quercus shumardii*	美国、加拿大	舒氏红栎	american red oak；amerikaanse rode eik；chene rouge americain；quercia rossa americana；roble rojo americano；schneck oak；schneck red oak；shumard oak；southern red oak；spotted oak；swamp red oak；texas red oak
5909	*Quercus sideroxyla*	墨西哥	铁木栎	encino tecomate
5910	*Quercus similis*	美国	三角栎	bottom-land post oak；delta oak；delta post oak；mississippi valley oak；post oak；runner oak；yellow oak
5911	*Quercus sinuata*	美国	苦栎	basket oak；bastard oak；bluff oak；durand oak；durand white oak；pin oak；shin oak；texas white oak；white oak
5912	*Quercus sipuraca*	墨西哥	四浦栎	cascalote；encino；encino colorado；sipuraca

序号	学名	主要产地	中文名称	地方名
5913	Quercus skinneri	墨西哥	斯可内瑞栎	chicharro；cololte；encino hojeador；roble；tzajalchit
5914	Quercus sororia	墨西哥	索罗里栎	encino colorado；encino roble rojo
5915	Quercus stellata	美国、加拿大	星毛栎	american post oak；amerikansk rod-ek；barren whiteoak；box oak；box whiteosk；brash oak；chene etoile；iron oak；post oak；quercia rossa americana；ridge oak；rough oak；turkey oak；white box oak；white oak
5916	Quercus strombocarpa	墨西哥	粗皮栎	chicalaba；encino chicalaba
5917	Quercus suber	墨西哥	洋栓皮栎	alcornoque
5918	Quercus tahuasalana	墨西哥	塔瓦萨栎	encino prieto
5919	Quercus tardifolia	美国	蒲公英栎	lateleaf oak
5920	Quercus texana	美国	德州栎	chene nutall；iron oak；nutall-ek；nutall oak；pin oak；post oak；quercia nutall；red oak；roble nutall；schneck oak；shumard red oak；southern red oak；spanish oak；texas oak；texas red oak
5921	Quercus texcocana	墨西哥	特斯科栎	encino texmole；texmole
5922	Quercus tinkhami	墨西哥	廷哈米栎	chaparro；encino chaparro
5923	Quercus tomentella	美国	短毛栎	island oak；live island oak
5924	Quercus toumeyi	美国	图梅伊栎	toumey oak
5925	Quercus trojana	美国	马其顿栎	amerikaanse moeraseik；rode rodek
5926	Quercus tuberculata	墨西哥	构叶栎	encino prieto；encino roble；roble；toche
5927	Quercus turbinella	美国	旋纹栎	encino；live scrub oak；scrub oak；turbinella oak
5928	Quercus urbanii	墨西哥	乌氏栎	encino cucharillo；encino hueja；encino jumate；toche；ya-cuchar
5929	Quercus uxoris	墨西哥	尤克若斯栎	encino capulincillo

序号	学名	主要产地	中文名称	地方名
5930	*Quercus velutina*	美国、加拿大	绒毛栎	american red oak；amerikaanse rode eik；blackjack；blik-eik；chene noir；dyer oak；jack oak；kleur-eik；quercia rossa americana；quercitron；quercitron oak；red oak；redbush；smoothbark oak；spotted oak；tanbark oak；yellowbark oak
5931	*Quercus virens*	古巴、洪都拉斯、北美洲	家栎	encina；encino；lebens eiche
5932	*Quercus virginiana*	美国、古巴	弗吉尼亚州栎	amerikansk hard-ek；chene lourd d'amerique；encino；harde amerikaanseeik；live oak；quercia pesante americana；roble duro americano；virginia live oak；virginia oak
5933	*Quercus wislizeni*	美国	威斯里栎	black live oak；highland live oak；interior live oak；live oak；sierra live oak；wislizenus oak
5934	*Quercus xalapensis*	墨西哥	皱皮栎	barrillillo；encino capulincillo；roble de duelas

Quiina（QUIINACEAE） | HS CODE
绒子树属（绒子树科） | 4403.99

序号	学名	主要产地	中文名称	地方名
5935	*Quiina albiflora*	圭亚那	白化绒子树	okokonshi
5936	*Quiina guianensis*	圭亚那	圭亚那绒子树	muruk；okokonshi
5937	*Quiina indigofera*	圭亚那	木蓝绒子树	kakahaut；maruk；okokonshi；velvet-seed-tree；wargamieho
5938	*Quiina obovata*	圭亚那	倒卵叶绒子树	okokonshi

Randia（RUBIACEAE） | HS CODE
山黄皮属（茜草科） | 4403.99

序号	学名	主要产地	中文名称	地方名
5939	*Randia aculeata*	波多黎各、哥伦比亚、海地、墨西哥、萨尔瓦多、维尔京群岛、牙买加、西印度群岛、伯利兹、多米尼加、古巴	刺尾山黄皮木	arbol de navidad；box-briar；cambron；corallero；crucetillo delacosta；escambron；espino cruz；fishing-rod；guachilote；indigoberry；inkberry；leele；maiz tostado；maria angola；petit coco；pricklebush；rresuelesuele；sota caballo；tintillo；wakoera；xpech-kitam
5940	*Randia albonervia*	墨西哥	阿尔山黄皮木	papache peludo

序号	学名	主要产地	中文名称	地方名
5941	*Randia armata*	墨西哥、洪都拉斯、秘鲁、圭亚那、危地马拉	洪都拉斯山黄皮木	cagalero; canastilla; crucecita; cruceta; crucetilla; espina; espuela-casha; huele denoche; jazmin cimarron; maluco demontana; palo delacruz; papache; papaclle; skorowarew arin; torillo; wild lime; zapaotillo
5942	*Randia blepharodes*	墨西哥	白花山黄皮木	crucillo; tecuche; ticuchi
5943	*Randia blepharophylla*	墨西哥	短柄黄皮木	eyelash-leaved; papache
5944	*Randia formosa*	巴西	台湾山黄皮木	acucena branco
5945	*Randia laetevirens*	墨西哥	莱特山黄皮木	capulin corona; crucero; crucero blanco
5946	*Randia laevigata*	墨西哥	金樱子山黄皮木	akan-k-a'-ax; crucecilla delasierra; sapuche
5947	*Randia longiloba*	墨西哥	长裂山黄皮木	k'aax; kanal-k'aax; xkaax
5948	*Randia mollifolia*	墨西哥	软叶山黄皮木	sapuche delasierra
5949	*Randia nelsonii*	墨西哥	尼氏黄皮木	crucetillo
5950	*Randia obcordata*	墨西哥	扇叶山黄皮木	papache borra papachillo
5951	*Randia rhagocarpa*	墨西哥	鼠李果黄皮木	crucero; rhagocarpa
5952	*Randia rosei*	墨西哥	罗西山黄皮木	papache borracho; tecolotillo
5953	*Randia spinosa*	委内瑞拉、秘鲁、哥伦比亚	多刺山黄皮木	cruceta; cruceta negra; crucetareal; espina; espuela-casha; manangolo; quipito hediondo; sajadito
5954	*Randia tetracantha*	墨西哥	四角花山黄皮木	arbol delascruces
5955	*Randia thurberi*	墨西哥	贝利山黄皮木	papache; papachi
5956	*Randia truncata*	墨西哥	截叶山黄皮木	k'aax; kabal-knax; kax; mehen kax; pech-kitam; xpech-kitam
5957	*Randia xalapensis*	墨西哥	沙棘山黄皮木	cruceta; culustucum-shalacsu

***Rapanea*（MYRSINACEAE）** HS CODE
密花树属（紫金牛科） 4403.49

序号	学名	主要产地	中文名称	地方名
5958	*Rapanea guianensis*	阿根廷、巴西、巴拉圭、哥伦比亚、委内瑞拉、圭亚那、海地、波多黎各、苏里南、多米尼加、墨西哥、古巴	圭亚那密花树	canelon; chagualito; cucharo; dakara; fuelle canelle; guiana rapanea; konaparan; mameycillo; mameyuelo; mannie botieie; manteco blanco; panela
5959	*Rapanea jurgensenii*	墨西哥	乔根密花树	chocolatillo
5960	*Rapanea laetevirens*	阿根廷、乌拉圭、巴西	宽叶密花树	canelon; jomirim; kaaporoka; kaapororo; palo san antonio

序号	学名	主要产地	中文名称	地方名
5961	*Rapanea leuchuem*	秘鲁	白密花树	sangre dedragon
Raputia（RUTACEAE） 拉普芸香属（芸香科）			**HS CODE** **4403.99**	
5962	*Raputia alba*	巴西	白拉普芸香	arapoca branca
5963	*Raputia magnifica*	巴西	雄伟拉普芸香	amarelinho；arapcoc vermelha；arapoca；arapoca amarella；guaiatais；guarapoca；guarataia；guartaipoca；guatayapoca；gurataia；mucamba；pao amarello
Rauvolfia（APOCYNACEAE） 萝芙木属（夹竹桃科）			**HS CODE** **4403.99**	
5964	*Rauvolfia ligustrina*	墨西哥	女贞萝芙木	chirillo；veneno
5965	*Rauvolfia littoralis*	巴拿马	滨萝芙木	fruto deldiablo；seashore devilpepper
5966	*Rauvolfia nitida*	波多黎各、维尔京群岛、海地、多米尼加、巴哈马、古巴	密茎萝芙木	bitter-ash；bitterbush；bois lait femelle；cachimbo；milkbush；palo amargo；palo deleche；palo demuneco；smooth rauvolfia
5967	*Rauvolfia paraensis*	南美洲	帕拉萝芙木	gogo deguariba
5968	*Rauvolfia pentaphylla*	秘鲁	五叶萝芙木	chiric sanango
5969	*Rauvolfia praecox*	厄瓜多尔	早花萝芙木	tutapishcuila
5970	*Rauvolfia tetraphylla*	墨西哥、哥伦比亚	四叶萝芙木	ajillo；chakmuk；chalchupa；chammu-ak；chilillo；cinco negritos；cocotombo；coralilla；fruta devibora；kabakmuk；kabamuk；pablio；paulio；sarna deperro；venenillo；venenito
Ravenala（STRELITZIACEAE） 旅人蕉属（旅人蕉科）			**HS CODE** **4403.99**	
5971	*Ravenala madagascariensis*	波多黎各、多米尼加、安的列斯群岛	马达加斯加旅人蕉	arbol delviajero；palma deabanico；palma deviajero；travellers-tree；waaierpalm；waaierpisang
Recordoxylon（CAESALPINIACEAE） 记木豆属（苏木科）			**HS CODE** **4403.99**	
5972	*Recordoxylon amazonicum*	巴西	亚马孙记木豆	manica；sucupira
5973	*Recordoxylon speciosum*	圭亚那	美丽记木豆	false wacapou；faux wacapou；handsme recodxylon

序号	学名	主要产地	中文名称	地方名
Reevesia（STERCULIACEAE）梭罗树属（梧桐科）			HS CODE 4403.99	
5974	*Reevesia formosana*	拉丁美洲	台湾梭罗树	
5975	*Reevesia mesoamericana*	墨西哥	中美洲梭罗树	algodoncillo delamontana
5976	*Reevesia pubescens*	拉丁美洲	梭罗树	
5977	*Reevesia thyrsoidea*	拉丁美洲	两广梭罗树	
5978	*Reevesia wallichii*	拉丁美洲	卵叶梭罗树	
Remijia（RUBIACEAE）北鸡纳属（茜草科）			HS CODE 4403.99	
5979	*Remijia amazonica*	拉丁美洲	亚马孙北鸡纳木	amagonas remijia
5980	*Remijia peruviana*	秘鲁	秘鲁北鸡纳木	asar-sisa；cascarilla；collar-sisa
Retanilla（RHAMNACEAE）小桃棘属（鼠李科）			HS CODE 4403.99	
5981	*Retanilla ephedra*	智利	麻黄小桃棘	retamo
Retiniphyllum（RUBIACEAE）脂芽木属（茜草科）			HS CODE 4403.99	
5982	*Retiniphyllum laxiflorum*	圭亚那	大花脂芽木	
5983	*Retiniphyllum schomburgkii*	圭亚那	尚氏脂芽木	karaneru；tauwaweru
Reynosia（RHAMNACEAE）情人梅属（鼠李科）			HS CODE 4403.99	
5984	*Reynosia guama*	波多黎各	关岛情人梅	guama
5985	*Reynosia septentrionalis*	美国	钝叶情人梅	darling plum；leadwood；red ironwood；rotes eisenholz
5986	*Reynosia uncinata*	多米尼加、西印度群岛、海地、波多黎各	钩状情人梅	brillol；cascahueso；cascarrolla；chicharron；galle-galle；sloe
Rhacoma（CELASTRACEAE）罗阿科属（卫矛科）			HS CODE 4403.99	
5987	*Rhacoma costaricensis*	拉丁美洲	杂色罗阿科木	
5988	*Rhacoma crossopetalum*	拉丁美洲	罗阿科木	
5989	*Rhacoma eucymosa*	拉丁美洲	杜氏罗阿科木	
5990	*Rhacoma gonoclada*	拉丁美洲	冈诺罗阿科木	

序号	学名	主要产地	中文名称	地方名
5991	*Rhacoma oxyphylla*	伯利兹	尖叶罗阿科木	cabello deangel
Rhamnidium（RHAMNACEAE） 准鼠李属（鼠李科）			**HS CODE** **4403.99**	
5992	*Rhamnidium elaeocarpum*	巴西	香果准鼠李木	
5993	*Rhamnidium glabrum*	巴西	光叶准鼠李木	erecepo；sobrasil；turere
Rhamnus（RHAMNACEAE） 鼠李属（鼠李科）			**HS CODE** **4403.49**	
5994	*Rhamnus capraeifolia*	墨西哥	头鼠李木	duraznillo；skegoatleaf buckthorn
5995	*Rhamnus cathartica*	美国	华夏鼠李木	european buckthorn；purgin buckthorn
5996	*Rhamnus cornula*	阿根廷、乌拉圭、西印度群岛、巴西	阿根廷鼠李木	ajicillo；coronilla；coronilla colorado；coronillo；laranjeira domatto
5997	*Rhamnus costata*	拉丁美洲	科斯鼠李木	
5998	*Rhamnus crocea*	美国	大鼠李木	buckthorn；california redberry；coffeeberry；evergreen buckthorn；great redberry buckthorn；hollyleaf buckthorn；island redberry buckthorn；redberry；redberry buckthorn
5999	*Rhamnus microphylla*	墨西哥	小叶鼠李木	granjeno
6000	*Rhamnus mucronata*	墨西哥	尖头鼠李木	palo moreno
6001	*Rhamnus pirifolia*	美国	梨叶鼠李木	great redberry buckthorn
6002	*Rhamnus pringlei*	墨西哥	普格利鼠李木	capulincillo
6003	*Rhamnus purshiana*	加拿大西部、美国西部	泻药鼠李木	cascara buckthorn；cascara sagrada
6004	*Rhamnus serrata*	墨西哥	锯缘鼠李木	ahuatl tepiton；capulin cimarron；capulincillo；naranjillo；tlalcapulin
6005	*Rhamnus spartium*	智利	斯巴达鼠李木	chacay
6006	*Rhamnus spinosa*	墨西哥、哥伦比亚	多刺鼠李木	brasilillo；pinito
6007	*Rhamnus virgata*	拉丁美洲	美洲鼠李木	
Rheedia（GUTTIFERAE） 雷德藤黄属（藤黄科）			**HS CODE** **4403.99**	
6008	*Rheedia acuminata*	秘鲁	披针叶雷德藤黄木	brea-huayo；charichuela
6009	*Rheedia aristata*	洪都拉斯、古巴	细叶雷德藤黄木	manchi
6010	*Rheedia benthamiana*	南美洲	雷德藤黄木	madrono

序号	学名	主要产地	中文名称	地方名
6011	*Rheedia edulis*	洪都拉斯、巴拿马、萨尔瓦多、尼加拉瓜、伯利兹、墨西哥	紫雷德藤黄木	caimito demontana；cero；chaparon；chaparron；jobo ocomico；limoncillo；mamey montero；naranjillo；sastra；toronjil；waika plum；zapotillo
6012	*Rheedia gardneriana*	巴西	纳里雷德藤黄木	bacopari
6013	*Rheedia kappleri*	苏里南	卡普勒雷德藤黄木	pakoeli；pakuri
6014	*Rheedia lateriflora*	小安的列斯群岛、西印度群岛、特立尼达	侧花雷德藤黄木	bois collant；cirolier；cyroyer；muscadier sauvage；wild nutmeg
6015	*Rheedia madruno*	委内瑞拉、圭亚那	马诺雷德藤黄木	assachi；madrono
6016	*Rheedia spruceana*	西印度洋群岛、墨西哥、阿根廷	亚马孙雷德藤黄木	pacuri；remelento
6017	*Rheedia virens*	圭亚那	维伦斯雷德藤黄木	assachi
	Rhizophora（RHIZOPHORACEAE） 红树属（红树科）		**HS CODE 4403.99**	
6018	*Rhizophora brevistyla*	中美洲	短柄红树	american mangrove；mangrove
6019	*Rhizophora candeleria*	中美洲	烛红树	
6020	*Rhizophora harrisonii*	委内瑞拉、圭亚那	哈氏红树	mangle rojo ocascaron；mangrove
6021	*Rhizophora mangle*	古巴、巴西、委内瑞拉、圭亚那、墨西哥、苏里南、哥伦比亚、哥斯达黎加、厄瓜多尔、波多黎各、洪都拉斯、巴拿马、秘鲁、西印度群岛、海地、伯利兹、瓜德罗普岛	美国红树	apareiba；black mangrove；candelon；duivenhout；guapereiba；kakutiru；konopo；mangarabeira；manglier rouge；mangue vermelho；mepareyba；mongle rojo；paletuvier rouge；purgua；ratimbo；roode mangrove；tapche；tap-che；wortelboom；xtabche；zwamp-mangro
6022	*Rhizophora racemosa*	委内瑞拉、圭亚那、法属圭亚那	聚果红树	african mangrove；mangle blanco；mangle rojo；mangrove；paletuvier；paletuvier commun；red mangrove
	Rhododendron（ERICACEAE） 杜鹃花属（杜鹃科）		**HS CODE 4403.99**	
6023	*Rhododendron carolinianum*	美国	镰叶杜鹃花木	carolina rhododendron

序号	学名	主要产地	中文名称	地方名
6024	*Rhododendron catawbiense*	美国	卡罗杜鹃花木	carolina rhododendron; carolina rose-bay; catawba rhododendron; catawba rose-bay; laurel; mountain rose bay; mountain-rosebay; purple laurel; purple rhododendron; rose bay
6025	*Rhododendron indicum*	墨西哥	皋月杜鹃花木	azalea
6026	*Rhododendron macrophyllum*	美国	大叶杜鹃花木	california rhododendron; california rosebay; coast rhododendron; pacific rhododendron; west coast rhododendron
6027	*Rhododendron maximum*	美国	巨大杜鹃花木	banana-bush; bay-tree; bigleaf laurel; deer laurel; dwarf rose; great rhododendron; laurel; mountain laurel; rhododendron; rose bay; rosebay; rosebay rhododendron; spoon hutch; white rhododendron; wild laurel; wild rose bay
	Rhodostemonodaphne（LAURACEAE）红蕊樟属（樟科）		**HS CODE 4403.99**	
6028	*Rhodostemonodaphne kunthiana*	厄瓜多尔	红蕊樟	canelon blanco; laurel blanco; po jatio
	Rhus（ANACARDIACEAE）漆树属（漆树科）		**HS CODE 4403.99**	
6029	*Rhus copallinum*	美国	黄连漆木	black sumach; common sumach; dwarf sumac; flameleaf sumac; mountain dwarf sumach; shining sumach; smooth sumach; southern sumac; upland sumach; varnish sumach; winged sumac; wing-rib sumac
6030	*Rhus glabra*	美国、加拿大、墨西哥	光滑麸杨木	common sumac; fluweelboom; korallsumak; red sumac; rocky mountain sumac; scarlet sumac; smooth sumac; smooth sumach; sommacco vellutato; sumac veloute; sumaque aterciopelado
6031	*Rhus integrifolia*	南美洲、美国	全缘漆木	birringo; california mahogany; california sumach; lemonade sumac; lemonade sumach; lemonade-berry; lentisco; mahogany; mahogany sumac; mahogany sumach; sour-berry; sourwood; western sumach

序号	学名	主要产地	中文名称	地方名
6032	*Rhus kearneyi*	美国	科尼漆木	kearney sumac
6033	*Rhus lanceolata*	美国	剑叶诺漆木	dwarf sumac; dwarf sumach; lanceleaf dwarf sumach; prairie dwarf sumach; prairie flameleaf sumac; prairie shining sumac; prairie sumac; texan sumac
6034	*Rhus microphylla*	墨西哥、美国	小叶漆木	agrillo; correosa; desert sumac; lima de la sierra; limilla de la sierra; littleleaf sumac; salado; scrub sumac; small-leaf sumac
6035	*Rhus mollis*	墨西哥	软漆木	cimarron; sumaco; tnu-nde; vinagrillo; xoxoco; yucucaya; zumaqui
6036	*Rhus ovata*	美国	卵圆漆木	bush-laurel; chaparral sumac; mountain laurel; sugar sumac; sugarbush
6037	*Rhus pachyrrachis*	墨西哥	帕奇漆木	copal lantrisco; lantrisco
6038	*Rhus pentaphylla*	阿根廷	五叶漆木	tissaholz
6039	*Rhus schiedeana*	墨西哥	墨西哥漆木	agrin; pajulul; palo agrin; palo de pajulul
6040	*Rhus tepetate*	墨西哥	灯盏漆木	tepetate
6041	*Rhus terebinthifolia*	墨西哥	千蕊漆木	catzuundu; hierba deltemazcal; jaguay; li-mu-le-ma-fou-nol; paguay; saldevenado; temazcal; temazcalch ihual; yagabiche; yagabichi; yaga-exee; zumaqui cimarron
6042	*Rhus trilobata*	墨西哥	三叶漆木	agrito; lambrisco; landrisco
6043	*Rhus typhina*	加拿大、美国	鹿角漆木	azijnboom; essigbaum; fluweelboom; hairy sumach; rohhsumak; sommacco; staghorn sumac; sumac amaranthe; sumac devirginie; sumac vinaigrier; sumaque; velvet sumac; velvet sumach; vinaigrier; vinegar tree; virinia sumach
6044	*Rhus virens*	美国、墨西哥	淡绿漆木	capulin; evergreen sumac; lambrisco; lantrisco; lentisco; tobacco sumac
	Rhynchanthera (MELASTOMATACEAE) 喙龙丹属（野牡丹科）		**HS CODE** **4403.99**	
6045	*Rhynchanthera dichotoma*	秘鲁	二歧喙龙丹木	chictilla sacha

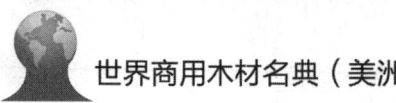

序号	学名	主要产地	中文名称	地方名
6046	*Rhynchanthera grandiflora*	圭亚那	大花喙龙丹木	ponji
6047	*Rhynchanthera mexicana*	墨西哥	墨西哥喙龙丹木	
***Richeria*（EUPHORBIACEAE）** **怀春茶属（大戟科）**			**HS CODE** **4403. 99**	
6048	*Richeria australis*	巴西	南方怀春茶	pau santa rita
6049	*Richeria grandis*	小安的列斯群岛、特立尼达、西印度群岛、向风群岛、瓜德罗普岛	怀春茶	bois bande；bois marbre；largeleaf；marbri
***Ricinus*（EUPHORBIACEAE）** **蓖麻属（大戟科）**			**HS CODE** **4403. 99**	
6050	*Ricinus communis*	墨西哥、安的列斯群岛、小安的列斯群岛、巴西、哥伦比亚、美国、维尔京群岛、波多黎各、秘鲁、哥斯达黎加、危地马拉、萨尔瓦多、巴巴多斯、牙买加、法属圭亚那、委内瑞拉	蓖麻	arand；carpate；carrapateira；castorbean；degha；erandi；guechibeyo；higuereta；higuerilla colorada；karpata；nduchidxaha；oilnut；palma christi；palma cristi；quebe enogua；rejalgar；tartago；thiquela tzapolotl；xoxapajtzi；yuntu-nduchi-dzaha
***Rinorea*（VIOLACEAE）** **三角车属（堇菜科）**			**HS CODE** **4403. 99**	
6051	*Rinorea bahiensis*	巴西	巴西三角车木	tambor
6052	*Rinorea brevipes*	圭亚那	短柄三角车木	mamusare；shero；shipiye
6053	*Rinorea elliptica*	拉丁美洲	椭圆三角车木	
6054	*Rinorea endotricha*	圭亚那	毛三角车木	mamusare；shero；shipiye
6055	*Rinorea flavescens*	圭亚那	黄三角车木	mamusare；shero；shipiye
6056	*Rinorea guatemalensis*	伯利兹、墨西哥	危地马拉三角车木	cafecillo；costarrica；grutillo；huesillo；moconche
6057	*Rinorea hummellii*	伯利兹	双瓣三角车木	wild coffee
6058	*Rinorea lindeniana*	厄瓜多尔、圭亚那	椴叶三角车木	hualcanga muyu；mamusare；shero；shipiye
6059	*Rinorea paniculata*	巴西	锥花三角车木	acariquarana

序号	学名	主要产地	中文名称	地方名
6060	*Rinorea pubiflora*	委内瑞拉、圭亚那、玻利维亚	盾叶三角车木	ame；mamusare；pata grulla；patede pauji；salao；shero；shipiye
6061	*Rinorea riana*	圭亚那	利纳三角车木	mamusare；shero；shipiye
6062	*Rinorea squamata*	巴拿马	鳞皮三角车木	guayacillo
6063	*Rinorea ulmifolia*	哥伦比亚	榆叶三角车木	piede venado
6064	*Rinorea viridiflora*	厄瓜多尔	绿花三角车木	piheri
6065	*Rinorea welwitschii*	拉丁美洲	魏氏三角车木	
Robinia（FABACEAE）刺槐属（蝶形花科）			**HS CODE 4403.99**	
6066	*Robinia hispida*	北美洲	毛刺槐	acacia rose；borstiger schoten-dorn；hispid robinia；robinier hispide
6067	*Robinia luxurians*	美国西南部	肥壮刺槐	new mexican robinia
6068	*Robinia neomexicana*	美国	香刺槐	hoja lito；locust；mexican locust；new mexican robinia；new mexico locust；praktrobinia；robinia americana；robinier americain；southwestern locust；thorny locust；western locust
6069	*Robinia pseudoacacia*	墨西哥、美国	刺槐	acacia blanca；acacia falsa；akazie unechte；bastard locust；black laurel；black locust；common robinia；false acacia；gemeine-robinie；honey locust；loco；onechte acacia；peaflower locust；robinia；silverchain；vanlig robinia；white locust；yellow locust
6070	*Robinia viscosa*	美国	胶粘刺槐	black locust；clammy locust；false acacia；honey locust；klibbig robinia；red locust；red-flowering locust；robinia glutinosa；robinier poisseuse；robinier visqueux；rose acacia；rose-flowering locust；viscous robinia
Rochefortia（BORAGINACEAE）绿心檀属（紫草科）			**HS CODE 4403.99**	
6071	*Rochefortia acanthophora*	多米尼加、海地、波多黎各、古巴	刺状绿心檀	corazon de paloma；ebano；ebene bois d'ebene；greenheartebony；juso；trejo
6072	*Rochefortia lundellii*	墨西哥	轮纹绿心檀	espina de brujo；quiebra machete
6073	*Rochefortia stellata*	墨西哥	星状绿心檀	carey de costa

序号	学名	主要产地	中文名称	地方名
Rollinia（ANNONACEAE） 卡曼莎属（番荔枝科）			**HS CODE** **4403.99**	
6074	Rollinia calcarata	拉丁美洲	灰卡曼莎木	
6075	Rollinia cardiantha	拉丁美洲	红卡曼莎木	
6076	Rollinia dolabripetala	南美洲	多刺卡曼莎木	lancewood
6077	Rollinia edulis	拉丁美洲	毛叶卡曼莎木	
6078	Rollinia emarginata	阿根廷、巴西	缘生卡曼莎木	araticu; cortica
6079	Rollinia exelbide	巴西	埃克卡曼莎木	imbira
6080	Rollinia exsucca	委内瑞拉、圭亚那、美国、西印度群岛	美洲卡曼莎木	anoncillo; black maho; black mahoe; ekekewai; emoshe; iremda; koyechi; koyetchi; lancewood; shirik; wild sugar apple
6081	Rollinia fendleri	委内瑞拉	光萼卡曼莎木	anonillo
6082	Rollinia membranacea	危地马拉、中美洲	膜叶卡曼莎木	annona de montana; anon; anona; cuatatama
6083	Rollinia mucosa	秘鲁、波多黎各、厄瓜多尔、墨西哥、巴西、安的列斯群岛、多米尼加、圭亚那、哥伦比亚、委内瑞拉、巴拿马、特立尼达、美国、西印度群岛、瓜德罗普岛	粘膜卡曼莎木	anon cimarron; anona babosa; anonilla; anonita; aparina cara caspi; araticum; araticum pitaya; cachiman; cachiman morveux; candongo; chirimoya; corossol cadliman sauvage; mulato; rinon; rinon de monte; toreto; wild sugar apple
6084	Rollinia peruviana	拉丁美洲	秘鲁卡曼莎木	
6085	Rollinia pittieri	哥斯达黎加	皮尔卡曼莎木	anona; carahuasca; sapan; ungua
6086	Rollinia sericea	拉丁美洲	绢毛卡曼莎木	
6087	Rollinia sylvatica	巴拉圭	林生卡曼莎木	araticu guazu
6088	Rollinia ulei	拉丁美洲	油卡曼莎木	
6089	Rollinia velutina	拉丁美洲	绒毛卡曼莎木	
6090	Rollinia williamsii	拉丁美洲	威氏卡曼莎木	
Rondeletia（RUBIACEAE） 朗德木属（茜草科）			**HS CODE** **4403.99**	
6091	Rondeletia amoena	古巴	美丽朗德木	guina falsa; yellowthroat rondeletia
6092	Rondeletia brachycarpa	古巴	短柄朗德木	cocuyo de sabana
6093	Rondeletia buddlejoides	拉丁美洲	朗德木	butterflybushlike rondeletia
6094	Rondeletia cooperi	拉丁美洲	库珀朗德木	

序号	学名	主要产地	中文名称	地方名
6095	*Rondeletia deami*	洪都拉斯	迪米朗德木	candelillo
6096	*Rondeletia inermis*	波多黎各	小豆朗德木	cordobancillo；unarmed rondeletia
6097	*Rondeletia leucophylla*	墨西哥	白叶朗德木	hierba de lamuchachita；huele de noche；lipa-ca-uatz；mimosa
6098	*Rondeletia nitida*	墨西哥	密茎朗德木	glassy rondeletia；mimosa
6099	*Rondeletia pilosa*	波多黎各	长毛朗德木	cordobancillo peludo
6100	*Rondeletia purdiei*	委内瑞拉	黄花朗德木	canillo devenado
6101	*Rondeletia purotei*	委内瑞拉	普罗梯朗德木	cruceta desabana
6102	*Rondeletia stachyoidea*	墨西哥	绣线朗德木	palo colorado；spikelike rondeletia
6103	*Rondeletia stenosiphon*	墨西哥	小孔朗德木	cangrejo；eisitatz；ejsitotz
	Rosa （ROSACEAE） 蔷薇属 （蔷薇科）		**HS CODE 4403.99**	
6104	*Rosa californica*	墨西哥	加州蔷薇	rosa de california
6105	*Rosa centifolia*	墨西哥	百叶蔷薇	guia-be-cohua；quije-pe-cohua-castilla；rosa decastilla
6106	*Rosa hemisphaerica*	墨西哥	半球蔷薇	canaria；rosa amarilla
6107	*Rosa indica*	秘鲁	印度蔷薇	alejandrina；bella angelica；carlota；miniatura；mosqueta；rosa；rosa cana；rosa de castilla
6108	*Rosa luciae*	拉丁美洲	光叶蔷薇	
6109	*Rosa montezumae*	墨西哥	蒙特蔷薇	agabanzo；escaramujo；garambullo；rosa de moctezuma；trompillo；una de gato
	Rosmarinus （LAMIACEAE） 迷迭香属 （唇形科）		**HS CODE 4403.99**	
6110	*Rosmarinus officinalis*	墨西哥、秘鲁	迷迭香	guixi-cicanaca；romero
	Roupala （PROTEACEAE） 鲁帕山龙眼属 （山龙眼科）		**HS CODE 4403.99**	
6111	*Roupala brasiliensis*	巴西	巴西鲁帕山龙眼木	aderno；carne devaca；carvalho；carvalho nacional；catucaem；louro faia；pao concha；pao concha roxo escura；paoconcha claro；paoconcha roxo；shellwood
6112	*Roupala cataractarum*	拉丁美洲	帕拉鲁帕山龙眼木	

序号	学名	主要产地	中文名称	地方名
6113	*Roupala dielsii*	秘鲁	秘鲁鲁帕山龙眼木	ingaina；ituchi-caspi
6114	*Roupala gardneri*	阿根廷	加德鲁帕山龙眼木	mborebi caa guazu
6115	*Roupala glaberrima*	哥斯达黎加	厚叶鲁帕山龙眼木	danto hediando
6116	*Roupala glabrata*	巴西	光滑鲁帕山龙眼木	sobro
6117	*Roupala lucens*	巴西	光叶斯鲁帕山龙眼木	carne devaca
6118	*Roupala macrophylla*	巴西	大叶鲁帕山龙眼木	carne devaca
6119	*Roupala montana*	特立尼达、委内瑞拉、巴拿马、秘鲁、墨西哥	山地鲁帕山龙眼木	beefwood；bois bande；carne asada；carne asado；ingaina；palode zorillo
6120	*Roupala polystachya*	委内瑞拉	多穗鲁帕山龙眼木	haya criolla
6121	*Roupala rhombifolia*	拉丁美洲	菱叶鲁帕山龙眼木	rhombicleef roupala
Roystonea（**PALMAE**） 王棕属（棕榈科）			**HS CODE** **4403.99**	
6122	*Roystonea borinquena*	波多黎各	高秆王棕	palma real；puerto rico royal palm；royal palm
6123	*Roystonea elata*	美国	高王棕	cuban royal palm；florida royal palm；royal palm
6124	*Roystonea oleracea*	伯利兹、美国、西印度群岛、洪都拉斯	菜王棕	cabbage；cabbage palm；kohl-palme；mountain cabbage；yagua
6125	*Roystonea regia*	波多黎各、墨西哥、安的列斯群岛、伯利兹、危地马拉、海地、美国	王棕	cuban royal palm；jagua；konnings palm；palma de yagua cubana；palma de yaguas；palma real；palma real cubana；palmiste；royal palm；yagua
Rubus（**ROSACEAE**） 悬钩子属（蔷薇科）			**HS CODE** **4403.99**	
6126	*Rubus adenotrichos*	墨西哥	腺利悬钩子	mora；moras；morash；zarza；zarzamora
6127	*Rubus idaeus*	墨西哥	悬钩子	frambuesa
6128	*Rubus oligospermus*	墨西哥	少籽悬钩子	zarzamora

序号	学名	主要产地	中文名称	地方名
6129	*Rubus palmeri*	墨西哥	掌叶悬钩子	guismora；huismora；mora；mora de la sierra
6130	*Rubus trilobus*	墨西哥	三裂叶悬钩子	nuccho
6131	*Rubus urticifolius*	秘鲁	荨麻叶悬钩子	zarzamora
Rudgea（RUBIACEAE） 须沛木属（茜草科）			**HS CODE** **4403.99**	
6132	*Rudgea amazonica*	秘鲁	亚马孙须沛木	raya-caspi
6133	*Rudgea cornifolia*	墨西哥、巴西、秘鲁	茱萸叶须沛木	gallo；mulatinho；pichico-caspi；tepecajete
6134	*Rudgea hostmanniana*	委内瑞拉	倒钩须沛木	fruta de paloma
6135	*Rudgea jasminoides*	巴西	栀子须沛木	pimenteira de folhas largas
6136	*Rudgea recurva*	巴西	黄须沛木	pimenteira selvagem
6137	*Rudgea retifolia*	秘鲁	垂枝须沛木	amanga；capinuri；pichico；sanango debajo
6138	*Rudgea standleyana*	秘鲁	斯坦利须沛木	
Ruizterania（VOCHYSIACEAE） 木砂仁属（独蕊科）			**HS CODE** **4403.99**	
6139	*Ruizterania albiflora*	苏里南、法属圭亚那、委内瑞拉、巴西、圭亚那	白花木砂仁	berg fronfoeloe；berg kwarie；bikiti；cedre gris；florecillo；goenfoloe；gronfoloe；guaruba；iria-kopie；jakopie；kharremeroe；laba-laba；manau；mandioqueira；marajuba；mountain gronfoeloe；muirauba；quale；tiapotano；wiswiskwalie；woto kware；yakopi
6140	*Ruizterania ferruginea*	拉丁美洲	锈色木砂仁	rusty ruigterania
6141	*Ruizterania retusa*	巴西	微凹木砂仁	gronfolo gris；mandioqueira；umirirana；umiry-rana
Ruprechtia（POLYGONACEAE） 南美洲蓼属（蓼科）			**HS CODE** **4403.99**	
6142	*Ruprechtia corylifolia*	阿根廷	榛叶南美洲蓼木	manzano delcampo；viraru
6143	*Ruprechtia deamii*	危地马拉	德氏南美洲蓼木	carreto；sangre detoro
6144	*Ruprechtia excelsa*	阿根廷	大南美洲蓼木	palo delanza
6145	*Ruprechtia fusca*	墨西哥	黑南美洲蓼木	cana asada；copito；guajolotito；guayabillo；sangre detoro
6146	*Ruprechtia hamani*	委内瑞拉	南美洲蓼木	cabriton

序号	学名	主要产地	中文名称	地方名
6147	*Ruprechtia laxiflora*	阿根廷	大花南美洲蓼木	marmelero
6148	*Ruprechtia occidentalis*	墨西哥	西方南美洲蓼木	chachalaco；palo colorado
6149	*Ruprechtia polystachya*	阿根廷、巴西	多穗南美洲蓼木	ibira-hembra；ibira-pitai；ibira-puita；ibira-puita-y；ibira-puita-y-ra；marmelero；viaro；viraro；viraru
6150	*Ruprechtia ramiflora*	哥伦比亚、委内瑞拉	枝花南美洲蓼木	guayabo；palo deauga；volador
6151	*Ruprechtia salicifolia*	乌拉圭	柳叶南美洲蓼木	viraro
6152	*Ruprechtia triflora*	阿根廷	三花南美洲蓼木	manzano delcampo；viraru colorado
6153	*Ruprechtia viraru*	阿根廷、西印度群岛	维拉南美洲蓼木	ibira-pyita；ivira-ro；viraro；vivaruru
	Ryania（FLACOURTIACEAE） 鱼钉树属（大风子科）		**HS CODE 4403.99**	
6154	*Ryania angustifolia*	圭亚那	狭叶鱼钉树	ata
6155	*Ryania pyrifera*	圭亚那	黄花鱼钉树	kibihidan；pearshaped ruania
	Sabal（PALMAE） 菜棕属（棕榈科）		**HS CODE 4403.49**	
6156	*Sabal causiarum*	波多黎各、美国	巨菜棕	palma de abanico；palma de cogollo；palma de sombrero；puerto rico hat palm；puerto rico palmetto；yarey
6157	*Sabal domingensis*	多米尼加、波多黎各	多明根菜棕	cana；hispaliola palmetto；palma cana
6158	*Sabal excelsa*	伯利兹	大菜棕	botan；botan palm
6159	*Sabal mauritiiformis*	哥伦比亚	毛状菜棕	palma amarga
6160	*Sabal mexicana*	美国、伯利兹	墨西哥菜棕	mexican palm；mexican palmetto；palma de micharos；palmetto；rio grande palmetto；shan；texas palm；texas palmetto；victoria palmetto
6161	*Sabal minor*	美国	矮菜棕	bluestem；dwarf palmetto；louisiana palmetto；palmetto-bush
6162	*Sabal palmetto*	美国、拉丁美洲	箬菜棕	banks palmetto；cabbage palm；cabbage palmetto；cabbage-tree；carolina palmetto；chaw-fo-ka-naw；common palmetto；palmetto；palmetto-tree；swamp cabbage
	Sabina（CUPRESSACEAE） 圆柏属（柏科）		**HS CODE 4403.25（截面尺寸≥15cm）或 4403.26（截面尺寸<15cm）**	
6163	*Sabina virginiana*	美国中部及东部、加拿大东南部	北美圆柏	pencil cedar；red juniper；virginian pencil cedar

序号	学名	主要产地	中文名称	地方名
Sacoglottis（HUMIRIACEAE） 囊舌木属（香膏木科）			**HS CODE** **4403.49**	
6164	*Sacoglottis amazonica*	特立尼达、哥斯达黎加、巴西	亚马孙囊舌木	cajon de burro；campana；uchi-rana
6165	*Sacoglottis cydonioides*	委内瑞拉	赛氏囊舌木	bolikin；dukuria；ponsigue montanero；uxi
6166	*Sacoglottis guianensis*	圭亚那、苏里南、巴西	圭亚那囊舌木	bois rouge tisane；doekoelia；dukuria；huriki；kotore；paruru；puire；uachua；uchi；uchy；yapopari
6167	*Sacoglottis ovicarpa*	哥伦比亚	卵形果囊舌木	chanosillo；chanusillo；rarmas；warmas
Sahagunia（MORACEAE） 北猴果桑属（桑科）			**HS CODE** **4403.99**	
6168	*Sahagunia mexicana*	墨西哥	墨西哥北猴果桑	arbol del pan
Salacia（CELASTRACEAE） 五层龙属（卫矛科）			**HS CODE** **4403.99**	
6169	*Salacia adolpho-friderici*	墨西哥	阿道弗五层龙	
6170	*Salacia alwynii*	墨西哥	阿氏五层龙	
6171	*Salacia amplectens*	墨西哥	满叶五层龙	
6172	*Salacia belicensis*	墨西哥	贝利五层龙	gogo；gote
6173	*Salacia elliptica*	墨西哥	椭圆五层龙	bacupari-de-cerrado；gogo；gogo dulce；guogo
Salix（SALICACEAE） 柳属（杨柳科）			**HS CODE** **4403.99**	
6174	*Salix alaxensis*	美国	阿拉斯加柳	feltleaf willow
6175	*Salix alba*	美国、阿根廷	白柳	common osier；common willow；european white willow；goat willow；huntington willow；saucealamo；white willow
6176	*Salix amygdaloides*	美国、加拿大	杏仁柳	almond willow；almondleaf willow；amerikansk pil；black willow；common willow；peach willow；peachleaf willow；peachleaved willow；salice americano；sauce americano；wright willow

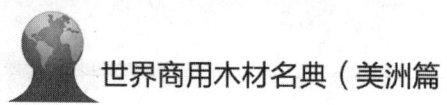

序号	学名	主要产地	中文名称	地方名
6177	*Salix arbusculoides*	美国	丛枝柳	littletree willow
6178	*Salix babylonica*	美国、墨西哥、波多黎各、阿根廷、古巴	垂柳	babylon weeping willow; drooping willow; european weeping willow; lloron; sauce lloron; saucelloron; weeping babylon willow
6179	*Salix bebbiana*	美国	尖嘴柳	beak willow; bebb willow; diamond willow; long-beak willow
6180	*Salix bonplandiana*	美国、墨西哥	邦普朗柳	bebb willow; black willow; bonpland willow; california black willow; polished willow; red willow; sauce; smooth-leaf willow; toumey willow
6181	*Salix caprea*	美国	黄花柳	goat willow
6182	*Salix caroliniana*	美国	卡罗琳柳	bebb willow; black willow; coastal plain willow; harbinson willow; harbison willow; long-stalk willow; southern willow; ward willow; willow
6183	*Salix chaenomeloides*	拉丁美洲	腺柳	
6184	*Salix chilensis*	墨西哥、哥伦比亚、秘鲁、洪都拉斯、伯利兹、危地马拉	红柳	cueschcui; mimbre; pajarobobo; sacue blanco; sauce; sauco; serencere; tocoy; willow
6185	*Salix cinerea*	美国	灰毛柳	common osier; goat willow; white willow
6186	*Salix discolor*	美国	褪色柳	bog willow; glaucous willow; pussy willow; silver willow; silvery pussy willow; swamp willow; willow
6187	*Salix elaeagnos*	美国	沙柳	elaeagnos willow
6188	*Salix eriocephala*	美国	毛头柳	missouri river willow; missouri willow
6189	*Salix exigua*	美国	黄线柳	sand-bar willow; taray
6190	*Salix floridana*	美国	佛罗里达柳	florida willow
6191	*Salix fluviatilis*	美国、加拿大、墨西哥	砂洲柳	river willow; salice sandbar; sandbar wilg; sandbar willow; sandbar-pil; sauce sandbar; saule sandbar
6192	*Salix fragilis*	美国	爆竹柳	crack willow
6193	*Salix geyeriana*	美国	银柳	geyer willow; silver willow
6194	*Salix gooddingii*	美国	古氏柳	goodding willow
6195	*Salix hartwegii*	墨西哥	哈氏柳	saucillo

序号	学名	主要产地	中文名称	地方名
6196	*Salix helvetica*	美国	海柳	common osier；goat willow；white willow
6197	*Salix herbacea*	美国	矮柳	creeping willows
6198	*Salix hookeriana*	美国	胡桃柳	bigleaf willow；broadleaf willow；coast willow；hooker willow；yakutat willow
6199	*Salix humboldtiana*	阿根廷、巴西、墨西哥、美国、波多黎各、秘鲁、古巴、危地马拉、智利、乌拉圭、哥伦比亚、委内瑞拉、法属圭亚那、瓜德罗普岛	南美洲黑柳	argentijnse wilg；argentiniskt vide；chorao；huejocote；huexotl；humboldt willow；mimbre；oeirana；pajarobobo；red willow；salgueiro；salice criollo；sauce amargo；sauce comun；saucecriollo；saule criollo；sauz blanco；willow
6200	*Salix humilis*	美国	草原柳	prairie willow
6201	*Salix jaliscana*	墨西哥	贾利柳	jarilla
6202	*Salix lasiolepis*	墨西哥、美国	北美白柳	ahuejote；arroyo willow；bigelow willow；california white willow；huexotl；sauce；tepehuexote；tracy willow；white willow
6203	*Salix longipes*	拉丁美洲	长柄柳	
6204	*Salix lucida*	美国	亮叶柳	glossy willow；shining willow；shiny willow
6205	*Salix nigra*	加拿大、美国、墨西哥	黑柳	black willow；dudley willow；goodding willow；osiernoir；salicenero；saucenegro；saulenoir；sauz serrano；southwestern black willow；swamp walnut；swamp willow；tall black willow；western black willow；zwarte wilg
6206	*Salix pellita*	美国	粗皮柳	satiny willow
6207	*Salix pendula*	智利	垂枝柳	babylonian willow；green weeping willow
6208	*Salix pentandra*	美国	五雄柳	bay willow
6209	*Salix petiolaris*	美国	小叶柳	meadow willow；slender willow
6210	*Salix prolixa*	美国	普罗利柳	diamond willow；mackenzie willow
6211	*Salix purpurea*	美国	紫柳	purple osier
6212	*Salix pyrifolia*	美国	梨叶柳	balsam willow；bog willow
6213	*Salix reticulata*	美国	网脉柳	creeping willows

序号	学名	主要产地	中文名称	地方名
6214	*Salix retusa*	美国	微凹柳	creeping willows
6215	*Salix scouleriana*	美国	斯考勒氏柳	black willow; fire willow; mountain willow; nuttall willow; scouler willow; willow
6216	*Salix sericea*	美国	绢毛柳	satin willow; silky willow
6217	*Salix sessilifolia*	美国	无梗柳	hinds willow; northwest willow; sandbar willow; silverleaf willow; soft-leaf willow; valley willow; velvet willow
6218	*Salix sitchensis*	美国	西加柳	coulter willow; satin willow; silky willow; silver willow; sitka willow; velvet willow; willow
6219	*Salix taxifolia*	墨西哥、美国	紫杉叶柳	palo de agua; sauce; tarais; taray; taray de rio; taray del rio; yew willow; yewleaf willow
6220	*Salix triandra*	北美洲	三蕊柳	almond-leaved willow; amandel-wilg; mandel-pil; peachleaved willow; salice da ceste; salice de ceste; sauce mimbrero; saule amandier
6221	*Salix viminalis*	美国	蒿柳	common osier; goat willow; white willow
6222	*Salix viridis*	拉丁美洲	青柳	
6223	*Salix X blanda*	美国	长叶柳	acequia willow; basket willow; coyote willow; gray sandbar willow; longleaf willow; longleaved willow; narrowleaf willow; narrow-leaved willow; river-bank willow; sandbar willow; silverydesert willow; slender willow; weeping thurlow willow
6224	*Salix X conifera*	美国	针叶柳	downey pussy willow
6225	*Salix X sepulcralis*	美国	塞普柳	weeping solomon willow
Salpinga (MELASTOMATACEAE) 棱号丹属（野牡丹科）			**HS CODE** **4403. 99**	
6226	*Salpinga secunda*	秘鲁	次棱号丹	mullaca azul; puca-mullaca; secunda
Salvertia (VOCHYSIACEAE) 木姜花属（独蕊科）			**HS CODE** **4403. 99**	
6227	*Salvertia convallariodora*	巴西	淡紫木姜花	colher de vaqueiro; folha larga; mafua; mafura; pau de arara

序号	学名	主要产地	中文名称	地方名
Samanea（MIMOSACEAE）雨树属（含羞草科）			**HS CODE** 4403.99	
6228	*Samanea pedicellaris*	巴西及南美洲北部	花梗雨木	tamalin
6229	*Samanea saman*	牙买加、巴拿马、西印度群岛、古巴、墨西哥、波多黎各、哥斯达黎加、法属圭亚那、巴西、哥伦比亚、委内瑞拉、萨尔瓦多、洪都拉斯、危地马拉、尼加拉瓜、特立尼达、圭亚那、维尔京群岛、海地、秘鲁、巴拉圭、向风群岛、瓜德罗普岛	雨木	acacia; aguango; alberodi pioggia; bordao de velho; campano; carabali; carito; carreto real; compano; daugeni; dormilon; french tamarind; garreto; huacamayo-chico; lara; locorice; manduvira; regntrad; samaguare; saman blanco; tabaca; tepenaguaste; urero macho; zorra
6230	*Samanea tubulosa*	波多黎各	管花雨木	ichigogo; mankey-pod; vaina
Sambucus（ADOXACEAE）接骨木属（五福花科）			**HS CODE** 4403.99	
6231	*Sambucus canadensis*	美国	接骨木	american elder; blackberry elder; common elder; common elderberry; elderberry; florida elder; florida elderberry; gulf elder; southern elder
6232	*Sambucus cerulea*	美国	蓝接骨木	black elderberry; blue elder; blue elderberry; blueberry elder; elder; elderberry; manitoba maple; mountain elder; new mexico elder
6233	*Sambucus mexicana*	墨西哥、危地马拉、洪都拉斯	墨西哥接骨木	anshiquel; azumiatl; bixhumi; condemba; coyapap; cundumbo; nttxirza; ocoquihui; sauco; shauc; shiksh; tokxihua; tsolos-che; tzirza; xiicsh; xomet; xumetl; yaga-zulaque; yah-cuio; yutnucate
6234	*Sambucus nigra*	美国	黑接骨木	bow-tree; elder; european red elder
6235	*Sambucus peruviana*	南美洲	秘鲁接骨木	sauco
6236	*Sambucus racemosa*	美国	总花接骨木	bow-tree; elder; european red elder
Sandwithia（EUPHORBIACEAE）顶序桐属（大戟科）			**HS CODE** 4403.99	
6237	*Sandwithia guianensis*	圭亚那	圭亚那顶序桐	caspadillo; gospadillo; makang
6238	*Sandwithia guyan*	圭亚那	盖安顶序桐	

序号	学名	主要产地	中文名称	地方名
Sapindus（SAPINDACEAE） 无患子属（无患子科）			**HS CODE** **4403.99**	
6239	*Sapindus marginatus*	美国	边缘无患子	chinaberry；soapberry
6240	*Sapindus saponaria*	墨西哥、安的列斯群岛、美国、海地、阿根廷、巴拉圭、哥伦比亚、多米尼加、尼加拉瓜、危地马拉、伯利兹、古巴、波多黎各、玻利维亚、厄瓜多尔、巴拿马、洪都拉斯、萨尔瓦多、委内瑞拉、巴西、小安的列斯群岛、特立尼达、苏里南、秘鲁、瓜德罗普岛、库拉索	皂荚无患子	amole；amolillo；arbre savon；bastard dogwood；boliche；casita；chumbino；devanador；false dogwood；guiril；huayul；jaboncelle；mata muchacho；paraparo；saboneteiro；southern soapberry；sulluco；tehuixtle；wild china-tree；wingleaf soapberry；yamole；yequiti；zubul
6241	*Sapindus trifoliatus*	拉丁美洲	三叶无患子	
Sapium（EUPHORBIACEAE） 乌桕属（大戟科）			**HS CODE** **4403.99**	
6242	*Sapium appendiculatum*	墨西哥	阑尾乌桕	hierba de la flecha；hinchador；palo de la flecha；palo hinchador
6243	*Sapium aubletianum*	巴西	乌桕	burra leiteira
6244	*Sapium balansae*	中美洲、墨西哥	巴栏萨乌桕	quebracho colorado
6245	*Sapium biglandulosum*	南美洲	二腺乌桕	lechero
6246	*Sapium biloculare*	墨西哥、美国	双房乌桕	hehe-coanj；hierba de la flecha；hierba mala；jumping-bean sapium；mago；magot；mexican jumping-bean；palo de flecha
6247	*Sapium candatum*	墨西哥、巴西、哥伦比亚、委内瑞拉、巴拿马、厄瓜多尔、圭亚那	坎塔乌桕	amatillo；burraleiteira；caucho；colombian rubbertree；curupicahy；curupit；lechero；leiteira；leiteiro；olivo；palo de leche；pau de leite；seringarana；tapuru；touckpong
6248	*Sapium caribaeum*	西印度群岛、小安的列斯群岛、美国、向风群岛、瓜德罗普岛	卡里乌桕	gumtree；lagli；laglu；milktree；south american milktree
6249	*Sapium cladogyne*	圭亚那	克拉乌桕	gumtree；haiahaia；milkwood
6250	*Sapium duckei*	巴西	杜基乌桕	tartaruginha

序号	学名	主要产地	中文名称	地方名
6251	*Sapium giganteum*	巴西、中美洲、委内瑞拉	巨乌桕	curupi
6252	*Sapium glandulosum*	圭亚那、秘鲁、哥伦比亚、委内瑞拉	腺叶乌桕	arbol del leche；bird limetree；bois de soie；caucho；floral；gumtree；gutapercha；haiahaia；lechero；milkwood；pinique；sapium
6253	*Sapium haematospermum*	阿根廷、巴拉圭	血肿乌桕	kurupikai；kurupikay guazu
6254	*Sapium jamaicense*	多米尼加、牙买加、海地、危地马拉、古巴、巴拿马、波多黎各	牙买加乌桕	aburridero；beyacca；bois brulant；bois lait；chilicuate；gumtree；lechero；lechuga；lengua de vaca；milkwood；olivo；piniche；tabaiba；wild fig
6255	*Sapium jenmanii*	委内瑞拉、圭亚那	詹氏乌桕	caucho；caucho blanco；haiahaia；kaichir；kwina；pandarak；shirint；tukpong；wakapu
6256	*Sapium lanceolatum*	巴西	披针叶乌桕	murupita
6257	*Sapium lateriflorum*	墨西哥、伯利兹	侧花乌桕	amantillo；amatillo；hierba de la flecha；hiza；leche de maria；nocuana-tanini；nocuana-totia；nocuana-toxo；palo de la flecha；yaga-quijlana；yaga-qui-lana
6258	*Sapium laurifolium*	厄瓜多尔	月桂叶乌桕	barbasco；sipichi
6259	*Sapium laurocerasus*	波多黎各	刺叶乌桕	lechecillo；manzanillo；tabaiba
6260	*Sapium longifolium*	阿根廷	长叶乌桕	curupicayh
6261	*Sapium macrocarpum*	墨西哥	大果乌桕	amatillo；chonte；hincha；lechon；palo lechon
6262	*Sapium marginatum*	阿根廷	边缘乌桕	blanquillo
6263	*Sapium marmierii*	厄瓜多尔、秘鲁	马氏乌桕	alli caucho；barbasco；cauchillo；caucho masha；sese caocho
6264	*Sapium montevidense*	乌拉圭	蒙得维乌桕	curupi
6265	*Sapium obovatum*	拉丁美洲	倒卵乌桕	
6266	*Sapium pallidus*	巴拿马	苍白乌桕	olivo
6267	*Sapium paucinervium*	圭亚那	少脉乌桕	gumtree；haahaia；haiahaia；milkwood
6268	*Sapium pedicellatum*	墨西哥	梗花乌桕	higuerilla brava；higuerillo bravo；mataisa；mataise
6269	*Sapium schipii*	墨西哥	史氏乌桕	amatillo；volador

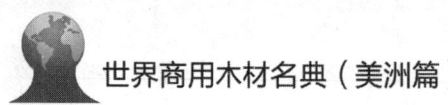

序号	学名	主要产地	中文名称	地方名
6270	*Sapium sebiferum*	拉丁美洲、美国	中国乌桕	albero del sapone；arbre savon；arbre suif；chinese tallow-tree；jaboncillo；saponario；saptrad；soap-tree；tallow-tree；zeepboom
6271	*Sapium stenophyllum*	南美洲	细叶乌桕	arbol delleche
6272	*Sapium thelocarpum*	巴拿马	洛卡乌桕	olivo macho
	***Sapranthus*（ANNONACEAE）腐花木属（番荔枝科）**		**HS CODE 4403.99**	
6273	*Sapranthus campechianus*	墨西哥、洪都拉斯	坎佩腐花木	chak-elemuy；chak-ma'ak；chakmax；chak-nixmax；nich'ma'axche；palanco
6274	*Sapranthus chiapensis*	墨西哥	基亚腐花木	amapa zopilote；madre cacao；murcielago；patashte de mico；zopilotillo
6275	*Sapranthus microcarpus*	墨西哥	小果腐花木	madre de cacao
6276	*Sapranthus nicaraguensis*	危地马拉	尼加拉瓜腐花木	cojon de venado
6277	*Sapranthus palanga*	危地马拉	帕兰加腐花木	palanco
	***Sassafras*（LAURACEAE）檫木属（樟科）**		**HS CODE 4403.99**	
6278	*Sassafras albidum*	美国、加拿大	北美檫木	ague-tree；black ash；cinnamonwood；common sassafras；fenchelholz；file-gumbo；gumbo-file；red sassafras；sassafraso；saxifrax-tree；smelling-sick；wah-en-nah-kas；white sassafras
6279	*Sassafras officinale*	拉丁美洲	美洲檫木	
	***Satyria*（ERICACEAE）壁蕊莓属（杜鹃科）**		**HS CODE 4403.99**	
6280	*Satyria panurensis*	圭亚那	帕努壁蕊莓	aporuma
	***Saurauia*（ACTINIDIACEAE）水东哥属（猕猴桃科）**		**HS CODE 4403.99**	
6281	*Saurauia aspera*	墨西哥	粗糙水东哥	ma-do-chay；mameyito；mo-do-tza；palo de moco；pipicho；taga-tzego
6282	*Saurauia conzattii*	墨西哥	孔扎水东哥	ma-do-chay；mameyito；pichito
6283	*Saurauia floribunda*	厄瓜多尔	多花水东哥	tation
6284	*Saurauia kegeliana*	墨西哥	凯格利水东哥	duraznillo
6285	*Saurauia laevigata*	墨西哥	金樱子水东哥	shoni

序号	学名	主要产地	中文名称	地方名
6286	*Saurauia scabrida*	墨西哥	糙花水东哥	acalama
6287	*Saurauia serrata*	墨西哥	锯齿水东哥	mameyito; mameyito blanco; moquillo
6288	*Saurauia tomentosa*	厄瓜多尔	绒毛水东哥	carron
6289	*Saurauia villosa*	墨西哥、洪都拉斯	毛水东哥	ajob; barba de toro; sapocillo; tzoni; zapotillo
Savia（PHYLLANTHACEAE） 姬碟木属（叶下珠科）			**HS CODE** **4403.99**	
6290	*Savia bahamensis*	美国	巴哈马姬碟木	bahama maidenbush; maidenbush
6291	*Savia brasiliensis*	巴西	巴西姬碟木	cabo de foice; pereira brava
6292	*Savia sessiliflora*	古巴、波多黎各	无柄姬碟木	ajorca-jibaro; amansa guapo; carbonero; carbonero de costa; garrote; sessileflower
Scalesia（COMPOSITAE） 岛葵树属（菊科）			**HS CODE** **4403.99**	
6293	*Scalesia aspera*	加拉帕戈斯群岛	粗糙岛葵树	
6294	*Scalesia crockeri*	加拉帕戈斯群岛	克罗岛葵树	
6295	*Scalesia helleri*	加拉帕戈斯群岛	赫耶岛葵树	
6296	*Scalesia pedunculata*	加拉帕戈斯群岛	下垂岛葵树	
6297	*Scalesia villosa*	加拉帕戈斯群岛	毛岛葵树	
Schaefferia（CELASTRACEAE） 榄黄杨属（卫矛科）			**HS CODE** **4403.99**	
6298	*Schaefferia frutescens*	古巴、海地、美国、多米尼加、委内瑞拉、牙买加、波多黎各、哥伦比亚、墨西哥	灌木状榄黄杨	amansa guapo; bois capable; bois pin marron; boxwood; cabra; cimarron; florida box; florida boxwood; fruta de paloma; guairaje; jamaica box; jiba; limoncillo; petit garcon; yellow wood; yellow wood de lafloride
Schefflera（ARALIACEAE） 鸭脚木属（五加科）			**HS CODE** **4403.49**	
6299	*Schefflera actinophylla*	多米尼加、美国、波多黎各	掌叶鸭脚木	actinophyllous; mano; octopus-tree; schefflera; umbrella-tree
6300	*Schefflera decaphylla*	阿根廷、秘鲁、玻利维亚、委内瑞拉、洪都拉斯、圭亚那、苏里南、巴西、哥伦比亚、巴拿马、厄瓜多尔、法属圭亚那	全叶鸭脚木	ambay-guazu; anonilla; borracho; cafetero; guarumo macho; guitarrero; karohoro; kasavehout; mandiocai; matatauba; matchwood; morototo; parapara; pixixica; platanillo; sacha uva; tenleaflets schefflera; tobitoutou; yarumero

序号	学名	主要产地	中文名称	地方名
6301	*Schefflera europhylla*	厄瓜多尔	欧叶鸭脚木	chirimoya
6302	*Schefflera fragrans*	拉丁美洲	芳香鸭脚木	
6303	*Schefflera glabra*	拉丁美洲	光叶鸭脚木	
6304	*Schefflera glabratum*	拉丁美洲	光滑鸭脚木	
6305	*Schefflera gleasonii*	波多黎各	格氏鸭脚木	yuquilla
6306	*Schefflera heptaphylla*	拉丁美洲	鹅掌柴	
6307	*Schefflera heptapleurium*	拉丁美洲	细叶鹅掌柴	
6308	*Schefflera morototoni*	秘鲁、巴拉圭、阿根廷、法属圭亚那、圭亚那、古巴、苏里南、特立尼达、玻利维亚、委内瑞拉、巴西、伯利兹、墨西哥、尼加拉瓜、厄瓜多尔、巴拿马、波多黎各、洪都拉斯、多米尼加、哥伦比亚、哥斯达黎加	莫罗鸭脚木	abigi boesie；aceite caspi；anonilla；bois cannon batard；carahora；cassavehout；cordoban；elequeme；fosforo；gargoran；higuerton；jereton；karohoro；mallotottooe；matsh-wood；padero；pumamaqui；roble blanco；roble-blanco；sablito；sachauva；sapallu caspi；sunsun；volador；yagruma macho；yarumero；zapaton
6309	*Schefflera paraensis*	巴西、亚马孙及南美洲北部	巴西鹅掌柴	morototo；parapara
6310	*Schefflera ulei*	秘鲁	南美鹅掌柴	huarmi-huarmi

Schinopsis（ANACARDIACEAE）　　HS CODE
破斧木属（漆树科）　　　　　　　　4403.99

序号	学名	主要产地	中文名称	地方名
6311	*Schinopsis balansae*	阿根廷、巴拉圭	红破斧木	cocobalo；coronilla；echte quebracho；gekleurde quebracho；kulort kvebracho；quebraccio vero；quebracho chaqueno；quebracho colorado；quebracho colorado chaqueno；quebracho macho；real quebracho；red breekox；rotes quebrachoholz；vrai quebracho
6312	*Schinopsis brasiliensis*	巴西、玻利维亚	巴西破斧木	aroeira；barauna；brauna；pau preto；soto
6313	*Schinopsis lorentzii*	巴西、阿根廷、巴拉圭、玻利维亚	阿根廷破斧木	barauna；echte quebracho；gekleurde quebracho；kulort kvebracho；quebra-machado；quebraccio；quebraccio vero；quebracho colorado；quebracho colore；quebracho rubio；quebracho santiagueno；real quebracho；red quebracho；rotes quebrachoholz；soto negro；vrai quebracho
6314	*Schinopsis peruviana*	秘鲁	秘鲁破斧木	bola-quiro；cocoloba

序号	学名	主要产地	中文名称	地方名
Schinus（ANACARDIACEAE） 消乳香属（漆树科）			**HS CODE** **4403.49**	
6315	*Schinus latifolius*	阿根廷	阔叶消乳香	molle morado
6316	*Schinus longifolius*	乌拉圭	长柄消乳香	molle
6317	*Schinus molle*	巴拉圭、阿根廷、智利、墨西哥、秘鲁、委内瑞拉、巴西、乌拉圭、厄瓜多尔、哥伦比亚、美国、哥斯达黎加	软消乳香	aguaribay；arbol de pimienta；aruerina；balsamo；copal quahuitl；copalquahuitl；curanguay；gualeguay；molle；pimentero；pimentero de peru；pimento de california；pimienta de america；pimienta del diablo；pimientero；pimiento；terebinto；tttzacthunni；tzactumi；yaga-cica
6318	*Schinus pearcei*	秘鲁	皮尔西消乳香	chinamulli
6319	*Schinus pobliana*	南美洲	波布消乳香	areira negra
6320	*Schinus polygamus*	秘鲁、智利、阿根廷、巴西、乌拉圭	杂性消乳香	acasija；huingan；incienso；molle blanco；molle colorado；molle de curtir；molle de incienso；molle de monte；molle do monte；molle falso；molle guazu；molle rastrero；trementina
6321	*Schinus spinosus*	拉丁美洲	多刺消乳香	
6322	*Schinus terebinthifolius*	巴西、波多黎各、美国、阿根廷、古巴	巴西消乳香	areira negra；aroeira；aroeira da praia；aroeira negra；aroeira vermelha；brazil peppertree；chichita；copal；orindeuva；pimienta de brazil
6323	*Schinus weinmanniaefolius*	阿根廷	魏氏消乳香	aroeira colorada
Schistostemon（HUMIRIACEAE） 叉蕊木属（香膏木科）			**HS CODE** **4403.99**	
6324	*Schistostemon dendiflorum*	圭亚那	密花叉蕊木	dukuria
Schizolobium（CAESALPINIACEAE） 裂瓣苏木属（苏木科）			**HS CODE** **4403.49**	
6325	*Schizolobium amazonicum*	巴西、秘鲁	亚马孙裂瓣苏木	bacurubu；pashaco；turacaspi

序号	学名	主要产地	中文名称	地方名
6326	*Schizolobium parahyba*	墨西哥、巴西、玻利维亚、秘鲁、尼加拉瓜、洪都拉斯、厄瓜多尔、危地马拉、伯利兹、巴拿马、哥伦比亚	裂瓣苏木	arbol de zope; bacuruvu; bragilian firetree; chapulaltapa; cuchillal; faveira; fern-tree; gabilan; garapuva; guanacaste; judio; mangu caspi; masachi; pachacco; plumajillo; quamwood; sora; tankam; tzemente; zorra
	Schlegelia (SCROPHULARIACEAE) 钟萼桐属 （玄参科）		HS CODE 4403.99	
6327	*Schlegelia nicaraguensis*	尼加拉瓜	尼加拉瓜钟萼桐	coralmeca
6328	*Schlegelia violaceae*	圭亚那	堇菜钟萼桐	bultatakubia
	Schleinitzia (MIMOSACEAE) 篦麻豆属 （含羞草科）		HS CODE 4403.99	
6329	*Schleinitzia insularum*	拉丁美洲	孤篦麻豆	mimosa
	Schoepfia (SCHOEPFIACEAE) 青皮木属 （青皮木科）		HS CODE 4403.99	
6330	*Schoepfia chrysophylloides*	美国	金叶青皮木	graytwig; gray-twig; gulf graytwig; whitewood
6331	*Schoepfia obovata*	波多黎各、巴哈马	倒卵叶青皮木	arana; white beefwood
6332	*Schoepfia schreberi*	墨西哥、危地马拉、西印度群岛、洪都拉斯、库拉索	施丽青皮木	cajzaicui; jos; limoncillo; palo de hamaca; palo fierro; palo swati; shak-bake; sinatuan; sombra de armado; tecolitito; tecolotillo; whitewood; ximitzcuah uitl
	Sclerolobium (CAESALPINIACEAE) 硬瓣苏木属 （苏木科）		HS CODE 4403.99	
6333	*Sclerolobium albiflorum*	圭亚那	白花硬瓣苏木	djedoe rojo; djedoe rosso; djedoe rouge; red djedoe; rode djedoe; rode kjedoe
6334	*Sclerolobium denudatum*	巴西	皱叶硬瓣苏木	pasfare; passuare
6335	*Sclerolobium guianense*	南美洲圭亚那高原	圭亚那硬瓣苏木	djedoe; kaditiri; pashaco; white djedoe
6336	*Sclerolobium melinonii*	南美洲圭亚那高原	梅氏硬瓣苏木	djadidja; djedoe; jawaledan

序号	学名	主要产地	中文名称	地方名
6337	*Sclerolobium micropetalum*	圭亚那	小梗硬瓣苏木	araurama; black djedoe; djedoe negro; djedoe nero; djedoe noir; kaditiri; kata; wamkoam; yawaredan; zwarte djedoe
6338	*Sclerolobium paniculatum*	苏里南、委内瑞拉、巴西、秘鲁	圆锥硬瓣苏木	alaoelama; aracho; araurama; bintoela; guamillo rojo; jawaredan; jwalidan; tachyseiro blanco; tamoene araurana; ucsha-quiro
Scleronema（BOMBACACEAE）硬丝木棉属（木棉科）			**HS CODE** **4403. 99**	
6339	*Scleronema guianense*	圭亚那	圭亚那硬丝木棉	baromalli
6340	*Scleronema micranthum*	巴西	小花硬丝木棉	cacao; cardeiro; castanha de paca; cedrinho; cedro bravo; smallflower sderonema
6341	*Scleronema praecox*	巴西	早生硬丝木棉	cardeiro; castanha de paca; cedrinho; cedro bravo; precocius sderonewa; scleronema
Sebastiania（EUPHORBIACEAE）地杨桃属（大戟科）			**HS CODE** **4403. 99**	
6342	*Sebastiania adenophora*	墨西哥、巴西	沙参地杨桃	chechen blanco; tajuvinha; zak-chechen
6343	*Sebastiania brasiliensis*	巴西	巴西地杨桃	blanquillo; kiray; lechero
6344	*Sebastiania confusa*	墨西哥	杂色地杨桃	chitzen
6345	*Sebastiania klotzchiana*	巴西、乌拉圭	克洛地杨桃	baran quillo; blanquillo
6346	*Sebastiania longicuspis*	墨西哥、危地马拉	长齿地杨桃	chechen; chechen blanco
6347	*Sebastiania lucida*	拉丁美洲	亮叶地杨桃	crabwood
6348	*Sebastiania pavoniana*	墨西哥	帕沃地杨桃	hierba de la flecha; mincapatli; palo de la flecha; palo de leche; palo lechero
Securinega（EUPHORBIACEAE）叶底珠属（大戟科）			**HS CODE** **4403. 99**	
6349	*Securinega acidoton*	牙买加	酸叶底珠	green ebony
6350	*Securinega guarayuva*	巴西	爪拉叶底珠	guaiaruva; guaraiuva; quebra-quebra
Seguieria（PHYTOLACCACEAE）针盒珊瑚属（商陆科）			**HS CODE** **4403. 99**	
6351	*Seguieria americana*	巴西	美洲针盒珊瑚	pau d'alho mirim; pau-viola

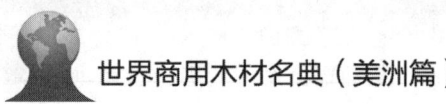

序号	学名	主要产地	中文名称	地方名
6352	*Seguieria langdorffii*	巴西	朗氏针盒珊瑚	cipo d'anta；espinho dejuva；java；limao bravo；limao de espinho；pau d'alho falso
6353	*Seguieria paraguayensis*	阿根廷	巴拉圭针盒珊瑚	yoa-hu-y
Senna（CAESALPINIACEAE） 决明属（苏木科）		**HS CODE 4403.49**		
6354	*Senna alata*	圭亚那、墨西哥	翅果铁刀木	bois dartre；dartrier；flordel secreto；tarantana；totoncaxihuitl
6355	*Senna atomaria*	墨西哥	阿托马决明	canafistula；hediondilla；jediondillo；mook；mora hedionda；palo de maya；quediondillo；tu-ita-timi；vainilla；yellow candlewood
6356	*Senna bacillaris*	圭亚那、哥伦比亚	杆状决明	lokonanjo；lukumanju；platanito；whitebark senna；yema de huevo
6357	*Senna bicapsularis*	墨西哥、萨尔瓦多、伯利兹、海地、委内瑞拉、古巴、哥伦比亚、多米尼加、阿根廷、牙买加、危地马拉、尼加拉瓜、波多黎各、瓜德罗普岛	双荚决明	alcaparrillo；alcaparro；bois cabrite；canafistola；carbonera；chijol hediondo；christmas bush；hediondillo；jediondillo；julahuasi；mara；mora hedionda；palo de zorrillo；platanillo；retamavainilla；saguaroti；sen；velamuerto；vizaduni；xtuab；yellow candlewood；zorrillo
6358	*Senna bosseri*	拉丁美洲	博西尔决明	
6359	*Senna chrysocarpa*	秘鲁	金果决明	amargo-caspi；flor de cana；goldenfiuit senna；tangarana
6360	*Senna corymbosa*	阿根廷	伞房决明	rama negra；sen
6361	*Senna covessii*	墨西哥	考氏决明	hoja sen；oyason
6362	*Senna flexuosa*	墨西哥	曲折决明	buulchich
6363	*Senna fruticosa*	墨西哥	灌木决明	canafistula；candela patria；chaperna blanca；chicha de gato；cuica de gato；guasho；huevillo；quelite；quite gato
6364	*Senna holwayana*	墨西哥	霍尔决明	retamo；shihuijoyo
6365	*Senna latifolia*	圭亚那	阔叶决明	lokonanjo
6366	*Senna leandrii*	拉丁美洲	莱氏决明	
6367	*Senna leiophylla*	墨西哥、秘鲁	滑叶决明	cafe cimarron；charamasca；hormiguillo；retamilla

序号	学名	主要产地	中文名称	地方名
6368	*Senna macrophylla*	秘鲁	大叶决明	congoje；yana-uraru
6369	*Senna meridionalis*	拉丁美洲	南方决明②	
6370	*Senna multiglandulosa*	墨西哥	腺叶决明	retama；retama de tierra caliente；retamalo
6371	*Senna multijuga*	巴西、圭亚那、委内瑞拉、中美洲、哥伦比亚、秘鲁	多对决明	faverinha branca；iguana-tree；mari-mari；pashaco sinespina；quillo-sisa；riariadan
6372	*Senna nicaraguensis*	墨西哥	尼加拉瓜决明	huevo de iguana
6373	*Senna obtusifolia*	墨西哥	钝叶决明	biche manso；ejotillo
6374	*Senna occidentalis*	秘鲁、墨西哥、美国、尼加拉瓜	西部决明	aya-porotillo；bricho；ecapatli；ejotillo grande；frijolillo；glaucous cassia；habilla；huashihua；mezquitillo；occidentalis；pigue pajaro；retama；shacalxilh aushtle；tlacoeca-patli；uchpa-poroto；vainillo；viche prieto；xacalxhiua xtli
6375	*Senna oxyphylla*	墨西哥	尖叶决明	canafistula；cuica de gato；cuicha
6376	*Senna pallida*	墨西哥、洪都拉斯	淡紫决明	abejon；biche silvestre；comajagua；comayagua；ejotillo de monte；flor de san jose；lipa-cun-uafla；murira；pale senna；ron-ron；viche；viro；x-tu'ha
6377	*Senna papillosa*	哥伦比亚	瘤状决明	abojon；cativo；jema dehuevo
6378	*Senna peralteana*	墨西哥	佩拉决明	canchi；canhabin；habin-pek；k'anchik-in-ak；kanhabin；xkantoplaston；xtuh'bin；ya'axhabin
6379	*Senna polyphylla*	波多黎各	多叶决明	hediondilla；retama；retama prieta
6380	*Senna quinquangulata*	圭亚那	五角决明	jorkapesi；lokonanjo；pentagonal senna
6381	*Senna racemosa*	秘鲁	聚果决明	quillo-sisa
6382	*Senna reticulata*	洪都拉斯、墨西哥、危地马拉、秘鲁、尼加拉瓜、巴拿马、厄瓜多尔	网状决明	baraja；barajitas；conguju；cornesuelo；guacamayo；isla poroto；mataro；retama；sapechihua；sapuchihua；serincontil；tarantana；tempimpiam；tortuga；wild senna；ya'ax-habin
6383	*Senna septemtrionalis*	墨西哥	光叶决明	bricho；cacotl；cafecillo；duerme de noche；guajillo；hierba del aire；retama；retamo；yehcapahtzin

序号	学名	主要产地	中文名称	地方名
6384	*Senna siamea*	美国、波多黎各、古巴、多米尼加、维尔京群岛、瓜德罗普岛	铁刀木	bombay blackwood；casia amarilla；casia de siam；casia siameas；flambollan amarillo；kassod-tree；siamese cassia；siamese senna；siamese shower；yellow cassia
6385	*Senna skinneri*	墨西哥	斯金决明	paraca；paracata；parocata；patzipoca；santa rosa
6386	*Senna spectabilis*	古巴、多米尼加、美国、委内瑞拉、墨西哥、哥斯达黎加、洪都拉斯、特立尼达、海地、秘鲁、巴西、伯利兹、哥伦比亚	大托叶决明	algarrobillo；bruscon；canafistula bobo；canafistula cimarrona；canafistula macho；canchin；candelilla；chiquichique；chucaro；ciempies；frijolillo；libertad；mucuteno；mutuy；parica；pisabed；taratan；yellow-shower
6387	*Senna sylvestris*	秘鲁	野生决明	quillo-sisa
6388	*Senna tonduzii*	墨西哥	通氏决明	frijolillo；vainilla
6389	*Senna tora*	秘鲁	决明	aya-poroto；siclaio
6390	*Senna trolliiflora*	厄瓜多尔	石竹决明	tsanpisu conguju
6391	*Senna uniflora*	墨西哥	单花决明	charamusca；chipilin；chipilines cimarramon；ejotillo chico；ovillo；tulub-bayam；tulub-bi-yam；x-tuab；xtuab
6392	*Senna villosa*	墨西哥	毛决明	salche；zalche
6393	*Senna viminea*	秘鲁	维米决明	matayo；retamilla；yana-huira；yana-huiraru
6394	*Senna wislizeni*	墨西哥	维斯决明	palo prieto；pinacata；pinacate；pinacatillo

Sequoia（CUPRESSACEAE）　　　　**HS CODE**
北美红杉属（柏科）　　　　　　4403.25（截面尺寸≥15cm）或 4403.26（截面尺寸<15cm）

序号	学名	主要产地	中文名称	地方名
6395	*Sequoia sempervirens*	美国	北美红杉	amerikansk sekvoja；california redwood；californis che redwood；coast redwood；corla；mexican cherry；palo colorado；redwood；sequoia；sequoia de california；sequoia roja；sequoia rossa；sequoia toujours vert；sequoie；vavona burr

序号	学名	主要产地	中文名称	地方名
Sequoiadendron（CUPRESSACEAE）巨杉属（柏科）		**HS CODE** 4403. 25（截面尺寸≥15cm）或 4403. 26（截面尺寸<15cm）		
6396	*Sequoiadendron giganteum*	美国、墨西哥	巨杉	arbre mammouth；bigtree；corla；giant redwood；giant sequoia；mammoetboom；mammuttrad；reusensequoia；sequoia；sequoia geant；sequoia gigante；sequoia gigantesca；sierra redwood；sierraredwood；vavona；wellingtonia
Serenoa（PALMAE）蓝棕属（棕榈科）		**HS CODE** 4403. 99		
6397	*Serenoa repens*	美国	锯齿蓝棕	saw palm
Serjania（SAPINDACEAE）瓜瓶藤属（无患子科）		**HS CODE** 4403. 99		
6398	*Serjania glabrata*	秘鲁	光滑瓜瓶藤	macote
6399	*Serjania leptocarpa*	秘鲁	薄果瓜瓶藤	novia-sisa
6400	*Serjania membranacea*	圭亚那	膜叶瓜瓶藤	kashiri
6401	*Serjania paucidentata*	圭亚那	帕乌瓜瓶藤	aboho；hebechi-abo；kohire；kotupuru
Sesbania（FABACEAE）田菁属（蝶形花科）		**HS CODE** 4403. 99		
6402	*Sesbania grandiflora*	波多黎各、美国、萨尔瓦多、尼加拉瓜、巴哈马、古巴、维尔京群岛、委内瑞拉、墨西哥、海地、西印度群岛、瓜德罗普岛	大花田菁	agati；agati sesbania；baculo；cobreque；cresta de gallo；flamingo-bill；gallito；gallito blanco；gallito colorado；palo de gallo；paloma；pico de flamenco；pois vallier；tiger-tongue；zapaton blanco；zapaton rojo
6403	*Sesbania punicea*	美国	蒿田菁	purple sesban
6404	*Sesbania virigata*	阿根廷	棒状田菁	cafe cimarron；cambara cambay；porotillo；tembetari
Sextonia（LAURACEAE）赤桂楠属（樟科）		**HS CODE** 4403. 99		
6405	*Sextonia rubra*	南美洲	红赤桂楠	determa；red louro；wane
Shepherdia（ELAEAGNACEAE）水牛果属（胡颓子科）		**HS CODE** 4403. 99		
6406	*Shepherdia argentea*	美国	银水牛果	buffalo-berry；silver buffalo-berry；thorny buffalo-berry

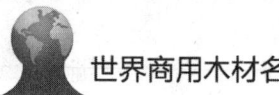

序号	学名	主要产地	中文名称	地方名
Shorea（DIPTEROCARPACEAE）娑罗双属（龙脑香科）			**HS CODE** **4403.49**	
6407	*Shorea hopeifolia*	玻利维亚	坡垒叶黄娑罗双	kalunti
Sideroxylon（SAPOTACEAE）铁榄木属（山榄科）			**HS CODE** **4403.99**	
6408	*Sideroxylon ahernianum*	墨西哥	菲柞铁榄木	huicicialt emetl
6409	*Sideroxylon americanum*	多米尼加、危地马拉、墨西哥	美洲铁榄木	balata；bullet-tree；huele de noche；mol-che；putzmucuy
6410	*Sideroxylon beguei*	南美洲	贝盖铁榄木	tavia
6411	*Sideroxylon capiri*	墨西哥、哥斯达黎加	卡里铁榄木	capire；capiri；cosahuico；cozahuico；ejichi；huacux；hucux；tempisco；tempisque；tempixue；tototzapotl；totozapotl；zapote de ave
6412	*Sideroxylon celastrinum*	巴哈马、古巴、美国、墨西哥、西印度群岛	南蛇藤铁榄木	ant's wood；antswood；apitzutzu；bois defee；coma；coma resinera；downward plum；hos；milk buckthorn；pasita；rompezapato；saffron plum；tropical buckthorn
6413	*Sideroxylon cubense*	古巴、海地、波多黎各	古巴铁榄木	almendro silvestre；bois d'inde；cuya；espejuelo；tiquimite
6414	*Sideroxylon foetidissimum*	西印度群岛、特立尼达、海地、小安的列斯群岛、波多黎各、维尔京群岛、古巴、多米尼加、美国、巴西、巴哈马、瓜德罗普岛	烈臭铁榄木	abricot des bois；acoma batard；ausubo；bully-mastic；caya amarilla；ebano amarillo；false mastic；gumbixava；jocuma；jocuma amarilla；mastwood；tocuma amarillo；tortuga；tortugo amarillo；wild olive；wild-mastic；wild-olive
6415	*Sideroxylon lanuginosum*	美国、墨西哥	绵毛铁榄木	antswood；black haw；blackhaw；brazos bumelia；buckthorn；chittamwood；coma；false buckthorn；gum bumelia；ironwood；shittimwood；slowwood；stifftwig gum；tempesquistle；texas bumelia；woolly buckthorn；zapotillo
6416	*Sideroxylon ligustrinum*	阿根廷	利古斯铁榄木	blanquillo colorado

序号	学名	主要产地	中文名称	地方名
6417	*Sideroxylon lycioides*	美国、拉丁美洲	枸杞铁榄木	buckthorn; buckthorn bumelia; buckthorn chittimwood; bumelia ironwood; carolina buckthorn; ironwood; mockorange; small bumelia; smooth bumelia; southern buckthorn
6418	*Sideroxylon montanum*	波多黎各	山地铁榄木	almendro silvestre; cuya; varital
6419	*Sideroxylon obovatum*	美国、波多黎各、安的列斯群岛、小安的列斯群岛、西印度群岛、维尔京群岛、古巴、委内瑞拉、哥伦比亚	倒卵铁榄木	antswood; arana gato; black haw; bois de fer; boxwood; breakbill; buckthorn; cocuyo; gum-elastic; ironwood; jiqui; lechecillo; malarmo; pajui; patillo; peine; pintop; placa chiquitu; quiebrahacha; rambeshi; sapote
6420	*Sideroxylon obtusifolium*	巴西、危地马拉、阿根廷、巴拿马、墨西哥、哥伦比亚、哥斯达黎加、委内瑞拉	钝叶铁榄木	abio; avalo; caimitillo; doncello; espino blanco; guaranina; horco molle; ibira-hu; igui; lanza colorado; limoncillo; malarmo; molle crespo; pacito; perotinga; petit buis; rompe gibao; sloewood; tempesquistle; zapotillo
6421	*Sideroxylon occidentale*	墨西哥	西方铁榄木	babelama; western jungleplum
6422	*Sideroxylon palmeri*	墨西哥	掌叶铁榄木	abalo; bebelama; cajpoquiliso; coma; cupia; huizilacate; tempeschitle; tempesquistle; tempesquite; tempiale; tempisle; tempixquiztli; tempixtli; tempizquitli; tilapo
6423	*Sideroxylon persimile*	墨西哥、哥斯达黎加、萨尔瓦多、巴拿马	波斯铁榄木	abalo blanco; avalo; espino blanco; ispundio; limoncillo; zapotillo pena
6424	*Sideroxylon portoricense*	古巴、牙买加、波多黎各	波多铁榄木	cocuyo; red bullet-tree; tabloncillo; varital
6425	*Sideroxylon salicifolium*	西印度群岛、海地、古巴、美国、安的列斯群岛、波多黎各、圭亚那、巴巴多斯、巴哈马、多米尼加、伯利兹、牙买加、墨西哥、瓜德罗普岛	柳叶铁榄木	acomat bastard; acomat rouge; almendrillo; almendro; bully-tree; bustic; carolina; casadawood; cassada; gallamenta; ironwood; jubilla; mijico; sourwood; sweetwood; tabloncillo; white bulletwood; wild cassada; xac-chum; zapote faisan; zapotillo
6426	*Sideroxylon socorrense*	墨西哥	索科罗铁榄木	socorro junleplum; zapotillo

序号	学名	主要产地	中文名称	地方名
6427	*Sideroxylon stevensonii*	伯利兹、墨西哥	伯利兹铁榄木	faisan；guaite；zapote faisan
6428	*Sideroxylon tenax*	美国	硬铁榄木	ironwood；narrowleaf bumelia；tough buckthorn；tough bumelia
6429	*Sideroxylon tepicense*	萨尔瓦多、墨西哥	特皮铁榄木	tempisque；tempixtle；tepic jungleplum
Simarouba（SIMAROUBACEAE） 苦木属（苦木科）			**HS CODE** 4403.99	
6430	*Simarouba amara*	圭亚那、小安的列斯群岛、西印度群岛、波多黎各、洪都拉斯、尼加拉瓜、苏里南、牙买加、巴西、美国、委内瑞拉、法属圭亚那、海地、厄瓜多尔、玻利维亚、多米尼加、巴巴多斯、古巴、危地马拉、秘鲁、伯利兹、墨西哥、哥伦比亚、向风群岛、瓜德罗普岛	苦木	acajou；acajou blanc；bitter damson；bitter-ash；bitterwood；cedro lanco；chiriuana；cuna；daguillo；gavilan；murupa；negrito；olivo；pasak；pitomba；samalomba；soemaroepa；tamanqueira；walkara；white deal；xpasak；yaku
6431	*Simarouba glauca*	波多黎各、哥斯达黎加、墨西哥、洪都拉斯、尼加拉瓜、苏里南、圭亚那、委内瑞拉、牙买加、美国、西印度群岛、法属圭亚那、巴西、厄瓜多尔、玻利维亚、多米尼加、古巴、危地马拉、秘鲁、伯利兹、哥伦比亚	青冈苦木	aceitillo；aceituna；bois blanc；caixeta；cuna；daguillo；damson；guitarro；jucumico；lagartillo；maruba；olivo；pajulilte；passak；pazaque；siemaroepa；simarouba；soemaroepa；stavewood；tamanqueira；walkara；xpaxakil；zapatero
6432	*Simarouba tulae*	波多黎各、巴西	图拉苦木	aceitillo；aceitillo cimarron；aceitillo falso

序号	学名	主要产地	中文名称	地方名
6433	*Simarouba versicolor*	波多黎各、洪都拉斯、尼加拉瓜、苏里南、牙买加、美国、法属圭亚那、巴西、厄瓜多尔、委内瑞拉、玻利维亚、多米尼加、古巴、危地马拉、秘鲁、哥伦比亚、圭亚那	变色苦木	aceitillo；aceituno；bitterwood；cedro blanco；chiriuana；cuna；daguillo；gavilan；guitarro；jocote de mico；jucumico；legno parahyba；maruba；marupa；negrito；olivo；pitomba；samboera；soemaroepa；tamanqueira；walkara；xpasak

Simira（RUBIACEAE）
美洲染木属（茜草科）　　　HS CODE 4403.99

序号	学名	主要产地	中文名称	地方名
6434	*Simira cordifolia*	厄瓜多尔	心叶美洲染木	bella maria；colorado；cu'va；mangle；manglillo；paunumi
6435	*Simira ecuadorensis*	厄瓜多尔	厄瓜多尔美洲染木	cafecillo；guapala；manglillo
6436	*Simira erythroxylon*	委内瑞拉	古柯美洲染木	aguacatire；aguatire；palo cucharo；paraguata
6437	*Simira klugei*	巴拿马	克鲁美洲染木	palo colorado
6438	*Simira maxoni*	巴拿马	马克美洲染木	guayatil；guayatil colorado；jagua de montana；wytil
6439	*Simira mexicana*	墨西哥	美洲染木	cucharillo
6440	*Simira myriantha*	哥伦比亚	多花美洲染木	blanquito；huesito de tierra fria
6441	*Simira oliveri*	巴西	奥氏美洲染木	arariba amarella
6442	*Simira rhodoclada*	墨西哥	罗多克美洲染木	nazareno；nazareno rojo；pie de pava
6443	*Simira rubescens*	巴西、秘鲁、厄瓜多尔	红美洲染木	arariba rosa；colorado；colorado dyewood；huacamayo-caspi；machusacha；mangillo；mangle；puca-quiro；red sickingia
6444	*Simira salvadorensis*	危地马拉	萨尔瓦多美洲染木	saltemuche
6445	*Simira sampaioana*	秘鲁	桑帕美洲染木	araiba-ovo；arariba；maiate；mataja
6446	*Simira tinctoria*	秘鲁、小安的列斯群岛、巴西	染料美洲染木	huacamayo-caspi；manglillo；pau d'arara
6447	*Simira viridifolia*	巴西	青叶美洲染木	arariba branca
6448	*Simira williamsii*	秘鲁	威氏美洲染木	puca-quiro

序号	学名	主要产地	中文名称	地方名
Siparuna（SIPARUNACEAE） 坛罐花属（坛罐花科）			**HS CODE** **4403.49**	
6449	Siparuna bifida	巴西	裂坛罐花	bifide bogwood；caa-pitiu；negrillo
6450	Siparuna decipiens	圭亚那	杜英坛罐花	cafesillo；deceiving bogwood；irek
6451	Siparuna guianensis	圭亚那、秘鲁	圭亚那坛罐花	ant-bush；cidreira-da-mata；curuinsi-sacha；fever-bush；isula-micunan；muniridan；nimble-bush
6452	Siparuna nicaraguensis	墨西哥	尼加拉瓜坛罐花	cerbatana；chitam-te；chitante；hierba de la conchuda；hierba de zope；hierba del jabali；hierba del talaje；limoncillo；ma'tzengo；palo carabina；palo de caribina；palo zorrillo；zorrillo
6453	Siparuna pauciflora	拉丁美洲	少花坛罐花	fewflower bogwood；limoncillo；pasmo
6454	Siparuna plana	秘鲁	平滑坛罐花	isula-micunan
6455	Siparuna pyricarpa	厄瓜多尔	梨果坛罐花	mal aire pange
6456	Siparuna sumichrastii	墨西哥	苏氏坛罐花	limoncillo de santa ana；llimoncillo
6457	Siparuna surinamensis	圭亚那	苏里南坛罐花	muniridan
6458	Siparuna thecaphora	秘鲁	分室坛罐花	chambered bogwood；curuinsi-sacha；isual-caspi；limon del monte；limoncillo；macusaro；pampa oregano mashan；pampa-oregano-mashan；sacha limon
Siphonodon（CELASTRACEAE） 木瓜桐属（卫矛科）			**HS CODE** **4403.99**	
6459	Siphonodon australe	波多黎各	南方木瓜桐	motillo
Sloanea（ELAEOCARPACEAE） 猴欢喜属（杜英科）			**HS CODE** **4403.99**	
6460	Sloanea ampla	墨西哥、洪都拉斯	宽大猴欢喜	ample burrwood；palo de peine；puh-puh
6461	Sloanea amplifrons	拉丁美洲	大猴欢喜	
6462	Sloanea amygdalina	古巴、多米尼加	杏仁猴欢喜	berijua；chicharron；cresta de gallo；jicotea；juba blanca
6463	Sloanea berteriana	波多黎各、多米尼加、向风群岛、瓜德罗普岛	波多黎各猴欢喜	bullwood；cacaillo；cacao cimarron；cacao motillo；cacao otillo；cacao roseta；cacaotillo；motillo；roseta
6464	Sloanea bracteosa	圭亚那	苞叶猴欢喜	aruadan；wasar
6465	Sloanea brevipes	圭亚那	短柄猴欢喜	amagonas burrwood；aruadan

序号	学名	主要产地	中文名称	地方名
6466	Sloanea caribaea	瓜德罗普岛	加勒比猴欢喜	acoma batard；acoma boucan
6467	Sloanea dentata	圭亚那	重齿猴欢喜	black ironwood；burrwood；naida
6468	Sloanea echinocarpa	圭亚那	短刺猴欢喜	aruadan；prickledfruit burrwood；wasar
6469	Sloanea eichleri	圭亚那	艾克猴欢喜	aruadan；raverinja
6470	Sloanea faginea	伯利兹	山毛榉叶猴欢喜	beehlike burrwood；wild attawood
6471	Sloanea fragrans	厄瓜多尔	香猴欢喜	achiotillo；chalua caspi
6472	Sloanea grandiflora	委内瑞拉、厄瓜多尔、圭亚那	大花猴欢喜	cabeza de araguato；manduru cashu yura；matura；naidu；shirabulib alli；urucurana；uvero
6473	Sloanea guianensis	委内瑞拉、圭亚那	圭亚那猴欢喜	aleton；aruadan；kusuweran；okoro
6474	Sloanea jamaicensis	牙买加、巴哈马	牙买加猴欢喜	break-axe；ironwood
6475	Sloanea laurifolia	委内瑞拉、秘鲁	月桂叶猴欢喜	aleton；cepanchina
6476	Sloanea massoni	西印度群岛、安的列斯群岛、向风群岛、瓜德罗普岛	曼森猴欢喜	chataignier coco；quapalier agros fruits
6477	Sloanea megaphylla	巴拿马	巨叶猴欢喜	mameicillo colorado
6478	Sloanea robusta	厄瓜多尔	壮猴欢喜	manira；robust burrwood；sacha sindi cara
6479	Sloanea schippii	墨西哥	史氏猴欢喜	achiote de montana
6480	Sloanea schomburgkii	圭亚那	尚氏猴欢喜	ubudiballi
6481	Sloanea sinemariensis	西印度群岛	西内猴欢喜	chataignier de la martinique；chataignier montagne
6482	Sloanea terniflora	墨西哥、委内瑞拉	圆锥猴欢喜	caquito；huesillo；pico pico
6483	Sloanea trichosticha	圭亚那	三角猴欢喜	aruadan
6484	Sloanea truncata	小安的列斯群岛、向风群岛、瓜德罗普岛	截枝猴欢喜	chataignier rouge
6485	Sloanea tuerckheimii	墨西哥	图氏猴欢喜	palo colorado
6486	Sloanea usurpatrix	圭亚那	寄生猴欢喜	aruadan；kinoto
6487	Sloanea zuliaensis	巴拿马	苏利亚猴欢喜	abrojo；butalar；rnarcelo
	Solanum（SOLANACEAE） 茄属（茄科）	**HS CODE** **4403.99**		
6488	Solanum axillifolium	墨西哥	轴叶茄	origonillo

序号	学名	主要产地	中文名称	地方名
6489	*Solanum bicolor*	墨西哥、哥伦比亚、秘鲁	双色茄	berenjena；guastomate；sacamanteca；tabaco de monte；toe mullaca
6490	*Solanum bulbocastanum*	墨西哥	布尔科茄	papa cimarrona
6491	*Solanum cervantesii*	墨西哥	香叶茄	hierba del perra
6492	*Solanum crinitipes*	厄瓜多尔	克里茄	pepa pejajosa
6493	*Solanum crinitum*	圭亚那	尼图姆茄	boboro
6494	*Solanum diphyllum*	墨西哥	双叶茄	chilpate
6495	*Solanum donianum*	墨西哥、洪都拉斯、巴拉圭	多尼亚茄	berenjena；berenjenilla；corneton del monte；friega plato；galantea；guardalobo；hoja de manteca；huataujui；lengua de vaca；malabar；muthutz；pulush；saca manteca；suncho blanco；trompillo；ukuch；xoxox；xtuhuy
6496	*Solanum drymophilum*	波多黎各	干茄	erubia
6497	*Solanum erianthum*	海地、墨西哥、波多黎各、古巴、危地马拉、洪都拉斯、美国、巴哈马、多米尼加、萨尔瓦多、维尔京群岛、哥斯达黎加	假烟叶树	amourette；berenjena；friega platos；guaraguao sin espinas；hoja blanca；mullein nightshade；pondejera macho；salvadora；tabaco cimarron；tabacon afelpado；turkeyberry；wild tobacco；zamorette male；zamorette marron；zorillo
6498	*Solanum ferrugineum*	墨西哥	硬皮茄	huistomate；huitztomat zin
6499	*Solanum hayesii*	拉丁美洲	海氏茄	
6500	*Solanum hindsianum*	墨西哥	辛氏茄	mariola
6501	*Solanum hirtum*	墨西哥	希图姆茄	chichibegua；put-balam
6502	*Solanum hispidum*	墨西哥	多毛杜茄	berenjena；sosa
6503	*Solanum jamaicense*	圭亚那	牙买加茄	boboro
6504	*Solanum kauaiense*	拉丁美洲	卡纳拉茄	
6505	*Solanum lanceaifolium*	尼加拉瓜	披针叶茄	una de gato
6506	*Solanum lanceolata*	墨西哥	剑叶茄	hierba de la rosa
6507	*Solanum macranthum*	圭亚那	大齿茄	boboro；waruidak；wild boulanger
6508	*Solanum madrense*	墨西哥	马德伦斯茄	berenjena；jenepene；tlamatlantli
6509	*Solanum mammosum*	墨西哥	五指茄	berenjena；berenjenita peluda；berenjenita prludita；chichiguita；cojon de gato；cuchito

序号	学名	主要产地	中文名称	地方名
6510	*Solanum mauritianum*	阿根廷、巴西	野烟树	afata；caa-o-vetoy fumo braco；cambara；coerana；coirana；corana；cuvitinga；goerana；palo blanco；tabaquillo
6511	*Solanum mitlense*	墨西哥	米特伦茄	coyotomatl；cushpebul；hoja de manteca；lengua de perro
6512	*Solanum muricatum*	墨西哥	硬突茄	pepino de maceta
6513	*Solanum nudum*	古巴、多米尼加、墨西哥、尼加拉瓜、危地马拉	裸茄	ajicillo；arito；huele de noche negro；huele noche；mantequita；nishtamal-cuauit；san'tipuscat；tabaco cimarron；tinta
6514	*Solanum oblongifolium*	拉丁美洲	长叶叶茄	
6515	*Solanum paludosum*	圭亚那	沼地茄	kwiawi；sobolero
6516	*Solanum polygamum*	波多黎各	杂性茄	cakalaka-berry
6517	*Solanum pseudocapsicum*	墨西哥	假辣椒茄	collar de la reina；cora；manzanita de amor
6518	*Solanum pseudoquina*	巴西	假奎纳茄	cuivira
6519	*Solanum refractum*	墨西哥	急折茄	chilacayota；toronja
6520	*Solanum rudepannum*	墨西哥	红茄	berenjena；berenjena silvestre；lava plato；saca manteca；salvadora；tukux；xaxox；xcancer
6521	*Solanum rugosum*	巴西、委内瑞拉、波多黎各	多皱茄	caiucara；cucuna；sepi；tabacon；tabacon aspero
6522	*Solanum schlechtendalianum*	巴拿马、墨西哥	施莱赫茄	elhato；hierba mora；muela de vieja
6523	*Solanum stramoniifolium*	巴西	斜纹茄	jua；jurubeba do campo
6524	*Solanum subinerme*	墨西哥	苏比茄	berenjena；ishlishtoc huochat；listocoshat；tzopilotla cuatl
6525	*Solanum torvum*	墨西哥、小安的列斯群岛、哥斯达黎加、多米尼加、哥伦比亚、古巴、西印度群岛、巴巴多斯、危地马拉、维尔京群岛、海地、尼加拉瓜	水茄	amasclanchi；batard belongene；berenjena；berenjena cimarrona；berenjena de gallina；friega platos；pendejera；prendedora；shoo-shoo-bush；sosa；tabacon；tapdacui；tomatillo；tompaap；turkeyberry；zamorette；zopilote
6526	*Solanum tridyamum*	墨西哥	三棱茄	akanyakik；berenjena silvestre；k'on-yaak-nik；mala mujer；palouisi；pusera；sacamenteca；talohuisi；x-k'on-yaaz-nik

序号	学名	主要产地	中文名称	地方名
6527	*Solanum tuberosum*	墨西哥	块茎茄	jroca；nyami-tecuinti；papa；papa correlona；popa；rerogue；rerohue；ri'rohui；riroui；ta'upu'u；xojat-hapec
6528	*Solanum umbellatum*	墨西哥、洪都拉斯	伞形茄	berenjena；cazaniche；friega plato；venenillo
6529	*Solanum wendlandii*	墨西哥	温氏茄	quishtan；quistan；situn
Sommera（RUBIACEAE） 绒绫花属（茜草科）			**HS CODE** **4403. 99**	
6530	*Sommera arborescens*	墨西哥、秘鲁	树状绒绫花	barilla；capulin；capulincillo；parilla；varilla
Sophora（FABACEAE） 槐属（蝶形花科）			**HS CODE** **4403. 99**	
6531	*Sophora affinis*	美国	近缘槐	beaded locust；coralbean；deciduous coralbean；pink locust；pink sophora；texas sophora
6532	*Sophora conzattii*	墨西哥	康氏槐	frijolillo
6533	*Sophora macnabiana*	智利	南加州槐	pilu
6534	*Sophora masafuerana*	拉丁美洲	马萨富槐	
6535	*Sophora secundiflora*	墨西哥、美国	侧花槐	colorin；coralbean；evergreen coralbean；frijolillo；frijolito；mescalbean；patol
6536	*Sophora tetraptera*	智利	四脉槐	pelu；pilo
Sorbus（ROSACEAE） 花楸属（蔷薇科）			**HS CODE** **4403. 99**	
6537	*Sorbus americana*	美国、加拿大	美洲花楸	american mountain ash；cormier；dogberry；elder-leaved sumach；european mountainash；life-of-man；mountain sumach；mountainash；peruve；roundwood；rowanberry；rowantree；rowanwood；sorbier d'amerique；wine-tree
6538	*Sorbus aria*	美国	白花楸	pomaceous-fruit；white beam-tree
6539	*Sorbus aucuparia*	美国	欧亚花楸	mountain ash；quick beam；rewan-tree
6540	*Sorbus chamaemespilus*	美国	查梅花楸	cotoneaster；pomaceous-fruit
6541	*Sorbus decora*	美国	德科花楸	showy mountainash
6542	*Sorbus domestica*	美国	地中海花楸	european mountain ash；pomaceous-fruit；white beam-tree

序号	学名	主要产地	中文名称	地方名
6543	*Sorbus scopulina*	美国	帚状花楸	greene mountain ash；large-fruited mountain ash；western mountain ash
6544	*Sorbus sitchensis*	美国	西加花楸	california mountain ash；pacific mountain ash；sitka mountain ash；western mountain ash
	Souroubea（MARCGRAVIACEAE）蜜笛花属（蜜囊花科）		**HS CODE 4403.99**	
6545	*Souroubea guianensis*	尼加拉瓜、圭亚那	圭亚那蜜笛花	burito；colox；karakara；white strangler fig
6546	*Souroubea stichadenia*	拉丁美洲	斯蒂卡蜜笛花	
6547	*Souroubea sympetala*	拉丁美洲	合瓣蜜笛花	
	Spartium（FABACEAE）鹰爪豆属（蝶形花科）		**HS CODE 4403.99**	
6548	*Spartium junceum*	阿根廷、墨西哥	鹰爪豆	escoba；retama；spanish broom
	Spathodea（BIGNONIACEAE）火焰树属（紫葳科）		**HS CODE 4403.99**	
6549	*Spathodea campanulata*	波多黎各、古巴、多米尼加、美国、海地、委内瑞拉、墨西哥、西印度群岛	钟状火焰木	african tuliptree；africano tulipan；amapola；espatodea；immortel etranger；mampolo；tulipan africano；tulipan de africa；tulpenboom；xixi-de-macoca
6550	*Spathodea exelsa*	巴西	大火焰木	surucucumiva
6551	*Spathodea schomburgkii*	巴西	尚氏火焰木	cipe-pau
	Spigelia（LOGANIACEAE）石竹参属（马钱科）		**HS CODE 4403.99**	
6552	*Spigelia leiocarpa*	秘鲁	光果石竹参	pegopinto
	Spiraea（ROSACEAE）绣线菊属（蔷薇科）		**HS CODE 4403.99**	
6553	*Spiraea X vanhouttei*	美国	菱叶绣线菊	bridal-wreath；spirea
	Spiranthera（RUTACEAE）螺花木属（芸香科）		**HS CODE 4403.99**	
6554	*Spiranthera guianensis*	圭亚那	圭亚那螺花木	guina negra；iron mary
6555	*Spiranthera parviflora*	圭亚那	小花螺花木	iron mary；pariguanilla
	Spondias（ANACARDIACEAE）槟榔青属（漆树科）		**HS CODE 4403.49**	
6556	*Spondias cirouella*	波多黎各	西鲁槟榔青	ciruela

序号	学名	主要产地	中文名称	地方名
6557	*Spondias cytherea*	美国	神槟榔青	golden apple；mope；otaheite apple
6558	*Spondias dulcis*	波多黎各、巴西、古巴、苏里南、委内瑞拉、多米尼加、海地、法属圭亚那、牙买加、圭亚那、维尔京群岛、瓜德罗普岛、库拉索	甜槟榔青	ambarella；caja manga；casazuero；ciruela dulce；citara；fransi mope；hobbo；hoeboe；hog plum；hooboo；hubu；imbuzeiro；jmanzana de otahiti；maubin；moonbe；mope；otaheite plum；pomme cythere；robe
6559	*Spondias mombin*	墨西哥、巴西、秘鲁、委内瑞拉、厄瓜多尔、哥斯达黎加、多米尼加、古巴、尼加拉瓜、洪都拉斯、西印度群岛、苏里南、圭亚那、波多黎各、巴拿马、哥伦比亚、危地马拉、法属圭亚那、海地、瓜德罗普岛	黄槟榔青	abal；acaiba；brakra；caimito；cajazeiro；frap；hobu；hoeboe；hooboo；jobo macho；kanabal；lulushotz；macaprein；moabe；popoaqua；prunier mombin；quinin；rohi；sismoyo；tapereba；tu-tuni；ushun；witte pruim；xlura；yellow mombin；zuliabal
6560	*Spondias purpurea*	墨西哥、秘鲁、巴西、海地、洪都拉斯、波多黎各、委内瑞拉、古巴、厄瓜多尔、多米尼加、伯利兹、哥伦比亚、美国、特立尼达、哥斯达黎加、尼加拉瓜、萨尔瓦多、危地马拉、西印度群岛、维尔京群岛、巴拿马、瓜德罗普岛	紫槟榔青	abal；ajuela；chatsutsoco-scatan；cuaripa；cundaria；cupu；el-shimalo-shindza；hobo；jocote jobo；jondura；kosumil muluch-abal；macaxocotl；makka pruim；red mombin；red plum；shinza；smucuco-scatan；tsusocostata；tun；tuxpana；wild plum；xocotl；yaga-piache
6561	*Spondias radlkoferi*	危地马拉	拉德槟榔青	canum；hog plum；jobo；pook；rum；run
6562	*Spondias terebintaceus*	墨西哥	特雷槟榔青	ciruelo cimarron
Stahlia（CAESALPINIACEAE） 豹苏木属（苏木科）			**HS CODE** **4403. 99**	
6563	*Stahlia monosperma*	多米尼加、波多黎各	豹苏木	caobanilla；coabanilla；cobana；cobana negra；one seed stahlia；polisandro

序号	学名	主要产地	中文名称	地方名
Staphylea（STAPHYLEACEAE）省沽油属（省沽油科）			HS CODE 4403.99	
6564	*Staphylea bolanderi*	美国	细茎省沽油	bolander bladdernut; california bladdernut; sierra bladdernut
6565	*Staphylea bumalda*	拉丁美洲	铃子树	
6566	*Staphylea trifolia*	美国	三叶省沽油	american bladdernut; bladdernut
Stemmadenia（APOCYNACEAE）腺冠木属（夹竹桃科）			HS CODE 4403.99	
6567	*Stemmadenia cerea*	圭亚那	切雷亚腺冠木	awai-emo; buri
6568	*Stemmadenia galeottiana*	墨西哥	加洛蒂腺冠木	ca; ka; laurel; lecherillo; lechoso; x-laul; zapote cuate
6569	*Stemmadenia grandiflora*	巴拿马、哥伦比亚、墨西哥	广腺冠木	cojon de mico; laidre; lecherillo; lechoso; sauco; wild orange
6570	*Stemmadenia macrantha*	巴拿马	大花腺冠木	mountain jasmine
6571	*Stemmadenia palmeri*	墨西哥	掌叶腺冠木	lecherio
Sterculia（STERCULIACEAE）苹婆属（梧桐科）			HS CODE 4403.49	
6572	*Sterculia aerisperma*	哥伦比亚	阿里斯苹婆	agaire
6573	*Sterculia apetala*	古巴、波多黎各、多米尼加、墨西哥、西印度群岛、委内瑞拉、哥伦比亚、萨尔瓦多、洪都拉斯、巴西、智利、玻利维亚、巴拿马、海地、厄瓜多尔	无瓣苹婆	anacaguita; anacahuita; bellota; boszapote; cacaguito; cacaito; camajuru; camaruca; chiapas; chicha; forest zapote; panamawood; pepetaca; pinon; quiabo; sapote de montana; sumi; sunsun; tepetaca; zapote silvestre
6574	*Sterculia caribaea*	西印度群岛、哥伦比亚、特立尼达、小安的列斯群岛、瓜德罗普岛	加勒比苹婆	guana; kobe; mahoe; mahot; sterculia; vara de indio
6575	*Sterculia chicha*	中美洲、南美洲	吉开酒苹婆	chicha; forest zapote
6576	*Sterculia colombiana*	厄瓜多尔	哥伦比亚苹婆	sapote; sapote colorado; sapotejin
6577	*Sterculia corrugata*	厄瓜多尔	波纹苹婆	coco; paragua
6578	*Sterculia costaricana*	巴拿马	科斯塔苹婆	odobarcri; panama
6579	*Sterculia cubensis*	古巴	古巴苹婆	guana

序号	学名	主要产地	中文名称	地方名
6580	*Sterculia elegantiflora*	中美洲、西印度群岛、南美洲	秀花苹婆	eyong
6581	*Sterculia foetida*	波多黎各、西印度群岛、巴西	香苹婆	anacaguita；bois puant；chicha；chicha fedorento；doux blanc；hazel sterculia；mandobi-de-pau；xixa
6582	*Sterculia frondosa*	秘鲁	灰树花苹婆	axixa；leafy sterculia；shamboquiro
6583	*Sterculia guianensis*	圭亚那	圭亚那苹婆	maho
6584	*Sterculia mexicana*	墨西哥	墨西哥苹婆	bellata；pica-pica
6585	*Sterculia oblonga*	南美洲、西印度群岛	黄苹婆	eyong
6586	*Sterculia pilosa*	亚马孙	多毛苹婆	achicha；chicha；tacacazeiro
6587	*Sterculia pruriens*	巴西、委内瑞拉、西印度群岛、圭亚那、苏里南、安的列斯群岛、法属圭亚那、巴拿马	痒痒苹婆	axixa；cacao de monte；camajuru；capote；chicha；chicha brava；envireira；enviveira；kara；karabipo；kobe；maho；mahokobe；mahot cochin；majagua；mayagua；okro-oedoe；panama；saraurai；sterculia；tourou；touroutier
6588	*Sterculia recordiana*	巴拿马	巴拿马苹婆	panama sterculia
6589	*Sterculia rhinopetala*	中美洲	褐苹婆	red sterculia
6590	*Sterculia rugosa*	安的列斯群岛、圭亚那	皱叶苹婆	maho；rough-leaf maho；rugose starulia
6591	*Sterculia speciosa*	巴西	美丽苹婆	achi；chicha；handsoma sterculia；tacacazeiro
6592	*Sterculia striata*	巴拉圭	条纹苹婆	manduvi guazu；manicillo
6593	*Sterculia tessmannii*	厄瓜多尔、秘鲁	特氏苹婆	cefecillo；opaccojin；zapote silvestre
Stewartia（THEACEAE）紫茎属（山茶科）			**HS CODE 4403.99**	
6594	*Stewartia malacodendron*	美国	圆果紫茎	round-fruit stewartia；silky camellia；virginia stewartia
6595	*Stewartia ovata*	美国	卵圆紫茎	angle-fruit stewartia；mountain stewartia；mountain-camellia
Stillingia（EUPHORBIACEAE）厚托桐属（大戟科）			**HS CODE 4403.99**	
6596	*Stillingia acutifolia*	墨西哥	尖叶厚托桐	pavil
6597	*Stillingia aquatica*	墨西哥	水生厚托桐	
6598	*Stillingia lineata*	墨西哥	线性厚托桐	

序号	学名	主要产地	中文名称	地方名
6599	*Stillingia torreyana*	墨西哥	托雷厚托桐	hierba del sapo
Streblus（MORACEAE） 鹊肾树属（桑科）			**HS CODE** **4403.99**	
6600	*Streblus pendulinus*	美国	悬垂鹊肾树	ai-ai
Strychnos（LOGANIACEAE） 马钱子属（马钱科）			**HS CODE** **4403.99**	
6601	*Strychnos barteri*	拉丁美洲	巴氏马钱子	
6602	*Strychnos bicolor*	拉丁美洲	双色马钱子	
6603	*Strychnos boonei*	拉丁美洲	布内马钱子	
6604	*Strychnos brasiliensis*	拉丁美洲	巴西马钱子	bragil poisonnut；perlilla；polo crug
6605	*Strychnos bredemeyeri*	圭亚那	布氏马钱子	devildoer；kwabanaro；urari
6606	*Strychnos cogens*	圭亚那	科根斯马钱子	devildoer；kwabanaro；pirara poisonnut
6607	*Strychnos darienensis*	圭亚那	达里马钱子	devildoer；kwabanaro
6608	*Strychnos densiflora*	圭亚那	密花马钱子	
6609	*Strychnos diaboli*	圭亚那	迪亚马钱子	devildoer；kwabanaro
6610	*Strychnos erichsonii*	圭亚那	埃氏马钱子	devildoer；fruto de mono；kwabanaro
6611	*Strychnos fendreni*	委内瑞拉	芬德马钱子	crueto real；palo de loro
6612	*Strychnos froesii*	拉丁美洲	弗氏马钱子	
6613	*Strychnos glabra*	拉丁美洲	光滑马钱子	
6614	*Strychnos gnetifolia*	拉丁美洲	格内迪马钱子	
6615	*Strychnos guianensis*	圭亚那	圭亚那马钱子	devildoer；kumarawa；kwabanaro
6616	*Strychnos melinoniana*	圭亚那	梅利马钱子	devildoer；kwabanaro
6617	*Strychnos mitscherlichii*	圭亚那	米氏马钱子	devildoer；kwabanaro
6618	*Strychnos nux-vomica*	巴西、中美洲	催吐坚果马钱子	bois du diable；djavulstra；duivelshout；legno del diavolo；snakeseed；veneno del diablo
6619	*Strychnos panamensis*	圭亚那	巴拿马马钱子	
6620	*Strychnos peckii*	圭亚那	佩氏马钱子	devildoer；jolobobo-kham；kwabanaro
6621	*Strychnos phaeotricha*	圭亚那	普霍马钱子	
6622	*Strychnos poeppigii*	秘鲁	波氏马钱子	cunchu-huaiu；cunshu-huayo
6623	*Strychnos tomentosa*	圭亚那	毛马钱子	devildoer；kwabanaro

序号	学名	主要产地	中文名称	地方名
6624	*Strychnos toxifera*	巴西、中美洲、圭亚那	毒汁马钱子	albero di stricnina；arbre de strychnine；curare；orari；strychnine boom；strychnine-tree；stryknintrad；urari；veneno del diablo
Stryphnodendron（MIMOSACEAE）涩木豆属（含羞草科）			HS CODE 4403.99	
6625	*Stryphnodendron adstringens*	巴西、波多黎各	收敛涩木豆	barbatimao；constritod alumborktree；faveira
6626	*Stryphnodendron flammatum*	巴西、苏里南、圭亚那	火焰涩木豆	angelim rajado；apakanierian；bois serpent；bois zebra；bosch-tamarinde；bousi tamarin；kadjoesie-awha；kjeke-awha；kwata-werie；puta locus；slang houdou；sneki housou
6627	*Stryphnodendron guianense*	苏里南	圭亚那涩木豆	apakanierian；boesie tamalin；kjeke-awha；pashaco
6628	*Stryphnodendron microstachyum*	哥斯达黎加	狭叶涩木豆	smallspike alumbarktree；vainilla；vainillo
6629	*Stryphnodendron polystachyum*	巴西、委内瑞拉、苏里南	多穗涩木豆	goldmania；louro tamaqure；manyspike-alumbeak tree；masaguaro；mayombo；nionoudou
6630	*Stryphnodendron porcatum*	厄瓜多尔	棱纹涩木豆	cushilloca chic；guarango；ridged alumbarkxtree
6631	*Stryphnodendron rotundifolium*	阿根廷	圆叶涩木豆	palo trebol；roble；roundleaf alumbarktree
Styloceras（BUXACEAE）无毛树属（黄杨科）			HS CODE 4403.99	
6632	*Styloceras laurifolium*	厄瓜多尔	月桂叶无毛树	limoncillo；platuquero
Styphelia（ERICACEAE）垂钉石南属（杜鹃科）			HS CODE 4403.99	
6633	*Styphelia tameiameiae*	美国	普基阿伟	aalii mahu；pukeawa
Styphnolobium（FABACEAE）槐属（蝶形花科）			HS CODE 4403.99	
6634	*Styphnolobium japonicum*	阿根廷	槐树	acacia del japon
Styrax（STYRACACEAE）野茉莉属（野茉莉科）			HS CODE 4403.99	
6635	*Styrax americanus*	美国	美国野茉莉	american snowbell

序号	学名	主要产地	中文名称	地方名
6636	*Styrax argenteus*	墨西哥	银色野茉莉	capulin；chicamay；chilacuate；chucamay；estoraque；hoja de jabon；jaas；ruin；silvery snowbell
6637	*Styrax glabrescens*	墨西哥	光滑野茉莉	azahar del monte；capulin
6638	*Styrax glabrum*	西印度群岛	光野茉莉	cypre oranger；glabrous snowbell
6639	*Styrax grandifolius*	美国	大叶野茉莉	bigleaf snowbell；mockorange；snowbell；storax
6640	*Styrax hypargyreus*	委内瑞拉	白桂木野茉莉	alcapro blanco
6641	*Styrax leprosus*	巴西、阿根廷	麻风野茉莉	carne de vaca；coqi；coqy；maria molle
6642	*Styrax officinalis*	危地马拉	药用安息香树	estoraque
6643	*Styrax pallidus*	委内瑞拉	苍白野茉莉	olivo；pale snowbell
6644	*Styrax platanifolius*	美国	平叶野茉莉	sycamore-leaf snowbell
6645	*Styrax portoricensis*	波多黎各	红叶野茉莉	palo de jazmin
6646	*Styrax tomentosum*	委内瑞拉	毛野茉莉	estoragile
Suriana（SURIANACEAE） 海人树属（海人树科）			**HS CODE** **4403.99**	
6647	*Suriana maritima*	巴哈马、美国、海地、古巴、委内瑞拉、波多黎各、多米尼加、西印度群岛、墨西哥、库拉索	海人树	baycedar；crisse marine；cuabilla de costa；cuabillade playa；cucharo；giteron；guazumilla；guitaran；jobero；palo corra；pantsil；pantzil；tassel-plant；temporana；thatch-leaf
Swartzia（CAESALPINIACEAE） 铁木豆属（苏木科）			**HS CODE** **4403.49**	
6648	*Swartzia amplifolia*	秘鲁	广叶铁木豆	icoje
6649	*Swartzia amshoffiana*	拉丁美洲	阿姆索铁木豆	mangandoe
6650	*Swartzia aptera*	巴西	阿普铁木豆	amapa
6651	*Swartzia arborescens*	苏里南、秘鲁、厄瓜多尔、圭亚那	树状铁木豆	adagwe-mat japau；adokbe-mat japau；black paddlewood；bobinzana amarilla；brown ebony；joekoetoena；saca；serebedan；sibalidan；siroeabaili；toepoeroe-apoekoetja rang；waremapan-soela

序号	学名	主要产地	中文名称	地方名
6652	*Swartzia bannia*	苏里南、法属圭亚那、圭亚那	班尼铁木豆	aliannaoe；anacoco；banya；baracarra；black paddlewood；boco；ebony；ebony bannia；ferreol；gandoe；iesrihart；ijzerhart；ironwood；kakaboekoe；parakusan；parihoedoe；savanne ijzerhart；serebadan；sikisiki danni；womara；zwarte parelhout
6653	*Swartzia benthamiana*	苏里南、法属圭亚那、圭亚那	铁木豆	arruda-pveta；brown ebony；erreol；ferreol；itikiboroballi；montouchy；morompo；okraprabu；saboarana；wamara
6654	*Swartzia conferta*	墨西哥	密苞铁木豆	crowded swartgpea
6655	*Swartzia cubensis*	墨西哥、古巴	库本铁木豆	corazon azul；fatalox；katalox；pico de gallo
6656	*Swartzia davisii*	圭亚那	戴氏铁木豆	itikiboroballi
6657	*Swartzia dipetala*	圭亚那	二瓣铁木豆	itikiboroballi；takuba
6658	*Swartzia elegans*	巴西南部	秀丽铁木豆	perobinha
6659	*Swartzia euxylophora*	法属圭亚那	埃克铁木豆	arruda-preta；saboarana
6660	*Swartzia flaemingii*	巴西	弗氏铁木豆	angelim banana；arruda
6661	*Swartzia grandifolia*	圭亚那	大叶铁木豆	itikiboroballi
6662	*Swartzia guianensis*	圭亚那	圭亚那铁木豆	itikiboroballi
6663	*Swartzia ingifolia*	巴西	因利亚铁木豆	coracao de negro
6664	*Swartzia jenmanii*	圭亚那	詹氏铁木豆	flutewood；karakusin；parakusan
6665	*Swartzia jorori*	拉丁美洲	斯沃铁木豆	
6666	*Swartzia laevicarpa*	圭亚那、巴西、厄瓜多尔	平果铁木豆	itikiboroballi；langsdorff swartzpea；saboarana；saquira sevacho'jim
6667	*Swartzia langsdorffii*	巴西	郎氏铁木豆	pacova de macado；pacova de macao
6668	*Swartzia laurifolia*	拉丁美洲	月桂叶铁木豆	laurelleaf swartzpea
6669	*Swartzia laxiflora*	拉丁美洲	疏花铁木豆	chamanare；gonçalare；pau-roxo
6670	*Swartzia leiocalycina*	圭亚那	平萼铁木豆	awartu；baracarra；brown ebony；clubwood；ferreol；gandoe ijzerhart；ijzerhart；ironwood；montouchi；shiraip；wamara
6671	*Swartzia leiogyne*	圭亚那	莱奥铁木豆	itikiboroballi
6672	*Swartzia leptopetala*	委内瑞拉	细叶铁木豆	carrasposa；orura barrialera

序号	学名	主要产地	中文名称	地方名
6673	*Swartzia longicarpa*	拉丁美洲	长果铁木豆	longfruit swartzpea
6674	*Swartzia longipedicellata*	圭亚那	长梗铁木豆	parakusan；serebedan
6675	*Swartzia myrtifolia*	秘鲁	番樱桃叶铁木豆	shatona blanca
6676	*Swartzia nitens*	巴西	光亮铁木豆	perobinha
6677	*Swartzia oblanceolata*	圭亚那	倒披针叶铁木豆	serebedan
6678	*Swartzia panacoco*	圭亚那、苏里南、法属圭亚那、巴西	帕纳科铁木豆	agui；akwan siba；baracarra；black paddlewood；boco；clubwood；ebony bannia；ferreol；gandoe；hucuya；ijzerhart；kakabauoucou；karwai；oronapeta；panacoco；serebadan；tento grande；zwarte parelhout
6679	*Swartzia panamensis*	洪都拉斯	巴拿马铁木豆	paterno
6680	*Swartzia pendula*	秘鲁	悬垂铁木豆	itauba；nina-caspi
6681	*Swartzia pinnata*	特立尼达、西印度群岛	羽状铁木豆	bois pois
6682	*Swartzia polyphylla*	苏里南、圭亚那、秘鲁	多叶铁木豆	black paddlewood；blakka parihoedoe；boegoe-boegoe；bois pagaies；jaroroballi；kharemero-jaroro；larakusana；paleoudou；parakusan；remocaspi；sepietoena；toepoera apoekoetja；zwart parelhout
6683	*Swartzia provacensis*	南美洲圭亚那高原	圭亚那斯沃铁木豆	boco
6684	*Swartzia recurva*	巴西	曲枝铁木豆	pirquichy
6685	*Swartzia schomburgkii*	圭亚那	施氏铁木豆	black paddlewood；flutewood；karakusin；parakusan；wanaitan
6686	*Swartzia simplex*	墨西哥、秘鲁	单叶铁木豆	limoncillo，naranjillo；nina-caspi
6687	*Swartzia tomentosa*	南美洲圭亚那高原	毛铁木豆	ferreol；ironwood；mocitaiba；wamara
6688	*Swartzia xanthopetala*	圭亚那	黄瓣铁木豆	itikiboroballi
Sweetia（FABACEAE）斯威豆属（蝶形花科）			HS CODE 4403.99	
6689	*Sweetia elegans*	巴西南部	秀丽斯威豆木	chapadinha；perobinha

序号	学名	主要产地	中文名称	地方名
6690	*Sweetia fruticosa*	巴西、阿根廷、玻利维亚、巴拉圭	美丽斯威豆木	angelim pedra；chapada；falsa sucupira；faveiro；gele sucupira；gracuhy；guaicara；lapachim；macanaiba amarela；manicito；manisito；maracaiba；marachyba；sucspirana；sucupira preta；tapariba guazu；yellow sucupira
6691	*Sweetia nitens*	巴西	光亮斯威豆木	darura；itaubarana
6692	*Sweetia panamensis*	中美洲、哥伦比亚、委内瑞拉	巴拿马斯威豆木	cencerro；huesito；perobinha
Swietenia（MELIACEAE） 桃花心木属（楝科）			**HS CODE** **4403.49**	
6693	*Swietenia candollei*	委内瑞拉	委内瑞拉桃花心木	american mahogany；mahogany
6694	*Swietenia humilis*	墨西哥、萨尔瓦多、危地马拉、美国、哥斯达黎加	矮桃花心木②	acajou du mexique；caobilla；caobo venadillo；chacalte；chiculte；cobana；cuabilla；guayacach；mabu；mahagoni；mahogany；mexicaans mahonie；palo zopilote；redwood；venadillo caoba；zopilote
6695	*Swietenia krukovii*	拉丁美洲	库氏桃花心木	
6696	*Swietenia macrophylla*	巴西、委内瑞拉、法属圭亚那、秘鲁、玻利维亚、洪都拉斯、墨西哥、厄瓜多尔、西印度群岛、伯利兹、维尔京群岛、哥伦比亚、哥斯达黎加、古巴、危地马拉、巴拿马、波多黎各、巴哈马、小安的列斯群岛、尼加拉瓜、向风群岛、瓜德罗普岛	大叶桃花心木②	acajou；acajou venezuelien；baywood；braziliaans mahonie；caoba roja；caobilla；caobo；granadillo；honduras mahogany；mogano brasileano；mogno；orura；punab；redwood；tzopilote；yulu；zopilote gateado；zopilotl
6697	*Swietenia macrophylla*	美国	大叶桃花心木	belize mahogany；madeira；redwood
6698	*Swietenia mahagoni*	海地、西印度群岛、美国、多米尼加、古巴、波多黎各、牙买加、巴哈马、苏里南、维尔京群岛、特立尼达、向风群岛、瓜德罗普岛	桃花心木②	acajou；american mahogany；caoba dominicana；caobilla；florida mahogany；honduras mohagany；insel-mahogani；jamaica mahogany；kuba mahogany；madeira；redwood；sabica；true mahogany；westindisches mahogani
6699	*Swietenia tessmannii*	巴西、秘鲁	巴西桃花心木	brazilian mahogany

序号	学名	主要产地	中文名称	地方名
Syagrus（PALMAE） 金山葵属（棕榈科）			**HS CODE** **4403.99**	
6700	Syagrus coronata	巴西	冠状金山葵	ouricuri
6701	Syagrus romanzoffiana	阿根廷、巴拉圭	金山葵	coco；pindo
Symmeria（POLYGONACEAE） 榄仁蓼属（蓼科）			**HS CODE** **4403.99**	
6702	Symmeria paniculata	巴西、委内瑞拉、秘鲁、哥伦比亚	锥花榄仁蓼	acara-uassu；chaparro de agua；huapa-caspi；mangle；mangue-rana；tangarana
Symphonia（GUTTIFERAE） 西姆藤黄属（藤黄科）			**HS CODE** **4403.49**	
6703	Symphonia globulifera	洪都拉斯、巴西、玻利维亚、哥伦比亚、厄瓜多尔、秘鲁、危地马拉、西印度群岛、巴拿马、圭亚那、哥斯达黎加、伯利兹、安的列斯群岛、小安的列斯群岛、特立尼达、法属圭亚那、苏里南、委内瑞拉、瓜德罗普岛	球形西姆藤黄木	anamy；anani；bario；buckwax-tree；canadi；cerillo；chewstick；karimanni；leche amarilla；maitakin；mangle blanc；oanani；okilolo；paciubarana；peramancillo；perman；puenka；sambogum；sapute；waika chewstick；wayepu；yapi；yellow mangue
Symplocos（SYMPLOCACEAE） 灰木属（灰木科）			**HS CODE** **4403.99**	
6704	Symplocos celastrina	巴西	琉璃灰木	orelha de onca
6705	Symplocos citrea	墨西哥	柑橘灰木	jaboncillo
6706	Symplocos guianensis	圭亚那	圭亚那灰木	waikureli
6707	Symplocos lanata	波多黎各	拉纳灰木	nispero cimarron
6708	Symplocos limoncillo	墨西哥	柠檬塞澳灰木	garrapatilla；limoncillo；limoncillo amarillo
6709	Symplocos martinicensis	西印度群岛、波多黎各、多米尼加、小安的列斯群岛、美国、背风群岛、向风群岛、瓜德罗普岛	马蒂灰木	aceituna；aceituna blanca；blueberry；bois bleu；bois graine bleue；caca rat；candlewood；graines bleues；kakarat；martinique sweetleaf；white beech；white box；whitewood
6710	Symplocos micrantha	波多黎各	小花灰木	aceitunilla；palo de
6711	Symplocos parviflora	巴西	小苞灰木	sete sangrias
6712	Symplocos pubescens	巴西	短柔毛灰木	sete sangrias

序号	学名	主要产地	中文名称	地方名
6713	*Symplocos pycnantha*	墨西哥	密花灰木	palo de agua
6714	*Symplocos reflexa*	厄瓜多尔	百合竹灰木	shunge
6715	*Symplocos tinctoria*	美国	染料灰木	common sweetleaf；florida laurel；horse-sugar；sweetleaf；yellow-wood
Syringa（OLEACEAE） 丁香属（木犀科）			**HS CODE** **4403.99**	
6716	*Syringa josikaea*	美国	匈牙利丁香	hungarian lilac
6717	*Syringa reticulata*	美国	网脉丁香	japanese lilac
6718	*Syringa villosa*	美国	毛丁香	late lilac
6719	*Syringa vulgaris*	美国、墨西哥	普通丁香	common lilac；lila；lilac；purple-flowerlilac
6720	*Syringa X persica*	美国	花叶丁香	persian lilac
Syzygium（MYRTACEAE） 蒲桃属（桃金娘科）			**HS CODE** **4403.99**	
6721	*Syzygium aromaticum*	墨西哥	芳香蒲桃	clavo；clavo de especia；guina-xtilla-cica
6722	*Syzygium cordatum*	波多黎各	心形蒲桃	lathberry
6723	*Syzygium forte*	南美洲	福瑞迪蒲桃	flakybark satinash
6724	*Syzygium jambolana*	美国	贾博拉蒲桃	jame lao；java plum
6725	*Syzygium jambos*	苏里南、巴西、法属圭亚那、墨西哥、洪都拉斯、古巴、尼加拉瓜、哥伦比亚、波多黎各、维尔京群岛、多米尼加、西印度群岛、美国、牙买加	蒲桃	appelroos；jambeiro；manzana；manzana rosa；manzanillo；manzanita de rosa；palo de pomamba；pamarrosa；plum-rose；poma rosa；pomarrosa；pomme rose；pommier rose；pomo；rose apple
6726	*Syzygium malaccense*	多米尼加、圭亚那、巴西、法属圭亚那、波多黎各、哥斯达黎加、巴拿马、萨尔瓦多、美国、西印度群岛、古巴、委内瑞拉、特立尼达、苏里南、瓜德罗普岛	马六甲蒲桃	cajuilito suliman；french cashew；jambeiro；jambo encarnado；jambo vermelho；jamelac；malay apple；manzana；ohia；otaheite apple；pera；pomagas；pomarrosa de malaca；pomarrosa malaya；pomerac；pommerak
6727	*Syzygium sandwicense*	美国	沙威森蒲桃	ohia ha；paihi

序号	学名	主要产地	中文名称	地方名
6728	*Syzygium sayeri*	巴西、阿根廷、乌拉圭、哥伦比亚、多米尼加、厄瓜多尔、智利、圭亚那、墨西哥、西印度群岛、伯利兹、海地、法属圭亚那、哥斯达黎加、巴拿马、古巴、秘鲁、特立尼达、尼加拉瓜、危地马拉、洪都拉斯、波多黎各、巴拉圭、委内瑞拉、美国、苏里南、玻利维亚、瓜德罗普岛	塞耶蒲桃	araca；arraican；baniaballi；cerise caree；coquito；coralillo；escobillo；female boy job；fierillo；gurgeon stopper；hibiuba；ironwood；iva-catinga；iwahay；jaboticaba；kakirio；nhanica；nyangapiru；obah puter；pimientilla；sequarra；tepetlaxocotl；turru；wattle；white stopper；yagalan
6729	*Syzygium vulgaris*	阿根廷	普通蒲桃	pomarosa
	***Tabebuia*（BIGNONIACEAE）** **蚁木属（紫葳科）**	**HS CODE** **4403.49**		
6730	*Tabebuia adontodiscus*	巴西	阿克斯蚁木	ipe branco；taipo；taipoca
6731	*Tabebuia alba*	巴西	白蚁木	ipe daserra；pau-darco
6732	*Tabebuia angustata*	巴西	尖叶蚁木	ipe roxo
6733	*Tabebuia aurea*	巴西	金黄蚁木	caraiba；carauba；caraubeira；paratudo
6734	*Tabebuia barbata*	巴西	紫花蚁木	capitary；pau d'arco blanco；pau d'arco roxo；pau-darco；tauary doigapo
6735	*Tabebuia capitata*（= *Handroanthus capitatus*）	圭亚那、特立尼达、波多黎各	头状蚁木	arauin；arawnig；black poui；hakia；ironwood；konawadranup；ranoi；roble amarillo；yellow poui
6736	*Tabebuia caraiba*	中美洲、南美洲	加勒比蚁木	ipe-amarebou craibeira；paratudo
6737	*Tabebuia cassinoides*	巴西	决明状蚁木	caixeta；caxeta；corticeira；ipe；malacaxeta；paucaixwta；paude tamanco；saixeta；tagibebuia；taiavevuia
6738	*Tabebuia catinga*	巴西	宽叶蚁木	

序号	学名	主要产地	中文名称	地方名
6739	Tabebuia chrysantha	墨西哥、委内瑞拉、苏里南、哥伦比亚、尼加拉瓜、法属圭亚那、巴西、圭亚那、特立尼达、洪都拉斯、危地马拉、哥斯达黎加、萨尔瓦多、美国、厄瓜多尔、巴拿马、秘鲁、伯利兹	金花蚁木	acapro; bastard lignum vitae; bow-wood; cogwood; courali; curari; demerara greenheart; echahumo; guayacan polvillo; hakia; noibwood; polvillo; quebracho; robel; verdesillo; washiba; wasieba; x-ahau-che; xahuuache; yellow mayflower
6740	Tabebuia chrysea	哥伦比亚	黄钟蚁木	roble; roble amarillo
6741	Tabebuia chrysotricha	巴西、阿根廷	黄蚁木	ipe amarelo; ipe docampo; ipe tabaco; lapachillo; lapacho; piuva; tayi
6742	Tabebuia conspicua	巴西	康皮斯蚁木	ipe pardo; pao d'arco; pao d'arco amerello
6743	Tabebuia donnell-smithii	危地马拉、洪都拉斯、萨尔瓦多、墨西哥、波多黎各、西印度群岛	唐氏蚁木	copal; cortes; cortez; cortez blanco; durango; paloblanco; primavera; roble; san juan; white mahogany
6744	Tabebuia eximia	巴西	优质蚁木	ipe-amarelo
6745	Tabebuia flavescens	阿根廷、巴拉圭	淡黄蚁木	lapacho; lapacho negro; lapachoholz
6746	Tabebuia fluviatilis	法属圭亚那、圭亚那	三棱蚁木	bois blanchet; cedre blanc
6747	Tabebuia guayacan	委内瑞拉、苏里南、哥伦比亚、墨西哥、法属圭亚那、巴西、圭亚那、特立尼达、洪都拉斯、危地马拉、美国、巴拿马、厄瓜多尔、秘鲁、伯利兹	中美洲蚁木	acapro; akkeja; arrone; bow-wood; canaguate; capitary; carauba; guayacan; hackia; ipe; ipe tabaco; madera negra; noibwood; palo blanco; primavera; roble serrano; tahuari; verdecillo; wasieba; yellow mayflower
6748	Tabebuia haemantha	波多黎各	血红花蚁木	roble cimarron; roble colorado
6749	Tabebuia heptaphylla	委内瑞拉、苏里南、哥伦比亚、墨西哥、法属圭亚那、巴西、西印度群岛、圭亚那、特立尼达、危地马拉、美国、巴拿马、阿根廷、巴拉圭、乌拉圭、厄瓜多尔、秘鲁、向风群岛	七叶蚁木	acapro; akkeja; arrone; bastard lignum vitae; bethabara; bow-wood; canaguate; capitary; guirapariba; hackia; ipe; ipe deflor roxa; ipe tabaco; ipe tobaco; lapacho negro; madera negra; noibwood; peuva; tahuari; tayi pichai; verdecillo

序号	学名	主要产地	中文名称	地方名
6750	Tabebuia heterophylla	苏里南、墨西哥、安的列斯群岛、巴西、西印度群岛、委内瑞拉、古巴、维尔京群岛、美国、波多黎各、百慕大、巴巴多斯、瓜德罗普岛	异叶蚁木	amapa; amapa rosa; buisdes antilles; cambara; cogwood; ebenholz; jamaica box; poirier desantilles; roble decosta; roble deyugo; roble prieto; taipoca; tooshe-flower; westindisc hesbuchs; white cedar; whitewood; zapatero
6751	Tabebuia heterotricha	美国、特立尼达、哥伦比亚、巴西	异毛蚁木	bethabara; cogwood; coretz; demerara greenheart; guayacan; ipe; lignum vitae; mayflower; noibwood; poui; washiba
6752	Tabebuia impetiginosa (=Handroanthus impetiginosus)	委内瑞拉、墨西哥、哥伦比亚、危地马拉、圭亚那、苏里南、厄瓜多尔、巴拿马、阿根廷、巴西、巴拉圭、秘鲁	斑疹蚁木	acapro; araguaney; canafistula; ebene soufre; ebene verte; groenhart; guayacan; guinaati; hakia; ipe una; ipe-zoxo; ironwood; lapacho; lapacho blanco; lapacho colorado; piuna amarela; polvillo; roble; tlamahual; ttanillo; verdesillo
6753	Tabebuia insignis	苏里南、圭亚那、法属圭亚那	显著蚁木	alas-waboe; alasoabo johoto; anago-switie; blanchet; cedre blanc; courali; koepaia; mattoe; panda; pandorana; panta; pantahoedoe; warakuri; waroekoelie; white cedar; woracoori; zwamppanta
6754	Tabebuia ipe (=Handroanthus heptaphyllus)	巴西、阿根廷、巴拉圭	南美蚁木	amapa; canaguate; groenhat negro; ipe; lapacho; pau-d'arco; polvillo
6755	Tabebuia jacaranda	秘鲁	蓝花楹蚁木	sacha soliman
6756	Tabebuia lepidophylla	古巴	鳞翅蚁木	rompe ropa
6757	Tabebuia leucoxyla	巴西	白蕊蚁木	cacheta; caxeta; malacacheta; pao parahyba; tayavevuia
6758	Tabebuia longiflora	拉丁美洲	长花蚁木	ipe-tabaco
6759	Tabebuia longipes	圭亚那、法属圭亚那	长柄蚁木	white cedar
6760	Tabebuia nodosa	阿根廷	野斑蚁木	caspi-cruz; huinag; ibira-curuzu; ibira-ti; palo cruz; palo sinverguenza; tororatai; toro-ratay; uinaj; yagua-ratai
6761	Tabebuia obtusifolia	巴西	钝叶蚁木	tamanqueira

序号	学名	主要产地	中文名称	地方名
6762	*Tabebuia ochracea*	巴西、阿根廷	赭黄蚁木	ipe；ipe amarelo；ipe pardo；ipe preto；ipe roxo；ipe una；lapacho negro；pao d'arco；pau d'arco；piuna；piuna amarela；piuna roxa；tayy-sayyu
6763	*Tabebuia odontodiscus*	中美洲	三叶蚁木	taipoca
6764	*Tabebuia orinocensis*	中美洲	山蚁木	
6765	*Tabebuia pallida*	墨西哥、西印度群岛、苏里南、巴西、巴拿马、特立尼达、委内瑞拉、伯利兹、洪都拉斯、萨尔瓦多、危地马拉、哥伦比亚、小安的列斯群岛、哥斯达黎加、古巴、波多黎各、圭亚那、巴巴多斯、向风群岛、瓜德罗普岛	淡紫蚁木	amapa；amarilla yema dehuevo；fiddlewood；fresno；hokab；icotl；maculigua；maculis；orumo；paloblanco；roble bianco；roble blanc；roble blanco；roble delrio；rose morada；satanicua；tural；west indian box；whitewood；witte roble；yaxte
6766	*Tabebuia pedicellata*	巴西	小梗蚁木	ipe tabaco；ipe tobaco
6767	*Tabebuia pentaphylla*	墨西哥、中美洲、南美洲北部	五叶蚁木	afina；amapa；mayflower
6768	*Tabebuia rigida*	波多黎各	硬蚁木	palo roble；roble；roblede sierra
6769	*Tabebuia rosea*	委内瑞拉、墨西哥、哥伦比亚、哥斯达黎加、洪都拉斯、伯利兹、萨尔瓦多、危地马拉、尼加拉瓜、古巴、特立尼达、巴西、巴拿马、波多黎各	红蚁木	amapa；amapa rosa；clavellina blanca；cortez；guayacan；macueliz；macuelizo；macuilismaculiz prieto；maqueliz；maquelizo；roble；roble blanco；roble negro；roble venezolano；rosa morada；tabebuia；taipoco；trumpet-tree
6770	*Tabebuia roseo-alba*	巴西	红叶塔蚁木	ipe；ipe branco；pau-d'arco
6771	*Tabebuia schumanniana*	波多黎各	舒曼尼蚁木	roble cimarron；roble colorado；roblede sierra
6772	*Tabebuia (=Handroanthus) serratifolia*	委内瑞拉、苏里南、哥伦比亚、法属圭亚那、圭亚那、巴西、特立尼达、美国、厄瓜多尔、巴拿马、阿根廷、秘鲁	齿叶蚁木	acapro；akkeja；alahorre；bow-wood；caexeta；cortes negro；cortes prieto；corteza；courali；ebene soufre；greenheart；ironwood；konawadranup；lapacho；madera negra；masicaran；rosa；tahuari negro；tamura；wassiba；whalebone；yellow guayacan；yellow poui

序号	学名	主要产地	中文名称	地方名
6773	*Tabebuia stenocalyx*	委内瑞拉、圭亚那、法属圭亚那、特立尼达	狭萼蚁木	palo blanco; purguillo blanco; sio; tabebuia bianco; tabebuia blanc; tabebuia blanco; white cedar; white tabebuia; witte tabebuia
6774	*Tabebuia subtilis*	圭亚那	细叶蚁木	arauin; hakia
6775	*Tabebuia umbellata*	巴西	伞花蚁木	ipe amarelo
6776	*Tabebuia vellosoi*	巴西	维洛蚁木	ipe amarelo; ipe tabaco; opa
6777	*Tabebuia violacea*	巴西	紫堇蚁木	pau-d'arco-preto
Tabernaemontana（APOCYNCEAE） 狗牙花属（夹竹桃科）			**HS CODE** **4403. 99**	
6778	*Tabernaemontana alba*	墨西哥、尼加拉瓜、洪都拉斯、危地马拉、伯利兹、巴拿马	白狗牙花	abat; cachito; chanchito; chapupo; chichihual caxtli; cogotone; cojon; huevo degato; jazmin deperro; laurel blanco; lecheria; lecherillo; matatexis; palo lechoso; palode san diego; tabat; uastacat; yaga-niche
6779	*Tabernaemontana amygdalifolia*	墨西哥、危地马拉、洪都拉斯	黄果狗牙花	berracode lacosta; chusumpek; cojonde mico; cojonde puerco; cojonde toro; cujonde mico; hierbade san antonio; huevos detoro; jazmin delmonte; jazmin deperro; mehen utsubpec; olfato deperro; rejalgar; uts'pec; utsupek
6780	*Tabernaemontana arborea*	巴拿马	树状狗牙花	wild orange
6781	*Tabernaemontana attenuata*	圭亚那、苏里南	渐尖狗牙花	brinari; tabernaemo ntana
6782	*Tabernaemontana australis*	阿根廷	南方狗牙花	sapiranguy
6783	*Tabernaemontana citrifolia*	海地、安的列斯群岛、小安的列斯群岛、西印度群岛、多米尼加、波多黎各、古巴	橘叶狗牙花	bois lait; bois lait male; milkwood; milky-bush; milkytree; palo de leche; palo lechoso; pegoge; pegojo; pitimini
6784	*Tabernaemontana cymosa*	委内瑞拉、秘鲁	小果狗牙花	berraco; cojon deverraco; conjon deberraco; palo verraco; sanango blanco; veraco
6785	*Tabernaemontana divaricata*	墨西哥、秘鲁	展枝狗牙花	jazmin de la india; papelillo

序号	学名	主要产地	中文名称	地方名
6786	*Tabernaemontana heterophylla*	圭亚那、厄瓜多尔	异叶狗牙花	fowl-cocks comb；karinasepare；petaquilla
6787	*Tabernaemontana linkii*	秘鲁	林氏狗牙花	siuca-sanango
6788	*Tabernaemontana litoralis*	墨西哥	斜纹狗牙花	cojon demico；sicte；sitillo
6789	*Tabernaemontana muricata*	巴西	刺果狗牙花	paquerete
6790	*Tabernaemontana sananho*	厄瓜多尔、秘鲁	三萼狗牙花	baisu'u；sanango；sananguillo；tsucta；uchu'sanango；yaco-sanango
6791	*Tabernaemontana tessmannii*	秘鲁	特氏狗牙花	uchu-sanango
6792	*Tabernaemontana undulata*	圭亚那、苏里南	波状狗牙花	awai-emo；beri manbatibati；buri；dog-seed；pero-ishi-lokodo；tantarantan
Tachigalia (CAESALPINIACEAE) 塔奇苏木属（苏木科）			**HS CODE** **4403.99**	
6793	*Tachigalia chrysophylla*	秘鲁	金叶塔奇苏木	ucsha-quiro
6794	*Tachigalia guianensis*	圭亚那、委内瑞拉	圭亚那塔奇苏木	araurama；diaguidia；djedoe；djedoe bianco；djedoe blanc；djedoe blanco；guamiilo；guanillo；kaditiri；kata；vit djedu；wamkoam；warabari；white djedoe；yawaredan
6795	*Tachigalia liachrysophylla*	委内瑞拉	短叶塔奇苏木	sanfrancis conegro
6796	*Tachigalia melinonii*	苏里南、巴西、圭亚那、委内瑞拉、秘鲁	梅氏塔奇苏木	alaoelama；ararama；cedre remi；congrio；diaguidia；djedoe；djedu；jawaledan；kaditiri；passariuwa；passuare；red djedoe；rroode djedoe；tachi；tachyseiro；taxiseiro；ucsha-quiro；witte djedoe；yawarridan
6797	*Tachigalia micrantha*	秘鲁	小花塔奇苏木	copaiba；peruan sclerobium
6798	*Tachigalia myrmecophylla*	巴西	塔奇苏木	tachi-preto；tochi
6799	*Tachigalia paniculata*	秘鲁	锥花塔奇苏木	caracha-caspi；erpes；tachi blanco；tachi preto
6800	*Tachigalia pubiflora*	圭亚那	毛花塔奇苏木	tashi；yawaredan

序号	学名	主要产地	中文名称	地方名
6801	*Tachigalia rigida*	委内瑞拉	硬塔奇苏木	guatero
6802	*Tachigalia rusbyi*	圭亚那	鲁比塔奇苏木	tumoreng; yawaredan
6803	*Tachigalia setifera*	秘鲁	齿叶塔奇苏木	palisanto; peruan sclerobium
6804	*Tachigalia uleana*	秘鲁	雷勒塔奇苏木	ucsha-quiro
Taeckholmia（COMPOSITAE）塔克属（菊科）			**HS CODE** **4403.99**	
6805	*Taeckholmia pinnata*	西印度群岛	羽状塔克	balillo
Talauma（MAGNOLIACEAE）盖裂木属（木兰科）			**HS CODE** **4403.99**	
6806	*Talauma dodecapetala*	小安的列斯群岛、向风群岛、瓜德罗普岛	多瓣盖裂木	bois pin; cachiman montagne; magnolia
6807	*Talauma mexicana*	墨西哥	墨西哥盖裂木	anonillo; chocoijoyo; cocte; flordel corazon; guia-lacha-yati; holmashte; hualhua; jolmashte; laurel tulipan; tzucoijoyo; yo-lachi; yolosochil; yoloxochitl
6808	*Talauma ovata*	巴西、墨西哥	卵圆盖裂木	araticum frutade; baguacu; baguassu; caguacu; fruta depau; magnolia dobrejo; paopombo; pau palheta; pinha dobrejo; uvaguacu
6809	*Talauma plumieri*	安的列斯群岛	白玉兰盖裂木	bois cachiment; boispin; cachimande magnolia; montagne
6810	*Talauma sambuensis*	巴拿马、古巴	三叶盖裂木	kakuabiui; magnolia
Talinum（PORTULACACEA）土人参属（马齿苋科）			**HS CODE** **4403.99**	
6811	*Talinum paniculatum*	秘鲁	土人参	cuchi-yuyu; sacha culantro
Talisia（SAPINDACEAE）塔利无患子属（无患子科）			**HS CODE** **4403.99**	
6812	*Talisia cupularis*	委内瑞拉	弯柄塔利无患子木	tiestigo
6813	*Talisia elephantipes*	圭亚那	硬塔利无患子木	hikuribianda; sweetheart-tree
6814	*Talisia esculenta*	阿根廷、巴西	可食塔利无患子木	camboata; pitomba
6815	*Talisia floresii*	墨西哥、危地马拉	弗氏塔利无患子木	coloc; kolok; toloc

序号	学名	主要产地	中文名称	地方名
6816	*Talisia furfuracea*	圭亚那	糠塔利无患子木	black moroballi；moroballi
6817	*Talisia macrophylla*	墨西哥、危地马拉、洪都拉斯	大叶塔利无患子木	cafetillo；carbon colorado；carbonde colorado；chichon colorado；colade pavo；colorado
6818	*Talisia megaphylla*	苏里南	巨叶塔利无患子木	karababalli takoroiwi
6819	*Talisia oliviformis*	委内瑞拉、哥伦比亚、危地马拉、墨西哥	榄状塔利无患子木	cotoperis；cotoperiz；cotopris；guaya；guayo；huayo；huayum；kenip；mamon cotupris；uayab
6820	*Talisia pedicellaris*	美国、圭亚那	三叶塔利无患子木	candlewood；guina talisoa；karimora；moroballi；sand mora
	Tamarindus（CAESALPINIACEAE） 酸豆属（苏木科）		**HS CODE** **4403. 99**	
6821	*Tamarindus catappa*	多米尼加	多米酸豆木	almond
6822	*Tamarindus indica*	多米尼加、伯利兹、墨西哥、维尔京群岛、法属圭亚那、苏里南、厄瓜多尔、委内瑞拉	酸豆木	almond；bitter tamarind；pachuhuk；taman；tamarin；tamarind；tamarindade；tamarinde；tamarindo；tamarinier；tame tamarind；tomi
	Tamarix（TAMARICACEAE） 柽柳属（柽柳科）		**HS CODE** **4403. 99**	
6823	*Tamarix aphylla*	美国、波多黎各	无叶怪柳	athel；athel tamarisk；desert athel；evergreen athel；evergreen tamarisk
6824	*Tamarix gallica*	美国、墨西哥	瘿怪柳	bruca；fransk tamarisk；french tamarisk；salt pine；tamarice；tamarin；tamaris；tamarisco；tamarisk；tamarix
6825	*Tamarix plumosa*	墨西哥	羽状怪柳	tamaris
	Tambourissa（MONIMIACEAE） 铃鼓属（玉盘桂科）		**HS CODE** **4403. 99**	
6826	*Tambourissa quadrifida*	西印度群岛	四铃鼓	boisde tambour
	Tanaecium（BIGNONIACEAE） 坦尼紫葳属（紫葳科）		**HS CODE** **4403. 99**	
6827	*Tanaecium jaroba*	尼加拉瓜	姜叶坦尼紫葳木	cabeza culebra

序号	学名	主要产地	中文名称	地方名
Tapirira（ANACARDIACEAE） 塔皮漆属（漆树科）			**HS CODE** **4403. 49**	
6828	*Tapirira guianensis*	法属圭亚那、哥伦比亚、苏里南、厄瓜多尔、圭亚那、巴拿马、委内瑞拉、巴西、秘鲁	圭亚那塔皮漆木	aganiamaie；akara；baasa monbe；baasa mope；duka；fresno；guaruba；isaparitsi；jobillo；kenin；makarin；mankrappa；matawarie；oliehout；paopombo；patillo；saprieran；tapirira；vanamani；walimia；witte hoedoe
6829	*Tapirira macrophylla*	墨西哥	大叶塔皮漆木	ujtui
6830	*Tapirira mexicana*	墨西哥	墨西哥塔皮漆木	cacao；caobillo；jobo；nompi；ujtui
6831	*Tapirira obtusa*	圭亚那	钝叶塔皮漆木	aroeirinho；atapiriri；duka；matchwood
Tapura（DICHAPETALACEAE） 泡花李属（毒鼠子科）			**HS CODE** **4403. 99**	
6832	*Tapura amazonica*	巴西、厄瓜多尔、苏里南	亚马孙泡花李	abiu；awencatomo；maode gato；partiromuyo；tassi-tibi
6833	*Tapura cubensis*	古巴	古巴泡花李	aura；cayada deaura；naranja；naranja vigueta；vigueta delechuza；vigueta naranjo
6834	*Tapura guianensis*	西印度群岛、圭亚那	木薯泡花李	boiscotenoir；cotelette noire；kriporsan；waiaballi；waiadan
Taralea（FABACEAE） 南香豆树属（蝶形花科）			**HS CODE** **4403. 49**	
6835	*Taralea（= Coumarouna）opositifolia*	巴西、圭亚那	对生叶南香豆树	coumarouna holz；cumaru-rana；st. martin gris；tonka-bean
Tarenna（RUBIACEAE） 乌口树属（茜草科）			**HS CODE** **4403. 99**	
6836	*Tarenna spinosa*	委内瑞拉、墨西哥	多刺乌口树	cabrito；cedron prieto；pinito
Taxodium（CUPRESSACEAE） 落羽杉属（柏科）			**HS CODE** **4403. 25**（截面尺寸≥15cm）或 **4403. 26**（截面尺寸<15cm）	
6837	*Taxodium ascendens*	美国东部及东南部	池杉	pond baldcypress；pond cypress

序号	学名	主要产地	中文名称	地方名
6838	*Taxodium distichum*	美国	落羽杉	amerikanis chezypresse；amerikansk cypress；cipres calvo；deciduous cypress；knee cypress；louisiana red cypress；moerascypres；river cypress；satine faux；southern cypress；virginische sumpfzedar；white cypress；yellow cypress
6839	*Taxodium mucronatum*	墨西哥、危地马拉、美国	墨西哥落羽杉	ahoehuetl；black cypress；bochil；cedro；chuche；cipres；cipresde mejico；cipresde montezuma；hauoli；jauoli；mateoco；nacino；ndoxinda；penhamu；tnuyucu；yaa-yitz；yaga-quich icina

Taxus（TAXACEAE）
红豆杉属（红豆杉科）　　　　**HS CODE**
　　　　　　　　　　　　　　4403. 25（截面尺寸≥15cm）或 4403. 26（截面尺寸<15cm）

序号	学名	主要产地	中文名称	地方名
6840	*Taxus brevifolia*	美国、加拿大	短叶红豆杉	canadese taxus；canadian yew；ifafeuilles courtes；ifdu canada；ifoccidental；kanadensis kidegran；mountain mahogany；oregon yew；pacific yew；pazifische eibe；taxo americano；western yew；westerse taxus；yew
6841	*Taxus canadensis*	美国、加拿大	美国红豆杉	american yew；canadian yew；tassi d'america
6842	*Taxus globosa*	萨尔瓦多、危地马拉、墨西哥	墨西哥红豆杉	mexican yew；romerillo

Tecoma（BIGNONIACEAE）
黄钟花属（紫葳科）　　　　**HS CODE**
　　　　　　　　　　　　　4403. 99

序号	学名	主要产地	中文名称	地方名
6843	*Tecoma araliacea*	苏里南、圭亚那、巴西、阿根廷	五加黄钟花木	ala-one；ala-onni；alahorre；arowone；bow-wood；ebene verte；gienhatti；green ebony；grienharti；ipe amarelo；ipe do campo；lapachillo；surinaamsch groenhart；washiba；wasieba；wassiba；wehete；woite；yellow guayacan
6844	*Tecoma caraiba*	巴西	巴西黄钟花木	carauba
6845	*Tecoma chrysotricha*	巴西	金黄钟花木	ipe-do-campo
6846	*Tecoma guayacan*	墨西哥、哥伦比亚、巴拿马、委内瑞拉	中美洲黄钟花木	cortes；guayacan；yellow-flowering guayacan

序号	学名	主要产地	中文名称	地方名
6847	*Tecoma heterophylla*	苏里南、安的列斯群岛、圭亚那、法属圭亚那	异叶黄钟花木	ala-onni；alahorre；arowone；bastard guajak；bethabara；bois chaire；braunes ebenholz；ebene verte；gelbes ebenholz；groenhart；grunes ebenholz；grunherz；marsiballi；noibwood；surinam greenheart
6848	*Tecoma impetiginosa*	巴西	斑疹黄钟花木	red ipe
6849	*Tecoma longiflora*	巴西中部	长花黄钟花木	ipe-tabaco
6850	*Tecoma ochracea*	巴西、阿根廷	赭黄黄钟花木	ipe；ipe amarello；ipe pardo；ipe-pardo；lapacho；lapacho amarillo；lapacho blanco；lapacho colorado；pie-amarelo
6851	*Tecoma stans*	墨西哥、哥伦比亚、哥斯达黎加、危地马拉、海地、尼加拉瓜、厄瓜多尔、巴拿马、西印度群岛、美国、委内瑞拉、波多黎各、阿根廷、秘鲁、萨尔瓦多、洪都拉斯、玻利维亚、维尔京群岛、向风群岛、瓜德罗普岛	黄钟花木	batilimi；caballito；carboncillo；chilca；chirlobirlos；cholan；fresno；guaran amarillo；guaranguaran；guiabiche；guie-bacana；guie-biche；huaranhua；ichcuetl；mixtontze；nixtamalxo chitl；ruibarba；sardinillo；tulasuchil；x-kantul；yellow-blossom；yellow-trumpet
	Tectona（VERBENACEAE）柚木属（马鞭草科）		**HS CODE** **4403.49**	
6852	*Tectona grandis*	波多黎各、古巴、墨西哥、瓜德罗普岛	柚木	teak；teca；teka
	Telitoxicum（MENISPERMACEAE）矛毒藤属（防己科）		**HS CODE** **4403.99**	
6853	*Telitoxicum inopinatum*	圭亚那	矛毒藤木	waiyu
	Tephrosia（FABACEAE）灰毛豆属（蝶形花科）		**HS CODE** **4403.99**	
6854	*Tephrosia pringlei*	墨西哥	灰毛豆木	gallitos
6855	*Tephrosia seemannii*	墨西哥	西氏灰毛豆木	gallitos
6856	*Tephrosia sinapou*	圭亚那、秘鲁、墨西哥	西纳普灰毛豆木	ai；aiari；barbasco；gallitos；tirana barbasco；yaurokonan；yawrukunan
6857	*Tephrosia tepicana*	墨西哥	铁皮灰毛豆木	frijolillo

序号	学名	主要产地	中文名称	地方名
Tepualia（MYRTACEAE） 智利桃金娘属（桃金娘科）		**HS CODE** **4403.99**		
6858	*Tepualia stipularis*	阿根廷、智利	智利桃金娘木	tepu
Terminalia（COMBRETACEAE） 榄仁属（使君子科）		**HS CODE** **4403.49**		
6859	*Terminalia amazonica*	委内瑞拉、法属圭亚那、圭亚那、伯利兹、洪都拉斯、墨西哥、阿根廷、哥斯达黎加、巴拿马、乌拉圭、巴西、西印度群岛、苏里南、萨尔瓦多、危地马拉、牙买加、古巴、特立尼达、哥伦比亚、厄瓜多尔、巴拉圭、秘鲁	亚马孙榄仁木	aceituno; adamaram; amavelinho; anangostii; bolador; bullywood; canshan; fujadi; fukadi; guacharaco; iginsa; jakoenepele; jucarillo; lapachillo; nagossi; olivier mangue; pucte; querebere; rifari; roble; sombrerete; surra; tamarotan; volador; white olive; yumbingue
6860	*Terminalia argentea*	玻利维亚	银榄仁木	capitao-do-campo; ichisojo
6861	*Terminalia arjuna*	古巴	阿江榄仁木	almendro
6862	*Terminalia australis*	阿根廷、乌拉圭、巴拉圭	南美榄仁木	amarillo; amarillo delrio; paloamarillo
6863	*Terminalia balansae*	阿根廷	岭南榄仁木	guayaibi sayyu
6864	*Terminalia brasiliensis*	巴西	巴西榄仁木	guarajuba
6865	*Terminalia catappa*	哥斯达黎加、波多黎各、墨西哥、秘鲁、哥伦比亚、多米尼加、委内瑞拉、巴巴多斯、特立尼达、维尔京群岛、苏里南、海地、巴西、西印度群岛、美国、向风群岛、瓜德罗普岛	榄仁木	alcornoque; almendra; almendro americano; almond; amandelboom; amandier tropical; amendoeira; castanola; chapeo desol; guarda-sol; indian almond; manguel; tropical almond; west indian almond; wilde amandel; zanmande
6866	*Terminalia chicharronia*	古巴	古巴榄仁木	chicharron
6867	*Terminalia dichotoma*	圭亚那	二歧榄仁木	alasoabo; coffee mortar; fukadi; naharu; simia chimi
6868	*Terminalia guianensis*	委内瑞拉、厄瓜多尔	珍珠榄仁木	guayabo demonte; palada danto amarillo; patade danto; yumbingue
6869	*Terminalia guyanensis*	委内瑞拉	库马榄仁木	guyabo de monte; koma

序号	学名	主要产地	中文名称	地方名
6870	*Terminalia junuarensis*	巴西	南美洲热普拉河榄仁木	araca; araca d'agua; guarajuba; jacaranda capitao; merendyba-bagre; olivier; pelada; tajuba
6871	*Terminalia latifolia*	牙买加	阔叶榄仁木	amandier-bois; broad-leaf
6872	*Terminalia lucida*	哥斯达黎加	亮叶榄仁木	guayabon
6873	*Terminalia oblonga*	哥斯达黎加、厄瓜多尔、墨西哥、巴拿马、尼加拉瓜、委内瑞拉、洪都拉斯、秘鲁	长圆榄仁木	guauaba de montana; guayabillo; guayabo; guayabo de monte; guayabo negro; guayabo volador; guayabon; huesillo; rifari; roble; sombrerete; sura; volador; yacushapana; yecu shapana; yugun; yuyun
6874	*Terminalia quinatalata*	圭亚那	五叶榄仁木	fukadi; kumeyuarai
6875	*Terminalia tanibouca*	巴西、圭亚那、苏里南	粗壮榄仁木	cinziero; langoussi; mawassi; nagossi; tanibouca
6876	*Terminalia tocacheana*	秘鲁	托卡榄仁木	rifari
6877	*Terminalia triflora*	南美洲	三花榄仁木	guayaibi amarillo; lanza amarillo; lapachillo

Ternstroemia（THEACEAE）
厚皮香属（山茶科）
HS CODE
4403.99

序号	学名	主要产地	中文名称	地方名
6878	*Ternstroemia acrodantha*	委内瑞拉	大厚皮香	manteco negro
6879	*Ternstroemia browniana*	圭亚那	布朗厚皮香	yeshikushi
6880	*Ternstroemia cayennensis*	圭亚那	卡椰厚皮香	yeshikushi
6881	*Ternstroemia circumscissilis*	圭亚那	环状厚皮香	itui; yeshikushi
6882	*Ternstroemia delicatula*	圭亚那	细厚皮香	madaburi; yeshikushi
6883	*Ternstroemia dentata*	圭亚那	重齿厚皮香	ka; omirir; yeshikushi
6884	*Ternstroemia grandiosa*	圭亚那	高山厚皮香	yeshikushi
6885	*Ternstroemia luquillensis*	波多黎各	丝状厚皮香	palo colorado
6886	*Ternstroemia pringlei*	墨西哥	大花厚皮香	flor de tilia grande; tilia; tilia grande; trompillo
6887	*Ternstroemia schomburgkiana*	圭亚那	斯氏厚皮香	yeshikushi

序号	学名	主要产地	中文名称	地方名
6888	*Ternstroemia stahlii*	波多黎各	思氏厚皮香	cupeyillo；mamey del cura；palode buey
6889	*Ternstroemia sylvatica*	墨西哥	林生厚皮香	hierba delcura；ixquefe；limoncillo de meztitlan；ministro；palo agrio；tepezapote；tilia grande
6890	*Ternstroemia tepezapote*	海地、多米尼加、古巴、墨西哥、瓜德罗普岛	铁厚皮香	bois d'inde marron；botoncillo；copey vera；hierba del cura；limoncillo；ma-ta-ne-no；matapiojo；memela；mo-ta-ne；naranjillo；tepetsapotl；tepezapote；tilil；zapotillo
6891	*Ternstroemia verticillata*	圭亚那	轮叶厚皮香	yeshikushi
Tessmannianthus（MELASTOMATACEAE）爪元丹属（野牡丹科）			**HS CODE** 4403.99	
6892	*Tessmannianthus heterostemon*	厄瓜多尔	爪元丹木	uycu payachi
Tetraclinis（CUPRESSACEAE）山达脂柏属（柏科）			**HS CODE** 4403.25（截面尺寸≥15cm）或4403.26（截面尺寸<15cm）	
6893	*Tetraclinis articulata*	美国	山达脂柏	citron burl
Tetragastris（BURSERACEAE）四榄属（橄榄科）			**HS CODE** 4403.49	
6894	*Tetragastris altissima*	圭亚那、巴西	高四榄木	asau；azucarito blanco；breu grande；ensens rouge；gommier blanc；gommier rouge；haiawaballi；kamaragwa；lacrede bajo；red haiawaballi；rode salie；white haiawaballi；witte salie
6895	*Tetragastris balsamifera*	多米尼加、哥伦比亚、苏里南、古巴、安的列斯群岛、牙买加、法属圭亚那、海地、西印度群岛、萨尔瓦多、圭亚那、波多黎各、瓜德罗普岛	香膏四榄木	abey；aguarras；amacey；azucarero；baumea cochon；boisa barrique；copal；encens；gommier rouge；haiowaballi；incienso；joeliballi；moena；pakiria sipioli；palo de masa；patiara sipioro；sucrier de montagne；witte salie
6896	*Tetragastris hostmannii*	法属圭亚那、圭亚那、苏里南	四榄木	bois cochon；bois gommier rouge；encens rouge；gommier；gommier rouge；haiawaballi；palo de cerdo；salie；sucrier de montagne；witte salie
6897	*Tetragastris mucronata*	委内瑞拉	尖头四榄木	azucarito blanco

序号	学名	主要产地	中文名称	地方名
6898	*Tetragastris panamensis*	委内瑞拉、墨西哥、圭亚那、西印度群岛、洪都拉斯、法属圭亚那、巴拿马	巴拿马四榄木	aracho；carbon；encens；encens rouge；gommier rouge；haiawaballi；incenso rosso；incienso rojo；kerosene；rod incenso；sali；salie；secuadra；tabara-hui；zebrawood
6899	*Tetragastris stevensoni*	伯利兹、尼加拉瓜	毒籽四榄木	carbon；kerosine
Tetrathylacium（FLACOURTIACEAE）四袋木属（大风子科）			**HS CODE 4403.99**	
6900	*Tetrathylacium macrophyllum*	秘鲁、厄瓜多尔	大叶四袋木	anonilla；bagahaeimo；huallca muyu；laja；llaja；mulla-huayo
Tetrazygia（MELASTOMATACEAE）雀舌棯属（野牡丹科）			**HS CODE 4403.99**	
6901	*Tetrazygia angustifolia*	小安的列斯群岛、波多黎各、瓜德罗普岛	狭叶雀舌棯	cre-cre blanc；stinking'fish
6902	*Tetrazygia bicolor*	美国	双色雀舌棯	florida tetrazygia；tetrazygia
6903	*Tetrazygia biflora*	波多黎各	双花雀舌棯	camasey
6904	*Tetrazygia elaeagnoides*	波多黎各、维尔京群岛	波多雀舌棯	camasey cenizo；cenizo；kre-kre；verdiseco
6905	*Tetrazygia urbanii*	波多黎各	乌氏雀舌棯	camasey；cenizo
Tetrorchidium（EUPHORBIACEAE）特戳大戟属（大戟科）			**HS CODE 4403.99**	
6906	*Tetrorchidium andinum*	厄瓜多尔	安定特戳大戟木	caeinaeiwae；veracho'jin；zshieta
6907	*Tetrorchidium rotundatum*	墨西哥、洪都拉斯	圆齿特戳大戟木	amate blanco；choute；manteca
6908	*Tetrorchidium rubrivenium*	巴西、厄瓜多尔	红脉特戳大戟木	canemuxu；peroba d'agua amar；sacana
Theobroma（STERCULIACEAE）可可木属（梧桐科）			**HS CODE 4403.99**	
6909	*Theobroma angustifolium*	墨西哥、巴拿马	窄叶可可木	cacao；cacao cimarron
6910	*Theobroma bernouilli*	巴拿马、巴西	伯利可可木	cacao del monte；cacau bravo
6911	*Theobroma bicolor*	墨西哥、厄瓜多尔、巴西、危地马拉、圭亚那	双色可可木	balam-te；cacao；cacao blanco；cacao malacayo；cupuhy；macayu；patas；patashte；pataste；patatle；pataxte；wild cocoa

序号	学名	主要产地	中文名称	地方名
6912	*Theobroma cacao*	墨西哥、巴西、法属圭亚那、秘鲁、西印度群岛、厄瓜多尔、波多黎各、美国、伯利兹、特立尼达	可可木	biziaa；bizoya；cacao lagarto；cacao silvestre；cacaoboom；cacaotero；cacauatzaua；cacavo；chudechu；cocoa-tree；cucu；kakaotrad；mamicha-moya；mo-cha；palode cacca；pizoya；si'e；teobroma；yagabisoya；yaga-pi-zija；yau
6913	*Theobroma grandiflorum*	巴西、秘鲁	大花可可木	cupuassu
6914	*Theobroma speciosum*	厄瓜多尔、巴西、秘鲁	尖叶可可木	chukchok；cupuhy；macambo；majambo
6915	*Theobroma spruceanum*	巴西	萼叶可可木	cacao azul
6916	*Theobroma subincanum*	秘鲁、厄瓜多尔	白炽可可木	cacahuillo；cacao de mono；cacaosenisa；cumala；cushillo cambia；shan'cco coquio'cho；uchpa-cacao
6917	*Theobroma sylvestre*	巴西	叶状可可木	cacau da mata

Thespesia（MALVACEAE）
桐棉属（锦葵科）

HS CODE
4403.99

序号	学名	主要产地	中文名称	地方名
6918	*Thespesia cubensis*	中美洲、西印度群岛、古巴	古巴桐棉木	maga；majagua de cuba；negra de cuba
6919	*Thespesia grandiflora*	加拿大、波多黎各、多米尼加	大花桐棉木	maga；maga colorada；magar；magas；purple haiti-haiti；tulipan del japon
6920	*Thespesia populnea*	多米尼加、哥伦比亚、圭亚那、苏里南、安的列斯群岛、美国、波多黎各、委内瑞拉、西印度群岛、巴哈马、伯利兹、尼加拉瓜、海地、维尔京群岛、智利、特立尼达、墨西哥、古巴、瓜德罗普岛	杨叶桐棉木	alamo；beach mahoe；catappa；clamor；emajaguilla；frescura；gros mahaut；haiti-haiti；jaqueca；majagua；majaguade florida；majaguilla；negra de cuba；otaheita；palo de jaqueca；palu santu；poplar；spanish cork；tuliptree；umbrella-tree

Thevetia（APOCYNACEAE）
黄花夹竹桃属（夹竹桃科）

HS CODE
4403.99

序号	学名	主要产地	中文名称	地方名
6921	*Thevetia ahouai*	巴西、伯利兹、巴拿马、危地马拉、墨西哥、哥伦比亚	阔叶黄花夹竹桃	ahohai；cogotone；cojon de gato；cojon de mico；cojon de perro；cojoton；huevo de tigre；lava perro；lecherillo；ojo de venado；tomate cimarron；tomatillo；venenillo

序号	学名	主要产地	中文名称	地方名
6922	*Thevetia gaumeri*	伯利兹、墨西哥	高梅黄花夹竹桃	aiquitz；akitz
6923	*Thevetia nitida*	巴拿马、墨西哥	密茎黄花夹竹桃	chirco；cojon de venado
6924	*Thevetia ovata*	墨西哥	卵圆黄花夹竹桃	ajojote；ayoyote；berraco；cabrito；came；chilindron；chiquilillo；codo de fraile；cumbuli；cunduacan de tuxtepec；huevo de gato；manzana de burro；meriendita；narciso amarillo；rejalgar；tapaco；venenillo；yoyote
6925	*Thevetia peruviana*	墨西哥、委内瑞拉、美国、海地、波多黎各、中美洲、巴巴多斯、厄瓜多尔、安的列斯群岛、苏里南、阿根廷、西印度群岛、多米尼加	黄花夹竹桃	akitz；amancay；bois saisissement；campanilla deoro；cascavel；castaneto；cavalonga；chilindron；chirca；cobalonga；guayocule；jacapa；luckyseed；narciso amarillo；noho-malie；olijfidi bonaire；retama；serpent；tzenantzuch；venenillo；yambigo；yellow oleander
6926	*Thevetia plumeriaefolia*	墨西哥	羽状黄花夹竹桃	convuli；guiyuli；na-dzi；na-zi
6927	*Thevetia thevetioides*	墨西哥	香黄花夹竹桃	cabrito；calaveritas；codo de fraile；fraile；joyote；narciso amarillo；petlacotl；rejargar；tzinacanit lacual；tzinacanyt lacuatl；yoyote；yoyotl；yoyotli；yucucaca
	***Thouinidium*（SAPINDACEAE）** 图伊属（无患子科）		**HS CODE** 4403.99	
6928	*Thouinidium decandrum*	墨西哥	十雄蕊图伊木	cabode hacha；charapo；charapu；cola de pava；cola de perico；palo de zorrillo；panalillo；perico；triquis
	***Thuja*（CUPRESSACEAE）** 崖柏属（柏科）	**HS CODE** 4403.25（截面尺寸≥15cm）或 4403.26（截面尺寸<15cm）		
6929	*Thuja occidentalis*	加拿大、美国、墨西哥	白崖柏	arborvitae；atlantic red cedar；cedre blanc；eastern arborvitae；eastern cedar；gemeiner lebensbaum；gewone thuja；livstrad；northern white cedar；swamp cedar；tuya occidental；vanlig tuja；vitae；vit-ceder；western thuja；white cedar

序号	学名	主要产地	中文名称	地方名
6930	*Thuja plicata*	加拿大、美国	红崖柏	arborvitae；british colombia red cedar；california cedar；canoe cedar；cedar；idaho cedar；jatte-tuja；oregon cedar；pacific arborvitae；pacific red cedar；red cedar；reuzenthuja；shinglewood；thuja geant；ttuia gigantesca；washington cedar；western arborvitae；western cedar；western red cedar
Thujopsis（**CUPRESSACEAE**） 罗汉柏属（柏科）			**HS CODE** 4403.25（截面尺寸≥15cm）或 4403.26（截面尺寸<15cm）	
6931	*Thujopsis borealis*	加拿大	北罗汉柏	sitka cypress；yellow cedar；yellow cypress
Thyrsodium（**ANACARDIACEAE**） 黏乳椿属（漆树科）			**HS CODE** 4403.99	
6932	*Thyrsodium spruceanum*	圭亚那	萼叶黏乳椿	uluballi
Tibouchina（**MELASTOMATACEAE**） 蒂牡花属（野牡丹科）			**HS CODE** 4403.99	
6933	*Tibouchina bourgaeana*	墨西哥	布尔加蒂牡花木	cihuapate；entrodelia；tesuatillo
6934	*Tibouchina granulosa*	波多黎各、美国、巴西	角茎蒂牡花木	glorybush；purple glorytree；quaresma；quaresmeira；quaresmeira-paulista
6935	*Tibouchina lepidota*	厄瓜多尔	艳紫蒂牡花木	puca-chaglla
6936	*Tibouchina longifolia*	墨西哥	长叶蒂牡花木	entrodelia
6937	*Tibouchina mutabilis*	巴西	变色蒂牡花木	jaguatirao；quaresma
6938	*Tibouchina ochypetala*	秘鲁	壶菌蒂牡花木	machusacha pichirina；macu-sacha pichirina；santa rosa sisa；santarosa sisa
6939	*Tibouchina pulchra*	巴西	美丽蒂牡花木	jacatirao
Tilia（**TILIACEAE**） 椴木属（椴树科）			**HS CODE** 4403.99	
6940	*Tilia americana*	加拿大、美国	美国椴木	american basswood；american whitewood；amerikaans elinde；amerikansk lind；bass-tree；basswood；black limetree；limetree；linden；spoonwood；svart-lind；tiglo americano；wahoo；white linn；whitewood；wickup；yellow basswood

序号	学名	主要产地	中文名称	地方名
6941	*Tilia caroliniana*	美国东南部	卡罗莱纳椴木	carolina basswood
6942	*Tilia cordata*	美国	心形椴木	large-leaf lime；small-leaf lime
6943	*Tilia floridana*	美国东南部	佛罗里达州椴木	florida basswood
6944	*Tilia heterophylla*	美国东部	异叶椴木	american lime；beetree
6945	*Tilia houghi*	墨西哥	厚皮椴木	sirimo；tilo；yaca
6946	*Tilia mexicana*	墨西哥	墨西哥紫椴木	cirimo；sirimo；tila；tilia；tirimo；tzirimo；tzirimu；yaca；yaco
6947	*Tilia occidentalis*	墨西哥	西方紫椴木	sirimo；tiliade hoja ancha
6948	*Tilia platyphyllos*	美国	阔叶椴木	large-leaf lime；small-leaf lime
Tipuana（**FABACEAE**） 同名豆属（蝶形花科）			**HS CODE** **4403.49**	
6949	*Tipuana tipu*	阿根廷、玻利维亚、巴西、古巴	阿玻同名豆木	tipa；tipa amarella；tipa blanca；tipu；tipuana；tuc
Tococa（**MELASTOMATACEAE**） 托科卡属（野牡丹科）			**HS CODE** **4403.99**	
6950	*Tococa aristata*	圭亚那	多对小叶托科卡木	huruereroko
6951	*Tococa glandulosa*	秘鲁	腺叶托科卡木	yaco-mullaca
6952	*Tococa juruensis*	秘鲁	朱伦托科卡木	marano
6953	*Tococa lasiostyla*	秘鲁	托科卡木	sacha mullaca；yaco-mullaca
Tocoyena（**RUBIACEAE**） 托耶纳属（茜草科）			**HS CODE** **4403.99**	
6954	*Tocoyena foetida*	委内瑞拉	异味托耶纳木	guarichamaca
6955	*Tocoyena formosa*	巴西	掌叶托耶纳木	genipapo do campo；jenipapo-bravo
Toddalia（**RUTACEAE**） 飞龙掌血属（芸香科）			**HS CODE** **4403.99**	
6956	*Toddalia aculeata*	西印度群岛	扁叶飞龙掌血木	pattede poule
6957	*Toddalia asiatica*	西印度群岛	亚洲飞龙掌血木	pattede poule
Toona（**MELIACEAE**） 香椿属（楝科）			**HS CODE** **4403.49**	
6958	*Toona ciliata*	波多黎各、古巴、哥斯达黎加	红椿	burmatoon；cedro de himalaya；palawan；tun

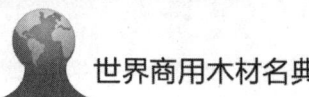

序号	学名	主要产地	中文名称	地方名
	Topobea（**MELASTOMATACEAE**） 丝碟花属（野牡丹科）	**HS CODE** **4403. 99**		
6959	*Topobea calycularis*	墨西哥	丝碟花	matapalo
	Torralbasia（**CELASTRACEAE**） 楔叶卫矛属（卫矛科）	**HS CODE** **4403. 99**		
6960	*Torralbasia cuneifolia*	波多黎各、古巴、多米尼加	楔叶卫矛	boje；guairaje；palo amarillo
	Torresea（**CAESALPINIACEAE**） 巴西豆属（苏木科）	**HS CODE** **4403. 99**		
6961	*Torresea acreana*	巴西西部	巴阿克拉州巴西豆木	cerejeira；ishpingo
6962	*Torresea cearensis*	巴西	巴塞阿拉州巴西豆木	amburana；cerejeira
	Torreya（**TAXACEAE**） 榧属（红豆杉科）	**HS CODE** **4403. 25**（截面尺寸≥15cm）或 **4403. 26**（截面尺寸<15cm）		
6963	*Torreya californica*	美国	加州榧	california false nutmeg；california nutmeg；california torreya；californische torreya；coast nutmeg；muscadier de californie；nutmeg-tree；stinking cedar；torreye de californie；yew
6964	*Torreya taxifolia*	美国	紫杉叶榧	fetid yew；florida torreya；florida-torreya；sacin；savin；stinking cedar；stinking sacin；torreya；torrey-tree；yew-leaved torreya
	Toulicia（**SAPINDACEAE**） 图利无患子属（无患子科）	**HS CODE** **4403. 99**		
6965	*Toulicia bullata*	巴西	巴西图利无患子	pitambaina
6966	*Toulicia guianensis*	委内瑞拉、圭亚那	圭亚那图利无患子	akawaiosope；bois flambeau；boisa flambeaux；candelero；candlewood；hikuribianda；paraparo negro；pauisauwun；pauiyeno；toulici
6967	*Toulicia pulvinata*	委内瑞拉、圭亚那	垫状图利无患子	carapo blanco；hikuribianda
	Tournefortia（**BORAGINACEAE**） 紫丹属（紫草科）	**HS CODE** **4403. 99**		
6968	*Tournefortia bicolor*	圭亚那	双色紫丹木	chigoe-plant

序号	学名	主要产地	中文名称	地方名
6969	*Tournefortia densiflora*	墨西哥	密花紫丹木	hierba rasposa；hierbadel negro；topoya
6970	*Tournefortia filiflora*	波多黎各	长叶紫丹木	nigua
6971	*Tournefortia glabra*	墨西哥	光果紫丹木	canzera；limoncillo
6972	*Tournefortia gnaphalodes*	委内瑞拉、墨西哥	圆滑紫丹木	kokorosano；siki-may
6973	*Tournefortia hartwegiana*	墨西哥	野紫丹木	confite coyote；confite negro；hierba del burro；hierba del sapo；tine cuerda；yucutiojo
6974	*Tournefortia hirsutissima*	墨西哥	多毛紫丹木	ampa hasta；niguo；patlahuac-tzitzi-caztli；perlas；tlachichinoa；tlepatli
6975	*Tournefortia rugosa*	厄瓜多尔	皱叶紫丹木	compadre；yanaquero
6976	*Tournefortia schomburgkii*	秘鲁	双翅紫丹木	mulla-huasca
6977	*Tournefortia volubilis*	墨西哥	南山紫丹木	chak-nich' maax；kulkin
Touroulia（QUIINACEAE） 茜椿属（绒子树科）		**HS CODE** **4403.99**		
6978	*Touroulia guianensis*	圭亚那	圭亚那茜椿	fern-tree；tamkun；yuroware
Toxicodendron（ANACARDIACEAE） 漆木属（漆树科）		**HS CODE** **4403.99**		
6979	*Toxicodendron diversilobum*	墨西哥、美国	异叶漆木	hiedra；hiegra；poisonoak
6980	*Toxicodendron pubescens*	美国	短柔毛漆木	gift sumach；poisonivy
6981	*Toxicodendron radicans*	墨西哥	根茎漆木	bemberecua；betz-tzaj；chechen；dominguilla；fuego；guadalagua；guau；hiedra venenosa；hiedramala；huembereua；lachi-cobilla；mala mujer；mexie；meye；sumaque；yago-peche-topa；zumaque
6982	*Toxicodendron striatum*	墨西哥、哥伦比亚、中美洲、秘鲁	纹状漆木	amte；birringo；caspi；cuyulte；fresno；hincha huevos；hinchador；incati；mala mujer；palode viruela；pedro hernandez；yagalache；yayalche
6983	*Toxicodendron vernix*	美国	正毒漆木	poison dogwood；poison elder；poison sumac；poison sumach；swamp sumach；thunderwood

序号	学名	主要产地	中文名称	地方名
Trattinnickia（BURSERACEAE） 特拉橄榄属（橄榄科）			HS CODE 4403.49	
6984	*Trattinnickia aspera*	中美洲	粗糙特拉橄榄木	carano
6985	*Trattinnickia barbourii*	厄瓜多尔	巴氏特拉橄榄木	anime pulgande
6986	*Trattinnickia burserifolia*	圭亚那	榄叶特拉橄榄木	ulu；wayama
6987	*Trattinnickia demerarae*	圭亚那	圭亚那特拉橄榄木	bois encens；bois incenso；bois incienso；tiengimonnie；tingiemonnie；tingimoni；ulu
6988	*Trattinnickia lawrencei*	秘鲁	劳氏特拉橄榄木	copal
6989	*Trattinnickia peruviana*	厄瓜多尔	黄花特拉橄榄木	pama kunche
6990	*Trattinnickia rhoifolia*	巴西、委内瑞拉、苏里南、圭亚那	漆叶特拉橄榄木	breu sucuruba；carano；grand moni；maro；tingiemonnie；tingimoni；ulu
Trema（ULMACEAE） 山黄麻属（榆科）			HS CODE 4403.99	
6991	*Trema integerrima*	厄瓜多尔、委内瑞拉	全缘叶山黄麻	balsilla；capulin；carahuasca；cunacuna；fa'cho；kaka；mochocho blanco；sapan；sapande paloma
6992	*Trema lamarckiana*	波多黎各、古巴、巴哈马、海地、多米尼加、小安的列斯群岛、美国	拉马山黄麻	cabrilla；capuli cimarron；guasimilla；lamarck trema；mahaut piment；majagua；memiso；memizo cimarron；memizo de majagua；orme petites feuilles；pain-in-back；palo de cabrilla；west indies trema
6993	*Trema micrantha*	阿根廷、秘鲁、牙买加、哥伦比亚、海地、波多黎各、厄瓜多尔、墨西哥、古巴、洪都拉斯、哥斯达黎加、萨尔瓦多、巴拿马、巴西、美国、圭亚那、巴拉圭、委内瑞拉、多米尼加、巴哈马、伯利兹	小花山黄麻	afata colorada；aisegerina；berraco；capul；chumbinho；crindeuva；dushan；equipal；false jacocalalu；grandiuva；inga moroti；kabuyakoro；majagua colorada；masaquila；palode craba；raspador；sapan；shalipu；venaco；white capulin；yaco de cuero；yana-caspi

序号	学名	主要产地	中文名称	地方名
Trichanthera (ACANTHACEAE) 水君木属（海榄雌科）			**HS CODE** **4403.99**	
6994	_Trichanthera gigantea_	巴西、圭亚那、委内瑞拉、巴拿马、危地马拉	巨大水君木	beque; canella de garca; manebokoro; naranjillo; palo de agua; pau santo; tuno nacedero
Trichilia (MELIACEAE) 海木属（楝科）			**HS CODE** **4403.49**	
6995	_Trichilia acuminata_	哥伦比亚	披针叶海木	mangle blanco; manglecito
6996	_Trichilia alta_	巴西	高大海木	pimentiera
6997	_Trichilia americana_	墨西哥	美洲海木	coohoo; coojoo; palo quesero
6998	_Trichilia breviflora_	墨西哥	短花海木	pichingui
6999	_Trichilia canjerana_	阿根廷	南美海木	chanchorana
7000	_Trichilia catigua_	巴西、巴拉圭、阿根廷	巴西海木	caa-tigua; catagoa; catigua; catigua colorado
7001	_Trichilia clausseni_	阿根廷	克劳海木	catigua blanca; mayan-itara
7002	_Trichilia glabra_	墨西哥、哥斯达黎加	光滑海木	chobenche; uruca
7003	_Trichilia guidonia_	圭亚那	圭多尼亚海木	bois balle
7004	_Trichilia havanensis_	萨尔瓦多、洪都拉斯、墨西哥、伯利兹、危地马拉、哥斯达黎加	哈瓦海木	barrehorno; bolade raton; bolade tejon; chachalaca; ciruelillo; colobte; colol-te; cordoncillo; estribillo; garrapatilla; ishlishput nishtilan; limoncillo; limoncillo zanate; naranjillo; palode cuchara; uruca; zapotillo
7005	_Trichilia hirta_	墨西哥、波多黎各、古巴、委内瑞拉、巴西、危地马拉、洪都拉斯、萨尔瓦多、巴拿马、厄瓜多尔、多米尼加、尼加拉瓜、西印度群岛、海地、哥伦比亚、伯利兹	毛海木	asapescado; azuica; broomstick; carrapeta; cazabito; cedrillo; conejo colorado; cuju; garbancillo; huesito; jocotillo; mapahuite; mata piojo; mombin balard; napahuite; pande trigo; retamo; souca; tepeshucut; trompillo; xkulinsis
7006	_Trichilia isthmensis_	墨西哥	窄海木	caobilla
7007	_Trichilia lepidota_	委内瑞拉、巴西、圭亚那	鳞状海木	biscochuelo; cedrinho; guaca maciele; kerosene; ulu
7008	_Trichilia martiana_	墨西哥、危地马拉、伯利兹、厄瓜多尔	马提亚海木	bejuco blanco; carbon; carboncillo; colade pavo; ich-bahatsch; mapahuite cimarron; pichingui; savaleta

序号	学名	主要产地	中文名称	地方名
7009	*Trichilia maynasiana*	秘鲁、委内瑞拉	梅尼亚纳海木	chijape; guaramaco; shatona; shatona blanca; uchumullaca; uchu-mullaca
7010	*Trichilia micrantha*	圭亚那	小花海木	soboleroballi; subuleroballi
7011	*Trichilia minutiflora*	伯利兹、墨西哥	微花海木	limetree; wild lime; x-puk'usik'il; xpu-ku-sikil
7012	*Trichilia moschata*	危地马拉、墨西哥、牙买加	白籽海木	bicte; cedrillo; cedrillo blanco; chacchaltecoc; copal colorado; cuilcohuite; morgao colorado; muskwood; palo colorado
7013	*Trichilia nirta*	西印度群岛	三叶海木	bois amer blanc
7014	*Trichilia oaxacana*	墨西哥	瓦哈海木	caobillo; palode aceite; tres lomos blancos
7015	*Trichilia pallida*	多米尼加、哥伦比亚、海地、波多黎各、秘鲁、墨西哥、古巴	淡紫海木	almendrillo; almendro; bagre; bois arada; caracoli; caracolillo; chibo-caspi; dombou; gaeta; lechuza-caspi; mordal; palo amargo; ramoncillo; siguaraya
7016	*Trichilia pleeana*	特立尼达、厄瓜多尔、圭亚那、委内瑞拉、秘鲁	普利海木	acurel; caoba panelado; marua; maruakun; palomita micuna muyu; pucu muyu; tipo; uchu-mullaca; uchumullaca
7017	*Trichilia poeppigii*	厄瓜多尔	薄皮海木	pialde
7018	*Trichilia quadrijuga*	巴拿马、委内瑞拉、哥伦比亚、巴西	四对海木	alfajeo; biscochuel oamarillo; bizcochuel oamarillo; cedrito rebalsero; mangalito; paorosa branca; paurosa branca; pimenteira; pimentiera
7019	*Trichilia riedelii*	秘鲁	凹苞海木	lluicho-caspi; uchu-mullaca
7020	*Trichilia rubra*	圭亚那	红海木	karababalli; yuriballi
7021	*Trichilia schomburgkii*	委内瑞拉、圭亚那	尚氏海木	biscochuelo negro; karababalli; panamwi; suipo; yuriballi
7022	*Trichilia septentrionalis*	厄瓜多尔	赛普海木	tsanpisu congui'cho; vurupacong uicho
7023	*Trichilia solitudinis*	厄瓜多尔	独海木	tocota
7024	*Trichilia spondioides*	委内瑞拉、波多黎各	海绵状海木	cabode hacha; cedrillo; guaraguao
7025	*Trichilia tocacheana*	秘鲁	泰斯曼海木	lupuna
7026	*Trichilia triacantha*	波多黎各	多刺海木	bariaco; guayabacon
7027	*Trichilia trifolia*	墨西哥	臭海木	huesito

序号	学名	主要产地	中文名称	地方名
7028	*Trichilia trifoliata*	委内瑞拉	鳞叶海木	cerezo macho
7029	*Trichilia tuberculata*	巴拿马	构叶海木	alfaje；alfajeo colorado；camfine
Trichospermum（TILIACEAE） **多络麻属（椴树科）**			**HS CODE** **4403.99**	
7030	*Trichospermum camlbellii*	伯利兹、墨西哥、尼加拉瓜、危地马拉、洪都拉斯	卡氏多络麻木	bastard polack；capulin；majagua；majagua balsa；majahgua；mecate colorado；moho；narrow-leaf moho；sirin de paloma
7031	*Trichospermum galeotti*	尼加拉瓜、厄瓜多尔	莱奥多络麻木	capulin savanero；false balsa
7032	*Trichospermum grewiifolium*	伯利兹、墨西哥、洪都拉斯、古巴	灰毛多络麻木	capulin；guasimilla；majagua；majugua；mohau；moho
7033	*Trichospermum mexicanum*	厄瓜多尔、中美洲	热带多络麻木	balsilla；capulin；chillalde
Trilepisium（MORACEAE） **鳞桑属（桑科）**			**HS CODE** **4403.99**	
7034	*Trilepisium madagascariense*	委内瑞拉	马达加斯加鳞桑木	mirim
Triplaris（POLYGONACEAE） **蓼树属（蓼科）**			**HS CODE** **4403.49**	
7035	*Triplaris americana*	波多黎各、委内瑞拉、法属圭亚那、巴西、苏里南、厄瓜多尔、尼加拉瓜、巴拿马、哥斯达黎加、危地马拉、圭亚那、美国、秘鲁、洪都拉斯、墨西哥、哥伦比亚	美洲蓼树	ant-tree；barabas；bois fourmi；canilla de mula；donhoedoe；dreitin；drytimehout；fernansanchez；florde arco；guayabo hormiguero；hormigo；hormiguero；jakoma；kadaburichi；mierenhout；palo mulato；tabacon；tachy；triplaris；uvero；vera santa
7036	*Triplaris caracasana*	委内瑞拉、巴拿马、秘鲁、哥斯达黎加	加拉斯加蓼树	ant-tree；palo hormiguero；palo maria barrabas；palo santa；palo santo；tabaco；vara santa；varade maria
7037	*Triplaris cumingiana*	厄瓜多尔、委内瑞拉、哥伦比亚、秘鲁、墨西哥、巴拿马	球兰蓼树	azucena；boisfourmi；chupon；fernansanchez；formigueiro；legno formica；long john；madera hormiga；mierenhout；muchina；myrtra；palo maria；palo mulato；palo santo；roblon；tangarana；uvero；vara santa
7038	*Triplaris dugandii*	厄瓜多尔	杜氏蓼树	fernansanchez
7039	*Triplaris filipensis*	委内瑞拉	菲利普斯蓼树	maria

序号	学名	主要产地	中文名称	地方名
7040	*Triplaris guayaquilensis*	委内瑞拉	瓜亚基尔蓼树	
7041	*Triplaris martiana*	巴西	铃木蓼树	tachy da varzea
7042	*Triplaris peoppigiana*	秘鲁	三瓣蓼树	tangarana
7043	*Triplaris peruviana*	厄瓜多尔、委内瑞拉、哥伦比亚、秘鲁、墨西哥、巴拿马	秘鲁蓼树	azucena；chupon；fernansanc hez；mishuquiro；muchina；palo maria；palo mulato；palo santo；roblon；tangarana；tangarana blanca；uvero；vara santa
7044	*Triplaris weigeltiana*	圭亚那、苏里南、委内瑞拉、巴西	苏里南蓼树	bois fourmi；christmas candle；donhoedoe；formigueiro；jekoena；jekona；legno formica；long john；madera hormiga；mierenhout；mirahoedoe；myrtra；santa maria；tabi；tachy preto；tangarana；tassie；yekuna
	Trithrinax（**PALMAE**） 长刺棕属（棕榈科）	**HS CODE** **4403.99**		
7045	*Trithrinax brasiliensis*	巴西	巴西长刺棕	carandahy
	Trophis（**MORACEAE**） 牛头木属（桑科）	**HS CODE** **4403.99**		
7046	*Trophis caucana*	秘鲁、厄瓜多尔	考纳牛头木	llanchama；minchipata；minchi-pata；muichipata；shangura
7047	*Trophis chorizantha*	墨西哥、危地马拉	乔里桑牛头木	estrellita；ramon colorado
7048	*Trophis mexicana*	墨西哥	墨西哥牛头木	cerezo de montana；confitura；estrellita；ramon
7049	*Trophis racemosa*	古巴、海地、哥斯达黎加、巴拿马、尼加拉瓜、墨西哥、危地马拉、委内瑞拉、巴西、萨尔瓦多、秘鲁、哥伦比亚、洪都拉斯、厄瓜多尔、多米尼加、波多黎各、牙买加、伯利兹	聚果牛头木	balsamo；breadnut；campanillo；catalox；chulujujste；confirura；giganton；hoja tinta；huanchal；jucite；lechero；morillo；ojite；ojushte；pany cacao；papelillo；ramoncillo；raspa lengua；sinchi-caspi；tulipan；urpai-machinga；ushi；white ramoon；yaxox
	Trymatococcus（**MORACEAE**） 白杯桑属（桑科）	**HS CODE** **4403.99**		
7050	*Trymatococcus paraensis*	圭亚那	白杯桑	pasture-tree

序号	学名	主要产地	中文名称	地方名
Tsuga（PINACEAE） 铁杉属（松科）		**HS CODE** **4403.25**（截面尺寸≥15cm）或 **4403.26**（截面尺寸<15cm）		
7051	_Tsuga canadensis_	美国、加拿大	加拿大铁杉	abete del canada；abete del canada；american hemlock；black hemlock；canadese hemlock；eastern hemlock；hemlock spruce；huron pine；perusse；pine；red hemlock；schierling stanne；tsuga canadese；vanlig hemlock；water hemlock；water spruce；white hemlock；wisconsin white hemlock
7052	_Tsuga caroliniana_	美国	卡罗莱纳州铁杉	carolina hemlock；crag hemlock；eastern hemlock；hemlock spruce；southern hemlock；tsuga caroliniana；tsuga de caroline
7053	_Tsuga heterophylla_	美国、加拿大	异叶铁杉	alaska pine；british colombia hemlock；grey fir；hemlock spruce；hemlockspar；pacific hemlock；spruce；tsuga del pacifico；vastamerik ansk hemlock；westamerik aanse hemlock；western hemlock spruce；westerse hemlock；white hemlock
7054	_Tsuga mertensiana_	美国、加拿大	高山铁杉	alpine hemlock；alpine spruce；black hemlock；mountain hemlock；olympic fir；tsugade californie；tsugade patton；tsugadi california；vastamerik ansk berg-hemlock；weeping spruce；western hemlock；western hemlock spruce
Turpinia（STAPHYLEACEAE） 山香圆属（省沽油科）		**HS CODE** **4403.99**		
7055	_Turpinia occidentalis_	危地马拉、厄瓜多尔、萨尔瓦多、多米尼加、波多黎各、墨西哥、委内瑞拉、古巴、秘鲁	西方山香圆木	cajeta；cedrillo；cedro hembra；cuco；eugenio；lilayo；manzanillo；manzanito；naranjillo blanco；nogal；roble guira；sauco cimarron；sauquillo；savaleta；serrucho；shauc；tinta；yana-mullaca
Ulex（FABACEAE） 荆豆属（蝶形花科）		**HS CODE** **4403.99**		
7056	_Ulex europaeus_	阿根廷	荆豆	aliaga；gatuna；tojo

序号	学名	主要产地	中文名称	地方名
Ulmus（ULMACEAE） 榆属（榆科）		HS CODE 4403.99		
7057	*Ulmus alata*	美国	翼状榆	cork elm；corky ekm；flygel-alm；mountain elm；olmo corcho；olmo sughero；orme liege；red elm；southern elm；vleugel iep；wahoo；wahoo elm；water elm；whahoo；winged ash；winged elm
7058	*Ulmus americana*	美国、加拿大	美国榆	american weeping elm；elm；florida elm；grat elm；juarana；olmo piangente americano；orhamwood；orme blanc；orme blanc americain；orme maigre；orme pleureur americain；rock elm；soft elm；springwood；swamp elm；water elm；whtie elm
7059	*Ulmus crassifolia*	美国	厚叶榆	american red elm；amerikansk rod-alm；basket elm；cedar；cedar elm；olmo；olmo rojo americano；olmo rosso americano；orme rouge americain；red elm；rock elm；southern rock elm；texas elm；water elm
7060	*Ulmus divaricata*	墨西哥	展枝榆	olmo
7061	*Ulmus glabra*	美国	光滑榆	alm；english common elm；mountainash；mountainelm；scotch elm；skogsalm；spreading branchedelm；wych elm
7062	*Ulmus laevis*	美国	欧洲白榆	english common elm；mountain elm；spreading branched elm
7063	*Ulmus mexicana*	墨西哥、巴拿马、哥斯达黎加、洪都拉斯、巴西、萨尔瓦多	墨西哥榆	baqueta；cempoalchuatl；ceniza；cenizo；chaperna；chuchum；dzu；ira；membrillo；mexicanelm；mezcal；mora；noculpat；olmo；palo de baqueta；papalote；petatillo；sacpacche；sacpucte；sapuche；sauchino；tirra；tlacacuahuitl；tzapasnaca

序号	学名	主要产地	中文名称	地方名
7064	*Ulmus minor*	美国	小叶榆	christine buisman-alm；christine buismanelm；english common elm；mountain elm；olmo christine buisman；orme christine buisman；spreading branched elm
7065	*Ulmus parvifolia*	美国	榔榆	chinese elm
7066	*Ulmus pumila*	南美洲、北美洲	白榆	olmo de canada；olmo siberiano；orme siberien；siberischeiep；siberiskalm
7067	*Ulmus rubra*	加拿大、美国	红榆	amerikaanse rode iep；amerikanskrod-alm；fuchsbaum；gray elm；indian elm；itslips；moose elm；orme fauve；orme gras；orme rouge；red elm；red-wooded elm；rock elm；slippery elm；soft elm；sweet elm
7068	*Ulmus serotina*	美国	秋榆	olmo de septiembre；olmo de settembre；orme de septembre；red elm；september elm；september-alm；september-iep
7069	*Ulmus thomasii*	加拿大、美国	美国岩榆	canadian cork elm；canadian rock elm；cliff elm；cork elm；corkbark elm；corky elm；hickory elm；kanadensisk kork-alm；northern corkbark elm；olmo sugheroso del canada；orme des montagnes canadien；orme liege；rock elm；swamp elm；trauben-ulme；wahoo；white elm
Umbellularia（LAURACEAE） 伞花桂属（樟科）		HS CODE 4403.99		
7070	*Umbellularia californica*	美国	加州伞花桂	acacia；bay-tree；black myrtle；cajeput-tree；california laurel；californian olive；kalifornis cher lorbeer；laurel；mountain hemlock；myrtle-tree；myrtly；oregon mirt；oreodaphne；pacific myrtle；peppermint wood；pepperwood；spice-tree；white myrtle；yellow myrtle
Uncaria（RUBIACEAE） 钩藤属（茜草科）		HS CODE 4403.99		
7071	*Uncaria guianensis*	秘鲁、委内瑞拉	桂皮钩藤	garabato；garrabato；liane acrochet；you rouoari

序号	学名	主要产地	中文名称	地方名
Ungnadia（SAPINDACEAE）荆花栗属（无患子科）			HS CODE 4403.99	
7072	*Ungnadia speciosa*	美国、墨西哥	美丽荆花栗	blueberry；mexican buckeye；mona；monilla；monillo；new mexican buckeye；spanish buckeye；texas buckeye
Unonopsis（ANNONACEAE）林辕木属（番荔枝科）			HS CODE 4403.99	
7073	*Unonopsis floribunda*	秘鲁	多花林辕木	icoja；icoje
7074	*Unonopsis glaucopetala*	圭亚那·	青林辕木	arara；karai
7075	*Unonopsis guatterioides*	巴西	瓜特利林辕木	envira surucucu
7076	*Unonopsis pittieri*	巴拿马	皮迪林辕木	ya ya blanco；yaya blanca
7077	*Unonopsis rufescens*	苏里南	红林辕木	jeseredan hohorodikoro
7078	*Unonopsis veneficiorum*	厄瓜多尔	维内非林辕木	cc'ana；itesi fan'di；piha'ti
Urera（URTICACEAE）红珠麻属（荨麻科）			HS CODE 4403.99	
7079	*Urera alceifolia*	墨西哥	紫荆叶红珠麻	cocotzte；puxlatem；tzac
7080	*Urera baccifera*	萨尔瓦多、海地、伯利兹、委内瑞拉、秘鲁、墨西哥、波多黎各、阿根廷、巴西	巴斯红珠麻	chichicaste；chichicaste cuyanigua；feuilles enragees；gow-itch；guaritoto；ishanga；mala mujer；manman guepes；niguillo；ortiga brava；ortiga colorada；pringamoza；stinging nettle；urtiga bronca；urtiga grauda
7081	*Urera caracasana*	墨西哥、危地马拉、厄瓜多尔、哥斯达黎加、委内瑞拉、秘鲁、波多黎各、阿根廷、哥伦比亚、巴西、瓜德罗普岛	加拉斯加红珠麻	carne de caballo；chichicazlillo；chilix；guaritoto hembra；ishanga；laltsimin；mala mujer；orteguilla macho；ortiga blanca；picaton；pringamoza；quemador；stinging nettle；tachinole；urtiga；xiopatli；yet-le
7082	*Urera chlorocarpa*	波多黎各	青果红珠麻	ortiga；stinging nettle
7083	*Urera elata*	巴拿马	高红珠麻	palo ortigo
7084	*Urera laciniata*	秘鲁、厄瓜多尔	拉西红珠麻	allcu-ishanga；ishanga；kian ancco'si；masusi
Urtica（URTICACEAE）荨麻属（荨麻科）			HS CODE 4403.99	
7085	*Urtica dioica*	墨西哥	荨麻	chichicastle；dominguilla；guechi-bidoo；guichi-bidu；guichibdu；ortiga；soliman

序号	学名	主要产地	中文名称	地方名
7086	*Urtica mexicana*	墨西哥	墨西哥荨麻	yezgos
7087	*Urtica urens*	墨西哥	欧荨麻	chichicaste；guechibidoo
Uvaria（ANNONACEAE） **紫玉盘属（番荔枝科）**		**HS CODE** **4403.99**		
7088	*Uvaria neglecta*	西印度群岛	忽略紫玉盘	yaya
Vaccinium（ERICACEAE） **越橘属（杜鹃科）**		**HS CODE** **4403.99**		
7089	*Vaccinium arboreum*	美国	乔状越橘	bluet；farkleberry；gooseberry；hickleberry-tree；huckleberry-tree；myrtl-berries；sparkleberry；sparkleberry-tree；whortleberry；winter huckleberry；winterberry
7090	*Vaccinium confertum*	墨西哥	集聚越橘	congon；granjeno；mandronito
7091	*Vaccinium consanguineum*	哥斯达黎加	库氏越橘	arrayan
7092	*Vaccinium floribundum*	南美洲	多花越橘	mortino
7093	*Vaccinium geminiflorum*	墨西哥	双子花越橘	arandanos；borrachos
7094	*Vaccinium leucanthum*	墨西哥	月桂香越橘	cahuichi；cahuitzo；xoxocotzi
7095	*Vaccinium oxycoccos*	西印度群岛	红莓越橘	pomme desprs
7096	*Vaccinium parvifolium*	美国	小叶越橘	red huckleberry
7097	*Vaccinium stenophyllum*	墨西哥	细叶越橘	madronito；madrono chino
7098	*Vaccinium virgatum*	美国	维加越橘	rabbiteye blueberry
7099	*Vaccinium vitis-idaea*	加拿大	伊达越橘	partridgeberry
Vallea（ELAEOCARPACEAE） **瓦拉木属（杜英科）**		**HS CODE** **4403.99**		
7100	*Vallea stipularis*	秘鲁、委内瑞拉、哥伦比亚、厄瓜多尔	托叶瓦拉木	chicllur；raque；roso；sacha peral
Vallesia（APOCYNACEAE） **泪珠莓属（夹竹桃科）**		**HS CODE** **4403.99**		
7101	*Vallesia glabra*	墨西哥、南美洲	光滑泪珠莓	ancoche；cacarahua；caracahue；caracaline；cristallilo；frutilla；huelatave；huevito；huitatove；otatave；sitavaro；sitevase；uclatave

序号	学名	主要产地	中文名称	地方名
Vangueria（RUBIACEAE）斑嘉果属（茜草科）			**HS CODE** 4403.99	
7102	*Vangueria madagascariensis*	波多黎各、瓜德罗普岛、美国	马达加斯加斑嘉果	spanish tamarind；tamarindo americano；tamarindo forastero；voa-vanga
Vantanea（HUMIRIACEAE）香矾木属（香膏木科）			**HS CODE** 4403.99	
7103	*Vantanea barbourii*	哥斯达黎加	巴氏香矾木	irachiricana；nispero
7104	*Vantanea guianensis*	圭亚那、巴西	圭亚那香矾木	achuarana；louantan；uchi-rana
7105	*Vantanea macrocarpa*	巴西	大果香矾木	uchyrana
7106	*Vantanea micrantha*	南美洲	小花香矾木	quebra machado
7107	*Vantanea paniculata*	巴西	锥花香矾木	amescucu；aroeirana；canela bezerra；canela muria；canela murici；guarapari；macaranduba rajada；macaranduba sena；pagao；rapadura
7108	*Vantanea parviflora*	巴西、秘鲁	小苞香矾木	achuarana；aroeirana；guaraparim；loro shungo；macaranduba seca；macura；pau cepilho；uchi-rana；uchirana；uxy bravo
Vatairea（FABACEAE）瓦泰豆属（蝶形花科）			**HS CODE** 4403.49	
7109	*Vatairea fusca*	巴西	黑瓦泰豆	angelim-amargoso
7110	*Vatairea guianensis*	圭亚那、洪都拉斯、巴拿马、巴西、圭亚那、苏里南、伯利兹、危地马拉、法属圭亚那、哥伦比亚、墨西哥	圭亚那瓦泰豆	amargo；amargosa；arisauro；arisoeroe；bitterwood；fava amarela；fava amargosa；faveira；faveira amarela；faveira jaune；frijollilo；gele kabbes；guacamayo；inkassa；maqui；ourisoura；picho；sucupira amarella；yaksauru；yongo
7111	*Vatairea heteroptera*	巴西	异叶瓦泰豆	angelim
7112	*Vatairea lundellii*	墨西哥	伦氏瓦泰豆	amargoso；canyutilte；picho；sacacera；tinco
7113	*Vatairea muzonensis*	哥斯达黎加	穆松尼瓦泰豆	quina
7114	*Vatairea paraensis*	洪都拉斯、巴拿马、巴西、圭亚那、苏里南、法属圭亚那、哥伦比亚	巴西瓦泰豆	amargo；angelim amargoso；arisauro；fava amarela；fava amargosa；faveira amarela；faveira amargosa；faveira bolacha；gele kabbes；geli-kabissi；inkassa；maqui；yongo

序号	学名	主要产地	中文名称	地方名
7115	*Vatairea sericea*	巴西	绢毛瓦泰豆	faveira；sucupira amarela
Vataireopsis（FABACEAE） 赛瓦泰豆属（蝶形花科）			**HS CODE** 4403. 99	
7116	*Vataireopsis araroba*	洪都拉斯、巴拿马、巴西、圭亚那、苏里南、法属圭亚那、哥伦比亚	阿拉罗赛瓦泰豆	amargo；angelim amargoso；angelim araroba；araroba；fava amarela；fava amargosa；faveira amarela；faveira amargosa；gele kabbes；inkassa；maqui；moina；yongo
7117	*Vataireopsis iglesiassii*	南美洲	伊氏赛瓦泰豆	faveira amarela
7118	*Vataireopsis speciosa*	洪都拉斯、巴拿马、巴西、圭亚那、苏里南、法属圭亚那、哥伦比亚	美丽赛瓦泰豆	amargo；angelim amargoso；angelim-amargoso；arisauro；fava amarela；fava amargosa；faveira amarela；faveira amargosa；gele kabbes；geli-kabissi；inkassa；maqui；yongo
Vauquelinia（ROSACEAE） 檀梅属（蔷薇科）			**HS CODE** 4403. 99	
7119	*Vauquelinia californica*	墨西哥、美国	加州檀梅	arbol prieto；fewflower vauquelinia；guayule；palo verde；torrey vauquelinia；vauquelinia
7120	*Vauquelinia corymbosa*	墨西哥	伞房檀梅	arbol prieto；guayul；guayule；palo prieto；palo verde；ucas
Vernonia（COMPOSITAE） 斑鸠菊属（菊科）			**HS CODE** 4403. 99	
7121	*Vernonia cordifolia*	秘鲁	心叶斑鸠菊	ocuera
7122	*Vernonia crotonoides*	南美洲	巴豆斑鸠菊	cambara
7123	*Vernonia deppeana*	墨西哥、萨尔瓦多	德皮斑鸠菊	cihuapatli；flor de cuaresma；hierba hermosa；malacate；rajate luego；siquinay；si-tit；tachiste；tziquinay；tzitzit；xiquite
7124	*Vernonia karwinskiana*	墨西哥	卡尔斑鸠菊	vara de san francisco
7125	*Vernonia oolepis*	墨西哥	奥莱斑鸠菊	taman-bub
7126	*Vernonia palmeri*	墨西哥	掌叶斑鸠菊	tacotillo
7127	*Vernonia patens*	墨西哥、厄瓜多尔、哥伦比亚、秘鲁、巴拿马、萨尔瓦多	伸展斑鸠菊	calpanche；carpanche；chilco；hoja lisa；lunchi；mata paja；neitak；ocuera；ocuera comun；palo aguanoso；purma-caspi；quiebra machete；sanalego；suquinay；vara de san miguel；vera prieta

序号	学名	主要产地	中文名称	地方名
7128	*Vernonia salicifolia*	墨西哥	柳叶斑鸠菊	ahuitule
7129	*Vernonia scabra*	巴西	粗叶斑鸠菊	pau de moquem
7130	*Vernonia scorpiodes*	秘鲁	天蝎斑鸠菊	chirapa sacha
7131	*Vernonia tortuosa*	墨西哥	曲干斑鸠菊	nigua de puerco；sacsispashni
7132	*Vernonia triflosculosa*	墨西哥、萨尔瓦多	特里斑鸠菊	cananich；rajate luego；siete pellejos；suquinay prieto；tacotillo；tziscui
Viburnum（CAPRIFOLIACEAE） 荚蒾属（忍冬科）			**HS CODE** **4403.99**	
7133	*Viburnum acerifolium*	美国	槭叶荚蒾	maple-leaf viburnum
7134	*Viburnum dentatum*	北美洲	齿状荚蒾	arrow-wood
7135	*Viburnum dialataum*	拉丁美洲	迪亚荚蒾	
7136	*Viburnum elatum*	墨西哥	波荚蒾	tlamahuacatl
7137	*Viburnum japonica*	美国	粳稻荚蒾	japanese viburnum
7138	*Viburnum jucundum*	墨西哥	尤昆荚蒾	tzotzilte
7139	*Viburnum lantana*	美国	黑果荚蒾	cottontree；water elder；wayfaring-tree
7140	*Viburnum lentago*	美国	弯叶荚蒾	berry；black haw；blackhaw；nanny-bush；nannyberry；sheepberry；viburnum；wild raisin
7141	*Viburnum nudum*	美国	裸荚蒾	possumhaw；possumhaw viburnum；swamp haw
7142	*Viburnum obovatum*	美国	倒卵荚蒾	blackhaw；small viburnum；small-leaf viburnum；walter viburnum
7143	*Viburnum odoratissimum*	墨西哥	香荚蒾	sardonia
7144	*Viburnum opulus*	墨西哥、美国	欧洲荚蒾	bola de nieve；cottontree；snowball；water elder；wayfaring-tree
7145	*Viburnum prunifolium*	美国	樱叶荚蒾	blackhaw；haw；stagbush
7146	*Viburnum rufidulum*	美国	鲁菲荚蒾	black haw；blackhaw；bluehaw；nannyberry；rusty black haw；rusty blackhaw；rusty nannyberry；southern balckhaw；southern blackhaw；southern nannyberry
7147	*Viburnum rugosum*	西印度群岛	鲁戈荚蒾	afollado
7148	*Viburnum tinus*	墨西哥	地中海荚蒾	bola de nieve；viburno
7149	*Viburnum trilobum*	美国	三叶草荚蒾	american cranberry-bush；highbush cranberry

序号	学名	主要产地	中文名称	地方名
7150	*Viburnum urceolatum*	拉丁美洲	乌尔西荚蒾	
7151	*Viburnum wrightii*	拉丁美洲	箭牌荚蒾	
Viola（VIOLACEAE） 董菜属（董菜科）			**HS CODE** **4403.99**	
7152	*Viola odorata*	秘鲁	香董菜	violeta
7153	*Viola tracheliifolia*	秘鲁	特氏董菜	
Virola（MYRISTICACEAE） 维罗蔻属（肉豆蔻科）			**HS CODE** **4403.49**	
7154	*Virola albidiflora*	秘鲁	白花维罗蔻	cumala blance
7155	*Virola bicuhyba*	巴西、法属圭亚那	圭亚那维罗蔻	arvore de sebo; babun; banak; becuiba assu; becuiba mirim; becuiba vermelha; bicuiba branca; bicuiba crespa; bicuiba vermelha; bienbiba; bucuvucu; cajuco; heavy virola; ucuuba branca; ucuuba-vermelha; uruuba-preta; virola
7156	*Virola calophylla*	秘鲁、巴西	海棠叶维罗蔻	baboen du perou; cumala blanca; pau do paje; peruaans baboen; peruan baboen; peruansk babun; virola di peru
7157	*Virola carinata*	巴西	芥维罗蔻	ucuhuba branca
7158	*Virola cuspidata*	秘鲁	尖头维罗蔻	peruan baboen
7159	*Virola dixonii*	厄瓜多尔	迪氏维罗蔻	peludo chalviande
7160	*Virola elongata*	秘鲁、圭亚那、厄瓜多尔、巴西	长维罗蔻	cumala; cumala de peru; dalli; peruan virola; peruansk virola; sangre de gallina; tsempu; ucuhuba; virola di peru; virola du perou; virola van peru
7161	*Virola flexuosa*	厄瓜多尔	弗莱克维罗蔻	omando ccopi'jin; ucuuba; unay; virola
7162	*Virola guatemalensis*	墨西哥、巴拿马	危地马拉维罗蔻	cacao volador; miguelario; volador
7163	*Virola koschnyi*	伯利兹、巴拿马、哥斯达黎加、尼加拉瓜、危地马拉、洪都拉斯	科氏维罗蔻	babun; banak; bastard cedar; bogabani; bogamani; copidijo; drago; fruta dorada; gorgoran; ira rosa; light virola; mahban; malagueta; mollejo; palo sangre; sangre drago; sangre palo; tabeque; wild nutmeg

序号	学名	主要产地	中文名称	地方名
7164	*Virola loretensis*	秘鲁	罗氏维罗蔻	cumala; peruaans baboen; peruan virola; peruansk virola; ucuuba; virola di peru; virola du perou
7165	*Virola melinonii*	中美洲	梅氏维罗蔻	baboen; banak
7166	*Virola michelii*	特立尼达、巴西、苏里南、圭亚那、哥伦比亚、委内瑞拉	米氏维罗蔻	acajou; anakin; baboen; cajuco; camaticaro; cedrillo; dari; dayopa; guiaguia; hoogland baboen; irikwa; jeamadou; kilikowa; mahban; muscadier; ouarouchi; pientrie; tarosiepjo; ucuhuba; virola; warokoroballi; wild nutmeg; yayamadou montagne
7167	*Virola mollissima*	秘鲁	柔毛维罗蔻	cumala
7168	*Virola multicostata*	南美洲	多花维罗蔻	ucuuba; virola
7169	*Virola multinervia*	厄瓜多尔、秘鲁	多脉维罗蔻	coco; cumala de altura; ucuuba
7170	*Virola mycetis*	中美洲	中美洲维罗蔻	baboen; banak
7171	*Virola officinalis*	秘鲁、巴西	药用维罗蔻	baboen du perou; bicuiba rosa; bucuva; bucuvucu; cumala; peruaans baboen; peruan baboen; peruan baboen; peruansk babun; virola di peru
7172	*Virola oleifera*	巴西	油维罗蔻	becuiba; bicuhyba; bicuiba; bicuiba branca; bicuiba rosa; biquiba; bucuva; bucuvucu; ucuuba
7173	*Virola pavonis*	秘鲁	帕沃尼维罗蔻	cumala blanca
7174	*Virola peruviana*	厄瓜多尔	秘鲁维罗蔻	coco; tsempu
7175	*Virola reidii*	厄瓜多尔	雷氏维罗蔻	lampifio chalviande; lampino chalviande
7176	*Virola sebifera*	特立尼达、巴西、苏里南、哥伦比亚、圭亚那、委内瑞拉、伯利兹、巴拿马、厄瓜多尔、哥斯达黎加、秘鲁、洪都拉斯、尼加拉瓜	蜡质维罗蔻	anakin; baaka moonba; bogamani; camaticaro; dari; dayopa; fruta dorada; guinguamadou; jeamadou; kiaemaena; kilikowa; moussigo; mucuhyba; piquibucu; sangrino; tarosiepjo; tzimbo; ucuhuba; venhuba; veuhuba; wild nutmeg; yayamadou

序号	学名	主要产地	中文名称	地方名
7177	*Virola surinamensis*	巴西、圭亚那、苏里南、委内瑞拉、中美洲、特立尼达、厄瓜多尔、秘鲁、哥伦比亚	苏里南维罗蔻	amadou；anakin；boonewood；camaticaro；cuajo ucuuba；cuangare；cumala；dollywood；gniagnia；irikwa；kuchanmania tsempu；light virola；moulomba；nuanamo；otivo；tsempu；ucuuba；ucuuba branca；virola；warishi；waroesi；yayamadou marecage
7178	*Virola venezuelensis*	委内瑞拉	委内瑞拉维罗蔻	virola
7179	*Virola venosa*	巴西	显脉维罗蔻	ucuuba；virola
7180	*Virola weberbaueri*	秘鲁	韦勃维罗蔻	caupuri；caupuri-baboen；cumala blanca

Viscum（LORANTHACEAE） **HS CODE**
槲寄生属（桑寄生科） **4403.99**

序号	学名	主要产地	中文名称	地方名
7181	*Viscum album*	美国	白槲寄生	mistletoe

Vismia（HYPERICACEAE） **HS CODE**
封蜡树属（金丝桃科） **4403.99**

序号	学名	主要产地	中文名称	地方名
7182	*Vismia angusta*	危地马拉	窄封蜡树	achotillo；lengue de vaca
7183	*Vismia billbergiana*	圭亚那、委内瑞拉、巴西、秘鲁、哥伦比亚	比尔封蜡树	arbrela fievre；bloodwood；bois cossais；bois sanglant；boisa dartres；caopia marcgraff；caopiade pison；lacre；lacre amarillo；lacre branco；oralli；pichirana；piensa；tawayor；waiama；walama
7184	*Vismia cayennensis*	圭亚那、特立尼达、委内瑞拉	卡椰封蜡树	baptiste bois；bloodwood；bois baptiste；kiskidee；lacrai；lacre；orali
7185	*Vismia confertiflora*	圭亚那、厄瓜多尔	密叶封蜡树	bloodwood；orali；sangre de gallina；tetete cu'na
7186	*Vismia falcata*	圭亚那	槭封蜡树	bloodwood；orali
7187	*Vismia ferruginea*	哥斯达黎加、墨西哥、危地马拉、伯利兹、委内瑞拉	锈色封蜡树	achatilla；achiotillo；achotillo；broad-leaf；old-william；onotillo
7188	*Vismia hamani*	委内瑞拉	哈马尼封蜡树	lancitollo；onotillo；sangrito rastrojero
7189	*Vismia lauriformis*	哥伦比亚	月牙形封蜡树	puerta de lanza
7190	*Vismia macrophylla*	圭亚那、哥伦比亚、厄瓜多尔	大叶封蜡树	bloodwood；caimito；orali；oralli；yacu caspi
7191	*Vismia mexia*	厄瓜多尔	梅夏封蜡树	shushuburro

序号	学名	主要产地	中文名称	地方名
7192	*Vismia mexicana*	墨西哥	墨西哥封蜡树	nanchillo；nancillo
7193	*Vismia rufescens*	委内瑞拉	红封蜡树	onotillo
7194	*Vismia sessilifolia*	圭亚那	无梗叶封蜡树	bloodwood；orali
	Vitex（VERBENACEAE） 牡荆属（马鞭草科）		**HS CODE 4403.49**	
7195	*Vitex agnus-castus*	波多黎各、美国、古巴、安的列斯群岛、多米尼加	凤尾鱼牡荆	chaste-tree；chencherenche；hemp-tree；incienso japones；mala di suerte；malagueta；monks peppertree；palo santo；sage-tree；sauzgatillo；yerba louisa
7196	*Vitex atahelii*	委内瑞拉	阿氏牡荆	totumillo
7197	*Vitex berteroana*	委内瑞拉	贝特牡荆	aceituno
7198	*Vitex bignonioides*	委内瑞拉	双核牡荆	totumillo
7199	*Vitex capitata*	特立尼达	卡塔牡荆	black fiddlewood；bois lezard
7200	*Vitex colombiensis*	哥伦比亚	哥伦比亚牡荆	aceituno
7201	*Vitex compressa*	圭亚那、委内瑞拉	片牡荆	hakiaballi；hakuyaballi；totumillo
7202	*Vitex cooperi*	危地马拉、洪都拉斯、尼加拉瓜、巴拿马、哥斯达黎加、伯利兹、墨西哥	库珀牡荆	barabas；barbas；bimbayan；bocuas del toro；cuajada；fiddlewood；flor azul；jocote de mico；negrito coyote；rajate bien；white manwood；yellow manwood
7203	*Vitex cymosa*	厄瓜多尔、阿根廷	西莫牡荆	guayacan；pechiche；pucuna-caspi；taruma；taruma guazu
7204	*Vitex divaricata*	委内瑞拉、西印度群岛、特立尼达、小安的列斯群岛、巴拿马、波多黎各、古巴、向风群岛	展枝牡荆	aceituno；black fiddlewood；bois lezard；fiddlewood；higuerillo；ofon criollo；pendula；pendula blanca；roble de olor；roble guayo；taruma；timber fiddlewood；totumillo；white fiddlewood
7205	*Vitex doniana*	巴西	道尼牡荆	koto
7206	*Vitex gaumeri*	伯利兹、墨西哥、危地马拉、洪都拉斯	默里牡荆	blue-blossom；carrete；fiddlewood；vitex；ya'axnik；ya-axnic；yashnik；yashnike；yaxnic；yaxnik
7207	*Vitex gigantea*	厄瓜多尔、巴拿马、秘鲁	巨牡荆	aceituno；cuajada；pechiche；taruma
7208	*Vitex guianensis*	圭亚那	圭亚那牡荆	hakiaballi
7209	*Vitex hemsleyi*	墨西哥	赫姆斯牡荆	capulin

序号	学名	主要产地	中文名称	地方名
7210	*Vitex kuylenii*	危地马拉、洪都拉斯、尼加拉瓜、巴拿马、哥斯达黎加、伯利兹、墨西哥	危地马拉牡荆	barabas；barbas；bimbayan；bocuas del toro；cuajada；fiddlewood；flor azul；jocote de mico；negrito coyote；rajate bien；tapisaguate；white manwood；yellow manwood
7211	*Vitex leandri*	拉丁美洲	利安牡荆	
7212	*Vitex longeracemosa*	危地马拉、伯利兹、洪都拉斯、西印度群岛	龙舌兰牡荆	barbas；fiddlewood；jacote de mico；jocote de mico；lizardwood
7213	*Vitex mollis*	墨西哥	软牡荆	aguamalaria；aguilote；ahuilote；atuto；cuyotomate；huhuhuali；jujuhuali；negro coyote；obalamo；torete；ualama；uvalama；uvalamo；uvalano；valama；yaxcabte
7214	*Vitex montevidensis*	阿根廷、乌拉圭、巴西	乌拉圭牡荆	aceituno；taruma；taruma duro；taruman；taruman amarello；taruman do norte；taruman pardo；taruman vermelho
7215	*Vitex negundo*	美国	黄牡荆	chaste-tree；chaste-tree negundo
7216	*Vitex orinocensis*	波多黎各	山牡荆	guarataro negro
7217	*Vitex parviflora*	古巴	小花牡荆	molave
7218	*Vitex schomburgkiana*	圭亚那	斯氏牡荆	hakiaballi
7219	*Vitex schunkei*	厄瓜多尔	舒克牡荆	ajua；gasolina；guayacan
7220	*Vitex sellowiana*	巴西	塞洛牡荆	jacatauba；taruman
7221	*Vitex stahelii*	圭亚那	思氏牡荆	guarataro；hakiaballi；totumillo
7222	*Vitex thonneri*	拉丁美洲	索尼里牡荆	
7223	*Vitex thyrsifolia*	拉丁美洲	腺状牡荆	
7224	*Vitex triflora*	拉丁美洲	三花牡荆	
7225	*Vitex umbrosa*	巴哈马	阴湿牡荆	box；kurnyuk；lubei；vitex

Vochysia（VOCHYSIACEAE）
独蕊树属（独蕊科）

**HS CODE
4403.49**

7226	*Vochysia acuminata*	巴西	披针叶独蕊树	agriao cedro；bulandi；cinzeiro；guaricica；gurucuba；pau de tucano；pau de vinho；quaruba；urucuba；vinheiro
7227	*Vochysia bondurensis*	巴西	邦杜独蕊树	
7228	*Vochysia bracelinii*	厄瓜多尔	布氏独蕊树	bella maria；tamburo

序号	学名	主要产地	中文名称	地方名
7229	*Vochysia cayennensis*	圭亚那	卡椰独蕊树	kouali st. marie; wana kouali
7230	*Vochysia costata*	圭亚那	脉状独蕊树	iteballi
7231	*Vochysia crassifolia*	圭亚那	厚叶独蕊树	eta-balli; iteballi
7232	*Vochysia densiflora*	巴西、圭亚那	密花独蕊树	appelkwarrie; grignon fou; kouali; kwari; quaruba; witte kwarie
7233	*Vochysia divergens*	玻利维亚	散叶独蕊树	cambara
7234	*Vochysia duquei*	玻利维亚	杜奎独蕊树	
7235	*Vochysia expansa*	玻利维亚	南美独蕊树	
7236	*Vochysia ferruginea*	苏里南、哥斯达黎加、尼加拉瓜、圭亚那、哥伦比亚、巴拿马、巴西、洪都拉斯、委内瑞拉	锈色独蕊树	alaan kopie; botarrama negro; caizeta; echte kwarie; grignonfou; iteballi; iutai mirim; jetiballi; koewalli; mecri; palo malin; quaraba; red yemeri; rougegrignon; saladillo; tecla; tintin; urucuca; vinhairo do matto; wane kwari; witte kwarrie; zopilote
7237	*Vochysia floribunda*	南美洲	多花独蕊树	
7238	*Vochysia glaberrima*	圭亚那	极高独蕊树	iteballi
7239	*Vochysia grandis*	厄瓜多尔	巨叶独蕊树	bella maria
7240	*Vochysia guatemalensis*	尼加拉瓜、法属圭亚那、巴西、哥斯达黎加、墨西哥、伯利兹、洪都拉斯、圭亚那、苏里南、巴拿马、危地马拉	危地马拉独蕊树	barba chele; bois agouti; cinziero; corpo; cozolmeca; emeri; flor amarillo; iteballi; kwarie; lagunillo; mangalarga colorado; mayo; quaruba; robanchab; rode kwari; sanpedrano; teelpucuj; white mahogany; white yemeri; wiswis; yemoke
7241	*Vochysia guianensis*	苏里南、圭亚那、尼加拉瓜、法属圭亚那、巴西、哥斯达黎加、危地马拉、伯利兹、巴拿马	圭亚那独蕊树	aeta balli; anani; bois agouti; chewstick; chimbuya; copaiye; eta-balli; grignonfou; gwanna; iteballi; killu-sisa; mayo; moutende; palo chancho; quaruba; seteballi-korero; wannakwari; wosjie-wosjie; yemeri; yemery
7242	*Vochysia haenkeana*	秘鲁	汉凯独蕊树	goma amarilla
7243	*Vochysia hondurensis*	中美洲	洪都拉斯独蕊树	quaruba; yemeri
7244	*Vochysia lanceolata*	秘鲁	剑叶独蕊树	quillo sisa
7245	*Vochysia laurifolia*	巴西	月桂叶独蕊树	guaricica

序号	学名	主要产地	中文名称	地方名
7246	*Vochysia lehmannii*	委内瑞拉	莱氏独蕊树	canelite
7247	*Vochysia macrophylla*	厄瓜多尔	大叶独蕊树	laguno; languno
7248	*Vochysia maxima*	巴西	极大独蕊树	cedro rana; goma amarilla; quaruba
7249	*Vochysia neyratii*	巴西	娅氏独蕊树	
7250	*Vochysia obidensis*	巴西	奥比独蕊树	quaruba
7251	*Vochysia obscura*	巴西、圭亚那	模糊独蕊树	iteballi; qualia; quaruba
7252	*Vochysia oppugnata*	巴西	奥布独蕊树	rabo de tucano; urucuca
7253	*Vochysia schomburgkii*	圭亚那	尚氏独蕊树	iteballi
7254	*Vochysia speciosa*	圭亚那	美丽独蕊树	kouali; wachi wachi kouali
7255	*Vochysia surinamensis*	圭亚那、苏里南	苏里南独蕊树	deokunud; grignon fou; iteballi; kouali; kwari; quaruba
7256	*Vochysia tetraphylla*	委内瑞拉、巴西、圭亚那、中美洲、苏里南	四叶独蕊树	cedre gris; eta-balli; grignon fou; iteballi; ito-balli; kouali; kuwariri; kwari; kwaru; lorjena; quaruba; water kwarie; watrakwari; watrakwarrie
7257	*Vochysia tomentosa*	巴西及南美洲北部	毛独蕊树	quaruba; wanakwari
7258	*Vochysia tucanorum*	巴西、巴拉圭	塔卡独蕊树	fruta de tucano; palo de vino; pau de vinho; tucano; vinheiro do matto
7259	*Vochysia venezuelana*	委内瑞拉	委内瑞拉独蕊树	canelito
7260	*Vochysia vismiifolia*	南美洲	维氏叶独蕊树	lacremonta nero; quaruba; quaruba branca; quaruba vermelha
	***Vouacapoua*（CAESALPINIACEAE）沃埃苏木属（苏木科）**		**HS CODE 4403.49**	
7261	*Vouacapoua americana*	巴西、法属圭亚那、圭亚那、苏里南、委内瑞拉	亚马孙沃埃苏木	acapin; acapu; amazonwood; blackheart; bruinhart; dacamaballi; epi de ble; huacapu; kabbi; partridgewood; perdrix; pilon; sara; tjanaren wakapoe; tjatjaboetja; vacapou; vouacapouholz; vouacapu; wakabo; wakapoe; wassila; wegabaholz
7262	*Vouacapoua macropetala*	圭亚那	大瓣沃埃苏木	falso-acapi; sara; sarabebeballi; sarebebeballi; wacapou

序号	学名	主要产地	中文名称	地方名
7263	*Vouacapoua pallidior*	巴西	帕利沃埃苏木	acapu；acapurana；wacapou
Warszewiczia（RUBIACEAE） 红瓦茜草属（茜草科）			**HS CODE** **4403.99**	
7264	*Warszewiczia coccinea*	哥伦比亚、厄瓜多尔、巴西、秘鲁、特立尼达	朱红瓦茜草	clavellino；cupava'cco；curacy；puca-sisa；quinilla；rabo de arara；tsucu；wakamy；wak-a-my；wild cocoa
Washingtonia（PALMAE） 丝葵属（棕榈科）			**HS CODE** **4403.99**	
7265	*Washingtonia filifera*	美国	丝状丝葵	california fan palm；california palm；california washingtonia；desert date；desert palm；fan palm；fan-leaf；san diego palm；washington palm；wild-date
Weinmannia（CUNONIACEAE） 恩曼火把树属（火把树科）			**HS CODE** **4403.99**	
7266	*Weinmannia apurimacensis*	厄瓜多尔	阿普里恩曼火把木	matache
7267	*Weinmannia balbisiana*	委内瑞拉	巴尔比恩曼火把木	say
7268	*Weinmannia descendens*	哥伦比亚、哥斯达黎加、牙买加、委内瑞拉、厄瓜多尔、秘鲁、波多黎各、阿根廷、智利	舌型恩曼火把木	arenillo；arrayan；brasiletto；curtidor；encinillo；guasipata；incinillo；lorito；machi；oreganillo；saysay；tarco；teneo；testui；tiaca；tinal；tinco
7269	*Weinmannia glabra*	委内瑞拉	光滑恩曼火把木	curtidor
7270	*Weinmannia jahnii*	委内瑞拉	贾氏恩曼火把木	sai-sai
7271	*Weinmannia laurina*	厄瓜多尔	桂叶娜恩曼火把木	matache
7272	*Weinmannia pinnata*	哥伦比亚、哥斯达黎加、巴拿马、牙买加、波多黎各、古巴、委内瑞拉、多米尼加、向风群岛、瓜德罗普岛	羽状恩曼火把木	arenillo；arrayan amarilla；arrayan blanco；arrayan mora；bastard brazilleto；encinillo；lorito；mora；oreganillo；sabicu maranon；saisai curtidor；tamarindo de loma；wild brazilletto
7273	*Weinmannia trichosperma*	哥斯达黎加、智利	毛籽恩曼火把木	lorito；palo santo；teneo；tenio；teniu；tinel；tineo；tineo tinel

序号	学名	主要产地	中文名称	地方名
7274	*Weinmannia wercklei*	哥斯达黎加	维克来恩曼火把木	arrayan；arrayan mora
Wercklea（MALVACEAE） 哥斯达锦葵属（锦葵科）			**HS CODE** 4403.99	
7275	*Wercklea insignis*	哥斯达黎加	显著哥斯达锦葵木	burio；flor de dia
Wettinia（PALMAE） 绳序椰属（棕榈科）			**HS CODE** 4403.99	
7276	*Wettinia maynensis*	厄瓜多尔	梅南绳序椰	ccu'ye；teren；terina；walte
Willardia（FABACEAE） 墨西哥醉鱼豆属（蝶形花科）			**HS CODE** 4403.99	
7277	*Willardia eriophylla*	墨西哥	毛叶墨西哥醉鱼豆	palo flojo；palo piojo
7278	*Willardia schiedeana*	墨西哥	斯氏墨西哥醉鱼豆	chaperno
Wimmeria（CELASTRACEAE） 拉美卫矛属（卫矛科）			**HS CODE** 4403.99	
7279	*Wimmeria bartlettii*	伯利兹、危地马拉、墨西哥	巴氏拉美卫矛	acedilla；cadillo；chintoc；lombricillo；palo cadillo
7280	*Wimmeria concolor*	墨西哥	混色拉美卫矛	algodoncillo；chintoque；cuyoqui-i；escobillo；huesillo；palo cadillo；pimientillo；tashich
7281	*Wimmeria confusa*	墨西哥	杂色拉美卫矛	acedilla；algodoncillo；cedilla；papelillo
7282	*Wimmeria mexicana*	墨西哥	墨西哥拉美卫矛	papelillo
7283	*Wimmeria microphylla*	墨西哥	小叶拉美卫矛	palo de seda
7284	*Wimmeria obtusifolia*	墨西哥	钝叶拉美卫矛	amche
7285	*Wimmeria persicifolia*	墨西哥	佩西拉美卫矛	chapulizle；jaboncillo
Wisteria（FABACEAE） 紫藤属（蝶形花科）			**HS CODE** 4403.99	
7286	*Wisteria sinensis*	阿根廷	紫藤	glicina；glicina de la china；primavera

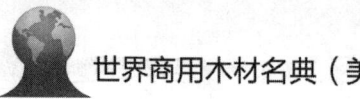

序号	学名	主要产地	中文名称	地方名
Ximenia（OLACACEAE） 海檀木属（铁青树科）			**HS CODE** **4403.99**	
7287	_Ximenia americana_	阿根廷、巴西、洪都拉斯、哥伦比亚、尼加拉瓜、古巴、墨西哥、波多黎各、多米尼加、海地、美国、西印度群岛、苏里南、圭亚那、牙买加、荷属安的列斯群岛、委内瑞拉、萨尔瓦多、危地马拉、特立尼达、巴哈马、哥斯达黎加、向风群岛	美洲海檀木	albaricoque；albaricoquillo；albarillo；ameixieira；cagalera；cagalero；ciruelillo；false santalwood；hevmassoli；macaby；saaxnik；sandalwood spanish plum；teukra；tigrito；uncincaca；untzincaca de montana；wildlime；xkuk-che；yana；yellow sanders
7288	_Ximenia parviflora_	墨西哥	小花海檀木	ciruelillo；nanche；untzincaca de montana
Xylopia（ANNONACEAE） 木瓣树属（番荔枝科）			**HS CODE** **4403.99**	
7289	_Xylopia aromatica_	圭亚那、哥伦比亚、古巴、秘鲁、苏里南	芳香木瓣树	envireira；eriwi-yurai；espintana；espintana oscura；kuyama；malagueta；mataro；omechuai-caspi；pajoerian；pegre koe pisie；white kuyama；yaya
7290	_Xylopia benthamii_	圭亚那	本氏木瓣树	weshiraure；weshirauro
7291	_Xylopia discreta_	圭亚那	离散木瓣树	poppy；saintia
7292	_Xylopia emarginata_	哥伦比亚、巴西	边缘木瓣树	escobillo；pindahuva；pindahyba；pindahyba preta
7293	_Xylopia frutescens_	西印度群岛、圭亚那、苏里南、危地马拉、墨西哥、洪都拉斯、巴西、伯利兹	灌木状木瓣树	alasa pegrecou；arbre aux epices；conguerecou；jejereku；koeliki-ko koja；kwienge；magaleto；malaguate；palanco；pegrecou；pegrekoewood；pegreou；pindaiba branca；poivre indien；polewood；tamarindillo
7294	_Xylopia ligustrifolia_	巴西	女贞木瓣树	facheiro
7295	_Xylopia longifolia_	圭亚那	长花木瓣树	kuyama
7296	_Xylopia nitida_	圭亚那	密茎木瓣树	awio；envira；karinero；kobiye；kuyama；pegrekoehout；pegreou；rim
7297	_Xylopia peruviana_	秘鲁	秘鲁木瓣树	pichi-varilla
7298	_Xylopia pittieri_	委内瑞拉	皮氏木瓣树	bosua

序号	学名	主要产地	中文名称	地方名
7299	*Xylopia pulcherrima*	圭亚那	木瓣树	kuyama；red kuyama
7300	*Xylopia salicifolia*	圭亚那、苏里南	柳叶木瓣树	kuyama；pajoerian；pegrekoe；pegrekoehout；pegrekoewood；pegreou
7301	*Xylopia sericea*	巴西	绢毛木瓣树	envira；pintaiva
7302	*Xylopia sericophylla*	哥斯达黎加	丝状木瓣树	flaco
7303	*Xylopia trutescens*	南美洲圭亚那高原	特瑞木瓣树	pegrekoewood
7304	*Xylopia xylopioides*	尼加拉瓜	西拉木瓣树	mangalargo
Xylosma（FLACOURTIACEAE）蒙子树属（大风子科）			**HS CODE 4403.99**	
7305	*Xylosma benthamii*	秘鲁	本氏蒙子树	diablo-casha；supai-caspi
7306	*Xylosma buxifolium*	西印度群岛、多米尼加、古巴、波多黎各、瓜德罗普岛	黄杨叶蒙子树	cockspur；gente；hueso de costa；mala mujer；pega-pega；roseta
7307	*Xylosma flexuosa*	巴拿马、墨西哥、秘鲁	柔毛蒙子树	cachito；chuyuchojom；coronilla；cunshi-cashan；huichichil temel；malacahuit zilti；palo de brujo；yisimbolon
7308	*Xylosma panamense*	墨西哥、巴拿马	巴拿马蒙子树	brujo；corona de santo；coronilla；duro；needlewood；palo de brujo；shajlam；simbolon；yisimbalan；yisimbolon
7309	*Xylosma prunifolium*	哥伦比亚	樱叶蒙子树	guamacho
7310	*Xylosma schaefferioides*	古巴、牙买加	沙叶蒙子树	hueso de tortuga；white logwood
7311	*Xylosma schwaneckeanum*	波多黎各	施瓦内蒙子树	palo colorado；palo de candela
7312	*Xylosma serratum*	墨西哥	齿状蒙子树	corona santa；malacate
7313	*Xylosma velutinum*	墨西哥	维鲁迪蒙子树	junco
Yucca（AGAVACEAE）丝兰属（龙舌兰科）			**HS CODE 4403.99**	
7314	*Yucca aloifolia*	波多黎各、美国、海地、多米尼加、古巴、牙买加、巴哈马	芦荟叶丝兰	aloe yucca；aloe-leaf yucca；bayoneta；bayonette；espino；flor de jerico；maguey silvestre；pinguin；pinon de punal；spanish bayonet；spanish dagger；sword-plant
7315	*Yucca arborescens*	美国	丝兰	yuccawood

序号	学名	主要产地	中文名称	地方名
7316	*Yucca brevifolia*	墨西哥、美国	短叶丝兰	albero di yucca；arbol de josue；arbre de josue；joshua-tree；jozuaboom；praying-tree；tree-yucca；yucca；yucca cactus；yucca yucca-palm；yucca-tree
7317	*Yucca elata*	墨西哥、美国	高丝兰	albero del sapone；amole；dagger-tree；jaboncillo；palmilla；saptrad；soap-tree；soaptree yucca；soapweed；sotol；southern yucca；spanish bayonet；spanish-bayonet；spanish-dagger；yucca；zeepboom
7318	*Yucca elephantipes*	波多黎各、尼加拉瓜、巴拿马、洪都拉斯、哥斯达黎加、墨西哥、危地马拉、美国	巨丝兰	bayoneta；bulbstem yucca；espadillo；espinero；isote；itabo；izote；palma；palmera；palmita；palmito；spanish bayonet；spanish dagger；spineless yucca；yuc
7319	*Yucca faxoniana*	美国	尖叶丝兰	carneros yucca；faxon yucca；giant-dagger；palma；palma barreta；palma samandoca；sierra blanca yucca
7320	*Yucca filamentosa*	美国	柔软丝兰	rock-lily；yucca
7321	*Yucca gloriosa*	美国	金丝兰	moundlily yucca
7322	*Yucca schidigera*	美国	凤尾兰	mohave yucca；spanish-bayonet；yucca-tree
7323	*Yucca schottii*	美国	灰白丝兰	hoary yucca；mountain yucca；schott yucca；yuca
7324	*Yucca thompsoniana*	美国	尖嘴丝兰	beaked yucca；big bend yucca
7325	*Yucca torreyi*	美国	托雷丝兰	amole；broad-fruit yucca；palma；palma criolla；palmo；torrey yucca
7326	*Yucca treculeana*	美国	重丝兰	palma de datil；palma pita；texas spanish-bayonet；torrey yucca；trecul yucca
	***Zanthoxylum*（RUTACEAE）** **花椒属（芸香科）**		**HS CODE** **4403.49**	
7327	*Zanthoxylum affine*	墨西哥	近缘花椒	palo mulato
7328	*Zanthoxylum aguilarii*	墨西哥	青花椒	alacran；cola de alacran

序号	学名	主要产地	中文名称	地方名
7329	*Zanthoxylum americanum*	美国、墨西哥、牙买加	美洲花椒	bois epineux blanc；clavalier；common prickly-ash；frene epineux；northern prickly-ash；palo mulato de mazatlan；prickly ash；prickly-ash；tear-blanket；toothache-tree；wait-a-bit；yellow prickle
7330	*Zanthoxylum apiculatum*	圭亚那	疣状花椒	ajikerai；kadeneb；sada；wanikore
7331	*Zanthoxylum arborescens*	墨西哥	藜花椒	pipima
7332	*Zanthoxylum caribaeum*	哥伦比亚、圭亚那、西印度群岛、洪都拉斯、波多黎各、巴巴多斯、小安的列斯群岛、委内瑞拉、伯利兹、墨西哥、瓜德罗普岛	马蹄花椒	amamor；bevat-berberine；bois piquant；bosu；cedrillo；duerme-lingua；espinillo rubial；espino rubial；harkis；lapunir；mapurite blanco；mapurite negro；mapurito；prickly-yellow；pritijari；sada；scherphout；tritiyari；zorillo
7333	*Zanthoxylum carolinianum*	美国	野老花椒	pricklyash
7334	*Zanthoxylum chiloperone*	巴拉圭	特姆贝花椒	kura tura；tembetarhu
7335	*Zanthoxylum clava-herculis*	美国、圭亚那、安的列斯群岛、西印度群岛、特立尼达、墨西哥	鞘花椒	ash；bevat-berberine；bois piquant；clavalier des antilles；espina de bobo；frene-piquant；mapurito；peppermint wood；pepperwood；pillenterry；sea ash；sting-tongue；tear-blanket；wait-a-bit；wild orange
7336	*Zanthoxylum coco*	阿根廷	梗花椒	cochucho；coco；cocucho；cuchucho；curatura；sauco hediondo
7337	*Zanthoxylum coriaceum*	古巴、美国	革质花椒	bayua；bayua prieta；biscayne pricklyash；biscayne prickly-ash；doctors-club
7338	*Zanthoxylum dugandii*	哥伦比亚	双甘地花椒	matijon
7339	*Zanthoxylum ekmanii*	墨西哥	曼尼花椒	rabo de lagarto
7340	*Zanthoxylum elegantissimum*	墨西哥	花椒	gatillo

序号	学名	主要产地	中文名称	地方名
7341	*Zanthoxylum elephantiasis*	古巴、美国、哥斯达黎加、多米尼加、墨西哥、巴拿马、西印度群岛、牙买加	象状花椒	ayua varia; bayua; concha satinwood; lagartillo; pino macho; satinwood; yellow sanders
7342	*Zanthoxylum emarginatum*	西印度群岛	凹叶花椒	bois de rhodes; bois de rose; epineux blanc
7343	*Zanthoxylum fagara*	墨西哥、美国、洪都拉斯、波多黎各、哥伦比亚、西印度群岛、秘鲁	臭叶花椒	alacran; ash; bastard ironwood; chincho; espino rubial; garabatillo; huipuy; limoncillo; naranjillo; palo mulato; prickly lime; sahpelleja; tankache; una de gato; unagato; wild limetree; wild-lime; wo-le; xik-che; yichasmis
7344	*Zanthoxylum fhoifolia*	阿根廷	夫易花椒	tembetari guazu
7345	*Zanthoxylum flavum*	美国、百慕大、古巴、波多黎各、委内瑞拉、西印度群岛、巴哈马、安的列斯群岛、墨西哥、多米尼加、牙买加、荷属安的列斯群岛、小安的列斯群岛、中美洲、瓜德罗普岛	黄色花椒	aceitillo; atlasholz; citrino americano; citronier; espinillo; jamaican satinwood; kalabarie; limoncillo cimarron; satine jaune; westindisches satinholz; wild orange; yellow sanders; yellow-wood; yellowheart; yellowheart prickly-ash
7346	*Zanthoxylum hirsutum*	美国	多毛花椒	prickly-ash; tickle-tongue; toothache-tree
7347	*Zanthoxylum hyemale*	巴西、阿根廷、巴拉圭	美尔花椒	aruda brava; coentrilho; cuentrillo; kuentrillo; mamica de cadella; tembetari; tembetari puita; tembetaryhu
7348	*Zanthoxylum juglandifolium*	古巴	胡桃叶花椒	ayuda blanca; ayuda hembra
7349	*Zanthoxylum juniperinum*	墨西哥、伯利兹、秘鲁、厄瓜多尔	刺柏花椒	abrojo; carricillo; cedrillo; hualaja; lagarto; limoncillo; lomo laagarto de hoja grande; mountain rooder; palo de ropa; rooder-bush; ruda; tachuelo; tsachik numi; wild rooder
7350	*Zanthoxylum kellermanii*	洪都拉斯、危地马拉、伯利兹、墨西哥	凯氏曼尼花椒	cedro espino; ceibillo; lagaramarillo; lagarto; prickly-yellow; rabo de lagarto; yellow prickle

序号	学名	主要产地	中文名称	地方名
7351	*Zanthoxylum martinicense*	波多黎各、古巴、海地、小安的列斯群岛、西印度群岛、特立尼达、多米尼加、牙买加、瓜德罗普岛	马丁花椒	aceitillo；ayua amarilla；ayuda amarilla；ayuda macho；bayua；bois pine；cenizo；espino rubial；espinorubial；espinosa；l'epine gommier；martinique prickly-ash；pino macho；prickly-yellow；white-prickle；yellow prickle
7352	*Zanthoxylum melanostictum*	墨西哥	瘤状花椒	rabo de lagarto
7353	*Zanthoxylum monophyllum*	委内瑞拉、西印度群岛、萨尔瓦多、波多黎各、哥斯达黎加、洪都拉斯、墨西哥、多米尼加、巴巴多斯、维尔京群岛、向风群岛、瓜德罗普岛	单叶花椒	besugo；blanco；bossoea；bosu；bosuda；carubio；enrubio；espino rubial；kaubaati；lagarto amarillo；lagarto negro；malacapa；mapurito；mapuritomo purito；palo mulato；paneque；pino macho；rubia；yellow harklis；yellow prickly ash
7354	*Zanthoxylum naranjillo*	阿根廷、巴拉圭	纳兰花椒	cunatuna；limon sacha；naranjillo；tembetary say'ju；tembetaryhu
7355	*Zanthoxylum ocumarense*	委内瑞拉	眼花椒	amarillo
7356	*Zanthoxylum panamense*	巴拿马	巴拿马花椒	alcabu；lagarto；prickly holly；yellow prickle
7357	*Zanthoxylum pentandrum*	圭亚那	五雄蕊花椒	pritijari
7358	*Zanthoxylum petiolare*	巴拉圭	小花椒	tembetary moroti
7359	*Zanthoxylum pittieri*	巴拿马	皮蒂花椒	alcabu；peine
7360	*Zanthoxylum pterota*	牙买加、西印度群岛、秘鲁	凤尾花椒	bois pian；boisdefer；shapallejo；shapillejo
7361	*Zanthoxylum punctatum*	波多黎各、法属圭亚那、牙买加、瓜德罗普岛	点状花椒	alfiler；l'epineux；toothache-tree
7362	*Zanthoxylum quinduense*	委内瑞拉	昆安花椒	tuno morado
7363	*Zanthoxylum rhodoxylon*	牙买加	罗德西花椒	rosewood

序号	学名	主要产地	中文名称	地方名
7364	*Zanthoxylum rhoifolium*	伯利兹、委内瑞拉、墨西哥、特立尼达、尼加拉瓜、巴西、秘鲁	柔毛叶花椒	alligator-toothed prickly-yellow；bosua；culimo；culino；l'epinet；lacte；lagarto；mamica de porca；palo de ropa；quillo-casha；quixoqui；rabo de lagarto；shapillejo；tachuelilla；tamanqueira
7365	*Zanthoxylum riedelianum*	阿根廷	里德花椒	tembetary moroti；tembetary sayyu
7366	*Zanthoxylum rugosum*	巴拉圭	戈桑花椒	tembetary pyta
7367	*Zanthoxylum spinifex*	巴巴多斯、西印度群岛、波多黎各、多米尼加、向风群岛、瓜德罗普岛	三齿秤花椒	fingle-me-go；fingrigo；l'epineaux；niaragato；una de gato
7368	*Zanthoxylum sprucei*	秘鲁、厄瓜多尔	云杉花椒	espina；naranjo de montana
7369	*Zanthoxylum tachirense*	委内瑞拉	塔西花椒	naranjillo amarillo
7370	*Zanthoxylum tinguassuiba*	巴西	廷瓜花椒	tinguaciba
7371	*Zanthoxylum tragodes*	西印度群岛、瓜德罗普岛	特拉格花椒	bois cabrit；boisa pian；cabrit；noyer des antilles
7372	*Zanthoxylum valens*	秘鲁	强壮花椒	fagara de peru；fagara di peru；fagara du perou；peruaanse fagara；peruan fagara；peruansk fagara

Zeyheria（BIGNONIACEAE）
巴西紫葳属（紫葳科）   **HS CODE 4403.99**

序号	学名	主要产地	中文名称	地方名
7373	*Zeyheria tuberculata*	巴西	小瘤巴西紫葳木	bolsa de pastor；buxo de boi；cinco folhas；ipe boia；ipe cabeludo；ipe felpudo；velame；velame veludinho；veludinho；velundinho

Zinowiewia（CELASTRACEAE）
白雷木属（卫矛科）   **HS CODE 4403.99**

序号	学名	主要产地	中文名称	地方名
7374	*Zinowiewia concinna*	墨西哥	整洁白雷木	gloria；palo blanco；tun-yaa；tnu-yaha
7375	*Zinowiewia integerrima*	墨西哥	全缘叶白雷木	huesito；naranjillo；palo blanco

Ziziphus（RHAMNACEAE）
枣木属（鼠李科）   **HS CODE 4403.99**

序号	学名	主要产地	中文名称	地方名
7376	*Ziziphus chloroxylon*	牙买加	绿枣木	cog；cogwood
7377	*Ziziphus cinnamomum*	秘鲁、圭亚那	樟枣木	huacamayo-caspi；irim；irimye

序号	学名	主要产地	中文名称	地方名
7378	*Ziziphus grisebachiana*	古巴	格丽斯枣木	espino de playa
7379	*Ziziphus guatemalensis*	危地马拉	危地马拉枣木	mocoso
7380	*Ziziphus mauritiana*	阿根廷、巴西、哥伦比亚、波多黎各、委内瑞拉、墨西哥、巴巴多斯、特立尼达、美国、海地、多米尼加、安的列斯群岛、西印度群岛	台湾青枣木	amapole; aprin; azufaifo; ciruela gobernadora; common jujube; dunk; dunks; guinda; india jujube; jujubier; perita haitiana; pomme cerotte; pomme melcadi; pomme surette; ponsigue; quetembilla; yuyubi; yuyubo
7381	*Ziziphus melastomoides*	委内瑞拉	梅拉索枣木	cacaguillo; chichiboa; mayo
7382	*Ziziphus mexicana*	墨西哥	墨西哥枣木	amole
7383	*Ziziphus mistol*	阿根廷	米索尔枣木	mistol
7384	*Ziziphus mucronata*	拉丁美洲	尖头枣木	omukaru
7385	*Ziziphus obtusifolia*	墨西哥、美国	钝叶枣木	abrojo; barbachatas; barchatas; bluewood; chaparro prieto; clepe; condalila bluewood; crucillo; garambullo; garrapata; garrapatillo; palo blanco
7386	*Ziziphus pedunculata*	墨西哥	下垂枣木	manzanita de costoche
7387	*Ziziphus reticulata*	波多黎各、海地、多米尼加	网纹枣木	azufaito; cacao rojo; cascarilla; cascarroya; coquemolle; espejuelo; saona cimarrona; saona de puerco; sopaipo
7388	*Ziziphus rhodoxylon*	古巴	罗德西枣木	malagueta
7389	*Ziziphus rignonii*	海地、多米尼加、西印度群岛	里氏枣木	citroin marron; cogne-molle; coquemolle; macarbie; palpaguano; saona; saona de gente; saona dulce; sopaipo; thorn; yagua; zoraille
7390	*Ziziphus sonorensis*	墨西哥	索诺尔枣木	amole dulce; brisilillo; cahuasquie; ceituna; chahuasquite; confite; corongoro; frutilla; manzanita de costoche; nanche de la costa; nanche deituna; naranjito; quisquite; saituna
7391	*Ziziphus thrysiflora*	厄瓜多尔、秘鲁	枣木	ebano
7392	*Ziziphus yucatanensis*	墨西哥	尤卡坦枣木	uay; uayum; uayumke
Zollernia（**CAESALPINIACEAE**） 佐勒苏木属（苏木科）		**HS CODE** **4403. 99**		
7393	*Zollernia glabra*	巴西	光滑佐勒苏木	mochitahyba; mocitaiba; orelha de onca; pitomba preta

序号	学名	主要产地	中文名称	地方名
7394	*Zollernia ilicifolia*	巴西	冬青叶佐勒苏木	assampelos ebracteata; carapicica de folha lisa; coracao de negro; macatahyba; macutahyba; missutahyba; mocitahyba; mossotahyba; pau santo
7395	*Zollernia longisuspis*	巴西	长叶佐勒苏木	macucu
7396	*Zollernia paraensis*	巴西、伯利兹	巴西帕拉州佐勒苏木	coracao de negro; enemy; enemy tango; macatahyba; mocitahyba; palo santo; pao santo; pau santo; santowood; tango
Zuccagnia（CAESALPINIACEAE）苍耳豆属（苏木科）			**HS CODE 4403. 99**	
7397	*Zuccagnia punctata*	阿根廷	斑齿苍耳豆	jarilla de la puna; jarilla de pispito; jarilla mscho; jarilla pispa; jarilla pispita; jarilla pus-pus; pus-pus
Zuelania（FLACOURTIACEAE）水钉树属（大风子科）			**HS CODE 4403. 99**	
7398	*Zuelania guidonia*	墨西哥、南美洲、古巴、洪都拉斯、危地马拉	圭多尼亚水钉树	aiguane; atamte; campanillo; guaguasi; manzanillo; manzano; palacio; palo de paraguita; palo volador; petlacotl; quacap; rosadillo; sangre de playa; tamay; tepecacao; tololonche; trementino; volantin
Zygia（MIMOSACEAE）亦雨树属（含羞草科）			**HS CODE 4403. 99**	
7399	*Zygia cataractae*	圭亚那	亦雨树	alikyu; benda
7400	*Zygia cauliflora*	圭亚那、阿根廷	茎花亦雨树	aliku; alikyu; avarempotimbo; benda
7401	*Zygia cognata*	墨西哥	毛缘亦雨树	amargoso de cerro; azotope blanco
7402	*Zygia collina*	圭亚那	黄花亦雨树	uriridan
7403	*Zygia conzattii*	危地马拉、墨西哥	康氏亦雨树	pepe nance; quiebrahacha; revienta machete
7404	*Zygia englesingi*	尼加拉瓜	恩格斯亦雨树	cafecito
7405	*Zygia inaequalis*	哥伦比亚	变异亦雨树	guamo macho
7406	*Zygia latifolia*	墨西哥、圭亚那、伯利兹	阔叶亦雨树	agotope blanco; aliki; aliku; alikyu; benda; chilillo; choc che; turtle bone

序号	学名	主要产地	中文名称	地方名
7407	*Zygia longifolia*	秘鲁、哥斯达黎加、哥伦比亚、危地马拉、洪都拉斯、巴拿马、厄瓜多尔	长叶亦雨树	buchilla；caballo；guamo prieto；paleto de blanco；riverwood；sisino；sota caballo；soto；soto caballo；yutsu
7408	*Zygia macrophylla*	厄瓜多尔	大叶亦雨树	guanango；rayo caspi；yutzo
7409	*Zygia peckii*	伯利兹	佩氏亦雨树	turtle bone
7410	*Zygia racemosa*	巴西、圭亚那、苏里南、法属圭亚那	聚果亦雨树	angelim；apakaniran；apsearring；bastamarin de；boesi；bois serpent；boiseserpent；bousi tamarin；forest tamarind；inga caetitu；inga-rana；marblewood；puta locus；schildpadhout；slang houdou；snakewood；stureli；urubuzeiro
7411	*Zygia stevensonii*	伯利兹	伯利兹亦雨树	

附 录

CITES 濒危木材树种附录

（含 2019 年第 18 届缔约方大会公布的新增树种）

门		科名	种名	学名	管制级别
裸子植物 Gymnosperm	1	南洋杉科 Araucariaceae	智利南洋杉	*Araucaria araucana*	I
	2	柏科 Cupressaceae	智利肖柏	*Fitzroya cupressoides*	I
			皮尔格柏	*Pilgerodendron uviferum*	I
			姆兰杰南非柏	*Widdringtonia whytei*	II
	3	松科 Pinaceae	危地马拉冷杉	*Abies guatemalensis*	I
			红松（俄罗斯）	*Pinus koraiensis*	III
	4	罗汉松科 Podocarpaceae	弯叶罗汉松	*Podocarpus parlatorei*	I
			百日青（尼泊尔）	*Podocarpus neriifolius*	III
	5	紫杉科 Taxaceae[#]	红豆杉	*Taxus chinensis*	II
			东北红豆杉	*Taxus cuspidata*	II
			密叶红豆杉	*Taxus fuana*	II
			苏门答腊红豆杉	*Taxus sumatrana*	II
			喜马拉雅红豆杉	*Taxus wallichiana*	II
被子植物 Angiosperm	6	多柱树科 Caryocaraceae	多柱树	*Caryocar costaricense*	II
	7	柿树科 Ebenaceae	柿属所有种（马达加斯加种群）	*Diospyros* spp.	II
	8	壳斗科 Fagaceae	蒙古栎（俄罗斯）	*Quercus mongolica*	III
	9	胡桃科 Juglandaceae	枫桃	*Oreomunnea pterocarpa*	II
	10	樟科 Lauraceae	玫瑰安妮樟	*Aniba rosaeodora*	II
	11	豆科 Leguminosae（Fabaceae）	巴西苏木	*Paubrasilia echinata*	II
			巴西黑黄檀	*Dalbergia nigra*	I
			黄檀属所有种（巴西黑黄檀除外）	*Dalbergia* spp.	II
			巴拿马天蓬树（哥斯达黎加、尼加拉瓜）	*Dipteryx panamensis*	III
			德米古夷苏木	*Guibourtia demeusei*	II
			佩莱古夷苏木	*Guibourtia pellegriniana*	II
			特氏古夷苏木	*Guibourtia tessmannii*	II
			大美木豆	*Pericopsis elata*	II
			多穗阔变豆	*Platymiscium parviflorum*	II
			刺猬紫檀	*Pterocarpus erinaceus*	II

续表

门	科名	种名	学名	管制级别
被子植物 Angiosperm	11 豆科 Leguminosae（Fabaceae）	檀香紫檀	*Pterocarpus santalinus*	II
		染料紫檀	*Pterocarpus tinctorius*	II
		南方决明	*Senna meridionalis*	II
	12 木兰科 Magnoliaceae	盖裂木（尼泊尔）	*Magnolia liliifera var. obovata*	III
	13 锦葵科 Malvaceae	格氏猴面包树	*Adansonia grandidieri*	II
	14 棟科 Meliaceae	洋椿属所有种（新热带种群）	*Cedrela* spp.	II
		矮桃花心木	*Swietenia humilis*	II
		大叶桃花心木（新热带种群）	*Swietenia macrophylla*	II
		桃花心木	*Swietenia mahagoni*	II
	15 木樨科 Oleaceae##	水曲柳（俄罗斯）	*Fraxinus mandshurica*	III
	16 蔷薇科 Rosaceae	非洲李	*Prunus africana*	II
	17 茜草科 Rubiaceae	巴尔米木	*Balmea stormiae*	I
	18 檀香科 Santalaceae	非洲沙针（布隆迪、埃塞俄比亚、肯尼亚、卢旺达、乌干达和坦桑尼亚联合共和国种群）	*Osyris lanceolata*	II
	19 瑞香科 Thymelaeaceae（Aquilariaceae）	沉香属所有种	*Aquilaria* spp.	II
		棱柱木属所有种	*Gonystylus* spp.	II
		拟沉香属所有种	*Gyrinops* spp.	II
	20 水青树科 Trochodendraceae（Tetracentraceae）	水青树（尼泊尔）	*Tetracentron sinense*	III
	21 蒺藜科 Zygophyllaceae	萨米维腊木	*Bulnesia sarmientoi*	II
		愈疮木属所有种	*Guaiacum* spp.	II

\#　此科名的拉丁名与国家标准（GB/T18513-2001）相同，但中文名称不同，国家标准中的中文名称为"红豆杉科"，商用木材名称及产地部分与国家标准保持一致。

\##　此科名的拉丁名与国家标准（GB/T18513-2001）相同，但中文名称不同，国家标准中的中文名称为"木犀科"，商用木材名称及产地部分与国家标准保持一致。

参考文献

［1］全国木材标准化技术委员会. 中国主要进口木材名称：GB/T 18513—2001 ［S］. 北京：中国标准出版社，2002.

［2］全国木材标准化技术委员会. 红木：GB/T 18107—2017 ［S］. 北京：中国标准出版社，2017.

［3］刘鹏，杨家驹，卢鸿俊. 东南亚热带木材（第 2 版）［M］. 北京：中国林业出版社，2008.

［4］刘鹏，姜笑梅，张立非. 非洲热带木材（第 2 版）［M］. 北京：中国林业出版社，2008.

［5］姜笑梅，张立非，刘鹏. 拉丁美洲热带木材（第 2 版）［M］. 北京：中国林业出版社，2008.

［6］成俊卿，杨家驹，刘鹏. 中国木材志 ［M］. 北京：中国林业出版社，1992.

［7］郑万钧. 中国树木志 ［M］. 北京：中国林业出版社，第一册 1982，第二册 1985，第三册 1997，第四册 2004.

［8］杨家驹，段新芳，卢鸿俊，等. 世界商品木材拉汉英名称 ［M］. 北京：中国林业出版社，2000.

［9］海关总署关税征管司. 进出口税则商品及品目注释 ［M］. 北京：中国海关出版社，2017.

［10］濒危野生动植物种国际贸易公约.

［11］美国林产品实验室（FPL）. 木材数据库 ［DB/OL］.

［12］国际木材解剖学家协会（IAWA）. 木材解剖数据库 ［DB/OL］.

［13］国际植物园保护联盟（BGCI）. 全球树木查询数据库 ［DB/OL］.

［14］GéRARD J, MILLER R B, WELLE B J H. Major timber trees of Guyana：timber characteristics and utilization ［J］. The commonwealth forestry review, 1997, 76（2）：143.

［15］ILIC J. CSIRO Atlas of hardwoods ［J］. The commonwealth forestry review, 1992, 71（2）：61–62.

［16］COMVALIUS, L B. Surinamese timber species：characteristics and utilization ［M］. Djinipi N. V, 2001.

［17］MALAYSIAN TIMBER INDUSTRY BOARD. 100 Malaysian timbers ［M］. 1986.

［18］CHICHIGNOUD M, DéON G, DéTIENNE P, et al. Tropical timber atlas of Latin America ［M］. 1990.

［19］BRYCE J M. The commercial timbers of Tanzania ［J］. The commonwealth forestry review, 1969, 48（3）：246.